灌溉技术

（原著第六版）

[美]拉维恩·斯泰森

[美]本特·美察姆 编著

许复初　周荣　兰才有　等　编译

中国水利水电出版社
www.waterpub.com.cn
·北京·

内 容 提 要

本书的英文原著《Irrigation》（6th Edition）是由美国灌溉协会（IA）在1953年第一版的基础上不断改进发展而来的。它凝聚了美国几代灌溉专家的心血，在世界灌溉业界影响巨大，许多国家将其作为技术培训教材和参考资料。本书为编译本，本书基本由原著翻译而成，但综合考虑我国灌溉行业的情况而舍弃了其中部分内容，为帮助读者理解又适当增加了一些内容。

本书共分二十六章，主要介绍土壤、水和植物的关系，其中涉及了灌溉需水量计算、灌溉供水、灌溉系统水力学、灌溉水泵及泵站、灌溉系统组件、灌溉电学、灌溉制度编制、灌溉系统审验、农业微灌技术、农业喷灌技术、园林微灌技术、温室及苗圃灌溉技术、园林灌溉技术及高尔夫球场灌溉技术等内容。

本书不仅适用于农田水利灌溉技术人员，还可作为大中专相关专业老师和学生的参考用书。

图书在版编目（CIP）数据

灌溉技术 / （美）拉维恩·斯泰森
(LaVerne E. Stetson)，（美）本特·美察姆
(Brent Q. Mecham) 编著；许复初等编译. -- 北京：
中国水利水电出版社，2018.8（2025.1重印）.
书名原文: Irrigation (Sixth Edition)
ISBN 978-7-5170-6780-1

Ⅰ．①灌… Ⅱ．①拉… ②本… ③许… Ⅲ．①灌溉—技术 Ⅳ．①S275

中国版本图书馆CIP数据核字(2018)第197428号

北京市版权局著作权合同登记号：图字 01-2018-2994

书　　名	**灌溉技术** GUANGAI JISHU
作　　者	〔美〕拉维恩·斯泰森 编著 〔美〕本特·美察姆
编 译 者	许复初　周荣　兰才有　等　编译
出版发行	中国水利水电出版社 （北京市海淀区玉渊潭南路1号D座　100038） 网址：www.waterpub.com.cn E-mail：sales@mwr.gov.cn 电话：（010）68545888（营销中心）
经　　售	北京科水图书销售有限公司 电话：（010）68545874、63202643 全国各地新华书店和相关出版物销售网点
排　　版	中国水利水电出版社微机排版中心
印　　刷	北京印匠彩色印刷有限公司
规　　格	184mm×260mm　16开本　48.75印张　1156千字
版　　次	2018年8月第1版　2025年1月第2次印刷
印　　数	2001—4500册
定　　价	**218.00元**

中 文 版 序 言

在中国农业机械流通协会灌排分会（以下称灌排分会）成立 20 周年之际，我们将美国灌溉协会编著的《Irrigation》（6ᵗʰ Edition）编译成中文版《灌溉技术》（原著第六版），作为灌排分会成立 20 周年的纪念文献呈现给大家，用以表达对于灌排分会 20 年辉煌成就的崇高敬意！

《灌溉技术》是一本涵盖喷灌、微灌和地面灌溉等现代灌溉全面技术的工具书籍。随着现代灌溉技术在全世界范围内被越来越广泛地使用，灌溉行业在技术领域已经日趋全球化。这本《灌溉技术》为灌溉从业者提供了非常有价值的培训指导，包括生产商、经销商、工程承包商和施工技术人员；而市政工程管理机构、教育机构以及灌溉产品的用户（涵盖农民、家庭、高尔夫球场经营者、公园和娱乐场所经营者，以及商业和园林景观管理者）亦可以在相关工作中根据需求参考此书提供的相关信息和技术指导。

我们非常感谢参加《灌溉技术》编译工作的周荣、兰才有、吕露、张骥、乐进华、王书田、伞永久等 7 位专家，对他们在近两年的时间里为编译本书所表现的专业精神和付出的辛苦深表谢意！

我们亦非常感谢美国灌溉协会在《灌溉技术》编译过程中给予的支持与帮助！

最后我们还要感谢广东达华节水科技股份有限公司、广东绿润灌溉科技有限公司、河北润农节水科技股份有限公司和北京东方润泽生态科技股份有限公司为《灌溉技术》编译工作所提供的经费支持与赞助。

中国农业机械流通协会灌排分会秘书长

许复初

2018 年 4 月

中 文 版 前 言

在中国农业机械流通协会灌排分会和中国水利水电出版社的共同努力下，经过编委会近 2 年的艰苦工作，美国灌溉协会编纂的《Irrigation》（6th Edition）的中文译本《灌溉技术》终于正式出版发行了。这对于中国灌溉行业来说是一件非常有益的事，将会对未来中国灌溉行业的健康发展、提高行业整体技术水平产生积极影响，值得庆贺。

《灌溉技术》的原著《Irrigation》（6th Edition），是由美国灌溉协会（IA）在其 1953 年出版的《喷灌技术》一书的基础上逐步发展而来的。它凝聚了美国几代灌溉专家的心血，在世界灌溉业界影响巨大。许多国家将其作为技术培训教材及参考资料。中文版《灌溉技术》基本由原著翻译而成，但综合考虑我国灌溉行业的情况而舍弃了其中部分内容，为帮助读者理解又适量增加了一些内容。因此中文版《灌溉技术》为编译本。

我国已出版数本有关喷灌、微灌技术的专著，但其内容的深度及广度均不及此书。本书内容涵盖了地面灌溉技术、喷灌技术和微灌技术。但未提及尚处于研究阶段的微润灌溉技术及不成熟的渗灌技术。对于历史悠久的地面灌溉技术，本书只给了非常有限的篇幅，原因是：在美国，高效、节水的喷灌、微灌技术正在逐步替代地面灌溉技术。

本书的另一个特点是其广泛的应用领域。在农业、园林园艺、运动场草坪领域里所有从事灌溉技术的研究、教学人员，灌溉系统规划设计、施工安装人员及运行管理人员，农场主，政府相关部门的技术及行政管理人员均可从中获得有益的知识。

为方便美国以外读者阅读，原著中的量和单位大部分采用英制和公制两种表示方式。但是，由于部分图表、公式为原作者引用而来，并无公制单位，因此翻译时也只能采用英制单位。为了方便读者阅读，本书附有部分英制、公制单位换算表及英制单位注释（仅含本书使用过的英制量和单位），以期对读者有所帮助。

本书的编译人员均为我国灌溉行业专家，他们具有多年灌溉系统设计、技术研发与推广、系统安装及管理维护经验，并悉知美国灌溉技术及灌溉产品。

本书第三、四、五、六、十三、十五章由周荣编译；第七、八、九、十、十二、二十一章由兰才有编译；第十一、二十五、二十六章由吕露编译；前言及第一、二、十六、十七章由张骥编译；第十八、十九、二十二章由乐进华编译；第十四章由王书田编译；第二十、二十三、二十四章由伞永久编译。

需要说明的是，虽然为完成本书的编译工作，编委会专家耗费了大量的精力和时间，但错误仍在所难免，殷切希望广大读者指正，以便再版时修改。

周　荣

2018 年 4 月

前　言

编译：张　骥

美国灌溉协会（IA）是由创立于 1949 年的美国喷灌设备制造协会发展起来的。1953 年，美国喷灌设备制造协会正式并入美国喷灌协会（SIA）。到 1976 年，由于当这个行业已经不再局限于喷灌，美国喷灌协会将其名称变更为美国灌溉协会，并将自己的首要任务定义为：为灌溉行业提供高质量的培训以及技术指导。经过多年的努力，美国灌溉协会已经为培养灌溉行业人才出版了大量的培训资料。2005 年，灌溉基金会开始将促进灌溉职业发展和提升灌溉行业水平列入培训计划及其开设的课程。

自创建伊始，美国灌溉协会就开展了多种多样的培训项目。这其中包括在每年的灌溉展上进行的培训课程以及按照需要在美国及加拿大各地举办的培训班；在展会以及会议上进行的技术研讨；学员们也可以在家或办公室自由的选择网络课程。从 1990 年开始，美国灌溉协会与美国农业及生物工程师协会（ASABE）联手，在每十年的最后一次灌溉展上举办美国国家灌溉论坛。

1955 年，美国灌溉协会出版的《喷灌》一书被全世界多个国家使用，并作为主要的灌溉技术信息资源。之后的三版分别于 1959 年、1969 年、1975 年出版，直到 1983 年，第五版正式更名为《灌溉技术（第五版）》。随后美国灌溉协会与灌溉基金会推出了最新版本：《灌溉技术（第六版）》。灌溉行业应该特别感谢《灌溉技术（第六版）》的三位编者，他们是 Robert （Bob） Rynk、Allen （Al） R. Dedrick （已故），以及 LaVerne E. Stetson。Bob Rynk 为本书编写了初稿和提纲，直到他因工作原因而不得不退出。Allen R. Dedrick 在接到编写任务后做了大量卓有成效的工作，直到他病逝。他的挚友及同事 LaVerne E. Stetson 接替并完成了他的工作。

我们同样也该感谢校对 Shirley Rish、图像设计 Trisha Klaus、第二校对及索引编辑 Anne Blankenbiller。这三位为整部书的流畅、语法以及材料呈现做了卓越的贡献。前美国灌溉协会的 CEO Thomas （Tom） Kimmell （已退休），在其任期内开始组织编写《灌溉技术（第六版）》，由于其坚韧不拔的精神，才使得该版顺利完成。

我们还要感谢许多专家和学者，没有他们的帮助，这本《灌溉技术（第六版）》将无法与读者见面。我们由衷地感谢这些专家和学者，特别是本书的作者们，他们花了无数的时间用于编写、校对以及重写相关章节的内容。

作为读者，请向这些为灌溉行业提供相关的、最前沿信息的人们致以最崇高的敬意。

同时，《灌溉技术（第六版）》编委会有义务特别鸣谢志愿为本书前五版做编辑工作的专家，他们是：

第一版（1955 年）Allan W. McCulloch

John F. Schrunk

第二版（1959 年）Guy. O. Woodward

第三版（1969 年）Claude H. Pair

Walter W. Hinz

Crawford Reid

Kenneth R. Frost

第四版（1975 年）Claude H. Pair

Walter W. Hinz

Crawford Reid

Kenneth R. Frost

第五版（1983 年）Claude H. Pair

Walter W. Hinz

Kenneth R. Frost

Ronald E. Sneed

Thomas J. Schlitz

美国灌溉协会以及灌溉基金会的工作人员对于本书的贡献也应被我们铭记和感谢。

《灌溉技术（第六版）》编委会

Brent Q. Mecham

Eugene A. Rochester

Gene A. Ross

Ronald E. Sneed

目　录

中文版序言

中文版前言

前言

第一章　简介 ··· 1

　第一节　美国灌溉协会的培训历史 ····························· 2

　第二节　灌溉方式的改变 ··· 2

　第三节　水质 ··· 2

　第四节　用水和用电 ·· 3

　第五节　英制和公制单位说明 ··································· 3

　第六节　符号的使用 ·· 3

第二章　灌溉系统概述 ·· 4

　第一节　农业灌溉系统 ··· 4

　第二节　园林灌溉系统 ··· 13

　参考文献 ·· 17

第三章　土壤-水-植物关系 ······································· 19

　第一节　土壤的形成及变迁 ····································· 19

　第二节　土壤物理特性 ··· 23

　第三节　Russell 描述的 12 种土壤质地分类 ············· 25

　第四节　土壤水分运动 ··· 42

　第五节　作物吸收土壤水 ·· 54

　参考文献 ·· 57

第四章　灌溉系统规划设计概述 ································· 60

　第一节　规划 ··· 60

　第二节　灌溉系统设计要考虑的因素 ·························· 61

　第三节　农业灌溉系统设计要专门考虑的因素 ·············· 64

　第四节　园林灌溉系统设计要专门考虑的因素 ·············· 65

　第五节　灌溉系统设计步骤 ····································· 67

第五章　灌溉需水量 ··· 70
　　第一节　灌溉需水量 ··· 71
　　第二节　参考作物腾发量 ··· 72
　　第三节　作物腾发量计算 ··· 84
　　第四节　园林植物的腾发系数 ·· 118
　　第五节　由覆盖系数估算 K_c ·· 126
　　第六节　覆盖物对 K_c 的影响 ·· 126
　　第七节　灌溉系统类型对作物耗水的影响 ·· 127
　　第八节　其他需水 ··· 128
　　第九节　设计要求 ··· 134
　　第十节　年灌溉需水量 ·· 137
　　参考文献 ·· 137

第六章　灌溉供水 ··· 143
　　第一节　水分配法律法规 ·· 143
　　第二节　水文循环 ··· 145
　　第三节　水源 ·· 146
　　第四节　水文平衡计算 ·· 151
　　第五节　出水量测试 ·· 155
　　第六节　灌溉水源水质 ·· 158
　　第七节　水处理 ··· 162
　　第八节　供水系统开发 ·· 168
　　第九节　地表水源开发 ·· 172
　　参考文献 ·· 172

第七章　灌溉系统水力学 ·· 173
　　第一节　压力 ·· 173
　　第二节　水力学基本原理 ·· 176
　　第三节　明渠中的流动和摩擦 ·· 181
　　第四节　管道中的流动和摩擦 ·· 183
　　第五节　喷头流量和压力之间的关系 ·· 205
　　第六节　确保良好水力性能的系统设计 ·· 207
　　参考文献 ·· 222

第八章　灌溉泵站 ··· 225
　　第一节　水泵基础知识 ·· 225
　　第二节　水泵类型 ··· 226
　　第三节　水泵性能参数 ·· 233
　　第四节　水泵性能曲线、系统性能曲线和水泵选择 ···································· 242
　　第五节　水泵相似定律 ·· 250

　　第六节　多台机组泵站 ·························· 251

　　第七节　动力机 ························· 253

　　第八节　自动化 ························· 263

　　第九节　泵站设计 ························· 266

　　第十节　水泵的运行和维护 ·························· 269

　　第十一节　水泵测试 ·························· 270

　　第十二节　灌溉泵站成本 ·························· 273

　　参考文献 ·························· 275

第九章　输配水系统组成部件 ·························· 277

　　第一节　管道 ·························· 277

　　第二节　系统隔离阀 ·························· 287

　　第三节　镇墩 ·························· 289

　　第四节　水表 ·························· 290

　　第五节　防回流装置 ·························· 290

　　第六节　控制阀 ·························· 292

　　第七节　设备安装 ·························· 293

　　参考文献 ·························· 294

第十章　喷头基础知识 ·························· 295

　　第一节　喷头类型 ·························· 295

　　第二节　喷头材料 ·························· 296

　　第三节　园林和高尔夫球场用喷头 ·························· 296

　　第四节　微灌灌水器 ·························· 304

　　第五节　农业用喷头 ·························· 305

　　第六节　灌溉方式和喷头的选择 ·························· 307

　　第七节　喷头的布置或安装 ·························· 309

　　第八节　均匀性和利用率 ·························· 311

　　第九节　结论 ·························· 312

　　参考文献 ·························· 312

第十一章　微灌系统基础知识 ·························· 313

　　第一节　定义和原理 ·························· 313

　　第二节　微灌的特有要素 ·························· 320

　　第三节　滴头堵塞问题 ·························· 326

　　第四节　盐分管理 ·························· 329

　　第五节　蚁害 ·························· 330

　　第六节　动物破坏 ·························· 330

　　第七节　PE 管老化 ·························· 330

　　第八节　设备选型 ·························· 332

第九节 安装、管理和维护 ……………………………………………… 359
第十节 结语 …………………………………………………………… 365
参考文献 ……………………………………………………………… 365

第十二章 灌溉系统电气 ……………………………………………… 366
第一节 市场分类 ……………………………………………………… 366
第二节 电气安全——标准和规范 …………………………………… 368
第三节 灌溉系统中的电气元件 ……………………………………… 369
第四节 电线和接线实践 ……………………………………………… 374
第五节 确定导线尺寸的方法和电压降的计算 ……………………… 379
第六节 保护设备免受电力浪涌危害 ………………………………… 386
第七节 接地理论 ……………………………………………………… 389
第八节 接地网设计与安装 …………………………………………… 392
第九节 灌溉设备接地实例 …………………………………………… 395
参考文献 ……………………………………………………………… 398

第十三章 灌溉制度制定 ……………………………………………… 399
第一节 问题一：灌溉延续时间或灌水深度是否要变化？ ……… 401
第二节 制定灌溉制度的主要方法 …………………………………… 402
第三节 基于土壤水分状态制定灌溉制度 …………………………… 409
第四节 基于植物表现制定灌溉制度 ………………………………… 424
第五节 气象因素法制定灌溉制度 …………………………………… 426
第六节 园林植物的灌溉制度制定 …………………………………… 444
参考文献 ……………………………………………………………… 452

第十四章 灌溉系统性能审验 ………………………………………… 456
第一节 园林景观灌溉系统性能审验 ………………………………… 457
第二节 农业灌溉系统的性能审验 …………………………………… 471
第三节 评估水泵站的效率 …………………………………………… 483
参考文献 ……………………………………………………………… 484

第十五章 灌溉经济分析基础知识 …………………………………… 486
第一节 初始成本 ……………………………………………………… 486
第二节 货币的时间价值 ……………………………………………… 487
第三节 年运行成本 …………………………………………………… 489
参考文献 ……………………………………………………………… 495

第十六章 水资源管理和环境的保护 ………………………………… 496
第一节 水资源管理及水资源利用率 ………………………………… 496
第二节 水资源管理规划 ……………………………………………… 499
第三节 系统设计 ……………………………………………………… 501

第四节　水资源管理审验 ………………………………………………… 502

第五节　水资源管理措施 …………………………………………………… 502

第六节　水资源管理措施案例分析 ………………………………………… 503

第七节　总结 ………………………………………………………………… 505

参考文献 ……………………………………………………………………… 506

第十七章　灌溉设备采购和服务承包 ……………………………………… 508

第一节　承包用语 …………………………………………………………… 509

第二节　专业及技术性服务采购协议 ……………………………………… 509

第三节　承包灌溉工程的设备供给和安装 ………………………………… 514

第十八章　灌溉田间排水 …………………………………………………… 520

第一节　排水需求 …………………………………………………………… 521

第二节　排水系统设计 ……………………………………………………… 522

第三节　水质影响 …………………………………………………………… 526

第四节　排水系统管理 ……………………………………………………… 527

第五节　结论 ………………………………………………………………… 528

参考文献 ……………………………………………………………………… 528

第十九章　地面灌溉 ………………………………………………………… 531

第一节　地面灌溉的演变 …………………………………………………… 532

第二节　地面灌溉类型 ……………………………………………………… 533

第三节　地面灌溉系统组成 ………………………………………………… 536

第四节　地面灌溉规划设计 ………………………………………………… 541

第五节　地面灌溉设计及管理 ……………………………………………… 543

第六节　地面灌溉设计 ……………………………………………………… 548

第七节　监测与维护 ………………………………………………………… 562

参考文献 ……………………………………………………………………… 564

第二十章　微灌在农业上的应用 …………………………………………… 567

第一节　主要作物和微灌系统类型 ………………………………………… 568

第二节　微灌市场 …………………………………………………………… 570

第三节　农业微灌系统的特点 ……………………………………………… 572

第四节　微灌在农业应用上的收益及挑战 ………………………………… 572

第五节　微灌对农作物的适应性 …………………………………………… 577

第六节　微灌在一季垄作作物上的应用 …………………………………… 579

第七节　微灌在多年生作物灌溉上的应用 ………………………………… 585

第八节　多年生作物的微喷灌 ……………………………………………… 588

第九节　农业微灌水泵和过滤器站 ………………………………………… 591

第十节　水处理 ……………………………………………………………… 593

第十一节　微灌施肥 ……………………………………………………………… 597

第十二节　水和肥料 ……………………………………………………………… 598

第十三节　微灌自动化控制和灌溉管理设备 …………………………………… 599

参考文献 …………………………………………………………………………… 601

第二十一章　农业喷灌系统 ……………………………………………………… 602

第一节　喷灌系统规划 …………………………………………………………… 604

第二节　定喷式喷灌系统 ………………………………………………………… 609

第三节　行喷式喷灌系统 ………………………………………………………… 616

第四节　结束语 …………………………………………………………………… 633

参考文献 …………………………………………………………………………… 633

第二十二章　温室与苗圃灌溉 …………………………………………………… 634

第一节　温室和苗圃产品概述 …………………………………………………… 635

第二节　温室灌溉 ………………………………………………………………… 637

第三节　育苗繁殖灌溉系统 ……………………………………………………… 643

第四节　苗圃灌溉 ………………………………………………………………… 645

第五节　灌溉系统设计注意事项 ………………………………………………… 646

第六节　灌溉管理方法 …………………………………………………………… 648

第七节　灌溉制度制定技术 ……………………………………………………… 649

第八节　改善灌溉管理和效率 …………………………………………………… 650

第九节　供水和水质 ……………………………………………………………… 657

参考文献 …………………………………………………………………………… 665

第二十三章　园林灌溉 …………………………………………………………… 667

第一节　园林灌溉水源 …………………………………………………………… 668

第二节　喷头布置 ………………………………………………………………… 670

第三节　喷头分区 ………………………………………………………………… 677

第四节　控制系统 ………………………………………………………………… 681

第五节　管网系统 ………………………………………………………………… 682

第六节　电控系统 ………………………………………………………………… 683

第七节　两线解码器系统 ………………………………………………………… 684

第八节　人工草坪喷淋系统 ……………………………………………………… 684

第九节　微灌系统 ………………………………………………………………… 685

第二十四章　微灌在园林上的应用 ……………………………………………… 686

第一节　园林微灌设计理念 ……………………………………………………… 686

第二节　微灌系统设计原理 ……………………………………………………… 687

第三节　安装与维护 ……………………………………………………………… 695

参考文献 …………………………………………………………………………… 698

第二十五章　高尔夫球场灌溉 ································· 700
　第一节　高尔夫球场灌溉系统的特点 ························ 701
　第二节　供水 ·· 702
　第三节　需水量 ··· 705
　第四节　储水量和补水流量 ······························· 705
　第五节　泵站 ·· 706
　第六节　高尔夫球场灌溉系统中的管道、管件和阀门 ············ 711
　第七节　喷头 ·· 716
　第八节　灌溉控制系统 ···································· 718
　第九节　防电涌和防雷击设备 ······························ 721
　第十节　高尔夫灌溉系统中的电路 ·························· 723
　第十一节　高尔夫球场灌溉系统的设计 ······················ 724
　第十二节　电控系统 ····································· 730
　第十三节　高尔夫球场灌溉系统的安装 ······················ 733
　第十四节　运行和维护 ···································· 737
　第十五节　灌溉制度和用水管理 ···························· 738
　参考文献 ··· 741

第二十六章　园林灌溉系统施工安装 ·························· 742
　第一节　取水首部 ······································ 742
　第二节　防回流装置 ····································· 745
　第三节　管道安装 ······································ 746
　第四节　电线安装 ······································ 750
　第五节　管道和线缆的安装方法 ···························· 752
　第六节　阀门安装 ······································ 753
　第七节　喷头安装 ······································ 756
　第八节　灌溉控制设备安装 ································· 757
　第九节　传感器安装 ····································· 759
　第十节　安装要点总结 ···································· 760
　参考文献 ··· 760

附录 ··· 761

第一章　简介

作者：LaVerne E. Stetson

编译：张骥

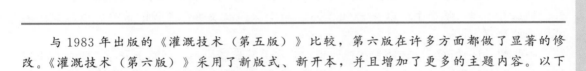

　　与 1983 年出版的《灌溉技术（第五版）》比较，第六版在许多方面都做了显著的修改。《灌溉技术（第六版）》采用了新版式、新开本，并且增加了更多的主题内容。以下是《灌溉技术（第六版）》中的一些主要变化：

　　（1）涵盖了灌溉领域的所有方面，从微灌到喷灌再到地面灌溉。在这里我们使用"微灌"一词来替代之前使用的"滴灌"和"细流灌"。相较于"滴灌"和"细流灌"，"微灌"是一个更为广泛的概念。如今在美国灌溉协会的出版物中都使用"微灌"这一概念。

　　（2）增加了大量景观和园林灌溉方面的内容，包括喷灌及滴灌的原理、应用及设备。

　　（3）新增了"水资源管理和环境保护""灌溉田间排水""温室和苗圃灌溉""灌溉系统性能审验"以及"灌溉制度制定"等章。

　　（4）节水和节能是全书始终强调的重点。

　　（5）在许多章节都涵盖了有关水质问题的思考及处理的方法。

　　（6）为了保证信息的时效性，本版删去了附录。术语词汇表和管道摩阻损失表都可以通过美国灌溉协会或者灌溉基金会的网站在线查询。其他一些相关的参考资料也可以在上述网站中找到。

　　（7）修改并更新了第五版中有关材料的内容。

　　（8）每一章都有一到两个作者，并且大部分都不是第五版中的作者。每一章的信息都力求呈现给读者有关灌溉技术背景以及实际应用范例的内容。

　　随着灌溉产品在全世界范围内被广泛的生产和使用，灌溉行业已经越来越全球化。鉴于此，《灌溉技术（第六版）》力求为灌溉从业者提供有价值的培训指导。本书针对的读者包括生产商、经销商、工程承包商和施工技术人员；政府官员、教育机构以及灌溉设备用户（包括农民、家庭、高尔夫球场经营者、公园和娱乐场所经营者以及商业设施及园林景观的管理者）。

第一节　美国灌溉协会的培训历史

从 20 世纪 50 年代初期，美国灌溉协会开始举办灌溉技术大会，并通过论坛来发表灌溉技术类论文。其中大部分论文都以会议论文集中形式公开出版。70 年代末，美国灌溉协会举办了会期为 2～3 天的关于中心支轴式喷灌机原理及应用的研讨会。

到了 90 年代初期，美国灌溉协会开始举办一些独立的培训班，进而发展到时长从半天到两天不等的培训课程。课程中包括学员培训手册和 PPT 演示。到了 2010 年，培训课程增加到 25 门。2009 年，美国灌溉协会引进了两门经过修改并附带全新学员手册和 PPT 演示的课程，2010 年又修改了另外两门课程。通常美国灌溉协会每年都会修改 2～3 门课程。如果课程内容变动较大，那么这门课程的名字就会更改。课程的内容、培训手册以及 PPT 演示版权都归美国灌溉协会所有，但美国灌溉协会可以授权任何讲师使用。在培训课程中使用培训手册的授课老师必须持有美国灌溉协会颁发的执照。

进入 2000 年后，美国灌溉协会开发出灌溉培训课件，这些课件最初是为大学院系设计用来提高灌溉领域教学质量的。任何对于灌溉培训感兴趣的人都可以购买这些课件。课件包括讲师手册、学员手册以及 PPT 演示。教学课件以及听讲课程的价格可以从美国灌溉协会处获得。

一些教学课件已经被转换为在线课程，并在美国灌溉协会的网站上发布。学员在决定是否上课之前可以先参考课程目录。根据学员的需求以及资金情况，美国灌溉协会将会持续开发更多的在线课程。《灌溉技术（第六版）》将作为美国灌溉协会所有培训课程的重要文献资料。

第二节　灌溉方式的改变

在过去的几年中，一个总体的趋势是越来越多的土地采用微灌以及喷灌作为灌溉方式，而采用地面灌溉的土地则越来越少。在《灌溉技术（第六版）》中很多章节都详细讨论了这一趋势的具体细节。由于地面灌溉能够采用较少的设备浇灌大量的土地，因此在世界范围内依然是主要的灌溉方式。但是，由于未来可利用的灌溉水量有限，因此在这一版中我们反复讨论了有关更高的灌水均匀度以及灌溉水利用率的相关问题。那些可以用来提高喷灌机、漫灌或者微灌系统均匀度和效率的新型材料、设备、控制以及管理工具将被着重讨论。在《灌溉技术（第六版）》中所采用的原理、方法以及设备能够有效地缓解水资源供给矛盾，从而能有效提高灌溉水生产效率。

第三节　水　　质

本书中的许多章节都讨论了有关水质以及如何通过水处理的方法来提高水质。第六章和第十九章主要讨论了与水中含盐量相关的问题以及处理的方法。第十一、第二十章以及第二十二章中讨论了有关水质问题以及处理微灌系统中各种化学物质和沉积物的必要性。

在上述章节中也论述了过滤的方法。随着微灌系统被越来越多地认可和使用，研发能够提供优质灌溉水源的设备和方法变得尤为重要。

第四节　用水和用电

在这一版中，一个贯穿始终的主题就是：为读者介绍提高灌溉系统用水效率和用电效率的方法和材料。合理有效地用水和用电，可以避免制定出难于普遍推行的法规。依据项目区实际条件（条件优良或条件特殊）合理设计、安装的灌溉系统，其用水效率和用电效率更高。

第五节　英制和公制单位说明

本书原版主要使用英制单位，同时也在括号中注明相应的公制单位。也有一些例外，例如一些灌溉制度中的通用单位是公制，或者原作者在文章或示例中坚持使用公制。与此类似，也有一些在书中以及计算中只使用英制的情况。为了方便公制用户在建造灌溉系统时使用标准值而不用增加小数，在本书的示例中如果使用公制尺寸，比如30in行距，转换成米制为9m，而不是实际精确值9.1m。

第六节　符　号　的　使　用

符号"/"在其他一些出版物中被当作除号使用。在本书中用"÷"代替"/"作为除号使用。在公式中本书用水平的横线来分割数字或变量。

符号"×"用来表示乘法运算，在极其特别的情况下，有的公式中可能用字母x表示变量，但当作为变量使用时x的字体和位置都会有所区别。

第二章　灌溉系统概述

作者：Jackie W. D. Robbins and
Brian E. Vinchesi

编译：张骥

本章为读者提供不同灌溉系统的概述，主要介绍了各种应用于农业（包括林果业）和园林的灌溉设备和技术，并介绍了他们在应用以及技术上的特点、性能以及缺陷。农业灌溉方法包括地面灌溉、微灌、喷灌以及地下灌溉。园林灌溉可以归纳为庭院及小型商业灌溉、大型商业灌溉、运动场灌溉、高尔夫球场灌溉以及微灌。每一类都包含多种不同种类的灌溉系统。本章将会着重描述主要灌溉系统中的设备、设计以及灌溉系统的管理。

第一节　农业灌溉系统

Hoffman（2007）总结了农业灌溉的历史和趋势。世界上所有耕地中，有大约 20% 约为 $280 \times 10^6 hm^2$ 是灌溉农业。这 20% 的灌溉耕地为我们产出了 40% 的粮食和纤维。在总的灌溉耕地面积中，印度和中国各占 20%；美国居第三，约占 8%，约为 $22 \times 10^6 hm^2$。虽然灌溉耕地面积大概仅占美国所有生产耕地面积的 18%，但产值却占美国所有耕地产值的一半。

一、地面灌溉

地面灌溉通常采用渠系或者管网将水输送到田间，再利用灌水沟或畦田将水分布到整个灌溉区域。地面灌溉系统通常依靠重力、地形以及土壤的物理属性来控制水的分布和入渗。地面灌溉一般需要土地精耕（即平整土地或筑成梯田），这通常需要依靠大型拖拉机牵引的激光平地机来完成（参见图 19 - 1）。

在美国有将近 40% 的灌溉耕地采用地面灌溉，但总体呈减少的趋势（如图 21 - 1 所示）。在 1998—2008 年的 10 年间，美国所有耕地中采用地面灌溉的土地面积减少了约 10.9％；该数据表明，美国采用地面灌溉的耕地在这 10 年间总共减少了约五分之一（USDA – NASS，2003，2009）。

地面灌溉被广泛地运用于种植农作物，特别是在平整、坡度较缓的耕地中。淹灌主要用于种植水稻和木本科作物。沟渠灌溉则广泛地应用于行栽作物，但并不适用于需要使用农用机械的沟渠。

（一）淹灌

淹灌有许多别名，例如分畦灌溉、围畦灌溉、平畦灌溉等。水通过沟渠被输送到一个由土堤围成的田块内，田块水面完全水平。田块的底部可以是平的，隆起的，或者是嵌入河床的，这取决于作物种类和栽培措施。水田不一定是规则的四边形，边也不一定是直的，并且水田的边界并不是永久性的。

影响水田大小的因素有水的流量、地形、土壤的物理性质以及坡度。当灌溉水源流量充足，并且土地均一性较好时，淹灌是最有效的。将水注满水田的时间决定了灌水均匀度。当水迅速地在田块中分布均匀，那么对于田块任何一点来说，灌溉水入渗的时间几乎相等。

高效和高均匀度是可以通过较低的劳动力和管理成本实现的。淹灌其实非常简单：将一定量的水按作物需求一次次地输送给作物，并且这个过程可以通过自动化来实现。

（二）畦灌

畦灌与淹灌相似，只不过在田块或条田的一个方向有坡度。耕地被规划成在宽度方向水平、沿长度方向有坡度的畦田。这些畦田的边界用土构筑成田埂。通常情况下，水通过地埋管道输送到条田，再通过灌溉阀输送到条田高程较高的一端，然后水沿着坡面向下流动。一段时间后关闭水源，水在入渗前（即所有地方都已经有水而水尚未渗入土壤前的过渡期）继续向条田的下坡方向流动。畦埂不一定是直的，但在整个长度方向上畦田的宽度通常都相等。

畦灌是最复杂的灌溉方式之一。其最主要的设计因素有畦田的长度和坡度，单位宽度灌溉水流量，灌溉时土壤含水量与设计含水量的差值，土壤入渗率，以及当水向畦下流时作物对水的阻力，另外也受地形条件的影响。

理论上这种灌溉方式也可以达到高效和高均匀度，但实践中常常达不到。由于很难平衡灌溉水沿畦田分布和入渗，并且田间条件变化很大，使得这种灌溉方式需要精细的管理措施。因此灌溉者对于这种灌溉方式的效果起着很大的作用。

（三）沟灌

灌水沟通常是指在田间作物行间或行上开挖的具有一定坡度的渠沟。水采用以下方式输送到灌水沟高程较高的一端：①通过虹吸管从明渠中取水；②通过连接铝合金管或PVC 管上的阀门；③通过沟灌管道上在大约"两点钟位置"开出的小孔（例如 19mm）（见图 2 – 1）。沟灌管是一条长度较长（例如 400m）、大直径（例如 380mm）、薄壁（例如 0.25mm）的可折叠聚乙烯（PE）管，通常称为软带或聚乙烯管。沟灌管价格低，并且通常使用一季后可回收利用。滑动阀门用来调节脊管（铝合金或 PVC）和沟灌管（某些情况下）上的开口的大小，从而控制输送到灌水沟中的水量大小。

图 2-1　沟灌管接近两点钟方向上的出水孔，用于浇灌玉米

　　入渗会通过灌水沟的湿润锋同时在水平和垂直方向产生。设计时需要考虑的因素有：灌水沟的形状、行距、坡度以及长度。灌水沟长度主要取决于土壤的入渗率以及灌溉水流量。在灌溉初期，需要较大的流量使水能够尽快地沿着灌水沟向下流动，从而让灌水沟不同位置获得尽量相同的入渗时间。除非通过闸门来减少水流向灌水沟末端的流量，否则势必会产生尾水。

　　当灌溉水流量较大的时候，需在灌水沟高程较高的一端采取控制侵蚀的措施。决定灌水沟允许长度的可能是土壤的侵蚀率而不是流量。这种情况主要发生在土壤入渗率低且降水量大的区域，因为在灌水沟末端产生的地表径流的流量会非常大。

　　同一灌水沟内以及不同灌水沟之间的入渗速率差别较大。即便是土壤非常的均匀，不同的栽培技术也会大大影响土壤入渗率。例如，由于农业机械化操作，受到机械轮子压实作用的影响，土壤入渗速率会显著降低。同样，新灌水沟的入渗速率会远高于已经灌过水的灌水沟。事实上，这种经过灌溉后，灌水沟土壤入渗率降低的现象被应用到波涌灌溉中，来提高灌水沟的灌溉均匀度。

　　在波涌灌溉中，水以一连串波涌的形式灌到灌水沟中，而不是一次性连续施灌。在第一波波涌和之后的每一波连续波涌期间，可使水在灌水沟中向下游推进一段距离。在各波涌之间，水入渗到土壤内部，留下平滑、严实的表面，供下一波波涌通过。利用每一波连续波涌，可提高灌溉水向下游的推进速度，从而提高灌水均匀度。

　　由于沟灌的特点和有关参数（尾水回流管理）是可控的，当土壤均匀度和地形问题得到适当的解决后，沟灌理论上可适用于任何情况。沟灌可以实现高均匀度和高效率的灌溉。然而，即便是一个设计精良的系统，不当的管理和操作也会大大降低系统的性能。

　　（四）地面灌溉优点及局限性

　　地面灌溉可以非常节省能源。在灌溉区域中并不需要电能将灌溉水分布到所有需要灌溉的土地。只有当平整土地以及挖畦或犁沟的时候需要耗费电能。另外就是用泵抽水的时候需要耗费电能。使用尾水回流系统需要用泵抽水。当需要大量抽水的时候，实现灌溉的高效率可以非常省电。

　　任何一种地面灌溉方式都可以实现高效灌溉，特别是淹灌。如果操作正确，除了入渗速率特别高的土壤外，淹灌的效率可以达到 80％～90％。畦灌和沟灌的效率可以达到 70％～85％。在畦灌和沟灌中，会使用尾水回收系统来实现水的高利用率。在粗质土壤中，水流入灌溉区域的最大距离一般不超过 300ft（90m），而在细质土壤中该距离应不超过 1300ft（400m）。有陡坡以及不规则地形的田地会增加平整土地的成本，应减少水田以及沟畦的面积，缩减沟畦以及犁沟系统的长度。深度平整土地会使非耕作层土壤暴露出来，从而需要特殊的施肥管理。

在所有地面灌溉方式中，淹灌需要的劳动力最少，特别是当使用自动化控制系统的时候。而对于工序复杂的畦灌以及相对简单些的沟灌，则需要具备高素质的灌溉人员来实现高效灌溉。例如在犁沟管上钻孔来达到需要的流量，在硬管上调节阀门开合的大小，以及在水渠上设置虹吸管这样的技术都需要灌溉人员熟练地学习掌握。

尽管在所有形式的灌溉中都应考虑地表及地下排水，在地面灌溉系统中的排水尤为重要。雨季来临时，在没有坡度或坡度较缓的耕地中排除多余的水，对于消除或减轻其对作物的渍害，以及可行的栽培技术的使用尤为重要。

由于在淹灌中，土壤中的水可以被保持相当长的一段时间，因此这种方式特别适用于淋洗土壤中的盐分从而改良土壤。畦灌和沟灌在土壤改良方面没有这么好的效果。但是，在正常运行条件下，所有类型的地面灌溉方式，都可通过淋洗作用控制土壤含盐量。

二、微灌

微灌是一种固定式的灌溉，也就是将设备铺设在田间，不用移动任何设备就可以灌溉整个区域。微灌系统具有相对低的工作压力、灌水强度较低、灌溉周期短以及灌水位置精确等特点。微灌系统通过密布着分散出水孔的 PE 管将水和营养输送到表层和深层土壤。一个完整的微灌系统包括水泵、过滤器、施肥（药）器、输水管道以及控制和检测设备等（见图 2－2）。

微灌系统主要优点是可频繁灌水，并且在灌溉期间可以继续进行田间作业。因此在任何时间，作物根系区域的土壤湿度能够保持在一个理想的水平，因此作物遭受水分胁迫的可

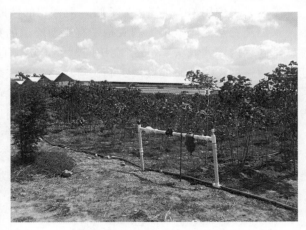

图 2－2　木瓜微灌系统中的控制设备、首部以及支管

能性最小，并且增加作物产量和提高作物品质。微灌系统的另一个优势是尽可能地减少或者根本不需要湿润土壤或作物的表面。

截至 2008 年，美国使用微灌系统的土地占总的灌溉土地面积的比例持续增长，达到 6.6％（见表 21－1）。微灌系统使用滴灌带、滴头或微喷设备作为灌水器。

（一）滴灌带

滴灌带是一种相对造价较低、壁厚薄、扁平、自带具有一定间距的内镶式滴头的塑料

管。滴灌带的常见直径有 16mm、22mm、35mm。滴灌带被广泛地应用于灌溉蔬菜以及其他行栽作物。滴灌带通常被安装在土壤表面或埋在土壤中。当应用于蔬菜时，滴灌带通常被埋在土壤表层，被塑料膜覆盖（见图 2-3）。在地下滴灌系统（SDI）中，滴灌带通常被埋在耕作层下。某些滴灌带适用于多年生植物。某些滴灌带具有压力补偿功能，但大部分滴灌带并不具备。滴灌带可以在多个耕种季节回收使用，但通常一旦从田间回收就丢弃不再使用了。

图 2-3　正在塑料膜下铺设滴灌管

滴灌带的入水口压力通常在 100kPa。水通过内滴头，沿着滴灌带内壁缓慢地、一滴一滴地流动。常见的出水口间距范围是 100～600mm，其中 300mm 最为常用。为了适应不同的作物、地形以及地势，滴灌带的壁厚通常在 0.10～0.64mm。滴头流量范围通常在 0.3～3.6L/h，滴灌带直径范围在 16～35mm。大直径的滴灌带可铺设长达 1.3km 甚至更长。

（二）滴灌管和滴头

滴灌系统使用 PE 软管作为毛管，最常用的壁厚约为 1.27mm，直径为 20mm 或者更小。水经滴头从毛管流出。滴头是带有小型流道的独立灌水器。滴头在生产滴灌带时被置于软管内（内镶式滴头），或者在田间被置于软管上（管上式滴头）。管上式滴头能够准确地将水输送到需要灌溉的区域。滴头可以直接被安装在软管上，也可安装在从毛管引出的一根小直径转接管上。内镶式滴头在软管被挤压成型并按照一定的间距布置。这样可以节省在田间的劳动力，并且不会因为暴露在外而被损坏。

滴头有不同的灌水精度、耐久性、尺寸以及出流方式。其流量最高可达 25L/h。通常管上式滴头的流量为 8L/h 或者更小，而内镶式滴头的流量为 4L/h 或者更小。滴头的理想特性包括具有大而弯曲的流道以及水以紊流运动。其他的特点包括自动冲洗、压力补偿、倒虹吸以及无渗漏（在低压时保持关闭）。

（三）涌泉头

涌泉头是微灌系统中的一种灌水器装置，它将水以一定的流量（通常超过土壤入渗速率）流向地表，这样水就可以在地表形成一个小水坑。涌泉灌系统通常包括一个由土筑成的蓄水池，围绕着树或者作物，用来控制倾注水的分布。因此，涌泉灌溉也可被视为一种微型淹灌。通常在不频繁的灌溉时（一周一次）使用涌泉灌溉。涌泉灌溉是一种既经济又高效的灌溉。

（四）微喷头

微喷头通常包括小型旋转喷头、射流喷头、喷雾头和迷你喷头。通常微喷系统的流量小于 4L/min，喷洒半径最多可达 6m。微喷头有许多喷洒模式可选，可以控制水流和水滴的大小等。有些微喷头可以根据需要调整流量、喷洒模式以及喷洒半径，例如有些微喷头贴有突出物，当作物小的时候用于限制喷洒半径；当作物长大时，撕下突出物使喷洒半径增加。有些喷头在不使用时会关闭出水口来防止昆虫。有些则带有流量调节或压力补偿功能。

（五）微灌的优点与局限性

微灌系统非常适用于树木、藤蔓以及行栽作物。使用微灌系统使土壤在任何时刻都保持理想的湿度。并且使用微灌系统还可以将水送到植物最需要的部位，而不是灌溉整片区域。即便是应用在经济价值较低的作物，例如矮秆谷物或者牧草。滴灌系统通常比较经济，特别是当地下灌溉（SDI）系统使用滴灌管的时候（见图2-4）。

通过对微灌系统设备的类型、特点以及材料的分析，不难看出微灌系统可以满足任何地形、土壤以及作物的需要。有些微灌系统甚至能够应用于特别陡峭的地形。有些可应用于特别黏重的土壤并且不会造成积水、田间径流和土壤侵蚀以及土壤曝气等问题。当应用在砂质土壤中，水的

图2-4　地下滴灌系统铺设滴灌管

横向运动有限时，使用小流量滴头的微灌系统会非常的经济。将微灌系统应用于有一定含盐量的水或者土壤时也会很有效，虽然可能需要运用一些特别的操作技术。盐分通常会集中在润湿土壤的周围，如果灌溉间隙过长或者下一场小雨，盐会被带回作物的根系区域。在年降雨量不足以清除作物根系盐分的区域，使用补偿式滴头或者地表灌溉系统来洗掉盐分是非常适合的。

由于微灌系统通常都在相对低的流量下操作，其灌水器装置的流道开口都很小，因此很容易堵塞。虽然灌水器的易堵塞度根据不同的类型和设计而变化，但都会堵塞，并且也都能通过操作而解决。就像任何电力系统都需要保险丝（保护电路），所有的微灌系统都需要水处理。大部分的微灌系统都会从频繁的支管冲洗中受益。

合理设计、安装和维护的微灌系统会非常高效。通常设计效率范围会达到90%～95%。在合理的操作和维护下，田间效率会达到80%～90%。然而如果灌水器出现堵塞，或者灌水器的灌水效率不稳定，田间效率会低至60%以下。低效并不常见，除非出现类似严重堵塞或者害虫蛀咬这样的问题。

微灌系统中主要的劳动力成本是系统管理、监测和维护，而不是操作。微灌系统的手工操作非常简单，但通常是自动的。微灌系统需要自动化来完成长时间、高频次的操作。如果系统是按照尽可能节省经济进行的设计，那么微灌系统通常会昼夜不间断地运行。

相较于其他加压式的灌溉方式，微灌系统通常会很节能。当喷洒装置应用于农业灌溉时，通常在低压35～172kPa下操作；而当应用于园林灌溉时的作业压力通常为69～345kPa。当出现压力损失时，需通过控制首部（过滤器、阀门）以及管网系统提供额外的压力进行压力补偿，但不包括高程水头，系统的总动水头通常小于200kPa。

三、喷灌

喷灌系统使用管网将有压的水传输到灌水器装置（喷头），然后将水洒到空中再落下，犹如人工降雨。基础的喷灌系统包括加压水源、一条主管网、干管、带有阀门以及其他控制装置的支管以及喷头。喷灌系统通常分为固定式喷灌系统或移动式喷灌系统，这取决于输水支管（以及喷头的位置）是固定的还是移动的。如图 21-1 所示，在美国所有的灌溉土地中，有 54.3% 都使用喷灌。

（一）人工拆移式喷灌系统

人工拆移式喷灌系统通常使用带有接头的铝合金管作为支管。灌水器或喷头安装在沿支管的竖管上，并按一定间距布置。灌完一个轮灌区后，排净支管里的水，拆开接头，人工将其移动到下一个需要灌溉的轮灌区。每个轮灌区分配的时长一般不超过一天，例如4h、6h、8h 或 12h。通常需要使用一组备份支管，以便一个轮灌区正在灌水作业时，可将其移动到下一个轮灌区。人工拆移式喷灌系统广泛应用于补充灌溉和仅当需要时灌溉的场合。该喷灌系统初期投资低，但需要大量的劳动力。无论土壤性质和地块坡度如何，该喷灌系统对于所有田间条件和作物，都能实现很高的灌溉水利用率和灌水均匀度。

图 2-5　在土豆种植中应用滚移式喷灌机

（二）滚移式喷灌系统

滚移式喷灌机与人工拆移喷灌系统相似，不同点在于前者的支管在轮灌区之间周期性的移动由机械完成，因而减少了劳动力。一台滚移式喷灌机使用多根高强度铝合金管，并连接成设计长度的支管（见图 2-5 和图 21-8）。另外，这根支管也作为滚轮的轴。需要选择滚轮高度，以便移动机组时轮轴能越过作物。配套动力通常为风冷汽油机的驱动车，放置在支管的一端或中间，通过滚动轮子，使机组在垂直于支管的方向移动，从一个灌水位置移动到另一个位置。一根柔性软管将水从有压水源输送到支管。大多数情况下，使用喷头矫正器和压力调节器将喷头安装在支管上。防风支杆很重要，它能防止机组不会被大风吹歪并受到损害。

滚移式喷管机组特别适用于没有障碍物的矩形地块。它的基础投资和劳动力需求都适中。

（三）固定式喷灌系统

固定式喷灌系统的概念与人工拆移式相似，不同点在于前者将材料和设备铺设在田间，从而不需要移动任何东西就可浇灌整块地块（见图 21-7）。使用阀门将水直接输送到需要的轮灌区。非永久性固定式喷灌系统通常在耕种季节初期（栽种之后）铺设在田间，直到灌溉季末期（收获之前）才移走。永久性固定式喷灌系统的组成部件永远不移动，并且通常使用地埋式 PVC 管作为干管和支管。

固定式喷灌系统需要很高的初期投资，但劳动力需求很少。该喷灌系统通常用于灌溉经济作物（例如果园和苗圃）、环境控制（例如防霜冻和湿甲板储存）和植物繁育（例如花园和温室）。该喷灌系统可连续自动运行。

（四）卷盘式喷灌机

典型的卷盘式喷灌机采用一个安装在喷头车上的大流量换向喷头（见图 2-6 和图 21-26～图 21-29）。在喷头工作的同时，喷头车被拖拽着沿田间的机行道行进，灌溉一个长方形条带或地块。水通过软管输送到喷头车，同时喷头车拖拽软管（钢索牵引或扁平软管绞盘式喷灌机）或软管拖拽喷头车（软管牵引或硬质软管绞盘式喷灌机）。通过调整喷头车的行走速度可改变喷灌机的灌水深度。

硬质软管卷盘式喷灌机利用一根圆形柔性 PE 管进行灌溉，绞盘车缠绕时开始灌水，并在灌水过程中一直缠绕。扁平软管绞盘式喷灌机已不再常用。它与硬质软管绞盘喷灌机相似，但它采用一根可折叠软管，并且

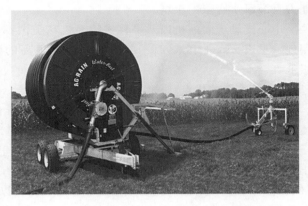

图 2-6 带有大喷枪以及扇形喷头的卷盘式喷灌机

该软管和喷头车一起由绞盘和钢索系统牵引在田间移动。由于大流量喷头的特征是水滴大、灌水强度高，因此卷盘式喷灌机特别适用于入渗速率高和蓄水能力强的土壤，以及可形成良好地表覆盖的作物。卷盘式喷灌机广泛适用于补偿性和仅当需要灌溉的场合，以及利用废水灌溉的土地。该喷灌机基础投资适中，但通常需要很高的工作压力，因此运行费用很高。该喷灌机可实现很高的灌溉水利用率，但其主要特点是对于地形具有很强的适应性，甚至能够适应不规则地块和坡地。

（五）中心支轴式喷灌机、平移式喷灌机和 LEPA

中心支轴式喷灌机系统有一根独立的支管，支管由一系列固定在轮子上的支座支撑（见图 21-24）。支座是自推式的，支管绕着中心支轴点做圆形或扇形旋转。中心支轴式喷灌机完成灌溉的时间从几小时到几天不等。

越远离中心的支座移动越快，并且灌溉的面积越大。因此喷灌水量要随着距离中心支轴距离的增加而增大，从而保证田间水量和灌溉深度的均匀。在系统的远端由于较强的喷洒强度会导致田间移位或径流。现在已经研发出各式喷头产品以及栽培技术来匹配中心支轴式喷灌机的用水需求、供水率以及土壤特性。

由于中心支轴式喷灌机灌溉的区域是圆形或者扇形，因此它灌溉不到田间的一些死角。末端喷枪和角落灌溉系统能够减小这个缺点并增加灌溉面积。中心支轴式喷灌机可以灌溉大部分的大田作物，有时也用来灌溉树木和藤蔓作物。

平移式喷灌机在结构和操作上与中心支轴式喷灌机类似，除了支管的末端都不是固定的。整个机器沿着与支管垂直的方向在田间移动。水通过一根活动的软管或通过使用机器

上的泵从沟渠中抽水输送到喷灌机。平移系统对于灌溉窄长形状的田地最有效。

现在在平移系统和中心支轴式喷灌系统中使用 LEPA（低能耗精确灌溉）来节能和节水的比重越来越高。LEPA 系统装备了滴管以及非常低压的小孔喷洒装置，将水排放到土壤表面附近或土壤表面（见表 21-16）。有些也使用摇臂式喷头、喷射器或者喷洒器，它们能够在低压下操作并仍旧可以灌溉较大的范围。LEPA 系统包括一些限制蒸发以及在需要的时候确保水位和保持水分的技术。这些技术通常会频繁的应用相对大量的水。LEPA 系统非常适用于坡度较小、表层储存能力很强或者可以变得很强的田地，以及有很强储水能力且灌溉水有限的土壤。

中心支轴式喷灌机以及平移式喷灌机在美国都很常用，覆盖了美国大概 46% 的灌溉用地（见表 21-1 和表 21-2）。它们需要很高的建设成本，但对于灌溉劳动力的需求很低。

（六）喷灌的优点和局限性

考虑到地貌、土壤以及作物的特殊性，那么所有的地形以及作物都可以用一种或几种喷灌系统来灌溉。通常来说，喷灌可以在任何能耕地上使用。一般不需要表面平整（例如土地平整）。喷灌可应用于由于太浅而不能平整的土壤，或是对于高效表层灌溉太复杂的土壤。即便其他的灌溉类型是主要的灌溉方式，有时也会因为特殊目的而添加喷灌系统（例如在种子发育期减少化肥施用量，预防霜冻，以及洗盐）。通常情况下，相较于地面灌溉系统，喷灌系统可以使用更小的流量和水从土壤中洗出盐分以达到土壤改良的目的。

喷灌系统的一个局限性是相对较高的能源消耗。能源的消耗取决于系统的应用效率和需要的操作压力，这些会由于不同的喷灌系统类型而有很大的差别。在极端的情况下，一个 LEPA 系统需要的压力不超过 100kPa。而一个软管卷盘喷灌机需要进气口压力达到 1100kPa，从而保持喷嘴的压力为 620kPa。合理安装和操作的喷灌系统可以达到很高的应用效率和均匀度。

喷灌系统的另一个局限性是由润湿全部或者大部分土壤及作物表面引起的。蒸腾量高并且农药等农用化学品会随水分损失。在喷灌过程中作物会遭受物理或化学作用而遭受叶面损伤。有些水会滞留在作物表面，既会抑制作物的生长或光合作用，也不利于农产品市场销售。

喷灌系统的劳动力需求取决于系统的自动化和机械化程度。移动式喷灌系统需要最多的劳力和最低操作技能要求。而中心支轴式和平移式喷灌系统则需要相当高的操作和维护技术，但对于劳动力的要求很低。

四、地下灌溉

地下灌溉系统是在土壤中进行灌溉，将水位保持在作物根系之下，从而让土壤水分能够通过毛细作用上升到作物的根系，来满足作物对水的需要。通常地下水位通过调节排水管或排水渠中的水位来控制。地下灌溉一般仅限于在：①相对平的地块；②含盐量低的土壤；③在耕作季节地下水位较浅的地块；④表层土壤具有很高的侧向渗透率的地块；⑤能够提供大量廉价水的地块（Hoffman 等，2007）。地下灌溉更常用于较湿润的地区。美国大约只有 0.5% 的灌溉用地使用地下灌溉（见表 21-1）。

第二节　园林灌溉系统

和农业灌溉系统相比，园林灌溉系统有很多的不同。例如：①几乎所有的园林灌溉的设施都是埋在地下的；②通常灌溉的区域很小并且形状不规则；③防止人为故意破坏以及灌溉设施露出地面是很重要的问题；④供水通常很有限并且是有加压的。

一套基本的园林灌溉系统包括管材和管件、电线和接线器、隔离阀、电磁阀、阀门箱、控制器以及不同尺寸和类型的喷头。同时还应该安装降雨关闭阀门作为基础的灌溉系统部件，但很多系统上没有安装。也可以安装一些其他的设备，例如土壤湿度感应器，流量表和感应器，以及天气感应器。草坪和园林灌溉系统可以分成如下几类：

（一）庭院和小型商业类灌溉系统

庭院及小型商业灌溉系统使用有限的水源灌溉住宅或者商业区周围相对较小的区域。系统可能只为浇灌草坪、或者草坪和灌木、或者同时浇灌草坪、灌木和花卉，这取决于居民或地产商的灌溉目的。

在一个宽不大于5m的区域，通常会使用小型埋藏式散射喷头（见图2-7）。这种喷头有多种升降高度，包括 50mm、75mm、100mm、150mm、300mm，这取决于草坪或植物的高度。这种喷头具有诸如调节压力、阻断水流以及防止低水头排水的止溢阀等功能。喷嘴可以是固定式的，也可以是可调节式的。如果是固定式的，则需要选择喷嘴的喷洒半径和弧度。固定式喷嘴的流量须与喷嘴

图2-7　弹出高度为30mm的散射喷头

喷水的喷洒扇形角成比例，因此这种喷嘴被称为匹配灌水强度喷嘴。例如一个90°的喷嘴的流量是180°喷嘴的一半，而180°喷嘴的流量则是360°喷嘴的一半。所有固定弧度喷嘴的生产商都有匹配的灌水强度喷嘴，有些覆盖了整个射程范围，而有些则只覆盖了一些特殊的射程（3m、4m或3m）。射程可以通过拧紧喷嘴上面的螺丝钉来缩小。操作压力为172～241kPa，如果是压力调节式，操作压力为207kPa。喷头的流量范围为0.4～17L/min。由于大流量和小间距，喷头有很高的降水率，范围为30～64mm/h。

对于宽度在5～10m的区域，可以安装小型旋转式喷头，或是使用带有多水束多喷射仰角（MSMT）的喷头（见图2-8）。MSMT喷嘴的射程是固定的，但可以调节喷洒扇形角。

小型旋转式喷头是齿轮驱动喷头，其喷洒扇形角可根据需要设置（30°～330°）。可从与喷头一起供应的多喷嘴架上选择喷嘴。喷嘴的选择应基于所需的射程以及可利用的压力和水量。对于需要匹配灌水强度的系统，所选喷嘴的喷洒扇形角必须能够覆盖喷头将要覆盖的角度，以及合适的流量。该喷头应在207～483kPa压力下运行，流量大约为4～21L/

13

min，灌水强度为 10～22mm/h。对于宽度为 9～14m 的庭院和小型园林灌溉系统，可以使用中型旋转式或摇臂式喷头。这类喷头在 141～310kPa 理想压力下将一束水喷洒到所需距离（见图 2-9）。可从许多喷嘴中基于可利用水量和需要的灌水强度作出选择。这类喷头同样具有许多可供选择的特性，包括止溢阀、阻断水流、阀门关闭，以及某些情况下的压力调节。安装在每一个喷头上的喷嘴都需要谨慎考虑旋转式喷头的匹配灌水强度。与常用射程 8.8～14m 对应的流量为 3.8～38L/min，灌水强度可在 7.6～25mm/h 之间变化，取决于布置间距和所选喷嘴。也可采用更大的喷头，但由于受到庭院和小型园林现场供水量和水压的限制，因此很少使用。有些喷嘴的灌水强度与喷洒扇形角和射程相匹配，有些则不匹配。

图 2-8　多水线多仰角式喷头（MSMT）

图 2-9　小型旋转式喷嘴的应用

对于这些比较小型的灌溉系统，电磁阀相对来说较常用。电磁阀由塑料制成，唯一的特性是可以手动放气。控制器带有有限的终端，但具备很多特性，包括多程序、每个程序的多个启动时间、水分平衡、水泵开启以及传感器连接。根据预算还可以添加控制器更多的特性。管材为全 PE、全 PVC 或者两者的组合。由于尺寸较小以及与管材相匹配，因此管件不会特别昂贵。由于电线很短并且压力很低，因此多使用 18AWG 的多股电缆。通常整个系统使用一根绝缘电缆。接线器应该防水并通过 UL 认证。

在庭院及小型灌溉系统中，对于防止回流装置的要求通常有着很强的地域性。不同的州、市对于是否需要安装大气真空断路器、压力真空断路器、双止回阀或者减压类装置的要求都不尽相同。当地的政府部门可以建议其所需要的防回流装置的类型。

（二）大型商业灌溉系统

尽管与小型商业灌溉系统使用的部件都相同，但无论是园林还是草坪灌溉，随着面积的增大或者地形特点的改变，系统所使用的设备的具体尺寸和类型都会改变。用于较大型灌溉系统的喷头包括庭院和小型园林灌溉系统中使用的散射喷头和小型旋转喷头，但是随着面积增大，可以且应该使用喷洒半径较大的喷头。由于喷头越大所需的流量和压力也越大，因此相关设备（即管材、阀门、管件和电线）的尺寸也应随之增大。一般来说，中型旋转式喷头在工作压力 276～483kPa、流量 11～38L/s 对应的射程为 10～15m。中型喷头比小型喷头具有更多实用特性。匹配灌水强度喷嘴、不锈钢升降柱和止溢阀是标准特性。典型的灌水强度为 11～19mm/h。这类喷头通常用于如公园、林荫道等大型开阔场地。干管通常使用 PVC 管，并且在许多情况下全部使用 PVC 管。阀门应使用园林型而不是庭院型。园林型阀门具有流量控制功能并且可增加压力调节特性（见图 2-10）。控制器也应具备与更多站数相匹配的额外功率。

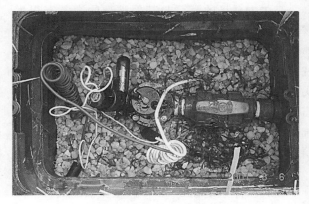

图 2-10 带有流量及压力控制的商用阀门

这些功能包括自我诊断、多程序、外壳类型的选择（金属或者塑料）以及内部变压器。这些都会影响仪表的尺寸以及防回流装置的尺寸和类型。大多数情况下需要安装减压类装置。在这类系统中安装主阀门也是标准的配置。系统中的部件还应包括流量感应器和流量仪、渗漏监测、湿度感应或者气象站。

由于流量变大，大型商业灌溉系统需要使用更大尺寸的管材以及更复杂的控制系统。由于管材尺寸的增大，管材的类型以及管件都要改变。使用 75mm 以及更大管材的系统，应使用带衬垫的管材而不是熔剂焊接的管材，并使用专门的球墨铸铁或机械连接类管件。这种管件已经被证明能够长时间耐高压。大型系统也会使用中央控制系统。中央控制系统通过电脑程序来管理多个田间控制器。程序可以提供强大的管理工具来有效地操作灌溉系统。有多种方式来连接中央控制系统和田间控制器，包括有线寻呼技术，以及各种类型的无线电信号。

（三）运动场灌溉系统

考虑到安全性和可靠性的问题，运动场灌溉系统需要使用具有特殊性能的喷头。首先，喷头需要被橡胶覆盖作为缓冲，以防运动员摔倒在喷头上。另外，这些喷头需要有结实的保护套以及重型弹簧。保护套要足够结实从而能够吸收在喷头之上的重量，并且由于喷头收回地面，因此需要足够结实的弹簧。止回阀也是标准配置。运动场灌溉系统的喷头在 379kPa 压力下操作，流量 26～114L/s，半径 15～23m。通常降水率为 17～28mm/h。由于喷头变大了，因此选择与其匹配的降水率变得愈发困难。可选的喷嘴有限，并且喷洒半径随着流量不同而变化很大。一般来说，全圆形喷头应与扇形喷头安装在不同区域。运动场灌溉系统分区要特别注意各种磨损的区域。管材选择 PVC 材质，熔剂焊接或者是垫片，取决于管的尺寸。喷头安装在 PVC 管的回转接头处，管件是 PVC 垫片或用水泥浇筑的熔剂焊接。大尺寸管材应考虑使用球墨铸铁连接。每个区域用电单独布线，单线圈，固态铜，而不是多股电缆。对于只有一种类型的园林草坪（见图 2-11），控制器可以很简单，但应具备自动诊断以及水平衡的功能。如今运动场的草坪灌溉上正越来越多地使用硬管卷盘喷灌机。

（四）高尔夫球场灌溉

高尔夫球场的灌溉与其他类型的灌溉有很大区别，并且有针对高尔夫球场需要而生产的专业喷头和控制系统。阀门内置喷头以及中央控制系统是标准配置，除了封闭的区域以及更小型的喷头。在安装喷头和铺设管道的时候，压力和流量需要调到专门应用于高尔夫球场。大部分灌溉系统使用非饮用水源以及复杂的多速抽水系统。在第二十五章中会详细阐述高尔夫球场灌溉系统。

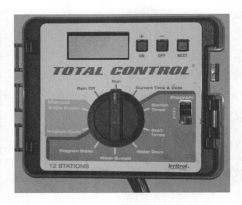

图 2-11 简单的园林灌溉控制器

（五）园林微灌系统

园林微灌系统在 207kPa 甚至更低的低压下操作。水从一种灌水器装置中滴下（见图 2-12）。植物可以被一个或多个滴头灌溉。带有空心管的多出孔滴头可以浇灌多种植物。滴灌带和滴灌管多用于苗床。滴灌带装有固定间距的滴头（150mm、300mm 或 450mm），并且在生产时设定不同的流量。在园林和草坪灌溉系统中也经常使用管上式微喷头，包括微喷雾、微喷头以及旋转式微喷头。滴灌系统对水质和压力都很敏感，因此在水源处或者独立区域阀门处应安装过滤器和压力控制器。在较小的滴灌系统或区域中，由于水量很小，因此在测量的时候通常使用 gal/h 为单位而不是 gal/min 为单位，并且阀门的尺寸一定要合适。由于应用率很低，控制器的时间要设置成小时而不是分钟。

图 2-12 滴头中的首次出水

园林灌溉系统可以使用多种尺寸和类型的灌溉设备。具体使用哪种园林和草坪灌溉系统将取决于选定的灌溉设备，特别是喷头，同时也会影响选择阀门、控制器、电线、管材以及管件。合理地选择灌溉设备会大大提高系统的使用寿命并减少维护。

（六）系统选择的考虑要素

以下列出的是与灌溉方式的评估以及灌溉设备选择密切相关的因素。这个大纲可以作为重要的备忘录来防止忽略某些重要的因素。

A. 物理要素

1. 作物及栽培技术

2. 土壤

　a. 土质、深度和均匀度

　b. 入渗率和侵蚀特性

　c. 土壤含盐量和排水

　d. 承压强度

    3. 地形条件–坡度和规整度

    4. 供水

       a. 水源和供水时段

       b. 可用量和可靠程度

       c. 水质

          ⅰ 化学组成

          ⅱ 悬浮固体

    5. 气候

    6. 土地价值和土地可获得性

    7. 边界限定及障碍物

    8. 洪灾

    9. 水位

    10. 虫灾

    11. 能源的可用性和可靠性

B. 经济要素考虑

    1. 基础投资

    2. 贷款额度和贷款利率

    3. 设备的使用年限和年损

    4. 成本和通胀

       a. 能源、操作和维护

       b. 劳动力（不同的技术程度）

       c. 监测和管理

    5. 现金流

    6. 效率的因素

C. 社会要素考虑

    1. 合法性和政策

    2. 当地的合作与支持

    3. 劳动力的数量和可靠性

    4. 劳动力的技术及知识水平

    5. 居民和政府的预期

    6. 自动化控制程度要求

    7. 人为破坏的可能性

    8. 健康问题

参 考 文 献

G. J. Hoffman，R. G. Evans，M. E. Jensen，D. L. Martin，and R. L. Elliott（eds.）. 2007. Design and Operation of Farm Irrigation Systems. 2nd ed. St. Joseph，Mich. ：ASAE.

USDA – NASS. 2003. Census of Agriculture Farm and Ranch Irrigation Survey. Washington，D. C. ：USDA National Agricultural Statistics Service.

USDA – NASS. 2009. Census of Agriculture Farm and Ranch Irrigation Survey. Washington，D. C. ：USDA National Agricultural Statistics Service.

第三章 土壤-水-植物关系

作者：Dave Goorahoo，Florence Cassel Sharma，Diganta D. Adhikari 和 Sharon E. Benes

编译：周荣

　　广泛了解土壤特性，如土壤-水关系、土壤的形成与变迁、土壤对各种作物生长的影响等，对于灌溉系统的设计、管理、维护都是十分必要的。

　　本章主要介绍土壤-水关系基本原理，强烈推荐感兴趣更深知识点的读者参阅其他相关专著。

　　本章内容从土壤是作物生长介质这个基本概念开始，以土壤-植物-大气连续系统（SPAC 系统）（Philip，1966）结束。其间还介绍了影响土壤水分运移的土壤物理、土壤化学特性，以便使读者懂得科学灌溉不只是选择在合适的时间开阀灌水那么简单。即使在土壤水分传感技术及气象监测技术（用于确定适时灌溉）相当成熟的今天，悉知土壤-水-作物关系对于优化灌溉仍然非常重要。

第一节　土壤的形成及变迁

　　本节内容包括：土壤定义，土壤组成，影响土壤形成的因素，土壤类型，土壤剖面等。

一、土壤定义

　　根据人们从事的专业、偏好与兴趣不同，描述土壤的方法也不同。比如：地质学家称土壤为岩石风化表层，工程师可能以土壤的可压缩性与透水性来描述，土壤学家则将土壤定义为含有岩石碎片及有机物的自然物质。种植业主及农学家会将土壤看作作物可生长于上的地表层。从陆地生态学的角度看，土壤又可看作作物生长基质，动物、植物栖息地，饮用与灌溉用水过滤系统，养分与有机废物的再生工厂。

不管理论定义如何不同，由于土壤在生态系统中的重要性，学术界很少有人将其简单地看作泥土。因为词典中泥土被视作不干净的东西，常常联想到泥巴、尘土、废弃物。泥土应当清理掉。

从灌溉的角度看，土壤是作物生长的介质这一定义非常重要。土壤学家将土壤定义为：土壤是风化的岩石碎渣与有机物质的天然混合体。土壤含有作物生长需要的养分、水分、空气。土壤是陆地植物根植、生长的地方（SSSA，2008；CPHA，2002）。

从上述定义看出，土壤是由固、液、气三相体组成。

土壤可分成有机质土壤及矿质土壤。有机质土壤中的有机质要高于30％，这种土壤常常在湿冷的地区存在。有时有机质土壤被开采来做盆栽基质，很少有人在有机质土壤地上搞农业开发。有机质土壤资源常常用作湿地动植物栖息地，用以保护陆地生态系统。矿质土壤被用作灌溉农业及草坪种植土壤。地球上的大多数土壤为矿质土壤。

二、土壤组成

如图3-1所示，土壤由四部分物质组成：矿物质、有机质、空气及水。典型的农用土壤，其矿物质及有机质（固体）占约50％。土壤孔隙中由不同比例的水和空气占据。适于大部分作物生长的水、气比为：土体孔隙内25％空间为水，25％空间为气。

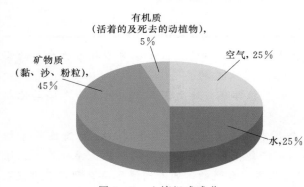

有机质（活着的及死去的动植物），5％
矿物质（黏、沙、粉粒），45％
空气，25％
水，25％

图3-1　土壤组成成分

土壤的固体相对稳定，而水及空气含量随气候、农业管理措施变化。比如，降雨及灌溉后土壤孔隙可以充满水，如果排水不好就会发生涝灾。相反，如果土壤孔隙中水分含量不足，作物根系不能吸收到足够水分，光合作用受限，作物生长就会受旱。

另外，土壤孔隙中还必须有足够的氧气，以维持作物根系呼吸及其他生物反应。根系呼吸可得到吸取土壤营养液的能量。土壤中空气不足，会抑制土壤中的有机物腐化，有机物腐化后才可释放出有机营养物。

从灌溉的角度看，灌溉人员掌握一些土壤-水-气比例优化知识，可避免过量灌溉及灌溉不足。

三、土壤形成的五大因素

形成土壤的五大因素包括生物因素、气候因素、地形因素、母质因素及时间因素。

（1）生物因素包括植物、微生物、土壤动物对土壤系统的影响，生物因素是促进土壤发生、发展的最活跃因素。植物选择性的吸收母质、大气、水体中的营养，经过光合作用，制造有机质，土壤微生物分解有机质，促进养分的释放。动物残体也为土壤提供有机质，土壤中的动物会对土壤产生一些特殊作用，如翻动和搅动作用。

（2）气候因素是土壤系统发展变化的主要推动力。它影响土壤的地理分布规律，尤其是地带性分布规律。气候因素，特别是水分和热量条件，直接或间接影响植物和微生物的活动，影响土壤有机质的积累和分解。

（3）地形因素一般只是引起地表能量和物质的再分配，并没有产生新的物质。地形因素支配地表径流，使地带性土壤范围中产生非地带性土壤。

（4）母质因素是土壤形成的物质基础。土壤母质是岩石风化的产物，而土壤是母质通过成土过程而形成的。不同母质对土壤中次生矿物也有一定的影响。

（5）时间因素决定发育程度。土壤年龄分为绝对年龄和相对年龄。它是土壤发育的强度因子。生物、地形、气候、母质四大因素在随着成土年龄的增长而加深。土壤随时间推移而不断变化发展着。

此外，人类活动也对土壤产生及演变有一定影响。

四、土壤剖面

描述土壤分层特性差异的纵向断面称为土壤剖面，如图 3-2 所示。

图 3-2 中，O 层为人类干扰层，为有机质积累层，颜色较暗。O 层通常是森林土壤中由枯枝落叶形成的、未分解或有不同程度分解的有机物质层。A 层为位于表层或 O 层下的矿物层，称为表土或上层土。微生物多在 O 层及 A 层内活动。这两层也通常是耕作层。

E 层颜色较重，上层土壤剖面中的硅酸盐黏粒及氧化物，如氧化铝、氧化铁等通过降雨及灌溉淋溶到该层。

B 层位于 E 层之下，为硅酸盐黏粒、氧化铁、氧化铝、碳酸盐、其他盐类和腐殖质等物质聚积的淀积层。

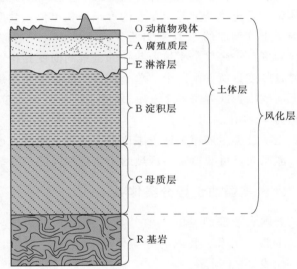

图 3-2 典型土壤分层图

A 层、E 层和 B 层合称为土体层。反映母质层在成土过程影响下已发生不同程度的变化，形成土壤剖面上层土壤的特征。土体层是种植主及灌溉人员最感兴趣的土层。这是因为大部分农作物的根系生长于此，淋溶与沉淀作用也都发生在土体层中，其特性影响根系的生长发育及土壤剖面内的水分运动。例如，B 层中的黏粒、氧化铝、氧化铁、碳酸钙及硫酸钙的沉淀会导致该层土壤的板结程度比上层土严重。

土体层以下土层为 C 层，此层称为母质层，为不完全分化层，生物因素如根系及动物对此层无影响。C 层或多或少参与了成土过程，这一点与 R 层不同。

R 层为基岩。

岩石层以上土层又称为风化层。

五、土壤分类

不同条件下形成的土壤具有不同的土壤剖面。有的不会具有上述所有土层,有的在两个土层之间还分布着过渡层,不能精确分成 A、E、B 或 C 层。过渡层可能既具备上层土壤的一些特性,同时还具备下层土壤的一些特性。例如:土层 EB 为土层 E 及土层 B 之间的过渡层,其特性更接近 E 层。如果土层标记为 BE,则此过渡层特性接近于下层土 E 层。

另外,由于上述五个因素对土壤形成的影响程度不同,特定区域内的土壤会展现特定的物理特性,如颜色、质地、结构、硬度、土层厚、土层边界形状、土壤孔隙度等。

土壤形态指土壤外部特征,是土壤形成过程的结果与外部表现。用于鉴定土壤形态的基本单元为单个土体。单个土体为土壤调查与制图研究中的一个最小采样和描述单位,是足以代表某一种土壤大部分特征的最小土体单元。犹如晶体的一个晶胞,它是土壤剖面的立体化,是土壤类型基层单元的最小体积单位。其形状,人为假定为六面柱状体,垂直面相当于土壤剖面的 A 层加 B 层。水平面积,一般假定为 $1\sim10\text{m}^2$,其大小取决于土壤的变异程度:一个单个土体内各处的土壤剖面变异程度不大。如果所有土壤发生层是连续性的并且厚度近似,则这个"单个土体"的水平面积是 1m^2;如果同一土壤发生层在水平方向上间歇出现或者每隔 $2\sim7\text{m}$ 重现一次,则该"单个土体"的平面直径为其一半或水平面积为 $1\sim10\text{m}^2$。

土壤分类主要用来做土壤调查,通过土壤调查可以发现类似土壤的所在位置。有了分类,灌溉人员可知道哪些区域的土壤是相同的,哪些区域是不同的。

六、美国的土壤分类体系

美国农业部颁发的土壤分类体系由六类组成,从高到低为土纲、亚纲、土类、亚类、土族和土系。我国的分类体系为土纲、亚纲、土类、亚类、土属、土种及亚种七类,如表 3-1 所示。

表 3-1　　　　　　　　　　美国农业部(USDA)土壤分类体系

类别	分 类 基 础
土纲	诊断土层及土体组成
亚纲	全年土壤水分变化状况
土类	有某层或缺某层描述
亚类	有某层或缺某层描述
土族	土壤质地,土壤矿物特征,土壤次生层温度
土系	一组宽泛的土壤特性,当地初次发现、命名的一些特性

第二节　土壤物理特性

要规划设计一个高效的灌溉系统，灌溉工程师应全面了解土壤特性，了解的越多越好。直观可见及可感知的土壤特性为土壤物理特性，相对应的特性是土壤化学特性。土壤物理特性较稳定，很难发生变化。因此，无论是灌溉设计还是灌溉管理，或者其他目的的土地利用规划，最先要做的是了解土壤的物理特性。这些物理特性包括土壤的粒级、土粒大小、质地、体积密度、土壤颗粒密度、土壤结构、土壤颜色、土壤温度及土壤孔隙率。

一、土壤粒级

土壤的矿物颗粒组成土壤的固相。美国农业部标准规范的土壤粒级是针对小于 2mm 粒径土壤的。$2\sim1$mm 为极粗砂，$1\sim0.5$mm 为粗砂，$0.50\sim0.25$mm 为中砂，$0.25\sim0.1$mm 为细砂，$0.10\sim0.05$mm 为粉砂，$0.05\sim0.002$mm 为粉粒，小于 0.002mm 为黏粒（见表 3-2）。美国农业部标准未对粒径大于 0.2mm 的土壤颗粒分级，称为卵石或石头。

表 3-2　　　　　　　　　　　　　美国农业部土壤颗粒分级

土壤颗粒大小分级	颗粒直径/mm	ASTM 筛网号[①]
极粗沙	2.00～1.00	No. 10
粗砂	1.00～0.50	No. 18
中沙	0.50～0.25	No. 35
细沙	0.25～0.10	No. 60
粉砂	0.10～0.05	No. 140
粉粒	0.05～0.002	No. 270
黏粒	＜0.002	＞No. 635

① 美国测试验与材料学会（American Society for Testing and Materials）标准筛。

理论上看，表 3-2 中的粒级是以通过美国试验与试验材料学会（ASTM）不同编号的标准筛确定的。实际粒级测试时，先用该协会规定的 10 号筛筛出小于 2mm 的颗粒，其余粒级则通过化学及机械集合的方法确定。所用的方法有吸液法及液体比重法等。请参见 Sheldrick 与 Wang（1993）、Weil（1998）、Gee（2002）、Gavlak 等（2003）编写的教科书，了解这两种方法。

简单讲，液体比重法先采用机械分离及化学分离两种分离法将土壤团聚体分解成土粒单体。之后，将土壤泥浆倒进蒸馏水中，将液体比重计插入颗粒悬浮层中，测量混合液上 10cm 中土壤颗粒的克数。液体比重法的理论基础是斯托克斯定律，即土壤颗粒在静水中的沉降速率与土壤粒径成正比。在两个不同的时间点测定粉粒及黏粒。第一个时间点在

45s，此时砂粒已经沉淀，插入液体比重计可测出粉粒含量。第二个时间点在 75min 后（至少），此时砂粒及粉粒均已沉淀，可测出黏粒的含量。

上述分级标准为美国标准，下表 3-3 列出了中国标准及其他国际通行的分级标准。

表 3-3   USDA 土壤分类体系

粒径/mm	中国制（1987）	卡庆斯基制（1957）		美国制（1951）	国际制（1930）
3~2	石砾	石砾		石砾	石砾
2~1	石砾	石砾		极粗砂粒	石砾
1~0.5	粗砂粒		粗砂粒	粘砂粒	粗砂粒
0.5~0.25	粗砂粒		中砂粒	中砂粒	粗砂粒
0.25~0.2	细砂粒	物理性砂粒	细砂粒	细砂粒	细砂粒
0.2~0.1	细砂粒	物理性砂粒	细砂粒	细砂粒	细砂粒
0.1~0.05	细砂粒	物理性砂粒	细砂粒	极细砂粒	细砂粒
0.05~0.02	粗粉粒	物理性砂粒	粗粉粒	粉粒	粉粒
0.02~0.01	粗粉粒	物理性砂粒	粗粉粒	粉粒	粉粒
0.01~0.005	中粉粒		中粉粒	粉粒	粉粒
0.005~0.002	细粉粒		细粉粒	粉粒	粉粒
0.002~0.001	粗黏粒	物理性黏粒	细粉粒	黏粒	黏粒
0.001~0.0005	细黏粒	物理性黏粒	粗黏粒	黏粒	黏粒
0.0005~0.0001	细黏粒	黏粒	细黏粒	黏粒	黏粒
<0.0001	细黏粒	黏粒	胶质黏粒	黏粒	黏粒

二、土壤质地

土壤的粗细度为土壤的质地，通过砂粒、粉粒、黏粒含量的百分数来界定。值得注意的是，土壤质地被用来界定土壤固相成分，但其中并不含有机质含量。另外，土壤中砂粒、粉粒、黏粒成分的比例与土壤形成过程中母岩的分解有关，土壤质地不受灌溉及农业管理措施影响。美国农业部规范中的土壤质地等腰三角形及直角三角形图［见图 3-3（a）及图 3-3（b）］，被用来判断土壤的质地。方法是先通过前述方法确定砂粒、粉粒、黏粒含量百分数，然后查对三角形图确定质地。

另外，三角图显示土壤质地分 12 个级别，灌溉工程师或灌溉管理人员可根据任意两种土壤颗粒的含量来判断土壤质地。例如，某种土壤的黏粒含量为 70%，粉粒含量为 20%，从等腰三角形图黏粒轴、粉粒轴上可查得交汇点在粉粒范围内，故这种土壤的质地为粉壤土。

直角三角形是通过土壤的砂粒含量与黏粒含量百分数来确定质地的。黏粒含量 70%，粉粒含量 20%，则砂粒含量为 10%（100%-70%-20%=10%），黏粒 20% 与砂粒 10% 在直角三角形图上的交汇点落在粉壤土区域，土壤质地为粉壤土。两种三角形都可采用。

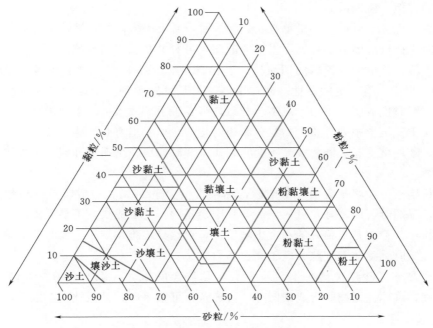

图 3-3（a） 土壤分类等腰三角形

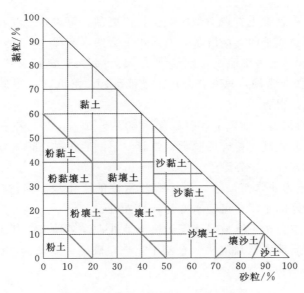

图 3-3（b） 土壤分类直角三角形图

第三节　Russell 描述的 12 种土壤质地分类

（1）沙土。松散体，能见到或感觉到单个砂粒。干时抓在手中，稍松开后即散落，湿时可捏成团，但一碰即散。

（2）壤沙土。干时松散，呈单粒状。湿润时，看上去多砂粒，缺乏黏性，但显示有黏土色。湿时手攥可成团，小心抓手里不会散落。可看见及感觉到砂粒。

（3）沙壤土。可形成松软的团聚体，砂粒含量45％～85％，含有较多的粉粒，黏粒含量在20％以上，有一定的黏性。砂粒单体可见及可感觉到。干燥时可攥成团，但很容易散开。湿润时攥成团，小心一点不会开裂，可弄脏手。放水里，水变浑。

（4）壤土。壤土中砂、粉、黏粒分布相对均匀，抓手里有砂粒感，有一点黏的感觉及柔软感觉。干块壤土有点硬，轻易不会开裂。湿润时成块，手抓不开裂，可弄脏手。放水里，水变浑。

（5）粉壤土。粉壤土含中等量细砂，黏粒含量少于27％。一般颗粒为粉粒。干块土捏碎费劲，湿润时可成硬球，可成条。不管干还是湿，均可成块且不易弄碎。

（6）粉土。粉土是很稀有的一个土壤质地，自然界很难发现。干燥时感觉呈粉状，感觉柔软。湿润时感觉非常细腻，既不黏也不柔软。

（7）沙黏土。砂粒含量在45％～80％，黏粒含量20％～35％，粉粒含量0～28％。干土块很硬，难碎。湿润时可成硬圆球，可成条，可采手印，黏而软，会脏手，入水可使水变浑。

（8）黏壤土。中细质地土壤，干土为硬块。湿润后很易做成条，很易做手印，黏而柔软，会脏手。

（9）粉黏壤土。粉黏壤土有点类似粉壤土，但更黏、更柔软。湿润后感觉细腻，做成的球较硬、易碎，可做成手印，会脏手，放入水中会使水变浑。

（10）砂黏土。砂黏土为细质土，砂粒含量5％～45％，黏粒含量35％～55％，粉粒含量0～20％。干土块非常硬，只有在高压下才能破碎。湿润时，很黏或非常黏，采手印很好，很容易做成条，很脏手。

（11）粉黏土。粉黏土为细质土，粉粒含量40％～60％，20％左右为砂粒，粘粒含量40％～60％。干土块非常硬，粉碎后感觉很细腻。湿润后很黏、很柔软，很易采手印，很容易做成条，可使水变浑，易弄脏手。

（12）黏土。黏土为非常细质土，可形成非常硬的干土块。湿润后非常黏、非常软，可做成很好的条及很好的手印，可使水变浑，易弄脏手。

除了通过在实验室分析土壤粒径确定土壤质地外，许多种植主利用美国农业部自然资源保护机构提出的"质地感觉确定法"（见图3-4）确定，此图为Thien在1979年修改后的版本。

一、轻质土与重质土

灌溉从业者及种植主常常将土壤质地分为轻质土及重质土两类。用轻与重来衡量质地已经有许多年了，起源于耕地时需要的力的大小，但并不意味土壤比重的大小。重质土意思是黏粒含量较高，轻质土意思是砂粒含量较高。为避免混淆，制定灌溉制度时应当采用上述12种质地分类法，而不是用轻、重来分。

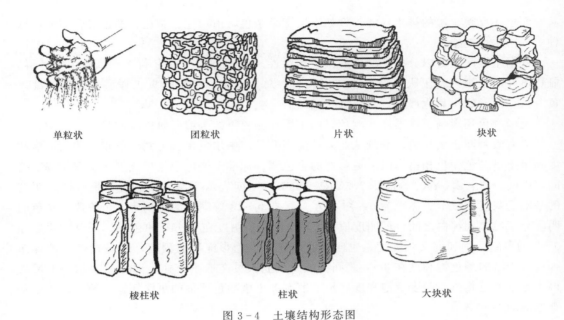

| 单粒状 | 团粒状 | 片状 | 块状 |

| 棱柱状 | 柱状 | 大块状 |

图 3-4　土壤结构形态图

二、土壤结构

　　土壤结构是指土壤颗粒（包括团聚体）的排列与组合形式。在田间鉴别时，通常指那些不同形态和大小，且能彼此分开的结构体。土壤结构是成土过程或利用过程中由物理的、化学的和生物的多种因素综合作用而形成，分为单粒状、团粒状、片状、块状、棱柱状、柱状和大块状等结构，如图 3-5 所示。

　　与土壤质地不同，土壤结构划分要考虑有机物含量及其他成分，如钙的含量及其他盐分的含量。土壤结构对作物生长具

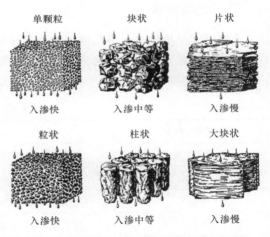

单颗粒	块状	片状
入渗快	入渗中等	入渗慢
粒状	柱状	大块状
入渗快	入渗中等	入渗慢

图 3-5　土壤结构对水分垂直运动的影响

有重要影响，这主要是因为土壤结构会影响作物与水分的关系，土壤的透气性，土壤的热传导及作物根系发育的机械阻抗。例如，大雨强喷灌或大水漫灌破坏了土壤结构，会导致土壤表面板结，黏土地上尤其如此。结果会导致灌溉入渗困难，影响作物吸收水分。

三、土壤颜色

　　除了土壤的质地及结构，还可以其颜色区分土壤特性。

　　不同的颜色反映了土壤中有机质含量的多少及土壤中积累的特定化学成分。黑、棕色土通常意味有机物含量高、肥力高，红色、红棕色的肥力其次，黄色、灰色及白色土的肥力最低。

颜色还反映土壤的排水性能。例如下层土呈杂色，由灰色、黄色、黑色混合而成，这种土的排水性能差。

依据土壤颜色可以分析土壤中的微生物活性。氧化好的土壤有利于有氧微生物族群。氧化不好的土壤则利于厌氧微生物族群发育。总体而言，土壤的氧化程度依次为：红＞黄＞灰，即：红土氧化严重，灰土氧化最弱。

土壤颜色还影响土壤温度。颜色轻的土壤比颜色重的土壤反射更多的热到大气中。

为有效判断土壤颜色，灌溉从业人员应当熟悉芒塞尔色系。可基于色相、明度、饱和度确定土壤颜色。色相指肉眼可见彩虹的主色调。标准土壤色卡色相范围在10R到5Y之间，中间分级：2.5YR、5YR、7.5YR、10YR。明度表示土壤颜色的轻、重。计算明度的基准是灰度测试卡。黑色为0，白色为10，在0～10等间隔的排列为9个阶段。灰色的明度介于纯黑到纯白之间，即明度值为5。浅色是指明度在5～10的色彩，深色指明度在0～5的色彩。饱和度又叫纯度，也叫彩度，它是指色彩饱和的程度，或是指色彩的纯净程度。土壤的颜色饱和度在0～8之间。灌溉从业人员在取了土样后对比芒塞尔色卡后可得出土壤的色相值、明度及饱和度。想了解有关土壤颜色评估的更深知识，请参阅土壤普查方面的参考书。

四、土壤温度

土壤温度是衡量土壤中热强度的一个指标。在全球范围内，可根据50cm土层深处年平均温度，或者土壤与基岩之间土壤温度的平均值对土壤的温度状况分类。表3-4列出了五种土壤温度状况（Ahrens 和 Arnold，2000）。

表 3 - 4　　　　　　　　　　　土 壤 温 度 状 况

土壤温度状况	温 度 状 况
极寒性土	年平均温度低于8℃，有永久冻土，夏天温度低于寒性土
寒性土	年平均温度低于8℃，无永久冻土，夏天温度高于极寒性土
温性土	年平均温度大于等于8℃，小于15℃
热性土	年平均温度大于等于15℃，小于22℃
高热性土	年平均温度大于等于22℃

农田里，土壤中的湿气运动会导致土壤温度变化。而湿气的运动主要由土壤中的温度差或土壤与大气的温度差引起的。农民通常说的土冷，是因为春天土壤中水分多，土壤温度低，加热水比加热土壤孔隙中的空气要慢。一般，深层土壤的温度升高速度要比浅层的慢，而表层土壤温度升高的速度要比大气温度升高的慢。15cm以上表层土的日温度变化及季温度变化很大程度上取决于大气温度变化。农民一般认为土壤表层温度比大气温度低5℃。土层越深，温度变化越小，深2～3m的土层温度几乎不变。

农艺师之所以对土壤温度感兴趣，是因为温度影响种子发芽、出苗及作物生长。土壤温度还影响作物根系的发育，影响土壤中的化学反应过程及影响土壤中的微生物活动。

一般讲，最优土壤温度为 15～35℃，可维持最佳微生物活动及化学反应。在此范围内，每升高 10℃，可增加微生物的活动及提高化学反应水平 2～3 倍。低于 15℃，微生物活动及化学反应会降低。当降低到 0℃时，一切活动停止。35℃以上，微生物活动会加速降低。

从灌溉的角度看，土壤温度影响土壤水分蒸发及土壤的透气性。湿土的热容量大，比干土吸热多。大气温度升高，湿土的蒸发量升高，蒸发会带走热量，从而降低土壤温度。

灌溉管理上计算腾发量（ET）时的土壤温度，通常是指 15cm 深处土层的温度。但世界气象组织建议测 5cm、10cm、20cm、40cm 及 80cm 深处的土壤温度。

通常采用热敏电阻测量土壤温度。土壤温度不同，电阻不同。热敏电阻不贵，是一种实用的土壤温度传感器，适应性强且使用简单。由于使用价优及使用简单、可靠，广泛被种植主接受。

五、土壤容重

土壤容重是指自然状态下，单位体积土壤的重量。容重可通过在田间取样，既不能挤压也不能弄碎，然后烘干、称重，带入式（3-1）计算。

$$BD = \frac{干土重（g）}{土体积（cm^3）} \tag{3-1}$$

式中　BD——容重，g/cm^3。

国际标准组织指定的土壤容重单位为 g/cm^3 或 Mg/m^3。

需要注意的是，从田间取回的原土样要放在 105℃烘箱中烘 24～28h。

下面例题计算容重：

取样器尺寸为：直径 2cm，长 10cm。土样烘干后的重量为 45.4g。

$$土样体积 = 3.14 \times 1^2 \times 10 = 31.4（cm^3）$$

则土壤容重　　　　　$BD = 45.4(g)/31.4(cm^3) = 1.45(g/cm^3)$

土壤容重与土壤的质地及有机质含量有关。土壤的容重一般在 $1～2g/cm^3$。细质土的容重在 $1.0～1.3g/cm^3$，砂土的容重在 $1.4～1.7g/cm^3$。土壤容重小于 $1g/cm^3$，说明土壤中有机质含量很高。

黏土的容重最小，砂土的最大，壤土的居中。

耕地可以使土壤疏松，暂时性降低土壤容重。土壤板结会提高土壤的容重。土壤形成过程中会产生团聚体，可以降低土壤容重。过度耕种及大雨冲刷土壤会破坏团聚体，导致容重升高。

田间土壤的重量还包括孔隙中的水，可以通过容重估算一定土体内的含水量。容重为 $1.2g/cm^3$ 的黏土，水分重占土重 20%。容重为 $1.8g/cm^3$ 的沙土，水分重占土重 10%。

前述式（3-1）可变成如式（3-2）：

$$干土重 = 容重 \times 土壤体积 \tag{3-2}$$

例如某黏土的容重为 1.2g/cm³，田间土体积为 3m³，计算干土重。

3m³＝3000000cm³，则干土重＝1.2×3000000＝3600000g＝3600kg，即 3.6t。

各种土壤的容重见下表 3－5。

表 3－5　　　　　　　　　　　各 种 质 地 土 壤 容 重　　　　　　　　单位：g/cm³

土壤类型	土壤容重（干土）	土壤类型	土壤容重（干土）
沙土	1.45	重壤土	1.38～1.54
沙壤土	1.36～1.54	轻黏土	1.35～1.44
轻壤土	1.40～1.52	中黏土	1.30～1.45
中壤土	1.40～1.55	重黏土	1.32～1.40

六、土粒密度

土粒密度（PD）代表土壤固相密度，包含土壤中的所有矿物质。大部分土壤的颗粒密度为 2.65g/cm³，因为石英的密度为 2.65g/cm³，而大部分土壤的主要矿物质为石英。各种土壤的颗粒密度差别不大。

七、土壤的孔隙度与孔隙比

孔隙度（η）是指孔隙体积占总土体积的百分数。可通过计算获得孔隙度，不必测定，只要知道土粒密度及土壤容重即可。计算公式为

$$\eta = \left(1 - \frac{BD}{PD}\right) \times 100 \qquad (3-3)$$

孔隙比（PSR）为单位体积土壤中孔隙的容积与土粒容积的比值。用式（3－4）计算：

$$PSR = 1 - \frac{BD}{PD} \qquad (3-4)$$

要直接测定 PSR，先要用水将一定体积（V_b）的土壤样品饱和，测出灌满土壤孔隙的水的体积（V_p），然后晒干。

$$PSR = \frac{V_p}{V_b} \qquad (3-5)$$

土壤容重越小，孔隙率越大。反之亦然。

不同质地土壤的孔隙度见表 3－6：

表 3－6　　　　　　　　　　　不同质地土壤稳定入渗率

土壤质地	孔隙度/％	土壤质地	孔隙度/％
黏土	50～60	轻壤土	45～50
重壤土	45～50	砂壤土	40～50
中壤土	45～50	砂土	30～35

例题：某土样的体积为（V_b）100cm^3，饱和后的质量为175g，干燥后土体的重量为120g，土粒密度PD为2.65g/cm^{3}计算：

（1）容重（BD）；

（2）孔隙度（η）；

（3）孔隙比（PSR）。

利用式（3-1）计算BD如下：

$$BD = 干土重/土体积 = 120/100 = 1.2(g/cm^3)$$

利用式（3-3）计算孔隙度为：

$$\eta = \left(1 - \frac{BD}{PD}\right) \times 100$$

$$= (1 - 1.2/2.65) \times 100 = 54.7\%$$

利用式（3-4）及式（3-5）计算孔隙比PSR如下：

$$PSR = 1 - \frac{BD}{PD}$$

$$= 1 - 1.2/2.65 = 0.547$$

从土壤与灌溉管理的角度看，土壤孔隙度用于评估土壤的透气性非常重要。

土壤孔隙中的空气对于作物生长具有如下作用：

（1）根系呼吸及微生物生长需要空气。这可以从式（3-6）生物体呼吸代谢并产生能量的过程看出氧气的重要性。

$$C_6H_{12}O_6 + 6O_2 \longrightarrow 6CO_2 \uparrow + H_2O + 能量 \qquad (3-6)$$

（2）有利于大气中的氧气扩散。土壤中的空气通常含二氧化碳多，含氧气少。这是因为氧气不断被根系及微生物呼吸利用。由于大气中的氧气与土壤中的氧气有压差，驱动氧气由大气向土壤扩散。

灌溉与降雨时，水占据了原来空气占据的孔隙。排水后，空气再回到空隙中。因此，灌溉时不要将土壤孔隙灌满，否则土壤缺乏氧气，不利于根系呼吸，这一点非常重要。

（3）空气可使养分更有效。土壤中的空气多少，可以决定这种土壤是有利于有氧菌还是有利于厌氧菌。土壤中氧气充足，则有氧菌丰富。在氮素循环中，氮素被转换成作物可吸收的硝态氮（NO_3^-）及铵态氮（NH_4^+）。有氧条件有利于硝化、矿化及固化作用。另一方面，在缺氧条件下，反硝化作用发生。反硝化作用是指反硝化细菌缺氧时还原硝酸盐，最终释放出分子态氮（N_2）的过程。反硝化作用使硝酸盐还原成氮气，从而降低了土壤中氮素营养的含量，对农业生产不利。农业上常进行中耕松土，以防止反硝化作用。反硝化作用是氮素循环中不可缺少的环节，可使土壤中因淋溶而流入河流、海洋中的NO_3^-减少，消除因硝酸积累对生物的毒害作用。

八、土壤水分术语

灌溉就是将水输送到植物，满足植物需水。水被储存在土壤中或输送到植物根区，以便植物能吸收。下面是土壤水分的一些定义，与土壤含水量（土壤水分）、土壤水的能量（土水势）有关的一些计算公式及土壤水分性能曲线。

1. 土壤含水量

土壤孔隙中的水量为土壤水分含量，即土壤含水量。土壤含水量可基于质量或重量、体积及净水深表示。

（1）重量含水量百分数 ω。土壤水分的重量占烘干土重量的百分率。

水分重量可以通过田间取样，称湿土重后放入 105℃ 的烘箱中保持 24～48h，直到无重量损失时称干土重获得。

$$土壤水的重量＝湿土重－干土重$$

$$土壤水重量百分数＝土壤水的重量/干土重量$$

（2）体积含水量百分数 θ。体积含水量是指土壤中水的体积占土壤体积的百分数。

$$体积含水量百分数 \theta＝土壤水体积 V_w/土壤体积 V_b$$

假定水的比重为 $1g/cm^3$，按前述方法可取得水的重量，然后计算水的体积。

$$体积含水量百分数 \theta＝土壤重量含水量(\omega)\times容重(BD)$$

体积含水量可反映土壤孔隙的充水程度，可计算土壤的固、液、气的三相比。如土壤含水量（重量）20%，容重为 1.2，则土壤体积含水量为 20%×1.2＝24.0%。

土壤总孔隙度＝1－1.2/2.65＝55%，空气所占体积为 55%－24%＝31%，固相体积为 100%－55%＝45%。

（3）含水深。常用水深多少毫米来衡量降雨量。一晚降雨 15mm，意味着有 15mm 深的水降到所在区域的面积上。灌溉上也可用灌多少毫米水深来衡量一次的灌溉量。土壤含水量也可以用水深（mm）来表示。土壤含水深可以通过体积含水量与土层深算得，公式为式（3-7）：

$$土壤含水深（mm）＝土壤体积含水量（\%）\times土层深（mm） \qquad (3-7)$$

【例 3-1】 某土样如右图示，土样体积 $V_b＝100cm^3$，干土质量 $M_s＝125g$，水的质量 $M_w＝25g$，土层深度 $d_c＝5cm$，容重 BD 为 $1.25g/cm^3$。计算土壤含水量。

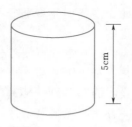

（1）重量含水量百分数计算：

$\omega＝水的质量 M_s/干土质量 M_s＝25/125\times100\%＝20\%$

（2）体积含水量计算：

水的体积 $V_w＝M_w＝25cm^3$，土样体积 $V_b＝100cm^3$

$$\theta＝(V_w/V_b)\times100\%＝(25/100)\times100\%＝25\%$$

还可用公式：体积含水量百分数 $\theta＝土壤重量含水量（\omega）\times容重（BD）$ 计算。

$$\theta＝\omega\times BD＝20\%\times1.25＝25\%$$

（3）土壤含水深：

土壤含水深（mm）＝土壤体积含水量（%）×土层深（mm）＝25%×50＝12.5（mm）

2. 土水势

土水势是一种衡量土壤水能量的指标。土壤水势指土壤水所具有的势能，即可逆的和等温的，在大气压下从特定高度的纯水池移极少量的水到土壤水中，单位数量纯水所须做的功。

土壤水的总能量称为总土水势，用 Ψ_t 表示。总土水势由四部分组成，基质势 Ψ_m、重力势 Ψ_g、压力势 Ψ_p 及渗透势 Ψ_o。

$$\Psi_t = \Psi_m + \Psi_g + \Psi_p + \Psi_o$$

（1）基质势：指将单位数量的土壤水分由非饱和土壤中的一点移动到标准参考状态，除了土壤基质作用外其他各项条件均维持不变时，土壤水分所做的功。非饱和土壤水的基质势永远为负值，而饱和土壤水的基质势为 0。

（2）重力势：指将单位数量的土壤水分从某一点移动到标准参考状态平面处，而其他各项条件均维持不变时，土壤水分所做的功，其值可正可负，主要取决于土壤水位置与参考平面间的相对位置。

（3）压力势：指将单位数量的土壤水分从承受不同于标准大气压下某一点移动到标准参考状态，而其他各项条件均维持不变，仅由于附加压强的存在，土壤水分所做的功，其值一般为正。

（4）渗透势：又叫溶质势，指将单位数量的土壤水分从某一点移动到标准参考状态时，其他各项条件均维持不变，仅由于土壤水溶液中溶质的作用，土壤水分所做的功，该值也总是负值。

$\Psi_t = \Psi_m + \Psi_g + \Psi_o$ 时，土壤处于非饱和状态。

$\Psi_t = \Psi_p + \Psi_g + \Psi_o$ 时，土壤处于饱和状态。

如果土壤盐分含量低，渗透势可以忽略不计。

国际土壤学会规定的土水势单位为焦耳/克或尔格/克，即 J/g 或 erg/g。实用上，土壤水势的单位取决于土壤水单位数量的表示方法。当选用单位质量的土壤水时，土壤水势单位为 J/g 或 erg/g；选用单位容积的土壤水时，土壤水势单位和压强单位相同，如帕（Pa）、巴（bar）、大气压（atm）等。选用单位重量的土壤水时，土壤水势则相当于一定压力的水柱高度，常用厘米表示。上述各种单位之间均可以用下式互相换算。

$$1bar = 1atm = 1020cm \text{ 水柱} = 10.2m \text{ 水柱} = 100000Pa = 100kPa$$

3. 土壤水分特征曲线

土壤水分特征（SWC）曲线又称为土壤持水（SWR）曲线，它表示了土壤水的势能和土壤水分之间的关系，是反映土壤水分基本特性的曲线，如图 3-6 所示。

不同的土壤，曲线不同。土壤水分的有效性与土水势 Ψ_m 直接相关。Ψ_m 形成的吸力将土壤水分保持在土壤中。从图 3-6 可以看出，土壤水分特征曲线呈非线性关系变化，土壤水分特征与土壤的质地及结构有关系。

土壤水分特征曲线可作为灌溉人员确定影响作物吸水的土壤体积含水量及与之相关的土壤基质势。

下面介绍土壤水分变化的几个特殊点（见图 3-7）。

（1）饱和含水率（θ_{sat}）。

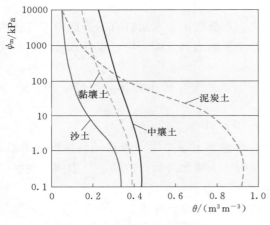

图 3 - 6　土壤水分特征曲线

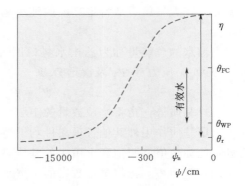

图 3 - 7　土壤水分特征点

当土壤孔隙 100％被土壤水分填满，土壤水势（Ψ_m）为零时的土壤水分。此时，土壤水可以在重力作用下自由移动。

（2）土壤田间持水率（FC）。

土水势在－0.33bar 时的土壤体积水量。田间条件下，田间持水率是充分灌溉后 2～3d，自由排水结束后的土壤含水量，可以是体积含水量，也可以是重力含水量。

（3）凋萎点（WP）。

土水势为－15bar 时的土壤含水量。在此土壤水分状态下，土壤水被土壤负压紧紧吸附，作物无法吸到水分，导致出现永久性凋萎现象。

（4）残余含水量（θ_r）。

在土壤张力（负压）很大的情况下保持在土壤中的水分。实践中，无论怎么干燥，土壤颗粒表面都会保留一些水分子，形成一层薄薄的水膜。这些水分作物无法吸收。

（5）土壤进气水势（Ψ_a）。

空气最先进入土壤孔隙时的土壤含水量或水势。此时，大孔隙开始往外排水。

（6）土壤有效水（AW）。

田间持水量（FC）与凋萎点之间的土壤含水量为土壤有效含水量。总的讲，这部分水可以被作物吸收利用。但是到底可以吸收多少，取决于作物根系的吸水特性。

九、土壤水分及土水势测量方法

田间监测土壤水分对于确定土壤干旱状态及制定灌溉制度非常重要。监测土壤水分的方法很多，根据监测原理可分为直接监测法及间接监测法（见图 3 - 8）。各种监测设备的优缺点见表 3 - 7。

1. 土壤水分直接监测法

直接监测包括监测前述的重量含水量监测法及体积含水量监测法。直接监测法费用较低，方便实施，需要田间操作及实验室设备都非常简易。但如果要取大量土样分析土壤水分时，耗力又耗时。如果取样数量少时，分析结果可能误差大，又不具有代表性。此外，

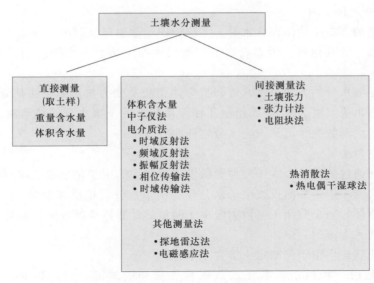

图 3-8 土壤水分测量方法

土钻取得的土样还容易被损坏,有时还得重复取。因此,常采用间接法监测土壤水分变化,以便制定合理的灌溉制度及科学管理土壤水分。

直接测量土壤水分的方法称为称重法,也称烘干法,这是唯一可以直接测量土壤水分方法,也是目前国际上的标准方法。用土钻采取土样,用 0.1g 感量的天平称取土样的重量,记作土样的湿重 M,然后将土样在 105℃ 的烘箱内将土样烘 6～8h 至恒重,然后测定烘干土样,记作土样的干重 M_s,代入式(3-8)即可计算出土样的重量含水率。

$$\theta_g = (M - M_s)/M_s \times 100\% \tag{3-8}$$

一般土壤取样在 100～200g 即可。由于在黏粒或有机质含量高的土壤中,烘箱中的水分散失量随着烘箱的温度的升高而增大,因此必须保持烘箱的温度在 100～110℃ 的范围内。

烘干法的优点是:操作简单,对设备要求不高,结果直观,对于样品本身而言结果可靠。

烘干法的缺点是:采样会干扰田间土壤水的连续性,深层取样困难。测量必须要在实验室完成,费时费力,不能做定点连续监测。田间取样的变异系数较大导致取样代表性较差。此外,由于只能得出土壤的重量含水率,应用不方便。

如果将称重法用于标定其他测量方法时,有时必须将重量含水率转换成体积含水率,这时要求测量样本的干容重,测量干容重很不方便。

称重法所产生的误差主要是由以下几个方面引起的:取样设备的差异,存放土样的容器差异,称重前放置的时间不同,烘干时的温度与烘干时间差异及称重所产生的误差等。测量人员可以通过以下措施减小误差:采用好的取样设备,取样后及时测量和烘干,烘干时控制好温度与时间,称重时采用精度高的仪器等。为了克服由于土壤变异性所引起的取样代表性差的因素,尽量做到按土壤基模特征(如土质地和结构)分层取样,而不是按固定间隔深度取样。

2. 土壤水分间接监测法

用间接测量的方法测量体积含水量。方法如中子散射与反射法、张力法等。这些方法是通过测量土壤中的其他可变因素，根据这些因素与土壤水分之间的相关关系估算土壤水分。

间接监测土壤水分的方法很多，可归类为体积法及张力法。体积法估算体积含水量，张力法量测土壤水势（吸力）。下面给出几种应用较多的土壤水分间接监测法。土壤体积含水量与土水势之间的关系可从土壤水分特征曲线查得。

（1）中子散射法

中子散射法通过测量一个中子发射源散发到土壤中的中子量来测量体积含水量。中子散射法所用的仪器叫中子探测仪或中子水分仪。中子水分仪组成部分为：一个快中子源，一个慢中子检测器，一个监测土壤散射慢中子通量的计数器及屏蔽匣。测量时，要将探头放入一根垂直插入土壤的管中。

中子散射法就是用中子仪测定土壤含水率。

快中子源是由一种放射 α 粒子的放射性物质和铍的混合物，如 Ra—Be 混合物或 Am-Be 混合物。快中子源在土壤中不断地放射出穿透力很强的快中子，当它和氢原子核（H^+）碰撞时，损失能量最大，转化为慢中子（热中子），热中子在介质中扩散的同时被介质吸收，所以在探头周围，很快就形成了超常密度的慢中子云。慢中子云的密度取决于快中子源的快中子放射率，快中子的热化速率及土壤中存在的各种原子核对慢中子的吸收。而其密度与土壤中氢的浓度，即水的体积含水率成比例，如式（3-9）示：

$$\theta_v = \frac{R_s}{R_{std}} a + b \qquad (3-9)$$

其中 R_s 为慢中子计数器读出的土壤中慢中子的计数率；R_{std} 为水或标准吸收剂中的慢中子计数率；a 和 b 为线性方程的斜率和截距。中子仪测量的有效范围，也就是慢中子云的有效球体半径，它与土壤中含水率有关，含水率越高，有效云球体积越小，半径越小。根据 Van Bavel 公式可估算有效云球半径，即：$R = 15 \times \sqrt[3]{1/\theta_v}$。因此对于一般含水率在 5%～40% 的土壤，其有效测量范围在 20～40cm。

中子法的优点是测量简单、快速、精度高，不大受温度和压力的影响。由于测量的是慢中子云的有效球体积内的平均含水率，因而受某一剖面的含水率变异的影响较小，可以测量根区土壤的任何深度。其缺点是设备昂贵，测量受土壤的物理和化学特性影响较大，尤其是土壤中有机质的含量高或含大量结构水的黏粒矿物，会对测量结果产生较大的偏差，故此中子仪需要在田间进行校准标定。由于测量范围为一球体，因此不能测量土壤表层水分，而在碰到层状土或是湿润锋的情况，也会出现偏差，在安装套管时还会破坏土壤。另外，中子会对使用者的身体健康有影响。为了减小由以上缺点所产生的误差，必须做好田间标定。虽然一般中子仪出厂都会给出标定曲线，但对于各类土壤最好是自行标定。中子仪测量土壤水分如图 3-9 所示。

（2）电介质法

此法通过测定土壤的介电常数（ε_b）估算土壤含水量。一种介质的介电常数等于真空中电磁波（脉冲）速度（3×10^8 m/s）的平方除以电磁波在这种介质中的传导速度。

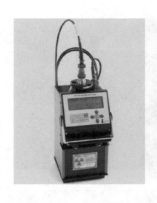

图 3-9 中子仪测量土壤水分

土壤中，电磁波传导速度与土壤中的含水量有关。土壤矿物质的介电常数为 2～5，空气的介电常数为 1，冰的介电常数为 3.2，液态水的介电常数为 81。

已有几个描述土壤体积含水量与土壤介电常数之间的经验公式（Topp 等，1980；Dobson 等，1985；Roth 等，1990）。

另外，基于土壤体积含水量与传感器信号传导时间、频率关系及与阻抗、波段关系的经验公式被广泛应用在制造土壤水分传感器上。基于测定土壤介电常数获得土壤含水率的测量仪器将在下面陆续介绍。

1）时域反射法（TDR）

时域反射法是 20 世纪 60 年代末出现的一种确定介电特性的测定方法。与土壤中的固体颗粒和空气相比，水的介电常数在土壤中处于支配地位，因此土壤水分含量越高，介电常数值就越大，沿波导棒的电磁波传播时间就越长。通过测定土壤中高频电磁脉冲沿探针传播时间后再计算出传播速度，进而就可以确定出土壤容积含水量。

TDR 仪器测量精度高，一般不需标定。但当误差要求很小时，需进行标定或校正。TDR 可以原位连续测量，测量范围广。TDR 既可以做成轻巧的便携式进行田间即时测量，又可通过导线与计算机相连，完成远距离多点自动监测。探头可以单独留在土壤中好几年，需要时再连上 TDR 进行测定。探头可做成不同形状以适应不同需要，长度一般 10～20cm。因此，20 世纪 90 年代后，国际上已把 TDR 作为研究土壤水分的基本仪器设备。

在使用 TDR 时应根据试验要求选择适宜的探针埋置方式。上表层宜采用竖埋方式，在其他土层范围内宜用横埋方式。

利用 TDR 仪器测定土壤水分的主要缺陷是不宜在高盐碱土壤上使用。因为高盐碱土壤条件下的电磁反射脉冲通常很微弱。

图 3-10 所示为 TDR 水分仪及其在田间的应用。

2）频域反射法（FDR）

频域反射法是基于土壤水分与导入土壤中的电流频率发生变化相关这一原理开发的。电流可通过连接一个电容（插入土壤中的金属探测器）与振荡器产生。当仪器产生电场，与探测器接触的土壤产生电容电介质。有两种频率发射传感器，一种是电容式，一种是反射计式。电容式探头的介电常数 ε_b 是通过测定土壤中的电容充电时间估算的。反射计式

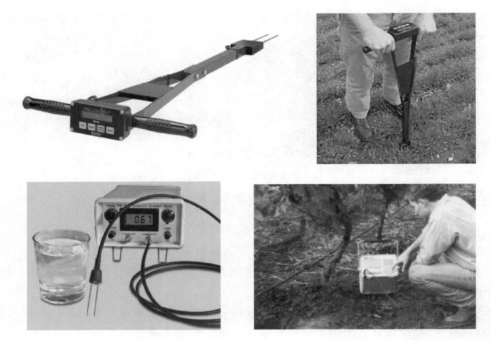

图 3-10　TDR 水分仪及其在田间的应用

　　探头的 ε_b 是通过测定谐振频率（振幅最大时）确定的。金属探头通常由两个或两个以上插入土壤的电极组成。电极组做成多种形式，有的为平行板状，有的为平行棒状，有的绕成环柱状。

　　利用环柱状探头测土壤水分时，要将探头放入测点安装的管中。这种设计的好处是，可以利用多个环测定不同深度的土壤水分。

　　频域反射法用的很广泛，因为其测量精度高，不受高土壤盐分影响，比 TDR 测定法好。但是这种仪器要求探头（或测试管）与土壤严密接触。另外，测量结果对土壤温度、黏土含量及土壤密度差异敏感。

　　图 3-11 所示为 FDR 水分仪及其在田间的应用。

图 3-11　FDR 水分仪及其在田间的应用

3）振幅反射法（ADR）

振幅反射法的原理是通过测定传导路线上的电阻抗差异来测定土壤水分。土壤的电阻抗分两部分：电导率及介电常数。ADR 仪器装有可在沿传输路线上产生固定频率电磁波的振荡器。电磁波传输路线由几根可插入土壤的平行金属棒组成。中心棒为信号棒，与周围的棒一块形成电屏蔽。这种设计可使插入土壤的金属棒间产生与土壤介电常数相关的阻抗。

由于测定精确度高，对土壤盐分及温度不敏感，ADR 可在各种土壤条件下使用。另外，安装时对土壤扰动少，且相对价低。但测量精度取决于标定，金属棒必须与土壤接触紧密。

4）相位传输法（PT）

相位传输技术测量土壤水分是通过测定由固定波长相位移动间接获得的。相位移动取决于传输速度、传播频率及行程。如果频率及波长一定，传输速度与湿润球体内的土壤水分有关。行程的长度取决于形成探针的两个同心金属开环的长度。

总的讲，PT 水分仪较便宜，标定后较准确，测定区域较大。此外，当连接到数据采集仪上时，可实施大量测定。

但是，仪器探针必须固定，安装时动土量大。测量数据受土壤高盐分（大于 3dS/m）影响大，土壤盐分高时精度不高。

5）时域传输法（TDT）

时域传输法通过测定电磁波（脉冲）传输到金属曲棒上的时间来获得土壤水分数值。此种方法与 TDR 法类似，但只测定单向传输时间，需要在传输路径的起点及终点接电。

TDT 土壤水分仪价格较低，精度高，测量区域大，连接数据采集仪时可实施土壤水分的大量监测。另外，TDT 也要定点安装，动土量大。电磁波传输期间的脉冲失真会导致测量精度下降。

6）其他监测方法

其他间接监测方法还包括探地雷达法（GPR）及电磁感应法（EMI）。但这两种方法还仅局限于科学研究用，不适用于灌溉管理。

GPR 技术与 TDR 类似。EMI 则通过发射电磁信号到土壤中，测试土壤电导率来间接获得土壤水分。反射回仪器的信号强弱与土壤含水量有关。但是正确建立电导率与土壤水分之间的关系具有挑战性，因为 EMI 信号除了与土壤水分相关外，还与土壤质地及土壤温度有关。

（3）张力测量法

张力测量法是采用张力计测定土水势。土水势可用来衡量与植物吸水相关的土壤能量状态（Hillel，1998）。张力计头上装有一个多孔磁探头（又叫瓷杯），测量时探头与土壤紧密接触，张力计中的水可通过多孔磁探头与土壤联通，移动到土壤中。张力计法不需田间标定，但张力计必须固定安装在地里相当长时间，以便张力计管内水与土壤水达到平衡。

张力计及其田间应用如下图 3－12 所示。

土壤张力计由多孔磁探头、塑料管及压力表（又称负压表或真空表）组成。测量安装

图 3-12　张力计及其田间应用

之前要在塑料管中填满水。当磁杯与土壤充分接触时，塑料管中的水会与土壤溶液达成平衡，此时间土壤对管中水的吸力与土壤的水势相等。当蒸发、植物吸水及排水使土壤变干时，张力计管中的水会移动到土壤孔隙中。相反，降雨及灌溉后，土壤中的水会流到张力计塑料管中。这些水的相对移动会导致负压表读数发生变化。

张力计的一个缺陷是对负压变化反应缓慢，吸力小于1bar范围内使用较好。要对张力计不断维护，保持水充满塑料管。天热时，土壤收缩大的地及砂土地安装张力计会影响测量精度，因为这种条件下瓷杯与土壤接触不好。

尽管张力计测量土壤水分有缺陷，但仍然被广泛应用到灌溉管理上。原因是造价低，可直接读数，与土壤盐碱含量无关，维护简单。另外，如果加一个压力传感器，可获得连续读数。

（4）电阻块法

此法通过测定插入多孔介质的电极间的电阻值来测定土水势。

多孔介质的导电能力是同它的含水量以及介电常数有关的，如果忽略含盐的影响，水分含量和其电阻间是有确定关系的。最简单的电阻法是将两个电极埋入土壤中，然后测出两个电极之间的电阻。但是在这种情况下，电极与土壤的接触电阻有可能比土壤的电阻大得多。因此采用将电极插入多孔介质（如：石膏、尼龙、玻璃纤维）等中形成电阻块来解决这个问题。由于常用石膏作为介质，所以电阻块法也称为石膏块法。

电阻块法的优点是成本低，可重复利用，可用于定点监测等。其缺点是有滞后，测量范围有限，受土壤含盐量的影响大。电阻块法测量的误差产生的主要原因主要有各电阻块的一致性，电阻块的敏感度和退化程度，与水分无关的土壤电阻变化等。为减小误差，可以采取以下措施：对每块电阻块进行标定以减小非一致性引起的误差，经常更换电阻块以减小其退化所引起的误差，针对不同含水率范围采用不同的电阻块以增强其敏感度。对于基质势大于30kPa的土壤，可采用石膏块；对于更低的基质势，则可以采用尼龙石膏块；而玻璃纤维石膏块则可用于0～1500kPa的范围。

由于成本低，又很容易接入数据采集仪，灌溉管理上电阻块法用的很多。石膏块探头及读数仪见图3-13所示。

（5）散热法（HD）

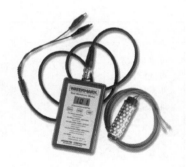

图 3-13　石膏块探头及读数仪

此法通过测定土壤散热量来获得土壤水势。散热量取决于土壤的比热及导热性，而这两个参数又受土壤水分影响。热探针由一个含有热源的多孔块及温度传感器组成。测定时通过热源不断发出热脉冲并用温度传感器（热电偶）测定相应土壤温度。该法需做温度与土壤水分关系标定。散热法土壤水分测定仪测定范围宽，测点不需要维护，测量数据不受土壤盐分影响。另外，此法还可连续读数。缺点是测定时读数慢，需要配置复杂的数据采集仪及热发射控制器。

（6）热电偶干湿计（TP）

此法通过测定土壤水的平衡蒸汽压（即多孔杯的水与土壤水平衡后多孔杯内的相对湿度）。测定原理是蒸汽平衡条件下，多孔材料的水势与多孔材料周围空气的蒸汽压相关。热电偶干湿计由一个热电偶组成，热电偶被磁护罩或不锈钢网包围，形成一个气室。相对湿度通过干湿球温度差计算。

此法很敏感，读数可靠，干燥条件下尤其如此。缺点是读取慢，土壤湿润时及浅层测量时精度低。表 3-7 为几种测定方法的优缺点总结。

表 3-7　　　　　　　　　　各种土壤水分测定法的优缺点比较

测量方法	优　点	缺　点
直接测量法	易测	耗时、耗力
中子散射法	精度高， 多点测	价高、重量大、不安全（辐射）需要培训，需要防辐射证书
时域反射法 （TDR）	精确， 不需要标定， 土壤扰动少， 可多点同时观测	相对价高， 盐碱条件下使用受限， 探针使用有局限性
频域反射法 （FD）	比 TDR 分辨率高， 可接数据采集仪， 相对便宜	需要标定， 与土壤接触要紧密
振幅反射法 （ADR）	土壤扰动很小， 可接数据采集仪， 相对便宜	需要标定， 受与土壤接触度、土壤含石量影响

测量方法	优　点	缺　　点
张力测量法	可直接读数， 可连续测定， 非常适合灌溉管理， 维护需求有限	需要探头与土壤紧密接触， 仅限于土壤基质势 1bar 以下使用， 读数较慢， 探头与土壤接触会变松， 需要频繁维护
电阻块法	简单、价低， 无需维护， 可连续读数， 非常适合制定灌溉制度	低分辨率， 石膏块性能随时间发生变化， 读数慢， 不适合膨胀土， 土壤水分近饱和时测定不准确， 读数受温度影响， 精确度不高
热电偶干湿球法	敏感度高， 干燥田间下非常适用	读数很慢， 土壤湿润时精度低， 读数需要专门设备， 感应区体积小， 不推荐测定浅层土水分

第四节　土壤水分运动

　　灌溉管理人员一旦确定了土壤水分及土水势状态，要优化灌溉及用水效率的下一步工作是综合考虑土壤水分运动。本节将介绍土壤水分运动的一些基本定义，影响水进入土壤（入渗）及饱和、非饱和状态下土壤水分运动（导水率及渗漏率）的因素。此外还将通过土壤湿润锋移动规律论证土壤质地及其他土壤特性对土壤水分运动的重要性。

一、入渗

　　通过降雨或灌溉进入土壤中的水，或被作物吸收利用，或被储存在土壤中。入渗指的是水进入土壤的过程。入渗的重要之处是可以减少地面径流，可以将水储存在土壤中供作物吸收利用。单位时间内通过单位土壤表面渗吸到剖面的水量称为土壤水入渗率，单位为 $cm^3/(cm^2 \cdot s)$。

　　入渗率与雨强或灌溉强度（Q）一起决定多少水可进入土壤中，多少水将从地面流走。例如：当雨强或灌溉强度小于土壤入渗率（$Q < i$），降雨或灌溉水会渗入土壤，地面无积水；当灌溉强度略大于入渗率（$Q > i$），地面产生积水；当灌溉强度大于入渗率很多时（$Q \gg i$），产生地面径流。

　　通常讲，入渗率在入渗初期大，土壤干燥条件下尤其明显。之后入渗率缓慢下降逐步接近恒定，称为稳定入渗率（见图 3-14）。

　　另一个对灌溉有意义的关系是时间-入渗累积关系曲线。根据此关系曲线，灌溉人员可以计算累积入渗量。图 3-14 与图 3-15 为典型的不同干湿条件下入渗率随时间的变

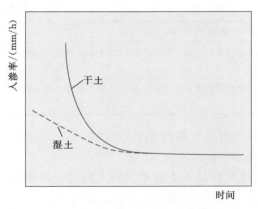

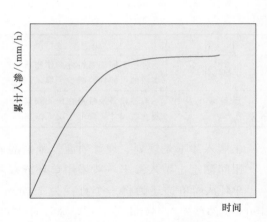

图 3-14　土壤入渗曲线示意图　　　　图 3-15　累计入渗曲线示意图

化曲线形状及累积入渗量随时间变化的典型形状。

　　由于测定入渗率时的土壤起始含水量影响土壤的入渗能力，如要比较两种土壤的入渗率，需要保持两种土壤的初始含水率一样。因此，一般都拿稳定入渗率来比较不同土壤的入渗特性。不同土壤的稳定入渗率见表 3-8。

表 3-8　　　　　　　　　　不同土壤类型的稳定入渗率

土壤类型	稳定入渗率/(mm/h)	土壤类型	稳定入渗率/(mm/h)
粗沙土	19～25	粉壤土	6～10
细沙土	13～19	黏壤土	3～8
细沙壤土	9～13	黏土	<3

　　土壤质地、土壤结构、团聚体含量、土壤水分状态均影响土壤入渗率。除了这些土壤物理特性之外，农业管理措施也影响入渗率，如土壤中的作物残体含量、耕作措施、轮作措施、收获、放牧、农机作业均会对入渗率产生正向及反向影响（见表 3-9）。

表 3-9　　　　　　　　　　土壤入渗率影响因素

因　素	对入渗率的影响
1. 土壤质地	沙、粉、黏粒相对含量控制入渗率大小，地表为沙土的入渗率比黏土表面入渗率高
2. 土壤结构	团粒状及小块状土的入渗率高于板状及大土块结构的入渗率
3. 土壤水分	入渗初期干燥土壤的入渗率最高，随着土壤变湿而降低
4. 有机质含量	入渗率与土壤中的植物体及其他有机质含量呈正相关关系。有机质含量多少影响入渗率。有机质含量高则入渗率高。因为有机质高则团粒结构好
5. 耕作措施	犁地的主要目的是增加土壤透气性。这样为水进入土壤创造了条件。但过度使用机械设备起反作用，因为会导致土壤板结
6. 作物覆盖	地面覆盖作物可减弱地表结皮形成。地表结皮会封住土壤空隙，导致入渗降低，形成地面径流并侵蚀土壤。另外，地表有植被，可降低雨滴对土壤的打击。雨滴打击地面会使土壤团粒破坏，团聚体（>2～5mm）变成微小颗粒（<0.25mm），封住土壤空隙，形成板结层。有效管理地被及将植物残体还田可提高有机质含量，改善土壤入渗率及田间持水能力

因　素	对入渗率的影响
7. 作物轮作	种植不同根系特性的作物减小形成土壤结皮的机会。轮作可以缩短土地休闲时间，减小土壤侵蚀可能性及减少土壤入渗有关其他问题
8. 设备碾压及牲畜踩踏	机器设备及牲畜在田间频繁碾压或踩踏会导致土壤板结及形成犁底层，降低土壤总孔隙度及孔隙尺寸，降低土壤入渗率

土壤入渗率是规划、设计喷灌及地面灌溉系统时最重要的考虑因素之一。

田间测定土壤入渗率一般采用单环或双环测定法。

单环法简单描述为将一个直径为 150mm 的金属环插入土壤中，插入深度大约为 80～110mm。然后灌入 444mL 水，记录随时间增加，有多少水入渗进去，计算入渗率（cm/h）。

双环法简单描述为金属环刀外环的直径接略比内环刀大，为 200mm。内环刀直径仍为 150mm。外环的作用是避免水侧向流动。观测方法与单环法一样。

环刀法观测灌进环刀中的水位随时间的降落，常常需要 1～3h 才能完成。由于土壤起始水分影响土壤入渗率，环刀法测定时保持初始土壤含水率为田间持水率（当土壤自由排水结束时的土壤水分含量）。

如果测定时土壤是饱和的，需要等 1～2d 才能开始测定。如果测定时土壤太干，应先灌 25mm 水进去，全部入渗完后再灌 25mm 开始测定，估算入渗率。

二、土壤水运动

与地面灌溉水的运动一样，土层内水的运动取决于势能差，水流从高水势区域向低水势区域流动。另外，要形成势能差，两个区域之间必须相连并有一个通道。这好比水从山上流到湖中，两个区域之间有高差，且存在一个流动通道。

土壤水的势能由基质势（Ψ_m）、重力势（Ψ_g）、压力势（Ψ_p）及渗透势（Ψ_o）组成。土壤水的流动通道为无数的土壤孔隙。驱动土壤水流动的力主要为土壤毛管吸力及重力。这两个力可同时作用。

非饱和土壤中，毛管吸力为推动土壤水流动的主要力。土壤水饱和时，重力驱动水向下运动。传统概念上毛管吸力导致水向上运动，但是实际上毛管吸力还导致水侧向流动。侧向流动的水量与毛管吸力作用下向下流动的水量差不多。

水分子的独特特性是其两级性。氢（H）会与其他水分子连接，还会与其他离子的表面产生作用。水分子被吸附到固体表面为黏合作用，水分子之间的集合称为聚合作用。毛管吸力是黏合与聚合的产物。毛管吸力驱动土壤水流动。

毛管水上升（用 h 表示，单位为 cm）与土壤颗粒平均直径（用 d 表示，单位为 cm）相关，可用下述简化公式计算：

$$h = 0.31/d \tag{3-10}$$

式中 0.31 为综合考虑表面张力、土壤溶液浓度、重力加速度、土壤溶液与土壤颗粒之间的湿润角后的经验常数（Hillel，2004）。总的讲，刚开始时沙土内的毛管水快速移动，但最终结果是具有大量小孔隙的黏土中毛管上升水高于沙土（见表 3-10）。

表 3 - 10 不同土壤结构下的毛管上升范围

土壤质地	土壤空隙分级	d 的范围/cm	h 的范围/cm
细黏土	非常小空隙	<0.0002	<1550.0
黏土	小空隙	0.001~0.002	300.0~150.0
沙壤土	中等尺寸空隙	0.002~0.004	150.0~75.0
壤土	大空隙	0.004~0.008	75.0~37.5
粗沙土	更大空隙	0.008~0.02	37.5~15.0
卵石	非常大空隙	0.02~0.10	15.0~3.0

除了了解土壤水在不同质地的土壤中的运动距离外，灌溉人员必须知道土壤孔隙还影响保水性。大孔隙的毛管吸力小，保水性差。富含小孔隙的土壤持水能力强，保水性好。这是因为小孔隙如同毛细管，具有较强的吸附力。

重力作用使土壤孔隙内水受重力作用，使水分向下运动。在饱和条件下，土壤水的流动以重力水流动为主。此时，除了局部区域夹带进去一点空气外，几乎所有孔隙充满了水。与此同时，非盐碱土中的总水势（Ψ_t）主要为重力势（Ψ_g）及压力势（Ψ_p）。对于垂直方向上的饱和水流，Ψ_g 与 Ψ_p 可能不是恒定不变的。同一高程上的水，如果水平方向饱和，则饱和水的流动取决于上层土壤中的压力水头。

1856 年，亨利·达西（Henry Darcy）基于其在巴黎所做的大量砂过滤床实验，提出式（3-11）：

$$q = -K \frac{\mathrm{d}h}{\mathrm{d}x} \tag{3-11}$$

式（3-11）称为达西定律。达西定律可以解释为：

多孔介质中的水流量与驱动力（水力梯度，dh）及介质水力导水特性（K）成正比。达西定律适合于多孔介质饱和条件，此时孔隙中充满了水。该定律为土壤饱和状态下水分运动的主要公式。

根据定义，导水系数 K 是达西定律里的比例系数。应用于土壤水的黏性流动，K 代表土壤的导水特性。K 等同于每单位水势梯度的水通量（SSSA，2008）。尽管 K 的单位为速度单位（例如：cm/s, m/s, cm/day），实际上为水的通量密度，即单位时间内流经一定土壤断面上（cm²）的水量（cm³）。K 在 X、Y、Z 三维方向上可能不同，在饱和及非饱和状态下也不同。饱和状态下，K 用来表示土壤的饱和导水性。非饱和条件下，K 表示为基质势的函数 [$K(\Psi)$] 或土壤水分的函数 [$K(\theta)$]。

1931 年，理查德（Lorenzo A. Richards）将质量守恒定律的连续需求应用于达西定律，形成式（3-12）（称为理查德方程），用于描述非饱和土壤中的水分运动。

$$\frac{\partial \theta}{\partial t} = \frac{\partial}{\partial x} \times \left[K(\theta) \times \left(\frac{\partial \psi}{\partial x} + 1 \right) \right] \tag{3-12}$$

式中　K——非饱和导水率；

　　　ψ——压力势；

　　　x——距参考面的距离或高差；

　　　θ——土壤水分；

t——时间。

理查德方程为非线性偏微分公式。土壤水分随时间的变化取决于导水率与土水势之间的关系。如本章前面所述，土壤水分与压力势之间有函数关系，用 $\theta(\Psi)$ 表示。非饱和导水率与土壤水分有函数关系，即 $K(\theta)$。式（3-12）中非饱和导水率 K 与水势之间也有函数关系，用 $K(\Psi)$ 表示。

对于特定质地的土壤，非饱和导水率 K 小于饱和导水率 K_s。因为在非饱和状态下，土壤水分沿土壤微孔隙运动如同一层水膜沿土壤孔隙壁移动。土壤水分非常低时，土壤水分运动不能成为连续运动，而是以汽态在孔隙中运动。

三、土壤水分运动速率

灌溉人员常常会交替使用渗透性及导水率两个术语。但切记不要将两者混为一谈。根据定义，渗透性包含内渗透性，内渗透性为多孔介质的特性，反映气体及液体流经介质时的特性。用式（3-13）表示（SSSA，2008）：

$$k = \frac{Kn}{\rho g} \qquad (3-13)$$

式中　K——达西导水率；

　　　n——流体黏稠系数；

　　　ρ——流体密度；

　　　g——重力加速度。

从灌溉的角度看，K 是衡量水分在土壤中流动的特性参数。而理论上讲，渗透性系数 K 是多孔介质的固有特性，与其孔隙的几何性能有关，流体与固体基质之间不产生相互作用，互不影响（Hillel，1998）。导水率 K 是土壤与其中土壤水分共同作用的特性，受土壤的总孔隙度、质地、结构、密度及土壤溶液的黏稠系数影响。

四、土壤湿润锋

华盛顿大学的土壤学家加德纳（Gardner，1962）在 1962 年用慢速摄影的方法拍摄并描述了一组土壤水分运动的图片，分两次公开发表。由于教学及灌溉实践的不断需求，这些图片及相关文章被反复再版，一直作为描述土壤水分运动的经典文献。1995 年，在加德纳工作的基础上，亚利桑那州立大学合作推广系（Watson 等，1995）又制作了一套关于土壤水分运动的录像。

表 3-11 给出了影响土壤水分湿润锋运动的因素。

表 3-11　　　　　　　　影响土壤水分湿润锋运动的因素

土壤特性	对土壤湿润锋的影响
1. 土壤质地	水在土壤中以不同的入渗率运动，取决于土壤中砂粒、粉粒及黏粒的含量。例如，水在沙土地上以垂直入渗为主，黏土则相反。水在黏土粒的运动横向扩散为主
2. 土壤结构	总的讲，颗粒状及纹理状结构的土壤，土壤水分运动以向下快速运动为主。块状及棱形结构土壤，土壤水入渗速度中等。板状及大块状土壤的土壤水分向下运动最小

土壤特性	对土壤湿润锋的影响
3. 孔隙空间	除了总孔隙量，水在土壤剖面上的运动受导管作用的连续孔隙影响很大。不连续的孔隙可能对水的运动形成阻碍。因为内部有气堵。不连续孔隙末端会积水，但不会增强湿润锋在土壤剖面中的运动
4. 土壤水分	土壤孔隙内的水量影响土壤水沿土壤剖面上运动。例如，非饱和状态下，水以在毛细管作用下的运动为主。饱和状态下，水以在重力的作用下向下运动
5. 土壤有机质	土壤有机质主要由植物及动物残体构组成，可改善土壤肥力及土壤结构，改善土壤水分运动
6. 土壤生物体含量	土壤中含有丰富的微生物（如细菌、真菌）及巨生物体（如昆虫、蚯蚓）可以增加孔隙量及大小，因此增加土壤水向下运动的可能。另外，这些生物体的排泄物促使团聚体形成，有利于改善土壤结构，改善土壤水入渗
7. 土壤含盐量	钠离子（Na^+）对土壤结构的形成有不利的作用，含量多导致土壤颗粒分散，降低入渗率。相反，水化半径小的离子，如钙离子（Ca^{2+}）、镁离子（Mg^{2+}）可使土壤颗粒凝聚，改善土壤结构，改善土壤导水率

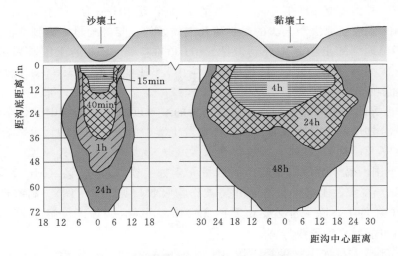

图 3-16　沟灌条件下沙壤土及黏壤土的典型湿润锋运动轨迹

五、土壤化学特性

土壤的化学性能是组成土壤颗粒的各种化学成分与土壤溶液（保持在土壤孔隙中的水）相互作用的结果。知道土壤的化学特性对于确定作物根区水运动、灌溉系统设计及制定灌溉制度都非常重要。

对于灌溉人员来说，土壤的重要化学特性包括：pH 值、阳离子交换能量（CEC）、钠吸附比（SAR）、电导率（EC）及土壤的有机质含量（SOM）。

土壤 pH 值是最重要的土壤化学特性指标。pH 值用来衡量土壤溶液中氢离子浓度与氢氧根（OH^-）离子浓度之间的对比，由式（3-14）表示：

$$pH = -\log[H^+] \tag{3-14}$$

pH 值对数值范围为 0～14。土壤 pH 值为 7.0 表示这种土为中性土，此时土壤溶液中的 H^+ 浓度与 OH^- 浓度相等。土壤 pH 值大于 7.0，意味着 H^+ 浓度＜OH^- 浓度，土壤呈碱性。反之，土壤呈酸性。图 3-17 为土壤 pH 值及酸碱度划分。

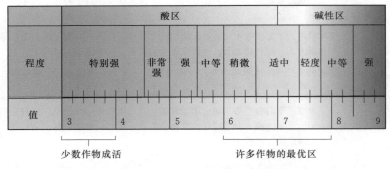

图 3-17　土壤 pH 值及酸碱度划分

由于 pH 公式用的是对数，pH 值每降低 1，H^+ 浓度会有 10 倍的增加。例如，pH 值为 5.0 的溶液，其酸度是 pH 值为 6.0 溶液的 10 倍，是 pH 值为 7.0 溶液的 100 倍。

土壤的 pH 值主要取决于土壤的矿物质及气候条件。年降雨量中等到高的地区，土壤呈酸性，而干旱地区的土壤呈中性到碱性。pH 值在 7.8～8.3 的土壤，表示为钙质土，即土壤中含有碳酸钙（$CaCO_3$）。农业耕作土壤中，pH 值一般在 5.0～8.5。对大部分作物而言，pH 值在 6.0～8.0 最佳。

pH 值是土壤的最重要化学特性。因为土壤的酸碱度决定着土壤中的化学反应，影响着矿物质、养分物质的可溶性及有效性，影响着土壤中的微生物活动，也影响着土壤的物理特性（导水率及结构）。例如，大量营养元素氮（N）、磷（P）、钾（K）在土壤 pH 值为 6.5～7.5 范围内易于被作物吸收。而微量元素如：铁（Fe）、锰（Mn）、硼（B）、铜（Cu）、锌（Zn）在酸性土壤中易溶解并易被作物吸收（见图 3-18）。高酸性土，如 pH 值在 4.0～5.0 条件下，除了含必要元素 Fe 和 Mn，还可含高浓度可溶非必要作物营养元素如铝，此时可能对作物形成毒害。

总的讲，灌溉人员如果能保持土壤 pH 值在 6.0～7.5，养分元素对大部分作物是有效的。有的作物，比如草莓、白土豆耐酸性强，酸性土壤中仍能长好。草坪草喜欢在中性及微酸土壤中生长。

碱性土一般黏粒含量高，持水能力强，但导水率低。相反，酸性土砂粒含量高，持水能力低，导水率高。了解土壤的这些特性对于灌溉管理很重要。

土壤 pH 值还受集约耕作及灌溉的影响。农业耕作会随着时间使土壤酸化，这与作物吸走养分、灌溉、降雨淋洗、施肥（尤其是施用铵态氮肥时）、有机物分解及下酸雨等有关。灌溉农业条件下，连续灌溉含碳酸钙的水，将会增加 pH 值。

CEC 用来衡量土壤与土壤溶液之间的阳离子交换能力。CEC 一般用吸附在黏粒或有机物表面的阴离子和阳离子量来表示，单位为每 100g 土毫克当量（meq/100g 土）。保留在机质及黏粒表面的阳离子可以看作为植物养分储备，连续不断给土壤溶液供应作物需要的养分元素。而土壤溶液中的阳离子被黏粒及有机物表面的负离子吸收后则不能被作物吸

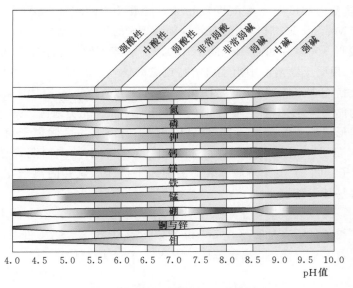

图 3-18 pH 值与作物营养元素的有效性

收利用。

　　大部分养分元素为阳离子，如 Ca^{2+}、Mg^{2+}、K^+、NH_4^+、Zn^{2+}、Cu^{2+} 及 Mn^{2+} 等。土壤溶液中的阳离子可以通过施肥、灌溉及作物根系分泌获得。CEC 取决于土壤质地（黏粒含量）及有机物含量（见表 3-12）。总的讲，有机物及黏粒含量越高，CEC 越高。有机物提供的阳离子交换空间比黏粒大。不同的黏土其 CEC 也不一样，比如蒙脱石的 CEC 最高（80～100meq/100g 土），其次为伊利石黏土（15～40meq/100g 土），再次为高岭土（3～15meq/100g 土）。

表 3-12　　　　　　　　　　　　不同类型土壤的 CEC 值范围

土壤质地	CEC/(meq/100g 土)	土壤质地	CEC/(meq/100g 土)
沙土（颜色淡）	3～5	粉壤土	15～25
沙土（颜色重）	10～20	黏壤土与黏土	20～50
壤土	10～15	有机土	50～100

　　大部分土壤的 CEC 随土壤的 pH 值增加而增加。两个因素决定黏土吸附的不同阳离子的相对比例。第一个是土壤胶体对阳离子的吸附不是均等的。当阳离子的量相等时，土壤表面胶体对阳离子的吸附强度依次为 $Al^{3+}>Ca^{2+}>Mg^{2+}>K^+=NH_4^+>Na^+$。第二个因素是土壤溶液中的相对浓度，它有助于确定吸附度的大小。酸性非常高的土壤中 H^+、Al^{3+} 浓度高。中性到碱性土壤中以 Ca^{2+}、Mg^{2+} 含量为主。排水不好的干旱地区土壤会吸附大量的钠，使得土壤中钠的浓度高。当土壤中吸附在黏粒表面的钠离子含量与土壤中的钙镁离子浓度不均衡时，黏粒会发生膨胀，致使土壤孔隙变小，导水率降低。

　　使基本阳离子（Ca^{2+}、Mg^{2+}、K^+、Na^+）达到平衡的 CEC 称为土壤盐基饱和度

（*BS*）。土壤的盐基饱和度与土壤酸度负相关。随着 *BS* 的增加，pH 值增加，养分阳离子，如：Ca^{2+}、Mg^{2+} 及 K^+ 对作物的有效性随着 *BS* 的增加而增加。干旱地区土壤中的盐基百分数一般接近 100%。如果 *BS* 低于 100%，意味 *CEC* 的部分被氢或铝离子占据。*BS* 高于 100%，说明土壤溶液中出现可溶盐或碳酸钙，或者是分析程序出了问题。

与阳离子交换能力 *CEC* 相反的是阴离子交换能力 *AEC*。*AEC* 用来衡量土壤可吸收及交换阳离子的能力。*AEC* 随土壤的 pH 值降低而增加。北美地区大部分种植土壤的 pH 值太高（火山岩形成的土壤除外），导致 *AEC* 低。所以该地区阴离子对作物生长不起什么作用。由于大部分农作土壤的 *AEC* 相对于 *CEC* 要小，矿物阴离子如硝酸根离子（NO_3^-）及氯离子（Cl^-）受土壤胶体表面的阴离子排斥。这些阴离子在土壤溶液中处于游离状态，很容易被淋溶掉。

对于盐碱土，灌溉人员应该了解一个称作钠吸附比的参数。该参数用 *SAR* 表示，用来确定土壤中钠离子的潜在危害（Ayers 和 Westcot，1985）。*SAR* 可通过提取土壤吸液，分析钠离子浓度及 Ca^{2+}、Mg^{2+} 离子浓度，带入式（3-15）计算：

$$SAR = \frac{[Na^+]}{\sqrt{\dfrac{[Ca^{2+}]+[Mg^{2+}]}{2}}}$$ (3-15)

式中 Na^+、Ca^{2+} 及 Mg^{2+}——离子浓度单位为毫克当量/升（meq/L）。

灌溉人员还应熟知另外一个称作钠交换百分数（*ESP*）的参数。*ESP* 反映土壤黏粒表面被钠离子占据而可交换的百分数。用式（3-16）计算 *ESP*：

$$ESP = \frac{[Na^+]}{CEC} \times 100$$ (3-16)

土壤表面积累可交换钠多说明该种土壤的渗透性差，土壤结构不好。当 *SAR* 上升到 12~15 时，会引起严重的土壤物理问题，导致作物吸水困难。可交换钠含量高，会加剧黏土粒的膨胀与分散，降低土壤导水率（FAO，1985）。这种现象在膨胀性黏土中更明显。钠离子的含量升高会降低钙、镁及钾的有效性，会导致作物缺乏营养。如果灌溉水的电导率高，会使土壤的 *SAR* 值变得更坏。

六、盐分与电导率

盐分是反映土壤中可溶盐含量的土壤特性指标。一般在干旱及半干旱地区有土壤盐害问题。用电导率（*EC*）的大小来评估盐分含量的高低是最常用的方法。

根据美国农业灌溉标准（见表 3-13），当土壤的 *EC* 值大于 4dS/m 时，这种土壤就

表 3-13   土 壤 盐 碱 性 分 级

分级	*EC*/(dS/m)	*SAR*	pH 值
正常	<4	<13	<8.5
盐性	>4	<13	<8.5
盐-碱性	>4	>13	<8.5
碱性	<4	>13	>8.5

可视作盐性土。

实际上，非耐盐作物可能在 EC 小于 4dS/m 情况下就受害。而耐盐作物在此值的两倍以上都不会受盐害（Ayers 和 Westcot，1985）。

如果一种土壤中的可交换钠含量高，已阻碍作物生长，不管可溶盐含量高低，这种土被称为碱性土（见表 3-12）。

干旱及半干旱地区盐土中的阳离子通常为 Ca^{2+}、Mg^{2+} 及 Na^+。这些阳离子会导致土壤溶液中的氢氧根离子（OH^-）浓度升高，H^+ 浓度降低。这些离子支配土壤中离子的交换，使盐基饱和升高，pH 值升高。

干旱及半干旱地区土壤中，重碳酸根及碳酸根是最常见的阴离子。当蒸发、作物吸收或排水导致土壤水分降低时，重碳酸钙被分解成碳酸钙、二氧化碳（CO_2）及水。通过此过程钙从黏粒表面移走，钠被留下来，钙质土变成钠质土（碱土）。一般，当 pH 值高于 8.0，土壤干燥过程中，Ca 与 Mg 在土壤溶液中沉淀。

七、盐与碱对土壤特性的影响

土壤溶液呈现盐分（土壤固有或灌溉带入）会通过降低土壤水的有效性（渗透效果作用）及提高特定离子浓度，影响作物吸收水分及毒害作物，最终影响作物生长（Hanson 等，1999）。碱性对作物有毒害作用，与钠离子在土壤中的积累有关。要评价土壤溶液盐分对土壤物理特性的影响，需要知道可溶盐的含量尤其是钠离子的浓度。钠离子对土壤物理特性的影响与盐分离子的影响正好相反。EC 升高会导致絮凝，而钠饱和会导致黏粒分散。

如果盐渍土壤中的一些离子占优势，如钙离子（Ca^{2+}）占优势，对土壤会有凝絮作用，引起土壤微粒聚合为团粒，结果可增加导水率，增加透气性。因此，提高盐分浓度有一定的正作用，可以增加及稳定团聚体。但盐分太高对作物有副作用，对作物生长有潜在威胁（Ayers 和 Westcot，1985；Barbour 等，1998；USDA-NRCS，1998）。

土壤颗粒分散主要是由高钠浓度引起的。（Bauder 与 Brock，1992）。黏粒分散（由于钠浓度升高）会堵塞土壤孔隙，随着土壤的反复湿润、干燥，使得土壤变得像水泥一样，只有一点或干脆不成结构（Hanson 等，1999；Ayers 和 Westcot，1985；Miller 和 Donahue，1995；Shainberg 和 Letey，1984）。钠离子含量高引起的土壤颗粒分散会产生三种负面影响：降低入渗率，减弱导水性，使土壤表层结皮。这些副作用会导致作物成活困难，根系很难扎入土壤，作物吸不到足够的水分及养分。土壤类型、土壤结构、灌溉管理、降雨都会影响土壤的凝絮及分散（Agassi 等，1981；Barbour 等，1998）。

图 3-19 所示为盐分浓度与 SAR 对沙壤土的组合影响。对于一定的盐分浓度，SAR 增加时入渗率降低，反映了钠离子的影响。在低 SAR 下，盐分浓度增加时入渗率增加。

图 3-20 可用来判定不同灌溉水质对土壤入渗率的潜在负面影响。表 3-14 中的清单及总结对于灌溉人员日常管理咸水灌溉或再生水灌溉都有用。

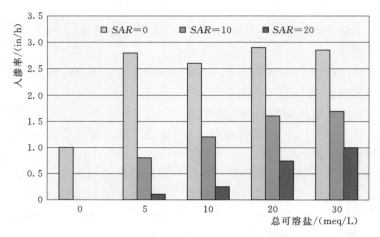

图 3-19　总可溶盐量及 *SAR* 对土壤入渗率的影响

表 3-14	咸水灌溉管理主要事项

- 灌溉水盐分含量（低、中、高）
- 灌溉水可能有问题成分（钠、硼、硒、钼、硝酸根、碳酸盐等微量元素）
- 有无优质水用于定期淋洗
- 质地、入渗率及土壤渗透性
- 地下水是否高
- 从长期出发考虑

灌溉水盐分可以用 *EC*（电导率）表示，单位为 dS/m（分西门子/米），也可用 *TDS*（总溶解固体）表示，单位为 ppm。灌溉水的含盐量单位也可为 meq/L（毫克当量/升）。单位换算关系与盐分浓度有关，如下所示：

$$EC < 5: TDS(ppm) = 640 \times EC(dS/m)$$
$$TDS(meq/L) = 10 \times EC(dS/m)$$
$$EC > 5: TDS(ppm) = 800 \times EC(dS/m)$$

略作修改的联合国粮农组织（FAO）灌溉水质标准（29 号文献）如下，盐分单位以 dS/m，*EC* 表示：

　　灌溉水盐分：

　　$EC < 0.5 dS/m$：对入渗率可能有影响，取决于土壤质地；

　　EC 在 $0.5 \sim 0.75 dS/m$：轻微盐害，大部分作物可用；

　　EC 在 $0.75 \sim 1.5 dS/m$：中等盐害，适合耐盐作物；

　　EC 在 $1.5 \sim 3.0$ 非常高盐害。通常不适合用于灌溉，除非排水条件好，淋洗好。

从标准可看出，通过合理选择作物、土壤采用合理的灌溉管理方法，含盐量很高的灌溉水也可用。上述标准可用来初步评估灌溉水是否会有盐害。很多案例显示，*EC* 值高于 3dS/m 的水用于灌溉也能获得成功。

　　土壤盐分：

　　马斯·霍夫曼（Maas Hoffman）的耐盐表中，土壤盐分用 EC_e 表示。饱和土壤析出液的电导率用单位 dS/m 表示。EC_e 为 $0 \sim 5 dS/m$ 时，EC_e 换算成 *TDS*(ppm) 的因子如上，取 640。EC_e 大于 5 时，换算成 *TDS*(ppm) 的因子为 800。土壤析出液的 EC_e 大于 4dS/m（2560ppm *TDS*）可以认为是盐性土，但是否对作物有危害及危害程度取决于作物的耐盐性及灌溉管理措施。最好查看作物耐盐表，针对土壤选择合适的作物。

　　灌溉水碱度：

　　Ayars 与 Westcott 在他们出版的《农业盐分及排水手册》中列出了钠吸附比及盐分参考数值。当灌溉水的钠吸附比（*SAR*）≥10，或可交换钠（*ESP*）≥13，灌溉到细到中等质地的土壤时，可能引起入渗率降低，尤其在盐分低的情况下。

　　土壤碱度：

　　SAR 为 13 及 *ESP* 为 15 的土壤可认为是碱性土，土壤水渗透率低，当采用盐含量非常低的水灌溉时尤其如此

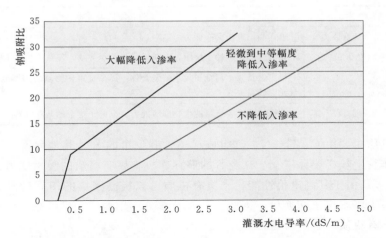

图 3-20　不同灌溉水质（*EC* 及 *SAR*）对土壤入渗率的潜在负面影响

八、土壤有机质

土壤有机质（SOM）是指地球上下述物质的总称："所有自然的，在土壤内或土壤表面发现的热变生物有机材料，不论它的来源，无论它是活的还是死的，或正处于分解阶段，但不包括绿色植物的地上部分"（Baldcock 和 Nelson，2000）。这个关于土壤有机质的定义所含物质包括：①动物及植物残体；②土壤微生物；③有机物质（腐殖质）分解后的化学稳定物质。但农艺管理上，通常不将未腐烂的动植物残体看作土壤有机质（SSSA，2008）。腐殖质通常被看作有机质的等同体。但理论上讲，腐殖质是完全腐烂了的，化学性能基本稳定的，是矿物土壤有机质的组成部分。腐殖质又称黑色有机质，是有机物分解后初期的产物，成胶状。腐殖质的化学成分中约 50% 为 C，5% 为 N，0.5% 为 P，变质后的木质素（来自植物），氮化物及来自蛋白质的氨基酸。

尽管有机质含量占土壤总重不到 10%，但对土壤的生物特性及理化特性都有影响（见表 3-15）。

表 3-15　　　　　　　　　　　土壤有机物的特性与功能

土壤特性		功能举例
生物特性	储存代谢能	有机质为生物活动提供代谢能
	大量营养元素来源	矿化及固化过程影响作物对有机态及无机态氮素的吸收
	生态恢复	有机物的积累可以提高土壤对自然或人类扰动的修复能力
物理特性	稳定土壤结构	有机质可作为土壤基本颗粒的黏合剂，使土壤形成团聚体，改善土壤结构
	保水	有机质可吸收自身质量 20 倍的水
	溶解度低	假如到土壤中的有机物质会保持在土壤中，不会随渗漏水淋溶出土壤剖面
	颜色	暗色的有机物质会改变土壤温度

土 壤 特 性		功 能 举 例
化学特性	阳离子交换能力	可提高阳离子交换能力
	缓冲能力及 pH 值	弱酸性都在碱性土壤中，有机质可作为缓冲物，保持土壤 pH 值适合作物生长
	金属螯合作用	稳定微量元素与金属元素的复合体，提高土壤矿物质的溶解能力，减少必需微量元素的损失
	与农药的反应	有机物可改善土壤的生物降解能力，分解土壤中的某些农药

土壤有机质主要由 C、H、N、O 组成，还含有少量的 S 及其他元素。因此，土壤有机质可看成作物生长必要元素 N、P 及 S 的储存库。土壤有机质的吸水能力是土块吸水能力的 20 倍之多。由于其高电价性能，土壤有机质可以提高土壤的田间持水量，增加团聚体结构，提高土壤阳离子交换量。因此，从水及养分利用效率角度考虑，灌溉人员有必要了解作物根部有机质的含量及特性。

第五节 作物吸收土壤水

为了优化土壤供水及作物用水，灌溉管理人员非常有必要掌握作物吸水机理及影响吸水的因素。本章剩下内容将先概述水对作物的重要性，之后阐述根系对土壤水进入植物体内的重要作用，最后将描述水从根部进入植物体再通过呼吸散失到大气中的路径。通常此通道被称为土壤-植物-大气连通体，简称 SPAC 系统。

一、水对植物的重要性

水对植物的重要性主要有下面几方面（Kramer 和 Boyer，1995）：

（1）植物体的组成部分。禾本科植物体重量的 $80\%\sim90\%$ 是水。木本科植物含水量在 50% 以上。水是组成蛋白质及油脂原生结构的重要成分。植物缺水到一定水平，最终会导致生物结构破坏直至死亡。缺水的明显标志是生理活动减弱，结果导致细胞含水量降低。

（2）水是植物养分元素溶剂。水将土壤中的养分溶解，形成离子如 N、P、K、Ca、Zn 等，然后由根系吸收、传输到植物体内。在植物体内，水仍然起溶剂的作用，将体内的气体、矿物质及其他进入植物体内的可溶物质溶解，然后在细胞间及机体间传输。大部分细胞壁及原生质膜有较高的渗透性，水的存在才使得可溶物质能在细胞间移动。

（3）水是植物体内反应介质。水参与植物体内许多生物作用，如光合作用、出苗时的糖分水解作用等。在这些作用过程中，水起的作用如同 CO_2、硝酸根（NO_3^-）一样重要。比如光合作用，可以从式（3-17）可以看出水的作用：

$$6CO_2 + 6H_2O \xrightarrow[\text{叶绿素}]{\text{阳光}} C_6H_{12}O_6 + 6O_2 \qquad (3-17)$$

式中，相当于来自空气中的 6 个摩尔与植物体内 6 个摩尔的水（H_2O）结合，在阳光照射及叶绿素参与下生成一个摩尔的糖（$C_6H_{12}O_6$）及 6 个摩尔的氧气。

同时，从式（3-18）描述呼吸作用的方程式中，也可看出水的作用。

$$C_6H_{12}O_6 + 6O_2 \longrightarrow 6CO_2 \uparrow + 6H_2O + 能量 \qquad (3-18)$$

呼吸过程是光合作用的反向作用。与光合作用一样，也必须有水的参与。光合作用产生糖，呼吸作用消耗糖，生产新陈代谢需要的能量，同时呼出氧气及水分。作物体内水分丢失是呼吸作用引起的。

（4）水能维持细胞膨胀。细胞膨胀作用对于细胞发育是必要的。同时，细胞膨胀还可维持禾本科植物的形态。细胞膨胀对于气孔开启，叶子、花瓣等织物结构体发育都是非常重要的。如果水分不足，不能维持细胞正常膨胀，会导致植物体发育缓慢，降低光合作用的能力。

二、植物根系的作用

根系的作用可分为下述两项：

（1）锚固作物。根系可以使植物在土壤中牢固站立，支持植物冠层充分接受阳光，维持光合作用。牢固的根系可以保证作物抗风吹、抗雪压、抗冰雹打击、抗动物拔咬等。

（2）吸收器官。根系一般分两类，须根系及直根系。单子叶植物，如谷物类粮食作物的根系及牧草的根系为须根系。双子叶作物，如甜菜、苜蓿的根系为直根系。这些根系是土壤中水分、养分及植物体地上部分的传输通道。须根系由许多纤细根毛组成，长度及粗细都差不多。与须根植

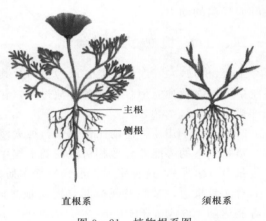

图 3-21　植物根系图

物根系不同，直根系植物根毛由一根主根生出。直根系和须根系如下图 3-21 所示。

无论是须根植物根系还是直根系的植物根系，根毛都来源于表细胞。由于根毛纤细，很容易扎入土壤空隙中。众多纤细的根毛增加了植物根系与土壤水及土壤养分的接触面积，缩小了水分及养分传输到根系的距离，使得植物很容易从土壤中吸收到水分及养分。

三、蒸腾作用

所谓蒸腾作用是指植物体内水从植物表面损失的过程。植物表面水分损失与植物附近土壤水分损失（蒸发）一起称为腾发（蒸发蒸腾，用 ET 表示）。ET 为灌溉制度制定人员要考虑的主要因素，以便满足植物需水。

通过获得下述影响腾发量的环境因素信息，灌溉人员可制定合理的灌溉制度，包括什么时候灌溉，隔多少时间灌一次。

（1）光线。植物蒸腾量在明亮的地方比在暗淡的地方多。这大有可能是在明亮的地方光会刺激植物气孔张开，同时还由于相对高的温度通过加热叶面加速蒸腾。

（2）温度。温度高则蒸腾大，因为温度高时水蒸发的快。比如，30℃时叶面蒸腾量是温度为 20℃时蒸腾量的 3 倍。

（3）湿度。任何物质的扩散率取决于两点的浓度差。浓度差高则扩散量大。当叶面周围空气干燥时，植物体内的水从叶面扩散快。

（4）风。无风时，叶面周围的湿度会逐渐增加，降低蒸腾率。有风时，湿润空气会被干燥空气带走，使得叶面与空气之间的水势差提高，导致蒸腾率提高。

（5）土壤水分。如果植物蒸腾损失的水不能及时得到土壤补给，植物蒸腾就不能连续快速进行。如果植物根系吸水率跟不上蒸腾率，植物细胞就不能膨胀，气孔关闭。气孔关闭会马上降低蒸腾率，同时减弱光合作用。如果细胞不能膨胀的现象扩散到其他叶面及茎上，植物就会出现凋萎。

到达叶面的水有不到1%用于光合作用及植物生长。大部分的水被蒸腾损失掉。蒸腾不能被看作是作物生长的危害，而应看作为推动土壤水从根系一直运移到叶面，进行光合作用（总水量的1%～2%）的动力。同时，蒸腾还是将营养元素运移到植物体内的动力及叶面降温的动力。

四、土壤–植物–大气连续体

土壤–植物–大气连续体概念认为植物及其周围大气是一个动态的物理综合体。在这个系统中，同时及独立地存在着各种流过程，包括能量流及物质流。这些过程像链条一样相互连接（Hillel，2004）。

2004年，Hillel将植物比作烛火，烛火浸泡在土壤水这个蜡烛液中。

蒸腾创造的势能差导致相对湿润的土壤中的水连续移动到植物体内。蒸腾使得细胞壁产生张力（负压），这种张力扩展到叶面木质部导管，驱动根部吸到的水向上移动。

有文献报道，试验发现根部与冠层顶之间的水势差随着叶面–大气界面水势差变化，高者能达到100MPa（Hillel，2004，2008；Kirkham，2005）。有时，木质部的张力（负压）可能会很高，可以将根部水推高到100m树顶。大部分植物的携水组织一般为木质部及韧皮部的导管。木质部将水输送到植物各处，而韧皮部将叶面制造的营养元素分配到植物全身。根部渗透势作用下进入根部木质部的水被定义为水穿过膜的被动扩散。渗透浓度指的是水中溶质（溶解物质）的浓度。当两个区域的渗透浓度不同时，水将从低浓度区流到高浓度区。

有两个通道可使外部的水进入植物根部内，然后再通过木质部导管上升到植物体。一个通道是植物的共质体，水穿过根毛的膜进入细胞及细胞连接通道进入根芯。另一条路径是非原质体，水沿着细胞壁移动，通过细胞间的空隙到达根芯。总而言之，水是通过单个细胞及导管系统的联合作用运动的。

只要有植物体内的水通过叶面蒸腾丢失，就有一个势能差驱使土壤水流经植物体，最后到达大气中。蒸腾拉力驱使所谓的"蒸腾流"流动，也就是说是蒸腾力驱使了水在SPAC系统中流动。

从灌溉的角度看，随着土壤水分的减少，土壤–水之间的吸力（土壤张力）会增加，植物从土壤中吸水时的吸力也必须相应增加。灌溉管理就是要保持根区土壤水的张力低于植物根系的吸水力。这样才能保证植物从土壤中吸到维持其正常生理活动的水。相反，如果根区土壤中的水被土壤吸的很紧，植物无法吸到足够的水，无法维持正常的蒸腾活动，植物体细胞将失去膨胀，甚至会出现枯萎，将最终无法保持其达到优化生长水平。

参 考 文 献

Agassi, M., I. Shainberg, and J. Morin. 1981. Effect of electrolyte concentration and soil sodicity on infiltration tate and crust formation. *Soil Sci. Soc. Am. J.* 51: 309 - 314.

Ahrens, R. J., and R. W. Arnold. 2000. Chapter 4: Soil taxonomy. In *Handbook of Soil Science*, E117 - E136. M. E. Sumner, ed. Boca Raton, Fla.: CRC Press.

Ayers, R. S., and D. W. Westcot. 1985. Water quality for agriculture. FAO Irrigation and Drainage Paper 29. Rome, Italy: Food and Agriculture Organization of the United Nations.

Baldcock, J. A., and P. N. Nelson. 2000. Chapter 2: Soil organic matter. *In Handbook of Soil Science*, B25 - B84. M. E. Sumner, editor - in - chief. Boca Raton, Fla.: CRC Press.

Barbour, M. G., J. H. Burk, W. D. Pitts, F. S. Gillian, and M. N. Schwartz. 1998. *Terrestrial Plant Ecology*. Menlo Park, Calif.: Benjamin/Cummings.

Bauder, J. W., and T. A. Brock. 1992. Crop species, amendment, and water quality effects on selected soil physical properties. *Soil Sci. Soc. Am. J.* 56: 1292 - 1298.

Benes, S. 2003. Irrigation with saline water: Minimizing the impact with proper management. *New Ag. International*. March 2003: 40 - 47.

Calif. Plant Health Assoc. 2002. *Western Fertilizer Handbook*. 9th ed. Danville, Ⅲ.: Interstate Publishers.

Elrick, D. E., and W. D. Reynolds. 1992. Infiltration from constant head well permeameters and infiltrometers. In *Advances in Measurement of Soil Physical Properties*: *Bringing Theory into Practice*, 1 - 24. G. C. Topp, W. D. Reynolds, and R. E. Green, eds. SSSA Special Publication 30. Madison, Wis.: Soil Science Society of Am.

FAO. 1985. Guidelines: Land evaluation for irrigated agriculture. Soils Bulletin 55. Rome, Italy: Food and Agriculture Organization of the United Nations.

Gardner, W. H. 1962. How water moves in the soil: Part Ⅰ: The basic concept. Part Ⅱ: In the field. *Crops Soils* 15: 7. (Revised 1968 and 1979: How water moves in the soil. *Crops Soils* 21: 7 - 12 and 32: 13 - 18.)

Gavlak, R. G., D. A. Horneck, and R. O. Miller. 2003. Plant, Soil and Water Reference Methods for the Western Region. Publication WREP 125. 2nd ed. Corvallis, Ore.: Oregon State Univ.

Gee, G. W., and D. Or. 2002. Particle size analysis. In *Methods of Soil Analysis*. Part 4: Physical Methods, 255 - 293. J. H. Dane and G. C. Topp, eds. Madison, Wis.: Soil Sci. Soc. of Am.

Hanson B. R., and D. E. May. 2003. Drip irrigation increases tomato yields in salt - affected soil of San Joaquin Valley. *California Agriculture* 57 (4): 132 - 137.

Hanson, B., S. Grattan, and A. Fulton. 1999. Agricultural salinity and drainage. Div. of Agriculture and Natural Resources Publication 3375. Davis, Calif.: Univ. of Calif.

Hanson B. R., D. E. May, J. Simnek, J. W. Hopmans, and R. B. Hutmacher. 2009. Drip irrigation provides the salinity control needed for profitable irrigation of tomatoes in the San Joaquin Valley. *California Agriculture* 63 (3): 131 - 136.

Hillel, D. 1998. *Environmental Soil Physics*. San Diego, Calif.: Academic Press.

——. 2004. *Introduction to Environmental Soil Physics*. San Diego, Calif.: Elsevier Academic Press.

——. 2008. *Soil in the Environment*: *Crucible of Terrestrial Life*. San Diego, Calif.: Elsevier Academic Press.

Jarvis, N. J. , and I. Messing. 1995. Near – saturated hydraulic conductivity in soils of contrasting texture measured by tension infiltrometers. *Soil Sci. Soc. Am. J.* 59: 27 – 34.

Kirkham, M. B. 2005. *Principles of Soil and Plant Water Relations.* New York: Elsevier Academic Press.

Klute, A. , ed. 1986. Methods of soil analysis: Part 1. Physical and mineralogical methods. 2nd ed. Madison, Wis. : Soil Sci. Soc. of Am.

Kramer, P. , and J. Boyer. 1995. *Water Relations of Plants and Soils.* San Diego, Calif. : Academic Press.

Lowery, B. , M. A. Arshad, R. Lal, and W. J. Hickey. 1996. Soil water parameters and soil quality. In *Methods for Assessing Soil Quality*, 143 – 157, J. W. Doran and A. J. Jones, eds. SSSA Special Publication 49. Madison, Wis. : Soil Sci. Soc. of Am.

Miller, R. W. , and R. L. Donahue. 1995. *Soils in Our Environment.* 7th ed. Englewood Cliffs, N. J. : Prentice Hall.

Philip, J. R. 1966. Plant water relations: Some physical aspects. *Annual Review of Plant Physiology* 17: 245 – 268.

Richards, L. A. 1931. Capillary conduction of liquids through porous mediums. *Physics* 1 (5): 318 – 333.

Russell, E. 2000. Section 1: Soil properties affecting irrigation. In *Irrigation Manual—A "How to Guide" for Today's Growers.* Bakersfield, Calif. : Pond – Shafter – Wasco Resource Conservation District.

Sarrantonio, M. , J. W. Doran, M. A. Liebig, and J. J. Halvorson, 1996. On – farm assessment of soil quality and health. In *Methods for Assessing Soil Quality*, 83 – 106. J. W. Doran and A. J. Jones, eds. SSSA Special Publication 49. Madison, Wis. : Soil Sci. Soc. of Am.

Schoeneberger, P. J. , D. A. Wysocki, E. C. Benham, and W. D. Broderson, eds. 2002. Field book for describing and sampling soils, Version 2. 0. Lincoln, Neb. : USDA – Natural Resources Conservation Service, National Soil Survey Center.

Shainberg, I. , and J. Letey. 1984. Response of soils to sodic and saline conditions. *Hilgardia* 61: 21 – 57.

Sheldrick, B. H. , and C. Wang. 1993. Chapter 47: Particle size distribution. In *Soil Sampling and Methods of Analysis*, 499 – 512. M. R. Carter, ed. Boca Raton, Fla. : Lewis Publishers.

Soil Sci. Soc. of Am. 2008. *Glossary of Soil Science Terms*, 2008 *Edition*, Madison, Wis. : SSSA.

Thien, S. J. 1979. A flow diagram for teaching texture by feel analysis. *Journal of Agronomic Education* 8: 54 – 55.

USDA – Natural Resources Conservation Service. 1998. Soil quality resource concerns: Salinization. Soil quality information sheet. Washington, D. C. : USDA – NRCS.

——. 1999. *Soil Quality Test Kit Guide.* Washington, D. C. , USDA – NRCS.

USDA – Soil Conservation Service Soil Survey Division Staff. 1993. *Soil Survey Manual.* USDA Handbook 18. Washington, D. C. : USDA – SCS.

Van Genuchten, M. Th. 1980. A closed form equation for predicting hydraulic conductivity of unsaturated soils. *Soil Sci. Soc. of Am. J.* 44: 892 – 898.

Van Genuchten, M. Th. , and F. J. Leij. 1992. On estimating the hydraulic properties of unsaturated soils. In *Indirect Methods for Estimating the Hydraulic Properties of Unsaturated Soils*, 1 – 14. M. Th. van Genuchten, F. J. Leij, and L. J. Lund, eds. Riverside, Calif. : U. S. Salinity Laboratory.

Warrick, A. W. 1992. Models for disc infiltrometers. *Water Resources Research* 28: 1319 – 1327.

Watson, J. , L. Hardy, T. Cordell, S. Cordell, E. Minch, and C. Pachek. 1995. How water moves through soil. A Guide to the Video. Publication #195016. Tucson, Ariz. : Univ. of Ariz. Cooperative Extension.

Weil，R. R. 1998. *Laboratory Manual for Introductory Soils*. 6th ed. Exercise 3：Soil texturemechanical analysis，25 - 34. Dubuque，Iowa：Kendall/Hunt Publishing Co.

White，I. ，M. J. Sully，and K. M. Perroux. 1992. Measurement of surface - soil hydraulic properties：disc permeameters，tension infiltrometers and other techniques. In *Advances in Measurement of Soil Physical Properties：Bringing Theory into Practice*，69 - 10. G. C. Topp，W. D. Reynolds，and R. E. Green，eds. SSSA Special Publication 30. Madison，Wis. ：Soil Sci. Soc. of Am.

Zhang，R. 1997. Determination of soil sorptivity and hydraulic conductivity from the disk infiltrometer. *Soil Sci. Soc. of Am. J*. 61：1024 - 1030.

第四章　灌溉系统规划设计概述

作者：Michael D. Clark
编译：周荣

　　规划、现场勘测及设计是建设一个灌溉系统的前三步。这三步合起来称为设计过程。设计过程是决定一个灌溉系统是否经济合理及是否高效节水的关键。不管是农业灌溉还是园林灌溉，达到下述两个设计目标非常重要：①所建立的灌溉供水系统能够按时、按量给植物供水，且用水越少越好；②造价维持在业主预算范围之内。因此，在设计过程中始终要铭记用水高效及经济高效两个目标。

　　本章将以多角度介绍设计农业及园林灌溉系统的步骤及要考虑的因素。设计这两种灌溉系统要考虑的因素在很多方面一样，但有些方面又不同。相同的方面放在一块介绍，要考虑的不同因素分开介绍。

第一节　规　　划

　　规划灌溉系统时，首先要知道业主或灌溉管理人员对灌溉系统的需求。不同的业主，需求差异可能很大。农场经理、高尔夫球场监理、运动场场长对灌溉都有其独特的需求。而一般的小区或公共绿地灌溉系统，只要能使绿地景观效果好即可。灌溉规划人员在规划前应当给业主提适当的问题，以便搞清其需求。这可能需要组织一个会议，介绍系统可能的造价、维护费用、系统的管理及系统设计参数等。

　　规划前需要收集的第一组信息为系统造价及系统特性需求。包括：业主要一个什么样的系统，业主计划投资多少钱（可以确定项目的规模），业主自己管理系统还是承包给别人来管理（可以确定自动化控制水平，产品质量，短、长期维护费用等），年水费及耗电费多少。为了不使业主对造价吃惊或负担不起，项目规划人员必须预先做好预算并通知业主，得到业主首肯后开始设计。

第二类需要收集的信息是业主对灌溉系统性能的预期。业主对农业产量的预期或园林绿地景观的预期是什么，农业灌溉提高产量后是否能使业主很快回收系统投资及支付日常维护费用，园林绿地的维护费用是否在业主的预算之内。

第三类需要收集的信息是业主对系统设计技术参数的需求。业主是否期望满足作物在最不利条件下的灌溉需求；在最不利条件下，业主对作物的最低期望是保持生存还是短期受伤害（很大程度上影响作物需水量）。知道造价与灌溉系统保证率之间的关系以及缺水会减产多少对于业主很重要。设计人员在设计之前必须与业主讨论此事。如果要提供给业主的系统可能不能满足业主需求，必须重新做可行性研究。

第二节　灌溉系统设计要考虑的因素

进入设计阶段之前，还要收集下述影响系统设计的信息：

（1）项目区大小；

（2）地形图；

（3）土壤信息；

（4）气象及微气候信息；

（5）水源信息；

（6）供电信息；

（7）水源使用许可；

（8）系统组成。

每一个项目设计都应该有一张详尽的地形图或规划图。地形图要明示项目区边界及要灌溉的区域。如果项目区未来可能会扩大，必须要考虑分几个阶段实施，并在图上标明每期实施的区域。人们常常由于对项目的扩大考虑不周而付出额外成本。设计要花费多少时间与精力取决于项目区大小，也取决于地块形状及收集的信息是否全。

规范的地块（方形、三角形、梯形及平行四边形）可用量尺或滚轮测量，按比例画图。为了精确画图，一般都采用方格纸。有的时候，可以采用 GPS 测量仪收集数据，用适当的计算机软件作图。一些较便宜的手持 GPS 测量仪可以用来粗测，尽管高程测量精度要差一些。要想快速、精确获得地形图，必须用测量级的专业 GPS 测量仪。对于不规则地形，可用精确的航测图或者专业测量仪器测出的工程用图。航测图可从有关部门获得。航测图比例尺同其他测绘图一样，也可以有 1：1000、1：2000、1：5000、1：10000 等。

如果无法获得航测图，可以向业主索取测绘图。美国西部地区，可从有关部门获得标示农场边界、地形、土壤水源点的详细地形图。其他地区，还可能获得特定地区的排水、防洪图。这些图一般可以从工程部门获得或者园林景观设计单位获得。

对于大型灌溉项目，如果找不来现成的图纸，应当找专业测绘公司测绘。小项目的话，灌溉公司自己也可实地测绘。

一、地形信息

收集地形信息的目的如下：

（1）根据地形差，计算系统运行过程中的动水压力；

（2）根据地形差及干、支管沿线压力摩擦损失计算水泵扬程；

（3）确定中心支轴喷灌机的地形适应性，合理选择喷灌机（如果地形崎岖不平，必须使用特殊设计的喷灌机，比如特别的跨铰接、大轮胎、特别的跨长度，有的坡地可能不能用中心支轴喷灌机）。

（4）地下滴灌时需要确定管路的最高点及最低点，以便安装排气阀及泄水阀；

（5）计算潜在的地面径流；

（6）根据坡度划分轮灌组；

（7）喷灌时需要根据地形变化布置支管。一条支管上不同点上的地形差要小，否则均匀度差，低处喷头在停止灌溉后还会溢水。

如果坡度较平缓、坡度均匀，设计人员要做的就是估算坡度百分比。坡度乘以坡长上两点之间的长度，即可算出地形差。设计滴灌时，如果滴灌管（带）布置间距接近30cm时，必须要有标有详细等高线的地图。如果采用航测图，需要用水准仪或激光水准仪现场测定高程，并标注在地图上。灌溉系统主管上的高程剖面图也可通过水准仪或激光水准仪测定两点间的高程，从水源一直测量、标定到主管终点。

二、土壤资料

大部分农业地区的土壤剖面及土壤结构是原生的，但园林项目区的土壤一般不是原生的。农业项目区通常都有土壤普查资料，且有土壤分布图。有时具体到某个农场的土壤资料都可查到，可用于灌溉规划、设计。这样的土壤资料有时在园林项目上也能找到。比如建一个高尔夫球场，有时能从农业或土地管理部门找到详细的土壤资料。同时，规划设计人员也可从邻近地区调查、获得各种土壤特性信息。如果农业或土地部门参与项目，很容易从他们手里获得土壤资料。许多园林项目区的土为回填土，回填土的土质与原生土差异会很大。规划阶段一般不会到现场取土样分析，可以从一些建筑说明书或景观设计说明书中获得土壤类型、土层深度等资料。

如果很难获得土壤分布图或勘测资料，规划人员只能自己到现场收集资料。在现场勘测、确定土壤类型十分重要，因为土壤类型影响灌溉系统的规划、设计。现场勘测收集土壤资料要根据项目区大小制定一个布点，取样计划。常规布点的方法如网格法及不同区域布点法。一个点应采用取土器取多个土样，以确认该点土壤类型。分析土样时要考虑下述因素：

（1）表层土。分析表层土的物理特性，如质地、结构，以便设计中确定灌溉强度。

（2）土层变化。要从地表向下分析土层变化。分析如第三章所述土壤特性，根区土壤的土壤田间含水量等。

（3）土层中植物根毛。注意不同土层土样中的根毛含量。

（4）根系发育限制层。要辨别硬土层、石灰层及卵石层（建筑垃圾土）等土层，植物根系在这些土层中发育受限。

三、气象因素

大部分情况下,要考虑当地局部气象因素变化。从山区到沿海,不同项目区的气象条件都不同。灌溉系统设计时,下述气象因素必须考虑:

(1)蒸发量。蒸发量影响灌溉需水量。计算作物需水量要计算腾发量。

(2)风速风向。根据风速风向喷头选择及布置间距。

(3)有效降雨。用水量平衡法计算灌水需求时必须要考虑有效降雨。

(4)作物生长季节。灌溉季节长短与无霜期天数有关。计算年灌溉需水量时要知道灌溉季节天数。

(5)霜冻。有些地区可以采用喷灌防霜冻。灌溉设计要考虑防霜冻需求。有些农场的某些作物区需要防霜冻设计,有些地区的高尔夫球场果岭要特别注意防霜冻。

(6)气象峰值。如要满足最不利条件下的植物需水要求,要取历史气象峰值决定设计参数。是否取峰值,规划设计人员要征求业主意见。

(7)微气象。局部地区的气象参数与大区域的气象参数有差异。这与局部地区的遮阳条件、通风条件、光照条件、热反射量、热传导等有关。农业上微气象差别不大,园林微气象差别大。

四、作物需水量

要确定一个项目的灌溉需求,首先要确定植物需水量。植物需水量计算将在第五章详细介绍。灌溉需水量确定后,要确定水源类型及水源位置,此部分内容将在第六章详述。

在确定水源来水过程中,系统规划设计人员必须与业主沟通,以便判定水源地点是否合适,来水量是否有保证。业主要知道地方法规,如水权,是否可以用于灌溉等。许多地区有与抗旱有关的水管理政策法规。知道这些法规对于系统设计非常重要。

另外,要了解当前灌溉水价及未来水价,以便计算短期用水成本及长期用水成本。运行成本会影响灌溉系统设计。

水源来水分析包含水质分析及来水量分析,设计人员及业主必须明晰,以便判定水源是否可靠。如果寻找历史记录资料有难度,灌溉工程师应当去现场调查。调查包括水源利用的技术、经济可行性。如需修建蓄水设施,工程师还要设计蓄水设施结构。

如果水源为渠道水,应当调查渠道来水记录,包括不同季节来水量变化记录及水质变化记录。

调查水源时还要考虑下述因素:

(1)水质。调查使用同一水源的其他用户,看他们对水质的评价是否有问题。但对于新开发地区,业主应该让专业人员作水质分析,以便确定水源的灌溉适应性。灌溉水质影响设备选择及配套,尤其是微灌条件下。

(2)水价。从当地水管部门取水的用户,可以通过别的替代水源降低用水成本。比如打井,建蓄水池、人工湖,拦蓄溪流等。

(3)可利用土壤储水。需水高峰季节,水源来水可能不能满足需水要求,这时可考虑土壤储水是否可以补上。如果能补上，高峰季节水源缺点水也没关系。

五、电力

收集电源供应资料时应考虑下述因素：

（1）工地设备对电源的需求。包括供电类型：电网电、柴油机发电、太阳能发电、风电等，电源参数：电压、电流，需求两相还是三相。

（2）供电控制。取电位置，将电引到项目区的成本。

（3）供电投资占灌溉项目总投资的百分数。

（4）发电用燃料费及燃料运输费。

（5）使用哪种电最经济。

六、水源使用许可

要获得一系列的水源使用许可，才能将灌溉系统接入水源。当然，有时获得使用许可很简单，只要填个申请表即可。但对于缺水地区，有时可能很难，花费大。比如，必须获得使用许可才能接入系统，首部必须安装逆止阀，要钻井，从湖水引水，使用再生水等。

建设灌溉项目之前研究州或联邦政府的用水许可非常重要。为了获得许可，可能需要专业人员帮助，还需要一定的开支。在美国，要获得庭院灌溉用水许可，一般要支付 200 美元左右，大型灌溉工程的许可费大概占项目总投资的 1/100 左右。

七、灌溉系统施工可行性因素

设计中要考虑施工可行性，主要评估可能造成施工困难的因素。这些因素如下：

（1）土壤条件。土壤条件会影响工期及施工费用。石头地开挖难度大，与松散沙土地比需要特殊的机器设备，工期及费用差别很大。建筑垃圾回填地上的园林灌溉系统造价高，建设工期长。

（2）地下水位。地下水位高会增加施工成本，拉长工期。

（3）坡度。陡坡的施工费用比平地高，工期长。

（4）劳务成本。劳务成本对费用及工期有影响。

（5）工期限制。高尔夫球场灌溉系统建设常常有工期限制。

（6）施工需要的特殊技术。如定向钻井技术、大泵安装技术、无线电兼容测试等。

（7）施工期间的气候状况。气候不宜可能会延迟工期。

第三节　农业灌溉系统设计要专门考虑的因素

灌溉系统规划设计人员必须知道项目区现在实施的农技措施及灌溉系统建立以后将要或应当改变的农技措施，包括栽培措施、收获作业、劳务使用、灌溉方法、施肥方法、水土保护等的变化。

（1）现在及未来农业技术措施。如果项目区为第一次上灌溉项目，则采用的农技措施为旱作措施。安装新灌溉系统后，不同作物的种植边界要发生变化，以便使灌溉更高效。

当喷灌代替地面灌溉时，作物种植边界应当随着高效喷灌系统布置要求变化，而地面灌溉情况下作物种植边界沿着沟渠方向。作物品种变化对灌溉设计也非常重要。例如适合肉牛吃的苜蓿，因其根系深，灌溉周期比一般苜蓿要加长。

（2）收获作业。收获措施的不同对灌溉系统设计及管理有明显影响。例如，苜蓿地灌溉系统设计时要考虑苜蓿的收割、晾晒、打捆时间，以便决定收获前后两次灌溉的间隔时间，间隔时间影响灌水量。此外，还要考虑收获时的土壤水分要求。

（3）施肥打药管理。要考虑通过灌溉系统施肥、打药的时间及次数等。

（4）劳务需求变化。农业灌溉系统差别很大，从简单的地面灌溉系统到固定式喷灌系统、移动式喷灌系统，再到自动控制的滴灌及中心支轴式喷灌机系统。系统不一样则劳务需求也不一样。简单的灌溉系统需要手工劳动力。全自动化控制系统需要训练有素的管理人员。聘用劳工时要搞清楚系统管理需要什么技术水平的劳工及需要的数量。

（5）水土保持措施。水土保持措施影响灌溉设计。设计人员应当知道设计区域会采取什么样的水土保持措施。要与业主及区域水土保持工程技术人员沟通。影响系统的水土保持措施包括：防止径流的梯田整治措施，径流排放渠道建设，梯田作物行向布置，土壤管理，土壤修复，深耕，改善肥力，田间蓄水（水库或蓄水池），建湿地，建防洪设施（防洪坝，防洪渠，防洪墙）等。

第四节　园林灌溉系统设计要专门考虑的因素

园林灌溉规划设计人员应当考虑下述园林灌溉系统特征因素，以便设计一个节水、高效，且满足业主要求的灌溉系统。这些因素包括：现在及未来植物种植因素，现在及未来灌溉管理因素，灌溉系统建成后的管理、维护因素，劳务需求因素，水土保持因素及限制用水政策等因素。

一、植物品种对灌溉的影响因素

一个园林项目通常种植很多种植物。每一种植物的需水要求不同。植物需水随着植物的发育阶段变化而变化。影响园林灌溉系统设计的植物因素如下：

（1）草种。冷季型草与暖季型草的需水不同，生长季节也不同。许多草种在初期生长时需要灌溉，长大后就不需灌溉了。但是，一些特殊位置的特殊草种，在草长大后还要持续灌溉，如高尔夫球场的果岭及发球台。

（2）其他园林植物。不同种类的植物，如一年生花卉、灌木，多年生植物及树木等的需水量不同。根据气候条件，有的地区的地被、落叶及常绿灌木、树木需要一直灌溉，而有的地方则只在小苗期需要灌溉，长大后就不需要了。

二、场地使用对灌溉的影响因素

园林灌溉系统规划设计阶段还要考虑未来园林场地使用变化对植物养护用水量及水质的需求。

（1）频繁使用草坪。高尔夫球场及体育场会因为频繁使用及机械碾压导致草坪易受旱，设计人员要予以考虑。

（2）可灌溉时段。指一天内可实施灌溉的时段。很多地区适合灌溉的时段为晚9点至第二天早7点。公园可灌溉的时间可能是晚12点至早6点。有的园林项目的可灌溉时间可能分成几段。如高尔夫球场的灌溉时段就较为复杂，一早需要停灌以便干燥后剪草，午间则需要灌几次以便使草坪降温，也许在特定月份一早还要灌溉，以防霜冻。

（3）特定区域。有的草坪区域需要频繁灌溉，比如办公楼入口的草坪。有些地方则很少有人光顾，对草坪质量要求不高。不同区域的草坪养护要求不同，灌溉频率也不同。

三、不同养护对灌溉的影响因素

园林养护影响灌溉系统的运行及用水量。其中包括：剪草高度（高度不同则喷头弹出高度要求不同，需水量也不同），剪草频率（剪草越频繁，需水量越高），除草及施肥，杀虫及防病等。

四、劳务需求

灌溉系统不同则需要的管理及维护劳务需求不同。大型灌溉系统及复杂的计算机控制的灌溉系统需要技术水平高的管理人员管理及维护。系统不同则养护频率也不同。有的系统需要每天维护，有的一周维护一次，有的则一月维护一次即可。另外，灌溉系统交付使用初期需要维护劳务多，尤其是第一个月。灌溉系统的管理维护劳务需求随时间变化。尽量利用园林养护团队管理灌溉，无需另雇佣专业团队，可节约劳务开支。

五、节水管理

设计时就要考虑如何节水，这是设计师的职责。业主要关注系统建造投资与长期用水成本之间的关系。在系统设计阶段，设计人员就要与业主方就节水目标达成共识。节水管理要考虑的因素如下：

（1）控制器系统。大型灌溉项目需要配置中央计算机控制系统，以便逐日管理灌溉需水量。

（2）灌溉均匀度。均匀度高才可能使灌溉系统高效、节水。

（3）植物需水量。同一项目区的不同植物的需水量不同。

（4）坡度。涉及坡地时，要做特殊设计，以避免地面径流产生。

（5）地边灌溉控制。地边灌溉喷洒设施范围要做特殊设计，以避免喷出边界。

（6）灌水强度。灌水强度高于土壤入渗率将导致径流产生。

（7）气象传感器。安装气象站、雨量传感器、风速传感器等设备可自动限制过量灌溉及低效率灌溉。

（8）项目区蓄水设施。包括拦水坝、蓄水池等，可减少从其他水源调水。

六、限制用水

规划设计人员要掌握项目区所在地现在及未来的用水限制政策。设计之前要与业主方沟通，并就如何在设计中应对限制用水政策达成共识。用水限制政策可从当地政府部门获得。有些地方限制用水是因为天旱的原因，有些地方限制用水是因为水资源不足。

有时，某些时段可能干脆禁止用水。此种情况下，业主必须准备替代水源。

第五节　灌溉系统设计步骤

现场踏勘及系统规划结束后即进入设计阶段。现场踏勘及规划收集到的信息要足以满足灌溉设计要求，以便达到所设定的目标。灌溉系统设计完成后进入招标及建设阶段，招标及建设过程中还会发现一些设计上的问题。设计上出现的问题多少，反映出规划设计阶段考虑的是否周密。

设计过程中的两个阶段为主要阶段，即设计参数选择及系统布置。系统设计参数选择要考虑的因素有植物、土壤条件、地形、气象、水源来水、供电、灌溉季节天数、日灌溉时段。综合考虑这些因素，设计人员可确定需水量及设计灌溉制度。需水量确定后即可做水源水量平衡分析，确定水源。之后步骤有管网系统布置、设计流量计算、水力学计算、确定各级管路直径、确定水泵扬程、流量需求、确定用电需求、确定系统控制方式及配置控制设备、配置管件及配置控制阀门、配置安全防护设备、配置过滤系统及施肥装置、设计阀门井等。设计阶段的其他步骤还有绘制系统布置图及施工图，书写系统设计说明书，出材料单及报价，出系统总预算。

一、灌溉系统设计参数选择

许多因素影响灌溉系统设计，系统布置之前首先要确定系统设计参数。现场踏勘、调查收集到的资料信息，系统规划资料可以用来确定系统设计参数。确定系统设计参数的步骤如下：

（1）确定毛灌溉用水量及净灌溉用水量。

（2）确定灌水周期（第五、第十三章详解）。

（3）确定系统供水能力（高峰期最大流量）。第六章详解如何基于植物需水量、灌水时间、灌溉面积计算高峰期灌水流量（m^3/h）。有些情况下，系统流量不能太大，太大会导致灌水强度大于土壤入渗率（喷灌条件下尤其如此），产生地面径流。如果现有水源的流量不能满足设计需求流量（如井出水量及渠道来水流量小于灌溉需求流量），要考虑利用替代水源或补充水源。

（4）计算每种植物的需水量及种植面积，轮作作物也要考虑进去。

（5）根据植被类型、土壤条件、天气因素等确定灌水强度范围。

（6）确定输水方式及输水路径。

（7）确定供电参数需求及取电位置。

（8）如果是喷灌系统，需要确定：喷灌类型、喷灌强度、喷头间距、工作压力、喷嘴大小。

（9）确定土壤入渗率。

（10）确定操作人员需求。

（11）确定要灌溉的植物及适宜的灌溉方法。

（12）风速及风向调查。

（13）确定管网的承压级别。

（14）估算系统均匀度。

（15）喷头弹出高度确定。

（16）压力调节范围。

（17）泄水阀安装位置确定。

对于农业灌溉系统，系统布置需要确定以下项目：

（1）灌溉系统类型（中心支轴喷灌机、滴灌系统、滚移式喷灌机、平移式喷灌机等）。

（2）可能要垂直穿过坡度的支管。

（3）与主风向成一定角度的支管。

（4）逆坡及顺坡的配水管道。

（5）移动喷灌时，降低劳动力需要的最短管长。

（6）根据灌溉方法需求，确定长方形地块、方形地块及圆形地块的尺寸。

（7）确定移动喷灌时交替移动管道组数及每组的管道根数。

园林灌溉系统设计布置干支管位置、水泵位置、阀门位置时要考虑下述几点：

（1）树及其他需要绕开的物体的位置。

（2）硬地表下的管道位置。

（3）场地高程变化。

（4）场地取水口位置。

二、系统布置

系统布置阶段要确定系统的各个组成部分及其性能参数。包括喷头、滴头位置及数量，干支管位置、长度、管径，水泵参数及供电需求参数等。系统布置要考虑下述因素：

（1）根据最大流量要求及喷头性能参数确定同时工作喷头数。

（2）根据同时工作喷头数确定轮灌组数或站数。

（3）根据系统供水能力（最大流量）调整下述一项或几项：

1）降低或增加喷头流量。

2）增加一条支管或增加一站。喷头数及喷头流量不变。

3）增加或减少工作时间（灌溉天数或每天工作小时数）。

4）最后选定喷头流量及工作压力。

（4）设计及布置管网系统（详见第七、第八、第二十三、第二十五章），确定经济管径。

（5）确定水泵最大、最小扬程。

（6）选择水泵及供电，使水泵在满足系统压力及流量需求的条件下高效运行。

（7）选择控制方式及自动化水平，选择控制设备（详见第八、第十一、第十九、第二十、第二十一章及第二十五章）。

设计完成后，设计人员应该再检查一下系统性能，核对是否与设计目标相符。如不符，再做修改、调整。设计参数还要与未来系统的运行参数相符。

图 4-1 是以固定式喷灌系统为例，展示灌溉系统设计步骤。

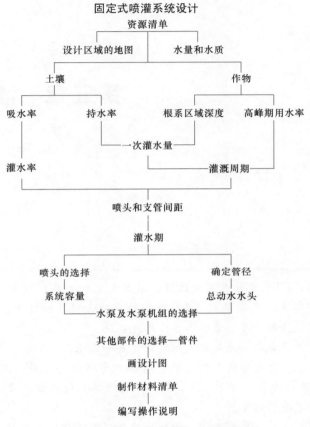

图 4-1 固定式喷灌系统设计步骤

第五章　灌溉需水量

作者：Richard G. Allen，
Terry A. Howell，Richard
L. Snyder
编译：周荣

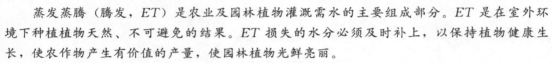

　　蒸发蒸腾（腾发，ET）是农业及园林植物灌溉需水的主要组成部分。ET 是在室外环境下种植植物天然、不可避免的结果。ET 损失的水分必须及时补上，以保持植物健康生长，使农作物产生有价值的产量，使园林植物光鲜亮丽。

　　灌溉系统设计，水源分析，灌溉制度制定均需要知道 ET。本章将集中讲解如何利用历史气象数据、实时气象数据及作物系数（K_c）计算参考作物腾发量（ET_{ref}）及实际作物腾发量 ET。这种方法又称为 $K_c - ET_{ref}$ 法。本章还将介绍如何在综合考虑降雨、ET 及其他环境因素情况下计算灌溉需水量。

　　$K_c - ET_{ref}$ 法由于简单、重复性好、相对精确，不同地区不同气候条件下的互通性好，被广泛采用。

　　参考作物腾发量 ET_{ref} 反映的是环境因素对作物腾发的影响，受气象特征影响很大。K_c 为反映特定植物的需水特性，用 K_c 修正 ET_{ref} 即可获得实际作物的腾发量 ET。

　　K_c 修正参考作物腾发可分为两种方法，单作物系数修正法及双作物系数修正法。单作物修正系数反映的是某时段的平均值。单作物系数修正法用于灌溉制度制定，灌溉系统设计及总规划。而双作物系数修正法将植物基础蒸腾及土壤蒸发分开考虑，然后修正参考腾发。双作物系数法的精度要比单作物系数修正法高，用于精准灌溉制度制定。

　　今天，普遍应用标准彭曼-蒙特斯法计算 ET_{ref}，广泛适用于不同种植条件及气候条件下的灌溉系统设计及灌溉管理。彭曼公式适应于计算参考作物腾发量。参考作物为 12cm 高冷季型草及 50cm 高苜蓿草（Allen 等，2005）。$K_c - ET_{ref}$ 法是综合考虑影响作物腾发量的生理因素及物理因素，采用经验法得出的。如果计算认真仔细，用这种方法计算 ET 的精度足以满足灌溉设计及灌溉管理要求。

　　ET 由两部分组成，一部分是土壤中的液态水通过蒸发水蒸气释放到大气中的水量，另一部分为植物体内的水通过蒸腾作用释放到大气中的水量。我们知道，蒸发一定量的水需要一定量的能量，一定量的 ET 对应于一定量的能量消耗。产生 ET 的能量为太阳能及空气热通量。彭曼公式是基于能量概念得出的。

如前所述，参考腾发量（ET_{ref}）的参考作物为冷季型草及苜蓿。参考腾发量为上述作物在密植，叶面密集，地面完全覆盖，标准高度，分布均匀，生长健康良好，土壤不缺水条件下的水分消耗率。种草条件下的腾发量用 ET_0 表示，种苜蓿条件下的腾发量用 ET_r 表示。两者都是参考作物腾发量。利用参考作物腾发量概念的好处是可利用正在生长的参考作物的实测腾发量有效地估算 ET_{ref}。ET_{ref} 的单位是单位时段消耗的水深，如 mm/d，mm/h，mm/a 等。

某一种作物的腾发量用 ET_c 表示。ET_c 在不同的生长阶段不同，且与土壤表面的湿润水量及湿润频率有关。此外，还与作物生长环境有关，与作物管理有关。

作物的最大 ET_c 通常小于等于 ET_0 的 1.3 倍或 ET_r 的 1 倍。作物冠层不能全面覆盖地面时 ET_c 小，作物开始成熟及衰老时的 ET_c 也小。ET_c 在下述几种条件下会超过 ET_0：作物叶面总面积非常大，作物高而茂密，气孔开度比参考作物草大及叶面、土壤潮湿时。作物的腾发量 ET_c 一般不会超过参考作物苜蓿的腾发量 ET_r。

在定义及计算 ET_c 时，要求参考作物或参考园林地被的面积足够大，作物顶层的能量交换及空气温度、湿度、风速与地面以上 5～10m 空气层的一致。只有达成一致，$K_c - ET_0$ 修正得出的 ET_c 才精确。参考作物的种植面积应该达到 200m×200m。

园林植物腾发量用 ET_L 表示。除了两点外，ET_L 估算方法与估算农业 ET_c 类似。第一点是园林绿地通常由两种以上植物混合组成，使得计算植物系数及腾发量 ET_L（$K_L = ET_L/ET_{ref}$）变得比计算农业作物腾发量 ET_c 复杂。另外一点，与农业灌溉的目的是增加干物质产量不同，园林灌溉的目的只是让植物长得漂亮，计算 ET_L 时有意考虑让园林植物受一定的水分胁迫，即有意使园林灌溉水量比农业灌溉少。

园林灌溉只要使植物长得好看就够了，这样可以实施亏水灌溉，减少光合作用产出，减少蒸腾，减少修剪，减少剪草，减少肥料用量，与农业灌溉比可显著节水。亏水的程度取决于植物的生理需水特性及生长形态需水。亏水灌溉的目的是在保持植物生长良好的前提下使灌溉水量最小。比如，研究发现冷季型草减少用水 30%，暖季型草减少 40%，在某些气候条件下并未发现草坪生长质量明显下降（Pittenger 和 Shaw，2001）。许多灌木及地被缺水程度可更高，从而导致 ET_L 更小。

第一节 灌溉需水量

灌溉系统设计人员及灌溉系统管理人员要经常估算短期及全生长季节内的灌溉需水量（IR）。短期估算用于设计阶段决定灌溉系统规模及运行阶段灌溉计划推算。而全季总灌溉需水量计算用于选择灌溉水源及水权管理。

IR 的单位为单位时间、单位面积上的灌水体积，如：$m^3/(mu \cdot d)$ 或 $m^3/(hm^2 \cdot d)$。也可表示为单位时间内灌多少水深，如：mm/d。此外，有时还可表示为单位时间每棵植物灌水量，如：L/（棵·d），采用微灌灌溉果树及园林树木可以用此单位。

IR 代表灌溉系统毛灌溉水量，包括净灌溉需水量，不均匀灌溉引起的渗漏水量，洗盐需要的淋洗水量及其他水量损失。净灌溉需水量用 IR_n 表示，IR_n 为扣除有效降雨后需要补充的作物需水量 ET，使作物健康生长的农业灌溉需水量及土壤、土壤水不受限制及肥力适中条件下的园林灌溉需水量。另外，计算 IR_n 时还要考虑浅层地下水对作物根区的水分贡献及计算期内根层土壤水分增加。IR_n 的计算公式如下：

$$IR_n = ET_c - P_e - GW - \Delta\theta z_s \tag{5-1}$$

式中 P_e——时段内有效降雨；

$\Delta\theta$——计算期内根层平均土壤水分变化；

GW——浅层地下水对根区的贡献；

z_s——计算时段内根层深度变化。

式（5-1）中各项的单位都一样，均为每 mm/d。

在沿海地区，IR_n 有时会因为下雾和露水降低。IR_n 实质上是灌溉水量中最有用的部分，是指均匀灌溉且无渗漏及径流条件下的那部分灌溉需水量。

在使用式（5-1）时，如果计算时段短于一个灌溉季节，$\Delta\theta$ 常常假设为 0，以简化计算公式。本章末尾时还要进一步讨论 IR_n 及有效降雨 P_e 的计算方法。

如前所述，毛灌溉需水量用 IR 表示。IR 包括 IR_n 及洗盐的额外水量，输水损失及田间损失水量。输水损失包括沿途蒸发损失的水及渗漏的水。田间损失包括地面径流及深层渗漏。

IR 的计算公式如下：

$$IR = \frac{IR_n}{(1-LR)CF} = \frac{ET_c - P_e - GW - \Delta\theta z_s}{(1-LR)CF} \tag{5-2}$$

式中 LR——盐分淋洗系数；

CF——系统水利用系数。

LR 通常在系统均匀度很高的情况下考虑。如果系统均匀度在中到低水平时，深层渗漏足以满足盐分淋洗要求。第三章已描述过 LR 的计算方法，CF 估算方法将在第十九章介绍。本章结尾之前将介绍有效降雨估算方法。

第二节　参考作物腾发量

水蒸发需要大量能量。用于蒸发的能量可以来自气流显热传导或来自能量辐射。因此腾发过程受冠层表面的能量控制，与有效能有关。由于与有效能有关，所以才可能基于净能量通量平衡估算 ET。这一原理是彭曼-蒙特斯法及修正彭曼-蒙特斯法的基础。

一、标准定义及彭曼-蒙特斯法

FAO-24（Doorenbos 和 Pruitt，1977）将参考腾发量定义为 8～15cm 高茂密草地，生长均匀，生长良好，完全覆盖地面，不缺水情况下的蒸发蒸腾率。已达成共识的参考作物为 C_3 植物光合作用途径的冷季型草（CO_2 先与碳Ⅲ化合物化合），其密度、叶面积、冠层粗糙度、蒸发阻力等特性类似于黑麦草或高羊茅草。

由于种植及养护这种彭曼公式定义的参考作物比较难，联合国粮农组织（FAO）及美国土木工程学会环境与水资源机构（ASCE‐EWRI）对彭曼公式中定义的参考作物冠层及空气动力学阻力要求做了修改，以获得 FAO 现在定义的标准 ET_0（Smith 等，1991，1996；Allen 等，1998；Allen 等，2006。ASCE‐EWRI：Allen 等，2005）。

FAO‐56（Allen 等，1998）将彭曼公式里的 ET_0（参考作物腾发量）重新定义为：假设作物高度为 0.12m，叶面阻力为 70s/m，反射率为 0.23，非常类似于表面开阔，高度一致，生长旺盛，完全覆盖且不缺水的绿色草地的蒸发蒸腾速率。

ASCE‐EWRI 修改的 ET_0 标准指出，如 ET_0 以小时计算，叶面气孔阻力白天取 50s/m，晚上取 200s/m。如以天计算 ET_0，叶面气孔阻力取 70s/m（Allen 等，2005）。ASCEEWRI 的这项修改后来被 FAO 采纳（Allen 等，2006）。

拿草的腾发量作为参考腾发量是本章 K_c‐ET_{ref} 法的基础，因为传统上以此来计算园林植物需水量。农业上计算 ET 时，美国位于南部沿海地区及东部的几个州也采用草的腾发量作为参考腾发量。美国北部及西部的几个州在计算农业 ET 时，用苜蓿的腾发量 ET_r 作为参考作物腾发量，因为苜蓿的高度及叶面积在这些州更具代表性（Pereira 等，1999）。

本章不详细介绍苜蓿作为参考作物的内容。Jensen 及 Allen 等已在不同时间做了详细介绍（Jensen 等，1990；Allen 等，2005；Jensen 等，2007；Allen 等，2007）。

ASCE‐EWRI（Allen 等，2005）提出的标准公式为式（5‐3）：

$$ET_0 = \frac{0.408\Delta(R_n - G) + \gamma\dfrac{C_n}{T + 273}u_2(e_s - e_a)}{\Delta + \gamma(1 + C_d u_2)} \tag{5-3}$$

式中　ET_0——12cm 高冷季型草参考作物，以每天或每小时计的标准参考作物腾发量；

R_n——作物面净辐射计算值，单位为：以天计，MJ/(m²·d)；以小时计，MJ/(m²·h)；

G——土壤表面热通量密度，单位为：以天计，MJ/(m²·d)；以小时计，MJ/(m²·h)；

T——地面以上 1.5～2.5m 高处每日或每小时平均气温，℃；

u_2——地面以上 2m 高处日平均或小时平均风速，m/s；

e_s——地面以上 1.5～2.5m 高处，最大、最小气压下日平均饱和蒸汽压，kPa；

e_a——地面以上 1.5～2.5m 高处，实际平均蒸汽压，kPa；

Δ——饱和蒸汽压‐大气压曲线坡度，kPa/℃；

γ——湿度常数，kPa/℃；

C_n——分子常数，随参考作物类型及 ET_0 计算时间步长（天或小时）不同而不同，K·mm·s³/(mg·d) 或者 K·mm·s³/(mg·h)；

C_d——分母常数，随参考作物类型及 ET_0 计算时间步长（天或小时）不同而不同，m/s。

系数 0.408 的单位为 m²·mm/MJ（此系数包含蒸汽潜热，λ，水的比重 ρ_w；$\lambda =$

2.45MJ/kg，$\rho_w = 1.0\text{Mg/m}^3$）。

表 5-1 给出了计算标准 ET_0 用的 C_n 及 C_d 值。C_n 值考虑了时段影响及 12cm 高处草的空气动力学粗糙度。分母中的系数 C_d 考虑了时段影响、表面阻力、空气动力学粗糙度（时段分为白天时段及晚上时段）。C_n 与 C_d 是由 ASCE-PM 公式中的几个参数简化推导得出的（Allen 等，1989；Jensen 等，1990）。白天指的是以小时计的 R_n 出现正值时开始的时段。ASCE-EWRI（Allen 等，2005）及 FAO（Allen 等，2006）定义中以小时计（白天）的 C_n 与 C_d 值比以天为时间计算步长的值要小。

表 5-1 C_n 及 C_d 值（取自 Allen 等）

计算步长	ET_0（剪短的草）		ET_0 单位	R_n 单位	G/R_n
	C_n	C_d			
每天	900	0.34	mm/d	MJ/(m²·d)	0
白天每小时	37	0.24	mm/h	MJ/(m²·h)	0.1
夜间每小时	37	0.96	mm/h	MJ/(m²·h)	0.5

FAO 彭曼-蒙特斯的日参考作物腾发量计算公式等同于式（5-3）（Allen 等，1998）。式中 $C_n = 900$，$C_d = 0.34$。式（5-3）计算 ET_0 与加州灌溉管理信息系统（CIMIS）的修正彭曼-蒙特斯公式类似。

本章中只将 ET_0 作为参考作物腾发量。K_c 值也是基于 ET_0 的。将苜蓿草作为参考腾发量（ET_r）及相应的 K_c 算法请参见 Wright 等人文献（Wright，1982；Jensen 等，1990 及 2007；Allen 等，2007）。

二、计算时段对计算的影响

彭曼公式以步长 1h 计算 ET_0，也可以 24h 为步长计算。时间步长以 24h 计，可以算一天的，一旬的（10d），也可得出一月的。使用的气象数据也是一天的，一旬的及一月的。但是，计算步长取 1h 或更短，然后将算得的 ET_0 累加到 24h，比用 24h 的平均气象数据计算的 ET_0 精确（Itenfisu 等，2003；Allen 等，2005a）。因为以小时步长可计入 24h 内各小时之间的风速、净辐射及蒸汽压差值。总的讲，以小时步长计算与以天步长计算的 ET_0 差别小于 5%（Allen 等，2005a）。

三、彭曼公式中各个参数计算

要采用标准步骤及标准公式计算参考作物腾发量 ET_{ref} 中的各个参数。这样可以保证计算方法一致，校核简单。本节有关空气湿度参数、净辐射及土壤热通量的计算公式及步骤均来源于 FAO-56（Allen 等，1998）及 ASCE-EWRI（Allen 等，2005）。我们可以从网上获得一些辅助计算程序，如 1h 参考腾发量（ET_0）计算器（Snyder 与 Echings，2005）及 REF-ET 计算程序（Allen，2011）。

1. 空气饱和蒸汽压计算

步长 24h 及 24h 以上时，空气饱和蒸汽压 e_s 计算方法如下：

$$e_s = \frac{e°(T_{\max}) + e°(T_{\min})}{2} \qquad (5-4)$$

式中　$T_{\max}$、$T_{\min}$——地面以上 1.5～2m 处日最大、最小气温，℃；

　　　　$e°$——式（5-5）中的饱和蒸汽压函数；

　　　　e_s——空气饱和蒸汽压，kPa。

计算 1h 步长 ET_0 时，e_s 采用式（5-5）所示函数式计算。式中，T 是 1h 内平均气温。饱和蒸汽压函数如下：

$$e°(T) = 0.6108\exp\left(\frac{17.27T}{T + 237.3}\right) \qquad (5-5)$$

式中　$e°(T)$——单位为 kPa；

　　　　T——单位为℃。

2. 空气实际蒸汽压计算

空气实际蒸汽压 e_a，在大气温度下几乎总是小于饱和蒸汽压。露点温度下的 e_a 等同于饱和蒸汽压。

当步长为 24h 及 24h 以上时，T_d 取早晨露点温度或早晨露点温度平均值。

空气相对湿度可用几种方法测定，如相对湿度传感器、露点传感器、干湿球仪等。所以 e_a 可以用几种方法取得。

为了使数据最可靠，推荐采用下述步骤：

（1）如果计算时段为 24h，e_a 要以小时测定或计算。

（2）如果取 24h 时段，可以用露点温度 T_d 计算，T_d 以小时为时段测定或计算。计算公式为：

$$e_a = e°(T_d) = 0.6108\exp\left(\frac{17.27T_d}{T_d + 237.3}\right) \qquad (5-6)$$

式中　e_a——单位为 kPa；

　　　T_d——单位为℃。

（3）以小时为时段计算，利用相对湿度 RH 计算 e_a 的公式如下：

$$e_a = \frac{RH}{100}e°(T) \qquad (5-7)$$

式中　RH——步长为 1h 或 1h 以内的平均相对湿度，%；

　　　　T——1h 及 1h 以内时段的平均气温，℃。

（4）利用干湿球湿度计测湿度的步骤参照 Alliston 与 Wolfe 等人文献及 FAO-56。

（5）计算时间步长大于等于 24h 时，相对湿度（RH）要一天测量两次（早上及午后各一次，早上为 $T_{\min}$，午后为 $T_{\max}$）。e_a 计算公式为：

$$e_a = \frac{e°(T_{\min})\dfrac{RH_{\max}}{100} + e°(T_{\max})\dfrac{RH_{\min}}{100}}{2} \qquad (5-8)$$

式中　$RH_{\max}$——日最大相对湿度（早晨），%；

RH_{min}——日最小相对湿度（午后，约 14：00），%。

（6）如要用日最大相对湿度 RH_{max} 及日最小温度计算 e_a，公式为：

$$e_a = e°(T_{min}) \frac{RH_{max}}{100} \qquad (5-9)$$

（7）如果用日最小相对湿度 RH_{min} 及日最大温度 T_{max}，采用式（5-10）：

$$e_a = e°(T_{max}) \frac{RH_{min}}{100} \qquad (5-10)$$

（8）如果日相对湿度数据没有或者怀疑其可靠性，可以根据 T_d 与 T_{min} 的相关性利用式（5-5）计算 T_d。

$$T_d = T_{min} - K_o \qquad (5-11)$$

式中，干旱及半干旱地区的旱季 K_o 取 2～4℃，雨季取值为 0。K_o 在湿润及半湿润地区也取值为 0。

（9）当缺乏 RH_{max} 及 RH_{min} 数据，但有日平均 RH 数据时，可用式（5-12）计算 e_a。

$$e_a = \frac{RH_{mean}}{100} e°(T_{mean}) \qquad (5-12)$$

式中　RH_{mean}——日平均相对湿度，一般定义为 RH_{max} 与 RH_{min} 的平均值。式（5-12）不如前面所介绍的 e_a 计算公式令人满意，因为 $e°(T)$ 与 T 之间的关系为非线性关系。

3. 湿度计算常数

Brunt（1952）提出彭曼公式中湿度计算常数 γ 的计算方法，如式（5-13）所示。

$$\gamma = 0.000665P \qquad (5-13)$$

式中　P——单位为 kPa；

　　　γ——单位为 kPa/℃。

4. 大气压

计算 ET 公式中，平均大气压 P 可根据高程计算（Allen 等，2005），如式（5-14）：

$$P = (2.406 - 0.0000534z)^{5.26} \qquad (5-14)$$

式中　P——单位为 kPa；

　　　z——气象站所在位置的海拔高度，m。

5. 饱和蒸气压曲线坡度

饱和蒸气压曲线坡度 Δ 计算公式为：

$$\Delta = \frac{2503\exp\left(\dfrac{17.27T}{T+237.3}\right)}{(T+237.3)^2} \qquad (5-15)$$

式中　Δ——单位为 kPa/℃；

　　　T——日平均或小时平均气温，℃。

6. 2m 高处风速

风速与地面以上高度有关。为了计算标准参考腾发量 ET_{ref}，必须将实测风速调整为草地上空 2m 处风速，调整公式为：

$$u_2 = u_z \frac{4.87}{\ln(67.8z_w - 5.42)} \qquad (5-16)$$

式中 u_2——地面以上 2m 处风速，m/s；

u_z——地面以上 z_wm 处测得的风速，m/s。

式（5-16）从风速对数廊线公式而来，适合于短草地面以上测得的风速换算。如果风速是从非人工剪草地上测得的，必须采用完整风速对数廊线公式换算，要考虑植物高度及风廊线的粗糙度。如果气象站邻近植物的高度高于 0.5m，超过地面以上 2m 处的风速数据要比在 2m 处测得的风速数据好，因为高于 2m 以上高度的风速数据受气象站周围植物高度的影响小。

7. 净辐射

计算 ET 公式中的净辐射 R_n 是用于蒸发植物、土壤表面水、加热空气及加热地表的能量。R_n 由短波辐射（太阳辐射）及长波辐射（地面热辐射）组成，即：

$$R_n = R_{ns} - R_{nl} \qquad (5-17)$$

式中 R_{ns}——净短波辐射，定义向下为正，向上为负，$MJ/(m^2 \cdot d)$ 或 $MJ/(m^2 \cdot h)$；

R_{nl}——净长波辐射，定义向下为正，向上为负，$MJ/(m^2 \cdot d)$ 或 $MJ/(m^2 \cdot h)$。

R_{ns} 及 R_{nl} 的值为零或大于零。

净短波辐射，即接收到的太阳辐射与反射出去的太阳辐射之差，用式（5-18）表示。

$$R_{ns} = (1 - \alpha)R_s \qquad (5-18)$$

式中 α——固定值，FAO-56（Allen 等，1998）及 ASCE-EWRI（Allen 等，2005）标准算法规定 $\alpha = 0.23$，无单位，以天为计算步长及小时为步长都取此值；

R_s——接收到的太阳辐射，$MJ/(m^2 \cdot d)$ 或 $MJ/(m^2 \cdot h)$。

估算长波辐射 R_{nl} 的标准 ASCE-EWRI 算法与 FAO-56（Allen 等，1998）算法相同。该算法是基于 Brunt（1932，1952）估算净发射率的公式发展来的。以天计算时，计算方法如式（5-19）。

$$R_{nl} = \sigma f_{cd}(0.34 - 0.14\sqrt{e_a})\left(\frac{T_{Kmax}^4 + T_{Kmin}^4}{2}\right) \qquad (5-19)$$

以小时步长计算时，如式（5-20）：

$$R_{nl} = \sigma f_{cd}(0.34 - 0.14\sqrt{e_a})T_{Kh}^4 \qquad (5-20)$$

式中 R_{nl}——单位为 $MJ/(m^2 \cdot d)$ 或 $MJ/(m^2 \cdot h)$；

σ——Stefan-Boltzmann 常数，以天计时取值：$4.901 \times 10^{-9} MJ \cdot K^4/(m^2 \cdot d)$，以小时计时取值：$2.042 \times 10^{-10} MJ \cdot K^4/(m^2 \cdot h)$；

f_{cd}——阴暗系数，取值范围为 $0.05 \leqslant f_{cd} \leqslant 1.0$；

e_a——实际蒸汽压，kPa，见式（5-8）～式（5-10）及式（5-12）；

T_{Kmax}——24h 内的最大绝对温度，$K = t + 273.15$（其中 t 为所测得温度值）；

T_{Kmin}——24h 内的最小绝对温度；

T_{Kh}——时段内平均绝对温度。

式（5-19）及式（5-20）中的指数"4"表示 R_{nl} 随绝对空气温度为指数 4 的速度升高。

考虑 f_{cd} 的目的是要将云层覆盖对辐射的影响考虑进去。对于日步长计算及月步长计算，f_{cd} 可用式（5-21）计算：

$$f_{\text{cd}} = 1.35 \frac{R_{\text{s}}}{R_{\text{so}}} - 0.35 \qquad (5-21)$$

式中　$R_{\text{s}}/R_{\text{so}}$——太阳相对辐射，$R_{\text{s}}$ 为测定或计算的太阳辐射，$\text{MJ}/(\text{m}^2 \cdot \text{d})$；

R_{so}——计算的晴天太阳辐射，$\text{MJ}/(\text{m}^2 \cdot \text{d})$。

$R_{\text{s}}/R_{\text{so}}$ 比值用来衡量阴暗度影响，取值范围为 $0.3 < R_{\text{s}}/R_{\text{so}} \leqslant 1.0$，所以 f_{cd} 取值范围为 $0.05 \leqslant f_{\text{cd}} \leqslant 1.0$。

白天以小时为步长计算时，如果太阳与地平线之间的夹角大于 15℃，f_{cd} 用式（5-21）计算。晚上以小时为步长时段计算时，R_{so} 为 0，不适合采用式（5-21）。计算低太阳角时段及晚间时段时，可利用接近落日前的数据计算。当每小时的中点或更短时段的太阳角 β（测定地平线与太阳中心点的夹角）小于 0.3rad（17°）时，可用式（5-22）计算。

$$f_{\text{cd}} = f_{\text{cd}\beta > 0.3} \qquad (5-22)$$

式中　$f_{\text{cd}\beta > 0.3}$——下午或傍晚期间，β 降至 0.3 弧度以下之前时间段的阴暗系数，无量纲。

如果计算时间步长小于 1h，可以取几个时段的 $f_{\text{cd}\beta > 0.3}$ 平均值作为 $f_{\text{cd}\beta > 0.3}$ 带入公式计算。

山谷地区，太阳近 0.3rad（17°）即日落，因此应当加大太阳角。比如，某地区山峰在地平线以上 20°，应当取时段末太阳角为 25°～30°的 $f_{\text{cd}\beta > 0.3}$。早上时段也要做相应调整，取太阳升起后的一定太阳角考虑 $f_{\text{cd}\beta > 0.3}$。

总的讲，$f_{\text{cd}\beta > 0.3}$ 只用于黄昏、晚间及黎明时段的计算。时段中点的太阳角降到 0.3rad（17°）直到太阳升起，太阳角超过 0.3rad。

式（5-21）及式（5-22）不适宜在下述条件下使用：1h（或更短时段）时段内的太阳角度大于等于 0.3rad。纬度为 50°的地区冬天有一个月会这样，纬度为 60°的地区一年中有 5 个月如此，纬度 70°的地区一年有 7 个月这样（ASCE-EWRI，2005）。这种条件下，可将几个时段的 $f_{\text{cd}\beta > 0.3}$ 平均后使用。在没有阳光的时段，可假定 $R_{\text{s}}/R_{\text{so}}$ 在全阴天时为 0.3，无云覆盖时为 1.0。在这样的极端条件下，R_{n} 估算值的精确度不高。

8. 晴天太阳辐射

晴天太阳辐射 R_{so}，被用来计算气象站所在位置为晴天时的净太阳辐射 R_{n}。日 R_{so} 与一年里的时段及纬度有关，受气象站海拔高度（海拔不同则大气厚度及透射率不同），大气中的可降水量（影响短波吸收），及空气中的灰尘及浮粒影响。用于计算净辐射的 R_{so} 可用式（5-23）计算：

$$R_{\text{so}} = (0.75 + 2 \times 10^{-5} z) R_{\text{a}} \qquad (5-23)$$

式中　z——气象站海拔高度，m；

R_{a}——外大气层辐射，见下节 R_{a} 介绍。

9. 外大气层辐射

外大气层辐射 R_a 是指在缺乏大气情况下太阳辐射抵达地面的辐射量。用于计算 R_{so}。

如以 24h 步长计算，R_a 可以通过太阳常数、赤纬角，计算时段在一年中的时间来计算，计算公式如下：

$$R_a = \frac{24}{\pi} G_{sc} d_r (\omega_s \sin\varphi \sin\delta + \cos\varphi \cos\delta \sin\omega_s) \tag{5-24}$$

式中　R_a——单位为 MJ/(m² · d)；

　　　G_{sc}——太阳常数，4.92MJ/(m² · h)；

　　　d_r——地球-太阳反相对距离系数，无量纲；

　　　ω_s——落日小时角，rad；

　　　φ——纬度，rad；

　　　δ——太阳赤纬，以弧度计。

纬度 ϕ 在北半球为正，南半球为负。纬度的度数与弧度换算公式为：$\phi = \pi L \div 180$，L 为纬度度数。

D_r 及 δ 的计算公式为：

$$d_r = 1 + 0.033\cos\left(\frac{2\pi}{365}J\right) \tag{5-25}$$

$$\delta = 0.409\sin\left(\frac{2\pi}{365}J - 1.39\right) \tag{5-26}$$

式中　J——一年中的第多少天（从 1 月 1 日算起，一年按 365 天计）。式（5-25）及式（5-26）中的常数为一年的天数，不管闰年还是非闰年，均取 365。J 可根据式（5-27a）计算：

$$J = D_M - 32 + \text{lnt}\left(275\frac{M}{9}\right) + 2\text{lnt}\left(\frac{3}{M+1}\right)$$
$$+ \text{lnt}\left[\frac{M}{100} - \frac{\text{Mod}(Y,4)}{4} + 0.975\right] \tag{5-27a}$$

式中　D_M——一月中的第多少天（1～31）；

　　　M——一年中的第几月（1～12）；

　　　Y——年数字（如 1996 或 96）。

式（5-27a）中的"lnt"为向下取整函数。"Mod(Y，4)"为求余函数。

以月为时段，则一月的 J_{month} 取当月中那天计算，公式为：

$$J_{month} = \text{lnt}(30.4M - 15) \tag{5-27b}$$

落日角 ω_s 依下述公式计算：

$$\omega_s = \arccos(-\tan\varphi\tan\delta) \tag{5-28}$$

式中　arccos——cos 函数的反函数。

如以小时计，综合考虑所在时段初的太阳角与时段末的太阳角，用来计算 R_a，如式（5-29）所示：

$$R_a = \frac{12}{\pi} G_{sc} d_r [(\omega_2 - \omega_1)\sin\varphi\sin\delta + \cos\varphi\cos\delta(\sin\omega_2 - \sin\omega_1)] \tag{5-29}$$

式中　G_{sc}——太阳常数，4.92MJ/(m² · h)；

　　　ω_1——时段末太阳角，rad；

　　　ω_2——时段初太阳角，rad。

R_a 的单位为 MJ/(m² · h)，ω_1 与 ω_2 用式（5-30）及式（5-31）计算：

$$\omega_1 = \omega - \frac{\pi t_1}{24} \qquad (5-30)$$

$$\omega_2 = \omega + \frac{\pi t_1}{24} \qquad (5-31)$$

式中　ω——时段中点的太阳角，rad；

　　　t_1——计算期时段长度，如 1h 为 1，30min 为 0.5。

时段为 1h 或短于 1h，时段中点的太阳角用下式计算：

$$\omega = \frac{\pi}{12}\{[t + 0.06667(L_z - L_m) + S_c] - 12\} \qquad (5-32)$$

式中　T——时段中点标准时间，如：计算时段为 14：00～15：00，$t=14.5$；

　　　L_z——当地时区中位的经度。英国格林尼治以西为正，以东为负。美国东部、中部、山区、太平洋时区分别为 75°、90°、105° 及 120°。格林尼治的 L_z 为 0°，法国巴黎为 345°，泰国曼谷为 255°；

　　　L_m——太阳辐射测定位置处的经度，格林尼治以西为正值，以东为负值；

　　　S_c——季节性时间矫正系数，h。

由于 ω_s 日落角，$-\omega_s$ 为日升角（中午时的太阳角 $\omega=0$），$\omega < -\omega_s$ 及 $\omega > \omega_s$ 时太阳角低于地平线。根据定义，此时的 R_a 及 R_{so} 为 0，计算无意义。

如果 ω_1 与 ω_2 的值越过 $-\omega_s$ 及 ω_s，说明太阳升起及落下的时段在 1h（或更短）之内。此时，式（5-29）使用条件为：

$$\left.\begin{array}{l} 如果\ \omega_1 < -\omega_s,\ 则\ \omega_1 = -\omega_s \\ 如果\ \omega_2 < -\omega_s,\ 则\ \omega_2 = -\omega_s \\ 如果\ \omega_1 > \omega_s,\quad 则\ \omega_1 = \omega_s \\ 如果\ \omega_2 > \omega_s,\quad 则\ \omega_2 = \omega_s \\ 如果\ \omega_1 > \omega_2,\quad 则\ \omega_1 = \omega_2 \end{array}\right\} \qquad (5-33)$$

式（5-33）适用于所有计算时段步长，以便保证用式（5-29）计算时数值稳定，计算一天早、晚的理论太阳辐射时正确。丘陵及山区，太阳升起后的 1h 内及落下前的 1h 内的太阳角变化趋势是日升时太阳角增加，日落时太阳角降低。

季节性矫正系数 S_c 的计算公式如下：

$$S_c = 0.1645\sin(2b) - 0.1255\cos b - 0.025\sin b \qquad (5-34)$$

式中 b 采用式（5-35）计算：

$$b = \frac{2\pi(J-81)}{364} \qquad (5-35)$$

式中　J——一年中的第多少天；

　　　b——单位为 rad。

计算人员必须保证测试用的数据采集的时钟精确。如果时间误差 5～10min，会显著影响外大气层太阳辐射及晴天太阳辐射的计算精度。更多讨论参见附录 D（ASCE-EWRI，2005）。

以小时计（或更短）的地平线以上太阳角 β，可以利用式（5-36）计算：

$$\beta = \arcsin[\sin(\varphi)\sin(\delta) + \cos(\varphi)\cos(\delta)\cos(\omega)] \tag{5-36}$$

式中　β——单位为 rad；

　　　φ——气象站纬度，rad；

　　　δ——太阳赤纬度，rad；

　　　ω——计算时段中点的太阳角，rad；

arcsin——sin 的反函数。

10. 太阳热通量

根据 ASCE-EWRI（Allen 等，2005），当热量由地面向下传导时（土壤加热），G 为正值。当热量从地下往地面传导时（土壤降温），G 为负值。如以日计，地表被草或苜蓿完全覆盖，则 24h 的 G 平均值与 R_n 比相对较小。因此，ET 标准算公式中将 G 忽略，即：

$$G_{day} = 0 \tag{5-37}$$

式中　G_{day}——土壤热通量密度，MJ/(m^2·d)。

如以月为时段，G 不能忽略，尤其是春秋季。假定土壤热容量常数为 2.0MJ/(m^3·℃)，土层深度为 2m，则可以月平均气温计算月 G 如下：

$$G_{month,i} = 0.07(T_{month,i+1} - T_{month,i-1}) \tag{5-38}$$

如果某月的 $T_{month,i+1}$ 未知，则可用下述公式计算：

$$G_{month,i} = 0.14(T_{month,i} - T_{month,i-1}) \tag{5-39}$$

上两式中　$T_{month,i}$——计算月的月平均温度，℃；

　　　　　$T_{month,i+1}$——计算月下一月的月平均温度，℃；

　　　　　$T_{month,i-1}$——计算月前一月的月平均温度，℃。

对于以小时或更短时段为计算步长，ASCE-EWRI 标准计算法将 G 表示为两种参考作物的净辐射的函数。如果是以剪短的草作为参考作物计算 ET_0，则以下式计算 G：

$$G_{h,daytime} = 0.1R_n \tag{5-40a}$$

$$G_{h,nighttime} = 0.5R_n \tag{5-40b}$$

式中　$G_{h,daytime}$——以小时或更短时段为步长时白天的土壤热通量密度；

　　　$G_{h,nighttime}$——以小时或更短时段为步长时晚间的土壤热通量密度。

G 与 R_n 的单位都是 MJ/(m^2·h)。当所测定或计算的 1h 内，出现 $R_n < 0$（即出现负值）时，该时段被定义为晚间时段。估算 ET_0 时，G 消耗的能量要从 R_n 中减掉。

式（5-40a）中的参数 0.1，其应用条件为以剪短的草为参考作物时，草冠层下的枯草很少。大量枯草会隔离土壤表面的热交换，当冠层下枯草较多时，白天热通量密度参数将从 0.1 降低到 0.005。但 ASCE-EWRI（Allen 等，2005）及 FAO-56（Allen 等，1998）标准计算公式中都采用 0.1。

四、计算数据的获得及气象数据整合

在美国，计算彭曼 ET_0 的气象数据可从国家或地区气象数据网，如加州的 CIMIS 网，亚利桑那州的 Azmet 网，太平洋西北区的 Agrimet 网，中部地区的 HPRCC 网及佛罗里达州的 FAWN 网等获得。这些气象网管理当地的气象站网络，获得可代表当地农业及园林植物生长环境的特征数据及反映当地蒸发冷却引起的空气冷却及加湿数据。

此外，从当地的气象部门，高尔夫球场及公园管理等部门也可以获得气象数据。

当地机场收集的气象数据也可用于计算 ET_0，甚至气象预报上的网格数据及模拟数据也可用来计算 ET_0。但是这两种方法收集来的气象数据由于不是在有植被的条件下的实测值，气温比有植被条件下的数值要高，而相对湿度要低。干旱及半干旱地区此问题尤其严重。

收集到的气象数据要认真核对、整合，以便能代表蒸腾表面的实际情况。自动化采集的数据尤其要认真核对，因为管理人员在晚间对气象站的管理维护少，必须核对数据的可靠性。太阳辐射数据可以与用公式（5-23）计算的晴天太阳辐射数据（R_{so}）校核，也可用附录 D 描述的更精确公式计算值核对。相对湿度数据可以用计算的最大或最小值比对。

在参考作物条件下，清早的最大相对湿度接近为 100%，T_d 接近于 T_{min}（Allen，1996；Allen 等，2005）。这些点的数据可以用来核对湿度计的精确性。

如果温度及湿度数据不是从参考作物上的气象站收集到的（见下一节气象站环境干湿度影响）或无法获得相对湿度数据时，可以用公式 $T_d = T_{min} - K_0$ 的计算值代替测定 T_d，如果是式（5-11）建议的那样，可以改善 ET_0 计算。

当日辐射数据有误或丢失，R_s 可以根据日或月最大、最小温度 T_{max}、T_{min} 计算而得（Allen 等，1998 及 2005；Thornton 及 Running，1999；Hargreaves 及 Allen，2003）。

当缺乏风速数据时，可以采用历史月平均风速代替（Allen 等，1998，2005）。

根据 FAO-56（Allen 等，1998）及 ASCE-EWRI（Allen 等，2005），利用含有太阳辐射、风速、相对湿度因素的彭曼公式计算 ET_0 时，需要的最少数据为温度数据。

当无法获得采用彭曼公式计算 ET_0 所需的全套数据时，可以采用估算办法获得没有的数据（比如：日辐射、风速、相对湿度等），或者采用经验公式，如 Hargreaves-Samani（1982）公式。

FAO-56 及 ASCE-EWRI 认为，在缺乏计算用气象参数时，采用估算的参数带入彭曼公式计算要比采用经验公式好，即使估算参数为平均数据或更长时段的数据。

之所以推荐采用 Hargreaves-Samani（HS）公式（Hargreaves 及 Samani，1982；Hargreaves 等，1985），是因为用其计算参考作物腾发量 ET_0 比用其他公式，如 Jensen-Haise 公式（Jensen 及 Haise，1963）及 Blaney-Criddle 公式（USDA-SCS，1970；Martin 及 Gilley，1993）等相对精确。后两种公式不建议采用。

1. Hargreaves-Samani（HS）参考公式介绍

HS 公式如下所示：

$$ET_0 = 0.000939(T_{max} - T_{min})^{0.5}\left(\frac{T_{max} + T_{min}}{2} + 17.8\right)R_a \qquad (5-41)$$

式中　ET_0——以草为参照作物的参考作物腾发量，mm/d；

　　　T_{max}——日最高温度，℃；

　　　T_{min}——日最低温度，℃；

　　　R_a——单位为 MJ/(m² · d)。

由于 HS 公式只用 T_{max} 及 T_{min}，其计算精度要比彭曼公式低，如图 5-1 所示。

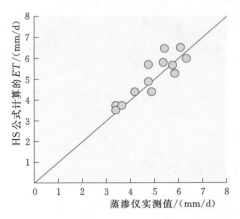
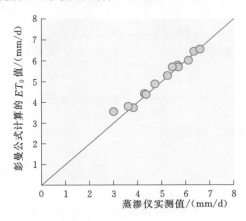

图 5-1　HS 公式与彭曼公式计算精度对比

图 5-1 中蒸渗仪数据为 1991 年 5 月底至 9 月期间在参考作物为草地上的 5d 平均观测值。以 5d 为时段计算，相当于灌溉周期为 5d。如果只有日最大、最小温度值时，Hargreaves 与 Allen（2003）发现采用 HS 公式与标准彭曼公式的计算精度基本相同。当取 5d 及 5d 以上数值的平均值时，HS 公式的精度足够。当然，如有足够数据，标准彭曼公式的计算结果最精确。

2. 气象站周围空气干燥度的影响

气象数据应当代表蒸发或蒸腾引起的降温及加湿影响。机场气象站及机场附近气象站收集的数据可能受所在区域的干燥度反向影响，尤其在干旱及半干旱地区。用在干燥条件下收集到的气象数据及城市收集到的气象数据计算 ET_0 可能会导致计算值偏高。因为干燥条件下的空气温度要高于参考作物条件下的温度，而相对湿度要低。Allen 等（1998，2005）建议对此种条件所得的气象数据做简单调整，以便使数据适应彭曼公式要求的参考作物土壤水分充足这一条件。Allen 和 Gichuki（1989）及 Ley 等（1996）提出的调整方法较复杂。

图 5-2 所示为利用爱达荷州 Twin Falls 灌溉地区气象站及 50km 外的 Potter Butt 旱作牧区气象站数据计算的 ET_0 值。

Potter Butte 气象站 30km 范围内为旱作牧场。气象站所在区域的干燥度越高，空气温度越高，相对湿度越低。利用干旱地块上气象站数据计算的 ET_0 值比利用灌溉地块上气象站数据计算的 ET_0 值大约 20%。

利用距 Twin Falls 120km 以外的 Aberdeen（仍在爱达荷州）气象站数据计算的 ET_0 与 Twin Falls 地区的 ET_0 值基本相近，该地区也为灌溉地区。这说明计算 ET_0 时采用充分灌溉地区气象数据的重要性。如直接采用 Potter Butte 地区气象站数据，不作调整的话，结果将会使设计的灌溉系统供水能力偏大，浪费投资；也会使灌水定额偏大，导致过

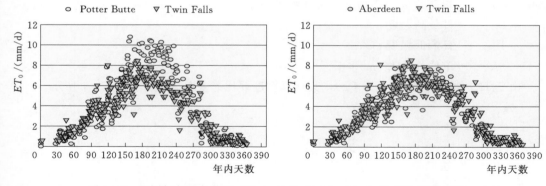

图 5-2　不同气象站条件下（Twin Falls 与 Aberdeen）的 ET_0 差异对比

量灌溉，浪费水。

第三节　作物腾发量计算

为了简化及标准化植物需水量计算，人们已花费近半个世纪研究作物系数 K_c。K_c 被定义为特定地表的 ET 与参考作物 $ET(ET_{ref})$ 之间的比。作物的 ET（或 ET_c）被假定为土壤缺水情况下蒸腾量不减少的蒸发蒸腾量。特定地表由裸露土壤及部分植物覆盖区或植物全覆盖区组成。K_c 代表不同于参考作物地表的实际地表对腾发量的综合影响。K_c 随着植物生长季节变化而变化，随着地面覆盖植物的变化而变化，随着土壤湿度的变化而变化，随着植物的长大与成熟而发生变化。作物 ET_c 由参考作物腾发量 ET_0 乘以作物系数 K_c 获得，如式（5-42）：

$$ET_c = K_c ET_0 \tag{5-42}$$

作物面或参考作物面为活的植物覆盖面，受各种气象要素影响。不同的净日辐射量的影响，气孔对冠层气流阻力的影响，冠层高度的不同及粗糙度对空气热动力学及气流交换的影响都导致了参考作物腾发量 ET_{ref} 与作物实际腾发量 ET_c 的不同。

在任意生长阶段，净辐射相对固定，除非作物种植在坡地上。因此，大部分阶段的作物系数是由作物叶面积变化，空气动力学阻力变化决定的。空气动力学阻力与冠层高度、粗糙度及风速有关。因此，我们希望 K_c 在不同地点保持不变，除非新位置为起伏的台地，或者不同气候对气孔作用有明显影响，或者风速差别很大。因此，一般讲，K_c 值在不同的气候条件下变化不大。由于 K_c 值的这种广泛适应性，使得这种方法被广为接受。这种计算作物腾发量的方法非常有用。

基于 ET_0 的 K_c 值比基于 ET_r（苜蓿）的 K_c 值要高出 20%～40%。式（5-42）中的 K_c 及 ET_c 为植物生长环境优化情况下的值，土壤不受旱，植物不受水分、盐分胁迫。这些条件为农作物生长的一般条件。水分、盐分胁迫会由于降低气孔开度及降低植物水损失而导致蒸腾降低。当考虑水分、盐分影响时，实际腾发量计算公式为：

$$ET_{c\,act} = K_{c\,act} ET_0 \tag{5-43}$$

式中　$ET_{c\,act}$ 及 $K_{c\,act}$——作物田间实际条件下的腾发量及作物系数。

一、单因素 K_c 法及双因素 K_c 法

单因素 K_c 法将植物的蒸腾影响与土壤的蒸发影响放在一起平均考虑。而双因素法将作物蒸腾作用与土壤蒸发作用分开考虑。作物蒸腾影响部分的 K_c 用 K_{cb} 表示，土壤蒸发影响部分用 K_e 表示。K_{cb} 对应的 ET 条件为：土壤表面干燥，但根系土壤水分充足，能维持作物进行充分蒸腾作用。

一般，双因素法适合于以天为步长计算 ET，单因素法既可应用于日 ET 计算，也可用于周 ET 及月 ET 计算。

单因素 K_c 法用来研究植物需水及灌溉系统设计。一般灌溉管理采用单因素法即可。

双因素 K_c 法需要更多数字计算，适合于灌溉制度制定，土壤水分平衡计算，研究土壤表面湿度在不同时段对 ET 的影响，对土壤剖面上的水分影响及深层渗漏影响十分重要。

采用双因素 K_c 时的实际 $K_{c\,act}$ 计算方法如下：

$$K_{c\,act}=K_s K_{cb}+K_e \qquad (5-44)$$

式中　K_s——缺水折减系数，取值 $0\sim1.0$；

K_{cb}——植物蒸腾系数，取值 $0\sim1.4$；

K_e——土壤水蒸发系数，取值 $0\sim1.4$。

上述 3 个参数均无量纲。

K_{cb} 被定义为，当土壤表面干燥，根区平均土壤水分在合理范围内且足以维持充分蒸腾作用时的植物蒸腾系数。K_e 为湿润土壤蒸发系数。

单因素 K_c 法包含了 K_e 的时间平均值，如下式所示：

$$K_c=K_{cb}+\overline{K_e} \qquad (5-45)$$
$$K_{c\,act}=K_s K_c \qquad (5-46)$$

式中　$\overline{K_e}$——时段平均 K_e。

二、作物系数曲线

作物系数曲线用来描述 K_c 在不同生长阶段的变化。K_c 变化与植物覆盖及气候变化有关。

在作物生长初期，刚出苗，长出叶之前，K_c 很小，一般小于 0.4。

FAO（Doorenbos 及 Pruitt，1977；Allene 等，1998）提出用简单、线性的方法来描述生长临界点之间的 K_c 变化曲钱。这种方法至今仍在广泛采用，描述一个生长季的 K_c，在大部分情况下精度足够。

图 5-3 为单因素 K_c 典型曲线，曲线图有 3 个临界点，4 个生长阶段及不同期地面覆盖示意组成。图 5-4 为典型的 K_{cb}、K_e 曲线。描绘 K_c 需要 3 个标志点数值，并划分生长阶段。图中还要标示地面覆盖物。

K_{cb} 曲线为地面干燥而土壤水分适宜状态下的最小 K_c 值。K_e 曲线上的尖峰值说明在蒸腾基础上由于下雨或灌溉导致地面蒸发猛增。早期，由于地表裸露，K_e 曲线的峰值比 K_{cb} 高出 1.1。生长中期，因受蒸发蒸腾总能量所限，K_{cb} 相对较大，而 K_e 值较小。将 K_{cb} 及 K_e 累加，即为总的作物系数 K_c。

图 5-4 中的虚线为 K_c 曲线，用以显示 K_{cb} 与 K_e 的平均值随时间变化对 K_c 值的影响，用光滑虚线表示。早期及发育期的 K_c 与 K_{cb} 数值差较大，取决于土壤表面湿润频率。生长中期，作物基本全覆盖地面，土壤表面湿润对腾发量的影响不大。

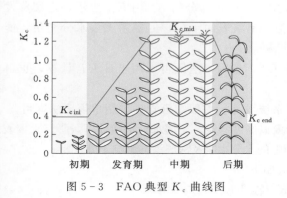

图 5-3 FAO 典型 K_c 曲线图

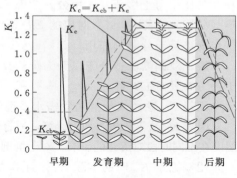

图 5-4 FAO 典型 K_{cb}、K_e、K_c 曲线图

三、K_c 曲线绘制

根据下述步骤绘制线性 K_c：

（1）根据当地特定作物的生长阶段及冠层发育状态将作物生长期分成 4 个阶段：①早期：播种到出苗，直到地面覆盖率为 10%；②发育期：覆盖率从 10% 到 70%；③中期：70% 以上地面覆盖率到作物出现衰老；④后期：作物出现衰老，果实饱满到收获，直至死亡。

（2）确定 3 个 K_c 值：早期 $K_{c\,ini}$，中期 $K_{c\,mid}$ 及后期 $K_{c\,end}$

（3）用直线将 4 个生长期的 K_c 值连接起来。早期、生长中期的起点到终点均为水平线（$K_{c\,ini}$ 与 $K_{c\,mid}$），其他阶段首尾用斜线连接，终点 K_c 用 $K_{c\,end}$ 表示。如图 5-3 所示。

K_{cb} 曲线的制作过程同 K_c 曲线。$K_{c\,mid}$ 代表生长中期 K_c 的期望最大平均值，并非绝对最大值。

表 5-2 列出了各种作物基于参考作物为草坪草的 $K_{c\,ini}$、$K_{c\,mid}$、$K_{c\,end}$ 及 $K_{cb\,ini}$、$K_{cb\,mid}$、$K_{cb\,end}$ 值。表中三列值的条件均为典型灌溉管理及典型降雨频率。大部分 K_c 数据出自 FAO-56（Allen 等，1998），基于 Doorenbos 及 Pruitt（1977）站点，Doorenbos 及 Kassam（1979）站点获得。

表 5-2　　半湿润地区，管理良好作物的平均 K_c 及 K_{cb} 值。
表中数值与 ET_0（FAO-56 后文献公式，Allen 等，1998）
配合使用。用公式（5-47）可调整为其他气候条件值

作　物	$K_{c\,ini}$[①]	$K_{c\,mid}$	$K_{c\,end}$	$K_{cb\,ini}$	$K_{cb\,mid}$	$K_{cb\,end}$
a. 小蔬菜	0.7	1.05	0.95	0.15	0.95	0.85
西兰花		1.05	0.95		0.95	0.85
芽甘蓝		1.05	0.95		0.95	0.85
白菜		1.05	0.95		0.95	0.85
胡萝卜		1.05	0.95		0.95	0.85

作　　物	$K_{c\,ini}$[1]	$K_{c\,mid}$	$K_{c\,end}$	$K_{cb\,ini}$	$K_{cb\,mid}$	$K_{cb\,end}$
菜花		1.05	0.95		0.95	0.85
芹菜		1.05	1.00		0.95	0.90
大蒜		1.00	0.70		0.90	0.60
生菜		1.00	0.95		0.90	0.90
洋葱		1.05	0.75		0.95	0.65
—绿色		1.00	1.00		0.90	0.90
—种子		1.05	0.80		1.05	0.70
菠菜		1.00	0.95		0.90	0.85
白萝卜		0.90	0.85		0.85	0.75
b. 蔬菜-茄属	0.6	1.15	0.80	0.15	1.10	0.70
茄子		1.05	0.90		1.00	0.80
甜椒		1.05[2]	0.90		1.00[2]	0.80
西红柿		1.15[2]	0.70~0.90		1.10[2]	0.60~0.80
c. 蔬菜 瓜科	0.5	1.00	0.80	0.15	0.95	0.70
哈密瓜	0.5	0.85	0.60		0.75	0.50
鲜食黄瓜	0.6	1.00[2]	0.75		0.95[2]	0.70
—机采黄瓜	0.5	1.00	0.90		0.95	0.80
南瓜		1.00	0.80		0.95	0.70
西葫芦		0.95	0.75		0.90	0.70
甜瓜		1.05	0.75		1.00	0.70
西瓜	0.4	1.00	0.75		0.95	0.70
d. 根茎作物	0.5	1.10	0.95	0.15	1.00	0.85
食用甜菜		1.05	0.95		0.95	0.85
一年木薯	0.3	0.80[3]	0.30		0.70[3]	0.20
二年木薯	0.3	1.10	0.50		1.00	0.45
欧洲萝卜	0.5	1.05	0.95		0.95	0.85
土豆		1.15	0.75[4]		1.10	0.65[4]
红薯		1.15	0.65		1.10	0.55
白萝卜，大头菜		1.10	0.95		1.00	0.85
甜菜	0.35	1.20	0.70[5]		1.15	0.50[5]
e. 豆科植物	0.4	1.15	0.55	0.15	1.10	0.50
四季豆	0.5	1.05[2]	0.90		1.00[2]	0.80
干菜豆	0.4	1.15[2]	0.35		1.10[2]	0.25
鹰嘴豆		1.00	0.35		0.95	0.25
春蚕豆，鲜食蚕豆	0.5	1.15[2]	1.10		1.10[2]	1.05
干蚕豆/育种蚕豆	0.5	1.15[2]	0.30		1.10[2]	0.20
鹰嘴豆	0.4	1.15	0.35		1.05	0.25

作　　物	$K_{c\,ini}$①	$K_{c\,mid}$	$K_{c\,end}$	$K_{cb\,ini}$	$K_{cb\,mid}$	$K_{cb\,end}$
绿豆，豇豆		1.05	0.60~0.35⑥		1.00	0.55~0.25⑥
花生		1.15	0.60		1.10	0.50
小扁豆		1.10	0.30		1.05	0.20
鲜豌豆	0.5	1.15②	1.10		1.10②	1.05
干豌豆/育种豌豆		1.15	0.30		1.10	0.20
黄豆		1.15	0.50		1.10	0.30
f. 多年生蔬菜（冬季休眠或早春裸露或地膜覆盖）	0.5	1.00	0.80			
洋蓟	0.5	1.00	0.95	0.15	0.95	0.90
芦笋	0.5	0.95⑦	0.30	0.15	0.90⑦	0.20
薄荷	0.60	1.15	1.10	0.40	1.10	1.05
草莓	0.40	0.85	0.75	0.30	0.80	0.70
g. 纤维作物	0.35			0.15		
棉花		1.15~1.20	0.70~0.50		1.10~1.15	0.50~0.40
亚麻		1.10	0.25		1.05	0.20
剑麻⑧		0.4~0.7	0.4~0.7		0.4~0.7	0.4~0.7
h. 油料作物	0.35	1.15	0.35	0.15	1.10	0.25
蓖麻子		1.15	0.55		1.10	0.45
菜籽		1.0~1.15⑨	0.35		0.95~1.10⑨	0.25
红花		1.0~1.15⑨	0.25		0.95~1.10⑨	0.20
芝麻		1.10	0.25		1.05	0.20
向日葵		1.0~1.15⑨	0.35		0.95~1.10⑨	0.25
i. 谷物	0.3	1.15	0.4	0.15	1.10	0.25
大麦		1.15	0.25		1.10	0.15
燕麦		1.15	0.25		1.10	0.15
春小麦		1.15	0.2~0.4⑩		1.10	0.15~0.3⑩
冰冻土上的冬小麦	0.4	1.15	0.2~0.4⑩	0.15~0.5⑪	1.10	0.15~0.3⑩
非冰冻土上的冬小麦	0.7	1.15	0.2~0.4⑩			
玉米		1.20⑫	0.6~0.35⑬	0.15	1.15⑫	0.50~0.15⑬
甜玉米		1.15⑫	1.05⑭		1.10⑫	1.00⑭
谷子		1.00	0.30		0.95	0.20
高粱-粮食		1.00~1.10	0.55		0.95~1.05	0.35
甜高粱		1.20	1.05		1.15	1.00
水稻	1.05~1.20	1.05~1.20	0.90~0.60	1.00	1.00~1.15⑮	0.70~0.45
j. 饲草						

作 物	$K_{c\ ini}$①	$K_{c\ mid}$	$K_{c\ end}$	$K_{cb\ ini}$	$K_{cb\ mid}$	$K_{cb\ end}$
苜蓿-平均收割效果	0.40	0.95⑯	0.90			
各次收割高度不同	0.40⑰	1.20⑰	1.15⑰	0.30⑰	1.15⑰	1.10⑰
育种苜蓿	0.40	0.50	0.50	0.30	0.45	0.45
百慕大草-平均收割效果	0.55	1.00⑯	0.85	0.50	0.95⑯	0.80
春季种子苜蓿	0.35	0.90	0.65	0.15	0.85	0.60
甘草苜蓿-平均收割效果	0.40	0.90⑯	0.85			
收割期不同	0.40⑰	1.15⑰	1.10⑰	0.30⑰	1.10⑰	1.05⑰
黑麦草-平均收割效果	0.95	1.05	1.00	0.85	1.00⑱	0.95
一年生苏丹草-平均收割效果	0.50	0.90⑰	0.85			
一年生苏丹草-收割期不同	0.50⑰	1.15⑰	1.10⑰	0.30⑰	1.10⑱	1.05⑰
放牧草场-轮牧	0.40	0.85~1.05	0.85	0.30	0.8~1.00	0.80
放牧草场-自由放牧	0.30	0.75	0.75	0.30	0.70	0.70
柳枝稷草⑲	0.20	1.05	0.20	0.15	1.00	0.10
草坪草-冷季型⑳	0.90	0.90	0.90	0.80	0.85	0.85
草坪草-暖季型⑳	0.85	0.90	0.90	0.75	0.80	0.80
k. 甘蔗	0.40	1.25	0.75	0.15	1.20	0.70
l. 热带果树						
香蕉-第一年	0.50	1.10	1.00	0.15	1.05	0.90
香蕉-第二年	1.00	1.20	1.10	0.60	1.10	1.05
可可	1.00	1.05	1.05	0.90	1.00	1.00
咖啡-无草覆盖	0.90	0.95	0.95	0.80	0.90	0.90
咖啡-有草覆盖	1.05	1.10	1.10	1.00	1.05	1.05
棕榈树（包括枣椰树）㉑						
地面无覆盖，种植密度大 $(f_{c\ eff}=0.7)$㉒	0.90	0.95	0.95	0.80	0.85	0.85
地面无覆盖，种植密度中 $(f_{c\ eff}=0.5)$	0.80	0.80	0.80	0.70	0.70	0.70
地面无覆盖，低种植密度小树 $(f_{c\ eff}=0.25)$	0.50	0.55	0.55	0.40	0.45	0.45
地面无覆盖，非常低种植密度 $(f_{c\ eff}=0.1)$	0.35	0.35	0.35	0.25	0.25	0.25
地面覆盖生长好㉚，密度高， $(f_{c\ eff}=0.7)$	0.95	0.95	0.95	0.85	0.90	0.90
地面覆盖生长好，密度中， $(f_{c\ eff}=0.5)$	0.90	0.90	0.90	0.80	0.85	0.85
地面覆盖生长好，密度低， $(f_{c\ eff}=0.25)$	0.85	0.85	0.85	0.75	0.80	0.80

作　物	$K_{c\,ini}$①	$K_{c\,mid}$	$K_{c\,end}$	$K_{cb\,ini}$	$K_{cb\,mid}$	$K_{cb\,end}$
地面覆盖生长好，密度非常大，($f_{c\,eff}=0.1$)	0.80	0.80	0.80	0.70	0.75	0.75
波罗㉒-裸露地	0.50	0.30	0.30	0.15	0.25	0.25
波罗-有草覆盖	0.50	0.50	0.50	0.30	0.45	0.45
橡胶树	0.95	1.00	1.00	0.85	0.90	0.90
茶树-无遮荫	0.95	1.00	1.00	0.90	0.95	0.90
茶树-有遮荫㉓	1.10	1.15	1.15	1.00	1.10	1.05
m. 葡萄与浆果类						
浆果-灌木型	0.30	1.05	0.50	0.20	1.00	0.40
葡萄-鲜食或晒葡萄干㉔						
地面无覆盖，种植密度高 ($f_{c\,eff}=0.7$)㉕	0.30	1.10	0.90㉗	0.20	1.05	0.80㉗
地面无覆盖，种植密度中 ($f_{c\,eff}=0.5$)㉒	0.30	0.95	0.75㉗	0.20	0.90	0.70㉗
地面无覆盖，低种植密度小树 ($f_{c\,eff}=0.25$)	0.25	0.60	0.50㉗	0.15	0.55	0.45㉗
酒葡萄						
地面无覆盖，种植密度高 ($f_{c\,eff}=0.7$)	0.30	0.75㉘	0.60㉘·㉗	0.20	0.70㉘	0.55㉘·㉗
地面无覆盖，种植密度中 ($f_{c\,eff}=0.5$)㉒	0.30	0.70㉘	0.55㉘·㉗	0.20	0.65㉘	0.50㉘·㉗
地面无覆盖，低种植密度小树 ($f_{c\,eff}=0.25$)	0.30	0.45㉘	0.40㉘·㉗	0.25	0.40㉘	0.30㉘·㉗
啤酒花	0.30	1.05	0.85	0.15	1.00	0.80
n. 果树						
杏树㉙						
地面无覆盖，种植密度高 ($f_{c\,eff}=0.7$)	0.40	1.00	0.70㉗	0.20	0.95	0.65㉗
地面无覆盖，种植密度中 ($f_{c\,eff}=0.5$)㉒	0.40	0.85	0.60㉗	0.20	0.80	0.55㉗
地面无覆盖，低种植密度小树 ($f_{c\,eff}=0.25$)	0.35	0.50	0.40㉗	0.15	0.45	0.35㉗
地面覆盖生长好㉚，密度高，($f_{c\,eff}=0.7$)	0.85	1.05	0.85㉗	0.75	1.00	0.80㉗
地面覆盖生长好，密度中，($f_{c\,eff}=0.5$)	0.85	1.00	0.85㉗	0.75	0.95	0.80㉗
地面覆盖生长好，密度低，($f_{c\,eff}=0.25$)	0.85	0.95	0.85㉗	0.75	0.90	0.80㉗

作 物	$K_{c\,ini}$[①]	$K_{c\,mid}$	$K_{c\,end}$	$K_{cb\,ini}$	$K_{cb\,mid}$	$K_{cb\,end}$
苹果树、樱桃树、梨树[②]						
地面无覆盖，种植密度高 ($f_{c\,eff}=0.7$)	0.50	1.15	0.80[②]	0.30	1.10	0.75[②]
地面无覆盖，种植密度中 ($f_{c\,eff}=0.5$)[②]	0.45	1.05	0.75[②]	0.30	1.00[⑧]	0.70[②]
地面无覆盖，低种植密度小树 ($f_{c\,eff}=0.25$)	0.40	0.70	0.55[②]	0.25	0.65	0.50[②]
地面覆盖生长好[③]，严霜，密度高，($f_{c\,eff}=0.7$)	0.50	1.20	0.85[②]	0.40	1.15	0.80[②]
地面覆盖生长好，严霜，密度中，($f_{c\,eff}=0.5$)[②]	0.50	1.15	0.85[②]	0.40	1.10	0.80[②]
地面覆盖生长好，严霜，密度低，($f_{c\,eff}=0.25$)	0.50	1.05	0.85[②]	0.40	1.00	0.80[②]
地面覆盖生长好，无霜，密度高，($f_{c\,eff}=0.7$)	0.85	1.20	0.85[②]	0.75	1.15	0.80[②]
地面覆盖生长好，无霜，密度中，($f_{c\,eff}=0.5$)[②]	0.85	1.15	0.85[②]	0.75	1.10	0.80[②]
地面覆盖生长好，无霜，密度低，($f_{c\,eff}=0.25$)	0.85	1.05	0.85[②]	0.75	1.00	0.80[②]
杏树、桃树、坚果[②,③]						
地面无覆盖，种植密度非常高 ($f_{c\,eff}=0.9$)[③]	0.50	1.20	0.85[②]	0.30	1.15	0.80[②]
地面无覆盖，种植密度高 ($f_{c\,eff}=0.7$)[③]	0.50	1.15	0.80[②]	0.30	1.10	0.75[②]
地面无覆盖，种植密度中 ($f_{c\,eff}=0.5$)[②]	0.45	1.0	0.70[②]	0.25	0.95	0.65[②]
地面无覆盖，低种植密度小树 ($f_{c\,eff}=0.25$)[③]	0.40	0.60	0.45[②]	0.20	0.55	0.40[②]
地面覆盖生长好[③]，严霜，密度非常高，($f_{c\,eff}=0.9$)	0.50	1.25	0.85[②]	0.40	1.20	0.80[②]
地面覆盖生长好[③]，严霜，密度高，($f_{c\,eff}=0.7$)[②]	0.50	1.20	0.85[②]	0.40	1.15	0.80[②]
地面覆盖生长好，严霜，密度中，($f_{c\,eff}=0.5$)	0.50	1.15	0.85[②]	0.40	1.10	0.80[②]
地面覆盖生长好，严霜，密度低，($f_{c\,eff}=0.25$)	0.50	1.00	0.85[②]	0.40	0.95	0.80[②]
地面覆盖生长好，无霜，密度非常高，($f_{c\,eff}=0.9$)	0.80	1.25	0.85[②]	0.70	1.20	0.80[②]
地面覆盖生长好，无霜，密度高，($f_{c\,eff}=0.7$)[②]	0.80	1.20	0.85[②]	0.70	1.15	0.80[②]

灌溉技术

作物	$K_{c\,ini}$①	$K_{c\,mid}$	$K_{c\,end}$	$K_{cb\,ini}$	$K_{cb\,mid}$	$K_{cb\,end}$
地面覆盖生长好，无霜，密度中，（$f_{c\,eff}=0.5$）②	0.80	1.15	0.85②	0.70	1.10	0.80②
地面覆盖生长好，无霜，密度低，（$f_{c\,eff}=0.25$）	0.80	1.00	0.85②	0.70	0.95	0.80②
鳄梨㉑						
地面无覆盖，种植密度高（$f_{c\,eff}=0.7$）	0.50	1.00	0.90	0.30	0.95	0.85
地面无覆盖，种植密度中（$f_{c\,eff}=0.5$）②	0.50	0.90	0.80	0.30	0.85	0.80
地面无覆盖，低种植密度小树（$f_{c\,eff}=0.25$）	0.40	0.65	0.60	0.25	0.60	0.50
地面覆盖生长好③，密度高，（$f_{c\,eff}=0.7$）	0.85	1.05	0.95	0.75	1.00	0.90
地面覆盖生长好，密度中，（$f_{c\,eff}=0.5$）	0.85	1.00	0.95	0.75	0.95	0.90
地面覆盖生长好，密度低，（$f_{c\,eff}=0.25$）	0.85	0.95	0.90	0.75	0.90	0.85
柑橘㉑						
地面无覆盖，种植密度高（$f_{c\,eff}=0.7$）②	0.95	0.90	0.90	0.85	0.85	0.85
地面无覆盖，种植密度中（$f_{c\,eff}=0.5$）	0.80	0.75	0.75	0.70	0.70	0.70
地面无覆盖，低种植密度小树（$f_{c\,eff}=0.25$）	0.55	0.50	0.50	0.45	0.45	0.45
地面覆盖生长好③，密度高，（$f_{c\,eff}=0.7$）③	1.00	0.95	0.95	0.90	0.90	0.90
地面覆盖生长好，密度中，（$f_{c\,eff}=0.5$）	0.95	0.95	0.95	0.85	0.90	0.90
地面覆盖生长好，密度低，（$f_{c\,eff}=0.25$）	0.90	0.90	0.90	0.80	0.85	0.85
针叶树⑥	1.00	1.00	1.00	0.95	0.95	0.95
猕猴桃	0.40	1.05	1.05	0.20	1.00	1.00
芒果㉑						
地面无覆盖，种植密度高（$f_{c\,eff}=0.7$）⑤	0.35	0.90	0.75	0.25	0.85	0.70
地面无覆盖，种植密度中（$f_{c\,eff}=0.5$）	0.35	0.75	0.60	0.25	0.70	0.55
地面无覆盖，低种植密度小树（$f_{c\,eff}=0.25$）	0.30	0.45	0.40	0.20	0.40	0.35

作　物	$K_{c\ ini}$[①]	$K_{c\ mid}$	$K_{c\ end}$	$K_{cb\ ini}$	$K_{cb\ mid}$	$K_{cb\ end}$
橄榄树[㉑]						
地面无覆盖，种植密度高 $(f_{c\ eff}=0.7)$[㉒·㉗]	0.65	0.70	0.60	0.55	0.65	0.55
地面无覆盖，种植密度中 $(f_{c\ eff}=0.5)$[㉘]	0.60	0.60	0.55	0.50	0.55	0.50
n. 果树						
橄榄树[㉑]						
地面无覆盖，种植密度低 $(f_{c\ eff}=0.25)$[㉘]	0.40	0.40	0.35	0.30	0.35	0.30
地面无覆盖，种植密度非常低 $(f_{c\ eff}=0.5)$	0.30	0.25	0.25	0.20	0.20	0.20
地面覆盖生长好[㉝]，密度高，$(f_{c\ eff}=0.7)$	0.80	0.75	0.75	0.70	0.70	0.70
地面覆盖生长好，密度中 $(f_{c\ eff}=0.5)$	0.80	0.75	0.75	0.70	0.70	0.70
地面覆盖生长好，密度低 $(f_{c\ eff}=0.25)$	0.80	0.75	0.75	0.70	0.70	0.70
地面覆盖生长好，密度非常低 $(f_{c\ eff}=0.05)$	0.80	0.75	0.75	0.70	0.70	0.70
开心果[㉒]						
地面无覆盖，种植密度高 $(f_{c\ eff}=0.7)$	0.40	1.00	0.70	0.30	0.95	0.65
地面无覆盖，种植密度中 $(f_{c\ eff}=0.5)$	0.35	0.85	0.60	0.25	0.80	0.55
地面无覆盖，低种植密度小树 $(f_{c\ eff}=0.25)$	0.30	0.50	0.40	0.20	0.45	0.35
地面覆盖生长好[㉝]，密度高 $(f_{c\ eff}=0.7)$	0.80	1.00	0.75	0.70	0.95	0.70
地面覆盖生长好，密度中，$(f_{c\ eff}=0.5)$	0.80	1.00	0.75	0.70	0.95	0.70
地面覆盖生长好，密度低，$(f_{c\ eff}=0.25)$	0.80	0.85	0.75	0.70	0.80	0.70
核桃树[㉒]						
地面无覆盖，种植密度高 $(f_{c\ eff}=0.7)$[㉒]	0.50	1.10	0.65[㉗]	0.40	1.05	0.60[㉗]
地面无覆盖，种植密度中 $(f_{c\ eff}=0.5)$	0.45	0.90	0.60[㉗]	0.35	0.85	0.55[㉗]
地面无覆盖，低种植密度小树 $(f_{c\ eff}=0.25)$	0.35	0.55	0.40[㉗]	0.25	0.50	0.35[㉗]

作 物	$K_{c\,ini}$①	$K_{c\,mid}$	$K_{c\,end}$	$K_{cb\,ini}$	$K_{cb\,mid}$	$K_{cb\,end}$
地面覆盖生长好③，密度高，（$f_{c\,eff}=0.7$）	0.85	1.15	0.85⑰	0.75	1.10	0.80⑰
地面覆盖生长好，密度中，（$f_{c\,eff}=0.5$）	0.85	1.10	0.85⑰	0.75	1.05	0.80⑰
地面覆盖生长好，密度低，（$f_{c\,eff}=0.25$）	0.85	0.95	0.85⑰	0.75	0.90	0.80⑰
o. 湿地植物-温带						
芦苇-严霜	0.30	1.20	0.30			
芦苇-无霜	0.60	1.20	0.60			
加州 Sacramento 地带		1.05				
小植被-无霜	1.05	1.10	1.10			
芦苇沼泽-死水	1.00	1.20	1.00			
芦苇沼泽-湿地	0.90	1.20	0.70			
p. 特殊条件						
开阔水面-水深<2m，半湿润气候或热带气候		1.05	1.05			
开阔水面-水深>5m，清洁水体，温带气候		0.50～0.70⑱	0.80～1.30⑱			

① 表中 $K_{c\,ini}$ 为典型灌溉管理及土壤湿润条件下的作物生长早期 K_c 数值。在频繁喷灌或每天降雨条件下，此值会显著增加，可达到 1.0～1.2。$K_{c\,ini}$ 与早期、发育期土壤湿润周期及潜在蒸发率相关。利用式（5-5）及 $K_{cb\,ini}+K_e$ 估算更精确。

② 大豆、豌豆、其他豆科植物、西红柿、辣椒、黄瓜等作物的高度有的可达到 1.5～2m。此种情况下，必须提高 K_c 值。青豆、辣椒、黄瓜高度可达 1.15m，而西红柿、干豆、豌豆高度可达 1.2m，此种情况下，K_c 值也应增加。

③ 木薯生长中期假定为湿润期或雨季。干燥期的 $K_{c\,end}$ 及 K_{cb} 保持不变。

④ 土豆的 $K_{c\,end}$ 及 $K_{cb\,end}$ 值分别为 0.40 及 0.35。

⑤ 这些 $K_{c\,end}$ 与 $K_{cb\,end}$ 为生长期最后一月无灌溉条件下的值。当最后一月有灌溉或有较大降雨时，甜菜的 $K_{c\,end}$ 与 $K_{cb\,end}$ 可分别高达 1.0 和 0.9。

⑥ 第一个 $K_{c\,end}$ 为作物未干收获时的值。第二个 $K_{c\,end}$ 为作物干后收获时的值。

⑦ 芦笋的 $K_{c\,ini}$ 为笋尖收获阶段的 K_c 值，因为此时覆盖少。$K_{c\,mid}$ 则取笋尖收获后重新长出时的 K_c 值。

⑧ 剑麻的 K_c 值取决于种植密度及水分管理。

⑨ 低值适合低密度种植的旱作作物。

⑩ 高值适合于人工收获作物。

⑪ 冬小麦的两个 $K_{cb\,ini}$，一个是地面覆盖不足 10% 时的值，一个是冬眠期叶面完全覆盖但未结冰时的值。

⑫ 这些 $K_{c\,mid}$ 及 $K_{cb\,mid}$ 是生长旺盛，密度在每公顷 50000 株以上玉米的 K_c 值。如果密度达不到或生长不均匀的玉米，$K_{c\,mid}$ 与 $K_{cb\,mid}$ 的值可能会降低 0.1～0.2。

⑬ 第一个 $K_{c\,end}$ 为收获阶段谷粒水分高时的 K_c 值。第二个 $K_{c\,end}$ 为谷粒收获期（18% 水分）的 K_c 值。

⑭ 第一个 $K_{c\,end}$ 为鲜食甜玉米收获时的 K_c 值，第二个 $K_{c\,end}$ 为甜玉米收获时的 K_c 值。

⑮ 如果水稻密植、生长均匀、空气动力学粗糙度低（冠层表面平整）且为低到中风速时（风速<2m/s），取低值。种植稀疏、被水浸泡、冠层表面粗糙度高时选用高值。

⑯ 此 $K_{c\,mid}$ 值为牧草在生长中期平均值。

⑰ 这些 K_c 值分别为牧草刚割后的值，地面全覆盖后的值及收割之前的值。一个完整收割季为牧草的生长季（见图 5-6）。

⑱ 这里的 $K_{cb\,mid}$ 值为百慕大草及黑麦草下次收割前的平均值。时间段涵盖这些牧草的第一个发育期到最后一个生长季开始前。

⑲ 这些数据来源于堪萨斯大草原的 ET 实测值（Verma 等，1991）。草种包括柳枝稷（美国西部牧草）、须芒草、假高粱属草等。

⑳ 冷季型草品种有早熟禾、黑麦草和高羊茅。暖季型草包括狗牙根草及圣奥古斯丁草。这里的 K_c 值是指割草高度为 $0.06\sim0.08m$ 条件下的潜在值。草坪草，尤其是暖季型草，在中等受旱情况下外观仍然不错（见表 5-11）。一般，冷季型草的 K_s 值为 0.9，暖季型草的 K_s 值为 0.7，条件是水分管理好及不需快速生长（见表 5-11）。将表中的 K_s 与实际 K_c 一并考虑，可得出冷季型草的 $K_{c\,act}$ 为 0.8，暖季型草为 0.65。

㉑ 此处的 $K_{cb\,ini}$、$K_{cb\,mid}$ 及 $K_{cb\,end}$ 是利用式（5-68）、式（5-73）及式（5-74）模拟得出的。式中的 h 值来自表 5-3，其他参数来自表 5-4。$f_{c\,effi}$ 指的是近中午时植被的有效覆盖参数（0~1.0），h 为植被的平均高度。

㉒ 此列的数据类似于 FAO-56（Allen 等，1998）中的数据。

㉓ 菠萝的蒸腾率很低，因为其气孔白天关闭，晚上张开。因此，菠萝的腾发量 ET_c 的大部分为土壤蒸发量。$K_{c\,mid}<K_{c\,ini}$，原因是 $K_{c\,mid}$ 发生在地面全覆盖情况下，而此时土壤蒸发量小。表中的数据是来源于假定 50% 地面被黑塑料膜覆盖，灌溉方法为喷灌。膜下滴灌时，K_{cs} 可降低 0.1。

㉔ 包括覆盖树的需水量。

㉕ 此行数据类似于 Johnson 等（2005）的数据。

㉖ 这里的 $K_{c\,mid}$ 及 $K_{c\,end}$ 值包括 K_s 值（受旱系数）0.7，见式（5-44）及式（5-46），一般酒葡萄的 K_s 值为 0.7。实际中，K_s 取值范围在 0.5~1.0。不受旱情况下，酒葡萄的 $K_{c\,mid}$ 及 $K_{c\,end}$ 与鲜食葡萄的值相等，取决于种植密度、树龄及修剪。

㉗ 此处的 $K_{c\,end}$ 值为葡萄叶掉落之前的值。落叶后，$K_{c\,end}\approx0.20$，土壤裸露，干燥，植被干枯。植被生长良好时 $K_{c\,end}\approx0.50\sim0.80$。

㉘ 梨树的 $f_{c\,eff}=0.5$，Girona 等（2003）年测定的 $K_{cb\,mid}=0.85$，利用式（5-68）、式（5-73）及式（5-74）估算的 $K_{cb\,mid}=1.1$，$M_L=1.5$。

㉙ 核果指梨、杏、李子、美洲山核桃。

㉚ 此行数据来源于 Girona 等（2005）及 Ayars 等（2003），$f_{c\,eff}=0.7$，$M_L=1.5$。

㉛ 此行数据类似于 Paço 等（2006）及 Ayars 等（2003）所得数据，$f_{c\,eff}=0.25$，$M_L=1.5$。

㉜ 柑橘的数据大约比 FAO-56 中的数据高 20%。

㉝ 生长不佳或生长一般的植被（生长好指呈绿色，负面指数大于 2），K_c 应当在无覆盖与植被生长良好之间的值按权重插值取。权重以绿色程度及叶面积大小衡量。

㉞ 此行柑橘数据类似于 Rogers 等（1983）在弗罗里达柑橘园所得覆盖数据，植被为百喜草。

㉟ 土壤缺水程度控制气孔开度。实际 K_c 很容易低于表中值。表中值是在大面积林区灌溉充分条件下获得的。

㊱ 此行数据来自 Azevedo 等（2003）。

㊲ Pastor 及 Orgaz（1994）发现 f_c 约为 60% 的橄榄园，月 K_c 数据类似于表中数。当初期、发育期、中期天数分别为 30d、60d、90d 时，$K_{c\,mid}=0.45$。冬天（生长季节外）时（12 月~次年 1 月）的 K_c 值取 0.5。

㊳ 当 $f_{c\,eff}$ 大约在 0.3~0.4 时，此行数据类似于 Villalobos 等（2000）的数据。

㊴ 此行数据来源于 Testi 等（2004）。

㊵ 这里的 K_{cs} 适合于气候温和地区水深大的条件。这些地区一年里水体温度变化大，初期及高峰期的蒸发量低，因为日辐射被深水体吸收。到了秋、冬天（$K_{c\,end}$）时，水体释放热量，导致水面蒸发量大于草地蒸发量。$K_{c\,mid}$ 对应于水体获得热量的时段，$K_{c\,end}$ 对应于能量释放阶段。高 $K_{c\,end}$ 值为冰冻期 K_c，此时的 ET_0 值小，但 $K_{c\,end}$ 值高。选取表中的 K_{cs} 值时要谨慎。

表 5-2 中树的 K_c 值是从 FAO-56 中的数据扩展而来，依据树下植物覆盖度（$f_{c\,eff}$）不同而不同。

表 5-2 中的所有 K_c 值都可用于 FAO/ASCE-PM 标准公式［式（5-3）］计算以草坪草为参考作物的 ET_0，用于其他草作为参考作物的腾发量计算也有效。

表 5-2 中的 K_c 值以作物类型分组列出。同组内的作物的高度，叶面积，地面覆盖，气孔特性、灌溉管理都类似，K_c 值相近。有几类作物的 $K_{c\,ini}$ 在同组内的值相同，因为这些值都是粗略估计的。

表 5-3　式（5-68）、式（5-73）及式（5-74）中用于估算表 5-2 中的 $K_{cb\,ini}$、$K_{cb\,mid}$ 及 $K_{cb\,end}$ 的平均作物高度 h 值及式（5-6）中的参数 M_L 值

作物	$f_{c\,eff}=0.05\sim0.1$	$f_{c\,eff}=0.25$	$f_{c\,eff}=0.5$	$f_{c\,eff}=0.7$	$f_{c\,eff}=0.9$	M_L
扁桃树		3	4	5		1.5
苹果、樱桃、梨		3	3	4		2.0
杏树、桃树、干果树		2.5	3	3	3	1.5
鳄梨树		3	3	4		2.0
柑橘树		2	2.5	3		1.5
芒果树		4	4	5		1.5
橄榄树	2	3	4	4		1.5
开心果树		2	2.5	3		1.5
核桃树		4	4	5		1.5
棕榈树	8	8	8	8		1.5
葡萄-鲜食及葡萄干		2	2	2		1.5
酒葡萄		1.5	1.5	1.5		1.5

四、表 5-2 的气象基础

表 5-2 中的 K_c 中值是 FAO-56（Allen 等，1998）所定义标准气候条件下的典型期望值。气候条件为：半湿润气候，日最低相对湿度（$RH_{min}=45\%$），风速低到中等（平均 2m/s）。

表中的 K_c 是在上述标准气象条件下得出的值，但并不意味着其他气候条件不能用。对于更干旱的地方，风速也比标准气候条件下的高，可以将表中 K_c、K_{cb} 值调高使用，尤其是高秆作物。同样道理，对于更湿润气候及低风速条件，K_c 值比表中要减小。

可根据 FAO-56 描述的下述简单关系式调整 K_c：

$$K_c=K_{c\,table}+[0.04(u_2-2)-0.004(RH_{min}-45)]\left(\frac{h}{3}\right)^{0.3} \qquad (5-47)$$

式中　　$K_{c\,table}$——表 5-2 中的 K_c 值（或 K_{cb} 值），即表中 $K_{c\,mid}$ 及 $K_{c\,end}$（$K_{c\,end}>0.45$ 时）；

　　　　H——平均作物高度，m。

如果作物高度大于 2m，气候条件由无风、潮湿天气：$u_2=1m/s$ 及 $RH_{min}=70\%$ 变化为大风、干燥天气：$u_2=1m/s$ 及 $RH_{min}=15\%$ 时，K_c 会增加 40%。K_c 的增加是由于高秆作物相对于草而言，其空气动力粗糙度大，将地面水汽传输到大气中的水多。

生长中期，一般用 u_2 及 R_{hmin} 的平均值对 K_c 做气候调节。作物高度 h 的典型值见表 5-6。用于估算表 5-2 中所列各种树冠大小下 K_c 值的 h 值见表 5-4。

五、作物生长阶段时长

如图 5-3 所示，FAO-56（Allen 等，1998）将作物生长季节分为 4 个阶段，用于绘制 K_c 曲线。如前所述，作物发育阶段指作物冠层有效覆盖率从 10% 增长到 70% 的生长阶

表 5-4　　　依据 $f_{c\,eff}$，用式（5-68）、式（5-73）及式（5-74）
计算 $K_{cb\,ini}$、$K_{cb\,mid}$ 与 $K_{cb\,end}$ 的参数表

作　物	$K_{cb\,full}$—初期	$K_{cb\,full}$—中期	$K_{cb\,full}$—晚期	$K_{c\,min}$	$K_{cb\,cover}$—初期	$K_{cb\,cover}$—中、晚期	$K_{cb\,ini}$~$K_{c\,ini}$ 附加值	$K_{cb\,mid}$~$K_{c\,mid}$ 附加值	$K_{cb\,end}$~$K_{c\,end}$ 附加值
扁桃树-地面无覆盖	0.20	1.00	0.70①	0.15	—		0.20	0.05	0.05
扁桃树-有覆盖	0.20	1.00	0.70①	0.15	0.75	0.80	0.10	0.05	0.05
苹果、樱桃、梨-严霜	0.30	1.15	0.80①	0.15	0.40	0.80	0.20	0.05	0.05
苹果、樱桃、梨-无严霜	0.30	1.15	0.80①	0.15	0.75	0.80	0.10	0.05	0.05
杏树、桃树、梨、棕榈、山核桃-严霜	0.30	1.20	0.80①	0.15	0.40	0.80	0.20	0.05	0.05
杏树、桃树、梨、棕榈、山核桃-无严霜	0.30	1.20	0.80①	0.15	0.70	0.80	0.10	0.05	0.05
鳄梨-无植被覆盖	0.30	1.00	0.90	0.15	—		0.20	0.05	0.05
鳄梨-有植被覆盖	0.30	1.00	0.90	0.15	0.75	0.80	0.05	0.05	0.05
柑橘	0.90	0.90	0.90	0.15			0.10	0.05	0.05
芒果-无植被覆盖	0.25	0.85	0.70	0.15			0.10	0.05	0.05
橄榄树	0.60	0.70	0.60	0.15	0.70	0.70	0.05	0.05	0.05
开心果树	0.30	1.00	0.70	0.15	0.70	0.70	0.05	0.05	0.05
核桃	0.40	1.10	0.65①	0.15	0.75	0.80	0.05	0.05	0.05
棕榈-无覆盖	0.85	0.90	0.90	0.15			0.10	0.10	0.10
棕榈-有覆盖	0.85	0.90	0.90	0.15	0.70	0.70	0.05	0.05	0.05
葡萄-鲜食及葡萄干	0.20	1.15	0.90①	0.15			0.10	0.05	0.05
酒葡萄树	0.20	0.80	0.60	0.15			0.10	0.05	0.05

① 后三列为利用式（5-68）、式（5-73）及式（5-74）计算初期、中期、晚期 K_{cb} 时的附加值。这里的晚期 $K_{c\,full}$ 值代表叶落前完全覆盖条件下的 K_c 值。叶落后，裸露、干燥土壤或死植被覆盖条件下的 $K_{c\,end}$ 约为 0.20。生长良好的绿色植被覆盖条件下，$K_{c\,end}$ 大约为 0.50～0.80。

段。有效覆盖的成行栽培作物如：豆类、甜菜、土豆、玉米等。发育阶段末期时，这些作物的叶面已相互搭接，基本覆盖所有土壤。如果不能完全搭接，但作物高度已达最大高度，此时也定义为发育阶段末期。

如果作物高度大于 0.5m，作物地表达到有效全覆盖时的覆盖率为 70%～80%（Neale 等，1989；Grattan 等，1998）。很多作物达到有效全覆盖的时间为开花初期。作物达到有效全覆盖后，高度及叶面还可继续发育。

落叶树及灌木都在春天长新叶，初期及发育期不定。选择落叶树及灌木的 $K_{c\,ini}$ 时应考虑叶子长出初期的地面覆盖条件。因为树下草的覆盖，土壤湿度，树的密度，树周围表面护根覆盖物密度等均会影响 $K_{c\,ini}$。例如：在无霜冻气候条件下，落叶果园树行间地表有草覆盖，果树叶面发育初期时的 $K_{c\,ini}$ 可达 0.8～0.9；而同样为落叶果园，如果土壤表面裸露，灌溉及降雨对土壤湿润不频繁，$K_{c\,ini}$ 值可能只为 0.3～0.4。

生长中期结束时，作物开始衰老、成熟，K_c 开始下降，ET_c 开始低于 ET_0。凭肉眼

很难判断这个时间点，可行的方法是实测 ET_c，看什么时候 K_c 开始下降。

作物开始收获时、达到彻底衰老时、自然干死以及叶子掉光时，K_c 计算结束。在无霜气候条件下，一些多年生作物可能终年生长，生长阶段结束日期与栽种日期相同。

对于霜冻会冻死叶面的作物（比如北纬 40°，高海拔地区的玉米）生长后期可能相对较短（少于 10d）。有些鲜食作物，如甜菜及其他绿叶菜，生长后期也很短。

K_c 受土壤表面条件影响，如：平均土壤含水量，地表护根覆盖物等。

非生长阶段，只有一点或无绿色覆盖土地上的 K_c 值估算，可以后述 $K_{c\,ini}$ 公式估算。

FAO-56（Allen 等，1998）给出了不同气候条件，不同地区大量作物的生长阶段时长，如表 5-5 所示。表中生长阶段长度只是各种气候条件下的典型数据参考使用。实际应用中，最好根据当地的作物品种、气候条件、耕作措施等观测决定。实际数据可以从当地农牧民，农业推广站人员及当地研究人员那里获得；也可通过实地观测及遥感获得（Neale 等，1989；Tasumi 等，2005；Tasumi and Allen，2007）

表 5-5　不同种植期及不同地区气候条件下的作物生长阶段长（数据出自 FAO-56）　　单位：d

作　　物	早期 (L_{ini})	发育期 (L_{dev})	中期 (L_{mid})	晚期 (L_{late})	合计	种植日期	地　区
a. 小型蔬菜							
西兰花	35	45	40	15	135	9 月	加州[①]沙漠
白菜	40	60	50	15	165	9 月	加州[①]沙漠
胡萝卜	20	30	50/30	20	100	10/1 月	干旱地区
	30	40	60	20	150	2/3 月	地中海气候
	30	50	90	30	200	10 月	加州沙漠
菜花	35	50	40	15	140	9 月	加州沙漠
芹菜	25	40	95	20	180	10 月	
	25	40	45	15	125	4 月	半干旱地区
	30	55	105	20	210	1 月	
十字花科植物[②]	20	30	20	10	80	4 月	地中海气候
	25	35	25	10	95	2 月	地中海气候
	30	35	90	40	195	10/11 月	地中海气候
生菜	20	30	20	10	75	4 月	地中海气候
	30	40	25	10	105	11/1 月	地中海气候
	25	35	30	10	100	10/11	半干旱地区
	35	50	45	10	140	2 月	地中海气候
洋葱-干	15	25	70	40	150	4 月	地中海气候
	20	35	110	45	210	10/1 月	加州干旱区
洋葱-绿	25	30	10	5	70	4/5 月	地中海气候
	20	45	20	10	95	10 月	干旱区
	30	55	55	40	180	3 月	加州

作　　物	早期 (L_{ini})	发育期 (L_{dev})	中期 (L_{mid})	晚期 (L_{late})	合计	种植日期	地　区
洋葱-育种	20	45	165	45	275	9 月	加州沙漠
菠菜	20	20	15/25	5	60/70	4 月，9/10 月	地中海气候
菠菜	20	30	40	10	100	11 月	干旱区
白萝卜	5	10	15	5	35	3/4 月	地中海气候
白萝卜	10	10	15	5	40	冬季	欧洲干旱区
b. 蔬菜-茄科							
茄子	30	40	40	20	130	10 月	干旱区
茄子	30	45	40	25	140	5/6 月	地中海气候
甜椒	25/30	35	40	20	125	4/6 月	地中海气候
甜椒	30	40	110	30	210	10 月	欧洲干旱区
西红柿	30	40	40	25	135	1 月	干旱区
西红柿	35	40	50	30	155	4/5	加州
西红柿	25	40	60	30	155	1 月	加州沙漠
西红柿	35	45	70	30	180	10/11 月	干旱区
西红柿	30	40	45	30	145	4/5 月	地中海气候
c. 蔬菜-葫芦科作物							
哈密瓜	30	45	35	10	120	1 月	加州
哈密瓜	10	60	25	25	120	8 月	加州
黄瓜	20	30	40	15	105	6/8 月	干旱区
黄瓜	25	35	50	20	130	11/2 月	干旱区
南瓜	20	30	30	20	100	3/8 月	地中海气候
南瓜	25	35	35	25	120	6 月	欧洲
西葫芦	25	35	25	15	100	4/12 月	干旱区，地中海
西葫芦	20	30	25	15	90	5/6 月	地中海，欧洲
甜瓜	25	35	40	20	120	5/3 月	欧洲
甜瓜	30	30	50	30	140	8 月	加州
甜瓜	15	40	65	15	135	12/1 月	加州沙漠
甜瓜	30	45	65	20	160		干旱地区
西瓜	20	30	30	30	110	4 月	意大利
西瓜	10	20	20	30	80	5/8 月	近东沙漠
d. 根茎类作物							
鲜食甜菜	15	25	20	10	70	1/5 月	地中海
鲜食甜菜	25	30	25	10	90	2/3 月	干旱，地中海
1 年木薯	20	40	90	60	210		雨季

作　物	早期 (L_{ini})	发育期 (L_{dev})	中期 (L_{mid})	晚期 (L_{late})	合计	种植日期	地　区
2 年木薯	150	40	110	60	360		热带
土豆	25	30	30/45	30	115/130	1/11 月	半干旱
	25	30	45	30	130	5 月	大陆气候
	30	35	50	30	145	4 月	欧洲
	45	30	70	20	165	4/5 月	爱达荷[①]
	30	35	50	25	140	12 月	加州沙漠
红薯	20	30	60	40	150	4 月	加州
	15	30	50	30	125	雨季	热带
甜菜	30	45	90	15	180	3 月	加州
	25	30	90	10	155	6 月	加州
	25	65	100	65	255	9 月	加州沙漠
甜菜	50	40	50	40	180	4 月	爱达荷
	25	35	50	50	160	5 月	地中海
	45	75	80	30	230	11 月	地中海
	35	60	70	40	205	11 月	干旱区

e. 豆科作物

作　物	早期 (L_{ini})	发育期 (L_{dev})	中期 (L_{mid})	晚期 (L_{late})	合计	种植日期	地　区
四季豆-绿	20	30	30	10	90	2/3 月	加州，地中海
	15	25	25	10	75	8/9 月	加州，埃及，黎巴嫩
四季豆-干	20	30	40	20	110	5 月 6 日	大陆
	15	25	35	20	95	6 月	巴基斯坦
	25	25	30	20	100	6 月	爱达荷
春蚕豆	15	25	35	15	90	5 月	欧洲
蚕豆	20	30	35	15	100	3/4 月	地中海
干豆	90	45	40	60	235	11 月	欧洲
湿豆	90	45	40	0	175	11 月	欧洲
绿豆，豇豆	20	30	30	20	110	3 月	地中海
花生	25	35	45	25	130	旱季	西非
	35	35	35	35	140	5 月	高纬度
	35	45	35	25	140	5/6 月	地中海
扁豆	20	30	60	40	150	5 月	欧洲
	25	35	70	40	170	4/5 月	干旱区

作　物	早期 (L_{ini})	发育期 (L_{dev})	中期 (L_{mid})	晚期 (L_{late})	合计	种植日期	地　区
豌豆	15	25	35	15	90	5 月	欧洲
	20	30	35	15	100	3/4 月	地中海
	35	25	30	20	110	4 月	爱达荷
黄豆	15	15	40	15	85	12 月	热带
	20	30/35	60	25	140	5 月	中美洲
	20	25	75	30	150	6 月	日本
f. 多年生蔬菜（冬季休眠，初期裸露地或地膜覆盖地）							
洋蓟	40	40	250	30	360	4 月（第 1 年）	加州
	20	25	250	30	325	5 月（第 2 年）	5 月收割
芦笋	50	30	100	50	230	2 月	暖冬
	90	30	200	45	365	2 月	地中海
g. 纤维作物							
棉花	30	50	60	55	195	3～5 月	加州，埃及
	45	90	45	45	225	3 月	加州沙漠
	30	50	60	55	195	9 月	也门
	30	50	55	45	180	4 月	德州
亚麻	25	35	50	40	150	4 月	欧洲
	30	40	100	50	220	10 月	亚利桑那
h. 油料作物							
蓖麻子	25	40	65	50	180	3 月	半干旱区
	20	40	50	25	135	11 月	印度尼西亚
红花	20	35	45	25	125	4 月	加州
	25	35	55	30	145	3 月	高纬度
	35	55	60	40	190	10/11 月	干旱地区
芝麻	20	30	40	20	100	6 月	中国
葵花	25	35	45	25	130	4/5 月	加州，地中海
i. 谷物							
大麦，燕麦，小麦	15	25	50	30	120	11 月	印度中
	20	25	60	30	135	3/4 月	纬度 35°～45°
	15	30	65	40	150	7 月	东非
	40	30	40	20	130	4 月	
	40	60	60	40	200	11 月	
	20	50	60	30	160	12 月	加州沙漠

作　　物	早期 (L_{ini})	发育期 (L_{dev})	中期 (L_{mid})	晚期 (L_{late})	合计	种植日期	地　　区
冬小麦	20[2]	60[2]	70	30	180	12 月	加州
	30	140	40	30	240	11 月	地中海地区
	160	75	75	25	335	10 月	爱达荷北部
小粮	20	30	60	40	150	4 月	地中海
	25	35	65	40	165	10/11 月	干旱地区，巴基斯坦
玉米	30	50	60	40	180	4 月	东非
	25	40	45	30	140	12/1 月	干旱地区
	20	35	40	30	125	6 月	尼日利亚（湿润区）
	20	35	40	30	125	10 月	印度（干冷）
	30	40	50	30	150	4 月	加州，西班牙
	30	40	50	50	170	4 月	爱达荷
甜玉米	20	20	30	10	80	3 月	菲律宾
	20	25	25	10	80	5/6 月	地中海
	20	30	50/30	10	90	10/12 月	干旱区
	30	30	30	10[3]	110	4 月	爱达荷
	20	40	70	10	140	1 月	加州沙漠
谷子	15	25	40	25	105	6 月	巴基斯坦
	20	30	55	35	140	4 月	美国中部
高粱	20	35	40	30	130	5/6 月	美国，巴基斯坦
	20	35	45	30	140	3/4 月	干旱地区
水稻	30	30	60	30	150	12/5 月	热带，地中海
	30	30	80	40	180	5 月	热带
j. 饲草							
苜蓿-全季[4]	10	30					
苜蓿[4]-第 1 次收割	10	20	20	10	60	1 月	加州
	10	30	25	10	75	4 月	爱达荷
苜蓿[4]-其他次收割	5	10	10	5	30	3/4 月	加州，爱达荷（奶牛牧场）
	5	20	10	10	45	4 月	爱达荷（非奶牛牧场）
百慕大草-制种	10	25	35	35	105	3 月	加州沙漠
百慕大牧草-收割数次	10	15	75	35	135	—	加州沙漠
草地牧场[4]	10	20	—	—	—		
苏丹草-第 1 次收割期	25	25	15	10	75	4 月	加州沙漠
苏丹草-其他收割期	3	15	12	7	37	6 月	加州沙漠
柳枝稷[5]	20	45	40	60	165	4 月	堪萨斯[1]

作 物	早期 (L_{ini})	发育期 (L_{dev})	中期 (L_{mid})	晚期 (L_{late})	合计	种植日期	地 区
k. 甘蔗							
甘蔗-原生	35	60	190	120	405		低纬度
	50	70	220	140	480		热带
	75	105	330	210	720		夏威夷①
甘蔗-截根苗	25	70	135	50	280		低纬度
	30	50	180	60	320		热带夏威夷
	35	105	210	70	420		
l. 热带果树							
1 年香蕉	120	90	120	60	390		地中海
2 年香蕉	120	60	180	5	365		地中海
菠萝	60	120	600	10	790		夏威夷
m. 葡萄与浆果							
葡萄	20	100	90	30	240		低纬度
	20	100	90	30	240		加州
	20	90	50	20	180		高纬度
	20	90	80	20	210		中纬度
啤酒花	25	40	80	10	155	4 月	爱达荷
n. 果树							
柑橘	90	30	150	95	365	1 月	地中海
落叶果树-轻微修剪	10	10	160	30	210		高纬度
	10	10	190	60	270		低纬度
	10	10	190	30	240		加州
落叶果树-重修剪	10	80	90	30	210		高纬度
	10	80	120	60	270		低纬度
	10	60	140	30	240		加州
芒果	20	40	50	50	160	7 月	巴西
橄榄树	10	20	150	90	270⑥	3 月	地中海
开心果	10	20	80	40	150	2 月	地中海
核桃	10	10	140	30	190	4 月	犹他州①
o. 湿地作物-温带气候							
灯芯草	10	30	80	20	140		美国犹他州严霜
	180	60	90	35	365		弗罗里达①
短植被	180	60	90	35	365	11 月	无霜气候

* 此表中的作物生长阶段长为大约数。实际上，不同气候条件的地区与地区之间，不同作物种植条件及不同作物品种之间，差别很大。应力争获取当地数据。

① 加州、爱达荷州、堪萨斯州、夏威夷州、犹他州及弗罗里达州为美国的州。

② 十字花科作物包括：白菜、菜花、西兰花、布鲁塞尔球芽甘蓝。品种的不同导致生长期差别很大。

③ 冬小麦的这些生长阶段在冰冻气候下要长，取决于停止生长的潜在天数及冬小麦冬眠时长。一般情况及在缺少数据情况下，北半球冬小麦种植时间为30d平均气温降低到11℃时。

Allen与Robison（2007）缩短了气温小于−25℃及无雪覆盖条件下的冬小麦冠层发育期时段长。后来，他们又减少了结冰后气温小于−10℃条件下的生长期数据。春小麦播种季节在30d平均日气温增长到4℃时。玉米播种期在30d平均气温增加到10℃时。

④ 如果要让甜玉米成熟、干燥，则晚期时段长为35d左右。

⑤ 在有伤害性霜冻气候下，可用特定温度来确定生长阶段天数，可用生长期积温天数确定，也可用出现霜冻及结束霜冻的时段确定。

例如：苜蓿生长季节长，春天最后−4℃的时间到秋天第一次出现−4℃的时间（Everson等，1978）。或者为从1月1日以后出现0℃的天算起，直至秋天出现−7℃的天止，积温达到240℃的天数（Allen与Robison，2007）。

牧草生长季长，春天出现−4℃前7d到秋天出现−4℃后4d（Kruse与Haise，1974）。

⑤ 基于Verma等（1991）在堪萨斯大牧场的ET测定，作物为柳枝稷，须芒草及垂穗拔碱草。

⑥ 橄榄树在3月出新叶，冬天常有蒸腾，生长季外还有K_c。因此，总生长季可设定为365d。表5−5中的数据主要来自FAO−56（Allen等，1998），只对某些树的生长季做了修正。

表5−6 典型作物的高度，根系活动层深度，常见作物不受水分胁迫时的土壤水分消耗参数（p），出自FAO−56（Allen等，1998）。p与大气蒸发能有关

作物	最大作物高度 h/m	最大根深度[①] Z_r/m	不受水分胁迫[②]时的土壤水分消耗参数 p 值 $ET_c=5\text{mm/d}$[①]
a. 小蔬菜			
西兰花	0.3	0.4～0.6	0.45
小洋白菜	0.4	0.4～0.6	0.45
白菜	0.4	0.5～0.8	0.45
胡萝卜	0.3	0.5～1.0	0.35
菜花	0.4	0.4～0.7	0.45
芹菜	0.6	0.3～0.5	0.20
大蒜	0.3	0.3～0.5	0.30
蔬菜	0.3	0.3～0.5	0.30
洋葱-干	0.4	0.3～0.6	0.30
洋葱-绿	0.3	0.3～0.6	0.30
洋葱-种子	0.5	0.3～0.6	0.35
菠菜	0.3	0.3～0.5	0.20
白萝卜	0.3	0.3～0.5	0.30
b. 蔬菜-茄科			
茄子	0.8	0.7～1.2	0.45
甜椒	0.7	0.5～1.0	0.30
西红柿	0.6	0.7～1.5	0.40
c. 葫芦科			
哈密瓜	0.3	0.9～1.5	0.45
黄瓜-鲜食	0.3	0.7～1.2	0.50

作物	最大作物高度 h/m	最大根系深度[1] Z_r/m	不受水分胁迫[2]时的土壤水分消耗参数 p 值 $ET_c=5mm/d$[1]
黄瓜-机械收获	0.3	0.7～1.2	0.50
冬南瓜	0.4	1.0～1.5	0.35
西葫芦	0.3	0.6～1.0	0.50
密瓜	0.4	0.8～1.5	0.40
西瓜	0.4	0.8～1.5	0.40
d. 根茎类作物			
甜菜-鲜食	0.4	0.6～1.0	0.50
木薯-第1年	1.0	0.5～0.8	0.35
木薯-第2年	1.5	0.7～1.0	0.40
欧洲萝卜	0.4	0.5～1.0	0.40
土豆	0.6	0.4～0.6	0.35
红薯	0.4	1.0～1.5	0.65
大头菜	0.6	0.5～1.0	0.50
甜菜	0.5	0.7～1.2	0.55[3]
e. 豆科作物			
豆类-绿色	0.4	0.5～0.7	0.45
豆类-干	0.4	0.6～0.9	0.45
豆类-长藤型	0.4	0.8～1.2	0.45
鸡豆	0.4	0.6～1.0	0.50
蚕豆-鲜	0.8	0.5～0.7	0.45
蚕豆干/制种子	0.8	0.5～0.7	0.45
鹰嘴豆	0.8	0.6～1.0	0.45
绿豆，豇豆	0.4	0.6～1.0	0.45
花生	0.4	0.5～1.0	0.50
小扁豆	0.5	0.6～0.8	0.50
豌豆-鲜食	0.5	0.6～1.0	0.35
干豌豆/制种	0.5	0.6～1.0	0.40
黄豆	0.5～1.0	0.6～1.3	0.50
f. 多年生蔬菜（冬眠，生长早期裸露地或地膜覆盖）			
洋蓟	0.7	0.6～0.9	0.45
芦笋	0.2～0.8	1.2～1.8	0.45
薄荷	0.6～0.8	0.4～0.8	0.40
草莓	0.2	0.2～0.3	0.20

作 物	最大作物高度 h/m	最大根系深度[1] Z_r/m	不受水分胁迫[2]时的土壤水分消耗参数 p 值 $ET_c = 5mm/d$[1]
g. 纤维作物[3]			
棉花	1.2～1.5	1.0～1.7	0.65
亚麻	1.2	1.0～1.5	0.50
剑麻	1.5	0.5～1.0	0.80
h. 油料作物			
蓖麻	0.3	1.0～2.0	0.50
油菜籽	0.6	1.0～1.5	0.60
红花	0.8	1.0～2.0	0.60
芝麻	1.0	1.0～1.5	0.60
葵花	2.0	0.8～1.5	0.45
i. 谷物			
大麦	1	1.0～1.5	0.55
燕麦	1	1.0～1.5	0.55
春小麦	1	1.0～1.5	0.55
冬小麦	1	1.5～1.8	0.55
玉米	2	1.0～1.7	0.55
甜玉米	1.5	0.8～1.2	0.50
谷子	1.5	1.0～2.0	0.55
高粱	1～2	1.0～2.0	0.55
甜高粱	2～4	1.0～2.0	0.50
水稻	1	0.5～1.0	0.20[4]
j. 饲草			
苜蓿-饲草	0.7	1.0～2.0	0.55
苜蓿-种子	0.7	1.0～3.0	0.60
百慕大-饲草	0.35	1.0～1.5	0.55
百慕大-制种	0.4	1.0～1.5	0.60
三叶草	0.6	0.6～0.9	0.50
黑麦草	0.3	0.6～1.0	0.60
苏丹草——一年生	1.2	1.0～1.5	0.55
放牧草-轮牧	0.15～0.30	0.5～1.5	0.60
放牧草-散牧	0.10	0.5～1.5	0.60
草坪草-冷季型[5]	0.10	0.5～1.0	0.40
草坪草-暖季型[5]	0.10	0.5～1.0	0.50
k. 甘蔗	3	1.2～2.0	0.65
l. 热带果树			
1 年香蕉	3	0.5～0.9	0.35
2 年香蕉		0.5～0.9	0.35

作　　物	最大作物高度 h/m	最大根系深度[①] Z_r/m	不受水分胁迫[②]时的土壤水分消耗参数 p 值 $ET_c=5mm/d$[①]
可可	3	0.7～1.0	0.30
咖啡	2～3	0.9～1.5	0.40
枣椰树	8	1.5～2.5	0.50
棕榈树	8	0.7～1.1	0.65
菠萝	0.6～1.2	0.3～0.6	0.50
橡胶树	10	1.0～1.5	0.40
无遮阴茶树	1.5	0.9～1.5	0.40
有遮阴茶树	2	0.9～1.5	0.45
m. 葡萄与浆果			
樱桃-矮树丛	1.5	0.6～1.2	0.50
葡萄-鲜食或做葡萄干	2	1.0～2.0	0.35
酒葡萄	1.5～2	1.0～2.0	0.45
啤酒花	5	1.0～1.2	0.50
n. 果树			
扁桃树	5	1.0～2.0	0.40
苹果，樱桃，梨	4	1.0～2.0	0.50
杏树，桃树，坚果树	3	1.0～2.0	0.50
鳄梨	3	0.5～1.0	0.70
柑橘			
柑橘-70%冠层	4	1.2～1.5	0.35～0.50[⑥]
柑橘-50%冠层	3	1.1～1.5	0.35～0.50
柑橘-20%冠层	2	0.8～1.1	0.35～0.50
针叶树	10	1.0～1.5	0.70
猕猴桃	3	0.7～1.3	0.35
芒果	5	1.5	0.40
橄榄树-40%～60%地面被冠层覆盖	3～5	1.2～1.7	0.65
开心果	3～5	1.0～1.5	0.40
花生	4～5	1.7～2.4	0.50

① 土壤分层不显著或无其他特性可限制根系发育时，Z_r 值较大。小 Z_r 值用于制定灌溉制度，大 Z_r 值用于模拟土壤水分胁迫及雨养条件。

② 表中的 p 值相对应条件为 $ET_c \approx 5mm/d$。根据 ET_c 的大小可对 p 值调整，调整公式为：
$$p = p\,table(表 5-6 中 p 值) \times 5.6 + 0.04 \times (5 - ET_c)$$

③ 甜菜在干旱地区的下午通常会出现萎蔫，即使 $p < 0.55$ 也会出现。但对产量没什么影响。

④ 水稻田饱和状态下，水稻的 p 值为 0.20。

⑤ 冷季型草包括早熟禾、黑麦草及高羊茅草。暖季型草包括：狗牙草、野牛草、钝叶草。草坪草的根系深不等。有的可能深达 1.2m，有的要浅一些。

⑥ 冬季中到春季晚时段的值要取小值。其他时段取大值。

六、生长初期的单因素 K_c（一年生作物）

一年生作物生长初期的 ET 主要来自土壤蒸发。要精确计算初期平均 K_c，必须考虑土壤表面湿润频率。$K_{c\,mid}$ 及 $K_{c\,end}$ 受湿润频率影响小，因为此时土壤基本被植被全覆盖。地表蒸发量小。图 5-5（a）～图 5-5（c）来自 FAO-56。图中曲线反映 $K_{c\,ini}$ 与 ET_0、土壤类型及湿润频率之间的关系，是在 Doorenbos 及 Pruitt（1977）估算法基础上修正得出的。计算公式来源于 Allen 等（1998，2005b）。

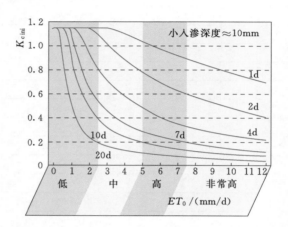

图 5-5（a）　土壤基本无覆盖条件下的作物生长早期，对应于不同水平 ET_0、
灌水周期或降雨间隔的平均 $K_{c\,ini}$ 值。适应于所有土壤，雨雨或灌溉
深度较小（入渗深度每次约 10mm）（Allen 等，1998，2005）

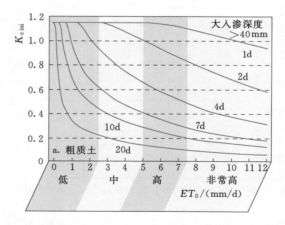

图 5-5（b）　湿润深度＞40mm，土壤为粗质土时作物早期的 K_c 值：$K_{c\,ini}$
（如同图 5-5（a），$K_{c\,ini}$ 随 ET_0、灌水或降雨间隔变化）
（Allen 等，1998，2005）

图 5-5（a）适合于所有土壤湿润（降雨或灌溉）深度小的情况（每次湿润过程中入渗深度平均为 10mm）。图 5-5（b）适用于入渗深度大（入渗深度大于 30～40mm）的粗

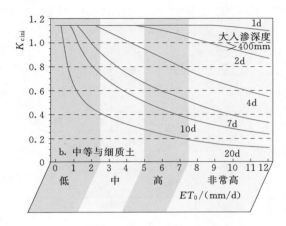

注：粗质土包括：沙土、沙壤土及壤砂。中等质地土壤包括沙壤土、壤土、
粉壤土、粉土。细质地土壤包括：粉黏壤土、粉黏土及黏土。

图 5-5（c） 湿润深度 >40mm，土壤为中、细质地土时作物早期的 K_c 值：K_{cini}
（如同图 5-5（a），K_{cini} 随 ET_0、灌水或降雨间隔变化）（Allen 等，1998，2005）

质土。图 5-5（c）适合于入渗深度大的细、中粗质土壤。

　　一般，生长早期的平均湿润间隔是通过计算湿润深度大于几毫米的降雨及灌溉次数及
间隔时间平均计算获得。如果两次湿润过程紧相邻，则算作一次。如果平均入渗深度在
10～40mm 之间时，K_{cini} 可利用图 5-5（a）～图 5-5（c）内插获得。

　　图 5-5 要根据蒸发地表情况修正，反映地表湿润情况的参数为 f_w，即乘以 f_w。与
此类似，计算土壤入渗深时，要除以 f_w。f_w 与降雨及灌溉有关。数值范围为：降雨、喷
灌、畦灌为 1.0，微灌为 0.3～0.7。总入渗量 I_w（mm）假定为对应于 f_w 地表条件下的入
渗量。因此，总入渗量及由图 5-5（a）～图 5-5（c）内插出的值应用 $I_w \div f_w$ 计算。图
中所得的应当修正为 $f_w K_{cinifigure}$（$K_{cinifigure}$ 为由图中获得的 K_{cini}）。

七、牧草的 K_c 曲线

　　牧草一般在生长季节收获多次。每一次收获后到下一次收获前相当于一个子生长季。
每一个子生长季可有一条 K_c 曲线。因此，全年的 K_c 曲线实际上是各个子生长季曲线的
集成。图 5-6 所示为南爱达荷州苜蓿草的 K_c 曲线。每一次割草使得地面覆盖率变为不
到 10%。如果空气与土壤温度低，第 1 茬生长阶段要长于第 2、第 3、第 4 季。通常，温
带地区的秋季霜冻会结束生长季（见表 5-5 脚注及前面章节作物生长阶段长描述）。每一
个中间子生长季的 K_c，包括 K_{cmid} 及 K_{cend} 是用式（5-47）计算得来的。

　　牧草的 K_c 曲线如图 5-6 所示。

八、双因素 K_c 法，综合考虑土壤湿度对 K_c 的影响

　　本节介绍的双因素 K_c 法基于粮农组织 FAO-56。双 K_c 中的 K_e 代表蒸发蒸腾 ET_c
中的蒸发影响部分。由于双 K_c 法考虑土壤的特定湿润状况及湿润频率，因此每一块地的

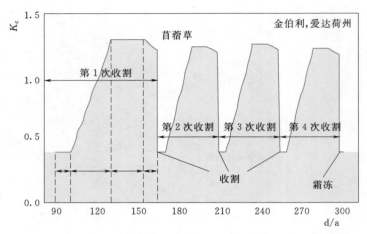

图 5-6 牧草 K_c 曲线示意图（取自南爱达荷州，一年收获四茬）

K_c 都不一样。用该法估算某一地块的颗间地面蒸发部分及总的 ET 准确度更高。当降雨及灌溉湿润土壤表面时，K_e 值最大。当土壤表面干燥时，K_e 值小且可能接近于零。当土壤湿润，蒸发率最大，$K_{cb}+K_e$ 达到最大值 $K_{c\,max}$（$0 \leqslant K_e \leqslant f_{ew}K_{c\,max}$）。

$$K_e = [F_t + (1-F_t)K_r](K_{c\,max} - K_s K_{cb}) \tag{5-48}$$

式中　$K_{c\,max}$——降雨或灌溉后的最大 K_c 值；

　　　　K_r——无量纲，蒸发折减系数（见后面定义），取决于累计耗水深（蒸发深）；

　　　　f_{ew}——反映土壤受太阳辐射及湿润程度影响的参数；

　　　　F_t——反映时段内（天或小时）潜在蒸发的参数。

蒸发率受限于土壤接受的能量，K_e 不可能大于 $f_{ew}K_{c\,max}$。基于 ET_0 的 $K_{c\,max}$ 值在 $1.05 \sim 1.30$（Allen 等，1998，2005），计算公式为

$$K_{c\,max} = \max\left(\left\{1.2 + [0.04(u_2-2) - 0.004(RH_{min}-45)]\right\}\left(\frac{h}{3}\right)^{0.3}, \{K_{cb}+0.05\}\right) \tag{5-49}$$

式中　H——各生长阶段（初期，生长期，中期，晚期）作物平均高度，m；

　　　max——在公式中被逗号分开的两项中选最大。

式（5-49）保证 $K_{c\,max}$ 大于等于 $K_{cb}+0.05$。建议土壤土表面全部湿润时取 K_c 为 $K_{cb}+0.05$，即使地表全覆盖情况下也取此值。

土壤表面可以干燥到凋萎含水量 θ_{WP} 与烘干含水量差的一半。一个湿润、干燥循环的蒸发水深可用式（5-50）计算：

$$TEW = 1000(\theta_{FC} - 0.5\theta_{WP})Z_e C_{ngs} \tag{5-50}$$

式中　TEW——总可蒸发水深，即土壤表面完全湿润情况下最大可蒸发深，mm；

　　　　θ_{FC}——土壤田间持水率（体积含水量），m^3/m^3；

　　　　θ_{WP}——凋萎含水量，m^3/m^3；

　　　　Z_e——地表水分蒸发到 $0.5\theta_{WP}$ 的有效土层深，m；

　　　　C_{ngs}——低 ET_0 调整系数，$C_{ngs} = (ET_0/5)^{0.5}$，$C_{ngs} \leqslant 1.0$。

不同土壤的 θ_{FC}、θ_{WP}、REW 及 TEW 见表 5-7。表中的 Z_e 为观测经验值，Z_e 深度以下土层的蒸发及土壤干燥程度也会被测定。FAO-56 推荐 Z_e 值在 0.10～0.15m。粗质土为 0.1m，细质土为 0.15m。REW 为易蒸发量，即土壤完全湿润、蒸发率未低于潜在蒸发率（第 1 阶段）之前的蒸发深（mm）。第一阶段指的是能量受限阶段，此阶段土壤表层明显湿润。第 2 阶段指的是蒸发率低于受水力约束的潜在蒸发率。

表 5-7 典型土壤的水分特性参数（Allen 等，1998）

土壤类型 （据 USDA 土壤 质地分级）	土壤水分特性			蒸发系数（可以被蒸发消耗掉的水分）		
	θ_{FC} /$m^3 m^{-3}$	θ_{WP} /$m^3 m^{-3}$	$(\theta_{FC}-\theta_{WP})$ /$m^3 m^{-3}$	阶段 1 REW/mm	阶段 1 和 2 TEW^*/mm $(Z_e=0.10m)$	阶段 1 和 2 TEW^*/mm $(Z_e=0.15m)$
沙土	0.07～0.17	0.02～0.07	0.05～0.11	2～7	6～12	9～13
壤沙土	0.11～0.19	0.03～0.10	0.06～0.12	4～8	9～14	13～21
沙壤土	0.18～0.28	0.06～0.16	0.11～0.15	6～10	15～20	22～30
壤土	0.20～0.30	0.07～0.17	0.13～0.18	8～10	16～22	24～33
粉壤土	0.22～0.36	0.09～0.21	0.13～0.19	8～11	18～25	27～37
粉土	0.28～0.36	0.12～0.22	0.16～0.20	8～11	22～26	33～39
粉黏壤土	0.30～0.37	0.17～0.24	0.13～0.19	8～11	22～27	33～40
粉黏土	0.30～0.42	0.17～0.29	0.13～0.19	8～12	22～28	33～42
黏土	0.32～0.40	0.20～0.24	0.12～0.20	8～12	22～29	33～43

* $TEW=(\theta_{FC}-0.5\theta_{WP})Z_e$。

式（5-48）中的 K_r 在第 2 阶段小于 1.0，采用下述公式计算：

$$K_r=1.0 \quad 当 D_{e,j-1} \leqslant REW \tag{5-51a}$$

$$K_r=\frac{TEW-D_{e,j-1}}{TEW-REW} \quad 当 D_{e,j-1} > REW \tag{5-51b}$$

式中 $D_{e,j-1}$——$j-1$ 结束那天（前一天）土壤表面土层累计的耗水深，mm；
TEW 及 REW——单位为 mm（$REW < TEW$）。

F_t 大约按式（5-52）计算取值（$0 \leqslant F_t \leqslant 1.0$）：

$$F_t=\frac{REW-D_{REW_{j-1}}}{K_{e\,max}ET_{ref}} \tag{5-52}$$

式中 $D_{REW_{j-1}}$——前一时段 j（天或小时）结束时的土壤表层土壤水分损失，mm。作物冠层下土壤的蒸发率低，假定已含在 K_{cb} 里。

FAO-56（Allen 等，1998）中，f_w 被定义为灌溉及降雨对地表湿润的影响参数，其数值限定了蒸发的潜在空间范围。表 5-8 中列出了 f_w 的常见值，并由图 5-7 描绘出。

当土壤表面完全湿润时，比如被降雨及喷灌湿润，式（5-48）中的 $f_{ew}=1-f_c$，f_c 为地表植被有效覆盖系数。对于只有一小部分地面湿润的灌溉系统，f_{ew} 依下式取值：

$$f_{ew}=\min(1-f_c,f_w) \tag{5-53}$$

为了数据稳定性，将 $1-f_c$ 及 f_w 取值限制在 0.01～1。微灌情况下，由于灌溉湿润范围大部分在冠层下，Allen 等（1998）建议将 f_w 取值减少到表 5-8 中数值的 1/2 到

沟灌条件下

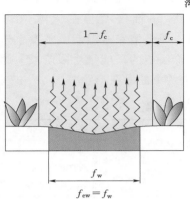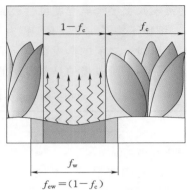

$$f_{ew} = f_w$$

$$f_{ew} = (1-f_c)$$

微灌条件下

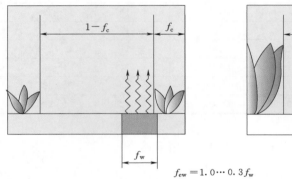

$$f_{ew} = 1.0 \cdots 0.3 f_w$$

畦灌、喷灌条件下

生长早期   生长中、晚期

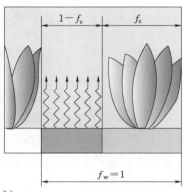

$$f_w = 1$$

$$f_w = 1$$

$$f_{ew} = (1-f_c)$$

图 5-7 f_{ew} 与表面覆盖系数 f_c 及表面湿润系数 f_w 之间的关系

1/3，一般也可通过 $[(1-2/3)f_c]$ 乘以 f_w 获得。

  Pruitt 等（1984）及 Bonachela 等（2001）描述了微灌条件下的蒸发模式及土壤干燥范

围。为了数据稳定，限定 $f_c < 0.99$，一般通过目视观测决定。可用下式，利用 K_{cb} 估算 f_{ew}：

$$f_c = \left(\frac{K_{cb} - K_{c\,min}}{K_{c\,max} - K_{c\,min}} \right)^{(1+0.5h)} \tag{5-54}$$

式中　f_c——取值 $0 \sim 0.99$；

$K_{c\,min}$——无覆盖裸露地上的最小 K_c。

为数据稳定性，限定 $(K_{cb} - K_{c\,min}) \geqslant 0.01$。$K_{cb}$ 每天变化，则 f_c 每天也变。一年生作物在接近裸露地上，$K_{c\,min}$ 与 $K_{cb\,ini}$ 相等（即 $K_{c\,min}$ 取值在 $0.10 \sim 0.15$）。但当湿润间隔时间长时，$K_{c\,min}$ 取零或接近零，沙漠中的天然植物就属于这种情况。f_c 在作物生长晚期随着老叶到地表的显热传送导致 K_{cb} 减少而减少。

1. 土壤表面及 Z_e 表层的水量平衡

K_e 估算需要做土壤表面及 Z_e 表层土的水量平衡计算。假定地表层的持水深度为 REW，Z_e 土层深内的持水深为 TEW。土壤表层也是 Z_e 土层的一部分，如图 5-8 所示。

日土壤水分平衡公式如式（5-55）（$0 \leqslant D_{e,j} \leqslant TEW$）：

$$D_{e,j} = D_{e,j-1} - \left[(1-f_b)\left(P_j - RO_j + \frac{I_j}{f_w} \right) + f_b\left(P_{j+1} - RO_{j+1} + \frac{I_{j+1}}{f_w} \right) \right] + \frac{E_j}{f_{ew}} + T_{ei,j} \tag{5-55}$$

式中　$D_{e,j-1}$ 及 $D_{e,j}$——第 $j-1$ 及第 j 天结束时的累积耗水量，mm；

　　　　P_j 及 RO_j——第 j 天的降雨及降雨径流，mm；

　　　　I_j——第 j 天入渗到土壤中的灌水深，mm；

　　　　E_j——第 j 天的蒸发量（$E_j = K_e ET_0$），mm；

　　　　$T_{ei,j}$——第 j 天裸露地及湿润地表上的蒸腾量，mm；

　　　　f_b——计算期时段内（小时或天）蒸发损失掉的降雨及灌溉部分，$1-f_b$ 等于下时段前降雨 P 及灌溉 I 对蒸发无影响的那部分水量。如果 f_b 未知，取 0.5。

式（5-52）中 $j-1$ 天的 D_{REW} 值为上一个时段末 REW 土层（地表层）的水分消耗，用于计算该时段的蒸发及下一时段的相对蒸发率。$D_{REW_{j-1}}$ 的计算方法类似于式（5-55）。

$$D_{REW_j} = D_{REW_{j-1}} - \left[(1-f_b)\left(P_j - RO_j + \frac{I_j}{f_w} \right) + f_b\left(P_{j+1} - RO_{j+1} + \frac{I_{j+1}}{f_w} \right) \right] + \frac{E_j}{f_{ew}} \tag{5-56}$$

D_{REW_j} 局限于范围 $0 \leqslant D_{REW_j} \leqslant REW$。任何超过 $D_{REW_{j-1}}$ 的降雨 P 及灌溉假定为入渗到地表层下直到根层范围内。

假定大雨后或灌溉后表层土的土壤含水量为田间持水量，$D_{e,j}$ 的最小值为零。D_e 与 j 的取值范围在 $0 \leqslant D_{e,j} \leqslant TEW$。当发生排水时，土壤表层的水分会超过 TEW 段很短时间。但是，由于发生这种现象的时间长取决于土壤质地，湿润深度及耕作措施，假定 $D_{e,j} \geqslant 0$。另外，当土壤水分低于田间持水量时，土壤内的排水率非常低。在一定范围内，如果需要的话，上述这些简单假定可以通过设定 Z_e 或 TEW 来补偿（见图 5-8）。灌溉深度 I_j 除以 f_w 大约为土壤表层内 f_w 部分的入渗深。同样，假定所有 E_j 来自表层土的 f_{ew} 部分，所以 E_j 要除以 f_{ew}。

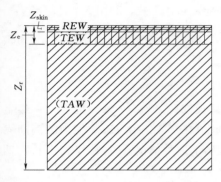 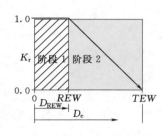 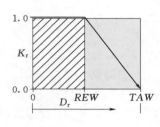

图 5-8 地表层（Z_{skin}）、蒸发层（Z_e）、根层深（Z_r）位置图，REW 范围及总可蒸发水（TE），
根区总有效水量（TAW）（左图）；K_r 与 D_e 函数曲线 [据式（5-51），中图]；
K_s 与 D_r 函数曲线 [式（5-59），右图]

2. 表土层的蒸腾量

来自蒸发土层 f_{ew} 部分的蒸腾量一般是总蒸腾量的很小部分。但对于一年生植物，根系最大深小于 0.5m，T_e 可能对表层土的水量平衡影响很大，尤其是在时段中段。式（5-57）用相对于蒸发层内土壤水分的 f_{ew} 来估算 T_e：

$$T_e = K_t \times K_s \times K_{cb} \times E \times T_{ref} \tag{5-57}$$

式中 K_t——与基础 ET 成比例，基础 ET 等于 $K_{cb}ET_{ref}$，以蒸腾从表土层的 f_{ew} 获得，取值 0~1；

       K_s——土壤根区水分胁迫系数，取值 0~1。

K_t 可通过比较 Z_e 与 Z_r 土层内水的有效性及假定的根系分布获得。利用下式计算 f_{ew} 部分的 K_t 值：

$$K_t = \cfrac{1 - \cfrac{D_e}{TEW}}{1 - \cfrac{D_r}{TAW}} \left(\frac{Z_e}{Z_r}\right)^{0.6} \tag{5-58}$$

式中 TAW——根区土壤总有效水。

式（5-58）中的分子、分母变量均要求 ≥0.001，限制 $K_t \leqslant 1.0$。

在 FAO-56（Allen 等，1998）介绍的简单水量平衡步骤中，假定完全湿润的土壤水分局限于 ≤θ_{FC}。由于表层土浅，此假定合理。

3. 水量平衡计算及计算次序

要开始蒸发层水量平衡计算，用户可假定土壤表面刚下过雨或灌溉刚结束，$D_{e,j-1}=0$。上次湿润后已过较长时间，假定计算开始时间蒸发层所有可蒸发的水量已经蒸发消耗掉。此时，$D_{e,j-1}=TEW=1000(\theta_{FC}-0.5\theta_{WP})Z_e$。$K_{cb}+K_e$ 计算步骤为，当采用电子表格计算时，以下述次序计算：K_{cb}、h、K_{cmax}、f_c、f_w、f_{ew}、K_r、K_e、E、DP_e、D_e、D_{REW}、F_t、I、K_c 及 ET_c。

4. 水分胁迫影响

式（5-44）和式（5-46）的最后部分为水分胁迫系数，K_s，用来减少水分胁迫或

盐分胁迫条件下的 K_c、K_{cb} 值。FAO-56 额外描述了如何用盐分胁迫系数减少 ET 计算值。这里介绍水分胁迫系数。根区平均水分用根区水分消耗表达，D_r 定义为相对于田间持水量的缺水量。在田间持水量那一水分点，$D_r=0$。当 D_r 超过根区易吸收有效水 RAW 时，即 $D_r > RAW$ 时，K_s 计算如下：

$$K_s = \frac{TAW - D_r}{TAW - RAW} = \frac{TAW - D_r}{(1-p)TAW} \qquad (5-59)$$

式中　TAW——根区总有效水量，mm；

　　　p——不受水分胁迫下作物从根区吸取有效水的系数，0—1。

图 5-8 所示为式（5-59）的形式。当 $D_r \leqslant RAW$，$K_s=1$。P 的值参见表 5-6。根区总的有效水量由田间持水量与凋萎点之间的水量差算得，如式（5-60）所示：

$$TAW = 1000(\theta_{FC} - \theta_{WP})Z_r \qquad (5-60)$$

式中　Z_r——根系最大深度，m（Z_r 包含了 Z_e，Z_e 为有效根层深，m）。

RAW 称为易吸收有效水。当土壤水分降低到某点后，开始受土壤水分胁迫，吸水困难。田间持水量与此点之间的土壤含水量为易吸收有效水，由下式估算：

$$RAW = p \times TAW \qquad (5-61)$$

式中　RAW——作物易吸收有效水，mm。

表 5-6 提供了 Z_r 最大值。FAO-56 描述了几种方法，用以估算一年生作物 Z_r 随时间及随 K_{cb} 增加的变化量。描述根系发育的其他方法有：Borg 与 Grimes（1986）提出的正玄函数法，Danuso 等（1995）提出的与土壤温度计土壤水分相关的指数函数法，Jones 等（1991）提出的全根系模拟法等。

如图 5-8 所示，TAW 包含了 REW 及 TEW 水深（Z_e 蒸发层）。也就是说，REW 及 TEW 为 TAW 分项。D_{REW} 及 D_e 包含在 D_r 中。

5. 最大蒸腾量发生的条件

表 5-2 中的 K_c 值代表生长良好、基本无病害、密植及土壤水分含量适中作物的作物系数。作物种植密度高时，作物高度、叶面积要明显比理想状态或正常种植密度下低，K_c 值也低。如果密度低，病害导致高度低及叶面积小，土壤肥力低，土壤盐分高，土壤缺水（作物受水分胁迫），生长不佳也会导致 K_c 值小。作物生长中期，如果作物生长不佳、叶面质量差（颜色不够绿）、种植密度中等，K_c 值可能在 0.3~0.5。

如何根据地被覆盖系数降低而降低 K_c 取值，将在后边介绍。此部分内容来源于 FAO-56。

九、全生长季双系数 K_{cb} 计算步骤

第一步，如同单系数或平均系数一样，利用 $K_{cb\,ini}$、$K_{cb\,mid}$ 及 $K_{cb\,end}$ 做 K_{cb} 曲线。计算 K_e 时段以天计。日 K_{cb}（K_s，如有必要）可从 K_{cb} 曲线内插获得。图 5-9 展现的是育种菜豆的 $K_{cb} + K_e$ 曲线。ET_c 实测值来源于爱达荷州 Kimberly 的精准蒸渗仪（Wright，数据未公开发布，1990；Vanderkimpen，1991）。

Kimberly 的土壤为粉壤土。土壤蒸发参数为：$Z_e=0.15$m，$TEW=34$mm，$REW=8$mm。灌溉方法为顺行沟灌，f_w 设为 0.5。每次灌溉时间选在中午或下午早些时间。从

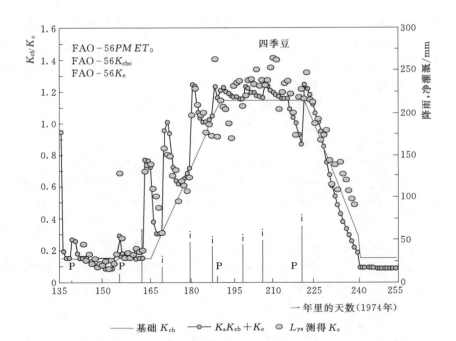

图 5 - 9　实测及计算的育种菜豆日作物需水系数变化曲线（地点：爱达荷州 Kimberly）。基础作物系数曲线（K_{cb}）来源于表 5 - 2（P = 降雨，I = 灌溉）

图 5 - 9 中可看出，利用式（5 - 43）计算得的 K_c 值（图中细连线）与 24h 实测值（图中圆点）之间的相关性好。

1. 土壤水分平衡

计算 K_s 需要做日根区水量平衡计算。通常，为了计算 K_c，根区水分以净耗水表示。平衡计算中的组成部分：降雨、灌溉、上升毛管水（上升到根区）增加根区水分，降低根区水分丢失，以水深表达。而土壤水分蒸发、作物蒸腾、深层渗漏从土壤根层移走水分、增加根层水分消耗。一天的土壤水分平衡式如下（以日末消耗水分计）：

$$D_{r,i} = D_{r,i-1} - (P - R_O)_i - I_i - CR_i + ET_{c,i} + DP_i \qquad (5-62)$$

式中　$D_{r,i}$——第 i 天的日末根区水分消耗值，mm；

$D_{r,i-1}$——第 i 天，前一天末的根层土壤水分，mm；

P_i——第 i 天的降雨量，mm；

R_{Oi}——第 i 天的土壤表面径流，mm；

I_i——第 i 天入渗到土壤中的净灌溉深，mm；

CR_i——第 i 天的地下水通过毛管吸力上升到根区中的数量，mm；

DP_i——第 i 天深层渗漏从根区排除的水分，mm。

干旱及半干旱气候下日水量平衡计算中的地面径流常被忽略，引起的误差很小。

当地面径流明显时，农业土壤处于饱和状态，D_r 及 I 应该为零。

大雨及灌溉后，土壤水分可能短时间超过田间持水量，此时超过田间持水量的根区土层总水量会通过深层渗漏漏掉。渗漏量为超出量扣除当天的 ET 损失量。之后，ET 及深层渗漏引起根区水分消耗逐渐增加。在无降雨及灌溉时，根区水量一直消耗到总有效水 TAW，见式（5-60）。当土壤水分降到此点，水分被土壤颗粒紧紧吸附，ET 及 K_s 变为零，见式（5-59）。$D_{r,i}$ 的变化范围为 $0 \leqslant D_{r,i} \leqslant TAW$。

2. 初期土壤耗水量

下面讨论根区初期土壤耗水量及毛管上升水。

初期土壤耗水深 $D_{r,i-1}$ 来源于测定的土壤水分，计算公式如下：

$$D_{r,i-1} = 1000(\theta_{FC} - \theta_{i-1})Z_r \tag{5-63}$$

式中 θ_{i-1}——第 $i-1$ 天末有效根区土壤含水量。

大雨及灌溉后，可以假定根区土壤含水量接近田间持水量（$D_{r,i-1} \approx 0$）。日降雨（P_i 单位 mm），当地表蒸发引起作物蒸腾下降时，小量降雨也对作物生长有效。蒸腾量降低取决于裸露地表及冠层双重影响。很重要的一点，如果平衡计算中将小雨的水深包含进去，要用双系数法，这样可将微量降雨引起的蒸发量计算进去。Allen 等（1998）建议，如果 $P < 0.2ET_{ref}$ 时，耗水量平衡计算中可以不计降雨，尤其是用单系数法时。灌溉净入渗深 I_i 为灌水深减地面径流深。降雨地表径流可以根据当地水文手册提供标准算法计算。一般，如果很少有大雨时，降雨引起的地表径流可以不计。

3. 上升毛管水

指地下水在土壤毛管吸力作用下上升到根区的水分，取决于土壤类型、地下水位及土壤湿度，用 CR 表示。当地下水位低于根层 1m 以下时，CR 忽略不计。Doorenbos 与 Pruitt 在 1977 年介绍过毛管吸力。CR 可以用一个以地下水位、土壤水分含量、作物吸水能力、土壤物理特性为变量的公式计算而得（Liu 等，2006）。一种叫 UPFLOW 的计算机软件可以用来计算毛管上升水（Raes 与 deProost，2003；Raes，2004）。

4. 根区深层渗漏

大雨及灌溉之后，根区总水量可能超过田间持水量。在水量平衡计算式（5-62）中，同一天有深层渗漏，意味着根区耗水 $D_{r,i}$ 为零。

$$DP_i = (P_i - R_{0i}) + I_i - ET_{c,i} - D_{r,i-1} \geqslant 0 \tag{5-64}$$

一旦根区水分低于田间持水量（即 $D_{r,i} > 0$），土壤深层渗漏就没有了，即 $DP_i = 0$。大雨及灌溉后引起的深层渗漏，可以用一个与时间、土壤田间持水量、土壤物理特性有关的公式计算而得（Liu 等，2006）。

5. 根区深度

$DOY_i \leqslant DOY_{ini} + L_{root\ growth}$ 范围内的有效根区深度可按式（5-65）计算：

$$Z_{r,i} = Z_{r\ min} + (Z_{r\ max} - Z_{r\ min})\frac{DOY_i - DOY_{ini}}{L_{root\ growth}} \tag{5-65}$$

式中 $Z_{r,i}$——第 i 天的有效根系深，mm；

$Z_{r\ min}$——计算初期的有效根系深（一般在 $DOY = DOY_{ini}$），m；

$Z_{r\ max}$——在 DOY_{ini} 之后的 $L_{root\ growth}$ 天内达到的最大根系深，m；

DOY_i——第 i 天在一年 365 天里的排列天数；

DOY_{ini}——种植日或开始发育那天在一年 365 天里的排列天数。当 $DOY_i > DOY_{ini} + L_{root\ growth}$ 时，$Z_r = Z_{r\ max}$。

十、非生长季节的 ET 计算

在非生长季，ET 值主要来自蒸发，尤其作物受霜冻冻害后。因此，计算此阶段的 ET 就是计算地表蒸发量。蒸发与土壤湿润频率及参考作物紧密相关，可用图 5-5 估算非生长季的 $K_{c\,ini}$，但如"有机物覆盖"那一节所述，要用植物残体覆盖度修正 ET 计算。此外，也可以用双系数 $K_{cb}+K_e$ 法来计算。Allen 与 Robison（2007）曾利用双系数计算法计算过非生长季的 ET，气象数据来自全爱达荷，并对雪覆盖期的 ET 做了修正。Snyder 与 Eching（2004，2005）曾提出过将生长期、非生长期结合在一起，计算全年连续 K_c 的方法。

第四节　园林植物的腾发系数

在过去几十年里，住宅区与公共绿地的灌溉需水量无论从数量上还是从价值上看都在不断增长。园林植物 ET 的计算步骤与农作物 ET 计算步骤相同。但在定量计算上有两个显著不同点：第一点，园林项目总是由多种植物混合组成，导致 ET 计算复杂；第二点，园林灌溉的目的是使植物外观表现好，而不像农业那样追求生产更多的生物量。因此，园林有意让 ET_c 包含一定的胁迫因素，让园林植物的灌溉用水少于农业作物。园林灌水可以保持植物外观表现良好、成活，但可能受一定的水分胁迫，不追求最大产量。这种不同，导致与农业灌溉相比，用水量显著减少。园林灌溉水分胁迫系数的大小取值，取决于植物生理需水要求及植物外观形态需求；目标是用最小的灌溉用水，维持植物健康生长及良好外观。例如，草坪节水研究发现，在无明显质量损失条件下，冷季型草可节水 30%，暖季型草可节约 40% 的水（Pittenger 与 Shaw，2001）。许多灌木及地被通过管理，可以让其承受更多的水分胁迫，以降低 ET 耗水。园林植物 ET 与农作物 ET 比还有一点区别是，很少有园林项目能满足彭曼公式要求的条件：表面开阔，使得大气下边界层与植物冠层保持平衡。因此，计算园林植物系数时，要考虑周围环境引起的微气候因素。由于园林灌溉设计及灌溉管理中，ET 计算常考虑胁迫系数，必须将目标 ET 与实际 ET 区别开来。实际 ET 可能会超过目标 ET，因为目标 ET 有意让植物受一定的胁迫，而实际灌溉可能超过目标值。相反情况下，如果实际水分胁迫程度比目标胁迫程度低，结果实际 ET 比目标 ET 小。因此，园林上有两个完全不同的 ET。一个是目标 ET，用 ET_L 表示。ET_L 指的是维持植物健康生长及外观诱人条件下的最低需水量 ET。另一个是实际园林 ET，用 $ET_{L\,act}$ 表示。$ET_{L\,act}$ 取决于园林植物类型，实际用水量及水的有效性。目标 ET 计算方法为：

$$ET_L = K_L \times ET_0 \qquad (5-66)$$

式中　ET_L——园林植物目标 ET，mm/d、mm/m 或 mm/a；

ET_0——参考植物腾发量 ET，mm/d，mm/m 或 mm/a；

K_L——目标园林植物系数，类似于农业灌溉上的作物系数。

针对多种园林植物需水量所做的定量试验研究相对有限（Pittenger 和 and Henry，2005）。许多现有的数据大部分不是来源于科学试验，而是观测所得。加州在园林植物

ET 研究方面做了许多带头工作，因为南加州的园林用水量大约占到该州总用水量的 $25\%\sim30\%$（Pittenger 和 Shaw，2001）。Pittenger 和 Shaw 给出了 35 种地被及灌木的 K_L 表（公开发布，2007。加州大学戴维斯分校合作推广中心），条件是：灌水有限，可控水分胁迫，成活后生长表现在可接受程度。Costello 等（2000）与美国灌溉协会（2005）提出了称为 WUCOLS（园林植物品种用水分类）的园林植物用水确定方法。其中 K_L 受 $3\sim4$ 个主要因素影响。Snyder 与 Eching（2004，2005）给出了估算 K_L 的类似方法，但取值范围有所区别。下面公式为 Snyder 与 Eching 提出的计算方法：

$$K_L=K_v\times K_d\times K_{mc}\times K_{sm} \tag{5-67a}$$

式中　K_v——植物种类系数；

　　　K_d——植物密度系数；

　　　K_{mc}——微气候系数；

　　　K_{sm}——管理水分胁迫系数。

K_v 为单独或混合种植植物的 ET_v 与 ET_0 的比。ET_v 为假定植被 70% 覆盖下，缺水园林植物的 ET 值。而 ET_0 是全覆盖或接近全覆盖，土壤不缺水条件下的园林植物 ET。

系数 K_d、K_{mc} 及 K_{sm} 用来修正植物 K_v。K_d 为有效覆盖度修正系数，K_{mc} 为地面覆盖或裸露程度对太阳光反射影响修正系数，K_{sm} 为水分胁迫修正系数。每一个系数都可根据观测单独估算 K_d、K_{mc} 或根据种植经验估算 K_{sm}。

每一个系数计算出来后，用式（5-67）计算 K_L 相对精确。加州大学戴维斯分校的"LIMP"软件采用 Snyder 与 Eching（2004，2005）的方法计算，K_d 取值范围与 WUCOLS（Costello 等，2000；IA，2005）不同。Snyder 与 Eching 的取值范围合理。另外，WUCOLS 将 K_v 与 K_{sm} 合并为一个系数，称作"品种系数"，合并后不好估值。LIMP 与 Pittenger 等（2001）的方法及系数范围用于计算园林 ET 较准确，具有重复性。这里推荐的式（5-67a）及式（5-67b），与农作物计算 K_c 时考虑 K_c 是植被密度的函数相一致：

$$K_L=K_{mc}\times[(K_v-K_{c\,soil})\times K_d\times K_{sm}+K_{c\,soil}] \tag{5-67b}$$

式中　$K_{c\,soil}$——裸露地最小 K_v 值，有一些蒸发发生；较干土壤上的 $K_{c\,soil}$ 的低值为 0.15。在较长时段内（大于数周），如土壤无湿润，$K_{c\,soil}$ 接近于零。

用来根据土壤湿润频率估算 $K_{c\,soil}$。利用含有 K_d 的式（5-67b）计算时，如果土壤无覆盖（裸露土壤）且大部分时间处于湿润状态下，此时的 $K_{c\,soil}$ 值要大于代表干土条件的 $K_{c\,min}=0.15$。如采用前述双系数法，设定 K_{cb} 等于 $K_{c\,soil}=0.15$ 时利用式（5-67）计算的 K_L，K_e 根据湿润频率估算。

一、植被覆盖系数

园林植物的 K_v 值代表 ET_v 与 $ET_{0\,mc}$ 的比，条件是 70% 以上地表覆盖，土壤湿润充足。K_v 用来估算理想条件下的最大比 $K_L=ET_v/ET_{0\,mc}$。此时，ET_0 指的是所在区域的参考植物 ET，而 $ET_{0\,mc}$ 是在考虑微气候影响下的 ET_0。微气象修正系数 $K_{mc}=ET_{0\,mc}\div ET_0$，可以估算确定，也可以通过试验确定，下一节将详细讨论。LIMP 程序（Snyder 与 Eching，2004，2005）演示了如何计算 K_{mc} 系数。Costello 等（2000）提出的品种系数

K_{sp}，将 K_{mc} 与 K_v 合并来考虑，限制了应用范围。他们提出了加州地区上百种园林植物的 K_{sp} 值。但这些数据适合特定地点，其他地点可能不适合。K_v 在这里的定义为：K_v 是 ET_{0mc} 的函数，ET_{0mc} 的条件为植物叶面基本达到最大覆盖及土壤水分充足（$K_{sm}=1$）。许多园林植物的 K_v 值相近，因为这些植物的总叶面积及气孔表现差不多。因此，本章在此提供一个园林植物 K_v 总表（表 5-8），用于式（5-67a）及式（5-67b）的计算。从表中可以看出，K_v 的取值范围在 0.8～1.2。由于园林植物都要高于、粗糙于草坪，土壤水分充足时，K_v 的上限会高于 1.0。表 5-8 中的数值为地表被完全覆盖（$f_c > 0.7$），土壤不缺水条件下的 K_v 值。表中的数据为综合条件下的数值，大部分实际条件难于满足表中数据要求的条件，因为植物的密度系数一般会小于 1.0，园林管理常常有意让园林植物受一定的水分胁迫。表 5-8 中，冷季型草的数据与暖季型草的数据一样，因为两种草的 $K_v = ET_v \div ET_{0mc}$ 的条件都是土壤水分充足。通常暖季型草的耐旱性要强于冷季型草，因此暖季型草的水分胁迫管理系数可取小，对草的外观不受影响，如后表 5-11 所示。表 5-8 中冷季型草与暖季型草的 K_v 的值小于 1.0，原因是它们的高度通常比参考作物的标准高度 0.12m 要高。

表 5-8　　　　高密度、不受水分胁迫条件下的园林植物品种系数 K_v 值

园林植物种类[①]	K_v	园林植物种类[①]	K_v
树木	1.15	一年生植物（花卉）	0.9
灌木 —沙漠灌木 —非沙漠灌木	 0.7 0.8	树木、灌木、地被[②]混种	1.20
		冷季型草[③]	0.9
地被	1.0	暖季型草[④]	0.9

① 表中树、灌、地被指的是绿地中以这些植物种类为主。

② 混合植物指的是绿地由 2～3 种植物种类组成（不以某一种植物为主）。

③ 冷季型草包括：肯塔基兰草、牛毛草、鸡黑麦草。

④ 暖季型草包括：百慕大草、圣奥古斯汀草、野牛草和蓝色格兰马草。

二、密度系数

园林植物的密度差异很大，因为行距差别大，成熟度差别大。表 5-9 中的植物密度系数 K_d 适用于主要园林植物类型。植物密度系数反映的是单位绿地面积上所有植物的叶面积影响系数。植物生长的越密，K_d 越高，蒸腾越多，越需要更多的水。不成熟及稀疏种植园林植物的密度及总叶面积小，K_d 值一般小。园林植物种植常常分 2～3 层，从低处的草坪、地被到高处的灌木及树。重叠层能吸收更多的辐射及其他能量交换，趋于提高 ET。Allen 等（1998）及 Allen、Pereira（2009）提出一个基于地面覆盖（或近正午覆盖）系数及植物平均高度的 K_d 计算公式，见式（5-68）。

$$K_d = \min(1, M_L f_{c\,eff}, f_{c\,eff}^{\frac{1}{1+h}})\qquad(5-68)$$

式中　M_L——$f_{c\,eff}$ 的乘数，反映冠层密度对单位覆盖系数上最大相对 ET 的影响；

　　　$f_{c\,eff}$——近正午植物的地面覆盖或遮阴系数（0～1.0）；

　　　h——植物平均高度，m。

表 5 - 9　　　　　　不同平均高度 h，不同覆盖系数下的密度系数（K_d）

$f_{c\,eff}$	h			
	0.1m	0.4m	1m	4m
0.0	0.00	0.00	0.00	0.00
0.1	0.12	0.15	0.15	0.15
0.2	0.23	0.30	0.30	0.30
0.3	0.33	0.42	0.45	0.45
0.4	0.43	0.52	0.60	0.60
0.5	0.53	0.61	0.71	0.75
0.6	0.63	0.69	0.77	0.90
0.7	0.72	0.78	0.84	0.93
0.8	0.82	0.85	0.89	0.96
0.9	0.91	0.93	0.95	0.98
1.0	1.00	1.00	1.00	1.00

式（5-68）中，$f_{c\,eff}$ 的指数 $[(1\div(1+h)]$，用来估算当 $f_{c\,eff}$ 相同，而植物高度增加时的 K_d 值。将植物高度增加，叶面积相应增加，空气动力学粗糙度增加而覆盖及遮阴系数不变的影响考虑进去。Allen 等（1998）提供了 $f_{c\,eff}$ 随一年内的时间、纬度、植物高度、冠层形状、成行种植植物的行向变化的估算公式，即式（5-67）及式（5-70）。在实际应用中，由于园林植物 f_c 估算的不确定性，常假定 $f_{c\,eff}$ 与 f_c 相同。式（5-68）中的"min"函数，意思是取括号内 3 个数值的最小值作为 K_d。公式中 M_L 为 $f_{c\,eff}$ 的乘数，反映 $f_{c\,eff}$ 所代表的单位覆盖面积上的蒸腾值上限（Allen 等，1998），取值范围在 1.5～2.0，取决于冠层密度计厚度，可以依据特定植物的特征修正。用于计算表 5-2 中农作物 K_{cb} 的 M_L 值可在表 5-3 中找到。式（5-68）中的 f_c 可以从植物外观表现粗估。如果农田及园林项目区内覆盖差别大，可用前述 NDVI 遥感系数估算 f_c。Wittich 与 Hansing（1995）、Carlson 与 Ripley（1997），Elmore 等（2000）、Jiang 等（2006）均提出过 f_c 与 NDVI 之间的关系。

冠层大的植物如树或随机种植的地被，$f_{c\,eff} > f_c$，因为成角度的阳光照射比顶头照射时的遮阴率高，可用式（5-69）估算：

$$f_{c\,eff} = \frac{f_c}{\sin(\beta)} \leqslant 1 \qquad (5-69)$$

式中　β——一天中发生最大 ET 时（11：00～15：00）的平均太阳照射角；

　　　$f_{c\,eff}$——正午值（12：00）。

正午太阳的 β 值（即太阳光处于正南—正北时），可用式（5-70）计算：

$$\beta = \arcsin[\sin(\varphi)\sin(\delta) + \cos(\varphi)\cos(\delta)] \qquad (5-70)$$

式中　φ——$L(\pi \div 180)$，纬度 L 下的弧度，rad；

　　　δ——太阳倾斜角，用式（5-26）计算，rad。

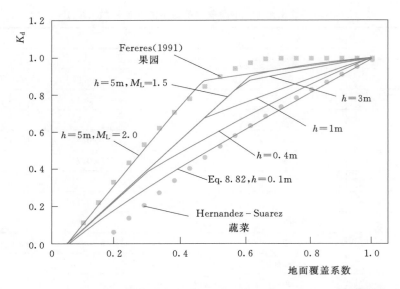

图 5-10　由式（5-68）估算的密度系数 K_d，当 $M_L = 1.5$ 时，随地面覆盖系数
及作物高度变化曲线及与 Fereres（1981）的果园、Hernandez-Suarez（1988）
的蔬菜密度系数曲线对比

　　Snyder 与 Eching（2005）介绍了一个与 Fereres（1981）数据相符的一个公式。Hernandez-Suarez（1988）估算的 K_d，类似于式（5-68），作物高度在 0.1～0.3m 时的值。Fereres（1981）估算的值，相当于式（5-68），当 $h > 3$，$f_{c\,eff}$ 在中间值时的值。Fereres（1981）函数计算值与式（5-68）计算值相比，当式（5-68）中的 $M_L = 2.0$ 时相近，当 $M_L = 1.5$ 时相近度低。这种对比说明，式（5-68）可用于计算较大范围覆盖系数及平均植物高度下的 K_d。当植物冠层有两层时，比如树下种植草或花卉时，高度 h 的值与各层的 f_c 相对应。需要考虑的重要因素是植物拦截掉多少阳光，有多少阳光抵达地表。通过观测一天里不同时间的太阳照射，可以估算出不同时间有多少阳光抵达地表。植物对光线的拦截百分数一般会略多于地面覆盖率，观测到的拦截率可以用来估算 K_d。如果白天有 80% 的阳光被植物拦截，K_d 大约为 1.0。

　　三、微气候系数

　　城市绿地上的建筑物及地面铺装影响当地的能量交换，影响相邻植物种植区域的 ET。一块绿地上的环境可能变化很大。例如，建筑物南边与北边的环境就很不同。微气候系数 K_{mc} 用来反映阳光、遮阴、保护区、热与冷、建筑物对太阳光的反射、风、周围低 ET 区的能量传输等微气象因素对 ET 的影响。由于能量传输，硬铺装相邻区植物的 ET 可能会比其他远离铺装区的 ET 高出 50%。相反地，遮阴条件下及有风条件下的 ET 可能只是无风开阔地的 1/4～1/2。另外的重要因素还包括建筑物及植物遮阴。参照气象站应当安装在开阔区域，风速具有代表性。如果由于建筑区遮挡，绿地上的风减弱，$ET_{0\,mc}$（见前面定义）会大大降低。Snyder 与 Eching（2004，2005）编制的 LIMP 程序里提供了一些处理这些因素的方法。表 5-10 列出了不同植物条件下的 K_{mc} 值。总的讲，当植物条件处于差异较大的微气候条件下，如植物邻近有硬铺装或裸露地、附近有反射玻璃窗或吸热面、多风等条件下，K_{mc} 值高（$K_{mc}>1$）。低 K_{mc} 值发生在下列位置处：阴凉处、避风处、远离距干、热的区域。平均及中等 K_{mc} 值发生在类似于开阔公园绿地的地方，这些地方的 ET 不受建筑物、硬铺装、遮阴、光反射等元素的影响。表中 K_{mc} 数据只是参考数，最好根据当地具体情况修正或确认。实际 K_{mc} 取值还可根据表中数内插获得。

表 5－10　　　　不同植物类型的微气候系数 K_{mc} 参考值（美国灌溉协会，2005）

园林植物种类	高	平均	低
树木	1.4	1.0	0.5
灌木	1.3	1.0	0.5
地被、花卉	1.2	1.0	0.5
树木、灌木、地被混种	1.4	1.0	0.5
草坪	1.2	1.0	0.8

灌溉管理人员应当为不同的植物生长区域或不同的轮灌区选择适当的微气候系数。例如，草坪区的平均 K_{mc} 取 1.0。但同样的草坪区，如有建筑物在中午时被完全遮挡，K_{mc} 可能取 0.8 或更低，以便正确反映实际植物需水。

四、管理胁迫系数

如前所述，园林灌溉目的是使植物生长健康、外观好看，而不是像农作物灌溉那样是为了提高产量。因此，园林目标 ET 包含有意的成分，称作"管理胁迫系数"，用 ET_L 表示。为园林植物制定制度时，设计灌水量小于同样条件下的农作物灌水量。管理上，将灌溉需水调整为小于植物需水量。水分胁迫系数的大小取决于植物的生理及形态需水。例如：草坪节水研究发现，在不引起明显生长质量的前提下，冷季型草可减少用水 30%，暖季型草可节水 40%（Pittenger 与 Shaw，2001）。许多木质型灌木及地被的灌水量可减少更多（Kjelgren 等，2000）。Pittenger 等（2001）、Shaw 与 Pittenger（2004）、Pittenger 与 Shaw（个人通信发布，2001）先后提出过非草坪园林植物在维持其外观适当（如绿叶量、遮阴效果、遮挡效果等）情况下的需水量（参考作物 ET_0 的百分数）。式（5－67a）与式（5－67b）显示园林植物系数 K_L 受植物类型、植物密度、微气候、管理胁迫系数综合影响。管理胁迫系数 K_{sm}，代表了园林植物目标 ET 与完全满足需水要求时 ET 之间的关系。K_{sm} 的取值范围为 0～1.0。当 K_{sm} 为 1.0 时，植物不受水分胁迫（不节水），取值为 0 意味着植物缺水到无蒸腾，植物可能死亡。高 K_{sm} 将使植物枝繁叶茂，苍翠如松，ET 趋于最大值，足以保持植物长期生长健康、外观生机勃勃。低 K_{sm} 值意味着有意让植物受水分胁迫，使植物的 ET 减少，结果可能引起生物量减少，甚至影响景观效果（Richie 与 Pittenger，2000）。许多园林植物品种可承受一定的气孔关闭，强迫自己忍受相对低水平的 ET。例如，0.2 为很低的覆盖率，对于一些耐寒地被较合适。但这么低的值对于一些观赏性地被植物就不合适，必须灌较多的水（水分胁迫小）才能保持其外观优美。

特定植物品种的 K_L 可以从 Costello 与 Jones（1999）出版的 WUCOLS 中找到。其

中 K_L 的组成部分 $K_{sm}<1.0$。确定园林植物特定的胁迫系数 K_{sm}，需要在灌溉前选定一个目标缺水系数。一般，树、灌木及地被可承受高水分胁迫，胁迫系数取高值，常常不灌溉，依赖自然降雨即可。在必须实施灌溉的情况下，灌水间隔要足够长，以便随耗水量增大及胁迫系数增大，整个灌水间隔时间内的平均胁迫系数达到设计值 K_{sm}。

灌水间隔时间内，胁迫系数 K_s 为 1.0 意味着植物无水分胁迫（假定灌水充足），直到土壤水分降低到易吸收有效水（RAW）。过了 RAW，K_s 逐步减少，直到下次灌溉。下次灌溉之前的 K_s 小于 K_{sm}，因为 K_{sm} 为全间隔时间内 K_s 的平均值。

农作物的 P 值可以从表 5-6 中查得，园林植物的 P 可从表 5-11 中查得，用于式（5-59）计算。如果可能，表 5-11 中的 P 值应当根据植物类型及品种修正。

表 5-11　　　一般园林植物的管理胁迫系数（K_{sm}）及无水分胁迫时的耗水系数 P

园林植物种类	高胁迫水平	平均胁迫水平	低胁迫水平	无胁迫时的 P 值
树木	0.4	0.6	0.8	0.6
灌木				
—沙漠灌木	0.3	0.4	0.6	0.6
—非沙漠灌木	0.4	0.6	0.8	0.6
地被	0.3	0.5	0.8	0.5
一年生植物（花卉）	0.5	0.7	0.8	0.4
树木、灌木、地被混种[1]	0.4	0.6	0.8	0.6
冷季型草	0.7	0.8	0.9	0.4
暖季型草	0.6	0.7	0.8	0.5

[1]　混合植物指种植 2～3 种植物，其中没有一种植物为主导植物。

表 5-13 列出了目标土壤水分管理允许耗水率（MAD）。土壤水分达到 MAD 后，开始灌溉。灌溉之前的平均水分胁迫系数为设计管理水分胁迫系数 K_{sm}，应用于式（5-67）。目标 MAD 与消耗系数 P 有关，土壤水分到达 P 植物开始受水分胁迫。表 5-12 中的 MAD 超过了 P，植物受水分胁迫。例如，$P=0.4$ 时，MAD 为 0.76，以使 K_{sm} 达到 0.8。这意味着要消耗 76% 的总有效水（TAW）才能开始灌溉，这样可使全时段内的 K_{sm} 达到目标值 0.8。

要使 K_{sm} 达到 0.6，MAD 必须取 0.90，下次灌溉前可消耗水分为 $0.9\times TAW$。

表 5-12 中的 MAD 来源于综合式（5-59）。D_r 从 0 到 MAD 变化，会使 K_s 等于 K_{sm}。

假定到达表 5-12 中的 MAD 值后即开始灌溉，补充土壤水分到田间持水量，使得植物根区的水分消耗系数 $D_r=0$，灌溉补充水量为 $MAD\times TAW$。

一种使植物受水分胁迫的灌溉管理办法是每次灌水小于 $MAD\times TAW$，但频繁实施灌溉，这样会使灌水间隔时间内根区水分长期不足，造成水分胁迫。这种方法减少了每次灌水量，但植物受胁迫小，可降低植物旱死的风险。自动控制灌溉最容易采用这种灌溉管理方法。基于土壤水分传感器控制器控制的灌溉系统，可以实施少量、频繁灌溉，但不能将土壤水分下边界值设定在"干"的位置。

土壤表面的蒸发量随灌溉频率的增加而增加，尤其是灌水量小的情况下。蒸发量增加对维持植物健康生长的效果并不如增加蒸腾量的效果好。

表 5-12　　　给定无胁迫系数 p，要达到目标管理胁迫系数（K_{sm}）时的
土壤水分管理允许消耗系数 MAD 值（无量纲）

K_{sm}	无胁迫系数 p				
	0.3	0.4	0.5	0.6	0.7
1.00	0.30	0.40	0.50	0.60	0.70
0.95	0.47	0.57	0.66	0.75	0.86
0.90	0.55	0.65	0.73	0.81	0.88
0.85	0.62	0.71	0.79	0.86	—
0.80	0.68	0.76	0.83	0.89	—
0.75	0.74	0.80	0.87	—	—
0.70	0.78	0.84	0.89	—	—
0.65	0.82	0.88	—	—	—
0.60	0.86	0.90	—	—	—
0.55	0.90	—	—	—	—
0.50	—①	—	—	—	—

① MAD 接近或超过 1，土壤水分接近或超过永久凋萎点，植物有枯萎及死亡威胁。

五、园林植物实际 ET

如前节所述，植物系数 K_v 的条件是：土壤水分充足，足以支持相对密植、接近最大地面覆盖、生长在开阔地带植物的 ET。但 K_L 系数为具有节水目的、管理水分胁迫条件下的园林植物系数。管理胁迫程度可以通过式（5-67）由 K_{sm} 定量。因此，K_L 是利用推荐的 K_{sm} 值代入式（5-67）计算得来的，不能代表胁迫系数是来源于管理胁迫系数或目标胁迫系数这一实际条件。在这种条件下，式（5-67）中的管理胁迫系数要换成实际执行的胁迫系数 K_s。K_s 是根据植物根区日土壤水分平衡确定的土壤水分消耗，利用式（5-59）计算得来的。这样，式（5-67a）变成如下形式：

$$K_{L\,act} = K_v K_d K_{mc} K_s \qquad (5-71a)$$

式中　K_{sm}——被实际胁迫系数 K_s 代替；

　　　$K_{L\,act}$——实际园林植物系数。

式（5-67b）变成如下形式：

$$K_{L\,act} = K_{mc}[(K_v - K_{c\,soil})K_d K_s + K_{c\,soil}] \qquad (5-71b)$$

实际条件下的 ET 计算公式为：

$$ET_{L\,act} = K_{L\,act} ET_0 \qquad (5-72)$$

当式（5-59），用于计算 RAW 的消耗系数 "P" 可以依表 5-11 取值。特定的植物最好选取相应的特定值。用来估算 TAW 的有效根系深取决于植物种类及品种。因此，知道植物的品种很重要。

第五节 由覆盖系数估算 K_c

如果要计算的 K_c 与表 5-2 所列不同，或者为特定园林植物的 K_L，而不是利用表 5-9 中的 K_v，FAO-56 及 Allen 与 Pereira（2009）提出的含 K_d 的式（5-68），可用来计算 K_c 或 K_L。

植物生长初期地面几乎为裸露地，可用图 5-5 方法通过 $K_{c\,ini}$ 计算平均 K_c。这个阶段的作物及园林植物系数主要取决于土壤湿润频率。

双系数计算 K_c 时，裸露地的初期 K_{cb} 可取值在 0.1～0.15。中期 K_c（$K_{c\,mid}$），如果覆盖率低，在很大程度上受降雨或灌溉频率影响及叶面积、覆盖率影响。因此，可根据特定阶段的覆盖率，利用式（5-73）计算 K_{cb}，用 $K_{cb}+K_e$ 法决定 K_c。

对于园林植物，当覆盖不全时，可用 K_d 系数带入式（5-67）计算。对于农作物，K_d 用法类似于园林，公式如下：

$$K_{cb} = K_{c\,min} + K_d(K_{cb\,full} - K_{c\,min}) \tag{5-73}$$

式中　K_{cb}——植物密度或叶面积低于完全覆盖条件下（如中期）的基础 K_{cb} 估算值；

$K_{c\,min}$——裸露地上的最小 K_{cb}；

$K_{cb\,full}$——完全覆盖条件下的基础 K_{cb}；

K_d——式（5-68）中的密度系数。

式（5-73）可以用来计算单系数 K_c。不必利用图 5-5 或 Allen 等（1998，2005）给出的公式，通过设定 $K_{c\,min}$ 等于 $K_{c\,ini}$ 来计算 K_{cb} 对于树下有覆盖的情况，式（5-73）可表示为：

$$K_{cb} = K_{cb\,cover} + K_d[\max(K_{cb\,full} - K_{cb\,cover}, 0)] \tag{5-74}$$

式中　$K_{cb\,cover}$——树叶落光后的 K_{cb}。

如前所述，式（5-68）中的 f_c 用来估算密度系数 K_d，通常可通过在地上肉眼观测获得（精度足够）。如果大型园林绿地的覆盖率差别大，f_c 可通过遥感法获得（如前述 NDVI 法）。

第六节 覆盖物对 K_c 的影响

为减少蒸发损失，提高地温，降低土壤侵蚀，控制杂草，加速寒冷地区作物生长，常用地面覆盖的办法生产蔬菜。地面覆盖物可能是植物有机残体或塑料薄膜。塑料薄膜用的很普遍。

一、塑料薄膜覆盖

塑料薄膜一般由 PE 或相近材料制成，沿行铺设。在薄膜上依作物种植间距打孔，以便出苗或栽苗。PE 膜要么是透明的，要么是黑色的。两种颜色对 ET 的影响很相似（Haddadin 与 Ghawi，1983；Battikhi 与 Hill，1988；Safadi，1991）。塑料薄膜很大程度上降低了地表蒸发，尤其是微灌条件下的土壤表面蒸发。薄膜可以一方面减少蒸发，另一方面通过薄膜与植物间的显热及相对热传导而增加植物蒸腾。一般，地膜覆盖蔬菜的 ET_c 大约比不覆膜低 5%～30%。表 5-13 给出了 5 种蔬菜作物的 K_c 减少值，蒸发减少值及蒸腾增加值。尽管地膜覆盖情况下的蒸腾率比不盖膜全季增加 10%～30%，由于蒸发减少了 50%～80%，K_{cs} 还是减少了 10%～30%。

表 5-13　微灌条件下，铺膜与不铺膜相比，几种蔬菜的 K_c、地表蒸发减少值及蒸腾增加值（Allen 等，1998）

作物	K_c 减少/%	蒸发减少/%	蒸腾增加/%
南瓜	5～15	40～70	10～30
黄瓜	15～20	40～60	15～30
哈密瓜	5～10	80	35
西瓜	25～30	90	−10
西红柿	35	—	—
平均	10～30	50～80	10～30

总的讲，地膜覆盖种蔬菜会增产。为了估算塑料薄膜对 ET_c 的影响，要将表中所列的 $K_{c\,mid}$ 与 $K_{c\,end}$ 值减少 10%～30%，取决于灌溉频率（频繁微灌用高值）。

$K_{c\,ini}$ 常会低到 0.10。当估算覆膜生产条件下的基础 K_{cb} 时，要做些调整，K_{cb} 降低幅度在 5%～15%。因为地膜覆盖下的土壤表面基础蒸发小，蒸腾要比不覆膜提高。应当根据当地条件调整 K_{cb} 及 K_e。

二、有机覆盖

有机物覆盖在果园及成行作物有限耕作条件下有时会采用。有机覆盖物可以是就地产生的植物残余或从外边买进的植物有机残余。覆盖厚度及地面覆盖率差别很大。因此两因素影响土壤表面的蒸发量减少量。有机物覆盖的蒸发量减少值粗估为每覆盖 10%，可减少 5%。例如，50% 的地面被有机物覆盖，则蒸发量减少为 25%。用 50% 覆盖查 K_c 表，可减少 $K_{c\,ini}$ 25%，减少 $K_{c\,mid}$ 25%。当采用基础方法计算土壤表面水量平衡时，可以以土壤表面每覆盖 10%，E_s 减少 5%。这些推荐值不是很精确，只是试图以此将覆盖物反射掉的能量，覆盖物与土壤之间的热对流，覆盖物下的土壤水分向无覆盖土壤之间的横向运动以及覆盖物对蒸发的阻隔等对 ET 的影响考虑进去。这些因素的影响变化很大，建议多做现场研究及测定。

第七节　灌溉系统类型对作物耗水的影响

不同类型的灌溉系统在灌溉时对地面的湿润比例不同，灌溉周期不同，对 ET_c 的影响不同。喷灌与微灌，这两种不同特性的灌溉系统，湿润土壤后的地表蒸发量不同，灌溉频率不同。另外两种影响 ET_c 的因素是喷灌期间的水滴蒸发损失及叶面截水蒸发损失。这两种蒸发常常被夸大了。因为水滴蒸发及湿润叶面蒸发都要在将液体水变成蒸汽的过程中消耗能量。这些能量来自下层大气中的显热或来自太阳辐射。这些蒸发过程会降低空气温度并给空气加湿，结果是水滴的自由水面蒸发导致了植物冠层本身的 ET（通过叶面气孔）减少，有效地减少了以无水滴蒸发估算的 ET_c。因此，喷灌时水滴自由水面蒸发抵消了一部分土壤及作物的腾发量，计算时不能简单讲水滴蒸发损失及湿润叶面蒸发值简单加到计算得到的 ET_c 上。喷灌条件下，自由水面蒸发加 ET_c 大约等于 $K_{c\,max}\,ET_{ref}$。因此，$K_{c\,max}\,ET_{ref}$ 可用来代表大部分形式的灌溉系统灌溉后整个地块上的最大腾发损失。同样，一部分地块上的喷头水滴蒸发及湿润叶面截水蒸发会引起下风向地块上的 ET_c 减少。

不同类型及管理不同的灌溉系统对耗水量有不同的影响，但有如前述上限限制，拉长灌水间隔时间，减少土壤表面湿润比例都会减少地表蒸发损失。晚间灌溉可以减少蒸发损失，除非到第二天土壤仍处于饱和。降低喷灌喷头压力可使水滴直径增大，减少水滴数，从而减少水滴蒸发损失。

第八节　其　他　需　水

本章主要讨论与作物产量及园林管理有关的灌溉需水量。除此之外，灌溉水需求可能还包括出苗需要的额外水量，气候变化，施肥打药需要的额外水量及盐分淋洗需要的额外水量。这些额外水量有的可以通过调整 K_c 考虑进去，有的需要分开计算后再加进去。

一、种子出苗需水

许多作物的种子播种深度只有几厘米深。接近地表的土层干的很快。因此种植后的一周里需要频繁灌溉以保证种子出苗及健康发育。喷灌是最好的种子出苗灌溉方法，因为很容易灌浅层水。许多地区也用沟灌，但沟灌耗水量大，因为沟中的水必须抵达垄顶种子区，导致大量水同时入渗到深层。另外，沟灌情况，在蒸发力的作用下，盐分将趋于聚集在垄上，对种子出苗不利。固定式喷灌系统或中心支轴式喷灌机常用于种子出苗灌溉，因为这两种灌溉方法很容易做到频繁、少量灌溉。

频繁灌溉下的腾发量可用双系数法 $K_c = K_{cb} + K_e$ 计算。出苗期的 K_c 常在 1.2～1.3，也可取 $K_c = K_{c\,ini}$ 从图 5-5 中获得。灌溉后的蒸发可降低地温，可能有利于出苗。

二、气候修正

灌溉可以用来给周围作物空气加热或降温，以便提高产量。灌溉期间及灌溉后的土壤湿润过程会使空气边界层降温，改善高温季节生长环境，非常有利于一些高温敏感作物如豌豆、西红柿、黄瓜、瓜类、草莓、苹果、葡萄等（Burman 等，1980）。

降温产生于空气及土壤中的潜热转换为蒸汽潜热。所有作物的叶面都有一个温度边界值，超过此值，气孔关闭或部分固碳过程移出其动力学窗口，光合作用降低。（Hatfield 等，1987）。对于冷季型作物，光合作用降低的温度在 23～28℃，暖季型作物的温度边界大约在 32℃（Hatfield 等，1987；Keller 与 Bliesner，1990）。叶面温度降低需要高频率短时灌溉，每小时要达到 2～6 次。只有采用自动控制的固定喷灌系统能做到。喷灌强度一般取平均 1mm/h（Keller 和 Bliesner，1990）。叶面降温在干旱气候区最有效，因为干旱气候下的低气压及大气压差（$e_s - e_a$）有利于显热转换为蒸汽热。温室喷雾是降温的通常做法。Wolfe 等（1976）与 Griffin（1976）探讨了利用喷灌系统给温暖季节早期果树降温，以使花期推迟，降低花蕾冻害风险。Griffin（1976）、Griffin 及 Richardson（1979）建立了一个选择灌溉降温时间，推迟花期的数学模型。总的讲，灌溉降温需用的水比蒸发量多。降温用水可用 $K_c ET_{ref}$ 计算，K_c 值取高值（1.2～1.4，如用 ET_0），条件是灌溉期间及灌溉后土壤均处于湿润状态。

三、冻害预防

树顶及树下喷灌都可用来防冻害，用灌溉来预防冻害是将足够的液态水转换为固态水（冰），使得溶解潜热（大约 335kJ/kg）在灌溉水结冰过程中释放出来，维持湿润叶面的温度在 0℃。一般，由于生物体中含有糖及其他分子，果树及蔬菜在 0℃ 不会产生冻害。灌溉防冻害一般在夜间进行，此时的空气温度低、风速小、蒸发率低，灌溉要么进入土壤、要么流走。喷灌强度取决于蒸发率，灌水要与蒸发相匹配，以保持湿润面温度在 0℃。一次防冻害可能需要 7 次灌溉。

风速高及露点温度低则蒸发率低，因此夜风多的地区及湿度低的地区，防冻害需要更多的灌溉水量（Blanc 等，1963；Keller 与 Bliesner，1990；Snyder 等，2005）。通常，许多辐射驱动的霜冻期里，风一般比较平静。

Keller 与 Bliesner（1990）、Martin 与 Gilley（1993）介绍过喷灌防霜冻系统设计，本书的第四章也有相关内容。

四、施肥灌溉需求

通过灌溉系统施肥通常比其他施肥方法经济。施肥灌溉及施用除草剂、农药时必须保持土壤水分有亏缺，以免灌后引起深层渗漏。因此，施肥不会引起额外需水，除非需要频繁施且需水量比纯灌溉还高。

五、土壤温度调节

进入土壤的灌溉水本身及灌溉后土壤水分蒸发都会使土壤温度明显降低。灌溉水温低会降低土壤温度，从而阻碍作物生长。在某些条件下，需要给土壤降温，比如生菜苗定植及草种出苗时。

六、抑尘灌溉

通过喷灌系统抑尘不只局限于农业上应用。饲养场扬尘可能是由于天气干热条件下，牛群在晚上早期活动所致。最常见的扬尘发生在建筑工地及土路上。所有这些扬尘均可以通过喷灌控制。

抑尘灌溉的蒸发要求可以用双系数法估算。一种合理而简单的办法是取图 5-5（a）中的 $K_{c\,ini}$（小量灌溉）作为 K_c。

七、淋洗灌溉需水

当灌溉水含盐量高时，利用灌溉将根区盐分淋洗出去是很有必要的。一般，淋洗与灌溉同时进行，补充 ET 的同时将盐分淋洗出去。但在干旱气候及土壤黏重条件下，可能要专门安排淋洗。第七章将专门讨论淋洗需求计算。

八、有效降雨

前文灌溉需水计算中提到过有效降雨，用符号 P_e 表示，指的是：①入渗到土壤中；②保持在作物根区；③用来补充植物蒸腾需水的降雨量。

有效降雨只能满足植物 ET 中植物蒸腾那部分水，减少灌溉需水量。湿润土壤上降雨的蒸发损失不能帮助减少植物的基础需水。许多以前建议的有效降雨估算法没有将降雨蒸发从有效降雨 P 估算中分出来考虑。因此，这些方法不包含降雨时蒸发损失掉的那部分降雨，这部分降雨对减少植物蒸腾无显著影响。结果是，这些算法过高估算了有效降雨。

依据降雨亏缺 P_{def} 计算灌溉需水很有用。降雨亏缺 P_{def} 被定义为不缺水条件下的 ET 与入渗进作物根区的降雨（用 P_{rz} 表示）之间的差。P_{def} 计算公式为：$P_{def} = ET_{act} - P_{rz}$。$ET_{act}$ 估算必须考虑某次降雨期间土壤上蒸发损失掉的水分。这样，必须采用 K_c 双系数法以日为时段计算 $K_c ET_{ref}$ 或用图 5 - 5 计算。

P_{def} 代表根区有效降雨以外还需要补充到 ET 值的水量，如果在生长及非生长季有水按时补给的话。有一点很重要，将生长季的 P_{def} 累加起来即为全季节灌溉需水，可以不考虑非生长季储存在土壤中的有效降雨可能对灌溉需水的抵消。

精确计算 P_{rz} 需要计算降雨产生的地面径流及通过式（5 - 61）（或相似方法）计算日水量平衡来确定深层渗漏。

许多以前的研究利用 USDA - SCS（1970）方法及 Martin 与 Gilley（1967）提出的方法计算 P_e。USDA 法只估算以月为时段，根区以下深层渗漏对 P_e 的减少量，不考虑降雨 P 的地面径流及湿润地表上 P 的蒸发损失。因此，USDA 法过高地估算了 P_e，不推荐使用。

别的方法假定 P_e 为总降雨量 P 的小数倍数，例如 P 的 0.5 或 0.7 倍。这种方法很简单，可根据地块的具体条件修正，如：作物或园林植物类型，一年里的时间等。修正方法为前面介绍的日水量平衡计算。

可以用 $(P_{rz} - ET_{act}) \div P$ 计算非生长季节降雨，包括降雪的效率或有效性。非生长季节的降水储存在土壤中，可为生长季作物吸收利用。

图 5 - 11（a）及图 5 - 11（b）显示的为 P_e 估算法，以占 P 的比表示。需要说明三点：

第一，Aberdeen 地区的年降雨量小，平均 250mm/a；第二，每次降雨深相对较小，每次降雨后降雨的很大一部分从作物及地表蒸发掉；第三，南爱达荷地区的年降雨很多发生在玉米非生长季，此时的土壤表面大部分是裸露的，结果是蒸发损失相对较大。所有这些因素的组合影响，导致了 Aberdeen 地区的降雨在减少灌溉需求方面的有效性降低。

总降雨量大，每次降雨深高及生长季分配多的地区的 $P_e \div P$ 比率也高。美国中西部地区的情况基本就是这样。

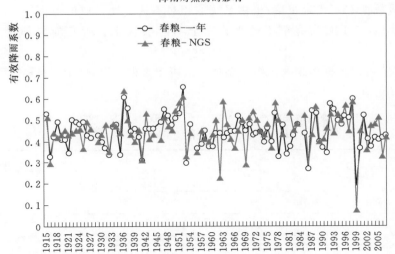

图 5-11（a） 利用日土壤水分平衡估算的有效降雨，以气象站记录值的小数倍表示（0.0～1.0），统计年限：1915—2005 年，地点：爱达荷州 Aberdeen，作物：春粮（Allen 与 Robison，2007a）

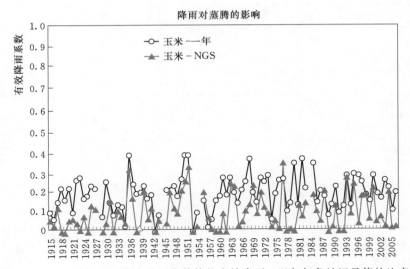

图 5-11（b） 利用日土壤水分平衡估算的有效降雨，以与气象站记录值的比表示（0.0～1.0），统计年限：1915—2005 年，地点：爱达荷州 Aberdeen，作物：玉米（Allen 与 Robison，2007a）

降雨径流

降雨期间发生的地面径流与下述因素直接相关：地面覆盖物的类型及覆盖量、土壤质地、土壤结构、土壤板结情况、地面坡度、土地整备（耕作措施及垄沟制作）、雨前土壤湿度、雨强及降雨时间长。因此，径流估算充满了不确定性。对于一般性用途，可以用 USDA-NRCS 曲线数据法。NRCS 曲线数据法使用简单，广泛应用于水文、土壤、水资源领域。这种方法需要日降雨深，选定初始土壤水分条件后做日土壤水分平衡计算。曲线数据 CN 代表土壤-植物系统的相对不透水性，取值范围 $0 \sim 100$。$CN = 0$ 为完全透水，$CN = 100$ 为完全不透水。完全不透水意味着所有降雨都变成地表径流流走。

一般，CN 可以根据作物及土壤类型从标准表中查得。表 5-14 为各种作物及土壤组合条件下的 CN 值。

表 5-14　　　　　曲线数据标准表（AWC）Ⅱ（USDA-SCS，1970；Allen，1988；Haith，2001）CN 值

作　物	土　壤　质　地		
	粗	中	细
春小麦	63	75	85
冬小麦	65	75	85
玉米	67	75	85
土豆	70	76	88
甜菜	67	74	86
豌豆	63	70	82
干豆角	67	75	85
高粱	67	73	82
棉花	67	75	83
水稻	50	60	70
甘蔗-原生	60	69	75
甘蔗-截根苗	60	68	76
果树-裸露地	65	72	82
果树-有覆盖	60	68	70
小庭院蔬菜	72	80	88
西红柿	65	72	82
苜蓿草	60	68	77
短草坪草＜50mm	68	79	88
高草坪草＞50mm	30	58	75
球道，发球台，果岭-条件不佳	68	79	88
球道，发球台，果岭-条件一般	49	69	82
球道，发球台，果岭-条件好	39	61	77
茅草覆盖的短草坪草	35	55	70
茅草覆盖的长草坪草	27	52	67
建议默认值	65	72	82

CN 法中有一个参数 S，代表一次降雨以渗透保留在土壤中及被作物叶面截留的最大水量，单位：mm，可用式（5-75）计算：

$$S = 250\left(\frac{100}{CN} - 1\right) \tag{5-75}$$

当降雨 $P > 0.2S$ 时，土壤地面径流依式（5-76）计算：

$$RO = \frac{(P - 0.2S)^2}{P + 0.8S} \tag{5-76}$$

式中　RO——日降雨期间产生的日地面径流，mm；

　　　　P——日降雨深，mm；

　　　$0.2S$——径流前冠层及土壤表面截留的降雨量。

如果 $P < 0.2S$，$RO = 0.0$，曲线数据 CN 受降雨前土壤水分影响，雨前土壤水分影响土壤入渗。所以 CN 要用雨前土壤水分修正。雨前土壤水分用 AWC 表示。

USDA-SCS 于 1970 年定义了干燥条件（AWC Ⅰ）及湿润条件（AWC Ⅲ）下的 CN 调整系数。SCS 定义 AWC Ⅰ 为流域内土壤干到适宜于从事耕作及栽培活动时的土壤水分条件，而 AWC Ⅲ 为前期降雨使土壤饱和的土壤水分条件，AWC Ⅱ 为平均土壤水分条件（见表 5-14）。Hawkins 等（1985）用式（5-77）及式（5-78），表达了 USDA-SCS（1970）方法中，相对应于 3 个不同雨前土壤水分水平 AWC Ⅰ、AWC Ⅱ、AWC Ⅲ 的曲线数据 $CN_Ⅰ$、$CN_Ⅱ$、$CN_Ⅲ$ 之间的关系。

$$CN_Ⅰ = \frac{CN_Ⅱ}{2.281 - 0.01281CN_Ⅱ} \tag{5-77}$$

$$CN_Ⅲ = \frac{CN_Ⅱ}{0.427 + 0.00573CN_Ⅱ} \tag{5-78}$$

式中　$CN_Ⅰ$——与 AWC Ⅰ（干燥条件）对应的曲线数据，取值 0～100；

　　　$CN_Ⅱ$——与 AWC Ⅱ（平均条件）相对应的曲线数据，取值 0～100；

　　　$CN_Ⅲ$——与 AWC Ⅲ（湿润条件）相对应的曲线数据，取值 0～100。

利用 K_c 双系数法计算土壤表层水量平衡公式（5-55），可估算雨前土壤水分 AWC。

AWC Ⅲ（湿润条件）下的土壤水分亏缺大约在 $D_e = 0.5REW$（即第一阶段蒸发水分的一半）。此点一般大约在地表下 150mm 土层内水分蒸发掉 5mm 或更少时。因此，关系是：

$$D_{e-AWC Ⅲ} = 0.5REW \tag{5-79}$$

式中　$D_{e-AWC Ⅲ}$——AWC Ⅲ 条件下土壤蒸发层的水分亏缺。

AWC Ⅰ 估算为前次完全湿润降雨后，地表下 150mm 土层内水分蒸发掉 15～20mm 时的土壤水分。这一点相当于蒸发层水分降低到 D_e，超过总可蒸发水的 30% 时的水分。亏缺水量 D_e 表示为：$D_e = REW + 0.3(TEW - REW)$，即：

$$D_{e-AWC Ⅰ} = 0.7REW + 0.3TEW \tag{5-80}$$

式中　TEW——到第二阶段结束时的蒸发层内累计蒸发量。

当 D_e 介于两个极端值中间时，（即：$0.5REW < D_e < 0.7REW + 0.3TEW$），$AWC$ 进入 AWC Ⅱ 阶段，此阶段的 CN 值可根据 $CN_Ⅰ$ 及 $CN_Ⅲ$ 之间的值线性内插获得。用下面公式表示：

$$CN = CN_{\text{III}} \quad \text{当 } D_e \leqslant 0.5REW \tag{5-81}$$

$$CN = CN_{\text{I}} \quad \text{当 } D_e \geqslant 0.7REW + 0.3TEW \tag{5-82}$$

D_e 值在 D_e 范围：$0.5REW < D_e < REW + 0.3(TEW - REW)$ 时，此阶段 CN 依下式计算：

$$CN = \frac{(D_e - 0.5REW)CN_{\text{I}} + (0.7REW + 0.3TEW - D_e)CN_{\text{III}}}{0.2REW + 0.3TEW} \tag{5-83}$$

当 D_e 值在 CN_{I} 及 CN_{III} 的两个端点时，式（5-83）计算所得 CN 为 CN_{II}，因为 CN_{I} 与 CN_{III} 之间变化平缓。

第九节　设　计　要　求

灌溉系统要设计的足够大，以满足最大灌溉需求。高峰灌溉需求水量所控制的灌溉面积最大，可以用适当的喷灌系统灌溉，灌溉需水量要满足水源供水量的限制。生长季灌溉需水量决定每年的系统运行时间，以及相应的劳务总成本及总能耗。总灌溉需求量可以由之前介绍的公式（5-2）算得。

一、用气象记录数据估算最大腾发量

由于腾发量（ET）来源于气象参数，每天及每年的 ET 都不同，如图 5-12 所示。该图为爱达荷州 Kimberly 地区，20 年全覆盖苜蓿地日平均 ET 值，计算公式为 ASCE-EWRI 标准化后的彭曼-蒙特斯公式。日平均 ET 变化很大。日 ET_r 变化图上画有正态分布概率曲线，表示不超过曲线上 ET 数值的概率，

灌溉系统设计常取概率 $80\% \sim 89\%$，意味着所设计的系统容量足以保证系统运行 10 年里，有 $8 \sim 9$ 年可以完全使作物或园林植物不受旱。而 10 年中的 $1 \sim 2$ 年可能在 ET 峰

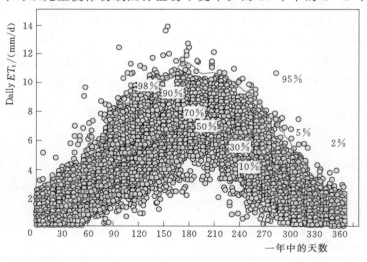

图 5-12　爱达荷州 Kimberly 地区 20 年苜蓿 ET（地面全覆盖）
计算值分布及概率曲线（Allen 等，2007）

值期受旱。所以步骤是：先用公式计算得平均 ET 值，计算时段可以是天、周或月；然后将数值点成如图 5-12 所示；在图上画出概率曲线；从图上选择设计概率下的 ET 值。ET 计算时段（天、周及月等）的选取取决于高峰需水期的灌溉周期。

图 5-12 中平均 ET 计算时段长对 ET 值影响很大。灌溉系统设计时应该考虑最大 ET 值发生期允许的灌溉间隔天数决定计算时段长。此时段长也就是灌溉系统的设计灌水周期，用式（5-84）计算：

$$I_{int} = \frac{RAW}{\overline{ET_c}} \tag{5-84}$$

式中　I_{int}——灌水周期，d；

　　　RAW——易吸收有效水，即不会对作物引起水分胁迫的土壤可消耗水深，见式（5-61）；

　　　$\overline{ET_c}$——图 5-12 中计算时段内的 ET_c 平均值，计算公式为：

$$\overline{ET_c} = \frac{\sum_{i=d_1}^{i=d_2} ET_{ci}}{I_{int}} \tag{5-85}$$

式中　ET_{ci}——第 i 天的 ET_{ci}，d_1 与 d_2 分别为计算时段 I_{int} 的开始天及结束天，用式（5-86）计算：

$$\left. \begin{aligned} d_1 &= \text{INT}\left(J - \frac{I_{int}}{2} + 0.6\right) \\ d_2 &= \text{INT}\left(J + \frac{I_{int}}{2} - 0.4\right) \end{aligned} \right\} \tag{5-86}$$

式中　$\text{INT}(\ )$——括号内计算结果取整；

　　　J——计算期中间天在一年 365 天中的天数。

ET_c 的最大值（峰值）可通过对比特定时段内的数值，直到找到为止。ET_c 与 I_{int} 计算需要反复应用式（5-84）～式（5-87）。图 5-13 所示为爱达荷州 Kimberly 地区全覆盖苜蓿的 ET 随平均估算期（6 月 21 日—7 月 20 日）天数（灌水周期）的变化曲线。

ET_c 用正态及皮尔逊Ⅲ两种频率曲线显示。两种分布曲线差别不大。将最小灌水周期从 1d 增加到 10d，使得 ET_c 降低了 10%，即从 9.8mm/d 降低到 9.0mm/d。最小灌水周期 I_{int} 取决于 ET_c，土壤特性，根系深，式（5-84）确定的 RAW 等。

二、总设计曲线

在云量大的气候条件下，每天的 ET 差别很大，因为 ET 主要来源于太阳辐射。在云量变化条件下，可能会有一段时间无云，导致随着平均时段长减少而增加较多平均 ET。因此，短平均时段的最大 ET 值与月平均 ET 之比会随当地平均云量增加而增加。图 5-14 所示为云量变化对 ET 的影响（改编自 Doorenbos 与 Pruitt，1977）。图 5-1 中显示最高 ET 与月平均 ET 的比随湿度增加及云量增加而增加。图 5-14 中不超过最大 ET 出现的概率为 75%（即 10 年里有 2.5 年的 ET 可能会超过最大 ET）。图 5-14 的曲线的最大 ET 与月平均 ET 比表示为每次净灌水深的函数。

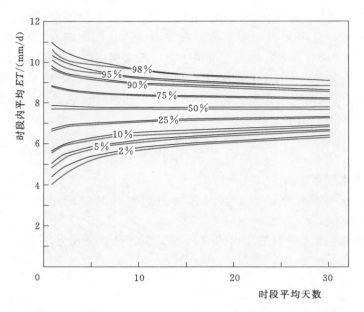

图 5-13　特定概率下苜蓿（完全覆盖）的 ET 峰值，与平均高峰期
（1966—1985 年 6 月 21 日—7 月 20 日）的天数有关。地点：爱达荷 Kimberly。
蓝线代表正态分布曲线，灰线代表 Log 皮尔逊Ⅲ曲线（Allen 等，2007）

净灌水深（D_n）与灌水周期有关，$D_n = I_{int} ET_c$。

图 5-14 中曲线可以用下面数学公式表达：

$$\frac{ET_{peak}}{ET_{month}} = (1.18 + 0.2 N_{cl}) D_n^{(-0.037 - 0.02 N_{cl})} \qquad (5-87)$$

式中　N_{cl}——图 5-14 中的曲线数，1～4；

　　　D_n——净灌水深，mm。

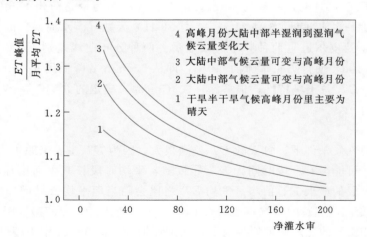

图 5-14　四种不同气候条件下，ET 不超过概率为 75％时的设计 ET 峰值与
高峰月平均 ET 值之比（Doorenbos 与 Pruitt，1977）

式（5-87）估算的比值与 Doorenbos 与 Pruitt（1977）原曲线的标准误差为 0.012。式（5-87）使用的约束条件为 $D_n > 20$mm。

第十节 年灌溉需水量

年需水量 ET 可通过计算日、周、月时段的 ET_{ref} 及相应时段的作物系数来算的。当计算是以天为基础，双系数法 $K_{cb} + K_e$ 可提高计算精度。如以周或更长时段计算，采用时段内平均 K_c 计算。可将一年里各计算时段的 ET_c 累加起来即为 ET_c，年 ET_c 扣除年有效降雨即为年净灌溉需水量。年毛灌溉用水量等于净灌溉用水量除以用水效率再加上盐分淋洗水量 [淋洗系数见式（5-2）]。

一般，只需考虑作物生长季节的 ET 及灌溉需水量。生长季节开始前储存在土壤中的土壤水可以通过对整个冬天或冬天部分时间的土壤水量平衡计算获得。冬天下雪及有冻土的地方，水量平衡计算比较困难。

农业灌溉上，如果生长季节外降雨多，生长季节开始之前的土壤水分常常在田间持水量。对于全年都是生长季节的气候条件，上一季的末土壤水分就是下一季节开始的水分。连续计算各生长季节的灌溉需水量就是年灌溉需水量。

参 考 文 献

Allen，R. G. 1988. IRRISKED：*Irrigation Scheduling Program for Demand and Rotation Scheduling*. Logan，Utah：Dept. Biol. and Irrig. Engr.，Utah State Univ.

——. 1996. Assessing integrity of weather data for use in reference evapotranspiration estimation. *J. Irrigation and Drainage Engr*. 122（2）：97-106.

——. 2011. REF-ET Reference Evapotranspiration Calculation User's Manual. Kimberly，Idaho：Univ. of Idaho.

——. 2011. Skin Layer Evaporation to Account for Small Precipitation Events-an Enhancement to the FAO-56 Evaporation Model. *Agricultural Water Management* 98（12）：(accepted for publication).

Allen，R. G.，and F. N. Gichuki. 1989. Effects of projected CO_2-induced climate changes on irrigation water requirements in the Great Plains states（Texas，Oklahoma，Kansas and Nebraska）. In *The Potential Effects of Global Climate Change on the United States：Appendix C -Agriculture*. EPA-230-05-89-053. Washington，D. C.：U. S. Environmental Protection Agency.

Allen，R. G.，and L. S. Pereira. 2009. Estimating crop coefficients from fraction of ground cover and height. *Irrigation Science* 28（1）：17-34.

Allen，R. G.，and C. W. Robison. 2007a. Evapotranspiration and irrigation water requirements for crops in Idaho. Research completion report to Idaho Dept. of Water Resources. Moscow，Idaho：Univ. of Idaho.

——. 2007b. Evapotranspiration and irrigation water requirements for crops in Idaho. In *Proc. 4th International Conference on Irrigation and Drainage*. Denver，Colo.：USCID.

Allen，R. G.，and J. L. Wright. 1997. Translating wind measurements from weather stations to agricultural crops. *J. Hydrologic Engineering* 2（1）：26-35.

Allen，R. G.，M. E. Jensen，J. L. Wright，and R. D. Burman. 1989. Operational estimates of reference evapotranspiration. *Agronomy Journal* 81：650-662.

Allen，R. G.，L. S. Pereira，D. Raes，and M. Smith. 1998. Crop evapotranspiration: guidelines for computing crop water requirements. Irrigation and Drainage Paper . 56. Rome: Food and Agric. Organization of the United Nations.

Allen，R. G.，I. A. Walter，R. L. Elliott，T. A. Howell，D. Itenfisu，M. E. Jensen，and R. L. Snyder. 2005a. *The ASCE Standardized Reference Evapotranspiration Equation.* ASCE 0 - 7844 - 0805 - X. ASCE: Reston，Va.

Allen，R. G.，L. S. Pereira，M. Smith，D. Raes，and J. L. Wright. 2005b. Dual crop coefficient method for estimating evaporation from soil and application extensions. FAO - 56. *J. Irrig. and Drain. Engr.* 131 (1): 2 - 13.

Allen，R. G.，W. O. Pruitt，D. Raes，M. Smith，and L. S. Pereira. 2005c. Estimating evaporation from bare soil and the crop coefficient for the initial period using common soils information. *J. Irrig. and Drain. Engr.* 131 (1): 14 - 23.

Allen，R. G.，W. O. Pruitt，J. L. Wright，T. A. Howell，F. Ventura，R. Snyder，D. Itenfisu，R Steduto，J. Berengena，J. Baselga Yrisarry，M. Smith，L. S. Pereira，D. Raes，A. Perrier，I. Alves，I. Walter，and R. Elliott. 2006. A recommendation on standardized surface resistance for hourly calculation of reference ET by the FAO 56 Penman - Monteith method. *Agricultural Water Management* 81: 1 - 22.

Allen，R. G.，J. L. Wright，W. O. Pruitt，and L. S. Pereira. 2007. Chapter 8: Water requirements. In *Design and Operation of Farm Irrigation Systems.* 2nd ed, St. Joseph，Mich. : ASAE.

Alliston，C. W.，and S. A. Wolfe. 1973. Computation and summary of psychrometric data from dry bulb and dew point temperaturesstar. *Agricultural Meteorology* 11: 169 - 176.

Ayars，J. E.，R. S. Johnson，C. J. Phene，T. J. Trout，D. A. Clark，and R. M. Mead. 2003. Water use by drip-irrigated late-season peaches. *Irrigation Science* 22: 187 - 194.

Battikhi，A. M.，and R. W. Hill. 1986a. Irrigation scheduling and watermelon yield model for the Jordan Valley. *J. Agronomy and Crop Science* 157: 145 - 155.

——. 1986b. Irrigation scheduling and cantaloupe yield model for the Jordan Valley. *Agricultural Water Management* 15: 177 - 187.

Bausch，W. C. 1995. Remote sensing of crop coefficients for improving the irrigation scheduling of corn. *Agricultural Water Management* 27 (1): 55 - 68.

Bausch，W. C.，and C. M. U. Neale. 1987. Crop coefficients derived from reflected canopy radiation: A concept. *Trans. ASABE* 30 (3): 0703 - 0709.

Blanc，M. L.，H. Geslin，I. A. Holzberg，and B. Mason. 1963. Protection against frost damage. Tech. Note No. 51 Geneva，Switzerland: World Meteorol. Org.

Bonachela，S.，F. Orgaz，F. J. Villalobos，and E. Fereres. 2001. Soil evaporation from drip-irrigated olive orchards. *Irrigation Science* 20 (2): 65 - 71.

Borg，H.，and D. W. Grimes. 1986. Depth development of roots with time: An empirical description. *Trans. ASAE* 29: 194 - 197.

Brunt，D. 1932. Notes on radiation in the atmosphere: I. *Quart. J. Roy. Meteorol Soc.* 58: 389 - 420.

——. 1952. *Physical and Dynamical Meteorology.* 2nd ed. Cambridge: Cambridge Univ. Press.

Burman，R. D.，P. R. Nixon，J. L. Wright，and W. O. Pruitt. 1980. Water requirements. In *Design and Operation of Farm Irrigation Systems*，189 - 232. M. E. Jensen，ed. St. Joseph，Mich. : ASAE.

Carlson，T. N.，and D. A. Ripley. 1997. On the relation between NDVI，fractional vegetation cover，and leaf area index. Remote Sensing of Environment 62 (3): 241 - 252.

Costello，L. R.，N. P. Matheny，and J. R. Clark. 2000. Estimating the irrigation water needs of landscape plantings in California: Part 1: The landscape coefficient method. Sacramento: Calif. Dept. Water Resources.

Danuso F. , M. Gani, and R. Giovanardi. 1995. Field water balance: BldriCo 2. In *Crop Water Models in Practice*, 49 – 73. L. S. Pereira, B. J. Van den Broek, P. Kabat, and R. G. Allen, eds. Wageningen, The Netherlands: Wageningen Academic Publishers.

De Azevedo, P. V. , B. B. da Silva, and V. P. R. da Silva. 2003. Water requirements of irrigated mango orchards in northeast Brazil. *Agric. Water Man.* 58: 241 – 254.

Doorenbos, J. , and A. H. Kassam. 1979. *Yield response to water*. Irrigation and Drainage Paper No. 33, rev. Rome: Food and Agric. Organization of the United Nations.

Doorenbos, J. , and W. O. Pruitt. 1977. Crop water requirements. Irrigation and Drainage Paper No. 24, rev. Rome: Food and Agric. Organization of the United Nations.

Elmore, A. J. , J. F. Mustard, S. J. Manning, and D. B. Lobell. 2000. Quantifying vegetation change in semiarid environments: Precision and accuracy of spectral mixture analysis and the normalized difference vegetation index. *Remote Sensing of Environment* 73 (1): 87 – 102.

Everson, D. O. , M. Faubion, and D. E. Amos. 1978. Freezing temperatures and growing seasons in Idaho. Bulletin 494. Kimberly, Idaho: Univ. Idaho Agric. Exp. Sta.

Fereres, E. , ed. 1981. Drip irrigation management. Leaflet No. 21259. Berkeley, Calif. : Univ. of Calif. Coop. Ext.

Girona, J. , J. Marsal, M. Mata, and J. del Campo. 2004. Pear crop coefficients obtained in a large weighing lysimeter. *Acta Horticulturae* 664: 277 – 281.

Girona, J. , M. Gelly, M. Mata, A. Arbones, J. Rufat, and J. Marsal. 2005. Peach tree response to single and combined deficit irrigation regimes in deep soils. *Agfic. Water Man.* 72: 97 – 108.

Grattan, S. R. , W. Bowers, A. Dong, R. L. Snyder, J. J. Carroll, and W. George. 1998. New crop coefficients estimate water use of vegetables, row crops. *California Agriculture* 52 (1): 16 – 21.

Griffin, R. E. 1976. Micro-climate control of deciduous fruit production with over-head sprinklers. In *Reducing Fruit Losses Caused by Low Spring Temperatures*. Document No. 10550101, Appendix F. Logan, Utah: Univ. of Utah Agric. Exp. Sta.

Griffin, R. E. , and E. A. Richardson. 1979. Sprinklers for micro climate cooling of bud development. In *Modfication of the Aerial Environment of Plants*, 441 – 455. B. J. Barfield and J. Gerber, eds. St. Joseph, Mich. : ASAE.

Haddadin, S. H. , and I. Ghawi. 1983. Effect of plastic mulches on soil water conservation and soil temperature in field grown tomato in the Jordan Valley. *Dirasat* 13 (8): 25 – 34.

Haith, D. A. 2001. TurfPQ, a pesticide runoff model for turf. *J. Environ. Qual.* 30: 1033 – 1039.

Hargreaves, G. L. , G. H. Hargreaves, and J. P. Riley. 1985. Agricultural benefits for Senegal River Basin. *J. Irrigation and Drainage Engr.* 111: 113 – 124.

Hargreaves, G. H. , and Z. A. Samani. 1982. Estimating potential evapotranspiration. Tech. Note. *J. Irrig. and Drain. Engr.* 108 (3): 225 – 230.

Hargreaves, G. H. , and R. G. Allen. 2003. History and evaluation of the Hargreaves evapotranspiration equation. *J. Irrig. and Drain. Engr.* 129 (1): 53 – 63.

Hatfield, J. L. , J. J. Burke, J. R. Mahan, and D. F. Wanjura. 1987. Foliage temperature measurements: A link between the biological and physical environment. In *Proc. International Conf. on Measurement of Soil and Plant Water Status*, Vol. 2, 99 – 102. Logan, Utah: Utah State Univ.

Hawkins, R. H. , A. T. Hjelmfelt, and A. W. Zevenbergen. 1985. Runoff probability, storm depth, and curve numbers. *J. Irrig. and Drain. Engr.* 111 (4): 330 – 340.

Hernandez-Suarez, M. 1988. Modeling irrigation scheduling and its components and optimization of water delivery scheduling with dynamic programming and stochastic ET_0 data. PhD diss. Davis, Calif. :

Univ. Calif.

Irmak, S. , T. A. Howell, R. G. Allen, J. O. Payero, and D. L. Martin. 2005. Standardized ASCE Penman-Monteith: Impact of sum-of-hourly vs. 24-hour time step computations at reference weather station sites. *Trans. ASAE* 48 (3): 1063 - 1077.

IA. 2005. *Landscape Irrigation Scheduling and Water Management-Practices Guidelines*. Report by Water Management Committee. J. McCabe, J. Ossa, R. G. Allen, B. Carleton, B. Carruthers, C. Corcos, T. A. Howell, R. Marlow, B. Mecham, and T. L. Spofford, eds. Falls Church, Va. : Irrigation Association.

Itenfisu, D. , R. L. Elliott, R. G. Allen, I. A. Walter. 2003. Comparison of reference evapotranspiration calculations as a part of the ASCE standardization effort. *J. Irrig. and Drain. Engr.* 129 (6): 440 - 448.

Jensen, M. E. , and H. R. Haise. 1963. Estimating evapotranspiration from solar radiation. *J. Irrig. and Drain. Div.* 89: 15 - 41.

Jensen, M. E. , R. D. Burman, and R. G. Allen eds. 1990. *Evapotranspiration and Irrigation Water Requirements*. Manual No. 70. Reston, Va. : Am. Soc. Civ. Engr.

Jensen, M. E. , R. G. Allen, T. A. Howell, R. L. Snyder, D. L. Martin, I. Walter. 2007. *Evapotranspiration and Irrigation Water Requirements*. Manual No. 70. 2nd ed. Reston, Va. : Am. Soc. Civ. Engr.

Jiang, Z. , A. R. Huete, J. Chen, Y. Chen, J. Li, G. Yan, and X. Zhang. 2006. Analysis of NDVI and scaled difference vegetation index retrievals of vegetation fraction. *Remote Sensing of Environment* 101 (3): 366 - 378.

Johnson, R. S. , L. E. Williams, J. E. Ayars, and T. J. Trout. 2005. Weighing lysimeters aid study of water relations in tree and vine crops. *Calif. Agric.* 59 (2): 133 - 136.

Jones, C. A. , W. L. Bland, J. T. Ritchie, and J. R. Williams. 1991. Simulation of root growth. In *Modeling Plant and Soil Systems*, 91 - 123. J. Hanks and J. T. Ritchie, eds. Monograph 31. Madison, Wis. : Amer. Soc. of Agronomy.

Keller, J. , and R. D. Biiesner. 1990. *Sprinkle and Trickle Irrigation*. New York: Van Nostrand Reinhold.

Kjelgren, R. , L. Rupp, and D. Kilgren. 2000. Water conservation in urban landscapes. *HortSdence* 35 (66): 1037 - 1040.

Kruse, E. G. , and R. H. Haise. 1974. Water use by native grasses in high altitude Colorado meadows. Report ARS - W - 6 - 1974. Washington, D. C. : USDA - ARS.

Ley, T. W. , R. G. Allen, and R. W. Hill. 1996. Weather station siting effects on reference evapotranspiration. In *Proc. ASAE International Conference on Evapotranspiration and Irrigation Scheduling*, 727 - 734. St. Joseph, Mich. : ASAE.

Ley, T. W, D. E. Straw, and R. W. Hill. 2009. ASCE standardized Penman-Monteith alfalfa ET and crop ET estimates for Arkansas River compliance in Colorado. In *Proc. World Environmental and Water Resources Congress* 2009, 1 - 14. St. Joseph, Mich. : ASCE.

Liu Y. , L. S. Pereira, and R. M. Fernando. 2006. Fluxes through the bottom boundary of the root zone in silty soils: Parametric approaches to estimate groundwater contribution and percolation. *Agric. Water Man.* 84: 27 - 40.

Martin, D. , and J. Gilley. 1993. Chapter 2, Part 623: Irrigation water requirements. In *National Engineering Handbook*. Washington, D. C. : USDA - NRCS.

Neale, C. M. U. , W. C. Bausch, and D. E. Heermann. 1989. Development of reflectance based crop coefficients for corn. *Trans. ASAE* 32 (6): 1891 - 1899.

Paço, T. A. , M. I. Ferreira, and N. Conceição. 2006. Peach orchard evapotranspiration in a sandy soil:

Comparison between eddy covariance measurements and estimates by the FAO 56 approach. *Agric. Water Man.* 85 (3): 305 – 313.

Pastor, M., and F. Orgaz. 1994. *Riego deficitario del olivar: Los programas de recorte de riego en olivar. Agricultura* no. 746: 768 – 776. (in Spanish).

Pereira, L. S., and I. Alves. 2005. Crop water requirements. In *Encyclopedia of Soils in the Environment*, Vol. 1, 322 – 334. D. Hillel, ed. New York: Elsevier.

Pereira, L. S., A. Perrier, R. G. Allen, and I. Alves. 1999. Evapotranspiration: Concepts and future trends. *J. Irrigation and Drainage Engr.* 125 (2): 45 – 51.

Pittenger, D. R., and J. M. Henry. 2005. Refinement of urban landscape water requirements. Riverside, Calif.: Univ. Calif. Coop. Ext.

Pittenger, D. R., and D. Shaw. 2001. Applications of recent research in landscape irrigation management. In *Proc. UCR Turfgrass and Landscape Management Field Day*, 17 – 18. Riverside, Calif.: Univ. Calif.

Pittenger, D. R., D. A. Shaw, D. R. Hodel, and D. B. Holt. 2001. Responses of landscape ground covers to minimum irrigation. *J. Environ. Hort.* 19 (2): 78 – 84.

Pruitt, W. O. 1986. Traditional methods: Evapotranspiration research priorities for the next decade. ASAE Paper No. 86 – 2629. St. Joseph, Mich.: ASAE.

Pruitt, W. O., E. Fereres, P. E. Martin, H. Singh, D. W. Henderson, R. M. Hagan, E. Tarantino, and B. Chandio. 1984. Microclimate, evapotranspiration, and water-use efficiency for drip-and furrow-irrigated tomatoes. In *Proc. 12th Congress, International Commission on Irrigation and Drainage*, 367 – 394. New Delhi, India: ICID.

Raes, D. 2004. UPFLOW: Water movement in a soil profile from a shallow water table to the topsoil (capillary rise). Reference Manual Version 2.2. Leuven, Belgium: K. U. Leuven University, Dept. Land Management, Faculty of Applied Bioscience and Engr.

Raes, D., and de Proost P. 2003. Model to assess water movement from a shallow water table to the root zone. *Agric. Water Man.* 62 (2): 79 – 91.

Richie, W. E., and D. R. Pittenger. 2000. Mixed landscape irrigation research findings. In *Proc. UCR Turfgrass and Landscape Management Research Conference and Field Day*, 12 – 13, Riverside, Calif.: Univ. Calif.

Rogers, J. S., L. H. Allen, and D. J. Calvert. 1983. Evapotranspiration for humid regions: Developing citrus grove, grass cover. *Trans. ASAE* 26 (6): 1778 – 83, 92.

Safadi, A. S. 1991. Squash and cucumber yield and water use models. PhD diss. Logan, Utah: Dept. Biological and Irrigation Engr., Utah State Univ.

Sammis, T. W., A. Andales, and L. Simmons. 2004. Adjustment of closed canopy crop coefficients of pecans for open canopy orchards. In *Proc. 38th Western Irrigation Pecan Conference*, 117 – 119. Las Cruces, N. M.: New Mexico State Univ.

Shaw, D. A., and D. R. Pittenger. 2004. Performance of landscape ornamentals given irrigation treatments based on reference evapotranspiration. *Acta Hort.* 664: 607 – 613.

Singh R., and A. Irmak. 2009. Estimation of Crop Coefficients Using Satellite Remote Sensing. (DOI 10. 1061/(ASCE) IR. 1943 – 4774. 0000052) *J. Irrig. and Drain. Engr.*, ASCE 135 (5): 597 – 608.

Smith, M., R. G. Allen, and L. S. Pereira. 1996. Revised FAO methodology for crop water requirements. In *Proc. International Conf. on Evapotranspiration and Irrigation Scheduling*, 116 – 123. St. Joseph, Mich.: ASAE.

Smith, M., R. G. Allen, J. L. Monteith, A. Perrier, L. S. Pereira, and A. Segeren. 1991. Report of the expert consultation on procedures for revision of FAO guidelines for prediction of crop water requirements. Rome: Food and Agric. Organization of the United Nations.

Snyder, R. L., and S. Eching. 2004. *Landscape Irrigation Management Program—IS*005 *Quick Answer*. Davis, Calif. : Univ. Calif.

——. 2005. Urban landscape evapotranspiration. In California State Water Plan, Vol, 4, 691 – 693. Sacramento, Calif. : Calif. Dept. of Water Resources.

Snyder, R. L., B. J. Lanini, D. A. Shaw, and W. O. Pruitt. 1989a. Using reference evapotranspiration (ET_c) and crop coefficients to estimate crop evapotranspiration (ET_c) for agronomic crops, grasses, and vegetable crops, Leaflet No. 21427. Berkeley, Calif. : Univ. Calif. Coop. Ext.

——. 1989b. Using reference evapotranspiration (ET_c) and crop coefficients to estimate crop evapotranspiration (ET_c) for trees and vines. Leaflet No. 21428. Berkeley, Calif. : Univ. Calif. Coop. Ext.

Snyder, R. L., J. P. de Melo-Abreu, and S. Matulich. 2005. *Frost Protection: Fundamentals, Practice and Economics*. Vol. 2, FAO Environment and Natural Resources Service Series. Rome: Food and Agriculture Organization of the United Nations.

Tasumi, M., and R. G. Allen. 2007. Satellite-based ET mapping to assess variation in ET with timing of crop development. Agricultural Water Management 88 (1 – 3): 54 – 62.

Tasumi, M., R. G. Allen, R. Trezza, and J. L. Wright. 2005. Satellite-based energy balance to assess within-population variance of crop coefficient curves. J. Irrig. and Drain. Engr. 131 (1): 94 – 109.

Testi, L., F. J. Villalobos, and F. Orgaza. 2004. Evapotranspiration of a young irrigated olive orchard in southern Spain. *Agric. and For. Meteor.* 121 (1 – 2): 1 – 18.

Tetens, O. 1930. *Uber einige meteorologische Begriffe. Z. Geophys.*, 6: 297 – 309.

Thornton, P. E., and S. W. Running. 1999. An improved algorithm for estimating incident daily solar radiation from measurements of temperature, humidity, and precipitation. *Agricultural and Forest Meteorology* 93: 211 – 228.

USDA – SCS. 1970. Section 4, table 10. 1: *Irrigation water requirements*. SCS Tech. Rel. No. 21, rev. In *National Engineering Handbook*. Washington, D. C. : USDA – NRCS.

Vanderkimpen, P. J. 1991. Estimation of crop evapotranspiration by means of the Penman-Monteith equation. PhD diss. Logan, Utah: Dept. Biological and Irrigation Engr. , Utah State Univ.

Ventura, F., D. Spano, P. Duce, and R. L. Snyder. 1999. An evaluation of common evapotranspiration equations. *Irrig. Sci.* 18: 163 – 170.

Verma, S. B. 1991. Progress Report December 1, 1990 – August 31, 1991, NASA Grant NAG 5 – 890. Lincoln, Neb. : Dept. Agricultural Meteorology, Univ. of Neb.

Villalobos, F. J., F. Orgaz, L. Testi, and E. Fereres. 2000. Measurement and modeling of evapotranspiration of olive orchards. *European J. Agron.* 13: 155 – 163.

Wittich, K. P., and O. Hansing. 1995. Area-averaged vegetative cover fraction estimated from satellite data. *International Journal of Biometeorology* 38 (4): 209 – 215.

Wolfe, J. W., P. B. Lombard, and M. Tabor. 1976. The effectiveness of a mist versus a low pressure sprinkler system for bloom delay. *Trans.* ASAE 19 (3): 510 – 513.

Wright, J. L. 1981. Crop coefficients for estimates of daily crop evapotranspiration. In *Irrig. Scheduling for Water and Energy Conserv. in the* 80's, 18 – 26. St. Joseph, Mich. : ASAE.

——. 1982. New evapotranspiration crop coefficients. *J. of Irrig. and Drain. Div.*, ASCE 108: 57 – 74.

——. 1990. Evapotranspiration data for dry, edible beans, sugar beets, and sweet corn at Kimberly, Idaho. Unpublished data. Kimberly, Idaho: USDA – ARS.

第六章　灌溉供水

作者：Jake LaRue 与 C. Dean Yo
编译：周荣

正式讨论灌溉供水之前，我们先关注一下世界变化。食品生产耗水现在是全球淡水消耗的主要途径。尽管人们已经很重视这一问题，同时也做了很多努力，但农业用水效率仍然很低。全球仍然缺乏综合性的及有效的政策来制止浪费水。如果采用有效的节水措施，哪怕只节约10％的水，从美国到其他国家，我们就会有大量的水用于满足除食品生产外其他领域的需要、生态修复需要及城市其他用水需求。

显然，我们急需对提高农业用水效率的潜力做更好、更详细的评估（Gleick 等，2004）。合理管理农业用水的关键是提高灌溉水利用率。传统上，灌溉供水首先考虑的是灌溉水源的水量及水质。现在及未来，还必须考虑什么时间需要供应多少水。

从质到量都适宜的灌溉水，主要来源于地表及地下。无论水源来自自来水系统、灌区、水库、中水及其他地表及地下水源，共同问题都是供水有限。未来，另外一种可能也将是很重要的水源是海水，可以通过淡化的办法使用，或直接用于耐盐作物灌溉及基因工程改造后的耐盐作物灌溉。本章的主要内容取自本书的第五版（Pair 等，1983）。

第一节　水分配法律法规

在决定要建设灌溉工程之前，非常重要的一项工作是了解当地、州政府及国家关于地表水、地下水及废水利用政策。国与国之间，州与州之间，省与省之间，不同的司法管辖范围之间，水法差异很大。取决于文化、政治、经济等因素及水资源的多寡。本节集中介绍美国的河岸权法及优先使用权法（USDI，2010）。

美国早期决定水权的法律是河岸权普通法，用来规范地表水的使用权。土地所有人，如果其地块物理上与河、溪流、水塘或湖相连，则与其他相同所有人有使用此种水源的平等权利。通过土地所有人地块的水可以利用，但不得不合理的截留及改道。河岸权法的核心是合理用水。该法历史上被 31 个州采纳，这些州主要集中在美国东部。随着水资源供应的日趋紧张，许多州开始审视旧的分配法是否合理。联邦高等法院规定每个州有权在自己州内修改作为普通法的河岸权法。

第二项主要分配法则是优先权法，或称"先到先得"法则。该法起源于美国西部州，作为分配有限水资源的方法，不要求水与土地之间直接相连。该分配法规定将特定的水量应用于特定的用途，特定的位置并在特定的时间内使用。如果在上述规定下获得的使用权不用即失去使用权。在水资源缺乏条件下，根据优先使用权法则，后获得使用权者必须让先获得者先使用。

上述第一项法则已被第二项法则修改。修改后，河岸权法只保证有足够的水供应人畜用水。有些州，主要是东部州，正在考虑将所有地表水，包括当地径流水归州所有，获得许可才能使用。在法律已许可优先使用水权后，应确定下述几项：

（1）有多少水量要使用；

（2）还有多少可使用；

（3）当灌溉申请提出后，什么时间可以使用。

美国许多州的水管理部门知道该州有多少水资源，并建立了水权。当用水者提出申请后，水管部门会确定还有多少水可用于灌溉。另外，制定水权法后，还制定了地下水开采及利用管理法，以便保护公众利益及合理管理水资源。

此外，还有更多执照类规定，如钻井执照、打新井许可证、新井地质钻探资料归档规定、避免污染水资源的成井工艺规定等。

越来越复杂的问题是地下水资源与地表水资源之间的关系。地下水与地表水的联合利用在地下水及地表水用户之间引起了法律纠纷。所以如有计划要联合应用地表水及地下水，必须仔细研究法律及技术方面的可行性。

国际上，在制定、推行水权及配水政策、法规方面做得很不够。随着人口增长的压力增大及工、农业发展需求的增加，许多国家已经开始行动，有的国家正在考虑实施。表6-1 提供了一些国家或地区实施水权管理及配水管理的信息，这些信息是在 2009 年秋季通过一个简单调查收集的。

表 6-1　　　　　　　　　　　部分国家或地区水管理信息

国家或地区	控制地下水	控制地表水	说　明
澳大利亚	是	是	可能收集，项目区水只用到 10%
巴西	是	是	
中美洲	是	有的地区	
中国（北方荒漠化治理工程）	是	是	
印度	即将	即将	
墨西哥	是	是	需装水表

续表

国家或地区	控制地下水	控制地表水	说　　明
中东	不	不	
巴基斯坦	不	是	
沙特阿拉伯	是	不	
泰国	即将	即将	
美国	大部分州	大部分州	需监测流量
西欧	是	是	需装水表。有的地方限制灌溉

第二节　水　文　循　环

　　地表水源以最简单的形式加入到往复不断的水文循环中：空气中的水汽冷凝，降雨，储存，径流，蒸发形成水汽。水文循环中水的运动见图 6 - 1。大气中的水蒸气冷凝成冰晶体或水滴掉到地面上。部分降水在掉到地面之前被蒸发掉，部分以雪、冰雹的形式降到地面。以降水形式抵达地面的降雨要么入渗到土壤中，要么形成地表径流。地面径流最终会到达河流，形成水体，水体又有水面蒸发，将部分水以水汽的形式扩散到大气中。入渗到土壤中的水分，有的通过土壤毛管吸力上升到地表，然后蒸发到大气中，但大部分入渗到土壤中的水分被作物吸收掉，再经过叶面蒸腾作用将水分输送到大气中。如果土壤中的水分达到饱和，部分水在重力作用下，形成深层渗漏，排到根系层以外。如果地下水位不深，深层渗漏水会抵达地下水中。

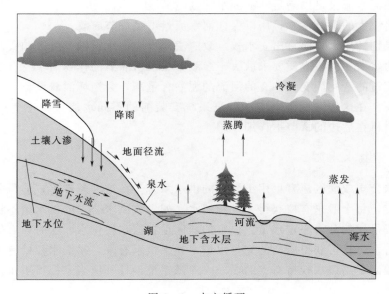

图 6 - 1　水文循环

第三节 水 源

如前所述，灌溉水源主要有两种形式：地表水和地下水。其次，还可以是城市废水或畜牧场废水、高地地下排水、用于园林灌溉的市政用水等。

水资源管理的主要任务是优化管理地表水及地下水。

一、地表水

据美国的资料估算，大约有 30％的降雨以地面径流流走。全世界的数据与此差不多。但地表水的供应在地区间差别很大。有多少地表水可供应用取决于地形及气象因素，因为这两者影响降雨及蒸发。地表水主要储存在河流、湖泊、池塘及水库中。池塘通常由业主在自己的土地上建设，用来储存地面径流。

二、河水水源

如有河流常年流经种植区，就可考虑建设灌溉系统。在确认政府规定允许使用河流的水，而且与其他用水户之间也没有什么矛盾的话，可以开始考虑下述几点：

（1）旱季、雨季水流情况，一般沿河居民都了解。大点的河流会有多年记录资料。美国联邦地理调查所（USGS）一般在较大河流建有水文站，可以从那里获得相应水文资料。灌溉工程师一般知道去哪儿获取这些记录资料。

（2）河水分配，如果河流的水受优先调水法管控，用水户要知道还剩余多少水，有多少水可以用于灌溉。

在旱季，现有水权及未来水权均可用于灌溉，此时有几种选择：

（1）只在河水流量足以满足新的配水计划时灌溉。

（2）在水流大的季节蓄水，用以保证河水流量不足季节灌溉。

（3）如果别的用水户愿意出卖水权，政府法规也允许这么做，可以购买水权灌溉。

（4）评估水质。河流水质要求取决于灌溉方法及所灌溉的作物需求。有的河流的盐分浓度随河水流量的变化而变化。有的河流的泥沙含量高，会损坏灌溉设备，尤其是采用滴灌会堵塞滴头。在这种情况下，应在灌溉系统安装前的不同水流大小季节里采样分析水质。灌溉水质将在后边的章节里详细介绍。

三、现有供水水源

灌溉供水公司或灌区建有可用于灌溉的供水系统。在这种条件下，灌溉公司会卖一些股份给用水户，每个股东有权获得一定量的水。如果该供水公司的供水量不稳定，则每个股东只能按股份比例分得一定水量。但有的灌区是根据水权供水。这时，有较早水权的用水户，只要有水，就可获得所要的充足水量。如果供水有限，初级水权持有人的用水就要受限，要优先满足高级水权持有人的要求。灌溉系统设计师应当掌握可供水量及水源供水系统资料。

系统供水可能是连续供应，也可能是轮流供水。连续供水最好，如果是轮流供水，灌溉系统设计时要根据轮灌制度设计系统。

四、湖水水源

湖水可以用作灌溉水源。湖水应用于灌溉类似于河水。湖水水位从旱季到雨季差别较大，所以要以月确定最大、最小湖水水位。湖水利用也有法律限制，比如优先用水权、湖水水位控制规定、湖面休闲娱乐权等。可以向有关部门咨询这些规定。另外，在用于灌溉之前，要作水质分析。

五、水库水

一般，水库有多种用途，有的为防洪水库，有的为休闲娱乐用水库，有的为发电水库，有的为灌溉蓄水水库。美国西部的一些水库主要用于养鱼及野生动物保护。

利用水库水要考虑的问题与利用河水差不多，具体如下：

（1）水库水的优先使用权问题。

（2）如果潜在可用水量还未分配，要决定多少量不能分配给灌溉用。

有了合理的规划，可以在季节性河流上建一个相对小的水坝用于灌溉。蓄水坝的规划及设计要基于坝址条件进行，相当复杂，不在这里详述。

水坝规划及设计需要专业的工程师实施。需要考虑的因素至少包括：

（1）考虑对其他股东的用水影响。

（2）在排水地区，作为蓄水及野生动物栖息用水库，要考虑径流是否要汇流至一条大河去。

（3）垮坝后可能会危及下游生命，引起财产损失，规划必须通过当地政府部门审核、批准。

（4）可能需要获得蓄水许可，要咨询当地政府及法律部门。

（5）灌溉用水可能要获得许可才能用。要咨询当地政府部门或法律部门。

（6）库区必须不漏水，一个小流域水库可能容易判断。如果没有适当的勘测及设计，所蓄的水可能很快会从库底及坝周围漏掉。

（7）必须预知灌溉季节需水量。

（8）要建坝的坝区是否有可能是考古区、湿地、生态栖息地。是否会禁止在哪里建坝。

（9）要估算坝高每升高 1m，蓄水量要增加多少。这种计算需要先做地形测绘。

（10）必须对坝上游流域做评估，以便根据地形、流域面积、年降雨量、土地利用与管理等决定进入库区的径流总量。

（11）要调查水库上游的土壤侵蚀条件。有经验的工程师可以据此确定每年输入库区的泥沙量，从而降低库容。这种情况下，应当设计措施，减少土壤侵蚀。

（12）建库之前，要测试径流水质。要评估蓄水后水体的含盐量。要知道，水位下降后，水体的盐分浓度会上升。

六、临时蓄水水塘

临时蓄水水塘常用于附近农田灌溉或高尔夫球场灌溉。水塘的水源一般来自：①地下水，利用涡轮泵或潜水泵抽到池塘；②井水及地表水混合而成；③来自灌区渠道输水；④从小流域收集的地面径流；⑤收集地面灌溉尾水；⑥农业及工业废水；⑦市政中水。

上述水塘可以用于如下用途：

（1）频繁停电地区，直接用机井泵供水不安全。

（2）装有深井泵，需要蓄水池供水，避免深井泵出问题时影响灌溉。

（3）水源种类两种以上，水质良莠不齐，需要一个水池混合。

（4）用来调蓄，保证在渠道停水或轮流供水无水期照常灌溉。

（5）用来稳定灌溉流量。当群井供水时，直接入灌溉系统会导致流量不稳定。

（6）用作沉淀池。

（7）季节性河流冬季蓄水。

七、地下水

地下水储存在含水层中。含水层为土层、卵石层或多孔石层。为了在灌溉上有效应用，含水层材料必须多孔、互通，水可以在其中流动。含水层的特性与含水层的组成成分有关。总的讲，最好的含水层呈粗颗粒状、松散、饱和含水。接近河床的低地，广泛分布着松散的沉积物。这些沉积物由河流冲击层、冰川沉积层、分化砂层、冲积扇、水蚀、风蚀粗颗粒物组成。

地质学上讲，有两类含水层：自由含水层（潜水层）及约束含水层（承压含水层）。根据含水层的含水量，可分为四大类：

（1）直接与地表来水衔接的含水层。这类含水层是由重力水补给的，可以从地表流出。河漫滩及河谷地带的含水层就属于这类含水层。

（2）区域性含水层。由于降雨丰富，回补能力处于中到高。区域性含水层稳定产生大量地下水。美国大西洋及墨西哥海岸平原区的含水层就是这样的含水层。

（3）低回补含水层。回补流量比抽出水流量小。尽管储水量大，但由于回补率相对低，与高回补率含水层比，这种含水层的储水量是有限的。美国大平原地区的含水层就是这样的含水层。

（4）咸水侵入含水层。一般在沿海有这种含水层，但有些内陆地区也会有这种咸水含水层。

开发地下水要考虑的问题包括：要考虑政府关于地下水开发的政策法规，对其他相关用水户的影响，地下水含水层的回补能力，对其他井水位下降的影响等。

1. 自由含水层（潜水层）

自由含水层如图 6-2 所示。由于含水层在地下水位以下，自由含水层又称为潜水层。潜水层上部无低透水层，不会限制水向上或向下运动。地下水位为饱和地下水体的上层。潜水层每个位置的压力与大气压平衡。地下水的运动直接与重力有关。通过地表入渗到土壤中的水在重力作用下渗漏到地下饱和含水区，加入到地下水水体中。这种含水层常出现在封闭及半封闭的山谷里。另外，在冰川作用区，冰川湖区都可发现这种含水层。

总的讲，自由含水层（潜水层）有一个相对接近地表的静水位，补给水来自上层区域降雨、河岸及湖边渗流等。灌溉期间，静水位可能从地下水位降到 30m 以下水泵抽水点。

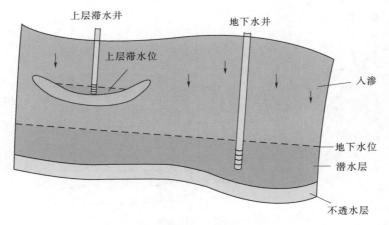

图6-2　潜水含水层及地下水位

地下水位降低可能与季节有关，开采过量也会导致地下水位降低。过量开采是由于抽取流量大于长期补水率所致。井的出水率与含水层材料的孔隙率及水泵的允许水位降有关。地下水位的波动很大程度上与含水层上部覆盖层的补给有关。利用井水灌溉时，应当考虑此因素。

潜水含水层通常有一定的水流方向及流速（每天几米）。这种地下水流通常可以在开放及多孔的含水层材料中发现，也常可在旧暗河、冰川谷、火山岩浆流覆盖的卵石沉积层处发现。在狭窄的小河流底下，也能发现这样的地下水流在卵石及砂层中流动。有时还会发现一条流量很小的地上小河在流经这样的地层时突然消失，潜入地下继续流动达数公里，如遇不透水层又从地下流出。美国爱达荷州斯内克河谷就是一个很好的例子。

表层含水层为潜水含水层的特例，如图6-2所示。地下水位上层有黏土或粉壤土覆盖层，未破碎的岩石或其他低透水材料。

2. 受约束含水层（承压含水层）

受约束含水层如图6-3所示。含水层顶部有一个透水率比含水层含水率低的土层。这种土层与大气不直接联通，或者联通通道很远。这种含水层受一定的静水压，范围从几米到几十米不等。这种含水层的承压有时会大到足以使地下水涌出地面，形成自流井。一般，疏松地层的承压水出水量大。

承压水层有两种存在形式。一种是以流动很慢的水体存在，这个水体在一个很宽的范围内低速流到低处。流速可能低到每年几米。美国的Ogallala含水层就是这样的含水层，大量水体从洛基山脉下向东流经怀俄明州、科罗拉多东、内巴拉斯加、德克萨斯、俄克拉荷马及堪萨斯州。水体的部分来自山上的融雪、降雨，部分来自沿途河流渗漏及降雨入渗补给。

第二种是以静止的地下水体形式存在（见图6-4）。这种地下水可以想象为一个地下湖，地下湖水充满多孔介质，周围被不同深度的密实土壤包围起来。这种地下水体常可出现在封闭或半封闭的山谷中，那里曾经是湖。在美国大平原地区，几个大的地下湖的水主要来自几条陆地河的水流。

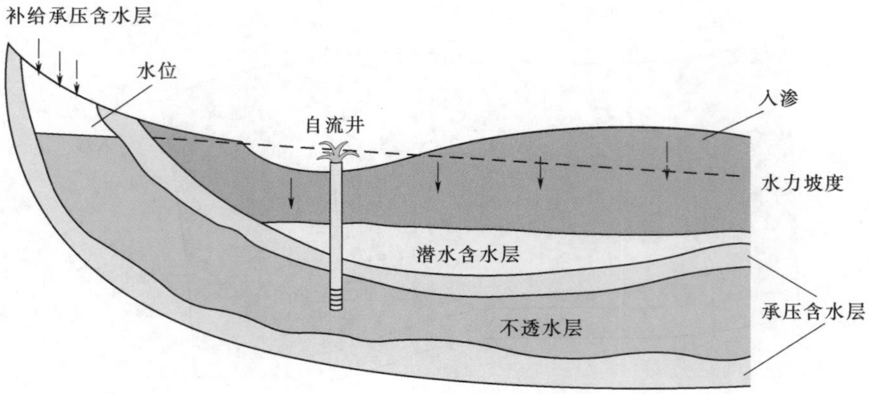

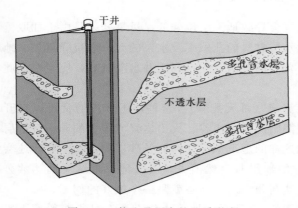

图 6-3　承压含水层

图 6-4　静止承压水的地质形成

3. 废水

来自市政、工业及农业的废水，经过适当处理，可以用于灌溉。在美国，1972 年联邦水污染控制法案的修正案鼓励利用处理过的水灌溉土地。灌溉用水户应将污水作为水资源考虑进去。利用污水灌溉有如下好处：

（1）减少河流养分负荷，降低 BOD/COD（生化需氧量/化学需氧量），降低排污河的温度。

（2）降低污水生产企业处理成本，使污水处理企业增强实力，处理更多的污水，满足河流水量要求。

（3）提高灌溉用水户的经济效益。

（4）用于灌溉可以改善环境，具有社会及政治意义。

使用污水水源灌溉的上述这些好处对整个社会都是有益的。但要面对一些挑战，如政府法规要求、公共卫生问题、作物选择、灌溉管理等。当计划用污水水源灌溉时，必须保证不能种植不加工的作物。应当向当地政府部门咨询某些作物不许种。另外，还必须注意，用污水灌溉时，不能减少河流流量太多，否则会对其他用水户用水产生影响。

4. 排水

排水是指田间为降低地下水位而实施的排水。用排水系统排出的水灌溉，常常被忽视。地下水位高的地方作物生长早期排水很有必要，但中、后期又需要灌溉，以便提高作物产量。

可以通过安装一定的设备来调节排水与灌溉。如需要，在适当的时间让土壤中的过量水排走。当地下水位降到根区以下后，将排水沟中的水挡住（如用翻板闸门），抬高水位到根深层底部。这种情况下，排水沟的坡度要平缓，排水沟变成了临时水库，储存的水可用于灌溉。有时，排出的水也可以储存在旧河道、水坑或排水干沟中。第十八章将进一步讨论排水，并附有许多参考文献。

特别要注意排水的水质。从土壤中排出的水可能含盐量高，因为排水时会将土壤中的盐分淋洗出去。总的讲，储存的排水量很有限，只能在很有限的时间将其用于灌溉。

5. 市政供水

许多地区，园林部门成了主要灌溉用水户。许多城市的家庭及商业场所安装了各种各样的灌溉系统，这些系统的水源都来自市政供水系统。干旱地区，必须搞清楚城市有多少水可供及哪些时间可供。草坪灌溉，其他园林植物灌溉，高尔夫球场灌溉要根据城市的水资源供应能力规划。但是，许多城市建立的节水制度会影响灌溉用水。有时，不允许将市政供水用于园林灌溉及高尔夫球场灌溉。在此条件下，应当尝试应用中水灌溉。

第四节 水文平衡计算

水文平衡计算或者叫水量平衡计算，指的是对某个水文单元或水文单元的一部分，在特定时段内对来水及水量损失做定量计算。做法是，计算研究区域内，从地面、地下进入多少水，有多少水离开区域，有多少储存在区域内。计算时，所有人工的、自然的得失都要考虑进去，用式（6-1）表示：

$$\Delta S = P - E - T \pm R \pm U \tag{6-1}$$

式中　ΔS——渠道、水库、地下水库或土壤中的储存量变化；

　　　P——区域内的降雨量（＋）；

　　　E——区域内蒸发损失（－）；

　　　T——区域内蒸腾损失（－）；

　　　R——河流水流出水量（－）与流进水量（＋）差；

　　　U——地下水流出（－）与流进（＋）差。

平衡计算时必须要搞懂各项的含义。用水户可能对其中的部分项目感兴趣，但灌溉工程师必须考虑周全。

一、耗水与用水

耗水与用水常常混用。耗水常指植物生长需水、食品加工需水等，有时也把工业用水或空调系统释放到大气中的水也叫耗水。灌溉也包含在耗水中。

二、取水

取水，指的是各种目的的用水，需要物理上从水源取走水。取决于水源，取走的水有时会再返还到水源一部分，然后再利用。比如，市政用水、电厂用水及一些工业用水，处理完后其中部分可重复利用。

三、非消耗性用水

非消耗性用水指的是使用水面及水体，但并不耗水的水利用。比如：航行、水上休闲娱乐、野生动物保护及回游鱼保护等。

四、非用水性损失

有的水量损失，与水的利用无关，但会减少区域的水供应。比如：水库的死库容，蓄水池内低于放水口以下的水，这些水不能利用。另外，将汇集的排水从一个区域调到另一个区域，其中的水量损失与用水无关。市政上从上游往下游补水引起的水量损失也与用水无直接关系。污染的水体，处理后仍有部分不能回收利用，损失的这部分水与水的利用无关。

五、地表水供水量估算

地表水源可以分两类。一种是常流动河流水源，一种是被人工调节或自然拦截的河流水源，如拦河坝、蓄水池、天然湖等。这些水源由天然径流补给或人工调节径流补给。天然径流指的是完全在自然条件下形成的径流，而人工径流指经过人工调蓄后的地面径流。

传统上，出于经济安全考虑，认为河流年平均水量的 75％～90％ 可以分配利用。这种想法认为这样做可以获得最大效益。但是事实是，这样做很难满足流域水的多样性利用需求。

地表水估算依赖于河道上及水库内的长时段水文站观测资料。地表水的多少及时空分布直接与降雨特征、气象、地质、地形及流域的地理特征等有关。例如，美国西部很多地区的长期性径流很少，加州死河谷地区会在很多年里无径流形成。相反，靠近西北太平洋的地区的年平均径流量能达到 2000mm 左右。山地比平原生产更多的径流量，降雨量少的平原地区的径流量更少。

世界上大部分地区的径流分布很不均匀。另外，径流的年内分布差异很大，常常集中在有限的时段内。像美国的西部，许多干旱及半干旱地区，75％的径流集中发生在数周内，水源来自上游融雪。这种情况下，常常将水拦蓄在水库，用于单个用途或多个用途，如农业、休闲娱乐、防洪、航行、市政供水等。

水库拦蓄的水，是为了未来利用。所谓调蓄，指的是将水量储存起来，以备未来在特定时段内使用。水库的调蓄能力取决于库存量与下泄流量。

没有天然水塘及天然湖的地方必须人工建设水库才能拦蓄径流，并优化利用。蓄水量取决于需求期望值及可拦截的水量。数学计算公式为：

$$\Delta S = I - O \tag{6-2}$$

式中　ΔS——特定时段内蓄水体积变化；

　　I——时段内总流入水量；

　　O——时段内总流出水量。

一般，流出水量除了各种用途的取水外，还包括水面蒸发损失，库区植物的蒸腾损失及入渗量。此外，还包括泄洪量。必须注意，入流量在年与年之间，季节与季节之间，甚至天与天之间变化很大。水库水的分配要根据时段内的入流量进行，以便平衡流域内需水要求。

六、地下水估算

地下水估算要仔细进行。通常认为地下水取之不尽。但是随着补给水减少及地下水位的下降，地下水储量会不断减少。此外，从经济的角度看，其中的一部分水还可能永远不能被利用。德州地下水含水层边缘地区的饱和层几乎消耗殆尽的情况便是一个例证。

下面公式用来估算地下水中的水文循环部分：

$$\Delta S_g = G - D \tag{6-3}$$

式中　ΔS_g——含水层蓄水量变化；

G——含水层补水；

D——含水层水量减少。

上述计算中，要计算给定时段内流域补充到地下含水层的水量。计算人员要懂得地下水补给机理及井出水的水力学原理，知道地下水流量。此外，还要知道各种地下水取用及其对地下水储量的影响。计算中知道安全、允许取水量非常重要。以下为相关定义：

（1）安全取水量——不致引起含水层水量严重损耗的年可开采量。

（2）最大可持续开采量。

（3）允许持续开采量——法律及经济上许可的、持续有益的、无不良后果的最大持续开采量。

（4）最大可开采量——给定地下水源的最大蓄水量。

（5）允许开采量——法律及经济上许可的，持续有益的，无不良后果的最大开采量。

1. 地下水补给

通过自然补给机理补充的地下水水量相对较小，因为地下水移动速率很小，地表水入渗到地下水的水量有限。地下水含水层得到补水的区域位置、大小及区域特征等都对地下水产生影响。有的含水层的补水来自全流域。有的含水层的上层覆盖有天然或人工不透水层，补给就会少。与地表含水层的暴露面相比，与地表含水层下层与另一个含水层相连相比，或与地表含水层与地表水体相连相比，承压含水层的补给面积很有限（见图6-5）。

2. 地下水流动

地下水流动速度一般在每天1.8m左右到每年几米不等。确定此流速的基本公式为达西定律（详见第七章）。达西定律可以用数学表达式（6-4a）或式（6-4b）。式中的 k 及 K 的取值根据英制单位及国际标准单位取不

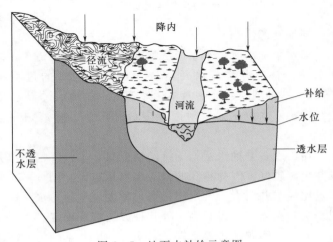

图6-5　地下水补给示意图

同值。

$$V = k \times S \tag{6-4a}$$

式中　V——流速，m/d；

　　　k——与流速相同单位的系数；

　　　S——水力梯度坡度，m/m。

$$Q = K \times A \times S \tag{6-4b}$$

式中　Q——水体积，m³/d；

　　　K——渗透系数，m/d；

　　　A——毛截面面积，m²；

　　　S——水力梯度坡度，m/m。

术语产水量、有效孔隙度、蓄水系数、释水系数，常用来描述含水层的蓄水能力。释水系数的定义为含水层单位水头变化可释放或储存到含水层中的水量。

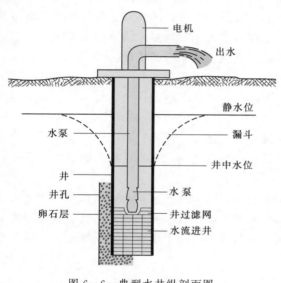

图 6-6　典型水井纵剖面图

3. 井出水水力学

地下水采集的通常做法是打井或建渗水廊道。估算这些采水设施的供水能力涉及许多因素。可以用一些简化的数学公式估算，也可通过图解分析及模拟的办法计算。

一口井（如图 6-6）可以考虑主要由两部分组成，用于收集地下水的井体及将水从地下抽到地面的水泵。

井体上有一开放断面，允许水进入井管。开放段的井壁装有孔管或筛网，除允许水进入井管外，还可避免井壁坍塌。含水层出水的地方，在井壁与筛网之间铺设一层卵石。受卵石及筛网包围的出水断面可以在井底，也可在井的几个不同深度部位。

当水泵抽水时，水立即从临近筛网的含水层流出。之后，一定范围含水层内的水会流向水井，补充井水。水开始从含水层流向井的过程中，井附近会产生水位降（见图6-6）。这种现象叫降落漏斗。降落漏斗随抽水过程增大，直至补水与抽水达到平衡，形成新的稳定水位。如果附近有多口井工作，降落漏斗会重叠，形成的水位降如图 6-7 所示。

当出现多井抽水互相干扰的情况时，水位降幅比单井抽水时大。在一定的范围内，灌溉井越深越好，因为越深的井，出水量越大。图 6-7 所示为深井，单位水位降幅下的出水量比浅水井要大。含水层的水力特性（包括蓄水系数，含水层透水性）可以通过数学模拟、实验室测定、田间测定等几种方法综合确定。

另一个问题是边界条件。真实含水层并不均匀，范围不是无限大，所以井周围的边界条件对井的水力特性影响很大。

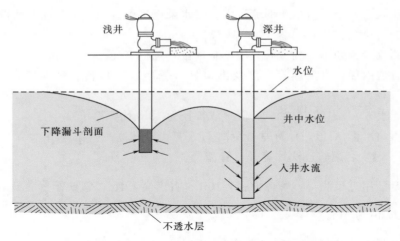

图 6-7　靠近的两口井同时工作时产生的水位降断面图

第五节　出水量测试

灌溉专业人士需要测定井或者河流的流量，用于确定最大灌溉控制面积。灌溉系统必须与水源流量相匹配，否则可能只有部分水能用，使得调蓄水库变成储蓄水库。许多水源在灌溉需求高峰期的供水能力最低。这种现象可能是由于这个阶段的入河地面径流少，或者地下水位低所致。规划设计必须基于关键期的水源情况进行。

测定水流量的方法很多，这里介绍的方法大部分适合于灌溉专业人士。

一、管道过水流量测定

水泵将井水抽出后，通常用管道将水输送到田间。管道测流有好几种方法。当利用测流设施测定满水或非满水管道流量时，必须注意根据管径校正。通常采用轨迹法测定管道流量（见图 6-8）。

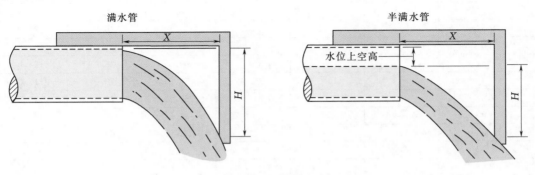

图 6-8　开口管测流量

测流管道不需要水平放置，只要在延伸管段测量即可。为了测量精确，如管道有明显的坡度时，应当用垂直距离，不要用直角距离。要知道，同一台水泵的水，自由流到大气中的流量要比入泵一个压力系统的流量大。当水泵连接到有压系统，如要获得自由流下的流量，必须加增压泵。

轨迹法测流步骤如下。测量时只用英制单位，包括 K 值。

（1）测管道内径，自由空间高度及出口处管壁厚度（包括管径厚度）。当管径大于 12in 时，测外径。

（2）选定表 6-3 中其中一个 H 值（取管径为 13in 计算简单）。

（3）用直角尺读 X 值，计算垂直距离 H＋自由空间高＋管壁厚值。

【例题 6-1】 利用轨迹法计算开口管流量：

（1）假定已用直尺测得：管道内径：10in；自由高：4in；管壁厚 $\frac{3}{8}$in。

（2）取 H 值为 9in。

（3）直尺测得 X 为 16in，垂直距离为 $13\frac{3}{8}$in，$9+4+\frac{3}{8}=13\frac{3}{8}$（in）。

（4）从表 6-2 获得，当管内径为 10in，自由空间高为 4in，$A=49.5\text{in}^2$。

（5）从表 6-3 获得，当 $H=9$in 时，$K=1.20$。

（6）计算得出数量 $Q=A\times X\times K=49.5\times16\times1.20=950$(gpm)（60L/s 或 216m³/h）。

表 6-2　　　　　轨迹法计算满管及半满管流量的 A 值（水流横断面面积，in^2）

水位上空高/in	管径					
	6″ID	8″ID	10″ID	12″ID	14″OD[①]	16″OD[①]
0（满管）	28.3	50.3	78.5	113.0	138.0	183.0
0.5	27.5	49.0	77.0	112.0	137.0	181.0
1.0	25.0	47.0	74.5	109.0	134.0	178.0
1.5	23.0	44.0	71.5	105.0	130.0	174.0
2.0	20.0	40.5	67.5	101.0	126.0	169.0
2.5	17.0	37.0	63.5	96.0	121.0	163.0
3.0	14.0	33.0	59.0	91.5	116.0	158.0
3.5	11.0	29.0	54.0	86.0	110.0	152.0
4.0	8.5	25.0	49.5	80.5	104.0	145.0
4.5	5.5	21.5	44.5	74.5	98.0	138.0
5.0		17.5	39.5	68.5	92.0	131.0
5.5		13.5	34.5	62.5	86.0	124.0
6.0		10.0	29.5	56.5	79.0	116.0
6.5			24.5	50.5	72.5	109.0
7.0			20.0	44.5	66.0	101.0
7.5			15.5	39.0	60.0	93.0
8.0				33.0	53.0	86.0
8.5				27.5	47.0	78.5
9.0				22.0	40.5	70.5
9.5					34.5	63.0
10.0					28.5	56.6

① 基于管壁厚 0.375″。

表 6 - 3					轨迹法计算满水管及半满水管流量的 K 值							
	H 值/in											
	4	5	6	7	8	9	10	11	12	13	14	15
K	1.80	1.61	1.47	1.37	1.28	1.20	1.14	1.09	1.04	1.00	0.97	0.93

最常用的测流设施为螺旋桨式水表。这种水表有多个叶片，安装在管道内的水流中〔见图 6 - 9（a）〕。叶片的旋转速度取决于水的流速（m/s）。基于测得的水流速度及管径，可转换成流量（L/min 或 m³/h）。大部分水表可读出流量也可读出水量。有多家公司制造适合多种管径的这种水表。

另一种测流装置为电磁及超声波测流水表〔见图 6 - 9（b）～图 6 - 9（d）〕。这种水表在农业灌溉上用的越来越普遍。因为这种水表无移动部件，可移动测试，可在管外测试。

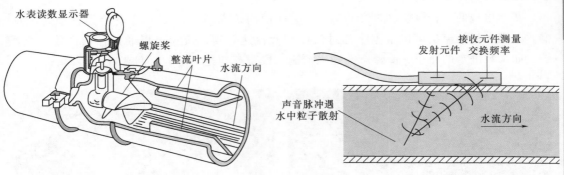

图 6 - 9（a）　螺旋桨式水表

图 6 - 9（b）　多普勒超声波水表

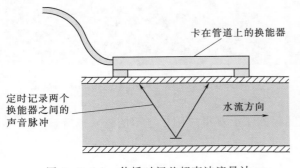

图 6 - 9（c）　传播时间差超声波流量计

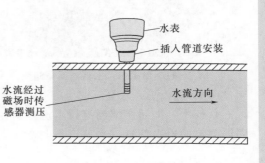

图 6 - 9（d）　电磁流量计

二、明渠测流

地面灌溉水一般都由明渠输送。明渠水可用尖顶堰及宽顶堰测定。

尖顶堰需要将上游水位提高到足以使堰顶水位高于下游水位。接近测流堰的流速要通过堰前水塘降下来。如果无法形成水塘，测出来的流速要比水表测得的读数大。明渠浅层水及深层水堰顶水深太小时的测量误差大。

图 6 - 10　尖顶堰测流

宽顶堰适合非常宽平水面的沟渠测流，因为下游水位超过堰顶的水深可以为上游超过堰顶水深的 85%。此种条件下不需要对接近测流堰段的流速校正。图 6 - 10 所示为渠道水流经一个尖顶堰测流。第十九章将详细讨论尖顶堰与宽顶堰。

水槽也可用来在明渠上测流，尽管总的讲造价要比前述两种堰测流高（Van den Bosch 等，1993）。量水槽中最知名的是巴歇尔槽。为了提高量测精确度，巴歇尔槽的尺寸要足够精准（见图 6 - 11）。巴歇尔槽通常为固定构筑物。

新近出现的一种测流槽叫 RBC 槽。这种槽构筑简单。图 6 - 12 所示为移动式 RBC 槽。渠道的粗估流量可以根据平均过流面积及流速算得。流速可以通过在槽中放一个浮子，如未装满水的瓶子，测浮子在随水漂流一段距离到达下游的时间获得。

图 6 - 11　巴歇尔量水槽测明渠测流

图 6 - 12　移动式 RBC 测流槽测明渠流量

新技术，如超声波测流技术也开始在明渠测流上获得应用，且用的越来越普遍。关于明渠测流的更多信息，参见第十九章。

第六节　灌溉水源水质

判断水源是否适合灌溉，主要考虑水中物理杂质及水化学特性。水中的杂质严重影响灌溉系统的正常运行及设备寿命。灌溉水的化学特性影响更广泛。

一、物理杂质

灌溉水中的杂质包括有机杂质及无机杂质。沙粒、粉粒及其他悬浮颗粒是首要考虑的杂质，因为这些杂质会引起灌溉设备过度磨损及微灌系统堵塞。根据情况不同，有的需要过滤系统处理，有的需要其他方法处理。

二、灌溉水化学特性

水化学特性，包括水中可溶化合物的含量，如盐分含量、硼元素含量等。灌溉水的这些特性会影响土壤特性，作物水分吸水及灌溉设备使用。

如果土壤用一种水灌溉多年，则土壤的化学特性与水的化学特性差不多。要知道灌溉水是否适于灌溉及其对土壤的影响，必须要知道水的盐分含量水平、钠的浓度、有可能对土壤产生毒害的元素及化合物如硼等。

1. 盐分

盐分指的是溶解在灌溉水中的所有盐的含量（溶解在水中的化合物离子的含量）。盐分高会阻止作物从土壤中吸水，从而危害作物生长。不同的作物的耐盐性不同。USDA手册 60 中有表提供了不同作物在不同盐分下的潜在减产数据。盐分浓度的影响与土壤类型及气候条件有关。灌溉水的盐分含量可能引起的危害有：

（1）低水平含盐量水（C1）用于灌溉，对于大多数土壤及大多数作物的盐害很小。但也要做一些淋洗灌溉，除非土壤的渗透率很高。

（2）中等水平含盐量水（C2）可以用于灌溉，如果采取适当的淋洗灌溉措施。中等耐盐程度的作物在不做盐分控制下可以生长。

（3）高水平含盐量水（C3）在地下排水不畅的条件下不能用于灌溉。即使有适当的地下排水系统，也要采取特别严格的盐分管理措施，并选择耐盐程度高的作物。

（4）非常高水平含盐量水（C4）一般不能用于灌溉。但在非常特殊条件下，可以偶尔用于灌溉。土壤透水要好，要有很好的地下排水条件，灌溉水量必须额外多以淋洗土壤盐分，必须选择耐盐程度非常高的作物。

电导率（EC）用来衡量任意溶液中的总盐量（TDS）。盐分浓度高时，土壤中的高渗透势必会降低作物吸水能力，增加对毒害离子的吸收。引起的后果是生长迟缓、萎蔫、叶边坏死等。灌溉水的电导率与可溶盐的浓度直接相关。纯水电导很差，咸水导电好。电导率越高，溶液的盐分浓度越高。电导率的单位为每厘米毫欧姆（mmohs/cm）或每米分西门子（dS/m），数值上是相等的。

2. 钠离子含量

钠离子的危害常用钠吸附比（SAR）来衡量。SAR 是一个计算值，反映钠离子浓度与钙镁离子浓度的相对值。从水质分析数据获得钠离子（Na）浓度及钙（Ca）、镁（Mg）离子浓度，然后代入下述公式计算可得 SAR，离子浓度均为 ppm 或 mg/L：

$$SAR = \frac{Na}{\sqrt{\dfrac{Ca+Mg}{2}}} \qquad (6-5)$$

SAR 反映过量钠引起土壤孔隙密封、导水率下降的潜在水平。灌溉水中的 Ca 与 Mg 离子对土壤导水率的影响与钠离子相反。钠离子浓度高，会破坏土壤结构（颗粒分散，降低土壤透水性），降低导水率（降低土壤排水性）。另外，钠会对一定作物产生毒害。钠的影响取决于土壤类型及气候条件。不同 SAR 水平的危害程度如下：

（1）低钠水（S1）。可以应用于大部分土壤的灌溉，可交换钠水平达到有害程度时会有一点危险。

（2）中钠水（S2）。会对可交换阳离子能力高的细质土产生相当高的危害，当淋洗条件差时危害更严重，土壤中石膏含量高时危害小。这种水可应用于粗质地，有机质含量高及导水率高的土壤上的灌溉。

（3）高钠水（S3）。对大部分土壤产生可交换钠危害，需要特别高的土壤管理技术：优良的地下排水，高淋洗率，高有机质含量。如果土壤中含石膏成分高，利用这种水灌溉可能不会产生危害。可以用化学改良的办法替换可交换钠，解决这种水的灌溉利用问题，除非水的含盐量很高导致化学改良不可行。

（4）非常高钠水（S4）。一般不能用于灌溉，除非含盐量为低或中等水平、土壤溶液中钙离子含量高或利用石膏及其他方法改良过土壤。

3. 盐分与钠的综合影响

盐分与钠浓度会产生联合效应。总的讲，高盐分引起的危害随着钠浓度的增加而增加，反之亦然。图 6-13 显示了这种综合影响。表 6-4 为基于盐分含量及 SAR 值的灌溉水质分级。有时，灌溉水会从钙质土中溶解足够多的钙离子，显著降低钠离子的危害。如果利用上述 C1-S3 及 C1-S4 水时，应当将这种可能性考虑进去。对于高 pH 值的钙质土，或非钙质土，在灌溉水中加入石膏，可以改善 C1-S3、C1-S4 及 C2-S4 水的灌溉效果。与此相似，定期在 C2-S3 及 C3-S2 水中加石膏也是有益的。

表 6-4　　　　　　　基于盐分及钠吸附比（SAR）的土壤分级

分级	最大 SAR	最大盐度 /mmhos	土壤质地	盐分管理	作　物
C1-S1	<6	750	所有	不	所有
C2-S1	6~8	750	所有	黏土	所有
C2-S2	12~15	750	壤土或略细土	不	所有
C2-S3	15~25	750	沙壤或壤沙土	不	所有
C3-S1	4~6	2250	黏壤略粗土	部分	除盐分敏感作物外的其他作物
C3-S2	9~12	2250	细沙壤或略粗	部分	除盐分敏感作物外的其他作物
C3-S3	14~18	2250	沙壤土或较粗的壤沙土	部分	除盐分敏感作物外的其他作物
C3-S4	18~25	2250	沙壤土或较粗的壤沙土	部分	除盐分敏感作物外的其他作物
C4-S1	2~4	5000	细沙壤或略粗土壤	需要淋洗	耐盐作物
C4-S2	7~9	5000	沙壤土或壤沙土	需要淋洗	耐盐作物
C4-S3	11~14	5000	壤沙土	需要淋洗	耐盐作物
C4-S4	14~25	5000	壤沙土	需要淋洗	耐盐作物

注：假定①土壤排水好；②无潮湿软土，除非排水经济可行；③有透水率很低的地层；④如灌溉水的 SAR 大于 25，不可用。

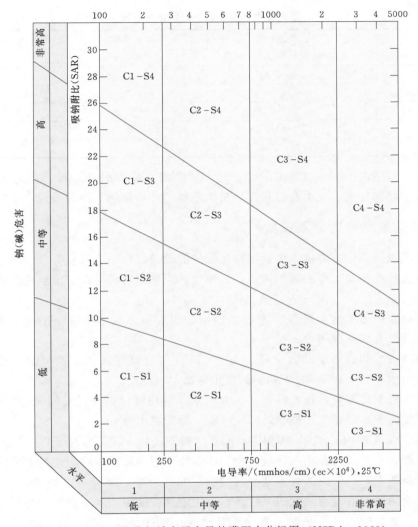

图 6-13　基于盐分与钠离子含量的灌溉水分级图（USDA，1969）

4. 硼及其他有毒元素

当评价灌溉水的适用性时，考虑其对作物的影响非常重要。许多化学物质对作物有潜在毒害。但是，对于特定的化学物质，是否对作物有危害及危害程度有多大，取决于其浓度。有公开数据显示特定化学有毒物质对特定作物产量有影响。忽略除草剂的污染，用于灌溉的天然水中只有几种化学物质对作物有潜在毒害。尽管钠与氯对作物有危害，但硼的危害作用最大。当灌溉水中硼的浓度达到毒害水平时，水质评价中就必须包含这种元素。表 6-5 列出了灌溉水中硼的安全浓度。

到目前为止，还没有将硼元素从灌溉水中去除的经济可行方法。同样，到现在为止，还没有经济上可行的土壤改良剂用以减少硼的危害。

当可交换钠低于有效土壤毒害水平时，钠敏感作物会随着钠离子在体细胞内的积累而受到危害。钠敏感作物，如坚果树、鳄梨等就会积累钠离子浓度到危害浓度。

表 6-5 不同灌溉水质分级下的硼允许含量

硼分级	敏感作物 /10⁻⁶	半耐硼作物 /10⁻⁶	耐硼作物 /10⁻⁶
1	<0.33	<0.67	<1.00
2	$0.33\sim0.67$	$0.67\sim1.33$	$1.00\sim2.00$
3	$0.67\sim1.00$	$1.33\sim2.00$	$2.00\sim3.00$
4	$1.00\sim1.25$	$2.00\sim2.50$	$3.00\sim3.75$
5	>1.25	>2.50	>3.75

氯离子，与钠离子相关（NaCl 盐），是评价灌溉水质时另外一种需要考虑的毒害离子。还要考虑作物种类，豆类及棉花作物对钠与氯的含量敏感，而蜀黍及小杂粮不敏感。

三、水化学特性对灌溉设备的影响

水质对灌溉设备也有影响，包括机械化灌溉的管道、微喷头及滴头等。应考虑下述影响灌溉设备选择及设备工作表现的因素。如果这些因素出现，可以考虑更换管道材料及使用其他设备。

（1）灌溉水的 pH 值是最先要考虑的因素。当灌溉水的 pH 值小于 6.2 或高于 9.0 时，镀锌钢管及管件会被腐蚀。

（2）当氯离子和硫离子的含量高于 200×10^{-6} 时，镀锌设备会被腐蚀，缩短使用寿命。含氯高的水还会缩短 304L 不锈钢的使用寿命。

（3）对于机械化灌溉设备，低钙镁水（软水）会使镀锌钢件的使用寿命缩短。相反，钙镁离子含量高的水会在喷头喷嘴处产生沉淀，降低出水量。

通过碱性水（高 pH 值水）施用微量元素（特别是锌、镁等阳离子）一般会引起这些养分元素沉淀为不可溶化合物，导致作物不能吸收利用。聚磷酸铵溶液遇上硬水（钙镁及碳酸盐浓度高的水）会形成沉淀。这些沉淀物积累到管壁、喷嘴上，最终会堵塞出水孔。建议先测试聚磷酸铵液与灌溉水的兼容性，再决定是否使用。对于微灌，必须评价灌溉水是否会对滴头或微喷头产生化学堵塞。灌溉水的化学性能还包括铁离子浓度、镁离子浓度、水 pH 值、碳酸盐与重碳酸盐浓度等。关于微灌水质问题及解决方案，还可参见第十一、第二十章及第二十二章相关内容。

第七节 水 处 理

灌溉水可以通过处理，改善水质后用于灌溉。大部分情况下，灌溉水质处理是去除水中的杂质，保护灌溉设备，保持灌溉系统正常工作。在一定范围内，可以采取措施改变灌溉水的化学特性，以便用于灌溉。但总的讲，大规模改变灌溉水的化学性能在经济上是不可行的。

一、灌溉水的化学处理——钠改良法

目前，通过水处理的办法去除硼还不现实。但已有几种办法处理高水平钠。通过改良的办法，可以改善由于不适宜的 SAR 引起的土壤导水率下降，改善钠与重碳酸盐对钙镁

的比。钠改良就是要增加可溶解钙的水平，对土壤导水有利。可溶解钙替换钠，可使土壤变得疏松（钠紧土，钙松土）。钠改良也是解决土壤板结、表皮坚硬问题的一种办法，尽管最好的办法是通过作物管理及机械作业来解决。

钠改良方法分为两类：加钙法和加酸法。

加钙法包括直接加石膏（硫酸钙）、石灰（碳酸钙）及聚硫化钙。给灌溉水中加石膏是调节水质的常用办法。如果水中钠的含量很高，石膏的加入会使土壤积累钠的趋势减弱。利用喷灌系统加石膏的方法很简单。喷洒的过程中石膏与水充分混合并均匀地分布到田间。

为了使酸化改良效果更好，土壤中应有钙。常用酸化改良剂包括硫黄、硫酸、二氧化硫。通过灌溉系统将这些改良剂施入土壤时，选择什么时间很重要。

还有几种试图改善高钠水平对土壤影响的方法。其中一种是在土壤中添加高分子聚合物，利用聚合物将土壤颗粒黏合起来，改善土壤导水率。此外，还有人做试验，将内燃机排气管排出的二氧化碳气体加入到灌溉水中，增加水的酸度。但这种方法还未得到生产上的大量验证，使用范围非常有限。

二、排除灌溉水中的无机杂质

灌溉水中的泥沙会堵塞喷头，尤其是滴灌滴头。此外，泥沙还会对灌溉设备产生快速磨损。最好的办法是能找到泥沙少的水源。例如，地表水中的悬浮杂质比地下水中多。如果地下水中悬浮颗粒多，说明成井不好或设备有问题。如果发现井水中的泥沙多，应当通过调查设法解决。地表水源，流速过快的河流可能会携带更多、更大的泥沙颗粒。总的讲，水中的悬浮颗粒很大程度上与水源本身的特性有关。

对付物理性杂质的首要任务是设法在抽水点或地表水取水点排除。排出悬浮物及泥沙杂质的方法有多种，如建排沙池，安装网式过滤器、篮式粗过滤器、离心过滤器。如何配置过滤器，取决于水源、杂质类型、水量及灌溉方法等（见表 6-6）。

表 6-6 灌溉水杂质处理需求

水　质	建 议 处 理 方 法
无　机　固　体	
>10mg/L 杂质粒径大于 $100\mu m$	用不锈钢网过滤（直径大于 1/6 灌水器出水口的颗粒都要滤掉）
杂质粒径小于 $100\mu m$	如果水中 Fe 及 S 的含量不太高的话，不会产生堵塞。如果频繁出现堵塞，需要安装自动清洗过滤器
<10mg/L 杂质粒径在 $100\mu m$ 上下	建议采用自动清洗过滤器
有　机　固　体	
>10mg/L 杂质粒径大于 $100\mu m$	需要安装砂石过滤器，通过砂介质的流量建议为 $7L/(min \cdot m^2)$（砂床面积。反冲洗功能要好）
<10mg/L 杂质粒径大于 $100\mu m$	要用自动反冲洗砂石过滤器，建议过流量为 $7L/(min \cdot m^2)$
有机悬浮物含量高， 粒径小于 $100\mu m$	高含量有机悬浮物通不过滴头流道，必须用自动反冲洗砂石过滤器，可滤掉大量有机杂质

三、沉沙池

沉沙池可去除泥沙悬浮物，流经范围为 $2\sim2000\mu m$。沉沙池的尺寸取决于流速，因此必须知道携带泥沙的水流速度。小颗粒悬浮物需要大沉沙池，或更长的沉沙池，以便使泥沙沉淀下来。一般采用挖坑的办法建沉沙池。沉沙池上的取水管必须远离底部，以便取到上层较干净水。取水点要远离进水口。

四、滤网

滤网常用来去除水中的杂质。滤网的尺寸、形状及目数相差很大（见表 6-7）。滤网可以用手动清理，也可自动清理。有的滤网用水柱清理泥沙，有的用刷子清理。滤网可用来去除沟渠水泥沙，可去除渠道水泥沙，也可去除管道水中的泥沙。

表 6-7　　　　　　　　过滤网目数与过滤颗粒等量直径及颗粒类别关系

目数	直径/μm	相应颗粒	直径范围/μm
16	1180	粗砂	>1000
20	850	中砂	250~500
30	600	非常细砂	50~250
40	425	粉粒	2~50
100	150	黏粒	<2
140	106	细菌	0.4~2
170	90	病毒	<0.4
200	75		
270	53		
400	38		

图 6-14 所示为井水喷灌系统首部的网式除砂过滤器。

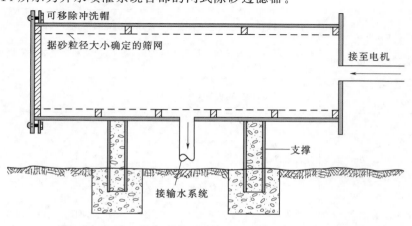

图 6-14　用于井水喷灌系统首部的有压网式除砂过滤器

图 6-15 所示为网式过滤器与泥沙收集器组合体。当第一个箱室内的流速低于泥沙携带流动速度，泥沙沉积下来。第二及第三箱网室主要利用滤网去除剩余杂质。此两室由一套两个可移动篮式过滤网组成，可快速清除杂质。

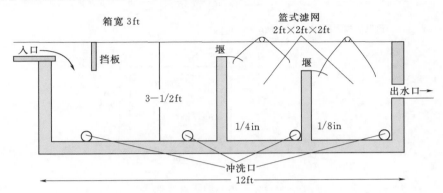

上述结构体为篮式滤网的合理设计，适合于过滤流量为 100gpm，中等程度脏水。水先流进 5in 长的第一个隔间，然后流入第二个篮式滤网。篮式滤网上部敞开。过滤网拦住杂质，需要定期清洗。

注意：取 1/4 还是 1/8 孔径钢丝网，取决于喷头喷嘴大小

图 6-15 篮式滤网过滤器断面图

图 6-16 为安置在水面下的固定卧式滤网。这种结构的设计原理是将杂质与流向水泵的水分开，以免将杂质推向水泵。要注意，杂质并不全部浮在水面上。

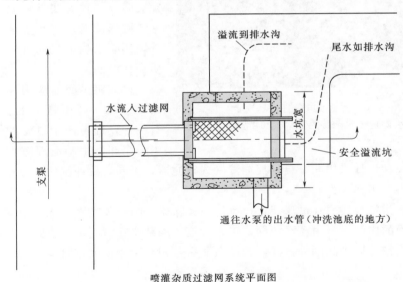

喷灌杂质过滤网系统平面图

图 6-16 水下固定卧式滤网过滤装置

图 6-17 显示为斜坡式网式过滤装置，利用坡度形成的冲刷力将杂质从网上冲洗进污水渠。

有几种进水口粗过滤装置。这些过滤装置固定在水沟及溪流吸水管的尾端。市面上有

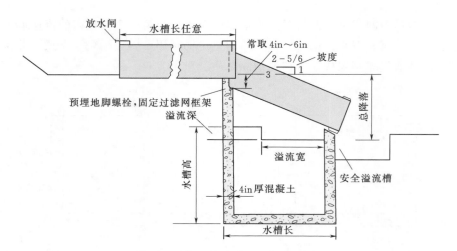

图 6-17　斜坡式网式过滤装置

图 6-18　闸管灌溉条件下，用于
去除地表水杂质的冒泡式滤装置

几种粗过滤器，用来去除沟渠灌溉水中的杂质，同时还可避免在吸水管或取水管道入口处形成漩涡。

水塘、湖及水库水源中常携带有杂质。当湖及水库水位低时，水中会滋生绿苔及其他水生生物，灌溉时必须去除。一种方法是在取水口上安装一个圆形滤网，将水生杂质挡在滤网外，用喷水嘴由里向外冲洗，以防杂质糊住滤网。

篮式粗过滤器应用在大口径（最大到 30in）高压管道上已有许多年。有一种设计由两个过滤器组成，这样当一个卸下手动清理时，另一个可正常工作。另一种设计采用两个自动反冲洗网式过滤器，可同时反冲洗两个过滤网，也可一个反冲洗，一个工作。

图 6-18 为冒泡式网式过滤装置，可用来去除流入闸管及喷灌系统水中的杂质。入口水被送到滤网的中间，自由流经滤网，进入管道。当杂质在滤网上积累到一定程度，在水力的作用下，被冲刷到滤网外。滤网滤掉杂质后，相对干净水流进管道。

五、离心过滤器

离心过滤器是一种有效的水质过滤装置，无需或仅需极少维护。过滤效果差别很大，效率最好的可将 98％ 粒径为 $74\mu m$（200 目）以上的泥沙滤掉，压力损失为 34.5～103.4kPa。离心过滤器的好处是，无移动部件，无滤网及滤网支架需要清洗及更换，不需要反冲洗，不需拆卸。

离心过滤器去除泥沙的过程非常简单。清除积砂，只需要 15～20s 时间开关冲洗阀门放水即可。

图 16-19 和图 6-20 显示为离心过滤器的工作状态。离心过滤器是设计用来去除比水重的泥沙颗粒的，过滤后的水中还有微细泥沙颗粒。离心过滤器常作为 1 级过滤器，需要配 2 级过滤器去除更微细杂质。

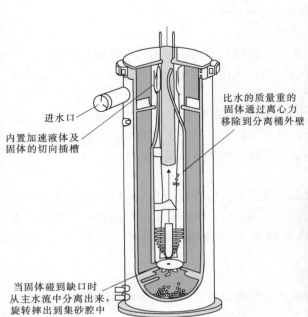

进水口

内置加速液体及固体的切向插槽

比水的质量重的固体通过离心力移除到分离桶外壁

当固体碰到缺口时从主水流中分离出来，旋转摔出到集砂腔中

图 6-19　离心过滤器

图 6-20　离心过滤器及涡流泵安装

泥沙除了对喷头有损坏及堵塞滴头，还会磨损离心过滤器，磨损水泵，使水泵效率降低。为了保护水泵及离心过滤器，可在水泵底阀处安装一个离心式砂分离器。安装方法同泵出口处安装。泵入口处安装离心过滤器，使得水泵抽的水是离心过滤器过滤后的水，避免大颗粒沙子进入水泵。

要合理安装泵入口离心过滤器，需要有详细建井资料，以便保护水泵。

六、过滤器

水质处理对微灌是必需的。微灌常用过滤器有两种，砂石过滤器及叠片过滤器。

水从砂石过滤器的顶部进入罐体，流经砂介质层，从下部进入灌溉系统。在这个过程中，水中的悬浮杂质被砂层拦截，出来的水为干净水。砂层顶部积累的杂质要通过砂罐内过滤过的干净水反向流动的水冲洗，然后从排污口放走。

叠片过滤器由一系列聚丙烯薄片叠放而成。塑料薄片双面上铸有斜沟槽，沟槽的参数是根据所要求的目数设计的。当这些塑料薄片紧密叠加在一起时即形成一个过滤系统。清洗叠片过滤器时，只要将叠片松开，放到水中清洗或用高压水柱冲洗即可。自动控制系统用自动反冲洗的办法实施清洗。

过滤器是微灌系统的必备部件，第十一章及第二十章有详细介绍。

第八节　供水系统开发

供水系统开发包括收集水源数据，建设及安装水源系统，选择管道及其他部件尺寸，选择设备测试。这些步骤适合于深井、浅井及地表水开发，但对深井开发更重要，因为深井开发更难，成本更高。

供水系统开发的定义不要混同于狭义的井水开发。

开采地下水，打测试井很重要。花钱在已有多眼井的地区打测试井是很有必要的。打测试井的目的有两个：一是打测试井时可以详细记录钻井地区土层的组成；其次根据测试井的资料，估算邻近区域打井时可能的单井出水量。

图 6-21 显示为内巴拉斯加州相距 400m 的 3 口井的打井记录数据，即测井日志。尽管水位低，但 1 号井由于含水层为粗砂砾，缺少细沙及黏粒，出水量比其他两口井多。打完几口测井，打井人员可预测该地区每米水位下降的出水量为多少。

1. 井孔直径

井孔直径大小对井的出水量的影响被误解很多年。将井孔直径从 15cm 增加到 30cm，可能会使井的出水能力翻番。但要使井孔直径为 30cm 的井的出水量再翻番，井孔直径就得大到 305cm。图 6-22 显示的是在科罗拉多州测试的，不同井孔直径（30.5cm、45.7cm 及 61.0cm）下的出水量曲线。

2. 钻井方法

大部分井孔是由钻井机钻出来的。灌溉用井当前最通用的钻井方法是旋转钻。旋转钻按动力传递方式不同，分井口转盘钻和井下动力钻两种：

（1）转盘钻：在钻台的井口处装有转盘，转盘中心旋转部分有方孔，钻柱最上端的方钻杆穿过该方孔，方钻杆下接钻柱和钻头。动力机驱动转盘时带动钻柱和钻头一起旋转，破碎岩石，井孔随钻柱不断加长而加深，岩屑随循环泥浆返至地面。

（2）井下动力钻：利用井下动力钻具带动钻头破碎岩石。特点是钻进时钻柱不转动，磨损小、使用寿命长，特别适于打定向井。井下动力钻有涡轮钻、螺杆钻、电动钻等。前两种靠高压泥浆驱动，后一种是用电驱动。20 世纪 30 年代初苏联首先使用涡轮钻钻井，中国从 20 世纪 50 年代起先后使用涡轮钻和螺杆钻，主要用于钻定向井。电动钻需要特殊的带电缆的钻柱，尚未大量使用。

许多地区当地的钻井公司熟知当地条件，能采用最适宜的打井方法，成本一般最低。有经验的钻井队知道如何使打出的井既安全，寿命又长，一口井的寿命应当至少在 20～30 年，不坍塌，出水能力不减。

3. 校准

井管安放应当垂直，至少安装在水泵以上。填充卵石常常会挤压井管，将井管推离中心线。

允许偏差取决于井管直径与涡轮泵外径之间的比。水泵厂家也会根据安装不垂直时对水泵寿命及工作效果的影响提出建议。

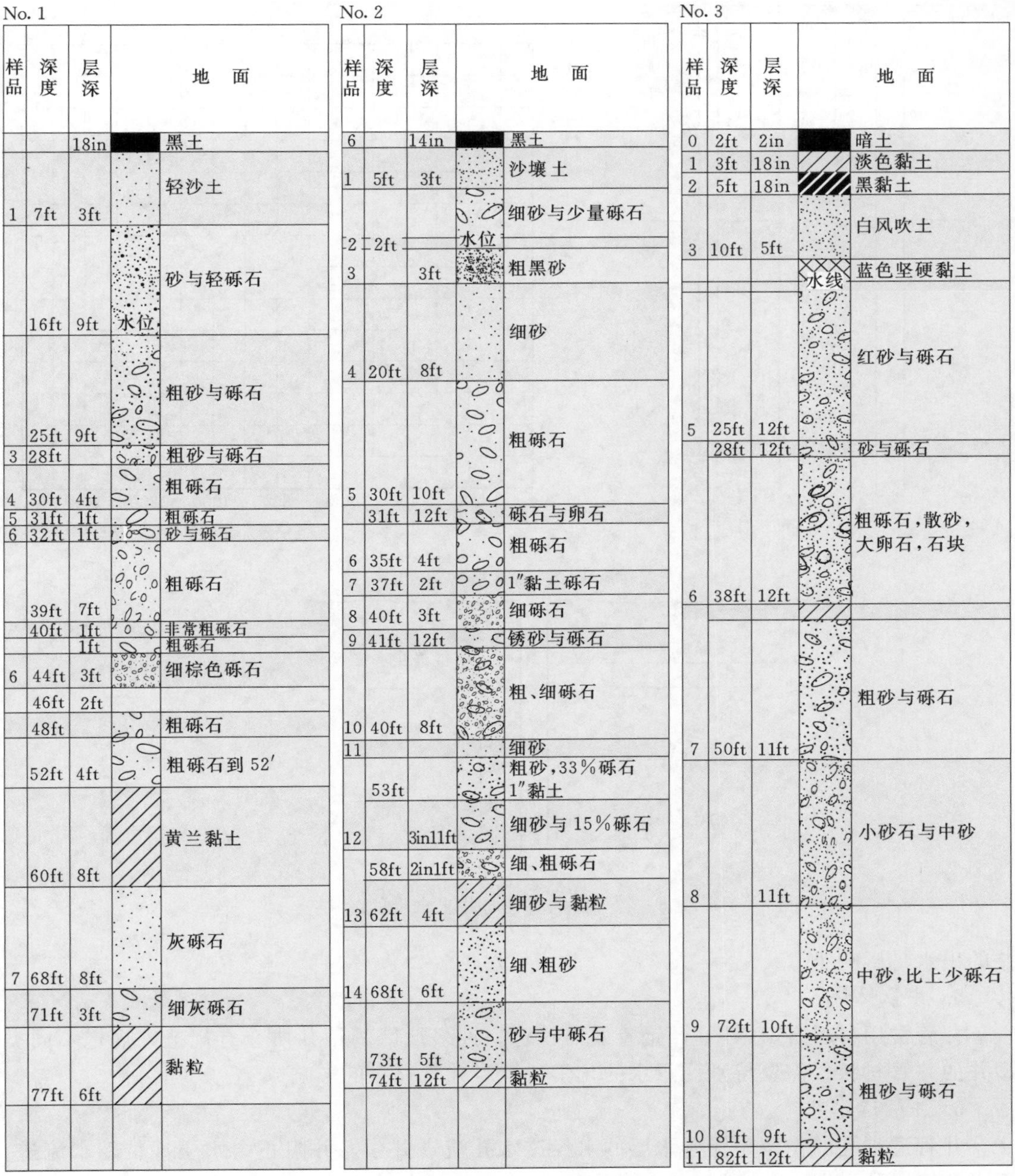

No. 1

样品	深度	层深	地面
	18in		黑土
			轻沙土
1	7ft	3ft	
			砂与轻砾石
	16ft	9ft	水位
			粗砂与砾石
	25ft	9ft	
3	28ft		粗砂与砾石
4	30ft	4ft	粗砾石
5	31ft	1ft	粗砾石
6	32ft	1ft	砂与砾石
			粗砾石
	39ft	7ft	
	40ft	1ft	非常粗砾石
		1ft	粗砾石
6	44ft	3ft	细棕色砾石
	46ft	2ft	
	48ft		粗砾石
	52ft	4ft	粗砾石到52'
			黄兰黏土
	60ft	8ft	
			灰砾石
7	68ft	8ft	
	71ft	3ft	细灰砾石
			黏粒
	77ft	6ft	

No. 2

样品	深度	层深	地面
6	14in		黑土
1	5ft	3ft	沙壤土
			细砂与少量砾石
2	2ft		水位
3		3ft	粗黑砂
			细砂
4	20ft	8ft	
			粗砾石
5	30ft	10ft	
	31ft	12ft	砾石与卵石
			粗砾石
6	35ft	4ft	
7	37ft	2ft	1"黏土砾石
8	40ft	3ft	细砾石
9	41ft	12ft	锈砂与砾石
			粗、细砾石
10	40ft	8ft	
11			细砂
			粗砂,33%砾石
	53ft		1"黏土
12		3in11ft	细砂与15%砾石
	58ft	2in1ft	细、粗砾石
13	62ft	4ft	细砂与黏粒
			细、粗砂
14	68ft	6ft	
			砂与中砾石
	73ft	5ft	
	74ft	12ft	黏粒

No. 3

样品	深度	层深	地面
0	2ft	2in	暗土
1	3ft	18in	淡色黏土
2	5ft	18in	黑黏土
3	10ft	5ft	白风吹土
			蓝色坚硬黏土（水线）
			红砂与砾石
5	25ft	12ft	
	28ft	12ft	砂与砾石
			粗砾石,散砂,大卵石,石块
6	38ft	12ft	
			粗砂与砾石
7	50ft	11ft	
			小砂石与中砂
8		11ft	
			中砂,比上少砾石
9	72ft	10ft	
			粗砂与砾石
10	81ft	9ft	
11	82ft	12ft	黏粒

图 6-21 测井日志举例

4. 井深

井深应当根据测井资料确定。无测井资料情况下打新井，业主应咨询当地水文地质学家，估算一定出水量要求下的最大井深。图6-7显示的是潜水层中打的浅井。灌溉井应当尽量打深，因为深井单位水位降下的出水量大。如果图6-7中的两口井，每口井的抽水流量相等，比如220m³/h，则深井的水位降比浅井的要小很多。当地地下水位下降对深

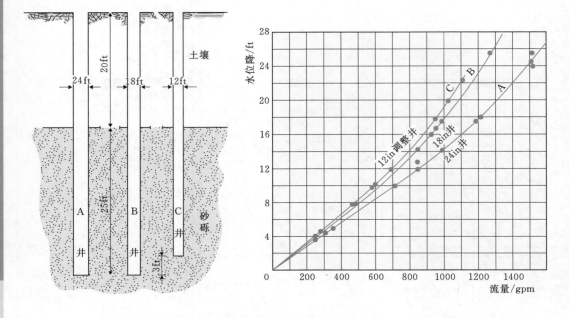

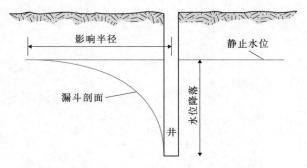

图 6-22 井的直径对井出水量的影响

井的出水量影响小。

5. 井管材料

井管常用材料有 PVC 管，钢管及铸铁管。许多地区的钻井协会有规范，规定不同类型井的井管材料。需要特别注意水的化学特性对井管材料的影响。

6. 井管透水孔

井管透水孔的作用是让含水层的水经透水孔流进井中，并阻止含水层沙粒随水流进。透水孔管段外围铺设卵石层，如果卵石层安装合理，可避免含水层细沙挤进透水孔，并逐渐堵死透水孔。

7. 砾石填充

利用旋转钻在疏松含水层打井时，井管透水孔段的外围必须填充卵石层。卵石填充层的作用相当于过滤器，避免含水层细沙进入井中。

卵石选择很重要，常常做不好。卵石层选择既要求孔隙空间最大，以使足够大的水流进井中，同时又要求空隙的尺寸要小，以便拦截细沙。卵石层材料的尺寸不得大于含水层沙粒平均尺寸的 5 倍。即使材料运输距离很长，也要保证卵石材料级配合理。如果卵石层选择及铺设不好，不能拦截细沙，可能就得安装过滤网。这种情况下，业主必须咨询专业人士，找到合适的过滤器生产厂家。合格的钻井人员能根据含水层分析，选择合适的过滤网。

8. 洗井

洗井的主要目的是从含水层获得最大出水量。同时，洗井还可稳定井的结构，最大程度减少出砂量，改善侵蚀及结壳条件。合理的洗井可改进井的出水性能。洗井必须要移除井壁的胶质黏土、钻井泥浆、过滤网外的细沙及滤网附近含水层为稳定的细沙。有的粗颗粒含水层中含有黏粒，洗井时应将这些黏粒从滤网洗出。

洗井的常用方法为涌水法，又叫抽水法。水泵以一定时间间隔抽、停，反复进行，以便形成涌水，将滤网外及滤网附近含水层细沙洗出。

另一种普遍采用的方法是涌水塞法。涌水塞被固定在钻杆尾端。当钻杆上下运动时，在井中产生抽吸功能，起到洗井作用。

使用压缩空气也可洗井。压缩空气可使井水位上下变化，达到洗井目的。

压力水柱喷射也是洗井的一种方法。

9. 抽水试验

抽水试验是在洗井完成后以各种不同的流量抽水，测定流量及相应水位降。抽水试验获得的数据可汇成流量-水位降曲线。抽水试验为日后合理选择水泵奠定基础。前面介绍的几种测流方法都可以采用。实践中有一些粗估的方法如量桶法，用水表测流最精确。前述管道直角尺法测量快，但精度不够。如果能合理安装矩形或三角形测流堰，精度还可以。要测定不同水位降，简单的办法如图 6-23 所示，用空气管及空气泵测试法测试水位变化。另一种方法是用电接触式水位计测水位降，如图 6-23 所示。

10. 井维护

不管是在什么位置的井，多深的井，什么类型的井，什么目的的井，什么环境，井维护都是必要的，以便保持最大出水量。有几个因素会导致井的出水量降低，包括设计错误，井材料选择不合理，成井质量差，过量抽水，井壁受侵蚀，井壁剥落，铁离子沉淀，滋生微生物等。

美国国家水井协会将井的修复定义为将井的出水量恢复到正常出水量。如果平时维护的好，就不需要做多少修复工作，

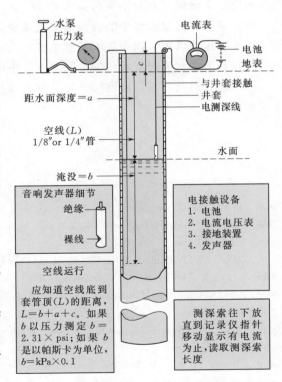

图 6-23　抽水试验中水位降 a 测试方法示意图

空气泵法：$a = L - b_{meas} - c$；

电接触法：$a = E_{meas} - c$

井的维护可以与钻井公司签合同，定期进行。或者，当井的出水量降到一定水平时进行维护。

第九节 地表水源开发

地表水开发与地下水开发一样，有许多方法与选择。取水系统取决于水源情况，是快速流动河水，还是浅水湖，是灌溉渠道还是其他水源。地表水抽水常用的水泵有离心泵、轴流泵、潜水泵或涡轮泵。泵可以固定安装，也可移动安装（见第八章）。要根据地表水中的杂质情况，合理选择取水口的大小及类型。与地下水中的杂质主要为泥沙不一样，地表水中含有有机杂质，如藻类、苔藓、树枝及各种水生植物。

地表水使用还要考虑与水上娱乐如划船之类的活动的矛盾。传统上，地表水开发利用很少考虑灌溉用水之外的其他用水户，如旅游、水上运动及野生动植物保护等。现在的地表水开发利用，必须考虑所有可能用水户的诉求，最大可能减少矛盾。

地表水取水设施可能是湿井、干井，也可能是用铝管、钢管或塑料管直接从水源取水。地表水开发利用应考虑下述几点：

（1）要知道地表水位，以保证泵站安装高程在水位以上，不会被洪水摧毁。如果要用到内燃机，必须保证燃料不会污染水源。

（2）必须评估地表水中的有机及无机杂质。要避免这些杂质进入取水口，或者考虑在水泵后安装过滤设施，以免进入灌溉系统。

（3）要考虑水流对取水口的冲刷及水库中的风浪对岸边的冲刷。

（4）取水口及取水口滤网尺寸要适宜，维持水流速低，避免将无机杂质及水生植物冲进取水口。

参 考 文 献

Gleick，P. H.，D. Haasz, and G. Wolff. 2004. Urban Water Conservation：A Case Study of Residential Water Use in California. In *The World's Water*，2004 - 2005，101 - 129. P. H. Gleick，ed. Washington，D. C.：Island Press.

Pair，C. H.，W. W. Hinz，K. R. Frost，R. E. Sneed，and T. J. Schultz. 1983. *Irrigation*. 5th ed. Falls Church，Va.：The Irrigation Association.

USDA. 1969. Agrcultural Handbook No. 60：*Diagnosis and Improvement of Saline and Alkali Soils*. Riverside，Calif：USDA - U. S. Salinity Laboratory.

USDI - BLM. 2010. Western States Water Laws. Washington，D. C.：U. S. Dept. of interior，U. S. Bureau of Land Management.

Van den Bosch，B. E.，W. B.，Snellen，C. Brouwer，and N. hatcho. 1993. Structures for water control and distribution. Irrigation Water Management Training Manual No. 8. Rome：Food and Agricultural Organization.

Young，M. 2010. *Managin in a World of Ever Increasing Water Scarcity：Lessons from Australia*. Lincoln，Neb.：Water for Food Conference.

第七章　灌溉系统水力学

作者：Ronald E. Sneed 和
Richard G. Allen

编译：兰才有

　　灌溉系统用户希望作物长得均匀一致，而要想使作物均匀一致的生长，就需要均匀灌水。为满足灌溉系统用户对均匀灌水的需求，灌溉系统设计者有责任使管道系统中的压力差保持在规定的范围内，从而控制喷头及其他灌水器流量的变化。

　　管道系统和明渠内的水压和流量，受"水力学"——描述流体在静止和运动状态下行为原理——的影响。设计者可以利用水力学原理，确定灌溉系统内的压力变化，从而预测喷头及其他灌水器的流量。管道和明渠内压力变化的主要原因是摩阻损失和高程变化。当水从渠道、管道、管件、阀门、防回流装置、过滤器以及化肥（农药）注入器中流过时，就会产生摩阻损失。高程变化是由自然地形引起的。水力学原理提供了一种工具，用于正确选择管道尺寸、阀门、管件、仪表、水泵以及其他组成部件，以保证系统高效运行。

　　灌溉系统的水力性能涉及两种类型的管道系统，即具有多个出水口的支管和向支管供水的干管。支管内的摩阻损失，影响布置在支管上的灌水器（喷头或其他灌水器）流量。一些专业人士会认为，这不是主要问题，因为可以采用压力调节阀或流量控制装置来补偿支管内的压力差。由此可以推论，干管内的摩阻损失才是需要重点考虑的经济问题。但是，作为现实的经济活动，仅仅依靠压力调节装置，并接受较高的压力损失，以取代良好的水力设计，也有不足之处。不管多么认真地操作系统，只要采用压力调节并允许过高的摩阻损失，都会造成能源浪费。忽视水力学原理也可导致潜在的破坏性压力脉冲（例如水锤）。本章探讨了确定灌溉系统水力学的原则和因素。

第一节　压　　力

静压力或静压头，是指由流体（液体或气体）重量引起的压力。在流体表面以下的任何深度处，静压力都等于流体的深度和单位重量的乘积，按式（7-1）计算：

$$P=\frac{\gamma \times H}{K_\gamma}=\gamma_c \times H \qquad (7-1)$$

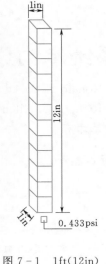

图7-1　1ft(12in)高、截面积1in² 的水柱的重量为0.433lb，转换成压力为0.433psi

式中　P——压力，kPa；

　　　γ——流体的相对密度，kN/m^3（对于水，$\gamma=9.807kN/m^3$）；

　　　H——流体表面以下的深度，m；

　　　K_γ——单位系数（对于 kPa 和 m，该值为1）；

　　　γ_c——反映单位换算的相对密度系数（对于水，$\gamma_c=9.807kPa/m$）。

流体的相对密度是单位体积的重量。它很容易与密度混淆，密度实际上是单位体积流体的质量（kg/m^3）。比重等于流体的密度（ρ）乘以重力加速度（g）。对于水（在标准压力和4℃条件下），相对密度如下：

$$\gamma=\rho \times g=1000kg/m^3(9.807m/s^2)$$
$$=9.807(kN/m^3)=9.807(kPa/m) \qquad (7-2)$$

由于静压力直接与深度有关，或者更准确地说，与高程差有关，所以压力通常被称为压头，并且通常用深度单位（例如 m、ft）表示。1ft 高水柱产生的压力是 0.433psi（lbf/in^2）（见图7-1）。同样，1m 高水柱产生的压力为 9.807kPa；kPa 是国际单位制中的常用压力单位。1Pa 相当于在 $1m^2$ 面积上施加 1N 的力。1kPa 等于 1000Pa。该关系式很重要，因为压力通常用单位面积上的力（例如 kPa、psi）或深度（例如 m、英尺压头）表示。米压头乘以 9.807 可得出 kPa，或者 kPa 压力乘以 0.102 可得出米压头。1 英尺压头乘以 0.433 可得出 psi，或者 psi 乘以 2.31 可得出英尺压头。

表7-1列出了采用英制和公制单位表示的水的特性。以下是地球上的水在 4℃ 和标准大气压力下的重量：$1m^3$ 水的重量为 9807N，质量为 1000kg；1L 水的重量为 9.807N，质量为 1.0kg；$1ft^3$ 或 $1728in^3$ 水的重量为 62.4lb；$1in^3$ 水的重量为 0.0361lb。

表7-1　　　　　　　　　　　　水在 4℃ 和标准大气压力下的特性

特　　性	公　制　单　位	英　制　单　位
密度 ρ	$1000kg/m^3$	$1.94slugs/ft^3$（或 $62.43lb/ft^3$）
比重 γ	$9.807kN/m^3$	$62.43lb/ft^3$
黏度 μ	$1.5\times10^{-3}Ns/m^2$ ［或 $kg/(s \cdot m)$］	$3.23\times10^{-5}lbf$ ［或 $lb/(s \cdot ft)$］
运动黏度 υ	$1.5\times10^{-6}m^2/s$	$1.66\times10^{-5}ft^2/s$
体积弹性模量 K	$206\times10^7 N/m^2$	$294\times10^3 lb/in^2$（psi）

在许多类似于市政系统这样的供水系统中，水通常被泵送到高位水箱中，以便在压力下向用户供水。供水管道系统的设计，应保证用水点能得到所需的压力。当压力管道系统中的水不流动时，可根据用水点与高位水箱水面之间的高程差，确定用水点的静压力（见图 7-2）。

一、动压力（动压头）

动压力或动压头，是指水在用水点流过时的压力。用水点的动压头小于静压头，这是因为摩擦会引起上游压力损失，并且一部分静压头转换成了速度头（即压力施加给水的运动力）。一般来说，速度头（或速度压力）在灌溉系统中可忽略不计。

二、表压力

表压力是指用压力表测得的压力，单位为 m、kPa（英制单位为 ft/in^2、lb/in^2）。当水流动时，表压力等于动压力；当水不流动时，表压力等于静压力。表压力不包括大气压力。

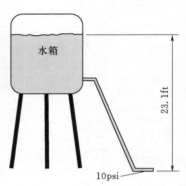

图 7-2　水箱内的水面与用水点之间的垂直距离决定了静压力；高度为 23.1ft 时，静压力为 10psi

三、大气压力

大气压力（压头）是指地球表面大气层的重量。因此，大气压力随海拔高度（例如，表面以上的空气柱高度）变化而变化。海平面上的压力约为 101.3kPa。另外，大气压力随着天气变化而略有变化。海平面上的大气压力相当于由 10.33m 深的水产生的压力，或 10.33m 高水柱底部的压力。由于灌溉系统中的每个点都存在大气压力，所以在压力计算中常常被忽视。但是，大气压力是供水系统压力中一个绝对不变的组成部分。如果将一根管道（竖直）安放在位于海平面的水体中，用真空泵抽空管道中的空气，假定没有摩阻损失，并忽略蒸汽压力，则大气压力将迫使水进入管道，一直上升到水面以上 10.33m 为止。如果水体所处位置高于海平面，则海平面以上的大气重量小，因此水在管道中就不会上升到同样的高度（见图 7-3）。表 7-2 显示在不同海拔高度处水柱上升的最大高度。

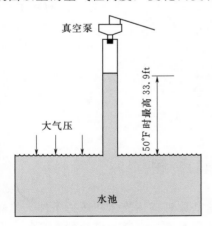

图 7-3　海平面处的水凭借真空能上升的最大高度

由于离心泵能在管道中产生一定真空，所以大气压力对迫使水进入离心泵吸水管非常重要。由于等效水柱高度代表着离心泵能达到的"吸程"的最大理论高度，所以大气压力在设计或选择水泵时非常重要。实际高度会因饱和蒸汽压、速度头和吸水管内的水力损失而降低。

表 7-2 不同海拔高度的大气压力

海拔高度/m	海拔高度/ft	压力/kPa	压力/psi	水柱高度/m	水柱高度/ft
海平面	海平面	101.3	14.7	10.3	33.9
305	1000	97.7	14.2	10.0	32.8
610	2000	94.3	13.7	9.6	31.6
914	3000	90.9	13.2	9.3	30.5
1219	4000	87.7	12.7	8.9	29.4
1524	5000	84.5	12.3	8.6	28.3
1829	6000	81.5	11.8	8.3	27.3
2134	7000	78.5	11.4	8.0	26.3
2438	8000	75.6	11.0	7.7	25.3

注 可根据式 $101.3 \times (1 - 2.22 \times 10^{-5} z)^{5.26}$ 计算绝对压力，kPa；式中的 z 是海拔高度（即高程），m。

四、绝对压力

绝对压力（压头）等于表压力加上大气压力（见图 7-4）。绝对压力用于计算临界汽蚀余量（$NPSH$）（见第八章）。

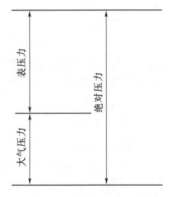

图 7-4 绝对压力与表压力和大气压力的关系

第二节 水力学基本原理

灌溉设计和管理需要深刻了解水力学基本原理。这些原理描述流体在压力条件下怎样运动、流体改变会使压力发生什么样的变化以及正确运用渠道、管道和管件的要求等。本节要回顾的基本概念包括流量与流速、能量转换与守恒以及层流与湍流之间的关系等。

一、流动基本方程

管道或任何封闭流道内水的流量是水的平均流速和管道横截面积的函数，见式（7-3）：

$$Q = A \times V \tag{7-3}$$

式中　Q——管道内的流量，$\mathrm{m^3/s}$；

A——管道横截面积，$\mathrm{m^2}$；

V——管道内的平均流速，$\mathrm{m/s}$。

流速是单位时间内液体移动的距离。任何管道中的平均流速（V），都可利用式（7-4），通过流量（Q）和管道内径（D）计算得出。在式（7-4）中，C 是将管道直径的平方换算成面积的因数。其值取决于 Q、D 和 V 的单位。表 7-3 列出了式（7-4）和常用单位的 C 值。

$$V = \frac{Q}{A} = \frac{C \times Q}{D^2} \tag{7-4}$$

表 7-3　　　　　　　　根据流量和管道内径计算的平均流速

单　位	公　式	公式编号
Q：$\mathrm{ft^3/s}$ D：in V：$\mathrm{ft/s}$	$V = \dfrac{183 \times Q}{D^2}$	(7-4a)
Q：$\mathrm{g/min}$ D：in V：$\mathrm{ft/s}$	$V = \dfrac{0.408 \times Q}{D^2} = \dfrac{Q}{2.45 \times D^2}$	(7-4b)
Q：$\mathrm{m^3/s}$ D：mm V：$\mathrm{m/s}$	$V = \dfrac{1273000 \times Q}{D^2}$	(7-4c)
Q：$\mathrm{L/s}$ D：mm V：$\mathrm{m/s}$	$V = \dfrac{1273 \times Q}{D^2}$	(7-4d)

流速是重力加速度（$9.807\mathrm{m/s^2}$）和产生流动的压力（压头）的函数。如果不计摩擦和液体黏度的影响，则孔口的理论流速如下：

$$V = \sqrt{2 \times g \times H} \tag{7-5}$$

或

$$H = \frac{V^2}{2 \times g} \tag{7-6}$$

式中　V——流速，$\mathrm{m/s}$；

g——重力加速度，$9.807\mathrm{m/s^2}$；

H——压头，m。

然而，液体流动时总会有一些摩擦，并受到液体黏度的影响，所以孔口流速 $V = C \times \sqrt{2 \times g \times H}$ 式中的 C 是取决于进口条件的系数。对于尖锐边缘孔口，C 取 $0.97 \sim 0.99$。这意味着摩擦和黏性使平均流速减少到了理论值的 $97\% \sim 99\%$。

表达式 $\dfrac{V^2}{2 \times g}$ 称为速度头。它代表转换给移动流体的动能。为了从经济性考虑减少摩阻损失，同时也为了降低水锤造成的管道损坏风险，灌溉管道的流速通常小于 $1.5\mathrm{m/s}$。

流速 1.5m/s 产生的速度头为 0.12m。这是一个相对较小的数值，通常可忽略不计。但是，当水流通过管件、阀门以及突变管径时，速度头会产生明显的压力损失。在向管道内充水的过程中，水泵吸水管和出水管的流速可以达到 3～8m/s，这方面的问题就显得特别重要。速度头用于量化由摩擦引起的管道内的压力损失。例如，阀门或管件内的摩阻损失（H_f，单位为 m），通常通过给速度头乘以一个无量纲的阻力系数（k）来计算，如下式所示：

$$H_f = k \times \frac{V^2}{2 \times g} \qquad (7-7)$$

另外，确定管道内摩阻损失的基本公式——达西-韦斯巴赫（Darcy-Weisbach）公式，同样将摩阻损失与速度头相联系。本章后面将更详细讨论管道和管件内的摩阻损失。

可在《灌溉原理》（IA，2010）一书的表格中，查到常用管道在不同流量下的流速和速度头计算值。

二、伯努利定理——能量守恒

伯努利定理有助于对管道中的流动问题进行分析。它是能量守恒原理的一种表达方式，即在流体系统中能量既不能产生也不能消失。基于这一原理，系统中某一点的流体的总能量必然等于系统中其他任意一点的总能量加上任何向系统内输入或从系统中移出的能量。摩阻损失是从系统中移出能量，水泵是典型的向系统中输入能量。图 7-5 说明了能量守恒原理。需要注意的是，参数 H_t 表示参照或"基准"高程以上的总高度。基准可以设定为任何参照高程，但通常设置在某地面高程，或系统中某特殊点的高程。

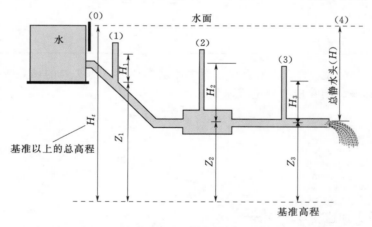

图 7-5　管内流动"能量守恒"原理图——基于伯努利定理

具体地说，伯努利定理表明，在稳态流条件下，管道中任一点的压力头、速度头与位势头之和，等于该管道下游的压力头、速度头与位势头之和，加上所讨论的两个点之间的摩阻损失（H_f）。该定理的等式表达式如下：

$$H_1 + \frac{V_1^2}{2 \times g} + Z_1 = H_2 + \frac{V_2^2}{2 \times g} + Z_2 + H_{f,1\sim2} \qquad (7-8)$$

式中　$H_{f,1\sim2}$——从 1 点到 2 点之间的摩阻损失，m；

H_1、H_2——1点、2点的压力头，m；

$\dfrac{V_1^2}{2\times g}$ 和 $\dfrac{V_2^2}{2\times g}$——1点、2点的速度头，m；

Z_1 和 Z_2——1点、2点相对于基准的高程，m。

对于图7-5所示的具有高程差的管道系统中水的流动，以下等式成立：

$$H_t = H_1 + \frac{V_1^2}{2\times g} + Z_1 + H_{f,0\sim 1}(\text{从}\,0\,\text{点到}\,1\,\text{点})$$

$$= H_2 + \frac{V_2^2}{2\times g} + Z_2 + H_{f,0\sim 2}(\text{从}\,0\,\text{点到}\,2\,\text{点})$$

$$= H_3 + \frac{V_3^2}{2\times g} + Z_3 + H_{f,0\sim 3}(\text{从}\,0\,\text{点到}\,3\,\text{点})$$

在图7-5的例子中，压力头是由高程提供的，但是也可由水泵提供。在图7-5所示的系统中，不同压力组成部分的几种能量的类型和大小发生了变化，分析如下：

（1）在0点，管道进口处发生轻微能量损失，导致压力降低（即进口损失）。根据进口形状不同，损失的量为速度头的4%～80%。

（2）在0点和1点之间，以及1点和2点之间，因流动方向改变（两段45°弯管）而发生压力损失。

（3）在1点和2点之间，因管道直径加大（扩散）而引起一些水头损失。由于较大直径管道中的流速降低，所以有少量速度头转换为压力头。

（4）在2点和3点之间，由于管道直径突然减小（收缩）而发生额外能量损失。

（5）整个管道长度上都发生摩阻损失，每一段都可以计算。

三、雷诺数——层流和湍流

1883年，欧·雷诺（O. Reynolds）发表了一篇论文，讨论两种条件或状态——层流和湍流下，黏度对实际流体流动的影响。按照他的定义，层流是指当流体粒子在平行层内部流动时，相邻层之间的粒子发生滑动但它们并不混合。当流体粒子融合时，层理破裂，流动变得紊乱。在某临界流速时，层流变为湍流。在临界流速以下，湍流恢复到层流状态。因此，使用两个术语："上限临界流速"，即层流变为湍流的流速；"下限临界流速"，即湍流恢复到层流的流速。

鉴于雷诺所做的工作，后来就把一个无量纲的术语称为雷诺数（Re）。对于管道中的流动，雷诺数根据下列公式定义：

$$Re = \frac{V\times d\times \rho}{\mu} = \frac{V\times d}{\upsilon} \tag{7-9}$$

式中　Re——雷诺数，无量纲；

　　　V——平均流速，m/s；

　　　d——管道直径，m；

　　　ρ——流体密度，kg/m³；

μ——流体黏度，kg/(s·m)；

υ——流体运动黏度，m²/s，$\upsilon=\dfrac{\mu}{\rho}$。

黏度是水温的函数，可以利用式（7-10），估算温度为 0～60℃时，水的黏度（Allen，1996）。

$$\mu=1.679\times10^{-3}\exp(-0.024\times T_{\mathrm{C}}) \tag{7-10}$$

式中　μ——流体黏度，kg/(s·m)；

　　　T_{C}——水温，℃。

雷诺发现，雷诺数的某些临界值界定了所有流体在所有尺寸管道中流动时的上限和下限临界流速。因此，这个单一无量纲参数可界定所有流体的层流和湍流界限。层流的上限在雷诺数为 2700～3000。在雷诺数低于 2000 的情况下，总会发生层流。当雷诺数为 4000 以上时，流动为湍流。当雷诺数在 2000～4000 时，存在不确定性。

为什么要关注雷诺数呢？雷诺数用于界定管道系统中的摩阻损失条件。例如，一个用来计算管道摩阻损失的公式——达西-韦斯巴赫公式中，就包含一个无量纲的摩擦系数 f。当流动为湍流时，即流动发生在雷诺数大于 4000 时，达西-韦斯巴赫公式中的 f 值就随着管壁糙率、流体黏度和流体密度的变化而变化。湍流可分为 3 种类型，分别为光滑管道中的流动、相对粗糙管道中的高速流动，以及介于光滑管和相对粗糙管之间过渡区的高速流动。

如图 7-6 所示的穆迪图，以图形方式描述了流动的 3 种类型。穆迪图（穆迪，1944）展现了各种糙率（e）管道中 f 随 e 变化的典型变化规律。在穆迪图中，管道糙率通常采用无量纲的比管直径（e/D）表示。穆迪图比例采用对数表。在图 7-6 中，记号是尼古拉兹（1933）采用代表 6 种 e/D（无量纲）的人工砂糙率对小口径管测量得出的 f 值。图 7-6 中的实线为穆迪（1944）提供的各种糙率的 f 值。图 7-6 中的线条是采用丘吉尔（1977）公式重新绘制的，将在下文中介绍。

穆迪图用于检查雷诺数、摩阻系数和相对糙率之间的关系。对于光滑管道，f 值随雷诺数的变化而变化，并且流体特性会对整个雷诺数范围内的流动产生影响。在高 Re 值粗糙管道中，流动总是位于充分发展的湍流区域。此时，流动变得与流体性质无关，而仅仅取决于 e/D 值。当 f 值落在光滑管和充分发展湍流区之间的曲线上时，管道中发生第三类湍流。有些灌溉管道属于这一类。充分湍流、粗糙区的左边界，可用图 7-6 中 $f=2.8Re^{-0.37}$ 的实线界定，划分为"过渡区"和"充分湍流、粗糙区"。层流和充分湍流区之间是所谓的"过渡区"（$2000<Re<16.2f^{-2.7}$），式中 f 先是增加，然后通常随着 Re 的增加而减小。由于尼古拉兹试验中采用的砂子非常均匀，所以以尼古拉兹的砂糙率数据小于采用丘吉尔公式预测出的该区域 f 值。商品管道中的糙率通常变化很大，因此在 Re 值较小时，沿管道表面的层流膜元素的延伸度与均匀砂子相比，可能变化更大。随着 Re 增大，沿管道表面的层流膜的厚度减小，粗糙元素更加暴露于湍流（Streeter 和 Wylie，1979）。

一些水力学手册中附有适用于达西-韦斯巴赫摩阻损失公式的各种流速和管道直径的 f 值图表（见第三节"明渠中的流动和摩擦"）。流速越高、管道直径越大，f 值越小。

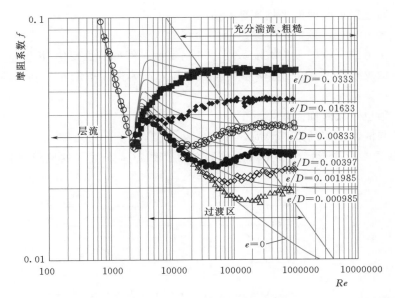

图 7 - 6　表示摩阻系数（f）的穆迪图，尼古拉兹（1933）报道采用人工砂糙率得出的数值，摩阻系数根据相同的相对糙率（e/D）采用丘吉尔公式计算（Allen，1996）

本章后面将要讨论的沃特斯和凯勒摩阻损失公式（Watters 和 Keller，1978），使用由雷诺数派生出来的无量纲摩阻系数。

第三节　明渠中的流动和摩擦

许多灌溉系统采用渠道（而不是管道）把水输送到灌溉区域。渠道很少用于草坪和园林灌溉，但常用于农业，特别是地面灌溉。明渠（沟）也可用于排除和输送由灌溉和降雨产生的径流水。

明渠中的流动遵循前面提到的水力学基本原理。流速是由式（7-5）中定义的压力差或水头差引起的。然而，在明渠中，水头差是由沿渠道方向高程的缓慢变化产生的；否则，水流将会从渠道一侧溢出。由于高程是缓慢变化的，所以水头通常采用渠道坡降来描述。渠道坡降是指渠道在整个长度上或一段渠道上的高程变化。

任何渠道中的水流都受到渠道两侧和底部的摩擦的影响。因此，就伴随着能量或摩阻损失。损失值的大小取决于流速和渠道糙率，而这些又取决于渠道形状、尺寸、长度、材料和条件（例如光滑度、凹凸不平、裸露土壤或植被覆盖等）。

明渠中的稳态流动通常采用曼宁（Manning）公式［又叫谢才-曼宁（Chezy - Manning）公式］表达：

$$V = \frac{C_m}{n} \times R^{2/3} \times S^{1/2} \tag{7-11}$$

$$R = \frac{A}{P} \tag{7-12}$$

式中　V——通过渠道断面的平均流速，m/s；

R——水力半径，该值等于渠道断面面积除以湿周，m；

S——渠道或渠段的平均坡度，用十进制表示（例如高程变化/长度），无量纲；

C_m——取决于所用单位的数学系数（当 V 和 R 分别采用单位 m/s 和 m 时，$C_m=1$）；

n——渠道糙率系数，无量纲；

A——渠道过流断面面积，m^2；

P——与流动垂直的渠道湿周，m。

渠道形状通常有梯形、抛物形或三角形 3 种。图 7-7 描述了这些形状和尺寸的关系。

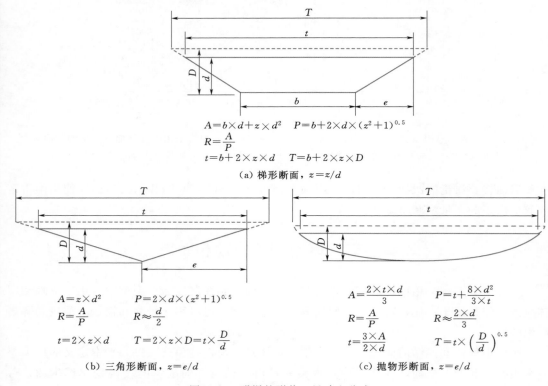

$$A=b\times d+z\times d^2 \quad P=b+2\times d\times (z^2+1)^{0.5}$$
$$R=\frac{A}{P}$$
$$t=b+2\times z\times d \quad T=b+2\times z\times D$$

（a）梯形断面，$z=z/d$

$$A=z\times d^2 \quad P=2\times d\times (z^2+1)^{0.5}$$
$$R=\frac{A}{P} \quad R\approx\frac{d}{2}$$
$$t=2\times z\times d \quad T=2\times z\times D=t\times\frac{D}{d}$$

（b）三角形断面，$z=e/d$

$$A=\frac{2\times t\times d}{3} \quad P=t+\frac{8\times d^2}{3\times t}$$
$$R=\frac{A}{P} \quad R\approx\frac{2\times d}{3}$$
$$t=\frac{3\times A}{2\times d} \quad T=t\times\left(\frac{D}{d}\right)^{0.5}$$

（c）抛物形断面，$z=e/d$

图 7-7　明渠的形状、尺寸和公式

［改编自 Schwab 等（1993）］

注：z 为渠道侧面坡度

糙率系数 n 说明渠道摩擦和相关的水头损失。n 值通过实验室试验确定。它主要取决于渠道的建造水平和环境条件。典型值从光滑衬砌渠道的 0.011 到土渠道的 0.030，再到带有大量杂草渠道的 0.20 之间变化（见表 7-4）。由于渠道尺寸和流速也会影响摩阻损失，所以 n 值有时根据这些因素进行调整。

渠道底部和侧面的摩擦使流动断面的水流速度变得混乱。沿渠道湿周的水流流速几乎为零，并在横断面表面和中心部位附近增加到最大（这种现象管道中也会发生，但不引人注意，因为管道通常比较光滑，并且压力对水流的驱动通常更强）。因此，曼宁公式式（7-11）与平均流速有关。

表 7 - 4   曼宁公式中选择渠道材料的糙率系数典型值〔改编自 Schwab 等 (1993)〕

渠 道 类 型		n 值 范 围
土渠	裸露土壤、平直、均匀	0.017～0.025
	裸露土壤、弯曲、缓坡	0.0225～0.030
	土底、碎石边坡	0.028～0.035
	石头床、岸边杂草	0.025～0.040
	小型排水渠	0.035～0.040
	大型排水渠、不含植物（n 值随水力半径减小而增加）	0.025～0.045
含植物渠道	浓密、均匀、大约高于 250mm (10in) 的爬根草	0.04～0.20
	浓密、均匀、大约高于 60mm (2.5in) 的爬根草	0.034～0.110
衬砌渠道	混凝土	0.012～0.018
	碎石混凝土	0.017～0.030
	金属、波纹	0.021～0.026
	金属、光滑	0.011～0.015
	塑料	0.012～0.014

除采用流速外，曼宁公式也可写成如下的流量（Q）形式，单位为 m³/s；式中，A 为过流断面面积，单位为 m²：

$$Q = \frac{C_m}{n} \times A \times R^{2/3} \times S^{1/2} \tag{7-13}$$

设计渠道时，不能利用式（7-13）直接计算出给定流量条件下所需的渠道尺寸。由于深度是面积和水力半径两者的因子（即两个未知数），所以不可能有直接的数学解决方法。因此，设计中需要采用试错法。首先假定渠道形状和尺寸，然后计算流量以确定假定的渠道大小是否能满足设计流量要求。设计中还必须考虑防波浪出水高度，并将其作为安全系数。如果假定的渠道尺寸太小或太大，需要重复计算。该过程可通过计算机程序实施。此外，对某一横断面形状，有图形辅助设计和类似解决方案。在 Aisenbrey 等（1978）和 Schwab 等（1993）的设计表中，可以查到大量的渠道断面形状以及各种形式渠道构造的设计程序。

第四节   管道中的流动和摩擦

当水在管道中流动时，始终伴随着因水相对于管壁运动而形成的湍流产生的压力损失或摩阻损失。摩阻损失的量值大小取决于管道内壁的光滑度、管道直径、流体黏度、流量和管道长度。管道的使用年限会影响压力损失的量值，因为管道会随着使用年限的增长而变得粗糙。当然，当灌溉管道主要是金属管时，这是一个较重要的因素；当普遍采用塑料管道时，这个问题就很少有人关注了。不过，用于计算摩阻损失公式中的任何摩擦因素，都应考虑管道的新旧程度，特别是金属管或者有矿物沉积、污泥的管道。

摩阻损失可表示为沿管道长度的总水头损失（H_f）；也可表示为摩擦损失梯度（J），

即每标准长度（通常为 100m）管道（L）中的摩阻损失。此外，摩擦损失梯度有时用每标准长度的高度或深度（J_h）表示，例如 m/100m；有时用每标准长度的压力（J_p）表示，例如 kPa/100m。表 7-5 中列出了 H_f 与 J_h 和 J_p 之间的常用单位换算公式。

表 7-5 H_f 和 J 采用不同计量单位时的数学关系式

单 位	公 式	公 式 序 号
J_h：ft/100ft（m/100m） L：ft（m） H_f：ft（m）	$J_h = \dfrac{H_f}{L} \times 100$	(7-14a)
	$H_f = \dfrac{J_h \times L}{100}$	(7-14b)
J_p：psi/100ft L：ft H_f：ft	$J_p = \dfrac{0.433 \times H_f}{L} \times 100$	(7-14c)
	$H_f = \dfrac{2.31 \times J_p \times L}{100}$	(7-14d)
J_p：kPa/100m L：m H_f：m	$J_p = \dfrac{9.807 \times H_f}{L} \times 100$	(7-14e)
	$H_f = \dfrac{0.102 \times J_p \times L}{100}$	(7-14f)

一、管道内摩阻损失的计算

20 世纪，建立了许多用于计算管道及管件摩阻损失的经验公式。最初建立的是钢管公式。随着其他管材的应用，相继建立了许多更精确计算铝管、聚氯乙烯（PVC）管、聚乙烯（PE）管以及其他塑料管材的摩阻损失公式。表 7-6 概括了本节讨论的 4 个摩阻损失公式。所有这些公式本质上基于相同的基本原理。每个公式都将摩阻损失与水运动速率（流速或流量）、管道尺寸（直径）和管道材料相联系。如果使用正确的常数或摩阻系数，各个公式都能得出大致相同的答案。

其中的一些公式已经用于生成摩阻损失表格、图表以及特定管道、管道尺寸和流量的压力损失计算尺初始值。因此，许多设计者通常根据表格或其他辅助设计手段估算摩阻损失，而不采用公式。然而，重要的是一定要弄懂基本方程，因为在某些情况下，不可能采用这些辅助设计手段。此外，利用电子表格计算摩阻损失时，需要这些公式的基本知识。

表 7-6   经筛选的管道系统摩阻损失计算公式

公式名	适用条件	摩阻损失公式	独有因数
达西-韦斯巴赫	通用	$H_f = f \times \dfrac{L}{D} \times \dfrac{V^2}{2g}$	f——摩阻系数，无量纲； g——重力加速度，9.807m/s^2； V——平均流速，m/s
科比	钢管（变化版本可用于带接头或不带接头的铝管）	$H_f = \dfrac{K_s \times V^{1.9}}{D^{1.1}} \times \dfrac{L}{1000}$	K_s——管道粗糙系数，无量纲； V——平均流速，m/s

公式名	适用条件	摩阻损失公式	独有因数
哈森-威廉姆斯	通用	$H_f = K_{hw} \times \left(\dfrac{100}{C}\right)^{1.852} \times \dfrac{Q^{1.852}}{D^{4.866}} \times \dfrac{L}{100}$	C——管道材料粗糙系数，无量纲； K_{hw}——单位系数； Q——流量，L/s
沃特斯和凯勒（此处列出的公式仅适用于英制单位）	光滑塑料管（适用于 $D < 5in$）	$J_h = 0.133 \times \dfrac{Q^{1.75}}{D^{4.75}}$	J_h——摩阻水头损失梯度，ft/100ft； Q——流量，g/min
	光滑塑料管（适用于 $D > 5in$）	$J_h = 0.100 \times \dfrac{Q^{1.83}}{D^{4.83}}$	

注　H_f——摩阻水头损失，m；

D——管道内径，对于达-韦和科比公式，单位为 m；对于哈-威公式，单位为 mm；

L——管道长度，m。

二、达西-韦斯巴赫公式

用于计算摩阻损失的早期理论公式之一——达西-韦斯巴赫公式如下（Darcy，1854；Weisbach，1845）：

$$H_f = f \times \frac{L}{D} \times \frac{V^2}{2 \times g} \tag{7-15a}$$

或

$$J_h = f \times \frac{100}{D} \times \frac{V^2}{2 \times g} \tag{7-15b}$$

式中　H_f——摩擦引起的水头损失，m；

L——管道长度，m；

f——摩阻系数，无量纲；

V——管道内的流速，m/s；

g——重力加速度，9.807m/s²；

D——管道内径，m；

J_h——摩阻损失梯度，m/100m。

值得注意的是，达西-韦斯巴赫公式中 D 的单位为 m 或 ft。除 f 值以外，其他所有值都可以测量。通过实验很难测量 f 值，因为它不是一个常数，它的测量需要精密仪器并需对实验条件进行控制。它受到流速、管道直径、流体密度、黏度和管壁糙率等多个变量的影响。

对于湍流，达西-韦斯巴赫公式表明如下：

（1）水头损失直接随着管道长度的变化而变化。

（2）水头损失几乎随着流速平方的变化而变化（流速的某些效应已包含在 f 值里）。

（3）水头损失的变化几乎与管道直径成反比（假定流速相等）。

（4）水头损失取决于管道内表面糙率。

（5）水头损失取决于密度、黏度和压力等流体特性。

三、适用于达西-韦斯巴赫摩阻系数的丘吉尔公式

丘吉尔（1977）提出了一个全面适用于计算达西-韦斯巴赫公式中摩擦系数的公式。丘吉尔公式对粗糙和光滑管道，以及穆迪图中的层流、过渡和充分湍流的全部流态范围都完全有效。丘吉尔公式已得到发展，与具有实证摩阻系数、适用于层流的泊肃叶（Poiseuille）公式进行组合，（Colebrook，1938；Nikuradse，1933）发展了紊流与实证摩阻系数的关系，并采用大指数权衡对各种流态的影响。由此产生的公式如下：

$$f = 8 \times \left[\left(\frac{8}{Re} \right)^{12} + \frac{1}{(A+B)^{1.5}} \right]^{1/12} \qquad (7-16)$$

式中 A 和 B 是方程组，按下式计算：

$$A = \left\{ -2.457 \times \ln \left[\left(\frac{7}{Re} \right)^{0.9} + 0.27 \times \frac{e}{D} \right] \right\}^{16} \qquad (7-17)$$

$$B = \left(\frac{37530}{Re} \right)^{16} \qquad (7-18)$$

式中　f——适用于达西-韦斯巴赫公式的摩阻系数，无量纲；

Re——雷诺数，无量纲；

A——与管道糙率有关的经验参数；

B——与相对流态有关的经验参数；

e——管壁糙率，m；

D——管道内径，m。

式（7-17）中的比值 e/D 必然无量纲。

丘吉尔公式提供了一个直接解决方案，并被认为对所有雷诺数和 e/D 都有效。在关于流态和流动公式的计算机代码中，不需要条件语句和测试；而对于科尔布鲁克、科尔布鲁克和怀特以及尼古拉兹公式等老方法，通常都需要这些。然而，对丘吉尔公式，需要引起注意的是，在计算 f、A 和 B 时，由于计算量非常大，或者数值很小但指数很大（12次幂和16次幂），所以3个公式都需要很高的精度。在大雷诺数的充分湍流区，丘吉尔公式中的参数 A 非常重要；反之，在较低雷诺数的过渡区，参数 B 非常重要。两者结合在一起，不管是对于水温随距离变化的铺设在地面的滴灌毛管，还是对于靠近喷头支管和滴灌毛管末端的流速相对较低的部位，采用丘吉尔和达西-韦斯巴赫公式计算摩阻系数都特别实用。在这些情况下，可以认为，与假定接近充分湍流和水温约为15℃的哈森-威廉姆斯公式相比，达西-韦斯巴赫公式更精确。

常用管材的管道糙率（e）常规值见表7-7。由于砂子点蚀和腐蚀，以及管壁上盐分沉积的增加，管道糙率会随着使用年限的增加而增加。管道糙率也会随着附着在管壁上的沉积物、藻类、细菌或其他黏液的增加而增加。铁管和钢管的糙率会随着锈蚀的增加而增加。

表 7 - 7　　　　　　　　　　　　　常用管材的糙率常规值

管 道 材 料		管道糙率 e/m		
		新	平均	旧
光滑拉制管（玻璃、黄铜）		0.0000015[2][3]		
PVC、PE 管		0.000002[5]	0.000013[6]	
铝合金管（带接头）		0.0001	0.00013[6]	
混凝土管		0.0003[3][4]		
带光滑接头的光滑管		0.000015~0.0002[1]	0.0003[2]	
木抹子涂抹		0.0002~0.0004[1]		
非常粗糙/接头粗糙		0.0006~0.001[1]		0.003[3][4]
对焊钢管	新	0.00004[2][3][4]		
	轻度锈蚀	0.00015[1]	0.0002[6]	0.00037[1]
	热浸沥青	0.00006[1]	0.00008[6]	0.00015[1]
	重涂磁漆/沥青	0.00037[1]		0.00095[1]
	水垢/结瘤		0.00095~0.0025[1]	0.0025~0.006[1]
环氧磁漆包覆钢			0.000005~0.00005[1] 0.00003[6]	
镀锌铁		0.00015[2][3][4]		
铸铁		0.000045[1]	0.00013[1]	0.0009~0.0025[1]

[1]　Brater 和 King，1976。

[2]　Morris 和 Wiggert，1972。

[3]　Streeter 和 Wylie，1979。

[4]　Binder，1973。

[5]　Flammer 等，1982。

[6]　Keller 和 Bliesner，2000。

表 7 - 15～表 7 - 20，列出了基于丘吉尔公式和达西-韦斯巴赫公式、经过筛选的常用直径 PVC、PE 和铝合金管的摩阻损失梯度值。这些表中所列的直径仅仅是市场产品直径中的取样。对于塑料管，计算时假定管壁糙率（e）为 0.00001m。该糙率是正常工作条件和使用寿命期内光滑管的特征值。表 7 - 15～表 7 - 20 提供了便捷，但采用不同摩阻损失公式或摩阻系数的计算值可能会有微小差别。

四、科比公式

科比公式适用于特殊情况，是达西-韦斯巴赫公式的缩略形式，已经得到有限应用。科比公式原来针对的是铆接钢管（Scobey，1930）。已经针对带接头和不带接头的铝合金管开发出了几种变化版本（例如 Gray 等，1954）。原始科比公式的两个版本如下（NRCS，1974）：

$$H_f = \frac{K_s \times V^{1.9}}{D^{1.1}} \times \frac{L}{1000} \tag{7-19a}$$

或

$$J_h = \frac{K_s \times V^{1.9}}{10 \times D^{1.1}} \tag{7-19b}$$

式中　H_f——摩阻水头损失，m；

　　　K_s——完全基于管道材料的糙率系数，无量纲；

　　　V——管道内的流速，m/s；

　　　D——管道内径，m；

　　　L——管道长度，m；

　　　J_h——摩阻损失梯度，m/100m。

同达西-韦斯巴赫公式一样，D 的单位为 m。美国农业部自然资源保护局（USDA NRCS）建议，科比公式用于确定带接头铝合金管的摩阻损失时，公制单位中的 $K_s =$ 1.035；当用于已经使用了 15 年的钢管时，公制单位中的 $K_s = 0.93$（土壤保护局，1968）。数值 $K_s = 1.035$，与采用丘吉尔公式和达西-韦斯巴赫公式时取管壁糙率 $e = 0.00013m$，比较接近。

基于科比公式的各种不同尺寸铝合金管的摩阻损失梯度见表 7-21。表 7-20 列出了采用达西-韦斯巴赫-丘吉尔公式计算出的相同管道摩阻损失梯度。虽然根据科比公式得出的摩阻损失预测值，总是略大于根据达西-韦斯巴赫-丘吉尔公式得出的预测值，但这两种方法得出的结果接近。

五、哈森-威廉姆斯公式

在灌溉系统设计中，采用哈森-威廉姆斯公式计算摩擦损失，比采用达西-韦斯巴赫公式或科比公式更加广泛。在喷灌系统可能出现的流态范围内，哈森-威廉姆斯公式使用方便，计算精度高。实际上，许多灌溉设备制造厂和《灌溉基础知识》通常向用户提供采用哈森-威廉姆斯公式计算出的摩阻损失表。哈森-威廉姆斯公式中不包含流速项，只有管道长度、流量、管道内径和相应的系数 C。

哈森-威廉姆斯公式可以写成包括以下形式在内的若干种不同形式：

$$H_f = K_{hw} \times \left(\frac{100}{C}\right)^{1.852} \times \frac{Q^{1.852}}{D^{4.866}} \times \frac{L}{100} \tag{7-20a}$$

或

$$J_h = K_{hw} \times \left(\frac{100}{C}\right)^{1.852} \times \frac{Q^{1.852}}{D^{4.866}} \tag{7-20b}$$

式中　H_f——摩阻损失，m；

　　　C——仅与管道材料特性有关的阻滞系数，无量纲；

　　　Q——流量，L/s；

　　　D——管道内径，mm；

　　　L——管道长度，m；

　　K_{hw}——单位系数，公制单位为 2.38×10^8；

　　　J_h——摩阻损失梯度，m/100m。

需要注意的是，哈森-威廉姆斯公式中直径单位为 mm。式（7-20）中的常数 K_{hw} 是

适用于 H_f、Q、D 和 L 为具体单位的转换系数。如果 H_f、Q、D 和 L 采用其他单位，则该转换系数的值也随之改变。

系数 C 的值通过采用不同类型的管道进行实验获得。哈森-威廉姆斯公式中常用的 C 值见表 7-8。然而，C 值可以比表 7-8 中的推荐值小（所以 H_f 较大），特别是小直径管。哈森-威廉姆斯公式最初是通过对直径为 3in 及以上的管道配水系统、水温为典型灌溉水（约 15℃）的研究推导出来的（Babbitt 和 Doland，1931）。光滑塑料管的常用系数 $C=150$，因此，对于微灌采用的小直径光滑管，Re 可能为 20000 或更小，就不可能准确预测摩阻损失。对于直径很小（例如小于 25mm）的少量管道，应考虑系数 C 值取 135~140。

表 7-8 　　　　　　　　　　哈森-威廉姆斯公式中常用的 C 值

管 道 材 料	C 值	管 道 材 料	C 值
用了 15 年的旧钢管	100	石棉水泥管	140~150
新的或涂覆钢管	120~130	PE、PVC、HDPE、ABS 等塑料管	150
带接头的铝合金管	120~130	微灌系统用小口径 PE 和 PVC 塑料管	135~140
中心支轴式和平移式喷灌机用的热浸镀锌钢管	135~140	紫铜管	140
环氧涂层钢管	145		

Allen（1996）证明，随着管道直径和流速减小，光滑管的 C 减小。作为例子，图 7-8 和图 7-9 表明，导致哈森-威廉姆斯公式产生 H_f 的 C 值，相当于达西-韦斯巴赫-丘吉尔公式结合的代表光滑管特性的糙率 $e=0.00001m$ 以及代表铝合金管特性的糙率 $e=0.0001m$。两个图在流速小于 0.1m/s 处的"尖峰"，是由于流态转变到层流和湍流之间的过渡区引起的（见图 7-6 中的穆迪图）。如图 7-8 所示，对于典型设计流速 1.5m/s，当 $D>50mm$ 时，与 $e=0.00001m$ 等效的 C 值大约为 150；但当管道直径为 25~50mm

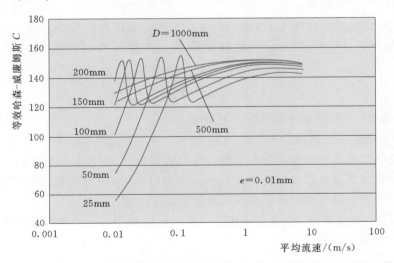

图 7-8　引起摩阻损失的哈森-威廉姆斯系数 C，估计相当于达西-韦斯巴赫-
丘吉尔公式中整个管道直径范围（25~1000mm）的、代表光滑管道
特性和水温为 15℃ 的管道糙率 0.01mm（Allen，1996）

时，C 值仅为 $140\sim145$。

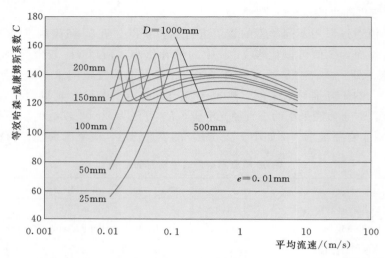

图 7-9　引起摩阻损失的哈森-威廉姆斯系数 C，估计相当于达西-韦斯巴赫-丘吉尔
公式中整个管道直径范围（25～1000mm）的、代表喷灌用铝合金管特性和水温
为 15℃ 的管道糙率 0.1mm（Allen，1996）

六、沃特斯和凯勒（Watters 和 Keller）公式

1978 年，沃特斯和凯勒提出了一对适用于光滑塑料管和软管的公式，其中一个适用于直径小于 125mm 的管道，另一个适用于直径大于 125mm 的管道。小于 125mm 管道的公式是综合达西-韦斯巴赫公式和布拉休斯（Blasius，1913）公式而推导出来的〔见式（7-21）〕。布拉休斯公式用于估算 Re 为 2000～100000〔穆迪图（见图 7-6）中所示 $e＝0$ 的摩擦系数曲线〕。当 $Re＜100000$ 时，采用布拉休斯公式得出的估算值，与采用丘吉尔公式 $e＜0.001mm$ 的估算值等效。布拉休斯（1913 年）公式具有如下形式：

$$f=0.32\times Re^{-0.25} \tag{7-21}$$

式中　f——达西-韦斯巴赫摩阻系数，无量纲；

　　　Re——雷诺数，无量纲。

采用公制单位的沃尔特和凯勒光滑塑料管公式见式（7-22a）和式（7-22b）。各个公式前面的常数分别是各自单位的转换系数。采用哈森-威廉姆斯公式取系数 $C＝150$ 的结果，与沃特斯和凯勒公式的结果的差异通常在 3％～5％。

当流量（Q）单位采用 L/s、管道内径（D）单位采用 mm、摩擦损失梯度（J_h）单位采用 m/100m 时的表达式如下：

$$J_h=7.89\times10^7\times\frac{Q^{1.75}}{D^{4.75}}\quad(D＜125mm) \tag{7-22a}$$

$$J_h=9.58\times10^7\times\frac{Q^{1.83}}{D^{4.83}}\quad(D＞125mm) \tag{7-22b}$$

七、究竟采用哪个摩阻损失公式

对于常规设计和流态为完全湍流的情况，哈森-威廉姆斯公式能够满足要求，并且使用方便。由于该公式已在行业内普遍应用，所以灌溉专业人士都熟悉哈森-威廉姆斯系数 C，并知道怎样确定。对采用光滑管道（例如 PVC、PE 或 ABS）的场合，沃特斯-凯勒公式的精度稍微高一些。科比公式及其变形基本上局限于金属管。虽然科比公式仍然有效，但并不常用。即使对于金属管道，应用其他公式的情况也更多些，这可能是因为其他公式通常适用于许多种管道的原因。达西-韦斯巴赫-丘吉尔公式的优点是适用性广。这种方法适用于所有管材、流态，以及包括水温变化的使用条件。达西-韦斯巴赫-丘吉尔方法被推荐用于层流和过渡流态区内摩阻损失的计算，特别是低温和极端高温场合。这特别适宜采用计算机程序和建模，因为不需要有条件编程语句。

设计者的最终任务是确定哪个公式最适宜自己手头的工作。所有这些摩擦损失公式都针对自身所提出的适用条件和管材进行了良好测试，并给出了合理的准确结果。当然，估算精度取决于系数或管道糙率参数的合理选择。

八、管件和阀门内的摩阻损失

管件和阀门内的摩擦损失采用下面的常规公式计算，见式（7-23）。表 7-9 列出了

表 7-9　　　　　　　　管件和阀门的摩阻系数（Keller 和 Bliesner，1990）

管件和阀门采用公式 $H_f = k \times \dfrac{V^2}{2 \times g}$ 时的摩阻系数 "k"							
	标准管道公称直径/mm						
	75	100	125	150	175	200	250
弯头							
普通法兰，90°	0.34	0.31	0.30	0.28	0.27	0.26	0.25
长半径法兰，90°	0.25	0.22	0.20	0.18	0.17	0.15	0.14
普通螺纹，90°	0.80	0.70					
长半径螺纹，90°	0.30	0.23					
长半径法兰，45°	0.19	0.18	0.18	0.17	0.17	0.17	0.16
普通螺纹，45°	0.30	0.28					
三通							
法兰直流	0.16	0.14	0.13	0.12	0.11	0.10	0.09
法兰分流	0.73	0.68	0.65	0.60	0.58	0.56	0.52
螺纹直流	0.90	0.90					
螺纹分流	1.20	1.10					

	标准管道公称直径/mm						
	75	100	125	150	175	200	250
阀门							
法兰球阀	7.00	6.30	6.00	5.80	5.70	5.60	5.50
法兰闸阀	0.21	0.16	0.13	0.11	0.09	0.075	0.06
法兰蝶阀	2.00	2.00	2.00	2.00	2.00	2.00	2.00
底阀（止回阀）	0.80	0.80	0.80	0.80	0.80	0.80	0.80
篮式滤网	1.25	1.05	0.95	0.85	0.80	0.75	0.67
进口	急转弯（焊接）						
向内突出	0.78	所有直径				转90°	1.50
尖角	0.50	所有直径				转60°	1.20
略圆	0.23	所有直径				转30°	0.90
喇叭口	0.04	所有直径					

突然扩大：

$$k = \left(1 - \frac{D_1^2}{D_2^2}\right)^2$$

突然缩小：

$$k = 0.7\left(1 - \frac{D_1^2}{D_2^2}\right)^2$$

式中　D_1——小管直径；

　　　D_2——大管直径。

来源：《国家工程手册》第11章第15节"灌溉"中表11-28。美国农业部　自然资源保护局，2008年（可在美国农业部网站查询）。

各种管件、阀门和管道尺寸的 k 值，也包括进口损失、出口损失和锐角弯管的 k 值。表7-10提供了收缩管和扩散管的 k 值。

$$H_f = k \times \frac{V^2}{2 \times g} \tag{7-23}$$

式中　H_f——某种条件下管件内的摩阻损失，m；

　　　k——管件的摩阻系数，无量纲；

　　　V——流速，m/s；

　　　g——重力加速度，9.807m/s^2。

表 7 - 10a 　　　　　　　　**收缩管和扩散管水头损失的计算**

从下面的表中获取系数 k 值，$H_f = k \times \dfrac{V^2}{2 \times g} =$ 英尺水头

计算收缩管水头损失的系数 k 值

收缩管

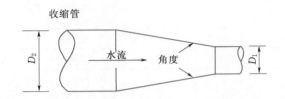

D_1/D_2	收缩角/(°)													
	10	20	30	40	50	60	70	80	90	100	120	140	160	180
1.00	0.00	0.00	0.00	0.00	0.00	0.00	0.00	0.00	0.00	0.00	0.00	0.00	0.00	0.00
0.95	0.01	0.01	0.02	0.03	0.03	0.03	0.04	0.04	0.04	0.04	0.05	0.05	0.05	0.05
0.90	0.01	0.03	0.04	0.05	0.06	0.07	0.07	0.08	0.08	0.08	0.09	0.09	0.09	0.09
0.85	0.02	0.04	0.06	0.08	0.09	0.10	0.11	0.11	0.12	0.12	0.13	0.13	0.14	0.14
0.80	0.03	0.05	0.07	0.10	0.12	0.13	0.14	0.14	0.15	0.16	0.17	0.17	0.18	0.18
0.75	0.03	0.06	0.09	0.12	0.14	0.15	0.17	0.18	0.18	0.19	0.20	0.21	0.22	0.22
0.70	0.04	0.07	0.11	0.14	0.17	0.18	0.19	0.20	0.21	0.22	0.24	0.25	0.25	0.25
0.65	0.04	0.08	0.12	0.16	0.19	0.20	0.22	0.23	0.24	0.25	0.27	0.28	0.29	0.29
0.60	0.04	0.09	0.13	0.18	0.21	0.23	0.24	0.26	0.27	0.28	0.30	0.31	0.32	0.32
0.55	0.05	0.10	0.14	0.19	0.25	0.26	0.28	0.29	0.31	0.32	0.34	0.35	0.35	0.35
0.50	0.05	0.10	0.16	0.21	0.24	0.27	0.28	0.30	0.32	0.33	0.35	0.36	0.37	0.37
0.45	0.06	0.11	0.17	0.22	0.26	0.28	0.30	0.32	0.34	0.35	0.37	0.39	0.40	0.40
0.40	0.06	0.12	0.17	0.23	0.27	0.30	0.32	0.34	0.35	0.37	0.39	0.41	0.42	0.42
0.35	0.06	0.12	0.18	0.24	0.29	0.31	0.33	0.35	0.37	0.38	0.41	0.43	0.44	0.44
0.30	0.06	0.13	0.19	0.25	0.30	0.32	0.34	0.36	0.38	0.40	0.42	0.44	0.45	0.45
0.25	0.07	0.13	0.19	0.26	0.30	0.33	0.36	0.38	0.39	0.41	0.44	0.45	0.47	0.47

表 7-10b 收缩管和扩散管水头损失的计算

计算扩散管水头损失的系数 k 值

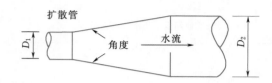

D_1/D_2	扩散角/(°)													
	10	20	30	40	50	60	70	80	90	100	120	140	160	180
1.00	0.00	0.00	0.00	0.00	0.00	0.00	0.00	0.00	0.00	0.00	0.00	0.00	0.00	0.00
0.95	0.00	0.02	0.01	0.01	0.01	0.01	0.01	0.01	0.01	0.01	0.01	0.01	0.01	0.01
0.90	0.01	0.03	0.02	0.03	0.04	0.04	0.04	0.04	0.04	0.04	0.04	0.04	0.04	0.04
0.85	0.02	0.06	0.05	0.07	0.08	0.08	0.08	0.08	0.08	0.08	0.08	0.08	0.08	0.08
0.80	0.03	0.09	0.09	0.12	0.13	0.13	0.13	0.13	0.13	0.13	0.13	0.13	0.13	0.13
0.75	0.04	0.12	0.13	0.17	0.19	0.19	0.19	0.19	0.19	0.19	0.19	0.19	0.19	0.19
0.70	0.06	0.15	0.18	0.23	0.26	0.26	0.26	0.26	0.26	0.26	0.26	0.26	0.26	0.26
0.65	0.08	0.18	0.22	0.30	0.33	0.33	0.33	0.33	0.33	0.33	0.33	0.33	0.33	0.33
0.60	0.09	0.22	0.28	0.36	0.41	0.41	0.41	0.41	0.41	0.41	0.41	0.41	0.41	0.41
0.55	0.11	0.25	0.33	0.43	0.49	0.49	0.49	0.49	0.49	0.49	0.49	0.49	0.49	0.49
0.50	0.13	0.29	0.38	0.50	0.56	0.56	0.56	0.56	0.56	0.56	0.56	0.56	0.56	0.56
0.45	0.14	0.30	0.43	0.57	0.64	0.64	0.64	0.64	0.64	0.64	0.64	0.64	0.64	0.64
0.40	0.16	0.32	0.47	0.63	0.71	0.71	0.71	0.71	0.71	0.71	0.71	0.71	0.71	0.71
0.35	0.17	0.35	0.52	0.68	0.77	0.77	0.77	0.77	0.77	0.77	0.77	0.77	0.77	0.77
0.30	0.19	0.37	0.56	0.74	0.83	0.83	0.83	0.83	0.83	0.83	0.83	0.83	0.83	0.83
0.25	0.20	0.40	0.59	0.78	0.88	0.88	0.88	0.88	0.88	0.88	0.88	0.88	0.88	0.80

九、利用允许摩阻损失确定主管道尺寸

主管道尺寸通常受到基于管道安全或经济原因（减少水头损失）的最大允许流速（例如 1.5m/s）的限制。然而，当流速不是限制因素时，可利用允许压力损失确定主管道尺寸。从已知的管道系统进口总能量（水头）中，减去最远处阀门所需的总能量，就可得出主管道中的允许摩阻损失量。重新整理伯努利公式，即式（7-8），则得出如下公式：

$$H_{fa} = H_1 + \frac{V_1^2}{2g} + Z_1 - H_2 - \frac{V_2^2}{2g} - Z_2$$

$$= (H_1 - H_2) + \left(\frac{V_1^2}{2g} - \frac{V_2^2}{2g}\right) + (Z_1 - Z_2) \tag{7-24}$$

式中　　H_{fa}——两点之间的允许摩阻损失，m；

　　H_1、H_2——1 点、2 点的压力头，m；

$\dfrac{V_1^2}{2g}$、$\dfrac{V_2^2}{2g}$——1点、2点的速度头，m；

Z_1、Z_2——1点、2点相对于基准的高程（当高程低于基准时，Z为负值），m。

由于没有出水口，如果1点和2点之间的主管道尺寸相同，即$V_1 = V_2$，则式（7-24）简化为式（7-25a）和式（7-25b）：

$$H_{fa} = (H_1 - H_2) + \Delta Z = \Delta H + \Delta Z \qquad (7-25a)$$

或

$$H_{fa} = \frac{P_1 - P_2}{\gamma_c} + \Delta Z = \frac{\Delta P}{\gamma_c} + \Delta Z \qquad (7-25b)$$

式中 P_1、P_2——1点、2点的压力，kPa；

ΔZ——1点和2点之间的高程差，m；

ΔH——1点和2点之间的压头差，m；

ΔP——1点和2点之间的压力差，kPa；

γ_c——水的比重系数，9.807kPa/m。

H_2或P_2等于2点所需的压力。ΔH或ΔP代表主管道上两点之间的允许压力损失。

可将采用式（7-25）的允许摩阻损失H_{fa}，与采用达西-韦斯巴赫-丘吉尔公式或哈森-威廉姆斯公式计算出的H_f进行对比，确定最小管径，以保证$H_f \leqslant H_{fa}$。另外一种方法是，计算出允许摩阻损失梯度J_{ha}，利用摩阻损失表按下式确定管道尺寸：

$$J_{ha} = \frac{\Delta H + \Delta Z}{L} \times 100 = \frac{\dfrac{\Delta P}{\gamma_c} + \Delta Z}{L} \times 100 \qquad (7-26a)$$

式中 J_{ha}——允许管道摩阻损失梯度，m/100m；

L——管道长度，m。

当允许摩阻损失（J_{pa}）的单位采用kPa/100m，ΔP采用kPa，H、Z和L采用m时，公式如下：

$$J_{pa} = \frac{9.807 \times (\Delta H + \Delta Z)}{L} \times 100 = \frac{\Delta P + 9.807 \times \Delta Z}{L} \times 100 \qquad (7-26b)$$

【例7-1】 确定主管道摩阻损失以便选择管道尺寸。

假定一条主管道长610m（2000ft），高程下降1.5m（5ft），允许摩阻损失为69kPa（10psi、23ft），则

$$J_{ha} = \frac{\dfrac{10}{0.433} + 5}{2000} \times 100 = 1.4(\text{ft}/100\text{ft}) = 1.4(\text{m}/100\text{m})$$

$$J_{pa} = \frac{10 + 0.433 \times 5}{2000} \times 100 = 0.61(\text{psi}/100\text{ft}) = 13.8(\text{kPa}/100\text{m})$$

选择出的主管道尺寸应保证摩阻损失不大于1.4m/100m或13.8kPa/100m。知道每100m长管道的最大可接受摩阻损失，可根据所安装的管道类型，利用摩阻损失表，按主管道流量选择正确的管道直径。例如，如果流量为63L/s，规定管道为100psi压力等级的PVC（IPS）管，则从表7-15中选择直径为200mm管道。对于200mm管道和流量1000g/min，表中的J_h为1.19m/100m，小于1.4m/100m。由于管道材料为塑料，应遵

循流速不大于 $1.5s^{-1}$ 的经验值，因而可能需要选择较大直径的管道。在 ［例 7 - 1］ 中，采用式 （7 - 4b） 计算如下：

$$V = \frac{0.408 \times 1000}{(8.205)^2} = 6.1(\text{ft/s}) = 1.86(\text{m/s})$$

式中 8.205 为 100psi 压力等级 PVC （IPS） 管以 in 为单位的内径数值 （见表 7 - 15）。因此，应考虑选择 10in 管道，而不是 8in 管道。查表 7 - 15 得，10in 管道、流量为 1000gpm 的摩阻损失梯度 J_h 为 0.405m/100m。

十、多孔出流管道水力学

灌溉系统常采用多条管道组合，每条管道上布置多个出流孔。这类管道中的其中一种，是给若干个喷头或其他灌水器供水的灌溉支管 （见图 7 - 10）。另一个例子是带有一系列支管的集流管或分干管。不管是哪种情况，沿管道的出流孔都可能采用不规则的布置间距或相对均匀的布置间距。集流管和支管的水力学相似，但由于支管压力变化可能会更直接地影响灌溉水分布的均匀性，所以其设计显得更加重要。支管，特别是农业灌溉支管上的出流孔通常都均匀分布。草坪和园林灌溉系统中的集流管和支管上的出流孔，更可能采用不规则的间隔。不管出流口间距是否均匀，流经管道的水量在每个出流口都会减小。因此，在给定管道直径和支管长度的情况下，如果整个管道长度上的流量保持恒定，则摩阻损失变小。

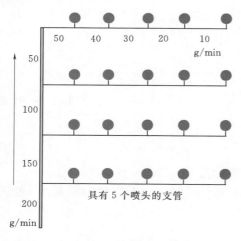

具有 5 个喷头的支管

图 7 - 10 多孔出流灌溉管道实例

设计灌溉支管的关键是，在限定的压力损失 （摩阻损失） 条件下，选择可接受的支管直径。在给定喷嘴尺寸条件下，提供给喷头的压力决定了喷头流量、覆盖面积和水量分布均匀性。对于微灌灌水器，假定不是压力补偿型，则压力会影响灌水器流量。

支管中的允许摩阻损失通常限定在支管进口压力的 5％～30％。通常认为该损失是支管上的喷头或其他灌水器所具有的最高压力与最低压力之间的压力差。除了沿较陡坡度顺坡铺设的支管外，摩阻损失越小，从支管进口端到最远端的喷头或其他灌水器的流量就越均匀，从而沿支管的水量分布均匀度也就越高。一般来说，随着作物货币价值的提高，支管中的可接受摩阻损失应随之减小。

沿支管的高程变化应与摩阻损失一起考虑。在可能的情况下，支管应布置在等高线上或者顺坡，而不是沿反坡布置。支管沿顺坡布置可采用更大的允许摩阻损失，且不会对喷头或其他灌水器的流量造成不利影响，因为压力会随着海拔高度下降而上升。但是，顺坡管道内的额外流速可能会产生问题。支管反坡布置必须是短管线或采用较大直径管道，以确保摩阻损失和高程变化的组合不会对沿支管的水量分布均匀性产生不利影响。对于低压系统，例如采用非压力补偿式滴灌带和散射式喷头的草坪和园林灌溉系统，支管上的高程差可能会严重削弱水量分布均匀性。

支管内摩阻损失的计算可从支管上最远处的喷头开始，计算每一段的摩阻损失，一直返回到向该支管供水的干管或分干管。虽然这种计算方法花费时间多，但它是相对直观的电子表格程序，各个喷头或其他灌水器的流量都可利用孔口类型公式分别计算。另一种方法是依据支管内的流速不大于 1.5m/s 确定管道的断面尺寸，这通常可保证摩阻损失在可接受的范围内。然而，为了获得良好的灌水均匀性，设计中仍需遵照允许摩阻损失。鉴于此，已经开发出包括计算尺、专用表格、图表及软件程序在内的辅助设计工具。当出水口间距均匀，并且每个出水口的流量大致相同时，所有这些辅助工作都会干得非常好。

确定支管尺寸的更常用方法，是确定支管内可能出现的最大压降或最大摩阻损失。通常情况下，允许沿灌溉支管上的喷嘴压力变化不大于 20%。对于工作方式类似于固定孔口的喷头或其他灌水器，根据孔口公式的特征，沿支管 20% 的压力变化大约会引起喷嘴流量 10% 的变化。与压力变化相关的允许摩阻损失取决于支管的平均压力和高程变化。支管允许摩阻损失梯度根据如下公式得出：

$$J_{ha} = \frac{0.2 \times \dfrac{P_a}{\gamma_c} + s \times L}{L} \times 100 \tag{7-27a}$$

或

$$J_{pa} = \frac{0.2 P_a + \gamma_c \times s \times L}{L} \times 100 \tag{7-27b}$$

式中　J_{ha}——允许摩阻损失梯度，m/100m；

J_{pa}——允许摩阻损失梯度，kPa/100m；

P_a——支管上的喷头平均工作压力，kPa；

s——支管的地面坡度（水流顺坡取正值），m/m；

γ_c——水的比重系数，9.807kPa/m；

L——管道长度，m。

支管尺寸可根据所用管道类型的摩擦损失表确定。给定管道进口处的流量，就可依据每 100m 的摩阻损失不大于计算出的允许摩阻损失梯度（J_{pa} 或 J_{ha}），选择管道直径。然而，按这种程序选择的管道尺寸可能会大于所需值。由于支管上的喷头有间距，所以喷头之间每段管道的流量逐步减小（见图 7-10）。支管中的较小流量使摩阻损失减小，从而摩阻损失会略小于在整个长度上采用进口流量，即根据摩阻损失表估算的数值。因此，在利用摩阻表或摩阻公式选择管道尺寸前，可使用多孔出流系数对按照式（7-27）计算出的允许摩阻损失梯度进行调整。摩阻损失梯度 J_{ha} 或 J_{pa} 按下式调整：

$$J_{h-design} = \frac{J_{ha}}{F} \tag{7-28a}$$

或

$$J_{p-design} = \frac{J_{pa}}{F} \tag{7-28b}$$

式中　$J_{h-design}$——采用摩阻损失表或摩阻损失公式确定的设计摩阻损失梯度，m/100m；

$J_{p\text{-design}}$——采用摩阻损失表或摩阻损失公式确定的设计摩阻损失梯度，kPa/100m；

F——多孔出流系数，无量纲。

克里斯琴森（Christiansen，1942）推导出一个确定支管多孔出流系数的简单公式，见式（7-29）。当 $N>10$ 时，式（7-29）中的 $\dfrac{\sqrt{m-1}}{6N^2}$ 项可以省略。

$$F=\frac{1}{m+1}+\frac{1}{2N}+\frac{\sqrt{m-1}}{6N^2} \qquad (7-29)$$

式中　m——摩阻损失公式中使用的流速指数（达西-韦斯巴赫公式，$m=2$；哈森-威廉姆斯公式，$m=1.852$），无量纲；

　　　　N——支管上的出水口数量。

从本质上讲，系数 F 说明每个出水口下游水流影响减少的原因。如果将系数 F 从公式中消除，则摩阻损失结果是假定所有水都从支管总长度上流过而得出的。采用系数 F 使摩阻损失值减小。表 7-11 由克里斯琴森开发，列出了 m 值为 1.85、1.90 和 2，并且第一个出水口距支管首端的距离为一个喷头间距（全间距）的各种数量等间隔出水口的 F 值。

表 7-11　　　　等间距多出水口管道总摩阻损失计算值调整用的系数 F 值

出水口数量	支管进水口位于全间距的 F 值（克里斯琴森）			支管进水口位于半间距的 F 值（詹森和弗拉蒂尼）		
	$m=1.85$	$m=1.90$	$m=2.00$	$m=1.85$	$m=1.90$	$m=2.00$
1	1.000	1.000	1.000	1.000	1.000	1.000
2	0.639	0.634	0.625	0.519	0.512	0.500
3	0.535	0.528	0.518	0.441	0.434	0.422
4	0.486	0.480	0.469	0.412	0.405	0.393
5	0.457	0.451	0.444	0.397	0.390	0.378
6	0.435	0.433	0.421	0.388	0.381	0.369
7	0.425	0.419	0.408	0.382	0.375	0.363
8	0.415	0.410	0.398	0.377	0.370	0.358
9	0.409	0.402	0.391	0.374	0.367	0.355
10	0.402	0.396	0.385	0.371	0.365	0.353
11	0.397	0.392	0.380	0.369	0.363	0.351
12	0.394	0.388	0.376	0.367	0.361	0.349
13	0.391	0.384	0.373	0.366	0.360	0.348
14	0.387	0.381	0.370	0.365	0.358	0.347
15	0.384	0.379	0.367	0.364	0.357	0.346
16	0.382	0.377	0.365	0.363	0.357	0.345
17	0.380	0.375	0.363	0.362	0.356	0.344
18	0.379	0.373	0.361	0.361	0.355	0.343

出水口数量	支管进水口位于全间距的 F 值 （克里斯琴森）			支管进水口位于半间距的 F 值 （詹森和弗拉蒂尼）		
	$m=1.85$	$m=1.90$	$m=2.00$	$m=1.85$	$m=1.90$	$m=2.00$
19	0.377	0.372	0.360	0.361	0.355	0.343
20	0.376	0.370	0.359	0.360	0.354	0.342
22	0.374	0.368	0.357	0.359	0.353	0.341
24	0.372	0.366	0.355	0.359	0.352	0.341
25	0.370	0.364	0.353	0.358	0.351	0.340
28	0.369	0.363	0.351	0.357	0.351	0.340
30	0.368	0.362	0.350	0.357	0.350	0.339
35	0.365	0.359	0.347	0.356	0.350	0.339
40	0.364	0.357	0.345	0.355	0.349	0.338
50	0.361	0.355	0.343	0.354	0.348	0.337
100	0.356	0.350	0.338	0.352	0.347	0.335
>100	0.351	0.345	0.333			

注 用管道中的摩阻损失乘以根据出水口数量选择的 F 值（m 是摩阻损失公式中的速度指数）。该表最初由克里斯琴森开发，这里复制的是表 H 和表 I 的一部分（Pairetal 等，1983）。

对于许多灌溉支管，第一个出水口距支管首端的距离是正规出水口间距的一半。詹森和弗拉蒂尼（Jensen 和 Fratini，1957）对克里斯琴森系数 F 进行调整，对第一个出水口距支管首端的距离为出水口间距的一半、并且最末端没有水流的情况作出解释。凯勒和布里斯那（Keller 和 Bliesner，1990）将他们的公式简化为如下的一般形式：

$$F = \frac{2 \times N}{2 \times N - 1} \times \left(\frac{1}{m+1} + \frac{\sqrt{m-1}}{6 \times N^2} \right) \qquad (7-30)$$

由于管道总长度短并且流量减小开始的早，所以詹森和弗拉蒂尼 F 值小于克里斯琴森 F 值。表 7-11 也给出了 m 为 1.85、1.90 和 2 时的詹森和弗拉蒂尼 F 值。

多出流口支管的总摩阻损失采用对水流逐渐减小进行调整的如下公式［式（7-31a）和式（7-31b）］计算。

当 H_f 单位为 m，L 单位为 m，J_h 单位为 m/100m 时，采用式（7-31a）：

$$H_f = \frac{F \times J_h \times L}{100} \qquad (7-31a)$$

当 H_f 单位为 m，L 单位为 m，J_p 单位为 kPa/100m 时，采用式（7-31b）：

$$H_f = 0.102 \times \frac{F \times J_p \times L}{100} \qquad (7-31b)$$

式中 H_f——具有多个等间距出水口并假定每个出水口流量都相等的支管摩阻损失；

F——多孔出流调整系数，无量纲；

J_h——由支管进口流量得出的摩阻水头损失梯度（按摩阻损失公式计算或查表格），m/100m；

J_p——由支管进口流量得出的摩阻压力损失梯度（按摩阻损失公式计算或查表格），kPa/100m；

L——支管长度，m。

利用系数 F，可以根据从采用恒定流量的标准摩阻损失表（例如表 7-15～表 7-21）中查取的数值，计算多出水口支管的摩阻损失（见[例 7-2]）。

【例 7-2】 确定支管摩阻损失并选择支管尺寸。

一条长 370m 支管上的喷头间距为 12m，铺设支管的地面坡度为 0.5%（顺坡）。期望的平均压力为 345kPa，平均喷头流量为 30L/min。假定支管整个长度采用一种管径。允许压力变化率为 20%。

$$J_{ha} = \frac{0.2 \times \frac{50}{0.433} + 0.005 \times 1220}{1220} \times 100 = 2.39(ft/100ft) = 2.39(m/100m)$$

$$J_{pa} = \frac{0.2 \times 50 + 0.433 \times 0.005 \times 1220}{1220} \times 100 = 1.04(psi/100ft) = 23.5(m/100m)$$

假定[例 7-2]中的第一个间距为正常间距的一半（6m），并假定采用达西-韦斯巴赫公式生成的摩阻损失表，由于 $N=31$、$m=2$，从表 7-11 中查取 $F=0.339$。故，"设计"摩阻损失梯度 $J_{h-design}$ 计算如下：

$$J_{h-design} = \frac{2.39}{0.339} = 7.1(ft/100ft) = 7.1(m/100m)$$

$$J_{p-design} = \frac{1.04}{0.339} = 3.1(psi/100ft) = 70(kPa/100m)$$

查表 7-20 喷灌用铝合金管摩阻损失表，对流量（Q）为 15.6L/s（30L/min×31 个喷头）和 $J_{h-design} = 7.1m/100m$，选择管道直径为 100mm。直径 100mm 管道的 $J_h = 4.7m/100m$（从表中插值）小于 $J_{h-design}$。

确定的多口出流系数 $F=0.339$，利用式（7-31a）和式（7-31b），沿 370m 长多出水口支管的实际摩阻水头损失如下：

$$H_f = \frac{0.339 \times 4.7 \times 1220}{100} = 19.4(ft) = 5.9(m)$$

十一、具有两种或两种以上管道尺寸的支管中的摩阻损失

考虑到经济性，有时设计的支管采用两种或两种以上尺寸的管道（见图 7-11）。在

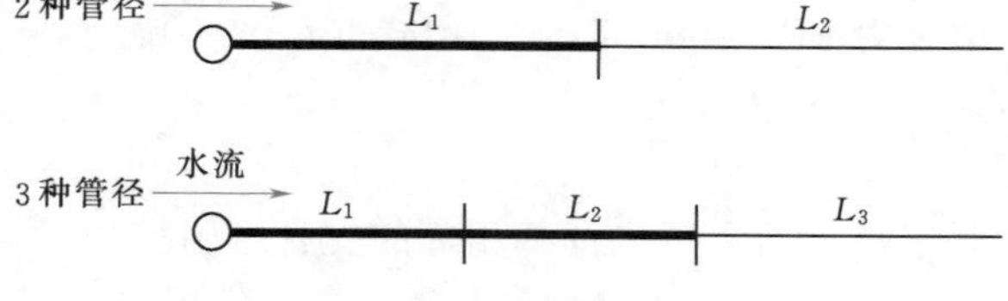

图 7-11 具有多种管径的支管简图

这种情况下，由于各管段流量从首端向末端逐渐减小，所以各管段直径也随之逐渐减小。确定两种或两种以上管径支管摩阻损失包括几种方法。一种方法是从支管上最后（最远端）的喷头开始返回到第一个喷头，逐个计算各管段（即各喷头之间）的摩阻损失。采用该方法需要电子表格或其他计算机软件。估算两种直径支管摩阻损失的一种简单

方法如下所述，并应用于［例7-3］。

（1）确定采用较小管道（L_2）的支管段的摩阻水头损失。采用克里斯琴森或詹森-弗拉蒂尼公式，根据该管段喷头数量和第一个喷头的位置确定F值。

（2）假定（虚拟）管段L_2的管道直径与第一段较大直径管段（L_1）具有相同管径，确定摩阻水头损失；即，假定管段L_2的管道尺寸较大，再次使用系数F。

（3）从第1步得出的摩阻水头损失中减去第2步得出的摩阻水头损失。该值是较小管道引起的水头损失增加值。

（4）假定（虚拟）整条支管都采用较大直径，并采用根据整条支管出水口总数确定F值，确定整条支管的摩阻水头损失。将第3步得出的差值与该值相加，就得出具有两种管道直径的支管的摩阻损失。

对于具有3种不同直径的支管，应采用以下程序：

（1）将两段较小直径管道长度（L_2和L_3）视为具有两种不同直径管道的支管，执行上面介绍的4个步骤。得出的结果是L_2+L_3组合管段的摩擦损失。

（2）将最大直径管段（L_1）和（L_2和L_3）视为具有两种不同直径管道的支管，再次执行上面介绍的4个步骤。得出的结果就是具有3种不同直径支管的总摩擦损失。

【例7-3】 确定两种管径支管的摩阻损失和管道直径（见图7-12）。

对［例7-2］中的铝合金支管重新进行设计，首端250m采用直径为100mm管，末端122m采用直径为75mm管，以便降低管道成本，并使搬移方便（总长度370m保持不变）。

图7-12 摩阻损失和管道直径

（1）较小直径75mm管道L_2的摩阻损失如下：

较小直径75mm管道长度的流量大约（假定所有喷嘴流量相等）如下：

$$Q_{L_2}=\frac{400}{40}\times8(\text{gpm/nozzle})=80(\text{g/min})=5(\text{L/s})$$

查表7-20，当75mm管内流量为300L/min时，$H_f=2.349\text{m}/100\text{m}$。查表7-11，当管道长度上有10个出流口且第1个出流口为全间距时，取$m=2$，$F=0.385$（取$m=2$是因为表7-20基于达西-韦斯巴赫公式）。

$$H_{f_{L2,3in}}=\frac{2.349\times0.385\times400}{100}=3.617(\text{ft})=1.10(\text{m})$$

（2）对于较大直径100mm管道L_2的摩阻损失，查表7-20，当直径100mm管道中的流量为300L/min时，$H_f=0.528\text{m}/100\text{m}$。$F$值与第1步中的相同：

$$H_{f_{L2,4in}}=\frac{0.529\times0.385\times400}{100}=0.813(\text{ft})=0.248(\text{m})$$

（3）由于采用的管道直径是75mm而不是100mm，所以增加的摩阻水头损失如下：

$$H_{f_{L2,3in}}-H_{f_{L2,4in}}=3.617-0.813=2.804(\text{ft})=0.855(\text{m})$$

（4）如果整条支管全部采用直径100mm管，根据［例7-2］，摩擦损失$H_{f_{4in}}=19.4\text{ft}=5.9\text{m}$。因此，对于250m长采用直径100mm管和122m长采用直径75mm管的设计支管，摩阻损失如下：

$$H_f = 19.4 + 2.804 = 22.2(\text{ft}) = 6.77(\text{m})$$

将该值与［例 7-2］中的如下允许水头损失进行对比：

$$H_{f_{\text{allowable}}} = \frac{J_{\text{ha}} \times L}{100} = \frac{2.39 \times 1220}{100} = 29.2(\text{ft}) = 8.90(\text{m})$$

该值 6.77m 小于允许值 8.9m。因此，多尺寸管道符合设计要求。可以进一步增加直径 75mm 管道的长度，直到新的总 H_f 正好等于 8.9m 为止。

十二、中心支轴式喷灌机支管中的摩阻损失

由于结构原因，大多数中心支轴式喷灌机都采用钢管。管道可采用热浸镀锌或涂覆环氧树脂加以保护。在采用废水等具有腐蚀性水的情况下，管道可能需要加塑料衬里。表 7-12 列出了中心支轴式喷灌机管道的行业标准尺寸。

表 7-12   中心支轴式喷灌机用标准管道尺寸和内径（D）

内径	公 称 直 径/in						
	$4\frac{1}{2}$	$5\frac{9}{16}$	6	$6\frac{5}{8}$	8	$8\frac{5}{8}$	10
D/in	4.255	5.318	5.755	6.380	7.755	8.375	9.755
D/mm	108.1	135.1	146.2	162.1	197.0	212.7	247.8

确定均匀布置、相同流量喷头的单一直径支管的摩阻损失比较容易。然而，像中心支轴式喷灌机这样，喷头均匀布置但流量不同，或喷头间距和流量都变化的灌溉系统，确定摩阻损失就显得更加困难。

储和莫（Chu 和 Moe，1972）开发出一种计算中心支轴式喷灌机支管摩阻损失的解析近似法。他们确认，支管总摩阻损失是全部流量都从管道末端流出的供水管道水头损失的大约 54%（即 $F=0.54$）（见表 7-31）。凯勒和布里斯那（Keller 和 Bliesner，1990）推荐具有大量出水口的中心支轴式喷灌机取 $F=0.555$。因此，中心支轴式喷灌机的 H_f 计算如下：

$$H_f = \frac{0.555 \times J_h \times L}{100} \tag{7-32}$$

式中 H_f——中心支轴式喷灌机支管摩阻损失，m；

      J_h——与进口流量对应的摩阻损失梯度（根据公式计算或从表格中查取），m/100m；

      L——支管长度，m。

储和莫（1972）也开发出中心支轴式喷灌机支管上任意一点 S（即半径 S）的压力计算技术，见式（7-33）。请注意，该公式假定沿支管的高程没有变化。

$$\frac{P_S - P_L}{P_O - P_L} = -\frac{15}{8} \times \left[\frac{S}{L} - \frac{2}{3} \times \left(\frac{S}{L} \right)^3 + \frac{1}{5} \times \left(\frac{S}{L} \right)^5 \right] \tag{7-33}$$

式中 S——从中心支轴到所讨论喷头之间的半径，m；

      L——支管总长度，m；

      P_S——从中心支轴起半径为 S 点的压力，kPa；

P_L——从中心支轴起半径为 L 点的压力（通常指末端），kPa；

P_O——中心支轴点的压力，kPa。

可在《灌溉协会手册——中心支轴式喷灌机灌溉系统设计》（Allen 等，2002）这种类型的文献中，查到用于确定中心支轴式喷灌机摩阻损失的预设计表格。这些表格通常适用于单一管道尺寸的支管。具有 2 种或 3 种管道尺寸的中心支轴式喷灌机支管摩擦损失的计算比较困难。这种情况的摩阻损失的估算通常由喷灌机制造厂使用计算机程序完成。下文介绍具有两种标准尺寸管道的中心支轴式喷灌机支管摩阻损失的一种简单计算方法。多种尺寸中心支轴式喷灌机支管逐段损失和摩阻损失的计算技术比较复杂，（Andrade 和 Allen，1999）、（Allen 等，2002）作了描述。

十三、具有两种管道尺寸的中心支轴式喷灌机支管摩阻损失

由于沿中心支轴喷灌机支管的流量逐渐减小，所以应该认识到，近 80% 的摩阻损失是由近处的一半长度支管产生的，并且约 50% 的摩阻损失发生在近处的 30% 支管内。因此，中心支轴式喷灌机采用两种管道尺寸的支管以减小总摩阻损失，通常是合算的。例如，为了使支管平衡，从中心支座起的 2 跨或 3 跨采用 200mm 管，然后采用 162mm 管。采用较小直径管道不仅能节省管道材料成本，还能减小支撑驱动装置的成本，因为较小的管道非常轻，尤其是在充满水的时候。具有 2 种管道尺寸的中心支轴式喷灌机支管的总摩阻损失可估算如下：

$$(H_f)_{cp} = K_{dual} \times (H_f)_{cp\text{-}smaller} \qquad (7-34)$$

式中　$(H_f)_{cp}$——具有两种管道尺寸的中心支轴式喷灌机支管的总摩阻损失，m；

$(H_f)_{cp\text{-}smaller}$——假设只配置较小管道情况下的支管总摩阻损失〔采用式（7-32），取较小管道 D〕，m；

K_{dual}——基于中心支轴式喷灌机支管的一部分采用较大直径管道，从表 7-13 中查取的摩阻损失减小系数。

表 7-13 列出了中心支轴式喷灌机支管常用管道尺寸组合的 K_{dual} 值。表格第一列输入的是 S/L，此处的 S/L 是将要组成中心支轴喷灌机支管的较大尺寸管道的占比，S 是较大尺寸管道长度。该表格按行阅读，并在两种支管直径尺寸组合的列内选择 K_{dual} 值。例如，对 30% 长度采用 8in 管、70% 长度采用 $6\frac{5}{8}$in 管的中心支轴式喷灌机支管，查表 7-13 得 K_{dual} 值为 0.674。应该指出的是，如果整条支管均采用小管道（$S/L=0$），则 K_{dual} 值为 1。

艾伦等（2002）介绍了生成表 7-13 的 K_{dual} 和公式的开发，并基于储和莫的公式（1972）。艾伦等（2002）还包括了具有 3 种管道尺寸的中心支轴式喷灌机支管 $(H_f)_{cp}$ 的计算。

表 7-13　　计算多尺寸中心支轴式喷灌机支管总摩阻损失的 K_{dual} 值

S/L	K_{dual}						
	$6\frac{5}{8}$in 和 6in	8in 和 6in	$8\frac{5}{8}$in 和 6in	8in 和 $6\frac{5}{8}$in	$8\frac{5}{8}$in 和 $6\frac{5}{8}$in	10in 和 8in	10in 和 $8\frac{5}{8}$in
0.00	1.000	1.000	1.000	1.000	1.000	1.000	1.000
0.06	0.956	0.914	0.906	0.931	0.917	0.924	0.941

S/L	K_{dual}						
	$6\frac{5}{8}$in 和 6in	8in 和 6in	$8\frac{5}{8}$in 和 6in	8in 和 $6\frac{5}{8}$in	$8\frac{5}{8}$in 和 $6\frac{5}{8}$in	10in 和 8in	10in 和 $8\frac{5}{8}$in
0.08	0.941	0.886	0.875	0.908	0.890	0.900	0.922
0.10	0.927	0.857	0.844	0.885	0.863	0.875	0.902
0.12	0.913	0.829	0.813	0.863	0.836	0.850	0.883
0.14	0.898	0.802	0.783	0.841	0.810	0.826	0.864
0.16	0.884	0.774	0.753	0.819	0.783	0.802	0.845
0.18	0.870	0.747	0.723	0.797	0.757	0.778	0.827
0.20	0.857	0.720	0.694	0.775	0.732	0.754	0.809
0.22	0.843	0.694	0.665	0.754	0.706	0.731	0.791
0.24	0.830	0.668	0.637	0.734	0.682	0.709	0.773
0.26	0.817	0.643	0.609	0.713	0.657	0.686	0.756
0.28	0.804	0.618	0.582	0.694	0.634	0.665	0.739
0.30	0.792	0.594	0.556	0.674	0.611	0.644	0.722
0.32	0.780	0.571	0.530	0.655	0.588	0.623	0.706
0.34	0.768	0.548	0.505	0.637	0.566	0.603	0.691
0.36	0.757	0.526	0.481	0.619	0.545	0.584	0.676
0.38	0.746	0.504	0.457	0.602	0.524	0.565	0.661
0.40	0.736	0.484	0.435	0.586	0.505	0.547	0.647
0.42	0.725	0.464	0.413	0.570	0.485	0.529	0.633
0.44	0.716	0.445	0.392	0.554	0.467	0.512	0.620
0.46	0.706	0.427	0.372	0.540	0.450	0.496	0.608
0.48	0.697	0.409	0.353	0.526	0.433	0.481	0.596
0.50	0.689	0.393	0.335	0.512	0.417	0.466	0.584
0.52	0.681	0.377	0.317	0.500	0.402	0.453	0.574
0.54	0.673	0.362	0.301	0.488	0.388	0.440	0.563
0.56	0.666	0.348	0.286	0.477	0.374	0.427	0.554
0.58	0.659	0.335	0.271	0.466	0.362	0.416	0.545
0.60	0.653	0.323	0.258	0.456	0.350	0.405	0.536
0.62	0.647	0.311	0.246	0.447	0.339	0.395	0.529
0.64	0.642	0.301	0.234	0.439	0.329	0.386	0.522
0.66	0.637	0.291	0.224	0.431	0.320	0.378	0.515
0.68	0.633	0.283	0.214	0.424	0.311	0.370	0.509
0.70	0.628	0.275	0.206	0.418	0.304	0.363	0.504
0.72	0.625	0.268	0.198	0.412	0.297	0.357	0.499

S/L	K_{dual}						
	$6\frac{5}{8}$in 和 6in	8in 和 6in	$8\frac{5}{8}$in 和 6in	8in 和 $6\frac{5}{8}$in	$8\frac{5}{8}$in 和 $6\frac{5}{8}$in	10in 和 8in	10in 和 $8\frac{5}{8}$in
0.74	0.622	0.261	0.191	0.407	0.291	0.351	0.495
0.76	0.619	0.256	0.185	0.403	0.286	0.346	0.491
0.78	0.616	0.251	0.180	0.399	0.281	0.342	0.488
0.80	0.614	0.247	0.175	0.396	0.277	0.339	0.485
0.82	0.613	0.244	0.172	0.393	0.274	0.336	0.482
0.84	0.611	0.241	0.168	0.391	0.271	0.333	0.481
0.86	0.610	0.239	0.166	0.389	0.269	0.331	0.479
0.88	0.609	0.237	0.164	0.388	0.268	0.330	0.478
0.90	0.608	0.236	0.163	0.387	0.266	0.329	0.477
0.92	0.608	0.235	0.162	0.386	0.266	0.328	0.476
0.94	0.608	0.234	0.161	0.385	0.265	0.327	0.476
1.00	0.608	0.234	0.161	0.385	0.265	0.327	0.476

注 S/L 是支管所用较大管道的占比。表头的管道尺寸是以英寸为单位的大管和小管的公称尺寸。

第五节　喷头流量和压力之间的关系

支管上的压力和喷头流量之间存在基本关系（见图 7-13）。喷头流量是各个喷头压力的函数。它可表示为，喷头喷嘴流量（非压力补偿式）与该喷头喷嘴压力的平方根成正比：

$$q = K_d \times \sqrt{P} \tag{7-35a}$$

式中　q——喷头喷嘴流量，L/s；

　　　K_d——取决于喷嘴结构的流量系数，L/(s·kPa$^{0.5}$)；

　　　P——喷嘴进口压力，kPa。

式（7-35a）中的系数 K_d 可以重述为适用于覆盖整个喷嘴尺寸范围的孔口系数和孔口直径平方的乘积（Rochester，1995）：

$$q = K_{do} \times d^2 \times \sqrt{P} \tag{7-35b}$$

式中　K_{do}——取决于喷嘴结构的流量孔口系数，L/(s·mm^2·kPa$^{0.5}$)；K_{do} 的常用值为
　　　　0.00107L/(s·mm^2·kPa$^{0.5}$)；

　　　d——喷嘴孔口直径，mm。

压力补偿喷嘴及其他灌水器采用某种类型的柔性隔膜或可变孔径，以减小流量随压力变化而变化的量。喷头及其他灌水器与压力的一般关系式如下：

$$q = K_x \times P^x \tag{7-36}$$

式中　q——喷头喷嘴流量，L/s；

　　　K_x——取决于喷嘴结构的流量系数，L/(s·kPa^x)；

P——喷嘴进口压力，kPa；

x——压力项指数，无量纲。

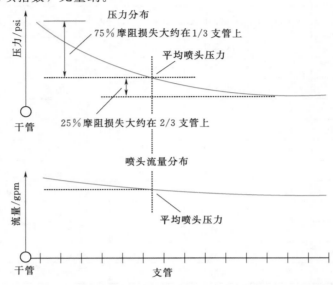

图 7-13　单一直径管道且喷头等间距布置的支管上的压力和喷头流量分布

（灌溉协会，2000）

对刚性（非压力补偿式）出流孔，$x=0.5$。压力补偿使 x 值小于 0.5。在全压力补偿条件下，$x=0$。

在管道中，不管是支管还是干管，相同尺寸管道中的流量只能通过加大流速才能使其增加。在采用标准喷嘴和非压力调节喷嘴的系统中，流速随着水泵或高程提供给管道的压力的增加而增加。由于沿多喷头支管的压力会因摩阻损失变化而变化，所以喷头压力和流量也随之变化。达西-韦斯巴赫和科比公式中速度项（V）的指数和哈森-威廉姆斯公式中流量项（Q）的指数均约为 2。因此，对采用标准喷嘴和非压力调节喷嘴的系统，摩阻损失几乎与支管上任一点的压力成正比。例如，如果支管起始点的压力增加一倍，则摩阻损失也大约增加一倍。呈现这种关系是因为流速和流量都随压力平方根的增加而增加。摩阻损失的增加与速度的平方成比例；于是，平方根和平方抵消。鉴于这种关系，支管上任一点的压力与另一点的压力之比保持不变。这个概念在设计中很有用。喷头支管上的压力比可以定义为：支管上任一喷头的压力与末端（远端）喷头压力的比值。支管上喷头的流量比可以被定义为：任一喷头流量与远端喷头流量之比，并且，对于喷嘴没有压力调节装置的系统，该值等于压力比的平方根。

$$\frac{q}{q_0}=\sqrt{\frac{P}{P_0}} \tag{7-37}$$

式中　q——任一喷头流量，L/s；

　　　q_0——远端喷头流量，L/s；

　　　P——所关注喷头压力，kPa；

　　　P_0——远端喷头压力，kPa。

当压力比小于 1.5 时，喷头流量的相对变化约为压力变化的 50%。例如，如果沿支管的压力变化为 20%，则具有较高压力和较低压力之间的喷头流量的最大变化为 10%。

对单一管道尺寸、喷头等间距布置的直线支管，支管的平均压力大约是远端喷头压力加上 25% 支管摩阻损失（加上压力增加值的一半或因支管高程变化引起的损失）。同一条支管上第一个喷头的压力大约是支管平均压力加上支管摩阻损失的 75%（加上压力增加值的一半或因支管高程变化引起的损失）。

对均匀出水口的单一尺寸支管，当给定沿支管的平均设计喷嘴压力时，支管进口所需的设计压力按式（7-38）计算：

$$P_1 = P_a + \gamma_c \times (0.75 \times H_f + 0.5 \times \Delta H_e + H_r) \tag{7-38}$$

式中　P_1——支管进口设计压力，kPa；

$\quad\quad P_a$——设计平均喷嘴压力，kPa；

$\quad\quad \gamma_c$——水的比重系数，9.807kPa/m；

$\quad\quad H_f$——沿支管的总摩阻损失，m；

$\quad\Delta H_e$——沿支管的总高程变化（水流反坡取正值，水流顺坡取负值），m；

$\quad\quad H_r$——喷嘴相对于支管的高度（立管高度），m。

对均匀出水口的双尺寸支管，P_1 按下式计算（Keller 和 Bliesner，1990）：

$$P_1 = P_a + \gamma_c \times \left(\frac{5}{8} \times H_f + 0.5 \times \Delta H_e + H_r \right) \tag{7-39}$$

第六节　确保良好水力性能的系统设计

良好水力性能系统的目标，是喷头、微喷头、滴头等灌水器具有适当的压力，以提供尽可能高的灌水均匀度。一部分灌溉系统由多种灌水器组成，或者虽然不是多种类型，但由不同流量的灌水器组成。这种情况下，通常需要不同的压力。由于灌溉系统规模增加，管道数量随之增加，出现高程差的机会也随之增加。这些因素就要求设计者认真考虑包括高程变化在内的供水管和支管的水力学问题。

正如已经讨论过的那样，计算供水管和单条支管的摩阻损失相对简单。但是，许多灌溉系统采用一个称为环状干管或供水管的概念，这意味着可从两个方向向支管或灌水器供水。虽然这种设计更适用于大型系统，但小型庭院系统也可采用环状供水管网。在诸如高尔夫球场这样的较大型灌溉系统中，配置隔离阀的环状管网提供了一种维修方法。通过适当布置隔离阀，可在维修时将灌溉系统中的一部分隔离，而灌溉系统的大部分仍然保持供水。

对于环状管网通常假设大约一半水从一个方向流入一条分干管，并假设管道尺寸相同。因此，可采用较小的管道。这种假设的缺点是水在阻力最小的方向流动。因此，流动是不确定的，计算流量可能很困难。尽管如此，环状管网中的水流被分开了，可使总压力损失最小。

一个称为哈代-克罗斯法（Cross，1936）的环状干管公式已经得到应用。要想采用该方法确定干管尺寸，必需先确定需求点的流量（Q）和压力（P）。已经开发出适用于环状系统的其他数字技术，包括线性理论（Wood 和 Charles，1972；Walski 等，1990；Haestad，2002）和牛顿–拉夫逊数解法（Jeppson，1977，1990）。这些更现代的技术采用各种各样的商业软件程序。

关键是给灌水器提供足够的工作压力。这些灌水器布置在支管上，有时甚至布置在供水管上。每一种灌水器都有推荐的工作压力，制造厂提供与该压力相关的流量。当压力高于或低于推荐压力时，流量就会发生变化。灌水器布置间距和流量决定了灌水均匀性，通常称为水量分布均匀性。

有若干种方法可保证灌水器具有适当压力。恒定式或可调式压力调节阀可瞬时控制阀门下游的压力。对正常运行的阀门，要求通过阀门的压力误差不大于 48～69kPa。一些大型草坪和园林灌溉系统，例如高尔夫球场喷灌系统，采用带有阀门的顶置阀门喷头，可使喷头运转并控制喷头喷嘴压力。压力调节阀可设置在单条支管或轮灌小区的进水口。喷头可配备流量控制喷嘴，以限制通过喷嘴的流量。另外，喷头也可配备内置压力调节装置，以快速限制调节装置下游的最大压力。微灌灌水器和一些类型的滴灌带灌溉系统可作为压力补偿装置，每个灌水器在全压力范围内的流量都保持恒定。中心支轴式喷灌机通常在每个喷嘴上游直接配置单独的压力调节器。

对未采用压力调节、流量控制或压力补偿装置，并且支管布置在基本水平地面上的灌溉系统，保证向灌水器提供足够压力的主要方法是选择合适的管道尺寸限制摩阻损失。采用这种方法是假设支管进水口可以获得足够压力。对于支管不可能布置在水平地面的地方，支管最好沿顺坡布置，利用一定的高程差克服摩阻损失。对存在超量高程变化的地方，可能需要流量控制喷嘴和/或内置压力调节装置。喷头和立管内可采用止回阀，以防止低水头情况下排水。低水头排水是指位于较高海拔处管道内的水从位于较低海拔处的喷头渗出。

有几种计算机程序，设计者只需输入水泵性能曲线、管道尺寸、海拔高度以及系统各部分流量的数据，根据这些数据，设计者就可获得整个灌溉系统中各个点位的流速和压力。这些点位通常被称为节点。设计者也可确定一些可能影响系统压力的部件，例如压力调节阀、隔离阀和其他装置。

设计者选择管道尺寸时，通常将支管和较小供水管道内流速限制在 1.5m/s 或更小。考虑到系统寿命期的经济性，大型灌溉系统中干管的流速有时限制在 0.6～0.9m/s。对于大型系统，采用较大尺寸干管通常更符合成本效益，因为流速较低并能减小干管中的摩阻损失。较低的摩阻损失相应的允许采用较小功率的水泵，并转而降低系统在整个使用期的运行成本。较低的流速也可降低产生脉冲压力或水锤的可能性（见"一、脉冲压力或水锤"）。设计者需要就最大允许管道流速问题，查阅当地、州和联邦的法规。

一、脉冲压力或水锤

当管道系统中的流量即流速突然增加或减小时，就会产生压力脉冲或"水锤"。这种情况可能会在操作阀门、水泵启动或停止、需水量变化、液柱分离、夹带空气以及初始给管道充水等情况下产生。在一长段运动的水中，由于其质量和速度，使液体中储存了相当大的动能和动量。如果速度突然下降（例如快速关闭阀门或初始充水时到达管道末端），因为液体几乎不可压缩，这种能量无法被液体吸收。这种能量对管道产生瞬时冲击，可能导致高压和损坏。管道越长，流速变化越大，阀门关闭历时越短，影响就越严重。

　　管道系统中的脉冲有两种类型，即瞬态脉冲和周期脉冲。瞬态脉冲可以描述为系统中存在的从一个稳定状态移动到另一个稳定状态时的中间状态。这种情况可能在关闭一个阀门时就会发生。周期脉冲是一种定期发生的状态，例如振动。它可能由压力调节阀产生。灌溉系统中总是存在一定的周期脉冲。在某些情况下，如果小振荡脉冲的频率等于或接近管道系统的固有谐振频率，振幅就可能增长，并可能变得具有破坏性。周期脉冲可能会导致所谓的疲劳失效，即在管道系统失效前的重复次数。可采用《管道手册》（Nayyar，2000）和《PVC管手册》（Uni-Bell，2001）介绍的经验设计法，预测循环脉冲的影响。

　　可采用弹性波理论或脉冲分析法计算瞬态脉冲。瞬态压力分析法可通过计算快速关闭阀门引起管道中的压力上升而得到证明。最大脉冲压力与流量的最大变化率有关，而压力波的传播速度与声音在水中的传播速度有关（因管道材料不同而有所变化）。由于声音借助压力波传播，而压力波的传播速度是声音在特定管道水中的通过速度，并由式（7-40）或式（7-41）给出。

$$a = \left(\frac{C_g \times \frac{K}{\rho}}{1 + \frac{K}{E} \times \frac{D}{t} \times C_1} \right)^{0.5} \tag{7-40}$$

或

$$a = \left(\frac{C_g \times \frac{K}{\rho}}{1 + \frac{K}{E} \times C_1 \times (SDR - 2)} \right)^{0.5} \tag{7-41}$$

式中　a——波速（声音在水中的通过速度），m/s；

　　　K——水的弹性模量，2.16×10^6 kPa；

　　　ρ——流体密度，水为 1.0 mg/m³；

　　　D——管道内径，mm；

　　　E——管道材料的弹性模量，kPa；

　　　t——壁厚，mm；

　　　C_1——管道支撑系数，带伸缩接头的管道通常取 1.0，刚性管道取 0.9；

　　　C_g——质量转换为力的系数，公制单位（kg 和 N）设定为 1.0；

　　SDR——与管道外径和壁厚有关的标准尺寸比 $[SDR = (D + 2 \times t)/t]$。

　　最大脉冲压力可按下式计算：

$$\Delta P = \frac{a \times \Delta V \times \gamma_c}{g} \tag{7-42}$$

式中　ΔP——脉冲压力，kPa；

　　　a——波速，m/s；

　　　ΔV——最大流速变化，m/s；

　　　γ_c——反映单位换算的比重系数，$\gamma_c = 9.807$ kPa/m；

　　　g——重力加速度，9.807 m/s²。

对于水，式（7-40）和式（7-42）可以合并成如下公式：

$$\Delta P = 1470 \times \Delta V \times \sqrt{\frac{E \times t}{E \times t + 2.16 \times 10^6 \times D \times C_1}}$$

$$= 1470 \times \Delta V \times \sqrt{\frac{E}{E + 2.16 \times 10^6 \times (SDR - 2) \times C_1}} \qquad (7-43)$$

式中　ΔP——脉冲压力，kPa；

ΔV——最大流速变化，m/s；

E——管道材料的弹性模量，kPa；

t——壁厚，mm；

D——管道内径，mm；

C_1——管道支撑系数，带伸缩接头的管道通常取 1.0，刚性管道取 0.9；

SDR——与管道外径和壁厚有关的标准尺寸比 $[SDR = (D+2t)/t]$。

弹性模量是一种与弹性和拉伸能力有关的材料特性。硬壁管道具有较高的弹性模量。大多数 PVC 管道的弹性模量（E）为 280 万 kPa，大多数 PE 管道为 70 万 kPa。钢的弹性模量约为 1.93 亿 kPa，铝为 7300 万 kPa。

根据式（7-43），表 7-14 总结了 PVC 管在几个流速条件下瞬时关闭阀门时的最大脉冲压力。表 7-14 中还包括压力波在管道中的移动速度。请注意，当系统中的流速保持在 1.5m/s 或以下时，PVC 管中的脉冲压力不是特别高。还须注意，管壁越厚，强度越高，就有自觉实现水锤的趋势。较大的厚度使处于压力波中的管道膨胀量减小，从而使波速更快，产生的压力波更高，于是需要更厚管壁的管道。

表 7-14　　　　　　水在 PVC 管道中流动时阀门瞬时关闭的最大脉冲压力

SDR	压力波速度/(m/s)	流速变化/(m/s)							
		0.50	0.75	1.00	1.25	1.50	1.75[①]	2.5[①]	3.0[①]
		压力脉冲/kPa							
13.5	490	228	342	456	571	685	799	1141	1369
14.0	481	224	337	449	561	673	786	1122	1347
17.0	435	205	308	411	514	616	719	1027	1232
18.0	422	200	300	400	500	600	700	1000	1200
21.0	390	186	279	372	466	559	652	931	1117
25.0	357	172	257	343	429	515	600	858	1029
26.0	350	168	253	337	421	505	589	842	1010
32.5	312	151	227	303	379	454	530	757	908
41.0	277	135	203	271	339	406	474	677	812
51.0	248	122	183	244	305	365	426	609	731

① 不推荐。

在流速相同的条件下，金属管道中的脉冲压力更高，这是因为金属具有较高的弹性模量，故而压力波速度高、阻尼小。当关阀历时 $T < 2L/a$ 时，脉冲压力降低，其中 L 为从进水口到阀门或系统末端的距离（单位为 m），a 是利用式（7-40）或式（7-41）计算出的波速。脉冲压力降低是由于压力波沿着管道逆向移动抵消脉冲压力，以及每个关阀时间增量的 V 变化小而造成的。

可用于控制脉冲压力的装置和方法如下：

（1）缓冲罐——装有空气和水的封闭装置，有的通过隔膜或囊状物分隔（水根据罐内空气和管道内水的压力比流入和流出，从而使有压空气控制高压系统中的正向和反向脉冲）。

（2）缓闭式机械操作可调节阀门——不可能引起流速突然变化的阀门。

（3）压力释放阀或旁路阀——预置或可调弹簧加载阀，超过预设值时释放并泄压。

（4）时间延迟——延迟连接到水泵控制回路，以防止过度循环或防止在高振幅振荡期间启动。

（5）变速水泵——水泵可在流量变化的条件下连续运行，从而减少启停次数。

（6）空气释放/真空释放阀和组合空气释放阀——管道充水时，阀门可使大量空气从管道中排除；停止泵水时，使空气重新返回管路，防止因负压而使管道变瘪。大孔和小孔组合空气释放阀——开始供水时，将空气从管道中排除。

二、更多关于滞留空气的细节

管道中总有一些空气。在低流速或静止条件下，空气往往积聚在高点。在泵送过程中，它会积存在最高点，并可能阻碍水流，使受阻碍处附近的流速增高。随着气囊增大，经过那个点的流速不断增高，最终可能将气囊推向某出水口。当如此大量空气在压力下排出时，它迅速逸出，而水会冲过来填补空隙。当水到达开口处时，水流速度会突然下降，因为在相同压力下，空气的逸出速度大约是水的 5 倍。除了流速变化可能远远超过管道中的正常流速外，这个动作的效果可能类似于瞬时关闭阀门。在科罗拉多州立大学进行的测试发现，当空气在压力下迅速排出时，压力脉冲高达正常工作压力的 15 倍（Ball，1974）。如此高的压力可能会超过系统组件的承受能力。即使是较弱的压力脉冲，反复作用也会损害系统组件。

减轻滞留空气问题的理想方法是防止空气进入系统。向管道内充水时，流速应为 0.3m/s 或更小。然而，从系统中消除所有空气是不切实际的。因此，应在管线高点安装连续作用的空气释放/真空释放阀。此外，管线应尽可能设计成连续斜坡（例如没有断断续续的低点和高点）。除了高点的空气释放阀外，通常推荐在管线末端设置组合阀。

确定空气释放/真空释放阀的正确尺寸非常重要。对于大孔口/小孔口组合阀，小孔口的推荐尺寸大约为管道直径的 1%。标准 ANSI/ASABE S 376.2（ASABE，2010）提出了标准尺寸大孔口空气释放/真空释放阀的尺寸标准。一些制造厂建议的方法是根据流量计算空气释放/真空释放阀的尺寸。问题的关键是，应选择能排出空气而不会引起流速大幅度变化的适当尺寸阀门，并避免大量空气积聚在管道中。

不同铁管尺寸系列 PVC 管摩阻损失见表 7-15～表 7-21。

表 7 - 15   **Class100psi 铁管尺寸系列 PVC 管摩阻损失**   单位：m/100m

名义尺寸/in		2	3	4	5	6	8	10	12
外径/in		2.375	3.50	4.50	5.563	6.625	8.625	10.75	12.75
内径/in		2.255	3.33	4.28	5.291	6.301	8.205	10.23	12.13
内径/mm		57	85	109	134	160	208	260	308
g/min	L/s								
10	0.6	0.150							
20	1.3	0.509	0.679						
30	1.9	1.05	0.161	0.049					
40	2.5	1.76	0.269	0.081					
50	3.2	2.64	0.401	0.120					
60	3.8	3.68	0.557	0.166					
70	4.4	4.88	0.735	0.219	0.079				
80	5.0	6.24	0.936	0.279	0.100				
90	5.7	7.75	1.16	0.344	0.124				
100	6.3	9.41	1.40	0.416	0.150				
120	7.6	13.2	1.96	0.579	0.208	0.090			
140	8.8	17.6	2.59	0.766	0.274	0.118			
160	10.1	22.6	3.32	0.976	0.349	0.150			
180	11.4		4.12	1.21	0.433	0.186	0.052		
200	12.6		5.01	1.47	0.524	0.225	0.063		
220	13.9		5.97	1.75	0.623	0.267	0.075		
240	15.1		7.02	2.05	0.730	0.313	0.087		
260	16.4		8.15	2.38	0.845	0.362	0.101		
280	17.7		9.35	2.72	0.968	0.414	0.116		
300	18.9		10.6	3.10	1.10	0.470	0.131		
320	20.2		12.0	3.49	1.24	0.529	0.147	0.051	
340	21.5		13.4	3.90	1.38	0.591	0.164	0.057	
360	22.7			4.34	1.54	0.656	0.182	0.063	
380	24.0			4.80	1.70	0.724	0.201	0.069	
400	25.2			5.28	1.87	0.795	0.221	0.076	0.033
420	26.5			5.78	2.04	0.870	0.241	0.083	0.037
440	27.8			6.30	2.22	0.947	0.263	0.090	0.040
460	29.0			6.85	2.41	1.03	0.285	0.098	0.043
480	30.3			7.42	2.61	1.11	0.308	0.106	0.047

g/min	L/s								
500	31.5			8.00	2.82	1.20	0.332	0.114	0.050
550	34.7			9.57	3.36	1.43	0.395	0.136	0.059
600	37.9				3.95	1.68	0.463	0.159	0.070
650	41.0				4.59	1.95	0.536	0.184	0.081
700	44.2				5.27	2.23	0.614	0.211	0.092
750	47.3				6.00	2.54	0.697	0.239	0.105
800	50.5				6.77	2.86	0.785	0.269	0.118
850	53.6				7.59	3.20	0.878	0.300	0.131
900	56.8					3.56	0.976	0.334	0.146
950	59.9					3.94	1.08	0.369	0.161
1000	63.1					4.34	1.19	0.405	0.177
1100	69.4					5.19	1.42	0.483	0.210
1200	75.7					6.11	1.66	0.567	0.247
1300	82.0						1.93	0.657	0.286
1400	88.3						2.22	0.753	0.328
1500	94.6						2.52	0.856	0.372
1600	101.0						2.85	0.965	0.419
1800	113.6						3.55	1.20	0.521
2000	126.2						4.32	1.46	0.633

注 采用管壁糙率为0.01mm，根据丘吉尔公式［见式（7-16）～式（7-18）］和达西-韦斯巴赫公式［见式（7-15）］计算。

表7-16　　　　　　　　　　Class200psi 铁管尺寸系列 PVC 管摩阻损失　　　　单位：m/100m

名义尺寸/in		2	2.5	3	4	5	6	8	10
外径/in		2.375	2.875	3.50	4.50	5.563	6.625	8.625	10.75
内径/in		2.149	2.601	3.166	4.072	5.033	5.993	7.803	9.726
内径/mm		55	66	80	103	128	152	198	247
g/min	L/s								
10	0.6	0.189	n						
20	1.3	0.642	0.257	0.100	0.030				
30	1.9	1.33	0.528	0.206	0.062				
40	2.5	2.23	0.885	0.343	0.103				
50	3.2	3.34	1.32	0.512	0.153	0.055			
60	3.8	4.66	1.84	0.710	0.211	0.076			

g/min	L/s							
70	4.4	6.18	2.44	0.938	0.279	0.101		
80	5.0	7.90	3.11	1.20	0.354	0.128		
90	5.7	9.81	3.85	1.48	0.438	0.158	0.068	
100	6.3	11.9	4.68	1.79	0.530	0.191	0.082	
120	7.6	16.7	6.54	2.50	0.737	0.265	0.114	
140	8.8	22.3	8.70	3.32	0.975	0.349	0.151	
160	10.1	28.7	11.2	4.25	1.24	0.445	0.191	
180	11.4		13.9	5.28	1.54	0.551	0.237	0.066
200	12.6		16.9	6.41	1.87	0.668	0.287	0.080
220	13.9		20.2	7.66	2.23	0.794	0.341	0.095
240	15.1		23.8	9.00	2.62	0.931	0.399	0.111
260	16.4		27.7	10.4	3.03	1.08	0.462	0.129
280	17.7			12.0	3.48	1.23	0.528	0.147
300	18.9			13.7	3.95	1.40	0.599	0.167
320	20.2			15.4	4.45	1.58	0.674	0.188	0.065
340	21.5			17.3	4.98	1.76	0.754	0.209	0.072
360	22.7			19.2	5.54	1.96	0.837	0.232	0.080
380	24.0			21.3	6.13	2.17	0.924	0.256	0.088
400	25.2			23.4	6.75	2.38	1.02	0.282	0.097
420	26.5				7.39	2.61	1.11	0.308	0.106
440	27.8				8.06	2.84	1.21	0.335	0.115
460	29.0				8.76	3.09	1.31	0.363	0.125
480	30.3				9.48	3.34	1.42	0.393	0.135
500	31.5				10.2	3.60	1.53	0.423	0.145
550	34.7				12.2	4.30	1.83	0.504	0.173
600	37.9					5.06	2.15	0.591	0.203
650	41.0					5.87	2.49	0.685	0.235
700	44.2					6.75	2.86	0.785	0.269
750	47.3					7.68	3.25	0.891	0.305
800	50.5					8.67	3.66	1.00	0.343
850	53.6					9.72	4.10	1.12	0.383
900	56.8						4.56	1.25	0.426
950	59.9						5.05	1.38	0.470
1000	63.1						5.56	1.52	0.517

续表

g/min	L/s								
1100	69.4						6.65	1.81	0.616
1200	75.7						7.83	2.13	0.724
1300	82.0							2.47	0.839
1400	88.3							2.84	0.963
1500	94.6							3.23	1.09
1600	101.0							3.64	1.23
1800	113.6							4.55	1.54
2000	126.2							5.54	1.87

注 采用管壁糙率为0.01mm，根据丘吉尔公式［见式（7-16）~式（7-18）］和达西-韦斯巴赫公式［见式（7-15）］计算。

表 7-17　　　　　　　　**Schedule40 铁管尺寸系列 PVC 管摩阻损失**　　　　单位：m/100m

名义尺寸/in		2	2.5	3	4	5	6	8
外径/in		2.375	2.875	3.50	4.50	5.563	6.625	8.625
内径/in		2.067	2.469	3.068	4.026	5.04	6.065	7.981
内径/mm		53	63	78	102	128	154	203
g/min	L/s							
10	0.6	0.227						
20	1.3	0.773	0.330	0.117	0.032			
30	1.9	1.60	0.679	0.239	0.065			
40	2.5	2.69	1.14	0.399	0.108			
50	3.2	4.04	1.70	0.596	0.161	0.055		
60	3.8	5.63	2.37	0.827	0.223	0.076		
70	4.4	7.47	3.14	1.09	0.294	0.100		
80	5.0	9.56	4.01	1.39	0.374	0.127		
90	5.7	11.9	4.97	1.72	0.462	0.157	0.064	
100	6.3	14.4	6.03	2.09	0.559	0.189	0.078	
120	7.6	20.3	8.45	2.92	0.778	0.263	0.108	
140	8.8	27.1	11.2	3.87	1.03	0.347	0.142	
160	10.1	34.8	11.4	4.95	1.31	0.442	0.181	
180	11.4		18.0	6.16	1.63	0.547	0.224	0.060
200	12.6		21.9	7.49	1.98	0.663	0.271	0.072
220	13.9		26.2	8.94	2.36	0.789	0.322	0.085
240	15.1		30.8	10.5	2.77	0.925	0.377	0.100
260	16.4		35.9	12.2	3.21	1.07	0.436	0.116

续表

g/min	L/s							
280	17.7			14.0	3.68	1.23	0.499	0.132
300	18.9			16.0	4.18	1.39	0.566	0.150
320	20.2			18.0	4.71	1.57	0.636	0.168
340	21.5			20.2	5.27	1.75	0.711	0.188
360	22.7			22.5	5.86	1.95	0.789	0.208
380	24.0			24.9	6.48	2.15	0.872	0.230
400	25.2			27.4	7.13	2.37	0.958	0.252
420	26.5				7.81	2.59	1.05	0.276
440	27.8				8.52	2.82	1.14	0.300
460	29.0				9.26	3.06	1.24	0.326
480	30.3				10.0	3.32	1.34	0.352
500	31.5				10.8	3.58	1.44	0.379
550	34.7				13.0	4.27	1.72	0.451
600	37.9					5.02	2.02	0.530
650	41.0					5.83	2.35	0.613
700	44.2					6.70	2.69	0.703
750	47.3					7.63	3.06	0.798
800	50.5					8.61	3.45	0.899
850	53.6					9.65	3.87	1.01
900	56.8						4.30	1.12
950	59.9						4.76	1.24
1000	63.1						5.24	1.36
1100	69.4						6.27	1.62
1200	75.7						7.38	1.91
1300	82.0							2.21
1400	88.3							2.54
1500	94.6							2.89
1600	101.0							3.26
1800	113.6							4.07
2000	126.2							4.96

注 采用管壁糙率为 0.01mm，根据丘吉尔公式［见式（7-16）～式（7-18）］和达西-韦斯巴赫公式［见式（7-15）］计算。

表 7 – 18　　　　　　　　小口径 Class200psi 和 Schedule 40PVC 管摩阻损失　　　　单位：m/100m

尺寸		3/4in	1in	1-1/4in	1-1/2in	1/2in	3/4in	1in	1-1/4in	1-1/2in
		200psi	200psi	200psi	200psi	Sch40	Sch40	Sch40	Sch40	Sch40
外径/in		1.05	1.315	1.66	1.990	0.840	1.05	1.315	1.660	1.990
内径/in		0.93	1.189	1.502	1.72	0.622	0.824	1.049	1.38	1.61
内径/mm		23.6	30.2	38.2	43.7	15.8	20.9	26.6	35.1	40.9
g/min	L/s									
1	0.06	0.188				1.26	0.333	0.106		
2	0.13	0.616	0.192	0.064		4.19	1.09	0.348	0.095	0.046
3	0.19	1.24	0.387	0.128	0.067	8.57	2.22	0.701	0.191	0.092
4	0.25	2.06	0.638	0.210	0.110	14.3	3.69	1.16	0.314	0.151
5	0.32	3.06	0.942	0.309	0.162	21.4	5.48	1.72	0.463	0.222
6	0.38	4.23	1.30	0.425	0.223	29.8	7.59	2.37	0.637	0.305
7	0.44	5.57	1.71	0.557	0.292	39.4	10.0	3.12	0.835	0.400
8	0.50	7.08	2.16	0.705	0.369	50.4	12.7	3.95	1.06	0.506
9	0.57	8.75	2.67	0.868	0.454	62.5	15.8	4.88	1.30	0.622
10	0.63	10.6	3.22	1.05	0.546	75.9	19.1	5.90	1.57	0.749
12	0.76	14.7	4.46	1.45	0.754		26.6	8.19	2.17	1.04
14	0.88	19.5	5.89	1.90	0.991		35.3	10.8	2.86	1.36
16	1.01	24.9	7.50	2.42	1.26		45.2	13.8	3.64	1.73
18	1.14		9.29	2.99	1.55		56.1	17.1	4.50	2.14
20	1.26		11.3	3.61	1.87		68.3	20.8	5.45	2.58
22	1.39		13.4	4.29	2.23		81.5	24.8	6.48	3.06
24	1.51		15.7	5.02	2.60		95.9	29.1	7.59	3.59
26	1.64		18.2	5.81	3.01			33.7	8.78	4.14
28	1.77			6.65	3.44			38.6	10.0	4.74
30	1.89			7.54	3.90			43.9	11.4	5.37
35	2.21			9.99	5.16			58.5	15.1	7.12
40	2.52			12.8	6.58			75.1	19.4	9.09
45	2.84			15.9	8.16			93.7	24.1	11.3
50	3.15			19.3	9.90				29.3	13.7
55	3.47			23.0	11.8				34.9	16.3
60	3.79				13.9				41.1	19.2
65	4.10				16.1				47.7	22.3
70	4.42				18.4				54.8	25.5

g/min	L/s									
75	4.73			21.0					62.4	29.0
80	5.05			23.6					70.5	32.8
85	5.36			26.5					79.0	36.7
90	5.68								88.0	40.8
95	5.99								97.5	45.2
100	6.31								107.4	49.8

注 采用管壁糙率为 0.01mm，根据丘吉尔公式［见式（7-16）～式（7-18）］和达西-韦斯巴赫公式［见式（7-15）］计算。

表 7-19　　　　　　　　　　　　聚乙烯（PE）管摩阻损失　　　　　　　　　单位：m/100m

尺寸		3/8in	13mm	14mm	16mm	1/2in	5/8in	3/4in	1in	1～1/2in
外径/in		0.455	0.612	0.625	0.714	0.70	0.835	0.935	1.195	1.53
内径/in		0.375	0.512	0.525	0.63	0.60	0.73	0.811	1.05	1.36
内径/mm		9.5	13.0	13.3	16.0	15.2	18.5	20.6	26.7	34.5
g/min	L/s									
0.2	0.06	0.660	0.190	0.172						
0.4	0.13	2.88	0.558	0.475	0.167	0.21				
0.6	0.19	5.77	1.32	1.17	0.492	0.62	0.23	0.116		
0.8	0.25	9.50	2.16	1.91	0.808	1.02	0.40	0.245		
1	0.32	14.0	3.17	2.81	1.18	1.49	0.59	0.359	0.106	
1.2	0.38	19.4	4.35	3.86	1.62	2.04	0.81	0.490	0.145	
1.4	0.44	25.5	5.69	5.05	2.11	2.67	1.05	0.637	0.188	0.056
1.6	0.50	32.3	7.19	6.38	2.67	3.37	1.32	0.802	0.236	0.070
1.8	0.57	39.9	8.85	7.85	3.27	4.14	1.62	0.983	0.289	0.085
2	0.63	48.2	10.7	9.45	3.94	4.98	1.95	1.18	0.346	0.102
3	0.76	100.7	22.0	19.5	8.06	10.2	3.97	2.39	0.698	0.204
4	0.88	170.8	36.9	32.7	13.5	17.1	6.60	3.98	1.15	0.336
5	1.01		55.4	49.0	20.1	25.5	9.84	5.91	1.71	0.496
6	1.14		77.4	68.4	28.0	35.5	13.6	8.19	2.36	0.683
7	1.26		102.8	90.8	37.0	47.1	18.0	10.8	3.10	0.896
8	1.39		131.7	116.3	47.3	60.1	23.0	13.8	3.94	1.13
9	1.51			144.7	58.7	74.7	28.5	17.0	4.86	1.40
10	1.64				71.3	90.7	34.5	20.6	5.87	1.68
12	1.77						48.3	28.8	8.16	2.33

g/min	L/s								
14	1.89					64.1	38.2	10.8	3.07
16	2.21					82.2	48.8	13.7	3.91
18	2.52						60.7	17.0	4.83
20	2.84						73.9	20.7	5.85
22	3.15						88.2	24.6	6.95
24	3.47							28.9	8.15
26	3.79							33.5	9.42
28	4.10							38.5	10.8
30	4.42							43.7	12.2
35	4.73							58.2	16.3
40	5.05							74.8	20.8
45	5.36								25.9
50	5.68								31.4
55	5.99								37.6
60	6.31								44.2

注　采用管壁糙率为0.01mm，根据丘吉尔公式〔见式（7-16）～式（7-18）〕和达西-韦斯巴赫公式〔见式（7-15）〕计算。

表 7-20　　　　　　　　带接头移动铝合金管干管摩阻损失　　　　　　单位：m/100m

外径/in		3	4	5	6	7	8	10
内径/in		2.914	3.906	4.896	5.884	6.872	7.856	9.818
内径/mm		74	99	124	149	175	200	249
g/min	L/s							
40	2.5	0.625	0.144					
50	3.2	0.954	0.218					
60	3.8	1.351	0.307					
70	4.4	1.816	0.410	0.132				
80	5.0	2.349	0.528	0.170				
90	5.7	2.949	0.661	0.212				
100	6.3	3.616	0.809	0.258	0.103			
120	7.6	5.154	1.147	0.364	0.145			
140	8.8	6.960	1.543	0.489	0.193			
160	10.1	9.036	1.997	0.631	0.249			
180	11.4	11.38	2.509	0.791	0.311			

灌溉技术

g/min	L/s						
200	12.6	13.99	3.079	0.968	0.381	0.174	
220	13.9	16.88	3.706	1.163	0.456	0.208	
240	15.1	20.03	4.392	1.376	0.539	0.246	
260	16.4	23.45	5.135	1.607	0.629	0.286	
280	17.7	27.14	5.936	1.855	0.725	0.330	
300	18.9	31.09	6.794	2.121	0.828	0.376	0.191
320	20.2	35.32	7.710	2.405	0.938	0.426	0.216
340	21.5	39.82	8.684	2.706	1.054	0.478	0.243
360	22.7	44.58	9.71	3.025	1.178	0.534	0.271
380	24.0	49.61	10.80	3.361	1.308	0.592	0.300
400	25.2	54.91	11.95	3.716	1.445	0.654	0.331	0.108
420	26.5		13.15	4.087	1.588	0.718	0.364	0.118
440	27.8		14.42	4.477	1.738	0.786	0.398	0.129
460	29.0		15.74	4.884	1.896	0.856	0.433	0.140
480	30.3		17.11	5.309	2.059	0.930	0.470	0.152
500	31.5		18.55	5.751	2.230	1.006	0.509	0.164
550	34.7		22.39	6.934	2.685	1.210	0.611	0.197
600	37.9		26.58	8.227	3.183	1.433	0.723	0.233
650	41.0		31.14	9.63	3.723	1.675	0.844	0.272
700	44.2		36.06	11.14	4.305	1.935	0.975	0.313
750	47.3		41.34	12.77	4.928	2.214	1.114	0.357
800	50.5			14.50	5.594	2.512	1.263	0.405
850	53.6			16.34	6.302	2.828	1.422	0.455
900	56.8			18.29	7.052	3.163	1.589	0.508
950	59.9			20.36	7.843	3.517	1.766	0.564
1000	63.1			22.53	8.68	3.889	1.952	0.623
1100	69.4			27.20	10.47	4.689	2.352	0.750
1200	75.7			32.32	12.43	5.564	2.789	0.888
1300	82.0				14.56	6.513	3.263	1.037
1400	88.3				16.86	7.537	3.774	1.199
1500	94.6				19.32	8.635	4.322	1.371
1600	101.0				21.95	9.81	4.907	1.556
1700	107.3				24.75	11.05	5.529	1.751
1800	113.6					12.38	6.187	1.959
1900	119.9					13.77	6.883	2.178
2000	126.2					15.24	7.616	2.408

① 采用管壁糙率为 0.1mm，根据丘吉尔公式［见式（7-16）～式（7-18）］和达西-韦斯巴赫公式［见式（7-15）］计算。表中所用的铝合金管长度为 9m，并且与土壤保护局 1968 年出版的《国家工程手册》第 11 章第 15 节"灌溉"中，根据 Scobey 公式［见式（7-19）］并取 $K_s = 0.40$，得出的摩阻损失值非常接近。

② 当采用定长 6m 管道时，摩阻损失值比表中的数值增加 7.0%；当采用定长 12m 管道时，摩阻损失值比表中的数值减少 3.0%。

表 7 - 21 　　　　　　　　**带接头移动铝合金管^①干管摩阻损失**

[根据科比公式 ($K_s = 0.4$)，管道定长 9m]^②　　　　单位：m/100m

外径/in	3	4	5	6	7	8	10
内径/in	2.914	3.906	4.896	5.884	6.872	7.856	9.818
内径/mm	74	99	124	149	175	200	249
g/min							
40	0.658	0.157					
50	1.006	0.239					
60	1.423	0.339					
70	1.906	0.449	0.150				
80	2.457	0.584	0.193				
90	3.073	0.731	0.242				
100	3.754	0.893	0.295	0.120			
120	5.307	1.263	0.417	0.170			
140	7.113	1.693	0.560	0.227			
160	9.169	2.182	0.721	0.293			
180	11.47	2.729	0.967	0.366			
200	14.01	3.333	1.102	0.448	0.209		
220	16.79	3.996	1.321	0.537	0.251		
240	19.81	4.713	1.558	0.633	0.296		
260	23.06	5.488	1.814	0.737	0.344		
280	26.55	6.316	2.089	0.849	0.397		
300	30.27	7.203	2.381	0.967	0.452	0.235	
320	34.22	8.142	2.692	1.094	0.511	0.265	
340	38.39	9.137	3.020	1.227	0.573	0.298	
360	42.80	10.18	3.366	1.368	0.639	0.332	
380	47.43	11.29	3.731	1.516	0.708	0.368	
400	52.28	12.44	4.113	1.671	0.781	0.399	0.136
420		13.65	4.513	1.833	0.857	0.445	0.149
440		14.57	4.930	1.988	0.936	0.486	0.163
460		16.23	5.364	2.179	1.019	0.529	0.177
480		17.59	5.815	2.363	1.104	0.573	0.192
500		19.01	6.284	2.554	1.193	0.620	0.208
550		22.79	7.532	3.060	1.430	0.742	0.249
600		26.88	8.886	3.611	1.687	0.876	0.294

续表

g/min						
650		31.30	10.35	4.204	1.965	1.020	0.342
700		36.03	11.91	4.839	2.262	1.174	0.394
750		41.08	13.58	5.517	2.520	1.339	0.449
800			15.35	6.237	2.915	1.513	0.507
850			17.22	6.999	3.271	1.698	0.569
900			19.20	7.801	3.646	1.893	0.635
950			21.28	8.645	4.041	2.097	0.703
1000			23.45	9.530	4.454	2.312	0.775
1100			28.11	11.42	5.338	2.771	0.929
1200			31.75	13.58	6.298	3.269	1.096
1300				15.69	7.333	3.806	1.277
1400				18.06	8.441	4.382	1.470
1500				20.59	9.264	4.996	1.675
1600				23.28	10.88	5.648	1.894
1700				26.12	12.21	6.337	2.125
1800					13.61	7.064	2.369
1900					15.08	7.829	2.625
2000					16.62	8.630	2.894

① 摘自《国家工程手册》第 11 章第 15 节 "灌溉"，土壤保护局，1968 年。

② 当采用定长 6m 管道时，摩阻损失值比表中的数值增加 7.0%；当采用定长 12m 管道时，摩阻损失值比表中的数值减少 3.0%。

参 考 文 献

Aisenbrey, A. J., R. B. Hayes, H. J. Warren, D. L. Winsett, and R. B. Young. 1978. *Design of Small Canal Structures*. U. S. Govt. Printing Office Stock No. 024 - 003 - 00126 - 1. Denver, Colo. : USDI U. S. Bureau of Reclamation.

Allen, R. G. 1996. Relating the Hazen - Williams and Darcy - Weisbach friction loss equations for pressurized irrigation. *Applied Eng. in Agric*. 12 (6): 685 - 693.

Allen, R. G., J. Keller, and D. Martin. 2002. *Center Pivot System Design*. Falls Church, Va. : Irrigation Assoc.

Andrade, C. L. T., and R. G. Allen. 1999. SPRINKMOD - Pressure and Discharge Simulation Model for Pressurized Irrigation Systems: I. Model Development and Description. *Irrigation Science* 18 (3): 141 - 148.

ASABE Standards. 2010. ANSI/ASAE S376.2: Design, installation and performance of underground, thermoplastic irrigation pipelines. St. Joseph, Mich. : ASABE.

Babbitt, H. E., and J. J. Doland. 1931. *Water Supply Engineering*. N. Y. : McGraw Hill.

Ball, J. W. 1974. Problems encountered with air entrapment in pipelines. In *Proc. Sprinkler Irrigation As-*

soc. Annual Technical Conference. Falls Church，Va. ：Irrigation Assoc.

Blasius，H. 1913. *Das Ähnlichkeitsgesetz bei Reibungsvorgängen in Flüssigkeiten. Ver. Dtsch. Ing.* 131：1 - 140.

Christiansen，J. E. 1942. *Irrigation by Sprinkling*. Bulletin 670. Davis，Calif. ：University of California.

Chu，T. S. ，and D. L. Moe. 1972. Hydraulics of center - pivot systems. *Trans. ASAE* 15 (5)：894 - 896.

Churchill S. W. 1977. Friction - factor equation spans all fluid - flow regimes. *Am. Inst. Chemical Eng. J.* 23：91 - 92.

Colebrook，C. F. 1938. Turbulent flow in pipes，with particular reference to the transition region between the smooth and rough pipe laws. *J. Inst. Civ. Eng. Lond.* 11：133 - 156.

Cross，H. 1936. Analysis of flow in networks of conduits or conductors. Bulletin 286. Urbana - Champaign，Ⅲ：University of lllinois Eng. Exp. Sta.

Darcy，H. 1854. *Sur des recherches expérimentales relatives au mouvement des eaux dans les tuyaux* (Experimental research on the flow of water in pipes) . *Comptes rendus des séances de I'Academie des Sciences* 38：1109 - 1121.

Gray，H. E. ，G. Levine，and M. Bogema. 1954. Friction loss in aluminum pipe. *Agric. Eng. J.* 35：10，715 - 716.

Haestad Methods. 2002. Product catalog. Waterbury，Conn. ：Haestad Methods.

IA. 2000. *Certified Irrigation Design Manual*. Falls Church，Va. ：Irrigation Association.

——. 2010. *Principles of Irrigation*. Falls Church，Va. ：Irrigation Association.

Jensen，M. C. ，and A. M. Fratini. 1957. Adjusted "F" factor for sprinkler lateral design. *Agric. Eng.* 38：4 - 247.

Jeppson，R. W. 1977. Analysis of flow in pipe networks. Ann Arbor，Mich. ：Ann Arbor Science.

——. 1990. Pipe network simulation analysis computer program - NETWK (vers. 3. 1). User's manual. Dept. Civil and Environ. Eng. Logan，Utah：Utah State University.

Keller，J. ，and R. D. Bliesner. 1990. *Sprinkle and Trickle Irrigation*. N. Y. ：Van Nostrand Reinhold.

——. 2000. *Sprinkle and Trickle Irrigation*. Caldwell，N. J. ：Blackburn Press.

Moody，L. F. 1944. Friction factors for pipe flow. *Trans. ASME* 66 (8)：671 - 684.

Nayyar，M. L. 2000. *Piping Handbook*. 7th ed. N. Y. ：McGraw Hill.

Nikuradse，J. 1933. *Strömungsgesetze in rauhen Rohren. Ver. Deutsch. Ing. Forschungsheft* 361，*Beilage zu Forschung auf dem Gebiete des Ingenieurwesens*. Berlin：VDI - Verlag.

Pair，C. H. ，W. H. Hinz，K. R. Frost，R. E. Sneed，and T. J. Schiltz (eds.). 1983. *Irrigation*. 5th ed. Falls Church，Va. ：Irrigation Assoc.

Reynolds，O. 1833. Phil. Trans. Royal Society. Vol. 174，Part Ⅲ，p. 935.

Rochester，E. W. 1995. *Landscape Irrigation Design*. St. Joseph，Mich：ASAE.

Schwab，G. O. ，D. D. Fangmeier，W. J. Eliot，and R. F. Frever. 1993. *Soil and Water Conservation Engineering*. 4th ed. N. Y. ：John Wiley and Sons.

Scobey，F. C. 1930. The flow of water in riveted steel and analogous pipes. USDA Tech. Bulletin 150. Washington，D. C. ：USDA.

Soil Conservation Service. 1968. *National Engineering Handbook*，Chapter 11，Section 15. Washington，D. C. ：USDA.

——. 1974. *National Engineering Handbook*，Chapter 11，Section 15. Washington，D. C. ：USDA.

Streeter，V. L. ，and E. B. Wylie. 1979. *Fluid Mechanics*. 7th ed. N. Y. ：McGraw - Hill.

Uni - Bell PVC Pipe Association. 2001. *Handbook of PVC Pipe*. 4th ed. Dallas，Tex. ：Uni - Bell.

Walski，T. M. ，J. Gessler，and J. W. Sjostrom. 1990. Water distribution systems：Simulation and sizing.

Chelsea，Mich.：Lewis Publishers.

Watters，G. Z.，and J. Keller. 1978，Trickle irrigation tubing hydraulics. Tech. Paper No. 78 – 2015. Reston，Va.：ASCE.

Weisbach，J. 1845. *Lehrbuch der ingenieur – und Maschinenmechanik*（Textbook of Engineering Mechanics）. Brunswick，Germany.

Wood，D. J.，and C. O. A. Charles. 1972. Hydraulic network analysis using linear theory. *J. Hydraulic Eng*. 98：1157 – 1170.

第八章　灌溉泵站

作者：Len J. Ring

编译：兰才有

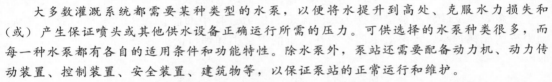

　　大多数灌溉系统都需要某种类型的水泵，以便将水提升到高处、克服水力损失和（或）产生保证喷头或其他供水设备正确运行所需的压力。可供选择的水泵种类很多，而每一种水泵都有各自的适用条件和功能特性。除水泵外，泵站还需要配备动力机、动力传动装置、控制装置、安全装置、建筑物等，以保证泵站的正常运行和维护。

　　本章使读者能够熟悉各种灌溉常用水泵的用途、性能参数以及每一种水泵的优缺点（Jensen，1981；Pair 等，1983）。本章提供水泵以及动力机、传动装置等辅助设备的基本信息。本章涵盖水泵选型和泵站高效运行所需的水力学方面的知识，但不过多涉及泵站能耗和故障方面的内容（Ring，2000）。

第一节　水泵基础知识

　　水泵是一种将机械能转变为压力和水流速度能的简单机械。在大多数灌溉用水泵中，由动力机的旋转轴向水泵提供机械能。选择水泵时，必须知道两个参数：①水泵必须排出的流量；②水泵必须使水增加的压力。水泵使水增加的压力通常用扬程表示，例如米水柱或英尺水柱。这里的 1 英尺水柱相当于每平方英寸 0.433 磅的压力（或 1psi＝2.31 英尺水柱）。压力通常是指在单位面积上的力，例如 kPa 或 psi；而扬程是指水柱的高程或深度。这两个术语可以交互应用，可以利用下述简单系数从一种形式转换成另一种形式：

1ft＝0.433psi	1psi＝2.31ft
1m＝9.806kPa	1kPa＝0.102m
1m＝3.281ft	1ft＝0.3048m
1psi＝6.895kPa	1kPa＝0.145psi

水泵产生的功率或称水功率（W_{hp}），用下式计算：

$$W_{hp} = \frac{Q \times H}{3960} \tag{8-1}$$

式中　Q——流量，gpm；

　　　H——总动扬程（TDH），ft。

在公制（SI）单位中，水泵产生的功率 W_{kW}，用下式计算：

$$W_{kW} = \frac{9.807 \times Q \times H}{1000} \tag{8-2}$$

式中　Q——流量，L/s；

　　　H——总动扬程（TDH），m。

驱动水泵轴所需的功率称为轴功率（B_{hp}），它是用水泵产生的水功率除以水泵的效率，见式（8-3）。采用公制单位的式（8-10）等同于式（8-3）。

$$B_{hp} = \frac{W_{hp}}{E_{pump}} = \frac{Q \times H}{3960 \times E_{pump}} \tag{8-3}$$

用另一种表示方法，水泵效率等于水泵产生的水功率除以水泵消耗的功率，见式（8-4）。

$$E_{泵} = 水功率（输出）/轴功率（输入） \tag{8-4}$$

水泵效率反映将机械能转换为水的流量和压力过程中的能量损失。水泵的效率越高，动力机的能耗越小。水泵效率问题将在本章的下文中详细讨论。

第二节　水　泵　类　型

水泵的种类很多，但灌溉系统通常采用的仅有离心泵、深井泵、射流泵和容积式泵等少数几种（Cornell Pump，2007）。在这些水泵中，射流泵和容积式泵只适用于一些特殊的灌溉系统。大部分灌溉系统采用的是各种型号的离心泵或深井泵（灌溉协会，2002）。

实际上，深井泵是一种特种形式的离心泵。离心泵和深井泵都是利用离心力增加水的能量。离心力在许多日常生活中就能看到。例如，一辆卡车从泥泞的田间开出后，由于车轮的速度提高，轮胎上的泥会因离心力而甩向外面。

一、离心泵

在离心泵中，蜗壳收集因离心力作用从叶轮中甩出的水，而这个离心力被转换为水的压能（图8-1）。产生的离心力的大小与叶轮外缘的速度成正比。叶轮外缘的速度越高，水的压力就越高。提高叶轮的旋转速度（例如 r/min）或增加叶轮的直径，都可以提高叶轮外缘的速度。

大体上说，就某一特定类型的水泵而

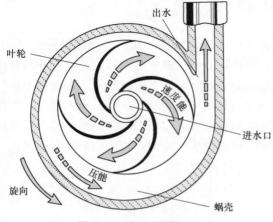

图 8-1　离心泵横剖面

言，叶轮的宽度决定了水泵流量的大小。对任意一台水泵，叶轮进水口的设计水平决定了水泵的吸水性能。

离心泵也可以依据水在水泵里的通过方式（例如轴向或径向）以及水泵叶轮的形式（例如开式、半开式或封闭式）来描述，如图8-2所示。在图8-2和图8-3中，带有封闭式叶轮的水泵，水流全部在固定前盖板和后盖板之间的叶轮内通过。半开式叶轮的叶片一侧是暴露的。带开式叶轮的水泵（轴流），叶片两侧都是敞开的。

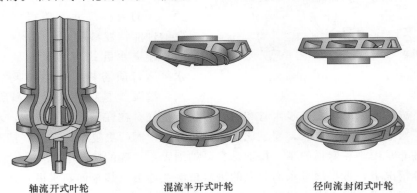

| 轴流开式叶轮 | 混流半开式叶轮 | 径向流封闭式叶轮 |

图8-2　离心泵及其叶轮形式

与容积式泵不同，离心泵流量在整个运行扬程范围内不是恒定不变的。流量是水泵运行扬程的函数。反过来说，水泵产生的扬程是流经泵的流量的函数。因此，离心泵是一种流量可变的机械——它所输送的水量大小随条件（即扬程）的变化而变化。这类泵可在一个非常宽广的运行扬程范围内输送一定量的水。实际上，水泵所输送水量的大小并不能表明它工作效率的高低。在任何特定条件下，水泵所输送的水量大小都可通过水泵性能曲线和灌溉系统性能曲线预测，这将在本章的下文中讨论。水泵使水增加的扬程（或压力）值，大约等于水泵出口压力与进口压力之差（忽略速度头的变化）。如果水在零压力下进入水泵，则

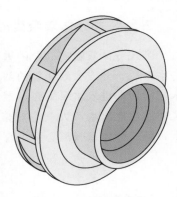

图8-3　封闭式叶轮

水泵产生的扬程近似等于排出压力。如果进入水泵的水的压力小于零（当水泵安装在水面以上时形成的部分真空），则出口压力将稍小于水泵产生的总扬程。如果进入水泵的水的压力大于零（例如增压泵、淹没式进水口等），则出口压力将大于水泵所产生的总扬程。

二、端进水卧式离心泵

端进水卧式离心泵是灌溉行业常用水泵。这种泵用于灌溉行业通常是因为价格合理。随着近年来设计方面的进展，端进水卧式离心泵的效率和耐久性得到改进和提高。在端进水卧式离心泵中，进水口在水泵的端部，水进入进水口并直接进入叶轮进口（图8-4）。由进水口进入的水沿切向排入水泵蜗壳，继而流向出水口。出水口与进水口之间构成直角。出水口也与叶轮的旋转轴构成直角。

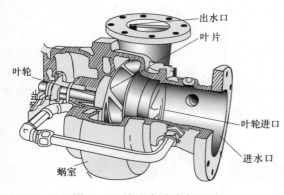

出水口

叶片

叶轮

叶轮进口

进水口

蜗室

图 8-4　端进水卧式离心泵

大多数端进水卧式离心泵蜗壳都可以转动，使出水口位于进水口径向的各个位置。进水口尺寸通常比出水口大一个规格，并且水泵的公称尺寸是指出水口管道尺寸（法兰或螺纹）。也就是说，6英寸水泵的出水口为6英寸标准管法兰。泵的公称尺寸不能很好地反映出水泵的性能特性参数。

端进水卧式离心泵的缺点之一，是水泵运行前需要向蜗壳和吸气管道里灌水。灌泵就是在整个蜗壳和所有吸水管里充满水。成功灌泵的标志是吸水管和蜗壳里没有空气。在许多灌溉系统中，水泵的位置比水源高。对于这种布置方式，灌泵比简单的打开一个阀门更复杂。在某些情况下，灌泵可能是一件非常困难和麻烦的事，特别是在泵站配置不正确的情况下。

在特殊情况下，可将端进水离心泵的进水口法兰冲下（甚至伸到水里）并将电动机安装在上部，就形成了端进水立式离心泵。某些型号的水泵，通过在水里安装一个小叶轮，从而将水提升到叶轮进口。采用这种泵不需要灌泵。

三、卧式分体双吸离心泵

卧式分体双吸离心泵的进水口和出水口中心线在一条直线上（图 8-5）。水进入水泵进水口后，分成大致相等的两股水流，分别流入两侧的叶轮进口，而后像端进水泵那样，水流沿切向进入水泵蜗壳，继而流向设置在对侧的出水口。卧式分体双吸离心泵的进水口尺寸通常比出水口大一个规格。另外，泵的公称尺寸是指出水口管道尺寸。在某些情况下，卧式分体双吸离心泵具有多个串联运行的叶轮。

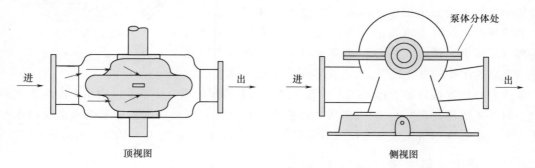

进　　　　出　　　　进　　　　出

泵体分体处

顶视图　　　　　　　　　　　　　　　侧视图

图 8-5　卧式分体双吸离心泵

当卧式分体双吸离心泵安装在水面以上时，就需要灌泵。然而，在这种情况下，由于泵出水口不在泵的最高点，所以常常需要在多个位置进行。一般情况下，卧式分体双吸离心泵的灌泵工作比端进水离心泵更加困难。

分体式泵通常比端进水泵价格高，但通常情况下它的进水特性更好。分体式泵非常适合作为增压泵或在工业中应用，因为其具有"直通式结构"（所需配套管路简单），且维护方便。泵体的上半部分可以拆卸，能直接接触到叶轮、轴和轴承，因而不需要从管道中拆下水泵。这种布置方式使维护更方便。在极少数情况下，多级分体卧式离心泵可用于高压场合，但这类泵更常用的场合是油田或工业。

四、立式涡轮泵（多级混流立式离心泵）

灌溉行业通常所说的涡轮泵其实根本就不是真正意义上的涡轮泵。真正的涡轮机（例如喷气涡轮机）具有大量导叶，抽送的流体（水或空气）沿轴向（与旋转轴平行）流经导叶。用于灌溉的涡轮泵实际上是多级混流立式离心泵。多级混流立式离心泵内水的流动，是像离心泵一样，由叶轮旋转产生的（见图8-6）。由于这种泵中的水的流动既不像卧式离心泵那样沿径向从叶轮中流出，也不像低扬程泵那样沿轴向流动，因此它属于混流。水从叶轮中流出时与传动轴成一定夹角。

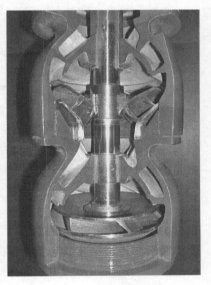

图8-6　立式涡轮泵的叶轮和导流壳

在许多情况下，单级泵所产生的扬程不能满足灌溉系统的需求。几乎所有深井泵都是多级，具有一串叶轮，都安装在同一根传动轴上。泵轴通常一直伸到位于出水口的动力头处。水从第一级叶轮流出后，泵的导流壳直接将水导向第二级叶轮的进口。水泵的所有叶轮（或称级）持续重复这样的过程。

深井泵实际上是将多台离心泵简单串联。每个相连的叶轮都起增压泵的作用。每一级都给水增加压力。足够多级（即导流壳组合）连在一起可产生所需的压力。采用很多级叶轮，就能产生非常高的压力。

由于水通常是竖直向上流经各级叶轮，所以使用术语"立式泵"。在泵的上部，水（竖直流动）经过出水口流入向灌溉系统供水的水平管道。出水口也是安装向水泵提供动力的电动机或齿轮传动装置的底座。在某些情况下，驱动电动机安装在位于井底的叶轮的下面。这种潜水泵将在本章的下文介绍。

深井泵适用于深井或需要高压的场合。当泵站需要从河流或湖泊取水，且配套动力设备必须安装在明显高于水源的位置，而普通离心泵不能吸上水时，也非常适宜采用深井泵。短轴立式涡轮泵非常适用于湿井。虽然湿井可以采用离心泵，但采用短轴立式涡轮泵不需要灌泵，并且更容易实现自动控制。

从深井泵最上部导流壳到出水口的距离可以是各种需要的长度。该长度称为扬水管长度。当从地表水源（河流、湖泊等）取水时，该距离通常较小，不超过50ft。对于泵从深井中提水的场合，扬水管长度可达数百英尺。

因为至少第一级导流壳和叶轮组合安装在水面以下，所以深井泵不需要灌泵。这是深井泵的主要特点之一，并且也更容易使其成为自动控制系统的一部分。例如，中心支轴式

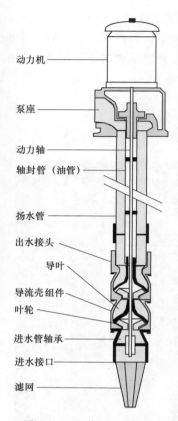

动力机

泵座

动力轴

轴封管（油管）

扬水管

出水接头

导叶

导流壳组件

叶轮

进水管轴承

进水接口

滤网

图 8-7　深井泵组成部件

喷灌系统或中央控制系统的自动再启动（电源出现故障）或远程启动。深井泵的缺点之一是，当从地表水源取水时，深井泵必须安装在固定底座上。在某些情况下，底座结构可能比较复杂，且价格较高。

深井泵的公称尺寸是指泵所能适用的井管的尺寸。10in深井泵可安装在10in井管里。出水接口由出水口尺寸决定，各种尺寸系列分别对应于各种不同的水泵。

深井泵通常需要定制。与其他类型的水泵不同，深井泵需选择多个部件（见图8-7），组装成所需的整机。深井泵包括以下部件：

（1）进水接口——进水接头、钟形进水口、进水格栅、进水滤网和（或）长进水管。

（2）导流壳组件——包括叶轮和导流壳。

（3）出水口接头——用于连接最后一级导流壳与特定类型和尺寸的扬水管。

（4）扬水管和传动轴——根据水泵导流壳高度和出水口高度组合出所需的长度（对于油润滑泵，传动轴被封在可将油引导到正确部位的套管内。水润滑泵利用抽送的水润滑）。

（5）泵座——悬挂水泵机组的底座以及将水流方向由竖直改变为水平方向的部件（它也是安装电动机或齿轮传动装置的底座）。

（6）动力机——由立式空心轴电动机或内燃机配套直齿轮传动装置组成。

这些部件的选择范围很广，特别是导流壳组件、叶轮、传动轴和动力机。动力机将在本章下文详细介绍。

（一）导流壳材料

许多材料都可用于制造导流壳以及给导流壳加内衬。在某些情况下，为了防止泵所输送流体的侵蚀，可用某种材料给导流壳加内衬。在能效是关键因素的情况下，可给导流壳内流道加上光滑涂层，以提高效率。

（二）封闭式和半开式叶轮

封闭式叶轮（见图8-3、图8-6和图8-8）具有固定的前盖板和后盖板，使水全部在叶轮内流动。半开式叶轮（见图8-2和图

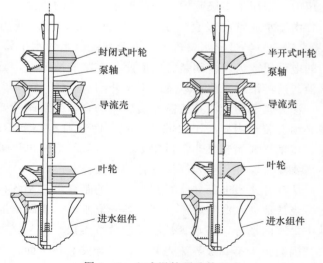

封闭式叶轮

泵轴

导流壳

叶轮

进水组件

半开式叶轮

泵轴

导流壳

叶轮

进水组件

图8-8　立式涡轮泵叶轮型式

8－8）叶片的一边是暴露的。

封闭式叶轮的性能是由叶轮尺寸以及叶轮外缘与导流壳内径之间的间隙决定的。由于所有水流都被限制在叶轮内，所以叶轮与导流壳之间的垂直间隙（提升和降低叶轮）不影响水泵的流量-压力关系。

可以通过在电动机（或齿轮传动装置）顶部，轻轻提升或降低驱动泵轴和叶轮，从而改变各个叶轮叶片与导流壳底部之间的间隙，对半开式叶轮的性能参数进行调整。因为水泵的性能参数可以改变，所以这可能是它的一个优点。但是，如果调整不正确，水泵的性能参数可能会远远偏离制造厂给出的水泵性能曲线。

（三）传动轴油润滑和水润滑

大多数灌溉系统用立式涡轮泵都利用所输送的流体（水），对从导流壳开始一直到泵座的围绕传动轴的轴承进行润滑。这是一种最经济的润滑方式，非常适用于灌溉系统，因为灌溉水中几乎没有沉积物。这种方式具有微弱的水力学优势，因为细传动轴占据的是扬水管的中间位置，留给水通过的面积较大。因此，扬水管内的水力损失小。如果水泵提取的水中含有大量可能损坏轴承的砂子或其他杂质，采用油润滑传动轴要好一些。在这种情况下，就要在传动轴的整个长度上，用一根小直径管（油管）套在传动轴和轴承外面。油从上部滴入油管并向下流动，对轴承进行润滑。使用时必须小心，确保用于润滑轴承的油不污染水源（地下水或河流）。

（四）传动轴尺寸

选定叶轮和导流壳数量并计算出所需的轴功率 B_{hp} 后，设计者需要确定所需的传动轴尺寸。传动轴必需足够大，以传递输送给叶轮的总轴功率。但是，如果传动轴尺寸太大，会在不必要的情况下提高水泵机组价格。另外，当加大传动轴尺寸时，扬水管内的水力损失也随之增加。对安装在深井里的涡轮泵，由于扬水管长达数百英尺，水力损失会显著增加。

当用于深井时，需要考虑的另一个因素是传动轴的伸展性。水泵不运行时，叶轮前盖板的上部与叶轮后盖板的下部之间实际上没有压力差。但是，一旦水泵启动，水泵产生的总压力向下作用在叶轮前盖板上，该压力产生向下的力，使传动轴受到拉伸作用。如果传动轴的伸展量超过一定限制，叶轮就可能下降到导流壳的底部，将导致传动轴和叶轮不能旋转。反过来，如果将传动轴调整到能在压力作用下自由旋转，当水泵停止时，传动轴的长度缩短，叶轮可能会顶住导流壳的上部。为避免传动轴过量伸长，就必须采用较大直径的传动轴。立式涡轮泵制造厂提供表格和计算范例，帮助设计者选择正确的传动轴直径。

五、潜水泵

虽然许多泵都可潜入水中（即放入水中的泵），但术语"潜水泵"特指叶轮、导流壳和提供动力的电动机等都安装在水面以下的立式涡轮泵。灌溉用潜水泵的叶轮和导流壳与立式涡轮泵的导流壳相似（有时候完全相同）。潜水泵也常常用于水井。

最普通的灌溉系统用潜水泵，是与配套电动机一起安装在井筒里的立式多级涡轮泵（见图8－9）。它采用一根短轴将叶轮连接在一起。由于电动机和水泵导流壳是一个组件，所以不存在安装直线性和传动轴润滑等方面的问题。由于水泵扬水管内没有传动轴，所以扬水管（出水管）不需要特别直。扬水管的全部截面都可供水流通过。高于常用等级的电动机控制电缆捆缚在扬水管的外面。水泵出水口的上端与铺设在水井或水池上面的输水管简单相连。

由于潜水泵常常需要安装在井筒里，并且需要具有潜入水中运行的特殊结构，所以潜水泵需要配套特殊的电动机。电动机的外径通常与泵的导流壳外径相等。

非常重要的是，水在进入水泵前先要流经电动机，以便对电动机进行适当冷却。因此，如果潜水泵用于开敞水源或水在高于电动机的位置进入水泵，需要采用某种形式的外管（导流套），以保证水在进入导流壳以前先流经电动机（见图 8-10）。

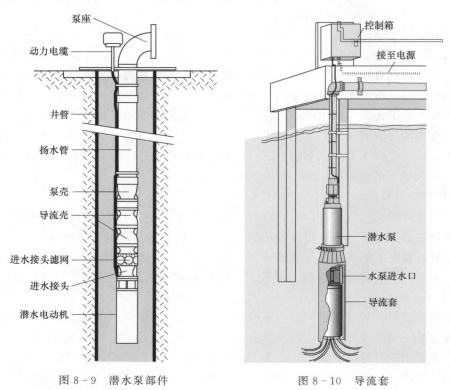

图 8-9　潜水泵部件　　　　　　　　　图 8-10　导流套

由于潜水电动机的价格高，所以潜水泵通常比标准立式涡轮泵的价格高。在灌溉行业中，它们通常用于某些特殊场合（例如城镇或高尔夫球场）。与安装在地面的动力机相比，由于电动机位于地下，所以噪声小，遭受人为破坏的可能性也小。作为从河流中提水的一种方式，潜水泵已在倾斜位置成功应用。

六、射流泵

某些灌溉系统采用射流泵。射流泵通常用于浅井，甚至也可用于深井。这类泵看起来似乎是将水提升很长一段距离，但实际上它们并没有将水提升。它们是一种只将提升的一部分水输送到灌溉系统的离心泵。另一部分水返回到井里，并被迫循环流经井水里的喷嘴；从喷嘴流出的水在自身返回地面的同时又从井中携带一些水。该类泵最适合用于小流量并且水泵效率和能源价格不是主要考虑因素的灌溉系统（例如庭院或小面积草坪灌溉）。

七、容积式泵

容积式泵利用诸如活塞、柔性隔膜等往复运动的机械部件转移流体。活塞（或柔性隔膜）的每一个行程都将一定量的流体推移一段固定距离。流体的流量取决于活塞或隔膜在一段时间内移动流体的体积，它是活塞或隔膜尺寸、行程和循环频率的函数。因此，不管水泵需要产生多大的压力，流量始终保持恒定。

容积式泵在灌溉系统中有特殊用途，但不是抽送灌溉水。其中的范例之一，是活塞式化学物注入泵常用于灌溉系统（见图8-11）。抽送流体（肥料、除草剂等）的量取决于活塞的直径和行程，以及活塞的往复循环频率。

图8-11　容积式化学物注入泵

另一种容积式泵是螺旋泵。螺旋泵的工作原理与谷粒螺旋运送机类似，流量大小不依赖于扬程/压力或产生的升力。螺旋泵很少用于草坪和农业灌溉系统；但非常适用于抽送的流体中含有大量固体物质或需要把大量水提升很短距离的低扬程场合（例如粪便处理系统、渠灌地区扬水站等）。

第三节　水泵性能参数

许多情况下，选择水泵是一个简单的过程。一旦设计者知道了所需的流量和压力，可查阅各种各样的水泵性能曲线，选择出高效产生所需流量和压力的水泵（Jensen，1981）。一般说来，这个过程稍显麻烦，但水泵性能曲线基本知识非常有助于为任何已知的应用场合选择出最好的水泵。

为了充分做好所需的工作，水泵必须能在正确的扬程（或压力）下输出所需的流量。用图形表示的水泵扬程和流量范围称为水泵性能曲线。

图8-12为简单的水泵基本性能曲线。两条从左侧向右侧倾斜下降的较粗曲线是基本流量（Q）与扬程（H）对应曲线，表示水泵在不同流量下所能产生的扬程（压力）。该曲线表示，水泵流量随着压力的增加而减小。当流量非常小的时候，水泵产生最高扬程。

当流量为零时（通过关闭阀门），水泵产生"关死扬程"。对于这种简单情况，仅仅给出了两条 Q-H 曲线（11in 叶轮和 12in 叶轮）。真实的水泵性能曲线可显示各种不同叶轮直径（或不同水泵转速）下的数据。同样，水泵性能曲线也可显示各个不同运行工况点的水泵效率。所选水泵在大部分时间内的运行工况点在高效区内。对于图 8-12 所示的水泵，运行范围分别为流量 1200~1700gpm，扬程 80~120ft（公制单位分别为流量 76~107L/s，扬程 24~37m）。

为了选择水泵，需要具备水力学以及将压力（kPa）转换为高程、流速或水头（m）的能量转换公式方面的基本知识。在第七章涉及管道和管件水力损失的章节中，提供了比本章水力学章节更多的这方面信息。

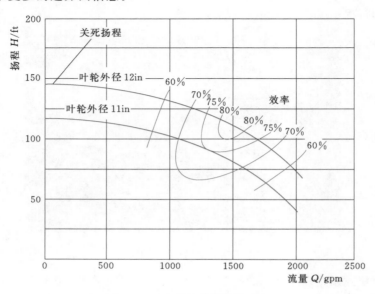

图 8-12　水泵简单性能曲线

一、设计流量

确定设计流量或流量范围通常是一件非常简单的工作。单独选择水泵的任务是提出问题："什么条件下会出现与正常设计流量不同的情况？"所需流量是基于年度高温干旱期需水量替换作物用水量（作物腾发量或耗水量）而计算出来的。计算时必须考虑灌溉面积、灌溉系统的灌溉水利用率以及每天的灌水作业时间。

流量通常不是固定不变的。平均、最大和最小流量有时候在一个很大的范围内变化。根据流量选择水泵时，即使灌溉系统中出现最大流量的时间段占比很小，所采用的流量中也必需包括最大流量。采用自动控制的高尔夫球场和园林灌溉系统、配有地角臂的中心支轴式喷灌机灌溉系统以及在不同轮灌小区工作喷头数量变化的移动管道式喷灌系统，都存在变流量工况。对于不规则地块，在灌溉季节里灌溉不同面积或轮灌小区时，流量必然发生变化。因此，除了最大流量外，必须考虑工作流量范围。

仅仅考虑最大流量，可能会在流量减小时出现压力过高的情况。压力过高将引起以下问题：

（1）喷嘴压力过高会使喷头喷出的水雾化，降低灌溉水利用率。

（2）喷头流量增加可能使灌水深度大于期望值，并使喷灌强度大于土壤入渗速率，产生径流和土壤侵蚀。

（3）小流量工况时压力增加，最小流量和最大流量工况之间的压力差非常大，可能超过灌溉系统组成部件的额定工作压力。在这种情况下，可能要考虑采用多台水泵。

（4）小流量工况点可能处于高效范围左边很远的位置，动力机的负载可能增加。在所有水泵的性能曲线两端最远处，效率非常低并且是未知数。效率曲线不需要扩展到这样的位置。

（5）多余的能量消耗意味着浪费能量。

当流量变化时，重要的是要记住，系统内的压力损失随着流量的减小而减小，使压力过高问题加重。理想状态是，当流量减小时，泵站产生低压。只有在泵站设计中采取某种自动技术、变频驱动（VFD）控制和/或多台水泵机组等措施，才可能达到这种状态。

对大部分单台机组泵站，一个替代方案是选择具有"平坦"性能曲线（见图 8-13）的水泵。"平坦"性能曲线意味着流量在一个很宽范围内变化时，水泵提供的压力大体相等。"平坦"水泵性能曲线为今后的改造提供了灵活性，以后可在不改变泵站压力的条件下，对灌溉系统进行改造。相反，如果灌溉系统的预期流量相对恒定，但所需压力会因高程大幅变化（例如位于陡坡地的中心支轴式喷灌机灌溉系统）而变化，最好采用具有"陡峭"性能曲线（见图 8-13）的水泵机组。"陡峭"性能曲线意味着即使压力（扬程）明显变化，水泵提供的流量也大体相等。

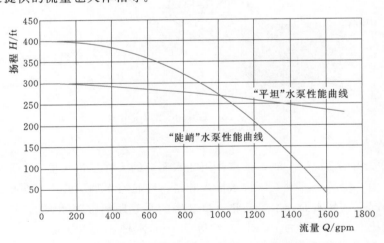

图 8-13　"平坦"水泵性能曲线与"陡峭"水泵性能曲线对比

当在选泵过程中确定流量时，最好先对系统以后可能发生的变化进行评估。如果系统用于向水池里加水或用于其他大流量、低压力场合，也必须考虑这方面的问题。即使在预期仅使用很短一段时间的场合，例如秋季向牲畜用水池里加水，选泵时也必须考虑这方面的情况。在某些情况下，如果已经确定水泵机组不可能提供这种偶然需要的流量，就必须采用专用阀门或不同的水泵。

总的来说，选择水泵时必须考虑所有可能的流量。实际上，设计流量可能是一个流量范围。如果属于这种情况，需要估算水泵在每一个流量工况下的运行时间段占比。经过这种估算选择出的水泵，可保证水泵在整个预期的流量范围内获得应有的合理效率。

二、设计压力——总动水头

任何一个灌溉系统，都需要使其正常运行的总动水头（TDH）。TDH 是克服管道和管件水力损失、克服出水口位置与水源之间的高程差，并且剩余保证喷头或其他灌水器正常运行压力所需的总压力。

TDH 是由若干部分组成的总水头（见图 8-14）。本章简要介绍每个组成部分的水头，并提供计算 TDH 的知识。不是每一个泵水系统中都存在所有的每一种组成部分水头。

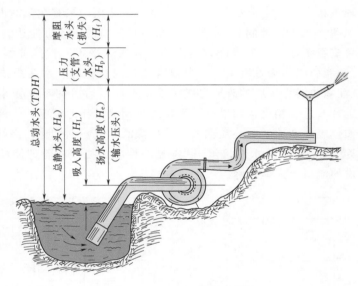

图 8-14　TDH 的组成部分

（一）吸水高度

当离心泵安装在水源以上时，依靠作用在水面上的大气压将水推入水泵叶轮。水泵在叶轮进口处产生一定负压，大气压将水推入叶轮，叶轮将水加压并由水泵出水口排出。

在这种情况下，从水面到水泵叶轮进口之间的垂直距离称为水泵的吸入高度（H_L）。因为正常大气压（在海平面为 101kPa）约等于 10m 水柱，所以从物理学上讲，静吸入高度不可能大于 10m。实践中，吸水高度大于 4.6m 就很难成功。

虽然射流泵显示出吸水高度能达到 10m 以上，但事实上它们根本就不是"吸"水。它们是依靠一部分循环水的射流作用，将水从地下"推"上来的。

当水泵用作增压泵或水源水面在叶轮进水口以上（淹没进水）时，叶轮上的压力大于大气压。在这种情况下，吸水高度为负值（即正吸头）。因为已经存在一定的期望输出压力，所以水泵可以产生较低的水头，并且能耗较小。

（二）扬水高度或输水压头

灌溉系统将水输送到某位置后，水经由管道或灌水器（喷头、闸管门、滴头等）流出。水从灌溉系统流出的位置通常高于水泵的安装位置。这段垂直距离，或水从系统中流出的位置与叶轮所处高程之间的高程差，称为输水压头或扬水高度（H_e）。如果水流出位置的高程低于叶轮，则扬水高度为负值，在这种情况下，水泵可能仍然需要提水，以克服水力损失，并提供系统运行所需的压力。

（三）总静水头

由于在水不流动的情况下（静止状态），吸水高度和扬水高程仍然存在，所以称其为静水头。不管系统流量是否变化，它们始终保持不变。将一滴水从水源输送到出水口所需的水头等于总静水头（H_s）。该水头是有水的位置与水流出系统的位置之间的高程差。对于大多数灌溉系统，出水口的位置高于原始水面，则总静水头等于扬水高度（输水压头）加上吸水高度，即：

$$H_s = H_L + H_e \qquad (8-5)$$

式中　H_s——总静水头。

对于吸水高度和扬水高度都是负值的系统，总静水头仍然是水源与出水口之间的高程差。只要水泵（装置）产生的（扬程）大于总静水头，水就从系统中流出。

（四）压力水头

压力水头是指灌溉系统末端喷嘴或出流口所需的压力。对于大喷头（例如大流量喷枪），该压力水头可能高达 690kPa。目前喷头制造厂已研制出高效运行的较低压力喷头，以此降低供水费用。对于自压灌溉系统，水从管道一端自流进入，压力水头为零。对于微灌或闸管灌溉，压力水头虽然很小，但仍然是选择水泵时需要重点考虑的问题。如果要增加喷头流量，在喷嘴尺寸不变的情况下，则需要增加压力水头。必须提供充足的压力水头，以提供期望的流量，保证喷头喷出的水流能适当破碎，并保证有足够大的射程，获得良好的组合水量分布图形。

（五）摩阻水头（损失）

因为水流与管壁（渠壁）之间存在摩擦，所以不管是明渠还是管道，都始终伴随压力（能量）损失（详见第七章）。水力损失（H_f）随着水流速度（流量）的增加而明显增加。水泵必须能够克服水力损失，否则喷头或其他出流装置将无法得到足够的压力。必须包括过滤器或阀门、压力调节器等其他运行部件的水头损失。在低压微量灌溉系统中，这些通常被认为的"微量"损失，可能是总水力损失的主要组成部分。

（六）速度水头

水泵使水增加的大部分能量都转化成了水的压力。但是，增加的能量也提供或增加水流速度。速度能或速度头（H_v）类似于运动物体获得的动量。物体的运动速度越快，它获得的动量越多，所具有的能量越大。在流体系统中，流体移动的速度越快，速度头就越大。换句话说，需要能量或水头（m）从而达到一定的速度，按式（8-6）计算：

$$H_v = \frac{V^2}{2 \times g} \qquad (8-6)$$

式中　g——重力加速度，9.807m/s^2；

V——管道内的水流速度，m/s。

【例 8-1】 计算速度水头。

当管道内的水流速度为 5.0ft/s 时，速度水头如下：

$$H_v = \frac{5^2}{2 \times 32.2} = \frac{25}{64.4} = 0.39(\text{ft}) = 0.17(\text{psi})$$

当管道内的水流速度为 2.0m/s 时，速度水头如下：

$$H_v = \frac{2^2}{2 \times 9.807} = \frac{4}{19.614} = 0.204(\text{m}) = 2.0(\text{kPa})$$

从上述两个例子可以看出，在灌溉系统中，与高度、压力和摩擦引起的水头相比，速度头通常很小。因此，在与灌溉泵站相关的计算中，速度水头常常忽略不计。但是，在需要高流速、低压力的情况下，速度水头可能是总动水头（TDH）的重要组成部分。已经出现过这种情况，操作者开启闸管上的闸门，但水并不向外流。他们只看到了水流，水中的所有能量都只是速度头，闸门处没有受到将水向外推出的压力水头。

紧靠水泵出水口的管件通常相对较小，并且水以很高的流速通过这些管件。含有大量能量的高速水流是速度水头。与水流方向垂直安装的压力表（通常情况如此）只能测量压力水头，不能测量速度水头。因此，对于灌溉系统管道，压力表应安装在所有小管件下游的直径相同的管道上。

在某些情况下，例如吸水口管段和出水口管段，速度水头可能是个问题。在吸水口管段，如果流速高并且压力低，则可能出现汽蚀。汽蚀将在本章的下文中讨论。

（七）计算总动水头

水泵在期望流量下必须提供的总压力等于总动水头（TDH）。一旦知道了 TDH，就可以查阅水泵性能曲线，并选择出能在各种设计流量下产生所需 TDH 的水泵。

总动水头是上述各项水头之和，即

总动水头＝吸水高度＋扬水高度＋摩阻水头＋压力水头＋速度水头

或

$$TDH = H_L + H_e + H_f + H_p + H_v \tag{8-7}$$

计算总动水头时，所有组成部分应采用相同的单位（kPa 或 m）。

由于大多数灌溉用水泵都需要在多种流量和总动水头的条件下运行，因此，在选泵过程中，为保证工作顺利进行，可将包括扬水管在内的下列各项条件制成表格。

（1）条件描述（例如"轮灌区编号""地角臂不工作"等）。

（2）存在该条件的时间段百分比。

（3）设计流量。

（4）总动水头。

（5）水泵效率。

（6）所需的轴功率。

（7）该条件的注解。

然后在水泵性能曲线复制件上标出每个流量和总动水头条件，以保证所选水泵能在所有设计条件下提供必需的水头。

这种工作文件的范本见表 8-1。

表 8-1　　　　　　　　　　　　水 泵 运 行 条 件

条　　件	时间段占比/%	设计流量/gpm	所需总动水头/ft	水泵效率/%	所需轴功率/hp	备　注
地势高，地角臂不工作	35	900	200	80	56.8	北头
地势高，地角臂工作	15	1200	220	77	86.6	西北角和东北角
地势低，地角臂不工作	35	900	160	78	46.6	南头
地势低，地角臂工作	15	1200	180	76	71.8	西南角和东南角

表 8-1 是中心支轴式喷灌机在农业上应用的例子。通常情况下，草坪喷灌系统（例如高尔夫球场）流量变化范围更大，所需动力的变化范围也更大。这就是草坪灌溉系统更普遍采用具有流量和/或压力控制功能的多机组泵站或预制泵站的原因之一。

三、汽蚀余量（净正吸头）

汽蚀余量（NPSH）是指叶轮进口处的绝对压力。如果获得的绝对压力太低，就会产生部分真空，使水开始汽化（即沸腾）。非常严重的汽蚀会引起大量问题。出现汽蚀的原因，是汽化水形成大量微小气泡，并最终在叶轮表面爆裂。气泡爆裂产生的力侵蚀并损坏叶轮。因此，如果加给水泵的汽蚀余量（NPSHa）超过制造厂公布的水泵最小必需汽蚀余量，将产生严重问题。为了确保足够的汽蚀余量 NPSH，需要弄清各构成因素以及与压力不足相关的推论。

一般说来，只有当水泵在吸水高度条件下，更确切地说，是从低于水泵的自由水面取水时，汽蚀余量才显得重要。在水面高于叶轮进口或水在正压力下进入水泵的条件下，通常不需要计算汽蚀余量。但是，在这种条件下，淹没可能是个问题。淹没问题将在本章的下文中讨论。

（一）大气压力

将水推进安装在水面以上的离心泵的力是大气压力。水泵不能将表面供应的水向上吸。它们所搬移的只能是由大气压力推进水泵的水。该压力是正"绝对"压力，换句话说，大于零绝对压力（即绝对真空）。许多天气预报都采用公制压力读数，计量每天都在发生微小变化的大气压力。

大气压是大气层重量向下压在地球表面形成的。当一个地方向下压的大气层厚度薄时，例如山顶，大气压就小。这种现象的重要实践意义在于，当水泵用于高海拔地区时，将水推入水泵的压力偏小，可能会使水泵运行条件更加恶化。

如果管道内产生绝对真空，水将竖直上升一段等于作用在水上的大气压的距离。如果该压力为海平面上的正常压力 101kPa，则水将上升 10m。在高海拔地区，由于大气压低，水上升不到这么高。例如，科罗拉多州丹佛（海拔 1585m）的正常大气压约为 83kPa，换算成水柱仅为 8.5m。

当从自由水面取水时，叶轮进口剩余的压力始终小于周围大气压。压力低的原因是叶轮进口位于水面之上，并且吸水管道系统内存在水力损失。叶轮进口剩余的总压力或总水

头是 $NPSHa$。为保证水泵正常运行，$NPSHa$ 必须大于必需汽蚀余量 $NPSHr$。

（二）计算可用汽蚀余量

在建造泵站前，必须计算叶轮进口的可用汽蚀余量 $NPSHa$，确保它能满足水泵正常运行。可用汽蚀余量等于水源处的可利用大气压（H_a）减去下列各项：

（1）进水池水面到叶轮进口的竖直距离（H_L）（计算 H_L 时，必须采用河流、池塘、渠道随季节变化的最低水位）。

（2）吸水管及管件、滤网等的水力损失（H_f）。

（3）水在被提取时可能出现的温度下的汽化压力（H_{vp}）。

或 $$NPSHa = H_a - H_L - H_f - H_{vp} \qquad (8-8)$$

所有这些水头必须采用相同的单位（m 或 kPa）。大气压力，有时简称大气压，每天都发生变化。但与汽蚀余量相比，大气压每天的变化量很小，计算时可忽略不计。采用基于泵站所在地高程的标准大气压是安全的。

计算可用汽蚀余量 $NPSHa$ 时，竖直吸入高度的确定相对简单，可通过测量或采用手持式水平仪确定。如果海拔高程已知，可从图表中查取正常大气压力。水的汽化压力可从基于水温的表格中查取。

计算吸水管路中水力损失稍微复杂些，必须考虑吸水管路中的每一部分。包括下列任何一项或所有项：

（1）吸水滤网。

（2）底阀。

（3）吸水管进口损失。

（4）吸水管内的水力损失。

（5）水源与水泵之间管路上的任何一个管件（弯头等）。

通常应分别单独计算每个管件的水力损失，然后合计得出吸水管路的总水力损失。第七章介绍了确定管道和管件内水力损失的程序。

由于吸水管段的总水力损失是决定水泵是否发生汽蚀的关键因素，所以确保吸水管路尽可能简短非常重要。应尽可能将三通、弯头、阀门和其他管件安装在水泵的出水管段，而不要安装在吸水管段。

（三）测量可用汽蚀余量

对于已有泵站，如果计算可用汽蚀余量 $NPSHa$ 有难度或者需要查找并消除故障时，可能需要测量 $NPSHa$。可使用真空表、压力传感器、压力计或绝对压力表测量 $NPSHa$。后者在零压力以下的区域有刻度。

在通过计算或有经验的人观察后，仍然难以找到水泵问题的情况下，测量 $NPSHa$ 是明智选择。根据许多水泵试验者的经验，绝大多数水泵问题发端于水泵吸水管或进水端。使用压力表测取 $NPSHa$ 值，并与从水泵性能曲线上查取的 $NPSHr$ 值进行对比，通常是查找并排除不能正常运行水泵故障原因的第一步。

（四）必需汽蚀余量

为防止发生汽蚀，任何水泵的叶轮进口都必须存在一个称为必需汽蚀余量（$NPSHr$）的绝对压力。每种水泵的必需汽蚀余量因结构形式、扬程和流量的变化而不同。任何一台水泵在任何运行工况点的必需汽蚀余量都可从水泵性能曲线图上读取（见图8-15、图8-16和图8-17）。但是，不同制造厂以不同形式出示必需汽蚀余量数据。人们选择水泵时一定要仔细查看水泵性能曲线的图例。

水泵站场、吸水管和竖直吸入高度的设计，必须保证在所有运行条件下的$NPSHa$大于$NPSHr$。特别要重点考虑大流量、低扬程情况（例如向坑塘里加水）。虽然这些条件可能被认为只是偶然在短时间内出现，但如果$NPSHa$降到$NPSHr$以下并出现汽蚀，仍然可能对水泵造成破坏。

四、总动吸水高度

有些制造厂在其水泵性能曲线图中标出总动吸水高度（$TDSL$）。该值是假定水泵安装在海平面位置，水泵发生汽蚀前吸入侧允许的吸水高度和总压力损失的度量值。$TDSL$为4.6m表示如果水泵在海平面位置运行，则静吸水高度、所有的水力损失和水的汽化压力之和不能大于4.6m。如果水泵在高海拔位置运行，则$TDSL$小于水泵性能曲线中标出的数值。

由于$TDSL$的言外之意是指水泵能上水并仍然工作时的竖直距离，因此可能被混淆。这种描述只有在吸水管路内水力损失为零的情况下，才是正确的。显而易见，吸水管路的水力损失绝不可能为零，所以实际允许静吸水高度总是小于水泵性能曲线中标出的$TDSL$。最大静吸水高度（此状态下水泵仍能正常运行）取决于下列各项因素：

（1）大气压力。

（2）水泵进水口需要的绝对压力（$NPSHr$）。

（3）水面与叶轮之间管道及管件的水力损失。

$TDSL$值只有在海平面上才是正确的。由于$NPSH_r$值在任何高程都是相同的，所以两者相比，人们更愿意使用$NPSHr$。

五、汽蚀

汽化压力是液体（译者注：原文为流体）表面需要的使其保持液体状态的压力值。当作用在水表面的压力低于该温度下水的汽化压力时，液态水汽化，字面语即沸腾。将位于海平面的水加热到100℃时，它的汽化压力等于大气压力（101kPa），并且水立即沸腾。在高海拔地区，大气压力不足，水在较低温度下就沸腾。如果水滴上的压力足够低（例如产生局部真空），水在环境温度下就能沸腾。当$NPSHa$太低时，水泵叶轮进口就会出现这种情况。因此，可能就会产生下列一部分或全部问题：

（1）含有空气的水不再是均匀密实的，叶轮内的叶片更难将其吸进来，结果会损失掉灌泵的水。

（2）水泵能力下降，并且不能按其性能曲线运行。

（3）夹带气泡的水在叶轮内移动，压力逐渐增加，气泡爆裂返回水中。气泡爆裂几乎是瞬时发生。微小的爆裂力重复数百万次，将金属从叶轮上崩裂。这种效应称为汽蚀，并且是$NPSHa$不足时的主要问题。

汽蚀产生的后果可能非常剧烈。被汽蚀叶轮表面，可能会布满类似于割炬加工形成的小孔。叶轮外缘常常遭到剥蚀，使原来的叶轮外径不复存在。通常情况下，正遭受汽蚀的水泵发出的声音，仿佛是在输送碎石。在较长时间内，叶轮剥蚀使叶轮失去平衡，并造成轴承损坏。极端情况下，可能在很短时间内出现损坏。如果怀疑发生了汽蚀，应立即停泵，以免造成永久性损坏。

一些人错误地认为汽蚀是由进入吸水管道的空气引起的。已经有人花很大篇幅介绍阻止空气漏入吸水管方面的知识，只要学习一下就知道，漏入空气不是真正问题。虽然吸水管内进入空气会降低性能，但不会引起汽蚀。仅仅防止空气漏入不可能起到防止汽蚀的作用。简单地说，如果 $NPSHa$ 不足（小于 $NPSHr$），水泵将发生汽蚀，再多的胶带或填缝硅胶也不能防止。

很显然，抽送沸腾的液体，或甚至是极高温的液体，往往立刻引起汽蚀，并使 $NPSHa$ 计算复杂化。抽送高温液体需要对蒸汽压力进行特殊计算，并得出 $NPSHa$。

第四节　水泵性能曲线、系统性能曲线和水泵选择

对于一台能够胜任工作要求的水泵，必需能够抽送正确的水量（流量），并产生正确的扬程（或压力）。某种形式和型号水泵的性能曲线，将有助于确定该水泵是否能正常工作。

毫无疑问，系统设计的最重要组成部分，是水泵（及其配套动力机）与相应灌溉系统之间的合理匹配。很多人尝试系统与水泵的匹配，但几乎总是出问题。必需精心设计和收集信息，以便将正确压力下的正确流量输送给系统。计算水泵所需的总动水头（TDH）时，必需计入系统内的水力损失和高程差。做到了这些，才能选择出在所需条件下良好运行的水泵。

许多情况下，系统对流量和压力的需求不是常数，而是在一定范围内变化。这种情况的例子有：轮灌小区面积变化的草坪或高尔夫球场灌溉系统、同时运行喷头数量时刻都在变化的滚移式喷灌机灌溉系统或配有地角装置的中心支轴式喷灌机灌溉系统（Van der Gulik，1989）。

当水泵驱动装置采用恒定转速的电动机时，精心选择水泵的重要性怎么强调也不过分。至于采用内燃机，当水泵、动力机和系统之间的匹配不精确时，可通过轻微改变动力机转速的方法，对不良匹配做出补偿；但在新的运行转速下，动力机必须具有足够的输出总功率（B_{hp}）。标准交流电动机的转速不能改变，除非系统中配置有变频驱动（VFD）。

许多情况下，系统很复杂，单台水泵机组不能完成所需的全部工作。在这种情况下，可能需要增压泵（水泵串联）或多台泵（水泵并联）。对于增压供水系统和并联供水系统，水泵机组的启动和停止都可采用自动控制。必须特别注意，任何采用多台水泵的供水系统都要安装必要的阀门。采用多台水泵或变频驱动控制水泵的泵站，通常用于高尔夫球场和其他复杂的供水情况。

一、离心泵性能曲线图

如图 8-15 和图 8-16 所示，常用卧式离心泵性能曲线图中包含大量信息。

最明显的一条曲线是 Q-H 或称为流量-扬程曲线，表示水泵在任何流量下能够产生的压力（扬程）。一般情况下，该曲线从左到右向下倾斜，零流量点的扬程最高（关阀扬程）。

变频驱动（VFD）可使电动机在各种转速下运行，而驱动水泵的电动机是具有固定转速的常规电动机。因此，对于配套动力为电动机的水泵，水泵性能曲线显示的是固定转速（通常为 1800r/min 或 3600r/min）下的数据，包括不同叶轮直径的不同 Q-H 曲线，最大叶轮直径的那条曲线位于最上面（见图 8-15）。

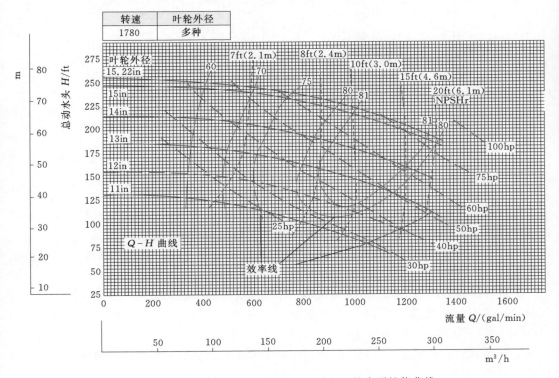

图 8-15　配套固定转速动力机（电动机）的水泵性能曲线

水泵性能曲线图中显示的从最大到最小之间的几乎任何叶轮直径，都能用于所确定的水泵。可在机加工车间里对叶轮进行切削和平衡，使其具有性能曲线图中显示的、介于最大直径和最小直径之间的某一直径。可利用水泵相似定律预测性能曲线图中未显示的叶轮直径的性能。某些情况下，在公布的两条性能曲线之间插值是合理的。不能采用比性能曲线中公布的最小直径还小、或比最大直径还大的叶轮直径。

如果水泵配套动力是可在不同转速下运行的内燃机，而水泵性能曲线适用于固定直径叶轮（性能曲线图中显示完整或最大直径）。不同 Q-H 曲线（见图 8-16）表示不同的水泵转速，最大推荐转速曲线位于最上面。

水泵的运行转速不应高于水泵性能曲线图中显示的转速或配套动力机的推荐转速。对采用胶带驱动的水泵，如果水泵性能曲线中有注明，最高转速可低于性能曲线图中显示的最高转速。

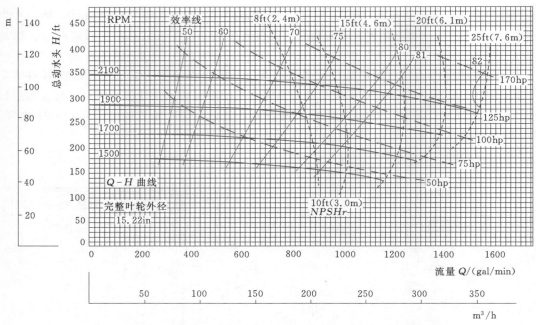

图 8-16　配套可变转速动力机（发动机）的水泵性能曲线

可从水泵性能曲线图中获得的下一个基本信息是水泵效率，即传递给水泵并转施于水的有用功率（W_{hp} 或 W_{kW}）百分比。大多数离心泵性能曲线中都显示各种效率（如 75%、77%、80%）的效率曲线。如果工况点位于两条效率曲线之间，则实际效率可用插值法获得。

水泵性能曲线图中的第三组曲线是轴功率曲线。运行工况点确定，水泵在该工况点运行所需的功率可用插值法在两条轴功率曲线之间查取。由于插值范围可能很宽，例如75hp 与 100hp 之间，所以不可能得出准确的实际需求功率。

更好的方法是采用式（8-9）计算实际功率需求。在公制单位中，所需配套动力机的功率（kW）如下：

$$kW = \frac{W_{kW}}{E_{pump}} = \frac{9.807 \times Q \times H}{1000 \times E_{pump}} \qquad (8-9)$$

式中　　Q——流量，L/s；

　　　　H——总动水头，m；

　　　E_{pump}——水泵效率换算为小数（如 76% = 0.76）。

当初步估算电动机大小时，水泵性能曲线图中的轴功率曲线是有用的。通过选择运行工况点以上的轴功率曲线（不是最靠近运行工况点的那条轴功率曲线），可以选定电动机规格。大多数情况下，水泵性能曲线中轴功率曲线的间隔与常用电动机规格一致（即30hp、40hp、50hp、60hp、75hp、100hp、125hp、150hp、200hp 等）。

水泵性能曲线图中的下一项信息与水泵的吸水性能有关。在大多数水泵性能曲线图中，必需汽蚀余量采用与效率曲线类似的近似竖直的曲线，或者是位于水泵性能曲线图顶部或底部的流量与必需汽蚀余量关系曲线。在任何情况下，所显示的都是保证水泵不发生汽蚀必须提供的最小汽蚀余量值。一般来说，必需汽蚀余量随着流量的增加而明显增大。

二、立式涡轮泵性能曲线图

正常立式涡轮泵性能曲线图所包含的信息与卧式离心泵相同，但通常情况下，显示信息的方式有微小差别（见图 8-17 和图 8-18）。

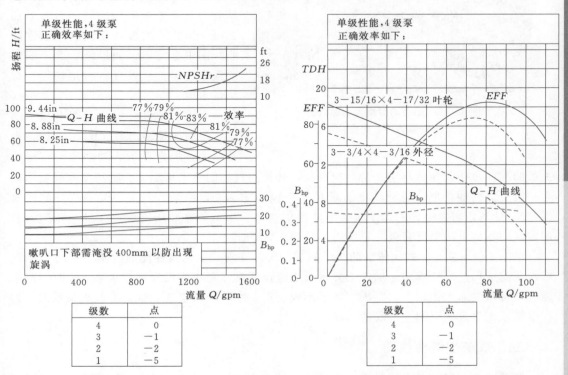

图 8-17　立式涡轮泵性能曲线（1 号）　　　　图 8-18　立式泵性能曲线（2 号）

另外，它们显示的仅是一级的信息（例如一个导流壳组件）。用户必需根据级数修改这些数值。同样，流量-扬程曲线通常向右下方倾斜，零流量点的扬程最高（关阀扬程）。但是，有的立式涡轮泵流量-扬程曲线是平坦的，甚至有的曲线在中间部位向上凸。

由于大多数立式涡轮泵配套动力是电动机，所以涡轮泵性能曲线通常按固定的泵转速（通常为 1200r/min、1800r/min 或 3600r/min）绘制。不同的流量-扬程曲线显示不同的叶轮直径，最上面的是最大直径叶轮曲线。如果泵的配套动力是内燃机，则采用直角齿轮传动（见图 8-19）。不管齿轮传动速比是 1:1 还是其他速比，必须知道泵的转速，以便采用正确的水泵性能曲线。可利用水泵相似定律，预测转速不是 1800r/min 或 3600r/min情况下的立式涡轮泵性能参数。

立式涡轮泵效率信息采用与离心泵相同的表示方式（见图 8-17），或每个叶轮直径对应一条流量-效率曲线的表示方式（见图 8-18）。效率曲线可置于流量-扬程曲线上面或下面，并在纵轴上有自己的刻度。

由于大多数涡轮泵将要安装多个叶轮，所以显示的效率值通常假定安装 4 个或更多叶

图 8-19　配套动力机为内燃机、
直角齿轮传动和立式涡轮泵

轮。正常运行中，第一级或前两级叶轮的效率较低，这是因为水必须从水源导入第一级导流壳。然后，导流壳直接将水高效地导入下一级。如果水泵只有一级或两级，总效率将达不到具有 5 级或 6 级叶轮的同一台水泵那么高。因此，大多数立式涡轮泵性能曲线图中会注明，如果级数少于假定的最小数量，效率（有时是扬程）会降低多少。

立式涡轮泵性能曲线图上显示的第 3 组曲线是轴功率（B_{hp}）曲线。轴功率曲线通常显示为轴功率与流量的关系曲线，每一条曲线对应一个叶轮直径，并使用自己的纵坐标刻度。轴功率曲线显示的是一级所需的轴功率。总轴功率需求是用一级轴功率乘以级数。与离心泵一样，利用式（8-9）计算所需功率比利用水泵性能曲线更精确。根据效率和所有级产生的总扬程，利用式（8-9）可得出所有级叶轮所需的总功率。

由于淹没可能是立式涡轮泵的一个问题，所以在立式涡轮泵性能曲线图（见图 8-17）或水泵制造厂产品样本中，通常会显示最小淹没深度。最小淹没深度是水泵吸水时不产生旋涡，必需没入水面以下的距离。如果形成旋涡，水泵吸入空气，就会降低水泵性能，并在灌溉系统管道内引起空气滞留问题。

三、系统性能曲线图

虽然通常假定灌溉系统具有一个设计运行工况点（流量和压力），但实际上任何灌溉系统都是在一个压力和流量范围内运行。实际流量是进入系统的水压的函数。当压力增加时，流入系统的水量增加。当水泵的抽送压力减小时，流入系统的水量减少。压力和流量范围可通过一个被称为"系统性能曲线"的图形来表示。如同水泵性能曲线一样，系统性能曲线以图形的方式描述流量与压力之间的关系，但描述的对象是系统，而不是水泵。对于灌溉系统，系统性能曲线向右上方倾斜，起始于零流量点，总动水头（TDH）等于总静水头（见图 8-14）。与水泵性能曲线相比，灌溉系统设计者通常更不熟悉系统性能曲线，但了解系统性能曲线基本知识，可提高系统设计水平，并有助于查找和排除系统故障。

任何系统在任何一个位置的系统性能曲线都可以进行计算。如果硬件没有任何改变，且保持在一个位置，则系统性能曲线保持不变，但仅相对于该系统是准确的。如果系统发生任何改变，系统性能曲线也会发生变化。因系统改变从而导致系统性能曲线变化的影响因素如下：

（1）增减喷头或滴头。

（2）改变喷头喷嘴尺寸和滴孔尺寸。

（3）改变管道尺寸。

（4）改变喷头或其他灌水器的高程（例如支管在田间横向移动）。

为了计算并绘制系统性能曲线，需要计算多个总动水头。当进行灌溉系统初步设计时，只计算一个点的系统性能曲线。如果水泵性能曲线与这个工况点正好匹配，则系统就正好在设计工况点运行。这种情况很少见。为了确定系统的实际运行工况点，需要在系统性能曲线图上增加工况点。下面通过一个非常简单的系统，说明怎样增加系统工况点。

【例 8-2】 计算系统性能曲线。

在直径 150mm（6in）、长 370m（1200ft）铝合金管的末端有一个固定安装的大型喷头。假定该喷头首选在压力 520kPa（75psi）、流量 32L/s（500gpm）的工况下运行。除 75psi 压力外，喷头制造厂提供的喷头其他数据如下：① 当压力为 58psi 时，流量为 440gpm；② 当压力为 91psi 时，流量为 550gpm；③ 当压力为 108psi 时，流量为 600gpm。

有了这些信息，可以计算出系统性能曲线图上首选设计以及其他三个工况点所需的总动水头。在该例子中，假定喷头位于水源以上 50ft，且通过管件的局部损失可忽略不计（一般来说不能忽略）。确定系统性能曲线图上 4 个工况点的计算见表 8-2。

表 8-2　　　　　　　　　　　　　系 统 性 能 曲 线 计 算

项　目	设计工况点	系统性能曲线图中的其他 3 个工况点		
压力水头	75psi＝173.2ft	58psi＝134.0ft	91psi＝210.2ft	108psi＝249.5ft
系统流量	500gpm	440gpm	550gpm	600gpm
总静水头	50ft＝21.6psi	50ft＝21.6psi	50ft＝21.6psi	50ft＝21.6psi
直径 150mm、长 370m 铝合金管的沿程损失	12.00×2.554＝30.6ft ＝13.3psi	12.00×1.988＝23.9ft ＝10.3psi	12.00×3.060＝36.7ft ＝15.9psi	12.00×3.611＝43.3ft ＝18.8psi
水泵在该流量下所需的总动水头	254ft＝109.9psi	208ft＝89.9psi	297ft＝128.5psi	343ft＝148.4psi

用下列计算结果确定系统性能曲线图上的 4 个工况点：

——当总动水头为 208ft/89.9psi 时，流量为 440gpm；

——当总动水头为 254ft/109.9psi 时，流量为 500gpm；

——当总动水头为 297ft/128.5psi 时，流量为 550gpm；

——当总动水头为 343ft/148.4psi 时，流量为 600gpm。

将这些计算出的工况点绘制在如图 8-20 中所示的简单系统性能曲线图上。

对于更复杂的系统，并作为选择泵的一种辅助手段，可将系统性能曲线与

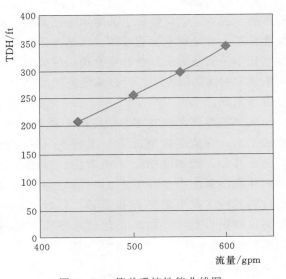

图 8-20　简单系统性能曲线图

初步选中的水泵的性能曲线绘制在同一个图上。图 8-21 是一个含有两条曲线的滚移式喷灌机灌溉系统性能曲线图，第一条曲线表示只有一条支管运行，第二条曲线表示两条支管同时运行。

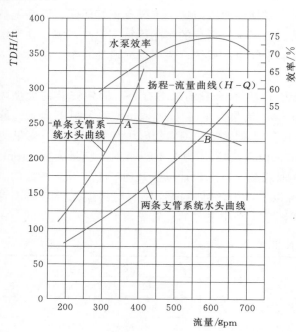

图 8-21　单侧支管和双侧支管滚移式
喷灌机灌溉系统性能曲线图

任何灌溉系统的运行工况点都必须是系统性能曲线上的某一个点。同样，抽送输水装置也必需运行在水泵性能曲线上的某一个点。由于水泵性能曲线通常向右下方倾斜，系统性能曲线通常向右上方倾斜，所以，对给定的系统和水泵，只有一个点能同时满足这两个条件。这个点就是系统性能曲线和水泵性能曲线的交点。

对于图 8-21 所示的双侧支管滚移式喷灌机灌溉系统，当只有一条支管在总动水头 79m、流量 22.7L/s 的条件下运行时，预计水泵将在 A 点运行；当两条支管在总动水头 73m、流量 37L/s 的条件下运行时，水泵将在 B 点运行。两条支管运行时的实际流量（B 点，流量为 37L/s），不是一条支管运行时实际流量（A 点，流量为 23L/s）的两倍。正确理解水泵性能曲线和系统性能曲线，将能弄清楚上述现象为什么是实际存在的。

即使与系统匹配不合理的水泵，两条曲线也仍然在某点相交。该交点是水泵将要试图运行的工况点。它可能位于关闭水头点，在这种情况下，没有水流动；或者它可能是水泵性能曲线上将导致电动机过载、水泵停止运行的某一点。这就说明了将喷灌泵用于向池塘加水而不是驱动喷头，会导致电动机过载的原因。人们常常认为，由于敞口管道比装有喷头的支管对水的阻力小，所以泵所需的功率小，但情况并非如此，水泵抽送多很多的水不是设计工况。

大多数灌溉系统在多个独立的系统性能曲线下运行，因为它们实际上是多个不同系统的组合。在大多数情况下，灌溉系统的运行条件都不断变化，例如系统在坡地里向上向下移动、增加或撤除某些喷头、地角臂装置工作和停止，以及草坪、高尔夫球场和园林灌溉系统中各种不同面积的轮灌小区等。在这些情况下，有必要知道水泵将要运行的各种工况下的扬程和流量。然后，选择一个可提供所有流量和压力组合，且相对高效的供水系统。如果一台水泵不能完成各种任务，其他方案是选择多台水泵，采用串联和/或并联，或考虑采用变速供水系统。预制泵站兼顾了不同系统性能曲线和各种水源流量。

四、水泵选择

开始选择水泵前，首先需要厘清将要遇到的各种运行工况点。然后，设计者选出可满足预期运行工况点范围的一台水泵或多台水泵组合。

大多数情况下，水泵选择是一个仔细查阅产品样本并考虑选择可行性的过程。虽然通过全面查阅产品样本后再购货要花费大量时间，但是一旦熟悉了各种形式和规格型号，选泵就成为一个相对简单的过程。大多数水泵制造厂都生产用于多种场合的各种水泵，但其中只有一部分适用于灌溉。通常只考虑两个或三个制造厂。水泵选择可能会因业主希望采购具有某种特殊性能的水泵，或愿意与一定的经销商和/或制造厂共事，而变得简单。可靠性是采购的一部分。可靠性和维修方便性可以将选择范围限制到少数几家常见品牌和/或经销商。

任何应用场合都很少能有十全十美的选择。每个选择都有优点和缺点。在选择过程中，最好记录可供选择的水泵以及每一个选择的利弊。以下是选择过程中应回答的一些问题：

（1）该水泵能抽送所需的全范围流量吗？

（2）该水泵能提供所需的全范围压力吗？

（3）每个运行工况点的效率是多少？

（4）如果效率更高些，动力机的尺寸会改变吗？

（5）必需汽蚀余量（$NPSHr$）可接受吗？

（6）水泵转速与预定的动力机合理转速相匹配吗？

（7）进水口和出水口接口与系统兼容吗？

（8）费用（初始、运行和维护）可接受吗？（但是，选择时不应仅仅以费用为依据。）

（9）可能性和维护方便性有问题吗？

（10）该应用场合有任何独特的地方吗？

为个人选择水泵时，应清楚地了解，在灌溉系统业主和操作人员心目中，这些项目中每一项的顺序。在某些情况下，水泵抽送的流量范围广比效率高更重要。如果流量范围相对较窄，并且每年使用的时间长，则主要选择标准可能是效率/能源费用。

大多数主要水泵制造厂都具有或通过互联网向用户提供完整的电子版产品样本。这些产品样本通常会附加选择程序，以便对任何给定的流量和压力需求，都可打印出选择结果。一些软件可打印出标有设计流量和设计水头的水泵性能曲线。这种软件可很快将可选范围限定为几个水泵型号。人们总是希望打印出若干选项，并仔细对它们进行比较，然后做出最终选择。选择水泵时，应自始至终通过认真查阅公布的水泵性能曲线，确定选择结果，不应仅仅依赖计算机生成的水泵性能曲线。

通常情况下，根据流量和压力确定的供水需求，不可能正好是已公布的水泵性能曲线上的一个点。制造厂不可能发布针对所有条件的水泵性能曲线。灌溉行业常用的大多数水泵型号已经有许多年生产历史了，并有大量试验数据对已发布的性能曲线进行验证。在整个北美洲所做的水泵试验表明，制造厂公布的性能曲线图通常能非常精确地反映水泵性能。但是，它们也没有涵盖所有情况。在水泵性能曲线图中未涵盖某特殊水泵转速或叶轮直径的情况下，利用水泵相似定律可能有用。

第五节　水　泵　相　似　定　律

对于给定转速和叶轮直径的水泵，可从水泵性能曲线图上读取水泵性能参数。但是，可能有这样的实例，水泵运行转速或叶轮直径与水泵性能曲线图中显示的不同。改变转速或叶轮直径就改变了叶轮外缘的线速度，相应的改变了水泵的性能参数。需要回答的问题是，这样的改变将使水泵性能参数发生什么样的变化。利用水泵相似定律可预测不同条件下的性能参数。水泵相似定律显示流量、压力、功率、水泵转速和叶轮直径之间的关系。只要转速和直径与水泵性能曲线上显示的数值没有明显差异，预测的性能参数是比较准确的。使用计算机电子表格程序，相当简单地对一系列扬程和流量组合重复进行水泵相似性计算，并获得足够数据，以便绘制新的水泵性能曲线。

一、改变水泵转速

在某些情况下，水泵性能曲线图中未发布所需的水泵转速。非常常见的例子是，当公布的性能曲线图是相对于转速为 1800r/min 电动机时，设计的配套动力是不同转速的内燃机。为了估算转速不是 1800r/min 时的水泵性能参数，就需要利用水泵相似定律。

水泵相似定律表明：水泵转速（N）对流量（Q）、总动扬程（H）和轴功率（P）的影响遵循下列关系式：

$$\frac{Q_1}{Q_2}=\frac{N_1}{N_2}, \quad \frac{H_1}{H_2}=\frac{N_1^2}{N_2^2}, \quad \frac{P_1}{P_2}=\frac{N_1^3}{N_2^3} \tag{8-10}$$

该关系式表明：

（1）流量与转速成正比。

（2）水头（压力）与转速的平方成正比。

（3）轴功率与转速的三次方成正比。

这些相似定律基于水泵效率不随转速改变而改变的基本假设。如果转速变化相对较小（小于 10%），则该假设成立。

二、改变叶轮直径

传动轴的转速不是总能改变的，例如，当采用的电动机或者内燃机必须在一定转速下运行时。例如，当内燃机也被用于驱动三相发电机向电动中心支轴式喷灌机供电时。内燃机必须保持恒定转速，以确保发电机产生正常频率的交流电。

当水泵转速不能改变时，改变叶轮直径可以改变水泵的性能参数。通常是通过切削叶轮以得到较小直径。在水泵性能曲线图中显示的一定范围内，可以改变叶轮直径。显然，有一个最大尺寸叶轮适合泵壳。该尺寸通常作为全叶轮显示在原型泵性能曲线图中。当直径减小到一定值时，会有太多的水沿叶轮两侧回流到进水口。对相对于蜗壳尺寸较小的叶轮，这种回流导致效率较低。切削后的叶轮直径不应小于（水泵制造厂）发布的水泵性能曲线中显示的最小值（见图 8-15）。

如果直径变化相对较小（小于 10%），则水泵相似定律表明：水泵叶轮直径（D）对流量（Q）、总动扬程（H）和轴功率（P）的影响遵循下列关系式：

$$\frac{Q_1}{Q_2}=\frac{D_1}{D_2}, \quad \frac{H_1}{H_2}=\frac{D_1^2}{D_2^2}, \quad \frac{P_1}{P_2}=\frac{D_1^3}{D_2^3} \tag{8-11}$$

相似定律的典型应用情况是，动力机需要以更高转速驱动水泵，以便达到预期性能。

【例 8-3】 相似定律应用。

一台叶轮直径为 381mm 的水泵，当运行转速为 2000r/min 时，可在总动水头 76.2m 下抽送设计要求的 75.7L/s 流量。在转速为 2000r/min 条件下，配套动力机不能提供足够功率，但在转速为 2200r/min 条件下具有充足功率。根据相似定律，见式（8-10），在转速为 2200r/min 条件下，水泵性能提高，在总动水头 92.2m 下的流量为 83.3L/s。这将不再符合灌溉系统的要求。

如果将叶轮切削到 347mm，叶轮直径减小的比例与速度需要增加的比例 10∶11 (2000∶2200) 相同。这时，因切削叶轮造成的水泵性能降低值，等于因提高转速 (2200r/min) 带来的水泵性能增加值。原有性能（当总动水头为 76.2m 时流量为 75.7L/s）得以恢复，并且水泵和动力机都运行在期望状态。在该例中，水泵必须可以在更高转速下运行。除了切削叶轮外，建议再次对叶轮进行平衡，以保证水泵能平稳运行。

切削叶轮有可能采用的另一个例子是，当一名灌溉者先前从开敞水源（渠道或水沟）取水，后来改为从有压封闭管道取水时。因为水泵处于更高压力下，需要增加的水头减小，就可以切削叶轮。利用相似定律可确定叶轮需要切削多少。与再买一套较小的供水装置相比，选择该方案性价比更高。

目前，许多水泵制造厂提供相似定律辅助计算软件。这些程序中的一部分，也可打印出期望转速和叶轮直径条件下的水泵性能曲线。这些计算机生成曲线是通过计算得出的结果，并限定在本节前面提到的限制条件范围内。

第六节 多台机组泵站

单台水泵常常不能提供所有期望条件下所需的性能。如果出现这种情况，可能需要选择多台水泵 (Bartlett，1974)，采取并联布置 [见图 8-22 (a)]、串联布置 [见图 8-22 (b)]，或在极少情况下，采取两种布置方式组合。

两台水泵并联，每台水泵抽送的流量相加，但这两台泵必须产生相同压力。两台水泵串联，每台泵产生的压力相加，但流经两台泵的流量相等。在某些情况下，增压泵可用于仅给总流量中的一部分增加压力，例如，当灌溉系统中一部分的海拔高度明显高于其余部分的时候。对于水泵并联和串联，知道系统性能曲线和单台水泵性能曲线，就能生成水泵组合方式的水泵总性能曲线，并可预测以下内容：

（1）任何一台水泵运行时的流量和

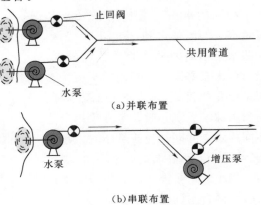

(a)并联布置

(b)串联布置

图 8-22 水泵并联和串联布置

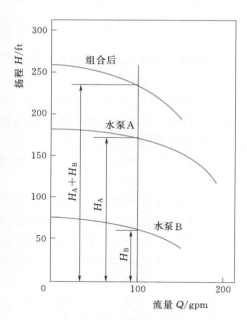

图 8-23 水泵串联时的性能曲线

压力。

（2）任何一种水泵组合方式运行时的流量和压力。

一、水泵串联

如果所需压力对一台水泵来说太高，可能要将两台或多台水泵串联，作为增压泵，以提高产生的总水头。这时，除了每台水泵都有自己的配套动力机外，其他方面与立式涡流泵内部的连续级段相似。在这种情况下，通过每台水泵的流量相同，组合后产生的总水头等于各台水泵单独产生的水头之和（图 8-23）。各台水泵没有必要产生相同的水头，但每台水泵必需抽送相同的流量，除非增压泵仅抽送总流量的一部分。

串联水泵不需要安装在同一个位置。一个例子是，泵站现场的一台水泵从河流中取水，将水输送到比河流高的田间；在这里，第二台（增压）水泵将全部或一部分水进一步加压，用于驱动喷头正常运行。如果两台水泵（或一台大泵）设置在河流的位置，则系统启动时管道内的压力更高，可能就需要采用公称压力更高的管道。另一个例子是，只有一部分灌溉面积位于高海拔位置。一台水泵提供足够压力灌溉大部分面积；而安装在系统中某一位置的增压泵，仅将一部分水增压，输送到地势较高的区域。在这种情况下，第二台水泵流量比第一台水泵小很多，能耗/油耗将只用于给较小流量的水增压，而不是总流量。

二、水泵并联

如果所需流量对一台水泵来说太大，可能需要将两台（或多台）水泵并联，抽送期望的流量。在这种情况下，每台水泵都产生相同的水头（压力）。总流量是每台水泵的流量之和（见图 8-24）。这些水泵不需要抽送相同数量的水，但每台水泵必需产生相同的水头。当流量变化幅度大（例如大面积草坪、高尔夫球场系统）时，常常采用尺寸不同的水泵并联。当流量小时，小泵运行；当流量增加时，较大的泵启动，较小的水泵停止；当所需流量最大时，两台泵同时运行。

对于图 8-24 所示的并联水泵，

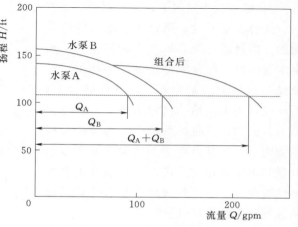

图 8-24 水泵并联时的性能曲线

水泵 B 的关闭水头高于水泵 A 的关闭水头，这样，在小流量条件下就出现令人关注的情况。请注意，直到水头低于水泵 A 的关闭水头，"组合"流量曲线才开始启动。当水头高于水泵 A 的关闭水头时，水泵 A 抽送的流量为零（假定在它的出水口管道上安装了一个止回阀）。如果没安装止回阀，则水泵 B 实际上将经由水泵 A 向后泵水。因为没有流量，水泵 A 因克服关闭水头而不运行，并可能因过热而损坏。图 8-25 表示多台水泵并联安装。

图 8-25 某灌区多台水泵并联

第七节 动 力 机

灌溉泵站配套动力机的两种主要选项是电动机和内燃机。另外，内燃机的燃料也有多种选项。各种能源的相对价格可能因不同项目所在地和不同燃料的可利用性而有很大差别。在一部分国家是最廉价或最常用的动力机，但在另一些地方可能几乎不能采用。

电动机的优点是维护工作量小、便于控制、噪声低、效率高、操作简单。大部分电动机的额定运行转速为 1800r/min 或 3600r/min（实际为 1780r/min 或 3560r/min）。但是，变频驱动（VFD）增加了改变电动机转速的可能性。电动机的主要缺点是某些地方缺少三相电力供应。在偏远地区，不可能提供电力供应，并且从已有电源供应的地方接入可能费用很高。在某些偏远地区，如果所需功率较小，或者虽然有电力供应，但可能没有三相电源，而灌溉系统又需要大功率电动机时，可考虑利用太阳能和风力发电。

可选择各种各样燃料的内燃（IC）机作为水泵的配套动力机。它们可同时驱动发电机，为灌溉系统的其他组成部分（例如自动控制器、中心支轴式喷灌机的行走驱动电动机）提供电力。采用内燃机驱动的水泵，可以安装在距离最近的电力线路数英里远的河边。因为内燃机的转速可以改变，所以运行也更加灵活。虽然内燃机采用自动控制通常没有电动机那样普遍，但内燃机仍可以采用自动控制并实现高效运行。

由于电动机操作简单、噪声小，是草坪和园林灌溉系统更普遍采用的水泵配套动力机。内燃机和电动机在农业灌溉系统中都普遍采用。表 8-3 汇总了两种动力机的主要优

表 8-3 两种动力机的优点和缺点

优缺点	电 动 机	内 燃 机
优点	维护工作量小；操作简单；易于实现自动控制；寿命更长；总体上简便	由业主进行维护；灵活机动（某些情况下）；通常能源费用较低
缺点	需要有资质的电气承包商维修；灵活机动性差；断电或临时限电；安全问题；水和电；不管是否使用都需要备品/需量电费	维护工作量大；燃料价格不稳定；寿命短

点和缺点。

一、非常规能源

随着替代技术的改进和传统燃料价格的持续上涨，除了电力和传统燃料外，某些情况下可考虑采用"可再生"能源，包括风、阳光以及厌氧消化中的沼气。另外，在可能的情况下，应利用重力（常常被忽视）提供能量。

（一）风

风电可间接用于抽水，例如给电池充电或向高位水库或水箱里加水，而后用于灌溉。然而，风很难保证直接给灌溉系统提供可靠动力。当需要灌溉时，风可能根本不能利用。此外，特别多风的时期不适宜实施喷灌作业。同样，不可能开发出能够满足大中型灌溉用水泵机组通常情况下所需功率的成本合理（与其他替代能源相比）的典型风力机。

（二）阳光

世界上的任何地区，太阳能都比风能更可预测。近年来，随着太阳能电池板的效率提高和成本降低，已经成为小型供水系统的合理能源。在动力需求量小的场合（例如滴灌、地面灌溉或牲畜用水），特别是在泵站远离电源或天然气源的地方，太阳能可能是具有成本效益的替代能源。如果动力机需要在夜间或多云时段运行，可在阳光充足时段给电池充电以提供能源。

（三）沼气

在一些大型集约化牲畜养殖场，灌溉是其不可或缺的组成部分，可考虑利用牲畜废弃物产生沼气，并将沼气用于向水泵提供动力的内燃机。虽然该技术仍处于发展中，但利用牲畜粪便产生沼气的厌氧消化系统，在农场已越来越常见。沼气本质上是天然气，可在内燃机或发动机驱动型发电机内燃烧，从而产生电力。在任何情况下，都有可能使用这种燃料为灌溉用水泵提供动力，特别是在灌溉系统位于或者靠近拥有沼气池的农场的情况下。

（四）重力

在某些情况下，当水源相对于田块足够高时，可利用重力能，通过管道输送所需压力水使灌溉系统运行。所处位置明显低于水源的低压灌溉系统（例如微灌、低压中心支轴式喷灌机），特别适宜利用重力。与完全没有落差的相同灌溉系统相比，即使落差较小，不能完全取消水泵，但只要有落差，就能减小动力需求。今天为重力支付的价格（零）与20年后的价格相同，重力永远能够利用。

二、内燃机

大多数灌溉用内燃机是改进型火花点火汽车发动机或柴油发动机。灌溉供水所需的功率与汽车有以下几点不同：

（1）灌溉用发动机运行无人值守。

（2）灌溉用发动机在满载条件下以连续转速运行。

（3）与汽车相比，灌溉用发动机不间断运行时间非常长。灌溉季节里几乎没有冷却机会。灌溉系统每年运行1200h，相当于汽车每年行驶约72000英里。

（4）大约运行6000h需要大修一次。

（5）灌溉用发动机更换部件前应持续运行至少 10000h。

（6）柴油发动机采用压缩引发燃烧而不是火花，除了寿命长和两次大修之间的时间间隔更长外，其余特征类似。

一旦选定水泵，必须知道在所需功率和转速条件下应传递的功率。水泵配套发动机的选择，必须以给定水泵转速条件下发动机输出的净持续功率、发动机配件和排气系统损失、泵站高程以及通常会遇到的最高气温等为依据。发动机制造厂文献资料中发布的最大非持续功率，对灌溉泵站没有价值。

发动机功率受到发动机配套件、气候条件、海拔高度、发动机磨损情况等多种因素影响。由于正常散热器风扇消耗大量动力，所以灌溉者可用换热器替代散热风扇，以提高发动机传动轴的剩余净功率。

抽送水的净持续功率可通过降低发动机的额定功率进行估计，即考虑气温、海拔高度和转速等因素的影响，对功率进行调整，同时减去发动机附件（风扇、消声器、发电机等）消耗的功率。气温在 30℃ 基础上每升高 5.6℃，发动机功率大约降低 1%。海拔高度每增加 152m，发动机功率大约降低 1.5%。涡轮增压发动机是自然吸气发动机，温度和海拔高度对其影响不大。

（一）天然气

在已有天然气的地方，天然气可能是灌溉用发动机的一种成本相对较低和可靠的燃料。由于灌溉用水泵固定不动，所以天然气不可移动就不是问题。从历史上看，大多数天然气发动机用于工业化版本的汽车发动机，例如克莱斯勒、福特、国际和奥兹莫比尔。由于汽车制造厂在其生产的汽车上转而抛弃大排量、大马力发动机，因此天然气发动机已经很少用于汽车发动机。这样一来，更多的工业天然气发动机，例如康明斯、卡特彼勒、瓦克夏等，被用于灌溉系统。这些发动机的价格明显高于汽车发动机，但寿命相对较长。一些柴油发动机也进行了改进，可以采用约 85% 天然气和 15% 柴油的混合燃料。

火花点火发动机的预期寿命小于电动机或柴油发动机，并且需要进行调整、更换机油等大量维修维护工作，以保证其高效运行。

（二）液化石油气

在一些地区，灌溉用发动机使用液化石油气（LPG）、丙烷或丁烷（或两者的混合物）。液化石油气具有可搬移的优点，因此，如果泵站必须从一个水源转移到另一个水源，液化石油气可能是一个很好的选择。水泵机组可以采用液化石油气，也可以采用天然气。当需要移动时，一些灌溉者购买采用液化石油气的发动机，或者他们在安装天然气管道之前暂时使用液化石油气。

（三）柴油

柴油也是灌溉供水系统，特别是大型系统的常用能源。普遍采用柴油的主要原因是，国内所有地区都很容易买到柴油和大功率（140～200hp 以及更大的）柴油发动机。同时，灌溉系统越大，灌溉者花在水泵机组上的时间越多。在这种情况下，柴油机寿命长的特点得到回报。许多农场的机械需要用到柴油机，柴油机是常用农业设备，因此，可以将它们用于水泵机组。柴油发动机在整个使用寿命期的维护工作量很少，并且持续运行时间明显长于火花点火发动机。

（四）拖拉机动力输出驱动装置

有时候灌溉系统采用拖拉机动力输出装置（PTO）驱动的水泵。采用柴油发动机或汽油发动机的拖拉机通常具有动力输出装置。如果拖拉机在灌溉季里可用于驱动水泵，这种循环使用方式可能是合理的低成本选择。

三、电动机

许多灌溉泵站采用电动机。它们具有预期寿命很长、所需维修维护工作量最少和非常可靠等特点（见图8-26）。电动机很容易实现自动化。电动机应用范围很广，它们的维修维护工作量比其他任何动力机都要少得多。方便是使用电力的主要优点之一。许多灌溉者选择电动机是因为它的运行只需要按钮控制。

已有三相电源的地区广泛使用电动机。使用大功率电动机的缺点是，如果泵站附近没有电源，架设三相电源的成本很高。当所需功率大于10hp时，单相电动机不实用。在没有三相电源的地方，对于10hp与40hp之间的电动机，实用的方法是购买三相电动机，并使用相位转换器将单相电源转换为三相电源。在安装这种系统前，应咨询电力供应商，以确保单相电源供电线路能够支撑将要安装的电动机功率。

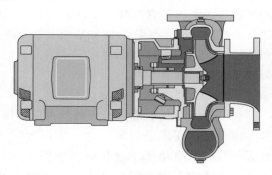

图8-26 电动机直联端吸水灌溉用泵

在正常负载下，电动机的运行效率高且相对稳定。电动机效率不会随着使用时间增长而明显改变。但是，如表8-4所列，当电动机负载由额定功率的100%减小到50%时，电

表8-4　　　　　　　　　　　　典型的标准电动机效率

电动机功率/hp	电动机效率/%		电动机功率/hp	电动机效率/%	
	100%载荷	50%载荷		100%载荷	50%载荷
3	84	81	75	90	90
5	85	80	100	90	89
7.5	86	81	125	91	90
10	87	83	150	91	90
15	89	85	200	92	90
20	89	85	250	92	91
30	89	83	300	92	91
40	90	89	350	92	91
50	90	89	400	92	91
60	90	87			

动机效率略有下降。当负载小于电动机额定功率的 50% 时，电动机的效率大幅下降。较大功率电动机的效率通常比较小功率电动机的效率更高。

当选择电动机时，应该记住的是，消耗的能量（kW·h）是负载的函数，不是电动机铭牌上显示的功率的函数。电动机输出功率与负载成正比。如果施加的负载小于（或大于）电动机额定功率，电动机消耗的能量将比满负荷时小（或大）。例如，如果负载为 100hp，一台 200hp 电动机的效率将是 90%（50% 载荷，见表 8-4），而 100hp 电动机的效率也将是 90%（100% 载荷）。因此，它们每小时将消耗相同数量的能量。

与许多人最初的想法相反，200hp 电动机消耗的电力不是 100hp 电动机的两倍。如果两台效率相同的电动机在相同的系统中给相同的水泵提供动力，这两台电动机每小时将消耗相同的电能。如果由于某种原因，200hp 电动机的效率比 100hp 电动机略高，则功率较大的电动机实际上消耗的能量较少。

（一）电动机类型

许多类型的电动机都可在灌溉系统中应用，这取决于它们预期的运行条件，以及是否会被置于室外。敞开式防滴水电动机最常见，价格也最便宜。该类电动机的结构能防止水从上部进入，但有些部位裸露。全封闭扇冷式（TEFC）电动机更适于裸露，但价格更高，如果安装不正确，可能会出现温升过高的问题。在极少数情况下，可能需要考虑采用防爆电动机。电动机也可以选用各种"软启动"方式，以减小启动电流。在泵站现场供电线路电流受到限制的农村地区，可能需要考虑采用"软启动"。关于这些备选方案的任何问题，都应该向你所在服务区内熟悉大功率电动机的合格电工咨询。

（二）电动机选择

选择电动机时，应考虑以下几点：

（1）利用标准水泵功率方程［式（8-9）］，计算水泵所需功率。所需功率不应从水泵性能曲线上读取。但是，水泵性能曲线中的功率曲线可用于核对计算结果。

（2）考虑未来事项。当喷嘴磨损后会发生什么情况？有没有可能灌溉更大的面积？高尔夫球场会扩大吗？中心支轴式喷灌机是否会增加地角装置？最小功率电动机与比它大一个规格电动机之间的投资成本差异通常很小。

（3）考虑电压和转速要求（见图 8-27，230V 或 460V，1760r/min）。通过公用事业公司确定电压是否符合。电动机的功率大小，可能会因电力供应或现有开关设备而受到限制。

（4）考虑与所需电动机类型有关的适用性。

——敞开式防滴水或全封闭风冷（TEFC）电动机：特殊条件下可能需要防爆电动机。

——立轴式或水平轴式：对立式安装的水泵，可根据需要采用立式实心轴或立式空心轴电动机。

（5）电动机可以输出铭牌上标出的额定功率（见图 8-27，40hp）。与内燃机不同，不需要对额定值进行折减。

（6）由于两个可能选项中的功率较大的电动机能更顺利地完成工作任务，所以它运行中的温升低，并且很少因过载而停机。当环境温度高或系统流量变化时，可能会出现这种

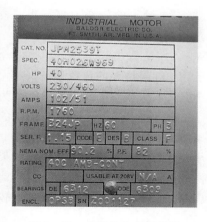

图 8-27　典型的电动机铭牌
（40hp；230/460V；102/51A；
1760r/min；60Hz；3P，1.15SF）

情况。如前所述，对同一个应用场合，额定功率大 20％的电动机（例如 60hp 相对于 50hp）每小时所消耗的能量不会多出 20％。如果两者成本相差很小，选择额定功率等级大一级的电动机，可能是一个明智的投资。但是，在做出该项决定前，应向电力供应商咨询，弄清需量电费是实际需求还是铭牌额定值。

（7）电动机功率越大，与之配套的开关装置和配线的成本越高。有必要采用一些比较购物。在某些情况下，成本差异很小（例如在 60hp 与 75hp 之间）。在其他情况下，成本差异巨大（例如在 100hp 与 125hp 之间）。

（8）电动机铭牌上标有负载系数（SF）（见图 8-27 中的 1.15SF）。负载系数是融入到电动机设计中的安全因素。例如，敞开式防滴水电动机的负载系数通常为 1.15（115％）。这个数值意味着，在持续负载条件下，该电动机可发出铭牌上标出的 1.15 倍的功率。因此，从理论上讲，150hp 敞开式防滴水电动机可用于轴功率高达 172.5hp 的场合，但不推荐这样使用。全封闭风冷电动机的负载系数通常为 1（无额外能力）。大多数情况下，应将负载系数作为储备能力（例如系统磨损）。但是，在极少数情况下，制造厂担保运行时可稍微跨入负载系数范围（例如使用负载系数为 1.15 的 150hp 敞开式防滴水电动机输出 155hp 功率）。有人认为，与使用 200hp 电动机相比，使用稍微过载的 150hp 电动机可减少能耗；但实际上，如果效率相同，能耗也相同。另外，200hp 电动机运行时的温升低，另一个优点是通常会延长使用寿命。重要的是，当做出决策时，要考虑长期成本和回报，例如灌溉季节关键时期电动机出现故障的可能性。始终要做到通过对系统设计进行再评价，看是否能改进系统设计或提高水泵效率，减少所需的轴功率。

（9）考虑电动机效率。灌溉系统有时采用高能效电动机。这类电动机效率比表 8-4 所列的标准电动机高 2％～4％。高能效电动机价格昂贵，但一些公用事业公司通过提供奖励以促进高能效电动机的应用。为更高效电动机所支付的额外费用每年都会产生回报。高效电动机的额外成本可能相对较小，这取决于所产生回报的数额。高能效电动机特别适用于新建泵站、旧电动机更换或每年运行时间特别长的灌溉系统。在其他情况下，潜在节约的能源成本应与采用高能效电动机产生的额外成本保持平衡。行业目前的趋势是，能源成本增加在一定程度上提高了使用高能效电动机的可行性，灌溉系统朝着采用高能效电动机的方向发展。

四、电能计量、需量电费和费率选择

电力价格必需足以支付电力供应商的资本投资和运营成本，其中包括消耗的能源成本。对于全年和相对均衡的客户负载，这两个因素（资本和经营）可合并在一个仅收取所用电能（kW·h）成本的费率结构中。对于像灌溉这样的间歇性或季节性负荷，电力供应商通常征收两项费用。涉及运营成本的有常规能量（kW·h）收费；涉及固定成本的有接线费或需量电费。需量电费基于电动机功率（kW 或 hp），与水泵每年的运行时间长短无关。这种费率结构表示，公用事业公司的资本投资成本是连接到供电系统的最大总负载/需求量（kW 或 hp）的函数，与总能量消耗（kW·h）无关。费率结构在各电力供应商和地理区域之间差别很大。发电方式（水力、煤炭、天然气）也可显著影响每 kW·h 的收费率。如果灌溉系统在灌溉季节运行很长时间，较低的能量（每 kW·h）电费比较低的需求量（每 hp 或 kW）电费更重要。如果泵水时间短，连接到供电系统的功率（hp 或 kW）大，结论正好相反。

（一）调控需量电费

当存在需量电费时，其结构通常设置为连接到供电系统的铭牌功率的具体电费，或测得的最大需求功率的规定电费。当需量电费基于所测得的功率时，需要使用最大负荷测试器。这种测试器测量一个自动记录器或一组刻度盘的电功数（kW·h），并记录测试器上的最大需求功率。由需量测试器记录的每个计费周期的最大功率，是该计费周期中 15min 或 30min 时段内的最大平均使用功率。不同电力供应商的时段长度有所不同。为使需量电费值最小，灌溉者尽可能使灌溉系统的需求持续稳定。当系统启动和/或向管道充水时，大多数灌溉系统通常会出现最大功率需求。因此，系统始终要缓慢启动，以避免适用于整个计费周期的需求量测试器读数出现很短时限的大功率。如果一个大型灌溉系统在一个计费周期结束时启动，并继续运行到下一个计费周期开始，则这个大需求量将适用于两个计费周期。在这种情况下，推迟灌溉系统启动时间，等到新的计费周期开始再启动，可能是有利的。

（二）分时计价电费

分时计价（TOU）电费鼓励在日常非用电高峰时段抽送水。作为一种激励机制，灌溉者在非高峰时段实施灌溉，每 kW·h 收费率较低。高峰用电时段通常在上午 11 点至下午 7 点之间（有时仅在工作日），其他时段即是非高峰时段。公用事业公司规定具体的高峰时段和非高峰时段。一些分时计价电费明细表包括两个以上的费率结构（即低、中、高费率）。在一些地区，夏季和冬季的电力需求有明显差别，冬季费率可能与夏季费率不同，或者不受分时计价的影响。

采用电动机驱动水泵的灌溉系统，应尽可能在非高峰时段运行，利用分时计价节约成本。幸运的是，从灌溉效率的观点看，典型的非高峰时段（夜间和清晨）也是灌溉的好时间。特别是高尔夫球场，非常适合在这时候灌水。但是，如果这种策略使灌溉时间减少，必须考虑短缺的运行时间。例如，每天灌水 18h 而不是 24h，抽送水流量（不是抽送水总量）需要增加 33%。草坪和园林（例如高尔夫球场）灌溉设计师非常熟悉每天灌水时间少于 24h 的观念，但这在农业灌溉系统中比较少见。

一些灌溉水泵可设计成同时配备电动机和内燃机两种动力机。如果这是可能的话，内燃机的能源成本明显低于高峰时段的电费，灌溉者可在高峰用电时段使用内燃机，而在非高峰用电时段切换到电动机。涡轮泵可配置双输入齿轮箱（电动机在上部，一侧为内燃机的水平轴），给灌溉者提供这种选择。如果灌溉系统附近有一个海拔高度远高于主水源和水泵机组的蓄水池，可采用另一种方法利用较低的分时计价电费。当电费低时，可利用水泵向蓄水池加水。然后，当电费高时，不采用电能泵水，蓄水池的水转而向下，利用重力给灌溉系统加压。

五、变频驱动 ❶

灌溉用泵配套电动机的额定转速通常为 1800r/min 或 3600r/min。这种恒定的水泵转速限制了抽送系统的运行灵活性和/或能效。变频驱动通过改变提供给电动机的交流电的频率，从而改变电动机的转速（美国电力科学研究院，1992；灌溉协会，2002b；灌溉技术中心，2004）。电动机的转速随着频率的降低而降低。电动机转速降低使压力和流量降低，以符合灌溉系统的要求。通常情况下，也降低了能耗。

通常情况下，需要选择水泵和动力机，以满足最大流量和压力需求。然而，在一个典型的灌水周期里，一些灌溉系统（例如高尔夫球场）由同一时间灌水的轮灌小区或轮灌组决定的运行条件变化很大。在这种情况下，所需流量可能因灌溉面积不同而减小。在某些情况下，通过将水泵出口阀门关小来节制流量。这种调节方式是通过增加水头损失，减小灌溉管道中的流量和压力。这种节流方式使电动机的功率需求和能耗降低（因为流量减小），但会产生经过阀门的能量损失，造成能量浪费，并增加能耗成本。例如，在一个流量为 63L/s、水泵效率为 85%、电动机效率为 90% 的系统中，如果阀门节流引起 69kPa 压降，则造成的能量损失等于每小时浪费能量 5.7kW。

如果水泵产生的压力总是大于必要的压力，则纠正这一情况的最简单、最具成本效益的方法是切削叶轮直径。切削量可利用水泵相似定律计算。这种切削可降低水泵产生的压力，并减少能耗。

如果水泵机组必须在很宽的流速范围内供水，则切削叶轮不可行，因为这是一个永久性的不可逆改变。在这种情况下，可以采用多台水泵组合，并实现自动控制。另外，可给驱动水泵的电动机添加变频驱动控制，使水泵能在更宽广的流量和压力范围内高效运行。即使是具有多台水泵的泵站，仍可将变频驱动与其中一台水泵的配套电动机相连，以提高整个泵站的性能，并在水泵启动或停止时减小压力波动。

调节水泵转速可能不会产生与采用节流法得到的相同的总水头和流量。当采用变频驱动时，通常会将其与自动控制系统融为一体，以提供所需的稳定压力和流量。

一些观察者提出，需要关注变速驱动对电动机温度的影响，因为温度升高可能会缩短电动机寿命。美国电力科学研究院发表的一份报告（EPRI，1992）证实，变频驱动可使电动机温度升高 3%～15%，但补充说，最近设计的变频驱动器引起的温度升高值小于 5%。

变频驱动也会影响水泵效率。不管水泵采取何种驱动方式，其性能参数都是由性能曲线决定的，并且水泵在其实际转速条件下的性能曲线上的某一个点运行。如果水泵因转速降低和流量变化，使其运行工况点落在性能曲线上的非高效区，动力机不可能改变这种状况。变频驱动倡导者经常做出这样的错误假设，即如果水泵设计工况点的效率是 85%，

---

❶ 变频驱动一节中的许多信息摘自《灌溉泵站》第 7 章《认识水泵　控制和水井》，Blaine Hansen，灌溉协会出版，2002。其他信息摘自《农用水泵效率程序》手册，灌溉技术中心，加利福尼亚州立大学，Fresno，加利福尼亚。

那么当利用变频驱动装置改变转速时，在所有运行工况点的效率仍然是 85%。这种假设很少能够成立。如果转速变化很小，并未使水泵效率发生变化，则如此小的变化不能证明采用变频驱动的合理性。某些情况下，如果所选水泵在整个运行工况范围内的效率都是合适的，当转速略低于最高转速时正好达到最高效率，则是一种偶然现象。因此，为确保选择最适用的水泵，灌溉人员应事先对将要采用的变频驱动装置有所了解。如果给一台只在恒定转速下运行的水泵简单地增加变频驱动装置，收到的改进效果可能比事先知道所选水泵会在不同转速下运行的效果差。

就电动机效率而言，转速越低，电动机和变频驱动装置的效率也越低。变频驱动装置本身的效率也不是在任何时候都是 100%。它就像装在内燃机上的一个附件（例如消声器、风扇）。虽然变频驱动装置能耗很小，但也会消耗一些功率。当转速降低到最大转速的大约50% 时，电动机和变频驱动装置的效率可能略有下降，但低于 50%，效率会急剧下降。据美国电力科学研究院报告（1992 年）估计，变频驱动装置在 50% 转速条件下的效率约为84%，而在全速条件下的效率为 95%。在最高转速 25% 条件下，驱动效率下降到 53%。

像所有电气设备一样，必须防止潮湿、极端温度、高海拔等不利环境条件对变频驱动装置的影响。变频驱动装置应在无腐蚀性气体和粉尘的大气中运行。

（一）采用变频驱动降低能量成本

变频驱动装置可排除采用稳定转速供水装置而需要节制水泵出水口阀门而浪费的能量。变频驱动装置的经济效益取决于减小的功率、在减小转速/功率工况下的运行时间、电能费用和变频驱动装置的资本成本等。变频驱动装置的潜在效益是每年都能节约能量成本。变频驱动装置的附加成本是由驱动寿命期决定的那部分年化资金成本。支持变频驱动的条件是，显著降低功率以及在降低转速工况下的运行时间占总运行时间的很大一部分。但是，如果在降低转速工况下的运行时间非常长，切削水泵叶轮外径可能是更具成本效益的方法，但需要在更高压力的一小段时间里稍微降低水泵性能。

要想准确确定增加变频驱动装置是否具有成本效益，需要弄清以下几点：

（1）变频驱动装置增加的资金成本。

（2）变频驱动装置的预期寿命。

（3）没有变频驱动装置时的年度总能量成本。

（4）在各种流量/压力工况下的运行时间。

（5）增加变频驱动装置后的估计年度总能量成本。

（6）能量成本将来的上涨速度。

（7）通货膨胀率（货币的时间价值）。

（二）采用变频驱动提高泵站运行水平

一些用户发现，变频驱动的节能效果远比他们预期的差，但同时，对系统整体运行的改善仍证明值得投资变频驱动装置。这些改善包括操作人员干预减少、输出水的压力更稳定等。大型草坪或园林以及高尔夫球场灌溉系统操作人员认为，这方面的特点非常具有吸引力。在一个向灌溉区域内各种类型终端用户供水的大型泵站中，给一台或多台水泵增加变频驱动装置，确实可以得到这种效果。系统中的压力波动非常平缓，几乎可以消除由水泵启动和停止引起的压力波动。只要对各台水泵、变频驱动装置和控制系统都进行精心设计，就能实现这些效益。变频驱动通常更适用于运行时间长和流量变化明显的系统。每年运行 100h 和每年运行 1000h 的水泵的变频驱动装置资本成本相同，但节约的能量是水泵供水时间的函数。

决定采用变频驱动装置的依据是否充分，很大程度上取决于正确识别负荷状况（见表 8-1）的水平。变频驱动装置制造厂和供应商可以利用负荷状况信息以及能源成本和运行成本数据，评估变频驱动装置的投资成本是否能逐渐因节能而得以补偿。需要考虑的另一个重要因素是电力质量。变频驱动装置对农村地区常见的瞬变电压和电压波动敏感。变频驱动装置引起的谐波电流也能在电动机内产生补偿加热。在决定安装变频驱动装置前，一定要找专家进行咨询。

（三）采用变频驱动控制的预制泵站

近年来，预制泵站（见图 8-33）已经越来越多的用于各种各样的供水场合。这种泵站的标准配置是，单独采用自动控制阀或与变频驱动控制结合，对各种不同流量和压力范围、并且通常是压力和（或）流量组合进行控制。这种建设和运行都很方便的预制泵站已成为高尔夫球场及其他流量大幅度变化灌溉系统的常见选择。

六、电动机的管理和维护

与内燃机相比，电动机最吸引人的特点之一是可靠性高。内燃机拥有者几乎都熟悉必要的维护要求。虽然电动机维护工作量小，但普通操作使用人员仍然缺乏维护方面的知识。电动机的简单性使操作使用人员错误地认为没有必要对其进行维护。电动机应持续运行 20000～40000h 进行一次定期简单维护。

（一）过热

输入电动机的一部分电能被转换成了热。电动机设计为在规定的温度范围内运行。大多数灌溉用电动机设计为相对于环境温度的温升不大于 40℃。因电动机线圈绕组绝缘损坏产生的过多热量，会大大降低电动机寿命。以下原因可能导致过热：

（1）通风不良，流过电动机的适量循环空气受阻。

（2）电压低，引起电动机过电流。

（3）三相电动机的三相电压不平衡。

（4）灌溉用电动机负载可能逐渐增加，例如喷头的喷嘴磨损和流量增加。

建议采用以下手段延长电动机寿命：

（1）保持电动机周围空气良好流动（保持通风口清洁）。

（2）使电动机在额定或小于额定功率条件下运行。

（3）保持电压平衡，各相电压差不大于 4％。

（4）如果电动机频繁停机，对系统进行评估［系统自首次安装以来，流量和（或）压力可能已发生明显变化。灌溉专家团队或水泵测试机构可协助计算电动机当前的负载］。

（5）保护开关柜电器元件，室内安装型除外（防水布不能提供充分保护）。

（6）采用避雷器保护灌溉用电动机。

（7）提供无论公用电源何处出现峰值的电涌保护。

导致电动机发生故障的另一个原因是过载。电动机会尽可能使水泵输出灌溉系统所需的水量。电动机将尽可能多地汲取所需电力，驱动与之相联结的负载。如果它汲取的电力超过设计值，热量将积蓄在电动机内，造成电动机损坏或停止。为降低装置投资成本，购买一台功率稍小的电动机，是很有诱惑力的，但也可能是不必要的。当把投资成本分摊到整个灌溉面积和 20 年使用期时，一台轻微超载的电动机与功率比它略大的电动机之间的年度成本差别可能非常小。

（二）室外运行

与水泵配套的电动机应设置在干燥、通风良好的位置。从水泵填料压盖流出的水应排到远离电动机的地方。安装在水池上面的电动机，运行中面临严重的电气安全隐患。

大多数灌溉用电动机都是敞开式防滴水结构。这种电动机框架上有很大的敞口，便于空气循环冷却，但其结构能防止从上面滴落的水进入电动机。在非灌溉季节，老鼠或其他小动物可能会进入这些敞口内，啃咬电动机内的绝缘层。安装电动机前，应在这些敞口上拧上金属网。大多数水泵房都无法阻止老鼠进入。敞开式防滴水电动机不应安装在室外，因为雨、雪和污垢可能会从这些敞口进入，造成电动机损坏。

如果安装在室外，应采用全封闭风冷（TEFC）电动机。虽然全封闭风冷电动机价格较高，但与购买一台敞开式防滴水电动机并建造一座泵房相比，可能具有更高的成本效益。

七、动力传递

可采用许多方式将动力从动力机传递给水泵。常用方式包括直联、胶带传动、齿轮传动和离合器。许多卧式离心泵采用螺栓直接与发动机飞轮或电动机壳体相连。某些情况下，水泵和动力机安装在同一个底座上，并采用联轴器将动力机传动轴和水泵传动轴相连。这种联轴器允许两个装置之间有一些伸缩量，但应特别注意，保证它们尽可能在同一条直线上。有些水泵采用带有万向节的短传动轴，将发动机与安装在底座上的水泵相连。在这种情况下，应特别注意，保证发动机和水泵不完全在一条直线上，因为万向节需要轻微晃动，否则它们最终会抱住。发动机上可安装离合器，使发动机可以在脱开水泵的情况下运行。当发动机前面附有发电机时，离合器特别有用，因为发电机可以在水泵不运行的情况下运行，驱动电动中心支轴式喷灌机。

胶带传动可用于各种水泵，但常见的是 PTO 水泵。采用胶带传动时，水泵的最大允许转速降低，这是因为水泵传动轴上有明显的侧向载荷。在所有情况下，胶带轮都必须正确排列。采用胶带传动会产生一些功率损失。

空心轴电动机用于许多立式涡轮泵。水泵传动轴穿过电动机传动轴，并利用电动机上部的螺母进行调整。当内燃机用于涡轮泵时，涡轮泵上安装具有水平轴的直角齿轮动力头，水平轴通过传动轴与动力机相连。这种直角齿轮动力头可具有用于增速或减速的各种速比，使水泵和发动机不必以相同的转速运行。

第八节　自　动　化

采用变频驱动或其他控制方式，可大大减少操作人员在水泵现场的干预。水泵现场可实现自动化，以多种方式提供多种自动响应。水泵现场最常见的自动化方式是提供压力控制，即不管输出的流量是否发生变化，提供的压力保持稳定。采用一些改进的压力控制装置，可完成其他自动化任务。

一、压力控制

最简单并且往往也是最便宜的控制压力方式，是在出水管道上安装自动减压阀。这种阀门通常是水压控制隔膜阀（见图 8-28）。这种阀门采用先导管道系统（小直径管道和控制机构）控制隔膜上部的水流，并保持阀门下游的稳定（可调）压力。只要水泵提供的压力大于所需压力，该阀门就将其降低到系统所需的压力。由于经过阀门产生压降，所以会损失一些能量。

当阀门调节压力时，压力先导阀感知到下游压力，如果下游压力太高，先导阀轻轻关闭，并将水推到隔膜上部。这将使阀门稍微关闭以减小下游压力（见图 8-29）。当压力下降到设定点时，流向隔膜的水停止，阀门保持其位置和下游压力。

图 8-28　自动控制隔膜阀

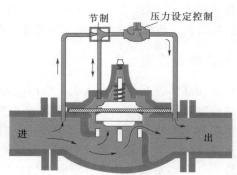

图 8-29　自动减压阀工作图

对于内燃机，可在发动机上增加油门自动控制装置，并与具有设置点的出水口压力表相连。当输出压力太高（或太低）时，油门自动控制装置将发动机转速调低（或调高），以保持压力在两个设定点之间。对于电动机，变频驱动控制装置执行的功能与油门自动控制装置与内燃机相同。

对基于控制器的计算机或可编程控制系统，自动压力设定点可能是系统流量的函数。例如，一台带有地角装置的中心支轴式喷灌机，可以开发出一套控制运算法，以便随着地角臂伸出和流量增加，提高水泵输出压力。另一种获得合适效果的方法是每个喷头上都安装压力或流量调节器。

二、其他自动控制阀

用作减压阀的相同的阀门可配备不同的先导控制管道，执行各种其他自动化任务（见图 8-30）。

（一）压力释放阀

当压力释放阀感知压力高于设定点时，它们的先导系统能使其迅速打开，并将水从系

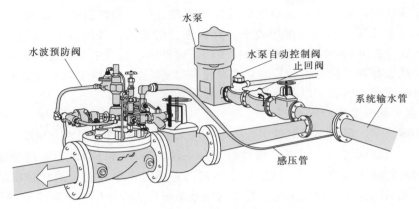

图 8-30　各种自动控制阀

统中排出到污水池或返回到水源（见图 8-31），使系统免遭过高压力。这种阀门必须安装在主管道的一侧，以便将水从系统中排出。它们不能串联在管道中。这种阀门消除逐渐增加的压力时工作良好，但它们的反应不够快，不能防止水锤造成的损害。

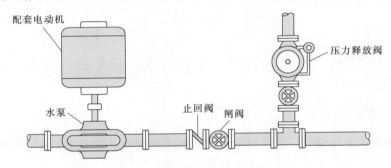

图 8-31　自动压力释放阀

（二）水波预防阀

水波预防阀门的先导系统能够感知到压力突然下降（当水泵关闭时），并在水流波返前回迅速打开。这种阀门将水从系统中排出到污水池或返回到水源（见图 8-30）。这样一来，泵站就可免遭由于水回流所造成的水锤力。这种阀门特别适用于安装在位于一条长的上坡主管道低处的泵站。

（三）水泵控制阀

这种阀门可减小水泵启动克服的压力，同时也可减轻水泵启动和停止时系统中的压力变化。水泵控制阀通常用于多台水泵并联安装的泵站，或必须在管道充满水的情况下启动的水泵。和压力释放阀一样，它们被安装在一侧，并将水返回到水源（见图 8-30）。当水泵启动时，阀门处于全开位置。因为水只是循环返回到水源，所以水泵启动时无需克服背压。阀门逐渐关闭，压力慢慢形成。当压力达到系统压力（止回阀下游侧）时，止回阀打开，水泵开始将水送进主管道。启动用阀门继续关闭，当完全关闭时，新的水泵将其全部水流输送到系统中。水泵启动不需要克服压力，并且由于新的水泵逐渐增加系统压力和流量，所以系统中的压力不会突然上升。

当水泵关闭时，将自动遵循与启动相反的程序。阀门慢慢打开，使水开始返回到水源；由水泵增加的压力和流量慢慢减小，直到止回阀关闭，且所有水泵的流量返回到水源。当阀门完全打开时，水泵配套电动机关闭。同样的，系统中没有急剧的压力波动。这种阀门对并联安装并且扬水管较长的立式涡轮泵特别重要。可给多台水泵供水系统中的一台水泵配备变频驱动装置，以实现类似的功能。

（四）组合阀（多功能阀）

在某些情况下，隔膜阀可配置组合先导系统来执行两项或两项以上功能。一个常见的例子是，一个电磁阀关闭（根据电信号打开和关闭）减压组合阀。当电信号使阀门打开时，组合阀起到减压阀的作用。当信号指示阀门关闭时，组合阀关闭，并将灌溉系统关断。更复杂的阀门只用于特殊情况，配置的先导系统可实现减压、水波控制以及压敏开启电磁控制阀等。

设计和维护这些复杂先导系统的难度，使它们在普通灌溉系统中比较少见。由于阀门依靠水泵输出的水控制，水中常常含有淤泥或沙子，这就可能使先导系统堵塞成为问题。可在先导管道中配备细滤芯过滤器，但如果水里含有大量沉积物，过滤器会很快堵塞。

第九节 泵 站 设 计

现场设计包括泵站（泵房）、进水池、进水管、淹没深度、出水管等（James，1988；Grundfos Irrigation）。

一、泵站/泵房

泵站设备需要进行保护。雨雪会导致电动机绕组受潮，而太阳光直射会使电动机的运行温度明显提高。内燃机也会受到环境因素的影响。根据气候条件，泵站设备可以安装在室外，但泵房具有明显优势。坚固的混凝土地面房屋，可提供清洁、干燥、通风良好、无杂草杂物的环境条件。如果建造合理、空间充足，泵房也可用于存放灌溉系统的维护物料以及化学品注入系统组件等。

适当通风至关重要，特别是对于电动机来说。泵房内需要提供导流通风。除了保证坚固外，采用全纱房门是实现这一目标的好方法。在门对面的墙上应安装防雨型通风百叶窗。也可能需要电风扇。

泵站的电动机应优先设置在棚顶下面或泵房内，以遮蔽太阳的热量。太阳辐射可增加相当大的热量，并提高电动机的运行温度。如果电动机的工作状态接近其最大输出功率，来自太阳的额外热量可能会导致电动机热保护器或保险丝（过电流保护）关停电动机。利用环境补偿热保护器可以排除这种跳闸麻烦。不应简单地安装更大额定电流的热保护器来防止发生这类问题，否则会在环境温度不高时导致电动机损坏。如果电动机连续在高温天停机，灌溉人员应请电工来解决问题。

永久放置的内燃机应安装在单独的混凝土基座上，基座与混凝土地板之间用软木或橡胶隔离，以尽量减少振动。安装电动机的基座应至少比地板高 150mm，以有助于使湿气远离电动机。需要有适当的排水系统，以排除水泵填料函泄漏的水和其他地方泄漏的少量油或水。

对于在室外运行的内燃机，通常采用拖车式机架安装发动机和水泵。拖车和机架的尺寸应足够大，能够将吸水管道和排水管道良好地支撑在拖车式机架上。

（一）进水池/湿井设计

对于诸如多级涡轮泵安装在河堤上的复杂泵站，进水池设计至关重要。一般情况下，需修建预制混凝土、金属管道或现浇结构等，以确保能给水泵提供足够的水流。进入水泵进水池的流速不应大于 0.3m/s。另外，进水池的结构应保证不会在春季解冻后滑移到河里。

（二）吸水管道

吸水管道的设计和施工通常是离心泵正确运行的关键因素，特别是当水泵位置高于水源时（见图 8-32）。对于灌溉用卧式离心泵，吸水管道管件的主要规则是尽可能保持简单。如果可能的话，进水管路应直接将水引入水泵。

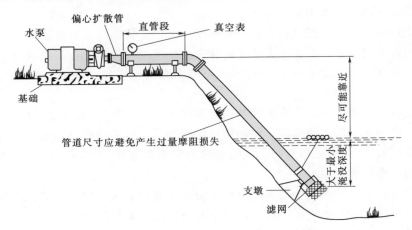

图 8-32　泵站吸水管道

设计和安装应尽量减少扰动，特别是水泵进水口附近的任何部位。水泵进水口法兰前应至少具有管道直径 5 倍的直管段，或在水泵进水口前配置整流导叶（分流器）。总的来说，重要的是应尽量减少吸水管道的弯头、弯管、变径管、阀门以及其他任何引起摩阻损失或紊流的管件。对吸水管道中必须采用弯曲的部位，应采用大弯曲半径弯头或多斜接弯管。

对所有需要灌泵的水泵吸入侧，必须采用偏心变径接头（见图 8-32）。这是为了确保灌泵后，管道中没有高于灌泵点、能产生气窝的部位。如果出现气窝，空气会在启动时进入水泵，使灌泵失效。

吸水管路中的空气会削弱水泵性能，并且（或者）使灌泵失效。应采取预防措施防止将空气吸入进水管道中，这样可在以后节省大量劳动时间。应对用作吸水管的柔性橡胶软管的许多接头进行检查，以确保不会漏气。在极少数情况下，橡胶软管内部可能会严重损坏，而在外部看不出来。这种情况会严重限制水泵供水能力。

吸水滤网应该足够大，保证即使它的一部分被水生杂草或藻类堵塞时，仍不会限制进入水泵的水量。应给吸水管路和水泵进水口法兰提供适当的支撑结构（见图 8-32）。不应依靠水泵进水口法兰（通常是铸铁）支撑吸水管及其所容纳的水的重量。

（三）淹没深度

在某些情况下，漩涡可能会导致空气进入水泵吸水（进水）管道。将水泵进水口设置在水面以下并具有足够淹没深度的位置（见图 8-32），可防止出现漩涡。当确定将水泵进水口设置在哪个高度以提供必要的淹没深度时，必须考虑水井抽降水位（动水位）或水面波动的地表水的最低水位。涡轮泵对所需淹没深度有特殊要求。每个型号都有各自不同的要求，因此，必需查阅制造厂的文献资料。当叶轮位于水面以下时（例如立式涡轮泵），汽蚀余量通常不是问题，但淹没深度可能是个问题。重要的是不要混淆这两个因素。

（四）出水管道

在大多数灌溉应用中，需要采用转接接头将水泵出水口法兰与灌溉系统输水管道相连。输水管道直径通常大于水泵出水口直径，因此，转接接头（渐扩管）应做到逐渐平缓过渡，尽可能减小该部位的摩擦损失和紊流。

转接接头之后应安装止回阀（见图 8-30 和图 8-31），特别是水泵向较高位置输水的场合。安装止回阀的目的是，防止水泵停止时管道内的水反向流动。在某些情况下，这种反向流动可能会损坏水泵机组；极端情况下，可使水泵机组与底座脱离，有时候会进入水源。

继止回阀之后，常常安装一个水流控制阀（见图 8-30 和图 8-31），用以打开和关闭输水管道，并可能用于节制水泵水流。该阀可采用闸阀或其他手动阀门，也可以采用自动控制阀（例如降压阀）。如果采用蝶阀，应能通过齿轮驱动操作装置对其进行调整，以使其打开或关闭的速度不能太快。

如果系统管道从水泵开始向上坡方向铺设，则在水流控制阀之后，应安装压力释放阀或水波预防阀（见图 8-30 和图 8-31），以减小或消除由水泵关闭时的反向水流引起的压力波动。如果系统管道从水泵开始向下坡方向铺设，应安装一个连续作用空气（真空）释放阀，用以在运行中排除管道内的空气，并在水泵停止时使空气进入管道。使空气能够进入正在排水的管道，可防止因内部出现负压将管道压瘪。连续作用空气释放阀应安装在灌溉系统主管道中的所有高点，以防止形成气窝。

出口压力测量点应位于水泵下游、紊流最轻、且管道直径与配套主管道直径相接近的位置。出口压力测量点不应设在水泵蜗壳上。蜗壳内存在的高流速和紊流会引起不正确的压力读数。

包括水泵法兰和阀门在内的出水口管路，需要有足够的支撑结构。水泵本身不应支撑管道和阀门，因为由此引起的应力可使泵轴弯曲，并导致过度磨损、轴承故障、水泵性能变差或泵壳破裂。

（五）压力表

系统启动后，可能需要测量水泵前后的压力。最常见的例子是进行水泵试验。压力测量也可能需要作为泵站控制系统的一部分。为方便测量压力，在水泵最初安装时，明智的做法是，在水泵进水侧和出水侧各预备一个安装压力表的旋塞。

对有精度要求或作为控制系统一部分的压力表，最好采用配有压力减震器的充油式压力表，和安装在自带支架的上压力表。该压力表可通过软管与水泵机组上的压力传感点相连。也可以相同方式采用和安装压力传感器。这种布置方式可避免由水泵和动力机引起的振动，保护压力表或压力传感器。压力表应定期进行精度校核。

二、预制泵站

当选型、安装、操作、维修和配件供应等方面的方便性是关注的主要问题时，许多供应商可提供预制泵站（见图 8-33）。预制泵站一般都是现成的标准系统，其结构紧凑，安装方便快捷。供应商也提供特别适用于流量在宽广范围内变化的系统。这就使得这些泵站成为大型园林和高尔夫球场灌溉系统，以及温室、苗圃和房地产行业废水处理系统等的一个有吸引力的备选方案（Hammer，1986）。

图 8-33 预制泵站

预制泵站系统包含所有硬件和所需的控制，也可根据买方意愿包括自动化功能（压力控制、变频驱动控制等）。采用预制泵站系统时，特别重要的是，水泵供应商准确知道期望的泵站流量和压力组合，以及每个方案的大约运行时间。对于特定泵站系统，如果提供信息并精心选择水泵机组，就可得到如同用户专门定制设计一样效率的泵站。

第十节　水泵的运行和维护

应对卧式离心泵的填料进行检查，以确保其能通过足够的水来对传动轴进行润滑。稳定滴水是合适的。没有滴水表明传动轴没有得到充分润滑。如果从填料中流出一股水，应该压紧填料函。油润滑立式涡轮泵需要进行类似调整（康奈尔泵，2007b）。

必须始终考虑水泵运行和维护的安全要求。泵站现场或附近可能有高压电源线、汽油或柴油油箱、农业化学制品或其他危险物质。所有电气连接应保持清洁、干燥、牢固。安全组件是所有电气控制装置和机械设备不可分割的一部分，永远都不应被忽视。

水泵出水口管道中存在的水压通常是灌溉系统中的最高压力。这本身就提出了一个安全问题。如果直径 250mm 的管道中存在 1000kPa 压力，泵站现场的各个弯头、接头、法兰等管件的上面就作用着一个约 5400kg 的力。这就是要求所有管路都要充分牢固支撑、安全连接的原因。依靠自身力量的压紧式接头不太可靠，它们需要有刚性连接的组件，以确保接头不会脱开。

当采用手动方式开始向系统的空管道内充水时，水泵会"跑出"其性能曲线，这是因为水泵的背压不足。水泵试图输出比设计值更大的流量和低得多的压力。虽然这与人们的直觉相矛盾，但是，与正常运行的灌溉系统相比，水泵向空管道里充水确实需要更大的功率。然而，仔细检查任何水泵曲线，都表明情况的确如此。例如，图8-15所示的水泵，配直径为356mm的叶轮，采用37.3kW的电动机，将在517kPa总动水头条件下有效输出50L/s流量。如果将其与一条敞口管道连接，向一个池塘充水，它将"试图"在低于448kPa的总动水头条件下输出大于85L/s的流量。要做到这一点，将需要大约48.5kW功率，所以37.3kW的电动机将过载并停止运行。

如果不利用手动出水口阀门进行控制，向管道内快速充水将导致大流量、大功率需求和高流速，并在最后充水时导致水锤。这样做会提高汽蚀余量，继而又可能导致汽蚀。另外，向管道内充水也会导致电力需求仪表的读数非常大。为避免出现这些问题，应利用出水口阀门，将正在充水的管道内的流速限制在0.3m/s或更低。当涉及长管线、大口径主管路时，必须有极大的耐心。可以通过安装自动阀门来完成这项工作。如果水泵停止后主管路能保持满管水，则会大大减小管路充水时间。

适当的维护和运行怎么强调都不过分。水泵机组是所有灌溉系统的心脏。就像人类的心脏一样，它抽送的是每个灌溉系统的生命之血（水）。如果水泵机组在灌溉季节坏了，就不能进行灌溉，即便维修费用很小，停机期间可能会造成远远超过维修水泵机组成本的作物损失。

第十一节　水　泵　测　试

对水泵进行详细而精确的试验，也许是确定水泵怎样才能良好运行和能效如何的最佳方法。许多公用事业公司、咨询公司、大学和政府机构提供这项服务。

如果一台水泵没有达到应有的运行效率，水泵测试服务机构可能会提出建议，提高泵站装置的整体效率是最佳且最具成本效益的方法。水泵试验只能确定泵站装置是否运行良好，不能表明灌溉系统运行是否良好。因此，许多水泵测试机构拥有熟悉灌溉的工作人员（灌溉技术中心，2004；Fischbach和Schroeder，1982）。这些工作人员可以进行灌溉核查和水泵试验。第十四章中有更多相关信息和泵站试验范例。

查找并排除已有泵站故障时需关注的另一个事项是水泵标牌。如果灌溉人员的计算结果与水泵性能曲线不匹配，可能是水泵叶轮与标牌上显示的不一致。可能在没有修改水泵标牌的情况下，已经对叶轮外径进行了切削或更换成了较大外径叶轮。这种情况不会经常发生，但发生的可能性总是存在。为了计算水泵效率，泵站测试人员需要准确测量以下参数：

（1）吸水压力或真空度（安装在地面上的水泵）。

（2）水井的运行水位（井用水泵）。

（3）输出压力。

（4）流量。

（5）能耗。

（6）能源热值/能量价值（每单位燃料的能量）。

如果目的只涉及抽送水的成本最小化（不是实际的整体效率），则不需要考虑每单位燃料的热值。对于电能，消费单位千瓦时（kW·h）已经是能量单位。这就是为什么术语"由线到水"效率经常用于电力泵站的原因。这只是简单用水泵输出的水功率（kW）除以电动机能耗（kW 或 kW·h/h）。对于大多数内部燃烧能源，计费单位（m^3、L 等）不是能量单位。在某些情况下（例如天然气），计费单位（m^3）被转换为收费的能量单位（GJ）。

一、流量测量

如果泵站的适宜位置已经安装有流量计，并且该流量计是准确的，就可用于水泵试验。但是，如果该流量计最近没有进行校核，水泵测试人员可使用自己的流量测量设备。水泵测试人员使用各种不同类型的流量计。Collins™ 流管（Collins™ Flow Tube）利用压力计测得的压力差测量管道中的速度分布图，并将其转换为流速。这种方法需要在出水口管道中钻两个小孔。这种方法不使用任何电子设备，也没有运动部件，所以非常可靠。螺旋桨式流量计最适合于主管路，安装和拆卸螺旋桨式流量计时可很方便地拆开和重新组装。如果这种流量计安装在满管流管道中，也可用于测量向明渠输送水的水泵。一些流量计可以安装在已有管道的外面，管道中的流量可以利用电磁、超声波或多普勒信号进行估算。这项技术的最新进展已使这种类型的流量计更为常见。

二、能耗测量

为了确定正在运行的水泵机组的效率，需要精确测量正在消耗的燃料量或能量。用来测量燃料或能耗的方法因配套动力机的类型不同而不同。

（一）电动机

由于几乎所有的电动机都与精确的电度表相连，在只对一台水泵进行监测的条件下，就很容易得到准确的电耗数。仪表系数用于将仪表读数转换为能耗。仪表盘上通常显示有"Kh"因数。更大规模的电气服务也可能有电流互感器（CT）系数以及电位或电压互感器（PT）系数。式（8-12）得出的总仪表系数需要应用于电度表读数，单位为表盘每转一圈的瓦时（W·h）。

$$仪表系数＝Kh×CT 系数×PT 系数 \tag{8-12}$$

这个仪表系数的单位为表盘每转一圈的瓦时（W·h）。测试时，测试人员测量电度表中的水平圆盘旋转一定圈数所需的时间，常用的是 10 圈。测试期间，平均每千瓦的能耗可用下式计算：

$$kW＝kW·h/h＝圆盘转数×仪表系数×3.6/以秒为单位的时间 \tag{8-13}$$

（二）天然气发动机

利用现有燃气表，用测试刻度盘每旋转一圈的燃气体积乘以转数得出计量体积。这是除以时间得出的单位时间消耗的气体体积。天然气独特的一面是，流经燃气表的体积必须乘以一个压力校正系数，才能得出计费体积。这种调整是必要的，因为燃气计费采用的压力与表压不同，并且气体（如天然气）体积会随着压力的变化而变化。天然气供应商可提供输送（表上显示的）压力和精确的校正系数。天然气的典型压力校正系数见表 8-5。

表 8 – 5		天 然 气 表 校 正 系 数	
燃气表上的压力/psi	校正系数	燃气表上的压力/psi	校正系数
5	1.358	20	2.491
10	1.736	25	2.868
15	2.113		

天然气计量也采用独特的另一种方式。几乎所有用于测量能耗（电、柴油、天然气）的仪表都要定期校准。当它们磨损时，误差几乎总是有利于消费者。也就是说，随着仪表的磨损，流经仪表的产品要比测量值多。因此，一个磨损的旧天然气表，实际提供的气体要比测得的数值稍微多一些。

那么，如果仪器压力是不正确的，会发生什么呢？天然气表带有压力调节器。如果现场压力大于设定压力（例如 15psi），压力会被降低到 15psi，这样计量值就是准确的，并可采用 2.1330 的校正系数。当仪表压力调节器上设定的压力小于天然气管道中的压力时，给消费者计量的费用是正确的。

极少数情况下会发生相反的情况。这方面的例子发生在这个时候：天然气管道尺寸按一定需气量确定并经历了许多年后，又安装了功率更大（或更多台）的水泵配套发动机，并需要更大直径的管道。如果需气量扩大到正确压力下不能供气时，发动机会缺气，并不能正常运行。更糟糕的是，消费者最终被计费的用气量明显高于实际消耗量。例如，如果正常输气管道压力为 19psi，压力调节器设定在 15psi，只要管道压力在 15psi 以上，给用户计费的用气量就是正确的。如果管道内的压力下降到 10psi，给用户计费时假定校正系数为 2.1330（15psi），但校正系数应该仅为 1.7360（10psi）。用户比实际接收到的气体多支付了 23％的费用。

一旦知道正确的耗气率，就可按下式简单地计算出每小时的体积或能量：

$$m^3/h = m^3/s \times 3600 \qquad (8-14)$$

和

$$GJ/h = m^3/h \times GJ/m^3 \qquad (8-15)$$

天然气常用术语和换算系数如下：
——BTU：英国热单位；
——GJ：吉焦耳（公制能量单位＝1 兆焦耳）；
——1GJ＝948000 BTU；
——1GJ＝277.78kW·h；
——天然气的热值差别很大，在 950BTU/ft^3 和 1150BTU/ft^3 之间或 11.2GJ/MCF 和 1.2GJ/MCF 之间。

关于发动机安装现场所供应的天然气正常热值，应与当地天然气供应商联系。该值可能每个月都不一样。

（三）液体燃料

计算液体燃料（柴油、汽油、液化石油气）的消耗量，需要监测所消耗燃料的重量，然后将重量转换为用于计算每升或每加仑燃料费用的体积。另一种替代方案（用于柴油和汽油）是，用三通和阀门将一个校准过的缸筒与燃油进口管路相连。测试过程中，燃料经由校准过的缸筒流入发动机；不进行测试时，燃料通过正常管道供应。通过这种方式，直接测量消耗的体积。典型的液体燃料转换值可从表 8-6 中查取。

表 8-6　　　　　　　　用于计算能耗的液体燃料转换值

燃料	密　度		热　值	
柴油	$0.80 \sim 0.86 \text{kg/L}$	$6.7 \sim 7.2 \text{lb/gal}$	$0.036 \sim 0.039 \text{GJ/L}$	$130000 \sim 140000 \text{BTU/gal}$
丙烷	0.50kg/L	4.2lb/gal	$0.023 \sim 0.026 \text{GJ/L}$	$84000 \sim 92000 \text{BTU/gal}$
汽油	$0.72 \sim 0.76 \text{kg/L}$	$6.0 \sim 6.3 \text{lb/gal}$	$0.030 \sim 0.033 \text{GJ/L}$	$110000 \sim 120000 \text{BTU/gal}$

第十二节　灌溉泵站成本

当对不同方案进行对比时，首先需要区分抽送水的固定（年度）成本和可变（运行/随时）成本。无论水泵使用多长时间，固定成本都不发生变化。可变成本与水泵的运行时间成正比。一般来说，如果水泵运行时间短，采用低固定成本的能源具有优势。对每年运行很长时间的泵站，采用低可变成本系统具有优势。

一、固定成本

固定成本适用于水泵、动力机以及与它们相关的年度成本。

（一）水泵

几乎所有与水泵相关的成本都是固定成本。水泵固定成本包括以下内容：

——资本重置成本。这是摊销到水泵整个使用寿命期的水泵资本成本。如果水泵寿命较短，低价水泵每年的资本成本可能也较高。如果每年的使用时间影响水泵寿命，则该成本实际上是固定成本与可变成本的组合。

——维护成本。不管水泵运行多长时间，大多数水泵维护项目每年仅进行一次或两次（启动前和灌溉季节结束时）。如果每年的运行时间影响水泵的维护，则该成本实际上是固定成本与可变成本的组合。

（二）动力机

动力机具有值得关注的固定成本和可变成本，因动力机类型不同而有所变化。对于动力机，固定成本包括以下内容：

（1）资本重置成本。这是摊销到动力机整个使用寿命期的动力机资本成本。与内燃机相比，通常电动机的初始成本较低且使用寿命更长，所以电动机的年度资本重置成本明显低。但是，架设三相电源的资本成本也必需包括在固定成本里。如果灌溉者承担从天然气供应管道到天然气动力机的一部分资本成本，就出现同样情况。这方面的费用差别很大，取决于公用事业公司如何收回这些资本成本。天然气发动机和液化石油气发动机一般比柴油机价格低，但使用寿命较短，因此它们可能具有较高的年化资本成本。如果每年的使用时间影响动力机寿命，则该成本实际上是固定成本与可变成本的组合。

（2）维护成本。如果不管使用情况怎样（例如电动机）都会定期进行维护，则维护成本是固定的。对于在设定的工作时间后进行维护的内燃机，大多数维护是可变成本。得以良好维护的内燃机比维护不善的内燃机的寿命长得多，因此可降低发动机的年度固定成本。

（三）需求或其他固定能量费用

如果有一项与需求有关、与抽送水时间长短无关的服务费，则这是一项固定成本。又如，不管是否使用，都有一项按月计收或最低收费的燃油箱租借费，则这也是一项固定成本。

另有与灌溉系统所有权有关的固定成本（例如保险），但选择供水系统时不需要考虑，除非这些费用根据所选水泵机组类型的变化而变化。

二、可变成本

可变成本包括能量费、维护费和一些抽送水的费用。

（一）水泵

有几项与水泵相关的成本是可变的。只有在规定的一段时间后进行的维护项目才是可变成本。这些项目包括填料、传动胶带和轴承的更换及维修。

（二）动力机

动力机有以下值得关注的可变成本：

（1）可变能量成本。每单位（kW·h、ft^3、GJ、L 等）能耗的支付成本是抽送水系统的主要可变成本。选择动力机前采用的不同能源类型的能耗率是变化的。

（2）维护成本。在规定时间间隔发生的维护费用属于可变成本。内燃机有值得关注的维护可变成本，例如改变燃料和机器调整等。一台正常的灌溉水泵配套发动机在满负荷条件下运行相当于一辆汽车每星期行驶约 1.6 万 km。

三、降低能耗方案

一旦选定能源和能源供应商，就有了灌溉供水系统所使用能源的明确费率。基于该费率，供水的年度成本成为以下变量的函数：

（1）水泵输出的流量。

（2）水泵提供的压力（水头）。

（3）水泵和动力机的总体效率。

（4）每年的供水时间。

在不改变其他条件的前提下，减小上述变量的任何一个，都可降低每年的供水成本。

（一）流量

如果水泵流量减小，功率需求和能耗就减小。然而，植物可能仍然需要相同数量的水。因此，在少数例外情况下（下文注明），水泵必须在较小流速下运行更长时间来提供所需的水量。最终结果通常是年度能量成本不变。虽然能耗费用（每 kW·h）保持不变，但轴功率降低使电力需求费（每 kW）降低，就产生潜在成本优势。如果实践中减小流量的做法能减少需水量，才能实现真正、持久的节省。例如，具有小流量供水装置的更有效灌溉系统，将相同的水量浇灌在作物根区（Ring，未注明出版日期）。在对作物没有不利影响的前提下，使能源成本下降。请参见第十一章和第十三章，了解关于不同灌溉系统灌溉水利用率方面的更多信息。

（二）降低压力

在不对灌溉水利用率产生不利影响的前提下，降低灌溉系统所需压力，就可降低能耗。一个典型的例子是，将高压喷头改为低压喷头或散射喷嘴。如果灌溉水利用率没有变化，能耗就会降低。如果这种改变还包括一个更高效的灌溉系统，则能耗减少可能更多：每小时消耗更少能量，并且每年用更少时间，将相同的水量浇灌到作物根区。

（三）水泵和动力机效率

任何能使输入功率更高效地转换为水效率的方法，都能降低能源成本。简单地说，就是在所需压力下，用更少的能量抽送相同的水量。实现这一目标的方法是选择效率更高的水泵或能效更高的动力机。但是，效率更高的水泵或能效更高的动力机的年度资金回收成本不应超过节能成本。提高效率带来的好处不一定适用于各种不同的动力机。例如，由于单位能量的电力成本更高，所以具有更高效率电动机的能源成本可能更高。

决定使用柴油、天然气、电力或其他能源时，首先要考虑典型的运行效率和能源成本。一旦确定了所用能源，可将不同型号设备的效率作为考虑的一个重点，来选择具体的动力机。采用内燃机时，维护是否到位可能对运行效率产生显著影响。与精心调整的发动机相比，完成同样的工作，调整欠佳的内燃机的效率可能更低，并且油耗更高。

参 考 文 献

Bartlett，R. E. 1974. *Pumping Stations for Water and Sewage*. New York：John Wiley & Sons.

Center for Irrigation Technology. 2004. *Agricultural Pumping Efficiency Program Handbook*. Pub. # APEP - 01 3/4. Fresno，Calif. ：Calif. State Univ.

Cornell Pump. 2007a. *Hydraulics & Pump Seminar Manual*. Portland，Ore. ：Cornell Pump Co.

——. 2007b. *Installation & Care of Cornell Pumps*. Portland，Ore. ：Cornell Pump Co.

EPRI. 1992. Adjustable speed drives：Application guide. Report TR101140. Palo Alto，Calif. ：Electric Power Research Institute.

Fischbach，P. E. ，and M. A. Schroeder. 1982. *Irrigation Pumping Plant Performance Handbook*. Lincoln，Neb. ：Univ. of Neb.

Grundfos Irrigation. ［n. d. ］*Grundfos Irrigation Handbook*. Bjerringboro，Denmark：Grundfos irrigation.

Hammer，M. J. 1986. *Water and Wastewater Technology*. 2nd ed. Englewood Cliffs，N. J. ：Prentice - Hall.

IA. 2002a. Chapter 9：Pumps. In *Principles of Irrigation*. Falls Church，Va. ：Irrigation Association.

——. 2002b. *Understanding Pumps*，*Controls and Wells*. Falls Church，Va. ：Irrigation Association.

James，L. G. 1988. *Principles of Farm Irrigation System Design*. New York：John Wiley & Sons.

Jensen，M. E. 1981. *Design and Operation of Farm Irrigation Systems*. St. Joseph，Mich. ：ASAE.

Pair，C. H. ，W. H. Hinz，K. R. Frost，R. E. Sneed，and T. J. Schiltz，eds. 1983. *Irrigation*. 5th ed. Falls Church，Va. ：Irrigation Assoc.

Ring，L. ［n. d. ］Alberta Irrigation Management Course - Lesson 5 - Irrigation Methods "B." Lethbridge，Alberta，Canada：Alberta Agriculture.

——. 2000. *Certified Irrigation Designer Reference Manual*. Sec. 4，Irrigation Pumps. Falls Church，Va. ：Irrigation Assoc.

Van der Gulik，T. W. 1989. *B. C. Sprinkler Irrigation Manual*. Abbotsford，British Columbia，Canada：B. C. Ministry of Agric. and Fisheries.

第九章　输配水系统组成部件

作者：Brian E. Vinchesi

编译：兰才有

　　本章简要介绍了灌溉系统中用于向喷头及其他灌水器配水的部件（即设备及其他物品）。这些部件包括管道、管件、阀门、过滤器、仪表和防回流装置。这些部件通常有许多选项：管道尺寸、类型和材料，管件材料，管件、阀门和仪表类型等。这些项目的选择，从水力学角度看，是灌溉系统设计的一部分。反过来，出于灌溉系统的水力要求，可能会驱使设计者采用某种材料的管道和管件。灌溉系统的维护和运行操作，需要系统组成部件的类似知识。否则，可能会采取不合适的方法维修设备。一般来说，灌溉系统的水力计算和设计都包含试算及反复选择的过程。掌握硬件选择的基本知识非常必要。错误选项可能会影响灌溉系统的水力性能和使用寿命。本章仅限于讨论与灌溉行业密切相关的内容。

第一节　管　　道

　　制造厂可生产许多种不同材料、工作压力、壁厚和规格尺寸的管道。另外，人们采用各种不同方法来标明管道的压力级别和尺寸。例如，150mm（6in）管可能是指它的实际外径、实际内径或其他公认的尺寸［如外径 6.75in 铁管尺寸系列（IPS）］。标准 ASAE/ANSI S376.2（2010）《地埋热塑性塑料灌溉管道的设计、安装和性能》，确立了合理选择管道的规范。用于制造灌溉系统中常见管道的材料包括塑料、铝合金、钢、球墨铸铁等，偶尔也使用铜。过去曾使用过石棉水泥。每种材料生产的管道都具有独特性，在灌溉系统中表现出某些优点或缺点。

一、塑料管

　　塑料管是采用挤压工艺，将颗粒状或粉状热塑性塑料，如聚氯乙烯（PVC）、聚乙烯

（PE）、聚丁烯（PB）、丙烯腈-丁二烯-苯乙烯聚合物（ABS）或聚丙烯（PP）等原料制造成具有连续长度的最终成品。PVC已得到广泛认可，并且可能是灌溉系统最常用的管道材料。PE也得到广泛应用。其他塑料材料，如PP、PB和ABS，应用范围很小。

与其他管道材料相比，塑料管道材料的性能特征如下：

（1）压力分级（PR）。

（2）耐腐蚀和耐化学物质侵蚀。

（3）重量较轻。

（4）优良的隔热性能。

（5）期望寿命长。

（6）糙率系数（C）高，内壁光滑，摩擦力小。

（7）易于安装、维护、连接和更改。

即使在某些特殊情况下，例如穿越道路、安装于地表、易于受到破坏的地方、交通流量高的地方或者当地规范要求等，某些类型的塑料管仍然能满足要求。

塑料管的压力级别是指可以持续施加的、肯定不会造成管道损坏的管内流体的最大估计压力。PR取决于制造管道所用复合物的静水压设计应力、管道直径和管道壁厚。PR应足够高，以防止最高压力加上任何可能发生的压力波动造成损坏。根据经验，对于灌溉系统用塑料管道，最高压力不应大于压力级别的72%。在灌溉行业中，塑料管道的PR采用以下三种方法中的一种表示：尺寸比法（DR）、明细表法（SCH）和等级法（Class）。

DR采用管道直径与壁厚的比值。某些DR数值已被选定为标准，并确定为标准尺寸比（SDR）。对控制/基于外径的管道［例如PVC、ABS和一些高密度聚乙烯（HDPE）管］，DR采用管道平均外径除以它的最小壁厚。对于控制内径的管道（例如某些PE管），DR采用管道平均内径除以它的最小壁厚。采用相同材料制造并具有相同SDR的管道，不管管道直径是大是小，都具有相同的压力级别，只是壁厚不同。

采用SCH表示的管道有随管道尺寸变化的明细表。明细表管道采用相同尺寸钢管的额定压力确定压力级别。对采用相同材料制造的管道，直径越大，压力级别越低。例如，25mm SCH40 PVC管道的PR为3100kPa，而采用相同PVC材料制造的150mm SCH40 PVC管道的PR仅为1240kPa。

对采用等级法确定PR的管道，无论何种尺寸大小或采用何种材料，PR的等级都相同。例如，Class160管道的PR为1100kPa（160psi）。采用等级标明的管道仅在灌溉行业应用。

（一）PVC管

选择适当的PVC管道取决于许多变量，包括系统工作压力、潜在峰值压力、高程变化引起的压力、土壤类型、埋设深度和设计安全系数等。在标准ANSI/ASAE S376.2（2010）中，可以查找到灌溉用热塑性塑料管道设计、安装和性能参数的更多信息。

灌溉系统用PVC管道依据两种不同的尺寸标准制造：铸铁管尺寸（IPS）标准和灌溉用塑料管（PIP）尺寸标准。对于给定的公称尺寸，采用IPS的管道外径与铸铁管外径相同，但采用PIP的管道外径稍小。这两种类型都采用外径控制，并且都有以下三种压力级别表示法的管道：尺寸比法、明细表法和等级法。

IPS PVC管道在压力级别为2172kPa、1380kPa、1103kPa、863kPa和690kPa时的

最大管径为 300mm；对应的 SDR 分别为 13.5、21、26、32.5 和 41。常用明细表法管道包括 SCH10、SCH20、SCH40 和 SCH80，灌溉系统常用的只有 SCH40 和 SCH80。

对于直径不大于 100mm 的管道，明细表法 PVC 管道的壁厚实际上大于相同公称尺寸的 Class200 管道。因此，当希望得到管壁较厚的管道时，这些较小直径通常采用 SCH40 PVC 管道。灌溉专业人员必需意识到较厚 SCH40 管道的内径较小，这将影响系统的水力运行特性。另外，人们应该知道，随着明细表法管道尺寸（直径）变大，PR 将随之降低。例如，100mm SCH40 管道的 PR 为 1518kPa，而 250mm SCH40 管道的 PR 仅为 966kPa。不管尺寸大小，等级法管道的压力级别始终不变。例如，100mm Class125 PVC 管和 250mm Class125 PVC 管，两者的压力级别均为 863kPa。另外，SCH40 管道具有溶剂粘接型接口，没有钟形承口加密封圈接口的管道。

对于更高压力级别，由于更大尺寸的 Class200 和 Class315 管道没有生产，所以等效尺寸的等级法管道可采用美国水工程协会（AWWA）标准中的 Class900 管道。Class900 管道中通常有与压力级别 1380kPa、1035kPa 和 690kPa 相对应的尺寸比为 14、18 和 25 的管道。

Class900 或采用等级法的管道中不是总有直径大于等于 350mm 的管道，在这种情况下，通常采用美国水工程协会（AWWA）标准中的 Class905 管道。Class905 管道可采用 IPS，或者铸铁或球墨铸铁管外径尺寸（CIOD），后者更容易从几家制造厂买到。350～900mm 的 Class905 管道的 DR 为 21、26、32.5 和 41，分别对应于压力级别 1380kPa、1103kPa、863kPa 和 690kPa。350～600mm 的 Class905 管道中有更高压力级别管道，其压力级别为 1620kPa，对应的 DR 为 18。

也可购买 PIP 尺寸的 PVC 管道。PIP 管也采用外径（OD）控制，但其 OD 比 IPS 管道小，因此 IPS 管件不能用于 PIP 管。在美国中西部和西部地区，PIP 管在农业灌溉系统中广泛应用。

PVC 管典型供货长度为 6m，具有符合标准 ASTM D3139 和 ASTM F477 要求的密封圈连接型承口，或符合标准 ASTM D2672 要求的溶剂粘接型承口。溶剂粘接型接口管道的直径通常不大于 200mm，并且最常用管道的直径不大于 65mm。在这种情况下，管道铺设长度通常较短，并且管道在沟槽中呈蛇形，所以热膨胀和收缩对它的影响，不像采用胶圈密封接头的较大管道那样引人注意。

用于灌溉和饮用水混合的 PVC 管道必须符合国家卫生基金会标准 NSF 14—2010《塑料管道系统组件及相关材料》和 NSF 61—2010《饮用水系统部件　健康影响》的要求。管道也必须标有美国国家卫生基金会许可用于饮用水的标志——NSF-PW。

对特定用途的 PVC 管材，通常用颜色加以区分。白色或蓝色最常见，紫色管道用于供应再生水的场合。除了紫色管材不需要制备 NSF-PW 标志外，其他管材都要按照相同的工业标准和检测要求制造。

大多数灌溉系统用 PVC 管道都按地埋管道制造。一些特殊的 PVC 管道具有防止紫外线降解的性能。这些特殊管材用于地面安装以及穿越桥梁、移动式喷灌系统等场合。它们可具有将密封和稳固部件与管道融为一体的组合连接方式。

（二）PE 管

PE 管道有几种不同的密度（低、中、高），涉及制造过程中使用的 PE 原料的关键特性。随着密度增加，拉伸强度增加。低密度聚乙烯（LDPE）管广泛用于微灌系统。中密度聚乙烯（MDPE）管用作绞盘式喷灌机的硬质软管和园林灌溉系统。高密度聚乙烯（HDPE）管于园林灌溉系统、喷头立管，以及地形起伏不平不能采用 PVC 管道的情况。PE 的胀缩系数约为 PVC 的 3 倍。温度变化为 10℃，30m 的无约束 PE 管道可伸长或缩短 25mm 以上。设计选择 PE 管件时，必须考虑能够适应潜在温度变化造成的影响。较小尺寸 PE 管道常用于园林灌溉系统，一般采用倒刺接头。

采用密度大于 15kg/m³ 的 PE 原料制造的 HDPE 管道，可同 PVC 管道一样在较大规模的灌溉系统中应用。PVC 和 HDPE 的拉伸强度和压力级别基本相同。另外，HDPE 拉伸变形（蠕变）比 PVC 小，这使得一些灌溉系统优先选用 HDPE 管道。对于尺寸不大于 150mm 的管道，HDPE 管采用 ID 尺寸控制，供货长度为 12～15m，或提供 30～150m 长的盘管。

较大尺寸的 HDPE 管通常采用 OD 控制。HDPE 管所用原料应符合标准 ASTM D3350—10 中有关于 345464C 单元分类的要求。HDPE 管的某些特性与 PVC 管类似，但 HDPE 管柔韧性更好，并且供货长度可为 12m。HDPE 管采用电熔接头连接或专用热熔焊机焊接。这种对接连接方式去除了 PVC 管道系统中常见的胶圈密封接头，并且不需要镇墩或连接约束。HDPE 管不能与 PVC 管件粘接，但采用与管道相同的材料制成的专用管件可与 HDPE 管熔接。其他可供选择的特殊连接方式包括机械锁紧式管件、法兰管件和专用鞍座等。

HDPE 管具有比 PVC 管更好的柔韧性，因而可以悬挂敷设在桥梁的一边，也可利用水平定向钻孔法将其安装在道路或河流的下面。更好的柔韧性使其更能承受冰冷的水，这一点在越冬排空前可能会遇到结冰温度的地方非常有用。它的柔韧性也为具有不稳定土壤条件的场合提供了理想特性，例如垃圾填埋场或近期填过土的新建工程项目。HDPE 耐紫外线（UV）光，是理想的地面铺设产品。它的供货长度为 12m 和 15m，并可根据管道尺寸供应不同长度的盘管。

HDPE 管可采用根据管道压力级别及其尺寸变化的 SDR 定级。12～1650mm 的 HDPE 管也可采用 IPS，或者外径 100～1200mm 的 HDPE 管采用球墨铸铁管尺寸系列（DIPS），这使 HDPE 管与采用 IPS 以及采用铸铁或球墨铸铁管外径尺寸系列（CIOD）控制尺寸的 PVC 管材之间更容易转接过渡。HDPE 管压力级别根据 PE 原料类型的变化而变化。HDPE 材料类型采用材料名称和 4 位数代码印制在管道外壁上，4 位数代码分别表示密度、抗裂纹扩展性以及在 23℃ 的设计静水应力（用单位为 100 的 2 位数代码表示）。由于各种 HDPE 的特性不同，所以管道压力级别也不同。例如，PE3408/4710HDPE（灌溉管道系统中最常用的 HDPE），尺寸比可以为 DR7（2187kPa）、DR9（1725kPa）、DR11（1380kPa）、DR13.5（1104kPa）和 DR17（863kPa）。对于 3406HDPE，相同的尺寸比为 DR9（1103kPa）、DR11（862kPa）和 DR17（552kPa）。微灌系统采用许多其他类型压力级别的 PE 管（见第二十章和第二十四章）。

二、铝合金管

铝合金管常安装在地表、并需要人工或机器（例如中心支轴式喷灌系统）不断转移

（移动式）的农业灌溉系统。铝合金管适用于这些应用场合，是因为其重量轻、强度高、刚度好。铝合金灌溉管可采用挤压（合金 6063）和辊压成型、焊接（裸包铝合金 3004）和 5050 管冷拔无缝管。这些合金重量轻、强度高。对于移动式和固定铺设的铝合金管灌溉系统，采用标准壁厚铝合金管。对于滚移式喷灌机，采用厚壁铝合金管（见第二十一章）。因为这种厚壁管被用作车轮轴，所以必须能够承受作用在它上面的扭矩。标准壁厚管的名义长度为 6m、9m 和 12m，直径为 50～250mm。许多标准壁厚管两端加厚，以提高防压瘪性能，并增加固设管道接头的强度。虽然也可采用其他长度，但大部分厚壁管的长度为 12m。美国材料实验协会（ASTM）的 B241 规定了合金无缝管和无缝挤压管的规格；美国材料实验协会的 B313 规定了合金焊接管的规格。在标准 ASABE S263.2《铝合金灌溉管最低标准》中，提供了铝合金管的更多信息。

三、钢管

钢管不常用于直接地埋，而是用作从泵站到地埋塑料管之间的过渡管。钢的比重大、价格高，但能够焊接和制作螺纹。重要的是，灌溉工作者应了解钢管的特性，并知道在什么情况下使用它。

灌溉系统中最常用的钢管是 SCH40。这种钢管的外径与 PVC 管、PE 管等其他所有 SCH40 管的外径尺寸相同。由于钢比塑料的强度高，所以水锤和压力波动问题不大，并且流速可以更高些。一般钢管的流速限制为不大于 2.3m/s。钢管的压力级别根据明细表级别变化而变化；同 PVC SCH 管一样，压力级别随着尺寸的增加而降低。

所有的钢管都不可能是单纯的钢。镀锌钢管、铸铁管和球墨铸铁管都可在灌溉系统中应用。镀锌钢管是中心支轴式灌溉机的常用管道。

四、球墨铸铁管（DIP）

DIP 常用于供水和废水行业，但由于成本原因，在灌溉中应用有限。DIP 相对于同样壁厚的管道而言强度高，所以通常用于抗挤压性能很重要的场合（例如穿越道路）。符合标准 ASTM 234 要求、直径为 80～300mm 的 DIP 的压力级别为 2415kPa。更大尺寸的 DIP 压力级别可为 1725kPa、2070kPa 和 2415kPa。DIP 比重大、价格高。

五、石棉水泥管

虽然石棉水泥管已不再用于灌溉系统，但从业者可能会在管道改造工程中遇到。可采用带有特殊密封圈的修复用接头，将石棉水泥管与较新的材料相连。切割、处置石棉水泥管可能会向空气中排放石棉颗粒，这会引起健康风险，并由美国环境保护局（EPA）监管。从地面拆除管道必须按照环境保护法规处理。目前常见的做法是把管道遗弃在适当位置，不动它。石棉水泥管采用 OD 控制，压力级别只有 1035kPa。

六、管件

许多管道与内置于管中的接头一起制作（例如 PVC 管道上的粘接接头或弹性密封圈接头，以及钢管两端的螺纹接口）。一般来说，这些内置连接装置是强度最高、最可靠耐用、最便宜的管道连接方式。仅采用一体式接头，不可能建造一套完整的输配水系统，甚至不能敷设出一条管道；敷设管道必将需要添加一些专用管件。管件是任何灌溉系统安装的重要组成部分。一个管件失灵，会导致管道系统失灵，并使灌溉系统无法运行。管件是特殊部件，可以方便地将类似和不同的管道连接、改变管道的铺设方向、生成支管出水口等。它们还可用于阀门、水泵和传感器的连接。在许多情况下，相同的连接方法（例如 PVC 管上的粘接管件）可用于支管出水口以及管网中其他组件的连接。阀门和三通不可能采用插入式连接技术，需要采用别的管件。一个典型的例子是采用钢或球墨铸铁鞍座。

在可能的情况下，应避免将不同材料连接在一起，这将导致管件之间产生介电反应。否则，应使用牺牲阴极。不是所有金属都相互兼容，水可能起到反应催化剂的作用。例如，采用镀锌钢螺纹接头把黄铜电动阀与黄铜闸阀连接，螺纹接头会变薄，直到断裂。铝和铜混合在一起时可引发同样情况。

与一体化设计概念相一致，管件特性应与管道材质相适应。可以看出，许多管件类型（例如鞍座）适合多种管道材质，而其他类型仅适用于一种管道材质。有许多类型管件采用多种不同材质制造。这些材质包括 PVC、尼龙、钢、球墨铸铁、铸铁、铜、黄铜、环氧涂层钢和不锈钢。SCH40、SCH80、Class900 和 Class905 管件只适用于 PVC 管道。弹性密封圈、粘接、螺纹、沟槽、卡箍（Victaulic™）、机械连接式管件和连接方式适用于各种类型的管道。

既然有这么多类型的管件可以采用，那么对于一定类型的灌溉系统如何确定最佳管件呢？管件选择主要取决于两个因素：管道类型和灌溉系统类型。如果是 PVC 管，可采用不同类型的 PVC、球墨铸铁和钢管件。如果是 PE 管，可采用插入式管件或预制的对接熔接管件。应根据管道材质确定可能采用的不同类型管件，尤其是在需要更高强度管件的情况下。例如，球墨铸铁管件可用于 PVC 管，但 PVC 管件不太可能用于球墨铸铁管。

从压力和使用的角度看，系统类型会对管件产生影响。系统运行压力越高，管件的强度应该越高。越是管理混乱的系统，压力波动的可能性越大，管件应更经久耐用。例如，在小型庭院灌溉系统中，干管通常采用 SCH40 PVC 粘接管件；PE 支管采用插入式 PVC 或尼龙管件；铜管采用螺纹或焊接式接头。对微灌来说，最常见的是锁紧式、插入式类型 PVC 管件或尼龙管件。

较大的 PVC 管道灌溉系统采用 SCH40 粘接或弹性密封圈管件，并在所有螺纹连接处采用 SCH80 管件。特殊情况下，可能采用 SCH80 PVC 管件。管道尺寸大于 50mm（2in）的运动场灌溉系统，可能采用弹性密封圈 PVC 管件、SCH80 PVC 铰接接头，并可能在快速取水阀上采用黄铜铰接接头。在这类灌溉系统的安装中，球墨铸铁和环氧涂层钢管件也很常见。

PVC 管件很像 PVC 管，并且 PVC 管道系统使用的大多数管件都采用注塑成型。它们可能采用 SCH40，也可能采用 SCH80。PVC 管件没有压力级别，并且不能承受高压，尤其是螺纹管件（见表 9-1）。采用 PVC 胶接剂和预处理剂将 PVC 管件与管道粘接，或采用螺纹连接。另一种方法是用弹性密封圈连接。虽然弹性密封圈管件也没有压力级别，但一些制造厂经测试认为它们的标准压力约为 1380kPa。弹性密封圈管件需要镇墩使其定位，并能适应 PVC 管的膨胀和收缩。粘接管件在膨胀和收缩过程中不能"缓冲"。由于材料和树脂很复杂，所以 PVC 管件和 PVC 管的胀缩系数可能并不相同，这点十分重要。这是选择管件时应考虑的一个重要因素。

表 9 - 1　　　　　　　　　　　　PVC 管件标准中的含义及应用

公称尺寸 /in	SCH40				SCH80			
	管道	粘接接头		螺纹接头	管道	粘接接头		螺纹接头
	工作压力 /psi	工作压力 /psi	爆破压力 /psi	工作压力 /psi	工作压力 /psi	工作压力 /psi	爆破压力 /psi	工作压力 /psi
$\frac{1}{2}$	596	358	1910	179	848	509	2720	254
$\frac{3}{4}$	482	289	1540	144	688	413	2200	206
1	450	270	1440	135	630	378	2020	189
$1\frac{1}{2}$	368	221	1180	110	520	312	1660	156
1	330	198	1060	99	471	282	1510	141
2	304	182	970	91	425	255	1360	127
$2\frac{1}{2}$	277	166	890	83	404	243	1290	121
3	263	158	840	79	375	225	1200	112
3	240	144	770	72	345	207	1110	103
4	222	133	710	66	325	194	1040	97
5	195	117	620	58	289	173	930	86
6	177	106	560	53	279	167	890	83
8	155	93	500	46	246	148	790	—
10	141	84	450	—	234	140	750	—
12	132	79	420	—	228	137	730	—

注　1. 信息来源为一个或多个制造厂使用的无正式文件指导准则。
　　2. 仅用作一般指南。实际许用工作压力可能会随田间条件不同而大幅度变化。

粘接和弹性密封圈这两种 PVC 管件也可用于 PIP 管。粘接管件可采用额定压力 345kPa、552kPa、690kPa 和 863kPa，而弹性密封圈 PIP 管件则按额定压力 552kPa、690kPa 和 863kPa 制造。与 IPS 管件一样，PIP 管件采用外径控制，与采用外径控制的管道相匹配。PIP 管件也可用于 PVC 沟灌闸管（额定压力 152kPa 弹性密封圈管件）和"PIP 100 英尺水头"黏接管件。

环氧树脂涂层钢管件是具有经烘烤的环氧树脂涂层的钢管件。涂层可防止管件内的钢材因长期安放在地面而产生锈蚀和损伤。环氧树脂涂层钢管件强度高，可承受比 SCH40 粘接管件或弹性密封圈管件更高的压力，但价格较高。环氧树脂涂层钢管件通常用于农业灌溉系统中连接给水栓的主管道立管。球墨铸铁管件可采用弹性密封圈或机械式接头（螺栓连接）。球墨铸铁管件具有比 PVC、环氧树脂涂层钢等传统材料管件更高的强度。球墨铸铁管件比相同尺寸的 PVC 管件或环氧树脂涂层钢管件价格更高。

人们已经对灌溉系统用管件进行了许多研究。研究表明，由于灌溉系统具有周期性运行的特征，所以管件尤其是三通和弯头很容易开裂。为了提高管件强度和灌溉系统使用寿命，当管道尺寸大于 65mm 或 80mm 时，在管道系统中所有改变方向的部位，许多咨询公司和承包商更喜欢指定安装诸如球墨铸铁管件这类强度更高的管件。

带有螺纹的短管，也称为螺纹接头，用于连接灌溉系统中其他带有螺纹接口的部件。许多产品都可采用，但 SCH80 PVC、球墨铸铁应符合标准 ASTM A536 规定；常用 SCH40 钢和挤压黄铜（联邦规范 WW－P－315）。这些管件都可在两端制出螺纹（TBE）。钢制接头通常要进行镀锌处理。SCH80 PVC 接头可做成一端为 TOE 螺纹，另一端为光管，以便于与其他 PVC 管或管件连接。

（一）球墨铸铁管件

采用深承口和弹性密封圈的推入式球墨铸铁管件，被广泛认可作为大尺寸管道、高运行压力灌溉系统的标准管件类型。球墨铸铁管件的典型额定压力为 2413kPa，拉伸强度为 413700kPa。它们是专为铁管尺寸系列 PVC 管道设计的。利用两个或两个以上卡子作为机械限位装置的专用连接系统，可用于连接不同的管件、阀门和变径管。这些管件的尺寸范围为 40～300mm 或更大。球墨铸铁出水口接头或三通可与不大于 80mm 的螺纹管件连接。分水口三通的出水口通常采用铁管内螺纹（FIPT），但更小尺寸出水口可能采用英制梯形螺纹（ACME）。一些需要做维修服务的部位可采用特殊的弹性密封圈或弹性密封圈／旋转接头，最典型的是干管与阀门之间的连接替代传统的螺纹管件。因为某些螺纹管件会因锥形螺纹的损坏性楔效应在连接点处产生环向应力，所以在管道系统中应尽可能不采用螺纹管件。螺纹连接也容易出现泄漏，并且可能很难与支管完全对齐。球墨铸铁管件承口和密封装置应符合美国材料实验协会标准 ASTM A536 和 ASTM F477 的规定。

球墨铸铁机械式接头管件适用于直径不小于 350mm 的大口径管道。这类管件包括一种具有浅承口的 Class350 球墨铸铁管件。这种管件具有宽松的弹性密封圈和带有螺栓的定位压盖，当采用适当扭矩的扳手拧紧螺栓时，就会与管道产生压紧连接。不同的弹性密封圈分别适用于铁管尺寸系列 PVC 管、球墨铸铁管或铸铁管。螺栓采用高强度低合金钢制造。有许多与弹性密封圈管件结构类似的机械连接式管件。

（二）PVC 管件

额定压力为 1379kPa 的注塑成型推入式 PVC 弹性密封圈管件，通常用于低压灌溉系统或较小（40～50mm）的管道。弹性密封圈 PVC 管件尺寸可达到 200mm，并具有类似于球墨铸铁管件的多种结构形式。

螺纹和黏接 PVC 管件适用于连接管道、阀门和其他灌溉用部件。这种管件通常可作为 SCH40 或 SCH80 管件，具有比 SCH80 产品更大的壁厚。黏接管件不符合标准压力等级。由于这是灌溉系统中最薄弱的环节之一（见表 9－1），所以应特别注意确定适当的管件。这种材料采用预处理剂（管道清洗剂）和黏接溶剂连接。虽然这种管件的可用尺寸范围很广（12～300mm），但 PVC 黏接管件通常仅用于尺寸不大于 65mm 的管件。

SCH40 和 SCH80 PVC 管件都采用与 PVC 管道相同的单元分类 12454－B PVC 材料

制造，并符合美国材料实验协会标准 ASTM D1784 中规定的相同材料分类要求。SCH80 螺纹管件符合美国材料实验协会标准 ASTM D2464，而承插式则由美国材料实验协会标准 ASTM D2467 作出规定。对于 SCH40 管件，不管是螺纹还是承插式，都应符合美国材料实验协会标准 ASTM D2466 规定。

（三）高密度聚乙烯管件

不大于 50mm 的较小 HDPE 管采用插入式（倒刺）管件和金属卡箍连接。该类管件采用金属（铝、钢、铜）、尼龙或 PVC 制造。卡箍为夹子式、狗耳型或蜗轮式。最常见的卡箍采用钢带制成。有些卡箍带材料采用具有一定等级的不锈钢。如果卡箍带上有紧固螺钉，则不管卡箍带材料是不是不锈钢，螺钉材料通常都采用不锈钢。锁紧式接头也可用于 PE 管道，并且常见于微灌系统，但在园林喷灌系统中不常见。但是，锁紧式接头可用作较大管道系统分水口三通以及改变方向的管件。

HDPE 管件可以装配或注塑成型。和 PVC 管件一样，可有数百种结构形式。它们可以是法兰连接、熔接或锁紧式。对于较大尺寸管件，可以根据所需的压力等级定制，或采用玻璃纤维增强。装配管件必须具有与所使用管道相同或更高的压力等级。

（四）鞍座

可代替分水口三通或分水口接头的另一种管件是鞍座。它们经常用来为新的或现有管道提供快速连接，并且它们的成本低于分水口三通，尤其是直径大于等于 150mm 的较大尺寸管道。它们可采用包括 PVC 和铸铁在内的许多种材料制造。出水口有许多种尺寸，并具有常用的 FIPT。鞍座可用于大多数管道材料。必须知道管道的具体外径，这样鞍座壳体、弹性密封圈和夹板才能与管道完全一致。

弹性密封圈位于鞍座壳体上边那一瓣的下面。弹性密封圈的中心应对准在管道上钻出的出水口中心，并在鞍座螺栓或夹板适当紧固后产生密封。鞍座壳体、夹板、垫圈和螺母应采用耐腐蚀材料。HDPE 管道专用鞍座应采用弹性密封材料和弹簧级不锈钢垫圈。这种鞍座用以抵消 HDPE 的热胀冷缩，并在压力变化时保持密封。

所用鞍座类型都随着管道尺寸和压力等级变化而变化。为了将鞍座紧密地连接在管道上的适当位置，鞍座必须根据具体管道尺寸或非常接近管道外径的尺寸制造。同时需要弄清分水口的尺寸和类型。鞍座材料有塑料和金属（球墨铸铁、钢和黄铜）两种。

鞍座常用于 PE 管道，并且可与管道熔接，更常用的是采用螺栓连接的标准型鞍座。

（五）铝合金管件

虽然鞍座也可能采用弹性密封圈，但铝合金管件更常用。用于铝合金管的连接器或接头包括铝合金管件和钢管件两种。承口接头采用螺栓连接、焊接和压入法与管道连接。承口接头类型包括闩锁式、钟式、环锁（Ringlock™）式和手柄式。所有接头都是利用橡胶圈或弹性密封圈在系统有压力时膨胀进行密封。钟式接头还采用与橡胶密封圈配合的钢制弹簧。插口接头采用螺栓或焊接在管道上。与其他管件一样，铝合金管件和管道通常分别由不同的制造厂制造。

（六）其他管件

螺纹管件常用于钢管。PVC、PE 等其他管材可以利用转换管件或接头转换为螺纹连接。这种转接接头有内螺纹也有外螺纹，以便与相应的端头连接。

　　机械式连接管件是铁制管件，采用配有螺栓的标准套圈与管道系统连接。这种类型的管件最好采用扭矩扳手安装，并且常用于直径大于等于300mm的管道。

　　有些管路系统采用沟槽式连接，例如，Ringlock™式适用于铝合金管，卡箍（Victaulic™）式适用于钢管。

　　许多不同的管件材料也可作为修复用的接头。在技术层面上，它们仍然是管件，仅仅是为了修复将一段管道切断而重新连接的接头。黏结、弹性密封圈和球墨铸铁维修接头是灌溉系统维护备件清单中的常用备件。

七、喷头支撑机构

　　喷头支撑对任何灌溉系统的设计和安装都十分重要。另外，管道和喷头之间的连接形式可能是灌溉系统设计和安装中的薄弱环节。

　　如果管道与喷头之间采用接头直接相连，则喷头吸收的任何重力就直接传递给了下面的管件。这将使三通或弯头承受重力，时间久了可能会出现破裂，从而导致系统泄漏。随后的修复需要的开挖量大、劳动强度高。这样的维修费用可能相当高。因此，管道与喷头的连接必须能够承受超过它们的重量；或者，如果系统发生故障，发生故障的位置应更便于修复。

　　铰接接头是解决这个问题的有效方法，并已在高尔夫球场和运动场等大型草坪灌溉系统中应用了许多年。在19世纪60—70年代，铰接接头通常采用SCH40镀锌钢制造，并由3个90°弯头（常用内外接弯头）、弯头之间的短接头以及根据沟槽深度确定的支撑喷头所需的一段长接管组成。铰接接头允许喷头上下移动，围绕连接管件旋转一小段距离，并且不把力直接传递给下面的管道。随着铰接接头的应用，大部分重力转移问题得以解决。但是，镀锌钢铰接接头自身有一些小问题。为保持铰接接头不漏水，即使采用了某种类型的复合螺纹，仍然需要保持螺纹管件严密。然而，密封性限制了铰接接头应具有的运动。经过一段时间后，镀锌钢铰接接头生锈并磨损，磨损的颗粒会进入灌溉系统。

　　19世纪80年代中期研制出了适用于较大型喷头的PVC铰接接头。承包商推出螺纹和粘接相结合的具有3个PVC弯头和一段PVC管的铰接接头。这种形式已被证明会带来灾难性的后果，许多灌溉系统的铰接接头发生故障。之后，研制出具有O形圈的弯头，有助于防止接头泄漏，同时保持接头自由活动。这种铰接接头是一个进步，但价格比镀锌钢铰接接头高。PVC铰接接头的研制持续进行，如今已研制出具有双O形圈连接以及梯形或锯齿形螺纹的铰接接头，并在工厂组装、交货。不同的立管长度可适应不同的管道埋设深度。PVC铰接接头也可具有5个弯头，以提高柔韧性和活动性。铰接接头的压力等级存在争议。一些制造厂提供的压力测试结果中额定压力通常为1035～2710kPa。黄铜接头和青铜管件常用于快速取水阀的铰接接头。

　　同时也研制出了适用于较小型（15mm和20mm）喷头的铰接接头。一些具有3个弯头，而另一些具有4个弯头。但是，对于庭院和园林灌溉系统，与仍在一些场合应用的SCH80 PVC接头或塑料截止接头相比，这种PVC铰接接头的价格偏高。

　　挠性管，也称为秋千管或"奇异管"，是适用于小型喷头的抗弯折厚壁PE软管。挠性管类似于铰接接头，但价格低得多。喷头用的挠性管组件通常由一根直径约为15mm

的短管和 2 个具有螺纹的弯头组成，一个弯头螺纹拧入喷头，另一个弯头螺纹拧入管件。为保证连接的柔韧性，建议短管长度不小于 150mm。由于挠性管的摩阻损失较大，所以建议短管长度不大于 450mm。这种管道的柔韧性可使安装人员将喷头设置在靠近篱笆、墙壁等面积紧窄的地方。在紧窄的地方，如果将喷头直接安装在管道上面，就不能用机械开挖铺设管道的沟槽，只能用人工。

进水口直径为 15mm 和 20mm 的喷头常用的挠性管组件采用 2 个尼龙或 PVC 螺纹弯头和一根长度为 150～450mm 的柔性 PE 管。这种组件可以成套购买，也可以现场组装。虽然有些制造厂生产柔性 PE 管用的三通和连接件，但柔性 PE 管所用的材料不是管道材料。柔性 PE 管材料的额定压力通常仅为 552kPa，所以只能用于压力远远低于552kPa 的场合。当通过管道的流量为 20L/min 时，摩擦损失约为 0.32kPa/m 或320kPa/100m。摩擦损失偏大也限制了安装在柔性管上的喷头尺寸。大多数工程设计人员将柔性管所能支撑的喷头流量限制在 30L/min。对流量大于 30L/min 的喷头，应采用一体式 PVC 铰接接头。

喷头安装在地上时，需要安装在一根材料为 SCH40 或 SCH80 的塑料、铜、镀锌钢、铝合金或粘接硬质 PVC 的刚性立管上，有时也采用柔性 PE 管接头。虽然在许多园林灌溉系统中都能看到，但这种安装形式十分危险，安装承包商和业主都有重大责任。有人被立管绊倒或坠落在立管上的事故，已经引发了多起众所周知的灌溉系统诉讼案件，因此它们的使用量已大大减少。对于这类灌溉系统，更好的解决方案通常是采用高升降式喷头或滴灌系统。喷头可以采用截止接头或硬 PVC 接头支撑，但安装更困难，并容易损坏。一体式铰接接头和柔性管组件支撑效果更好，并且业主的长期成本较低。选择喷头支撑机构时，必须考虑它们适用的压力等级和流量。

农业灌溉系统通常采用刚性立管支撑喷头，并对作物冠层进行清洗。另外，可能会采用插杆支撑喷头，并保留一根柔性立管。立管尺寸通常等于或大于喷头尺寸，直径为 15～32mm 的立管适用于中小型喷头，直径等于或大于 50mm 的立管适用于较大的喷枪。根据种植的作物，立管高度可为 150mm～6m。所选立管的材料取决于喷头流量以及所需立管的直径和长度。微灌系统中采用不同类型的塑料插杆支撑旋转式微喷头及其他灌水器。

第二节　系统隔离阀

隔离阀用于从泵站或取水点起，将灌溉管道分成更小、更实用的若干部分。它们被设置在整个系统中，以隔离干管的一部分，以及分干管、支管，甚至于系统中的单个部件。

一、法兰接口隔离阀

球墨铸铁闸阀用于直径为 80mm 及以上的干管。这些阀门的大小与安装它们的管道相同。这种阀门必须是最低额定压力 1724kPa 的高压系统中的高质量产品。美国自来水厂协会（AWWA）现行标准 AWWA C509 对弹性阀座闸阀进行了规范。因为 C509 闸阀采用环氧树脂涂层，所以可直接埋地。执行操作需要一个与阀门箱和箱盖一致的套筒。

套筒可以伸到 50mm 的方形操作螺母上。这种阀门有许多种接口形式，包括铁管尺寸系列推入式钟形接口、法兰接口、机械式接头，以及两种接口方式的组合。安装的阀门，需要采用镇墩或适当的机械装置进行约束。

也可采用机动闸阀或蝶阀。蝶阀具有不同的压力等级，尺寸较大的采用法兰连接，尺寸较小的采用螺纹连接。蝶阀可以利用执行机构自动运行，也可利用调节用的锁紧手柄手动操作。

二、螺纹接口隔离阀

这些较小的阀门在整个灌溉系统中都有应用，阀门尺寸为 40～80mm。它们通常安装在尺寸相同的管道上。不同类型的阀门包括闸阀、球阀、截止阀和手动角阀等。每一种类型的阀门都有自己的特性或特征。接口螺纹分美制管螺纹（NPT）和英制管螺纹（BSP）两种。正确选择阀门需考虑的因素包括使用的频繁程度、水质、工作压力、接口类型和维护方便性。阀体和阀盖通常采用铸造青铜制造。与黄铜相比，青铜的含铜量较高，且含锌量较低。青铜阀门非常耐点蚀，因而不易被腐蚀。青铜阀门应符合（美国材料实验协会）标准 ASTM B-62 对青铜成分的要求，并符合（美国制造商标准化协会）标准 MSS-SP-80 对青铜阀门的要求。对于无冲击冷水、油或天然气高压系统，阀门应具有 200 WOG 的最低额定压力。

PVC 球阀也常用于较小型的草坪灌溉系统和农业灌溉，尤其是滴灌系统。根据其结构，这种类型的阀门开始生产 SCH40、SCH80 和钢加固等各种各样的等级。有些阀门采用聚四氟乙烯密封。球阀可能是 3/4 通道或全通道，全通道的开口尺寸与管道相同。由于球阀转动 1/4 圈的执行机构可能会引起水锤，所以很难在较高压力的系统中见到大型（大于 100mm）的球阀。

三、特种阀门

下面介绍四种类型特种阀门。它们分别是止回阀、压力调节阀、流量阀和空气阀/真空释放阀。

（一）止回阀

止回阀用于在管道系统中防止水产生两个方向的流动。止回阀使水只能沿预定的方向流动。它们也可用于阻断水（例如，保持管道充满水，不被排空）。止回阀常见于环状管网系统，例如，在环的一侧想把水输送到山上，但又不允许从环的另一侧返回到山下。可根据止回阀的内部止回机构类型来描述其特征，包括旋启式、蝶式、球式和旋轴式等。它们可采用螺纹接口或法兰接口。

（二）压力调节阀

压力调节阀可随时将阀下游的压力调节到设定值。某些情况下，这样做是为了得到确定的流量范围。压力调节阀用于控制管道系统中的压力。压力调节可能需要防止海拔高度明显变化时管道内出现过高压力，有助于保证喷头获得适当的设计压力，简便地控制整个管道系统中各个位置的压力。压力调节阀需要上游和下游之间的压力差至少约为 69kPa 才能正常运行。压力调节阀具有多种不同的尺寸、压力范围和类型。

（三）流量调节阀

流量调节阀调节的是阀下游某一点的水流，而不是压力。也就是说，阀门只允许设定的水流通过它。流量阀用于输出设定的水量，例如向水池里充水。它们也可用于环状管网系统，控制流经环状管网一侧并返回到管道系统中的水量。它们通常用于需要对特定参数进行水力计算的相互连接的大型管道系统。由于根据不同的阀门尺寸，阀门孔板位于远离阀体一段规定距离的位置，所以这种阀门可能需要占据很大的空间。

（四）空气/真空释放阀

当发生管道破裂或系统突然失压故障时，空气/真空释放阀可使空气进入主管道，以防止出现真空而将管道吸瘪。它们也可控制从管道中排出空气的速度。一旦空气进入管道（破裂的管道得以修复或重新建立压力时），必须在空气被压缩并造成管件或喷头损坏前，将空气从管道中排出。

由于空气可以压缩，所以管道内可能会出现比系统工作压力更高的压力。管道中的空气也会使管道的过流能力减小。当只能通过喷头的喷嘴将空气从系统中排出时，喷头的水量分布图将会受到干扰。另外，当管道中的气穴破裂或空气被排出时，管道中的水流速度会迅速增加，以填补因空气被排出而留下的空隙。

空气/真空释放阀有多种类型。大面积草坪灌溉系统最常用的类型是连续动作空气/真空释放阀组合。管道系统充水时，这种阀门可排出大量空气。灌溉系统运行中，虽然空气阀处于压力下，但仍能排除少量空气。反之，如果管道发生故障或破裂，空气阀可使大量空气进入管道系统，防止管道被吸瘪或碎屑进入管道。空气阀的安装应正确，保证空气能经由阀门顺利进入和排出。因此，安装在地下的空气阀应安装在箱盖上带有孔的阀门箱里。从空气阀排出的空气应通过管道排送，以免造成设备损坏和人身伤害。

农业灌溉系统也采用空气/真空释放阀。在一些农业灌溉系统中，通常采用塑料制造的阀门，而不采用某些价格高很多的钢和不锈钢空气/真空释放阀组合。

第三节 镇 墩

给灌溉管道系统设置适当镇墩，有助于防止管道系统发生故障。许多镇墩不是所用的材料不正确就是体积太小。采用承插接口和弹性密封圈的管道系统需要设置镇墩，以防止接头和管件脱开。当管道系统在水平方向或垂直方向发生变化而产生影响时，镇墩可使管道系统在限定范围内伸缩。镇墩应设置在管道铺设方向变化、管道尺寸变化以及装有阀门的位置。

应针对每个管件确定合理的镇墩尺寸。镇墩尺寸应根据管道尺寸、压力、土壤承载能力和管件类型确定。每个镇墩都应针对具体的管件构筑，以便合理抵消作用在镇墩上的力。混凝土应放置在管件的后面。不应将混凝土放置在管件上面和管件两端。镇墩不应对更换或维修管件产生不利影响。混凝土不应覆盖安装在同一沟槽里的电线。

推荐镇墩采用3000psi混凝土混合料。石头、砖、水泥砖和木材不适合做镇墩材料。在软土中，应采用钢棒（例如钢筋）防止镇墩下沉或移动。镇墩应构筑在原状土上。如果镇墩构筑在扰动的土上，会将土壤压实，使镇墩失去作用，并可能将管道拉脱。

关于选用空气/真空释放阀和镇墩适当尺寸的信息，请参见美国国家标准学会/美国农业生物工程师学会标准 ANSI/ASABE 376.2《地埋热塑性塑料灌溉管道的设计、安装和性能（2010）》和自然资源保护服务（NRCS）保护实践标准 430-DD《灌溉水输送（2008）》。这两项标准对适当用 PVC 管安装灌溉系统有关的事项进行了讨论。

第四节　水　　表

在灌溉系统中增装水表，跟踪用水情况，有助于系统的全面管理。在饮用水供应中，通常强制计量。水表有许多种类型，但选择所用水表的具体类型和品牌，最大可能性是由供水当局决定；并且，在某些情况下，水表将由他们提供。

第五节　防回流装置

按照法律规定，安装在饮用水供水系统（包括家庭水井）上的任何灌溉系统都应具有防回流装置。这些设备保护供水系统免受包括生物和化学污染物等在内的多种形式的潜在污染。正确安装的防回流装置，可防止水反向流过该装置并进入饮用水供应系统中。在美国，防止回流是国家标准管道规范（NSPC）（交叉连接）和国际统一管道规范（OPC 和 UPC）等其他规范的一部分。这些规范大致说明了需要在灌溉系统哪个位置安装以及怎样安装防回流装置。然而，并不是所有的市政当局或水务区都遵循某具体规范。地方法规可能比某具体规范更严格，也可能没有该规范严格。

可将最简单类型的防回流装置想象成一个气隙。厨房水池上的水龙头利用了类似于防回流装置那样的气隙。由于水池首先会将水溢出，所以水根本无法回流到水龙头。从龙头水嘴口到水池可能上升到的最高水位之间存在气隙。

灌溉系统的防回流装置稍有不同，因为系统有压力，只有将水排入容器并且用水泵重新给系统加压时，气隙才能起作用。在压力灌溉系统中，必须防止两种类型的回流：背压和倒虹吸。背压是由泵水或高程变化引起的。如果将水储存在管道上方或在压力高于管内压力下，就产生了背压。每英尺海拔高度的背压为 3kPa。水源上方一根 3m 长的水管将产生 30kPa 背压。水泵也会使下游压力高于泵前压力，造成背压。倒虹吸是供水管道中压力低或减小压力造成的，然后水从较高压力点虹吸到较低压力点。例如，一个在552kPa 压力下运行的灌溉系统的对面街道着火了。当消防车接好消防栓并打开车上的增压泵时，街道上供水干管的压力立即降低。正在 552kPa 压力下运行的灌溉系统感觉到了街道上的较低压力。在没有防回流装置的情况下，灌溉系统中所有的水将被虹吸返回到供水干管而用于灭火，或停留在管道里并被输送到居民家里。供水干管破裂将会引起类似破裂发生时压力进入大气的情况。

在南加州大学（USC）的交叉连接控制指南中，对水污染是高危害还是低危害进行了界定。由于施肥可能已通过灌溉系统进行，所以大多数政府当局认为灌溉属于高危害水污染。在某些情况下，草坪或农作物使用的化学品可能进入到灌溉水中，使污染水重新进入供水系统。

大多数防回流装置的安装（特别是较大的系统），需要在当地行政当局登记。有些水供应商要求在施工开始前对设备及其安装予以批准。防回流装置的尺寸应适当。应考虑流速和摩阻损失。防回流装置制造厂建议保持流速不大于 2.3m/s。

一般情况下，灌溉系统采用 4 种类型的防回流装置。这 4 种类型分别为大气真空断路器（AVB）、压力真空断路器（PVB）、双止回阀组合（DCA）和减压装置（RP）。虽然大多数水行政当局具有概述正确使用装置的法律条文，但各种管道规范中仍都含有正确使用和安装的程序。居于正确装置之上的最终权威是当地管道检查员或交叉连接管理人员。大多数行政当局要求防回流装置只能由持有执照的管道工安装。

有人认为 AVB 就是一个昂贵的 90° 弯头，但当正确安装时，它们能提供所需的防回流功能。AVB 应安装在轮灌小区最高点以上至少 150mm 的位置。这里的重要准则是轮灌小区。具有 10 个轮灌小区的系统将需要 10 个 AVB，每个轮灌小区 1 个。AVB 被认为是一种高风险装置，但不可测试。它只能用于防止倒虹吸危害，并且在任何连续 24h 的时段内不能连续承受压力超过 12h。许多安装人员认为，在 AVB 前面安装一个主阀，可以解决 12h 连续工作压力要求的问题。1991 年 NSPC 澄清，明确禁止主阀/ AVB 组合用作防回流系统。

PVB 防回流装置被认为是一种低风险装置，也只能用于防止倒虹吸危害。它是一种可测试的装置，并能每天连续 24h 承受压力。因此，每个供水阀门只需要一个。PVB 必需安装在系统中的最高点以上至少 300mm 的位置。当 PVB 倾倒时，会倾泻出大量水。因此，PVB 应安装在室外或者能够排水的地方。

由于 PVB 和 AVB 不能防止背压危害，所以必需安装在系统或轮灌小区最高点以上的某一点。这些装置安装在最高点以上时，海拔高度不能施加背压。

由于有一些规范不认可 DCA 用于灌溉系统，所以 DCA 不是在所有州或地区都允许用作灌溉系统的防回流装置。DCA 可防止背压和倒虹吸两种危害。它被认为是一种低风险装置，并且可以测试。它的安装要求不高，并可承受连续压力。DCA 是密封的双止回阀装置，倾倒时不会向外倾泄水。因此，它不需要安装在可排水的地方。与 AVB 或 PVB 相比，DCA 的价格相当高，特别是当尺寸较大时。

RP 装置是最昂贵的安全型防回流装置。它可防止背压和倒虹吸两种危害，并且可测试、可承受持续压力、防止高风险危害。在一些州和地方，灌溉系统的防回流装置只允许采用 RP 装置。这种利用减压原理的防回流装置没有安装高度要求，但会在倾倒时排出大量水。另外，它们具有高达 69～104kPa 的摩擦损失，这在某些情况下，可能需要在灌溉系统中安装增压泵，使成本进一步增加。

虽然各州都对灌溉系统的防回流装置做出了规定，但一些州施行这些法律规定的时间比另一些州长。许多管道检查人员不具备正确使用、安装这些装置的知识。长期施行防回流规定的州已将他们的计划扩大为：需要时由美国环保署（EPA）负责防回流装置的安装和测试。他们要求被测装置是可测试型（PVB、DCA 和 RP）。测试规则因权力机构不同而有所不同，但对于灌溉系统，通常是每年一次。对装置进行测试，以确保止回阀和其他部件能正常工作。由于必需能在测试时靠近装置，所以测试规则会影响到设备如何安装。大多数测试规则要求装置高出标准不小于 30cm 并且不大于 1.2m。测试法律要求装置水平安装。许多 DCA 和 RP 装置可竖直安装。根据当地规定，PVB 和 RPA 装置的进水口和出水口应安装闸阀、球阀等开关阀。这些包含在装置上的阀门，是按照规范要求并仅仅用于测试目的，而不被用作系统的隔离阀。另外，这些装置上的测试旋塞仅用于测试，而不得用于过冬准备或用来连接压力表。最后，在寒冷地区，进入冬季准备后，球阀应置于半开半关（手柄位于 45°）状态，以防止冻结。

过去，在运动场、公园、高尔夫球场等许多灌溉工程中，RPA 和 DCA 装置与水表一起安装在低于地面的井或地下室里。现行规范要求将这些设备安装在地上。最初的问题是防止洪水淹没装置而导致的自身交叉连接，但现在则需要更便于设备测试。如果防回流装置安装在地面以下，职业安全与健康管理局（OSHA）通常认为这是密闭空间。OSHA 的密闭空间条例中有许多费时花钱的限制和程序。测试过程中，就需要更加频繁的进入密闭空间。因此，任何一种防回流装置都很少安装在低于地面的井或地下室里。当安装在地面以上时，应根据安装位置，将回流装置安装在一个合适的外罩里，防止有人乱动和破坏。有些地方当局要求外罩能防寒，这就需要外罩具有加温隔热性能。当安装在地面以上并对园林设计师提出挑战时，这些外罩将给园林增添一个新看点。外罩将明显增加系统成本。

一个灌溉系统可能安装为能在两个不同的供水系统下运行，例如饮用水供水系统和池塘供水系统。这种安装所需的防回流装置类型将由当地水行政机构决定。这可能会涉及某种物理分隔。可以制作一段管道，在某个时段将它只安装在一个供水系统中。

通过地下水井向灌溉系统供水，同时也向住宅或建筑物提供饮用水时，灌溉系统上也应安装防回流装置。仍然应该采用相同的安装程序和装置选择方法。许多地方当局还要求，不管地下水井是否供应饮用水，都应安装防回流装置，以更好保护含水层免受污染。

第六节 控 制 阀

口径不大于 80mm 的灌溉电磁阀阀体采用黄铜或塑料制造。较大的控制阀阀体材料有复合材料、青铜、铸钢或球墨铸铁。黄铜阀门本质上比塑料阀门价格高。可供选用的塑料阀门更多，提供塑料阀门的制造厂也比黄铜阀门制造厂多。虽然有些塑料阀门的额定压力为 1380kPa 或更高，但通常情况下这两种类型的阀门压力等级为 1035kPa。

大多数电磁阀的工作电源为 24V 交流（AC）电。一些较旧的阀门和口径大于等于 80mm 的阀门可能采用 120V 直流电磁头。其余的控制阀是在隔膜上施加力或不施加力的液控阀门。不管用于激发阀门的信号是哪种类型，阀门开启和关闭的都是通过液力实现的。电信号在阀门电磁头内产生磁场，使阀芯升起或"拉回"。当阀芯升起时，水从阀门隔膜上部流出，使阀门隔膜上腔的力小于下面的力，于是阀门开启（最好是缓慢开启）。当电信号撤除时，弹簧预紧的阀芯回落到原处，将出水孔覆盖，在隔膜上部形成力。由于隔膜上部的面积大于下部的面积，所以上部较大的力将隔膜向下推，使阀门关闭。

由于阀门通过液力开启和关闭，所以动作不像电信号那样在瞬间发生。阀门开启和关闭的历时，取决于阀门大小、通过阀门的流速和系统工作压力。有些阀门可能快速关闭，而另一些可能非常缓慢。实际上大多数阀门关闭时间非常快。一旦阀门开始关闭，最终完成非常迅速。实际上，在 10% 的时间里关闭了阀门开度的 90%，而在 90% 的时间里关闭了阀门的 10%。图 9-1 是控制阀样品的开启和关闭时间图，图中显示发送电信号关闭阀门的点是 2.5s。实际上该阀大约 8s 开始关闭，在 10.9s 时完全关闭。从发送信号到阀门开始关闭的时间大约是 5.5s。实际上大多数阀门关闭时间发生在最后 1.5s。

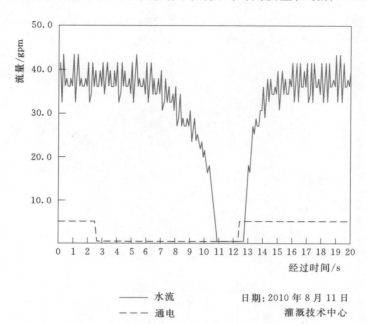

图 9-1　控制阀样品的开启和关闭时间图（取样阀）

由于关闭阀门可能会引起浪涌压力和水锤，所以从灌溉设计的角度看，阀门关闭的时间非常重要。当关闭阀门时，流动的水应该停止，但从某种意义上讲，它实际上跳离了阀门，并试图后退。例如开启和关闭阀门，使速度突然变化，可在管道系统中产生压力波。因此，缓慢开启和关闭阀门可减小压力浪涌。

阀门结构形式可以是角阀或直通（球形）阀。在干管埋设深度大于支管的地方，非常适宜采用角阀。另外，在阀门口径和流量给定的情况下，角阀的摩阻损失小于直通阀。

作为电动控制阀的替代产品，液压阀的启动和运行都采用液力。这些阀门通过控制器和阀门之间的一根小管（例如直径为 8mm），借助减弱压力使水直接流入和流出隔膜。虽然过去因为其具有抗雷击损坏特性而流行，但目前已很少设计或安装液压系统，这是由于电气控制系统的防雷电保护性能已经显著改善。

第七节　设　备　安　装

本章所涵盖材料和设备的安装技术可在第二十六章中找到。

参 考 文 献

ASABE/ANSI Standards. 2010. S376. 2：Design，Installation and Performance of Underground Thermo-plastic Irrigation Pipelines. St. Joseph，Mich. ：ASAE.

Uni - Bell. 2011. *Handbook of PVC Pipe*：*Design and Construction*. 4th ed. Dallas，Tex：Uni - Bell PVC Pipe Assoc.

USDA - NRCS. 2008. Conservation Practice Standard 430 - DD：Irrigation Water Conveyance. Washington，D. C. ：Natural Resources Conservation Service.

第十章 喷头基础知识

作者：Thomas A. Wyat 和
Michael A. Noftle

编译：兰才有

喷头或灌水器是所有灌溉系统的核心部件。精心的选择、适当的喷头间距并在正确压力下运行，将会产生均匀的水量分布，就可能构成高效灌溉系统；而不良选择或不适当的喷头间距，将会造成不经济且运行低效的系统。

本章的目的是为灌溉行业新手介绍注意事项，并供灌溉专业人员参考。本章不打算、也不可能介绍所有型号的喷头类设备及其适当间距的确定，因为技术在不断改进，并且灌溉行业的情况也千差万别。

本章对以下内容进行一般性讨论：园林、高尔夫球场和农业灌溉用喷头的类型；如何为将要灌溉的面积选择最适宜的喷头；以及在设计或安装灌溉系统时，布置喷头应考虑的因素。本章还简要讨论了均匀性和利用率的不同之处，以及怎样正确选择喷头才能使两者都得到改善。

第一节 喷 头 类 型

园林和高尔夫球场行业主要使用 3 种类型的喷头或灌水器：

（1）散射喷头：以不旋转的固定模式喷水的喷头（见图 10-1）。

（2）旋转喷头：以一条或多条水流旋转喷水的喷头（见图 10-2）。

（3）微灌灌水器：流量通常小于 1.9L/min 的滴头、散射喷头、旋转喷头等灌水器（见图 10-3）。

部分农业用的喷头与园林和高尔夫球场行业用的散射喷头、旋转喷头和微灌灌水器的类型相同。虽然种类相同，但在农业中应用的产品和用途通常与园林和高尔夫行业完全不同。几乎所有园林和高尔夫球场用的喷头都连接在固定管道系统上（即灌水作业时喷头位

图 10-1　正在运行的
散射喷头

图 10-2　正在运行的
旋转喷头

图 10-3　正在运行的
微灌灌水器

置固定不动)。在农业中,只有一小部分灌溉系统的喷头位置固定,例如果园和葡萄园的固定式灌溉系统。软管牵引绞盘式喷灌机和中心支轴式喷灌机等许多机械化灌溉系统,在灌水作业时不断移动。还有其他系统,例如滚移式喷灌机和移动管道式灌溉系统,是两种方式的组合。灌水作业时,喷头停留在同一个位置;完成规定灌水量后,可移动到田间的不同位置。农业灌溉人员通常并不关心喷头或灌水器在视觉方面的感受,因此,喷头或灌水器不需要像园林或高尔夫球场中应用的那样,不能出现在视线中。微灌对农业非常重要,事实上,微灌的"根"在农业,园林微灌是在农业微灌的基础上根据园林专业需求改进而来。

第二节　喷　头　材　料

喷头采用许多种不同的材料制造。在园林和高尔夫球场产品市场,广泛采用尼龙、PE 等塑料材料。注塑机制造出各种各样的喷头零部件,这些零部件通常由手工组装。不锈钢、黄铜等金属材料也用于制造喷头和喷嘴。一些金属零部件,例如黄铜喷嘴,需要进行机加工,这增加了产品成本,但也提高了产品耐用性。

注塑成型塑料已成为农业用喷头的主要材料。黄铜和不锈钢仍在摇臂式喷头制造中应用,然而,现在许多摇臂式喷头采用塑料材料。目前,农业用喷头中的大流量或称喷枪型喷头,仍然不采用塑料而是采用特殊金属材料制造,因为该类喷头尺寸大、工作压力高且工作条件特殊。

第三节　园林和高尔夫球场用喷头

园林和高尔夫球场最常用的是散射喷头和旋转喷头的变型。

一、散射喷头

除微灌灌水器外,散射喷头是覆盖面积最小的喷头。为便于讨论,以散射喷头的喷嘴流量可达到 15L/min、并能安装在共用的喷头体上为特征，将其与微灌灌水器相区别。

根据所选择的喷嘴，散射喷头可将水洒布到射程为 4.6m 或更远的地方。通常情况下，喷嘴的射程为 1.5m、2.4m、3m、3.6m 和 4.6m。通过拧动喷头顶部的射程调节螺钉就可以对射程进行调整；或者将一个装置插入喷体内，使流量和/或压力减小，从而减小射程。利用射程调节螺钉或流量限制装置很难实现匹配灌水强度。正如稍后将要讨论的那样，实现匹配灌水强度对提高灌溉系统的灌水均匀性至关重要。灌水强度可定义为水洒布在一定面积上的平均速率。它的单位通常为 mm/h，并可通过以下方式得到：从制造厂产品样本中查取、根据间距和流量采用标准公式计算、通过雨量筒测试等。表 10-1 所示为散射喷头数据示例。

表 10-1 具有可调喷洒扇形角的两种射程喷嘴的射程、流量、灌水强度以及扇形角和压力

喷洒扇形角 /(°)	压力 /psi	射程 3m				射程 4.6m			
		喷洒扇形角 1°~360°可调				喷洒扇形角 1°~360°可调			
		喷射仰角为 15°				喷射仰角为 28°			
		射程 /m	流量 /(L/min)	灌水强度 /(mm/h)		射程 /m	流量 /(L/min)	灌水强度 /(mm/h)	
				正方形布置	正方形布置			正方形布置	三角形布置
45	138	3.0	0.76	39.1	45.2	4.3	1.51	39.9	46.0
	175	3.0	0.76	39.1	45.2	4.7	1.89	43.4	50.3
	207	3.4	1.12	48.5	55.9	4.9	2.23	45.7	52.8
	244	3.4	1.12	48.5	55.9	4.9	2.65	53.6	61.7
	279	3.7	1.12	40.6	47.0	5.2	2.65	47.5	54.6
90	138	3.0	1.51	39.1	45.2	4.3	2.65	35.1	40.4
	175	3.0	1.51	39.1	45.2	4.7	3.41	39.1	45.2
	207	3.4	1.89	40.4	46.7	4.9	3.79	38.1	44.2
	244	3.4	1.89	40.4	46.7	4.9	4.16	41.9	48.5
	279	3.7	1.89	34.0	39.1	5.2	4.54	40.6	47.0
120	138	3.0	1.89	36.6	42.4	4.3	3.41	33.8	38.9
	175	3.0	2.23	43.9	50.8	4.7	4.16	35.8	41.4
	207	3.4	2.23	36.3	41.9	4.9	4.54	34.3	39.6
	244	3.4	2.65	42.4	49.0	4.9	4.92	37.3	42.9
	279	3.7	2.65	35.6	41.1	5.2	5.68	38.1	43.9
180	138	3.0	2.65	34.3	39.6	4.3	5.30	35.1	40.4
	175	3.0	3.03	39.1	45.2	4.7	6.01	34.8	40.1
	207	3.4	3.79	40.4	46.7	4.9	6.81	34.3	39.6
	244	3.4	3.79	40.4	46.7	4.9	7.57	38.1	44.2
	279	3.7	4.54	40.6	47.0	5.2	7.95		

续表

喷洒扇形角/(°)	压力/psi	射程3m				射程4.6m			
		喷洒扇形角1°～360°可调				喷洒扇形角1°～360°可调			
		喷射仰角为15°				喷射仰角为28°			
		射程/m	流量/(L/min)	灌水强度/(mm/h)		射程/m	流量/(L/min)	灌水强度/(mm/h)	
				正方形布置	正方形布置			正方形布置	三角形布置
240	138	3.0	3.79	36.6	42.4	4.3	6.43	31.8	36.8
	175	3.0	4.54	43.9	50.8	4.7	7.19	31.0	35.8
	207	3.4	4.92	39.4	45.5	4.9	7.95	30.0	34.8
	244	3.4	5.30	42.4	49.0	4.9	8.71	33.0	38.1
	279	3.7	6.01	40.6	47.0	5.2	9.46	31.8	36.6
270	138	3.0	4.16	35.8	41.4	4.3	7.57	33.3	38.4
	175	3.0	4.92	42.4	49.0	4.7	8.33	38.4	36.9
	207	3.4	5.68	40.4	46.7	4.9	9.08	30.5	35.3
	244	3.4	6.02	43.2	49.8	4.9	9.84	33.0	38.4
	279	3.7	6.43	38.6	44.4	5.2	10.60	31.5	36.6
360	138	3.0	5.30	34.3	39.6	4.3	11.30	37.3	43.2
	175	3.0	6.02	39.1	45.2	4.7	12.90	36.8	42.7
	207	3.4	7.57	40.4	46.7	4.9	13.60	34.8	39.6
	244	3.4	7.95	42.4	49.0	4.9	15.10	38.1	44.2
	279	3.7	9.08	40.6	47.0	5.2	16.70	37.3	42.9

注 PS型，升降高度100mm，4.6m系列，可调喷洒扇形角。

由于地球上某点的自然降水强度是通过雨量筒实际测量的，所以用雨量筒测试最准确。这个过程是劳动密集型的，通常是在一块面积上遇到问题或需要进行灌溉审验的情况下才进行测试。匹配灌水强度是指喷嘴性能和喷头间距达到了所灌溉面积上的降水量基本相等。

散射喷头喷嘴趋向于具有固定喷洒扇形图，例如1/4圆、1/2圆等，并在规定射程内具有匹配灌水强度。一些制造厂提供的喷嘴在所有射程都具有匹配灌水强度。匹配灌水强度允许将具有不同喷洒扇形图的喷头布置在同一个轮灌组。正如稍后讨论的那样，这种特性使得采用散射喷头和喷嘴比采用旋转喷头更容易保证灌水强度相匹配。散射喷头在目标面积上洒布的水通常没有旋转喷头均匀，这就使实现匹配灌水强度的方便性打了折扣。

一些制造厂生产的喷嘴，其喷洒扇形图可由安装承包商进行调整。这种喷嘴具有与固定喷洒扇形图喷嘴相同的射程结构，但可以调整为任何喷洒扇形图。使用这种喷嘴必须非常小心，因为它们在安装完成后可以打开或关闭。进一步打开喷嘴可能会引起管道中的水流速度问题，而关闭喷嘴可能会造成园林景观或作物损坏。这类喷嘴的优点显而易见，安装人员只需携带不同射程喷嘴，就能应对田间出现的任何情况。此外，现实世界中的园林并不总能适合喷嘴制造厂提供的几何喷洒扇形图（1/4圆、1/3圆、1/2圆等）。使用可调喷洒扇形图喷嘴，有助于最大限度减少向非目标面积越界喷水。

散射喷头的喷体有许多种结构形式。大多数散射喷头具有可从喷体内伸出几英寸的伸缩式立管，通常伸出100～300mm。当施加足够水压力时，喷体里的弹簧被压缩，立管从喷体里升起（见图10-4）。喷嘴连接在立管的顶部，可将水洒布在选择的喷洒扇形图和射程里。当移除水压时，喷头立管借助弹簧的作用缩回。散射喷头内的弹簧是关键部件。它必须具有足够的强度能使立管缩回，并且又细弱到能被水压压缩。散射喷头的另一个关键部件是喷体和立管之间的密封件。运行时，密封件必须能最大限度减少水的泄漏；不运行时，必须能防止污垢进入喷体。密封件结构通常设计为：喷头的每一次开启和/或关闭循环，都能对积聚在立管和密封面之间的杂质进行冲洗。当今的散射喷头的喷体可具有某些节水特性，例如压力调节、防止低水头排水、喷嘴移除自动关断等。

喷头内置压力调节有几种功能。首要功能是减小工作压力变化，将上游的高压减小为符合最佳喷嘴性能的较低压力。喷体内置压力调节的另一个功能是，在管道尺寸稍微偏小或高程明显变化的情况下，有助于保持喷头之间的压力（并且也是水量分布）均衡。压力调节的最后一个功能是，如果拆除喷嘴并且没有安装自动关闭装置，可限制水的流失。压力调节器将因其内部的约束而限制水流失。从非压力调节喷头上将喷嘴拆掉，实际上就是打开了一个浪费水的管口，并可能对作物和土壤造成损害。在喷头底部水压约为170kPa或更低的地方，压力调节的好处不能展现。

散射喷头具有的另一种节水功能是防止低水头排水，通常适用于存在高程差的灌溉区域。实现防止低水头排水，需要借助散射喷头立管底部的小密封圈封住喷体底部。密封圈借助前面描述的缩回弹簧定位。当安装位置最低的喷头与位置最高的喷头之间的高程差不大于2.4～3m时，大多数弹簧和密封圈组合能防止低水头排水。防止低水头排水有三重优点：系统卸压后支管保持满管水，这意味着轮灌时不需要每次向管内充水；排除了最低位置喷头周围的湿地；最大限度降低最低位置喷头周围的病虫害发生率。

最后一种节水功能是喷嘴被拆除时的自动关闭装置。该功能是当喷嘴被拆除时，将水的流失限制到一个小孔，不但能节水，也更易于维护。当该功能用于灌木区域时必须特别小心，因为当喷嘴丢失不明显时看到的是典型的间歇泉。如果喷头的喷洒扇形图不常见，问题的第一个指向可能是要重视作物类型。

当散射喷头中融入了压力调节或自动关闭功能时，必须对安装过程中的系统冲洗问题引起高度重视。碎片很容易积聚在这些装置里，导致喷头失灵。冲洗时，应将密封圈、立管和弹簧组件从喷体中拆下。

另一种类型的散射喷头称为灌木接头。这种喷头是将上述喷嘴安装在一段直径为

图10-4 散射喷头
剖面图

13mm的螺纹管（通常称为立管）的头部。没有弹簧、喷杆或密封圈，因此也就不可能具备上述附加功能。灌木接头通常用于希望将水洒布在作物叶子上的灌木花坛。使用灌木接头的优点是成本很低，缺点是可以看到灌溉组件，并且需要频繁调整高度以满足植物生长或修剪的需求。

二、旋转喷头

旋转喷头常用于较大面积，射程通常为4.6m直至大于30m。旋转喷头的转子具有一条或多条水流，并以某种方式旋转，将水洒布在目标面积上。喷嘴设计成能将水均匀洒布在目标面积上，或者设计成借助相邻喷头的帮助将水均匀洒布在目标面积上。旋转喷头可

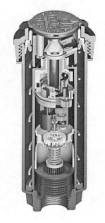

图10-5 封闭壳体
旋转喷头剖面图

能具有比散射喷头更高的水量分布均匀度，但更难做到正确安装，因为可能具有无以计数的喷嘴和喷洒扇形图。

旋转喷头可分为封闭型和开敞型两种类型。封闭壳体旋转喷头包括齿轮驱动式、活塞驱动式和球驱动式喷头；然而，开敞壳体旋转喷头只有摇臂驱动式。

（一）封闭壳体旋转喷头

封闭壳体旋转喷头（见图10-5）通常在园林和高尔夫球场行业应用。它们通常安装在与地面平齐或略低于地面的位置，并且当施加水压时像散射喷头那样向上伸出。制造厂公布的伸出高度通常为100~300mm，但配置实际喷嘴时略低于这个高度。驱动装置封装在喷头向上伸出的那一部分里面，因此它能够避免受到除自身水源中的杂质以外的其他杂质的危害。驱动装置的作用是将水流中的一部分能量转换为旋转运动。对于在封闭壳体旋转喷头市场中占据主导地位的齿轮驱动旋转喷头，这项工作是利用一部分水流的压力和速度使水涡轮转动来完成。这类似于未使用电力以前，在磨坊和工厂里使用的水轮车。水流使水涡轮沿固定方向旋转。又依次驱动齿轮，使转速降低、扭矩增加，并使回转塔（喷头中藏置喷嘴的那一部分）持续旋转。对于换向旋转喷头，可调节的脱扣机构能使回转塔反向转动，将水洒布在目标面积上。由于齿轮驱动喷头的齿轮与回转塔直接相连，所以与其他类型的旋转喷头相比，可能相对脆弱。任何阻止旋转或在反方向施加的力都可能会损坏喷头内的齿轮，导致回转塔不转。制造厂已经在驱动机构内增加了离合器，以防止外力使喷头停止转动或反转时对其造成损害。驱动机构需要润滑，一些喷头由灌溉水本身提供润滑，而另一些则采用在齿轮箱内充油的方式润滑。封闭壳体旋转喷头在洁净水条件下表现最佳。

旋转喷头还具有一些与散射喷头相同的基本特性，特别是弹簧和密封件。关于这些部件的功能，请参阅关于散射喷头的讨论。

（二）开敞壳体旋转喷头

开敞壳体旋转喷头（见图10-6）适用于园林和高尔夫球场，但其用量正在逐渐减少。这类喷头非常可靠，并已经应用了几十年。开敞壳体旋转喷头在脏水或洁净水条件下都表现良好，但它们可能会因泥土或其他杂物阻碍旋转机构，而出现不能缩回的问题。开

敞壳体旋转喷头也是将水的压能和速度能转换成了旋转能。水从喷头底部进入，并从喷嘴口喷出。当摇臂切入水流时，使一部分水流偏离，并将摇臂推离水流。弹簧开始扭紧并储存能量，当弹簧力足够大时，推动摇臂返回水流。储存的能量释放给摇臂，摇臂切入水流，并撞击喷头体桥架，使喷头轻微旋转。通过在相反方向捕获摇臂并使水流偏离来实现喷头反转。根据不同的应用场合，开敞壳体旋转喷头可能配置、也可能不配置用以使喷头缩回的密封圈和弹簧。

图 10-6　5000 maxi-paw
开敞壳体旋转喷头
［雨鸟（Rain Bird）］

（三）旋转喷头的安装

安装任何一种旋转喷头，特别是封闭壳体旋转喷头时，管道系统的冲洗非常重要。大颗粒碎片可能会堵塞和损坏最现代的旋转喷头的齿轮传动系统。安装后应特别小心，特别是在脏水的情况下，应对封闭壳体旋转喷头底部的滤网进行清洗。

旋转喷头的喷嘴设计看上去很简单，实际上非常复杂。孔口直径很容易区分。孔口越大，通过的水越多。当工程师把压力、通过喷嘴的流量等计算在内时，就很容易计算。喷嘴设计的真正科学是水通过喷嘴的方式，是工程师用来实现不同射程和水量分布的考虑因素。喷嘴设计包括水通过喷嘴的角度、喷嘴孔口形状以及被称为稳流器的内部突起物等的设计。稳流器可减少从喷嘴喷出的水流的扰动，增加喷头射程。

（四）喷嘴

采用任何一种旋转喷头，都必须注意喷嘴尺寸与喷头将要覆盖的喷洒扇形图形状之间的匹配问题。例如，一块边长为30m的正方形面积，采用射程为15m的旋转喷头进行灌溉（且不论通过喷嘴的具体流量）。在正方形的每个角安装一个喷洒扇形图调整为1/4圆的旋转喷头，在每条边上安装一个喷洒扇形图调整为半圆的旋转喷头，并在正方形中心安装一个全圆旋转喷头。如果所有旋转喷头都采用相同喷嘴，则半圆喷头喷洒的水将是1/4圆喷头的一半，并且全圆喷头喷洒的水将是1/4圆喷头的1/4。这是因为半圆喷头和全圆喷头所覆盖的面积，分别是1/4圆喷头所覆盖面积2倍和4倍。为了缓解这种状况，1/2圆喷头的流量应加倍，全圆喷头的流量应变为4倍。这样将实现整个区域面积匹配灌水强度。在某些应用场合，例如园林或高尔夫球场（偶尔在草坪上），喷嘴尺寸保持固定，但将喷头按其喷洒扇形图的形状划分轮灌组。例如，将半圆喷头划分为一个轮灌组或一组，运行时间将是全圆喷头运行时间的一半（假定所有其他因素相同）。这是用于将水均匀喷洒在所期望面积上的另一种策略。

应当注意的是，采用旋转喷头很少能达到完全匹配灌水强度。通常情况下，喷嘴流量增加，射程也随之增加（见表10-2）。因为半径增加意味着覆盖面积加大，灌水强度通常会下降。制造厂正努力开发固定射程旋转喷头用的匹配灌水强度喷嘴，但更常见的情况是，安装人员仅限于掌握少量几种喷嘴组合能大体实现匹配灌水强度。当旋转喷头喷嘴尺寸增加时，实现匹配灌水强度的难度也随之增加，最切实可行的选择是上面描述的按喷洒扇形图形状划分轮灌区的方案。

表 10 - 2 旋转喷头喷嘴性能参数表

喷嘴喷洒扇形角	压力/bar	射程/m	流量/(m³/h)	流量/(L/min)	灌水强度/(mm/h) 正方形布置	灌水强度/(mm/h) 三角形布置
1/4圆	1.7	9.8	0.32	5.4	13.4	15.4
	2.4	10.4	0.38	6.6	14.1	16.3
	3.1	10.7	0.44	7.2	15.3	17.7
	3.8	10.7	0.48	7.8	17.0	19.6
	4.5	10.7	0.52	9.0	18.4	21.3
1/3圆	1.7	9.8	0.40	6.6	12.7	14.6
	2.4	10.4	0.49	8.4	13.6	15.8
	3.1	10.7	0.56	9.6	14.7	17.0
	3.8	10.7	0.62	10.2	16.4	18.9
	4.5	10.7	0.68	11.4	17.9	20.7
1/2圆	1.7	9.8	0.62	10.2	13.1	15.2
	2.4	10.4	0.76	12.6	14.1	16.3
	3.1	10.7	0.87	14.4	15.2	17.6
	3.8	10.7	0.96	16.2	16.9	19.5
	4.5	10.7	1.05	17.4	18.4	21.3
全圆	1.7	9.8	1.22	20.4	12.8	14.8
	2.4	10.4	1.50	25.2	14.0	16.2
	3.1	10.7	1.72	28.8	15.1	17.5
	3.8	10.7	1.91	31.8	16.8	19.4
	4.5	10.7	2.09	34.8	18.3	21.2

注 1. 布置间距为喷头喷洒直径的 50%。

2. 性能参数根据美国农业环境工程师协会标准 ASABE S398.1 进行试验。

制造厂将喷嘴设计为，当喷头间距布置合理（例如"头对头"布置）时，能在整个覆盖面积上均匀灌水。选择旋转喷头时，重要的是考虑如何做好喷嘴的水量分布。一种方法是进行雨量筒测试，测量距喷头不同距离的水量。所有信誉良好的制造厂都进行这项测试并公布结果，并且/或者将其产品提交给"加州大学灌溉技术中心"进行独立测试。生成一个称为"单腿图"，用以显示整个喷嘴射程水量分布的图形。表 10 - 3、表 10 - 4 和图 10 - 7 来源于 ASABE（2009）。

表 10 - 3 支持"单腿图"的典型喷头数据

喷头名称	XYZ 喷头	基准压力/psi	50.0
喷头型号		立管高度/in	0.0
喷嘴尺寸	41 号	碎水螺钉设置	
流量/gpm	9.70	喷洒扇形角/(°)	360
试验日期		转速/(r/min)	2.42
试验设备	C. I. T. ＃00191	记录编号	954 - P
备注	喷头由 XYZ 经销商提供		

表 10 - 4		用于"单腿图"的喷头试验数据	
ft	in/h	ft	in/h
2.0	0.407	24.0	0.135
4.0	0.290	26.0	0.130
6.0	0.260	28.0	0.120
8.0	0.265	30.0	0.120
10.0	0.240	32.0	0.115
12.0	0.205	34.0	0.115
14.0	0.190	36.0	0.110
16.0	0.175	38.0	0.110
18.0	0.165	40.0	0.110
20.0	0.150	42.0	0.120
22.0	0.145		

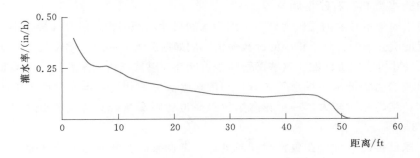

图 10 - 7　水量分布图示例（喷头射程 51ft）

　　用来评价喷嘴性能的另一种工具称为密度曲线图（见图 10 - 8）。这是一种喷嘴覆盖的视觉表示，可利用类似于表 10 - 5 的数据来评估一组喷头的喷嘴性能。

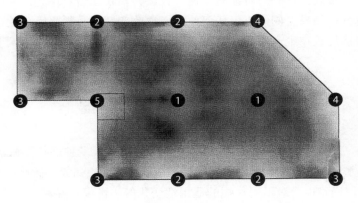

图 10 - 8　密度曲线图示例

表 10 - 5　　　　　　　　　密度曲线图数据示例

序号	喷头名称	喷嘴	压力/PSI	喷洒扇形角/(°)
1	XYZ 喷头	12F	30.0	360
2	XYZ 喷头	12H	30.0	180
3	XYZ 喷头	12Q	30.0	90
4	XYZ 喷头	12T	30.0	120
5	XYZ 喷头	12TQ	30.0	270
水量分布均匀性	0.48	CU（克里斯琴森）	68%	SC（16 ft²）	2.4
最小值/(in/h)	0.084	平均值/(in/h)	1.474	最大值/(in/h)	3.216

特别是当信息来源于独立机构时，这些信息就是选择优质喷头和喷嘴组合的很好的依据。基于喷嘴性能而不是价格而选择喷头是走向良好用水管理的第一步。

和散射喷头一样，旋转喷头也可具有几项可选功能，包括压力调节、防止低水头排水、关断喷头水流和左右停止调节等。

旋转喷头通常不必要内置压力调节，因为水滴尺寸已经很大，风漂移量很小。如果压力差很大，流量就会不同。对于较小的旋转喷头，例如射程 4.6～9m，喷嘴尺寸较小，较高压力下的水滴尺寸可能成为问题。这些旋转喷头可能在喷嘴或喷体内配置压力调节装置。

旋转喷头的防止低水头排水工作方式与散射喷头完全相同；但是，由于喷头进水口的表面积增加，组件相对较大。一个轮灌组内最高位置喷头与最低位置喷头之间的高程差仍然为 2.4～3m。

制造厂家已推出一种可在更换喷嘴或进行轻微调整时关断水流的旋转喷头。该功能可提高维护和安装效率，因为不需要在喷头与阀门或控制器之间来回往返。该功能也可在某一块面积上的人员活动有碍灌水作业时，将喷头关闭。关闭一块面积上的一个或一组喷头，轮灌组内剩余的喷头仍可继续工作，不受活动影响。

大部分换向旋转喷头都设计为喷洒扇形角一侧固定，另一侧可以调整。如果旋转喷头为固定左侧停止，安装人员必需对准喷体逆时针旋转，在左边界停止。顺时针旋转停止可在现场条件下进行。如果左侧停止因任何原因必须改变，则必须将喷头挖出并转到新的覆盖范围。目前制造厂正在生产的旋转喷头，都同时具备左侧和右侧停止调节功能，使调整更加简单易行。

第四节　微灌灌水器

微灌灌水器，通常称为滴头或低量灌水器，其结构形式多种多样。微灌的潜在优势很多，例如精准灌水、均匀度高、蒸发少、能耗低和减少叶面疾病等。微灌也有缺点，例如增加过滤要求、维修困难以及对不同作物的适用性变化等。微灌产品种类繁多，应用很复杂。鉴于这方面的原因，这个问题在其他章（第十一章、第二十章、第二十二章和第二十四章）进行了深入讨论，但在此处提出，笔者认可其在几乎所有灌溉行业的应用和适应性。

第五节 农业用喷头

农业用喷头一般分为旋转喷头以及固定和转盘喷头两大类（不含微灌灌水器），(Sneed，2010；King 等，1997)。

一、旋转喷头

旋转喷头具有许多不同的结构形式。可归为旋转喷头的大多数喷头通常分为两种类型：摇臂驱动喷头和更现代的组合型喷头（旋翼喷头）。

（一）摇臂喷头

最易于识别的旋转喷头是摇臂喷头。摇臂喷头有许多规格型号，进水口尺寸为 13～38mm，流量范围为 2～280L/min，有效射程为 7～30m，工作压力范围为 140～690kPa。传统的摇臂喷头完全采用黄铜制造。随着时间推移，开始采用其他金属和塑料以降低成本。不管喷体采用何种材料，喷嘴本身通常采用黄铜。这些喷头可设计为单喷嘴和双喷嘴（见图 10 - 9）。喷射仰角可以选择，低仰角喷头用于果园，可布置在树枝和树叶下面，以减小干扰。常规喷射仰角为 10°～27°。假定喷嘴压力不变，喷头射程随着喷射仰角的增加而增大。高喷射仰角更易受到风的影响。因此，在大风条件下，即使射程有所减小，也应选择较小的喷射仰角。这些喷头常用作固定喷灌系统、中心支轴式喷灌机、滚移式喷灌机、绞盘式喷灌机、防霜冻和移动管道式喷灌系统的灌水器。一些摇臂喷头的其他可选功能包括流量控制喷嘴、增加射程的稳流器、反转换向机构以及各式各样的摇臂结构。

更大的喷头通常称为高压大流量喷头或大型喷枪喷头（见图 10 - 10）。这些喷头的进水口尺寸通常为 38～100mm。与流量范围 95～4500L/min 和射程 23～90m 相对应的工作压力范围为 345～690kPa。它们的喷射仰角为 12°～43°。有些喷头具有可调喷射仰角装置。喷嘴可以是圆环形、圆锥形或锥环形。通常情况下，圆锥形孔口的射程最远，而圆环形喷嘴的射程最小。大型喷枪喷头一般用于固定喷灌系统、软管牵引绞盘式喷灌机、中心支轴式喷灌机末端喷头以及除尘和废水处理等场合。由于这些喷头所需压力高于大多数中心支轴式喷灌机的喷嘴，所以常常需要在中心支轴式喷灌机管道末端配置增压泵，以保证这些大型喷枪喷头正常运行。这些喷头有许多备选的功能和配置，例如压力调节阀、快速

图 10 - 9　典型的双喷嘴
黄铜摇臂喷头

图 10 - 10　大型喷枪喷头

接头阀和反转换向机构。大型喷枪喷头产生相当大的推力，要求设备或立管具有特殊结构并认真安装，以保证喷头正常运行。

（二）旋转喷头

作为组合型旋转喷头设计和发展的标志，一种强调节能节水、通常所称的旋翼喷头如约而至。该类喷头包括可供选择的喷嘴、不同喷射仰角的导流盘和水流模式，使设计人员或操作人员能轻松定制喷头，以满足具体应用需求。目前许多型号的喷头已完全采用注塑塑料制造。水从喷嘴流向导流盘，同时流出喷头。导流盘的形状和结构决定了水流的形状和喷射仰角。射程可达到15m。该类喷头的工作压力通常比摇臂喷头（100～345kPa）低，并能适应小流量而不影响性能。大多数型号旋转喷头可在立管或倒置的喷头组件上运行。其备选功能和组件包括允许喷头安装在坡地而不影响均匀性的压力调节器或流量调节器。一些喷头也可配置止回阀，用以控制低水头时从安装在坡地的支管中排水。导流盘有许多种结构形式。一

图 10 - 11　适用于移动喷灌系统的旋翼喷头

些提高抗风性能，而另一些则控制水滴大小和打击强度，以利于保持土壤结构，最大限度减少大水滴使土壤表面密实而造成的负面影响。有适用于固定或移动管道式喷灌系统的组合型旋转喷头（见图 10 - 11），也有适用于中心支轴式或平移式喷灌机灌溉系统的特殊型号。

二、散射和转盘喷头

摇臂喷头的早期替代品之一是工作压力通常小于 200kPa 的低压散射喷头。该类喷头具有固定头部，当水从喷嘴流出时，通过导流盘使水流偏斜从而形成喷洒扇形图。根据使用需求，导流盘可以是光滑的或锯齿状的，形状可以是平的、凹陷的或凸起的，也可以将水直接喷出。离开光滑导流盘的水像喷雾一样，形成小水滴。除了压力非常低的情况外，这些小水滴很容易随风漂移。锯齿状挡流板产生具有较大水滴的微型小水束。散射喷头射程通常较小（2.5～5m），因此润湿面积比旋转喷头小。较小的湿润面积使覆盖范围内的灌水强度提高，可能会使径流方面的问题加剧。

转盘喷头（见图 10 - 12）的特征是具有一个有助于将水喷射到比固定

图 10 - 12　配置转盘喷头的中心支轴式喷灌机

导流盘喷头更远距离的快速旋转导流盘。具有该功能的喷头，可以像下细雨一样将水洒布在更大范围的作物上。该类喷头的工作压力为 41～345kPa，流量为 19～114L/min，射程为 3.6～7.6m。

散射喷头和转盘喷头适用于中心支轴式和平移式喷灌机，通常也在容器苗圃、果园和温室灌溉系统中应用。它们可以安装在立管上或倒挂。

第六节　灌溉方式和喷头的选择

为园林或农作物选择最佳灌溉方式时，必须考虑许多变量。所要灌溉面积的大小将在很大程度上影响着所要采用喷头的类型，特别是园林行业。其他重要因素分别是土壤类型、植物（或作物）类型、水质、地形和可利用的压力等。

一、地块尺寸

设计或安装灌溉系统（特别是在园林和草坪中）时，首先要考虑的因素是灌溉面积的大小。如前所述，散射喷头能够有效灌溉的半径为 0～5m 及其倍数。然而，当灌溉地块大于 6～8m 时，应考虑采用旋转喷头。旋转喷头通常具有比散射喷头更高的均匀性，因此从理论上讲，可以用较少的水满足植物需求。当目标灌溉面积更大时，通常采用更大的旋转喷头更经济。高尔夫球场采用大型旋转喷头正是如此。

所要灌溉面积的大小是简单因素，但往往是确定所用喷头类型的唯一因素。为了实现良好的用水管理，选择产品所要考虑的另一个重要因素是土壤类型。两种极端土壤颗粒（砂土和黏土）的对比特性很容易说明这一点。水在砂土中的入渗速率高，但土壤持水能力低。水在黏土中的入渗速率低，但土壤持水能力高。砂土地可设计采用高灌水强度的散射喷头，但灌水周期要短。如果灌溉窗口期短，并且是砂质土壤，散射喷头喷灌系统就值得考虑。反之，如采用散射喷头灌溉黏土，短时间要灌水，入渗时间要长，以避免灌溉水径流浪费。在这种情况下，可能有必要采用较低灌水强度的旋转喷头灌溉系统。显然，对于这两种极端土壤类型，比较容易确定应安装哪种类型喷头。当土壤类型远离这些极端情况时，仅仅基于土壤类型确定喷头类型就变得不太容易。对于较大的工程项目，土壤类型很少一致，且很少是自然分层，这就使决策变得复杂。使用外来填料、挖掘出的有机物和原土混合，可导致施工前的土壤样品结果几乎无用。选择喷头的最后一个、且涉及土壤类型的考虑因素是板结。旋转喷头产生的较大水滴会增加（虽然缓慢）板结（在此条件下土壤容易出现这种现象）。具有较小水滴尺寸的散射喷头不易造成土壤板结，或土壤板结较慢。任何情况下，灌水强度与土壤入渗速率相匹配的喷灌系统，都将有助于减少径流、减少土壤板结和地表积水，从整体上提高灌溉水利用率。

二、植物类型

选择喷头或灌溉方式时需要考虑的下一个因素是所要灌溉的植物类型。对单一栽培，即大面积采用类似植物，例如高尔夫球场和农作物，由于需水量通常相当一致，因此可进行相对简单一致的灌溉。园林景观栽培很少会采用这种模式。需要大量水才能维持生存的植物，可能会种植在与需要很少水的其他植物相毗邻的地方。在这种情况下，喷头选择及其在田间的布置可能变得非常困难。水力分组，即将植物按相近需水量分组，是缓解这种情况的有效方法。最佳的水力分组是分别单独灌溉每一株植物，这显然不切实际。因此，设计者通常会将草坪、灌木、花卉和树木划分成单独的轮灌组。换句话说，花圃将不与草坪划分在相同轮灌组。在这种情况下，就像在街道景观中看到的那样，灌溉树木就是灌溉树木，这时草坪、灌木或花卉面积上不灌水。当树木位于另外三种情况的其中一个位置时，树木的灌溉需求几乎总是通过灌溉地被来满足。

灌溉设计者不会把他们的整个设计完全建立在植物类型上。水力分组设计需要考虑土壤类型、光照、坡度等所有其他影响植物水分需求的因素。

三、与作物相关的设置

需要考虑的另一个因素在某种程度上属于农业特有，它与喷头的实际选择不太相关，

图 10 - 13　位于冠层上方的散射喷头灌溉作物

更多的是与喷头相对于作物冠层的位置有关。例如，一种高秆作物（如玉米），可能最好将喷头设置在成熟玉米的株顶以上，使作物自身不会对喷头的喷洒图形造成不良影响（见图 10 - 13）。同样，当采用树下喷灌时，必须将喷头设置的足够低，保证所有低垂的树枝都不会干扰喷头的喷洒图形。喷头安装的越高，其射程越大。然而，随着喷头安装高度的增加，其喷洒图形则更容易产生风漂移和失真。

四、水质

选择合适的喷头需要进一步考虑的因素是水质。劣质水，即含有大量悬浮固体物的水或含有高浓度溶解矿物质（例如溶液钙）的水，对喷头的选择有直接影响。通常情况下，采用劣质水就不得不选择大出流孔喷头。较大的出流孔可使劣质水通过喷头而不会堵塞喷嘴或喷头的内部机构。在水源水质差的情况下，采用微灌灌水器出现问题的可能性极大。

另外，经过过滤的劣质水可使用较小的喷头，但这些设备的安装和维护可能代价较高。由于农业灌溉系统通常使用未经处理的地表水和井水，以及受种植农作物的收益影响，农业上总是推荐使用水量分布均匀性不高和过滤不良的系统。喷嘴孔口大小将决定需要过滤的等级。带有固体悬浮物的水可对喷头喷嘴产生磨蚀，当观察到喷头流量增大或喷洒图形退化时，可能需要进行常规更换。

溶液中的矿物质构成为另一需要关注点，主要问题是与水接触的任何表面上都会积

聚沉积物。这方面的最明显例子就是沉积在喷头上的水垢。这种沉积物看上去就是附着在金属和塑料表面的一层白色坚硬外壳。沉积物可降低喷头性能，堵塞喷嘴，甚至妨碍喷头运行。溶液中矿物质的另一个问题，是水和喷头之间可能发生化学反应。目前大多数喷头的喷体都是采用相对惰性的塑料制造，但是常常会有一些金属对流经的水产生反应。污水可引起化学反应，腐蚀这些金属部件，使喷头停止运行或偏离灌溉设计者预期的特性。

五、水压

选择喷头时需要考虑的最后一个因素是可利用的水压。园林和高尔夫球场用的大型旋转喷头，以及农业用的大型摇臂喷头和大型喷枪喷头，通常都需要相对较高的压力，以便在制造厂推荐的参数范围内运行。如果不能提供所需压力，这些类型的喷头将不能按设计预期运行。反之，高压也会对大多数微灌系统造成问题。压力可借助增压泵和压力调节阀，很容易地向上或向下调整，但价格不菲。最可取的方案是，所选喷头的工作压力与输配水系统的可利用压力相接近。

喷头进水口压力不足或过高，会引起大量问题。低压可导致喷头空心轴与密封圈之间的密封不良，从而导致这两个表面之间漏水。低压也会导致喷出的水柱不理想，使喷头流量、射程或两者都低于设计值。有经验的灌溉维护人员可以很容易地识别出低压征兆，特别是在植物用水高峰期。由于喷头间距通常正好是喷嘴的预期射程，所以低压将导致水达不到"头对头"覆盖。典型结果是，喷头周围的区域上有足够或过量的水，而喷头之间的区域是干的。喷头周围的这些圆环有时被称为"绿色甜饼圈"。低压的另一个症状是旋转喷头的转速变慢。根据灌溉周期的长短，灌溉区域上某些区域接收水流通过的次数会较少。

喷头进水口压力高也有害处。压力调节装置可减轻这些问题，但仍有一些问题需要考虑。由于喷头持续经受高于预期的压力和冲击，更高的压力会引起更多的长期维护问题。另外，更高的压力会导致从喷嘴喷出的水滴尺寸更小。较小水滴往往漂浮并漂移到远离预期目标的地方，从而增加运行时间并浪费水。为了使流量加倍则水压必须为四倍，所以高水压通常会导致喷头产生相同的射程，但灌水强度更高。

第七节 喷头的布置或安装

基于前面的讨论，一块区域上的喷头类型和型号选定之后，接下来需要考虑的是它们在所灌溉区域内的布置。有几个因素影响布置方式。除了制造厂提供的性能规格外，还包括坡度、坡向和盛行风向等。

一、坡度和高程

布置位于斜坡上的草坪和园林用喷头时，重要的是将近似在同一高程的喷头尽可能划分在同一个轮灌组。这样做有两个主要原因。第一是避免从位于支管最低处的喷头体里向外排水。这样可以节省水，是由于能够保持每个灌溉周期内管道里总是充满水而不需要再次充水。这样也可减少最低位置喷头附近作物的病害发生率，是由于该面积会因排水而总处于潮湿状态。用管道向同一高程的喷头供水的第二个原因，是为了给灌溉管理人员提供编制灌溉程序的灵活性。一般来说，在所有其他因素（土壤类型、植物类型等）相同的条件下，斜坡顶部的灌溉需水量大于斜坡底部。采用平行而不是垂直于斜坡上的等高线布置，可使灌溉管理人员实现更高的用水管理水平，因为"水力分组"的另一个概念就是类似条件匹配在一起。

位于斜坡上的喷头的方向是另一个需要考虑的重要因素。喷头喷体与斜坡的夹角应为45°～90°，而不是垂直于斜坡。在这个方位，喷头更接近制造厂提供的性能数据。当喷头喷体垂直于斜坡时，洒布到上坡的水的距离将远远短于预期值，并导致较高的灌水强度；洒布到下坡的水的距离将远远长于预期值，并导致较低的灌水强度。通过观察毗邻喷头布置行的上坡侧的植物受到水分胁迫，而喷头行的下坡侧的植物健康生长的现象，就可反映出喷头垂直于斜坡安装所产生的不均匀覆盖。当从远处向斜坡上看时，这一现象将呈现出条带效果。

二、坡向

坡向，即相对于太阳的方向，是安排轮灌组喷头时需要考虑的另一个因素。同样，在其他所有因素（土壤类型、植物类型、坡度等）都相同的条件下，斜坡阳面上的植物往往会比其他坡面上的植物具有更高的需水量。为了补偿这种差异，应根据植物的朝向对喷头进行分组。更简单地说，房屋的阳面与阴面应分开进行灌溉。这就又给灌溉管理人员按作物需要而不是按最小公倍数调整灌溉运行时间提供了灵活性。

三、风

对喷头进行轮灌组划分时，通常不考虑主风向。当预先考虑主风向和风速时，例如沿海地区或山区，喷头应根据最大限度提高灌溉水分布均匀度的原则布置。在多风地区，喷头迎风面轮灌组的灌水强度往往较高，而对面往往较低。这是因为迎风面水的运行轨迹缩短，在较小的面积上积存了较多的水；反之，喷头顺风面的水被风吹散远远超过预期，导致在较大面积上积存了较少的水。在这两种情况下，上坡地或迎风面的直角边减小幅度大于下坡地或顺风面的直角边增加幅度。

灌水器两边垂直于主风向的射程要比无风条件下的射程小，因为喷洒图形末端的水被风吹跑了。有实践经验的设计人员或安装人员需要做两件事，以尽量减少风对灌溉覆盖的影响。首先要收紧垂直风向喷头的间距，尽量减小射程变短的影响。其次，灌溉面积上迎风面的第二排喷头将被布置的更靠近第一排迎风面喷头。这种布置将增加第一排迎风面喷头的灌水强度。根据主风向对灌溉系统布置进行调整一定要谨慎。主风速风向经常变化可能使这种布置变更无效或造成浪费。另一种尽量减少风条件影响的更简单方法，是减少经受风的水量。采用低喷射仰角喷嘴或微灌灌水器，可实现这一目标。很显然，空中的水少，水被吹到非目标面积的机会就少。另一个策略是降低压力。压力越高水滴尺寸越小，小水滴可转化成更多的风漂移。通过降低系统压力，水滴尺寸变大，就不容易漂移。这种方法的缺点是，射程也会减小，因而必需减小喷头间距。通常情况下，压力减少过多也会影响水量分布均匀性，导致轮灌组面积上出现干地和湿地。围绕喷头的经典"绿色甜饼圈"就是一个常见的例子。

第八节　均匀性和利用率

在灌溉行业里，术语"均匀性（uniformity）""利用率（efficiency）"经常相互替代使用。虽然这些术语类似，但它们不能互换，设计者和安装人员必需更加关心均匀性。这些术语在第十一章和第十四章中进行了更详细讨论。

一、均匀性

灌溉设备制造厂通常建议采用正方形或三角形布置的"头对头"覆盖。"头对头"覆盖意味着喷头的安装间距为规定压力下给定喷头或喷嘴的预期射程。采用该布置间距，均匀度最高。均匀度用于衡量一块面积上洒布水的均匀程度。在理想情况下，一组间距适当的喷头能将水均匀地洒布在一块面积上。不幸的是，即使在实验室条件下这也是不可能的。当考虑包括风、障碍物、坡度等变量时，获得良好均匀性就变得更加困难。

衡量一个喷头、喷嘴和/或轮灌组的标准是人工环境下的100%平均覆盖。有时参考值是制造厂产品的水量分布均匀性，但这仅仅描述了他们自己工程师设计喷嘴的水平。系统综合均匀性与喷头喷嘴的均匀性有关，也与系统中每个喷头的工作压力是否均匀有关。这些因素凸显了选择高质量喷头应完全适合未来使用条件的重要性，以及高效灌溉系统设计应给每个喷头提供尽可能小的压力变化的重要性。真实均匀性因轮灌组而异，并且必须在现场审验测量。总的来说，微灌灌水器最均匀，其次是旋转喷头，最后是散射喷头。不管是哪种类型的喷头，均匀性都可通过喷头的布置而提高或降低。

均匀性不是一个静态概念。均匀性随田间条件的变化而变化。设计者将根据制造厂发布的性能数据和已知的现场条件确定喷头间距。承包商将根据施工期间现场条件的变化调整喷头间距。操作管理人员也必须随着园林植物或农作物的生长期调整覆盖，以保持良好的均匀性。

显而易见，良好的均匀性将使灌溉运行时间缩短，而较差的均匀性会浪费水，因为操作管理人员必须使灌水量少的轮灌组得到应有的最少水量。在考虑了所有讨论的因素后，选择最佳喷头并安装良好，是达到优良均匀性和良好用水管理的最佳途径。

二、利用率

利用率用来描述灌溉水被植物有效利用的量。在理想情况下，植物将利用灌溉系统所施加的所有水。由于灌溉系统不可能具有100%的均匀性，因此也就不可能有一个系统具有100%的利用率。灌溉管理人员的主要目标是使系统高效运行，但实现的可能性会因系统设计不当而受到极大限制。图10-14显示高效灌水时灌溉水主要分布在根区，低效灌水时大量水渗漏到根区外。

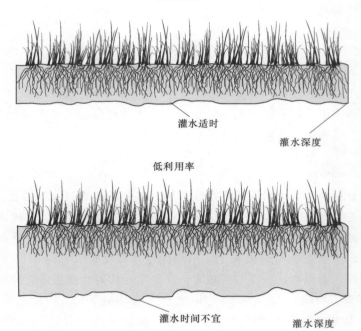

高利用率

灌水适时

灌水深度

低利用率

灌水时间不宜

灌水深度

图 10-14　灌溉水利用率图解

第九节　结　论

　　所有喷头或其他灌水器的基本功能是向植物生长的土壤中供给水。有许多种不同类型的喷头，从散射喷头到旋转喷头再到微灌灌水器。由于具有许多变化因素，因而选择适当的灌水器可能是一项艰难决策。土壤类型、植物类型、水质和可利用压力等许多变化因素已在本章中进行了讨论。此外，一旦选定喷头类型，还必须确定最佳布置方式。必须考虑坡度、坡向和主风向等因素。在设备和布置方式方面做出明智选择，是为了建立一个具有均匀覆盖并可高效运行的灌溉系统，优质灌溉管理的主要目标也在于此。

参　考　文　献

ASABE Standards. 2009. S398. 1. 1：Procedure for sprinkler testing and performance testing. St. Joseph，Mich.：ASABE.

King，B. A.，and D. C. Kincaid. 1997. Optimal Performance from Center Pivot Sprinkler Systems. Bullletin 797. Moscow，Idaho：Univ. of Idaho Extension.

Sneed，R. E. 2010. Agricultural Sprinklers Teaching Module. Falls Church，Va.：Irrigation Foundation.

第十一章 微灌系统基础知识

作者：Inge Bisconer[1]

编译：吕露

通过古往今来的无数次实践，人类认识到一个事实，作物只有进行充分灌溉才能茁壮成长。从沙漠绿洲到热带植被，自然界有无数事例证明作物生长需要水分。人类的祖先早就知道水分对作物生长的重要性，祈雨仪式和感谢上苍的恩赐，就是一些古代文化里的核心部分。

能否确保作物的灌溉，关系到古代农民的生存。农场在干旱地区大面积种植，如果像园艺工那样，勤勤恳恳地挑水灌溉园中的每棵作物，则太不现实，因此灌溉科学的首要任务，就是要控制灌水量、灌水频率和灌水位置。

随着灌溉农业的发展，在地面灌溉和喷灌方面取得了重要进步。现在回想，每项技术都在超越过去，成功地平衡了性价比，都向灌溉科学的首要任务更趋进一步。灌溉科学的历史，其实就是控制何时灌水、灌在哪里、灌多少水的发展历程，从这个角度来说，灌溉的发展就是逐步向微灌演化的过程。

第一节 定义和原理

微灌是一个术语，通常用来表述一种特定的具有下列特征的灌溉方法：

（1）灌水流量小。

（2）灌水延续时间长。

（3）灌水频率高。

---

[1] 在 Michael J. Boswell 原有的基础上编写。

（4）直接灌溉作物根区。

（5）系统压力低。

微灌系统通过由干管、支管、带灌水器的毛管等组成的管网，把水和养分输送给作物，每个灌水器直接把水和养分施于作物根部，并能严格控制均匀度。

水和养分进入土壤后，在重力和土壤毛细管的共同作用下进入作物根区，消耗了的水分和养分再次得到补充，确保作物不受水分胁迫而正常生长，改善适宜的生长环境，增强高产的保障能力。

微灌系统包含灌水器，灌水器可分为非压力补偿式和压力补偿式，后者适用于所有地形，尤其是适用于陡坡、起伏地形及长行栽作物。下面分述不同类型灌水器。

一、灌水器

灌水器随着其流量、水力性能和湿润方式而变化，理想的灌水器应耐用（耐受野外环境）、抗堵（大流道且自冲洗）、铺设长度或地形变化对压力不敏感（压力补偿）、精准（制造偏差 C_v 小）、价格实惠。滴灌灌水器通常安装在地表，应铺设方便并易于管理。这些特性的实现，需要高质量的塑料原料、先进的水力学性能和精密的模具技术来保证。下面是一些灌水器的例子：

（一）滴灌带

滴灌带是指将许多价格较低的滴头，直接成型在薄壁管上的"线源"产品。通过以 $100\sim600\text{mm}$ 间距布置的滴头，在薄壁管的整个长度上均匀配水。为了适应作物和地形的变化，常见的管道壁厚为 $0.1\sim0.4\text{mm}$，流量为 $0.3\sim1.3\text{L/h}$，管径为 $16\sim35\text{mm}$。滴灌带分为压力补偿式和非压力补偿式，广泛应用于蔬菜和大田行栽作物。滴灌带可铺设在地表或者地下，可多季或一季使用。滴灌带相对便宜，出厂时滴头已装好，可节省安装滴头的额外劳力（见图 11-1）。

（二）管上式滴头

管上式滴头是指将水滴或细流从 PE 管输送到土壤的小型塑料灌水器。然后水通过毛细作用，形成圆形湿润区，这个区域的大小与土壤类型、流量和灌溉制度有关。在 PE 管上精确打孔，把管上式滴头的带倒刺一端插入 PE 管，安装很方便；哪里需要，用户就在哪里打上一个滴头；即便滴头被拔掉了，再装一个仍能继续使用。缺点是用户需要手工安装滴头（见图 11-2）。

图 11-1　铺在地表的滴灌带

图 11-2　装在 PE 管上的管上式滴头

注意：虽然某些滴头有自清洗功能，但只能看作附加功能，它不能替代过滤器和适当的维护工作。一个微灌系统可能具有数百甚至数千个滴头，依靠手工清洗很不现实。

（三）内镶式滴头或滴灌管

内镶式滴头是指功能与管上式滴头类似，但构造上有所不同的小型塑料灌水器。在工厂制造 PE 管的同时，就把该种滴头直接镶入管中（见图 11-3）。内镶式滴头分圆柱型和贴片型，通过控制温度和粘贴的工艺，把滴头镶入管内壁。由于这个过程在工厂完成，为用户节省了装滴头的工时。柔性不受影响，如果用户希望在田间再增加其他管上式灌水器，很容易就能装上。缺点是滴头可能不在作物需要的地方，且位置无法改变。滴灌管可以铺在地下，避免地面作业的破坏，保持地表干燥。内镶式和管上式滴头，也分压力补偿式和非压力补偿式。

（四）雾化微喷头

雾化微喷头是指一种用于封闭空间，把水完全雾化的小型管上式塑料灌水器。除了把灌溉水施于土壤外，还能调节气温，形成湿润环境。雾化微喷头起初是用于柑橘类作物种植业，但后来发现，用于盆栽和立体苗床种植更好，因为这类作物根系小，需要频繁湿润（见图 11-4）。

图 11-3　滴灌管

图 11-4　雾化微喷头

（五）折射式微喷头

折射式微喷头是指安装在插杆上，把水以射线方式喷洒到空中，在土壤中形成细长形湿润带的小型塑料灌水器。为得到不同湿润带形状，可选用全圆喷洒、半圆喷洒、蝶型喷洒、高或低的喷射仰角等。多种湿润带形状为用户提供了应用的灵活性，例如在果园里，只湿润树的周边而不湿润树干；在园艺行业里，用于盆栽作物或适应园林的奇特造型（见图 11-5）。

图 11-5　折射式微喷头

（六）旋转式微喷头

旋转式微喷头是指以全圆旋转方式把水喷洒到空中的小型塑料灌水器。这种微喷头安装在塑料插杆上，经一定长度的 PE 微管与 PE 支管连接，也可以用适当的管件连接到 PVC 管上。其优点是湿润面积更大，而工作压力又比传统的喷头低。类似传统的喷头，其缺点是可能湿润了不该湿润的区域，例如道路、树干、树叶等；另外，水喷在空气中，受风影响会发生飘移。需要注意的是，大流量的微喷头和小流量的传统喷头之间，参数往往有重叠（见图 11-6）。

图 11-7 为典型的微灌系统布置图，显示了各种灌水器和安装附件。图 11-8 为田间应用实例。

图 11-6 旋转式微喷头

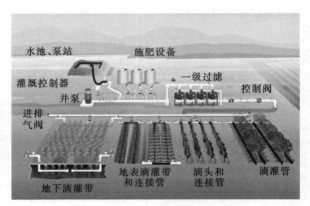

图 11-7 典型微灌系统布置图

二、微灌不同于喷灌和地面灌溉

由于喷灌一般用于农业和园林两个行业，因此，通过直接与喷灌性能比较，能对微灌进行更深入的理解。传统喷灌系统的喷灌强度大、灌溉时间短、频率低，若喷灌强度大于一定坡度下的土壤入渗能力，容易形成地面径流。喷灌工作压力一般为 240~620kPa 或者更高，以散射或旋转机构，把水喷洒到空中，湿润范围更大，在水落入土壤和作物根区前，湿润了作物的枝叶，也喷到了道路等不该湿润的区域。因为喷灌系统是把水喷到空中，湿润区的形状会受风的影响。

地面灌溉一般用于农业灌溉，是通过渠道、管道、垄沟或畦田来灌溉作物。当水从渠道或管网流出后，就以无压方式流入垄沟或畦田首端，借助重力和微坡度形成的推力，最终流到垄沟或畦田的末端。地面灌溉投资低，大多数情况下，均匀度在可接受范围内，但与喷灌和微灌比，均匀度低且浪费水和能源，增加了蒸发量，造成了深层渗漏，因此地面灌溉不适宜丘陵山区和沙土地的灌溉。总之，若以作物根区为目标，在需要频繁地施入水和养分的状况下，地面灌溉就有很大的局限性。

三、微灌的优点

微灌有什么优点？为什么全球的农场主都想把已有的灌溉系统改成微灌系统？世界范围内，农业的投入产出比，都证明了微灌的哪些优点？由于优点太多，在此只讨论其中的一部分。

（一）灌水强度低

灌水强度低是微灌的明显特征，往往以单株作物每天 12h 或更长时间的灌水时间进行微灌系统设计，而喷灌或地面灌溉则是以一周内每小时的需水量来设计，两者相比，无疑

（a）每行双管

（b）旋转微喷

（c）地表滴灌带 1

（d）地表滴灌带 2

（e）管上滴头

（f）地下滴灌

图 11-8　田间应用实例

微灌灌水强度很低。灌水强度低意味着灌溉系统造价低，泵、过滤器、管网等设备利用率高，由于这些设备是在小流量长时间灌溉的理念下选型和设计的。一言以蔽之，灌水强度低，建设投资和运行成本就低。

317

（二）灌水均匀度高

在正常维护的情况下，优良的灌水均匀度是微灌系统的另一个显著特点。均匀度高，说明所有作物受水一致；均匀度不好的灌溉系统，为了确保受水最少的作物也达到生长的需水量，那就必须采取过量灌溉的方法。因此，好的均匀度是高效灌溉的前提。由微灌系统实现好的均匀度后，就会大量省水、省电、省肥；每棵作物都获得最佳的均衡的水分和养分，因而可获得高质高产。

（三）精准灌溉

水肥直接施于作物根部，路和行间保持干燥，不影响田间农艺作业，减少人为损坏几率和棵间蒸发损失。

（四）控制根区环境

可创建相对恒定的适宜的根区环境，维持可控的土壤含水量。根区含水量的控制，使管理者能按照作物水肥需求的变化来安排最佳的灌水量。

（五）提高抗病能力

微灌系统的管理方法增强了病害控制能力，可进行水分和微量元素施入水平、施入频率和施入时机的严格控制，可消除因树干和枝叶潮湿引起的真菌病害，与地面灌溉相比，随水分运移而扩散的致病菌也大幅度减少。

（六）地形适应性强

微灌使大量的以前农业无法利用的土地被重新利用起来，其高效用水的优点，使现有的水源支撑更多土地的灌溉。通过精心设计微灌系统，可以克服复杂的土壤和地形条件，不规则或起伏大的地形对微灌系统造成的问题，要比喷灌、地面灌溉少得多。比如在地面灌溉中的激光平地技术，微灌就不需要，在非常陡峭的坡地上可安装微灌系统，而其他灌溉方法就不能用。

（七）土壤适应性强

微灌系统通常适用于质地差的土壤，紧实的渗透率极低的黏土地，微灌系统可以用非常低的灌水强度进行灌溉而不产生径流。另一方面，保水性极差的沙土地若用喷灌或地面灌溉，会引起大量的深层渗漏，而微灌系统就是理想的选择，可以频繁小量的向作物施水。

（八）避免水浪费

微灌系统的效率比喷灌和地面灌溉高得多，这种高效体现在几个方面，与喷灌和地面灌溉相比，消除了输水损失、渠道和水库的蒸发损失、径流损失、深层渗漏损失、叶面和棵间蒸发损失。微灌的节水特性可以为作物"量体裁衣"的送水和灌水，以满足作物的生长需要。作物的需水和根区大小取决于作物的龄期，所以灌水位置和水量都在随作物龄期而变化，如小树或刚播种的作物不需要那么多水，微灌系统就可以精准地为作物提供其生长所需的水肥量，比喷灌和地面灌溉节省了大量的水。

（九）提高肥效

微灌系统能把肥和其他营养元素频繁而直接地送到作物根区，通过控制过量施肥和掌握施肥时机，大幅度提高了肥料的利用效率，减少肥料深层渗漏损失，抑制杂草生长，减少径流。微灌系统也可以高效地施入其他微量元素。

（十）增强耐盐性

生长中的作物从土壤中汲取水分，并有选择的吸收养分，在两个灌溉周期的间歇期，土壤逐渐干燥，土壤水中盐分浓度越来越高，作物从土壤中汲取水分就变得越来越困难。

由于微灌系统能在作物根区保持高湿度环境，从而降低了作物对盐分的敏感度。频繁灌溉使作物不断汲取新的水分，而盐分被推向根区的边沿，远离作物根部，沉积到湿润区的外沿，这个过程称为微淋洗，防止了低水分高盐度的综合危害，因此，微灌下的作物更能忍耐高盐的水和土壤环境。

（十一）节能

与喷灌和地面灌溉相比，微灌为用户提供了泵站节能的巨大潜力。微灌系统比喷灌系统的工作压力低得多，因降低了泵的扬程从而更节能。与喷灌和地面灌溉相比，提水量少了，自然能源消耗也就更少了。

（十二）高产

传统灌溉下，作物能吸收的水分是田间持水量和永久凋萎点之间的那部分水分，这部分水分总处在转换之中，从田间持水量降低到永久凋萎点期间，作物从土壤中汲取水分就越来越困难，因此蒸发蒸腾速率也在降低，当土壤水势逐步加大时，作物生理活动受到抑制，生长活力不足，从而减产。

理想状态下，所有的灌溉系统应保持土壤含水量略低于田间持水量，从而获得高产，微灌系统恰恰能实现这种可能性，当土壤含水量保持在最佳水平时，大部分作物生长活力明显提高，取得理想产量。通过微灌系统创造理想的生长环境，微灌下的水果或者干果树要比喷灌和地面灌溉条件下早返青。

（十三）提高品质

微灌下品质提高的原因和高产的原因基本一致，慢速、规律、均匀地施入水肥，促进了果实生长和成熟，保证作物生长一致和品质均匀。由于避免了水接触果实和枝叶，从而避免了病害引起的品质下降，也避免了喷灌和地面灌溉中致病菌的传播引起的品质下降。

（十四）节省劳力

除了时针式喷灌机，其他灌溉方式都没有微灌更省劳力。由于微灌的低灌水强度和自动控制，可同时灌溉更大面积的土地，因此不需要更多劳力。减少了农艺作业，避免了单独施肥，统一成熟和统一采收，都间接地节省了劳力。

（十五）提高对作物的控制

微灌让用户更容易控制作物的生长，他们可按天气变化来控制灌溉，可控制多施肥催生或少施肥抑制生长，可避免灌溉作业和田间作业的冲突，可应急施入微量元素和农药。

（十六）减少污染

公众关切地表和地下水的污染的意识在不断提高，众多研究表明，氮和农药是重要的污染源，这些污染来自喷灌或地面灌溉的径流和深层渗漏，微灌技术消除了径流和深层渗漏，从而明显地消除了这些污染源。

（十七）增加农作灵活性

喷灌的地面管道和地面灌溉的渠道都会妨碍田间的农艺作业。相比之下，微灌系统的管道一般都埋入地下，即使有些管铺在地表，其足够的柔性也允许机械碾压。另外，垄和路平时都是干燥的，随时都可以进行农艺作业，根本无须考虑是否和灌溉冲突。

（十八）降低保险费

暴风雨对微灌系统的损害不像露在地表的喷灌机械那样大，因此，用户无须多付保险费。

（十九）高度自动化

用合适的电磁阀、控制器和传感器等技术，微灌系统很容易实现自动控制，既省劳力又能达到精准灌溉和施肥。

四、对微灌优点的总结

支撑现代农业的资源越来越贫乏，在人类无节制的污染压力下，自然资源，如宜耕土地、土壤肥力、淡水资源都在急剧减少，而另一方面，其他资源，如能源、劳力、农药、化肥的成本却一直上涨。合理利用微灌系统，就是在保护并延缓这些资源的减少趋势，用更少的水资源、能源、劳力和化肥，获得理想的产量。

因地下水位下降、水土流失、盐碱化的发生，每年都有几十万亩灌溉面积被弃荒（Schramm 等，1986），这样发展下去，严重损害了自然资源和自然生态系统，而微灌系统能保护水资源，减少水土流失，遏制盐碱化，降低盐度对作物的伤害。通过自动化控制，微灌系统操作简便，更易于管理。

如上所述，微灌系统不只是一种灌溉方法，通过合理设计、确保建造质量、精心管理维护、降低投资等一系列工作，微灌系统其实是作物生长的全面的保障系统，是高效利用宝贵自然资源的最优系统，有利于改善环境，有助于建设一个美好的世界。

第二节　微灌的特有要素

一、水土关系

微灌系统依赖土壤进行水肥的储存和运移，因此，非常有必要对土壤的特性进行深入理解，这些特性包括质地、结构、宜耕性、比重、孔隙度、入渗率，以及相关的物理化学特性。

从本质上看，微灌系统是个输送系统，它是把水输送到作物根区。真正与该输送系统直接关联的是土壤，土壤才是连接作物和灌溉系统的真正的桥梁，不应该被忽视。土壤的物理和化学特性，决定其存储和运移水肥的能力，因此研究水-土关系就显得非常重要，其内容包括吸湿水、毛管水、重力水、田间持水量、永久凋萎点和有效水。

二、土壤湿润形状

从一个点慢慢向土壤里滴水时，水受重力作用向下扩散，受毛细作用向周边或向上扩散，不同类型土壤在不同的灌水强度下，就会形成独特的湿润形状。

砂土颗粒间空隙大，毛细作用力弱而重力作用力强，因此，水向下流动快而向周边和

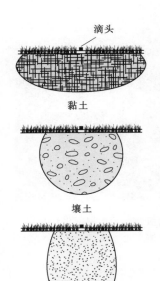

滴头

黏土

壤土

沙土

图 11 - 9　滴灌湿润形状示意图

向上扩散就慢,其湿润形状就呈深度比宽度大,水分几乎不向上扩散。

另一种情况,重黏土的毛细管力很大,减缓了重力作用下的水向下扩散,重黏土的渗透率也小,因此,湿润形状就呈宽度比深度大,若黏土再被压实,水的下渗会更慢,湿润形状就更趋宽-浅形。因此黏土的湿润形状,不仅取决于土壤类型,而且也与田间耕层土壤的密实度有关。

其他土壤类型的湿润形状,介于砂土和黏土之间。总的看来,表土状况、底土渗透性、土层特性和犁底土的性状综合影响着土壤水的运移。图 11 - 9 示意了不同土壤在滴灌情况下的湿润形状。

除了土壤类型外,灌水强度也会影响湿润形状。湿润形状也可能随灌水强度变化而变化,比如,固定向土壤内灌水 38L,5h 灌进去和 10h 灌进去的湿润形状就会不一样,前者比后者更呈宽-浅形,这是因为前者灌水强度大,促使水分在水平方向扩散更快,形成更宽的饱和湿润带。

因此,要增加湿润宽度,砂壤土就要增加灌水强度。对于黏土和壤黏土,灌水强度就要小,能够避免地表径流或积水,防止了深层渗漏。表 11 - 1 给出了一般情况下单滴头的湿润带数据。

表 11 - 1　　　　　　　　　　　单滴头的湿润带数据

土壤质地	湿润直径/m	湿润面积/m^2
沙质	0.6~1.2	0.4~1.1
壤质	1.2~1.5	1.1~1.8
黏质	1.5~2.1	3.7~5.6

三、灌水器相对于作物的位置

灌水器位置是影响灌溉系统性能和作物健康的重要因素,关系到对作物发芽、幼苗生长、根系发育、水肥利用和盐分的影响。

在种子发芽和幼苗期,通常要求灌水器尽量离作物近点(多数土壤下小于 460mm),砂土中要小于 300mm。图 11 - 10 是两种不同滴头间距滴灌带的湿润区比较,图 11 - 11 是滴灌 30h 的湿润带状况。可以看到,滴头间距小的情况下,水平扩散更快,很快就在种植垄上形成了窄形湿润带。

灌水器的布置形式影响湿润区大小,进而影响根系发育,因此可以控制根系水平分布、垂直分布或限定在某范围内生长。根系分布关系到作物不倒伏、苗壮成长和吸收水肥的能力。若水肥施于作物根区外,那就是浪费,所以灌水器最好布置在作物根区的中心位置。

图 11-10　两种不同滴头间距滴灌带的湿润区比较　　图 11-11　滴灌 30h 后的湿润带情况
左侧：滴头间距 30cm，流量 2.77L/（min·100m）　　滴头间距 20cm，流量 2.77L/（min·100m）
右侧：滴头间距 20cm，流量 2.77L/（min·100m）

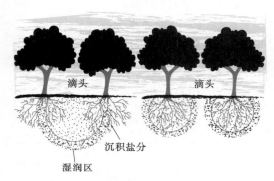

图 11-12　灌水器位置对盐分的影响

土壤或灌溉水中的盐分沉积在湿润区的边沿（见图 11-12）。把盐分推到边沿，还是可以留在湿润区内，就决定了灌水器的布置，这对行栽作物尤其重要。

四、湿润区形状的测定

只用土壤类型这一单一因素，很难确定各种土壤的湿润形状。虽然已给出了基本形状，但实际应用中，还需现场测定湿润区形状。

在有限的区域内灌水，通过观察水分随时间的水平和垂直运移规律，就可以研究水土关系，这种实测值很具有代表性，对灌溉系统的设计至关重要。这个测试过程，可以揭示土层结构、隔水层位置、田间持水量，以及不同土层达到田间持水量所需的灌溉时间。

常用的测试土壤湿润状态的方法是，设置一个临时水源，如置于高处的一个约 200L 的水箱，连接要选用的灌溉毛管，让这个系统长时间运行，同时观察表面湿润直径，挖开测量湿润深度，或者用张力计测量读数。通过测定，可以得到现场土壤最真实的湿润状态数据和水分运移规律。

五、地下滴灌

微灌发展的早期，发现把滴灌带埋入土中时，有诸多好处：
（1）防止风吹偏了滴灌带。
（2）避免了热胀冷缩过程引起的弯曲。
（3）减少了田间农艺作业和牲畜的机械损伤等。
不确定是什么原因，用户把顺行铺设的滴灌带埋在 1.5cm 至几厘米之间，大多数情况，这种薄壁滴灌带用在多年生的孤植作物，新换的滴灌带就这么一茬一茬地往下埋。随着技术进步有了厚壁滴灌带，就尝试着埋的更深，就这样形成了固定的地下灌溉系统，这种系统后来就被称为地下滴灌（简称 SDI）。

地下滴灌现在被广泛应用于草坪（运动场）、园林和多种农作物灌溉中，如葡萄、苜蓿、棉花、瓜类、玉米、小麦、辣椒、番茄等农作物。许多使用同一种地埋滴灌带的地下滴灌系统，已成功使用 20 多年，其优点如下：

（1）因多年使用而摊薄投资。

（2）不影响农艺作业。

（3）减少地表蒸发。

（4）减少杂草生长。

（5）降低滴灌带的回收处理成本。

（6）促进了劣质水和中水的利用。

和其他技术一样，地下滴灌技术也面临如下的挑战：

（1）种子难以发芽：实践中发现，一些地下滴灌系统很难湿到地表，因此造成种子难以发芽。土壤类型、播种时土壤含水量、灌溉延续时间、滴灌带埋深等因素，综合影响水分向上运移。为了使种子发芽，有时不得不再用一套临时喷灌系统。

（2）虫噬破坏：线虫或其他地下昆虫，可能会在滴灌带上咬出洞。要消除这种弊端，可用厚壁滴灌带（壁厚 0.25mm 以上），安装完成后，立即运行系统并注入杀虫剂来杀虫。

（3）啮齿动物的破坏：必须密切关注这类破坏，啮齿类动物必须进行捕杀。

（4）缺乏与之配套的农机：地下滴灌往往提出新的耕作方法而需要新的农机。这个也有了很大发展，地下滴灌已经允许耕、种、收等农艺作业，直接在其上面操作，许多农机厂已经开发出合适的机械，用于地下滴灌的铺设和回收。

在新品种培育和栽培等领域，地下滴灌还会源源不断地提供各种研究机会。

六、水利用率

不同的灌溉方式，水的损失量不同，因此，导致水的利用率也不同。灌溉系统水的损失主要有如下几方面：

（1）水面蒸发。

（2）渠首和渠道渗漏。

（3）空中飘移。

（4）叶面蒸发（加高在作物上部的喷灌）。

（5）地表蒸发。

（6）地表径流。

（7）深层渗漏。

（8）尾水浪费（地面灌溉中的畦田尾水），美国许多州都要求回收尾水量并再次利用。

表 11-2 是不同灌溉系统的田间水利用率数据。

表 11 - 2　　　　　　　　　　不同灌溉系统的田间水利用率数据

微灌	水利用率/%	喷灌	水利用率/%	地面灌	水利用率/%
地表滴灌	87.5	移动式喷灌	70	盘灌	85
膜下滴灌	90	支轴式和平移式喷灌机	82.5	畦灌	77.5
地下滴灌	90	固定式喷灌	75	沟灌	67.5
微喷	87.5	滚移式喷灌机	70	大水地面灌	60
		其他低能耗精准喷灌方式	90	淹灌	75
平均值	89	平均值	78	平均值	73

注　水利用率是指水的利用量（等于蒸发蒸腾）除以灌溉水量减去土壤储水量的差。

微灌系统全程用管道把水从泵输送到作物根部，实际上没有水损耗的机会，因此才有很高的水利用率；水到作物根部，仅局部湿润地表，蒸发损失也最小；大部分地表保持干燥，最大限度控制了杂草生长；灌水量和作物需水量基本一致，也避免了深层渗漏和地表径流。

微灌系统的田间水利用率（E_a）可以定义为，入渗和存储在作物根部的水量与灌入的总水量之比，用百分数来表示。

$$E_a =（入渗和存储在作物根部的水量 \div 灌入的总水量）\times 100 \qquad (11-1)$$

假设灌水量就是完全用于补充蒸发蒸腾损失的水量（ET），再进一步假设最小灌水量就等于 ET，那么就得出一个结论，必须给土壤多灌水，才能真正确保作物的蒸发蒸腾量 ET。

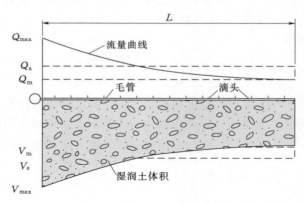

图 11 - 13　水利用率和滴头流量示意图

结合图 11 - 13，针对单条毛管的滴灌系统，式（11 - 1）又可表述为最小灌水量和总灌水量的比值：

$$E_a = \frac{V_m \times L}{V_a \times L} = \frac{Q_m \times T}{Q_a \times T} = \frac{Q_m}{Q_a} \quad (11-2)$$

式中　E_a——水利用率，小数表示；

　　　V_m——最小灌水量，L；

　　　V_a——平均灌水量，L；

　　　L——毛管长度，m；

　　　Q_m——最小流量；L/h；

　　　Q_a——平均流量；L/h；

　　　T——灌水延续时间，h。

从式（11 - 2）可以看出，单条毛管的水利用率就成为最小滴头流量 Q_m 和滴头平均流量 Q_a 的比值，按照这个概念，对某一分干管的控制区域可以这么算，进而扩展到整个微灌系统也可以这样计算，这样，Q_m / Q_a 就清晰地给出了微灌系统的设计参数，而且这些参数是可以在田间实测到。

（一）设计均匀度

灌溉设计的目标就是要把水高效地分配给作物，灌溉系统效率中的一个重要因素就是灌水均匀度，因此，均匀度是设计师准备设计工作中必须首先考虑的重要标准之一。均匀度有多种表示方法，而对于微灌系统，美国农业生物工程师学会 2003 年给出的均匀度（EU）的定义为

$$EU = \frac{1 - 1.27 \times C_v}{\sqrt{n}} \times \frac{Q_m}{Q_a}$$ (11-3)

式中　EU——灌水均匀度，小数表示；

n——每棵作物的滴头数量，大于等于 1 的数；

C_v——滴头制造偏差系数，小数表示；

Q_m——系统最小压力下的滴头最小流量，L/h；

Q_a——设计压力或平均压力下的对应滴头流量，L/h。

从式（11-3）中知道，EU 由两部分构成，第一部分 $[(1 - 1.27 \times C_v) \div \sqrt{n}]$ 表示由制造偏差系数引起的流量变化，从灌水器中取出一个样本，在相同的压力条件下测出这个样本的平均流量，再用每个灌水器的流量除以这个平均流量，就能计算出灌水器的 C_v。也就是说，平均每棵作物的滴头数量 n 越多，这一部分的值就越小，就能明显抵消制造偏差对 EU 的影响。

第二部分（Q_m/Q_a）表示的是压力变化引起的流量变化，在式（11-2）中已经讨论过，这一项就等于水利用率 E_a。

在 2003 年，美国农业生物工程师学会指出，线源灌水器的微灌系统其最小均匀度 $EU = 80\%$，要达到这么高的均匀度数值，就必须严格控制 EU 式中的制造偏差项。

（二）设计中的均匀度控制

设计均匀度 EU 有了数学表达式，前面也讨论过，可根据各种变量计算它。式（11-2）和式（11-3）表明，（Q_m/Q_a）项与压力变化有关：

$$Q_m = K \times P_m^x, \quad Q_a = K \times P_a^x$$

相比后

$$\frac{Q_m}{Q_a} = \left(\frac{P_m}{P_a}\right)^x$$ (11-4)

式（11-4）表明，（Q_m/Q_a）项随压力变化项（P_m/P_a）和流量指数 X 的变化而变化，这种变化关系列在表 11-3 中。

表 11-3　　　　　　　　　　　流量项随压力项变化的关系　　　　　　　　　　　%

压力变化 P_m/P_a	$Q_m/Q_a = E_a$		压力变化 P_m/P_a	$Q_m/Q_a = E_a$	
	$X = 0.5$	$X = 1.0$		$X = 0.5$	$X = 1.0$
95	97	95	75	87	75
90	95	90	70	84	70
85	92	85	60	77	60
80	89	80	50	71	50

实际设计中，设计师需要计算压力变化范围，因此，式（11-3）又可写成式（11-5）：

$$EU = \left(1 - \frac{1.27 \times C_v}{\sqrt{n}}\right) \times \left(\frac{P_m}{P_a}\right)^x \tag{11-5}$$

为了求解压力变化项（P_m / P_a），再把式（11-5）写成：

$$\frac{P_m}{P_a} = \frac{EU^{\frac{1}{x}}}{1 - \frac{1.27 \times C_v}{\sqrt{n}}} \tag{11-6}$$

第三节　滴头堵塞问题

微灌系统管理中面临的最大潜在风险就是滴头堵塞问题。由于滴头流道很小，容易被物理杂质和有机杂质堵塞，这样会降低出水量，引起出水不均匀，进而严重影响作物生长。以下是常见的几种堵塞的原因：

（1）悬浮的固体颗粒：①有些情况下，安装时杂质进入系统又没被冲洗出去，如昆虫、生料带碎片、PVC管碎末、土渣等；②有时是输水中被带过来的杂质，又没做好过滤，如土粒、活的或死的水生物、钢管的锈斑等；③泥土进入破裂的管道后，引起的堵塞问题；④突然停机时，形成的真空把泥土吸入滴头后形成的堵塞。

（2）有机杂质的滋生：各类藻类和菌类可能滋生在管道的内壁上，或者聚集在管道内的存水中，如鱼卵、虫子、一些软体生物在管内繁殖生长等，从而形成的堵塞。

（3）溶解性杂质：特定的环境下，会在微灌系统中形成氧化铁、二氧化锰、碳酸钙，在两次灌溉的间隙，管道内存水，这些杂质就会沉积在系统中，或沉积在滴头处。

（4）不兼容的化合物：用户有时不注意，往系统里注入不兼容的微量元素、肥料或其他东西，这些化合物可能和水反应，也可能彼此起化学反应，从而生成杂质，引起滴头堵塞。

一、堵塞的解决方案

表11-4简要列出了一些堵塞问题及其处理办法。一旦系统发生了堵塞，几乎没办法修复，若滴头已被堵死，即便使用氯或酸等药剂来处理也无济于事，所以说预防堵塞才是上策。实践证明，遵循以下简单的法则，就能避免堵塞问题。

（1）分析水源中的悬浮和可溶性杂质，然后有针对性设计灌溉系统、施肥系统和过滤系统。

（2）在田间支管的管首安装二级过滤器，防止管道破裂或一级过滤失效后引起的堵塞。

（3）在支管的管首安装进、排气阀，当突然停机时破坏真空，防止杂质被吸入毛管。

（4）安装流量检测仪表，密切观察系统的流量变化。

（5）设计中要考虑所有管道系统能够冲洗，也包括毛管；合理选择首部系统、管道尺寸和阀门，使水流经过时，保持足够的不淤流速（比如不淤流速要大于 0.3m/s）。

（6）施工安装中，会有泥土、虫子、生料带碎片、PVC 管碎末等杂质，要最大限度防止这些杂质进入管道系统。

（7）在连接毛管之前，就把整个系统彻底冲洗干净。

（8）如果需要，可用一定浓度的药剂，如氯和酸来处理。

（9）在主过滤器的上游，注入肥料和其他药剂。

（10）检测任何新起用的药剂，确保不和水发生反应而产生杂质。

（11）按顺序冲洗所有毛管。

表 11-4　　　　　　　　　　　　堵塞问题的处理方法

问　题	处　理　方　法
白色碳酸盐沉淀，$HCO_3 > 2 \times 10^{-8}$，$pH > 7.5$	（1）连续施肥的情况：维持 pH 值为 5～7； （2）定期施肥情况：每天维持 pH < 4 的时间在 0.5～1h
红色铁杂质，浓度大于 1×10^{-7}	（1）增氧使铁氧化沉淀下来，此方法最适合铁离子浓度大于 1×10^{-5} 的情况； （2）用氯来处理，每 0.7×10^{-6} 的铁离子用 1×10^{-5} 的氯，最好在过滤器上游处理，以便过滤器拦下这些杂质； （3）每天把 pH 值降低到 4 以下，保持 0.5～1h
黑色锰杂质，浓度大于 1×10^{-7}	在过滤器上游注入氯，1.3×10^{-6} 锰用 1×10^{-6} 的氯
淡红色的黏稠铁杂质，浓度大于 1×10^{-7}	连续注入 1×10^{-6} 的游离氯，或者每天用 0.5～1h 注入 $1 \times 10^{-5} \sim 2 \times 10^{-5}$ 氯
絮状白色硫杂质，浓度大于 1×10^{-7}	（1）持续注入氯，$4 \times 10^{-6} \sim 8 \times 10^{-6}$ 的硫化氢用 1×10^{-6} 的氯； （2）每天用 0.5～1h 注入 1×10^{-6} 的游离氯
藻类和菌类杂质	持续注入 $0.5 \times 10^{-6} \sim 1 \times 10^{-6}$ 的氯；或者在每一次灌溉快结束时，20min 内注入 2×10^{-5} 氯
硫化亚铁杂质，看着像黑砂子，浓度大于 1×10^{-7}	连续注入酸，维持 pH 值为 5～7，促使铁杂质溶解

二、堵塞问题的诊断和防治

要解决堵塞问题首先要诊断问题，在下面的篇幅阐述常见的堵塞问题。

（一）铁杂质问题

微灌系统的铁离子主要来自水源的可溶性亚铁盐，因为一些因素的变化，亚铁离子被氧化，变成了三价铁离子，沉积下来后引起堵塞问题。

可溶的亚铁离子被氧化成不溶的三价铁离子，和某些细菌结合后可形成沉淀物，浓度达到 1×10^{-7} 时，铁离子就开始引起问题。铁杂质是一种红色纤维状的沉积物，会粘在 PVC 或 PE 管的内壁，甚至会把滴头完全堵死。

处理铁杂质的常用方法，是在水中加氯来灭菌或者抑制细菌的活力，采取持续注入浓

度为 1×10^{-6} 的游离氯，或者每天用 $0.5\sim1h$ 注入浓度为 $1\times10^{-5}\sim2\times10^{-5}$ 的氯。

如果是水井里出现铁杂质，往井里加入浓度达 $2\times10^{-4}\sim5\times10^{-4}$ 的氯，对井水进行过氯化处理，会最大限度地处理掉此问题。根据成井时下的滤管深度和直径，就可以估算出要处理的水体体积。

1. 铁离子的化学去除法

在把水从地下含水层抽出和送入灌溉系统的过程中，水体的物理和化学环境都发生了很多变化，如铁盐溶解度、压力、pH 值、温度等都发生了重大变化。亚铁离子通常是以氧化亚铁的形态存在于含水层的水中，水在地下环境里溶解度高，一旦水进入灌溉系统，特别是在灌溉作业中，水环境发生改变，很可能沉积在系统中，即便量很小（$\geqslant1\times10^{-7}$），都可以引起滴头堵塞。应避免在含铁离子的水中注入磷酸盐和钙盐，因为这些盐类会加速铁离子的沉积。

去除铁离子或保持铁离子处于溶解状态的化学方法，是处理含铁杂质水体的可行办法，下面推荐几种处理技术。

2. 曝气除铁技术

这是从灌溉水中去除铁离子的最常用的方法，把水完全暴露在沉沙池中，或让水从高处流下，或让水流过一系列弯曲路径，或把水抛到空中，或能让氧气和水充分混合的其他方法，目的就是让水体充分曝气，让亚铁离子充分氧化成三价铁离子，絮凝后从水中分离出来，然后沉积到池底，沉沙池要足够大，能保证足够的沉积时间。

曝气除铁技术是低维护、少培训、最可靠、性价比高的除铁方法。因为多数含铁的水都是井水，要从地下提出来到水池，再进入压力系统，所以曝气沉淀法的缺点就是要二次加压，要在水池旁再建个加压泵站。虽然进行了二次加压，但不见得增加太多的运行电费，因为泵的总扬程没太大变化。

3. 加氯除铁技术

游离氯能把亚铁氧化成三价铁，也是把铁杂质沉淀出来的解决方案。必须测定铁离子浓度，0.7×10^{-6} 的铁离子，需要加入 1×10^{-6} 的氯来处理。为了灭菌和控制菌类繁殖，也许还需要多加些氯进去。

最好通过系统里的紊流状态，使氯和水充分混合，促使铁离子絮结沉淀后过滤掉，如果不能实现充分混合，铁杂质可能随水流过支管和毛管，在里面形成沉积。砂石过滤器是最适合的，需要频繁反冲洗，应该能以压差或预设时间进行自动控制反冲洗。

当按照正规的操作程序处理，加氯沉淀铁杂质的技术是很有效的。但它对加氯系统和过滤系统的操作和维护要求较高，若水源含铁杂质高，系统又大，那么加氯的成本会高。只有在不能用曝气除铁技术的条件下，才选用该技术除去铁杂质。

但必须注意，若水源中有锰离子时要慎重使用该技术去除铁杂质，因为锰的氧化速度比铁的氧化速度慢的多，加氯后铁杂质被除掉了，可锰杂质氧化滞后，来不及过滤，因此在系统中会形成锰杂质堵塞。

4. pH 值控铁技术

铁离子在低 pH 值的酸性溶液中可以溶解，而从地下含水层中把水提上来后 pH 值会升高，铁离子就会沉积。可以加酸进去维持铁离子处于溶解状态，或者每隔一段时间加一次酸，溶解已经沉积了的铁杂质。

若采取以上技术，也没能清理干净铁杂质，用加酸的办法就能清理先前因铁杂质堵塞的系统，把 pH 值控制在 4.0 以下并保持 0.5～1h，就可以溶解铁杂质，再冲出系统。

（二）硫杂质问题

如果灌溉水中含 0.1×10^{-6} 以上的硫化物，硫细菌（白色贝日阿托菌）就能产生有机硫杂质，这种杂质呈白色黏性絮状物，能完全堵死灌水器。在适宜的环境里，硫细菌会迅速繁殖，几天内就会形成严重堵塞。

系统中的硫和铁发生反应也会引起堵塞问题。如果一直过滤含硫量很高的水，不锈钢滤网就会形成硫化铁堵塞。可溶的硫和铁离子可能发生化学反应后生成不溶的硫化铁。在某些情况下，把含铁的肥料注入含硫的水中，也能产生沉积物。

推荐每天用 0.5～1h 注入 1×10^{-6} 的游离氯来消毒，控制硫化物杂质。为了确保整个系统都处理到，应该以最末端的毛管里可测到游离氯为准。

在有硫化物潜在堵塞的地方，有必要制定系统加氯消毒的流程。如果灌水器完全被堵死，就是加氯处理，也于事无补。

（三）钙盐的沉积问题

钙沉积在滴头或毛管上，是一个非常普遍的现象，呈白色的膜状，粘贴在系统内壁上。此问题很好解决，往系统里注入一定浓度的酸，使 pH 值低于 4.0，并维持 0.5～1h，就可清除钙盐沉积问题。这种办法必须在滴头没有完全堵死的条件下就实施，一旦滴头完全堵死，酸到达不了滴头，此法就无效了。

一般加盐酸来处理钙盐沉积问题，注入一定浓度盐酸，使灌溉水 pH 值在 4.0 以下，并维持 0.5～1h。

第四节 盐 分 管 理

在年降雨量比较多的地区，通过灌溉就可以洗盐，而在干旱地区，缺少自然降雨的入渗，在土壤中就会形成大量盐分堆积，堆积量将取决于灌溉水的含盐量比例。

在干旱地区，并且灌溉水中又含盐，地表往往会积盐，同时，盐分也会沉积在滴头所湿润的地下土体的边沿。

即使不下雨，但通过对灌溉系统进行合理设计和适当管理，也可以控制盐害。如果灌溉系统不运行，偶尔遇到一场大雨，就会把盐分再次冲回到作物根区，引起根区盐浓度急剧增高。因此，盐分在累计一段时期后突遇大雨，当灌水量加上降雨量达到50mm 时，应该启动灌溉，这样做，是为了接着把盐分淋洗到根区以下，防止盐分再次运移回根区。

灌溉水含盐时，还需要考虑盐分在作物根区的运移状态，盐分随土壤水快速运移，并沉积到湿润区的外沿，因此，必须合理选择灌水器，保证水分（含盐分）向作物的远处运动，而不能让盐分向作物运动。

第五节　蚁　害

蚂蚁咬噬薄壁 PE 管成为全球性问题，在某些地方已引起重灾。滴灌带侧面被咬出好多洞，这是蚁害的典型表现，严重破坏了滴灌带的水力学性能，也给用户带来重大的经济损失。在美国夏威夷州，研究人员发现，0.4mm 以下壁厚的滴灌带是重灾区。

用氯化烃杀虫剂，可以成功控制蚁害（如 Chlordane™、Heptachlor™），但是，这些强力杀虫剂毒性很大，污染环境，在使用时必须仔细阅读说明书。最好选择厚壁滴灌管，以防蚁害。

在美国的西南部，也发现俗称叩头虫和拉拉蛄破坏滴灌带的情况，通常和防蚁害一样，推荐用厚壁滴灌管。

第六节　动物破坏

在远郊，动物破坏微灌系统也是一个值得关注的问题。一些会打洞的动物，如鼠类、松鼠类动物，往往会咬噬地面或地下的 PE 管，还有乌鸦、野狼等动物，为了找水喝，也会破坏管子。如果这些动物数量太多，就会严重破坏微灌系统。

有 4 种办法来解决这个问题：①用驱虫剂，让动物望而却步；②用诱捕方式，减少动物数量；③铲除动物的食物供应；④为动物提供专门的饮水处。

选择尝着或闻着有强烈刺激味道的驱虫剂，通过系统注入毛管，或者在安装时沿毛管撒施。安装时的撒施方式，过一段时间后，药效就会降低甚至失效，因此，推荐通过系统注入驱虫剂的方式。用于驱离动物的药剂种类很多，如无色或浅绿色的氨水等。

当面积小时，可以装诱捕器，但当面积太大时就不可能实施了，因为劳动力成本太高。以动物种类和对微灌系统伤害的大小，来做不同的诱捕器，成本也太大。用拖拉机把抓地鼠的捕杀器布设到地下，通过飞行器从空中撒布诱捕器，这样做效率更高，成本较低。

穴居动物一般以杂草或作物为食。以杂草为食的动物，铲除杂草就解决了问题；以作物为食的动物，就采取减少动物数量的办法。

干渴的动物因为找水喝，所以伤害地表或地下的管道。有些用户为了减少动物对系统的破坏，在关键的位置点专门为动物建了饮水处。

第七节　PE 管老化

PE 管老化主要由两大原因造成：暴露在紫外线中引起的老化和环境应力的破坏。这两种老化类型的表现形态各异，需要仔细诊断和辨别。

一、紫外线引起的老化

紫外线引起的老化，是指阳光穿透塑料造成分子变化，使塑料逐步退化，其表现为，暴露在阳光中的 PE 管的上半部分出现裂缝。

增强抗紫外线的方法，就是在做 PE 管时预先加入炭黑，炭黑可使管子变得黑亮，也可以吸收紫外线，从而防止管子老化。炭黑量加的不够，或者制造时炭黑和原料混合不匀，就容易出现紫外线老化问题。要达到抗紫外线的目的，最少需要加入 2％的炭黑量。用户也要倍加小心，确保采购的是合格产品。

二、环境应力破坏

环境变化引起的 PE 管老化，是个普遍问题，当 PE 管暴露在环境中，会出现破裂或者裂缝现象，此现象往往发生在受过外力作用的部位，比如倒刺接头、管上式滴头的安装位置，所发生的破裂或者裂缝，就是很典型的环境应力破坏。

PE 管发生这种破坏，主要是因为选用了不合规范的 PE 管、质量低劣的 PE 管或掺入回收料的 PE 管。因为高质量的 PE 管和劣质的 PE 管之间，从外观上看不出明显差别，杜绝环境变化引起的应力破坏，唯一的办法就是从声誉好的厂家去采购。

三、根入侵

采用地下滴灌系统，作物根系会侵入灌水器里，堵塞灌水器，这种情况若在田间普遍发生，就会严重影响灌溉系统的效率，若继续发展下去，就不得不重新替换地下毛管。

虽然对于根侵入灌水器的原因现在还没完全研究清楚，但从趋势来看，根的侵入与作物种类、滴头形式、埋入深度和位置，以及灌溉制度等因素有关。可以理解的是，因为作物根系的向水性，随着作物的生长，根系会扩展到湿润区里；但不可理解的是，也发现根沿着地埋滴灌带上的构造缝生长，最后侵入到滴头里。

增强抗根入侵最有效的两种措施是，要么调整灌溉制度，避免作物受到水分胁迫，要么在滴灌带上不留构造缝，或者有构造缝，但滴孔分布得远离这个构造缝。

其他化学驱根措施，如往系统里注入酸、酸性肥料、氯，或者如氟乐灵的抑根药剂等。化学驱根措施的应用必须非常慎重，因为这些药剂都是用来抑制根系生长，一旦措施不当，就会严重伤及作物。因此强烈建议用户，在计划利用化学驱根措施之前，必须详细听从专家的指导，同时，用户自己也要仔细阅读药剂的使用说明书。需要注意，有些地方的法律规定了一些药剂，不允许通过微灌系统来施用。

四、阳光灼伤

当滴灌带铺在透光的膜下时，阳光灼伤频繁发生，是个很令人头疼的问题。一旦特定条件具备，膜下蒸汽在膜内侧凝结成水滴，这些水滴会把阳光聚焦，投射在滴灌带上，就在滴灌带的上壁熔化出一系列的长形孔洞。

值得庆幸的是，灼伤是在特定条件下形成的，在大田里影响不大，但也不能不重视，这种情况的发生，的确不是厂家的产品质量问题。解决办法是，只要把滴灌带铺在透光的膜下，就一定要在滴灌带上敷上一层土。

图 11-14 是滴灌带发生损坏的一些实例。

(a)压力过高　　　　　　　　(b)机械损伤　　　　　　　　(c)阳光灼伤

(d)铺设中损坏　　　　　　　　　　　　　　(e)虫噬破坏

(f)被地鼠破坏后出现径流　　　　　　　　　(g)地鼠嗑的洞

图11-14　滴灌带发生损坏的一些实例

第八节　设 备 选 型

　　微灌系统由灌水器、配水管道、过滤设备、控制设备构成。在水源处，供水控制可能是手动或者自动控制的，有时在首部需要附加营养液或者肥料注入设备，安装此设备要考虑额外的过滤问题，而且能自由调节，以适配作物的生长期变化和选定的灌水器。水是从水源位置，通过 PVC 和 PE 管网，最终被送到每个灌水器，无论灌水器是滴灌管、滴头、散射微喷头，还是旋转微喷头，作用都是把水肥送到作物根部的土壤中，从而使作物健康生长。每个部件的性能，都会影响到整个系统的性能，也会影响到采购、安装、运行、维护等成本，因此，必须对各部件进行深入了解，才能选择到合理的设备并达到预期的目标。微灌系统都建在野外的恶劣环境中，既要考虑其使用寿命，又要考虑动物、农艺操作、机械设备的损伤问题。许多情况下，给定的环境条件会影响灌水器的选型，下面就微灌系统的组成部件分别进行论述。

一、灌水器

理想的灌水器应有如下特征：

（1）价格低廉。

（2）易于制造。

（3）方便安装。

（4）抗堵性好。

（5）压力补偿（流态指数 $X=0$）。

（6）可靠耐用。

（7）精度高。

在实际中，大多数灌水器只拥有上述的部分特征，因此，就要按照特定的使用情况，考虑哪些特征是必需的，哪些不是必需的。例如，杂质多的地表水，就要求灌水器抗堵性好，而水质好的井水，抗堵性就不那么重要；同样，地形起伏大就需要有压力补偿的灌水器，而铺的很短、地形平坦时，就不需要有压力补偿的灌水器。

（一）层流灌水器

层流状态是指流体的分子缓慢而规则地流动过程，水流以低流速和平滑的方式流动。层流灌水器是通过水流与流道壁的摩擦来消能，从而调节水量。具有小而长的流道，摩擦力较大，因此，层流灌水器的典型特征，就是具有长而窄的流道。例如微管、柱状滴头的滴灌管、环形流道滴头等，都属于层流灌水器。

层流灌水器结构简单，可靠性好，而且便宜，经过合理设计和运行管理，这些灌水器也能表现出好的性能。其缺点就是对压力相对敏感（流量随压力变化而剧烈变化），因流速慢、流道小，易于堵塞；同时对水的黏滞性也比较敏感，也就是说，流量会随水的温度变化而变化。

（二）紊流灌水器

紊流状态是指流体的分子快速、无序、随机的流动过程。紊流灌水器是通过水流和流道壁之间以及流体的分子之间的双重摩擦来消能，从而调节水量。紊流灌水器的主要特征是孔口出流，例如，利用孔口控制流量的滴灌带就是真正的紊流灌水器。

除了孔口出流的灌水器外，以流体分子紊动、流体和流道壁摩擦来消能的具有弯曲流道的滴头，也是引申的紊流灌水器。与层流灌水器相比，紊流灌水器有流道短而大、流速高等优点，提高了抗堵性能。换一种说法，就是紊流灌水器较层流灌水器而言，其流量对压力不敏感，也不随水温变化而变化。

（三）涡流灌水器

涡流灌水器在设计上比紊流灌水器更提高一步，其实就是利用漩涡的原理，在其中心形成一个低压区。当水流在涡流灌水器内打旋时，离心力把水推向漩涡的边缘，就在漩涡的中心形成了一个低压区，出水孔就正好做在这个漩涡的中心处，压力低，出流量就相对小。优质的涡流灌水器与紊流灌水器相比，对压力更不敏感。

涡流灌水器也有缺点，它的流道非常小，抗堵性差，因此，就需要优质的过滤和更仔细的管理措施。

（四）压力补偿灌水器

压力补偿灌水器可以是层流也可以是紊流流态，无论哪种流态，都是通过入口的压力来调节流道大小、流道形状或流道长度，来实现压力补偿功能，即利用压力引起的弹性膜片、隔膜或者通道的变形，从而实现流道的改变。采用这种办法，压力补偿灌水器可以在一个宽泛的压力范围内工作，在这个压力范围内，流量基本保持恒定。

那么，用在灌水器制造中的弹性材料的质量就变得至关重要，劣质的弹性材料有种种弊端，如遇水变形，时间长了失去弹性，应力拉伸后失效，化学物质侵蚀后变硬等。经长时间的使用，若弹性膜片的特性发生改变，将直接引起灌水器的性能改变。

二、层流和紊流灌水器的理论基础

在紊流流态和摩擦力的共同作用下，来调节灌水器的流量。灌水器遵循如下的流量模型：

$$Q = K \times P^X \tag{11-7}$$

式中　Q——流量，L/h；

P——工作压力，kPa；

K——流量系数；

X——流态指数。

流量系数 K 与流道的结构尺寸有关，流态指数 X 值的范围可以是 $0\sim1$。X 值扮演了重要的角色，它决定灌水器的出水均匀性，X 值越小，压力补偿效果越好。若 $X=0$，灌水器就是完全压力补偿的，在一定的压力范围内，流量就是一个恒定的常数，理论上讲，这是均匀度最好的灌溉系统。对于非压力补偿的灌水器而言，X 值随流态而变化，比如流态是涡流、完全紊流、完全层流，或是处于紊流和层流之间，这些 X 值是不同的。

三、层流理论

完全层流下的 X 理论值，结合达西-魏斯巴赫公式和穆迪图（见第七章），表述如下：

$$H_\mathrm{f} = f \times \frac{L \times V^2}{2 \times g \times D} \tag{11-8}$$

式中　H_f——管道沿程水头损失，m；

f——摩阻系数；

L——管长，m；

D——管道内径，m；

g——重力加速度，9.81m/s^2；

V——水流速，m/s。

层流状态下（$Re < 2000$），由哈根-泊肃叶方程知 $f=64/R$，而雷诺数 $Re = V \times D \div \upsilon$，此处 υ 是运动黏性系数，又 $Q = V \times A$（A 为管道横截面积），把这些代入到达西-魏斯巴赫公式中，写成流量 Q 的表达式如下：

$$H_{\mathrm{f}}=\frac{64\times L\times V^2}{R\times D\times 2\times g}$$

由于
$$R=\frac{V\times D}{\upsilon}$$

从而得出
$$H_{\mathrm{f}}=\frac{64\times L\times \upsilon\times V}{D^2\times 2g}$$

又因
$$V=\frac{Q}{A}$$

又得出
$$H_{\mathrm{f}}=\frac{64\times \upsilon\times L\times Q}{D^2\times 2\times g\times A}$$

解出 Q 为
$$Q=\frac{g\times A\times D^2}{32\times \upsilon\times L}\times H_{\mathrm{f}} \tag{11-9}$$

从式（11-9）可以看出，完全层流状态时，流量 Q 与沿程水头损失 H_{f} 成正比。结合式（11-7），即可知完全层流状态下，流态指数 $X=1$。

式（11-9）还揭示了一个规律，就是流量 Q 与运动黏性系数 υ 成反比，而 υ 又与水温成反比，"反—反"成正，所以流量 Q 与水温成正比，即层流灌水器的流量随水温的变化而变化。层流灌水器的流量计算以水温 20℃ 为标准值，其他水温下需要进行修正，表11-5给出了水温修正系数。

表 11-5　　层流灌水器流量的水温修正系数

水温/℃	修 正 系 数		
	$X=0.6$	$X=0.8$	$X=1.0$
5	0.94	0.87	0.63
10	0.95	0.92	0.75
15	0.98	0.95	0.87
20	1.00	1.00	1.00
25	1.02	1.05	1.13
30	1.04	1.10	1.28
35	1.06	1.14	1.43
40	1.08	1.19	1.56
45	1.10	1.24	1.70
50	1.12	1.29	1.85

四、紊流理论

给定的流道在完全紊流流态时，摩阻系数 f 就是恒定常数，并不随雷诺数和运动黏性系数而变化。把 $V=Q\div A$ 代入式（11-8）中，可得到
$$H_{\mathrm{f}}=f\times\frac{L}{D\times 2\times g}\times\left(\frac{Q}{A}\right)^2$$

解出 Q 为

$$Q = A \times \left(\frac{H_f \times 2 \times g \times D}{f \times L} \right)^{1/2} \tag{11-10}$$

从式（11-10）可知，完全紊流流态下，流量 Q 与沿程水头损失 H_f 的平方根成正比。对照式（11-7），那么完全紊流流态下的流态指数 $X = 0.5$。

孔口出流是完全紊流的一个特例，对于孔口出流，利用伯努利方程来描述：

$$Q = 1791 \times C_d \times D^2 \times P^{1/2} \tag{11-11}$$

式中　Q——孔口出流的流量，L/h；

D——孔口直径，mm；

C_d——流量系数，根据孔口的进水口型式不同，取值范围为 $0.60 \sim 1.00$；

P——孔口的进、出口压差，kPa。

从式（11-11）可知，孔口出流的流量 Q 与其进、出口压差 P 的平方根成正比，因此，孔口出流的流态指数 $X = 0.5$。

总而言之，从水力学理论分析来看，层流灌水器的流量 Q 随工作压力呈直线变化，也就是说，层流流态指数 $X = 1$。层流灌水器的流量 Q 也随运动黏性系数变化，也就是随水温的变化而变化。

对完全紊流灌水器而言，当然也包括孔口出流灌水器，其流量 Q 与工作压力的平方根成正比，换句话说，就是其流态指数 $X = 0.5$。而且，完全紊流灌水器的流量不随运动黏性系数而变化，也就是说，流量不受水温的影响。

表 11-6 表述了不同流态对应的流态指数，也对应列出了一些常见的灌水器类型。

表 11-6　　　　　　　　　　　不同流态对应的流态指数

流　态	流态指数 X	灌水器类型
流道可改变	0	压力补偿式
	0.1	
	0.2	
	0.3	
涡流	0.4	涡流式
完全紊流	0.5	孔口出流式，弯曲流道式
部分紊流	0.6	螺旋式或长流道式
	0.7	
部分层流	0.8	小管出流
	0.9	
完全层流	1.0	细管道

图 11-15 给出了流态指数 $X = 0$、$X = 0.5$、$X = 1$ 三种情况下，灌水器流量的变化趋势。注意所选灌水器的设计工作参数都一样，100kPa（15psi）压力下流量为 3.8L/h（1gph），同时压力都变化 20%，即压力发生 ± 20kPa（3psi）偏离时，灌水器的流量变化值。

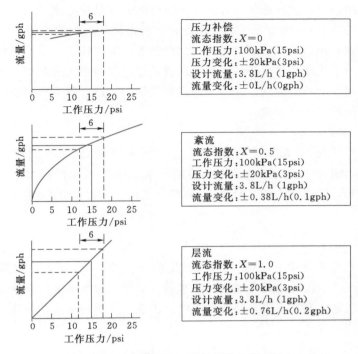

图 11-15 不同流态指数 X 对应的灌水器流量变化趋势

1. 流态指数 X 的试验测定

试验中，让给定的灌水器在压力 P_1 和 P_2 下分别工作，同时对应测定 Q_1 和 Q_2，就可实测出 X 值。试验压力应分别接近灌水器的允许工作压力上、下限，观测时间应在 20min 以上，用收集的水量除以观测时间，就可算出 Q_1 和 Q_2。不能仅仅就测两组数据，最好多做几组试验，绘出压力-流量曲线，以消除试验偏差。

拿出两组数据 (P_1, Q_1) 和 (P_2, Q_2)，在对数格纸上绘出通过此两点的直线，此直线的斜率就是 X 值。或者用式 (11-12) 计算 X 值，式 (11-12) 是从式 (11-7) 推导而来。

$$X = \frac{\lg\left(\dfrac{Q_1}{Q_2}\right)}{\lg\left(\dfrac{P_1}{P_2}\right)} \qquad (11-12)$$

实测出 X 的值后，代入式 (11-7)，就可确定出流量常数 K 值。

2. 评估灌水器的质量

如前述讨论所知，灌水器工作状态的好坏取决于其设计和调节流态的方式。除了合理设计之外，制造中的质量控制也严重影响灌水器的性能。

随机抽取一组灌水器的样本，通过测量该样本中灌水器的流量，就可评估其性能好坏。理论上讲，该样本中灌水器的流量应该完全相同，而且和厂家资料描述的流量值完全一致。

而实际上，单个灌水器之间的流量会有点不同，实测的平均流量会围绕标定的流量值上下变化。可以用一个叫做制造偏差系数 C_v 的指标来评估单个灌水器之间的流量偏差，而用平均流量偏差系数 Q_d 来评估实测平均流量和标定流量之间的偏差。C_v 和 Q_d 这两个指标都可以实测到，用来指导制造过程中的细微偏差该如何控制。目前市场上的灌水器都是塑料材质，是通过注塑磨具生产的，塑料原料类型、原料批次的差别、环境温度、磨具温度、磨具使用期、磨具的清洁、注塑机的设置等因素，都会影响塑料成品的尺寸，结果就造成灌水器之间的流量有偏差。

3. 平均流量偏差

平均流量偏差系数 Q_d 是指平均流量 Q_{mean} 和标定流量 Q_r 之间的偏差率。标定流量 Q_r 是厂家在特定温度和特定压力条件下标定的，Q_{mean} 是用抽取的样本中每个灌水器的流量（Q_i）累积之和，除以样本的总数量（n）算出来的。因此，Q_d 可由下式表述：

$$Q_d = \frac{Q_r - Q_{mean}}{Q_r} \times 100 \qquad (11-13)$$

抽取的样本平均流量 Q_{mean} 应该和厂家标定的流量 Q_r 非常接近，如果平均流量远高于或远低于标定流量，设计中若选用这种灌水器，那整个灌溉系统的流量和压力都会有很大偏差；若系统就这么安装完成，那运行中将会出现很严重的水力学问题。要解决这些问题，得付出昂贵的代价。

4. 制造偏差系数

制造偏差系数 C_v 是个统计学概念，用于描述灌水器样本的标准偏差，和流量偏差系数的概念差不多。用样本的流量标准偏差 S_d 除以平均流量，即可计算出 C_v。

$$C_v = \frac{S_d}{Q_{mean}} \times 100 \qquad (11-14)$$

式中　C_v——制造偏差系数；

　　　S_d——流量标准偏差，L/h；

　　　Q_{mean}——平均流量，L/h。

随机抽取的灌水器样本，其流量值呈正态分布，如图 11-16。从数学方面来表达，就是大约 68% 的滴头流量应落在平均流量 Q_{mean} 的 1 个标准差内，95% 的滴头流量应落在

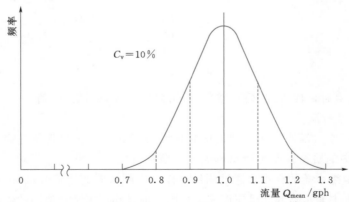

图 11-16　灌水器平均流量、制造偏差系数和正态分布曲线

平均流量 Q_{mean} 的 2 个标准差内，99.7％的滴头流量应落在平均流量 Q_{mean} 的 3 个标准差内。按照这个定义，C_v＝5％就表示 Q_{mean} 的标准差是 5％。若一个样本的平均流量 Q_{mean} ＝3.8L/h（1gph），那么当 C_v＝5％时，其 1 个标准差就是 0.19L/h（0.05gph），也就是说，68％的滴头流量应落在 3.6～4.0L/h（0.95～1.05gph），95％的滴头流量应落在 3.4～4.2L/h（0.9～1.1gph），99.7％的滴头流量应该落在 3.2～4.4L/h（0.85～1.15gph）。

在工程经验中，一般容许灌水器的最大流量偏差仅为±10％，也就是 C_v＝3.3％左右，这个容许范围非常窄，只有行业里顶尖的制造商可达到这个标准。

5. 进一步理解灌水器质量的含义

讨论灌水器的性能，平均流量偏差 Q_d 和制造偏差系数 C_v 两个因素都必须讨论，不能互相替代。举个例子，一个样本的标定流量为 4.2L/h，而某个滴头的实际流量为 4.96L/h。若样本内的所有灌水器的流量都相同，那么 C_v＝0 表示产品非常好，可例中的某个灌水器的流量已经高出标定流量 18％。

换一个思路，若一个样本的平均流量 Q_{mean} 等于标定流量 4.2L/h，也就是流量偏差 Q_d＝0，但制造偏差系数 C_v＝15％，那么这个样本内的各个灌水器的流量将有很大差别。

同时，取样的方法也很重要，产品批次不同，其 Q_{mean} 和 C_v 也会有变化，要取得能代表实际情况的数据，就必须在一定的时期内持续地取样检测。

实际中，给定样本的平均流量 Q_{mean} 和标定流量不一致，每个灌水器之间的流量也有差别，这种情况下，灌溉设计师如何评估灌水器的质量？表 11-7 给出一些评估指标，用来指导点源灌水器和线源灌水器的评估。

表 11-7　　　　　　　　　　灌水器质量等级分类　　　　　　　　　　　　　　　％

质量等级	点源灌水器				线源灌水器	
	非压力补偿		压力补偿			
	Q_d	C_v	Q_d	C_v	Q_d	C_v
优秀	<3	<3	<5	<5	<5	<5
良好	3～5	3～5	5～10	5～10	5～10	5～10
符合规范	5～10	5～10	10～15	10～15	10～15	10～15
不符合规范	>10	>10	>15	>15	>15	>15

五、滴灌带的水力学性能

影响微灌系统的灌水均匀度有两个因素，一是系统压力，二是所用滴头的性能。普遍认为，当设计压力控制在合理范围内时，所选的滴头就不会对灌水均匀度有太大影响，对于市场上的线源灌水器，也就是滴灌带，这是行业内公认的处理方法。

薄壁滴灌带多应用于行栽作物，行业里普遍应用的这种滴灌带，沿其长度方向上，水量呈线状分布，是通过小滴孔、小滴头间距来控制流量和均匀度。

（一）滴灌带的类型

市场上有大量的厂家在生产滴灌带，广泛应用于行栽作物和大田作物（如果树、蔬菜、谷类作物），这类产品特点分明，各有用途，若从水力学角度分类，分为紊流滴灌带和层流滴灌带两类。顾名思义，紊流滴灌带就是通过孔口或者弯曲流道来控制出水量。下面就这些滴灌带的类型，进行更详细的阐述。

(1) **紊流型**：滴头的流量指数 $X = 0.5$，即流量随压力的平方根而变化，也就是说，压力变化所引起的流量在小范围内变化。例如，$X = 0.5$ 条件下，压力变化 20% 时，流量变化大约 10%。

(2) **层流型**：通过细管式流道来控制流量，这种流道是把塑料膜的两个边缘搭接起来，做出个缝隙，或在另一侧热熔焊接出流道（如边缝式滴灌带）。这种流道的典型尺寸为：长 150～610mm，宽 0.76～2.5mm，高 0.13～0.25mm，具体尺寸取决于期望的流量。

(3) **小管出流型**：也是层流类，但流量指数 $X = 1.0$，即流量和压力呈线性关系，也就是压力变化 20% 时，流量也随之变化 20%。还有另一层意思，就是流量还受水的黏滞系数影响，针对不同水温，还得对流量值进行修正。

(二) 压力补偿滴灌带

压力补偿滴灌带发明于 20 世纪 60 年代，它的出现彻底改变了世界各地的行栽作物的生产方式，由于其优越的性能，使用户、设计师和工程师们更认识到传统滴灌带的局限性。在所有的田间使用中，压力补偿滴灌带都表现出良好的均匀度，尤其适用于起伏不平、坡度陡峭等复杂地形，这项革命性的发明，有助于增加铺设长度，有助于提高落差较大地形的灌水均匀度。图 11-17 是滴头流量-压力曲线，这是同一个厂家生产的压力补偿和非压力补偿滴灌带的对比。

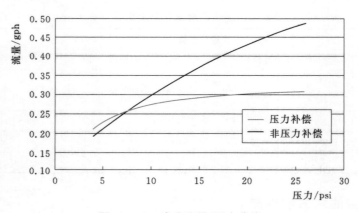

图 11-17　滴头流量-压力曲线

(三) 滴灌带铺设长度

微灌系统的灌水均匀度，很大程度取决于灌水器对压力的敏感程度，对压力敏感与否又取决于灌水器是层流型还是紊流型。

大量的实践证明，滴灌带的铺设长度很大程度上取决于其是紊流型还是层流型滴灌带。一般认为，在允许铺设长度上紊流型滴灌带比层流型滴灌带要长 25%～50%。若地块尺寸限制或考虑到一些其他因素，确定了滴灌带的铺设长度后，紊流型滴灌带的均匀度远比层流型滴灌带高。

（四）设计中应考虑的其他因素

除了铺设长度的因素外，由于计算支管的水头损失时要包含毛管的水头损失，此两项损失决定整个系统的压力可变范围，因此，所选的滴灌带类型也影响到支管的设计。

层流型滴灌带与紊流型滴灌带流量指数 X 之间的巨大差别，意味着设计师在设计之前，就要决定选用哪种类型的滴灌带。一旦选定了滴灌带类型，就可以确定压力允许变化范围，在这个变化范围内，毛管压力基本保持一致。

把这个压力允许变化范围作为设计的限制条件，用来确定支管的尺寸。因为压力允许变化范围严重影响到支管的口径和长度，所以滴灌带类型的选择就严重影响到支管的设计。

六、配水部件

一旦选定了灌水器，接着就是以阀、管件、管道组成管网系统，把水高效、安全、可靠地输送到每个灌水器，保证系统稳定运行。这些部件主要有：

（1）PVC 管道：无论刚性管还是柔性管，其被广泛采用，把水从水源输送到各种灌溉设备。就微灌系统而言，PVC 管道主要用作控制区域内的输水管网，如干管和分干管，在某些情况下，刚性 PVC 管也用作支管，直接在上面安装灌水器。白色 PVC 管并不抗紫外线，而柔性 PVC 管可抗紫外线。

（2）PE 管：PE 软管主要用作毛管，直接连接灌水器。按承压等级、水力学特性和颜色，分为不同管径、不同壁厚、不同卷长等一系列产品，以供选择。无论何种颜色的 PE 管，都加入了炭黑材料，以抗紫外线。

（3）管件：PVC 管道主要用粘接管件或者胶圈承插管件，而 PE 管连接主要用锁扣式、倒刺式、胶垫锁紧式管件。

（4）阀门：用于微灌系统的有下列几类阀门。①冲洗阀门用于冲洗预留在管网和灌水器内的有机或无机杂质，这些杂质可能堵塞系统；这类阀门有简单的手动阀，半自动阀，和全自动电磁阀。半自动阀只是在系统启动和停机时冲洗，冲洗阀一般安装在干管、分干管、支管的末端。②在系统启动和运行中，进、排气阀排出系统内的气体，防止水锤对设备、管网的损害；在停机时，进、排气阀用来向系统内补气，防止管网和灌水器出现负压，尤其是灌水器出口贴地铺设时，防止负压吸入泥土。③泄压阀用来避免突发高压对系统的损害。④止回阀用于防止系统的水倒流。

（5）压力调节器：用于防止压力调节器的下游设备超压运行。与传统的喷灌系统相比，微灌系统所用的塑料和 PE 器材，承压等级偏低，因此，压力调节器对微灌系统而言，就显得极其重要。

在其他章节也都讨论过这方面的内容，但对微灌系统来说，下面这些内容，有其特殊性，同样很重要。

七、毛管的水力学

毛管的水力学在很多方面类似于支管，除了用 PE 管替代了 PVC 管外，毛管的管径很小，又装有许多小三通、内镶式滴头或管上式滴头的倒刺接头，这些部件会造成很大的水头损失。

滴头的倒刺接头引起的局部水头损失，可以转换为毛管的等效长度上的沿程水头损失来计算，也就是说，每个倒刺接头的水阻，都可对应一段毛管的水头损失，因此，这些倒刺接头引起的局部水头损失，就转换为计算每个倒刺接头所对应的毛管等效长度。

图 11-18 为倒刺接头对应的毛管等效长度的经验数据。例如，倒刺尺寸 $b=5mm$ （0.2in），装在内径 16mm （0.63in）的毛管上，所造成的水头损失等效于一段 0.12m （0.4ft）毛管的沿程水头损失。

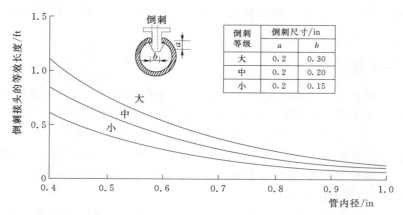

图 11-18　倒刺接头对应的毛管等效长度的经验数据

八、支、毛管设计

(一) PE 管的流量特性曲线

单一管径的 PE 管，可以借助 PE 管的流量特性曲线来进行设计。这一簇曲线是基于 PE 管的流量特性绘制而来，或称作 SDR 曲线。某一毛管的流量特性即 SDR 是指单位长度上的平均流量，其表示的单位为 L/(h·m) （gph/ft）。SDR 可以用管段里的总流量除以管段的总长度来计算，也可以用灌水器的平均流量除以灌水器的间距来求得。例如，一段 120m （400ft）的毛管，每隔 1.5m （5ft）安装一个 3.8L/h （1gph）的滴头，这段毛管上的滴头数量就是 80 个，通过的总流量约为 $80×3.8(L/h)=300(L/h)$ （80gph），那么，$SDR=300(L/h)÷120(m)=2.5L/(h·m)(0.2gph/ft)$。

每一种管径的 PE 管，都对应有一簇水力特性曲线（SDR 曲线），图 11-19 就是内径 15mm （0.58in）的 PE 管的水力特性曲线。在给定的这个曲线中，总水头损失就是以管长为自变量的函数。

就图 11-19 的用法，举例说明如下：

【例 11-1】　求毛管的水头损失。

平整无坡的葡萄园，现安装毛管，滴头间距 2m （80in），滴头流量 3.8L/h （1gph），PE 毛管内径 15mm （0.58in），毛管长度 200m （660ft）。请问水头损失多少？

解：以滴头流量除以滴头间距计算 $SDR=3.8L/h÷2m=1.9L/(h·m)$ （0.15gph/ft），查图 11-19，得毛管的水头损失为 3.1m （10.2ft）。

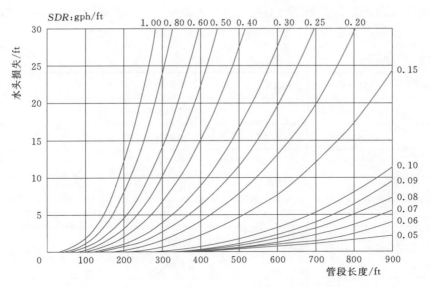

图 11-19　内径 15mm（0.58in）的 PE 管的水力特性曲线

【例 11-2】　给定毛管水头损失下，确定管径。

设计师为柑橘树设计滴灌系统，每棵树用 2 个滴头，滴头流量 3.8L/h（1gph），树株距 3.7m（12ft），行长度 183m（600ft），沿行无坡度，此设计的最大毛管水头损失控制在 3m（10ft）。请问该选多大内径的 PE 管？

解：先计算 $SDR = 2 \times 3.8\text{L/h} \div 3.7\text{m} = 2\text{L/(h·m)}(0.167\text{gph/ft})$，经反复查询 PE 管的水力特性曲线，发现内径为 15mm（0.58in）的 PE 管，管段长 183m（600ft）时，水头损失在 2.9m（9.5ft），见图 11-19。因此，应选内径为 15mm（0.58in）的 PE 管作为毛管。

PE 管的水力特性曲线（SDR 曲线），只适用于单一口径的毛管水力计算。另外，Boswell 在 1990 年也曾套用 SDR 曲线去解决变径毛管的水力计算。

（二）支管设计

支管的作用是把水均匀地输送给下游的大量毛管，要保持均匀度，沿支管的压力变化就要求保持在最小的范围内。为保持压力均匀，一般支管顺坡铺设，用地形落差抵消一部分水头损失。支管的水力计算类似于毛管，已经研究出几种方法来解决支管和毛管的水力计算问题。

支管是通过一种控制阀组件与干管相连接，这种控制阀组件权且称为支管首部。支管首部的作用是用来调节支管的压力，最好由一些手动或者自动阀组合而成，也可以集成进去过滤器，压力表，泄压阀，进排气阀等，而且可自动控制启闭。

支管水流的流动状态，是在密闭的管道内，应该以流量稳定减少的方式流动。比如矩形地块，由于其下游的毛管间距固定，每条毛管的流量也固定，所以，支管流量在其长度方向上，应呈线性减少。

1. 35% 法则——单一口径的毛管和支管设计

支管上均布着很多分水口，权且称其为多口出流管，多口出流管的水头损失，肯定小于同入口流量、同长度、同管径的无孔管的水头损失。多口出流管的水头损失值，取决于其出口数量的多少，参见表 11-8。

表 11-8　　　　　　　　　　　　　多 口 系 数 表

出口数量	多口系数 F	出口数量	多口系数 F	出口数量	多口系数 F
1	1.000	11	0.380	22	0.357
2	0.625	12	0.376	24	0.355
3	0.518	13	0.373	26	0.353
4	0.469	14	0.370	28	0.351
5	0.440	15	0.367	30	0.350
6	0.421	16	0.365	35	0.347
7	0.408	17	0.363	40	0.345
8	0.398	18	0.361	50	0.343
9	0.391	19	0.360	100	0.338
10	0.385	20	0.359	无穷多	0.333

从表 11-8 可看出一个规律，出口数量从 15 个到无穷多个时，对应的多口系数 F 值为 0.333~0.367。实际中绝大部分的支管情况都落在这个区间内，因此，多口出流管的平均水头损失只是无孔管的 0.333~0.367。若再无其他不当的水头损失，那么出口数量 15 个以上的支管，其总水头损失大约就是同入口流量、同长度的无孔管的 35%，称为 35% 法则。

这个 35% 法则，使设计师很容易就能计算出支管的总水头损失，按这个法则也开发出很多表、图、计算尺等，用来确定管道的过流量。

【例 11-3】 确定支管管径。

一个草莓种植客户想在无地形坡度的地块，铺设长度为 49m（160ft）的支管，用单一口径的 PVC 管，连接等间距 1.2m（4ft）布置的 40 条单侧毛管，每条毛管的流量为 7.6L/min（2.0gpm）。支管的工作压力为 76kPa（11psi），水头损失要控制在 14kPa（2psi）以下。请问该用多大口径的支管道？

解： 支管总流量 $Q = 40 \times 7.6\text{L/min} = 304\text{L/min}$（80gpm）。已知水头损失要控制在 14kPa（2psi）以下，按照 35% 法则，这个水头损失只是无孔管的 35%，即长度为 49m（160ft）的无孔管的水头损失应为 14kPa÷0.35＝40kPa（5.71psi），用单位水头损失来表示，大约也就是 25kPa/（30m）［3.57psi/（100ft）］。查 PVC 管的水头损失表可知，直径 50mm（2in）、承压 0.8MPa（Class125）的 PVC 管，在过流量 304L/min（80gpm）时，其单位水头损失为 20kPa/30m（2.88psi/100ft）。再尝试查小一个规格的管道，直径 38mm（1.5in）的管道单位水头损失结果为 59kPa/30m（8.52psi/100ft）。由此可见，该客户应该选用直径 50mm（2in）的 PVC 管作为支管。

2. 单一口径支管的诺模图设计法

用上述的方法可以设计支管和毛管,但一个系统有很多支管和毛管,设计起来会很繁琐,为了简化设计过程,就开发了这个诺模图法,见图11-20,也是用来解决单一管径的毛管和支管的设计问题,其用法如下:

以 [例11-3] 为例,单一管径的支管长度为49m(160ft),入口总流量为304L/min(80gpm),总水头损失要控制在14kPa(2psi)以下,即单位水头损失约为(14kPa÷49m)×30=8.57kPa/30m(2.89ft/100ft),在图11-20中,把流量轴上的80gpm和单位水头损失轴上的0.0289ft两点连成一条直线,此直线与管道直径轴上的交叉点,就是允许最小管径,即2.1in(53mm)。若选承压等级Class125(0.8MPa)的PVC管,则最接近的管径就是2in(50mm)。

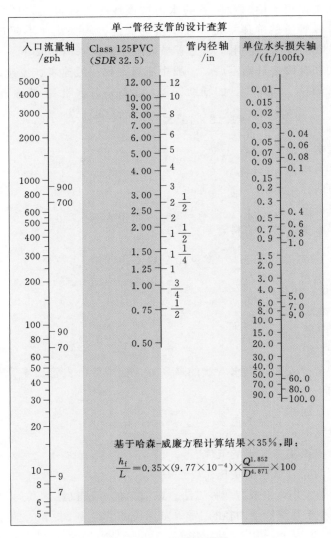

图 11-20 支管诺模图

九、干管设计

(一) 干管布置及其水力学计算

首先要确定干管的位置，干管的布置会有很多种路径可选择，需要各路径的优缺点比较和性价比分析，经过反复斟酌后，才能确定干管的位置。一旦干管路径确定了，接着就是确定其管径。一般情况下，最简单的办法是在带等高线的地形图上，画出干管路径的剖面图，标注出各支管点处所需的工作水头，把这些点连起来，就形成整个干管的水力坡度线。尽最大可能使水力坡度线呈一条直线，那么干管设计，就是通过调节管径，找出一条最接近这条水力坡度线的直线。

做好水力坡度线后，也确定了管段流量，那么就从水源开始到干管末端，分段来确定干管管径，计算水头损失，使每段干管的水力坡度线尽量接近支管所需的那条水力坡度线。设计师还要计算管道的静压，也要校核水的流速，确保流速不超过限定值，一般为1.5m/s（5ft/s）。限制流速的作用，是为了最大限度减少水锤的破坏。

当水力坡度线和管段流量确定后，一般用流速方程、流速表、流速诺模图和计算尺等工具，来确定干管管径。这些设计的辅助工具，多数是源自哈森-威廉方程：

$$h_f = 1.13 \times 10^9 \times \frac{L}{d^{4.871}} \times \left(\frac{Q}{C}\right)^{1.852} \tag{11-15}$$

式中　h_f——沿程水头损失，m；

　　　L——计算管段长，m；

　　　d——管道内径，mm；

　　　Q——管道流量，m^3/h；

　　　C——沿程摩擦系数，塑料管 $C=150$。

流速计算：
$$V = 353.89 \times \frac{Q}{d^2} \tag{11-16}$$

式中　V——水流速，m/s；

　　　Q——管道流量，m^3/h；

　　　d——管道内径，mm。

(二) 进、排气阀

进、排气阀通常要安装在供水管线的最高处，如干管、支管、支管首部以及其他设备的最高点，原因如下：

(1) 当管道充水时排气。

(2) 当管道泄水时进气。

(3) 工作中排出聚集在高点的气体。

(4) 停机时，消除管道中的负压。

确定进、排气阀大小，一般有两种方法。最简单的办法权且称其为"1/4"法则，即进排气阀的净孔径不小于系统管道内径的1/4。如系统的管道为200mm，则进、排气阀的净孔径不能小于50mm，查表11-10b，建议用VVA080型号，公称直径75mm的进、排气阀。

另一种方法，就是先计算管段内存气量，然后在自然进排气模式下，确定进、排气阀的大小。在大多数的情况下要谨慎使用这个方法，比如管道很长，管径又很大，当在大流量下充水或泄水时，可能会伤及人员安全。

表 11 - 9 给出了不同管道的大约存气量。对每个高点处的进、排气阀分别进行甄选，先确定所需排出的气体量，再确定排出的速率（m^3/min），最后选出进、排气阀。表 11 - 10a 列出了不同压差下的排气速率，查此表可确定进、排气阀的净孔径，再根据此净孔径从

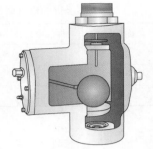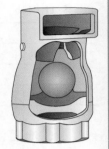

图 11 - 21　典型的进、排气阀

表 11 - 10b 中，选择符合要求的进排气阀。图 11 - 21 是典型的进、排气阀。

表 11 - 9　　　　　　　**不同规格管道的大约存气量**

管径 /mm	管道存气量 /(m³/100m)	管径 /mm	管道存气量 /(m³/100m)
25	0.05	140	1.54
32	0.09	160	2.01
40	0.13	200	3.14
50	0.20	250	4.91
63	0.32	315	7.79
75	0.45	400	12.56
90	0.64	500	19.63
110	0.95		

【例 11 - 4】　选择进、排气阀。

一个直径为 300mm 的供水管，在其高点需要安装进、排气阀，管长 425m，当泵启动时，以 13250L/min 的流量往管道里充水，也要以同样速率把管中的气体排出。请问应选什么规格的进、排气阀？

解：此例给出的充水的流量为 13250L/min，也就是说，没有压力剧烈增加时，管中的气体也要以 13250L/min（221L/h）这个速率排出。查表 11 - 10a 可知，14kPa 的排气压差时，50mm 的净孔径排气速率是 551L/h（33060L/min），才能符合要求，以这个净孔径值再查 11 - 10b，相近的进、排气阀净孔径为 57mm，对应的进、排气阀的公称直径为 75mm，从而选定型号 VVA080 的进、排气阀。

表 11 - 10a　　　　　　　**排 气 速 率**　　　　　　　单位：L/h

| 排气压差 /kPa | 排气净孔径/mm | | | | | | | | |
	3	7	12	15	18	25	50	75	100
14	2	14	34	51	77	138	551	1102	2214
35	3	21	55	81	118	219	872	1744	3444
105	6	36	95	142	213	378	1476	2952	5904
175	8	48	123	184	275	488	1968	3936	7872
350	13	81	205	308	462	824	3248	5904	12989
490	17	105	269	403	607	1075	4307	8610	17220
700	23	142	365	547	809	1457	5826	11316	23223

表 11-10b			进、排气阀的型号、尺寸			单位：mm
型　号	公称直径	排气净孔径	型　号	公称直径	排气净孔径	
VVA025	25	13	VVA065	63	44	
VVA040	40	28	VVA080	75	57	
VVA050	50	32	VVA100	100	82	

十、泄压阀（安全阀）

无论是静压还是动压所引起的可能的超压部位，都应该装泄压阀。造成异常高压的原因可能有以下几个方面：

（1）突然启、闭阀门时。

（2）启、闭泵站时。

（3）压力调节阀失效时。

（4）高压状态下突然关闭排气孔时。

（5）止回阀瞬间关闭时。

（6）设计师失误，算错了静压和动压时。

最好按如下的方法去做，就可以避免这些潜在的问题：

（1）若用到手动蝶阀，则采用涡轮开关型，不采用手柄型，这样可以迫使操作者慢速关阀。

（2）在设计中，直接选用调频泵站和缓速启闭的压力调节阀。

（3）合理选择进、排气阀，以合理的排气速率排出管道内气体，以免在管道内形成高压。

（4）尤其是自压灌溉系统，必须评估管道内的静压状态。

即便在设计过程中，该考虑的问题都考虑到了，也需要安装泄压阀，尤其是在如下这些地方：

（1）出现水锤或超压就能伤人的地方。

（2）设备一旦失效，系统就会破坏的地方。比如压力调节阀失效，系统将直接受到高压破坏。

（3）最高静压或动压可能出现的地方。尽管工作压力低于管道的设计承压，但可能发生水锤，出现瞬间超压的情况。

（4）水流被管道内的障碍物突然拦截的地方。如止回阀安装的部位，停泵时止回阀突然关闭，水流会反向流动引起超压；还有管道充水时，管道的低点、分水阀门处、管道堵头处可能出现水锤现象，也可能引起超压。

喷水式泄压阀，一旦触发会瞬间喷出大量的水，这种泄水阀应远离人和设备，同时还要做好排水设施。喷水式泄压阀见图 11-22。

十一、止回阀

止回阀用于防止水流倒流对泵的破坏，也防止泵吸水管内的水被倒流的水挤压而排出，再启动时还须注水。双瓣止回阀见图 11-23。

图 11-22　喷水式泄压阀　　　图 11-23　双瓣止回阀

十二、过滤系统

水中的有机和无机杂质有堵塞灌水器的潜在风险，必须从水体中去除。对于农业灌溉，沉淀池用来去除悬浮杂质和铁离子，至于砂石分离器、砂石过滤器、网式过滤器和叠片过滤器，其作用是进一步去除水体的杂质，这些过滤器有手动、半自动和全自动冲洗方式。尽管有些系统用的是自来水做水源，如园林灌溉，也需要配置叠片或网式过滤器，因为水体中的水垢和化学杂质，有堵塞的潜在风险。视所选用的灌水器来确定过滤器的过滤能力，一般应该在 80～200 目内。去除水体杂质有各种各样的方法，见图 11-24。

过滤方式将在下文介绍，并讨论其在微灌系统中的应用。

（一）沉淀池

对于多数的水质问题，经常采用沉淀池的方法来解决，它是一种经济实用又的确能解决实际问题的办法，优先选用沉淀池来解决的两类问题如下：

（1）去除悬浮物：混浊的地表水含泥沙量很高，致使网式或砂石过滤器频繁冲洗，失去过滤效果，甚至无法工作。这种情况下，沉淀池就是有效的初级过滤办法，用来先除掉大多数悬浮杂质。

（2）去除铁离子：对于地下含水层，水温低，压力大，是 CO_2 积存的良好环境，CO_2 溶于水中形成 H_2CO_3，使水体 pH 值降低，从而使铁离子溶在水中。当地下水被抽到地面，暴露在大气中时，CO_2 溢出，水的 pH 值升高，铁离子发生氧化反应后絮结成杂质。在水进入灌溉系统之前，需经过沉沙池去除铁离子杂质。

1. 沉降理论

在重力作用下，把容重大于水的悬浮颗粒从水中分离出来的过程，称为沉降。依据悬浮颗粒的浓度、物理和化学特性，以及颗粒间作用后的发展趋势，一般把沉降分为四类。

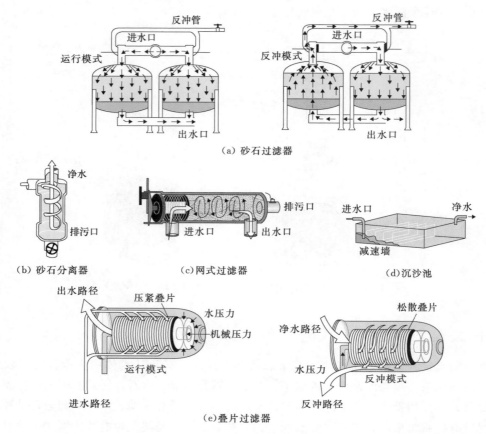

图 11-24　过滤设施示意图

在某一时段，一般不会只发生某一种沉降，很可能四种沉降同时进行。

（1）第一类沉降：是指悬浮液中颗粒浓度低，颗粒间彼此独立沉降的过程。颗粒作为一个个独立的个体，沉降中相邻的颗粒间不发生任何作用。如泥沙含量小的水体，这种颗粒的沉降就是典型的第一类沉降，又称为自由沉降。

（2）第二类沉降：是指很稀的悬浮液中的颗粒，在沉降中发生絮结的过程。颗粒经过聚集，体积增大，沉降速度更快。铁离子的氧化和絮结就是典型的第二类沉降。

（3）第三类沉降：发生在浓度适中的悬浮液中，颗粒间的引力足以阻止相邻颗粒的沉降，颗粒趋向于保持彼此所处位置不变，大量颗粒作为一个单元集体沉降，在沉降单元的上部，形成明显的固-液分界面。这种沉降过程又称为分层沉降。

（4）第四类沉降：发生在浓度很高的悬浮液中，一种结构已经形成，只能通过压缩才能进一步沉降。这种压缩力源自于液面上不断注入的颗粒重量，这种沉降过程也称为压缩沉降，通常出现在沉降单元的底部。

第一类沉降：斯托克斯（Stokes）定律。

独立非絮结的颗粒（第一类沉降）的沉降速度 V_c，可以用斯托克斯提出的经典理论去分析，V_c 是指颗粒在静止水中的向下运动速度，与颗粒大小、形状、比重等因素相关。

斯托克斯定律指出，圆形颗粒的 V_c 随颗粒直径的平方而变化，用式（11-17）表示：

$$V_c = 0.343 \times D^2 \times (SG - 1) \tag{11-17}$$

式中　V_c——沉降速度，mm/min；

$\quad$ SG——颗粒的比重（颗粒的容重和水的容重的比值）；

$\quad$ D——颗粒直径，μm。

例如，为了从水中把悬浮的土粒去掉，用于微灌系统，一般认为土粒为矿质土，即颗粒彼此独立不絮结，比重为 2.67，要去除的最小的颗粒直径为 75μm，相当于 200 目网式过滤。那么，用式（11-17）计算 $V_c = 323$mm/min。

第二类沉降。

某些情况下，浓度相对较低的溶液中的颗粒，与独立颗粒的沉降规律不一样，它们在沉降过程中会絮结，絮结成块后体积增大，沉降速度就会变快。更进一步理解，絮凝的发生，取决于颗粒的接触面大小、溢流流量、沉淀池深度、流速大小、颗粒浓度、颗粒级配等因素，这种絮凝的变化情况，只能通过做沉降试验才能确定。

可以用沉降桶来确定悬浮絮状物的沉降特性，沉降桶的直径可以是任何尺寸，但深度必须和所要修建的沉淀池的深度一样。把含有悬浮物的水体倒入沉降桶中，注意要从上到下取水体中分布的不同粒径的絮凝物。这样，就可以通过沉降距离除以沉降时间计算出沉降速度。

2. 沉沙池设计

沉沙池设计，就是选定某一特定颗粒的沉降速度 V_c，使得其他颗粒的沉降速度大于等于 V_c，从而去除这些杂质。这种设计方法基于一种假设，即水体均匀一致且含有这种特定颗粒，该颗粒从水面以 V_c 匀速向下做沉降运动，那么澄清水的流量 Q 可表述如下：

$$Q = A \times V_c \tag{11-18}$$

式中　Q——澄清水的流量，m^3/s；

$\quad$ A——沉沙池的面积，m^2；

$\quad$ V_c——沉降速度，m/s。

式（11-18）也可写成：

$$A = \frac{Q}{V_c} \tag{11-19}$$

式（11-19）表明，沉沙池的面积取决于 Q 和设计沉降速度 V_c。

对于连续沉降的情况，沉降时间 T 内，沿沉沙池深度 D [注意这个 D 不是式（11-17）中的颗粒直径 D]，所有要去除的颗粒以设计沉降速度 V_c 沉到池底，则 V_c、T、D 三者的关系如下：

$$V_c = \frac{D}{T} \tag{11-20}$$

式中　V_c——设计沉降速度，m/s；

$\quad$ D——沉沙池深度，m；

$\quad$ T——沉降时间，s。

式（11-20）表明 V_c 是 D 和 T 的比值，但在理论上，沉沙池的建设和 D、T 没有直接关系，D/T 是个常数，恒等于 V_c。因此，在实际中，D 是按照沉沙池易建、易用、储沙能力或其他实际情况来直接选定。

在实践中，必须考虑允许的储沙容量，可以遇见的影响因素有，进水出水位置的紊流、最短路径、流速变化，这些影响因素，在工程实际中，通常全计入一个安全系数 F_s 中。

式（11-19）和式（11-20）是设计沉沙池的基础，若要确定一个沉沙池的尺寸，设计师就需要知道 Q 和 V_c，然后去选择池深 D。按照式（11-19），这些设计参数得做如下的明确说明：

（1）Q 是进入沉沙池的流量，以 m^3/s 计。

（2）V_c 是保证最小或最轻的颗粒沉下来的速度，以 m/s 计。

（3）A 是沉沙池的面积，以 m^2 计。

（4）T 是任意单位体积的水在沉沙池里流动的时间，以 s 计。

（5）D 是沉沙池的平均深度，以 m 计。

（6）W 是沉沙池的平均宽度，以 m 计。

（7）L 是沉沙池的平均长度，以 m 计。典型的沉沙池，一般长度大约是其宽度的 5 倍。

（8）F_s 是沉沙池的安全系数。考虑储沙容积需要。

具体设计步骤：

（1）求解沉沙池面积 A：Q 和 V_c 已知，用式（11-19）就可求得 A：

$$A = F_s \times \frac{Q}{V_c} \tag{11-21}$$

（2）求解沉沙池宽度 W：因为沉沙池的长度一般是其宽度的 5 倍，面积 A 又等于其长度和宽度的乘积，所以，其宽度 W 可由式（11-22）计算：

$$W = \sqrt{\frac{A}{5}} \tag{11-22}$$

（3）求解沉沙池长度 L：

$$L = 5 \times W \tag{11-23}$$

（4）预设沉沙池深度 D：此处假定 $D = 1m$。

【例 11-5】 确定沉沙池的尺寸。

有一灌溉系统，从渠道里取水，流量 $Q = 150m^3/h$。水质含沙量很高，设计师希望做个沉沙池，除了渠道沉沙外，沉沙池要把大于 $75\mu m$ 的颗粒都除掉。水中的颗粒比重为 $SG = 2.67$，取安全系数 $F_s = 2.0$，请确定沉沙池的尺寸。

解： 用式（11-17）求得：$V_c = 0.0343 \times 75^2 \times (2.67 - 1) = 322 (mm/min) = 19.33 (m/h)$。

用式（11-21）求得：$A = 2.0 \times (150 \div 19.33) = 15.52 (m^2)$。

用式（11-22）求得：$W = (15.52 \div 5)^{0.5} = 1.76 (m)$。

用式（11-23）求得：$L = 5 \times 1.76 = 8.8 (m)$。

沉沙池深度 D：预设 $D = 1 (m)$。

沉沙池的进、出水口设计：

对于沉沙池的进、出水口，要仔细设计。理想的进水口要能降低进水流速，使进水能均匀分布在进水口断面上，慢速流入水池，防止在水池内形成一股水流，一般是通过隔板或其他扩散水流的建筑物，从而达到这种均匀分布的技术要求。

沉沙池的出水口的设置，要取到水面以下的水，又不能太靠近池底，一是避免取到水面的漂浮物，二是避免取到池底的沉积物。尤其是水位有可能波动时，最好设置浮动的出水口。

（二）砂石过滤器

砂石过滤器是农业微灌系统普遍采用的设备，一般是由两个以上的过滤罐，通过进、出水口的管道并联起来组成过滤站。在过滤模式下，所有的过滤罐正常过滤；在反冲洗模式下，一次一个罐进行反冲洗，其余的罐正常过滤，以便有足够的清洁水去反冲洗。

一般遵循以下的几个重要因素，合理选择砂石过滤器的型号和尺寸：

（1）灌溉水源中杂质的类型、粒径和浓度。

（2）灌水器制造厂家指定的过滤目数。

（3）系统的设计流量。

必须按照最不利条件进行过滤站的设计，保证过滤系统功能正常、高效运转。水质的变化纷繁复杂，不同的水源水质不同，相同的水源在不同季节间水质也会不同，尤其是溪流、塘坝等地表水。暴雨或融雪径流会把大量的沙子、碎屑、富营养物冲进溪流、水库、湖泊中，严重增加了水中淤泥和黏土的含量，促进藻类和其他有机物的快速繁殖。在设计过滤站时，也要考虑季节性的水质变化，如果能够预见到水源水质随季节降雨的变化规律，那么，就要按照最差水质条件来设计过滤站。

尽管不能完全避免井水水质的季节性影响，但比地表水水质更稳定。在不同季节，井水水位会有涨落，泵抽水时水位也会变化，会引起水中的盐分和可溶性杂质的浓度变化。当然，随着泵持续工作，井水的含沙量、水垢的浓度也会变化。

灌溉水源中杂质的类型和数量，是选过滤器形式的重要因素。水源中的物理杂质分有机物和无机物两类，有机杂质包括水藻、草种、贝壳、苔藓、细菌群落以及生物活体等，无机杂质则有沙子、淤泥、黏粒以及化学作用的沉淀物等。

无论有机还是无机杂质，砂石过滤器都是最理想的过滤方式。对于有机杂质含量大的水体，最好是用砂石过滤器，因为它的三维过滤砂床能够存贮大量的杂质。

过滤介质的表面积和设计过流量决定了砂石过滤器的过流能力，一般其设计过流量为 $611\sim1222L/(min \cdot m^2)$

按照杂质的类型、粒径、浓度，可以对水源水质进行分类，然后按这个分类选择砂石过滤器的设计过流量，对于一般水质的灌溉水源，通常推荐砂石过滤器的设计过流量为 $1020L/(min \cdot m^2)$，而对于很清澈的水源，砂石过滤器的设计过流量才可以达到 $1220L/(min \cdot m^2)$。如果水源中悬浮物含量很高，设计师可以选择较低的过流量，即低于参考的 $1020L/(min \cdot m^2)$ 过流量值。一旦如此，即用降低砂石过滤器过流量的办法来处理悬浮物含量很高的水体时，一定要记住，直径大的罐体需要的反冲流量也大，因此，用更多的小直径的罐体代替大直径的罐体是明智的做法。

可用表 11-11 中的数据来估算砂石过滤器的合理过流量，表 11-12 给出了立式罐体的过流量数据。

表 11 - 11　　　　　　　　　　砂石过滤器的合理过流量

杂质含量水平	浓度/10^{-6}	过流量/[L/(min·m^2)]
少	0～10	1022～1227
中等	10～100	818～1022
高	100～400	613～818

表 11 - 12　　　　　　　　砂石过滤器不同过流量下的罐体直径

过流量/[L/(min·m^2)]	立式罐体的直径/mm				
	460/(L/min)	610/(L/min)	760/(L/min)	910/(L/min)	1220/(L/min)
611	102	178	280	401	715
815	132	238	371	534	950
1018	121	299	466	670	1188
1222	167	356	556	802	1427

大多数厂家设计砂石过滤器系统时，都考虑了允许后期扩容的功能，若要增加过滤容量，可以随时增加过滤单元，因此，双罐的砂石过滤器组可以很容易地变成多罐过滤器组。

1. 滤料选择

为实现期望的水质标准，必须要确定砂滤料的类型和粒径。粒径过粗，过滤效果差，会引起灌溉系统堵塞；过细、则浪费，还会引起频繁冲洗的问题。要依据在灌溉系统中的灌水器类型，来选择滤料的类型和粒径。

依据有效粒径和均匀系数两个参数，对砂滤料进行分类。对于给定标号的滤料，有效粒径是指最小粒径的值，均匀系数是指此标号滤料的粒径分布范围。表 11 - 13 给出了常用滤料的标号及参数。

表 11 - 13　　　　　　　　　　常用滤料的标号及参数

滤料标号	有效粒径/mm	均匀系数	滤料类型	过滤目数/目
8 号	1.5	1.47	花岗岩	100～140
11 号	0.79	1.54	花岗岩	140～200
16 号	0.66	1.51	石英砂	140～200
20 号	0.46	1.42	石英砂	200～250

注 1. 有效粒径。是指某种砂石滤料中小于这种粒径的砂样占总砂样的 10%，例如某种滤料的有效粒径为 0.79mm，其意义是指其中有 10% 的砂样粒径小于 0.79mm。

2. 均匀系数。用于描述砂石滤料的粒径变化情况，以 60% 砂样通过筛孔的粒径与 10% 砂样通过筛孔的粒径的比值来表示（即 d_{60}/d_{10}），若此比值等于 1，说明该滤料由同一粒径组成。用于微灌系统的砂石过滤器，滤料的均匀系数在 1.5 左右为宜。

3. 滤料类型。带有棱面的滤料比圆滑的滤料过滤效果好，棱面越多则表面积越大，吸附杂质的能力愈强，因此在微灌系统中，宜选用石英或花岗岩碎砂。

2. 砂石过滤器的反冲洗

砂石过滤器通过反冲洗才能保持清洁，即反向水流使过滤沙床膨胀，把沉积的杂质从反冲洗管中冲出去。反冲洗的操作，是通过一个特殊设计的三向阀来实现，即关闭进水口，打开反冲口，从而实现反冲洗。反冲的过程，是其他正常过滤罐的清洁水，自下而上进入被反冲的罐，蓬松和液化滤料，从而让沉积的杂质从沙床里释放出来，由反冲水流冲出罐体外。反冲流量必须能调节，一般让沙床向上蓬松 60% 为宜。

要使砂石过滤器达到最高效能，必须把反冲流量调整的恰到好处才行，若反冲流量过大，会连滤料一起冲出罐外，若过小，沙床不能充分蓬松，又反冲不干净，残存的杂质会引起额外的压力损失，因此，在反冲洗的排水管上，必须安装一个截止阀，用于调节反冲流量。在反冲模式下，调节截止阀的开度，慢慢开启，看到反冲水中有滤料冲出时，然后再慢慢关一点，到反冲水流看起来清洁了，无滤料冲出了为止，视为调到合适开度。刚安装的砂石过滤系统，第一次反冲时，允许有点细滤料冲出来，视为清洗滤料，当调节好反冲排水管上的截止阀后，要把所有罐都冲洗一遍，清洗滤料。

反冲流量在短时间里会很大，但与灌溉系统工作的总流量比，还是比较小的，设计系统时要考虑反冲洗所消耗的水量，为系统容量留点富余量。反冲排水管的出口应该暴露在大气中，要避免有外部回流压力。

许多设计师提出反冲水的再利用方法，有些是在旁边种些作物，采用反冲的水进行地面灌，而有些则是把反冲洗水排回水源中，再由灌溉泵站送进微灌系统。

自动反冲洗的过滤系统无须人值守，通过控制器编程，以时间间隔控制冲洗，或以压差控制冲洗。这种哪个条件先满足就冲洗一次的方式，其优点是防止滤料结块，也防止在沙床里形成一个固定"通道"，要过滤的水通过这个"捷径"直接穿过沙床，得不到充分过滤。若水源水质突然变差，过滤器进、出口压差条件首先满足，也要触发一次反冲洗过程。

砂石过滤系统必须考虑一定的富余过流量，在反冲期间，未被冲洗的过滤罐，不仅要提供反冲流量，而且要满足田间灌水流量，一般都是一个一个罐依次反冲洗，过滤系统的其他罐的过流量要满足这种需求状态。表 11-14 给出了合理的反冲流量。

表 11-14　　　　　　　　对应滤料标号和罐直径的最小反冲流量　　　　　　　　单位：L/min

滤料标号	立式罐体的直径				
	460mm	610mm	760mm	910mm	1220mm
8 号	193	344	533	761	362
11 号	98	182	280	5397	712
16 号	121	216	337	477	852
20 号	98	182	280	39	1712

如果系统水量满足不了反冲洗和田间灌水两部分的需求，就要在过滤器出水端装阀门，反冲洗时限制向田间输水。一旦采用这种方法，就要保证每次冲洗时，限定的流量都一致，否则，要么引起过度反冲洗，要么引起反冲不足。

表 11-15 推荐了常用的立式罐体砂石过滤器的尺寸，适用于行栽作物的滴灌系统。

表 11-15　　　　　　　　　常用的立式罐体砂石过滤器的尺寸

| 灌溉系统流量/(L/min) | | 罐体数量 /个 | 罐体尺寸 /mm |
杂质含量中等	杂质含量较高		
189	132	2	457
379	265	3	457
568	397	3	610
662~1041	462~727	3	762
1045~1609	731~1132	4	762
1612~2176	1136~1510	4	914
2180~2934	1514~2040	3	1219
2937~3884	2044~2722	4	1219
3883~4826	2725~3403	5	1219
4830~5773	3406~4046	6	1219
5777~6340	4050~4429	7	1219

（三）承压的网式过滤器

优先推荐网式过滤器，用于处理含无机杂质的水体，如含淤泥、沙子、水垢等的水体。有时也用网式过滤器处理有机杂质含量很少的水体，但是，对于有机杂质含量较多的水体，网式过滤器一般不起作用。不同于砂石过滤器，网式过滤器没有限流功能，不能存储大量的有机杂质。其通常作为备用的二级过滤，安装在砂石过滤器的下游，拦截从砂石过滤器带出的砂粒，或者安装在田间支管的首部，确保杂质不进入毛管。

立式钢质并经过防锈处理的网式过滤器，可产生旋转水流，把比水重的杂质分离出来，沉积到底部，再周期性地冲出过滤器。这种过滤器具有不锈钢滤网，可提供高目数的过滤，尤其对付无机杂质很有效。

直冲洗网式过滤器和其他承压的网式过滤器工作方式一样，但它的设计，是通过打开一个阀门来冲洗。这种过滤器也用于高目数过滤，水进入过滤桶的内侧，由压力作用使水透过滤网，把杂质拦截在滤网的内侧。

直冲洗网式过滤器的冲洗方式很简单，打开冲洗阀，水流冲掉过滤网上的杂质，由冲洗口排出过滤器。一旦打开冲洗阀，沿滤网内壁形成高速水流，把杂质冲出过滤器，可以达到最大限度的冲洗效果，这种过滤器无须把滤网拆出来人工清洗。

（四）非承压的网式过滤器

处理流量很大时，优先选用非承压的网式过滤器，这是典型的自冲洗式过滤器。水体就像瀑布似的落在过滤网上，把杂质砸起冲向滤网的边沿，清水穿过过滤网进入低处的一个储水腔内，在储水腔处，通过加压，再把水送入滴灌系统。此过滤器由 Burt 和 Styles 两位在 2007 年提出。

（五）Y 形过滤器

对于含沙或其他碎屑水体，这些杂质对阀、泵的叶轮以及系统其他部件有损害，多种

Y形过滤器（见图11-25）被用来处理这类杂质，一般安装在过滤系统的下游，作为二级过滤。Y形过滤器也常常被用在田间的支管首部，防止毛管堵塞。

对于网式过滤器，一般由网孔尺寸和目数来表述，目数是指一英寸单位长度上的网孔数量。表11-16给出了常用的目数和网孔尺寸关系。

（六）叠片过滤器

叠片过滤器是介于砂石过滤器和网式过滤器之间的一种过滤器，大量很薄的圆形叠片重叠起来，并锁紧形成一个圆柱形滤芯，每个圆形叠片刻有滤槽，叠片式过滤器的过滤能力不同，则其叠片上滤槽的尺寸也不同。水从叠片之间的滤槽穿过，把杂质拦截在滤槽里。这种过滤器可以手动、半自动或全自动冲洗，此过滤器由Burt和Styles两位在2007年提出。

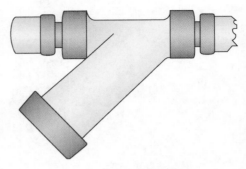

图11-25　Y形过滤器

表11-16　　　　　　　　　　常用的滤网目数和网孔尺寸关系

目数/目	网 孔 尺 寸		目数/目	网 孔 尺 寸	
	mm	μm		mm	μm
20	0.711	711	150	0.104	104
40	0.419	419	180	0.089	89
80	0.180	180	200	0.076	76
100	0.152	152	270	0.053	53
120	0.125	125	325	0.043	43

（七）砂石分离器

砂石分离器是利用离心力原理，使水旋转起来，把沙子从水里分离出来。只要选型合理，系统工作流量恒定，砂石分离器的除沙效果很好。砂石分离器有不同型号，有适合安装在泵的上游和下游之分。此过滤器由Burt和Styles两位在2007年提出。

十三、控制设备

一旦确定了灌水器，布置了管网，完成了过滤系统的选型，那么接着就要考虑灌溉系统的监控和运行问题。流量计、压力表用来监测系统的运行性能，控制阀、控制器用来控制滴灌系统达到最大效能，让用户获得最大收益，因此，怎么强调这些设备的重要程度都不为过！

（一）流量计

流量计的类型、量程范围和精度很重要，一般选用既能测瞬时流量，又能测累计水量的流量计，其精度要求达到实际流量的98%。也许某些场合需要流量计具备数据远传功能，把模拟量传送到中控计算机。涡轮式流量计见图11-26。

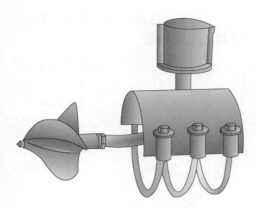

图 11-26　涡轮式流量计

微灌系统的出现是前所未有的成就，使用户能很好地控制灌水和用电成本，还能控制作物的生长环境。用户可以掌握某个阶段的流量数据和总水量数据，充分利用这些数据促进灌溉系统的管理。精确流量数据必不可少，要用它分析作物对水肥的敏感度，同时要检测系统持续运行的性能如何。每个设计合理的微灌系统，都必须装配优质的流量计。

（二）压力表

这是微灌系统必不可少的部件之一，若凭感觉去判断系统压力，是极不可靠的办法。压力表一般安装在泵站里，过滤器的进、出口，控制阀的上、下游等处，实时反映系统的运行性能。若压力过低，表明某处可能漏水了，过滤器可能堵塞，或者是阀门出故障了；若压力过高，可能系统某处阻水，或者阀门没打开。每个设计合理的微灌系统，和流量计类似，压力表也是必不可少的设备。压力表和控制阀见图 11-27。

（三）控制阀组

用于控制不同灌溉小区的流量，用于农田或园林灌溉系统中。主要是为了方便，可以由手动阀、自动阀，或者带减压的电磁阀组成，安装在泵站或分水点，或分布在田间不同位置。控制阀组见图 11-28。

图 11-27　压力表和控制阀

图 11-28　控制阀组

（四）灌溉控制器

通过控制电磁阀启、闭实现灌溉作业。对每个灌水小区的控制阀，允许用户编制灌溉程序。更复杂的控制器，基于传感器的输入功能，可自动调节灌溉程序，比如基于气象站（作物用水或者降雨）、系统流量、系统压力等。控制器的供电电源可以是市电，也可以是蓄电池。

微灌系统是以短、频、快的方式，把水和营养供给作物，如果做成手动控制系统，则无法实现这个目的，因此，要想让微灌系统起到最大作用，用户从中获得最大收益，那就必须采用自动控制技术。

第九节　安装、管理和维护

安装、管理和维护关系到微灌系统是否能最终达到应有的效能，即使设计做得再好，若没有合理的安装、管理和维护，那带来的将是一场灾难，能让所有投资打水漂。

一、系统冲洗、试压和测试

请注意：未对系统进行充分冲洗，是引起系统堵塞的最重要的原因之一。强烈推荐按下列步骤进行系统冲洗的操作！

（1）关闭所有支管的控制阀。

（2）把干管的泄水阀打开，往干管里注水，把杂质彻底冲出去。

（3）当干管彻底冲洗干净后，关闭泄水阀，让压力上升至试验压力。

（4）保持试验压力 24h。如果干管发生泄漏，立即关闭系统，进行修理后，再冲洗，再测试。

（5）把支管的泄水阀打开，往支管里加压，把杂质彻底冲出去。

（6）保证过滤器正常工作，管道系统都冲洗干净后，才能安装毛管。

二、连接毛管

按以下步骤，把毛管连接到支管：

（1）在不封堵毛管末端的前提下，才能把毛管和支管相连。

（2）彻底冲洗毛管。

（3）封堵毛管末端，使系统压力升至正常工作压力。

（4）把所有支管的压力调节到设计的压力值，检查渗漏情况，标记好渗漏点，停掉系统，全面修理支管和毛管上的所有渗漏问题。

三、系统试运行和管沟回填

遵循如下步骤进行系统试运行和管沟回填：

（1）检查主要部件的运行情况，如控制器、支管、控制阀、过滤器以及过滤器的控制器。

（2）当管道系统及其连接件、控制线、PE软管等隐蔽部件能正常工作后，才可以回填管沟。回填期间要加倍小心，尤其注意避免因为塌方等意外事故对大管径和薄壁管造成伤害。

（3）当系统进入正常运行状态，密切关注关键部位的压力、流量读数，这些关键部位有泵，过滤器，总控阀的上、下游位置。这些读数将用于校核设计参数，调节系统效能，以及未来出现问题的诊断和处理。

四、滴灌带的安装

推荐按下列步骤安装滴灌带类的产品：

（1）滴孔和蓝色标志条这一侧要朝上，若朝下贴地安装，一旦吸入杂质就可能引起堵塞。

（2）应该在支管首部安装进、排气阀，在停机时破坏真空，防止滴灌带吸入杂质。

（3）滴灌带一般铺在地表或者埋入地下约457mm。若可能的话，优先选择地埋滴灌带，这样可以防止机械损伤，减少藻类、细菌滋生引起的堵塞，也可防止水分蒸发后结晶引起的堵塞，并确保水分被送到期望的区域。

（4）在安装期间，特别注意要防止土、昆虫或其他杂质进到滴灌带内。在滴灌带连进支管前，最好把两头打上结。

（5）若用机械铺设，先清理带有锋利边角的东西、带刺的作物以及可能损伤滴灌带的区域。在铺设时，与滴灌带相连的部件，如弯头、卷轴等，应最小限度的受力。

（6）当滴灌带埋入地下时，要派专人密切观察，滴孔是否朝上，是否出现打结，在一卷快铺完时，示意机械手停下来换卷等。

五、监测系统性能

设计合理的微灌系统，应该在系统里设计一些监测工具，能让操作人员监测系统性能，及早洞察到可能出现的问题。这一类工具包括流量计、压力表、支管首部的过滤器、透明的观察点等。

（一）流量计

流量计应安装在干管上，并具备读取瞬时流量和累计水量的双重功能。应定期读取数据并记录在案，若系统流量发生改变，说明系统可能出现了一些故障。

例如，若流量计读数低于系统流量，可能表明泵站出问题了，或者田间出现了堵塞问题。另一方面，若系统流量突然增加，可能说明管道破裂了，或某处漏水了。累计水量的读数，用于验证灌溉制度的水利用效果。

（二）测压点

系统应设置足够的测压点，用于全面掌握系统的压力。如果发现不同的灌水区域之间的压力有很大差别，可能说明某个灌水区域发生了问题，可能是出现堵塞，也可能是管道漏水了。应定期读取压力值并记录在案。

（三）支管首部的二级过滤器

支管首部的二级过滤器是较小的过滤器，比如Y形过滤器，安装在每个支管首部。在一般情况下，这种过滤器目数为80目，用于拦截因未经主过滤器的杂质，如管道破裂、主过滤器失效或其他原因引起的系统污染。这个部位的过滤器，另一个作用是防止外来的杂质进入毛管。要定期检查这个二级过滤器，以便发现系统的问题。

（四）透明观察点

透明观察点是重要的诊断工具，它可以观察系统内微生物的污染状态，透明观察点设置在水流经的路径上，它是由一个 PVC 管件装上一块活动的玻璃片构成的，提供了细菌或其他微生物生长的媒介。定期取下玻璃片，检查附在上面的东西，可以洞察系统中微生物的污染状况。在毛管的末端设置透明观察点，可以检查用氯处理过的效果和冲洗后的效果。

六、支、毛管的巡查和冲洗

毛管一旦安装上，就要经常承受外界的恶劣环境，比如拉应力、机械剐蹭或其他损害，若毛管铺在地表，还要承受太阳辐射，石头和作物根茎的挤压，鼠类、蚂蚁等活体的咬噬。同时，毛管还要忍耐肥料、氯水、杀虫剂等化学物质的腐蚀。因此，制定巡查的规则，将有助于在早期发现这些损害，阻止这种损害的进一步蔓延。

隔一段时间也要巡查灌水器和测量它的流量，若偏离设计流量，就需要调查原因。若流量变小，首要的原因一般是系统有了潜在的生物或化学堵塞问题，若早期发现这种问题，处理起来就很容易。

（一）支、毛管的冲洗

由于经济条件所限，灌溉水中或多或少都存在一些无法过滤掉的黏粒，微生物会黏附在这些颗粒上，最终沉积在流速小的地方，逐步积攒、聚合后，在微生物的作用下，会结成絮状物。

当这种絮状物断裂成独立的颗粒，就会堵塞灌水器。这种沉积和聚合的过程，每时每刻都在发生，因此，就必须不断地用化学方法处理，控制微生物的繁殖，再把处理掉的杂质冲出系统。

对于很多微灌系统而言，尤其是利用地表水的微灌系统，频繁冲洗支管和毛管，是必备的防堵塞的手段，因此，冲洗系统就成为非常重要的日常工作。研究表明，在流速为 0.3m/s 时，绝大部分杂质可以被冲出毛管，把这个流速定义为"冲洗流速"。标准的内径为 13mm 的 PE 管，流速为 0.3m/s 时，管端出流量大约为 3.8L/min。表 11-17 给出了不同管内径下，冲洗流速为 0.3m/s 时的最小流量。

表 11-17　　　　　　　　　　　冲洗 PE 管所需的最小流量

PE 管内径/mm	保持冲洗流速 0.3m/s 时所需的流量/(L/min)	PE 管内径/mm	保持冲洗流速 0.3m/s 时所需的流量/(L/min)
13	3.2	76	92
19	6.1	102	151
25	10.2	152	328
38	16.9	203	556
51	27	254	864
64	42	305	1216

在灌溉季节里，应该手动操作冲洗支、毛管几次。启动系统，打开毛管末端堵头，用容器接住冲洗的水，直到水流清澈了为止，用玻璃杯子取出一些冲出来的水，仔细检验和分析杂质的特性。如果冲洗出来的杂质非常多，那就必须找出原因。是细菌滋生，微生物聚合，铁离子沉积，还是过滤器滤料泄露等。

在显微镜下观察这些污染物，用两个小烧杯或试管取些污染物的样品，一个滴入几滴含氯的漂白剂，另一个滴入几滴盐酸，注意它们的变化：氯与有机物会发生化学反应，酸会消融无机物，而酸和氯与土粒、砂粒都不发生反应。

(二) 地下滴灌的冲洗

地面滴灌系统的冲洗往往被忽略，或没引起足够的重视，但地下滴灌系统绝对不能忽略，因为滴灌带无法频繁地更换，因此，地下滴灌系统，不仅设计灌水均匀度要比地面滴灌高，而且要定期冲洗。有多种方法用以保证系统安装最好，便于地下滴灌系统冲洗，用于廉价农作物的地下滴灌系统，往往是单设冲洗支管，而用于高附加值农产品的地下滴灌系统的毛管，每根都要引出地面，便于更好地冲洗。大多数情况下，地下滴灌的毛管，其铺设长度和管径，往往由冲洗流速来决定，而不是由均匀度的目标来决定。同时，泵站的流量也是由冲洗流量来决定的，扬程也要按下游所需的冲洗压力来计算，比如分干管的组件、管道、阀门的水头损失，毛管的地形落差，用于冲洗的阀、支管及其组件的水头损失等，都要计入总损失中。图 11-29 为地下滴灌系统的毛管上引起水头损失的部位，图 11-30 为地下滴灌系统的供水支管和冲洗支管的典型布置。

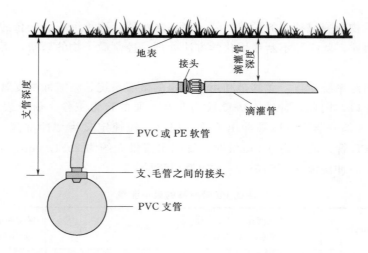

图 11-29　地下滴灌系统的毛管上引起水头损失的部位

内径为 16mm、流量为 1.64L/(h·m) 的滴灌带，其入口压力和入口流量的关系见图 11-31～图 11-33。必须注意的是，冲洗时的流量甚至是正常工作流量的 3 倍！

所以说，系统设计时，必须高度重视冲洗作业引起的滴灌带入口压力和系统流量的变化，必须合理确定泵的参数、管道口径以及滴灌带的参数，确保地下滴灌系统能进行充分冲洗。

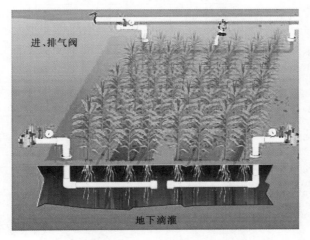

图 11-30　地下滴灌系统的供水支管和冲洗支管的典型布置

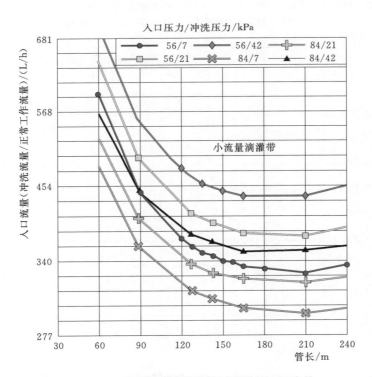

图 11-31　小流量滴灌带冲洗时所需的入口流量

注：内径为 16mm、流量为 1.64L/(h·m) 的滴灌带，压力为 55kPa

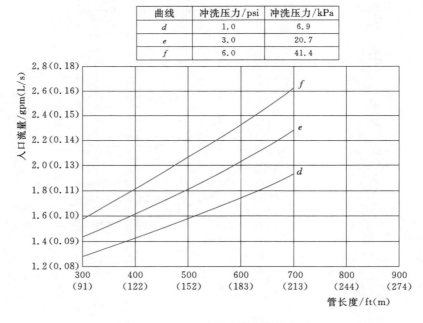

曲线	冲洗压力/psi	冲洗压力/kPa
d	1.0	6.9
e	3.0	20.7
f	6.0	41.4

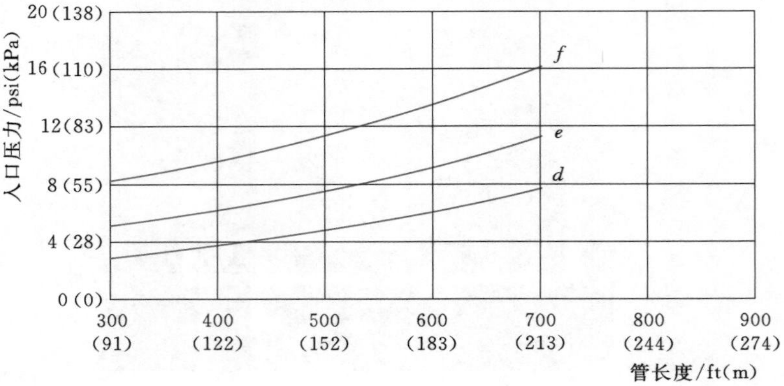

图 11-32　入口压力和管长度的关系

注：内径为 16mm、流量为 1.64L/(h·m) 的滴灌带，压力为 55kPa，$X=0.05$，
平坡铺设，恒定冲洗流量为 3.78L/min，不考虑制造偏差

曲线	冲洗压力/psi	冲洗压力/kPa
d	1.0	6.9
e	3.0	20.7
f	6.0	41.4

图 11-33　入口流量和管长度的关系

注：内径为 16mm、流量为 1.64L/(h·m) 的滴灌带，压力为 55kPa，$X=0.05$，
平坡铺设，恒定冲洗流量为 3.78L/min，不考虑制造偏差

第十节 结 语

用户和管理部门都在关注有限水源的高效利用途径，期望生产更多的粮食、纤维和营养，以及养护园林景观，在这些方面产生了越来越多的共识，认为微灌的确是一个切实可行和经济方便的解决方案。过去十多年间，在各种农作物和园林领域，微灌技术都很大程度提高了水分利用效率，该技术为终端用户创造了丰厚的收益。微灌系统与地面灌溉和喷灌相比，是非常独到的解决方案，但必须仔细设计、谨慎安装、精心管理和维护，才能获得应有的收益，因此，若要设计一个合理的微灌系统，就必须全面研究作物-土壤-水的相互关系、水的化学特性、系统的水力学、过滤问题、压力调节问题、部件选择问题等。另外，要确保系统能长期正常运行，参与的人员必须有微灌系统应用的基本知识，因为安装、操作、维护与设计同等重要。随后的章节还会有更多篇幅，论述微灌在农业、草坪和园林领域内的应用。

参 考 文 献

ASABE Standards. 2003. ASABE EP405. 1: Design and installation of microirrigation systems, St. Josept, Mich. : ASABE.

Bisconer, I. 2010. Toro Micro-Irrigation Owner's Manual. EI Cajon, Calif: Toro Micro-Irrigation Business. Available at: www. toro. com and www. dripirrigation. org. Accessed 30 June 2011.

Boswell, M. 1990. Micro-Irrigation Design Manual. EI Cajon, Calif: Hardie Irrigation (now Toro Micro-Irrigation). Available at: www. toro. com. Accessed 30 June 2011.

Burt, C. 2008. Avoiding Common Problems with Drip Tape. Irrigation Training and Research Center. San Luis Obispo, Calif. : California Polytechnic State University, Report NO. R08003. Available at: www. itrc. org. Accessed 2 January 2010.

Burt, C. , and S. W. Styles. 2007. Drip and Micro Irrigation Design and Management for Trees, Vines, and Field Crops, 3rd ed. San Luis Obispo, Calif. : California Polytechnic State University. Available at: www. itrc. org/dripmicrobook. htm. Accessed 2 January 2010.

Lamm, F. R. , J. E. Ayars, and F. S. , Nakayama (eds.) . 2007. Microirrigation for Crop Production: Design, Operation and Management. Oxford, UK: Elsevier. Available at: www. ksre. ksu. edu. Accessed 2 January 2010.

Rogers, D. , F. Lamm, and M. Alam. 2003. Subsurface drip irrigation systems (SDI) water quality assessment guidelines. KSU Publication # 2575. Manhattan, Kans. : Kansas State University. Available at: www. ksre. ksu. edu. Accessed 2 January 2010.

Salas, W. , P. Green, S. Froling, C. Li, and S. Boles. 2006. Estimating irrigation water use in California agriculture: 1950s to present. Publication No. CEC - 500 - 2006 - 057. Sacramento, Calif. : California Energy Commission. Available at: www. energy. ca. gov. Accessed 2 January 2010.

Schramm, D. , and R. Dries. 1986. Natural Hazards: Causes and Effects-Study Guide for Disaster Management. Madison, Wis. : University of Wis.

第十二章 灌溉系统电气

作者：Vince Nolletti
编译：兰才有

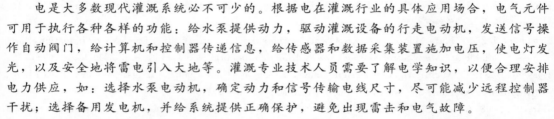

  电是大多数现代灌溉系统必不可少的。根据电在灌溉行业的具体应用场合，电气元件可用于执行各种各样的功能：给水泵提供动力，驱动灌溉设备的行走电动机，发送信号操作自动阀门，给计算机和控制器传递信息，给传感器和数据采集装置施加电压，使电灯发光，以及安全地将雷电引入大地等。灌溉专业技术人员需要了解电学知识，以便合理安排电力供应，如：选择水泵电动机，确定动力和信号传输电线尺寸，尽可能减少远程控制器干扰；选择备用发电机，并给系统提供正确保护，避免出现雷击和电气故障。

  根据电在灌溉中的应用场合和现场条件，电气功能和组件差别可能很大。例如，小型手动控制灌溉系统可能不需要电力，而采用自动控制的电气系统则具有和输配水系统一样多的电气回路。虽然不同灌溉应用和细分市场的电气要求可能会有很大不同，但与之相关的电气规范、工程原理和物理定律在所有情况下都基本相同。

  本章提供与广泛现代灌溉系统相关的基本电气元件、原理和实践的回顾。由于电是具有独特词汇的专门学科，读者可能需要复习一下灌溉协会网站（Irrigation Association Internet site）上的术语汇总表中的电气术语。

第一节 市 场 分 类

  广阔的市场范围内有许多种不同类型的灌溉系统，而每一种都具有其典型的电气要求。然而，即使在一个特定的细分市场内，对电力需求的差别也很大。

一、草坪和园林灌溉

  草坪和园林灌溉市场包括许多灌溉系统。这个市场的大多数灌溉系统都采用与电子控制器相连的电激发阀门运行。庭院和园林灌溉系统通常采用灌溉控制器。控制器安装在建筑物内部或外面，并且便于接入电源的地方（见图 12-1）。控制器和远程控制阀之间的引线通常不超过 100m。控制器根据现场操作人员制定的时间表打开和关闭电力阀。

高尔夫球场、公园、学校、工业以及其他大型地产的灌溉系统，通常需要若干个灌溉控制器，分别安装在各个关键位置，以便于连接喷头，并且各个控制器能在可视范围内操作喷头（见图 12-2）。通常，这些被称为卫星或田间控制器的控制器与中央计算机相连，以便于编制程序并管理灌溉系统。卫星控制器和中央控制器之间的通信链接可以是电缆线、无线、电话或互联网连接。卫星控制器电源可分散在所灌溉的区域内。为了反馈信息和决策，这些中央计算机和控制器可与气象站、流量传感器、压力传感器和土壤湿度传感器等设备连接。

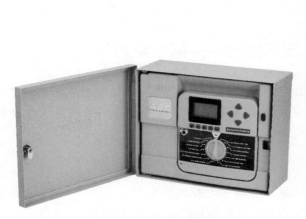

图 12-1　典型的庭院/园林控制器　　　图 12-2　典型的田间控制器

二、农业灌溉

农场主和果园主使用从大型中心支轴式喷灌机到小型固定式喷灌系统在内的许多不同类型的灌溉系统。电气元件因系统规模、地理位置、水源、能源等系统类型和条件的不同而有所不同。对于中心支轴式喷灌机，水和电力接入中心支轴点，然后分配到支管（见图 12-3 和图 12-4）。电能通常来自公用事业公司，或者由柴油或燃气发动机给现场发电机提供动力。中心支轴式喷灌机可通过电缆线、无线、电话或者互联网链接，采用计算机和掌上设备进行远程控制管理。中心支轴式喷灌机可采用液压驱动和电力驱动，后者应用量更大。其他行走式喷灌系统（例如平移式喷灌机）也采用类似的液压马达或电动机驱动。

电动机和传动系

图 12-3 配带电力电缆和控制电缆的
中心支轴式喷灌机中心支轴点

图 12-4 塔架车、橡胶轮胎、电动机
以及它们之间的传动系

固定式农业灌溉系统包括固定管道式喷灌系统、微灌系统和地面灌溉系统。该类别中的一些系统使用手动阀门和出水口管理灌水，而另一些则采用远程控制阀、传感器和控制器/计算机等自动操控。这些自动操控系统的管理与高尔夫球场或大型园林场所的自动灌溉系统很相似。许多手动灌溉系统也需要给主水泵和增压泵提供电力。随着行业的不断发展，即使像地面灌溉这样的低端技术系统，也采用自动控制，并依靠电力实施灌溉和收集传感器数据。

第二节　电气安全——标准和规范

由于安全最为重要，所以电力专业技术人员依赖法规和独立实验室的第三方设备测试。电气元件和设备的安装与操作法规由政府颁布。独立实验室核验电气产品的安全性和完整性。

一、独立实验室

在北美洲，最常见的独立实验室是美国保险商实验室®（UL®）❶ 和加拿大标准协会®（CSA®）❷。这些组织也通过其协调标准在世界许多国家得到认可。在美国还有其他公认的独立测试实验室。一些国家只承认当地的独立实验室测试，一些第三世界国家根本没有要求。

独立实验室测试的主要好处是确保产品符合一定的电气（和其他）规范，该产品是安全的，制造商所宣称的确实是安全的。实验室代表要参观制造厂的营业场所，检查正在生产的产品与原上市或批准的样品的规格是否相同。

重要的是要确保上市或批准的产品与预期的应用有关。例如，接线螺母，由于 UL 认

---

❶　UL® 和保险商实验室® 是保险商实验室公司的注册商标；美国，伊利诺伊州 60062，诺思布鲁克，圣灵降临节路 333 号。

❷　CSA® 和加拿大标准协会® 是 CSA 国际的注册商标；加拿大 M9W 1R3，安大略，多伦多，瑞克斯代尔大道 178 号。

证接线螺母只能用于地上安装，所以连接灌溉用电线时，可认为 UL 已经认证接线螺母在没有防水保护的条件下不应埋地。因此，用户应询问产品是否针对某特定用途进行了认证。

二、法规、规范和准则

所有灌溉系统的电气要求和准则都由电气规范控制，每一项都因国家不同而有所差异。在美国，主管团体是国家防火协会（NFPA），负责编制和出版了国家电气规范®（NEC®）❶ NFPA 70（2011 年）。本章主要引用 NEC 提供的准则。当提到"NEC"时，具体指的就是 NFPA 70 的 2011 年版。NEC 每 3 年修订一次，而且不管什么时候都必须使用最新版本。NEC 提供必需满足以确保安全的最低电气要求。另外，灌溉系统设计者和安装者必须执行当地电气规范。如果当地规范比 NEC 的要求更严格并且不冲突，则可以实施。本章中提供的信息不应解读为 NEC 的官方解释或任何其他电气规范。

大量书籍致力于解释 NEC，主要关注点是防止伤害人或动物以及防火。电气和电子工程师协会（IEEE，1999、2007）、美国农业与生物工程师学会（ASABE，2007）和美国灌溉顾问协会（ASIC，2002）等其他组织已发布文件，对最佳推荐做法进行定义，以便达到高水平产品可靠性，同时完全符合 NEC 在安全方面的要求。不管在任何国家，不管实施哪个规范，解释电学基本原理的物理定律都是通用的。

第三节　灌溉系统中的电气元件

灌溉系统中的电气元件和输配水组件一样种类繁多。灌溉系统使用电动机、计时器、继电器开关等机电设备已很久。然而，现代灌溉组件越来越多地依赖包含晶体管、二极管和计算机芯片等微小敏感元件在内的电子设备（装置）。这些设备更易于受到电涌、特别是雷电的影响。灌溉应用中经常使用下列组件。大多数小型灌溉系统需要这些组件中的几种组件，例如只需要电源、电缆，并且可能需要驱动水泵的电动机。然而，大型自动化灌溉系统通常具有将众多不同的监视、控制和提供电源的组件结合在一起的电子网络。《灌溉用电气服务和设备》（ASABE S397.2）（ASABE，2003）描述了向三相灌溉装置提供动力的设备和方法。

一、控 制 器

控制器是灌溉系统的大脑，它由用户编程，以确定每个轮灌小区何时灌水、灌多长时间。大多数控制器采用电子或混合集成电路设计，后者具有电子和机械部件。控制器可具有丰富功能。高端控制器可编制非常复杂的程序。选择适当控制器的原则是，用户不会因为拥有不适用于自己特定系统的技术而多花钱。图 12-5 为具有控制电磁阀的控制器的灌溉系统简单电路。

---

❶ 国家电气规范®和 NEC®是全国消防协会公司的注册商标；美国，马萨诸塞 02269，昆西。

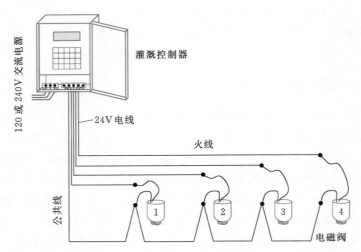

图 12-5　具有控制电磁阀的控制器的灌溉系统简单电路图

（一）独立控制器

这种灌溉控制器是"自给自足"型，所需电源通常为交流 120V 或 240V。内置或外置一体式降压变压器，将电压降至 24V，用于给如图 12-5 所示的电磁阀供电。

（二）卫星控制器/田间控制器

卫星控制器和田间控制器这两个术语在灌溉行业互换使用。该产品包括独立控制器的所有功能，并其具有与中央计算机通信的额外能力。通信可通过专用电缆、现有电话线、互联网或无线电信号进行。

（三）中央计算机

中控用计算机为标准个人电脑，硬件稍做了改动，装载了中控厂家的专用软件。计算机可对大量数据进行考量，并遵循复杂的决策规则，以便对灌溉做出安排。例如，计算机可以接收来自雨量计等传感器的信号，并将信息集成到控制程序中。借助计算机还可通过互联网对系统进行远程监控和管理。中央计算机用于农业、高尔夫球场、校园、市政和其他大型园林灌溉系统的控制。

（四）电池和太阳能控制器

在不能利用交流电源或利用成本过高的情况下，灌溉系统可采用电池供电的控制器。其中有些控制器使用需要定期更换电池；另一些则使用很少更换的可充电电池和太阳能电池。由于节能对延长电池寿命非常重要，所以这种控制器通常激发的是低能耗"闭锁式电磁线圈"。

（五）配置解码器的控制器

在这种系统中，控制器将信号发送给解码器，解码器对控制信号进行分析并打开相应电磁阀的电源开关。解码器系统利用双芯或三芯电缆输送电源和控制信号。解码器（见图 12-6）是采用防水环氧树脂封装或密封防水的电子设备。采用这种解码器，可免除每个电磁阀与控制器之间的单独信号线。在许多情况下，采用解码器还可免除对田间控制器的需求。通信和电磁阀的动力由中央计算机提供给解码器，解码器开启或关闭电磁阀。这种方法可大大减少工程项目所需的电线数量。由于地面无看得见的部件，采用此种系统有益于减少被偷盗及被洪水冲掉的风险。然而，采用这种类型的系统也有缺点。解码器与电磁阀之间的电线以及通信/电力电缆更复杂。排除系统故障往往需要高素质技术人员帮助。另外，解码器容易遭受雷电损坏。每一件电子设备都应该在其所在位置接地，但由于很难证明每个解码器都接地是经济可行的，所以妥协方案是减少接地，势必会影响系统的可靠性。

二、远程控制阀和电磁线圈

远程控制阀根据控制信号来调控通过管道的水流。这些阀门通过液压或电信号激发，后者最常用，通常被称为电磁远程控制阀。一个电磁头是一个电磁线圈，这意味着当施加电压时它会成为磁体。产生的强磁场可将金属阀芯拉回到它的中间位置（见图 12-7）。阀芯向上运动，打开内部的小孔泄水，从而引起水压差，打开阀门。

图 12-6　解码器

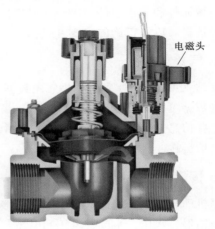

图 12-7　典型的电磁线圈操控
远程控制阀剖面图

有许多类型的电源能使电磁线圈动作，重要的是电源电压应与电磁线圈的电压相匹配。最常见的激发电磁线圈的电压类型为 24V，通常由灌溉控制器的变压器次级绕组提供。

电池供电控制器激发"闭锁"型直流（dc）电磁线圈。这种类型的电磁线圈利用正脉冲激发，并利用一块很小的永久磁铁将阀芯保持在开启位置。利用负脉冲将阀芯拉离永久磁铁，并将阀门关闭。采用闭锁型电磁线圈，当阀门处于开启状态时不需要电能。

低能耗电磁线圈汲取的电流比传统 24V 电磁线圈小得多。这种电磁线圈采用以下两种设计：一是内部二极管/桥式整流器将交流电转换为直流电；二是电阻器/电容器网路产生谐振电路。后者非常有效，并且不易遭受雷电而损坏。关于这种电磁线圈的正确测试和故障诊断方法，通常需要与制造厂联系。

当标准电磁线圈被激发时，在短时间（约 0.035s）内从变压器或电池汲取大量电能。这种电流称为浪涌电流。当初始浪涌发生后，电磁线圈就汲取较少能量，这被称为保持电流。浪涌电流通常在确定导线尺寸时用于计算电压降，而保持电流则用来确定变压器和电源的容量。大多数制造厂在其阀门说明书中，公布电磁线圈浪涌电流和保持电流的信息，但他们很少提供电磁线圈直流电阻和最小工作电压的信息。直流电阻需要采用万用表的电磁线圈测试，而需要采用最低工作电压来计算线径。这方面的信息通常可从制造厂的技术服务部门获得。

三、电线、电缆和连接器

电线之于电就像管道之于水——它们都容纳流动。电缆通常是两根或多根导线的组合，每一根都称为导体，并且每一根都单独绝缘。为了输送电力、触发阀门、传感和通信，灌溉行业使用许多种不同的电线和电缆。灌溉系统用电线的种类和尺寸，随其功能、预计承载电流以及用途的不同而变化。当产品是 UL 认证产品时，电线电缆的最小结构由 NEC 确定并由制造厂遵守。同样，市场上有许多电线接头，有些很好，有些非常差。必须采用机械元件和防水组件的组合，以确保地下电线连接可靠。本章稍后讨论电线和电缆的尺寸和选择，以及正确的接线方式。

四、气象站

气象站（见图 12-8）由收集气象数据并将这些数据传送给微处理器的许多传感器组成。这些数据可转而计算出蒸发蒸腾量。当进行灌溉系统编程或编制灌溉制度时，计算机会利用这些信息来做出决策。从气象站到中央控制器之间的通信可以通过电线、光缆、无线电或电话链接。

五、传感器

计算机灌溉控制系统通常采用一个或多个传感器来监测水分、温度、湿度、风速、风向、太阳辐射、水压、水流、电压和电流等参数。图 12-9 为流量计在微灌中的应用。随

图 12-8　高尔夫球场的气象站

图 12-9　流量计（创意传感器技术）

后将这些数据输送给气象站、控制器和中央计算机，以便分析处理后做出智能决策。这些数据也可用于排除系统故障。

六、变压器

变压器是降低或升高交流电源电压的装置。草坪、园林和高尔夫球场灌溉控制器最常用的降低变压器是将电源电压从 120V 降低到 24V。这种变压器更具体地称为 5：1 降压变压器。

七、电源调节变压器

电力服务有时不可靠，并且可能会有意想不到的、令人讨厌的电压浪涌。电压浪涌可能会损坏电子元件，就像水锤损坏管道和喷头一样。电源调节或恒压变压器可在这种情况下提供稳定电源。它们通常用于高尔夫球场项目，给中央计算机和田间控制器提供电源。泵站控制面板中也可见到这种变压器。

八、不间断电源

如同电源调节变压器一样，不间断电源（UPS）设备一方面可过滤令人讨厌的电压浪涌，另一方面，这种设备也在限电和停电时提供备用电源。UPS 设备包括电池以及用来检测并纠正电源中异常情况的电子元件。有些还包括为它们所供电的负载提供雷电保护的装置。它们用于灌溉系统，以便向电力电子设备提供清洁电源（即一致水平，没有尖峰）和电池备份。备份时间是 UPS 额定容量值（VA）和负载大小的函数。该设备有许多种变形，但在灌溉中实际应用的两种类型分别是离线型和在线互动型。

离线型（也称待机型）是小型不太重要的独立应用的便宜 UPS 选择。当失去电源或电压太低时，电池自动开启。一旦恢复供电，电池就转换为充电状态。采用这种类型的 UPS，在开关过程中，电子设备可能经受电浪涌尖峰。因此，它可能不适用于昂贵的设备。

在线互动型提供高效的电源调节（过滤尖峰），并加以电池备份。这种设备特别适用于很少停电但经常出现电源波动的地区。它们通过升高和降低电源电压，防止电压过高和太低，从而为敏感设备提供正常水平电压的电源。在这种类型中，电池可在任何时候向负载提供电源，并且交流电源连续不断地给电池充电。这意味着，没有开关参与其中，并且电压浪涌不可能得以通过电子负载。

九、电动机

灌溉系统采用许多种电动机。电动机在灌溉中的主要用途是泵水。各种各样的水泵用来从地面取水，并提升为压力水源。这些水泵由多种不同类型和电压的电动机驱动（详见第 8 章）。电动机驱动中心支轴式喷灌机的塔架车和车轮系。电动机用于高尔夫球场果岭，给大风扇提供动力，以冷却推杆表面的敏感草坪。应由有关专家负责，以确保与电源的兼容性，并根据负载大小确定电线尺寸。

十、防雷接地设备

防止出现雷电、电气故障和其他电源浪涌的产品是大多数灌溉系统的重要组件。这些组件包括设备外壳接地、接地棒和板、接地线和连接器、避雷器和电感（例如扼流圈）。这些设备及其接地和防雷的原理将在本章稍后讨论。

第四节　电线和接线实践

与管道输送水的方式基本相同，电线是输送电的传导介质。电线越粗、电线金属的导电性越好，传输电流的效率就越高。大多数电线采用铜或铝导电。这两种金属具有良好的导电性能，并且相对便宜。不管是电线的导体材料还是尺寸，都需要根据其用途进行选择和安装。

一、电线尺寸命名

在北美洲地区，电线尺寸采用美国线规（AWG）制。世界其他地区有的采用 AWG 制，有的采用以导线截面积（mm^2）定义的公制。在 AWG 制中，用较大的数字给较小的电线命名，例如，14AWG 电线小于 12AWG。表 12-1 列出了 AWG 制的电线尺寸及其性能，也给出了公制单位的等值相互参照信息。AWG 制序列为…、20、19、18、…、1、1/0、2/0、3/0、4/0、250kcmil、300kcmil、…（4/0 读作"四个零"，也可写为"0000"）以后，电线命名转换为"圆密耳"（cmil）制或"千圆密耳"（kcmil）。旧的毫圆密耳（MCM）名称不再使用。

表 12-1　　　　美国线规（AWG）电导线性能（NEC，2011，表 8）

| AWG | 股数[②] | 参数 | | | | | 直流电阻，Ω/1000ft（Ω/305m） | | | |
| | | 直径 | | 截面积 | | 圆 | 铜 | | 铝 | |
		in	mm	in²	mm²	mils	68℉(20℃)	167℉(75℃)	68℉(20℃)	167℉(75℃)
20	实心	0.032	0.81	0.001	0.52	1020	10.150	11.953	—	—
20	10	0.037	0.94	0.001	0.69	1020	10.900	12.836	—	—
19	实心	0.036	0.91	0.001	0.65	1200	8.051	9.481	—	—
18	实心	0.040	1.02	0.001	0.82	1620	6.390	7.770	—	—
18	7	0.046	1.17	0.002	1.07	1620	6.538	7.950	—	—
16	实心	0.051	1.29	0.002	1.31	2580	4.021	4.890	—	—
14	实心	0.064	1.63	0.003	2.08	4110	2.525	3.070	—	—
12	实心	0.081	2.06	0.005	3.32	6530	1.587	1.930	—	—
10	实心	0.102	2.59	0.008	5.27	10380	0.995	1.210	—	—
8	实心	0.128	3.25	0.013	8.30	15510	0.628	0.764	—	—
6	7	0.184	4.67	0.027	17.16	26240	0.404	0.491	0.661	0.808

参　数							直流电阻,Ω/1000ft(Ω/305m)			
		直径		截面积		圆	铜		铝	
AWG	股数②	in	mm	in²	mm²	mils	68℉ (20℃)	167℉ (75℃)	68℉ (20℃)	167℉ (75℃)
4	7	0.232	5.89	0.042	27.27	41740	0.253	0.308	0.416	0.508
2	7	0.292	7.42	0.067	43.20	66360	0.160	0.194	0.261	0.319
1	19	0.332	8.43	0.087	55.85	83690	0.127	0.154	0.207	0.253
0	19	0.372	9.45	0.109	70.12	105600	0.100	0.122	0.165	0.201
00	19	0.418	10.62	0.137	88.53	133100	0.080	0.097	0.130	0.159
000	19	0.470	11.94	0.173	111.93	167800	0.063	0.077	0.103	0.126
0000	19	0.528	13.41	0.219	141.26	211600	0.050	0.061	0.082	0.100
250kcmil①	37	0.575	14.61	0.260	167.53	250000	0.042	0.52	0.069	0.085
300kcmil	37	0.630	16.00	0.312	201.11	300000	0.035	0.043	0.058	0.071
350kcmil	37	0.681	17.30	0.364	234.99	350000	0.030	0.037	0.050	0.061
400kcmil	37	0.728	18.49	0.416	268.55	400000	0.026	0.032	0.043	0.053
500kcmil	37	0.813	20.65	0.519	334.92	500000	0.021	0.026	0.035	0.042
600kcmil	61	0.893	22.68	0.626	404.07	600000	0.018	0.021	0.029	0.035
700kcmil	61	0.964	24.49	0.730	470.88	700000	0.015	0.018	0.025	0.030
750kcmil	61	0.998	25.35	0.782	504.68	750000	0.014	0.017	0.023	0.028
800kcmil	61	1.030	26.16	0.834	538.00	800000	0.013	0.016	0.022	0.027
900kcmil	61	1.094	27.79	0.940	606.45	900000	0.012	0.014	0.019	0.024
1000kcmil	61	1.152	29.26	1.042	672.45	1000000	0.011	0.013	0.017	0.021

①　kcmil 即 1000 个 cmil。尺寸为 0 至 0000,有时写作 1/0 至 4/0。

②　股数是指组成整个导体所需的导线根数。

1cmil 定义为一个直径为千分之一英寸的导线的横截面积（1mil）（见图 12-10）。这不是单位为平方密耳的导线横截面积。一个直径为 1mil（0.001in）的圆形导线的横截面积为 0.7854mil² 或 1cmil。因此,1cmil=0.7854mil²,1mil²=1.27cmil。

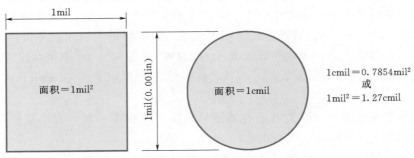

1cmil电线面积等于: $\pi \times (半径)^2 = 3.14 \times \left(\dfrac{1mil}{2}\right)^2 = 3.14 \times (0.5mil)^2$
$= 3.14 \times 0.25mil^2 = 0.7854mil^2$

图 12-10　平方密耳与圆密耳

二、电线类型及其选择

除了尺寸以外，电线类型在导电材料（例如铜、铝）、绝缘类型以及如何保护和封闭（例如在导管里）等方面也有所不同。不同类型的电线适用于灌溉系统对电的不同要求，例如，是提供电力还是传输信号，以及电线放置的环境是在水下、埋地、地上，还是建筑物内。下面简要介绍灌溉系统常用电线及其绝缘性能。

（一）电力电线和电缆

电力线将电源（通常是从公用事业公司或发电机）和负载连接起来。灌溉电力线额定电压通常为600V。灌溉系统最常用的电力线类型如下：

（1）UF型（地下馈线）——这是一种通用的直埋产品。它可用于所有类型灌溉项目，为控制器提供电源。导体通常为铜，绝缘为聚氯乙烯（PVC）。该产品尺寸为14～4/0AWG，并制成各种颜色。

（2）THHN/THWN（热高温尼龙/热高温湿尼龙）——THHN电线称为"建筑线"，专为室内应用设计。当它被标记为THWN时，如果安装在合适的电导管里，可埋地作为电力线。导管应具有足够大的直径，保证电线的总截面不超过导管的横截面空间的40%。这类产品通常双重评为THHN/THWN，即可用于地上也可用于地下。导体通常为铜，绝缘为聚氯乙烯外加一层尼龙。该产品尺寸为14AWG～1000kcmil AWG，颜色各种各样。电气规范通常要求这类电线的接头应在防水接线盒里。

（3）UF-B型（地下馈线-建筑物入口）——这类电缆的内部导体为THHN/THWN型，外套为PVC。这种扁平电缆有三种配置："两根导线""两根导线加接地线"和"三根导线加接地线"。它包括一根黑线、一根白线、一根红线（用于"三根导线加接地线"），而"接地"导体为裸铜线。这种电缆可以埋地，尺寸为14～6AWG。

（4）TC（托盘式电缆）——这类圆形电缆的内部导体为THHN/THWN型，外套为PVC。内部导体通常为具有色码或全黑色绝缘层的铜。在全黑色绝缘层中，导体按1、2、3、…编号，所以能把它们区分开。这类电缆尺寸范围为18AWG～750kcmil，并且可供选择的种类很广：每根电缆有多种导体数，可带接地线也可不带。

（5）XLP/USE型（交联聚乙烯/地下服务入口）——这类电缆用于把电力接入建筑物或设施的服务设备。它们通常也可用于为农业灌溉设备提供动力。导体通常为铝，尺寸范围为6AWG～1000kcmil。该产品仅适用于地下。它可将电力引入服务设备，但不一定是建筑物内的。如果产品携带额外等级RHH/RHW-2/USE-2，则可在建筑物内使用。

（6）URD型（地下农村发展）——该名称一般适用于XLP/USE或RHH/RHW-2/USE-2。

（7）潜水电泵电缆——这类电缆有的把单根铜导体绞在一起，有的采用扁平外套结构。尺寸范围为14AWG～500kcmil。

（8）导管中的电缆——所谓"导管中的电缆"是指采用直径32～50mm的柔性高密度聚乙烯电线导管，内装电力设备、通信和开关负载等所需的电线和电缆的产品。导管内最常见的电线和电缆采用下列任一种组合：

——铝线，尺寸范围4～4/0AWG，用于给水泵或中心支轴式喷灌机供电；

——用于中心支轴式喷灌机的铜"杀线";

——安装中心支轴式喷灌机远程控制设备的多芯电缆。

(二)阀门电线和电缆

这些电线用于连接灌溉控制器和远程电控阀。它们的额定电压范围为 30～600V。最常用的类型如下:

(1)UF 型(地下馈线)——这是一个采用聚氯乙烯绝缘的通用直埋产品。该产品尺寸范围为 14～4/0AWG,并制成各种颜色。

(2)PE 型(聚乙烯)——这种类型的电线是专用直埋产品,并经 UL®认证用于灌溉系统。对于潜水电泵用的电缆,UL 测试包括将电线浸没在高浓度肥料、除草剂和杀虫剂溶液中。

(三)周边电线和电缆

周边电线是指中心支轴式喷灌机灌溉地角时的导向电线。它们通常为单芯或双芯导体 UF 型或 PE 型 14AWG 电线。在易遭受啮齿类动物危害或特别重视防止损坏的地方,应采用不锈钢铠装型。

(四)防鼠电缆

如果财产遭遇啮齿类动物或火蚁出没,则某些设施就特别具有挑战性。幸运的是,前面讨论的许多电线电缆都有耐啮齿动物和昆虫撕咬的直埋铠装型。这些电缆在导体绝缘层和外套之间包有一层不锈钢带。这个问题也可以通过将电线和电缆安装在最小外径为 32mm 的电气导管里,使啮齿类动物的牙齿规避导管而得到解决。这些解决方案是由贝尔实验室和位于科罗拉多丹佛的野生动物研究中心美国国内部进行了广泛研究得出的结果(Cogelia 等,1976)。

三、电线连接

如同 PVC 管道的胶接一样,电线接头的完整性是灌溉系统电路可靠性的关键因素。必须遵循以下四个步骤,以确保所有接头以及包括裸铜线在内的任何类型电线或电缆的完整性。

(1)制作牢固的机械连接。可采用许多种不同方法制作机械连接,包括采用接线螺母、开口螺栓或简单捻合导线等。图 12-11 显示了灌溉系统常用的一些机械式接头。

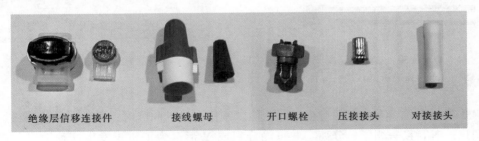

| 绝缘层信移连接件 | 接线螺母 | 开口螺栓 | 压接接头 | 对接接头 |

图 12-11 常用的机械式电线接头

(2)机械连接的电绝缘。一些机械式接头与塑料绝缘外皮融合为了一体(直埋式防水接头、凝胶填充接线螺母、绝缘层信移连接件和一些对接接头)。例如,接线螺母的内弹簧已经与塑料外皮保持绝缘。然而，采用诸如开口螺栓这样的机械式裸露接头，就必须采用乙烯基或橡胶带等优质绝缘材料包裹金属（见图 12-12）。绝缘带在裸金属周围融合，形成绝缘屏障。目标是覆盖裸露的铜，以便触摸时不会出现电"击"。但是，只有防水接头才能埋地。图 12-13 展示了一些用于形成接头电绝缘的产品。

图 12-12 采用接线螺母（上）和胶带（下）
的电绝缘接头

图 12-13 电绝缘材料

（3）防水连接。不管接头将要安装在地上还是地下，连接应始终保持防水结构（见图 12-14）。接头最终会接触灌溉系统中的水。防水接头类型的选择应考虑其用途。图 12-15 显示了一些可用于防水连接的树脂类产品。树脂包中有两个在防水密封状态下混合的材料室。几种机械接头［直埋式防水接头（DBY）、凝胶填充接线螺母和绝缘层信移连接件（IDC）］中加入了防水胶或油脂。

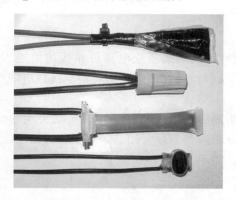

图 12-14 防水连接：树脂包、凝胶填充接线螺母、
凝胶填充管和绝缘位移接头（自上而下）

图 12-15 防水树脂

（4）确保连接具有内置的应变消除功能。维修电操纵阀门时，常常会拉扯电线。当电线受到拉扯时，接头绷紧、分离，并可能分裂成 Y 形。为了防止发生这种情况，连接必须具有应变消除功能。图 12-16 描述了具有应变消除功能的连接实例。DBY 和 DBR 这两个产品在设计中融入了应变消除功能。如图 12-16 所示，扎线带可提供所需的接头应变消除功能。扎线带应始终能够耐受气候，不会因暴露在化学品和阳光下而开裂。

四、电线埋设要求

电线安装在地下时必须具有一定厚度的覆盖层。输送 30V 及以下电压的电线和电缆必须具有至少 150mm 厚的覆盖层。从实用角度看，150mm 厚覆盖层不足以防止常规挖掘以及使用松砂机或犁造成的损伤。因此，适当的深度应根据最低标准 150mm 和常识确定。电线和电缆输送超过 30V 并且不高于 600V 电压时，必须至少有 0.6m 的覆盖层，但也有例外。例如，当电线和电缆安装在建筑物、混

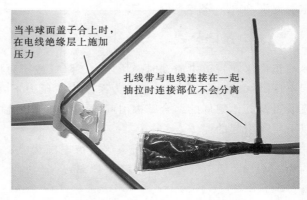

当半球面盖子合上时，在电线绝缘层上施加压力

扎线带与电线连接在一起，抽拉时连接部位不会分离

图 12-16　DBY 接头内置应变消除功能（左）和扎线带用于给树脂包提供应变消除功能（右）

凝土、街道、公路、道路、街巷、车道、停车场和机场跑道时，所需深度就小一些。虽然对穿在导管里的电线的覆盖要求不严格，但如果导管埋在地下，仍需保持导管有足够的埋设深度，以防止地上设备和活动造成的损坏。关于电线覆盖深度问题请参见 NEC 的表 300-5。

第五节　确定导线尺寸的方法和电压降的计算

必须确定导线尺寸，以便在可接受的电压损失或"电压降"条件下安全地输送预期电流。安全注意事项、常规做法和设备制造厂已经建立了可接受性能水平的详细说明。适当的导线尺寸可根据这些说明、NEC 的要求以及由欧姆定律和物理定律导出的公式确定。

一、导线电阻

当电在导线里流动时，金属导体给电流以轻微的对抗，这被称之为"直流电阻"或简称"电阻"。如同水管一样，导线横截面积越大，它给予电流的对抗（或阻力）越小，电压降就减小。这种现象可通过式（12-1）予以量化。式（12-1）用于计算各种电线和电缆的导线电阻（见表 12-1）。

$$R_w = \frac{\rho \times l}{A} \qquad (12-1)$$

式中　R_w——导体电阻，Ω；

　　　　ρ——导体电阻率常数，$\mu\Omega \cdot cm$（在 25℃ 条件下，铝为 1.724，铜为 2.828）；

　　　　l——导体长度，cm；

　　　　A——导体横截面积，cm^2。

从表 12-1 可以看到，导线的电阻随工作温度的变化而变化。温度每升高 5℃，导线电阻大约增加 2 个百分点。温度下降时电阻随之减小。例如，安装在地面上的电线暴露在较高的温度下，与埋在地下的相同电线相比，则表现出较高的电阻。在设计过程中计算导线尺寸时，一定要采用基于工作温度的导线电阻值。本章例子中的计算，假设地埋导体为

中等温度 20℃、架空导体为 53℃。

二、电压降公式

正像水在管道中流动时经历压力下降（或压力损失）一样，电在电线里流动时则会引起电压降（或电压损失）。在水力系统中，压力下降是由管道、管件、弯管、阀门、防回流装置及其他组件的综合摩擦引起的。在电气系统中，电压降是由出现在电线和负载中的以下 4 项引起的：

（1）交流电源或信号的频率（直流电源为零；交流电源为 50Hz 或 60Hz，雷电浪涌约为 1MHz，通信信号为其他特定频率）。

（2）电阻。

（3）电感。

（4）电容。

电压降必须保持在最低限度，以确保向负载提供具有足够电压的有效电力。可利用欧姆定律计算电压降、所需导线尺寸和电流。欧姆定律的两种版本是所有电气计算的基础。

对于直流电（dc）：

$$电压降(V_d) = 电流(I) \times 电阻(R)$$

或

$$V_d = I \times R \tag{12-2}$$

对于交流电（ac）：

$$电压降(V_d) = 电流(I) \times 阻抗(Z)$$

或

$$V_d = I \times \sqrt{R^2 + \left(2 \times \pi \times f \times L - \frac{1}{2 \times \pi \times f \times C}\right)^2} \tag{12-3}$$

上式中　V_d——电压降，V；

I——电流，A；

R——电路电阻，Ω；

f——电源或信号频率，MHz；

L——电路中的电感，μH（微亨）；

C——电路中的电容，μF（微法）。

式（12-3）（交流公式）中方括号内的那一部分是电路的阻抗（Turner 和 Gibilisco，1987）。对交流公式进行分析可以看出，电路中的电压降是电阻、电容、电感、电流以及电源或信号频率的函数。电源工作频率为 50Hz/60Hz，可认为是非常低的频率，因此相对于电流而言，电感和电容的贡献可忽略不计。在频率为 50Hz/60Hz 的情况下，交流公式可以缩短为直流 [式（12-2）]。当采用这个基本公式，计算 50Hz/60Hz 交流电路中的电压降、所需导线尺寸和电流时，能够得出准确结果。对于这种情况，电压降、电阻和电流可使用表 12-2 中的公式计算。

表 12-2 中的公式假定载流导体的尺寸相同。如果载流导体尺寸不一样，例如在高尔夫球场灌溉系统的阀门引线电路中，"火"线采用 14AWG 而 "共用"线采用 12AWG，应采用下面的公式分别计算每个线段的电压损失：

$$V_d = \frac{I \times R_w \times l}{1000} \quad 或 \quad V_d = \frac{K \times I \times l}{CM} \qquad (12-4)$$

式中　V_d——电压降，V；

　　　　I——电流，A；

　　　R_w——电线电阻，$\Omega/1000ft$（见表 12-1）；

　　1000——1000ft 长电线；

　　　　K——导体电阻率常数，在 53℃ 条件下，铜为 11.2，铝为 17.4；

　　　　l——电线长度（从电源到负载的单向距离），ft；

　　　CM——线规，圆密耳。

表 12-2 给出了确定导线尺寸的两种常用方法的方程组——电线电阻法和圆密耳法。当提供的导线电阻值（在电阻法中）和 K 值（圆密耳法中使用的导体电阻率常数）是同一工作温度下的数值时，这两种方法都有效，并能得出相同结果。因为草坪和园林灌溉的电线通常埋于地下，所以这方面的专业人员主要采用电阻法，并假定温度为 20℃。由于农业灌溉中的有些电线铺设在地面上，所以这方面的专业人员往往以 53℃ 的较高工作温度条件采用圆密耳法。

表 12-2　　　　　　　　基于欧姆定律的电压降、电阻和电流方程

类型	计　算			
	电压降 /V	最小电线尺寸 /CM	电流 /A	最大电线长度 /ft
电线电阻法				
单相	$V_d = \dfrac{I \times R_w \times l \times 2}{1000}$	$R_w = \dfrac{V_d \times 1000}{I \times l \times 2}$	$I = \dfrac{V_d \times 1000}{R_w \times l \times 2}$	$l = \dfrac{V_d \times 1000}{I \times R_w \times 2}$
三相	$V_d = \dfrac{I \times R_w \times l \times 2 \times 0.867}{1000}$	$R_w = \dfrac{V_d \times 1000}{I \times l \times 2 \times 0.867}$	$I = \dfrac{V_d \times 1000}{R_w \times l \times 2 \times 0.867}$	$l = \dfrac{V_d \times 1000}{I \times R_w \times 2 \times 0.867}$
单相	$V_d = \dfrac{K \times I \times l \times 2}{CM}$	$CM = \dfrac{K \times I \times l \times 2}{V_d}$	$I = \dfrac{V_d \times CM}{K \times l \times 2}$	$l = \dfrac{V_d \times CM}{K \times I \times 2}$
三相	$V_d = \dfrac{K \times I \times l \times 2 \times 0.867}{CM}$	$CM = \dfrac{K \times I \times l \times 2 \times 0.867}{V_d}$	$I = \dfrac{V_d \times CM}{K \times l \times 2 \times 0.867}$	$l = \dfrac{V_d \times CM}{K \times I \times 2 \times 0.867}$

当设计防雷保护接地电网时，由于雷电脉冲包含高达 100MHz 的各种频率，所以必须采用交流公式（见表 12-3）。对于通信信号，因为通常只有设备制造厂知道通信信号的频率和形状，所以电压降计算应留给制造厂（Polyphaser Corp.，2000）。制造厂通常提供各种类型和线规的最大允许通信电缆长度图表。

三、允许电压降

制造厂通常公布控制器、电磁阀等设备的最低工作电压。电源电压减去电压降必需高于设备的最低工作电压，以便构成工作电路。NEC 第 210.19（A）（1）条的精美注释中包含了关于电压降的建议。

对于水泵和中心支轴式喷灌机，沿主电路的电压降必须保持不大于 3%，并且通过主干、分支和各个负载的总电压降必须不超过电源电压的 5%。换句话说，各个负载（设

备）的工作电压都不应低于电源电压的 95%。

电动机制造厂强烈建议将总电压降保持在不超过 3%，这就意味着电动机的运行电压应至少为电源电压的 97%。这种做法是大多数电动机制造厂（和欧洲共同体）的建议，因为这样电动机运行效率更高，从而运行成本较低，并可大幅度延长电动机寿命。

四、允许设计电流

对于灌溉控制器和电磁阀，表 12-2 公式中采用的电流（I）始终应是设备制造厂提供的浪涌电流。有些制造厂不公布这些数据。可能需要与他们联系以便获取信息。这些计算通常采用表 12-2 中的电阻法（单相）公式。表 12-3 所示的设计表可用于获得电压损失值。

表 12-3　　　控制器和电磁阀电压降与电线尺寸和电流的函数关系（单相）

电流/A	每单程 305m（1000ft）电线的电压损失															
	美国线规/AWG															
	18	16	14	14/12	14/10	12	10	8	6	4	2	1	0	00	000	0000
0.1	1.28	0.80	0.51	0.41	0.35	0.32	0.20	0.13	0.08	0.05	0.03	0.03	0.20	0.02	0.01	0.01
0.2	2.56	1.61	1.01	0.82	0.70	0.63	0.40	0.25	0.16	0.10	0.06	0.05	0.40	0.03	0.03	0.02
0.3	3.83	2.41	1.52	1.23	1.06	0.95	0.60	0.38	0.24	0.15	0.10	0.08	0.60	0.05	0.04	0.03
0.4	5.11	3.22	2.02	1.64	1.41	1.27	0.80	0.50	0.32	0.20	0.13	0.10	0.80	0.06	0.05	0.04
0.5	6.39	4.02	2.53	2.06	1.76	1.59	1.00	0.63	0.40	0.25	0.16	0.13	1.00	0.08	0.06	0.05
0.6	7.67	4.83	3.03	2.47	2.11	1.90	1.19	0.75	0.48	0.30	0.19	0.15	1.20	0.10	0.08	0.06
0.7	8.95	5.63	3.54	2.88	2.46	2.22	1.39	0.88	0.57	0.35	0.22	0.18	1.40	0.11	0.09	0.07
0.8	10.22	6.43	4.04	3.29	2.82	2.54	1.59	1.00	0.65	0.40	0.26	0.20	1.60	0.13	0.10	0.08
0.9	11.50	7.24	4.55	3.70	3.17	2.86	1.79	1.13	0.73	0.45	0.29	0.23	1.80	0.14	0.11	0.09
1.0	12.78	8.04	5.05	4.11	3.52	3.17	1.99	1.26	0.81	0.51	0.32	0.25	2.00	0.16	0.13	0.10
2.0	25.56	16.08	10.10	8.22	7.04	6.35	3.98	2.51	1.62	1.01	0.64	0.51	4.00	0.32	0.25	0.20
3.0	38.34	24.13	15.15	12.34	10.56	9.52	5.97	3.77	2.42	1.52	0.96	0.76	6.00	0.48	0.38	0.30
4.0	—	32.17	20.20	16.45	14.08	12.70	7.96	5.02	3.23	2.02	1.28	1.02	8.00	0.64	0.50	0.40
5.0	—	40.21	25.25	20.56	17.60	15.87	9.95	6.28	4.04	2.53	1.60	1.27	10.00	0.80	0.63	0.50
6.0	—	48.25	30.30	24.67	21.12	19.04	11.94	7.54	4.85	3.04	1.92	1.52	12.00	0.96	0.76	0.60
7.0	—	—	35.35	28.78	24.64	22.22	13.93	8.79	5.66	3.54	2.24	1.78	14.00	1.12	0.88	0.70
8.0	—	—	40.40	32.90	28.16	25.39	15.92	10.05	6.46	4.05	2.56	2.03	16.00	1.28	1.01	0.80
9.0	—	—	45.45	37.01	31.68	28.57	17.91	11.30	7.27	4.55	2.88	2.29	18.00	1.44	1.13	0.90
10.0	—	—	50.50	41.12	35.20	31.74	19.90	12.56	8.08	5.06	3.20	2.54	20.00	1.60	1.26	1.00

注　1．一条电回路上有 2 根导线，即一根"火线"和一根"共用"线。有时它们的尺寸相同，有时不相同。本表给出的电压损失是两根导线的组合。标题栏中的 14/12 和 14/10，是指在电磁阀回路中，"火"线为 14AWG电线，而"共用"线为 12AWG 或 10AWG 电线。

2．该表中的数值利用欧姆定律和下面铜导线的电阻值得出。铜导线电阻值来自 NEC 2011 版的表 8（见本书表 12-1 和下面的注 3）。

3．在 20℃ 条件下，每 305m（1000ft）长铜导线的电阻值，14/12 电线组合为 2.056Ω；14/10 电线组合为 1.760Ω。

4．允许电压损失应减小 20%，作为连接部位腐蚀、设备劣化和临时局部限电等造成的损失的安全系数。

5．所得数值可加在一起。例如，如果流经电路的电流是 10.6A，就应在 10A 行结果中加上 0.6A 行的结果。

对采用通用电动机的所有设备（水泵、风机等），I 根据 NEC 的表 430-248（单相电源）和表 430-250（三相电源）确定。为方便起见，上述两个表格被复制成了表 12-4 和表 12-5。考虑电动机过载问题时，从这些图表中获得的电流值（A）必需乘以系数 1.25。如果同一电路里有多台电动机，只需要将最大电动机的电流乘以 1.25。除了下面介绍的中心支轴式喷灌机以外，其他情况下应采用表 12-4 和表 12-5 中的电流，而不是电动机额定电流，来进行这些电流的计算。电线尺寸的计算通常采用表 12-2 中的圆密耳法公式。

表 12-4   **单相交流电动机满载电流**

（参考 NEC2011 年版中的表 430-248）   单位：A

功率/hp	电压/V			
	115	200	208	230
1/6	4.4	2.5	2.4	2.2
1/4	5.8	3.3	3.2	2.9
1/3	7.2	4.1	4.0	3.6
1/2	9.8	5.6	5.4	4.9
3/4	13.8	7.9	7.6	6.9
1	16	9.2	8.8	8.0
1½	20	11.5	11.0	10
2	24	13.8	13.2	12
3	34	19.6	18.7	17
5	56	32.2	30.8	28
7½	80	46.0	44.0	40
10	100	57.5	55.0	50

表 12-5   **三相交流电动机（感应式鼠笼型绕线转子）满载电流**

（参考 NEC2011 年版中的表 430-250）   单位：A

功率/hp	电压/V						
	115	200	208	230	460	575	2300
1/2	4.4	2.5	2.4	2.2	1.1	0.9	—
3/4	6.4	3.7	3.5	3.2	1.6	1.3	—
1	8.4	4.8	4.6	4.2	2.1	1.7	—
1½	12.0	6.9	6.6	6.0	3.0	2.4	—
2	13.6	7.8	7.5	6.8	3.4	2.7	—
3	—	11.0	10.6	9.6	4.8	3.9	—
5	—	17.5	16.7	15.2	7.6	6.1	—
7½	—	25.3	24.2	22	11	9	—
10	—	32.2	30.8	28	14	11	—

功率/hp	电压/V						
	115	200	208	230	460	575	2300
15	—	48.3	46.2	42	21	17	—
20	—	62.1	59.4	54	27	22	—
25	—	78.2	74.8	68	34	27	—
30	—	92	88	80	40	32	—
40	—	120	114	104	52	41	—
50	—	150	143	130	65	52	—
60	—	177	169	154	77	62	16
75	—	221	211	192	96	77	20
100	—	285	273	248	124	99	26
125	—	359	343	312	156	125	31
150	—	414	396	360	180	144	37
200	—	552	528	480	240	192	49
250	—	—	—	—	302	242	60
300	—	—	—	—	361	289	72
350	—	—	—	—	414	336	83
400	—	—	—	—	477	382	95
450	—	—	—	—	515	412	103
500	—	—	—	—	590	472	118

表 12-4 和表 12-5 中的满载电流值，是电动机以正常速度运行并具有正常转矩特性的典型值。低速（1200r/min 或更低）或大扭矩电动机可能具有更大的满载电流，多速电动机的满载电流将随着速度变化而变化。在这些情况下，应采用铭牌上的额定电流。所列电压为电动机额定电压。所列电流应允许用于电压范围为 110～120V、220～240V、440～480V 和 550～600V 的系统。

对中心支轴式喷灌机而言，不是所有电动机都同时从电源汲取电流。中心支轴式喷灌机的速度由远端的电动机控制。通过位于中心支座处的百分率继电器操控电动机的运行。通常大约设置为 30%，这样大约 3d 旋转一圈。如果百分率计时器设置为 100%，远端的电动机连续运行，大约在 12h 内旋转一圈。驱动车轮的其余电动机通过每个塔架上的同步开关激发，驱动塔架车向前行走，然后停止。中间塔架车电动机的行走运行时间大约是远端电动机的 50%。中心支座附近塔架车电动机的行走运行时间可能仅为 5%。据统计，所有电动机大约发出 60% 的最大可能载荷。包含在 NEC 第 675 条的关于这种喷灌机电线和电缆尺寸确定的相关内容如下。

用于选择分支电路导线和分支电路器件的等效连续额定电流，应等于最大电动机满负荷额定电流的 125%，加上剩余的所有电动机满负荷额定电流之和的 60%。

因此，中心支轴式喷灌机的等效连续电流额定值（I_E）可用下列公式计算：

（1）适用于带有末端喷枪用增压泵的机组：

$$I_E = I_{BP} \times 1.25 + I_{DM} \times n \times 0.60 \qquad (12-5)$$

（2）适用于没有增压泵的机组：

$$I_E = I_{DM} \times 1.25 + I_{DM} \times (n-1) \times 0.60 \qquad (12-6)$$

式中　I_E——等效连续电流，A；

　　I_{DM}——驱动电动机额定电流，A；

　　n——塔架车数量，个；

　　I_{BP}——增压泵电动机额定电流，A。

电压降计算通常采用表 12-2 中的圆密耳法公式。采用式（12-5）和式（12-6）计算出的等效连续电流插入到表 12-2 中的圆密耳公式中。

【例 12-1】　电力电路的导线尺寸确定。

电力电线将公用事业公司的电源与负载相连。当计算电力电线尺寸时，需要弄清以下几个内容：

（1）电源的电压和相位数。

（2）控制器/电磁阀的浪涌电流，电动机额定功率或设备控制柜需承担的电流（适用于中心支轴式喷灌机）。

（3）负载的最低允许工作电压。

中心支轴式喷灌机经销商已经卖给农场主一台该机组，需要计算给机组提供电力所需的电缆尺寸。机组在工厂已装配电线。到中心支轴点的电压降应限定在 2% 以内。给中心支轴式喷灌机自身留下 3% 的电压降。

已知条件如下：

（1）电源：480V，三相。

（2）负载：中心支轴式喷灌机具有一台配套电动机功率为 2hp 的末端喷枪增压泵，7个配套电动机功率为 3/4hp 的塔架车，所有电动机均为 480V，三相。增压泵电动机额定电流为 4A，塔架车电动机为 1.5A。

（3）电缆长度：2250ft。

必需首先计算该机组的等效连续电流，并将该数字插入到表 12-3 的圆密耳公式中。

采用式（12-6）计算等效连续电流。

$$I = 4 \times 1.25 + 1.5 \times 0.60 = 5 + 6.3 = 11.3(A)$$

由表 12-2，得　　　　$$CM = \frac{K \times I \times l \times 2 \times 0.867}{V_d}$$

式中　I——11.3A（由以上计算得出）；

　　K——17.4 铝导线；

　　l——2250ft；

　　V_d——480V 的 2% 或 9.6V。

则　　　　$$CM = \frac{17.4 \times 11.3 \times 2250 \times 2 \times 0.867}{9.6} = 79907$$

查表 12-1，包含至少 79907 铝导线圆密耳的最小电线是包含 83690 圆密耳的 1AWG。该农场主必需使用的最小电缆是 1AWG。因为这是一个三相系统，所以电缆必须包含 4 根导线：3 根火线、1 根接地线；或"1AWG/3 接地线"。

【例 12-2】 电磁阀电路的导线尺寸确定。

电磁阀电线将电控阀与灌溉控制器相连。当计算阀门导线尺寸时，需要弄清以下几项内容：

(1) 控制器输出电压——根据不同的制造厂，输出电压通常为 24V 或 26.5V。

(2) 电磁线圈浪涌电流——有时制造厂公布电磁线圈的浪涌 VA($V \times A$)。将额定浪涌 VA 除以工作电压（通常为 24V），就可计算出浪涌电流值。有时这些信息可在电磁头（电磁线圈）上找到。

(3) 电磁阀最低工作电压——很少有制造厂发布该信息。有些电磁阀工作电压可低至 13V，而有些则高达 20V。当存在疑问时，可假定为 20V。考虑到接头、老化和限电等因素，应采用 20％的安全系数。这就意味着，只能采用允许电压损失值的 80％。

问题：

一位咨询师为一块墓地绿地设计了灌溉系统，其中最远处的电磁距离控制器 457m(1500ft)。如果采用 14AWG 电线，咨询者是否能保证电磁头（电磁线圈）正常工作。

已知条件如下：

(1) 控制器输出电压——查控制器制造厂产品样本为 24V。

(2) 负载——电磁阀额定电压 24V（名义的），浪涌电流 0.40A。

(3) 电线沟槽长度——457m(1500ft)。

讨论：

电磁阀的最低工作电压未知，假定为 20V。

解决方案：

允许理论电压降为 4V(24V-20V)。将安全系数纳入到设计中，允许电压降只有 4V 的 80％，即 3.2V。

查表 12-3，14AWG 电线、电流为 0.4A 的电压降为每千英尺沟槽长度 2.02V。鉴于沟槽长度为 457m(1500ft)，计算如下：

$$电压降 = 2.02 \times 1.5 = 3.03 （V）$$

由于 3.03V 这个数值小于上述计算得出的 3.2V，所以该方案可行。因此，设计采用 14AWG 电线完全可行。

第六节　保护设备免受电力浪涌危害

电子装置给灌溉设备以灵活性，使用户可进行前所未有的操作控制。这类产品包括易于遭受电力浪涌和雷电引起的高电压而损坏的微处理器以及其他易损电子设备。这些额定电压为 5～15V 的电子设备，必须提供保护以防止电力浪涌和雷电的危害。制造厂通过嵌入防雷电装置，与"大地"之间构成短路，从而将这些浪涌电压限制在电子元件说明书描述的范围内。保护装置需要通过插入或埋设在设备附近土壤中的金属电极，与大地之间构成适当通道。对水泵电动机这样的机电设备，由于其结构坚固，所以不太可能遭受雷电破坏，但它仍然需要接地，以保证电压稳定并提供防雷电保护。机电设备接地网是基本保护方式，且造价较低。

当对接地电路进行正确设计、安装和维护时，电气设备损坏的频率和严重程度将大大降低或完全消除。除了接地，联结和屏蔽技术可用来进一步对设备进行保护。

一、雷电及其他电力浪涌

电力浪涌是由于相应的电压变化而引起的电流突然增加。可引发浪涌的几个原因包括雷电、短路、设备电气故障或电力公司电力供应不稳定等。对于低电压浪涌，恒压变压器等电力调节设备可提供一些保护。也可采用避雷器对设备加以保护。对于电子设备，则必须具有安全消耗电能的可靠接地网。

最常见最具破坏力的电力浪涌是由雷电引起的。基于几个世纪的广泛观察和研究，雷电已很好理解。从统计上看，雷电是一种可预测、可控制的事件。雷电脉冲包含直流分量和交流分量。已经对高达 100MHz 的频率进行了测量，大部分浪涌约为 1MHz。人们在雷雨期间收听调幅收音机时，通过扬声器听到"噼里啪啦"的声音，观察到的就是这种效应。雷电包含数百万伏的电势，使电流超过 10 万 A。幸运的是，我们知道通过正确使用避雷装置和接地设备，如何将这种能量转入大地，并远离电气设备。

雷电按照自己的路径将电压感应到地上和地下的金属物体上。在灌溉系统中，这些电压感应到电磁阀引线、电源线、通信电缆以及中心支轴式喷灌机的桁架电缆上，这些能量并被转移到灌溉系统的电子设备上。在图 12-17 中，箭头显示雷电能量流入灌溉控制器的过程。通过设备内部的防雷装置可使雷电远离电子元件。电力以热的形式消散到了接地棒周围的土壤里。如果没有接地，雷电能量消散在电子设备内，就会造成严重破坏。为了保证安

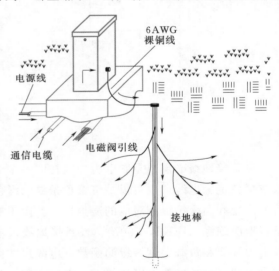

图 12-17 辅助接地的灌溉控制器

全和设备的可靠性，在电源、通信和负载与设备连接之前，所有接地连接应首先进行。安装期间发生雷电，如果接地电网不到位，可能会对设备造成严重损坏。设备绝不应在雷雨期间工作。

二、电气接地类型

灌溉系统中有不同类型的接地。所有接地问题都应遵照 NEC 第 250 条和 NFPA 第 780 条的规定（2011 年）。

（一）参考接地

在印刷电路板上，参考接地通常是一个称为零伏的参考电压。这是电子工程师在设计硬件时所关注的问题。

（二）设备接地

设备接地是指电源接地导体与设备底座之间的连接。没有设备接地，可能会发生严重的损伤或死亡。其目的是出现短路或电气故障时，从设备中导出足够大的电流，打开保险丝或断路器。NEC 要求，只有出现短路或故障时设备接地导体才能输送电力。图 12 - 18 显示灌溉控制器中典型 120V（单相）电源的电力线（黑色和白色）和设备接地线（绿色）的连接。

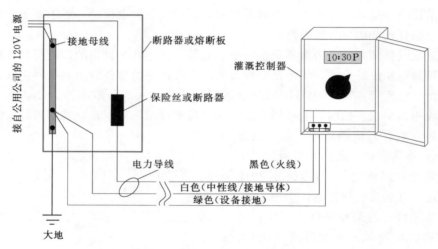

图 12 - 18　典型的 120V 单相电路

设备接地线必需总是和电力导线在同一个沟槽、导管或电缆管道里。它可以是裸铜导线或绿色绝缘电线，也可以是带黄色条纹的绿色绝缘电线。它也必须具有与电力导体和负载的线规和温度等级相对应的适当尺寸。由于裸铜线埋在地下会腐蚀，所以推荐做法是设备接地应绝缘（IEEE，2007）。设备接地线最小线规是"载流容量"（最大允许电流）以及电力导线和负载温度等级的函数。电线尺寸由 NEC 确定（表 250 - 122 和表 310 - 16）。如果负载（设备）的温度等级低于电线，则设备接地线的尺寸必需根据设备温度确定。请参照 NEC 表 250 - 122 和表 310 - 16。当在电力设备上采用单根导体时，设计人员必需根据这些准则确定设备接地线尺寸。当采用多芯电缆时，电缆制造厂应按 NEC 要求确定设备接地导体尺寸。

图 12 - 19 显示水泵用 480V（三相）电源的电力和设备接地连接的典型电路。在单相电路中，需要三根导线。在不需要单相电路的三相电路中，需要四根电线。如果使用单相设备，则需要五根电线。

（三）接地

"接地"通常被理解为电工在建筑物服务设备上安装的接地棒或接地系统。电源（服务设备）必须按 NEC 要求安装接地电极（杆棒或其他形式）。当安装的灌溉设备远离电

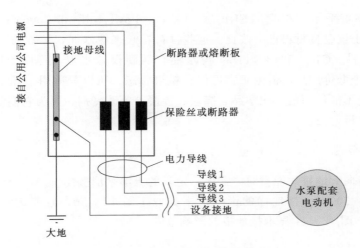

图 12 - 19　典型的三相电路

源时，也必须对设备进行接地。额外接地如图 12 - 17 所示，这在 NEC 中称为"辅助接地"。辅助接地用于灌溉系统中的机电设备和电子设备。

第七节　接　地　理　论

接地是一门科学，不是一门艺术。物理定律清楚地解释了雷电接触地面并进入电线、电缆和设备的路径。接地理论的基本概念如下。

一、土壤特性

如第三章中解释的那样，土壤是固体颗粒、空气和水的混合物。空气是一种不良电导体。因此，土壤颗粒和接地电极之间的充气土孔隙和空气间隙将阻抗电流，增加土壤电阻率。具有充水土孔隙的湿润土壤是较好的电导体，电阻小很多。土壤需要至少 15％～20％体积的含水量以有效导电。冻土是不良电导体。因此土壤颗粒大小、密实度和排水特性等决定了土壤的电阻率。

土壤电阻率可雇用专业从事接地技术咨询服务的公司进行测量。表 12 - 6 列出了典型的电阻率值。如表 12 - 6 所示，土壤电阻率可能差别很大。如果土壤不均匀，即使在同一工作地点，其差别可能也很大。

表 12 - 6　　　　　　　　经选择的土壤类型典型电阻率

土壤类型	典型的电阻率/(Ω·cm)	16mm×2.4m 接地棒的电阻/Ω[1]
黏土	10000	40
砂土	25000	100
冰碛物	120000	479

[1]　数值源自 LORESCO 国际的计算图表（2000 年）。

土壤电阻率可采用 GEM® （ERICO，1999）、PowerFill® 和 PowerSet®❶ （LORES-CO，2000）等土壤改良材料进行改良。这些材料看起来像水泥，被称为"大地增强"或"地球接触"材料。GEM 和 PowerSet 与水混合后硬得像水泥，可用于所有类型土壤。PowerFill 是一个低价产品，但由于它停留在粉末状态，所以只适用于黏土或用以迁移排离电极的水。绝不能使用盐、化学品、煤炭、混凝土等改良剂，因为它们具有腐蚀性，会大大降低接地电极寿命。

二、影响范围

当接地电极向大地排放能量时，需要一定量的土壤来消散能量。这个空间称为"影响范围"（IEEE，2007）。接地棒的影响范围类似于图 12 - 20，且能量流动大致遵循图 12 - 17 的形式。图 12 - 21 显示接地板的影响范围。

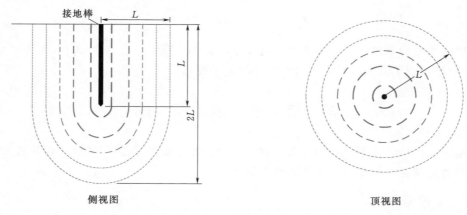

图 12 - 20　接地棒长度（L）影响范围

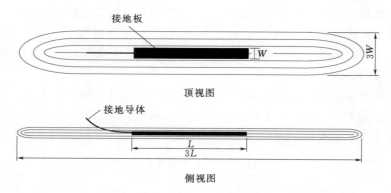

图 12 - 21　接地板宽度（W）和长度（L）影响范围

电极的影响范围决定了它们与所连接设备之间以及相互之间的间距。由于雷电能量可通过接地电极进入土壤，并重新注入电线和电缆，所以电线、电缆和设备不得安装在该空

---

❶　GEM® 是 ERICO 电气产品的注册商标。PowerFill® 和 PowerSet® 是 LORESCO 国际的注册商标。

间内。该面积应始终保持湿润，必要时可通过灌溉实现。

三、趋肤效应

"趋肤效应"是解释导体中电流在各种频率下的行为的一种现象。当频率低（直流和每秒 60 次的交流）时，电流流经导体的整个横截面。然而，当频率较高时，电流只在导体或接地电极的表皮上流动（Sunde，1968）。例如，当频率为 1MHz（这大约是雷电频率的中值）时，导体或电极输送电流的表皮只有 0.66mm 厚。当在这个频率时，典型接地棒导电表皮的横截面积与一根 19AWG（直径为 0.9mm）的电线等效。这限制了接地棒的高频电导。因为接地板本质上全是表皮，所以在高频时能更有效地将大量电能传入大地。

四、接地电感

雷电遵循最小电感路径。电感是阻碍导体中瞬时电流的一种现象。电感对电流的对抗作用是雷电频率和接地网几何形状的函数。随着频率增加，对电流的对抗也随之增加。

所有电线、导线和接地电极都具有一定程度的电感。当它们完全平直时，电感最小。将导线和电极弯曲及缠绕会提高电感。接地导体的弯曲程度不得超过图 12 - 22 所示形状的限制（NFPA 第 780 条）。当将一根裸铜线连接到接地片或电子设备底座上时，应从图 12 - 22 所示的直径 38mm 的塑料弯管里穿过，以尽可能减小电感。

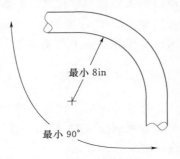

最小 8in

最小 90°

图 12 - 22　接地导体弯曲标准

五、接地电阻

测定接地网的电阻，用以显示接地电极与土壤接触是否良好、土壤的类型、土壤的水分状况，以及接地网的机械连接是否正确。电阻测量值 5～10Ω，则表明与土壤接触很好、土壤水分充足并具有良好的机械连接。设备制造厂和灌溉顾问历来要求电阻值小于 10Ω。然而，这样的低电阻水平并不总是能够达到。大多数情况下，读数 25Ω 或电极与土壤之间较差的可接受接触，所提供的接地网具有低电感特性。NEC（第 250.56 条）规定："［a］由棒、管或板组成的、对地电阻不大于 25Ω 的单电极，应增加一个额外电极。"

对地电阻测量值查证电极与大地之间具有良好接触，然而这些读数只能稍微说明接地网的质量和有效性。两个接地网的电阻读数分别为 10Ω 和 50Ω，如果后者具有较低电感特性，则前者对雷电可能不如后者有效（Morrison 和 Lewis，1990）。

接地网的接地电阻应在接地网安装结束后进行测量和记录。对安装了大量电子控制装置的地方，第一年以后应每隔 3 个月测量一次电阻。然后，可用这些数据确定一年中的最关键时期——土壤含水量低并且雷电频繁。之后，可在这些最关键的日期测试和记录电阻，以确定经过一段时间后，与土壤之间是否保持适当接触或者电阻是否变差。电阻的测量应采用市售仪器并按 NFPA 第 780 条的最新要求进行。

第八节　接地网设计与安装

保护电子设备免受电力浪涌和雷电的危害，绝不仅仅是安装一根接地棒的事（Morrison，1998）。这是一套科学过程，应委派有资质的人员完成。正确接地的关键，是具有采用下列良好工程原理的电路设计。来自 ASIC（2002）的接地指南，提出了特定条件下灌溉设备良好接地的实践建议。接地网的更多信息以及供下载的 AutoCAD 图样，可在本章末列出的参考文献中的几个网站获取（Paige Electric，2002；ERICO，1999）。

一、接地电极选择

供大多数灌溉系统选择的两种基本电极是接地棒和接地板。中心支轴式喷灌机和其他农业灌溉系统可采用混凝土包裹的电极，混凝土底座中的钢筋具有可供接地的连接。由于接地板全身都是"皮肤"并呈现出低电感特性，所以是防雷电保护的更好选择。由于接地棒的铜表面积（"皮肤"）很小并具有较高的电感特性，所以应尽量少用，特别是电子设备接地。NEC 许可的接地电极有许多种类型，但灌溉系统中实际应用的只有镀铜接地棒、铜接地板和混凝土包裹电极。

二、接地导体

将电力和电子设备与接地电极连接，以及多个电极之间互相连接的接地导线，只能采用实心裸铜线（6AWG）。在可能超过 10 万 A 电流的雷电冲击下，较小尺寸导线可能会像保险丝一样蒸发。

三、连　接

当将接地导体与接地电极进行连接，以及接地导体之间进行连接时，应采用被业内称为"一枪搞定（One-Shot）"或"熔焊（Cadweld）"的放热焊接工艺[1]（见图 12-23）。

图 12-23　正在进行"一枪搞定"放热焊接连接和完成后的连接

---

[1]　Cadweld One-Shot® 是艾力高公司（ERICO）电气产品的一个注册商标。

这种连接是永久性的、免维护的。安装过程中，接地导体与接地棒接之间的临时连接，应采用地线夹（通常也称"橡子夹"）。一旦达到符合电子要求的电阻效果，应将夹具更换为永久焊接连接。机械连接可用于地上和地下。放热焊接连接一般用在地下。由于雷电放电时焊锡会熔化，所以锡焊绝不能用于接地网连接。

四、土壤改良

应采用 GEM、PowerFill 和 Powerset 等土壤改良材料（被称为大地增强材料或地球接触材料等）改善铜电极及其周围土壤之间的导电性。（详见本章第七节"土壤特性"部分。）

五、湿度要求

能为电极创造良好导电路径的土壤必须是潮湿的。土壤需要至少 15％～20％ 体积的含水量以有效导电。冻土是不良电导体。可能需要安装灌溉系统，以保证整个接地网影响范围内在任何时候都是潮湿的。

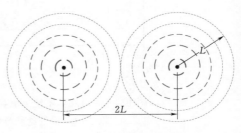

图 12 - 24　两根接地棒在长度（L）方向的正确间距

六、电极间距

单电极通常足以满足 NEC 规定的与土壤良好接触或为电子设备提供可靠接地的 25Ω 要求。中心支轴式喷灌机用的混凝土包裹电极通常远小于 25Ω。当采用多个电极时，应将它们隔开，以便每个电极都有属于自己的"不动产"；也就是说，它们的影响范围可以接触但不能重叠（见图 12 - 24 和图 12 - 25）。

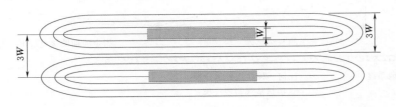

图 12 - 25　两块接地板在宽度（W）方向的正确间距

七、联结

正确防雷电保护的关键，是确保所有接地连接在一起，使所有点的电压差不多相同。只有当两点之间的电压超过部件的额定电压时，才会发生雷电损坏。只要所有部件都提升到同一电压，接地点的高压就不会造成损坏。出于这个原因，重要的是将任意一个补充接地都与电源接地联结在一起。NEC 要求这样做，并由 IEEE（1999）提出操作规程建议（见图 12 - 26）。对于灌溉系统，这就要求转化为如图 12 - 27 所示接线示意图中的连接方式。注意，多个电源的接地不应相互联结在一起。安装这种连接线可具有策略性，以便它也成为地埋电线的一道防雷电屏蔽。

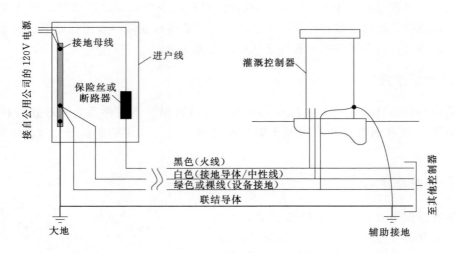

图 12-26   120V 系统灌溉控制器内的典型联结（对于 240V 电源，
除了用一根红绝缘导线代替白色外，其余电路相同）

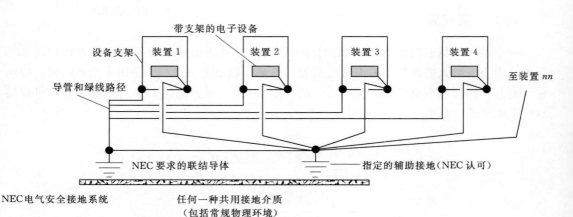

图 12-27   120V 系统灌溉控制器内的典型联结（对于 240V 电源，
除了用一根红绝缘导线代替白色外，其余电路相同）

八、屏蔽

屏蔽是通信系统中的一个熟悉话题，通常采用铝箔防止干扰或串扰。屏蔽概念也被有效用于防雷电保护。当雷电到达地面时，沿着"地球的皮肤"传播，并在地下的灌溉电线和电缆上引起高电压。通过在地球皮肤与地埋电线电缆之间放置裸铜电线，可将能量直接转入灌溉系统接地网（见图 12-28）。屏蔽线与灌溉系统的辅助接地电极以及供电设备的电源接地电极相连。

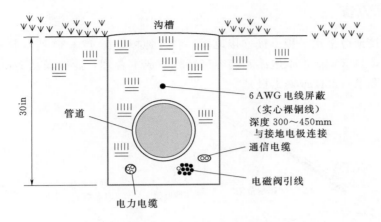

图 12-28　安装有导线、电缆和屏蔽导体的沟槽断面

第九节　灌溉设备接地实例

下面的例子显示灌溉行业常用的典型接地系统。

一、机电设备

水泵、电动机等机电设备采用的多接地棒系统，通常安装成三接地棒网格并分隔成等边三角形，其中一根接地棒离开设备几英尺。三角形接地棒网格产生的电阻读数，通常在设备制造厂的推荐范围内。为了给水泵电动机提供更好保护，3 根接地棒应安装在如图 12-29 的一条直线上。这种简单几何形状可最大限度地降低电感。如果设备控制面板上安装有更易遭受雷电损坏的电子设备，则应采用接地板。

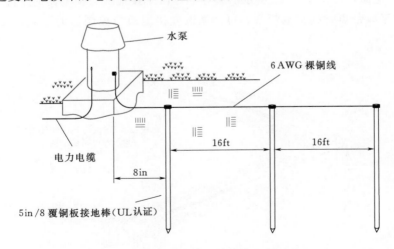

图 12-29　具有三接地棒网格的水泵电动机接地

二、电子设备

电子设备接地应采用平板电极（接地板）和接地棒。图 12 - 30 所示是一个非常有效的接地网设计，具有理想的低电感和高容量特性，成本合理，能够满足 NEC 关于与土壤接触的可接受要求（25Ω 或两电极）。

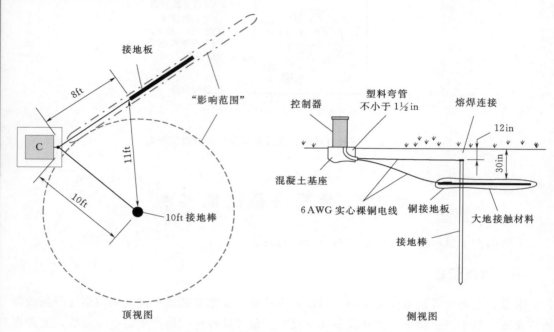

图 12 - 30　灌溉控制器设计和安装详图

在具有岩石类土壤的系统安装中，不可能将接地棒插入地面。在这种情况下，可开沟将接地板埋入地面，如图 12 - 31 所示。请注意，两个接地板与控制器的距离分别为 2.4 m 和 3.1 m。对于频带更宽的雷电频率，可稍微改变接地板与控制器的距离，实现更有效的接地。

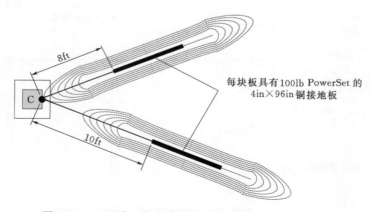

图 12 - 31　石质土壤中灌溉控制器的典型双接地板网格

三、中心支轴式喷灌机

在中心支轴式喷灌机（见图 12-32）中，雷电的能量通常经由电源、桁架、通信和

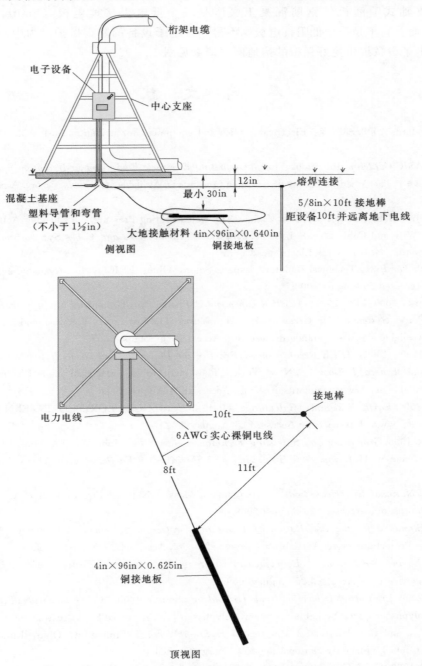

图 12-32　用于中心支轴式喷灌机安装的接地棒和接地板网

导向/边界电缆进入电子设备。另外，如果控制面板中包含电子元件，就必须有附加接地板。由于铜和热浸镀锌钢中的锌是异种金属，可通过电解引起快速腐蚀，所以铜接地导体不应与中心支轴式喷灌机的热浸镀锌钢零部件连接。电气设备或电子设备的接地端子应连接。

中心支轴式喷灌机的钢筋混凝土底座是一个低电阻接地电极（Smith 和 Hiatt，2001）。然而，它不是一个低阻抗电极，不得用于电子设备的防雷保护。为中心支轴式喷灌机中的电子设备提供更好保护的接地网，请参见图 12-32。

参 考 文 献

ASABE Standards. 2003. S397. 2：Electrical Service and equipment for irrigation. St. Joseph，Mich. ：ASABE.

ASIC. 2002. *ASIC Guideline* 100-2002：*Earth Grounding Electronic Equipment in Irrigation Systems*. Rochester，Mass. ：The American Society of Irrigation Consultants. Available at：www. asic. org. Accessed 25 August 2009.

Cogelia，N. J. ，G. K. LaVoie，and J. F. Glahn. 1976. Rodent Biting Pressure and Chewing Action and their Effect on Wire and Cable Sheath. In *Proc. 25th International Wire and Cable Symposium*. 117-124，Ft. Monmouth，N. J. ：Army Electronics Command.

ERICO. 1999. *The Link*. Technical Bulletin，Issue 5. Solon，Ohio：ERICO，Inc. Available at：www. erico. com. Accessed 25 August 2009.

IEEE Standards. 2007. 142-2007：*IEEE Recommended Practice for Grounding of Industrial and Commercial Power Systems（The Green Book）*. New York：The Institute of Electrical and Electronics Engineers. Available at：www. standards. ieee. org. Accessed 25 August 2009.

——. 1999. 1100-1999：*IEEE Recommended Practice for Powering and Grounding Electronic Equipment（The Emerald Book）*. New York：The Institute of Electrical and Electronics Engineers. Available at：www. standards. ieee. org. Accessed 25 August 2009.

LORESCO. 2000. *Earth Resistance Calculators*. Hattiesburg，Miss. ：LORESCO INTERNATIONAL. Available at：www. Ioresco. com. Accessed 25 August 2009.

Morrison，R. 1998. *Grounding and Shielding Techniques*. New York：John Wiley & Sons.

Morrison R. ，and W. H. Lewis. 1990. *Grounding and Shielding in Facilities*. New York：John Wiley & Sons.

NFPA. 2011. *National Electrical Code®*，70. Quincy，Mass. ：National Fire Protection Assoc. Available at：www. nfpa. org. Accessed 25 August 2009.

——. 2008. *Standard for the Installation of Lightning Protection Systems*，780. Ouincy，Mass. ：National Fire Protection Assoc. Available at：www. nfpa. org. Accessed 25 August 2009.

Paige. 2002. *Earth Grounding Equipment*. Union，N. J. ：Paige Electric Co. Available at：www. paigewire. com. Accessed 25 August 2009.

Polyphaser. 2000. *Lightning Protection and Grounding Solutions for Communication Sites*. Minden，Nev. ：Polyphaser Corp. Available at：www. polyphaser. com. Accessed 25 August 2009.

Smith，L. T. ，and R. S. Hiatt. 2001. *Practical Irrigation Wiring*. Wilmington，Ohio：Rural Electricity Resource Council（formerly National Food & Energy Council）.

Sunde，E. D. 1968. *Earth Conduction Effects in Transmission Systems*. New York：Dover Pubs.

Turner，R. P. ，and S. Gibilisco. 1987. *Principles and Practices of Impedance*. New York：McGraw-Hill.

第十三章 灌溉制度制定

作者：Joseph C. Henggeler、
Michael D. Dukes 和
Brent Q. Mecham

编译：周荣

合理制定灌溉制度，简单讲就是在适当的时间给土壤灌溉适当的水量。灌溉制度制定要考虑如土壤田间持水量这样的物理因素、要考虑作物需水量及作物特性如根系深及耐旱程度等。同时，还要考虑人的因素如只允许在特定天灌溉（如奇数天或偶数天）、劳务限制、输水设备限制（如输水渠系管理受限）等。

之所以要制定灌溉制度，有如下两个原因：合理制定灌溉制度可节水及保护环境。但对于种植主及园林管理者来说，采用灌溉制度管理灌溉的最重要原因是可以省钱。如果不经济，再好的灌溉制度也不会采纳。根据以往经验，一套灌溉制度在使用数年后可能会被抛弃。到目前为止，采用计算机、土壤传感器或作物传感器制定灌溉制度的农场数还是很少（见表 13-1，数据来源：美国农业部，2004 年）。因此，合理的灌溉制度要综合考虑科学原理、经济因素、社会因素。

据美国农业部 2008 年数据，全美大约 20% 的农场采用科学灌溉制度管理灌溉。

如果水源供水能力太小，比如：$1.65 \sim 2.25 \mathrm{m^3/(h \cdot hm^2)}$，采用与不采用灌溉制度管理灌溉，意义不大。只有水资源足够，采用合理的灌溉制度才有价值，因为可以增加产量。

表 13-2 为密苏里地区农场 9 年观测结果。结果显示，采用合理的灌溉制度管理比不采用可增加产值 99 美元/$\mathrm{hm^2}$ 以上（Henggeler，2006b）。

有时候，精准制定灌溉制度很有必要。比如，砂土上种草莓，采用微灌技术灌溉，灌溉管理人员必须计算每小时的腾发量。但在大部分情况下，并不需要那么精确。

Dogan 等（2006）在堪萨斯州采用中心支轴喷灌机灌溉玉米的一项研究中，保持灌溉周期不变，改变每次灌溉水深，从 0.8 到 1.5 倍 ET 不等，发现产量几乎没什么区别。

表 13-1 **2003 年美国各州采用土壤或作物传感器或采用计算机制定的灌溉制度管理灌溉的农场百分数（美国农业部，2004 年）**

州	土壤或植物传感器 /%	灌溉制度由农场、咨询服务人员或政府部门制定/%	计算机程序或日 ET 报告/%	州	土壤或植物传感器 /%	灌溉制度由农场、咨询服务人员或政府部门制定/%	计算机程序或日 ET 报告/%
亚拉巴马	9.8	5.9	3.8	内布拉斯加	16.4	27.2	29.8
阿拉斯加	21.7	13.0	4.3	内华达	1.4	28.3	1.6
亚利桑那	2.5	21.3	1.8	新罕布什尔州	9.3	3.5	1.2
阿肯色	9.1	8.0	7.4	新泽西	19.7	6.3	5.9
加州	17.3	22.9	12.3	新墨西哥	2.4	29.5	0.3
科罗拉多	2.9	37.5	6.7	纽约	10.6	6.5	3.9
特拉华	27.5	13.9	7.4	北卡罗来纳	5.7	4.6	4.0
佛罗里达	11.0	6.4	4.7	北达科他	11.3	15.0	18.5
佐治亚	14.7	6.8	6.9	俄亥俄	11.6	0.5	2.4
夏威夷	2.5	6.4	2.1	俄克拉何马	8.1	4.7	5.0
爱达荷	7.3	25.5	5.2	俄勒冈	11.6	27.2	7.8
伊利诺伊	10.0	4.0	8.1	宾夕法尼亚	8.3	2.5	3.3
印第安纳	10.4	4.1	8.3	罗德岛	21.3	0.0	3.3
艾奥瓦	6.6	4.2	11.6	南卡罗来纳	12.1	1.7	3.7
堪萨斯	15.1	29.6	14.6	南达科他	8.5	6.6	6.3
肯塔基	8.5	2.3	3.9	田纳西	4.3	3.4	6.2
路易斯安那	4.8	4.4	3.6	得克萨斯	5.9	4.3	9.1
缅因	41.3	3.1	2.0	犹他	3.6	44.0	1.7
马里兰	16.1	2.7	2.0	维蒙特	1.5	0.0	0.0
马萨诸塞	20.8	7.2	9.3	弗吉尼亚	13.9	9.4	1.5
密西根	9.1	5.2	12.9	华盛顿	15.0	13.8	7.8
明尼苏达	9.8	10.0	20.4	西弗吉尼亚	2.2	0.0	0.0
密西西比	8.5	3.1	17.9	威斯康星	14.0	8.0	17.2
密苏里	5.8	8.8	6.4	怀俄明	0.7	25.6	2.0
蒙大拿	2.9	22.3	2.3	全美	10.4	21.2	9.1

表 13-2 **采用与不采用灌溉制度管理灌溉条件下的产量及产值比较（Henggeler，2006b）**

作物	采用科学灌溉制度下的产量	不采用科学灌溉制度下的产量	毛收益*
玉米	466.28bu/hm²	433.66bu/hm²	114.17 美元/hm²
棉花	1200.25kg/hm²	1097.71kg/hm²	135.35 美元/hm²
黄豆	128.00bu/hm²	110.70bu/hm²	129.75 美元/hm²

* 基于价格：玉米 3.50 美元/bu，棉花 1.32 美元/kg，黄豆 7.50 美元/bu。

表 13-2 中的第一列三种作物产量，是在采用历史气象数据制定的灌溉制度管理灌溉条件下得出的产量，比采用实时气象站数据管理灌溉的地块所得到的产量还要高。

重要的一点是，第一次灌溉要及时，季节末灌溉要足够晚。很多农民常把高产归功于早期及时灌溉及晚期还继续灌溉。

园林灌溉可受益于传感器指导灌溉。Cardenas-Lailhacar 等（2008）报道，在频繁降雨季节，将 4 个品牌的土壤水分传感器分别连接到灌溉控制器上控制灌溉，结果发现可平均节水 72%。McCready 等（2009）在干旱季节的试验观测发现，安装土壤水分传感器的控制器比家用定时灌溉控制器少灌水 11%～53%。即使在湿润气候下采用带传感器的控制器控制灌溉，节水效果也一样可观。Haley 与 Dukes（2007）在南佛罗里达州发现，采用带有土壤水分传感器的家用控制器控制灌溉比用定时控制器控制要节水 51%。

第一节　问题一：灌溉延续时间或灌水深度是否要变化？

灌溉制度制定包括：①确定合理的灌水量；②确定合理的灌溉时间。此两变量，一个增加，另一个就应该减少，两者负相关。鉴于此，管理人员在制定灌溉制度时首先要选择是将注意力集中在一次灌水深度还是灌溉周期。

大部分灌溉管理采用一次灌水深度固定而改变灌水间隔。灌水间隔变化取决于上次灌水后的作物日耗水量及有效降雨。地面灌、管道喷灌（如滚移式喷灌机、手动移动管道喷灌、固定式喷灌等）及中心支轴、平移式喷灌机喷灌均采用这种方法灌溉。

另一种选择是灌水时间间隔不变，根据上次灌水后的作物耗水及有效降雨计算灌多少毫米水深。这种方法多用于草坪灌溉、微灌及一周内特定天灌溉受限的情况。

一、定量-变时法

农业灌溉上，常采用固定水量法，因为管理简单。以中心支轴喷灌机灌溉为例，控制面板的基本功能就是开与关，需要编程执行的内容不多。地面灌溉时，一次灌多少水是设计好的，只是隔多久灌一次需要管理人员确定。

但是，定量-变时法的灌水量有时有必要适当变化。作物生长早期，根系浅，可以少灌水。之后，可以以正常水量灌溉。季节末，灌溉水量也可适当减少。

二、定时-变量法

这种方法适合园林灌溉，因为园林部门常常会限定周内可灌溉及不可灌溉时间。采用这种方法时，炎热天随着植物长大，一次灌水量要加大，植物生长晚期需水量降低，一次灌水量也要降低，但灌水间隔始终保持不变。园林上用的许多控制器允许在面板上以一定百分数增加或减少灌水延续时间。这一简单功能，可大量减少管理时间。初期编程时以需水高峰期（比如 6—8 月）灌水延续时间设定一次灌水时长，而其他月，比如 4—5 月、9—10 月以设定时间的 75% 灌溉。当园艺及农业种植采用微灌时，常用定时-变量法。采用渠道输水，灌水时间也常常固定，管理人员依季节调节灌水量。

中心支轴喷灌机管理人员如果从互联网获取腾发量 ET 时，也可以采用此种方法。方法是固定灌溉时间，将日 ET 累加后减去有效降雨即为一次灌水量。喷灌机厂家提供的配置表里有不同运行百分比相对应的灌水深信息。采用定时-变量法时，管理人员一定要知道不同产量目标下的亏水系数，必须保证土壤水分不低于预定产量下的边界值。

另外，还要注意两次灌水间隔时段内的总雨量对灌溉管理的影响。如果上次灌溉以来的降雨累计总量大，需要的灌水深太小，以至于所采用的灌溉方法无法实施这次灌溉。这种情况一般在采用地面灌溉时发生。比如需要灌 50mm 水深进去，畦口打开到灌水流道畦尾时的灌水深可达 75mm 就是这种情况。

采用定时-变量法时，如采用张力计或石膏块水分仪，根据两者读数得出的灌溉时间可能不同。但如采用定量-变时法，根据两者读数确定的灌溉时间基本一致。

本章着重介绍定量-变时法，尤其在农作物灌溉上的应用。有的研究人员建议当土壤盐碱化严重时，适当增加灌水量，以便通过灌溉淋洗土壤中的盐分。作物生长季累积的盐分可以由非生长季的降雨淋洗掉，如果不能全部淋洗出耕作层，还要安排淋洗灌溉。关于盐碱控制的问题，第 6 章、第 11 章、第 19 章、第 20 章及第 22 章还要进一步讨论。

第二节　制定灌溉制度的主要方法

本节将讨论下述几种方法：①土壤水分状态监测法；②植物水分状态监测法；③气象因素法（水量平衡法）。

气象因素法是采用计算机程序或计算表格处理数据，通过水量平衡原理计算获得灌溉制度。而另外两种方法都基于传感器参数确定灌溉制度。

土壤及植物水分监测法直接读取水分数据，管理人员根据读数判断什么时候灌溉。而气象因素法需要几个推算步骤才能确定何时实施灌溉。表 13-3 列出了气象因素法与传感器监测法的步骤，注意：步骤 4 含 4 个分步。传感器法不需要步骤 2～步骤 5。

表 13-3　气象因素法及传感器监测法实施步骤

步骤	气象因素法	传感器监测法
步骤 1	确定合理的灌水深	确定合理的灌水深
步骤 2	收集 ET_0 数据，或采集所需气象数据计算 ET_0 值	—
步骤 3	收集 K_c 值	—
步骤 4	步骤 3 乘以步骤 2，计算作物日耗水量 ET_c	—
分步骤 1	如果土壤水分不足，修正 ET_c	—
分步骤 2	分开计算 ET 中的 E 及 T	—
分步骤 3	根据项目区具体条件，调整程序中的默认 K_c 值	—
分步骤 4	修正不同时段（天）的需水曲线	—
步骤 5	在计算表中用上次灌水深减去第 4 步得出的 ET_c，加上期间的有效降雨	—
步骤 6	当步骤 5 计算结果抵达土壤水分下限时，依步骤 1 灌水深度开始灌溉	当土壤水分监测值达到下限时，以步骤 1 水深开启灌溉
步骤 7	利用土壤水分传感器验证土壤水分是已达到上限值	用传感器校对土壤水分是否已到上限值

灌溉管理人员通常不会考虑上述表中的 4 个分步。但自动化灌溉控制系统程序员需要考虑。

步骤 1 将在下面内容中首先介绍，因为两种方法都要用到。后边几步将在介绍完土壤、植物水分状态监测法后介绍。最后，还将用例题介绍气象因素法。

灌溉制度制定步骤 1：合理灌水深计算。

计算灌水深的传统算法如下式：

$$d_{net} = AW \times Z_r \times p \tag{13-1}$$

式中　d_{net}——灌溉净水深，mm；

　　　AW——土壤有效水深，及土壤田间持水量与永久凋萎点之差（体积%）；

　　　Z_r——根系活动层深，mm；

　　　p——亏水系数，取值 0.2～0.8。

使用式（13-1）有如下缺陷：①计算简单，确定参数难；②作物产量与水分张力间的相关性高于与用百分数表达的亏水系数 p 间的相关性。图 13-1 显示，土壤有效水分的 50%（通常作为灌溉临界点）那一点对应的土壤张力为 60～230cbar，取决于土壤质地（美国农业部，1970）。式（13-1）可能在数学上是对的，但在管理上说是错的。为了保持土壤足够的水势，当土壤水分采用体积百分数时，净水深度对于粗质土应该提高 5%～10%，细质土应该降低 5%～10%（Allen 等，1998）。

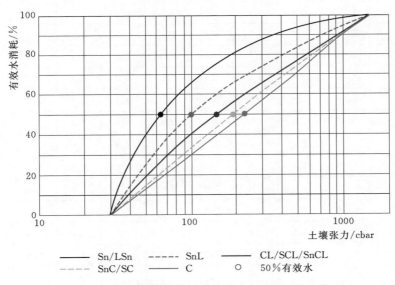

图 13-1　土壤有效水消耗百分数与土壤张力关系曲线

一、灌水深表格确定法

用表 13-4 推算灌水深是上述公式法外决定灌水深的更简单方法。

表 13-4 中的数值为综合考虑土壤田间持水量、根系深、亏水系数（Allen 等，1998），水势调整系数后各种作物在各种土壤条件下的净灌溉水深。

表 13-4 各种作物在不同土壤条件下的净灌水深计算

土壤类型			沙土	壤沙土	沙壤土	壤土	粉壤土	粉土	粉黏壤土	粉黏土	黏土
土水势及土壤水分调节系数			(1.10)	(1.05)	(1.00)	(1.00)	(1.00)	(1.00)	(1.00)	(0.95)	(0.90)
土壤田间持水率/%			7.5	8.5	12.0	13.0	14.0	15.0	13.0	13.0	14.0
作物	Z_r†	p	净灌水深（d_{net}）/in								
西兰花	20	0.45	0.7	0.8	1.1	1.2	1.2	1.3	1.2	1.1	1.1
甘蓝	20	0.45	0.7	0.8	1.1	1.2	1.2	1.3	1.2	1.1	1.1
白菜	26	0.45	1.0	1.0	1.4	1.5	1.6	1.7	1.5	1.4	1.5
胡萝卜	30	0.35	0.9	0.9	1.3	1.4	1.5	1.6	1.4	1.3	1.3
菜花	22	0.45	0.8	0.9	1.2	1.3	1.4	1.5	1.3	1.2	1.2
芹菜	16	0.20	0.3	0.3	0.4	0.4	0.4	0.5	0.4	0.4	0.4
大蒜	16	0.30	0.4	0.4	0.6	0.6	0.7	0.7	0.6	0.6	0.6
生菜	16	0.30	0.4	0.4	0.6	0.6	0.7	0.7	0.6	0.6	0.6
洋葱-干	18	0.30	0.4	0.5	0.6	0.7	0.7	0.8	0.7	0.7	0.7
洋葱-绿	18	0.30	0.4	0.5	0.6	0.7	0.7	0.8	0.7	0.7	0.7
洋葱-种子	18	0.35	0.5	0.6	0.7	0.8	0.9	0.9	0.8	0.8	0.8
菠菜	16	0.20	0.3	0.3	0.4	0.4	0.4	0.5	0.4	0.4	0.4
小萝卜	16	0.30	0.4	0.4	0.6	0.6	0.7	0.7	0.6	0.6	0.6
茄子	37	0.45	1.4	1.5	2.0	2.2	2.4	2.5	2.2	2.1	2.1
甜椒	30	0.30	0.7	0.8	1.1	1.2	1.2	1.3	1.2	1.1	1.1
西红柿	43	0.40	1.4	1.5	2.1	2.3	2.4	2.6	2.3	2.1	2.2
香瓜	47	0.45	1.8	1.9	2.6	2.8	3.0	3.2	2.8	2.6	2.7
黄瓜	37	0.50	1.5	1.7	2.2	2.4	2.6	2.8	2.4	2.3	2.4
南瓜	49	0.35	1.4	1.5	2.1	2.2	2.4	2.6	2.2	2.1	2.2
西葫芦	31	0.50	1.3	1.4	1.9	2.0	2.2	2.4	2.0	1.9	2.0
甜瓜	45	0.40	1.5	1.6	2.2	2.4	2.5	2.7	2.4	2.2	2.3
西瓜	45	0.40	1.5	1.6	2.2	2.4	2.5	2.7	2.4	2.2	2.3
鲜食甜菜	31	0.50	1.3	1.4	1.9	2.0	2.2	2.4	2.0	1.9	2.0
木薯-第1年	26	0.35	0.7	0.8	1.1	1.2	1.3	1.3	1.2	1.1	1.1
木薯-第2年	33	0.40	1.1	1.2	1.6	1.7	1.9	2.0	1.7	1.7	1.7
欧洲防风草	30	0.40	1.0	1.1	1.4	1.5	1.7	1.8	1.5	1.5	1.5
土豆	20	0.35	0.6	0.6	0.8	0.9	1.0	1.0	0.9	0.9	0.9
红薯	49	0.65	2.6	2.9	3.8	4.2	4.5	4.8	4.2	4.0	4.0

土壤类型			沙土	壤沙土	沙壤土	壤土	粉壤土	粉土	粉黏壤土	粉黏土	黏土
土水势及土壤水分调节系数			(1.10)	(1.05)	(1.00)	(1.00)	(1.00)	(1.00)	(1.00)	(0.95)	(0.90)
土壤田间持水率/%			7.5	8.5	12.0	13.0	14.0	15.0	13.0	13.0	14.0
作物	Z_r†	p	净灌水深（d_{net}）/in								
萝卜/芜菁甘蓝	30	0.50	1.2	1.3	1.8	1.9	2.1	2.2	1.9	1.8	1.9
甜菜	37	0.55	1.7	1.8	2.5	2.7	2.9	3.1	2.7	2.5	2.6
豆角-绿	24	0.45	0.9	0.9	1.3	1.4	1.5	1.6	1.4	1.3	1.3
豆角-干	30	0.45	1.1	1.2	1.6	1.7	1.9	2.0	1.7	1.6	1.7
豆角-大藤本	39	0.45	1.4	1.6	2.1	2.3	2.5	2.6	2.3	2.2	2.2
鹰嘴豆	31	0.50	1.3	1.4	1.9	2.0	2.2	2.4	2.0	1.9	2.0
蚕豆	24	0.45	0.9	0.9	1.3	1.4	1.5	1.6	1.4	1.3	1.3
鹰嘴豆	31	0.45	1.2	1.3	1.7	1.8	2.0	2.1	1.8	1.8	1.8
绿豆/豇豆	31	0.50	1.3	1.4	1.9	2.0	2.2	2.4	2.0	1.9	2.0
花生	30	0.50	1.2	1.3	1.8	1.9	2.1	2.2	1.9	1.8	1.9
小扁豆	28	0.35	0.8	0.9	1.2	1.3	1.4	1.4	1.3	1.2	1.2
豌豆-鲜食	31	0.35	0.9	1.0	1.3	1.4	1.5	1.7	1.4	1.4	1.4
豌豆-干/种子	31	0.40	1.0	1.1	1.5	1.6	1.7	1.9	1.6	1.5	1.6
黄豆	37	0.50	1.5	1.7	2.2	2.4	2.6	2.8	2.4	2.3	2.3
洋蓟	30	0.45	1.1	1.2	1.6	1.7	1.9	2.0	1.7	1.6	1.7
芦笋	59	0.45	2.2	2.4	3.2	3.5	3.7	4.0	3.5	3.3	3.3
薄荷	24	0.40	0.8	0.8	1.1	1.2	1.3	1.4	1.2	1.2	1.2
草莓	10	0.20	0.2	0.2	0.2	0.3	0.3	0.3	0.3	0.2	0.2
棉花	53	0.65	2.9	3.1	4.1	4.5	4.8	5.2	4.5	4.3	4.4
亚麻	49	0.50	2.0	2.2	3.0	3.2	3.4	3.7	3.2	3.0	3.1
剑麻	30	0.80	1.9	2.1	2.8	3.1	3.3	3.5	3.1	2.9	3.0
蓖麻	59	0.50	2.4	2.6	3.5	3.8	4.1	4.4	3.8	3.6	3.7
油菜	49	0.60	2.4	2.6	3.5	3.8	4.1	4.4	3.8	3.6	3.7
红花	59	0.60	2.9	3.2	4.3	4.6	5.0	5.3	4.6	4.4	4.5
芝麻	49	0.60	2.4	2.6	3.5	3.8	4.1	4.4	3.8	3.6	3.7
向日葵	45	0.45	1.7	1.8	2.4	2.6	2.9	3.1	2.6	2.5	2.6
大麦	49	0.55	2.2	2.4	3.2	3.5	3.8	4.1	3.5	3.3	3.4
燕麦	49	0.55	2.2	2.4	3.2	3.5	3.8	4.1	3.5	3.3	3.4

土壤类型			沙土	壤沙土	沙壤土	壤土	粉壤土	粉土	粉黏壤土	粉黏土	黏土
土水势及土壤水分调节系数			(1.10)	(1.05)	(1.00)	(1.00)	(1.00)	(1.00)	(1.00)	(0.95)	(0.90)
土壤田间持水率/%			7.5	8.5	12.0	13.0	14.0	15.0	13.0	13.0	14.0
作物	Z_r†	p	净灌水深（d_{net}）/in								
春小麦	49	0.55	2.2	2.4	3.2	3.5	3.8	4.1	3.5	3.3	3.4
冬小麦	65	0.55	2.9	3.2	4.3	4.6	5.0	5.4	4.6	4.4	4.5
玉米	53	0.55	2.4	2.6	3.5	3.8	4.1	4.4	3.8	3.6	3.7
甜玉米	39	0.50	1.6	1.8	2.4	2.6	2.8	3.0	2.6	2.4	2.5
谷子	59	0.55	2.7	2.9	3.9	4.2	4.5	4.9	4.2	4.0	4.1
高粱	59	0.55	2.7	2.9	3.9	4.2	4.5	4.9	4.2	4.0	4.1
甜高粱	59	0.50	2.4	2.6	3.5	3.8	4.1	4.4	3.8	3.6	3.7
水稻	30	0.20	0.5	0.5	0.7	0.8	0.9	0.9	0.8	0.7	0.7
苜蓿草	59	0.55	2.7	2.9	3.9	4.2	4.5	4.9	4.2	4.0	4.1
苜蓿种子	79	0.60	3.9	4.2	5.7	6.1	6.6	7.1	6.1	5.8	6.0
百慕大草	49	0.55	2.2	2.4	3.2	3.5	3.8	4.1	3.5	3.3	3.4
春季百慕大草–制种	49	0.60	2.4	2.6	3.5	3.8	4.1	4.4	3.8	3.6	3.7
三叶草	30	0.50	1.2	1.3	1.8	2.0	2.1	2.3	2.0	1.9	1.9
黑麦草	31	0.60	1.5	1.7	2.2	2.4	2.6	2.8	2.4	2.3	2.3
苏丹草–一年生	49	0.55	2.2	2.4	3.2	3.5	3.8	4.0	3.5	3.3	3.4
牧场草–轮牧	39	0.60	1.9	2.1	2.8	3.0	3.3	3.5	3.0	2.9	2.9
牧场草–放牧	39	0.60	1.9	2.1	2.8	3.1	3.3	3.5	3.1	2.9	3.0
草坪草–冷季型草	30	0.40	1.0	1.1	1.4	1.6	1.7	1.8	1.6	1.5	1.5
草坪草–暖季型草	30	0.50	1.2	1.3	1.8	2.0	2.1	2.3	2.0	1.9	1.9
甘蔗	63	0.65	3.4	3.7	4.9	5.3	5.7	6.1	5.3	5.1	5.2
香蕉	28	0.35	0.8	0.9	1.2	1.3	1.4	1.5	1.3	1.2	1.2
可可	33	0.30	0.8	0.9	1.2	1.3	1.4	1.5	1.3	1.2	1.2
咖啡	47	0.40	1.6	1.7	2.3	2.4	2.6	2.8	2.4	2.3	2.4
枣椰树	79	0.50	3.3	3.5	4.7	5.1	5.5	5.9	5.1	4.9	5.0
棕榈树	35	0.65	1.9	2.0	2.7	3.0	3.2	3.4	3.0	2.8	2.9
菠萝	18	0.50	0.7	0.8	1.1	1.2	1.3	1.4	1.2	1.1	1.1
橡胶树	49	0.40	1.6	1.7	2.4	2.5	2.7	2.9	2.5	2.4	2.5

土壤类型			沙土	壤沙土	沙壤土	壤土	粉壤土	粉土	粉黏壤土	粉黏土	黏土
土水势及土壤水分调节系数			(1.10)	(1.05)	(1.00)	(1.00)	(1.00)	(1.00)	(1.00)	(0.95)	(0.90)
土壤田间持水率/%			7.5	8.5	12.0	13.0	14.0	15.0	13.0	13.0	14.0
作物	Z_r†	p	净灌水深（d_{net}）/in								
茶树-未遮阴	47	0.40	1.6	1.7	2.3	2.4	2.6	2.8	2.4	2.3	2.4
茶树-遮阴	47	0.45	1.7	1.9	2.5	2.7	3.0	3.2	2.7	2.6	2.7
浆果-灌木型	35	0.50	1.4	1.6	2.1	2.3	2.5	2.6	2.3	2.2	2.2
葡萄-鲜食或葡萄干	59	0.35	1.7	1.8	2.5	2.7	2.9	3.1	2.7	2.6	2.6
酒葡萄	59	0.45	2.2	2.4	3.2	3.5	3.7	4.0	3.5	3.3	3.3
啤酒花	43	0.50	1.8	1.9	2.6	2.8	3.0	3.2	2.8	2.7	2.7
扁桃树	59	0.40	1.9	2.1	2.8	3.1	3.3	3.5	3.1	2.9	3.0
苹果/樱桃/梨树	59	0.50	2.4	2.6	3.5	3.8	4.1	4.4	3.8	3.6	3.7
杏树/桃树/坚果树	59	0.50	2.4	2.6	3.5	3.8	4.1	4.4	3.8	3.6	3.7
鳄梨-无地面覆盖	30	0.70	1.7	1.9	2.5	2.7	2.9	3.2	2.7	2.6	2.6
柑橘-70%冠层	53	0.50	2.2	2.4	3.2	3.4	3.7	4.0	3.4	3.3	3.3
柑橘-50%冠层	51	0.50	2.1	2.3	3.1	3.3	3.6	3.8	3.3	3.1	3.2
柑橘-20%冠层	37	0.50	1.5	1.7	2.2	2.4	2.6	2.8	2.4	2.3	2.3
针叶树	49	0.70	2.8	3.1	4.1	4.5	4.8	5.1	4.5	4.2	4.3
猕猴桃	39	0.35	1.1	1.2	1.6	1.8	1.9	2.0	1.8	1.7	1.7
橄榄树-40%~60%覆盖	57	0.65	3.1	3.3	4.4	4.8	5.2	5.6	4.8	4.6	4.7
Pistachio	49	0.40	1.6	1.7	2.4	2.5	2.7	2.9	2.5	2.4	2.5
核桃树	81	0.50	3.3	3.6	4.9	5.3	5.7	6.1	5.3	5.0	5.1

* 这里，平均持水能力＝土壤田间持水率－永久凋萎含水率。

† 作物根系深度来源于 FAO-56 中作物高度由低到高时范围内数据的平均值。作物平均高度很大程度上取决于气候田间、灌溉方法及土壤特性。

如前所述，表 13-4 中的值对粗质土壤往上调了一些，细质土往下调了一些。另外，表 13-4 中不同土壤的有效水 AW，根系深 Z_r 及亏水系数 p 应当根据项目区具体情况确定。下面几点应引起注意：

（1）湿润地区因为频繁降雨，根系深要小于表 13-4 中数值，灌溉水深也会小于表 13-4 中值。

（2）土壤特性参数，如板结程度，板结越厉害根系越浅，灌溉深度要相应减小。

（3）有些作物，应当视其不同生长阶段，采用不同的亏水系数 p。

（4）作物生长早期，根系未完全发育，灌溉水深应当减小。

［例 13-1］示范如何利用当地具体数据修正表 13-4 中灌溉深度数值。

【例 13-1】 作物：玉米；土壤：粉壤土。

根据经验，某阶段的根系活动深度仅为 457mm。查表 13-4 得：额定灌溉深度为 4.4in，即 112mm，相应的根系深 Z_r 为 53in，即 1346mm。用实际根系深修正灌水深为：$(457 \div 1346) \times 112\text{mm} = 38\text{mm}$。

二、经验法确定灌水深

常常通过研究灌溉水消耗及消耗频率来决定当地不同作物、土壤及灌溉方法等条件下的合理灌水深。

阿肯色州州立大学积极推荐他们针对不同土壤、不同作物及其亏水度所做研究得出的经验灌溉水深。这些灌溉水深数据被作为默认值输入到灌溉制度程序中（Ferguson 等，2000）。阿肯色灌溉制度编制法在 20 世纪 80—90 年代可能是应用最广的方法之一。之所以被广泛应用的原因之一可能是农民输入数据后很容易得出结果。密苏里大学就在最近也做了相类似的研究（见图 13-2）。阿肯色及密苏里大学的结果显示，半湿润地区的灌溉深度要比表 13-4 中的值小。原因可能是半湿润地区的作物根系深度比表 13-4 中数值

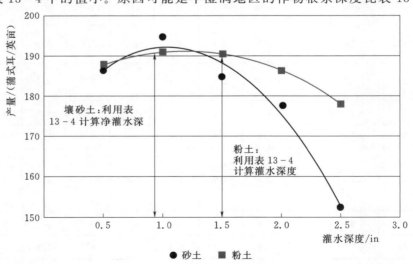

图 13-2 2001—2003 年密苏里州 Portageville 地区两种土壤灌水深
对玉米产量影响试验曲线

小。经验研究得出的图 13-2 显示，壤沙土到粉壤土地上玉米最高产量时的灌水深为 25～38mm。表 13-4 中的数据（不修正根系深时）建议壤砂土地灌水深为 66mm，粉壤土地上灌 112mm。因此，最好能采用当地多年试验数据（如用表 13-4 数据，最好能根据当地条件修正，[例 13-1] 中，建议值为 112mm，根据根系深修正后减小到 38mm，接近于图 13-2 中的试验值）。

灌溉方法对当地试验研究确定灌水深中的影响很大。中心支轴喷灌机的合理灌水深与微灌，LEPA 及地面灌不同。

第三节　基于土壤水分状态制定灌溉制度

此法根据设置于适当位置及适当深度的土壤水分传感器监测到的土壤水分变化制定灌溉制度。随着植物耗水，土壤根区水库的水在不断减少。当土壤水分降低到允许土壤水分下限时，开始灌溉。此外，传感器还可反映出什么时候土壤水分达到允许上限，从而停止灌溉。

利用土壤水分传感器制定灌溉制度的步骤如下：

步骤 1：确定一次灌水深（如前述）。

步骤 2：确定安装什么传感器。

步骤 3：确定手动采集传感器数据还是自动采集。自动采集有两种方法：①控制设备根据传感器采集的数据开或关灌溉系统；②通过有线或无线自动采集土壤水分数据，但不直接启动或关闭灌溉系统。

步骤 4：确定在多深的土壤剖面上安装传感器，一共有多少个安装点，并确定具体安装点。

步骤 5：确定启动灌溉的传感器临界值。

步骤 6：确定传感器读数频率。

步骤 7：将读数转换成曲线。

土壤水分传感器通常用来告诉灌溉管理人员什么时候开始灌溉，因为只有中子仪及介电常数土壤水分仪可测出土壤体积含水量。对于其他类型土壤水分仪，可利用表 13-4 及前述其他方法确定一次灌水深。

一、土壤水分测定装置分类

市场上土壤水分仪种类很多，第三章详细介绍了仪器类型及各自的优缺点。土壤水分仪包括：张力计、电阻式土壤水分仪（石膏块）、中子仪及介电常数传感器。此外，许多灌溉管理人员仍在采用根区土样直觉法确定土壤水分多寡。总的来讲，土壤水分仪不能告诉人们土壤水分值是多少，而是测量出一个与土壤水分相关的间接数据，然后转换成土壤水分。直觉法也不能得出土壤水分数据。比如，张力计可测定土壤吸力（也叫土壤水分张力或土水势），石膏块测定值为埋设在土壤中多孔石膏块的电阻值。大部分制造商提供测定数据与灌溉管理需要数据之间的相关关系信息。Hanson 等（2000）及 Munoz-Carpena 等（2005）描述了各种土壤水分仪在不同作物及不同土壤条件下使用时的优缺点。他们的结论是，某些条件下，张力计使用效果好；某些条件下，能测出体积含水量的土壤水分仪最好。

（一）张力计

张力计一头为多孔磁头，另一头为负压计，中间用充满无汽水的塑料管连接。将张力计磁头插入根系土壤中，磁头要与周围土壤紧密接触。当根系土壤干燥时，土壤吸力或负压抽动塑料管中的水，创造的吸力或负压与土壤张力相等。张力从负压表上读出。此处的负压又叫张力或水势，反映的是土壤的水分物理特性。张力的英制单位为巴或者厘巴（巴的百分之一），国际标准为千帕（1kPa＝1cbar）。在负压梯度的作用下，土壤水流到作物体内，最终通过呼吸作用，扩散到大气中。不同类型土壤的土壤吸力及其相对应的土壤体积含水量已确定。因此，如果获知土壤张力读数，可估算相应的土壤体积含水量。图 13-3 显示各种土壤在不同张力下的有效含水量。

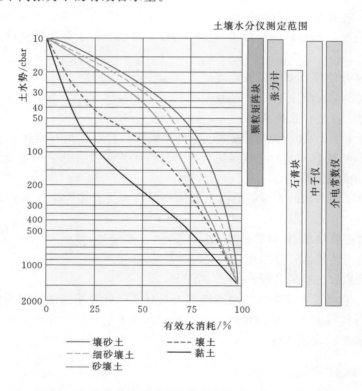

图 13-3　在各种土壤水分仪测定范围内，各种土壤的土水势与作物有效水消耗曲线（Taylor，1965）

使用张力计的一个问题是其测量范围相当有限，一般在 0～80cbar（0～80kPa）。测量范围与海拔有关，海拔为 900m 时，测量范围最大值为 60cbar（60kPa）。这个测量范围对于中到粗质土较合适，但不适宜于黏土。

使用张力计的另一个问题是必须坚持维护。张力计只能测定所在土层深处的张力或负压。因此要在不同深度安装数只磁头，这样才能全面评估根系层内的土壤水分状态。

使用张力计的好处是，一旦安装，读数非常快，且不再干扰土层。张力计可连接到数据采集仪，还可连接到灌溉控制系统控制灌溉，非常适合温室频繁灌溉。此外，张力计直接测定土壤吸力（水势），反映土壤的水分特征。作物吸水与土壤的张力关系密切，与土壤有效水的亏缺程度不是很密切。知道土壤张力对于确定何时实施灌溉非常重要。利用土壤张力指导灌溉可解决不同土壤类型的灌溉管理问题。例如，如果决定某种作物，当土壤张力超过60cbar（60kPa）时实施灌溉，此边界值适合所有土壤。但是，如果利用土壤有效水分消耗百分数决定灌水时间，例如取40%作为边界值，可能对壤土比较合理，对于粗质土可能太湿，对于细质土可能太干（见表13-5）。

表 13-5 各种作物需要启动灌溉的土壤张力边界值（Taylor，1965）

作 物	张力 /cbar*	作 物	张力 /cbar*
苜蓿	80~150	甜玉米	50~80
苜蓿种子		落叶树	50~80
花前	200	小粮	
开花时	400~800	苗期	40~50
成熟期	600~800	成熟期	70~80
西兰花		葡萄	
早期	45~55	早期	40~50
花蕾后	60~70	成熟期	100
菠菜	60~70	生菜	40~60
哈密瓜	35~40	洋葱	45~65
胡萝卜	55~65	土豆	30~50
花椰菜	60~70	草莓	20~30
芹菜	20~30	西红柿	60~150
柑橘	50~70		

* 低值适合于温暖，干燥气候，高值适合于寒冷，湿润气候。介乎中间的气候区中间值。以 kPa 为单位时，数值同表中数。

不只知道土壤张力值很重要，张力计的安装深度也很重要。例如，当一种作物150mm 根层处的土壤张力达到 55cbar（55kPa）时开始受旱，但如果 55cbar 发生在460mm 根层处，则作物已经严重受旱。因此，除了要知道土壤水分仪的数值外，还要知道此数值相对应的土层深度。如果某个边界值未说明对应的土层深度，可假定该数值为根系层1/3处的读数。

（二）电阻法水分仪

1. 石膏块水分仪

采用石膏块水分仪制定灌溉制度的历史很长。利用电阻值估算土壤水分的概念已出现超百年（Gardner，1898）。石膏块为多孔物质，制造时将两根电线或同轴电缆植入石膏块中。选好埋设深度，将一块石膏块埋设到预设深度，将电线拉到地面。不同根区深度及不同位置要埋设不同的石膏块。用一个改进的欧姆表读取石膏块上的电阻。厂家提供不同电阻相对应的土壤重量含水量百分数。灌溉管理人员必须明白，重量含水量百分数与体积含水量百分数完全不同。体积含水量百分数被用于估算土壤水分及耗水量。

由于土壤张力可用来衡量作物从土壤中吸水的能力，新一代的石膏块水分仪将电阻读数转换为土壤张力。

石膏块法有两大优势：第一价格低廉；第二是对土壤的扰动小。与张力计比，其低价位有利于灌溉管理人员在田间多位置、多深度埋设石膏块。如果田间每年要翻地，石膏块的寿命就只能为一年，尽管在酸性土上的实际寿命为 2 年，在中性土及碱性土上的实际寿命可达 3～5 年。由于价位低，每年挖出，来年重新布置，经济损失也不大。

石膏块法的缺陷是在土壤水分很高的条件下，电阻值与土壤水分的相关关系不密切，影响测量精度，测量结果受土壤盐分影响，石膏块会在土壤中溶解，导致与土壤接触不良。

石膏块可以连接到数据采集仪，自动采集数据。但大部分用户不会这么做，一般会采用粒状列阵法（Granular matrix blocks）自动采集。

粒状列阵法是一个特别的电阻测量装置，其电阻块的主要材料不是石膏。但在电阻块中间仍装了一个石膏薄片，以便缓冲盐分对读数的影响。电阻块外层不含石膏，不会发生溶解。这种电阻块的价格大约是普通石膏块的 2～3 倍，但寿命长，反应快，测量范围宽。这种电阻式土壤水分测量仪广为研究人员使用，易于连接到廉价数据采集仪。粒状列阵法对土壤扰动很小。

2. 中子仪法

中子仪是一种测定土壤体积含水量的精确测量装置（合理标定条件下）。但这种方法有三个缺陷：①购买成本高；②中子探头含少量辐射材料，使用受限制；③浅层土壤（150mm 以上）埋设时对测量精度有影响。

此法的原理是，探头发射中子到土壤中，仪器监测返回的种子数。当中子碰到土壤中的氢分子时，反弹回来，被中子仪的读数器监测到。反弹回的中子数与土壤水分含量有关。建立返回中子数与土壤水分之间的关系即可由中子读数得到土壤体积含水量数值。

通常把带有中子辐射的中子仪探头通过插入土壤中的铝管或塑料管放到所需土层深度实施测量。测量用管是固定的，而仪器是活动的，很容易多点观测。测量范围为一个球体，读数取决于球体内的土壤含水量及土壤质地。

3. 介电常数法

所有材料都可测出一个叫做介电常数的特性参数。介电常数与电容及电场中的分子特性有关。例如，空气的介电常数为 1.0，石英的介电常数为 3.8。水的介电常数很高，可达 80。像土壤这样的混合材料，其介电常数取决于组成土壤的固体成分、水及空气。由于与土壤的其他成分比，水的介电常数很高，介电常数可以反映土壤水分的含量。因此，如果测得土壤的介电常数，可算出土壤里的含水量。

土壤介电常数可以通过时域反射仪（TDR）及频域反射仪（FDR）测得。TDR 测量电脉冲穿过土层的时间（或传播速度）。FDR 通过电容测定脉冲频率。

许多仪器可通过测定介电常数测定水分。仪器价格差很大，有的不贵，有的非常贵。有的仪器需要在土壤中安装管道，将探头放入管道中测定。有的将探头直接埋设在土壤中，在作物生长季节反复测定。有的仪器的探头是可移动的，可以对土层深 150～230mm 范围之内的任意点实施土壤水分测定。许多仪器可以连接到数字采集仪上自动读数，也可连接到强大的水分管理软件上实施灌溉管理。

与中子仪测定范围为一个大球体不同，这类仪器的测定影响范围很小。

探头与土壤的接触非常重要，如果之间有空隙，读数是错误的。因此，探头的安装至关重要，也较困难。另一方面，土壤有机物含量很高时测量精度低。

一些 TDR、FDR 及其他电容式仪器对灌溉管理很有用，但有些仪器则对大部分灌溉管理人员无用。

移动式测量仪器对于浅根系作物灌溉管理很有用。探头可插入 150～230mm 深度土壤，适合草坪及蔬菜灌溉管理。Aquaterr™ 公司（Aquaterr Instruments & Automation，位于加州 Costa Mesa）生产类似仪器，价格在 600 美元左右。

但是，介电常数式土壤水分仪大部分用于科研。有些高水平管理农场也使用这类仪器，定点测定土壤水分，为大面积灌溉管理提供指导。

利用介电常数法测定土壤水分之所以成本高，是因为一个传感器的费用就在 50～100 美元。而石膏块价格为 10 美元，粒状列阵电阻块价格为 35 美元，张力计为 75 美元一支。如果只测几个土层深或几个位置，介电常数水分仪还可以用。如果监测点很多，就无法采用了。远距离测定及数据传输时，测量仪器的价格不算什么，而其他设备如数据采集仪、数据发射及接收设备、手机卡通信费等的开支会很大。有几家公司开发出优质、价廉的数据采集仪及数据发射装置，有利于推广使用介电常数法测定土壤水分。Decagon Devices 公司（位于华盛顿州）的 Echo-5™ 就是这样的设备。

土壤水分的测量及数据技术及未来发展会在后边章节讨论。有一个叫作 SOWACS 的网络论坛为有志于学习土壤水分传感器的人提供了很好的资源。

4. 直觉法

许多咨询人员仍在用手取样，直觉感知土壤水分状况。这种方法成本低廉，可随时随地调查，不必受困于仪器探头安装地点选择。对于有经验的人来说，直觉感知的误差可能只在 5% 左右。方法是将土样放手里，感觉其干湿度，详见表 13-6。

土样可以用开豁口的取土器获取，也可用螺旋土钻获取。一般应选几个点，在不同的根系层深度取样测试。如果只在一个点测试，深度应该在根系最活跃区。

土壤水分状态感知的方法是：将土样放在手心，用劲捏成一个土豆一样的球，然后在拇指及其他手指间挤成条状。判断土壤水分含量的指标详见表 13-6，这些指标包括球捏的结实程度、土条断裂前能挤多长、土粒散落情况等。

由于表 13-6 要求知道土壤质地，因此必须预先知道土壤质地。国家自然资源保护署（NRCS）有一个网站，展示了各种质地土壤在不同土壤水分状态下的土样状态照片，有助于用户用直觉法感知土壤水分状态。

直觉法及表 13-6 提供了判断常见质地土壤水分状态的方法。用于确定何时实施灌溉

表 13-6　　　　根据土样外观、色标估算土壤水分亏缺（SMD）（NRCS，2004）

土壤有效水/%	土壤缺水度 SMD/(mm/m)			
	粗质土-细沙与壤沙土	中粗质地-沙壤及细沙壤土	中等质地-沙黏壤，壤土及粉壤土	细质土-黏土，黏壤土，及粉黏壤土
0～25	干燥，松散，如不扰动，可聚一块，挤压时，手指上会有沙粒。SMD：43～100	干燥，可形成一个弱的土球，很容易破捽。SMD：83～142	干燥，土壤团聚体易碎，挤压时手指上无水，土块挤压即碎。SMD：92～175	干燥，土壤团聚体很容易分开，土块难被挤碎。SMD：100～200
25～50	有一点湿，可形成一个黏结很弱的球，挤压时可看到明显的手印，手指上黏沙子。SMD：25～74	有一点湿，可形成一个黏结很弱的球，挤压时可看到明显的手印，颜色发暗手指上无水。SMD：58～108	有一点湿，可形成一个黏结弱，表面粗糙的球，手指上无水，土壤团聚体可分散。SMD：67～133	有一点湿，可形成一个黏结弱的球，很少有团聚体分散，挤压时手指上午水渍，挤压时土块变扁平。SMD：67～150
50～75	湿润，可形成一个球。沙粒有点松，挤压时手指上发现团聚体，暗色，手指上有一定的水渍，不能成条。SMD：17～50	湿润，可形成一个球，捏球时留下清晰的手印，手指上有非常轻的水、泥渍，暗色，不黏。SMD：25～74	湿润，可形成球，手指上留下很轻微的水渍，暗色，柔软，可在大拇指及其他4个手指间挤出柔软的泥条。SMD：33～92	湿润，可形成表面光滑的球，手指印清晰。手指上留下很轻微的水、泥。可在大拇指及其他4个手指间挤出柔软的泥条。SMD：0.4～1.2（33～100）
75～100	湿润，可形成较弱的球，手上沾松散及团聚沙，暗色，手指水渍重，不能成条。SMD：0～74	湿润，可形成球，做球时在手上留痕迹线。手指留有轻到中水渍。手指缝间可挤出较弱的泥条。SMD：0～100	湿润，可形成球，球表面留下非常明显的手指印。手上糊轻到重泥渍。手指间可挤出条。SMD：0～42	湿润，可形成球，球表面留下非常明显的手指印。手指上黏中到重泥渍。手指间可很容易挤出条。SMD：0～50
田间持水量（100）	湿润，可形成弱球[*]，手指上黏中到重度泥，柔软球从手上拿开，留下明显轮廓线。SMD：0.0	湿润，可形成一个软球，挤压或摇晃时球表面有自由水渗出。手指上黏中到重度泥。SMD：0.0	湿润，可形成一个软球，挤压或摇晃时球表面有自由水渗出。手指上黏中到重度泥。SMD：0.0	湿润，可形成一个软球，挤压或摇晃时球表面有自由水渗出。手指上黏一层厚泥。SMD：0.0

很实用。Phipps 作了一项研究，意图揭示用直觉法及其他方法制定灌溉制度对棉花产量的影响。根据有关研究成果，Phipps 查得棉花适宜灌溉土壤水分张力下限为 55cbar（55kPa）。Phipps 在 55cbar 下取了图样，用直觉法记录下土样的形态及水分状态。然后据此制定灌溉制度。结果是以此法管理灌溉地块的产量，比用历史气象数据法、实时气象数据法及计算机程序平衡计算法处理地块的产量还高。这种简单方法对于有经验的管理人员来说非常实用、有效。这种方法还可作为其他方法的备用方法。2003 年调查数据显示（USDA，2004），美国有 40% 的灌溉管理人员使用这种方法制定灌溉制度。

Phipps 的方法很简单，可以归结为：①确定适时灌溉的土壤张力（如表 13-5）；②在活动根区安装一支张力计；③灌溉及下雨后，连续观测张力计读数，直到张力达到预期值；④在一定深度区土样，感知、描述土样形态及土壤水分状态，将感知信息记录下来；⑤定期取土样，检查、判断是否到达灌溉点。图 13-4 为 Phipps 法感知土壤水分状态图。

图 13-4　Phipps 法感知土壤水分状态

二、土壤水分传感器比较

图 13-5 所示为基于测点数得出的各种土壤水分传感器的年费用。其他额外费用未包含，如：安装费、操作费、中子仪监管费等。

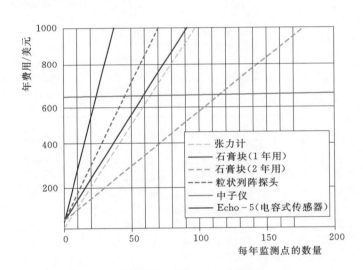

图 13-5　各种土壤水分传感器年费用对比

土壤水分传感器的成本受观测点数目影响很大。例如，中子仪一般认为较贵，但如果测点多，则成本不算高。如果测点超过 64 个点（如 16 个位置，每个位置 4 个土层深），中子仪是成本最低测量方法，除非石膏块的寿命能超过 2 年。

表 13-7 列出各种土壤水分传感器的优点、缺点、成本及预期寿命。对比各种传感器时还要考虑如下几点：

（1）传感器应当在土壤水分关键点灵敏（如芹菜，土壤张力为 $0.4\sim0.6\mathrm{kPa}$）。

（2）安装及维护工作量不能太大。

（3）频繁读数不能干扰作物正常生长。

（4）反应要快（如能在土壤水分设定点关掉灌溉系统）。

（5）安装传感器时不应破坏附近土壤结构，影响未来读数精度。

表 13-7　　　　　　　　　　　各种土壤水分传感器优点和缺点的描述

土壤水分传感器购买价及寿命 /（价格/寿命）	优　　点	缺　　点
张力计 75 美元/10 年 真空泵：82 美元/10 年	• 监测点少时，成本很低； • 易制造； • 可连接自动控制系统； • 可连接数据采集仪； • 不受盐分影响； • 很少扰动土壤； • 张力值随时间变化没有土壤水分快； • 土壤张力来源于作物吸水； • 非常快的响应时间	• 测量范围有限（0～80cbar）； • 吸水中断时需重新设定； • 冬天要撤走； • 只能测定有限土体
石膏块 10 美元/（1～2）年，以 10 年计， 购买成本为：315 美元/10 年	• 非常便宜； • 土壤扰动少	• 需要配置价位中等的读数仪； • 受盐分影响； • 受温度影响； • 响应时间慢； • 湿土上不敏感，导致读数从高、中、低水分变化时出现读数突变，无中等含水量读数； • 测定读数有滞后现象； • 寿命短（1～3 年）； • 只能测定有限土体
粒状列阵探头： 37 美元/3 年，以 10 年计：280 美元/10 年	• 如果监测位置有限，成本不算高； • 很少扰动土壤； • 敏感范围宽（0～200cbar）； • 可接入自动控制系统； • 可连接数据采集仪	• 需要配置价位中等的读数仪； • 受高盐分影响； • 响应时间一般慢； • 测定读数有滞后现象； • 只能测定有限土体
中子仪 探测管： 4.50 美元/（m·15 年），仪器： 7500 美元/20 年	• 测点多时，成本中等； • 扰动土壤少； • 敏感范围（1500～0cbar）； • 输出为水深； • 非常精确； • 不受温度计盐分影响	• 不能连接到自动控制灌溉系统； • 测定浅层土壤水分读数不准； • 调试麻烦； • 频繁测试时会踩踏作物
电容式传感器（Echo-5），探头： 280 美元/10 年 读数器：220 美元/10 年	• 土壤扰动少； • 敏感范围（1500～0cbar）； • 输出为水深； • 非常精确； • 不受温度及盐分影响； • 与遥测设备兼容好	• 多点测定成本太高； • 只能测定有限土体

三、土壤水分传感器安装

除了需要安装管道才能读数的传感器，上述其他传感器的探头都安装在特定的位置。

为了准确反映灌溉区域内的土壤水分状况，安装位置及安装深度点必须足够多。第一年，要安装足够多的仪器（从位置到深度）。之后，位置数及每个位置的深度数都可减少。

作物通过蒸腾作用从上而下吸收土壤中的水（见图 13 - 6）。土壤表层蒸发首先影响土壤表层含水量。因此，表层土壤（150mm）水分变化比中层土壤（300～380mm）快。深层土壤的土壤水分变化慢。当利用仪器测试数值管理灌溉时，仪器埋设深度非常重要。例如，300mm 深度处张力计读数为 60cbar（kPa）时不是问题，但如果 600mm 深处的读数达到此值则严重受旱了。作物之所以优先吸收浅层土壤水分，是因为根系越深，将土壤水输送到叶面的吸水就得越大。更重要的是，根系越深，根量越少。根量越少，吸取的水

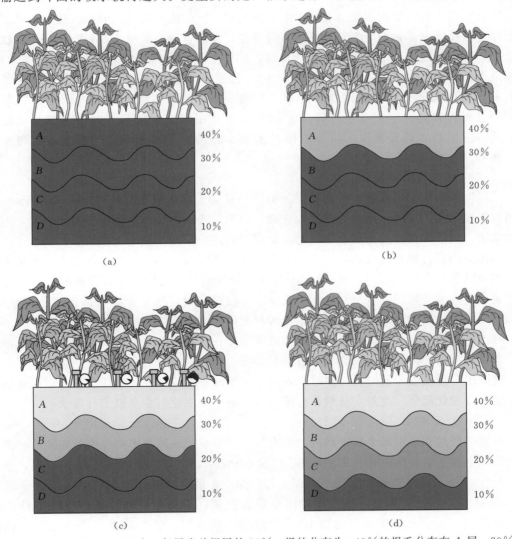

图 13 - 6　作物从上而下吸水。每层为总根层的 25%。根的分布为：40% 的根毛分布在 A 层，30% 的根毛分布在 B 层，20% 的根毛分布在 C 层，10% 的根毛分布在 D 层。图（a）中土壤充满水分。图（b）中上层土壤中的水分已部分丢失。图（c）显示，一旦上层土壤的水分减少，植物开始从中层土壤吸水。图（d）显示当顶部、中部水分丢失后，作物开始吸收底层土壤中的水

分越少，即使土壤水分很高。因此，要同时考虑传感器读数及探头埋设深度。从图 13 - 6 (c) 可看出安装深度的重要性。

图 13 - 6 中 A、B、C、D 的实际深度值取决于作物、土壤类型、降雨及灌溉频率。降雨或灌溉后，150mm 深度内的土壤水分变化最快（地下灌溉及地下水位高除外）。当顶层土壤水分超过田间持水量后，土壤水向下渗透到 300mm 深度范围内，再后则渗透到 450mm 以下。湿润峰处的养分及盐分浓度高。

四、应当监测多少个土层深

灌溉管理人员需要检测足够多的深度以便制定正确的灌溉决策。研究人员需要观测的土层深度点可能更多，但灌溉管理不能布置过多。灌溉管理一般每个位置监测 3 个深度或者 2 个，有时甚至就一个（土层中插管观测，如中子仪，可以收集许多个深度处的数据，限制条件是管或孔的深度）。观测第一年，一个位置可能会观测 4～6 个深度。多些观测点有利于管理人员更详细掌握农场土壤、作物、土壤水分对灌溉管理的影响。收集到的观测数据可帮助管理人员了解降雨或灌溉入渗土层深度，根系活动层深度及其他信息。第一年之后，随着管理人员及农民对土壤水分特性及灌溉系统的熟悉，观测深度可以逐步减少。

1. 三深度监测法

三深度监测数据可以给种植户提供足够的信息。土壤表层深度处（150～300mm）的观测数据变化大，反映土壤水分的微细变化。但只靠表层的读数不能制定灌溉决策，因为变化太大。浅层深度点的土壤含水量总是比深层点的小，总是显示土壤缺水。

如果采用石膏块水分仪监测，应在三个不同深度安装。浅层那支为管理人员提供土壤表层水分变化信息。中层（300～380mm）那支的读数比较稳定，且在根系密集区，可用于制定灌溉决策。深层那支（450～900mm）读数变化慢，用于校核灌溉制度是否合理。利用三个深度的读数可以控制灌溉不足及过量灌溉。

对于许多作物，可保持深层观测点的土壤水分在作物成熟之前不变，随着成熟逐渐变小。深层观测点的读数还能反映是否有深层渗漏。

当采用三深度点布置时，可以将三点的土壤水分平均读数变化值作成曲线，以评估根区土壤水分变化趋势。此外，分析各深度点的土壤水分变化，意义也十分重大。

2. 二深度监测法

专家一般推荐采用两个深度观测，即在一个观测点上的两个不同深度处安装传感器探头。第一个探头安装深度在根系活动区（230～300mm），第二个探头安装在深层，根毛稀少区（450mm 或 760mm）。第一个探头埋设深度在根层深度的 25%，第二个探头埋设在根层深的 60% 处。上部传感器读数用于灌溉决策，下部传感器读数用于：①什么时候停止灌溉（必须是灵敏度高的探头）；②监测深层渗漏；③绘制根区土壤水分变化曲线，观测是否有灌溉不足或过量灌溉发生。要利用传感器停止灌溉，管理人员应当观测 1～2 次灌溉，以便确定停止灌溉的合理土壤水分边界值。如果一个观测点设两个观测深度，读数的平均值能更好地反映土壤水分变化趋势，比单独分析每个深度的读数变化更有价值。

3. 单深度监测法

尽量不要用单深度监测，尤其是土壤水分传感器初学者。为了降低风险，最好在其他位置再安装一支。对于以前多深度安装过传感器的人来说，由于已经了解了当地农场的作物及土壤特性，安装一个传感器也许也能成功。如果只装一个传感器，最好将探头安装在根系密集区，且要足够深，否则读数变化频繁，不易决策。深度大约为 230～300mm 比较合适。太靠近地表的话，读数变化大，受地表及土壤温度影响大。如采用标准石膏块探头，土壤水分高时反应迟钝，最好装在接近地表，因为地表土壤水分变化快。

五、安装地点确定

一个安装地点称之为一个站。一个站上可以依不同深度安装多个传感器。一块地，无论多大，应当至少安装两个站，以便控制灌溉均匀度。地面灌溉条件下，均匀度低很常见，至少应该 3～4 个站。Hanson 与 Orloff（1998）建议每 16hm^2（240 亩）设两个监测站。一块地设多个站，多站点读数平均后做土壤水分变化曲线，可整体提高观测灵敏度。

确定站点时要考虑土壤类型，土壤类型变化影响地点选择及安装站数。要特别注意轻质土，轻质土持水能力差，水分变化快。灌溉管理人员要依据易受旱区域的水分变化制定灌溉制度，也就是说要在土壤水分变化快的地点设监测站点。

显然，一块地种植作物的种类多少影响监测站数。不同种类的作物（尤其是种植时间差别大）应当以不同地块对待。

安装地点应当选在易安装及易读数的地方（安装在行中间有利于作物长高时进出）。安装地点应当有明显标志，如钉橛子或插小旗，也可用 GPS 定位。有的传感器站点会由于作物长大而迷失。有时可以在站点附近地边插旗，以便引导管理人员顺着小旗找到站点。应在图上标示站点，以便寻找。

地面灌溉时，应当将探头安装在读数能代表全地块平均土壤水分的地点。沟灌情况下，传感器站点不要选择在拖拉机车轮经过的行间，因为这些行间的土壤板结，渗水少。

如果一个地块的不同地点安装了土壤水分传感器，有的点在 14d 前灌溉，有的点在 7d 前灌溉，有的点在 3d 前灌溉，应当取中间点的读数作为灌溉制度制定参考点。

对于中心支轴喷灌机灌溉地块，传感器不应布置在土壤水分偏离平均值的地点，比如第一、第二跨或尾枪灌溉区域。一支尾枪可增加灌溉面积 10%，所灌溉区域的喷灌强度与喷灌机跨下区域相差很大。所以土壤水分传感器不应安装在尾枪控制区域。

中心支轴喷灌机也有起始点及结束点，转一圈可能需要 2～4d。传感器应当安装在机器开始灌溉后不久，土壤很湿那个区域。应当记住，安装传感器的主要目的是确定什么时间灌溉，因此传感器应当布置在灌溉开始点。图 13-7 标示了中心支轴喷灌机控制区域内传感器的建议安装地点。

微灌条件下，滴头出水严重影响传感器读数，传感器应当安装在湿润范围内，但要离开滴头至少 300mm。

必须知道，微灌条件下地下湿润范围大于地面湿润范围。滴头下土壤湿润体为球状体（轻质土为萝卜形，重质土为洋葱形）。传感器探头可以帮助确定湿润区三维形状。洋葱状湿润体内最湿那点在滴头正下方。离开此点后，土壤水分快速降低，直至湿润体边缘。土

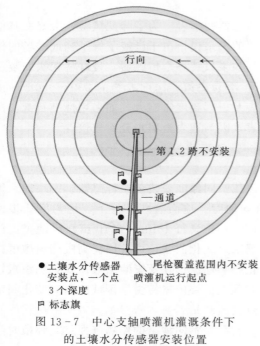

图 13-7 中心支轴喷灌机灌溉条件下
的土壤水分传感器安装位置
（每个位置安装深度数为 3）

壤水分在球体内分布可以想象为洋葱头一样沿层分布。土样中同深度处相距不远点处（几毫米）的土壤张力可能差几厘巴（千帕），如图 13-8 所示。即使非常仔细地考虑了滴头间距或传感器间距，传感器的读数仍然会出现偏差。因此，很难掌握当土壤张力降到 15cbar 时开始灌溉。因为传感器安装位置是关键。另外，传感器安装位置在一个生长季节内要变化，因为滴灌带或滴灌管的位置可能发生变化。

图 13-8 中，滴灌条件下土壤湿润状况显示，土壤水分从滴头下开始快速减少，直至湿润体边缘。三支传感器安装在同一个深度。尽管相距可能仅几英寸，但土壤水分读数不同。传感器读数可确定湿润体形状。如果湿润球体保持不变，说明灌水量与作物耗水量相符。

当安装位置在生长季节内发生变化时，控制灌溉的土壤水分边界值可能也应随着季节变化而变化。安装多支传感器时，应当取土壤水分平均值来判断灌水时间。阶段性采用多孔磁头式传感器，可以指导制定灌溉制度。如果灌溉合理，微灌湿润球体会保持不变。球体缩小，说明灌溉不足；球体增大，说明过量灌溉发生。由于电阻式传感器在高度湿润条件反应迟钝，使用时一定要小心，或者不用。

选择传感器安装地点要考虑耕作措施，耕地、除草或剪草及其他措施可能会损坏传感

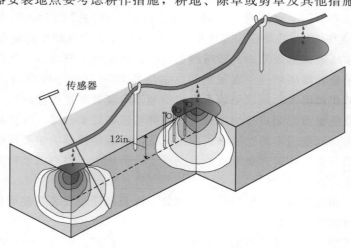

图 13-8 滴灌土壤水分分布及张力计安装

器探头。改变耕作措施，如在张力计附近剪草时有意抬高剪草机，则读数可能没有代表性。

在要收割的作物地，如苜蓿地、草坪上，安装土壤水分传感器，可通过把探头安装在下沉的孔中或箱子中，以免收获机械损坏。探头或拉出电线的顶部可以用塑料盖盖上，可很好的保护传感器。

六、土壤水分传感器安装

传感器探头安装不应对土壤扰动大。如果扰动大，会影响作物根系及土壤水分运动，尤其是当土壤有板结层，安装时破坏掉。如可能，最好不要扰动周围土壤。比如，可以在土壤挖个坑，然后将 TDR 传感器探头插到坑侧墙未扰动土层中。有时人们将一个钢钎子在土壤中插个孔，安装张力计或电阻块。但这样做会压缩孔周围土壤，影响读数。土钻是最好的工具。应当根据厂家说明安装。

七、使用土壤水分数据

中子仪及 TDR 读数为体积含水量（比如，含水量 20％意思是每一米土层深含水 200mm，单位：mm/m）。将田间持水量扣除此数即为有效水亏缺数。

但是，许多传感器的读数单位不是体积百分数，而是如土壤张力（负压）及其他单位。这种传感器厂家通常会在说明书中告诉你如何将读数转换为土壤水分。例如，石膏块水分仪厂家会给你一条仪器读数与土壤水分（重量百分数）对应曲线。根据读数可从曲线上查得相应土壤重量含水量值（％）。重量百分数含水量要乘以土壤的密度即可获得体积百分数含水量，参见第三章土壤重量含水量及体积含水量测定内容。

比传感器读数更重要的是土壤水分变化曲线。最差的方法是只关注读数值，而忽略土壤水分变化趋势。最好的方法是定期观测读数，比如一周 1～2 次（能连续自动读数更好），然后将数据点成曲线。

表 13-8、图 13-9（a）及图 13-9（b）显示，同一组土壤水分传感器读数可以用不同的方法表达，用作灌溉决策工具。数据来源于两个站点，每个站点 4 个深度观测点。表 13-8 中的数据不能形象表达土壤水分变化趋势。图 13-9（a）为每个观测点的变化曲线，太混乱，不能整体了解地块土壤水分变化趋势。图 13-9（b）是用所有观测点仪器读数（2 站，每站 4 个深度观测点）平均后的变化曲线，综合反映了地块土壤水分变化趋势，有利于制定正确的灌溉决策。

表 13-8   西德州棉花滴灌地块，2 站 4 个深度石膏块土壤水分仪观测数据

日期	NE-1	NE-2	NE-3	NE-4	SW-1	SW-2	SW-3	SW-4
7 月 9 日	9.00	9.50	9.25	10.00	9.50	9.75	9.75	10.00
7 月 16 日	9.00	9.75	9.75	10.00	2.50	9.75	9.75	10.00
7 月 23 日	7.25	9.75	9.75	10.00	1.25	9.75	10.00	10.00
7 月 30 日	6.25	9.75	9.75	10.00	0.50	7.00	10.00	10.00

日期	NE-1	NE-2	NE-3	NE-4	SW-1	SW-2	SW-3	SW-4
8月6日	0.75	3.50	9.50	10.00	0.50	0.75	9.50	10.00
8月13日	0.50	1.00	9.00	10.00	0.25	1.50	7.50	9.75
8月20日	0.50	1.50	7.50	10.00	0.25	0.25	4.50	9.50
8月27日	0.50	0.50	4.00	10.00	0.00	0.25	3.50	6.00
9月3日	0.25	0.25	1.50	10.00	0.00	0.25	2.50	6.00
9月10日	0.25	0.50	2.50	10.00	0.00	0.50	2.50	5.50
9月17日	10.00	9.25	2.00	10.00	10.00	0.50	3.50	6.50
9月24日	9.00	9.25	4.00	10.00	9.50	1.00	4.25	7.00
10月1日	9.50	9.50	5.50	10.00	9.50	5.50	5.00	7.50
10月8日	9.50	9.50	6.00	10.00	9.50	6.00	5.50	8.00
10月15日	9.50	9.50	7.50	10.00	9.50	8.50	6.50	8.50
10月23日	10.00	10.00	9.50	10.00	9.50	9.50	8.50	9.50

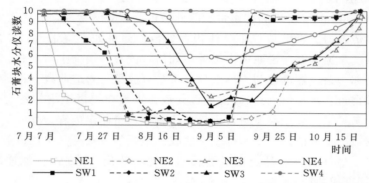

图 13-9（a） 2 站 4 深度共 8 个观测点的石膏块土壤水分仪数据变化曲线

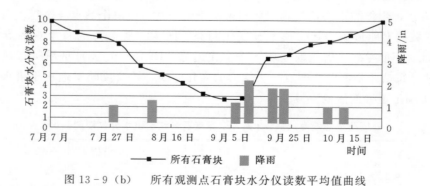

图 13-9（b） 所有观测点石膏块水分仪读数平均值曲线

八、灌溉管理人员的特殊关注点

数据自动采集式土壤水分传感器的出现为土壤、作物、水环境监测带来新的有力工具。将自动数据采集仪得到的土壤水分数据点成变化曲线后，灌溉管理人员应对曲线上的3个关键点特别关注。图13-10显示了这3个关键点。

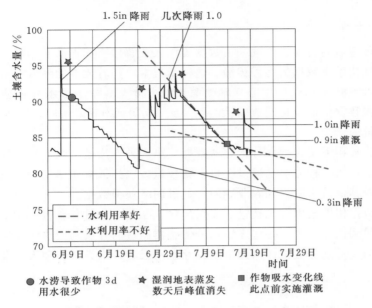

图13-10　大豆地上一个站点，3个深度（150mm、300mm、450mm）的
观测点上的土壤水分平均值曲线。读数频率，每10min自动读一次

第一个关键点，也是最重要的点，是作物开始受旱那一点的土壤水分值。灌溉后，土壤水分在重量排水作用下稳定到田间持水量。在一定时间内，土壤水分呈线性下降。下降到某临界点后，土壤水分下降率减缓，曲线变得平缓，此点为作物开始受旱点。

传感器数值曲线上的某个数值没有曲线形状变化重要。当灌溉管理人员观测到某一时间点的耗水率开始下降，曲线开始趋于变平缓时（遇冷峰，打除草剂或其他异常现象除外），在这点之前实施灌溉。图13-10中此点在7月中旬。

图13-10中，7月5—15日，土壤耗水曲线呈稳定下降，说明这段时间作物-土壤环境健康。7月15日之后，土壤耗水率下降，曲线变平缓，作物受旱。耗水率下降那点的土壤水分仪读数为83，下一次灌溉应当在此点之前实施。

数据组还显示出湿润地表蒸发峰值。6月7日发生38mm降雨，土壤耗水率降低，第二个关键点出现。这个关键点出现在灌溉或较好的降雨之后。如果降雨或灌溉后曲线保持2~3d或更长一些，说明这些天土壤发生水涝。图13-10中6月7日就是这种情况。下一季种植式，可以通过深翻，将作物种在垄上或种植耐涝品种避免涝灾。但是这种耗水率下降现象很难用手动数据采集的方法发现，因为土壤太湿时很难进行读数。等到土壤干燥后再进去读数时，涝灾现象已消失。因此，必须使用数据采集自动读数才能发现受涝点。

第三个关键点与湿润地表蒸发有关。降雨或灌溉后，土壤颜色变重（吸收更多的阳光），土壤表面出现自由水或土壤颗粒对水的吸力很小。此时，出现真正的潜蒸发。2~3d后，土壤水分快速下降，在土壤水分变化曲线上出现尖峰。随着季节推进，当冠层完全长好后，曲线上的尖峰变小。在曲线上能见到此峰值，可以帮助灌溉管理人员避免实施太多次小量灌溉。但要发现这一点，需要数据采集仪自动记录土壤水分变化。

九、远程数据采集

土壤水分传感器的自动、连续采集数据为深入了解作物耗水情况提高了可能。过去几年出现的另一种技术是数据的远程传输。这种新技术将随着成本的降低而得到广泛应用。

假定一台可灌溉 $55hm^2$ 的中心支轴喷灌机地上装有 3 站土壤水分传感器，每站 3 个观测深度。远程数据传输设备的成本大约为 $17\sim25$ 美元$/(hm^2 \cdot a)$。这点投入与所获得的好处比是值得的。

有两种方法远程采集土壤水分传感器数据：第一种方法是将数据采集仪采集到的数据传输到用户电脑；第二种方法是通过手机卡将数据传输到云盘。第二种方法可方便灌溉管理人员、农民及其他需求者（如农业顾问）通过网络获得数据。

近年来，数据传输技术突飞猛进。无线传输、GPRS、4G 传输及 WIFI 传输技术在数据传输应用上得到广泛应用。一些土壤水分传感器制造商开始利用这些先进的传输技术将数据采集仪自动收集到的数据传输到电脑或互联网云盘，供灌溉管理人员及农业咨询服务人员使用。

第四节　基于植物表现制定灌溉制度

许多可测量的植物生理特性可以很好地反映植物的水分状态，从而以此确定灌溉时间。这些生理特征包括：树液流、茎收缩率、叶水势、冠层温度等。由于灌溉制度制定主要用叶水势及冠层温度两种特征，本节主要介绍这两种。利用茎干直径变化制定灌溉制度也将讨论一点，因为这种方法的未来应用前景很好。基于植物表现的传感器监测法将作物-土壤-气象诸因素都综合考虑了进去。影响植物水分消耗的因素不只是蒸腾 ET，线虫、盐分、除草剂及土壤板结均影响植物水分吸收与传输。这就是使用植物水分传感器的好处，因为影响植物体水分状态的上述因素非常多见。

一、叶水势/压力室

叶水势（LWP）为负压或植物叶面张力。植物水分充足时，叶水势高（负压小）。植物受旱时，叶水势低（负压值大）。因此，用叶水势值（kPa）可以表示作物的水分状态。

一种叫压力室的装置可用来测定作物叶水势。测定时，摘一片带叶柄的植物叶，插入压力室小孔中，如图 13-11 所示。

罐里注入气态氮，然后加压。罐中的压力为正的，叶面及叶柄内的水分张力为负值。当罐内压力增加，在叶柄处挤出一个小水泡时的罐内压力等同于叶水势值。

随着植物气孔在白天张开、关闭以及植物周围气候的变化，叶水势每天自然发生变化。叶水势在中午时最小（负压最大），夜晚晚些时候至黎明前最大（负压最小）。例如，棉花受旱时太阳升起之前的叶水势为负 900kPa，中午时的叶水势为负 3500kPa，6h 内变了 4 倍。因此，利用叶水势制定灌溉制度的问题是其数值在白天一直变化。常用黎明前及

图 13-11 叶水势测量

中午的叶水势值作为制定灌溉制度的依据。但是，如果中午天不晴，则只能用黎明前的值。加州的夏天中午一般无云，研究者及灌溉管理者常用中午的叶水势判断植物水分状态及制定灌溉制度。

加州建议，当棉花在中午的叶水势值降到负 1500kPa 时灌溉第一次水，第二次灌水的中午叶水势值为负 1800kPa（Hake 等，1996）。研究人员还研究了许多水果及坚果的初始灌溉叶水势值。有一个网站提供了几种作物初始灌溉的叶水势值。俄勒冈州的 PMS 仪器公司提供了一些作物的叶水势边界值及一些参考文献资料。

通常取两片叶子做测试，叶子不能老，充分张开。如果两片叶子的读数接近，取两个数值的平均值。如果两个读数相差超过 20%，必须再摘取第三片叶子测试，取 3 个数值的平均值。

取样的地方必须有代表性。由于压力罐体积大，取样的地方要方便机动车抵达。一旦叶子被切下，20s 内必须做完测试。要记录下取样的时间。如果是黎明前取样，必须在第一缕阳光出现前取，因为之后的水势值变化很快。中午测试期开始于正午后 3h。黎明前测试值比中午测试值稳定，因为过路云层不会影响读数。黎明前测试的缺陷是文献中用到的频率不高。中午观测值受许多因素影响，尤其是太阳辐射的变化。

每周应当观测至少两次，将结果绘成曲线。观测值随时间的变化呈线性。从曲线的形状可以预估什么时候叶水势到达临界值。这种方法的主要缺陷是压力室价格很高，一般为 3000～4000 美元。还有一个问题是这种设备只能在一天的特定时段内使用。异形叶子的植物叶水势值也能测，如玉米，但必须使用正确的垫圈。

二、叶面温度

植物蒸腾时，其体温降低，白天温度低于周围气温。如果土壤水分充足，体温就能降低。土壤水分降低，蒸腾量也降低，使得作物体温降低的可能性减少。研究人员将此种现象用作制定灌溉制度的工具。测定温度的工具为远红外温度传感器，可连续测定冠层温度。手持式远红外温度传感器价格合理，可以在不同位置移动测定，用以判断土壤水分状态。如要用手持式温度传感器读数制定灌溉决策，需要大量数据，这些数据必须在相同高度、相同角度测得，以便获得可信赖的平均值。有的远红外温度传感器中装有相对湿度传感器，以便使用户获得作物水分胁迫指数（CWSI）。CWSI 值反映冠层温度与空气温度差及水汽压差，受植物水分状态影响。CWSI 值可准确定量作物及土壤水分状态，但由于过程太复杂，大部分用户很难采用。最近关于利用作物基础温度作为灌溉决策临界值的研究取得一定成效（Wanjura 等，1992），但现在的手持温度传感器仍然不够耐用，常常需要维修及校准，大部分农场做不好。

此外，另一个问题是，这种传感器只能在冠层完全发育后使用，不能用此法制定作物生长早期的灌溉制度。最后，此法使用条件是无云，这在美国的中部、东部及其他地区使用有局限性。尽管如此，仍然有许多研究在试图改善这种仪器。

三、茎秆直径变化

当叶水势数值增加，作物在白天处于吸水状态，茎秆的作用就像喝汽水的吸管一样，吸管壁往里收缩，直径变小。这种变化很小，肉眼无法看到，但仪器可以监测到。水分充足的作物的茎秆直径在白天变化大，而缺水的茎秆直径变化小。测定茎秆直径变化的仪器比远红外温度传感器简单，也较耐用，足以在农场条件下使用。使用这种仪器的一个问题是，作物在生长过程中，其茎秆直径有自然增大，这种自然增大会与水分变化引起的变化混淆。此外，还需要研究人员通过科学研究找到基于茎秆直径变化制定灌溉制度的临界值。

第五节　气象因素法制定灌溉制度

气象因素法制定灌溉制度需要利用自动气象站采集到的气象信息估算作物及土壤耗水量。在作物生长季节，土壤水分下降主要是因为蒸发蒸腾引起的水分损失超过时段内的有效降雨所致。当土壤水分下降到某个临界值，作物受水分胁迫之前，通过灌溉弥补土壤水分损失，填满土壤水库。

气象因素法的基本原理是对作物腾发损失、有效降雨及灌溉水量做平衡计算，确定灌溉时间。这种平衡计算过程类似于会计做账。因此，此法又叫"记账法"。不同的是会计记账的钱由水量代替。

平衡计算由三部分组成：①土壤水分丢失，包括，腾发量及深层渗漏；②土壤水分收入，包括降雨与灌溉；③土壤水分下限临界值（降到什么数值开始灌溉）。

土壤水分上、下限之间的水深为灌溉水深，即式（13-1）所述净灌溉水深。实际灌溉时，净灌溉水深在考虑灌溉系统的利用效率后可折算为实际灌溉需水量。

平衡计算收入项包含降雨，计算时要将地面径流考虑进去。

平衡计算的水量支出项主要为作物腾发量（ET_c，根据气象数据，生长阶段特性计算），其次为深层渗漏。ET_c 是动态变化的，与气象条件及作物生长阶段有关（见第五章）。ET_c 变化与季节作物修正系数曲线有关。一般将作物生长季节划分成 4 个阶段，每个阶段一个作物系数（K_c）。

土壤水分下限基本保持不变，尽管随着根系深度变化及作物生长阶段有些不同。

当前，气象因素法制定灌溉制度基本都用计算机进行。步骤如下：

第 1 步：确定灌溉深度。

第 2 步：收集参考腾发量（ET_0）数据，或收集气象数据计算。

第 3 步：根据作物种类及其生长季节确定 K_c 值（见表 5-2）。

分步骤 1：（可选），如果土壤水分不足，根据土壤水分特征修正。

分步骤 2：（可选），分开计算蒸发 E 及蒸腾 T，目的是提高准确性。

分步骤 3：（可选），调整 K_c 值，以便与当地条件更相符。

分步骤 4：（可选），修改计算时段长度。

第 4 步：计算日耗水量，$ET_c = ET_0 \times K_c$。

第 5 步：平衡推算，用土壤剩余水量加上有效降雨扣除 ET_c。

第 6 步：当土壤中的水分消耗累积到第 1 步所得水深时即为开始灌溉时间。

第 7 步：利用土壤水分传感器确认土壤水分是否已降低到设计下限。

第 2 步到第 6 步在整个灌溉季节都要做（不包括第 3 步的子项），而第 7 项只偶尔做。利用灌溉制度编制软件或表格，灌溉管理人员将能合理的供给作物所需水量。第 3 步的 4 个子步骤只是为了提高精度，或方便使用。

气象因素法制定灌溉制度可能会出现一些误差，但不会积累很多。当大降雨或灌溉发生后，土壤水分返回到零亏缺。

第 3 步的分步骤 1 为土壤修正，许多计算机软件已含此项。分步骤 2 将蒸发与蒸腾分开计算，增加精确度，很少有计算机软件包含此步。

基本定义及利用气象数据计算作物需水量方法可参见联合国粮农组织（FAO）第 56 号文献：作物蒸发蒸腾（作物需水量计算指导）（Allen 等，1998），通常称为 FAO - 56。本书第五章及本章的主要内容来源于此文献。

一、基于气象因素制定灌溉制度：总论

一般来讲，基于气象因素制定灌溉制度包括两步：①计算驱动腾发量产生的基准气象能量；②选择调节系数。过去，预测作物需水的方法混乱，因为计算腾发基准能量的方法太多。式（13 - 2）为计算作物需水量的基本方法。

$$作物需水量＝基准气象能量引起的水量损失 \times 修正系数 \qquad (13 - 2)$$

式（13 - 2）中的气象基准不同，修正系数也不同。早期方法将自由水体如蒸发皿、水池作为计算基准气象能量引起水量损失的参照体。近期方法将完全覆盖的植物，如苜蓿及草坪草作为计算参照体。这种作物称之为"参考作物"，参考作物上腾发损失掉的水用 ET_{ref} 表示。研究人员并不测定每天的参考作物 ET，而是估算某特定气象条件下的参考作物耗水 ET。这样一来，参考作物相当于计算用虚拟作物。20 世纪后半叶，许多研究人员各自为政研究估算各种环境条件下的蒸发能量，导致产生许多不同算法。每一种算法都需要用自己的修正系数。近 20 世纪末时，灌溉界领袖人物认为应该将式（13 - 2）中的基准气象蒸发能量部分标准化，用于计算 ET。用于计算作物腾发能量的参考作物被标准化为灌水充分的草坪草。ET 计算方法称之为 ASCE - EWRI 彭曼-蒙特斯公式（ET_0），FAO 彭曼-蒙特斯公式，或 FAO - 56 彭曼-蒙特斯法［式（5 - 3）］。作物需水量又称之为腾发量，由腾发量 ET_c 乘以参考作物腾发量 ET_0 获得。如下式（13 - 3）：

$$ET_c ＝ ET_0 \times K_c \qquad (13 - 3)$$

式中　ET_c——作物需水量；

　　　ET_0——参考作物需水量；

K_c——作物修正系数。

二、灌溉制度制定第 2 步：ET_0 数据收集及计算

制定灌溉制度的第 2 步要给计算程序或计算表格输入日 ET_0，或者通过日气象数据计算 ET_0，影响作物需水量的气象因素有气温、相对湿度、阳光、风速。

（一）彭曼-蒙特斯公式

计算气象能量基础线值的方法可选 ASCE - EWRI 彭曼公式〔见式（5-3）〕。该公式可预测草的日用水量，用符号 ET_0 表示。这类公式为组合公式，分开计算由太阳辐射及对流能量（与温度、风及水汽压差有关）引起的作物日吸水量，然后将两项计算所得数据组合即为 ET_0 值。

有趣的是，彭曼是物理学家，公式是基于物理定律的。公式具有接近完美的量纲粗合，带入所有变量后，最后的单位为 mm/d，即日耗水多少毫米。相反，大部分别的计算公式为经验公式，通过数值关联的方法得出参考作物需水量。彭曼-蒙特斯方法既适用于湿润地区也适用于干旱地区，且可以小时计算。其他公式，只能计算较长时段的耗水量。比如 Blaney - Criddle 公式（Blaney 和 Criddle，1950），建议计算时段为一月。

为了去除早期彭曼公式中的模糊概念，将作物的一些特征参数引入公式中，如作物高度、表面光反射量（反射率）、蒸腾速率（作物表面阻力）。修正后的彭曼公式称之为标准彭曼公式。

以前，由于公式太复杂，灌溉管理很难利用气象因素法制定灌溉制度。现在，很多免费计算机程序可以利用气象数据自动计算出 ET_0。另外，许多州及政府机构还通过他们的气象站网络获得的数据，计算并发布日参考作物耗水量 ET_0。除高差太大外，80～120km 范围之内使用一个 ET_0，精度完全没问题。事实上，非要用精确的 ET_0 及 K_c 来制定灌溉制度意义不大。对于用户而言，有价值的是 ET_c。他们只要将气象数据输入程序，得出 ET_c 并知道土壤水分平衡就可以了。

（二）以苜蓿为参考作物的彭曼公式

标准 FAO 彭曼公式一般计算以草坪草为参考作物的腾发量。此外，还有以苜蓿作为参考作物的腾发量 ET_r 计算公式。美国早期的大部分 ET 研究来自爱达荷州的 Kimberly，许多年里，那里都用苜蓿作为参考作物。由于早期的开拓性工作，许多机构及顾问专家，在他们设计的计算机程序及教学中，习惯采用苜蓿作为参考作物。这也导致许多文献中采用参考作物苜蓿。

苜蓿的日腾发量大约比草坪草高 20%～25%。因此，采用 ET_r 计算 ET_c 时，作物系数 K_c 要比采用 ET_0 时小 20%～25%。灌溉管理人员必须明白，K_c 取值与所采用的公式是以什么作物为参考作物有关。

目前，美国政府认可的灌溉制度制定软件有一半以苜蓿为参考作物，作物系数也对应于苜蓿腾发量取值。选择那种公式都可以，只要注意取相应的作物系数就可以了。基于 ET_r 的作物系数可以转换为基于 ET_0 的作物系数，反之亦然。ET_r 粗估为 ET_0 的 1.2 倍。较精确的估算见式（13-4）（Allen 等，1998）。该公式从数学的角度描述了两种不同参考作物下的作物系数关系。

$$K_{ratio} = 1.2 + 0.23 \times (u_2 - 2) - 0.0023 \times (RH_{min} - 45) \quad\quad (13-4)$$

式中　K_{ratio}——ET_r/ET_0；

　　　u_2——计算期内 2m 高空处日平均风速，m/s；

　RH_{min}——计算期内日平均最小相对湿度，%。

下面用［例 13-2］介绍不同参考作物的作物系数转换方法。

【例 13-2】　不同参考作物下的作物系数转换。

已知：$u_2 = 1.5m/s$，$RH_{min} = 58\%$，以苜蓿作为参考作物的棉花作物系数 $K_c = 0.85$。

求：草坪草为参考作物时的 K_c 值是多少？

结果：

$$K_{ratio} = 1.2 + 0.23 \times (1.5 - 2) - 0.0023 \times (58 - 45)$$
$$= 12 - 0.012 - 0.030 = 1.16$$

由于 $ET_r/ET_0 = 1.16$，$K_{c草}/K_{c苜蓿}$ 也为 1.16。

以草坪草作为参考作物，棉花的作物系数为 $K_{c草} = 0.85 \times 1.16 = 0.98$。

（三）哪些公式还可用

当数据不全，或气象数据不足时，还可以用其他方法计算腾发量，制定灌溉制度。

1. 气象数据不全时

选用彭曼-蒙特斯，但气象数据不全，四个气象数据中缺 1 个或更多时，FAO-56（Allen 等，1998）提出可以用其他相关参数估算。例如：如果缺乏相对湿度数据，可用露点温度估算。如果缺乏太阳辐射，可利用一天的最小、最高温度估算。有的专家建议，采用彭曼-蒙特斯，即使数据缺乏，用间接的方法计算得出公式所需气象数据，其结果仍比其他方法好。但是，如果不想用间接的方法计算，而彭曼公式里要求的气象数据又不够，有几种方法也可选用。比如，只有温度数据，其他数据没有，此时可以选用 Hargreaves-Samani（Hargreaves 和 Samani，1982）法及 Blaney-Criddle 公式。其中，Hargreaves-Samani 较准确，只需要日最高、最低气温数据。Blaney-Criddle 公式只需要日平均气温。如果要提高这两种公式相对于彭曼公式的精确度，需要根据当地条件做修正。图 13-12 所显示的是密苏里地区 2000—2007 年，每年的 4—9 月的 5d 平均 ET 计算值。

在密苏里地区，用彭曼-蒙特斯计算所得 ET_0 为用 Hargreaves-Samani 公式计算所得 ET 值的 1.05 倍及用 Blaney-Criddle 公式所得 ET_0 的 0.83 倍。

这些公式中都没有考虑风的影响，如果有风速数据，用风的数据修正，结果就会接近彭曼公式计算的 ET_0 值。要注意，风速通常与一年内的时段有关。

有几种对 Blaney-Criddle 公式的修正方法，最初的修正公式为

$$u = \frac{k \times t \times p}{100} \quad\quad (13-5)$$

式中　u——暖季型草需水量，mm/时段；

　　　k——作物系数；

　　　p——时段内日照时间，%；

　　　t——时段内平均温度，℉。

有两点注意事项：

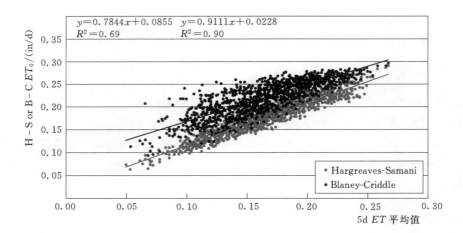

图 13-12　Hargreaves-Samani 与 Blaney-Criddle 公式，5d ET 平均值计算对比。
地点：密苏里州；时间：2000—2007 年每年的 4 月 1 日—9 月 30 日

（1）数值 p 代表时段内日照小时百分数。假如全年的平均数值为 1.0，则全年平均
ET（英寸）约等于全年平均华氏温度。

（2）可以做一个类似表 13-9 那样的一个表，用于通过平均温度值查寻作物需水量。
任何一种作物的位置及种植时间都是死的，只有温度在变。有些地区的历史温度记录可以
追溯到几个世纪以前。

表 13-9 利用 Blaney-Criddle 公式计算、编制的作物需水量。例题：用日平均温度
可查得日耗水量（in/d）。作物：115RM 玉米；种植地点：密苏里州 Scott 县；种植时间：
3 月 15 日。

表 13-9　　　　　　　　　　　密苏里州 Scott 县 3—8 月作物需水量表

作　物		RM		种植地点		种植日期		预计收获期		B-C 调整	
玉米		115		Scott		3 月 15 日		8 月 14 日		80%	
日期	3 月 15 日	3 月 27 日	4 月 9 日	4 月 22 日	5 月 4 日	5 月 17 日	5 月 30 日	6 月 11 日	6 月 24 日	7 月 1 日	7 月 19 日	8 月 1 日	8 月 14 日
阳光/日,%	0.26	0.28	0.29	0.30	0.31	0.31	0.32	0.33	0.33	0.33	0.32	0.31	0.30
K_c	0.730	0.781	0.836	0.926	1.029	1.131	1.170	1.170	1.170	1.170	0.961	0.688	0.500
平均温度/℉	in/d*												
60	0.09	0.10	0.12	0.13	0.15	0.17	0.18	0.19	0.19	0.18	0.15	0.10	0.07
61	0.09	0.11	0.12	0.14	0.15	0.17	0.18	0.19	0.19	0.19	0.15	0.10	0.07
62	0.10	0.11	0.12	0.14	0.16	0.17	0.19	0.19	0.19	0.19	0.15	0.11	0.07
63	0.10	0.11	0.12	0.14	0.16	0.18	0.19	0.20	0.20	0.19	0.15	0.11	0.08
64	0.10	0.11	0.12	0.14	0.16	0.18	0.19	0.20	0.20	0.19	0.16	0.11	0.08
65	0.10	0.11	0.13	0.15	0.16	0.18	0.20	0.20	0.20	0.20	0.16	0.11	0.08

第十三章 灌溉制度制定

续表

作 物		RM		种植地点		种植日期			预计收获期		B-C调整	
玉米		115		Scott		3月15日			8月14日		80%	
66	0.10	0.11	0.13	0.15	0.17	0.19	0.20	0.21	0.21	0.20	0.16	0.11	0.08
67	0.10	0.12	0.13	0.15	0.17	0.19	0.20	0.21	0.21	0.20	0.16	0.11	0.08
68	0.10	0.12	0.13	0.15	0.17	0.19	0.21	0.21	0.21	0.21	0.17	0.12	0.08
69	0.11	0.12	0.14	0.15	0.18	0.20	0.21	0.22	0.21	0.21	0.17	0.12	0.08
70	0.11	0.12	0.14	0.16	0.18	0.20	0.21	0.22	0.22	0.21	0.17	0.12	0.08
71	0.11	0.12	0.14	0.16	0.18	0.20	0.22	0.22	0.22	0.22	0.17	0.12	0.09
72	0.11	0.12	0.14	0.16	0.18	0.20	0.22	0.22	0.22	0.22	0.18	0.12	0.09
73	0.11	0.13	0.14	0.16	0.19	0.21	0.22	0.23	0.22	0.22	0.18	0.12	0.09
74	0.11	0.13	0.14	0.17	0.19	0.21	0.22	0.23	0.23	0.23	0.18	0.13	0.09
75	0.11	0.13	0.15	0.17	0.19	0.21	0.23	0.23	0.23	0.23	0.18	0.13	0.09
76	0.12	0.13	0.15	0.17	0.19	0.22	0.23	0.24	0.24	0.23	0.19	0.13	0.09
77	0.12	0.13	0.15	0.17	0.20	0.22	0.23	0.24	0.24	0.23	0.19	0.13	0.09
78	0.12	0.14	0.15	0.17	0.20	0.22	0.24	0.24	0.24	0.24	0.19	0.13	0.09
79	0.12	0.14	0.15	0.18	0.20	0.22	0.24	0.25	0.25	0.24	0.19	0.14	0.10
80	0.12	0.14	0.16	0.18	0.20	0.23	0.24	0.25	0.25	0.24	0.20	0.14	0.10
81	0.12	0.14	0.16	0.18	0.21	0.23	0.25	0.25	0.25	0.25	0.20	0.14	0.10
82	0.13	0.14	0.16	0.18	0.21	0.23	0.25	0.26	0.25	0.25	0.20	0.14	0.10
83	0.13	0.15	0.16	0.19	0.21	0.24	0.25	0.26	0.26	0.25	0.20	0.14	0.10
84	0.13	0.15	0.16	0.19	0.21	0.24	0.25	0.26	0.26	0.26	0.21	0.14	0.10
85	0.13	0.15	0.17	0.19	0.22	0.24	0.26	0.26	0.26	0.26	0.21	0.15	0.10
86	0.13	0.15	0.17	0.19	0.22	0.24	0.26	0.27	0.27	0.26	0.21	0.15	0.10
87	0.13	0.15	0.17	0.19	0.22	0.25	0.26	0.27	0.27	0.27	0.21	0.15	0.11
88	0.13	0.15	0.17	0.20	0.22	0.25	0.27	0.27	0.27	0.27	0.22	0.15	0.11
89	0.14	0.15	0.17	0.20	0.23	0.25	0.27	0.28	0.28	0.27	0.22	0.15	0.11
90	0.14	0.16	0.18	0.20	0.23	0.26	0.27	0.28	0.28	0.27	0.22	0.15	0.11

* 依据 Blaney – Criddle 公式估算 ET。

2. 未来作物需水量预测

一个好的灌溉制度制定软件非常重要的功能是预测未来作物需水量，这样可以预测下一次灌溉时间。预测 10d 完全没问题。有了预测灌溉时间，可为下次灌溉提前做好准备。当然，随着每一天过去，实际气象数据代替了预测数据，预报准确度会不断改善。

传统上，人们利用历史气象数据预测未来需水量。在天气异常变化期，用历史数据预测的准确度肯定会低。今天，估算未来作物用水量，可利用有关网上气象数据，如国家海洋及大气组织数据等。在所有气象参数中，最容易预测的是大气温度，且可做长期预测。而 ET 计算公式中需要的其他数据很难获得，且预测时段很短。例如，国家气象服务中心指出，需要 6 步才能预测未来相对湿度，预测期限只有 46h（Werth，2009）。Perez 等在 2007 年曾利用气象服务中心提供的云层覆盖数据估算太阳辐射，只获得 76h 的预测数据。

气象服务中心可提供较长时间的日最高、最低温度，利用 Hargreaves - Samani 或 Blaney - Criddle 法可以预测未来作物需水量。短期预测作物需水量及预测灌溉时间对于灌溉管理至关重要，这些基于温度计算需水量的公式是非常好的工具。图 13 - 13 为计算机程序（Arkansas Scheduler）得出的灌溉计划图截图。

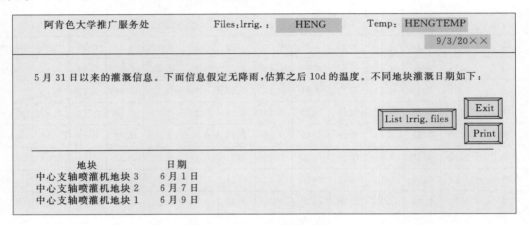

图 13 - 13　Arkansas Scheduler 计算机程序得出的灌溉计划表。
此程序的主要作用是预测未来灌水时间 T

3. 用户使用彭曼-蒙特斯以外其他计算方法的倾向性

有些地方，灌溉管理人员对彭曼公式以外的其他方法有强烈的倾向性，原因是他们用的效果很好。有一个例子，威斯康星州的一个土豆种植主采用了一个程序叫"威斯康星灌溉制度制定程序（WISP）"（Curwen 和 Massie，1984）来制定灌溉制度。该程序以图、表形式显示。月平均 ET 值是基于白天的云层覆盖值算得（见表 13 - 10）。现在，用户现在可以通过气象卫星得出的国家 ET 图（见［例 13 - 4］）查得当日 ET 值。

表 13 - 10　　　　　　　　　　　　　　**ET 估 算 表**

腾发/(mm/d)				
天气	5 月	6 月	7 月	8 月	9 月
阴天	3	3.8	3.8	3	2.3
一般天	3.8	5	5	3.8	3
晴天，热	5	6.4	6.4	5	3.8

4. 蒸发皿法

另一种使用很久的测定气象能量的方法是蒸发皿法。蒸发皿的蒸发为自由水面蒸发。自由水面蒸发如湖水蒸发、蒸发皿蒸发、蒸发计蒸发等。这些不同自由水面的蒸发率相差很大。比如，湖面蒸发率只是 A 级蒸发皿的 0.75 倍。第二次大战后许多作物需水量研究采用了不同种类、不同安装形式的蒸发皿。某一项研究的修正系数只适应所采用的那种蒸发皿及安装方法，不具备普遍代表性。后来，A 级蒸发皿作为标准蒸发皿，避免了修正系数的混乱。FAO－56（Allen等，1998）提出了将蒸发皿数据直接转换为 ET_0 的方法。这种转换是因为基于 ET_0 的作物系数资源比蒸发皿系数资源要丰富得多。利用蒸发皿预测未来作物需水量的一个好处是，在测定蒸发率的时候同时记录了等同于降到地面的降雨量，种植主直觉上感觉

图 13 - 14　佐治亚大学带浮子的 UGA EASY 蒸发皿

较合理。佐治亚的研究人员制作了一种带浮子的蒸发皿，叫作 UGA EASY，可直观的指示什么时候灌溉（Thomas 等，2004、2009）（见图 13 - 14）。北美的中西部及东南部，一些发展中国家大量使用蒸发皿。蒸发皿在园艺栽培上用得很多。

三、灌溉制度制定第 3 步，作物系数数据收集

本步骤介绍作物日需水量值。有计算机程序可以自动获取。基于生长阶段、冠层覆盖、种植后天数及作物外观等因素，可从有关表格查得 K_c 值。作物需水量 ET_c 可通过已知或预测 ET_0 及合理的作物系数 K_c 获得。当 $ET_c > ET_0$，说明要灌溉的作物需水量比参考作物的需水量大，$K_c > 1.0$。当 $ET_c < ET_0$，$K_c < 1.0$。

在作物系数研究中，研究人员用经验法决定 ET_c（如蒸渗仪、波文比、中子仪等）。获得 ET_c 后，在无降雨及灌溉情况下，根据式（13 - 6）算得作物 K_c。

$$K_c = \frac{ET_c}{ET_0} \tag{13 - 6}$$

表 5 - 2 给出了大量作物的 K_c（综合考虑植物蒸腾及湿润地表蒸发）、K_{cb}（蒸腾与蒸发分开考虑）的推荐值。作物系数的变化规律是，生长早期低，之后增加，直到冠层全覆盖后达到最高，平稳一段后随着作物衰老而下降。如果将作物系数点成曲线，形状如同倒扣的盆。这种曲线称之为作物系数曲线或者 K_c 曲线。每天的 K_c 变化曲线如图 5 - 6 是多变的。

FAO - 56 所提出的作物系数选用步骤相当简单，本书第五章已描述过。选用方法是，先决定三个生长关键点上的 K_c 值，此三点与生长起点及终点将生长季分成 4 段，确定每一阶段的时长后即可画出全季节 K_c 曲线。

利用计算机程序时，K_c 变化值已包含在程序中，灌溉管理人员不必考虑。第（3）步分步中所介绍的，基于气象要素制定灌溉制度时对作物系数调整的细节，可参见 FAO - 56

(Allen，1998)。

需要注意的是，表 5-2 中的值是在温和气候，最小相对湿度（RH_{min}）45%，生长阶段的风速为 2m/s 条件下获得的。如果当地实际相对湿度及风速与此偏离太大，不要用表 5-2 中值。如果实际 RH_{min} 小于 45%，实际的 K_c 值会高于表 5-2 中值。如果实际风速大于 2m/s，实际的 K_c 值也会高于表 5-2 中值。同样，作物高度高，K_c 值也要取高。可以用式（5-46）修正 K_c。尽管美国分成不同的气候区，但只提供了一套作物系数，这样可能会出现灌水不足或过量灌溉。在单系数计算条件下，FAO-56 的 K_c 推荐值（表 5-2）与实际 K_c 值可能出现较大偏离的生长阶段是在作物生长早期，即 K_{cini}。原因是早期土壤湿润频繁。如表 5-2 所示，FAO-56 K_{cini} 的适应条件是每 10d 湿润土壤一次。如果实际湿润频率为 7d，K_{cini} 值将会降低 30%。如果频率是 3~4d，K_{cini} 将降低 50%。图 5-3 通过图形显示了如何根据土壤类型、ET_0、湿润频率确定 K_{cini} 值，非常重要。

1. 分步骤 1，水分胁迫

计算 ET_c 的公式假定土壤水分适中，作物可以很轻松的从土壤中吸收水分。当土壤水分充足时，作物很容易从土壤吸水并传输到植物体内。但是，当土壤根区水库的水降低到某个边界值时，作物耗水率开始下降。制定灌溉制度时要避免土壤水分降低到此临界点，否则会影响作物产量。当土壤水分不足时，可以考虑修正系数土壤 K_s，降低作物需水量估算值。受水分胁迫时，植物吸水导致第二天根区的土壤有效性降低。因此，第二天的修正系数 K_s 增加。如果土壤缺水太严重，植物吸不到土壤水时，K_s＝0。当土壤不缺水时，K_s＝1.0。缺水修正系数 K_s 有两个优点：其一，可较好的模拟作物实际吸水状态，如果不做这项修正，根据水量平衡得出的土壤水分变化曲线与土壤水分传感器测得的土壤水分变化曲线差别大；其二，预测作物产量损失，是基于比较受土壤水分胁迫导致的实际吸水量与无土壤水分胁迫时的吸水量完成的。大量研究，包括 Hiler 和 Clark(1971) 所做的早期研究工作，FAO-56，FAO 灌溉排水文献 33(Doorenbos 和 Kassam，1979) 均对水分胁迫引起产量损失估算有帮助。

FAO 开发出一款强大的计算机程序，叫做 AquaCrop(FAO，2009)。该程序将产量预测结合到灌溉制度制定程序里，形成一个子程序，使得这套程序有能力为缺水地区灌溉管理人员制定合理灌溉制度提供帮助。像"我应该停止灌溉玉米，开始灌溉大豆吗？"这样的问题，用这套软件很容易获得正确答案。

式（13-7）为土壤水分缺乏时，实际作物需水量（ET_{cact}）缺水修正公式。

$$ET_{cact}=ET_0 \times K_s \times K_c \qquad (13-7)$$

式中　ET_{cact}——作物缺水期实际耗水量，mm/时段；

K_s——缺水系数（范围：0.0~1.0）；

K_c——作物系数。

当灌溉水充足，可按时按量灌溉时，K_s＝1.0。

2. 分步骤 2 与分步骤 3

FAO-56 与本书第五章提供了许多作物的作物系数及作物生长阶段时长。这两个参数用来制作全生长季作物系数曲线。曲线的竖轴为 K_c，横轴为生长时段。调整这两个参数或其中之一，可以使曲线与当地条件相符。

3. 分步骤 4：修正作物系数曲线上的生长阶段时长

衡量作物系数随季节变化的时间尺度有很多种形式，比如距种植或出苗后多少天，种植或出苗后的生长度日（Growing Degree Days，GDDs，指在实际环境条件下，完成某一生育阶段所经历的累积有效积温值），1 月 1 日后的 GDDs，生长季百分数，作物生长阶段，冠层覆盖百分数，作物图像等。计算程序不能用生长阶段，冠层覆盖百分数或作物图像等，必须是可计算的数值，但这些时长概念在推算图表上可用。

GDDs 是一个积温时间概念，常用式（13 - 8）计算。

$$GDD = \frac{T_{max} - T_{min}}{2} - T_{base} \tag{13 - 8}$$

式中　　GDD——生长度日，℉/d；

T_{max}——日最高温度，℉；

T_{min}——日最低温度，℉；

T_{base}——日基础温度，℉。

日 GDD 值累积为季度值。T_{base} 为作物生长基础温度，不同的作物取值不同，常常在 50℉、55℉ 和 60℉（10℃、13℃ 和 16℃），就看那个数值更适合当地条件。T_{max} 有时会有上限值，T_{min} 有下限值。如果实际温度小于 0.0，取 0.0。

用 GDD 来衡量作物系数变化有几点好处。首先，非典型年份值精确度比用种植后天数来衡量作物系数变化的精度高（尤其在生长季早期）。玉米用 GDD 就比用种植天数好。例如，杂交玉米的作物系数用成熟度 RM 来衡量（达到自然成熟的大约天数），成熟度 119 相当于生长了 119d。但是，春玉米与夏玉米的生长天数不同，范围在 110~140d。其次，用 $GDDs$ 预测成熟度比用生长天数更精确。许多种子公司都提供种子的 $GDDs$ 与成熟度信息。

4. 累积 $GDDs$

Smeal 等（1998）利用累积 $GDDs$ 估算草坪草返绿开始天。天数从 1 月 1 日起计，由于选择的基础温度低，直到温度高到一定程度，草坪已开始生长，GDD 仍未累积到可观水平。草坪返绿之前，处于休眠状态，此阶段的 K_c 为 K_{cini}。他们在新墨西哥州的 Las Cruces 为冷季型草及暖季型草建立了基于 GDD 的作物系数曲线，基础温度分别为 60℉ 和 40℉（15℃ 和 4℃）。在密苏里州的 St. Louis，他们较准确地用 GDD 预测了日需水量及草坪返绿的时间。

华盛顿州立大学是利用温度值模拟作物系数及春天生长启动时间，并用于灌溉决策的先驱（James 等，1989）。图 13 - 15 所示为有地面覆盖苹果树，1 月 1 日后的累积 $GDDs$ 与作物系数关系曲线（基础温度 41℉，最高温度 97℉）。第一场霜冻后，K_c 值降低到 0.15。

5. 作物图像

一种有趣的生长时段表达法叫做盖森海姆法（德国）（Paschold，2009）。此法用各种作物在不同阶段的外观图来表达（见图 13 - 16）。

这种方法的一个好处是容易直观判断，如通过叶面颜色变化，判断生长晚期的起始点很容易，而通过作物高度及冠层覆盖来判断晚期起始点很难。

四、第 4 步，通过计算日需水量制度灌溉制度

获得每天的 ET_0 及 K_c 值后，相乘即可得该日的 ET_c。很多情况下，还要乘以土壤

作物系数
1.4
1.2
1.0
0.8
0.6
0.4
0.2
0.0
0
1000
2000
3000
4000
5000
生长度日
y=−2.750×E−11x³ +1.110×E−0.08x²
+5.840×E−0.04x +1.810×E−01

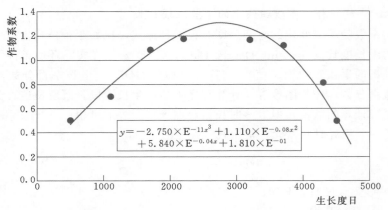

图 13－15 有地面覆盖的苹果树，1 月 1 日后的累积 *GDDs* 与作物系数关系曲线

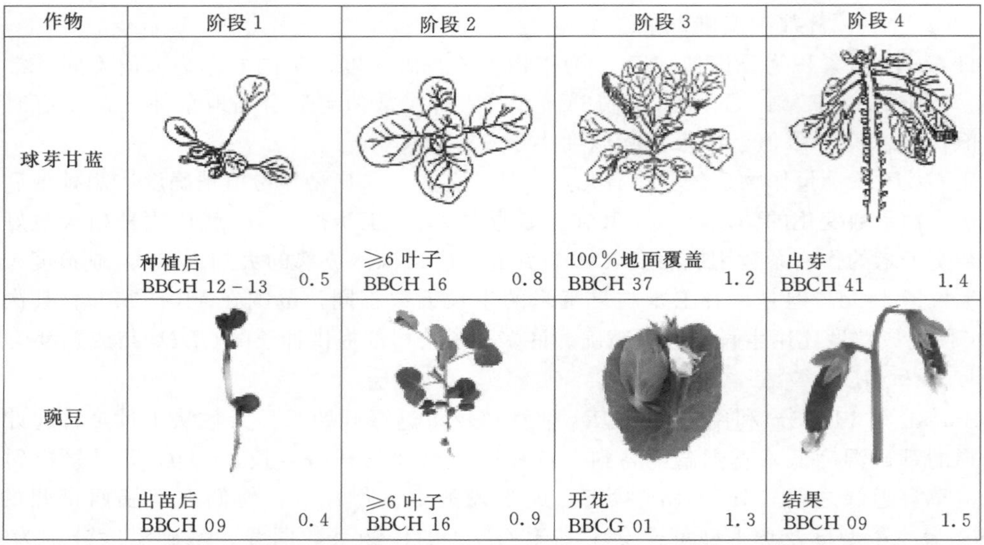

作物
阶段 1
阶段 2
阶段 3
阶段 4
球芽甘蓝
种植后
BBCH 12－13
0.5
≥6 叶子
BBCH 16
0.8
100％地面覆盖
BBCH 37
1.2
出芽
BBCH 41
1.4
豌豆
出苗后
BBCH 09
0.4
≥6 叶子
BBCH 16
0.9
开花
BBCG 01
1.3
结果
BBCH 09
1.5

图 13－16 基于作物生长表现图形的作物系数（Paschold，2009）

修正系数 K_s 对土壤水分亏缺修正。另外，可能还要用其他参数修正，比如植被修正系数修正、密度系数修正及微气候系数修正等。但大部分这些系数是针对园林灌溉制度的（见第五章，可获取更多信息）。

五、第 5 步，用土壤水分平衡表制度灌溉制度

平衡计算就是将当前土壤含水量减去前面计算的日耗水量，加上日有效降雨量。当平衡计算结果等于前述灌溉深度时，开始实施灌溉。

降雨入渗到土壤中的水分为有效降雨。有效降雨可以减少灌溉量。土壤特性（如土壤质地、土壤表面条件、地面坡度等）、作物布局及耕作措施、作物种类及其生长阶段、之前的土壤含水量及降雨强度等，都影响多少毫米降雨可入渗到土壤中及多少毫米水以地面径流流走。入渗到根区以下的水还是有效降雨，但在平衡计算时以深层渗漏计入。

内巴拉斯加州立大学的“有效降雨估算法”（Cahoon 等，1992）是用于灌溉管理，计

算有效降雨的很好工具（不是灌溉系统设计辅助工具）。

基于土壤或植物传感器制定灌溉制度时，估算有效降雨无意义。未来，美国国家气象服务局运行的 230 台多普勒雷达将提供降雨报告，可以解决田间无气象站采集降雨的问题。多普勒图像的每一个像素（如目前在电视上看到的天气报告）代表 $400hm^2$ 土地上的降雨。随着更多的多普勒雷达换成相控阵雷达，分辨率会提高，精度会提高。

生产上，一个估算有效降雨的实用方法是询问当地农场经理，大约要降多少毫米水，地边沟渠底部就会发生径流。比此降雨数小一点就可看作有效降雨。

降雨超过 13mm 一般都会产生少量径流，所以大部分小雨都是有效降雨。

六、第 6 步，实施灌溉

灌溉制度制定的第 1 步确定了灌水深，此深度为净灌水深。当土壤水量平衡表推导出土壤含水量降到下限，开始实施灌溉。灌溉时，要考虑灌溉系统的用水效率，将田间净灌溉水折算成毛灌溉水，即水源要输出的水。但是，有时用户可能会采用一次灌水深小于计划总净灌水深，比如中心支轴喷灌机用户，一次灌水深过大会引起车轮下陷。此种情况下，将总灌溉量分数次灌入。例如，总净灌水深为 56mm，为避免车轮下陷，分两次灌溉，每次净灌溉深为 28mm，然后考虑用水效率，折算成毛灌水深即可。

（一）灌溉系统用水效率

灌溉系统的部分水会在输送过程及田间分配过程中损失，灌溉管理必须将计算所得净水深依不同灌溉方法的用水效率折算成毛灌水深，再依毛灌水深实施灌溉。

表 13-11 列出了各种灌溉方法的平均用水效率。用水效率可以在田间测得。喷灌条件下，风吹及蒸气压差会大量引起水量损失。可在田间布置一定数量的集水容器，开启灌溉系统一定时间，可测得到达地面的净灌水深，从而可算得利用效率。如果是中心支轴喷灌机，集水容器应该布置在喷灌机外跨，因为外跨控制面积大，测量意义大，尽量不要在第一、第二跨布置，因为灌溉面积太小，没有代表性。

表 13-11　　　灌溉系统用水效率（Burt 等，2000；Kansas CC，2004）

灌溉方法	效率/%
地　面　灌　溉	
格田灌	75～80
畦灌	
有坡度，有径流	75～85[*]
坡度小，有挡水埂	80～90[*]
等高畦	70～80[*]
等高沟	40～50
连续漫灌	80～85
池灌	75～80
沟灌	
自然坡度灌	70～75[*]
控制灌（如波涌灌等）	75～85[*]

续表

灌溉方法	效率/%
喷 灌	
人工移动，端拖，滚移	65～85
卷盘，悬臂	60～75
中心支轴，平移	75～90
摇臂[†]	75
散射喷头（弹出22cm）[†]	85
散射喷头（弹出10cm）[†]	90
散射喷头（弹出5cm）[†]	95
喷灌机尾枪[†]	55
固定式	70～80
LEPA	80～93
树下微喷（无重叠）	80～93
微 灌	
地下滴灌[†]	95～98

* 收集灌溉尾水时，效率提高10％～15％。

† 数据来自 Kansas CC（2004），其他来自 Burt 等（2000）。

参见第十四章及第十二章，可获得灌溉系统的田间测试方法及如何确定中心支轴喷灌机系统的用水效率等信息。

喷灌系统在白天运行及晚间运行的效率不同，应当分开测试。可用式（13-9）计算灌溉用水效率。

$$d_{\text{gross}} = \frac{d_{\text{net}}}{E_{\text{a}}} \qquad (13-9)$$

式中　d_{gross}——毛灌水深，mm；

　　　d_{net}——净灌水深，mm；

　　　E_{a}——灌溉系统用水效率，％。

【例13-3】　灌溉水利用率计算。

净灌水深，d_{net}：50mm。

灌溉方法：中心支轴喷灌机系统，喷头距地面3m。

系统用水效率：查表13-11，取0.85。

毛灌水深：$d_{\text{gross}} = 50/0.85 = 58.8$mm。

七、第7步，校对平衡表

由于水量平衡法确定灌溉制度中的作物需水量是估算出来的，通过平衡计算出来的土壤水分应当用前述土壤水分传感器校对。土壤水分校对在灌溉制度制定第一年非常重要。当平衡表使用经验丰富后，校对就没必要了。

一种安放传感器探头的简单方法是制作一个金属丁字推送器，用推送器在被监测土壤上扎孔，将探头安装在土壤中。如果合理的水量灌入土壤，水的湿润锋会到达目标作物根区。将推送器插入土壤中，可以测得湿润锋抵达深度。推送器的做法是先截取一根1～

1.2m 长、直径为 9～16mm 的钢棒，再截取 250mm 同样直径的钢棒，将两根棒焊接成手柄即可。推送器一般很容易插入湿润土壤。如果土壤剖面上有黏土夹层，插入时会有一定阻力，但穿透也不难。如果传感器安的太深，会引起过量灌溉，形成深层渗漏。此种方法如图 13－17 所示。

A.计算机

B.应用

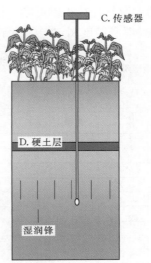
C.传感器
D.硬土层
湿润锋

图 13－17　用金属推送器安装土壤水分传感器探头

推送器很容易穿过湿润土层［如图 13－17（a）］，但到达干土层后会土壤停止。使大劲的话，推送器可以穿透湿板结层。但遇到干土层还会停下来。因此，推送器是检验灌水深是否合适的好工具。

如果一种作物的根层深度为 45cm，灌溉后推送器应能插到 40～50cm。如果插入深度小于这个深度范围，说明灌溉不足［如图 13－17（b）］。如果插入深度大于这个范围，说明过量灌溉［如图 13－17（c）］。

八、集成所有步骤

许多灌溉管理计算机程序内部将利用气象因素制度灌溉制度的 7 个步骤集成在程序内。用户很难对计算步骤追索，检查各项是如何被集成的。采用类似［例13－4］的图表方法，很容易的对所有计算步骤追索、检查。

【例13－4】 灌溉制度制定步骤演示。

作物：玉米
地点：威斯康辛州东南部
种植时间：5月1日
净灌水量＝2.0in（见表13－4）

$\boxed{1}$ 决定净灌水深 d_{net}

$\boxed{4}$ 计算 ET_c

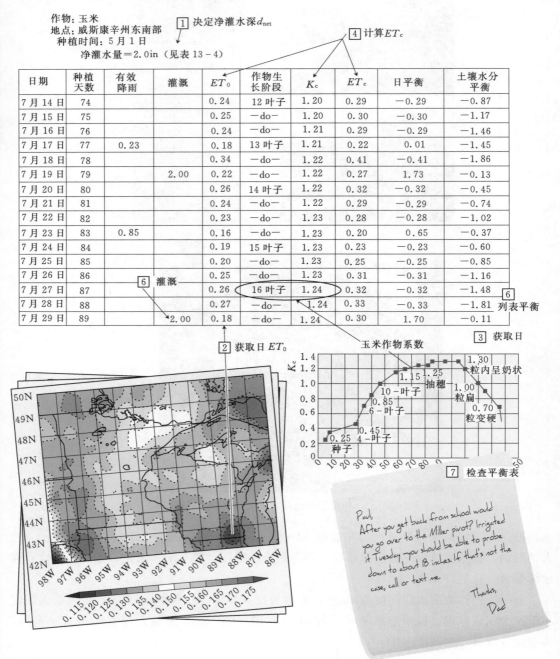

日期	种植天数	有效降雨	灌溉	ET_0	作物生长阶段	K_c	ET_c	日平衡	土壤水分平衡
7月14日	74			0.24	12 叶子	1.20	0.29	−0.29	−0.87
7月15日	75			0.25	−do−	1.20	0.30	−0.30	−1.17
7月16日	76			0.24	−do−	1.21	0.29	−0.29	−1.46
7月17日	77	0.23		0.18	13 叶子	1.21	0.22	0.01	−1.45
7月18日	78			0.34	−do−	1.22	0.41	−0.41	−1.86
7月19日	79		2.00	0.22	−do−	1.22	0.27	1.73	−0.13
7月20日	80			0.26	14 叶子	1.22	0.32	−0.32	−0.45
7月21日	81			0.24	−do−	1.22	0.29	−0.29	−0.74
7月22日	82			0.23	−do−	1.23	0.28	−0.28	−1.02
7月23日	83	0.85		0.16	−do−	1.23	0.20	0.65	−0.37
7月24日	84			0.19	15 叶子	1.23	0.23	−0.23	−0.60
7月25日	85			0.20	−do−	1.23	0.25	−0.25	−0.85
7月26日	86			0.25	−do−	1.23	0.31	−0.31	−1.16
7月27日	87			0.26	16 叶子	1.24	0.32	−0.32	−1.48
7月28日	88			0.27	−do−	1.24	0.33	−0.33	−1.81
7月29日	89		2.00	0.18	−do−	1.24	0.30	1.70	−0.11

$\boxed{6}$ 灌溉

$\boxed{6}$ 列表平衡

$\boxed{2}$ 获取日 ET_0

$\boxed{3}$ 获取日

玉米作物系数

$\boxed{7}$ 检查平衡表

Paul,
After you get back from school would you go over to the Miller pivot? Irrigated it Tuesday—you should be able to probe down to about 18 inches. If that's not the case, call or text me.

Thanks,
Dad

九、灌溉制度制定工具

可以从网上或其他资源找到各种辅助软件，从实时气象数据计算到含水量平衡表推算。灌溉制度制定辅助软件包括：

（1）数据：

实时及历史气象数据（一般以表格呈现）；

实时及历史 ET_0 及 ET_r 报告（数据表或图形）；

季节用水报告（数据表，图形，或公共无线服务通报 [PSAs]）；

较少　　　　　　　较多
附加步骤　←　　　　附加步骤　→

（2）管理工具：

计算机灌溉制度辅助软件（不完整的平衡表：有需水量计算，但不能确定灌水时间）；

完整的计算机灌溉制度制定程序（含完整的平衡计算功能），应用实时气象；

数据或历史数据。

一般来讲，一个产品或一个设想，涉及的步骤越多，成功的可能性越小。灌溉制度程序也是如此。上边所列辅助工具，越往上需要用户做得越多，越往下用户做得越少。灌溉管理人员最喜欢用最下边所列辅助工具。

（一）气象数据

灌溉制度制定的基础数据是原始气象数据。这些数据被用来计算 ET_0。有时，ET_0 可通过其他途径获得，气象数据仍然有用，可用来计算 GDD_s。此外，气象数据还可用于防治病虫害。华盛顿州的 PAW 软件编写人发现防霜冻也与气象有关，种植者需要这样的软件，而且常将这些软件用作灌溉制度制定辅助工具。灌溉制度软件编制人员应该知道，他们所做的软件也应该可用于其他农业种植技术上。

（二）ET_0 及 ET_r 报告

ET 报告是灌溉制度制定的最基础部分。日参考作物 ET 值或长时段参考作物 ET 值可从许多网站上查得，基于实时气象数据及历史数据的都有。ET 变化曲线图也可查得（见 [例 13-5]）。

有的州为灌溉管理人员提供制定灌溉制度所需计算参数。有的软件有局限性，使用它制定灌溉制度之前还要做许多其他工作。有的软件不是完整的平衡表，如没有特别说明，用户可能选取错误的参考作物系数（草坪草腾发量或苜蓿腾发量）及其他参数。

【例 13-5】　灌溉运行时间计算。

已知：某时段内参考腾发量为 16mm，草坪草种的作物系数为 0.7。喷头组合喷灌强度 PR 为 34mm/h，即 0.57mm/m。

计算：轮灌组运行时间。

第一步：计算园林植物耗水量（ET_L）

$$ET_L = ET_0 \times K_c = 16 \times 0.70 = 11.2 \text{(mm)}$$

第二步：计算运行时间（RT）

$$RT = ET_L/PR = 11.2/0.57 = 19.6(\text{min})$$

（三）作物需水报告程序

需水报告是一个有用的辅助工具，包含 ET_0 及 K_c 的计算，最后得出需水量（ET_c）。由程序计算 ET_c，用户不可能错选与 ET 计算方法相对应的参数。K_c 随生长阶段变化，因此作物需水报告程序必须要输入作物种植日期。程序提供一个种植日期范围，供灌溉管理人员选择。

作物需水计算时段是程序中的重要参数。一般可算出 1d、3d、7d 及 10d 的累积需水量。许多州及水管区给灌溉管理人员提供当地 ET_c 数据。图 13.18（a）列表显示作物需水量报告数据，图 13.18（b）所示作物需水量分布。

需要注意的是，网站上所提供的漂亮图形报告［图 13.18（b）］不能像表格报告一样应用，后者所提供的数据可随意剪切和粘贴到你的电子表格中。

商用农业气象站网

6 月 16 日，20×× 腾发量估算
（单位为 in）气象站地址：
Portageville，Pemiscot Co.

玉米

种植时间	昨天	后 3d	后 7d
4 月 1 日	0.31	0.83	2.07
4 月 7 日	0.31	0.82	2.07
4 月 21 日	0.30	0.81	1.98
4 月 30 日	0.30	0.80	1.94
5 月 7 日	0.28	0.78	1.88
5 月 15 日	0.26	0.76	1.80
5 月 21 日	0.24	0.70	1.77
5 月 30 日	0.22	0.65	1.57

图 13 - 18（a）　玉米作物需水量报告，气象数据来自密苏里州地区 21 台
自动气象站中的一台

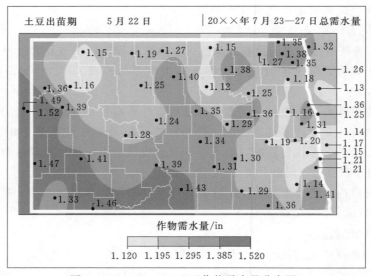

图 13 - 18（b）　4d 土豆作物需水量分布图。
地点：达可他州；土豆出苗期：5 月 22 日

（四）灌溉制度制定计算机辅助程序（不完整的平衡计算表）

有的时候，当地公共机构不愿意开发完整的计算机灌溉平衡计算软件，以免与当地私人公司及顾问竞争。他们开发可以计算作物需水量的高质量程序，但这样的程序不能做水量平衡计算及制定灌溉制度，不能预测下次灌溉时间 T。

（五）灌溉制度制定计算机辅助程序（历史气象数据法）

灌溉制度制定的一种可选方法是利用历史气象数据计算 ET_0，但有一项数据为实时数据，实时数据（如降雨）变化可改变灌溉制度。

Woodruff 图是一个独特的灌溉制度软件，它与常见的程序不同。该程序只在季节开始前运行一次，做出一张图表。之后，种植者用铅笔将累积降雨及累积灌溉深度往图上点即可推算出灌溉时间。

密苏里大学开发了一款基于互联网的灌溉制度编制程序。该程序基于出苗日期，利用历史气象数据计算累积作物需水量。做图表时，程序要求用户输入作物信息，土壤类型信息及项目所在地县名。县名输入后，该县过去 30 年的气象数据就自动输入到运算程序中。Woodruff 的特点是使用方便、简单。用户不需要输入根层深度，土壤田间持水量就可自动算出每次灌水深，程序自己根据作物及土壤类型调用数据库数据。程序输出结果为一条曲线，用户打印出来即可。之后，用户用铅笔点，在打印出的曲线图点上累积降雨及灌水深即可制定灌溉制度。

当灌溉管理人员要实施浅层灌溉时（灌水深小于 25mm），该程序不能用。

访问 http://ag2.agebb.missouri.edu/irrigate/woodruff 可获得关于该程序的更多信息。

图 13-19 所示为 Woodruff 程序做出的曲线图。

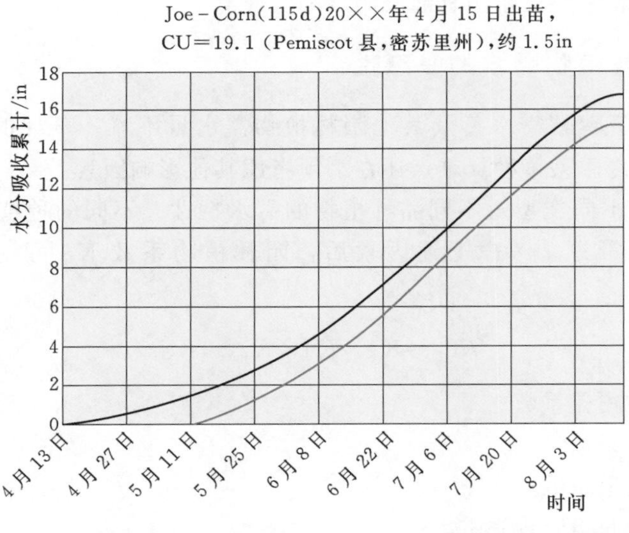

图 13-19　用户在互联网站上利用 Woodruff 程序做出的累计作物需水量曲线

（六）灌溉制度计算机程序（实时气象数据法）

2000 年以来，很少再有利用完整水量平衡表制定灌溉制度的计算机程序面世。原因是此时计算机操作系统已完全由 Windows 系统代替了 DOS 系统。已有的基于 DOS 系统的程序在 Windows 平台上已不适用。近年来，全美气象网络的建设又引起一些机构的兴趣，开发新的程序或升级旧的程序。今天，许多机构乐于开发基于互联网的灌溉制度程序，而不是装在电脑上的独立程序。通过网络搜索，可以搜到这种网站。唯一特殊的是CROPWAT（Smith，1992），一个由联合国粮农组织（FAO）土地与水开发处开发的灌溉决策支持程序。该程序基于 FAO-56，已升级到 8.0 版本，具有全世界气象数据库，适合于当地缺乏管理软件的地区制定灌溉制度。

第六节　园林植物的灌溉制度制定

园林灌溉制度制定与农业及园艺植物的灌溉制度制定相似，但也有如下几点差别：

（1）园林灌溉的目的是美化环境，与农业灌溉丰产不同。

（2）园林植物需水计算必须考虑多种植物的需水量及微气候影响。而农业灌溉只需要考虑单一作物，周围植物对它的需水影响不大。

（3）许多园林土壤为扰动土，常常为外来及成层土，种植时必须翻耕及改良，以便适合种植。

（4）制定灌溉制度时要考虑用水限制。

根据 2002 年农业部农业普查资料及国家农业统计服务局资料，全美种植 2020 万 hm^2 草坪，为全国第 4 大作物。据估计，草坪灌溉面积大约为 1250 万 hm^2，为玉米灌溉面积的 3 倍（Milesi 等，2005）。居住区草坪面积大约占了总草坪面积的 3/4。

第五章"园林腾发系数"一节已详细介绍了园林用水信息，特别是如何定量计算园林植物需水量。本章将主要介绍园林灌溉制度的实施上。

一、估算园林植物需水的复杂性

原理上讲，计算草坪需水量及其他园林植物需水量不难。草坪的需水量就是 ET_0，条件是充分湿润及冷季型草种。难点还在必须考虑其他影响因素。

估算时要考虑不同类型及不同品种植物的需水特性、不同的种植目的、不同的养护措施、限制用水政策等。考虑上述因素后，园林植物系数 K_L 可用前述式（5-67a）计算：

$$K_L = K_v \times K_d \times K_{mc} \times K_{sm}$$

式中　　K_v——植被覆盖系数；

K_d——密度系数；

K_{mc}——微气象系数；

K_{sm}——水分胁迫管理系数。

这些参数在第五章中已描述过，这里只简单提一下。如果其中任何一个系数的值大于1.0，说明会增大相对于 ET_0 的需水量值，反之亦然。

表 13-12 基于表 5-9~表 5-12，列出了上述参数的参考值。

庭院的某些区域的 K_L 可能低（如后院），某些区域可能会高（如前院人行道与街道之间的草坪带）。

表 13 - 12　　园林系数 K_L 的组成成分及其取值范围（基于表 5 - 9～表 5 - 12）

系数	系数名称	取值范围	低值适合条件	高值适合条件
K_v	植被系数	0.7～1.2	沙漠灌木	树木、灌木、地被混种
K_d	密度系数	0.2～1.0	种植稀疏	全覆盖
K_{mc}	微气候系数	0.5～1.4	覆盖非草坪区，有防风措施	树木暴露于铺装区
K_{sm}	管理胁迫系数	0.3～0.9	沙漠植物最大水分胁迫	冷季型草水分胁迫很小

二、灌溉控制器

园林灌溉控制器或定时器，无论面积大小，一般安装在项目区现场。如同大型农业项目，大型园林项目通常利用中央计算机控制系统控制。控制器一般都是根据程序制定灌溉制度，依灌溉制度启动及关闭灌溉系统，将水输送到各个轮灌区。

控制器可以按功能分级为低级、中级及高级。低级控制器可能功能也不少，但需要管理人员根据天气变化手动编程。中级控制器比低级控制器要复杂，可根据灌溉制度做一些自动调节。如：可以根据日历，当时间抵达某天时，以一定百分数自动调节灌水延续时间。但偶尔遇上实际气象条件与历史统计平均数据出入大时，仍需要手动调节。高级控制器更加复杂，更高智能化。可以根据实时气象条件，包括降雨、自动调节灌溉周期及灌水延续时间。

有的控制器只能以固定周期及固定运行时间手动编程灌溉，有的则既可固定也可改变。智能控制器（基于气象数据或基于土壤水分监测），如果基础数据输入正确，系统可根据气象变化及土壤水分变化自动编程灌溉。但是，这种全智能系统的灌水时间及灌水延续时间有时会受限。

许多年来，灌溉制度制定只是简单选择一周里哪天灌溉，系统启动时间及灌多长时间，很少考虑植物需水量及土壤水分含量。水资源的竞争性需求要求发展智慧用水及高效用水。新的控制器及传感器的应用可以改善水管理。

目前常用的几种确定灌溉制度的方法与项目区安装的控制器类型及控制器功能有关。园林灌溉上的确定灌溉制度的辅助工具包括多种土壤水分传感器及雨量传感器。这些传感器在水分多的情况下，可以停止灌溉、延迟灌溉或错过既定的灌溉。

根据实测及估算，安装雨量传感器可以在不影响草坪生长质量的前提下，干旱地区减少灌溉用水量 15%，在湿润地区可减少 30%（McCready 等，2009；Cardenas - Lailhacar 和 Dukes，2008）。将土壤水分传感器接入控制器，设置土壤水分上限为土壤田间持水量，在维持草坪生长质量优良条件下，干旱地区用水量可减少 11%～53%（McCready 等，2009），湿润地区可减少 70%（Cardenas - Lailhacar 等，2008）。

三、确定灌溉水深及什么时间实施灌溉

对于普通低端控制器（定时灌溉控制器），管理人员只要手动设定灌溉时间表即可。

对于高端控制器，管理人员要知道灌溉制度编制原理及编制需要的参数。两者的主要差别是：普通控制器要求的输入是每一站灌溉多少分钟，灌溉的起始时间及隔几天灌一次；高端智能化控制器要求的输入是各站的植物种类、土壤类型、根系深度、喷头喷灌强度、喷灌均匀度等。高端、智能控制器依据植物需水量变化，自动计算出一站一次灌溉多少时间，隔几天灌一次等。

不管是常用的定时控制器，还是高端智能化控制器，灌溉编程需要考虑的因素是一样的。但是，智能化控制器一旦完成编程，管理人员无需再做很多工作，控制系统成为非常有效的水管理工具，而不仅仅是控制硬件。

在缺水条件下，草坪的用水量为一个园林项目关注的焦点。下边内容将主要讨论草坪灌溉，然后再讨论树、灌木、地被及花卉灌溉。先介绍草坪灌溉制度制定原理，然后扩展到其他植物区域。制定灌溉制度要考虑不同植物的需水量、园林植物的密度及布局、灌溉方法等。

四、园林灌溉制度制定步骤

园林灌溉制度制定步骤包括：①灌水深度；②什么时候灌溉；③一次灌多长时间；④灌溉用水限制。

(一) 灌水深度计算

要计算灌水深度，首先要知道土壤质地以便查得土壤有效水分，其后还要知道植物根系活动层深 Z_r。根系层深度可以用土钻取样观测获得。肉眼观测到的根区深即为活动层深。一般吸水根系比看到的多。应当知道，根系深度与灌溉频率有关。如观测区域每天灌一次水，则根系不会扎到深层。活动根区内的有效水分为根区内土壤所持总水量。但是，总水量中只有部分可以被植物吸收，因为土壤水分降到一定程度后植物会受水分胁迫。植物开始受水分胁迫时的土壤有效水分耗水率称为土壤水分管理允许耗水率（MAD），以总有效含水量的百分数表示，由灌溉管理人员根据土壤质地及植物生理需水特性决定。一般，植物开始受水分胁迫时，MAD 取值50%或0.5；亏水灌溉时，MAD 会高于此值。

前面介绍的式（13-1），用于制定农作物灌溉制度，该公式的使用条件是：假定不受水分胁迫，绿色物质产量最高。应用于草坪草，条件相当于剪下的草最多，剪草最频繁。

对于大部分园林植物，灌溉的目的不是要达到最大绿色物质产量，而是健康生长。适当的水分胁迫是可接受的，为了节水是必要的。为此，园林灌溉制度制定用式（13-10）代替公式（13-1）。

$$d_{net} = AW \times Z_r \times p \tag{13-10}$$

式中　d_{net}——净灌水深，mm；

　　AW——有效水，mm/mm；

　　Z_r——植物根系深，mm；

　　p——作物允许亏水度，0.2~0.8。

非亏水灌溉时的灌溉水深为最大灌水深。选定 MAD 后，最大灌水深由式（13-11）计算。

$$d_{max} = AW \times Z_r \times MAD \tag{13-11}$$

式中　d_{max}——最大灌水深，mm；

　　AW——土壤有效含水量，mm/mm；

　　Z_r——根系深，mm；

　　MAD——管理允许耗水率，%。

MAD 为植物受最小水分胁迫时的耗水率。依 MAD 概念管理灌溉，灌溉更频繁，一次灌水深更少。

（二）什么时候灌溉

允许耗水量用来决定灌溉频率。高峰用水期如夏天中期，草坪灌溉频率为每 2～3d 开关 1 次，取决于土壤质地及根系深。在极端干旱气候条件下，有的草种可能每天都需要实施灌溉，比如高尔夫球场草坪。而早春及秋冬季节，草坪灌水周期可能拉长到 6～7d。草坪进入休眠期，可能每 10d 甚至更长时间才灌溉一次。

（三）灌溉多少水

园林植物灌水深度主要通过计算植物腾发量（ET），并做适当修正来确定。关于园林植物需水量（ET）计算，详见第五章。采用实时气象信息计算并修正后的植物 ET 值，代表植物每天从土壤吸收的水分。

实施灌溉有两种方法。一种是灌水深固定，灌水周期变化。例如，灌水深取固定值 12mm，相对于 MAD 为 0.5，如草坪或其他植物的日需水量（ET）为 6mm/d，则灌水周期为 2d。如果植物需水量为 4mm/d，则灌水周期为 3d。如植物需水量为 2.4mm/d，则灌水周期为 5d。如果灌水量固定，由于不同阶段的植物需水量不同，则每次灌溉的延续时间不同。另一种方法是固定灌水周期，灌水量变化。例如，灌水周期取固定值 3d，植物 3d 的需水量分别是 3.5mm、5.5mm 和 5mm，则 3d 后灌溉补水量为 14mm。如果后 3d 的总需水量为 12mm，则每个站的灌水延续时间与前 3d 的灌溉不同。

如果受水管部门用水限制，或项目区供水水源不合适，灌溉周期必须固定时，则每次的灌水量必须随天气变化而变化。

理想的灌水周期或灌溉频率是依高峰用水期，有效水分允许耗水率接近 MAD 时的周期。

$$ET_L = ET_0 \times K_L \qquad (13-12)$$

式中　ET_L——园林植物需水量，mm/d；

　　ET_0——草坪草参考植物需水量，mm/d；

　　K_L——园林植物系数。

园林灌溉制度制定有好几种方法，但最常用的是固定灌水深及固定灌水周期两种方法。灌水深常以园林植物受最小水分胁迫时根区持水量的 1/3～1/2 计算。当采用调亏灌溉时，根系深加大，需要的较长灌水延续时间。

（四）灌水延续时间计算

灌水延续时间与灌溉系统的灌溉强度及均匀度有关。第十四章将描述如何测定喷灌强度（PR）及分布均匀系数（DU）。喷灌强度最好在田间布置雨量桶测定，也可根据喷头流量及喷头布置间距计算获得。雨量桶还可用来测定喷灌系统的灌水分布均匀系数。

草坪灌溉上，常用最低 1/4 降雨深分布均匀系数（DU_{LQ}）衡量系统灌水质量。如果分布均匀系数低，出现漏喷或局部受旱的可能性就很高。如果出现漏喷，必须给漏喷地区单独补充适当的水量。

一旦确定灌水深，就可以用组合喷灌强度计算一个轮灌区的一次灌水运行时间。将计算所得运行分钟数在控制器上编程，即可实施自动控制灌溉。如果分布均匀系数低，局部植物受旱或漏喷明显，假定喷头正常工作，必须给这些区域加长灌水时间。需要注意的是，加长灌溉时间，局部区域可能会引起过量灌溉。

计算园林灌溉小区运行时间的基本公式为

$$RT = \frac{ET_L \times 60}{PR} \tag{13-13}$$

式中　RT——一站或一个轮灌组运行时间，min；

ET_L——园林植物需水量，mm；

60——小时数转换为分钟数；

PR——组合喷灌强度，mm/h。

知道植物需水量及喷灌强度，灌溉管理人员利用上式确定运行时间后，灌溉制度制定的另一个关注点就是怎么解决灌水分布不均匀的问题。灌水不够均匀是常见问题。但是，实际上土壤水分分布均匀度比在地面用雨量桶测得的分布均匀度要好。分布均匀系数低的补偿办法是加大轮灌组运行时间。许多地方因为有阶段性降雨，并不要实施额外灌溉。一些干旱地区，通常降雨量很少，必须加长运行时间，以避免受旱严重而导致草的长势太差。

Mecham（2001、2002）在科罗拉多用土壤移动传感器及雨量桶做的关联测试发现，低 1/4 水量分布区的平均土壤水分与低 1/2 分布区的平均土壤水分相近。Dukes 等（2006）在佛罗里达沙土地上的测试结果也类似。Vis 等（2007）在试验区块上发现，土壤水分再分布后，土壤水分分布均匀度要比地面雨量桶测定水量分布均匀度高。Von Bernuth 和 Mecham（2009）证实，草坪灌溉依 1/2 低均匀度区的土壤水分实施灌溉，可保持草坪生长较好。

与农作物灌溉要保持产量最高或最优比，草坪灌溉最重要的是保持草坪成活，外观好。通过修正计算的运行时间，适当加长灌溉时间，以避免出现干草区或部分区域受旱的草坪灌溉管理方法已实施多年。部分区域受旱或出现干草的原因很多，但主要来自园艺养护措施及灌溉。

一种确定草坪灌溉运行时间上限的方法是用基于低 1/4 分布均匀系数（由雨量桶现场测定）获得的调整系数来调整计算所得运行时间值。要增加低 1/4 均匀系数区灌水量，将增加的运行时间调整到对应于植物免受水分胁迫的水量上限，可用式（13-14）计算获得调整系数，此系数调整完后，均匀度相当于低 1/2 分布均匀系数区的分布均匀度（DU_{LH}）或相应的克里斯琴森系数（CU_{CH}）。

$$SM = \frac{1}{0.4 + 0.6 \times DU_{LQ}} \tag{13-14}$$

式中　SM——单站或单轮灌区运行时间调整系数；

0.4——常数；

0.6——常数；

DU_{LQ}——低 1/4 分布均匀系数，以小数计。

例如：如果实测某个站点或轮灌区的 DU_{LQ} 值为 0.61，则该区运行时间调整系数为

$$SM = \frac{1}{0.4 + 0.6 \times DU_{LQ}}$$

$$= \frac{1}{0.4 + 0.6 \times 0.61} = \frac{1}{0.77} = 1.30 \tag{13-15}$$

前面举例中计算的运行时间为 19min，如果调整时间也为 1.3，则调整后的运行时间为 $19 \times 1.3 = 25min$，比理论计算多出 30%。实际管理中，灌溉管理人员可能将控制器运行时间调整为 19~25min，比如 21min，可以满足草坪需水要求，且不产生地面径流。

为了避免产生地面径流，必须考虑土壤入渗率。一般沙土入渗率高，黏土低，黏土发生径流的可能性高。另外，板结土、坡地会影响土壤入渗率。

大部分草坪喷灌系统的喷灌强度大于土壤入渗率，除沙土地外。

为了最大程度减少径流，常采用的一种方法是将要灌水深分成几次灌入，即所谓灌溉-入渗循环措施，每次灌溉完成停足时间，使灌溉水全部入渗到土壤中。刚灌溉时土壤入渗快，之后会减慢。循环灌溉间隔时间应通过观测决定，方法是开启喷灌系统后，看多长时间会产生低地积水或从地面流走。观测所得间隔时间为最大间隔时间。也可以用入渗仪测定入渗率或查土壤入渗表的方法确定循环入渗时间。但是，直观观测、计时的方法最好，因为实地条件如：土壤质地、土壤板结程度、地形坡度都会影响入渗，这些因素在上表查不到，入渗仪测不出来，公式也算不出来。

以这［例 13-5］为例，观测发现 7min 后产生地面径流，管理人员决定将 21min 灌水分 3 次灌入土壤（21min 除以不产生径流的最长时间 7min）。一般最小间隔时间为 20~30min，与土壤类型有关。

（五）用水受限条件下的灌溉制度调整

许多灌溉制度要与当地供水部门的限制用水政策相符。限水的原因很多，比如遇上干旱，地区水资源缺乏，用水高峰期供应能力有限等。有时，灌溉系统与水源连接点的尺寸太小，导致过水能力有限，无法满足公园、体育场等商业性灌溉项目区的用水需求，此时灌溉制度也必须与过水能力的局限性相符。此外，为了减少水表价格，有意安装小口径水表，以节约投资，这样会导致过水能力受限，影响灌溉制度。

用水受限条件下，灌溉管理人员必须仔细考虑，如何才能既满足植物需水又满足限水要求。常见的方法是将土壤水分下限提高到接近田间持水量，减少一次灌水量，提高灌溉频率。虽然一次灌水量少，但一周、一月或一季的总用水量一样，只是灌溉次数多了。这样做可以满足用水限制要求。

五、利用智能控制器自动制定、实施灌溉制度

美国灌溉协会给出的智能灌溉技术定义为：可通过自动监测现场信息如土壤水分、降

雨、风、坡度、土壤、植物等因素及其他更多因素的信息，减少灌溉用水的控制技术为智能灌溉控制技术。控制器工作时，自动采集所需要的现场信息及系统运行反馈，自动调节灌水运行时间及灌水周期。

智能控制器分两种，即基于气象数据的控制器和基于土壤水分信息的控制器。

（一）基于气象数据的智能控制器

基于气象数据的智能控制器又称为 ET 控制器。ET 控制器已面市好多年。但基于土壤水分传感器数据的智能控制器直到现在仍不够可靠及经济，影响园林灌溉上大规模推广。

老的智能化控制器要连接整套全自动气象站，这种系统常见于高尔夫球场灌溉上。全套气象站的价格在数千美元，需要频繁维护，气象站监测数据必须准确。ET 通过气象数据计算而得，控制器连续计算土壤水分平衡。

几家制造厂家提供的新型 ET 控制器，用于商业场所及庭院灌溉控制。这种控制器要求输入植物类型、植物种植密度、地表覆盖、地形坡度及喷头组合喷灌强度等，用于调节 ET_0，调节特殊站点的运行时间，计算土壤水分消耗等，以便符合当地条件。各个厂家制造的控制器的技术性能不同。

（1）利用通信信号收集气象数据控制。气象数据可以从一些公共机构获得，也依据合同从气象站网获得。利用这些气象数据，电脑可算得 ET_0 值，然后通过无线传输的方式将 ET_0 值发给周围的控制器。有的控制器可以接收气象数据，自己计算 ET_0 值。ET 控制器根据现场条件及全季气象数据变化，自动调节运行时间，自动决定哪天灌溉。

（2）利用历史 ET 值控制。这种 ET 控制器利用程序所带的不同地区的 ET 曲线编程灌溉。内含曲线可以利用温度传感器、太阳辐射传感器等所测得的实时气象参数修正。

（3）利用现场气象站数据控制。这种方法利用控制器附近的气象站所测数据计算 ET_0，调节灌溉时间等。Davis 等（2009）研究发现，采用 ET 控制器比用传统手动编程灌溉可节水 43%。Devitt 等（2008）在内华达州的拉斯维加斯发现利用基于通信信号的 ET 控制器，从公共机构或气象网站收集到的数据的控制器控制灌溉，比传统手动编程可平均节水 20%。McCready 等（2009）报道称，用 ET 控制器比传统手动编程控制器节水可达 25%～63%。

（二）基于土壤水分变化的土壤水分传感器控制器

土壤水分传感器（SMS）有两种，最简单的一种叫"旁路"式控制器。这种控制器上连接一系列电磁阀。控制器程序上可设定土壤水分。当土壤水分超过设定边界值后，终止此次灌溉。最近几年，研究人员在加速研究园林用旁路控制器。Cardenas - Lailhacar 等（2008）报道，4 个品牌的旁路控制器与手动编程控制器相比，平均节水可达 72%。同一地区，当灌溉时间设定以最优土壤水分为边界值时，节水范围在 11%～53%。

理论上讲，土壤水分传感器应当在每一个轮灌区的根区位置安装。如果系统中只能装一个传感器，要安装在最容易受旱的地方，其他轮灌区的运行时间要相应减少，以避免过量灌溉。即使一个旁路控制器只装一个土壤水分传感器，Haley 和 Dukes（2007）报道，与传统家用手动编程定时控制器相比要节水 51%。

旁路土壤水分传感器控制器编程时，要求输入每站运行时间，运行时间不得使土壤水分超过田间持水量。

理论上讲，应当编程使控制器小量、频繁灌溉。传感器根据根区土壤水分条件，降雨及 ET 指挥灌溉。例如，某项目区的年高峰需水期一周的植物需水量 ET_c 为 100mm/周。设定每次灌后允许消耗的土壤水分为 38mm，即每次净灌水深为 38mm，则一周内要实施 2.6 次灌溉才能满足一周 100mm 的植物需水。在灌溉季节常发生不可预见降雨的地区，应当每天都灌少量的水，以便使土壤腾出空隙，储存一定的降雨。

另外一种土壤水分传感器控制器叫做"按需供水"控制器。这种控制器由独立的控制器加多只传感器组成。按需灌水土壤水分传感器控制器需要设定土壤水分上限及下限。灌溉只能在设定的上、下限范围内实施。最大允许耗水下限那点的土壤水分为土壤水分最低边界值（见图 13-10），在那个点启动灌溉。土壤田间持水量为灌溉要达到的最大含水量，及终止灌溉边界值。

尽管土壤水分传感器控制器依赖于传感器，但对于按需灌溉控制器要额外小心，保证不能发生水分消耗过低或灌溉过多。在控制系统安装初期，灌溉管理人员要跟踪观测控制器工作是否合适，不合适时要做适当调整边界值。许多这种控制器还有数据采集功能，可以监视土壤水分极限值。

这种控制器比旁路控制器要贵很多，适合于大型居民区及商用园林项目。

（三）雨量传感器

园林灌溉上已经使用多年的另一种设备是雨量传感器，有时又叫雨量开关。雨量传感器不像土壤水分传感器控制器及 ET 控制器那么智能，它可以根据降雨量中断控制器所设定的灌溉。传统上这种设备有一个雨量杯，将杯中的水量转换为电信号反馈到控制器中。现在，用得最普遍的是可膨胀盘式雨量传感器。这种传感器吸湿盘的膨胀与降雨有关，达到某个设定值后通过控制器关闭电磁阀。大部分膨胀盘雨量传感器可设定灌溉停止点。这种传感器应用于湿润地区的补充灌溉，效果非常好。据 Cardenas-Lailhacar 和 Dukes（2008）报道，有一种膨胀盘式传感器在 3 个设定点干涉灌溉相对精确。他们还发现用所节约的饮用水成本在不到一年的时间里即可回收投资。他们还报道说，很多情况下，这种传感器对降雨量的反应不很有规律，即使在高湿润地区也这样。在湿润地区，有报道称，使用雨量传感器可节水 34%（Cardenas-Lailhacar 等，2008）。干旱地区的效果不像湿润地区那么好。有一个研究说可节水 10%（McCready 等，2009），另一个研究报告称可节水 15%～20%（Davis 等，2009）。

土壤水分传感器控制器比只接雨量传感器的控制器要节水很多（Cardenas-Lailhacar 等，2008；McCready 等，2009；Davis 等，2009）。土壤水分传感器控制器比连接膨胀盘式雨量传感器的控制器多节水 2～3 倍。

（四）自动控制总结

智能园林控制器既可节约用水量，又能改善园林植物生长质量。但是，在已实施亏水灌溉地区，使用 ET 控制器后，灌水量要增加（Mayer 等，2009）。Devitt 等（2008）的报道也称会增加用水量。同样，也有人发现，在一些极度湿润及极度干旱地区，使用土壤传感器控制器后，由于安装不正确，导致要么不节水，要么无法实施正常灌溉。要对智能控制器安装项目区做严格审查，以便正确安装，以期达到节水目的（过量灌溉以前常发生）。在安装任意智能灌溉控制系统之前，必须确认灌溉系统能正常工作。安装及管理好的智能控制系统，在干旱地区的节水效果明显。在湿润地区利用智能控制器实施补充灌溉，节水效果更好。

参 考 文 献

Allen，R. G，L. S. Pereira，D. Raes，and M. Smith. 1998. *Crop evapotranspiration：Guidelines for computing crop water requirements*. Irrigation and Drainage Paper No. 56. Rome，Italy：U. N. Food and Agriculture Organization.

Blaney，H. F. ，and W. D. Criddle. 1950. *Determining water requirements in irrigated areas from climatological and irrigation data*. USDA – SCS – TP96. Washington，D. C. ：USDA National Resources Conservation Service.

Burt，C. M. ，A. J. Clemmens，R. Bliesner，J. L. Merriam，and L. Hardy. 2000. *Selection of Irrigation Methods for Agriculture*. Reston，Va. ：ASCE.

Cahoon，J. ，D. Yonts，and S. Melvin. 1992. *Estimating Effective Rainfall*. NebGuide G92 – 1099 – A. Lincoln，Neb. ：University of Nebraska.

Cardenas – Lailhacar，B. ，and M. D. Dukes. 2008. Expanding disk rain sensor performance and potential water savings. *J. Irrig. and Drain. Engrg*. 134（1）：67 – 73.

Cardenas – Lailhacar，B. ，M. D. Dukes，and G. L. Miller. 2008. Sensor – based automation of irrigation on bermudagrass，during wet weather conditions. *J. Irrig. and Drain. Engrg*. 134（2）：120 – 128.

Curwen，D. ，and L. R. Massie. 1984. Potato irrigation scheduling in Wisconsin. *American Journal of Potato Research* 61（4）：135 – 241.

Davis，S. L. ，M. D. Dukes，and G. L. Miller. 2009. Landscape irrigation by evapotranspirationbased controllers under dry conditions in Southwest Florida. *Agricultural Water Management* 96（12）：1828 – 1836.

Devitt，D. A. ，K. Carstensen，and R. L. Morris. 2008. Residential water savings associated with satellite – based ET irrigation controllers. *J. Irrig. and Drain. Engrg*. 134（1）：74 – 82.

Dogan，E. ，G. A. Clark，D. H. Rogers，V. Martin，and R. L. Vanderlip. 2006. On – farm scheduling studies and ceres – maize simulation of irrigated corn. *Applied Engineering in Agriculture* 20（4）：509 – 516.

Doorenbos J. ，and A. H. Kassam. 1979. *Yield Response to Water*. Irrigation and Drainage Paper No. 33. Rome，Italy：U. N. Food and Agriculture Organization.

Dukes，M. D. ，M. B. Haley，and S. A. Hanks. 2006. Sprinkler irrigation and soil moisture uniformity. In *Proc*. 2006 *Irrig. Show*，446 – 460. Falls Church，Va. ：Irrigation Association.

Erie，L. J. ，O. F. French，D. A. Bucks，and K. Harris. 1982. Consumptive use of water by major crops in the Southwestern United States. Conservation Research Report No. 29. Washington，D. C. ：USDA Agricultural Research Service.

FAO. 2009. *AquaCrop*. Ver. 3. Rome，Italy：U. N. Food and Agriculture Organization. Available at：www. fao. org/nr/water/aquacrop. html. Accessed 21 September 2009.

Ferguson，J. ，D. Edwards，J. Cahoon，E. Vories，and P. Tacker. 2000. *UACES Irrigation：Microcomputer Based Irrigation Scheduler*. Ver. 1. 1w. Little Rock：University of Arkansas.

Gardner，F. D. 1898. The electrical method of moisture determination in soils：Results and modifications in 1897. USDA Bul. 12. Washington，D. C. ：USDA.

Hake，S. J. ，K. D. Hake，and T. A. Kerby. 1996. Chapter 5：Production guide：Prebloom decisions. In

Cotton Production Manual, *Publication* 3352. A. J. Hake, ed. Oakland, Calif. : University of California.

Haley, M. B. , and M. D. Dukes. 2007. Evaluation of sensor based residential irrigation water application. ASABE Paper No. 072251. St. Joseph, Mich. : ASABE.

Hanson, B. R. , and S. Orloff. 1998. Measuring soil moisture. Davis, Calif. : University of California, Available at: gwpa. uckac. edu/pdf/direct _ soil _ mositure _ measurement. pdf. Accessed 24 November 2009.

Hanson, B. R. , S. Orloff, and D. Peters. 2000. Monitoring soil moisture helps refine irrigation management. *California Agriculture* 54 (3): 38 – 42.

Hargreaves, G. H. , and Z. A. Samani. 1982. Estimating potential evapotranspiration. *J. Irrigation and Drainage Division* 108 (3): 225 – 230.

Henggeler, J. 2003. *Using an "off – the – shelf" Center Pivot to Water Com, Cotton and Soybeans on Mixed Soils Using a Concept of Precision Irrigation.* In *Proc. 2003 Irrig. Show*, 229 – 235. Falls Church, Va. : Irrigation Association.

——. 2006a. *Irrigation of Corn.* The 2006 SE Missouri Regional Corn Meeting. Portageville, Mo. : University of Missouri Delta Center.

——. 2006b. Summary of Bootheel Irrigation Surveys, 1997—2005, Portageville, Mo. : Missouri Agric. Expt. Station. Available at: agebb. missouri. edu/irrigate/survey/bhsummary, htm. Accessed 27 November 2009.

——. 2009. Woodruff Irrigation Charts. In *Proc. World Environmental and Water Resources Congress 2009*. S. Starrett, ed. Reston, Va. : ASCE/EWRI.

Hiler, E. A. , and R. N. Clark. 1971. Stress day index to characterize effects of water stress on crop yields. *Trans. ASAE* 14 (4): 757 – 761.

James, L. G. , J. M. Erpenbeck, D. L. Bassett, and J. E. Middleton. 1989. *Irrigation Requirements for Washington: Estimates and Methodology.* Extension Bulletin 1513. Pullman, Wash. : Washington State University.

Kansas Conservation Commission. 2004. *Irrigation Initiative.* Topeka, Kan. : State Conservation Commission. Available at: www. accesskansas. org/kscc/irrigation. html. Accessed 4 April 2005.

Kelley, L. 2009. Irrigation scheduling tools. Irrigation Fact Sheet ♯3. West Lafayette, Ind. : Purdue University Extension Service. Available at: www. ces. purdue. edu/ces/LaPorte/files/ANR/IrrFS3. pdf. Accessed 20 September 2009.

Mayer, P. , W. DeOreo, M. Hayden, R. Davis, E. Caldwell, T. Miller, and P. J. Bickel. 2009. Evaluation of California weather – based "smart" irrigation controller programs. Final report for the California Department of Water Resources. Sacramento, Calif. : California Urban Water Conservation Council.

McCready, M. S. , M. D. Dukes, and G. L. Miller. 2009. Water conservation potential of smart irrigation controllers on St. Augustinegrass. *Agricultural Water Management* 96 (11): 1623 – 1632.

Mecham, B. 2001. Distribution uniformity results comparing catch – can tests and soil moisture sensor measurements in turfgrass irrigation. In *Proc. 2001 Irrig. Show*. Falls Church, Va. : Irrigation Association.

——. 2002. Comparison of catch can distribution uniformity to soil moisture distribution uniformity in turfgrass and the impacts on irrigation scheduling. In *Proc. 2002 Irrig. Show*. Falls Church, Va. : Irrigation Association.

Meron, M. , R. Hallel, M. Bravdo, and R. Wallach. 2001. Tensiometer actuated automatic microirrigation of apples. *ActaHorticulturae* 562: 63 – 69.

Milesi, C. , S. W. Running, C. D. Elvidge, J. B. Dietz, B. T. Tuttle, and R. R. Nemani. 2005. Mapping and modeling the biogeochemical cycling of turf grasses in the United States. *Environmental Management* 36 (3): 426 – 438.

Muñoz – Carpena, R. , A. Ritter, and D. D. Bosch. 2005. Chapter 5: Field methods for monitoring soil water status. In *Soil – Water – Solute Process Characterization*, 167 – 195. J. Alvarez – Benedi and R. Muñoz – Carpena, eds. Boca Raton, Fla. : CRC Press.

Orang, M. N. , M. E. Grismer, and H. Ashktorab. 1995. New equations estimate evapotranspiration in Delta. *California Agriculture* 49 (3): 19 – 21.

Paschold, R. J. 2009. *Geisenheim Irrigation Scheduling* – 2009. *Geisenheim*, *Germany*: Geisenheim Research Center. Available at: www. campus – geisenheim. de/uploads/media/Crop _ coefficients _ 2009 _ 02. pdf. Accessed 12 June 2009.

Perez, R. , K. Moore, S. Wilcox, D. Renné, and A. Zelenka. 2007. Forecasting solar radiation – Preliminary evaluation of an approach based upon the national forecast database. *Solar Energy* 81 (6): 809 – 812.

Richards, S. J. , and A. W. Marsh. 1961. Irrigation based on soil suction measurements. *Soil Sci. Soc. Amer. Proc.* 25: 65 – 69.

Saxton, K. E. , and W. J. Rawls. 2006. Soil water characteristic estimates by texture and organic matter for hydrologic solutions. *Soil Sci. Soc. Am. J.* 70: 1569 – 1578.

Smeal, D. , T. Sammis, J. Tamko, and R. Boyles. 1998. Potential water – conservation through turfgrass selection and irrigation scheduling. NMSU Project No. 01 – 5 – 28419. Farmington, N. M. : New Mexico State University. Available at: weather. nmsu. edu/nmcrops/grasses/TurfgrassReport. pdf. Accessed 30 November 2009.

Smith, M. 1992. Cropwat: A computer program for irrigation planning and management. FAO Irrigation and Drainage Paper. Rome, Italy: Food and Agriculture Organization.

Taylor, S. A. 1965. Managing irrigation water on the farm. *Trans. ASAE* 8: 433 – 436.

Thomas, D. L. , K. A. Harrison, and J. E. Hook. 2004. Sprinkler irrigation scheduling with the UGA EASY pan: performance characteristics. *Applied Engineering in Agriculture* 20 (4): 439 – 445.

Thomas, D. L. , K. A. Harrison, J. E. Hook, and T. W. Whitley. 2009. UGA EASY pan irrigation scheduler. Bulletin 1201. Athens, Ga. : University of Georgia. Available at: hpubs. caes. uga. edu/caespubs/pubcd/B1201/B1201. htm. Accessed 10 June 2009.

USDA – NASS. 2004. *Farm and Ranch Irrigation Survey* (2004) . Washington, D. C. : USDA National Agricultural Statistics Service. Available at: www. nass. usda. gov. Accessed 13 February 2010.

——. 2008. *Farm and Ranch Irrigation Survey* (2004) . Washington, D. C. : USDA National Agricultural Statistics Service. Available at: www. nass. usda. gov. Accessed 13 February 2010.

USDA – NRCS. 1970. *SCS Design Manual*. Washington, D. C. : USDA Natural Resources Conservation Service.

——. 2004. Irrigation Water Management (IWM) is applying water according to crop needs in an amount that can be stored in the plant root zone of the soil. Casper, Wyo. : USDA Natural Resources Conservation Service. Available at: www. wy. nrcs. usda. gov/technical/soilmoisture/soilmoisture. html. Accessed 30 November 2009.

Van Bavel, C. H. M. , D. R. Nielsen, and J. M. Davidson. 1961. Calibration and characteristics of two neutron moisture probes. *Soil Sci. Soc. Am. J.* 25: 329 – 334.

Vis, E. , R. Kumar, and S. Mitra. 2007. Comparison of distribution uniformities of soil moisture and sprinkler irrigation in turfgrass. In *Proc. 2007 Irrig. Show.* Falls Church, Va. : Irrigation Association.

Von Bernuth, R. D. , and B. Mecham. 2009. Revisiting the scheduling coefficient. In *Proc. 2009 Irrig.*

Show. Falls Church，Va. ：Irrigation Association.

Wanjura，D. F. ，D. R. Upchurch，and J. R. Mahan. 1992. Automated irrigation based on threshold canopy temperature. *Trans*. *ASAE* 35 （1）：153 – 159.

Werth，J. 2009. Relative humidity forecasts. Washington，D. C. ：National Weather Service. Available at：www. wrh. noaa. gov/sew/fire/olm/rh _ fcst. htm. Accessed 8 September 2009.

第十四章　灌溉系统性能审验

作者：Kurt K. Thompson、
Gene A. Ross

编译：王书田

制定灌溉用水管理计划首先要确定灌溉系统运行效果。确定灌溉系统运行效果或分析问题产生原因的过程要考虑很多不同因素，如灌溉系统、土壤和植物。其中的一个因素就是建立在科学分析基础上的灌溉系统性能审验。

韦伯斯特对审验的定义是"以验证为目的进行检查"。扩展一下这个定义，灌溉系统性能审验是核查、验证灌溉系统是否能及时、高效的将水配送到某个特定点的过程。喷灌系统性能审验就是要确定一个特定喷灌轮灌组（小区或站）的水量分布均匀度（DU）和用科学、可重复的测定方法确定喷灌强度。性能审验过程收集的信息可以很好的解释灌溉系统的均匀度和灌水强度，也可以用于分析灌溉系统其他方面的性能，以便对喷灌系统的维修、维护和灌溉制度制定做出合理建议。

灌溉系统性能审验不是制定用水管理计划。灌溉系统性能审验是创建或实施用水管理计划的一个组成部分，就像做土壤分析或评估系统管理者制定灌溉计划的习惯一样。

在进行灌溉系统性能审验之前，清楚地知道性能审验的原因或目的是至关重要的。知道为什么要进行性能审验是制定审验计划本身所需要的。例如，性能审验的一个目的可能是业主想要制定精确的灌溉制度或评估系统均匀度的影响，而另一个目的可能是业主想量化灌溉系统性能，用以从用水管理部门得到优惠政策。审验结果也可用于公关活动，以显示宝贵的水资源得到良好管理。性能审验是用现有系统的实际应用效果与系统应有的效果进行比较，从而判定性能好坏。灌溉系统性能审验过程中获得的信息，结合完整的现场分析报告，可为系统是否需要升级以及为提高系统效率是否值得投资提供必要的财务依据和基础。

园林景观灌溉系统性能审验显著区别于农业灌溉系统，以下将分别进行介绍。

第一节　园林景观灌溉系统性能审验

园林灌溉系统性能审验的目的是改善系统性能。从性能审验获得的其他信息可能比性能审验获得的系统均匀度和灌水强度信息更有价值。

表 14-1 很好地说明了灌溉均匀度对灌溉用水量的影响。假设性能审验结果显示，一个草坪喷灌系统的均匀度为 0.40，草坪每周需要灌溉 25mm 的水。为确保系统内最不利区域也能接收到足够数量的水，保持所有草坪有一个可接受的外观，使用均匀度为 0.40 所对应的灌水量增加系数为 1.56，则每周需要灌 40mm 的水。如果灌溉区域的均匀度得到改善，均匀度系数提高到 0.50，每周可以少灌或者说节约 3.3mm 的水。这看似很少量的水，实际上等于每周可以节约 30000L/hm²。假如一个灌溉季有 5 个月，潜在的节水量可能超过 646000L/hm²。8 个月的灌溉季，如果均匀度系数从很差略微提高一点，每公顷就可以节约 1033000L。如果灌溉系统的均匀度系数提高为 0.60～0.70，就可以节约更多的水。

表 14-1　　　　　　　　　　　　灌溉均匀度对灌溉用水量的影响

DU	作物需要灌溉量/mm	×	灌溉修整系数	=	实际灌溉量/mm
0.4	25.4	×	1.56	=	39.6
0.5	25.4	×	1.43	=	36.3
0.6	25.4	×	1.32	=	33.5
0.7	25.4	×	1.22	=	31.0

性能审验收集到的信息可用作灌溉管理调整的基础，以便用更少量的水达到相同的灌溉效果。喷灌系统性能直接受压力、喷头间距和喷头流量的影响。性能审验人员在审验过程中要密切关注这三个主要因素。其他影响整个灌溉用水管理计划的关键因素包括水是如何被植物利用的，植物的类型和分布，现场条件，种植区域，土壤类型、深度和密实性，坡度，植物的稠密或稀疏度及期望的植物外观等。

灌溉性能审验是园林灌溉管理人员现场发现问题的主要工具。审验过程中所作的测试和分析，远超出测试技术及数字计算。审验结果的解读及测试现场条件的分析，往往依赖于对测试技术背后原理的理解。必须要记住的是灌溉性能审验只是对当时情况的评估和判断，很多条件和参数在不断变化。

一、灌溉系统性能判断标准

对灌溉系统的性能有两个衡量和判断标准：一个是均匀度；另一个是效率。尽管这两者有一定的相似和相关性，但它们非常不同。两者经常被错误地交替使用。

1. 均匀度

均匀度用来衡量一组喷头如何均匀地把水喷洒到土壤中去，用十进位小数（如 0.60）表示。完美的均匀度是 1.00，但它几乎是不可能达到的。高均匀度可使过量灌溉和灌溉不足的区域很少出现。从图 14-1（a）和图 14-1（b）可以清楚地看到这一点。

均匀度好，并不意味着已达到完美，它只是表示使灌溉区域内的所有植物得到非常相近的水量（King 等，2000）。

图 14-1（a） 灌水均匀　　　　　　　　　　图 14-1（b） 灌水不均匀

均匀度不好，会导致一部分水流到或渗到植物根系以外的区域，这部分水不能被植物利用，因为植物的根不可能从那些区域吸收水分。由于均匀度不好，有的区域水分会太少，导致植物受水分胁迫。为使最缺水的区域得到更多的水，就必须增加灌溉系统运行的时间，这会使已经过量灌溉的区域灌入更多的水。

灌溉界常用三种传统方法描述灌溉均匀度：①均匀度系数（CU）；②1/4 低水量分布均匀系数（DU_{LQ}）；③延时系数（SC）。（我们将在这一章稍后讨论这些参数及其计算方法）。园林灌溉一般偏好使用 1/4 低水量分布系数，即 DU_{LQ}，因为它在田间比较容易测量。DU_{LQ} 是指最干燥的 1/4 面积上的平均水深和总灌溉面积上的平均水深之比。这个计算过程是通过测量园林项目区特定位置放置的集水装置（杯或罐）中收集的水量完成的。对于农业灌溉，更为常用的参数是均匀系数（CU）。

将集水装置以正确的方式放置完成后（见本章"性能审验步骤"一节），打开喷灌系统运行一段时间，量测集水装置中收集到的水量，即可用于计算 DU_{LQ}。

表 14-2 是一种典型喷头组合下的 1/4 低水量分布系数 DU_{LQ}。这些数值来源于 25 年以上的性能审验历史。

表 14-2　　　　　　　　　　　　　1/4 低水量分布系数 DU_{LQ} 期望值

喷头类型	1/4 低水量分布系数 DU_{LQ}		
	可达到的	目标值	历史值[*]
旋转式喷头	0.75～0.85	0.65～0.75	0.55～0.65
散射式喷头	0.65～0.75	0.55～0.65	0.45～0.55

[*]　如果低于历史值，应考虑改善喷头布置或其他参数。

要知道，旋转式喷头和散射式喷头均匀度的差别主要在于喷头的应用情况不同，而不是喷头类型本身。旋转式喷头通常以固定间距安装在矩形区域。相反，散射式喷头一般安装在小面积或非常不规则形状的区域内，这使得喷头的间隔距离非常不一致。散射式喷头均匀度差的主要原因是其工作压力远远超过制造厂家推荐的最大工作压力。在最佳工作压力条件下（散射式喷头 2kgf/cm²，旋转式喷头 2kgf/cm²），两者的均匀度差异常常可以被忽视或忽略不计。

对于一个区域内的任何类型的喷头，要使喷洒均匀度高，必须配置正确的喷嘴，运行压力要合理，喷头安装间距要正确。图 14-2 所显示的均匀度三角形，显示了三个要素（压力、流量、间距）的相互关联性。如果这三个因素中的任何一个不是最优的，均匀度就会相应的受到一定比例的影响。随着时间的推移，如果其中的一个因素，由于维护不好或疏于维护，均匀度就会变差。灌溉管理不是"设定即可忘"型的，它需要定期进行日常维护，保持所有组件尽可能在接近最佳工作条件和状况下工作。

2. 效率

效率，既与均匀度有关，又与均匀度完全不同。效率被定义为植物吸收的水量占灌溉总水量的百分比。

图 14 - 2　均匀度三角形

通常情况下，效率讨论的是整个灌溉系统，而均匀度是喷灌系统每个区域的数值。例如，为确定一个灌溉系统的效率，假设系统总灌水量为 1000L，如果只有 700L 被植物吸收，那么就认为灌溉系统的效率是 70%。换句话说，70%的水被植物吸收利用而 30%的没有被利用。没有被植物吸收利用的水的比例越高（水没有到达植物根区或植物不需要的水），系统的效率越低。下面是导致系统效率降低的原因：

（1）灌溉系统操作不当：①灌溉系统运行的时间太长，导致地表径流损失或渗透到根区以外；②在土壤被雨水或前一次的灌溉注满时进行灌溉；③灌溉时风把水吹到灌溉区域之外；④灌溉时产生蒸发损失（如：天气炎热时灌溉或从茂密的树叶顶部灌溉）。

（2）系统维护不好：①阀门关闭后，喷头继续漏水；②喷头布置不当，水喷洒在灌溉区域之外；③灌溉人行道，道路或其他非植物生长区域；④泄漏或设备破损；⑤喷灌装置运行压力高于制造商推荐工作压力；⑥系统的均匀度太差。

3. 影响均匀度和效率的因素

许多因素影响效率的高低，也影响系统的均匀度。事实上一个系统可能均匀度很高，但效率很低。效率除了受到系统本身的影响，还受灌溉管理的人为因素（灌溉计划或灌水时间）的影响。均匀度主要受灌溉系统本身的影响（如安装、修理和维护）。换句话说，影响效率的因素包括管理和系统的均匀度。

量化有多少水被利用多少水流失是十分困难的，有时候根本就不可能。很难精确测量有多少水被风吹到灌溉区域之外或灌溉时地下毛管发生破损产生多少泄漏流失。至于 DU，系统的均匀度的量化则简单直接得多，只要在进行灌溉系统性能审验时放置集水装置就可以进行测量。人为管理因素对系统的均匀度没有任何影响。

许多其他因素影响灌溉系统的均匀度和效率，但这些因素和灌溉系统的硬件无关。土壤类型和灌溉区域的坡度可以使一个非常均匀的灌溉系统效率低下。

在极端的土壤条件下，如粗砂地或重黏土地种植植物之前，要进行细致的分析，决定改良土壤要添加的材料的种类和数量，以提高土壤的保水性或改善土壤的渗透性。改良土壤的典型做法有混施有机材料，如树皮、堆肥或者其他土壤改良剂。此外，土壤的性质随时间不断发生变化，良好的土壤可能会产生板结并随着有机质的分解而失去有机质。水的利用效率不但受灌溉影响，还受土壤、水、植物、灌溉系统特性及系统操作的影响。所有的一切直接取决于园林灌溉系统的设计、安装、维护和管理。

二、系统性能审验的步骤

灌溉系统性能审验可以分为以下三个主要步骤：

步骤 1：系统和现场调查。

步骤 2：系统测试。

步骤 3：数据分析和报告。

性能审验的第 1 步是检查灌溉系统组件和现场条件。在这一步骤中，要观察硬件系统的组成和位置，并确认现场条件。这有助于确定进行系统测试时的后勤保障和技术方案。

第 2 步是测试灌溉系统本身。在这一步骤中，按照田间操作要求操作灌溉系统并实施量测。第 3 步是分析测试过程中收集的数据。性能审验的结论，系统的均匀度显示了喷灌系统的安装质量和平均净灌溉强度，并确定现场条件对系统管理的影响。灌溉计划不是性能审验的组成部分，而是性能审验的结果。性能审验过程中收集的基础信息用来创建一个精确的灌溉计划和适当的水管理计划。

（一）步骤 1：系统和现场调查

在进行第 1 步的系统和现场检查中，要观察灌溉系统的所有组件。建议定位和记录灌溉系统的每个组成部分和位置。如果没有现成的图纸，建议绘制一张新图。GPS 定位和卫星成像系统可以提供很多便利。性能审验人员可以从图纸上验证系统组件是否安装在正确的位置并使用适当的喷嘴。这还可以显示喷灌系统的喷头在一个区域内如何互相影响及相邻区域是如何互相影响的。

1. 水源调查

水源现场检查首先从调查系统水源的特性开始，包括水源类型（如湖、井或市政水）以及水源的压力和流量。这些是性能审验必需的原始数据。此外，还要包括其他重要信息，如水源政策、法规（如防止回流设备）。确定水源特征包括以下几点：①可饮用水或再生水；②井水；③池塘或湖泊（流入水源，季节性变化情况）；④水表（品牌、大小）；⑤防止回流装置（品牌、型号、尺寸）；⑥水泵（品牌、型号、功率、吸入管道尺寸）；⑦静水压力；⑧工作压力（操作运行时的稳定压力）；⑨最大流量；⑩最大压力。

2. 控制器调查

调查了系统的水源特征以后，接下来要确认系统控制器的功能和特性，控制器的特性要能够满足灌溉系统控制的要求。以下是值得关注的控制器特性：①品牌和型号；②控制器站数；③多少程序；④每个程序几个启动时间；⑤程序是否能同时运行；⑥季节调整比例；⑦可同时运行的站数；⑧中央控制功能；⑨雨量开关；⑩智能传感器功能。

要注意控制器中已经设定的灌溉程序。观察已存程序可以达到两个目的：一是了解现在的灌溉管理情况，一个具备很多先进功能的控制器程序可以清楚显示用水管理情况，并使先进的解决方案更容易得到执行和实施；二是做一个记录，性能审验人员可以将控制器恢复到审验前的状态。

3. 喷头状况调查

观察喷头的状况以及每个区域喷头运行时的工作状况和性能。喷头安装就位以后，需要注意喷头的品牌、型号、尺寸、喷嘴和其他信息。产品目录可用于确定制造商推荐的工作压力、间距和喷嘴性能。当观察喷头运行情况时，性能审验人员应该注意可能导致系统偏离最优性能的任何问题。以下是可能影响系统的性能问题的一些例子：①喷头布置错误；②喷头下陷或倾斜；③不当的工作压力（高或低）；④喷头不旋转；⑤植物对喷头水流造成阻挡；⑥喷头密封装置泄漏；⑦阀门打开或关闭太慢；⑧位于低处的喷头溢出漏水；⑨喷头遗漏（如在角上没有安装喷头）；⑩喷头间距不当；⑪破损的喷头或喷嘴；⑫支管或主管泄漏；⑬非等灌溉强度；⑭散射喷头和旋转式喷头安装在同一轮灌组；⑮灌木和草坪安排在同一轮灌组灌溉；⑯缺乏足够的流量；⑰喷嘴或滤网堵塞。

4. 压力检查

确定工作压力是确认喷头间距是否正确的一个至关重要的因素。压力检查还可提示性能审验人员，可能是水压引起灌溉不均匀。旋转式喷头喷嘴处的压力可用连接有导管的压力表来测量。测量运行中的喷嘴处的压力的最佳方法是用带有导管的压力表，导管尾端放置在喷嘴外侧，距喷嘴的最佳距离是喷嘴孔口直径的 0.5 倍。实用的方法是（见图 14-3）将压力表导管插入喷嘴开口处读取压力表的数值。这使得压力测量的结果比使用理想的测试方法下的读数略高，但也足够准确判别喷头的不同压力。对于散射式喷头、旋转式喷头或多股出流散射喷头，应采用一个带有压力表的专用适配器，安装在立管和喷嘴之间测量（见图 14-4）。注意，有些带有扩散器装置的喷嘴，由于喷嘴扩散器使水流混有空气而使得压力表的读数不够精确。至少要读取三个位置的压力值：离阀门最近的位置、管道的中间及管道的末端。

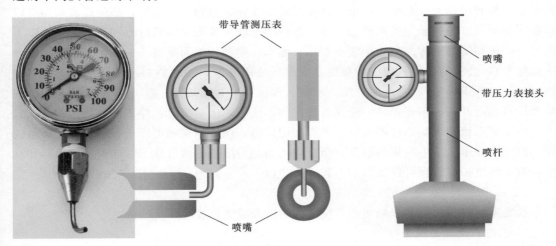

图 14-3　带导管测压表　　　　　图 14-4　散射喷头测压表及接头

压力测量的目的是：①确定喷灌系统的运行压力与制造商推荐的工作压力是否相符；②确定喷头间工作压力差别。理想情况下，一个轮灌组内或同时测试的不同轮灌组内的两个喷头之间的运行压力差不应大于 10%。如果压差超过 10%，一些喷头的灌水强度就会比其他喷头更大，这是造成均匀度差的主要原因。要制定一个合适的灌溉制度，应首先修正这些偏差。

5. 喷头间距测量

下一步是测量并记录喷头间距。喷头间距可用来计算总的灌水强度，它也与其他测试数据一起用来解释或改善均匀度。喷头间距不必与支管间距相等（见图 14-5），但性能审验人员应注意，一个轮灌组内的喷头间距和支管间距要保持一致。同时，喷头在特定的压力和喷嘴条件下运行时，其间距不应超制造商推荐值。除参照制造商的建议外，还可将喷头间距及支管间距设定为喷头喷洒直径的 50%，这种布置方式称之为喷头到喷头布置。在第十章里对此有更为详细的讨论。

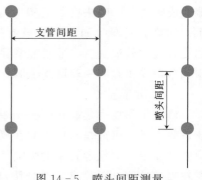

图 14-5 喷头间距测量

在检查压力时，所有喷头已安装的喷嘴的型号也要记录下来，知道安装了哪些型号的喷嘴对测试结果分析很重要，可以和原设计进行比对。

如果性能审验的目的是为了制定精准灌溉制度或为了证明系统能满足最低均匀度要求，那么现场检查期间发现的问题需要在系统未测试之前进行改正。然而，如果性能审验的目的是为了检查系统工作状态，则审验时发现的问题在日常维护时进行必要和相对简单的改进和调整就可以了。

6. 现场条件调查

现场审验需要确定并记录现场条件，这些信息不但可用于测定均匀度和灌溉强度，并且对于分析和解释为什么喷灌系统要这样安装或操作，植物生长状况，如何提高均匀度以及制定灌溉制度等都是至关重要的。现场条件调查应按灌溉轮灌组进行和记录，包括以下内容：①植物类型（冷季型还是暖季型草、灌木、树木、地面覆盖、一年生植物还是混合生植物等）；②植物条件和预期外观要求或现场使用要求；③植物对水的需求分类（喜潮湿、一般、喜干燥等）；④土壤类型；⑤根区深度；⑥地形坡度；⑦土壤密实性；⑧小气候条件（四面开阔，阳光充足，光照天数比例，遮阴，极端情况：停车岛、朝南的建筑）。

当喷灌系统和现场条件都进行了调查和记录后，性能审验就可以进行第 2 步，即系统性能测试。在第 1 步中收集的信息，结合性能测试的结果，就形成了性能审验的目标和结果，对系统维护和管理可以提出一个初步的建议。

（二）步骤 2：系统测试

灌溉系统审验的第 2 步是实测系统的均匀度及灌溉强度。

1. 系统测试时的风条件

在系统测试开始之前，首先确认在测试过程中，风速不会超过 8.0km/h，这一点非常重要。如第十章里所述，风的影响从水离开喷嘴，在空中传播直到最后落地。因为性能审验要测量系统均匀度，很轻微的风也会影响均匀度 DU 的测定结果。如果正常灌溉时的风力被认为过大，而灌溉设计或安装时没有根据风的影响调整喷头及支管的间距，此时如果喷头按指定的压力运行，则集水设备收集到的数据可能没有价值。在这种情况下，现场条件不允许做系统测试，审验人员只能做系统和现场调查工作。一个例外情况是，如果我们的审验目的就是要检验风力大于 8.0km/h 时系统的均匀度，此时的现场测试就要在有风条件下进行。

手持测风仪用于测量风速非常方便实用。在没有手持测风仪的情况下，8.0km/h 风速阈值可以逆风的喷洒距离和顺风的喷洒距离的比值来计算。用卷尺测量喷头的逆风喷洒距离和顺风喷洒距离，然后用逆风喷洒距离除以顺风喷洒距离（逆风喷洒距离÷顺风喷洒距离）。如果这个比值大于等于 0.75，说明风速小于 8.0km/h。如果喷头的逆风喷洒距离和顺风喷洒距离比值小于 0.75，风速必然超过 8.0m/h。用式（14-1）判定风速是否超过 8.0km/h 的风速阈值。

$$\frac{逆风距离}{顺风距离} < 0.75，则风速大于 8.0km/h \qquad (14-1)$$

【**例 14-1**】 确定风速是否超过 8.0km/h 风速阈值，喷洒距离如图 14-6 所示。

逆风喷洒距离为 0.9m，顺风喷洒距离为 1.5m，据式（14-1），逆风喷洒距离/顺风喷洒距离＝0.6，小于 0.75。因此，风速超过 8.0km/h 风速阈值。

在上述［例 14-1］中，风速大于 8.0km/h。如果风速很小，非常的平静，在这种情况下，灌溉性能审验的风速验证就不能进行。

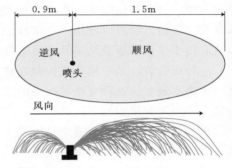

图 14-6 ［例 14-1］图

2. 测定区域选择

确定测试区域就是定义可同时工作的喷头数。测试区域可以是单站或多站，即一个阀门控制的一组喷头或几个阀门控制的多组喷头。单站测试区域内的所有喷头由一个阀门控制。例如：一个由单站阀门控制的草坪，一组同时工作的有内置电磁阀控制的高尔夫绿地或一个单站的房屋前院草坪。多站测试区域内的所有喷头由几个阀门控制。例如：一个足球场，一个半英亩的商业建筑前的草坪或一个棒球场的外场。

值得注意的是，要防止意外遗漏喷头或遗漏测试小区。要估算测试持续时间，以便估算测试成本。要设法优化测试程序，提高测试效率。

3. 测定布置

一旦确定了测试区域，性能审验人员就可以布置测试。打开要测试的阀门，在每个喷头附近插上小旗以便在喷头关闭时也可以看到喷头。对于多站测试区域，建议每个区域使用不同颜色的旗帜进行标识。

图 14-7 典型集水装置

测试包括收集测量集水装置内的水量，这些集水装置以特定间隔放置在测试区域内。集水装置通常也被称为集水罐或集水杯。集水装置（见图 14-7）可以是任何材料、任何形状和任何大小，但要求集水装置具有相同的开口面积和粗细基本相同的"喉"部。对于集水装置的选择有如下建议：首先，集水装置不应过浅，像薄饼盘一样浅的装置容易让水在测试过程中飞溅出来。第二，集水装置应有一定的自重，防止空的集水装置被微风吹跑或吹倒。太轻的集水装置需要花费很多时间进行固定。第三，集水装置应收集足够多的水量以保证精确性。金枪鱼或猫粮罐头大小的集水装置可能方便获得，但相比使用鞋盒大小的集水装置他们需要测试运行更长时间。容积介于这两者之间的容器是比较理想的。

集水装置不需要有刻度，可以用一个量筒测量每个集水装置所收集的水量。此外，还要求集水装置耐腐蚀，方便堆叠和储放。

4. 集水装置的摆放位置

集水装置的摆放位置对系统均匀度和灌水强度测试的有效性有至关重要的影响。建议使用适当尺寸的网格图确定集水装置的摆放位置。系统性能审验的一个最大特点是它的可重复性。任何人都可以使用一个审验记录，在相同的区域，得到类似的结果。网格化布置模式有助于使性能审验结果具有可重复性。

一种布置方法是在每个喷头附近放置一个集水装置，在两个喷头中间和喷头行间再放置一个集水装置。这种方法对很小的测试区域可行，特别具有可重复性，但不建议将这种布置方式用于大中型测试区域。

多大的网格间距比较适当是由喷头的间距决定的。当喷头间距为 6.0～12.2m 时，将喷头的间距三等分来计算网格间距。当喷头间距超过 12.2m 时，将喷头的间距四等分来计算网格间距。对于形状不规则区域，可使用喷头的平均间距进行计算。在任何情况下，应该让每一个测试区域至少有 24 个集水装置，即使是最小的测试区域也是如此，以得到有统计意义的结果。

【例 14 - 2】 网格间距确定。

如图 14 - 8 所示，如支管的间距为 12.0m，那么支管行向的网格间距应该是 4m（12除以 3）。喷头间距为 14m，在这个方向上网格间距应是 3.5m（14 除以 4）。因此，测试区域内网格间距为 3m×3.5m。

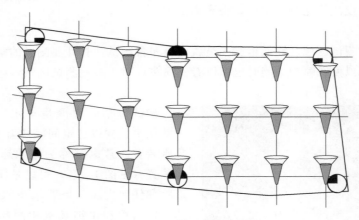

图 14 - 8   [例 14 - 2] 图

虽然使用更多的集水装置，收集更多的数据会使结果更准确，这在统计上是正确的，但在操作上，单纯地为了准确性收集多余的数据而花费额外的时间和精力是不值得的。

一个测试区域内理想的集水装置的数量应该是 4 的倍数，以此来简化确定最低的 1/4水量（见图 14 - 9）。当一个测试区域内集水装置为奇数时，建议增加集水装置的数量到 4

的整数倍。当喷头布置方式为等边三角形时，集水装置的布置也是一样的，集水装置的间距由喷头的间距确定（见图 14-10）。

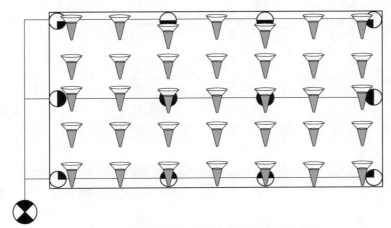

图 14-9　单站测试区集水装置矩形布置示意图

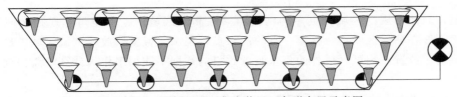

图 14-10　单站测试区集水装置三角形布置示意图

对于多站测试区域，集水装置的布置是一样的。对多站测试区域，至关重要的一点是，在有任何喷头可能将水喷洒在这个集水装置内时，集水装置应保持在原位。例如：参见图 14-11，沿着 6 号阀门布置的集水装置内水量应在阀门 7 测试后才能进行测量记录。同样的，阀门 6 和阀门 7 之间布置的集水装置只有在阀门 8 测试后才能进行测量记录。如果不这么做，只将其作为一个单站测试区域，结果就会略微低估灌溉强度和高估需要运行的时间。

许多住宅和小型商业灌溉系统安装在形状不规则区域。这些区域只是绿化点缀，非常难以做到灌溉均匀。因为喷头的距离是不能进行均匀一致布置的。图14-12 显示的就是一个典型的单站形状不规则测试区域集水装置网格化布置的情况。

测量喷头之间的间距获得平均间距后即可获得集水装置布置网格的间距，网格的间距就是喷头的平均间距。网格布置完成后，需要对集水装置的布置进行

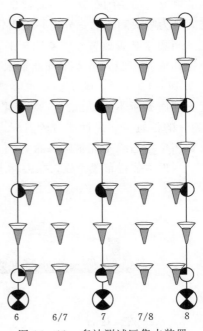

6　6/7　7　7/8　8

图 14-11　多站测试区集水装置
布置示意图

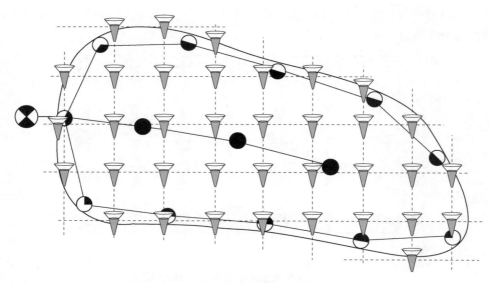

图 14-12　不规则测试区集水装置布置示意图

一些调整，以使不规则区域有更多的网格点落在测试区域内，以便与不规则区域形状相符。对于刚好在测试区域边缘外侧一点的网格点，集水装置就摆放在测试区域内最靠近网格点的位置。放置在测试区域外的集水装置收集的数据不能用来作为计算灌溉强度和均匀度的依据。

对于散射式喷头的测试区域，网格间距应该大约是喷头间距的一半，散射式喷头根据使用的喷嘴，喷头的布置间距通常是 3m 和 4.6m。对于摇臂或齿轮驱动旋转式喷头，建议网格间距为喷头间距的三分之一或四分之一。集水装置应放置在测试区域内网格的交点上。

当集水装置放置在喷头附近时，要特别注意的是，集水装置应放置距离喷头一定远的位置，或者审验人员人工降低集水装置的高度，防止喷头射出的水流打在集水装置外侧。如图 14-13 所示，喷头到集水装置可以放置的距离随着喷头的弹出高度和喷嘴的喷射角度不同而有所不同。此外，对于半圆形喷洒的喷头，集水装置应放置在距离边缘 0.6～1.0m 的位置。如果性能审验目标之一是确定草坪边缘灌溉量有多少，额外的集水装置应放置在草坪边缘不能被喷头很好覆盖的位置。

当集水装置布置完成，撤去标志小旗（以免妨碍喷头的喷洒），系统测试就可以开始了。

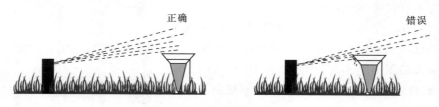

图 14-13　集水装置布置图

5. 系统测试运行时间

测试运行时间是指让集水装置收集到足够水量的喷头运行时间。集水装置开口的面积大小和灌溉强度是决定运行时间长短的因素。

多收集水始终是最好的选择，有利于缩小误差率。例如，收集到的 25mL 的水倒入量筒测量时，其水位可能位于 20mL 和 25mL 之间，审验人员需要在 21～24mL 间做出判断。4mL 的误差相对于 25mL 的总量其偏差率为 16%。如果收集到的水的总量为 70mL，4mL 的读数误差不到 5%。作为一般规则，散射喷头需要测试 3～6min，而旋转式喷头需要测试 10～30min。

除了要用统一的集水装置，所有区域的测试运行时间也要与灌溉强度匹配。例如，如果测试区域有多个站点，每个站点的灌溉强度相同，那么所有区域应该有相同的测试运行时间。另外一个例子，如果测试区域是一个大的草坪，包括一个全圆喷洒的站点和多个半圆喷洒的站点，半圆喷洒的灌溉强度大于全圆喷洒的站点，那么全圆喷洒站点的运行时间要超过半圆喷洒的站点。

为收集数据，每个集水装置收集到的水都要进行测量和记录。这需要一个刻度为毫升或其他适当刻度单位的量筒。（为保证最高准确性，强烈建议由同一个人进行读数。这是因为每个人的读数习惯不同。）

每个集水装置内收集的水都要量测，水量数据应该记录在图纸上或其他可以反映出数据和喷头关系的图表上（见图 14-14）。图 14-14 所标志的数字是其附近位置的集水装置所收集到的水量。这对于后面的数据分析非常有用。

（三）步骤 3：数据分析和建议

完成了所有的测量和记录后，要对数据进行分析，从而确定每个区域的均匀度和灌溉强度。此外，对现场条件和数据的分析、计算，还可提出提高灌溉性能的建议并计算出灌溉系统需要运行的时间。

1. 净灌溉强度计算

净灌溉强度是实际灌到土壤上的灌水强度，比"总灌溉强度"更精确，反映喷嘴喷出的水量和土壤

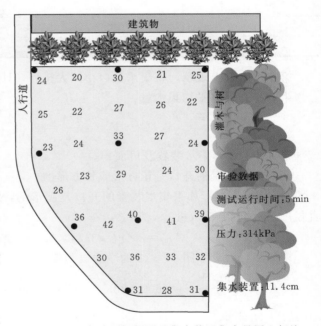

图 14-14 审验现场例图及集水装置集水量图上标注

接收或吸收的水量关系。性能审验中得到了用于计算净灌溉强度的数据，代入式（14-2）即可算得净灌溉强度计算：

$$PR_{net} = \frac{600 \times V_{avg}}{t_R \times A_{CD}} \quad (14-2)$$

式中　PR_{net}——净灌水强度，mm/h；

　　　V_{avg}——平均集水体积，mL；

t_R——测试运行时间，min；

A_{CD}——集水装置的开口面积，cm^2。

【例 14-3】 净灌溉强度计算。

测试区布置了 32 个直径为 11cm 的圆形集水装置，集水装置收集的水量（mL）见表 14-3。系统测试运行时间 $t_R = 5min$。

表 14-3 　　　　　　　　　　　　 ［例 14-3］表

集水体积（从小到大排列）			
20	24	28	33
21	24	29	33
22	25	30	36
22	25	30	36
23	26	30	39
23	26	31	40
24	27	31	41
24	27	32	42
32 个集水装置		合计	924

第 1 步：如上表示，将集水量以小到大排列，计算出总收集水量。

第 2 步：计算平均集水量：

$$V_{avg} = \frac{924}{32} = 28.88(mL)$$

第 3 步：计算集水装置开口面积。

如果集水装置的开口是正方形或长方形的：

$A_{CD} = 长 \times 宽$；如果集水装置的开口是圆形的：$A_{CD} = \pi \times r^2$，本例集水装置为圆形，直径 11cm，半径 5.5cm。

$$A_{CD} = \pi \times r^2 = 3.14 \times 5.5 \times 5.5 = 94.99(cm^2)$$

第 4 步：计算如图 14-12 的净灌溉强度。

$$PR_{net} = \frac{600 \times V_{avg}}{t_R \times A_{CD}} = (600 \times 28.88)/(5 \times 94.99) = 17328/474.95 = 36.48(mm/h)$$

2. DU 计算

DU 为水量分布均匀度，由 1/4 低平均水量与总平均水量比算得，又称为 1/4 低水量分布均匀系数，用 DU_{LQ} 表示，计算公式为

$$DU_{LQ} = \frac{LQ_{avg}}{V_{avg}}$$

式中 　DU_{LQ}——1/4 低水量分布均匀系数；

LQ_{avg}——1/4 低水量样本的平均值；

V_{avg}——总集水样本的平均值。

【例 14-4】 利用上例中集水量数据计算 DU。

第 1 步：使用上例中的数据，集水装置收集的水量按从最大到最小排列如〔例 14 - 3〕的表所示。如图 14 - 12 计算净灌溉强度一样，把所有的数据加在一起，除以测试中集水装置的数量，样本的平均水量计算示例如下：

$$V_{avg} = 924/32 = 28.88(mL)$$

第 2 步：确定 1/4 低水量样本，将样本总数除以 4，在这个示例中，一共有 32 个样本，因此低水量的四分之一样本数为 8(32÷4=8)，最低水量的 8 个样本的水量数据加在一起，除以 8 即得 1/4 低水量平均值。低流量分布样本的平均值计算示例如下：

$$LQ_{avg} = (20+21+22+22+23+23+24+24)/8 = 179/8 = 22.38(mL)$$

第 3 步：计算 1/4 低水量分布均匀系数。

$$DU_{LQ} = 22.38/28.88 = 0.77$$

DU_{LQ} 代表喷灌系统中的喷头出水量在地面上的分布均匀度，但不代表或不涉及水打击在作物上或水在土层中水平、垂直运动对水分再分布的影响。下落的水滴击打在草或作物的叶片上，水滴可能随机分裂为更小的水滴或随机转向，从而改变水分分布的均匀度。水滴击打裸露的地表也会引起相同的作用。此外，水分在土壤毛细吸力的作用下，可能再产生水平运动，使水分分布均匀度得到提高。这三个因素影响水分在作物根区的重新分布，使水分分布均匀产生一定的变化。（详细信息见第三章水在土壤中的运动）

三、灌水量增加倍数

灌水量增加倍数是用来指导灌溉管理者为弥补灌溉均匀度 DU 低的缺陷所需要额外增加灌溉水量的一个乘数。它要利用性能审验中得出的 1/4 低水量分布均匀系数 DU_{LQ} 来计算。如表 14 - 3，灌水量增加倍数表所示，当 DU 低于 0.40，就没有必要调整了。这是因为对于任何轮灌组或系统，当 1/4 低水量分布均匀系数 DU_{LQ} 低于 0.40 这一水平时，应该彻底分析灌溉均匀度如此糟糕的原因，这种情况仅通过灌水量调整将不能解决问题。

灌水量增加倍数用下式计算：

$$SM = \frac{1}{0.4 + (0.6 + DU_{LQ})} \tag{14 - 3}$$

式中　SM——灌水量增加倍数；

　　　DU_{LQ}——1/4 低水量分布均匀系数。

表 14 - 3 显示了灌水量加倍数与 DU_{LQ}1/4 低水量分布均匀系数间的对应关系。灌水量增加倍数可应用于根据系统均匀度确定系统运行时间，也可以应用于调整作物需水量。计算运行时间的传统公式为作物需水量除以灌溉强度。这个运行时间可以看作为基础运行时间或理想运行时间，为运行时间下限。基础运行时间乘以灌水量增加倍数为运行时间上限。灌溉管理人员可以根据现场条件在上下限之间选择适当的灌水时间。

计算运行时间下限的公式如下：

$$RT_{lower} = \frac{W_{need}}{PR} \times 60 \tag{14 - 4}$$

式中　RT_{lower}——灌溉运行时间下限，min；

　　　W_{need}——作物需水量，mm；

PR——灌溉系统灌溉强度，mm/h；

60——小时到分钟的转换系数。

计算运行时间上限的公式如下：

$$RT_{upper} = RT_{lower} \times SM \qquad (14-5)$$

式中　RT_{upper}——运行时间上限，min；

RT_{lower}——运行时间下限，min；

SM——灌水量增加倍数。

【例 14-5】　假设草坪灌溉每周需要 38mm 水，喷灌系统的灌溉强度为 33.8mm/h。在前面的例题中，1/4 低水量分布均匀系数 DU_{LQ} 为 0.77，根据灌水量增加倍数 SM 和 DU_{LQ}，对应表 14-3，可查得 SM 为 1.16，运行时间下限计算如下：

$RT_{lower} = 38/33.8 \times 60 = 67.45min$，即为每周运行时间为 68min。

系统运行时间上限计算如下：

$DU_{LQ} = 0.77$，$SM = 1.16$，则：

$RT_{upper} = 68 \times 1.16 = 78.9min$，约为每周运行 79min。

灌溉管理人员现在可以根据自己的经验和特定站点的现场观察情况，参考上下限运行时间确定系统的实际需要运行时间。

四、延时系数

延时系数（SC）用来衡量最干燥区域的均匀度，见式（14-6），它是平均灌溉强度和最干燥区域灌溉强度的比值。

$$SC = \frac{PR}{LPR} \qquad (14-6)$$

式中　SC——延时系数；

PR——整个区域的平均灌溉强度，L/h；

LPR——指定连续灌溉区域内最干燥部位的最低灌溉强度。

延时系数是专为草坪灌溉提出的一个技术参数，用来衡量一个区域的灌溉均匀度。草坪灌溉中，很常见的做法是保证关键区域得到充分的灌溉。SC 反映的是要使关键区域最干燥部位得到充分灌溉时所需的额外灌溉水量。实质上，它是关键区域最低灌溉强度和平均灌溉强度的一个比较。通常，关键区域用占整个灌溉面积的百分数来表示（如 1%、5%或 10%）。对于园林景观灌溉，关键区域通常是整个灌溉面积的 5%。

SC 和 DU_{LQ} 的区别在于，SC 依据指定最干燥部位的灌溉强度与整个区域平均灌溉强度之比来建立设计和管理参数。而 DU_{LQ} 使用最低 1/4 灌水量的平均值作为计算水量分布均匀度的样本，不考虑产生这些低水量的具体位置。他们可能是也可能不是确定的最干燥的区域。一个从表面数据看起来干燥的区域可能毗邻一个表面数据看起来湿润的区域，因此最干燥点的位置受水在地表和土壤中运动的影响。

五、均匀系数

灌溉领域衡量灌溉均匀度的另一个参数是克里斯琴森均匀系数（CU）。尽管 CU 被农业灌溉广泛认可，但对于草坪和景观灌溉，它的应用是有限的，因为它未能区分干燥和湿润区域。因此，DU_{LQ} 和 SC 在景观灌溉中作为衡量均匀度的参数被广泛接受和使用。在下面章节中将进一步讨论均匀度系数（CU）。

第二节　农业灌溉系统的性能审验

在全球市场竞争日益激烈的市场条件下，提高生产效率对维持或增加生产者的经济回报是至关重要的。在农业灌溉领域，生产者也必须解决公众对水资源、质量和环境保护问题的关注。通过科学管理，优化灌溉制度、灌溉均匀度和灌溉效率，可以使农业生产效率最大化。

为实现较高的灌溉均匀度和灌溉效率，不同类型的灌溉系统需要相应水平的管理。灌溉系统安装完成后，重点转移到灌溉系统管理，制定灌溉管理制度细节是灌溉管理人员的职责。

一、流量测量

不断改进和提高农业灌溉用水管理水平是必要的。但如果不能对水计量，就无法确定当前用水状况及可能需要的调整。流量测量是用水管理的第一步。

流量监测测量有以下作用和目的：①确定灌溉的效率；②提高用水管理水平；③监测泵站的运行状况。

能源价格上涨及供水能力的减少要求加强水管理。水管理要知道水的流量及水量，图 14 - 15 为测流装置。许多情况下，水管理的第一步就是测水。量水设施的投入可通过节水、增产及降低能耗得到回报（Rogers 和 Black，2002）。测流方法有很多，最常用的是用涡轮式水表测流，可测流量，也可测水量。此外，还有导管测流、节流孔板测流、喷嘴测流、文丘里仪测流及轨迹测流等方法。

选择水表时，要先查看灌溉系统的管道配置。如果管道系统不能满足

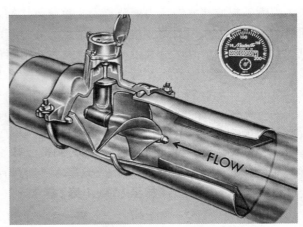

图 14 - 15　涡轮式水表

水表安装要求，安装后必须校准。水表的精度取决于安装是否合理。不同的水表，安装程序不同，要根据厂家说明安装。安装后最好与别的表对比，以便知道其精度。

大多数水表能显示过水流量及累加过水量。累计过水量读数一般比较精确，流量可以通过过水总量除以过水时间获得。精确的测水读数有利于调节土壤有效水分及满足作物需水要求，提高水的利用效率（Rogers 等，2002）。精确计量，还有利于监督灌溉用水，使得用水量不超出水权所限。另外，日常观测水表数据变化，可以甄别系统运行是否有问

题。例如，流速高于正常值，可能是管网漏水所致。流量小于正常值，可能是滴头发生堵塞。通过水表读数，还能及早辨别井及水泵是否有问题。影响水泵工作及其效率的地下水位下降可通过流量监测发现。估算水泵效率也需要精确的流量监测。

二、移动式喷灌系统

移动式喷灌系统包括中心支轴式喷灌、平移式喷灌和卷盘式喷灌机。

（一）中心支轴式喷灌机和平移式喷灌机

中心支轴式喷灌机和近水平地面上运行的平移式喷灌机，如果装配有带压力调节器的低压喷头，灌溉均匀度 CU 可以达到 90％～95％的水平。85％的灌溉均匀度被认为是最低的标准要求，灌溉均匀度低于这一数值，灌溉系统就需要进行更新或维护。为了达到良好的灌溉均匀度，中心支轴喷灌机的喷头喷嘴大小由计算机程序配置。要达到理想的灌溉效果，不同大小的喷嘴必须依据配置表，沿着喷灌机管道安装在正确的位置上。

对于中心支轴式喷灌机和平移机，影响灌溉均匀度的因素有随机因素和累积因素。随机因素不是很重要，因为他们会在整个灌溉季节趋于平衡。风是影响灌溉均匀度的一个随机因素，它的影响可在整个灌溉季节得到平衡。风的影响是可以预测的。累积因素更重要，更要引起关注，因为它使灌溉的不均匀度在整个灌溉季节得到累积和放大。设备破损或设备故障及设计和安装是影响灌溉均匀度的累积效应因素。

对中心支轴式喷灌机和平移式喷灌机的主要维护目标是保持每个喷头的流量为设计流量。这需要每个喷嘴的工作压力和喷嘴大小与设计保持一致。设备维护中常见的问题包括喷头喷嘴破损或堵塞，压力调节器发生故障、堵塞，喷嘴没有按要求安装等。这些常见的问题，只有喷嘴和压力调节器发生堵塞在设备运行时易发现。压力调节器故障在设备运行时很难被发现，但是，会有很细的水雾从发生故障的压力调节器边缘喷射出来。压力调节器故障通常会导致喷灌机的压力过高。一个喷头如果相对于相邻的喷头出现细小的喷雾或旋转更快，可能表明这个喷头的压力调节器出现了故障。如果条件许可，可随机选择10～20 个喷头，测量喷头的流量以判断这组喷头的状况。测量喷头流量，可用一个大一点容器和秒表。容器固定在喷头下方，喷头置于容器中，容器可完全接收喷出的水，用秒表测量一个特点的时段，然后计算出喷头流量。比照相应大小和工作压力下喷嘴的设计流量，如果流量差异大于±10％，表明这个喷头有问题。对于流量差异大于±10％的喷头，需要重复测量一次，以便确认问题是否存在。

当发现一个或多个喷头的流量差异大于±10％，应随机选择第二组 10～20 个喷头进一步测量。如果发现有更多的喷头流量差异大于±10％，应该找到其原因并进行改正。流量低于设计流量，表明喷头工作压力低于设计压力，最常见的因素是喷嘴或压力调节器发生堵塞或压力调节器卡死，或系统的工作压力低于设计压力。流量高于设计流量表明压力调节器出现故障或喷嘴破损。一个好的办法是根据水质和喷头工作时间，每 5～10 年对所有喷头进行更换。

用带有导管的压力表现场测量压力调节器和喷头的工作压力。将压力表导管垂直插入喷头喷嘴的开口位置（见图 14-3）。导管应足够细，以减小导管对喷嘴水流的干扰。根据压力调节器的规格型号，其测压范围一般在 15psi 或 20psi（$1kg/cm^2$ 或 $1.4kg/cm^2$ 以内）。对照喷头工作压力表，检查喷头的工作压力是否正常。

喷灌机供水管道压力应该全年监测。安装固定式压力表的最佳位置是在中心支轴式或平移式喷灌机的末端。当系统配备有压力调节器时，供水管道的压力应至少比压力调节器标定的工作压力高 5psi 即 $0.35kg/cm^2$。例如，对于 15psi（$1kg/cm^2$）的压力调节器，供水管道的压力至少为 20psi（$1.38kg/cm^2$）。检查供水管道压力的最佳时间是当喷灌机的末端喷头工作时或喷灌机尾端在最高点时，这将确保整个系统在整个地块内都有适当的工作压力。如果系统没有配备压力调节器，灌溉管理者应在确认尾部压力与计算机生成的设计压力是否相匹配。

喷头在作物冠层上的高度，喷头的布置间距和湿润半径，对灌溉均匀度有显著的影响。一般情况下，喷头的高度应该在作物冠层以上大约 1m，以确保良好的灌溉均匀度。有时，对于高秆作物，如玉米等是不可能做到的。这时需要特别注意适当的重叠和径流控制，以保证灌溉均匀度。在大多数情况下，如果喷头间距不超过喷头湿润半径的 50％～75％，都能够达到非常好的灌溉均匀度。确保喷头在供水管道上垂直悬挂是非常重要的。这可使喷头喷洒覆盖最大和全圆旋转喷洒。

可按照美国 ANSI/ASAE S436.1 标准，"中心支轴喷灌机及平移喷灌机均匀度度确定测试步骤"，测试及计算喷灌机均匀度。

1. 地表径流

地表径流是中心支轴喷灌机在坡地运行时通常遇到的一个问题。随着水的地表径流流失的还有土壤颗粒、化肥和杀虫剂。这些物质的流失还会导致地表水质退化。

地表径流带来的问题还包括局部区域土壤干燥，作物营养不足，作物的种子或作物的根毛暴露，增加灌溉水的用量及提水成本。

当降雨强度或灌溉强度超过土壤的渗透速度或土壤吸收水分的速度，地表径流就会产生。地表径流量主要取决于灌溉强度、土壤的渗透速度、地形坡度、土壤表面作物冠层及其他残留物覆盖情况。这些因素在不同程度上改变或减少潜在的地表径流损失（Kranz等，1991）。图 14-16 显示了在黏性的土壤条件下低压散射喷头、低压及高压摇臂喷头的灌水强度超过土壤渗透速度，产生地表径流损失的情况。图表还显示减少灌溉时间，从而会增加灌溉强度，增大地表径流的损失。

2. 问题观察与判断

在选择适当的径流控制方法之前，应对每个地块的潜在径流损失进行评估。应注意观察喷灌机的运行状况，潜在的地表径流损失通常会随着灌溉季节的推进而增加，要注意观察灌溉系统在整个灌溉季节的运行情况。

径流检查的主要区域包括坡度最大的区域及中心支轴式喷灌机最外侧两个或三个塔架覆盖区域，这些区域是地表径流最容易产生也是地表径流最严重的区域。

3. 地表径流的防控方法

较小程度的地表径流可以通过改变耕作方式或灌溉系统操作管理来防止。这些改变和调整包括改变作物的种植种类、种植方法和减少每次灌溉的水量。

中等程度的地表径流损失，可能需要改变灌溉系统设计并结合种植方式改变操作管理来控制。例如，减少高峰期的用水量，加大喷头的湿润半径和减少田间的耕作操作可能有

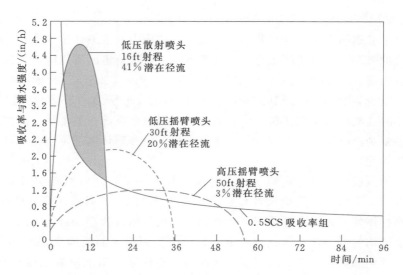

图 14 - 16　不同喷头及不同射程产生地面径流的潜在百分数

助于地表径流的控制。增大喷洒半径可通过安装悬臂，增大地隙，改变喷盘水柱仰角或改变喷头类型来实现。

严重程度的地表径流损失，有必要采用特殊的耕作方式并结合其他相应措施来控制。

（1）改变栽培措施。用作物的秸秆对土壤表面进行覆盖，通常可以减少地表径流损失量，特别是对于灌水量少于 25mm 或更少时。

秸秆覆盖以几种不同的方法减少地表径流和土壤侵蚀。当喷灌的水滴击打在裸露的土壤表面时，水滴中包含的能量被转移到土壤中，通常会形成一个相对坚硬的外壳。虽然土层外壳厚度通常小于 0.25mm。但它可以降低土壤入渗速度 50% 以上。作物的秸秆可有效吸收大部分水滴的冲击力，减少地表的板结形成。秸秆覆盖有效地增大了土壤表面粗糙度，有助于消散水滴的能量，降低土壤侵蚀发生。土壤表面粗糙度的增加，也增加了水分在土壤表面的停留时间，增大土壤的保水性，有助于土壤对水分的吸收。最后，秸秆覆盖还可以减少土壤水分蒸发，从而减少灌溉的次数和灌溉量。作物秸秆的类型并不重要，关键是要有足够量的秸秆，并在土壤表面均匀覆盖。

另一个控制地表径流经济可行的方法是沿等高线耕作。相对于坡度种植，它可以减少径流损失达 50%。等高线种植缩小了斜坡长度，增大了水在土壤表面停留时间，可减少潜在径流发生。免耕种植可非常有效减少土壤侵蚀和径流损失。

（2）管理措施。至少有五项和灌溉系统设计或管理相关的措施可以在很大程度上减少或消除径流量，包括：①选择一个和土壤入渗条件相匹配的喷灌系统；②增大单个喷头的湿润半径；③降低系统的流量；④减少每次灌溉的用水量；⑤在没有作物冠层或秸秆覆盖的土壤表面限制灌水。

如果计划安装一个新的喷灌系统或对已有的系统进行大的改造，应根据土壤的渗透性选择相匹配的喷头。如果选择的喷头可能会导致过度的径流损失，那么这个方案不能被采用，应该重新进行选择。

单个喷头的湿润半径决定了对一个给定区域进行灌溉的时间长短和最大灌水强度，一般情况下，湿润半径大有助于减少径流损失。

减少喷灌系统的流量降低了灌水强度，减小灌溉强度可减少地表径流的发生，因为这样会使灌溉强度更接近于土壤入渗率。然而，减少系统流量也减少了日灌水量，系统的流量必须要满足作物需水要求。

每次灌溉用水量的减少可降低地表径流损失，但是，这可能需要更多次的灌溉以弥补每次灌溉水量的减少。更多的灌溉次数缩短了喷灌机的使用寿命，增加了能源消耗成本。喷灌系统操作管理的一个准则和目标应该是在保证地表径流刚好不发生的前提下，每次灌溉尽量多灌水。每次灌溉运行的时间和灌溉水量应通过制定适当的灌溉制度来确定。

当喷灌水滴直接作用于裸露的土壤表面时，土壤表面很容易形成板结。可能的情况下，灌溉时间应推迟到作物的冠层已经形成的时候，特别是土壤表面的覆盖物很少或没有覆盖物的条件下。这时，可以考虑使用双喷嘴喷头（见图 14 - 17），在灌溉季节早期，可以使用低流量喷嘴，以比较低的灌溉强度进行灌溉，同时，喷灌水滴更细小，防止土壤表面板结。

图 14 - 17 双喷嘴喷头

要优化均匀度，选择中心支轴式和平移式喷灌机在给定地块连续运行的时段是关键。由于蒸发和风力作用漂移的影响，白天和夜晚的灌水损失会有 3‰～8‰ 的差异。所以，整个灌溉季节内的日净灌水量应该不同，以便满足作物不同需水要求及提高灌溉均匀度。一个给定位置的灌溉时间应在一天内的不同时间段内，这可以通过设定中心支轴喷灌机运转一圈的时间来达到。因此，中心支轴喷灌机运转一圈的时间不是 24h 的倍数，运转一圈合适的时间是 18h、30h、36h、42h、54h 和 60h 等。

流量计是管理中心支轴式喷灌机运行的一个重要工具。通过流量计可以监控喷灌系统喷头和尾枪的流量与计算机程序得出的系统流量是否匹配，以确保喷灌机的行走速度及时间与灌溉制度确定的值一致。

有几个因素可能影响中心支轴喷灌机的行走速度选择，行走速度影响灌溉区域的灌水量。这些因素包括最后一个塔架轮胎的鼓胀程度，柴油发动机驱动的电机频率（赫兹）和轮胎在潮湿和倾斜的土壤表面的滑动状况。如果实际运行时间与灌溉制度要求不匹配，应重新确定最后一个塔架的运行速度，并重新进行定时器设定。通过测量最后一个塔架的轮胎沿轨迹走 30m 的时间，重新进行定时器设定。

（二）卷盘喷灌机系统

卷盘喷灌机在形状规则或不规则的地块均可使用。一个固定位置一次灌溉距离最长可达 750m。如果喷头流量、工作压力和喷头车行走间距选择适当，卷盘喷灌机系统的灌溉均匀度可以很高（Nelson Irrigation Co，1999）。这一系统可在很多种作物上应用，但是由于喷出的水滴比较大和灌溉强度大，最适合在有良好作物覆盖的具有高入渗性的粗质土壤上使用。

对于给定喷头的卷盘喷灌机系统，其行走间隔距离很大程度上取决于当地风力条件。大风会扭曲或改变喷枪湿润区形状为一个椭圆形。因此，如果可能，喷灌机的行走方向应该垂直于主风向。在连续不断的运动过程中,不规则湿润的重叠提高了灌溉的均匀度。采用相对比较近的行进间距,可以获得足够重叠,对于提高均匀度至关重要。如果风速超过16km/h,行进间隔应不超过喷头湿润直径的50%,如果风速低于16km/h,行进间隔可加大到喷头湿润直径的60%～65%。

由于要保持喷头车行进通道的干燥,喷头调节为扇形喷洒。扇形喷洒有利于地头控制越界喷洒,也有利于调整喷头的喷洒角度从而弥补风的影响。当使用扇形喷洒以保证行进路线干燥时,没有喷到的边角地需要将喷头喷洒角度尽量调小,以避免漏喷。

随着喷枪喷嘴的压力增大,水流速度增加,喷洒距离会更远。由于连续行进的叠加,在相对比较大的压力变化范围内,也能保持 DU 基本稳定不变。要获得适合作物和土壤条件的水滴大小,选择适当的工作压力和喷洒仰角是关键。表 14-4 为理想水滴条件下的喷头工作压力推荐值。

表 14-4 喷头工作压力推荐值

流量范围/(L/min)	建议最小工作压力/kPa	流量范围/(L/min)	建议最小工作压力/kPa
378～756	414～552	1135～1892	552～689
756～1135	483～621	>1892	586～758

应该安装压力表随时监控喷枪的工作压力。压力低将导致显著的湿润半径不够、灌溉不足和灌溉均匀度差。喷嘴安装不当,会导致压力损失大和水流紊动,对喷洒距离和灌溉均匀度有显著的负面影响。

喷枪有不同的喷洒仰角,高仰角喷洒射程大,水滴以接近零水平速度降落到地面。较低的喷射仰角抗风性好,但是不能提供理想的水滴条件。低角度喷枪要有较大的工作压力。要获得良好的灌溉均匀度,卷盘喷灌机要匀速稳定行进。下面因素会影响这种喷灌机的行进稳定性:①喷头牵拉管拉力,与管径、土壤类型、地形和道路条件有关;②水压和流量;③牵引管在绞盘上的缠绕量,在喷灌机设计时必须考虑进去。喷灌机在田间运行加速时的稳定性更要关注。

田间灌溉的均匀度,可以参照国际标准组织标准 ISO 8224—1(2003)规定的步骤进行检验、确定。

(三)滚移式喷灌机及人工移动管道系统

移动式灌溉系统,如滚移式喷灌机及人工移动管道系统的灌溉均匀度,取决于喷头间距、工作压力、风速风向和管道上的压力分布。通过适当的设计和维护,在中等至低风速条件下(即风速小于16km/h),移动式灌溉装置的灌溉均匀度可以达到80%～90%。在起伏的地形条件下,喷头破损、喷嘴堵塞及有风条件下,灌溉均匀度可低至60%。

关于中心支轴式和平移式喷灌机,系统维护的主要目标是保持管道上每个喷头的流量和湿润模式符合设计要求。常见的问题是喷头破损或喷嘴堵塞,压力过高或过低,喷头安装不垂直导致旋转异常、系统漏水等。如果要获得较高的灌溉均匀度,这些问题都要引起注意并在必要时进行纠正。

1. 压力和流量测量

喷头对称的喷洒对喷灌系统达到理想的灌溉均匀度是必要的。这意味着喷头下面的立管必须是垂直的。对于滚移式喷灌机系统，必须保持平衡锤工作正常，工作稳定。系统可能会因密封圈损坏或自动排水装置故障引起泄漏，需要经常的定期修理维护。每五年对垫片和密封圈进行更换是一个很好的选择。喷头的旋转轴需要每年进行检查以确保喷头旋转顺畅稳定。

摇臂喷头的理想工作压力是 310～234kPa，但是，每个喷头的工作压力值都应该选取制造厂家建议的工作压力。当压力过低时（＜276kPa），水流离开喷嘴时分散不充分，导致水流集中落在一个地方。当压力过高时（＞483kPa），水流离开喷嘴时产生雾化，只能湿润距离喷头很近的区域。喷头喷嘴的工作压力可用带有导管的压力表进行测量。支管测压应该测第一个喷头处的压力、支管位置最高处的喷头安装位置压力和最后一个喷头位置的压力。支管首尾端的压力变化不应该超过 10%，以保证良好的灌溉均匀度。在起伏地形、坡地条件下，过大的压力变化会带来一些问题。这时，可以使用带有压力和流量补偿装置的喷头，以便克服支管压力变化太大带来的灌水不均匀问题。

解决压力损失过大的问题，在不改变管道尺寸的前提下，可能的方法是缩短管道的长度或减少管道中的流量。这可以通过减少支管上喷头的数量，降低支管前端的压力或缩小喷嘴尺寸的大小来实现。同时，取更大直径的支管可以保证支管的压力损失在设计允许的范围内。从标准喷嘴喷出来的水流应该呈水柱状。发散的紊流喷洒说明喷嘴有问题。有可能是有外部物质进入喷嘴，或喷嘴有矿物质沉淀，喷嘴被腐蚀或被严重磨损。目视检查可以发现喷嘴是否有矿物质沉淀或被腐蚀。然而喷嘴磨损不是目视检查可以发现的。喷嘴磨损可以使用一个与喷嘴直径相同大小的新的钻头来测试。钻头的柄端插入喷嘴，同时让水从喷嘴喷出，喷出的距离是衡量喷嘴磨损程度的标准。如果喷嘴是新的或没有磨损，将钻头柄端插入喷嘴后，几乎没有或只有几滴水流出。如果喷头磨损轻微，有很细的雾状水喷出不到 3m 的距离。如果喷嘴中度磨损，有很大水流喷出 3～4.6m 的距离。当喷嘴磨损非常严重时，很粗的水流将喷出大于 4.6m。在后两种情况下，喷头的出水量可能比设计值增加7%～20%。

当采用压力补偿或水滴控制型喷嘴时，可以采用评估中心支轴式喷灌机喷头类似的步骤评估。可以用大口径管将喷嘴喷出的水导入容器。用测量的喷头流量与制造厂家公布的标准流量值进行比较来判断喷灌系统的状况。

2. 灌溉强度

灌溉以一定的灌溉强度进行，特别在时间较长的灌溉系统运行中，后期要注意观察土壤表面是否有积水、是否发生了地表径流。如果土壤表面出现积水或已经出现地表径流，说明灌溉强度太大，需要减小喷嘴或降低系统运行压力。有时，也可以通过增大毛管上喷头的间距来降低灌溉强度。

3. 水量分布测定

集水装置应以对称的方式布置在喷灌区域内。对于固定式喷灌系统，集水罐应放置在四个喷头中间的区域。对于半固定式喷灌，集水罐放置在两行移动的支管中间的区域。当喷头的间距超过 18m，集水装置的标准布置方式应为 1.5m×1.5m。喷灌系统测试应在典型灌溉地块上的不同风力条件下测试。

测量时，喷灌系统应以一个正常的灌溉延续时间运行，然后测量集水装置内的水量。

灌溉均匀度可用克里斯琴森均匀度系数判断。

$$CU = 100 \times \left(1 - \frac{\text{平均偏差}}{\text{平均集水量}}\right) \qquad (14-7)$$

【例 14-6】 克里斯琴森均匀度系数计算。集水量数据见表 14-5。

表 14-5 　　　　　　　　　　　　　　　[例 14-6] 表

集水罐号	1	2	3	4	5	6	7	8	平均值
集水量/mL	4	5	6	7	8	9	10	11	7.5
偏差	3.5	2.5	1.5	0.5	0.5	1.5	2.5	3.5	2

$$CU = 100 \times \left(1 - \frac{2.0}{7.5}\right) = 73.3\%$$

灌溉系统性能审验应尽可能在接近系统实际运行条件下进行。如系统通常在晚上没有风的情况下运行，在有风情况进行的系统测试会导致系统的均匀度被错误的低估。如果灌溉通常在有风的条件下进行，测试也应该在相同的有风条件下进行。

根据制造厂家的推荐压力值调整喷头的工作压力或调整喷头的间距，可以提高灌溉的均匀度。一般情况下，支管间距不应超过制造厂家推荐喷头喷洒直径的 60%。

在作物需水高峰时段，当系统全天运行也不能满足要求时，可以考虑增加支管数量，以满足作物对灌水的要求。因为增加了一天内的供水量，这时从水泵到支管都要作相应调整。

4. 灌水湿润深度

对湿润深度的检查应在灌溉区域内的几个位置进行。可以使用铲子、探头或土钻取样。检查湿润深度一般在灌水结束后一天进行，这时候水应该渗透到植物根层以下几毫米的深度，渗透深度过大会造成水资源浪费。

对湿润深度检查如果发现湿润深度过大，灌水太多，可能的改进方法是缩短系统运行时间或安装更小流量的喷嘴。

如果发现湿润深度太小，灌水太少，可能的补救措施是延长灌溉时间或安装流量大的喷嘴。第一种方法延长运行时间可能会导致灌溉区域不能及时完成灌溉以满足作物对水分的要求。安装流量大的喷嘴可能会引起系统的工作压力过低，水泵流量过大和系统超负载运行以及超过系统设计供水能力等。

三、微灌系统

微灌系统的均匀度取决于每个灌水器的出流量差别。在比较规则的地形条件下，对于一年生长的作物，微灌的均匀度 CU 值最低为 85%，对于多年生作物，微喷的均匀度设计最低为 90%。

微灌系统的维护是保证每个灌水器的出流符合设计要求。这要求系统的工作压力正常，灌水器没有发生堵塞。保持系统的工作压力正常包括在几个关键位置对压力进行监测，定期对压力调节装置进行维护。

时常检查一下灌水器的流量并与设计流量相对照，可以发现系统的基本状况是否良好。检查灌水器的流量可用一个日常的容器和秒表来进行。随机测量田间 30～40 个灌水器的流量。流量的平均值可以判断系统的基本状况。平均值应该接近于灌水器的设计流量，与平均值的偏差超过 ±10％ 的数据个数不超过数据总数的 20％，意味着灌溉均匀度可达 85％。也可以直接用测量的数据计算灌溉均匀度 CU。

四、地埋滴灌系统

地埋滴灌系统（SDI）通过埋在地下固定的滴灌管向作物的根区供水。设计运行良好的地埋滴灌系统，土壤表面很少或几乎没有被湿润。系统的运行状况不能直接观察到。

1. 地埋滴灌系统（SDI）评估

地埋滴灌系统（SDI）在安装完成后应立即进行彻底的检查评估。类似的检查评估还应该在每个灌溉季节开始前或早期灌溉期间进行。要保存好早期评估及年度检查评估记录，这些记录可以帮助发现问题。在非灌溉季节，应对系统进行全面的检查和维护，包括水井和泵站。

2. 水井和泵站装置检查

应检查水泵有无损坏、磨损并进行适当的维护，以保证水泵正常运行。还应记录泵站的运行数据，包括静态和动态水位、流量和压力等。这些记录是分析泵站运行状况的依据。结合抽水用油或用电记录，可以分析评估泵站的运行效率。定期对水源或水井进行氯化处理是一个重要的预防性维护措施，可减少因细菌繁殖堵塞过滤系统和滴头的潜在风险。

3. SDI 系统组件检查

每年对所有阀门、压力调节器、压力表、过滤器、接头配件和其他系统组件进行检查，以便发现问题并及时维修或更换。有一些检查需要在系统运行时进行。SDI 系统在运行工作时检查可在田间发现漏水。短时间测试可能发现不了毛管漏水的情况，因此，应在整个灌溉季节，特别是作物形成良好地面覆盖前进行灌溉施肥时进行田间检查。一般情况下，深埋式滴灌系统的土壤表面不会出现湿润，如出现表面湿润，通常可能是有漏水点。漏水可能是由安装时造成的管道破裂或安装后啮齿动物咬伤造成的。

4. 监测 SDI 系统

SDI 系统的性能不容易靠视觉直接观察到。依靠观察作物的受旱情况判断系统性能是否正常，会导致产量损失、系统损坏或堵塞系统。因此，系统应该配备流量计和一定数量的压力表，观察数据可作为系统运行状况的衡量指标。每个轮灌区需要建立一个流量和压力管理指标，然后按计划监测每个轮灌区的流量和压力变化，用来判断系统运行是否正常。

灌溉季节初期，要频繁检测每个轮灌区的流量和压力变化，用以建立标准的操作流程。操作流程建立后，可以相对减少观测频率。然而，如果水源发生了变化，还应该考虑频繁观测，经验是最好的向导。

5. 流量变大

如果某一轮灌区流量变大，应该检查系统是否发生破裂泄漏。在作物地面覆盖很好的区域，发现泄漏破损点是一个比较困难的挑战。如果没有发现泄漏破损点，应检查控制这一轮灌区的压力调节器是否工作正常。工作压力过高会导致滴头的流量更大，但是低于正常值的压力通常预示着管道破裂和系统泄漏。

6. 流量变小

工作压力高于正常压力，流量却比正常流量低，这表明滴头可能发生了堵塞。如果流量减少，而所有其他监测数据正常，应可以确定是滴头发生了堵塞，应该立即进行处理。

7. 系统记录保存

系统监测记录对 SDI 系统的评估非常重要。流量和压力读数记录是对照设计要求，建立基本操作流程的基础，此后对流量和压力的记录，显示了系统性能的变化情况和趋势。应该保存水质测试记录，它反映水质变化情况。尤其是地表水和潜水井水，其水质随季节发生变化。静态和动态水位记录很重要，因为水位下降会影响到井的出水量并要求 SDI 系统做出相应的调整。要保存好滴灌管化学处理及灌溉施肥记录，这些记录还应包括系统流量以及所注入化学物质或肥料的类型、注入量、注入时间等。

五、地面灌溉

合理管理的地面灌溉可以减少用水量，节约灌溉成本，减少化学物质的深层渗漏，提高作物的产量。地面灌溉的管理目标是尽可能快的将整个地块灌溉完成。虽然灌溉管理者只关注水能否尽快流到沟的末端，但灌溉用了多少水量，水量的分布情况怎样实际非常重要。沟的尺寸显著影响水流在田间行进的速度和用水量的多少。在地面灌溉之前，应该首先对地面条件进行一个简单的评估，根据地面条件来相应调整沟的大小和一次灌溉水量的大小。这要求灌溉管理者要勤奋、富有经验和具有灵活性。沟的大小每年都需要根据土壤条件进行相应的调整和改变。

采用小沟长时间的灌溉会导致过度的径流损失。另一方面，一次灌溉过多的沟，水在田间的行进速度慢，灌溉不均匀，深层渗漏会增加（见图 14 - 18）。这两种情况都降低了灌溉的效率。高效的灌溉每次刚好将作物的根区土壤灌透，损失少，灌水均匀［见图 14 - 18（b）］。沟径流及水的入渗均匀度和沟的土壤条件、地形和灌溉管理有直接的关系。

图 14 - 18（a）　土壤水分分布不佳　　　　图 14 - 18（b）　土壤水分分布较好

每次灌溉用水量取决于很多因素，包括两次灌溉之间作物对土壤水分的消耗，土壤的含水量及田间持水量多少，作物根系的深度及土壤的入渗速度。土壤的入渗速度在每个种植季节都随着灌溉不断变化。土壤入渗速度受土壤表面状况影响。如果土地刚刚被翻耕，土壤表面疏松，入渗速度非常大。另一方面，如果土壤受大雨或上次灌溉的影响，表面已经非常密实，水的入渗速度会减少很多。

六、沟灌

沟灌是最常见的地面灌溉方式。沟的坡度一般为 $0.05\% \sim 0.3\%$，沟的长度通常为 $90 \sim 790m$。沟的最大间距应为作物根区深度的 0.5（砂土）到 1.0（黏壤土）倍（见表 14-6）。统一均匀的黏壤土是沟灌的理想土壤类型。对于砂质土壤，沟灌要求大流量、短时间实施。为使灌溉具有灵活性和保证灌溉的均匀度，一定的地表径流损失是必需的。径流损失应进行回收再利用以提高灌溉效率。适合沟灌的典型作物包括树木、藤蔓类作物和适合行栽的大田作物。

表 14-6 不同土壤条件下的沟间距确定

土壤类型	沟间距为作物根系深度百分比/%	土壤类型	沟间距为作物根系深度百分比/%
砂土	50	黏土	100
壤土	75		

1. 总灌水深度

总灌水深度可以根据每个沟的灌水速度计算，水泵的流量（L/min）除以一次灌溉的沟数就是每个沟的水流量大小（L/min）。

确定了沟水流量大小，总的灌溉深度（多少毫米的水）可以按下式计算：

$$入沟流量 = \frac{水泵流量（m^3/h）}{同时灌溉沟数} \tag{14-8}$$

总灌水深采用下式计算：

$$总灌水深 = \frac{1000 \times 入沟流量 \times 灌水时间}{沟长 \times 湿润够间距} \tag{14-9}$$

其中，总灌水深单位为 mm，入沟流量单位为 m^3/h，灌水时间为 h，沟长及湿润间距单位为 m。

【例 14-7】 计算总灌水深度。根据下列条件确定总灌水深度：

水泵流量：$170m^3/h$；一次灌溉沟数量 100 条；灌水时间 12h；沟长度 400m；沟间距 0.75m；（注：如果间隔一个沟进行灌溉，沟间距增加一倍。）

计算水流大小：

$$入沟流量 = 水泵流量/同时灌溉沟数量 = 170/100 = 1.7（m^3/h）$$
$$总灌水深 = 入沟流量 \times 灌水时间/（沟长 \times 沟间距）= 1.7 \times 12/（400 \times 0.75）$$
$$= 0.068（m）= 68（mm）$$

为了避免向已经饱和的土壤中继续灌水，对于砂质土壤，总灌水深度不应超过 $38 \sim 50mm$。对于壤土和黏土，总灌水深度不应超过 $64 \sim 76mm$。

2. 控制入渗深度

在灌溉过程中，灌溉人员应检查沟末端水在土壤中的入渗深度。在水入渗超过根区深度之前，停止这一个区域的灌溉，进行下一个区域的灌溉。提前停止灌溉是因为即便灌溉停止后，沟表面积存的水会继续向下游尾端流动，下游可以得到更多的水。同时，在灌溉过程中，土壤中的含水量高于田间持水量，灌溉停止后，水分会继续向深处运动。

3. 设置灌溉时间和入沟流量

适当的灌溉时间和沟水流大小的设置取决于地面的坡度、土壤的入渗速度和沟的长度。地面的径流损失和入渗的均匀度和进程比有直接的关系。进程比是水流从沟前端流到最末端所需的时间和总的设定灌溉时间之比。

进程比选择取决于土壤因素和灌溉系统的配置。表 14-7 列出了不同土壤和灌溉条件组合的目标进程比。例如：壤土地不对径流损失回收利用的组合条件下，设定的灌溉时间为 12h，水流从沟前端流到最末端所需要的理想的前进时间应该约为 8.4h（8.4÷12＝0.70 或 12×0.70＝8.4）。

表 14-7　　　　　　　　　不同土壤和灌溉条件组合的目标进程比

土壤类型	砂质土	壤土	黏性土
没有对径流损失回收利用	0.50	0.70	0.90
对径流损失回收利用	0.20	0.40	0.50
沟末端封闭	0.70	0.85	0.95

改变水流前进时间最简单的方法是改变沟水流量的大小（更改每组需要灌溉的沟数量）。改变前进时间将影响进程比，影响入渗的均匀度。改变沟水流大小而不改变灌溉时间会改变总的灌水深度。入沟水流量大小对比见表 14-8。

表 14-8　　　　　　　　　　入沟水流量大小对比

入沟流量大	入沟流量小	入沟流量大	入沟流量小
前进速度快，灌溉均匀好	前进速度慢，灌溉均匀差	减少灌溉时间	
易充满沟，可轻微增大入渗速度	减少地面径流损失	减少了入渗深度	
增加地面径流损失量和比例			

在选择沟水流的大小时，应考虑到沟的侵蚀问题。在灌溉季节开始时，土壤入渗速度快，应该采用"最大不侵蚀沟水流"进行灌溉。沟水流的大小对水流的前进速度的影响非常大。一般情况下，最大不侵蚀沟水流的大小会随着坡度的增加而减小。根据经验估算最大不侵蚀沟水流量（gpm）大小的方法是 10÷（坡度百分比）。例如：地形的坡度为每 100ft 距离高度变化为 1ft，则最大不侵蚀水流大小为 10÷1＝10gal/min。沟水流的大小不能大于沟的最大过流量，沟水流大小超过沟的过流量，就会发生漫溢的情况。

在一个灌溉季节的后期，土壤的入渗速度变得很低，沟的灌溉流量也要减少，防止过量的径流损失。最重要的原则是尽量用比较大的入沟流量，以保证理想的进程比和灌溉均匀度。

用适当进程比和总灌水深度，可以实现灌溉均匀、深层渗漏和地面径流损失小的目标。灌溉管理人员应该试验不同的沟水流大小和灌溉时间组合来发现对特定地块的理想的灌溉设置组合。最理想的组合是水流前进速度满足进程比的要求，沟水流大小不高于最大不侵蚀流量，结果是总灌水深度也满足要求。一个可以减少地面径流损失，同时提高灌溉均匀度的好的方法是采用波涌灌溉。

4. 波涌灌溉

波涌灌溉技术是以间歇式水流对一组灌水沟实施灌溉。一个恒定的水流可以用波涌阀在两组沟之间进行交替切换灌溉。这意味着每组沟只有一半的时间被灌溉。最佳循环时间从 30min～120min 不等。循环时间根据水流从一组沟表面消失时间来进行调整，同时保证每一次水流都比前一次显著推进了一段距离。波涌灌溉的间歇式水流对地表的显著影响是降低了土壤的入渗速度，通过降低入渗速度，水流向前推进得更容易、更快。波涌灌溉对具有较细颗粒、较低团聚稳定性的黏性土壤影响最大，因为每一波的水流都使黏性土壤结构相较于砂土有更多的重建过程。因此，波涌灌溉对黏壤土影响明显，对砂质土壤影响可能微不足道。

当水流向沟末端推进时，波涌阀门操作的一些基本原则如下：

（1）使用沟最大不侵蚀水流量。

（2）试着通过 3～4 波水流将水流推进到沟末端。

（3）不断研究波涌灌管理，太少或者太多波涌次数也许不会改变土壤的入渗速度，下一次的波涌水流不应该赶上上次波涌还在流动的水流。

因为波涌灌溉降低了土壤的入渗速度，灌溉不充分的可能性是存在的。如果需要一个完整充分的灌溉，即使波涌水流已到达沟末端，可能还需要继续进行一段时间的灌溉。

七、畦灌

畦灌就是将有一定坡度的大地块，用畦埂将其相对均匀分隔为许多小地块，每一小地块为一畦。灌溉过程中，畦块被水完全充满。每个畦块在横向、纵向都有均匀坡度。一般非草类作物地的坡度小于 0.5%，草类作物地的坡度为 3%～4%。畦宽一般为 4～30m，长度大约在 90～350m 范围内。均匀一致的土壤是比较理想的。入渗速度比较低的黏性土壤可以有很长的长度。因为水几乎充满 100% 土壤表面，其入渗速度远高于沟灌。所以设定的灌溉时间比沟灌短。种植的典型的作物包括紫花苜蓿、牧草、果树、粮食及其他不需要种植在苗床上的作物。

第三节　评估水泵站的效率

种植者需要获得利润，所以他们需要评估生产投入的成本效益。灌溉燃料或电力费用是农业种植一个投入部分。灌溉管理者需要知道灌溉的成本投入是否在一个合理范围内。灌溉燃料或电力的成本由两部分决定：第一和抽水泵站的性能有关；第二和作物种植和灌溉管理水平有关。

减少总的灌溉用水量，相应地降低了灌溉燃料或电力的成本。如果灌溉管理得当，可以提高灌溉效率，降低总的灌溉用水量，燃料或电力费用也相应减少。

影响水泵单方水抽水成本的主要因素包括燃料成本价格、水泵装置效率和总的抽水扬程（TDH）。总的抽水扬程（TDH）是水泵工作时输出的水压力或能量。水井的效率也是一个因素，但它在很大程度上取决于水井在设计、开凿施工和成井过程的因素。

造成燃料过量消耗的因素包括：

（1）水泵的选型不当。水泵设计在一个特定的流量、扬程和转速条件下工作。如果水泵的使用超出了水泵的最佳工作范围，水泵的效率就会受到影响。有些情况下，安装了型号错误的水泵，效率也会降低。使用条件的变化如水位下降或压力变化也会导致水泵运行效率低下。

（2）超出了水泵的调整范围。水泵需要根据磨损情况适时进行调整以进行弥补。

（3）磨损严重。随着时间的推移，水泵磨损会越来越严重，必须进行更换。

（4）不适当的发电机和电动机。动力装置的型号必须和水泵的型号相匹配，水泵才能高效的工作。发电机和电动机的功率和转速是重要的技术参数。

（5）发电机需要维护或修理。

（6）不匹配的齿轮装置，齿轮装置要和水泵及发电机的负载、转速相匹配。

水泵装置性能评估可以通过专业咨询公司或承包商进行评估。能源燃料成本可以是作物生产成本的一个重要部分。考虑到水泵性能条件和燃料或能源的价格，对下面这些问题的评估有助于分析灌溉燃料或能源费用是否合理。如果评估显示泵站效率低下，对泵站进行维修或更换水泵装置可能是合理地选择。

需要评估的信息如下：①灌溉面积；②灌溉流量；③水泵总扬程；④总灌溉水量；⑤总的能耗费用。

参 考 文 献

ASABE Standards. 2009. S436.1：Test Procedure for Determining the Uniformity of Water Dis tribution of Center Pivot，Corner Pivot，and Moving Lateral Irrigation Machines Equipped with Spray or Sprinkler Nozzles. St. Joseph，Mich. ：ASABE.

Burt，C. M. 1995. *The Surface Irrigation Manual*. Exeter，Calif. ：Waterman.

Hla，A. K. ，and T. R Scherer. 2001. Operating efficiencies of irrigation pumping plants. In *Proc*. 2001 *Annual International Meeting*. ASAE Paper No. 01 – 2090. St. Joseph，Mich. ：ASAE.

ISO8224 – 1. 2003. Traveler Irrigation Machines – Part 1：Operational characteristics and laboratory and field test methods. Geneva，Switzerland：International Standards Organization.

King，B. A. ，J. C. Stark，and D. C. Kincaid. 2000. Irrigation uniformity. Bulletin 824. Moscow，Idaho：Univ. of Idaho.

Kranz，W. L. ，D. R. Shelton，E. C. Dickey，and J. A. Smith. 1991. Water runoff control practices for sprinkler irrigation systems. Lincoln，Neb. ：Coop. Ext. and Institute of Agriculture and Natural Resources，Univ. of Neb.

Lamm，F. R. ，D. H. Rogers，M. Alam，and G. A. Clark. 2003. Management considerations for operating a subsurface drip irrigation（SDI）system. Manhattan，Kans. ：Agricultural Experiment Station and Coop. Ext. Service，Kansas State Univ.

Morin，G. C. A. ，D. D. Axthelm，L. E. Stetson，and P. E. Fischbach. 1980. It pays to test your pumping plant. EC 80 – 713. Lincoln，Neb. ：Coop. Ext. and Institute of Agriculture and Natural Resources，Univ. of Neb.

Nelson Irrigation Corp. 1999. Big guns for traveling sprinklers. Walla Walla，Wash. ：Nelson Irrigation.

Pair，C. H. ，W. H. Hinz，K. R. Frost，R. E. Sneed，and T. J. Schiitz，eds. 1983. *Irrigation*. 5th ed，Falls Church，Va. ：Irrigation Assoc.

Rogers，D. H.，and M. Alam. 2006. Evaluating pumping plant efficiency. Manhattan，Kans.：Agricultural Experiment Station and Coop. Ext. Service，Kansas State Univ.

Rogers，D. H.，and R. D. Black. 1993. Irrigation water measurement. Manhattan，Kans.：Agricultural Experiment Station and Coop. Ext. Service，Kansas State Univ.

Rogers，D. H.，G. Clark，and M. Alam. 2002. Irrigation water measurement as a management tool. Manhattan，Kans.：Agricultural Experiment Station and Coop. Ext. Service，Kansas State Univ.

Yonts，D. C.，D. E. Eisenhauer，and D. Varner. 2003. Managing furrow irrigation systems. Lincoln，Neb.：Coop. Ext. and Institute of Agriculture and Natural Resources，Univ. of Neb.

第十五章　灌溉经济分析基础知识

作者：R. D. von Bernuth
编译：周荣

本章的任务是给出读者灌溉系统使用寿命期内系统总造价比较方法。系统的性能是一个非常重要因素，但本章只涉及系统的一些简单性能，主要介绍如何利用不同的初期成本、运行费用及预期寿命对灌溉系统进行比较。

为了使读者知道基于那个时间点进行比较，本章还将介绍资金的时间价值。拥有及运行一个灌溉系统，涉及的费用不只是初期投入成本。系统运行费用有时可能会与建设或购买的初始费用一般多。

灌溉系统的拥有成本又叫固定成本或建设成本，包含系统的各个组成部分的初始成本在预期寿命期内的分摊、利息及寿命期末残值。

假如系统管理人员拥有系统，设备是租来的，计算就会简单。下面将介绍年固定费用的两种计算方法。

第一种方法假定业主从银行贷款购买灌溉系统。本金与利息均匀的分摊到寿命期各年偿还。第二种方法假定业主不从银行贷款购买设备。

设备在寿命期内逐渐丧失其价值，称之为折旧。对于贷款购买系统，寿命期内的每年要支付利息。两种方法类似，但结果不一样。

灌溉系统的总成本除了初始成本，还有运行费用。运行费用包括燃料费（电费）、润滑油费用、维修费、养护费用及劳务成本等。这些费用与设备运行时间直接相关。

第一节　初　始　成　本

初始成本为设备购置费或系统建造费。初始成本又称之为购买成本、建设成本及投资成本。水源的初始成本包括打井成本或其他水源的建设成本、水泵及电机购买成本及服务费等。完整的灌溉系统初始成本还包括输水系统（管网、渠系）成本、田间配水系统（喷灌、滴灌设备，农渠）成本及电源投资（电线、柴油机等）。初始成本还包括工程勘探费用、设计费用、安装费用等。

初始成本还要包括所购设备的保险费用及税费等。假定设备在其寿命期结束后失去价值（折旧），本章后边将专门介绍折旧。

第二节 货币的时间价值

资金的时间价值指的是当前所持有的一定量货币比未来获得的等量货币具有更高的价值。两个因素影响一笔资金在不同时间的价值差，即：利率及时长。理解这个术语很容易，今天的一笔钱，比明天等量钱的价值高，因为每天都有利息发生。如果简单年利率为 10％，则今天的 1 美元在一年后就变成 1.1 美元。反过来说，1 年后的 1 美元与今天的 1 美元不等值，简单年利为 10％，则 $1.0 \div 1.1 = 0.91$，即一年后的 1 美元等值于今天的 0.91 美元。

假定利率包含一些风险因素，可以认为贷款是有风险的。提高利率就是为了补偿还款风险。灌溉业主可能碰上这样的贷款。贷款银行或借款机构会根据业主的信用度决定利率。

另外一个重要概念叫利上利。这种计利方法称之为复利计息。如果 1 美元贷款年限为 10 年，单利利率为 10％，单利计息时的年利息为 0.1 美元，10 年内的利息为 1 美元。10 年后的本金加利息为 $1.0 + 1.0 = 2.0$ 美元。如果复利计息，将每年的利息加入到当年的本金中，作为下一年计息的本金，则 10 年后的本加息为 $1.0 \times (1+0.1) \times 1.1 \times 1.1 \times 1.1 \times 1.1 \times 1.1 \times 1.1 \times 1.1 \times 1.1 \times 1.1 = (1.1)^{10} = 2.59$ 美元。与单利计算差别显著。事实上今天的很多贷款采用复利计息。

一、复利因子

复利计息可用下式计算：

$$F = P \times CIF = P \times (1+i)^n \tag{15-1}$$

式中　F——资金的未来值；

P——资金的现在值；

i——某特定时段计息利率；

n——计息期数。

$(1+i)^n$ 为复利因子，用 CIF 表示。即：

$$CIF = (1+i)^n$$

本章末附有 CIF 表（见表 15-4）。

二、72 原则

经济学上有一个有趣的经验法则称之为 72 原则。指的是在复利计息条件下，几年可以使资金价值翻番。经验近似算法是用 72 除以利率。例如，年利率为 6％，则 72 除以 6

等于 12，即 12 年可翻番。代入复利因子公式，$F \div P = (1.06)^{12} = 2.012$，说明利率为 6‰ 的情况下，12 年后的资金价值大约是当下现值的 2 倍。同样，如果利率为 8‰，$72 \div 8 = 9$，即需要 9 年可使资金价值翻番。套入复利计算公式，$F \div P = (1.08)^{9} = 1.999$，大约为 2 倍。

72 原则在正常利率范围内估算结果基本正确。

三、资金回收因子

资金回收因子（CRF），又称为成本回收因子，用来描述以等值在一段时间内返还贷款。随着贷款本金的偿还，时段内应支付的利息应该减少。如果本金以等值返还，随着前期利息的加入，每期的返还应发生变化。大部分人愿意等值还款，CRF 就是用来计算在一定还款期内，复利计息时的每期等值还款额（本金加利息）。例如：以 1‰ 的月息借款 100 美元，还款期为 10 个月。第一个月应还 11 美元（每月还本金 10 美元，第一月的利息为 1 美元，合计 11 美元）。第二个月，应给付 10.9 美元（本月应还本金 10 美元，计算利息的本金为 $100 - 10 = 90$ 美元，利息为 $1‰ \times 90 = 0.9$ 美元，合计应付 10.9 美元）。但如果要每月等值返还，返还额为 10.28 美元。计算时要用到回收因子 CRF，回收因子计算类似于复利因子 CIF，公式为

$$A = P \times CRF \tag{15-2}$$

$$CRF = \frac{i \times (i+1)^n}{(i+1)^n - 1} \tag{15-3}$$

式中　　A——每期应返还额；

　　　　P——资金现值；

　　　　i——每期利率；

　　　　n——期数；

　　CRF——资金回收因子。

上述公式看上去有些令人眼晕，但还有一些简化方法。最简单的方法是通过利率及期限查表获得。大部分商务计算器内置复利因子计算公式，Excel 也内含回收因子计算公式。本章末附有资金回收因子计算表（见表 15-5）。

四、摊还

摊还指的是将一笔资金均匀分摊到某一段时间内。分摊到每一期的资金包括本金及利息。这种方法一般用于将灌溉设备的初始成本分摊到设备的寿命期内，假定购买资金来源于银行贷款，以等值分若干期返还银行。

这种方法常用来决定设备购买资金的年使用成本。初始成本以年等值返还、固定利率，用 CRF 分配到设备使用年限内。

比如，设备购买贷款额为 70000 美元，利率为 6‰，设备的使用年限为 20 年，CRF 为 0.08718。年摊还额为：$70000 \times 0.08718 = 6102.6$ 美元。如考虑 20 年后设备残值为 10000 美元，则年摊还额为 5230.8 美元。

五、折旧

折旧是一项将设备的初始成本分布在几年内回收的财务技术。从财务技术上讲，折旧

是将设备及设施的初始成本在其可产生收入年限内的分配。折旧不考虑购买设备时所用资金的利息（机会成本）。折旧代表设备的老化，使用消耗及功能退化。美国国家税务局认可的折旧计算方法有几种。但常用的一种方法叫直线折旧法。此种方法的折旧计算公式如下：

$$SLD = \frac{设备初始成本 - 设备寿命终值}{设备寿命年限} \tag{15-4}$$

式中　　SLD——年直线折旧值。

【例 15-1】　一台中心支轴喷灌机的初始成本为 70000 美元，预期寿命为 20 年。20 年后的残值为 10000 美元。则年直线折旧费为：

$SLD = \dfrac{70000 - 10000}{20} = 3000$ 美元，即年折旧费为 3000 美元。

另一种折旧计算方法称之为余额递减折旧法。递减法为加速折旧法，每年折旧费不同，折旧期内早期年限折旧费最高。此法每年的折旧费是以设备未贬值初始成本（账面价值）的一定百分数逐年计算，直到价值降到期末残值为止。

六、摊还与折旧比较

设备初始成本的年成本可以用摊还法计算也可用折旧法计算。摊还法计算简单，不需要复杂计算，考虑年利息即可，导致设备寿命期内的年成本为等值。本章用摊还法计算年成本，不用折旧法。但很多情况下，折旧法比摊还法好。［例 15-1］中，直线折旧法算出的年成本为 3000 美元，直线折旧法算出的年成本为 5200 美元。但是，如果将利息加到折旧里（假定贷款 35000 美元，年利率 6%，年成本为 2100 美元），折旧法得到的总年成本为 5100 美元（3000 美元＋2100 美元），与摊还法算得的年成本 5200 美元差不多。

七、其他年成本

初始成本的年成本除了本金及利息外，还有其他成本，如保险费。设备每年可能还要支付保险费，与设备类型及保险费类型有关。

第三节　年运行成本

年运行成本与设备的运行直接相关。有的运行成本如设备维修费，可能随设备使用时间的增加而增加。

一、能耗费

能耗费用为运行费的主要组成部分。水泵抽水耗能取决于水泵出口压力及出水量。灌溉系统的出水量需求取决于作物、土壤、气候及灌溉系统效率。总能耗不只与系统压力有关，还与水泵及电机效率有关。

图 15-1 显示的是主要能耗组成部分之间的关系。箱子内浅蓝线标示的为抽水需要的

水能，取决于抽出的水量及水泵出口压力。浅蓝线盒子尺寸与暗蓝线盒子尺寸之比为水泵效率。黑箱尺寸与暗蓝箱尺寸之间之比为电厂的效率。这说明每一部分都对总能耗有贡献。能耗成本由黑箱子的大小及系统运行时间确定，形成一个三维系统。

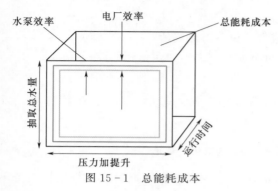

图 15 - 1　总能耗成本

灌溉的目的是给植物提供有效水量（净灌溉需水，用 IR_{net} 表示）。灌溉水利用率（E_a）指的是净灌溉水量与毛灌溉水量（用 IR_{gross} 或 Q 表示）之比，即

$$IR_{net} = IR_{gross} \times E_a \qquad (15-5)$$

灌溉水利用率取决于系统设计、土壤特性、灌溉方法、灌溉管理。

水泵的效率影响能耗。一般灌溉用泵所消耗能量的 $70\% \sim 80\%$ 用来产出所需要的压力及流量，有的水泵的效率更低。水泵的初始效率取决于泵的设计，但运行磨损会逐步降低效率。抽水能耗与毛灌溉水量及总水头成正比。制动功率等于抽水功率除以泵效率（E_p），输入功率（P_{IN}）等于制动功率除以供电设备的效率。

$$P_W = K \times Q \times H \qquad (15-6)$$

式中　P_W——抽水功率；

　　　K——与功率 P，流量 Q 及水泵扬程有关的常数；

　　　Q——水泵总出水流量；

　　　H——水泵总扬程。

$$P_B = \frac{P_W}{\dfrac{E_P}{100}} \qquad (15-7)$$

式中　P_B——制动功率，hp 或 kW；

　　　P_W——抽水功率，hp 或 kW；

　　　E_P——泵单元效率，%。

$$P_{IN} = \frac{P_B}{\dfrac{E_{ps}}{100}} \qquad (15-8)$$

式中　P_{IN}——输入功率；动力设备输入功率，hp 或 kW；

　　　P_B——动力设备提供给水泵的功率，hp 或 kW；

　　　E_{ps}——动力设备的效率，%。

将上述公式组合，得出：

$$P_{IN} = K \times IR_{net} \times \left(\frac{H}{E_a \times E_p \times E_{ps}}\right) = K \times IR_{net} \times \left(\frac{H}{E_o}\right) \qquad (15-9)$$

式中　E_o——总效率（$E_o = E_a \times E_p \times E_{ps}$）。

电以度购买，柴油以升购买。上述所有效率影响能耗成本。显而易见，我们必须使各个效率最大化。

地面灌溉的灌溉水利用率为 $35\%\sim50\%$。喷灌系统的效率为 $60\%\sim85\%$。微灌效率可达 $85\%\sim95\%$。柴油机的效率一般为 $30\%\sim50\%$，电动机的效率在 $80\%\sim93\%$。

将最低效率与最高效率组合，可得不同组合效率。$E_a=0.35$，$E_p=0.70$，及 $E_{ps}=0.30$；可得出 $E_o=0.074$、$E_a=0.93$、$E_p=0.80$ 及 $E_{ps}=0.35$；因而得出 $E_o=0.93\times0.80\times0.35=0.260$。最高效率与最低效率的比为：$0.260\div0.074=3.51$。不过这并不意味着大部分能量系统的效率要达到最大，但要知道最大、最小效率之间的能耗差是非常显著的。另外，如果水泵的扬程高，单项效率的意义重大。这可以从 [例 15-2] 中看出。

【例 15-2】 一个微灌系统的工作压力为 138kPa，提水高度为 3m。表 15-1 为不同组合下的柴油泵能耗成本。

表 15-1   [例 15-2] 表

喷灌类型	效率			提水高		压力		总水头		比较	
	灌溉	水泵	柴油	ft	m	psi	kPa	ft	m	因数	成本/美元
微灌，低提水高度，高 E	0.9	0.8	0.35	10	3	20	138	56	17	223	1.00
微灌，高提水高度，低 E	0.9	0.7	0.30	500	152	20	138	546	166	2890	12.97
高压喷灌，低提水高度，低 E	0.9	0.8	0.35	10	3	85	586	206	63	818	3.67
高压喷灌，高提水高度，低 E	0.5	0.7	0.30	500	152	85	586	696	212	6629	29.76
高压喷灌，高提水高度，高 E	0.9	0.8	0.35	500	152	85	586	696	212	2762	12.40
中压喷灌，高提水高度，高 E	0.9	0.8	0.35	500	152	45	310	604	184	2396	10.76

图 15-1 及表 15-1 中的表格显示，能耗成本与灌溉水利用率，水泵效率及动力效率有关。扬水高度高，摩擦损失大，工作压力高条件下，如果效率低，能耗成本会更高。[例 15-6] 中，提高灌溉水利用率、水泵效率及动力效率使得能耗成本降低 62%。高压喷头、高扬水高度、高效率下的能耗与中等压力喷头、高扬水高度、高效率下的能耗成本基本没什么差别。

灌溉管理人员可以控制灌溉水利用率及工作压力，但常常不能控制扬水高度。

二、维修及养护费

维修与养护费用常作为设备初始成本的一部分。发电机的维修养护费可能要占到年初始成本的 2%。移动式灌溉系统或易被拖拉机损坏的设备的维修养护成本占年初始成本分摊的 0.5%。管网系统被认为无年维修养护费用。

三、劳务费

劳务费是运行费中的主要费用。有的灌溉系统本身就是劳动密集型的。例如，移动式喷灌，虹吸管地面灌溉系统就是劳动密集型的灌溉系统。中心支轴式喷灌机属于低劳动密集型灌溉设备。计算劳务成本时，工人的福利一定要计算进去。如果一些劳动是业主自己完成的，应当把工作时间的机会成本考虑进去。

四、取舍分析

灌溉系统设计常常涉及取舍分析（方案对比、选择）。例如，高效率的发电机及水泵可能购买价更高，需要分析比较后选择。

【例 15-3】 一个灌溉系统年运行时间为 1000h，水泵扬程为 60m，额定流量为 170m³/h。电机效率为 95%，水泵效率为 70%，水泵使用年限为 20 年。计算利率取 6%，电价为 0.08 美元/(kW·h)。计算水泵效率提高 1%，用户要支付的年能耗费用多少？20年能耗差的现值多少？

水泵效率为 70% 时，抽水功率为：（200×750）÷（3960×0.70）＝54.1hp＝40.4kW。年消耗电能为：（40.4÷0.93）×1000＝43441（kW·h）。年电费为：43441×0.08 美元＝3475.28 美元。效率提高 1%，即提高到 71%，则年电费降为 3423.60 美元，年差额为51.68 美元。

据利率 6%，使用年限 20 年，计算得 CRF 为 0.08718。利用式（15-3），差额的现值 $P=A÷CRF=51.68÷0.08718=592.80$ 美元。

效率从 70% 提高到 75% 的年费用差额的现值为 2698.33 美元。

另一个取舍分析例子是输水管路直径大小与抽水成本比较分析后的取舍选择。利用上述例题中的数据，通过对比、分析两种管径导致 5psi（34kPa 或 3.4m 水头）压力损失差，选择管径，见下例分析。

【例 15-4】 假定通过两种不同管径输水引起的压力损失差为 5psi（3.4m 水头），此压力损失差导致水泵总扬程需求从 61m 增加到 64.5m。假定水泵效率为 75%。

上述两种扬程下的年抽水成本分别为 3427.57 美元（64.5m 扬程）及 3239.67美元（61m 扬程），年成本差为 187.90 美元。$CRF=0.08718$，则成本差总现值为187.90÷0.08718＝2155.31 美元，意味着采用细管比采用粗管要多付能耗费2155.31 美元。

【例 15-5】 上例中的概念可以用来选择管径。待选管径的单米采购价不同，摩擦损失也不同。管道为美制 Class 160 PVC IPS 管。管段过流量为 7.5L/s 或 27m³/h，管长为150m。管道使用寿命为 20 年，每年运行时间为 1000h。计算年利率为 8%。待选择管径：3in、4in。由美国灌溉协会管道摩擦损失表查得两种管道的摩擦损失。3in 管的单位长度损失为 0.235kPa/m，总损失为 35.8kPa。4in 管的单位长损失为 0.068kPa/m，总损失为10.3kPa。3in 管的初始成本为 13 美元/m，4in 管为 16.4 美元/m。两种规格管道的单位长初始成本差为 3.4 美元/m，总成本差为 510 美元。计算利率为 8%，使用年限为 20 年情况下的 CRF 为 0.10185。利用［例 15-4］的方法计算得年水泵成本差为 22.1 美元。选择那种管道更经济？

初始成本差为 510 美元。利用［例 15-4］的分析，年水泵运行成本差为 22.10 美元，现值为 22.10÷0.10185＝216.99 美元。4in 管比 3in 管节约的运行成本为 216.99 美元，而多出的购买成本为 510 美元，两者尚差 293.01 美元。因此，采用 4in 管从经济上分析不可行，应选用 3in 管。

五、现值、净现值及内部回报率

在制定灌溉投资决策时，三个财务分析工具很重要。它们是现值、净现值及内部回收率（又称投资回报率）。这三个指标都基于未来资金的现值。资金现值及未来值已在复利因子中介绍过。式（15-1）显示的是现值与未来值之间的关系。概念是，未来一定量的现金，折算到今天，不值那么多。将式（15-1）反过来，就是考虑复利后的现值计算公式，如式（15-10）所示。

$$P = \frac{F}{CIF} = \frac{F}{(1+i)^n}$$

(15-10)

式中　F——未来某时间点的资金价值；

　　　P——未来资金的现值；

　　　i——计息时段内的利率；

　　CIF——复利因子；

　　　n——年限或计息期数。

式（15-10）说明，未来资金除以复利因子就是资金的现值。如果未来有一系列现金发生，知道其量及发生时间，可以算出所有未来资金的现值总和。

【例15-6】　表15-2所示为今年及未来五年现金流的净现值计算表。投资额为500美元，期望在未来5年每年返还150美元。如果年利率为8%，计算净现值。从表15-2中看出，投资500美元，净现值为98.91美元。也就是相当于，现在投入500美元，按今天价值算，净收益为98.91美元（不含风险）。Excel里含有净现值算法公式。当然，自己做这样的计算表格也很容易。

表 15-2　　　　　　　　　　　　　　　　　[例 15-6] 表

年限	未来现金流/美元	CIF	现值/美元
0	(500)	1.00000	(500.00)
1	150	1.08000	138.89
2	150	1.16640	128.60
3	150	1.25971	119.07
4	150	1.36049	110.25
5	150	1.46933	102.09
		净收益 NPV	98.91

六、内部回收率

内部回收率（IRR）定义为现金流的净现值为0时的利率，又叫贴现率。计算净现值时不需要负值，计算 IRR 时需要负值。假定回报来自投资，即未来产生的现金流回报是由投资引起的。手算求解 IRR 有点难度，用 Excel 内置函数可计算。

表15-3显示，现金流现值为零时的利率为15.238%，即 IRR 是15.238%，意思是每年回收150美元，回收5年，即可将投入的500美元全部收回，回报率为15.238%。

表 15-3　　　　　　　　　　　投资回报率计算举例

年限	未来现金流/美元	CIF	现值/美元
0	(500)	1.000	(500.00)
1	150	1.152	130.17
2	150	1.328	112.95
3	150	1.530	98.02
4	150	1.764	85.06
5	150	2.032	73.81
利率	15.238	净收益 NPV	0.00

注　表中带括号数字为初始投入。

七、总运行费

估算总运行费之前，要先估算系统造价及系统组成部分的造价。Scherer（2005）举例给出了几种灌溉系统的系统造价及总运行费用，见表 15-4。

表 15-4　　　　　　　　　几种灌溉方法的单位面积投资　　　　　　　单位：美元/hm²

灌溉方法	中心支轴喷灌机	带角臂中心支轴喷灌机	平移喷灌机	大喷枪系统	滚移喷灌机	滴灌
公顷数/hm²	52.6	61.5	63.9	63.5	63.9	63.9
流量/(L/s)	49.2	57.5	59.8	59.4	59.8	47.9
系统成本/美元	50000	70000	76000	42000	40000	140000
井成本/美元	30000	30000	30000	30000	30000	30000
管道成本/美元	3000	3000	7500	34000	17500	30000
控制设备/美元	7000	7000	7000	7000	7000	7000
总投资/美元	90000	110000	120500	113000	94500	177000
每公顷投资/美元	1710.69	1788.22	1884.53	1778.49	1477.91	2768.15
折旧/美元	85.55	89.40	94.22	88.93	73.91	138.40
利率/美元	51.32	53.65	56.54	53.35	44.33	83.05
保险/美元	8.55	8.95	9.41	8.90	7.39	13.84
合计/美元	145.42	151.99	160.17	151.18	125.63	235.29

上述计算表 15-4 中假设：预期寿命为 20 年，无残值；利率为 6%，保险率为每 0.5%；中心支轴喷灌系统、中心支轴地角喷灌系统、平移喷灌系统、大枪喷灌系统、滚移喷灌系统及滴灌系统的灌溉水利用率分别为 0.85、0.83、0.86、0.65、0.70 及 0.90；水泵扬程为 30m；水泵效率为 75%；能耗价为 0.09 美元/(kW·h)；系统每年运行时间为 1000h。计算结果见表 15-5。

表 15 - 5 　　　　　　　　　　几种灌溉方法的年运行费用

灌溉方法	中心支轴喷灌机	带角臂中心支轴喷灌机	平移喷灌机	大喷枪系统	滚移喷灌机	滴灌
每公顷投资/美元	145.42	151.99	160.17	151.18	125.63	235.29
运 行 费						
压力/kPa	276	345	345	827	517	207
抽水功率/kW	44.33	59.45	59.64	137.25	92.91	35.89
总能耗/美元	3991.22	5352.90	5370.10	12357.60	8365.57	3231.86
能耗/hm²	75.86	87.02	83.98	194.49	130.83	50.54
劳务成本/美元	18.53	18.53	24.71	49.42	61.78	61.78
养护费/美元	25.66	26.82	28.27	26.68	22.17	41.52
小计/hm²	120.06	132.38	136.96	270.59	214.77	153.84
总 运 行 费						
总计/美元	265.48	284.37	297.13	421.77	340.40	389.13

表 15 - 5 中给出的系统参数从经济上讲几乎是最理想的。假定 1 台灌溉 960 亩地的中心支轴喷灌机，投资额与表 15 - 5 所列的中心支轴喷灌机差不多。如果这台喷灌机只能半圆喷洒，则单位面积投资额会翻番。

生产实践中，如果采用亏水灌溉，则灌溉系统的经济比较结果可能会与充分灌溉的结果大相径庭。表 15 - 5 中各种灌溉系统的经济效果差别是在充分灌溉条件下得出的。如果采用亏水灌溉，灌溉水利用率会发生变化（增加），各系统之间的经济效果差减小。水资源有限地区采用亏水灌溉，利润可能更高。表 15 - 5 中滴灌系统的成本来自美国灌溉协会微灌小组的经济返还算法（2008）及 Oznet SDI 计算软件。

表 15 - 5 中的灌溉系统成本及效率数据只是一个例子，实际成本及效率值可能与表 15 - 5 中值有差别，应当根据系统具体情况计算获得。

参 考 文 献

IA. 2008. Drip - Micro Irrigation Payback Wizard®. Falls Church，Va.：Irrigation Association DripMicro Common Interest Group Market Development Subcommittee.

KSU. 2010. Excel spreadsheet for center pivot and SDI comparison. CP _ SDI10. Manhattan，Kan.：Kansas State Univ.

Lamm，F. R.，D. M. O′Brien，D. H. Rogers，and T. J. Dumler. 2008. Using the K - State center pivot sprinkler and SDI economic comparison spreadsheet -2008. In *Proc. 21st Annual Central Plains Irrig. Conf.*，177 - 187. Colby，Kan.：CPIA.

O′Brien，D. M.，D. H. Rogers，F. R. Lamm，and G. A. Clark. 1998. An economic comparison of subsurface drip and center pivot sprinkler irrigation systems. *App. Engr. in Agr.* 14（4）：391 - 398.

Scherer，T. 2005. Selecting a sprinkler irrigation system. NDSU Ext. Bulletin AE - 91（revised Aug. 2005）. Fargo，N. D.：North Dakota State Univ. Coop. Ext.

第十六章　水资源管理和环境的保护

作者：Sarge Green、
Kaomine S. Vang、
David F. Zoldoske

编译：张骥

　　灌溉行业必须认识到水资源的使用会对其他资源造成潜在的危害。一个好的灌溉系统不仅要考虑到水资源保护，还要考虑到能源需要、土壤流失或土质改变、水质与空气质量变化以及在水资源消耗以外的环境资源变化（陆地及水生态系统）。今天，水土保持的定义还包括整合资源管理战略，最重要的是要可持续发展。

　　水资源保护的种种战略需要整合供需策略以及灌溉、水资源使用所带来的潜在危害，包括能源损耗、地下含水层或表层水体的水质恶化及第三方危害。灌溉行业有义务使水资源的利用效率最大化。这一章主要描述了一些关键性概念，确保长期保护水资源的战略，例如应采取的科学技术及应该制定的政策，如何通过制度性的安排来合理使用我们有限的资源。

第一节　水资源管理及水资源利用率

　　为什么水资源管理及水资源利用率如此重要？在开发了数十年后，发达国家的许多地区，从经济的角度看，已经接近可用新鲜淡水资源的极限。这里不光指干旱及半干旱地区，同样也包括热带及温带地区。这并不仅仅是有多少可用水资源总量的问题，更是用水的时机和流量的问题。以下是一些例子。

　　一篇由美国 Sandia 国家实验室撰写，标题为"我们的全球水资源"的文章指出全球有十一亿人口正缺乏每日的基本人均水供给。文章相信到 2030 年，全球有三分之二的人口会生活在水资源紧缺的区域。图 16-1 是 2003 年水资源短缺指数。

　　不仅仅是水资源供给的紧缺，水质也由于杀虫剂、农药的大量使用以及人工排放的污染而受到影响。许多水资源都由于污染而无法使用。缓解这种情况有两个必要的途径：第

图 16-1　2003 年水资源短缺指数（来源：世界资源研究所）

水资源短缺指数
低
中等偏低
中等偏高
高

一，我们必须持续的教育公众住宅以及工业排放污染带来的危害；第二，持续的开发水处理技术从而改善本地水资源的水质。随着对水资源的需求增多以及技术的改进，水处理的成本会变得可以接受。

当下，有关水资源的脱盐技术以及再利用技术正在被开发。在那些只有少数或根本没有用水供给，但仍然拥有必要的经济基础的区域，正在改进脱盐技术来满足人们对水的基本需要。尽管在传统的标准看来，水处理的成本很高，但如果与一个已经存在的水资源系统相结合，那么平均的成本会变得合理，特别是运用了大量的水资源保护的技术。Sandia国家实验室正在开发一种系统化的评估程序，通过改进技术和降低成本来提高人们对开发脱盐技术的兴趣。一个例子是在石油领域正在进行的水资源再利用研究中的副产品：当以 8：1 或更高的比例萃取石油的时候，会产生微咸水。

根据国际期刊《经济学家》2008 年 9 月的文章：农业用水正在逐渐干涸，水资源短缺在全球范围内变得越来越明显。一个国家的水资源短缺通常会影响到其他国家及地区。如果由于水资源或粮食短缺造成社会的不稳定，那么政府就会在水权的使用上采取严厉的限制。这样会造成边界的问题从而带来区域的不稳定性。另外，由于发展中国家中产阶级的队伍逐渐庞大，人们的饮食习惯也在改变，很有可能会食用大量的肉类产品。因此我们不但要面对随着人口增加而带来的水资源需求的激增，同时还要应对随着经济繁荣而带来的更为丰富的饮食，从而引起的人均水资源用量的增长。种植 1kg 的谷物会消耗 1000L 的水，然而生产 1kg 的牛肉则会消耗 15000L 的水。

另一个潜在的问题是气候变化的不确定性。气候的变化会影响作物的生长模式、区域性降水分布的差异以及灌溉制度的反应（或相关的）。最后，农业对于水的使用会减少。世界上 70％～80％的淡水资源被使用在农业上，但在很多地区由于水资源匮乏，会使水资源首先满足人们的日常需要，例如埃及，几乎所有的农产品都依赖灌溉。表 16-1 显示了灌溉水量的变化。

表 16 - 1   世界主要灌溉国家的灌溉面积及用水统计（来源：水百科全书　农业和水）

国家	灌溉面积 /1000km²	灌溉耕地在总耕地中 的比例/%	灌溉用水量 /1000km³	所有抽取的水中 用于灌溉的比例/%
全球	2296	19	2236	69
中国	523	52	400	87
印度	490	29	353	93
美国	209	11	196	42
巴基斯坦	163	80	151	97
墨西哥	62	25	67	86
埃及	33	100	47	86

　　尽管全球仅有约 20% 的耕地使用灌溉，但这些耕地提供了全球 40% 的粮食产量，更重要的是，这些粮食大部分是人们最需要的。

　　全世界每年抽取的可再生水资源的比例变化很大。如大部分人预料的，北美的人均取水量最高，而非洲最低。图 16 - 2 展示了可再生水资源分布以及世界上不同的地理区域的人均取水量。

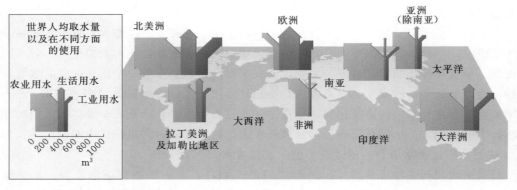

图 16 - 2   水患-废水处理在可持续发展中的中心地位（联合国环境保护署，2010）

　　Sandia 国家实验室编写了水供给与能量关联的数据。其中指出，可用的水量与可用的能量消耗量直接关联。加州是一个显著的例子。2005 年，加州能源委员会评估出本州 19% 的电被用在了抽水或水处理上。用水与能源之间的微妙联系确实存在。例如，全世界大部分国家都使用地面灌溉的方式来耕种庄稼，因为相较于喷灌或微型灌溉，地面灌溉的能源使用相对较低。在很多时候喷灌或微灌的确能够提高田间的水分布均匀度，但需要付出更高的每亩用电量。然而，无论使用哪种灌溉方式，减少用水量都能够达到节能的目的。

　　随着用水与能耗之间这种共生性的联系变得愈发需要，为了长期的可靠性，它们理应被一同来管理。干旱期由于水量较低，抑制了水驱动发电站的发电能力。在美国很多地区的地下含水层水位下降，导致地面上升和由此引起的抽水耗电的增加。在美国很多地区，特别是西南地区的取水量超过了降水量。图 16-3 展示了美国全国取水量与降水量的不足。

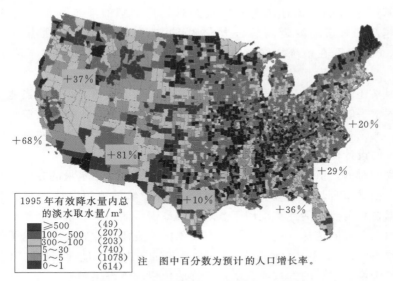

1995 年有效降水量内总的淡水取水量/m³	
≥500	(49)
100~500	(207)
300~100	(203)
5~30	(740)
1~5	(1078)
0~1	(614)

注　图中百分数为预计的人口增长率。

图 16-3　美国境内的水资源短缺情况（来源：美国能源部）

第二节　水资源管理规划

任何灌溉方案的第一步都是制定规划。这个规划应该涉及灌溉系统的目标和任务，包括如何避免非计划中的结果出现或者第三方的影响。近些年来，粮食产量最大化一直都是许多农业项目设计最主要的目标。现在，这个目标应改成每亩投入与产出比的最理想化。无论投入的是水、电、还是化肥，这个新的目标都不应是产量的最大化，而是净投资回报的最大化。

与此类似，园林灌溉的设计既要满足广大受教育程度较高的用户的审美，同时也要使其对操作和维护的成本有基本的理解，包括基于当地条件的水资源的使用。许多设计都包括既满足当地作物或相似的作物对水的需要，同时也能够满足用户的需要。另外，如果景观区域能够吸引并留住野生动物也应被视为一种积极的因素。最后，我们也应该认识到巨大的树荫在夏天起到的降温作用以及草坪起到的降尘和提供氧气作用带来的直接效益。一个 15m×15m 的草坪可以为一个四口之家提供足够的氧气，同时又可以吸收二氧化碳、氟化氢以及硝酸盐等。

规划过程中的问题不仅包括水资源使用效率的目标，还要涉及其他在设计过程中可能出现的危害。例如，如果设计中需要升压系统将水抽入精准施肥系统或解决进水的压力问题，那么就需要分析额外的能量需要。这个例子中需要考虑如下几个问题，但并不仅限于这几个问题：①能量的来源是什么——基于碳的或是可再生能源（水能、风能、太阳能、地热能等）；②这种能源的额外生命周期成本；③在这种设计中所使用的材料的碳排放量是多少。

这些问题的答案将会改变系统设计的标准，从而将危害降到最低。目前的设计也应考虑到未来隐藏的成本。不幸的是，影响采购的决定往往都是基于低价格。最理想的采购决定应该是基于系统的寿命成本分析。很多时候最低廉的系统往往有着很高的长期成本。例如，越小的管道需要越高的压力来弥补内部的压力损失（在小型管道中输送等量的水）。这个成本会在系统的寿命中一直延续，即便是已经规划出了能量成本的增加。

其他的考虑因素还应包括在选择深井用水泵时只考虑当前的地下水位。当地下水水位下降到一个更低的水平时，对可预见的水供给的长远规划可以做出不同的决定。

最后，水源，无论是水质还是水量，在很多地方都很可能发生变化。对未来做出长远的规划可以对系统的设计做出最合理的选择。

另一个用户要面对的，由可用水资源减少而引起的问题是使用水量的方式：预算或者指定的用量标准。在城市环境中，预算的概念会涉及分配给城镇用户特定的水量或者方数。用户可以根据自身需要灵活地支配用于景观以及室内生活用水的水量。预算为用户提供了不同的生活用水方式的选择（例如，一个有孩子的家庭用水方式与一对退了休的老夫妇的用水方式截然不同），而不是仅限于使用一种固定的方式和水量。用户的第一方水应设定在一个合理的价格。之后的方数或者水量阶梯的价格应该设定的较高从而杜绝浪费或不正当用水的现象。

许多用户都能理解预算的概念，并且基于每个庭院看起来都差不多的前提，用户都更偏向于按自己的需要选择用水而不是将用水量设定在一个固定的标准。然而，使用固定的用水量所诉求的是一种标准，因为这种方式实施起来更加简单，并且在大型的社区内可以强制统一性。问题最后归结为社区的价值：这个社区是更愿意自主地分配自己的资源，还是愿意严格的强制性管理水资源？最后，无论是哪种方式，都不应违背水资源可持续发展的原则。

也可以使用混合的方式来管理经营社区的供水量。例如，对于一些室内的设施，像淋浴头、水龙头、马桶以及洗衣机，通常都会使用国际的标准。这样既能够增加水资源的使用效率，也能使这些设施能够有效地运转。早些时候，由于草率的在器具上都一概使用低用水量的标准而导致这些器具无法正常使用，使得这些标准屡屡受挫。一个很明显的例子是最初的低流量马桶设计。低流量、多次冲水可不是一种有效的节水技术。这个问题再次印证了在大规模的改变标准之前，需要对装置进行适当测试和评估。

水资源管理的底线是共担责任的概念。这意味着灌溉工程师和用户都要理解对未来的用水量以及水资源危机的分析是不断变化的。设计要反映出未来可预见的变化趋势以及可能出现的情况，比如可用水量的减少。举例来说，在一个干旱的地区，如果园林景观灌溉系统的设计者设计的系统能够预测出在未来可以减少使用系统的次数，从而表明其对于用水环境改变的理解，那么这会是一个用户更乐于接受的设计方案。在设计方案中充分考虑可能出现的问题、潜在危害以及可能发生的自然和制度改变带来的影响非常必要（见表16-2）。气候变化会引起不同程度的湿润及干旱循环。制度的改变包括法律、法规、条例以及标准。设计的内容变化包括采用非饮用水源、缩短灌水周期、灌水定额变小、降低工作压力等。

表 16-2	水资源管理审验清单

1. 规划设计

设计方案应考虑以下因素：

（1）资源预算：水、能源或者碳以及由于可用能源的改变而采取相应的减少或者应急预案。

（2）对环境的影响：对工地外环境（水质、土地侵蚀、陆地以及水环境）的影响以及对工地内环境的改善。

（3）制度及法律法规方面的考虑：法律、法规、许可以及其他可能的改变。

（4）备用资源战略：是否有可以替代淡水或者电的资源，同时系统设计时是否可以获得这些资源？例如中水或者咸水，工地内的可再生能源（风能、太阳能），以及植物资源。相对于水资源发生变化时不易处理（例如干旱或者水质改变），这些资源会更容易控制。

2. 水资源管理审验

对于一个已经存在的灌溉系统在水资源保护方面的审验应该至少包含如下因素：

（1）现存的设计是否与已知和预估的资源环境相适应？

（2）如何改进现存的灌溉系统才能使其更加符合对于环境保护的要求？

第三节 系 统 设 计

水资源以及能源保护的核心始于系统的设计阶段。再好的管理也无法弥补系统设计上的缺陷。最理想的情况是设计者熟知当地可用的水量和水质，以及可预测未来可能发生的变化。水量与水质季节性的变化应体现在设计中。系统设计的考虑要素应侧重于地下水埋深的变化（季节性或长期变化趋势）、地下水水质的变化（例如季末水藻）或者联合使用地表、地下水时的其他相关问题（地表水为水源，有时与地下水混合使用）。

即使在选择灌溉系统时会尽量考虑降低初始投资成本，但是，在购买及操作灌溉系统前预估其生命周期成本也必须包括熟知水量保持的原则。参见第十五章的经济计算。土地的开发者一般都会选择价格低的方案，因为他们只是单纯地想把地产卖给下一个买家。

在一些应用中，用水与耗能的关系成反比。为了节省用水量，我们可能会使用一个非常耗电的灌溉系统。一个经常引用的例子是农业灌溉中将渠道灌溉转化为加压灌溉。对于某些水源，这个过程中实际消耗的能量会非常大，例如，如果水源是从地下100多ft的含水层抽水，那么额外增加的用于向微灌或喷灌系统加压的能量会很小。相反的，如果是从蓄水池或水渠中取水，即使之前这些水是靠自留进入渠道或蓄水池，而抽水所需要的额外增加的能量也会非常大。

通常情况下，使用耗能较小的地面灌溉在加压系统中很难实现较高的水量分配均匀度。在大量黏性土壤中由于土壤的渗水性低，使用地面灌溉会造成大量的径流。在不同的条件下，处理径流需要运用额外的管理方法，比如尾水回收系统，由于这个系统需要添加能量部件，因此也会增加能耗。另外，高速运转的系统会有不可控的向外排放。由于这些排放会排出不需要的化学物质或者盐分，因此会影响周边环境。

水资源和能源的一个重要区别就是水资源是有限的，而电能可以通过不同的方式制造，并且传输不受距离的限制，但长距离输送水正在越来越受到政治因素的局限。当下，几乎所有可用的水资源的分配和管理都有指定的用途。这是驱使灌溉方式从地表灌溉向加压灌溉转换，从而保持现有水资源可持续利用的根本原因。然而，我们应该注意到，"减少水资源的使用就能够节省能量"的看法是一个认识上的误区。典型例子就是用水泵从潜藏新鲜淡水资源的土壤含水层抽水和提取利用深层水。这一过程很显然要消耗很多的能量并且会降低水质，而结果的综合效率会使任何田间节水的措施变得无效。

第四节　水资源管理审验

当面临升级现有的灌溉系统来提高水分布均匀度，或是提升农业或园林灌溉管理的效率时，首先应该是审验。为了用合理的花费来实现水资源使用效率的目标，则必须要设立一个改变的底线。审验可以体现系统现有的状态，并且可以帮助决定原始的设计是否可以通过设备的改变或是管理方法的提升来达到一个新的高度。审验需要对灌溉的技术和原理有深刻的掌握。为了获得最佳的效果，审验者应该出示其受过专业的教育和培训的认证，以及有着丰富的灌溉技术工作经验。聘用一位独立的审验者可以避免推销某公司制定设计或设备之嫌，这样可以确保审验的目的由利益驱动。

用户需要通过培训来认知审验的结果。真实的数据以及正确的解释对于做出决定非常重要。一次成功的审验应该是能够直接找到解决方案，而不是一次尝试，或者是一个导致不必要的成本或是不期望的结果产生的过程。现在的审验也应该遵从整合的方法。这个方法意味着审验的过程必须包括审查目前以及未来灌溉的限制、能源管理的考虑以及一系列在原始设计中不存在的参数。在灌溉系统的设计阶段，提出一组有关问题以及注意事项的清单（见表 16-2）会对完成最终的审验非常有帮助。在第十四章中有对审验过程更全面的阐述。

第五节　水资源管理措施

水资源保护措施的范围可以从制度上一直延伸到田间。农业灌溉和园林灌溉中有很多常见的措施。

在制定措施时首先应该测量水量。正如常言中说的在管理水之前要先测量。掌握流量对于水资源的管理非常重要。考虑到许多水源的水质持续下降，并且很难再获得新的高质量水源，现在一个总的趋势是为满足作物需要而进行的水处理。在农业中，如果将排水和高质水混合后可以满足或者超过作物的需要，那么短期内无需再进行费用高昂的水处理。

现在城市中越来越多地使用经过三级处理的水作为园林灌溉的水源。在这种情况下，用户可以选择在园林中种植更多的高耐盐性作物。现在有些区域使用中水为住户提供补偿性灌溉用水，但在很多区域，中水并未被充分利用。另外，使用蓄水池来收集雨水以供未来使用正变得越来越流行。

为了我们共同的未来，教育公众提高水资源保护的意识非常重要。如果教育是成功的，那么用户使用灌溉系统不但是满足今天的需要，更是为了适应未来可能发生的变化。

第六节　水资源管理措施案例分析

一、农业水资源管理措施

1. 制度性措施：美国堪萨斯州西南部地下水管理区

堪萨斯州的部分地区位于十分重要的奥加拉拉盆地，其覆盖了美国中西部落基山脉东麓的大部分地区。建立西南堪萨斯州地下水管理区是为了制定基本的用水条例，明确本地居民的水使用权，以及确保管管理区内的法令不违背堪萨斯州的基本法律和政策。早在西南堪萨斯州发展农业以及城市化之前，区域内的地下水都自然地流入地表水中，比如阿肯色河或锡马龙河。由于高估了地下含水层的再补充能力，过度打井以及过度开采井水，共同造成了地下含水层水位的下降。由于地下水位下降，河水的水位也随之下降，因为地下水的水位已经低于了河底。

在这种情况下，管理区决定其长远目标是改进水资源的规划战略，提高对田间水井的管理以及控制非法的水资源使用。其他的目标还包括对地下水水力分区进行鉴别和分类。紧接着，他们制定了对水力分区分类的时间表及如何完成工作任务。这一系列制度性的举措对抽取地下水进行了严格的限制。管理区的这一水资源保护措施确保了管理区内的抽水以及水资源使用在已经有些失控的情况下，水资源仍可以得到可持续发展利用。

2. 回收措施：美国加州西 San Joaquin 山谷整合田间水排放的管理策略

在美国加州的 San Joaquin 谷地区，由于浅层地下水中含有大量的盐分，因此整合田间的排水管理（IFDM）是一项针对农田土壤中的含盐性水分进行管理的重要举措。不同于传统的农业地下水管理方法（历史上的大型开放式蒸发池会威胁水鸟的迁徙），IFDM 将水和盐分保留在独立的田地中（或者一块合作的区域）。IFDM 通常分为 3～4 个阶段：第一阶段，将咸水回收并直接应用于耐盐性作物；第二阶段，从耕种耐盐性作物的区域抽取地下水并用于浇灌盐土作物或喜盐性作物；第三阶段或者最后一个阶段，使用综合的技术脱盐（如果成本可以接受），或者将残余的盐水传输到太阳能蒸发器，其可以在未来收集并储存半固态以及固态的盐，并且不会积水。额外的补充阶段（第四阶段），将优质水与在第一或第二阶段回收的水混合，并再次用于经济价值高并且耐盐性的作物。IFDM 是一种很好地使土地所有者避免为处理排出的盐水而造成大量环境污染的方法。

3. 灌溉中的非预期后果：美国加州 Stanislaus 郡对沉积以及排放到田地外的化学物质以及养分的控制

灌溉产生的径流会造成大量的外部环境问题。通过土地平整来改变坡度是一种常用的解决方案。然而，并不是所有的农业或者城市用地都可以被平整。通常采用的一种备选或者补充的方法是，灌溉之前在水中使用聚丙烯酰胺（PAM）来防止农业用地中的物质随水流向外排放，PAM 是一种合成的可溶性聚合物。使用 PAM 的优势在于它可以减少由灌溉引起的腐蚀。通常来说沉积物本身是一种外部的水质问题（浑浊），或者由于沉积物可以物理性的吸收，因此会释放出其他可溶于水的污染物。由于使用 PAM 会提高土壤的渗透率并超过维持作物生长的需要，因此需要对土壤进行一些改良。PAM 有很多形态，比如干颗粒状、液态和固态。研究显示使用 PAM 可以降低侵蚀度达到 90％～95％。在第十九章以及第二十八章中也会讨论 PAM 的使用。

沉淀池是另一种帮助减少农田或城市土壤侵蚀的很好方法。沉淀池容积水和颗粒物，水流在沉淀池中流速变得缓慢，颗粒物沉积下来留在池中，通过沉淀后较为优质的水流出。使用沉淀池的优势在于，它可以帮助促进改善下游水的水质并减少沉积物。它的劣势在于大型的沉淀池造价昂贵，并且要经常清洗。尽管如此，沉淀池仍然被广泛使用，并且是一种最有效减少污染的方法之一。

植被渠沟是一种宽型的低速率渠沟，它的用途在于：当水从田间向下游水池或排水沟排放时，通过植被渠沟减缓的流速和渠沟中的植被可将水中污物容蓄在渠沟中。相较于传统的排水沟，植被渠沟裸露在外的土壤更少。这样可以帮助减少田间排放物的污染（见图 16-4）。使用植被渠沟的优势在于它可以减慢水的流动速度，降低侵蚀，并防止溢出。植被渠沟的缺点在于：会占用农田或者城市用地，并需要每年进行维护清理，否则会成为害虫们的聚集地。

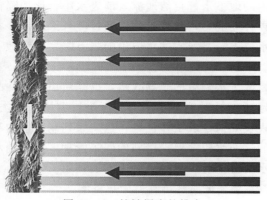

图 16-4　植被渠沟的排水

以上几种方法都在加州的 Stanislaus 郡被成功的试验和实施。该郡内的径流以及害虫曾经经常性的污染下游 San Joaquin 河流。

二、城市水资源管理措施

1. 制度性的措施：美国威斯康星州麦迪逊水资源保护措施启动

即便是美国的北部地区，比如气候温和的中西部的北部，也面临着十分严峻的水资源使用以及管理的问题。威斯康星州制定了一系列的法律法规来保护其河道，节约用地，重振城市的周边以及促进节约能源。威斯康星州州长号召相关部门政府官员与利益相关者一起组成联盟，讨论对水资源的需要并组成了一个覆盖面很广的议事委员会。委员会召开了一次研讨会，覆盖的议题包括全方位的节水、公共事业的角度以及制定一个全面的水资源管理的规划。在研讨会以及几次会议之后，一份包含委员会最终决议的报告被提交给了州长。一些联盟认为重要的领域包括教育、水资源使用责任制、购置节水设备、拨款地的水资源节约率以及发展水资源回收再利用的战略。其他一些委员会感兴趣的话题还包括外展服务、改进数据收集以及开发全面的教育项目。

2. 解决方案：澳大利亚维多利亚州墨尔本市西水利用项目及美国马萨诸塞州 Millis 市案例

西水利用项目，是由澳大利亚维多利亚州墨尔本市政府开发的一个水资源可持续发展项目。该项目致力于水资源零污染可持续发展。从 1999 年开始，墨尔本经历了非常严重的干旱，被迫改变其水资源的使用方式。维多利亚州政府要求到 2010 年年底水资源使用减少 25％，2015 年年底减少 30％。一份研究显示，住宅楼宇用水占总用水量的 59％，非住宅楼宇用水占总用水量的 30%。鉴于此，城市西水利用项目得出结论：需要以用水量大的用户为目标，帮助他们改进用水方式，从而提高用水效率。

他们开发了两种节水的方案：第一种叫作"WaterMAP"，致力于商业用户用水管理；第二种叫"ResourceMAP"，致力于工业用户用水管理。通过这两种节水方案，城市西水项目帮助墨尔本市在 2007 年节水 1.06×10^9 gal。

为了应对水资源管理的问题，美国马萨诸塞州的 Millis 市开始发展一套全面的节水战略。其中之一是基于区域内的河流水量来减少水的供给，然后给住家和公司装上水表用来管理水的使用。基础水价由水表的大小决定，并按方收费。战略的另一部分是教育公众什么是不恰当的用水并且应该如何改正。教育的内容涵盖了家庭的用水效率，设备的维护，在一些商业区对水的再利用，以及教育公众制定合适的景观灌溉制度。

3. 城市及城郊景观用水管理：美国佐治亚州格里芬市的佐治亚试验站草坪灌溉管理

草坪对于环境有很多的益处，但其主要的目的是控制水以及风对土壤的侵蚀（Carrow 等，2002）。为了制定一套有效的草坪灌溉或者水资源使用的战略规划，则必须要解决三点问题：首先，这个规划必须是基于科学的；第二，必须使用一套系统的方法；第三，必须与最好的管理实践相结合。一套为草坪设定的基于科学的节水规划应包含 10 条策略：①选择合适的草种；②优先使用非饮用水；③有效的灌溉设计；④先进的灌溉制度；⑤节水景观设计；⑥集水措施；⑦改变管理的实践；⑧教育公众；⑨发展节水战略以及制定应急方案；⑩场地监测（Waltz，2007）。

三、综合管理措施

1. 区域性水资源规划：得克萨斯州水资源问题，美国得克萨斯州水资源发展委员会

美国得克萨斯州有 10 个地区制定了整合水资源的管理战略。方案中给出了准备的成本、行动项、参与的机构以及目标。群体的目标是确保满足合适的水资源需要，减少需求，教育政策的制定，以及公众参与。委员会的主要担忧在于：区域性人口的持续性增长，以及应对不断增长的对水资源的需求，仅靠水资源规划已经不能满足。整合性规划的核心战略是可持续发展。在某些情况下某些地区不可持续的使用水资源、能源（例如碳）以及土地，预示着问题的来临甚至已经成为了问题。得克萨斯州的 Rio Grande 河谷盆地面临的不可持续发展问题非常严峻。这些问题对政策的制定者来说都是极大的挑战。因此，灌溉专家应该积极地参与到规划的制定过程中从而使其能够更好地服务于公众以及用户。

第七节　总　结

本章始于将保护定义为对自然资源的规划性管理来防止过度开发、破坏以及忽视。没有什么能比合理的管理水资源更为重要。正如上述所提到的，眼下这个星球上有超过 10 亿人无法喝到干净的饮用水。随着世界人口的不断增长，这个数字无疑会继续增加。如果不考虑这个对于后代的恶性影响，那么终有一天我们的水资源会枯竭。袖手旁观无疑是不负责任的做法。

　　因此应对这样的挑战是灌溉系统的设计者、拥有者以及政策制定者对下一代责无旁贷的使命。诚然我们的后代们会继续依赖农业灌溉来满足其饮食上的需要。但是美学和环境上的益处会使景观灌溉变得越来越普遍。随之而来的是水源、水质以及水量的变化。这样的改变要求我们要比从前变得更加的有创造性，并且更加理解我们的环境。这将使灌溉用水进入一个新的时代。

　　最后，通过灌溉的方式来实现节水正变得越来越复杂，并且需要更多的创新技术。水资源并不是唯一需要保护的资源，但无疑是最基本的，因为没有水就没有生命。水资源是有限的，既不能被创造也不能被毁灭。然而，在很多情况下水资源都是不可再利用的。同时，水资源也是我们环境中的一部分，是一种最多的储存、输送以及循环的资源。人类能够使用的只是水资源中很少的一部分。保护水资源、能源、养分、元素以及生物群体资源需要整合的战略以及基于科学来制定政策。水资源保护的关键是基于能够实施的战略规划和提供技术并培育用户水资源保护意识的专家。合理的战略规划以及适宜的技术能够帮助确保我们现在以及将来都有足够的水资源。

参 考 文 献

California Energy Commission. 2005. Staff report：California's Water - Energy Relationship. CEC - 700 - 205 - 011 - SF. Sacramento：Calif. Energy Commission.

Carrow，R. N. ，P. Broomhall，R. R. Duncan，and C. Waltz. 2002. Turfgrass water conservation. Part l. Primary strategies. *Golf Course Management* 70（5）：49 - 53.

Connell，D. 2009. City West Water's Water Conservation Solutions Program. SSEE 2009 Interna - tional Conf. Melbourne，Australia：Soc. for Sustainability and Environmental Engineering.

Diener，J. 2009. Integrated on - farm drainage management（IFDM）. In *California Water Stew - ards：Innovative On - Farm Water Management Practices*. Davis，Calif. ：Calif. Institute for Rural Studies.

Economist，*The*. 2008. Running dry：Water for farming. Sept. 20，2008.

Flowers，B. 2004. Domestic Water Conservation：Greywater，Rainwater and Other Innovations. Ann Arbor，Mich. ：ProQuest.

Grafton，R. Q. ，C. Landry，G. D. Libecap，and R. J. O'Brien. 2009. Water Markets：Australia's Murray Darling Basin and the U. S. Southwest. NBER Working Papers 15797. Cambridge，Mass. ：National Bureau of Economic Research.

Kresge，L. ，and K. Mamen. 2009. *California Water Stewards：Innovative On - Farm Water Manage - ment Practices*. Davis，Calif. ：Calif. Institute for Rural Studies.

Sandia Technology. 2005. Our global water future：A critical strategic resource challenge. Sandia Tech - nology 7（3）：2 - 4.

Silvy，V. ，B. Lesikar，and R. Kaiser. 2005. Views from the River Front，Rio Grande Decision Makers Rank Water Conservation Strategies. TCE Publication B - 6180. College Station，Tex. ：Tex. AgriL - IFE Coop. Ext.

Southwest Kansas Groundwater Management District. 2004. GMD3 Revised Management Plan. Garden City，Kans. ：SW Kansas Groundwater Management Dist.

Texas Water Development Board. 2010. Texas water matters：2011 Region C Water Plan. Austin，Tex. ：Tex. Water Development Bd.

UNEP Grid Arendal. 2010. Sick water: The central role of wastewater management in sustainable development. Arendal，Norway：United Nations Environmental Programme.

U. S. Dept. of Energy. 2006. Energy Demands on Water Resources. Report to Congress on the Interdependency of Energy and Water. Washington，D. C. ：U. S. Dept. of Energy.

Waltz，C. ，ed. 2007. Best management practices for landscape water conservation. Bulletin 1329. Athens，Ga. ：Univ. of Ga.

Water Smart. 2009. Water conservation quantitative research report summary. Homewood，Ala. ：Storm Water Management Authority.

Wisconsin Public Service Commission and Dept. of Natural Resources. 2006. Report to Governor Doyle：A menu of demand side initiatives for water utilities. Madison，Wis. ：Wis. PSC/DNR.

第十七章　灌溉设备采购和服务承包

作者：Edward M. Norum、
Thomas A. Wyatt

编译：张骥

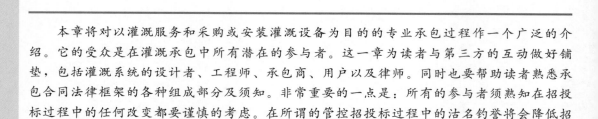

　　本章将对以灌溉服务和采购或安装灌溉设备为目的的专业承包过程作一个广泛的介绍。它的受众是在灌溉承包中所有潜在的参与者。这一章为读者与第三方的互动做好铺垫，包括灌溉系统的设计者、工程师、承包商、用户以及律师。同时也要帮助读者熟悉承包合同法律框架的各种组成部分及须知。非常重要的一点是：所有的参与者须熟知在招投标过程中的任何改变都要谨慎的考虑。在所谓的管控招投标过程中的沽名钓誉将会降低招标的竞争性，减少供应商的兴趣，并造成公司的财政损失。

　　灌溉合同的内容范围主要涉及灌溉系统的设计、安装以及灌溉系统管理的选择和性能。某些合同也涉及了用来安装或者替换灌溉系统设备的采购。以下是本章所涉及的灌溉合同中一些常用文书介绍：

　　（1）包含专业以及技术性内容的文书即技术申请书（RFTP）。技术申请书需要从灌溉系统的设计者、顾问以及工程师那里获取系统设计、规格、合同或其他技术特点等相关内容的信息。在许多行业中，技术性申请书通常泛指申请书（RFP）。然而，申请书的适用范围很广，包括材料和服务。相比之下，RFTP更加准确地指定了那些仅包含技术性服务的内容。

　　（2）采购设备及材料的报价单（RFQ）。报价单是在竞争的基础上采购设备以及材料供应，而不是服务。但是有时在采购设备及材料的时候会将安装费用也列入报价单，这样的合同文书在技术上被叫做"招标邀请书"（IFB）。有关IFB的描述在本章后面介绍。

　　（3）灌溉系统安装及设备材料供应的承包。灌溉系统安装承包商和设备供应商之间的合同是灌溉业中最常见的执行合同类型。获取这类合同需要一系列的步骤，从发布招标邀请书到验收最终的系统性能。

　　承包的程序和术语在国家之间甚至在一个国家的不同地区之间都会有不同。通常承包的细节取决于项目的大小。具体而言，比较大型的项目中用语会相对严格和正式。这里所展现的信息部分来源于美国政府的草案以及国际咨询工程师联合会（FIDIC）。因此它超越了地区甚至是国家间的界限。然而，读者须注意到承包的用语以及具体的细节会受到当地政府、项目的本身特性以及之前承包商之间关系的影响。

第一节 承 包 用 语

以下所定义的术语在承包文件中经常使用。为了提供一份精确的合法协议，对于术语的定义也必须精确。读者需要注意，承包中常用术语会根据当地政府、行业协会以及项目大小的不同而不同。

（1）投标：承包商为购买者提供的执行以及完成工作的报价。

（2）投标保证：一种第三方承诺确保投标者不会在出价被接受的阶段内撤销投标，并且会履行招标邀请书中的书面合同以及提供担保。

（3）工程材料清单（BOM）：招标中所规定的材料的数量以及价格。

（4）合同：一种文书，它包括合同条款，说明书，图纸，材料清单，投标、中标通知书，协议书以及中标通知书或协议书中所包含的其他文件。

（5）合同价格：在中标通知书中指明的付给中标者用于履行其工作的价格总数。

（6）承包代理：为授予合同负责的机构。

（7）中标方：投标价被接受的一方。

（8）图表：工程师提供给中标方的所有的图纸、计算以及技术类的信息（若出现图表中数据与其他文件的数据不符的情况，以图表给出的数据为准）。

（9）工程师：由业主指定的在合同中代表业主的工程师。所指定工程师通常为有专业执业资质的注册工程师（PE）。

（10）不可抗力：影响合同的超越中标者控制范围的条款。

（11）中标通知书：业主下发的正式书面接受报价的文书。

（12）误期赔偿：合同的条款之一，规定了如果中标者的实际工期大于合同中规定的工期，那么中标者须按天支付给业主的赔偿金额。

（13）报价人：为投标提供报价的销售产品或者提供服务的个人或组织。

（14）业主：合同中所指明的业主或业主的合法继承人。

（15）业主代表：在合同条款中声明的代表业主的人，通常是专业工程师。

（16）支付保证：确保合同中规定的工作能够按时完成的一部分保证金。

（17）履约保函：保证人为了确保能够履行合同中的要求而作出的书面承诺。

（18）技术规格：在材料清单中显示的材料的规格，包括图标和标准。通常包含三个主要部分：一般条款、材料及履行约定。

第二节 专业及技术性服务采购协议

技术性建议书，也叫RFTP，是业主经常使用的用于获取专业及技术性服务采购的法律文件，例如灌溉专家、景观建造师或者工程师的设计。从整体上说，RFTP是一种正式的协议，通常供具有严格要求的大额合同或者大型项目使用，例如由政府项目或者财政机构出资的项目。通常在大部分的灌溉工程中购买技术性服务不需要那么多的步骤以及条款（在接下来的部分中会讨论，标题为"购买寄出灌溉项目中的技术性服务"）。适用于RFTP的灌溉工程通常包括维护服务、系统评估以及准备申请许可。当需要承包这样的服务时，最大的考虑是聘请合适并且有经验的专家。尽管价格也很重要，但通常是第二考虑的要素，并且都需要通过谈判来达成。因此，在RFTP中并不包含价格，而且价格通常都是基于专家的资历或者与项目相关的承包商。在这个过程中，竞争依然是很重要的因素。一份正式的RFTP通常包含以下的步骤：

（1）对灌溉项目的宣传。

（2）对潜在的专业公司进行资格预审。

（3）准备技术建议书。

（4）分发技术建议书。

（5）回收并评估提交的建议书。

（6）面试投标的公司。

（7）为承包选择专家。

（8）商谈邀请。

（9）完成承包合同。

对于项目的宣传最好的方法是借助当地的报纸以及商业周刊。宣传应对项目进行描述并在资格预审问卷中提供相关的信息，或者直接提供技术建议书，如果需要使用问卷。以下是一份通常使用的资格预审问卷文本清单：

（1）公司简介。

（2）工作人员分类。

（3）相关项目的宣传副本，或其他能代表该公司实力的材料。

（4）有关项目的经验（例如实际完成的项目）。

（5）财务状况。

（6）设备资源。

对于一些大型的项目，业主会要求投标者按照某种标准的格式来提供信息，例如美国建筑师协会表格254和255。标准的表格可以确保投标人的格式保持一致。

通过分析提交的建议书，业主或者业主代表可能会决定一个至少有三家公司的名单。任何不符合条件的公司都不再考虑，并应告知他们。

实际的建议书文件应酌情包含以下的部分：

（1）工作说明书。工作说明书应该包含双方协议的实质以及业主和中标者各自的责任。同时还应包含对项目的详细说明，作为对所需要的服务的描述。另外还有一些其他的描述地点、工作环境以及预估的技术问题的项目。编写工作说明书最具逻辑性的方法是定义项目的目标并附上一份按时间顺序排列的、用于完成任务清单。

（2）大事纪要。大事纪要列出了项目的开始时间、完成关键事项的重要日期以及最后的项目完成时间。

（3）关键人员承诺书。这部分要求中标者必须根据项目的需要提供与之匹配的专业人员，并附上其简历。

（4）合同类型。合同类型取决于项目特性及工作说明。选项包括时间率合同、总价合同、或带费或不带费的成本补偿合同。

1）时间率合同。当服务没有固定的时间和长度，但有已知的技能类型时，这种合同很有用。固定的工资、管理费用以及利润基于时间单元来支付。差旅费以及补贴要基于成本补偿费用。

2）总价合同。当服务的范围以及周期被提前告知从而可以对服务做精确的预算时，通常使用这种合同。

3）成本补偿合同。当工作量不确定或者现场条件阻碍精确地计算成本时，建议使用这种合同。在这种情况下，中标者的所有合理的、被允许的以及可分配的成本外加固定的费用都会得到补偿。

（5）合同草案（如果时间允许）。合同草案中的条款会明确合同中的各方、适用的法律和法规、项目的性质、工作描述书、关键的工作人员、报告、合同的金额以及付款方式、滞纳金、预付款、审计、委派、分包、工程变更通知、修改、争议和申诉、不可抗力、合同终止、人工标准以及工人的赔偿保险。合同草案应该由非常熟悉合同法的人来起草，并交由律师审阅。

（6）评估的标准。最后，技术建议书应包含用于评估的描述。

技术建议分发给专家以及入围的组织，或者是所有感兴趣的专家和组织，如果在资格预审阶段没有使用问卷。在收到技术建议书后，将开始按照标准进行审核。评分者将会独立的为每一条标准评分（例如 1～10 分）。最后，将会根据每一项的平均得分对每份建议书给出最后的评估。电脑绘制的数据表是最适合用来绘制评估的工具。一份最终的名单将按顺序显示所有符合要求的意见书。

得分最高的专家或者专业组织需要提交一份成本预算，并与承包代理商的成本预算相比较。最终的协议通过双方谈判达成。谈判可能也会涵盖技术建议书的所有部分。如果最终没能和得分最高者达成协议，那么将会和得分第二高的进行谈判。

一、常规灌溉项目承包中的专业及技术性服务购买

尽管技术建议书为任何技术性服务合同都提供了坚实的框架，当所需要的工作十分基础或者当合同的参与者彼此都很熟悉的时候，技术建议书中的条例就变得过于复杂冗长。在更多的非正规情况下，确保技术性服务的过程通常都简化成需求建议书（RFP）。对于大多数灌溉合同中典型的小型或者中型项目，筛选的过程通常只有几步，然后就开始选择符合条件的技术专家或公司。需求建议书与技术建议书的目标一样：选出最符合条件的候选人。然而不同于技术建议书，在需求建议书中会要求标书费，并与投标者的资格同时考虑。投标的竞争将会基于投标者的资格以及项目的成本。

在最简单的情况下，业主已经知道候选人或企业的资历，然后发给候选人非正式的文本描述服务的范围、规格、项目的时间表以及回复建议书的截止时间。感兴趣的候选人会回复一份包含建议的工作、材料、日程以及成本和费用的建议书。由于业主熟知这些候选人，因此就不再着重强调资历了。选择的标准包括服务的费用以及候选人的声誉，包括业

主与他们过往的经历。业主也可以不选择其中任何候选人的建议，或者评估别的选项。业主也可以和投标者商讨费用。

当业主对于服务商的资历并不熟知的时候，可以向候选的服务商发出需要其提供资历的要求，或是通过商业报纸或者贸易期刊征求资历。不要与寻求报价混淆，寻求资历是向服务商征求其相关资历的信息。寻求资历包括一份对项目以及所需工作的描述。基于提供的资历，业主会选择一个或者多个候选人并邀请他们提供一份包含费用的建议书。业主会根据费用、资历以及其他相关的因素挑选候选人。任一方都可以商讨费用以及其他的条件。

技术服务也可以通过描述项目、所需要的服务、资历以及费用的需求建议书从感兴趣的候选人中挑选来直接购买。感兴趣的服务商应该在其回复中包含他们的资历以及对提出的服务和费用的回应。业主或者发布需求建议书的代理可以从符合条件的候选人中选择出价最低的作为中标方。随着灌溉项目变得越来越大也越来越复杂，非正规的需求建议书也变得越来越像在前面介绍过的正规的技术建议书。

二、灌溉设备及材料采购协议

当承包目标为灌溉设备以及材料时，通常使用报价请求来寻求能满足其要求的材料报价（与技术建议书类似，这个过程通常简化为征求价格）。报价请求的过程一般没有投标邀请那么正式。业主不必选择最低的报价。也可以考虑其他的因素，例如尽早的运输时间。无论什么时间运输，设备和材料都应该使用通用的标准和规格，例如那些由美国材料实验协会（ASTM）、美国国家标准协会、国际标准组织以及美国农业及生物工程协会制定的标准。当一些产品无法找到完全的标准时，可以使用相同的描述。例如伸缩式喷头的液压性能标准很容易说明（例如湿润半径、工作压力、伸出高度、喷洒的弧度控制）。然而，要说明所需要的喷头的构造质量却几乎是不可能的（例如塑料及金属部件的标准）。但是，知名品牌或者同等的品牌却可以说明。因此，一定品牌的供应商须提供能够证明其供应的是该品牌的真实产品。在可以进行比较试验的地方可以使用实验的方法验证。如果出现使用其他品牌的情况，供应商须向工程师证明其提供的替代品与原品牌的产品质量相同。极少数情况下，如果无知名产品可选，也可从独家指定供应商采购。

在报价请求书中也可以包含附带服务，但应仅限于安装设备或培训工作人员。如果包含了实际的建造工作，那么就需要使用投标邀请书。

正式的设备及材料报价请求书包括以下的步骤：

（1）采购宣传。

（2）对竞标人进行资格预审（可选）。

（3）准备报价要求书。

（4）分发报价要求书。

（5）回收并评估报价要求书。

（6）合同授予。

如果要对竞标人进行资格预审，那么就无需公共宣传的阶段，并直接将报价请求书发给预审的竞标人。这种方法适合于采购高技术性能设备从而确保竞标人的资格。宣传书须包括：

    （1）业主的名字和地址。

    （2）关于采购项目的描述。

    （3）预期的发货日期。

    （4）预期的合同类型。

    （5）提交报价请求书的截止日期。

    通常发布的报价请求书都有一封邀请信。邀请信会邀请竞标者对于合同中需要采购的设备、材料以及相关服务进行竞价。其他邀请信中包含的文件包括：

    （1）对竞价者的说明。说明中需明确并解释如下的问题：①报价请求书的数量和日期；②承包代理商的名字；③报价开始的日期；④投标担保或抵押（如果有）；⑤报价的验收阶段；⑥最低价者中标；⑦竞标准备会议；⑧所需要的报价基础（投标保证金、成本、保险、物流等）；⑨其他评估的因素（运输时间、提供特别的资质等）；⑩有权利拒绝所有的报价；⑪需要的产品质保。

    （2）报价/授予合同表格。这是一个分成两部分的表格。第一部分提供正式的报价、所有参考的文件以及授权人的签字。第二部分需要业主或者业主代表签字表示同意接受报价。

    （3）报价表。报价表采用材料清单格式（BOM），需列出所需要的设备和材料的描述以及数量。竞标者须填写货品的单价以及总价。

    （4）投标保证金以及履约保证金。投标保证金通过确保竞标人将会履行书面合同以及提供其要求的额外保证金来保护承包的组织。保证金可以是一个具体的金额或者竞标价的百分比（例如 5％～10％）。履约保证金是在承包商违约的情况下用来保护业主的手段。当承包商违约时用来赔偿业主。通常履约保证金应为合同价格的 100％。

    （5）合同条件。合同条件阐明了合同应该如何履行以及履约时间。合同条件应包含以下条款：①定义；②管辖法律；③交货计划；④安装及操作计划；⑤检测要求；⑥争议和申诉；⑦合同终止；⑧质保；⑨调价；⑩付款请求、限制条款、变更约定、合同修改、不可抗力、违约赔偿金、备用条款、所有权归属。

    （6）技术规格。这部分详细说明了用来定义每一项产品的所有信息、可用的标准以及规格。信息必须足够准确从而让竞标者可以估计成本以及让业主能够确定其提供的设备和材料是自己所需要的。同时还须包含可用的检测程序、标准以及图纸。

    报价请求书被分发给所有的专家、需要的公司，以及业主希望提供报价的公司或者组织。在评估报价单时，应该给出合理和负责的原则来评估报价以及竞标者。在评估时应该通过比较竞标价和工程师所做的成本预算。在评估竞标者时应着重评估其技术资历、管理能力、工作负荷能力以及财力。

    报价请求书列出了决定最具有竞争力的报价的所有标准。价格通常是最重要的因素，但交货日期、备用零件以及技术支持同样很重要。最终的决定权在业主，并且不必选择最低的报价。如果对合同有利。那么业主保留谈判的权力。在谈判后方可签订合同。最原始的合同也可以通过谈判来制定修改。业主同样享有不签署合同的权力。

第三节　承包灌溉工程的设备供给和安装

在灌溉行业中最常见的合同类型就是设备的采购和安装。因此，这些设备的安装者通常被称为承包商。尽管各地的条件、项目的大小以及范围、天气或者涉及的灌溉顾问都会改变合同的程序，但这类合同的程序基本遵循投标邀请书的条例。

与任何灌溉服务承包类似，承包灌溉工程的目的是：当一方无法自己完成这些工作时，在双方达成协议的基础上，由另一方来完成工作。承包灌溉服务的原因可能是由于缺少灌溉专家、时间或者设备。接下来的部分主要是关于正式的商业承包。大型的项目可能会含有多层的分包合同，这样整个过程会比较复杂。对于较小的项目来说，其中的许多步骤可以省略。通常假设灌溉承包商是主要的为业主或业主代表提供服务的承包商。

相较于由业主个人完成整个灌溉工程，将灌溉服务承包具有很多的优势，特别是当业主或者业主代表不是灌溉专业人士的时候。其中最大的优势就是承包商能提供专业性的灌溉安装服务。专业的灌溉承包商能够为业主提供性价比很高的服务，这是非灌溉专业承包商所无法提供的。另外，专业的灌溉承包商们一直都能接触到最新的技术和产品，这样可以提高灌溉系统的均匀性和效率。灌溉承包商熟知当地的地方法规要求以及行业惯例，这些是业主或者业主代表所不具备的。聘请一位专业的灌溉承包商可以避免因重复安装整个或部分灌溉系统所耗费的成本。最后，灌溉承包商们都经过专业组织的认证，这样可以确保其具有很高的行业操守和专业技能。

承包的优势与成本密切相关。通常来说，由于考虑到管理成本、利润以及在竞标过程中所产生的其他费用，聘请一位专业的灌溉承包商的成本会比由业主自己完成安装的成本要高。但从另一当面说，一位合格的灌溉承包商所具备的经验以及效率能够有效地节约时间以及总成本。在大多数情况下，聘请专业的灌溉承包商利大于弊。

一、系统的设计、建造和顾问聘请

承包灌溉服务的第一步是决定灌溉系统的设计和建造是否由承包商完成，或者委托第三方，例如灌溉专家顾问，来完成建造设计的文件。决定取决于业主方的灌溉专业知识以及业主希望参与灌溉工程的程度。系统的设计和建造需要业主方大量的专业知识以及监督。

设计和建造灌溉系统的第一种方案是，在初期使用较少的时间和成本，但据此后期系统的用水和维护成本会增加。选择这种方案的一个理由是通常系统的设计和建造在竞标时都会选择最低价者中标。而低价则往往会导致材料的数量和质量、水规划以及系统安装细节上的粗糙。当要设计和建造灌溉系统时，业主方应提供明确的设计思路以及规则以便保证合理竞争。但通常的情况是，大部分的业主并不通晓灌溉系统的原理和技术。之后就演变成了承包商来告诉业主所提出的灌溉系统的优势，包括水资源使用和长期的维护成本。业主或业主代表须根据评估每个承包商提出的方案的优势和劣势来做出明智的决定。这种方法的劣势之一就是业主或业主代表可能无法对灌溉系统设计方案做出正确的评估。

第二种方案是聘用专业的灌溉专家或设计师来消除设计和建造灌溉系统时的问题。灌溉专家首先会和业主或者业主代表面谈来收集设计灌溉系统所需要的信息并编写出建造的文件，包括灌溉工程的方案和规划。然后灌溉专家会结合灌溉系统的图纸以及灌溉地块的图纸，研究设计的要素，例如蒸发率、水源、建筑规范、地势条件以及产品的适应性等。灌溉专家也会从建造师、工程师以及园林建造师那里了解相关的信息从而确保设计能够满足工程的所有要求。灌溉专家通常会使工程体现极高的专业性。这种专业性能够帮助确保灌溉系统的用水能够尽可能的有效率，以及节约长期的维护成本。承包商的设计和建造中或许也会包含这样的专业性，但通常其专业性会大大低于灌溉专家。

灌溉专家的专业技能与时间成本和经济成本密切相关。聘请灌溉专家在设计和建造上的时间会更长，因为这会为整个工程增添更多的人员和交流。然而，聘用灌溉专家会在很大程度上减轻业主的负担，例如监管竞标的过程、监督安装、解决方案与实际场地间差异的问题、进行具体的测试和认证以及做最终审查。灌溉专家与业主间的合同可以设计到工程中的所有步骤，也可以仅限于设计阶段。

业主的另一个考虑要素是责任问题。比较典型的安排是灌溉专家会接受对设计的整体性负责，但不负责实际安装。这种安排的原因是设计者在实际安装的过程中投入有限。在设计/建造系统中，通常假设设计和安装由一个实体负责。而灌溉专家通常在研究工程上花的时间要远大于灌溉的设计/安装承包商。

二、投标邀请书

一旦竞标的合同被确定下来，那么业主或者业主代表须邀请潜在的竞标人来投标。对于私人公司来说，那么竞标可以通过在报纸上做广告，或是由业主或者业主代表列出之前合作过的承包商来完成。如果业主或业主代表在灌溉工程方面没有与任何承包商合作过的经历，那么最好的方法是找该地区内的专业灌溉组织。而公共工程则需要遵循正式投标的步骤从而确保公平。每个政府部门都有一套须遵守的准则。从最开始的宣传到最终授予合同，许多步骤都要使用报价请求书以及投标邀请书（在之前的章节中讨论过）。投标邀请书与报价请求书有着相似的宣传内容、支持文件以及合同条件等。

所有响应了投标邀请书的承包商都需要进行资格预审。也就是说，在邀请书中要列出承包商的资质。资质可以包括从业年限、完成的灌溉工程实例、制造商的培训、专业组织会员、认证以及所需要安装的灌溉系统的专业技能等。

以下是一个有关资质的实例：

通过资格预审的承包商需要专人全天候监管工程现场，有不少于 5 年的商业灌溉系统安装经验。承包商须提交 3 年内完成的 5 个灌溉工程项目。列出的工程实例中须有三项具有中央控制系统。承包商须是某一灌溉组织的会员。同时，承包商须经过专业的灌溉承包商认证，并且现在仍然能够达到认证的所有要求。

投标时所需要的所有资质类型须在投标前说明以避免失职和带有偏见的处理。对承包商的资格预审很有必要，因为这样可以避免浪费业主和承包商的时间。如果需要投标保证金，那么需要指明类型和具体的金额。

承包的下一步是召开标前会。标前会的目的是在会上对所有与会人分发合同的文件以及为竞标者提供足够的信息从而确保竞标者为同样的工程范围出价竞标。在承包过程中最具挑战性的环节或许就是竞标者为同样的工程范围报出具有竞争力的价格。而标前会则是第一次消除模糊概念的尝试。在标前会上将审阅所有提交的承包合同以及竞标人的资质。同时也会讨论一些承包的细则，例如投标截止日期、联系方式、工作时间以及特殊条款等。

一旦标前会的行政部分结束，接下来就将分发承包的文件并打开。一开始会有一段关于工程的简要描述，用于提供给承包商们关于工作的介绍。下一项必须展示的内容是施工进度计划。为了能够合理的报价，承包商须知道这项工程允许在多长时间内完成。例如业主或者业主代表需要在星期六为球场安装一套灌溉系统，那么承包商必须知道这一信息从而能够及时并相应地调整员工的休息日工资。

一份好的承包文件应该包含一张单位成本表，特别是对于可能会改变订单的大型工程来说。单位成本表是承包商安装一个单位零件所收取的费用，例如一个喷头，或者 1ft 的管材或者电线。一般来说单位价格表（见表 17-1）在安装如下零件时收费：电磁阀（大小）、喷头（类型）、控制器、管材以及渠沟。在工程范围内增加或减少零件时也会使用单位成本表。单位成本表可以帮助避免业主或者业主代表与承包商之间关于施工过程中以及施工完成后由于订单改变而产生的费用上的分歧。从竞标的角度来说，单位成本表也十分重要。通常来说，如果承包文件中的改变是可以预见的，那么单位价格低的承包商会比总价低的承包商更具有优势。

表 17-1　　　　　　　　　　部 分 产 品 单 价 表

产品	单位价格	产品	单位价格
1in 电磁阀	元/个	4in 手动闸门阀	元/个
1.5in 电磁阀	元/个	Sch 40 1in 管	元/ft
减压阀	元/个	Cl 4in 管	元/ft

在标前会上允许有问答环节，但大部分的问题应写在承包文件中并讨论。这个过程官方称作信息请求书（RFI）。设立正式的信息请求书程序有两个原因。主要原因是让业主、业主代表或者灌溉专家来准确的回答有关图纸以及规格中的问题。其次，可以作为一种书面的形式用于解决争端。在问答过程中出现的模棱两可可能会导致竞标的不公平性，因为竞标人可能不是在同样的工程范围内竞争。在最坏的情况下，对问题前后不一致的回答可能会引起诉讼。十分重要的一点是，在标前会上应有一位记录专员出席，用来负责收集联系方式，并记录会上做出的所有说明。任何在标前会上做出的口头说明都应被记录下并分发给与会人员，作为竞标文件的附录。

以下是一份标前会信息请求书的例子：

文献［1］～文献［6］指出，25 号阀门连接在控制器 A 上。图例中标明了控制器为 24 站，25 号阀是应该与控制器 A 上的另外站相连，还是应该安装一个额外的控制器？

标前会可以是远程的网络会议形式，或者在施工现场进行。在任何一种情况下都建议进行实地考察，从而让所有的承包商都能够根据实际情况来准备竞标。

标前会结束后，承包商们开始准备竞标，考虑自己的投标文件，回答承包商们提交的问题，以及准备施工进度。通常业主或者业主代表会要求承包商们为总价竞标，也就是在规定时间内完成所有工程量的总价。有时也需要对时间和材料竞标。这与使用单位成本表作为竞标的基础类似。在这种情况下，将对单位价格和预期的施工人员每小时的工资进行竞价。这种情况通常发生在没有正式图纸的小型工程或者为一个已经存在的灌溉系统作更新改造的施工项目中。

三、选择承包商并签署合同

在业主或者业主代表收到竞标文件后，他们会审查竞价的差异是否悬殊。如果存在差异悬殊的情况，那么就有必要召集所有的承包商再次对工程的范围进行说明和澄清。

初次审阅竞标文件时，要评估承包商所提交的价值分析项。这里的价值分析是指对承包商提出的变更项做价值分析，包括完成某项任务的替代方法分析或替代产品分析。业主、业主代表或者灌溉设计师须评估与承包文件的一致性。良好的商业道德反对业主或者业主代表与承包商一起评估变更项价值。价值分析应该由承包商们自行考虑、提出。

在评估完所有的竞价后，业主或者业主代表将会见两到三个在价格、方案、工程进度或者价值对比上最符合业主要求的承包商。这次会面的目的是再次确保这些承包商明确工程的范围和进度。在这次会面之后，业主或者业主代表将会掌握足够的信息从而选择一位承包商。同样，秉承良好商业道德的业主或者业主代表应该既通知中标的承包商，也通知没有中标的承包商。不需要告知没有中标的承包商最终是谁中标，也不必告知承包的成本。

承包过程的下一步是与中标者召开施工前会议。这次会议将讨论是由承包商完成所有的工程，还是将一部分工程分包出去；协调有关事项；选择材料储存的场地；以及有关安全、协调、或者施工进度等事项。

在正式的合同中，通常会有一个有关提交材料规格的部分。提交可以描述为一份计划完成工程所使用材料的清单。表 17-2 是这份清单的部分示例。

表 17-2　　　　　　　　　　工程所使用材料的清单示例

产品名称	编号	制造商	使用说明
Sch 40 PVC 管	无	XYZ 管业公司	主管小于 3in
Sch 40 管件	无	XYZ 管件公司	溶剂焊接接头小于 3in
12in 移动式喷头	124-c-p	XYZ 喷头制造公司	灌木喷头

这份提交的清单会确保工程中不会使用劣质的产品，同时也允许业主出于预算或者工程进度的考虑而使用备选的产品。这份清单还能帮助澄清承包文件中可能出现的冲突以及在建造过程中一旦发生争议可以作为参考性的文件。施工许可、管道工程许可、用电许可以及开挖许可都可以包含在清单中从而让业主或者业主代表知道所有的许可都已获得。

灌溉承包商可以立即开始工作或者等待其他人完成他们的工作后再开始，主要取决于对施工进度的要求。通常园林和灌溉承包商是最后阶段的工作。在这个时候，特别是对于大型工程，应急准备金已经启用，并且施工进度已经滞后。结果造成园林和灌溉工程的工期被挤压并且没有资金来加快进度。非常重要的一点是灌溉承包商要与园林承包商紧密合作来协调土地平整以及种植大树的问题。与其他的人员例如油漆工、电工等交流同样很重要，这样能够确保他们的工作进度不会与灌溉工程相冲突。

通常来说规范的文件都会要求在整个施工过程中要对灌溉系统进行测试。第一项通常是主管压力测试从而确保没有泄漏。灌溉承包商应确保测试由业主或授权人确认。在灌溉以及园林系统被安装后，一旦发生泄漏，那么对主管进行再次测试将非常昂贵。其他可能会被要求的测试类型包括首部系统的安装，在安装之前检查喷头的分布或者覆盖测试，以及在喷头安装后园林系统安装前测试喷头压力分布。在这段时间可能也要求对电线、管道等进行检查。

在施工期间，现场的实际条件总是会与设计中的有出入。当出现这种情况时，就必须对设计进行改变。一般来讲大部分的改动都会很小，并且承包商要通过改变现场的条件来确保工程的顺利进行。然而，即便是再小的更改都会造成不可避免的人工成本的增加。因此无论多么细微的更改都应该记录在承包的文件中。有些更改会很大并且会影响总的承包成本。这时附在竞标文件中的单位价格单就会在计算改变的成本上凸显其价值。在与业主或者业主代表讨论可能的方案选项后，承包商应该时刻记录下损失或者增加的时间，以及使用或者未使用的零件。在施工过程中应由业主或者业主代表出具改变授权书。这些在承包合同范围内的更改被称为工程变更。它会因此造成整个合同总额的增加或者减少。

有时需要对合同的图纸或者文件进行说明。在大多数情况下，合同中会概述解决这些问题的过程。这种说明有时被称作信息请求书，并且与之前讨论过的标前会信息请求书类似。承包商应该经常性地记录下业主或者业主代表所作的说明。说明应包括任何在合同收尾时在用工或者材料上做出的更改以防止引起争端。

以下是一份说明的案例：

附页 1～2 阐述了这个区域中的一处微小变动。该区域建有一个 8ft 高的屏蔽土丘，是否应该在土丘斜坡的底部安装带有止溢阀的喷头，以防低水头排水？

在大型的工程中，承包商应与业主或者业主代表定期会面来讨论在施工过程中基础合同范围内的变化值。而在小型的工程中，这种会面一般安排在工程进行中或者工程已经接近完工时。同意改变的证明以及单位成本表会帮助解决争端。如果没有相关的证明，那么会谈可能会终止并造成不良的结果。

四、合同收尾

在完成所有工作后，通常会要求承包商向业主证明合同中规定的所有工作都已经完成。在最后的检查中，业主或者业主代表会列出一个查到的不合格项的清单，这个清单被叫做剩余工作清单。通常建议承包商在业主检查之前先对工作进行自行检查，改正所有的不足之处。这将有助于最小化剩余清单上的工作数量，以及不必重新检查整个工程。剩余工作清单上的所有事项通常必须在结算前完成。有时剩余工作清单上的事项可能会超出承包合同的范围，那么这些事项应该被确认并按照之前讨论的步骤按照改变合同来对待。业主须清楚，在最终检查完成后，所有的工程就是实质性的完结了。这通常标志着在规格条款中规定的质保期的开始。

合同的结束通常被称作合同的收尾阶段。这期间承包商须提供合同文件中所规定的一切事项，包括维护及操作手册、质保书、施工记录图（例如竣工图）、工具以及维修的清单等。当把这些事项交给业主后，承包商应该收到一张签了字的收据，有时被叫做交接信函，证明业主或者业主代表已经认可了这些事项。操作手册和产品信息的交接确认了施工方已将灌溉系统的操作说明交给了业主方。当所有合同的条款被满足后，业主会授权付款给承包商。应付的金额可能会是整个合同的金额或者是余款，这要取决于合同中双方认可的付款进度条款。在大型的工程中，业主可能会保留一部分款项一段时间，被称作保留款，用于确保在合同完成后承包商会及时的修理质保期内的事项。

　　承包的整过过程，从设计、竞价、施工到最后的收尾，都应该使业主和承包商双方受益。任何一方都应该清楚合同的文件和对方的期望。因此良好的沟通必不可少。任何参与到合同中的一方都应该熟悉合同文件中规定的工程范围以及施工进度，从而可以清晰并专业地与其他参与方沟通。能够明确合同中的条款、提交一份优秀的建议书、并完成合同中规定要求的承包商可以给业主留下非常好的印象，并有助于未来的投标竞价。

第十八章　灌溉田间排水

作者：James E. Ayars

编译：乐进华

　　粮食生产统计数据表明，在全球粮食供应中，大约 35％ 的份额由灌溉农业提供，这一比例还会持续增加（Postel，1999）。因此，在全球范围内，随着粮食需求不断增长，灌溉农业将扮演一个越来越重要的角色。不论是在有降雨补给的湿润地区，特别是在干旱时期，还是在干旱半干旱地区，灌溉在农业生产中都是一种有效的措施。同样排水也是农业生产中不可分割的部分，尤其是在湿润地区认为是必要的。当然，在有持续灌溉的干旱区域，排水也是非常重要的。

　　需要排水的经典案例，可以从处在两河流域（底格里斯河和幼发拉底河）的美索不达米亚地区（即现在的伊拉克）的衰落中一窥。这里原是一个富饶的农业种植区域，依靠灌溉来维持。然而，该地区除了依赖土壤自然的排水能力，并没有建造其他排水设施。由于长期实施不良灌溉导致地下水位上升和土壤逐渐盐渍化，造成土地日益贫瘠并最终荒漠化。人们试图用许多方法来避开这种结果，但是都没有成功，由于缺乏足够的排水系统，导致一些村庄被遗弃和农业最后被终结（Gelburd，1985）。

　　国际灌溉排水委员会（ICID）最近统计了 97 个国家的数据，结果显示大约有 27110 万 hm² 的土地灌溉面积。然而，这些数据并没有提到需要排水设施的灌溉面积。而最新灌溉方式的统计表明，约 6％（1500 万 hm²）灌溉面积采用喷灌或微灌，这也意味着余下的采用地面灌溉。这是一件严重的事情，因为在其余 94％ 的世界灌溉面积上采用了被认为是比喷灌和微灌更低效的地面灌溉，地面灌溉需要足够的排水（可能是人工建造的）来维持作物生产。

　　灌溉的目的是满足作物需水要求。灌溉方法包括喷灌、微灌和地面灌溉（诸如沟灌、畦灌、大水漫灌和这些方法的组合）。地面灌溉的灌溉水利用率在 50％～85％ 范围之间，喷灌的灌溉水利用率在 80％～90％，微灌会超过 90％。深层渗漏损失的规模取决于选定的灌溉系统，包括它的设计、管理、土壤和需要灌溉的作物。土壤类型和特性的差异、灌水不均匀、灌溉供水与作物需水不匹配、需要通过灌溉控制根区盐分等都会导致灌溉效率低下。灌溉效率低的后果是供应到土壤中的水比作物实际需求多，而多余的水会变成深层渗漏。如果多余的水大于土壤的自然排水能力，就必须设法排出否则会形成涝灾。此时，土壤透气成为问题，也可能导致土壤盐渍化。

第一节 排 水 需 求

排水是一门从土壤剖面移除多余水分的一项技术，可使土壤环境有利于作物生长和管理。湿润地区，排水设计及管理通常要考虑灌溉后田间作业的及时性、土壤适耕性及土壤透气性。干旱和半干旱灌溉地区，土壤盐分管理是排水系统设计与管理要考虑的关键因素。

一、田间作业及时性

适时进入耕地、适时整地及适时播种对于实现农业高产至关重要。种植延时会造成减产或可能颗粒无收。潮湿土壤无法耕种，偏低的土壤温度会延迟种子萌发和生长。在耕作期间，如果土壤太湿，会导致入渗微弱及土壤板结。湿润地区多余的水可能来源于降雨，而大部分情况下来自休耕期灌溉。不论哪种情况，不能及时排水会带来风险，也许会导致减产（Evans 和 Fausey，1999）。

二、土壤透气性

维持作物根部区域的透气性是干旱半干旱地区和湿润地区的一个共同问题。作物生长需要其根区土壤透气性好，以便成活及达到产量。根部缺氧会抑制作物根系生长、功能发育，最终影响作物产量。如果土壤的自然排水能力不足以排除来自降水或灌溉的多余水分，土壤将会饱和，此时安装能提供土壤良好透气性的人工地下排水设施是非常必要的。低饱和导水性的土壤或含有被碾压及低导水土层的土壤，其内在排水能力有限。

三、盐分控制

盐分控制通常是干旱和半干旱地区的重要问题。在干旱和半干旱地区土壤和灌溉水中发现盐分，必须加以控制，以防止土壤的盐渍化和产量损失。作物吸收水分将盐分留在土壤水中，导致土壤中积盐。此外，作物吸收浅层地下水后，也会将盐分留在作物根区。

土壤水中的盐分浓度直接影响作物产量，也常被用于描述植物耐盐性（Maas，1990；Maas 和 Hoffman，1977）并作为灌溉管理指南。园艺作物（果树、生菜、西兰花）为盐分敏感作物，大田作物（棉花、甜菜、大麦）被视为耐盐作物，西红柿和小麦的耐盐性居于中等敏感与中等耐盐之间（Maas，1986）。除了基本耐盐性分类，植物耐盐性还取决于作物生长阶段，出苗到生长初期是盐分敏感期，而以后阶段为耐盐期。许多研究提出了咸水在农业生产中应用的策略，包括低盐度水和高盐度水的利用（Ayars 等，1986；Ayars等，1993；Rhoades，1989；Rhoades 等，1989）。

作物根区的盐分管理，要求灌溉水量超过作物需水量。超过的水量为盐分淋洗需求。淋洗需求被定义为必需贯穿根系区域以阻止由于过量盐分导致农作物产量下降的用水总量的最小值。淋洗需求是灌溉水的盐分和植物耐盐性的函数，可由式（18-1）计算：

$$L_r = \frac{D_d}{D_a} = \frac{EC_a}{EC_d} \tag{18-1}$$

式中　L_r——淋洗需求；

D_d——排水需求深度；

D_a——灌水深度；

EC_a——灌溉水电导率；

EC_d——排水需求电导率。

这一比例也可由灌溉水的电导率（EC_a）和作物根区下需求的排水电导率（EC_d）给定。很明显，当灌溉水盐分增加，排水量也需要增加，以提供淋洗需求。淋洗系数（LF）是盐分管理的另一个术语。LF 是排到作物根区以下的实际水量除以总的供给水量。如式（18-1）中所示，LF 也可以通过深层渗漏水和灌溉水的 EC 值来计算。

淋洗需求是维护土壤盐分在一定水平而不会影响农作物生产所需淋洗系数的最小值。灌溉除了要满足作物需水要求，是否还要加淋洗，取决于灌溉水的质量和灌水效率。

灌溉和排水系统设计时，考虑盐分控制的淋洗系数是非常重要的。灌溉系统设计参数和系统管理计划可用来评估灌溉系统效率和深层渗漏损失。渗漏损失的估算结果被用作排水系统的设计依据，因为这些损失成了设计排水系统中估计排水系数的一部分。应当强调，地下排水系统不能作为灌溉系统设计不当和系统管理不善的解决方案。灌溉设计师必须认真设计灌溉系统，并提供符合农户经济条件需求的管理计划。在此基础上，设计师才可开始设计排水系统（Christen 和 Ayars，2001；Christen 等，2001）。否则排水系统可能超标准设计，从而导致浪费水（Christen 等，2001；Doering 等，1982）。

第二节　排　水　系　统　设　计

有两种类型的排水系统：地表和地下排水系统。地下排水可进一步分为水平排水和垂直排水。水平排水系统是水通过贯穿于整个田块平行土壤地面安装的并由用黏土或混凝土制成的管道，或穿孔的塑料管收集并通过重力作用流向出口。垂直排水系统是利用一个深集水井或几个浅井收集排水。在干旱地区也经常采用深的明沟当作排水沟，不但收集地表排水也收集地下排水，然后排放到河流、湖泊或低洼地带地表水体中。本节重点描述地下排水系统的设计，也将讨论地表排水设计。

一、田间调查

排水系统设计首先要做广泛的田间调查。调查将确定排水的来源和水量、设计区域相关信息、土壤类型和土壤水力特性及系统排水出路。美国内政部所属美国垦务局（USDI-USBR，1993）和美国农业部自然资源保护署（USDA-NRCS）网站上有调查指南，提供调查和测试指导。

第一步是界定需要排水的区域，包括排水区域边界确定和地形调查。湿润地区，排水区域可能呈不规则形状，而干旱灌溉区域，田间形状可能呈规律性，常常是正方形或长方形，便于灌溉系统的设计和管理运行。地形调查完成并绘制地形图后，下一步是调查水源资料。

湿润地区，过量水源通常来自降水。然而，随着湿润地区补充灌溉应用加大，灌溉管理不到位也可能成为潜在根源，导致必须排水。

在干旱灌区，过剩水量主要来自于灌溉。由于管理不善，导致所提供水量比作物根区需水量多。在作物生长早期，地面灌溉往往就是这样。比如通常只需要 25.4mm 的水量，但系统本身不能控制提供这么小水量。加利福尼亚圣华金（San Joaquin）流域西部出现的排水问题就属于这种情况（San Joaquin Valley Drainage，1990）。解决问题的办法是生育期的第一次浇水采用喷灌。

土壤过量水的另一个来源是深层渗漏损失，由灌溉系统的非均匀性造成。这可能是设计不佳的地面灌溉系统的重大问题（例如沟灌），从田间入口到末端结束的这段入渗机会时间存在较大差异。减少这种时间差的可能做法包括缩短运行的长度、提高入沟流量、压实畦沟。压力灌溉系统引起深层渗漏损失（例如喷灌），主要是由于过量灌溉、设计不当、喷嘴损坏及系统压力分布不均匀等原因造成（Hanson 和 Ayars，2002）。这两种灌溉系统所产生的深层渗漏损失，可以在灌溉系统建立之前设法避免。这可能比安装排水系统更经济。

地表或地下的横向侧流是另一个潜在的排水问题。湿润地区，来自相邻地块的地表径流可能引起的问题更明显。这种情况下，分级和提供改进地面排水系统可以纠正这个问题。灌溉区域来自毗邻地块的地表径流不会有多大问题，可以通过改善地面排水来纠正。

不管是干旱地区还是湿润地区，地下水侧流都是问题。湿润地区的侧流水来源于土层中入渗的降水。灌溉区域，侧流水来自周边地块的深层渗漏损失（Ayars 和 Schrale，1989）。这两种情况下的流量大小只能通过实地调查来量化。

一旦排水区域被确定，绘制了地形图，就可以开始进行土壤的详细调查研究。这些调研的目的是确定不同土壤类型的横向及垂直分布、确定影响排水设计的土壤水力学性能及物理特性。这些调研可先从自然资源保护署（NRCS）网站上的土壤调查页面开始。在网页上，输入纬度、经度坐标或其他搜索项，可以找到项目所在地及项目地土壤分布图。这些图能够提供有关土壤类型的基本信息和相关联的水力特性。用现场挖测量坑、评估的办法来验证网站资料所得数据的准确性是必要的。必须确定土壤层数及每层土壤的深度、土壤饱和导水率、给水度、田间持水量及永久凋萎点。由于每一种气候地区下的土壤形成差异性，通常潮湿地区的分析研究过程要比干旱地区复杂。USDI 用户手册（USDI - USBR，1993）介绍了现场调研步骤，9 号农学论文集（Klute，1999）介绍了实验室研究步骤。

土壤水调查将确定排水的来源和水渍问题的严重程度。需要打一系列深度在 3～4m 的观测井，以确定浅层地下水的深度。这些井也可以用于测量土层横向饱和导水率，以便确定排水系统侧向沟的可能深度。可以安装一些水压计，监测确定是否发生了横向侧流，并估算侧向水流量。土层深处要安装水压计，用来确定是否有自流水补充浅层地下水。项目区地下水勘测和了解当地地下含水层信息，有助于评估是否有生成地下自流水的可能性。

现场的初步调查应能查明过量水的来源，而后续研究应确定过量的水量。在有灌溉系统的情况下，需要同农民沟通。在确定湿润地区的排水系数时，降水记录可以用来估计长期平均降水量。灌溉系统类型和系统管理措施可以用于估算灌溉农业中的深层渗漏损失。对已有灌溉系统和管理措施评估，可获得所需要的有用信息，还可作为改进现有系统的依据。

在灌溉地区，灌溉水的电导率（EC）与种植模式相关联。如上所述，作物耐盐性和灌溉水盐分的组合将确定该区域的淋洗需求。额外的淋洗要求将取决于灌溉系统类型和系统效率。随着微咸水的使用，地面灌溉一般要有足够的深层渗漏损失来满足淋洗要求，而高效灌溉系统（例如喷灌、微灌）可能做不到。微灌盐分管理比较困难，因为湿润不均匀（Hanson 和 Bendixen，1995）。微灌盐分管理取决于不同地区，有的地方降水可能足以控制盐分积累，否则在采用微灌时只能利用其他方法来控制盐分。

在干旱地区，浅层地下水的存在通常意味着自然排水不足，说明该区域需要建立人工地下排水。可以通过野外调查确定浅层地下水的深度和范围。地下水盐分含量是确定是否需要实施地下排水的重要因素，同时也是衡量土壤盐渍化潜在威胁及是否能满足作物生长需水的重要因素（Ayars、Christen 和 Soppe，2006）。

如前所述，初期调查中还要确定排水系统出口。出口可选方案包括机泵排水坑或靠重力自流可排走的出口。第一种情况下，地下排水由支管汇集到一条集水管，然后流入到装有水泵的集水池，通过水泵再将集水抽至沟、渠中处理掉。重力自流排水出口，排水支管或集水管将地下水直接排入明沟里，然后靠重力再排放到低洼地处理。不论何种情况，都需要输水的沟渠或管道。过去，地下排水一般汇集到一个大水体（如河、溪、湖泊或水池）。然而，鉴于排放污水的负面环境影响，需要研究排泄污水对接受水体的影响，并确认是否需要申请排放许可。

二、排水系统设计

Christen 和 Ayars（2001）提出了下列原理，供干旱地区地下排水系统的设计与管理采用。其包括：①当地下排水被认定为是使农田持续生产的唯一途径时，才考虑建设地下排水系统；②设计应该针对特定区域；③系统设计及管理应主要考虑盐分控制；④设计应考虑管理要求；⑤必须有可接受的集水处置方法；⑥系统必须维护，以保持正常运营。这些原理是设计、管理地下排水系统的基础。一旦决定要设计一个排水系统，需要选定一些设计标准参数。选定设计参数时，无论是湿润地区还是干旱地区，都要考虑土壤透气性。干旱地区则还要考虑盐分控制。由于潜在的负面环境影响，Ayars 等（1997）建议将排水水质也作为设计参数。排水系统的设计是为地下水位上方创造一个透气土壤空间，相邻两条支管间的中间点的地下水位深为设计参考点。传统上，将相邻两条排水管之间的地下水位线描述为椭圆形，地下水位线中点到地面最近点的距离称之为中点水位深，用 MPD 表示（见图 18-1）。

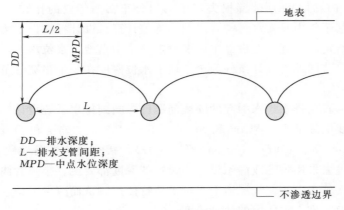

DD—排水深度；
L—排水支管间距；
MPD—中点水位深度

图 18-1　平铺排水管横断面图

　　排水支管的间距及埋藏深度的传统选定方法是通过试算及经济比较完成的。埋藏深度与环保因素也有关。在干旱地区，深度排水是首选，因为支管间距随排水支管深度加大而加大，这样可以减少排水支管的数量，从而降低成本。在许多干旱地区，土壤盐分随深度增加而增加，因为加大支管埋深及加大间距会导致排水中的盐分增加（Jury 等，2003）。因此支管深度不应大于 2m。这可能会增加成本，但会减少对环境的影响。在干旱地区，综合考虑土壤透气性和盐分管理，建议 MPD 取 1m（USDI-USBR，1993）。在湿润地区，MPD 取大约 0.7m，这样使排水支管间距小。湿润地区排水设计还需要确定排水系数，即田间排水的速率，以 mm/d（毫米/日）为单位计。

　　现在，一般使用两种基本设计方法。一种是静态法，该法假定土壤水以恒定流量从土壤中排到排水管，使得地下水位保持恒定（Smedema 和 Rycroft，1983）。而实际状况是，地下水位在一个特定的时间段内（例如 2～3d）降到设计深度。此方法中使用的公式由 Hooghoudt 于 1937 年在荷兰建立（Smedema 和 Rycroft，1983），可在很多文献中找到（Skaggs 和 Van Schilfgaarde，1999；Smedema 和 Rycroft，1983）。第二种方法是非静态法或称瞬态法，假定地下水位随时间变化。灌溉区域中排水设计中使用非静态法或瞬态法。

　　瞬态法由美国垦务局建立（USDI-USBR，1993），同土壤类型、作物、灌溉和降水间歇时间有关。设计是一个迭代的过程，直到给定的排水支管深度和间距。深层渗漏水量通过逐次计算灌溉及降水对地下水的补给获得。每次灌溉或降水入渗导致地下水位上升，越来越接近地表。入渗结束后进入排水时段，将土壤多余水排出，降低地下水位。对每一个排水阶段的排水量逐一计算，可得出一年内的地下水位变化。给定一个排水管间距，然后逐步调整，直到两条支管间中间点的地下水位达到设计要求值。对于轮作作物，深层渗漏分析要用最大作物需水量及最大深层渗漏损失。计算排水支管间距的程序（Agricultural Drainage Planning Program，ADPP）可从互联网上查询到，该程序源自科罗拉多州立大学综合决策支持小组（Integrated Decision Support Group at Colorado State University）。

　　静态法（Donnan 方法）适用于灌溉区域，该方法从湿润地区的计算方法修正而来

(USDI - USBR，1993)。深层渗漏损失基于均匀分布在一年内的作物需水量和降水量计算，支管间距也基于年内日需水量与降水的平均值计算。设计标准设定为在特定的天数内将地下水位降到给定的深度。在设计中，要设定一个中点地下水位深度，并假定全年保持在这个深度不变。这同瞬态设计条件为全年地下水位深度在一个很宽的范围内波动有显著不同。

最近几年中，农业排水集水引起的环境问题已影响到排水系统设计标准。设计转为考虑作物用水来自浅层地下水（Ayars 和 McWhorter，1985；Ayars 和 Hutmacher，1994），并考虑水质（Ayars 等，1997；Guitjens 等，1997）。新的设计思路导致排水支管安装在较浅的深度，比过去采用瞬态或静态设计法设定的深度都要浅。排水管浅层布置，允许地下水位更接近于土壤表面，使浅层地下水可供植物使用，从而减少了排水支管的深度，同时还减少了干旱地区排水水体中的盐分浓度。

在完成排水深度和支管间距的计算后，设计就剩最后一步了。这一步中，要确定管道尺寸及排水管铺设坡度，要做排水管网出口结构设计，需要的话还要配置过滤材料，准备招标技术条款等。干旱地区，排水支管倾向于以网格式或人字形布置（见图 18 - 2）。半干旱地区和潮湿地区，可采用美国农业和生物工程师协会标准。

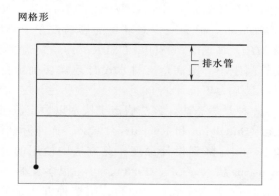
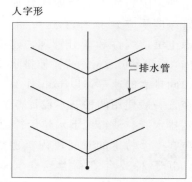

图 18 - 2　典型排水管布置

三、安装

排水管道的安装方法将取决于排水管的类型、管径大小。大多数排水支管为多孔塑料管，尺寸为 $100\sim150$mm。管道安装由带有激光控制坡度的开沟犁完成。安装支管的同时安装过滤层。随着支管管径尺寸增大，必需挖沟安装。从支管上收集排水的干管或分干管尺寸要足够大，一般必须开沟安装（ASABE，1988）。

第三节　水　质　影　响

在干旱和半干旱地区，灌溉和排水对地表水水质有不同影响。从小溪或河流引水灌溉，减少了河道总流量，从而降低了河道潜在的稀释功能。当地下排水返回到小溪或河流时，它将携带许多盐分、营养物质、杀虫剂、除草剂和溶解下的其他元素。地表排水也会携带吸附化学物质（如磷和农药）的土壤。营养物质，尤其是硝态氮（在水里极易溶解和移动）和磷，有助于水生植物群落的生长，并可能导致大型藻类的大量繁殖，当藻类分解时可能导致水中缺氧。按照饮用水标准，排水中的硝酸盐含量会带来问题。该标准规定，婴幼儿饮用水中的硝酸盐浓度要小于 10ppm（10mg/L）。根据土壤母质和淋洗水平，除了钠、钙、碳酸氢盐，通常在排水中还能发现如硒、硼、砷和钼等微量元素，这些元素的含量也是应该考虑的问题（San Joaquin Valley Drainage，1990）。

由于排水运移营养物质、盐分、微量元素、杀虫剂和除草剂的潜在可能性，将排水系统的设计与管理同灌溉系统的设计、管理放在一起考虑非常重要。这样可以总体上改善水资源管理，减少排水量（Ayars 等，2000；Christe 和 Ayars，2001）。排水设计与管理的这一变化，在灌溉农业发展上具有历史性意义。人为控制排水和对地下排水系统实施管理，已在湿润地区实施了一段时间（Fouss 等，2007）。湿润环境下成功实施排水，是干旱地区推广排水技术的动力（Ayars 等，2006）。

第四节　排水系统管理

不受控制的排放已成过去。如前所述，地下排水中携带有许多污染物，这些污染物不受限制地排放到国家河道、溪流和湖泊中是不可持续的。加州圣华金（The San Joaquin）流域西部几个灌区的排水项目，因考虑硒排放对凯斯特森（Kesterson）水库生态系统的环境影响而被终止（San Joaquin Valley Drainage，1990）。墨西哥海湾缺氧区的形成是由上游中西部农用硝酸盐排放引起的。上述案例中的问题，都是由于排放不受管控引起的。因此，必须采取积极的管理措施，管控地下排水系统排水。

在灌溉农业区安装有控制的排水是一个比较新的概念，而湿润地区实施有控制排水已相当普遍。在干旱地区通过排水实施盐分管理还很少。

一、自由排水

过去，水平地下排水管排水和明沟排水管理中，假设排水为自由流，所有从土壤排出的水自由流动到小溪、河道或汇入水池中。然而，出于环保，考虑排水水质影响后，排水管理会发生重大改变。许多地区不允许地表排水和地下排水混合。田间排出的地表水要回到灌溉水源，地下排水则作为灌溉补充水源或排入水池。地下排水重复用于灌溉，使得耐盐作物及其他作物越来越耐盐，逐步适应水中的高盐分浓度，导致排入汇水池的水减少（Ayars，2007；Ayars 等，2007；Rhoades 等，1989）。

二、控制排水

在灌溉农业区的排水管理中，控制排水是一种新的方法。只有当排水支管平行于地面坡度安装时这种方法才可行。同湿润地区情形一样，可合理控制大部分区域的排水深度。方法是在排水系统出口处或田间重要位置安装控制设备或设施来控制地下水位深度。控制设施的水位控制高度依据设计地下水深调整。如果地下水含盐量不超过作物的耐盐性水平，控制排水可促进作物吸收浅层地下水，同时还可减少排水量及排盐量。

第五节 结 论

　　无论是灌溉农业地区还是湿润农业地区，排水是必不可少的。随着补充灌溉在湿润地区的发展，排水需求将增加，排水和灌溉系统设计将给工程师带来重大挑战。因为用于灌溉制度制定的潜在降水难以确定，排水系数也难确定。

　　灌溉农业区也常常有排水需求，规划、设计及管理灌溉、排水系统时，必须将两者作为一个综合系统考虑。不正确的排水系统设计和操作管理会导致"过量排水"（Doering等，1982）和水资源浪费。所谓过量排水是指水从土壤中移除太多，超过增加作物根系透气性需求。控制过量排水对于土壤过剩水有可能就地利用的地区很重要。灌溉区域排水对环境影响不能忽略，必须在系统的设计和管理中考虑。这将使排水系统设计和管理与不考虑环境影响有很大不同。灌溉地区的自由排水将越来越不被认可。

　　地下排水不能作为灌溉系统设计和管理欠缺的替代解决办案。

参 考 文 献

ASABE Standards. 1987. EP369. 1：Design of Agricultural Drainage Pumping Plants. St. Joseph，Mich.：ASABE.

——. 1988. EP481：Construction of Subsurface Drains in Humid Areas. St. Joseph，Mich.：ASABE.

——. 1993. ANSI/ASAE EP302. 4：Design and Construction of Surface Drainage Systems on Agricultural Lands in Humid Areas. St. Joseph Mich.：ASABE.

——. 1998. EP480：Design of Subsurface Drains in Humid Areas. St. Joseph，Mich.：ASABE.

——. 2009. SAE EP463. 2. Design，Construction，and Maintenance of Subsurface Drains in Arid and Semi-arid Areas. St. Joseph，Mich.：ASABE.

Ayars，J. E. 2007. Adapting irrigated agriculture to saline environments. *CAB Reviews：Perspectives in Agriculture，Veterinary Science，Nutrition，and Natural Resources* 2：13.

Ayars，J. E.，and R. B. Hutmacher. 1994. Crop coefficients for irrigating cotton in the presence of groundwater. *Irrigation Science* 15：45 - 52.

Ayars，J. E.，and D. B. McWhorter. 1985. Incorporating crop water use in drainage design in arid areas. In *Proc. Specialty Conference，Development and Management Aspects of lrrigation and Drainage Systems*，380 - 389. C. G. Keyes and T. J. Ward，eds. New York：American Society of Civil Engineers.

Ayars，J. E.，and G. Schrale. 1989. Irrigation efficiency and regional subsurface drain flow on the west side of the San Joaquin Valley California. Sacramento，Calif.：Dept. of Water Resources.

Ayars，J. E.，E. W. Christen，and J. W. Hornbuckle. 2006. Controlled drainage for improved water management in arid regions irrigated agriculture. *Agricultural Water Management* 86：128 - 139.

——. 2007. Managing irrigation and drainage in saline environments. *CAB Reviews：Perspectives in Agriculture，Veterinary Science，Nutrition，and Natural Resources* 2：13.

Ayars，J. E.，M. E. Grismer，and J. C. Guitjens. 1997. Water quality as design criterion in drainage water management system. *J. of lrrigation and Drainage Engineering* 123：148 - 153.

Ayars，J. E.，E. W. Christen，R. W. O. Soppe，and W. S. Meyer. 2006. Resource potential of shallow groundwater for crop water use—a review. *Irrigation Science* 24：147 - 160.

Ayars, J. E. , R. B. Hutmacher, R. A. Schoneman, R. W. Soppe, S. S. Vail, and R. Dale, 2000. Realizing the potential of integrated irrigation and drainage water management for meeting crop water requirements in arid and semi‐arid areas. *Irrigation and Drainage Systems* 13: 321 - 347.

Ayars, J. E. , R. B. Hutmacher, R. A. Schoneman, S. S. Vail, and D. Felleke. 1986. Drip irrigation of cotton with saline drainage water. *Trans. ASAE* 29: 1668 - 1673.

Ayars, J. E. , R. B. Hutmacher, R. A. Schoneman, S. S. Vail, and T. Pfiaum. 1993. Long term use of saline water for irrigation. *Irrigation Science* 14: 27 - 34.

Christen, E. W. , and J. E. Ayars. 2001. Subsurface drainage system design and management in irrigated agriculture: Best management practices for reducing drainage volume and salt load. Technical Report 38 - 01: 130. Clayton, South VIC, Australia: CSIRO Land and Water Australia.

Christen, E. W. , and D. Skehan. 2001. Design and management of subsurface horizontal drainage to reduce salt loads. *J. of lrrigation and Drainage* 127: 148 - 155.

Christen, E. W. , J. E. Ayars, and J. W. Hornbuckle. 2001. Subsurface drainage design and management in irrigated areas of Australia. *Irrigation Science* 21: 35 - 43.

Doering, E. J. , L. C. Benz, and G. A. Reichman. 1982. Shallow‐water‐table concept for drainage design in semiarid and subhumid regions. In *Proc. Fourth National Drainage Symposium*, 34 - 41. ASAE Publication 12 - 82. St. Joseph, Mich. : ASAE.

Evans, R. O. , and N. R. Fausey. 1999. Chapter Ⅱ: Effects of inadequate drainage on crop growth and yield. In *Agricultural Drainage*, 13 - 54. R. W. Skaggs and J. van Schilfgaarde, eds. Agronomy Monograph No. 38. Madison, Wis. : American Society of Agronomy.

Fouss, J. L. , R. O. Evans, J. E. Ayars, and E. W. Christen. 2007. Water table control systems. In *Design and Operation of Farm Irrigation Systems*, 684 - 724. 2nd ed. G. J. Hoffman et al. , eds. St. Joseph, Mich. : ASABE.

Gelburd, D. E. 1985. Managing salinity: Lessons from the past. *J. of Soil and Water Conservation* 40: 329 - 331.

Guitjens, J. C. , J. E, Ayars, M. E. Grismer, and L. S. Willardson. 1997. Drainage design for water quality management: Overview. *J. of lrrigation and Drainage Engineering* 123: 148 - 153.

Hanson, B. R. , and J. E. Ayars. 2002. Strategies for reducing deep percolation in irrigated agriculture. *Irrigation and Drainage Systems* 16: 261 - 277.

Hanson, B. R. , and W. E. Bendixen. 1995. Drip irrigation controls soil salinity under row crops. *California Agriculture* 49: 19 - 23.

Hoffman, G. J. 1990. Leaching fraction and root zone salinity control. In *Agricultural Salinity Assessment and Management*, 237 - 261. K. K. Tanji, ed. New York: American Society of Civil Engineers.

Hoffman, G. J. , and D. S. Durnford. 1999. Drainage design for salinity control. In *Agricultural Drainage*, 580 - 581. R. W. Skaggs and J. van Schlifgaarde, eds. Agronomy Monograph No. 38. Madison, Wis. : American Society of Agronomy.

Jury, W. A. , A. Tuli, and J. Letey. 2003. Effect of travel time on management of a sequential reuse drainage operation. *Soil Science Society of America J.* 67: 1122 - 1126.

Klute, A. , ed. 1999. Part 1. *Methods of Soil Analysis*. Madison, Wis. : American Society of Agronomy.

Maas, E. V. 1986. Salt tolerance of plants. *Applied Agricultural Research* 1: 12 - 26.

——. 1990. Crop salt tolerance. In *Agricultural Salinity Assessment and Management*, 262 - 304. K. K. Tanji, ed. ASCE Manuals and Reports on Engineering Practice No. 71. New York: American Society of Civil Engineers.

Maas, E. V. , and G. J. Hoffman. 1977. Crop salt tolerance-current assessment. *J. of Irrigation and Drain-*

age Division ASCE 103 （2）: 115 – 134.

Postel，S. 1999. *Pillar of Sand: Can the Irrigation Miracle Last?* New York: W. W. Norton.

Rhoades，J. D. 1989. Intercepting，isolating and reusing drainage waters for irrigation to conserve water and protect water quality. *Agricultural Water Management* 16: 37 – 52.

Rhoades，J. D. ，F. T. Bingham，J. Letey，G. J. Hoffman，A. R. Dedrick，P. J. Pinter，and J. A. Replogle. 1989. Use of saline drainage water for irrigation: Imperial Valley study. *Agricultural Water Management* 16: 25 – 36.

San Joaquin Valley Drainage Program. 1990. A management plan for agricultural subsurface drainage and related problems on the westside San Joaquin Valley. Sacramento，Calif. : USDI — U. S. Bureau of Reclamation and Calif. Dept. of Water Resources.

Skaggs，R. W. ，and J. van Schilfgaarde，eds. 1999. *Agricultural Drainage*. Agronomy Series No. 38. Madison，Wis. : American Society of Agronomy.

Smedema，L. K. ，and D. W. Rycroft. 1983. *Land Drainage: Planning and Design of Agricultural Drainage Systems*. London，UK: Batsford Academic and Educational Ltd.

USDI – USBR. 1993. Drainage manual: A guide to integrating plant，soil，and water relationships for drainage of irrigated lands. Denver，Colo. : U. S. Dept. of the Interior – U. S. Bureau of Reclamation.

Additional References

Madramootoo，C. A. ，W. R. Johnston，and L. S. Willardson. 1997. Water Report No. 13. Rome: Food and Agriculture Organization.

Tanji，K. K. ，and N. C. Kielen. 2002. Agricultural drainage water management in arid and semiarid areas. FAO Irrigation and Drainage Paper No. 61. Rome: FAO Land and Water Development Div.

第十九章 地面灌溉

作者：Philip R. Price 和
James D. Purcell

编译：乐进华

地面灌溉包括所有在应用时不需要加压的灌溉模式。地面灌溉时，水泵提水只是把水扬到高处，但在使用过程中不需要加压。地面灌溉技术包括畦沟灌、畦田灌、水平畦田灌、等高畦田灌和沟灌。这些方法可以灌溉多种农业作物，包括蔬菜、大田作物、牧草和水稻等。地面灌溉系统具有以下特点：

（1）建造费用低。

（2）维护费用低。

（3）运行费用低，有些情况下最低。

（4）能耗低。

（5）有一定的土方量。

（6）地面排水很重要。

（7）技术和电气等基础设施需求少或不需要。

（8）需要基本的操作管理技能。

以往，漫灌这个术语被定义为地面灌溉。现在看来，漫灌是一种不受控制的浇水模式，有时被称为野蛮浇水。在现代地面灌溉技术中，不再提倡漫灌，也不在本章中考虑。尽管漫灌可提供较高的灌溉水利用率（指实际湿润面积），但由于灌水均匀度差，作物产量从来不会有保障。

相反，精心设计和运行良好的地面灌溉系统，在合适的土壤条件下，灌溉水利用率可达到中高水平。最重要的也是常常被误解的地面灌溉理念，应该是根据土壤水分变化而不是由浇地人员来确定灌溉量。良好的设计应根据土壤条件配置输水及田间系统（Horton 和 Jobling，1984）。

简单而低成本的地面灌溉系统，非常适合发展中国家采用（Withers 和 Vipond，1988；Murray Darling Basin Commission，1987）。事实上，世界大部分灌溉面积采用地面灌溉。下述四个国家中 55％的农业灌溉面积采用地面灌溉（其他国家未超过 1000 万 hm²）：

——印度：5900 万 hm²；

——中国：5260 万 hm²；

——美国：2140 万 hm²；

——巴基斯坦：1800 万 hm²。

在印度、中国和巴基斯坦，95％～99％的灌溉面积采用地面灌溉。美国的地面灌溉面积大约占总灌溉面积的 40％。因此，作为潜在有效的、低成本的地面灌溉系统不能被忽视。

第一节　地面灌溉的演变

地面灌溉是最早的灌溉模式。历史记载早在 6000 年前就存在地面灌溉系统。美索不达米亚（现伊拉克）工程师就能建造大的围堰和分流坝，形成水库和水渠实现穿越乡村的远距离输水。早在公元前 5000 年埃及人就在使用灌溉以及随后数千年开发完善的灌溉系统。中国在公元前 2200 年就有了灌溉。还有证据表明早在公元前 2000 年，秘鲁人和北美土著人也已开始使用灌溉。由于灾难性的洪水、渠道淤塞、土地盐渍化以及缺乏维护的综合因素，美索不达米亚（现伊拉克）的地面灌溉系统就慢慢地衰弱直到十三世纪。埃及和中国的灌溉系统现在仍在发挥作用。

地面灌溉的水力性能没有改变，我们也不能改变其物理特性——水往低处流。因此，自古以来，地面灌溉技术几乎没什么大的改变。

图 19-1　激光平地机

仅在过去 30 年里，随着激光控制技术在平整土地上的应用，地面灌溉才发生了革命性的变化。激光平整技术是通过激光制导平地设备，使地面形成设定的精准坡度（见图 19-1）。

20 世纪 70 年代后期，激光平地技术开始广泛应用于农业灌溉。这种技术提供相对便宜和快速的方法，使地面平整到预定坡度。有了激光平地技术后，可以精确控制平整坡度，第一次实现零坡度地块。水渠和排水渠可以用预设坡度来建造，达到尽量提高效率和减少输水损失。

通过使用现代灌溉管理技术，地面灌溉有了进一步提升。这些技术包括农场整体规划技术、全球卫星定位（GPS）技术、监测和计算机模拟技术等。随着激光平整坡度技术的发展及应用，可有效地降低灌溉时间和劳务成本，普遍提高了生产效率和灌溉水利用率。本章后面将详细讨论每项做法。

第二节　地面灌溉类型

地面灌溉主要有两种类型——畦灌和沟灌。畦灌系统需要围绕灌溉作物种植区建田埂或"畦边"。如果土地平整得好，每次灌溉时，作物种植区都会被水均匀淹没。在一定的时段内，进入地块田里的水要么停留在地表入渗到土壤，要么流经地表入渗到土壤。畦田内多余的水被排出、收集，然后再循环进入系统。沟灌系统就是向一组分布密集的垄沟或犁沟里供水。作物种植在垄上，也就是两垄沟间的凸起部分。水从一端顺着沟往下流的同时入渗到土壤里，没有入渗的部分会被收集到沟的另一端。

一、畦灌系统

畦灌系统需要通过土地平整来达到合适的坡度，以便提高灌水均匀性和灌溉水利用率。所有畦灌系统覆盖的区域都要在人为控制下实施灌溉。润湿区域被称为水田、梯田或条田。畦灌的主要类型包括畦沟灌、水平畦灌和等高畦灌或稻田灌。

（一）畦沟灌溉

畦沟灌溉，每条湿润带的长度沿着等高线或边坡走。从畦田顶端供水或更多的是从斗渠、侧沟或侧渠出水口供水。可以从侧渠同时向畦田的整个长度方向上灌水。一旦提供了足量的水，排水通过入口回流并从渠道末端进入排水管网。

畦沟灌溉不再常用。在非常平坦的土地上，此方法非常有用。然而，随着整地技术的出现，已经被水平畦灌和等高畦灌所取代。

（1）优点：①需要的设计很少；②易于建造；③适合于平整的土地。

（2）缺点：①建造费用可能比畦田灌溉高得多；②湿润的渠道和排水沟比畦田灌溉多；③单位面积所需构筑物常常比别的系统多；④严重依赖排水回收来减少损失；⑤劳动密集型。

（二）畦田灌溉

畦田灌溉是通过畦田顶部中间位置出水口放水到畦田或湿润带（见图19-2）。水流被低田埂限制在畦田里。畦田平整为横向平整，沿畦田长度方向有坡度。美国农业部自然资源保护署（USDA-NRCS）允许横向坡度等于所需水深的1/2。然而，在宽而平整的畦田里，在裸露地面初始浇水时，零度横坡设计是必要的。沿畦田长度方向的坡度均匀不是必需的，只要最平段的坡度不小于灌溉或降雨后的排水要求即可。一般斜坡大于1∶1650就可以很好排水。畦田低端停留的水应该排入明沟或穿过沟堤。

（1）优点：①可以达到高均匀度；②可达到高效率；③劳动力需求很少；④易于自动化

图19-2　畦田灌溉示意图

（图中文字）
主供水渠道
往湿润带供水口
田埂
坡度方向
田埂
湿润带末端可以全开，整个湿润带的宽度或可能捆绑一个或两个出口进入排水渠
排水回收

控制。

（2）缺点：①需要认真设计才能达到好的效果；②需要土地平整；③需要产生一些径流来确保灌水均匀。

（三）水平畦田灌溉

水平畦田灌溉需要地块非常平坦或畦田周围都设堤埂。几乎所有的水都入渗到土壤。作物种植在水平畦田里。堤埂一般比其他畦灌的大。有的情况下，会在堤埂内设沟，以便排出多余水并有助于畦田里的水均匀分布。

（1）优点：①由于入渗量可控制，有可能提高灌溉用水效率；②易于自动化控制。

（2）缺点：①需要精确的地形资料（激光平整土地）；②由于需要大流量迅速流过畦田，斗渠出水口附近土壤易受侵蚀危害。

（四）等高畦田灌溉或稻田灌溉

等高畦田灌溉或水稻田灌溉通常用于水稻种植灌溉。有两种类型的等高畦田灌溉：自然等高和激光等高畦田灌溉。激光等高畦田灌溉是水平畦田灌溉的一种。

自然等高灌溉由沿田块等高线布置的田埂及沿垂直于等高线的供水渠组成（见图19－3）。田埂通常选择一致的等高间隔。在很平的地块，这种等高线间隔可低到5cm。灌溉水从渠道一侧的构筑物放入畦田，再通过另一构筑物排出，进入另一侧的畦田中。从一个畦田流到另一个畦田是很典型老方法。每个畦田的水还可来自地边渠道的独立出水口，也可来自设在等高线田埂上的溢流堰（见图19－3）。自然等高灌溉畦田的宽度不等，各个方向上弯弯曲曲，导致农场作业效率低下。

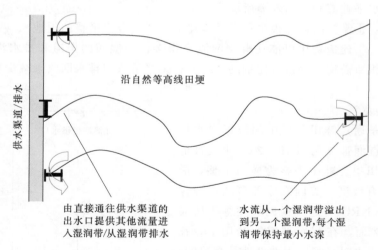

图 19 - 3　自然等高灌溉畦田示意图

通过激光调整土地，可以平整出人工等高畦田（见图19－4）。设计人员可以选择适合于作物布局及灌溉供水的等高线间距。水稻生产中，最好保持稻田水深分布均匀。激光调整等高田块间距，可达到最小（如5cm）。激光调整等高田块，可以做出大矩形畦田。

有许多方法设置激光调整等高畦田间距，如根据自然地块落差、畦田面积需求和作物种类需求等确定。主要区别是给每个畦田供水的方法和排水方法。如果水质（盐度和浊度）有问题的话，能否迅速排空和再灌满畦田是水稻生产中的关键。当等高畦田用于水稻生产时，水循环是防止形成高温"热点"或盐渍畦田的关键。经常在畦田两端设置塘堰，辅助水循环。

（1）优点：①不需要土方工程（仅指自然等高畦田）；②适合水稻种植；③劳动力需求最少；④自然等高畦田种植水稻比激光调整等高畦田种植效益更高。

（2）缺点：①每公顷面积上比畦田灌溉需要更多的构筑物；②排水时间过长；③不适合牧草和许多作物（例如紫花苜蓿）。

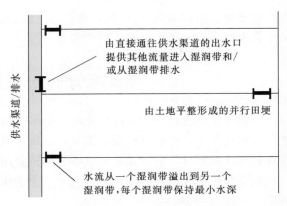

由直接通往供水渠道的出水口提供其他流量进入湿润带和/或从湿润带排水

由土地平整形成的并行田埂

水流从一个湿润带溢出到另一个湿润带，每个湿润带保持最小水深

图 19-4 激光调整等高灌溉畦田示意图

二、沟灌系统

采用沟灌时，在地块上犁出与坡度方向一致的沟（例如垂直于等高线）并做出种植垄。将灌溉水输入到沟中，水沿沟向下流，直到末端排出（见图 19-5 和图 19-6）。犁沟之间的距离取决于作物和农业机械宽度。作物类型也影响着犁沟的形状。例如，葡萄倾向于采用 3m 行间距的宽浅犁沟，而棉花灌溉沟间距一般为 1m。沟灌非常适合于如棉花、谷物和蔬菜等一年生作物和多年生行栽培作物包括葡萄和果树（Burt，1995）。

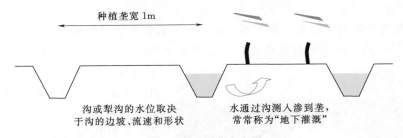

种植垄宽 1m

沟或犁沟的水位取决于沟的边坡、流速和形状

水通过沟测入渗到垄，常常称为"地下灌溉"

图 19-5 沟灌水位图

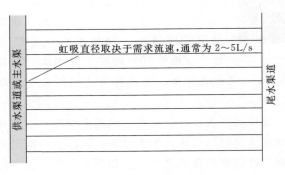

虹吸直径取决于需求流速，通常为 2～5L/s

供水渠道或主水渠

尾水渠道

图 19-6 沟灌系统

（1）优点：①将灌溉用水限制到小范围内，减少土壤板结；②适合行栽培作物管理；③适应比较大范围的坡度变化（0.04%～2%）；④沟的横向坡度变化在一定范围内对灌溉质量影响不大（可能影响流速）；⑤输水占地面积小。

（2）缺点：①需要径流或积水，以保证灌溉水流沿着行向均匀入渗；②易引起土壤侵蚀，尤其轻质土壤和（或）陡坡地；③需要劳动密集型出水口（例如：虹吸管、闸管或软管），将水等量输送到每条沟中，每条沟或每隔一条沟，需要设置一个出水口。

第三节　地面灌溉系统组成

地面灌溉系统包括大量组件，用于引水、输水和分配水到田间以及将多余水排出。这些组件包括渠道、管道、涵洞、出水口、排水渠、水表、蓄水建筑物及平整土地用的工程设备。地面灌溉组件的特点是低成本、维护费用低和使用寿命长。

本节简述系统组件。详细的描述和设计所涉问题将在后节"地面灌溉组件设计"中讨论。

一、输水系统——渠道和管道

由于流量大，灌溉输水系统通常使用明渠把水输送到农场，然后分配到农场内的不同田块。管道也可用于小流量输水系统。不同地区用不同的术语描述输水系统。明渠通常称为水渠。从供水处到田间，渠道各级系统有不同的术语。水源水通过干渠、支渠或干管、支管将水输送到农场地头。到农场地头后，再通过斗渠、农渠、毛渠将水输送到灌溉地块。

农场里的供水设备包括渠道、管道和管式出水口。输水方法选择取决于土壤渗透性、可用水头（农场闸门处的供水水头或压力）和灌溉方法（例如沟灌、畦田灌、等高灌溉或稻田灌溉）。

（一）渠道

地面灌溉系统需要大流量和低水头供水。在下面这些情况下开放式土渠是最好的输水方法（见图 19-7）。土渠很容易构建，在输水能力相同的情况下，建设费用只占管道输水的小部分。然而，土渠也有一些缺点。土渠渗漏和蒸发损失相对较高。渠道需要占用土地，否则可以用于生产，并且渠道会限制设备在田间穿行。此外，渠道需要维护以便控制杂草，杂草有蒸腾，会加大水损失。

图 19-7　输水土渠

过去的渠道建筑质量较差，通常采用轻质透水土壤建造在地面最高处。这可能会导致高渗漏损失。现在的新渠道必须选择合适材料和适当碾压建造。

渠道防渗有不少成功的做法。塑料衬砌容易被机械和牲畜损坏。混凝土衬砌在构建和维护上都昂贵。混凝土衬砌的渠道由于土壤移动会容易损坏。在干旱地区风沙也可能迅速填充渠道。新材料聚丙烯织物用于渠道衬砌，可完整的保护表面流沙和蒸发损失，是中短期防渗的解决办法。在偏僻地区，利用附近可发现的黏土衬砌渠道，是一种经济的解决方案，可用于防渗漏。

（二）管道

管道系统输水从本质上消除了输水损失和与明渠相关的维护问题。然而，对于大流量输水，管道系统不是经济方法。典型的地面灌溉输水系统，输水流量经常会超过 2 万 m^3/d。

明渠和管道输水经济分析中应考虑以下问题：

（1）渠道的渗漏率（输水损失）。

（2）投资成本。

（3）泵站费用。

（4）维护费用。

（5）由渠道占用面积造成的产量损失。

（6）渗漏水损失机会成本。

（7）水损失的采购成本。

（8）及时满足作物需水的能力。

现代管道材料大幅度降低了购买成本和安装费用。大口径高密度聚乙烯（HDPE）管材可以被生产成一系列的压力等级，并可在现场焊接形成无缝管道。大多数的地面灌溉系统只需非常低的工作压力。因此，采用低压力等级管材是合适的。有些替代材料可使用，但不具备 HDPE 的多功能性和价格优势。可替代管道材料如下：

（1）混凝土管。购买价格较划算的替代材料，但施工安装费用高（管道连接需要使用橡胶圈，这点非常重要）。

（2）聚氯乙烯（PVC）管。很少适合地面灌溉系统，昂贵，更适用于高压力小流量场合。

（3）纤维水泥管。购买价低，但安装费用可能高。

（4）纤维增强塑料（FRP）管。很少适合地面灌溉系统，昂贵，适合高压力场合。

（5）涂塑软管，增强帆布和薄的增强聚氨酯产品。低成本的替代选择，但是仅仅适合短距离、低压力场合。使用寿命有限，适合小地块沟灌输水。

（三）管道配水系统——管道出水口

管道配水系统通过与管道制成一体的出水口向田间提供灌溉水。出水口可采用自动控制。管道出水口流速要低，出水流量要一致，要控制出水口处土壤侵蚀。因为有许多出水口，管道出口适合沟灌，特别适合沟灌葡萄园和果树宽沟情况。带管出口的涂塑软管和闸管常用于沟灌。带有出水口的大口径管常用于高附加值作物和牧草畦灌。

涂塑软管是沟灌系统的理想选择。每条沟都可以用可调节出水口供水，很容易在管道上安装小出水口（见图 19-8）。该方法有购买成本低和安装费用低等优点。然而，管道寿命相对较短（小于 10 年），很容易被牲畜、害虫、鸟类和昆虫（如蟋蟀）破坏。另外，适合于短距离输水（小于 200m）。

闸管通常采用铝管和 PVC 管，上面有一系列的小开口或沿一侧的闸门。闸管专为沟灌设计，优于涂塑软带，更经久耐用，水力学特性更好，铺设长度更长。其缺点是成本远高于涂塑管道，输水能力较低、维修困难，在许多国家难以获得使用。

（四）出水口或分水口

畦田出水口是一个构筑物，常用来控制渠道的水流进入畦田或格田。这些构筑物可以是固定堰、装不同阀门的管段（常叫端口）、带闸门的构筑物、挡水板或门堰（见图 19-9）、虹吸管、木塞或者是一个可以用填上泥土来关闭的渠道缺口（铁锹开挖）。虹吸管认为是比较好的方法，适合于易侵蚀土渠或渠堤未稳定的新土渠。虹吸管尺寸 25～900mm 不等，大口径管需要重型机械吊起转移。小直径的虹吸管在沟灌中使用广泛。

如果水头低，不应采用管道式出水口，以免损失过多水头，除非采用大口径管道。如果出水口附近侵蚀控制做得好（控制板大于 0.5m），不推荐采用闸门或者堰。通常畦田出口采用钢筋混凝土结构。现在大量采用的是 HDPE 材质畦田出口，因为其便携、重量轻和易安装。

图 19-8　带出水口的涂塑软管　　　　　　图 19-9　渠道挡水板式出水口

如畦田出水口出了问题，常由下面一个或多个原因造成：

（1）尺寸不正确，不能满足控制及过流量要求。

（2）安装高程有误。

（3）安装时压实不够，导致四周或底部有侧流。

（4）出水口前后落差过大或土壤易侵蚀（以细沙和淤泥为主），导致出水口发生土壤侵蚀。

（五）渠道水截止、渠道水调节及渠道挡水设备

渠道截止装置有时也叫渠道调节或渠道挡水装置，就是控制渠道内水位高度或水流方向。这些构筑物可以是固定堰、可以调节顶部过水高度的便携式堰、带活动门的堰或装不同闸门的管道。可将一块塑料布或帆布挂在横跨渠道的杆子上制成一个低价、便携式截水装置（截止坝）。渠道截止装置失败的原因类似于出水口，但下游冲刷是主要原因。

（六）蓄水畦田

农场建立一个土坝，可作为调蓄蓄水池，根据需要为灌溉系统供水。蓄水池的作用是调蓄。建设调节蓄水池可解决水源来水时间可能不够灵活、来水流量可能变化大、来水可能不可靠或者流量太小使灌溉效率低下等问题。设计调节蓄水池时应考虑下述因素：

（1）供水水源。

（2）洪水流量。

（3）溢流和溢流堰设计参数。

（4）土壤类型（渗漏、渗透性、分散性、墙体强度和地基承载能力）。

（5）下游影响（洪水流量、故障、水权）。

（6）泵站设计。

（7）运行和维修（缓慢填充、维修长草的坝堤等）。

（七）流量表

流量表测量流速和/或所用水量。为了提高灌溉效率，需要进行用水测量。所有灌溉用水都应该计量。技术的进步为经济高效、准确的大流量测量提供了可能。因为地面灌溉流速在测量点会非常大，流量表必须有一个比较大的流速和流量范围以匹配水泵流量。

简单水槽和水堰已被证明是一种经济实惠的测量流量的方法。新的设计和选择程序允许自定义设计和校准，应该安装简单、低成本和低水头损失（例如，500L/s 流量时仅 20mm 水头损失）。老款式的巴歇尔氏（Parshall）测流量水槽和阻隔式水槽不再推荐使用。记录流速和积累水量时需要安装某种二次记录设备，这种设备通常为电子式的，费用大幅提高。在需要连续监测和地势平坦、水头低的地方，使用超声波测流越来越普遍。这种水表有多种可用，但在明渠测流时要特别小心，因为过流区和速度分布不像管道里一样可预测。

（八）涵洞

涵洞就是保障公路或机耕道下输水的管道，可通过涵洞输送灌溉用水和排水。可用箱形涵洞（例如矩形），但很少在灌溉农场使用，因为与管道相比成本太高。

（九）排水沟

排水沟可作为收集、排除灌溉和降雨径流的人工水道。平坦区域的排水渠建造应该使用激光控制的土方机械设备。排水沟设计应满足降雨径流及灌溉径流排除要求。农场排水设计可选较小平均降雨重现期。设计的一个主要标准是参考作物抗涝性。例如，澳大利亚维多利亚北部牧场灌区，农场排水的设计标准是两年一遇的降雨强度（每 24h 50mm 降雨），5d 内排出（仅指牧场）。对高价值作物，如棉花，选五年一遇 24h 暴雨（例如，新南威尔士州西北棉花种植区选 100mm/24h）在 24h 内排出。

（十）排水或径流循环利用系统

灌溉区域低洼处收集的排水或降雨径流，一般用于灌溉。小规模回收系统并不需要大的蓄水容量。在半干旱地区，最小的回收蓄水体积应不小于 $750m^3/(10hm^2)$ 灌溉土地。此蓄水容量要考虑灌溉畦田排出水量和小流量降雨径流。地上挖降雨径流集水坑仅限于个体农场。其他农场应考虑建蓄水池。

最佳做法是不允许灌溉水从农场排走，因为这些水中可能含有农药、除草剂、营养物质及病原体。同样，第一次降雨径流也应该留在农场内。例如，某区域前 15mm 径流应拦蓄在农场里。

传统上，在灌溉系统的最低处设排水收集水池，收集所有的排水及降雨径流，以便循环利用。这种循环系统需要建设相当大的蓄水池，要依据入池流量选择变频泵或固定流量泵抽水。从经济的角度考虑，可将这种方法改为收集有可能被污染的降雨径流。做法是挖一个收集污水的小集水坑，用于收集降雨初期最脏的径流水，沉淀后泵入大蓄水池用于灌溉。干净的雨水绕开积水坑进入大蓄水池。

（十一）水泵

地面灌溉用泵必须在低扬程条件下输出大流量水（见第八章）。为了提高效率，地面灌溉采用下列水泵：

（1）轴流泵。该类水泵没有径向流动部件。该类水泵专为大流量、低水头使用条件设计。水泵（或叶轮）总是淹没在水里，不需要灌泵。它的效率很高，但不容易移动，最适用于固定泵站。

（2）蜗壳式混流泵。该类泵介于离心泵和轴流泵之间，适用于中低水头使用条件。它具有便携性，在畦灌管道输水立管出水中，即管道灌溉系统中常用。

（3）离心泵。该类水泵设计用于高压、小流量使用条件。该类泵在典型的地面灌溉农场中很少使用。大型离心泵可用于远距离输水或地下水井。

（4）桨叶泵。该类水泵常常是小作坊自制的离心泵。该类泵通常由拖拉机（通过动力输出轴）提供动力，并且泵效率往往较低。该类泵多在紧急情况下使用，并能抽送高浓度污水和污物。该类水泵不考虑用于长期抽水。

（十二）自动化

未来所有灌溉系统都应该设计成自动化控制。对于地面灌溉，畦田进水口可配制自动或远程控制的开、关设备。进水口可通过无线电、移动电话、电缆线、液压管，甚至空气压力管控制。可以通过流量或时间来控制进水口。老式的畦灌控制系统依赖于安装在畦田长度方向2/3处的传感器来管理灌溉。当水流到达这一点时，进水口关闭，下一个畦田入水口打开。现代自动化系统能监测流量，并根据流量变化调整灌水时间。这些进水口可以由一系列制动设备开关，最常用的是采用太阳能或干电池供电的12V直流制动器，通过无线电或移动信号与中央计算机系统相连。管道灌溉系统也可以自动化操作。沟灌自动化仍有问题。

（十三）土方工程

高效地面灌溉要求地面水平，以避免产生积水，使所有畦田范围内均匀湿润。水平地面可通过确定一个基准面，依基准面用下述设备平整而得：

（1）平地机：拖拉机牵引的平地机挂在拖拉机后。可平整不平地块，但无法设置基准，不能调节刮板高度。

（2）携带式平地铲：拖拉机牵引平地铲安装于靠近拖拉机处，可调刮板安装高度，能拾起和携带小体积土块（最多携带约 $15m^3$），也可用于激光控制平地。平地速度高，但其拖尾效应会破坏土壤结构。

（3）铲土机：可自走，也可被拖拉机牵引。能移动大量土体。挖掘和提起土体到铲斗里，可以减少对土壤的破坏。铲土机通常适合利用铲斗移动大量土体而平整土地。

（4）平地耙：非常宽的平地刮。常用于平整车辙、小土堆及其他机具行走过后留下的细沟。畦田陡坡地上有车辙时不利于畦田水量分布。

第四节 地面灌溉规划设计

适宜土壤类型的地面灌溉系统也可以是高效的。要达到高效，必须有好的规划设计。

一、农场规划

整个农场规划中应全盘考虑灌溉发展。农场计划编制中应考虑种植作物、轮作情况、气候、水量及水质情况、土壤类型、暴雨及排水、本地所有的动植物群、管理人员素质、资金和管理规程（FAO，1985）。这些因素在农场规划中都应该考虑到。灌溉设计仅是其规划中的一项。

整个农场灌溉规划应考虑下面一系列情况：

（1）使渠道、排水沟的长度最小。

（2）使控制构筑物数量最小。

（3）要与土壤类型匹配。

（4）优化系统布置、坡度和土方工程。

（5）确保所有设备能高效运行。

（6）确保排水循环系统能再利用所有径流。

（7）通过减少和完善进入田间通道而优化农场管理效益。

（8）通过合理化的布局减少运营和维修费用。

（9）通过保护现有植被和增加种植当地植物品种（例如，保留防护林带）减少农场开发对环境的影响。

例如，现代集约化草场灌溉系统的土方工程可能占草场总开发成本的20％。剩下的成本来自构筑物、栅栏、渠道、排水渠、泵站、排水及径流回收系统和作物种植。灌溉设计可以通过略微增加实际土方量而减少水渠和排水渠的长度。农场整体设计可减少栅栏、田间道、构筑物成本和日常维护费用。

计算机辅助设计（CAD）软件的应用和各种土方工程设计软件的使用既使农场规划成本降低又更具专业化。农场规划工作开始时，要先使用GPS技术下载项目区地形CAD软件包，加载现状航测照片或卫星图像。

二、地面灌溉调查

所有地面灌溉设计都要求先测量地形。调查内容取决于地形、地面灌溉形式、施工方法及建造成本。调查应包含以下内容：

（1）地面高程。

（2）所有自然特征。

（3）树木和植被。

（4）栅栏边界、建筑物、电力和其他基础设施。

（5）现有灌溉基础设施。

（6）灌溉供水水源资料。

（7）排水汇集，特别是农场边界外排水的流向。

踏勘性调查收集的数据多少，对于总体规划及大面积地块（例如，大于 $1000hm^2$）的灌溉系统布置是有用的。典型平坦土地勘测，如河漫滩，可采用 $200m \times 200m$ 等高线网格，覆盖到卫星图片或航拍图片上。这些图片可用于农场整体开发。

渠道、排水渠和构筑物等的工程量计算和详细设计需要有详细勘测。一般来说相对平坦区域（比如坡度小于 1%），测量网格应该划分成 $40m \times 40m$ 或 $30m \times 30m$ 或类似密度。垂直高度精确到最大 $2cm$，水平距离精确到 $1m$。必须确保大面积的垂直精度。激光平整的结果可能精确到厘米。因此，这项调查的精度必须达到厘米级。传统上，常使用光学测量设备测量。现在，GPS 测量技术正在变得越来越流行。固定网格法不再必须采用，土方工程软件可以利用数字模拟技术处理任意高程变化。

测量必须依据当地基准高程。GPS 高程必须转换为大地水准面高程（即与平均海平面相关的标准海拔高度）。虽然测量要基于当地水平基准，但也不是必须要这么做，可参考当地法规规定。随着 GPS 导航拖拉机应用越来越多，应采用 GPS 坐标系统。

测量员要在地里留有足够的固定参照点标记，以方便减少田间规划。对于大面积的地面灌溉系统，最低要求是每 $10hm^2$ 需要设置一个标记点。为了准确工作，激光平地设备距离固定参照点不应超过 $300 \sim 400m$。

现在的测量软件包允许快速下载田间测量数据和制作数字地形模型（DTM）。DTM 来源于测量范围内由三角网连起来的每个水平点。可以用各种棱柱体土方公式来计算土方工程量，DTM 能迅速生成等高线，在较短时间就可开始做规划。对于平坦地面灌溉系统设计，$10cm$ 等高线间距即可很好的描述地形变化。通常 $30m$ 的网格测量可以生成 $10cm$ 等高线间距，$1:1500 \sim 1:2000$ 比例的平面图。

三、土方模拟软件

20 世纪 70 年代后期，采用基本的体积计算方法，如"求和法"或"四分法"进行土方量计算。这些非常费劲，根据现有的地面，有可能得出错误的结果。随着 20 世纪 80 年代初个人电脑的出现，虽然大多数仍然使用求和法，但针对一块地，计算机程序可以执行多次计算。软件包现在可以批量处理如下农场设计替代工作。

（1）在一系列坡度中调整坡度。

（2）计算最佳（或最少）土方量坡度。

（3）改变坡向。

（4）确定横向坡（对于稻田和沟灌）。

（5）运入或运出多余土方（对于渠道）。

一旦确定备选方案，软件将会提供一个详细设计并打印一个概要。概要可提供如下数据：

（1）坡度。

（2）每个调查点的开挖和回填深度。

（3）开挖和回填的土方量。

（4）移走和回填的表层土方量。

（5）要更换表层土的区域。

（6）得出最终设计高程。

四、整地及激光平地

平整土地是一个调整地块以促进均匀灌水的过程。在不使用激光平整的地方，土地平整通过肉眼看（好的推测）或借助网格测量获得的地形图完成。设计步骤包括在地图上用阴影标示出挖掘及填充的区域，即移除凸起和填充凹陷地的区域，然后手动计算坡度和土方量。根据这些信息，在田间网格点上打木桩，用带有彩带的桩标出开挖点及填充点。填充深度从地面向上标记（通常用蓝色带木桩），开挖深度从顶部木桩向下标记（通常用红色带木桩）。通过这些步骤，平地设备操作者能够很好地平整土地。但是，相对于激光平地，这种平地方法既费时又费钱。

激光控制平地技术大大改进了土地平整，可使地形坡度一致。多种土方机械的切削装置通过旋转的激光束控制高度。激光束可以倾斜，同设计坡度一致。激光平整土地任何一点的高程误差在设计高程的±2cm范围内，甚至更好。应不断监测激光束的曲率和折射，内部组件的机械偏差和内部机构的校准。激光平地设备包括"激光平地机"和"携带式平地铲"。这些机器安装在拖拉机后面，在激光控制下通过拖拉机液压系统移动土壤，并最后使地面平整。

通过传统的土方机械（即不具备激光引导）也可以整地，但效果不好。"刮板"或平地耙可以平整略不平整的地面，并使地面平滑。平地耙中间的牵引杆上装有刮板，牵引杆后边位置还装有行走轮子。这些设备可将地面处理平整，搬动土壤。自动装载和铲土机可以将土体从一个位置拾起，然后倾倒在另一个地方。

激光控制平地是现代地面灌溉系统实现高效灌溉的必要条件。没有激光控制平地设备，地面灌溉效果会很差。拥有水资源优先使用权的农户不会频繁整地。激光平地机平整土地后不要再用平地耙及类似设备。

第五节　地面灌溉设计及管理

地面灌溉在许多方面不同于有压灌溉。设计上的主要差异常被地面灌溉设计师误解。

土壤性能决定灌溉水入渗量。前期土壤湿度条件、土壤的收缩膨胀特性综合决定入渗水量。提供少于土壤可接受的水及保持良好均匀度是非常困难的。

例如，澳大利亚维多利亚州北部的非均匀黏土初始入渗量大约等于三分之二的植物需水量。入渗率会迅速下降（两小时内）最后稳定到最终入渗速率 $1\sim2$mm/h。通常情况下，夏天 7d 灌溉期内，预期入渗数据如下：

7d 蒸发皿蒸发量	49mm
作物需水量（牧草）	0.8×49mm$=39.2$mm
土壤初始含水量	0.67×39.2mm$=26$mm
稳定入渗率	2mm/h

每个畦田的实际入渗率和沿坡降均匀分布规律是不一样的，取决于下列因素：

（1）土壤类型和特性。

（2）土壤耕作和栽培历史。

（3）流速。

（4）灌溉时间。

（5）畦田的宽度。

（6）畦田的坡度。

（7）粗糙系数。

因此，地面灌溉管理的任务是，在给定土壤的初始及最终入渗率条件下，选择好灌溉流量及灌水延续时间，提供足够水分，满足作物生长需求。如下所述，"机遇期"是管理关键参数。水流的推前和消退的理论用来估计机遇期和其他参数。

一、地面灌溉理论

常用来量化和评估地面灌溉系统的术语包括推进曲线、消退曲线、入渗速度、入渗时间、均匀度及入渗率。

（一）推进曲线

推进曲线是描述水流沿畦田或灌水沟推进，水流过程的曲线见图 19-10。水平轴是沿畦、沟湿润的距离，垂直轴是从灌溉开始所经历的时间（见图 19-12）。推进时间在田间非常容易测量。

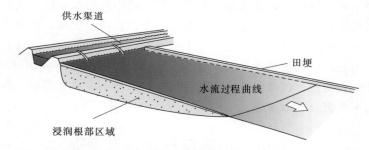

图 19-10　灌溉边界内显示表面流速和浸润进展的剖面图（Turner 等，1984）

（二）消退曲线

同推进曲线绘制在一张图上（见图 19-12）。消退曲线描述（见图 19-11）沿畦、沟

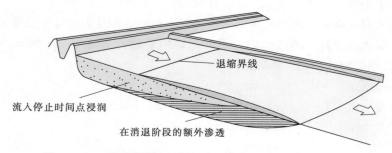

图 19-11　地面灌溉消退期间渗透情况（Turner 等，1984）

方向每点消退时间。这个参数在田间非常难测量，因为总存在水膜被土壤表面和作物本身不规律吸附，这些能掩盖该点水流消退时间。

在渠道出水口或虹吸管关闭后短时间（消耗阶段），消退就开始了。

（三）吸收或入渗率

土壤水分吸收率或入渗率是指水进入土壤的速率。它随土壤条件、湿润面积百分比和积水深度（不重要）等诸多因素有关。入渗率不断变化，随着时间的推移而减小。然而，据重黏土上的入渗经验，实际上，灌溉1～2h后入渗率就恒定不变。

（四）入渗时间

入渗时间是指畦、沟里任意一点水流的入渗时间［见式（19-1）］。用图形表示，入渗时间是指某点上消退曲线和推进曲线间的垂直差，如图19-12中箭头所指。

入渗时间＝该点消退出现时间

　　　　－水流到达此点的时间

（19-1）

入渗时间不同于畦田或沟灌溉时间，因为推进速率比消退速率慢。地面灌溉管理及设计的任务是通过选择合理的坡度、流量、灌溉制度来满足入渗时间及灌水量要求。

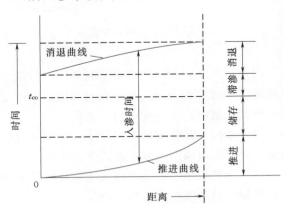

图 19-12 地面灌溉水流的推进及
消退曲线 （Jensen，1980）

（五）均匀度

均匀度（DU）是平均最低入渗深度与整个畦田入渗平均深度的比。DU 一般通过百分数表示，但也可表示为分数或比值［见式（19-2）］。

$$DU＝（平均最低的入渗深度/整个田块入渗深度平均值）\times 100\%$$ （19-2）

（六）入渗率

图 19-13 为随时间变化的累积入渗深度曲线图。虽然初始土壤水分能影响入渗状况，但总的讲，砂壤土与粉壤土及黏土相比，初期入渗率相当高且一直高下去。砂壤土在整个灌溉过程中不会达到一个稳定入渗率。黏土通常入渗率比较低，之后会保持更低。然而，在干燥和龟裂的黏土地上灌溉时，初期入渗率很高。

灌溉前轻微整地或耙地，封闭裂隙，可降低入渗率。有些黏土，特别是高有机质龟裂黏土，在整个灌溉期间，初期入渗率高且不会达到稳定入渗率。黏土的可塑性（收缩、膨胀能力）、湿化性、离散性都会影响入渗。即使是同类土，土壤特性差异很大。每个灌溉项目开发中，对特定土壤的水力性能评估十分重要（第三章有土壤分类及土壤特性细节介绍）。

从图 19-13 中可很明显看出，同一时间段内砂土入渗总量超过黏土入渗总量。尽管有一个相对简单的数学公式生成，输入公式的数据来自田间测量，这些数据通常不是现成的，也不是很容易能测得。已有基于水流推进速度、流速、灌溉时间、田间坡度和长度等估算土

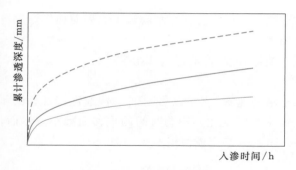

图 19-13 土壤入渗曲线

壤入渗率的商业性服务。还可以参照其他标准测量方法测量入渗率（ASABE，2003；USDA-NRCS，2008）。

影响入渗时间和入渗深度的因素包括以下几点：

（1）灌溉方法。在给定土壤类型中畦灌和沟灌也不同。畦灌湿润全部地面，而沟灌仅湿润部分地面。

（2）沟间距。间距窄的比间距宽的有更大湿润面积。

（3）沟形状。沟形状影响湿润范围。行栽培作物适合在平整的窄沟和深沟。然而葡萄园种植通常适宜宽沟和浅沟。在宽沟里，深度变得不重要除非有板结问题，有板结时侧面进入葡萄种植行的入渗超过向下入渗。

（4）水深。尽管水的深度对于入渗深度直接影响较小，但在沟灌模式下，水深实际影响沟四周湿润范围。在畦灌模式下，水深几乎不影响湿润范围。

（5）土壤板结。如上所述，土壤板结严重影响入渗率和土壤水力性能。垄间距窄的地块，机械压过的灌水沟有板结现象。

（6）由于灌溉造成的地面板结。灌溉后出现的板结对于多年生种植不是问题（如牧场畦灌）。一年生作物种植沟土壤相对松散，季节初期的入渗率高，之后随着季节推进而降低。因为机械作业和灌溉会导致土壤板结（灌溉引起沉陷及土壤颗粒分散）。

（7）土壤龟裂。如前讨论，龟裂黏土的初期入渗非常高，之后会快速减少并趋于稳定，如果不是降到零的话。（如澳大利亚南部墨累河湿地下游黑色龟裂黏土的稳定入渗率为 0.8 mm/h）。

（8）初始土壤湿度。干燥的土壤比湿的土壤能获取更多的水。

（9）有机物含量。高有机物含量会提高入渗率。提高的多少取决于黏土种类和有机质含量（例如，澳大利亚墨累河湿地下游黑色疏松黏土的有机质含量高达 10%）。

二、灌溉运行时间

在地面灌溉中，有三个主要运行时间。理解这种不同是非常重要的，以便在系统中正确比较。推进和消退模拟软件会确定这些时间。灌溉农户常常以许多不同的方法报告灌溉时间。这些不同时间的解读是解决问题的基础。

（1）闸门开启或畦口开放时间（灌溉时间）。这是管道、虹吸管出口或其他设备向田间供水的时间。开启时间影响向田间或畦田的供水量，也是唯一由灌溉管理人员控制的时间。

（2）最大积水时间。这里指灌溉沟、畦中某个位置上的最长积水时间，被定义为推进曲线和消退曲线间的最大差值（也就是最大入渗时间）。最大积水时间对某些作物是重要的。例如，在非常热的气候下，假如积水长达 6h，热天灌溉多年生牧草会遭受灭绝损失。模拟软件可以预测这种时间和位置。

（3）总时间/排水时间。指从灌溉开始（比如水流开始推进）到最后排水离开田间的实际时间。

三、波涌灌溉

波涌灌溉是一种能改善灌溉用水效率的新做法。波涌灌依赖有充分黏土含量的土壤，这种土壤在湿润后几个小时内膨胀（同一些湿土一起塌陷），以致入渗率连续不断减少到很低水平（也许低到 1mm/h）。实践中，通常先在一段短时间内以低流速灌溉畦田，这个流速要确保水分充分扩散，满足初始入渗要求或填充裂隙，然后灌溉其他畦田。经过一段时间后，第一块畦田土壤受水膨胀，入渗率降低到长期稳定值，此时可再灌另一块田。水迅速漫过第一块的畦田的第一小区（最小渗透），为下一小区提供初始入渗（填充裂隙）。这个过程可能需要重复多次，取决于畦田大小和土壤特性。这个过程是劳动密集型的，如能采用可行的自动控制方法，应用会更广。有报道称采用自动化控制能节水 20%（Withers 和 Vipond，1988）。

【例 19-1】 确定总灌溉时间。

假设畦田灌溉的畦田 50m 宽、500m 长、0.1% 的坡度。该田块面积仅 2.5hm²。通过单一进水口，以流速 1000 万 L/d 及时间 2.5h 流入田块。以黏土持续或稳定的入渗率 1mm/h 入渗水深 30mm。运行时间和流量如下（由 SIRMOD 模型计算出来——见下面的"水力模拟软件"）：

入口开启时间	2.5h
最大积水时间	4h52min
总时间/排水时间	9h49min
入田块的流量	104 万 L
入渗流量	89 万 L
径流量	15 万 L(占 14.4% 入田流量)

四、水力模拟软件

设计参数和管理措施对地面灌溉效果有显著影响。然而，许多灌溉设计者和管理人员发现，要找到使灌溉效果到最优的设计方法、灌水强度及运行时间是困难的。同样，许多灌溉管理人员很难以肉眼判断灌溉管理效果，诸如用水效率、均匀度等（Raine 和 Walker，1998）。水力模拟软件可使设计者选取与土壤特性匹配的设计参数（初始入渗速率，持续或最终入渗率）。通过回答以下关键问题，计算机模型也可以帮助制定地面灌溉管理决策：

（1）加大流速，减少入渗时间，结果会怎样？

（2）缩短田块长度会怎样？

（3）改变坡度会怎样？

（4）上面几种情况任意组合又会怎样？

目前有几种水力模型。一种是由澳大利亚维多利亚州（ISIA，Tatura）基础产业部（DPI）提供的畦灌简易版本，称为 AIM——灌溉分析模型。其他模型，以 SIRMOD

（Walker，1993）和 SRFR（Strelkoff 等，1998）较为著名，采用严密的考斯加科夫方程（Kostiakov）来模拟畦灌、沟灌、漫灌等田间水力学性能。这些模拟需要更多现场测量数据，以便供可靠结果。模型的作用供选择设计（畦田长度和坡度）和管理方法（用水量和关闭时间）。表 19-1 为模型输入数据和输出结果。

表 19-1　　　　　　　　　　　计算机模型（SIRMOD）的输入数据及输出结果

模拟要求输入的数据	输出结果	模拟要求输入的数据	输出结果
田块长度	推进、消退轨迹细节	田间流速	田间高处水流深度
田块坡度	入渗水量分布	曼宁阻力系数	应用和需求效率
推进数据	平衡流量	高处田块的几何尺寸	均匀度
目标深度	径流水位图		

由于常缺乏现成的土壤水力性能数据，而不是模型本身的原因，到目前为止，计算机模型的广泛运用还面临障碍。SIRMOD 提供有一套对应于各种土壤质地的入渗参数。从中选择的参数有时可能不适合当地土壤条件。田间精确实测推进流速、灌溉畦田尺寸，可以被用来确定测试土壤的实际水力特性。

第六节　地面灌溉设计

现代地面灌溉的失败例子非常多。表现不佳的主要原因如下所列。如果系统每个环节设计合理，下列情况是可以避免的：

（1）土壤类型不对。

（2）流量不足。

（3）构筑物的尺寸不合适。

（4）渠底太高、渠岸太低、横断面不恰当。

（5）渠和构筑物周边长有杂草。

（6）涵洞太高且运行不畅。

地面灌溉设计必须从确定系统最大需水量和系统设计流量开始。靠重力灌溉的地面灌溉系统需要精细的水力设计，以确保灌溉水流以设计流量、最小的水头损失达到平坦地形的最远端。

一、渠道设计

渠道必须以最小的水头损失和冲刷输送需要的流量。设计内容包括渠道尺寸、形状、坡度、方向改变（即，弯曲）和施工方法确定。

二、渠道水力计算——曼宁公式

明渠水力学通常以曼宁公式为代表（见第七章）。它是处理水头损失（坡度）和估算明渠流量，确定渠道尺寸的适用公式。

$$V = \frac{C_m}{n} \times (R^{2/3} \times S^{1/2}) \qquad (19-3)$$

$$R = \frac{A}{p} \qquad (19-4)$$

式中　　V——流过渠道横断面的平均速度，m/s；

　　　　R——水力半径，横断面积除以湿润周长，m；

　　　　S——渠道或渠道纵断面平均坡降，小数（例如，高程变化除以长度），无量纲；

　　　C_m——由单位确定的数学系数；当 V 和 R 分别以 m/s 和 m 为单位时，$C_m=1$；

　　　　n——渠道粗糙系数，无量纲；

　　　　A——渠道流量横断面积，m^2；

　　　　p——渠道湿润周长，垂直于水流方向，m。

曼宁公式也可以写成下面按照流速表现的形式：

$$Q = \frac{C_m}{n} \times (AR^{2/3} \times S^{1/2}) \qquad (19-5)$$

这里，Q 代表体积流量（注意：Q 和 A 的单位必须一致，或者需要适当的换算系数）。

曼宁公式不能用于直接计算给定流量的渠道尺寸，因为深度是渠道面积和水力半径的一个因素。人们必须反复试算—假设渠道尺寸，计算产生的流速，然后比较计算流速和需求流速。为了这个目的，计算机程序、表格和图形设计工具都是需要的。

水流阻力和与其相关的由于摩擦造成的水头损失，在渠道中通常以渠道粗糙系数 n 表示。n 值主要取决于渠道建造和环境，但渠道尺寸和流速也是原因。许多图形和表格可以由曼宁公式 n 系数估算出（见第七章）。对于适度覆草的梯形渠道，表 19-2 中提到的系数已被证明是可靠设计值；然而新的、干净的渠道将有较低的值。

表 19-2　在梯形渠道中使用的曼宁"n"值（Communtity surface water management schemes，murray darling basin commsssion，1987）

流速	n	流速	n
＜2000 万 L/d	0.045	＞7500 万 L/d	0.035
2000 万～7500 万 L/d	0.040		

（一）标准横断面

渠道可以建造成几种不同的形状，如梯形、三角形和抛物线形。梯形横断面非常有效（见图 19-14）。一般边坡坡度为 1/1.5 时流速小于 1000 万 L/d，而坡度为 1/2 时流速可大些。土壤类型也应该考虑。施工方法和现有设备确定最后边坡。

利用现有渠道坡度通过曼宁公式，可以计算出渠底宽度和水流深度。水力高效的横断面可能并不适合实际维护。举例来说，渠道一般要足够宽，以利于拖拉机入底维修。

渠道超高取决于运行水位变化，也与压实堤顶高度有关。政府机构，如自然资源保护局 NRCS（2008）的标准规范有最小超高，设计应遵循标准规定。通常，小型渠道的最小超高为 0.2m（流量在 500～1500L/d）。长距离非常大流量运行的渠道还要考虑浪涌高度。岸顶部必须足够宽，足以确保渠岸渗流线或浸润线在自然地面以下。同时还要考虑通过岸顶部的机械宽度。

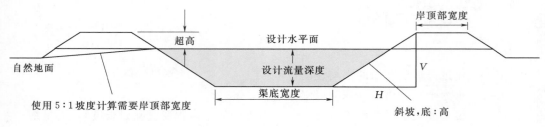

图 19-14　渠道横断面图

（二）渠道坡度

渠道坡度应该维持流速在 0.15～0.5m/s 之间。除了速度限制，渠道纵坡不应大于 1：1000，因为渠道上要设置大量拦水设施。平地长渠道，流速超过 1000 万 L/d 的情况下，一般取 1：5000～1：10000 纵坡。对于新建、干净的渠道，使用曼宁公式计算渠道速度时可取 $n=0.02$。

1. 弯曲渠道

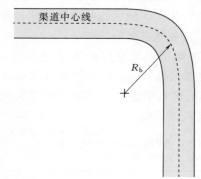

图 19-15　渠道弯道半径

当水流速度高，土壤易侵蚀（粉砂土、砂土或分散性土壤）时，渠道拐弯处会出现冲刷。式（19-6）是一个经验公式，由农村水利委员会（Rural Water Commission）于 1986 提出，可以用来确定防止渠道冲刷的最小弯道半径。为了易于施工，采用 10m 绝对最小弯道半径。还可采取"经验法"，选择弯道半径等于 20 倍水流深度。

$$R_b = F \times R \times S^{0.5} \tag{19-6}$$

式中　R_b——沿渠道中心线的弯道半径，m（见图 19-15）；

　　　R——设计流速的水力半径（横断面积/湿润周长），m；

　　　S——河床坡度，m/km；

　　　F——土壤类型因素，黏壤土 $F=45$，砂壤土 $F=60$。

2. 施工方法

所有渠道修建都应该采用激光制导。对于大渠道横断面，应采用激光平地机或推土机。这种情况下，从挖到填的土方位移距离相当短。如果有足够的弃土通道，修建渠道可以用挖掘机。渠道挖掘设备（往往连接在拖拉机三点连杆机构上）或平路机可以整出坡度为平坡或设计坡降，结构及形状都良好的渠道。用这些设备先以设计高程整出相对于最终运行高程的渠底，然后再将渠底整成水平或设计坡降（见图 19-16）。挖掘的部分形成渠岸。这种修建的目的要确保一个灌

图 19-16　基于垫层新建的渠道

溉周期完成后，渠道里的水能完全排出。这种做法可阻止杂草生长及动物破坏（鼠类、鱼类、穴居甲壳类动物），降低配水系统水量损失。激光制导有助于此。

三、渠道控制/堰

有多种公式可用来计算通过渠堰构筑物的流量和水头损失。矩形、V形或孔口形堰都有可用公式计算。图 19-17 是三个基本矩形堰的简单计算公式。

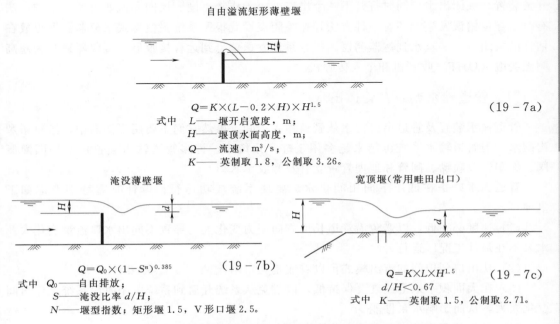

自由溢流矩形薄壁堰

$$Q=K \times (L-0.2 \times H) \times H^{1.5} \qquad (19-7a)$$

式中　L——堰开启宽度，m；
　　　H——堰顶水面高度，m；
　　　Q——流速，m^3/s；
　　　K——英制取 1.8，公制取 3.26。

淹没薄壁堰

$$Q=Q_0 \times (1-S^n)^{0.385} \qquad (19-7b)$$

式中　Q_0——自由排放；
　　　S——淹没比率 d/H；
　　　N——堰型指数；矩形堰 1.5，V形口堰 2.5。

宽顶堰（常用畦田出口）

$$Q=K \times L \times H^{1.5} \qquad (19-7c)$$
$$d/H < 0.67$$

式中　K——英制取 1.5，公制取 2.71。

图 19-17　渠道三个基本矩形堰的简单计算公式及水流特性

（一）畦田出水口

畦田出口可以是管道、虹吸管或堰型出口。在所有情况下，下游的水深由下游条件决定（例如流量，沟的形状，畦田宽度、边坡和粗糙度）。畦田灌溉中的畦田内水深范围在 0.05~0.20m 之间，取决于作物（粗糙度）。设计时，水深可取平均值 0.12m。可使用管涵公式设计管道式出水口。管道式出水口最好在满水量工作以减少侵蚀和优化流量，因此必须淹没于畦田水面线以下。

（二）自动控制

地面灌溉自动化控制已飞速发展到同有压灌溉系统自动化控制一样复杂而灵活的过程。一个地面灌溉系统，即使今天实施自动化控制可能不可行，但设计好的话，未来还可实施。例如，为了减少控制设备成本，畦田尽可能设计大些，以减少出水口数量。有许多方法实施地面灌溉自动化：

（1）灌水延续时间。灌溉水量可以基于模拟或根据先前经验，考虑上次灌水后天气信息获得。假定一个灌水流量，可依据灌水量算得灌水延续时间。畦田出水口要安装一个计数器或计时制动器，控制出水口开与关。如果畦田入口流量变化不监测，会导致过度灌溉或灌溉不足。

（2）灌水量。一次灌水量设置好，当预设的水量灌完后，出水口自动关闭。在农场周围关键点要设水量测量点，但一般设在农场灌溉系统入口。自动化控制网络通过线缆或无线连接。

（3）出水口关闭监视点。沿畦田方向设定的出水口关闭点是根据经验确定的。将便携式水分监测器放置在这个位置，一旦水达到监测器位置，监测器发射信号到畦田出水口处开关装置，关闭出水口同时打开下一个出口。由于作物密度、风向和流速可变，这种方法有时会导致错误发生。还有一种方法是在关闭点设置报警系统。便携式水分监测器也放在估计的关闭点。一旦水到达监测器，报警系统发送信息到远程接收器。接收器通常为超高频无线电（UHF）收音机和个人传呼机。

四、管道输水系统及管道出水口

管道输水装置及管道出口将水从管道输入田间。虽然它们主要用于沟灌中，给每条犁沟配水，但管道输水系统也越来越多用于畦灌系统中。许多管道输水装置包括果园灌溉阀、涂塑管及喷嘴、闸管和地埋管带立管及螺纹出水口。

管道出水口是在低压下向田间供水。要使系统成功运行，设计时需特别考虑如下事项：

（1）速度必须低，以避免沿管道长度方向压力变化大，导致不同出水口流量变化大及水泵不在最佳工况区运行。

（2）从出口到田间的流出模式可以看成是孔口出流。

（3）在大面积平地上速度要保持低，以避免从系统开启到系统关闭时段系统工作田间变化太大，从而影响水泵性能。

（4）可能需要安装变频泵，以便在不同水头下而产生相同流速。

由渠道输水系统转换成管道式输水、出水系统，要仔细核算成本效益比。在许多情况下，渠道输水损失太大是将畦田灌溉系统中从明渠输水方式转化为管道式加立式出水口的主要原因。经济评估考虑下列因素：①建设成本；②运行成本；③维修成本；④流速（同明渠系统中一样）；⑤土壤透水性（通过黏土防渗或土壤添加膨润土可以降低吗）；⑥更灵活的灌溉制度；⑦易接近输水系统。

渠道渗漏的水量损失通常无关紧要，渠道仅在每次灌溉期间的几天里被填满水而后较长时间无水。如果渠道土壤的渗透性太高以至于经济评估结果有利于管道输水，此时，采用地面灌溉说明是有问题的。如对比管灌与喷灌，喷灌的经济效益更好，最好转换为喷灌。

五、田间设计

基于土壤调查的结果，可利用模拟软件选择最佳边坡、长度、宽度和入畦流量。但在实践中，这些参数往往很少有用。供给系统的局限可能会导致农民无法改变流速，地形可能会限制畦田的长度、坡度和宽度。然而，可以利用大量的实践经验来提高灌溉系统效率。畦灌、等高灌/稻田灌溉和沟灌的设计标准见表 19 – 3。

表 19－3　　　　　　　　　　　　畦灌、等高灌/稻田灌溉和沟灌的设计标准

设计参数	设　计　标　准	备　注
	畦　灌	
流速	取下述两种计算结果的最小值： (1) 400 万 L/(d·hm²) 单位畦田面积； (2) 100 万 L/(d·10m) 单位畦田宽度	根据作物及气象条件，选择适合土壤水力性能和减少最大积水时间的流速
畦田坡度	不小于 1：2500（重黏土）； 不大于 1：50，防止产生侵蚀并使畦内水均匀分布； 适宜坡度：1：200～1：1000	坡度对灌溉供水量影响相对较小，但显著影响排水。对于那些冬天潮湿和夏天偶尔有雨的地区，需要采用陡坡来改善排水
畦田宽度	不少于 25m（可使机械在周围自由活动）； 不大于 100m（只针对平地）	取决于坡度
畦田长度	100～1000m	取决于坡度和土壤类型
	等高灌/稻田灌溉	
流量	取下述计算结果的最小值： (1) 400 万 L/d 畦田区域； (2) 100 万 L/d 畦田宽度	12h 内充满稻田畦田是一个目标。如果是其他作物，畦田需要在 4～6h 内充满
畦田坡度	等高设计坡度最好取 1：750～1：1200，一般等高间隔为 50～75mm。为了确保排水，激光等高间隔取 5cm。而对于非激光等高整地，采用 75mm 等高间隔	设计等高线间隔是为了使水从一个畦田排到另一个畦田，并使水深均匀分布。一般水深控制在 0～30cm。均匀水稻淹没深度能提高产量
畦田面积	取决于可用流量，但水稻种植畦田要在 12h 内充满，理论上任何面积都可	非常大的畦田易引起浪涌，侵蚀田埂
畦田宽度	由设计等高间隔和可用坡度确定	例如，可用坡度是 1：1500，要求等高间隔是 5cm。畦田宽度＝1500×5＝75m
畦田长度	100～1000m	取决于坡度和土壤类型
	沟　灌	
流量	每条沟 2～5L/s	
田间坡度	不小于 1：1700（重黏土）； 不大于 1：50； 适宜坡度 1：200～1：500	
田间长度	100～800m	取决于坡度和土壤类型
沟灌间距	0.5（沙土）～1.0（黏壤土）乘以作物根系深度； 一般取 1～2m	必须与农机宽度匹配（比如棉花取 1.0m）

六、涵洞设计

地面灌溉系统中的涵洞有许多特点：低速，摩擦损失小，总水头损失以入口和出口压力损失为主。有两种涵洞流量状况：入口控制流量与出口控制流量。

（一）入口流量控制

在这种情况下，涵洞流量在入口处被限制，等于在给定的上游水深能通过入口的流量。除了在入口处可以充满，涵洞内任何其他地方都不充满（见图 19－18）。流量由上游水深（HW）、入口处截面和入口边缘几何尺寸来控制。可以看得出它不受涵洞长度、粗

糙度、坡度或出口条件影响。这种流量状况出现主要同涵洞短或涵洞坡陡有关。这种情况在地面灌溉系统不多见。

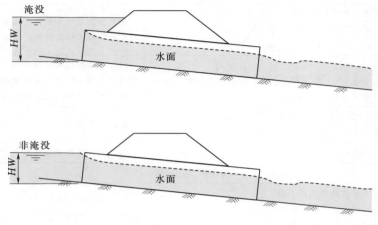

图 19-18　入口流量控制

(二) 出水口流量控制

通过涵洞的流量受限条件在排出点。在涵洞的长度方向上，至少有部分涵洞满水运行。流量受涵洞长度、粗糙度、出入口的条件影响，主要受上下游水位垂直高差控制。在地面灌溉系统中这种情况很常见。

涵洞应设计成受出口控制和满水运行，如图 19-19 所示。这种设计符合成本效益比，相对简单。涵洞设计流速应保持在 0.7m/s 以下，最好小于 0.5m/s，以减少出口侵蚀和使构筑物水头损失最小。在有效水头比较充足的地方也可以设计比较高的流速，但要在出口和入口处做好侵蚀保护。可以使用标准管道流量-水头损失图来计算设计流量的水头损失，进口和出口损失要考虑进去 (Australian Pump Mfg. Assoc.，1992)。出入口损失取决于出入口的类型和条件。这些损失可以采用式 (19-8) 计算。表 19-4 显示了各种出入口条件下的 K 系数 (k_{entry}, k_{outlet})。

$$H_e = (k_{entry} + k_{outlet}) \times \frac{V^2}{2g} \tag{19-8}$$

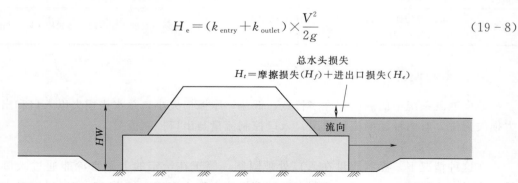

设置管道变化略于低于渠道底床(大约1/3管道直径,根据渠道截面,以确保该管道运行完整)

图 19-19　灌溉和排水渠道中安装涵洞—出口流量控制

式中 H_e——涵洞进出口综合摩擦损失，m；

k_{entry}——涵洞进口处摩擦损失系数；

k_{outlet}——涵洞出口处摩擦损失系数；

V——流过涵洞的平均速度，m/s；

g——重力加速度，9.806m/s^2。

表 19-4 各种出入口条件下的 K 值

条件	描述	K^* 值
管道出口	投影	1.0^+
	锋利边界	
	圆形的	
管道入口	向内突出	0.78
	冲刷锋利边界	0.5

* 对于没有山墙的标准灌溉涵洞，取 $H = 1.5V^2/2g$。

+ 对于喇叭形出口，回收率可达 75% 是可能的。

七、暴雨和尾水排放循环

灌溉区域的排水几乎同给水一样重要。田间地形提供了理想的暴雨径流集水区域，必须尽快从种植区域排出以防止由于水涝造成减产。排水系统还必须有能力排出正常灌溉多余的水（即尾水），最好能再利用（见图 19-20）。雨水沟及返回尾水可能会相连，尽管当地环境限制雨水（非灌溉地块雨水）排放到回收系统周围。排水渠必须有足够的容量，这样正常降雨形成的径流不会回流到低洼地块里。排水渠和回水渠应该通过水力设计来实现这一目标。

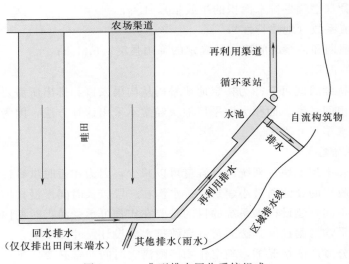

图 19-20 典型排水回收系统组成

（一）设计基础

在进行雨水沟和回水沟设计前先估计雨水和尾水产生的径流量是非常有必要的。来自于灌溉的尾水量取决于灌溉方法和管理。可以凭经验合理算大小，实际上在某种程度上能被控制。畦田灌溉尾水径流在给水总量的 0～30％范围。水力模型软件能估计这种流量并生成径流水位线图。雨水形成的径流量通常比尾水大，因此应以此为设计标准。

雨水径流取决于气候因素、土壤和田间条件及地块总面积。它很难凭经验决定而且还不能控制。需要确定降雨频率、持续时间和雨强，同时还需确定灌溉区域径流特性。下面是两种估算雨水径流量的常用方法。

（1）估算来自地块的即时瞬间流量。

（2）估算关键时期的平均地表径流。

任何估计径流的方法面临的首要问题就是确定设计需要的暴雨重现期（Institution of Engineers、澳大利亚，1987）。重现期可以简单认为是给定暴雨量出现的平均年数。它代表平均频率，设计师或业主能够接受系统无能力畅快排走大暴雨。重现期选择是在大排水系统成本高但产量损失小及小排水系统成本低但会引起洪水泛滥导致产量损失大之间做决策。

例如，在澳大利亚的新南威尔士州西北平原大型灌溉系统中，发现采用五年重现期较合理。这意味着，在很长一段时间内，设计的排水系统有能力处理五年一遇暴雨。在确定重现期之后，设计的下一步要选择暴雨持续时间。暴雨持续时间就是预期暴雨经历的时间。持续时间的选择取决于设计方法。知道重现期和持续时间，降雨强度（mm/h）可根据项目区的统计数据确定。

（二）最大暴雨排放流量计算方法

测定最大暴雨排放的常用方法称为"推理计算方法"。利用这种方法来确定设计暴雨的最大流量。流量可以由如下公式给出：

$$Q = 2.8C \times i \times A \tag{19-9}$$

式中　Q——流量（也就是排水面积的排放量），L/s；

　　　C——径流系数（地块特性）；

　　　i——重现期和持续时间确定后确定的降雨强度，mm/h；

　　　A——地块面积，hm^2。

设计暴雨的持续时间可选择为特定地块暴雨从沟渠入口到排出所需要的时间。所需时间取决于坡度和田间长度。面积大而平坦地块经常不采用这种方法，因为计算出来的流量会导致涵洞和排水渠尺寸太大。

（三）平均暴雨径流

对于面积大和平坦地块，系统设计容量可以减少，因为在短时洪峰过程中田块可以储存雨水，容许将收集的径流通过小建筑或排水沟在一段较长时间慢慢排出。

作物涝害性不同。建设排水系统的目的是要在作物可承受涝害时期内排出平均预期的暴雨径流。这种平均暴雨径流方法通常会导致排水渠设计尺寸变小。

在不造成过分减产的情况下，确定作物能耐涝灾时间非常必要。举一个例子，棉花的耐涝的时间通常不超过 24h。排水系统可以设计成排放设计暴雨产生的径流总量（例如，

24h 内排放 5 年一遇暴雨）。有一点必须知道，采用此法设计的排水设施，遭遇洪水高峰流量（洪峰流量）时，排水系统可能过载，部分地块会被洪水淹没。

径流总量计算如下（国际标准）：

$$V = \frac{R \times A \times K}{100} \qquad (19-10)$$

式中　V——代表径流量，10^6 L；

　　　　R——重现期内降雨量，mm；

　　　　A——地块面积，hm^2；

　　　　K——体积径流系数，从轻质土壤到重土，取 $0.6 \sim 0.75$。

【例 19-2】　用平均暴雨径流法计算澳大利亚 Narrabri 镇灌溉地区的排水系统能力。假定项目区参数见表 19-5。

表 19-5　　　　　　　　　　　　　　　［例 19-2］表

面积	100hm²	地块长度	800m
作物	棉花	田块纵向坡度	0
主要田块坡度	1：1500	地块宽度	1250m

参照澳大利亚降雨和径流计算方法——洪水估算指南（Inst. of Engineers, Aust., 1987），五年一遇重现期，24h 持续暴雨下的降雨强度为 104mm。

采用此方法（平均暴雨径流方法）得出如下结果：

$$V = \frac{104 \times 100 \times 0.75}{100} = 7800(\text{万 L})$$

尾端排洪和涵洞的排洪能力应为 7800 万 L/d 或 903L/s。

做一个有趣的对比，计算沟灌尾端排水所需排水能力，并与排洪能力比较。

假设每个灌溉虹吸管大小 50mm，每个虹吸管过流能力为 2.2L/s，则总灌溉流量是 550L/s。

假如土壤被降雨湿润，75% 的沟入口灌溉水会流到尾端排水沟中，则尾水沟的流量是 $550 \times 75\% = 412$L/s，与排出暴雨径流需要的排洪能力 903L/s 相比，不足一半。

（四）排水设计

当排水设计能力计算出来后，排水系统设计就可以采用曼宁公式（Manning equation）计算［即式（19-11），重复如下］。

$$Q = \frac{C_m}{n}(AR^{2/3} \times S^{1/2}) \qquad (19-11)$$

例如，［例 19-1］可以采用表 19-6 中数据（由曼宁公式算得）来设计。表 19-6 中阴影部分都能满足 903L/s 的排洪能力。长距离排水应分段进行估算。刚开始段没有集雨区，中间段的集雨面积为所有面积的一半，而末尾段集雨面积为项目区全面积。

选择了主要项后，还要考虑一些其他设计参数。出于实用目的，排水沟坡度不应小于 1：4000，因为少量积水也会阻碍排水。排水渠坡度很大程度上受地面主坡度影响。当需要机械进入地块时，从地块到排水沟床选择 1：20 坡度和从排水沟到机械进入通道选择 1：10 坡度（见表 19-7）。

表 19 – 6 典型排水截面——试验解法

水流深度/m	沟宽/m	坡度	流量/(L/s)
0.35	5	1∶3000	610
0.4	5	1∶3000	780
0.35	5	1∶2000	750
0.4	5	1∶2000	950
0.35	6	1∶3000	710
0.4	6	1∶3000	910
0.35	6	1∶2500	780
0.4	6	1∶2500	990

表 19 – 7 坡 度 经 验 值

断面深度	最 小 坡 度	
	黏土/黏壤土	分散性土壤或砂性土
小于 1.0m	1∶1.5	1∶2.0
大于 1.0m	1∶2.0	1∶2.5

注 坡度表示为：垂直尺寸∶水平距离。

对于一些特殊地块，可以有几种选择，以与这些设计参数相符。在有些情况下，对于非常宽地块，一条排洪沟只能处理部分地块上的水。在这种情况下，排洪沟和尾水收集沟不得不在地块下端平行运行一段距离。

（五）尾水利用排水沟

尾水利用沟段的排水流量可以从上游汇集的田间排水流量计算而来。曼宁公式可用于计算尾水利用沟段的尺寸。如果汇集流量太大，建一个超大的尾水利用沟不现实，则可在系统某些地方结合排洪渠溢流口将多余水排走。

一个减小尾水利用沟尺寸的有效方法是在系统中建一个低洼沼泽地，用以调蓄来水。当上游排水超过尾水利用沟的输水能力或泵的抽水能力时，多余的水汇入沼泽地。沼泽地储蓄的水将来还可循环利用。

设计尾水利用排水沟时，必须检查最大过流量时的水位线（采用曼宁公式），确保沟里的水不反灌到低洼地块。如果发现低洼田块将会被淹，有必要为低洼地块建单独尾水收集沟，并不与高处的收集沟联通。同样重要的是，要检查沼泽调蓄区或溢流建筑物的水位，保证这些地点水位足够低，以防回流到低洼地块。

八、水泵

不管是排水的二次提升循环利用还是从水源提水，地面灌溉泵送水的特征都是水头（扬程）低、流量大（Australian Pump Mfg. Assoc.，1987）。轴流泵和蜗壳式混流泵特别适合这些特征。离心泵、往复泵等其他类型水泵，设计用于小流量、高水头的情况，因而不适于地面灌溉应用（详见第八章中的水泵类型和选择）。

（一）轴流泵

在轴流泵中，叶轮的形状像螺丝，水沿着平行于旋转轴的方向流经水泵。在水头低且流量非常大的情况下，轴流泵的效率很高。这类泵通常在 $2\sim6m$ 水头下输送 $5\sim150$ 万 L/d 的流量。轴流泵性能曲线的高效率区范围窄、曲线陡。这意味着水头变化很大时，流量的变化相对较小，因此轴流泵最适用于地面灌溉。

由于轴流泵总是位于水面以下，所以从来不需要灌泵。轴流泵可采用立式或斜式（例如沿着河堤）安装。通常采用立式安装在水坑或水井里，并遵循以下规则：

（1）进口流速不应大于 $0.4m/s$。

（2）进水管应伸入到水坑底部，防止携带空气和产生旋涡。

（3）轴流泵应避免安装在圆形水坑上，起码应安装在偏离中心的位置，以防出现旋涡。

（4）水坑和水泵的安装高程，应确保满足制造厂对旋转叶和固定叶（导叶）最小浸没（水源最低工作水位）深度的要求。

（二）蜗壳式混流泵

蜗壳式（MFV）混流泵具有类似螺旋桨，用来对水施加初始轴向力的叶轮，然后水经由蜗壳从径向流出。该类水泵在中低水头条件下抽取大流量水时效率高。该类水泵的运行范围为：在 $4\sim20m$ 水头时的流量为 $2\sim150$ 万 L/d。

同离心泵相比较，蜗壳式混流泵的性能曲线稍陡，但又没有轴流泵那样陡。蜗壳式混流泵的优点之一是，在给定转速条件下，在所有水头和流量范围内的动力需求基本保持恒定。混流泵在中低水头、大流量条件下的效率很高。

包括蜗壳式混流泵在内的蜗壳水泵受到吸程限制的影响（轴流泵不受此影响）。因此，重要的是需要考虑第八章中阐述的必需汽蚀余量（NPSHR）和可用汽蚀余量（NPSHA）。

九、地面灌溉制度

灌溉制度是确定给作物灌水多少、什么时候灌。灌溉用水定义为作物需水量减去有效降雨补给。通常表示为一天需要多少毫米。由于输水效率、淋洗需求和灌溉系统精准输送能力等原因，实际输送到田间的水量通常大于作物需要水量。

理论上计算灌溉多少水和什么时候灌溉是一个简单过程。然而，许多输入数据都是凭经验得来的，需要持续监测土壤墒情来提高精度。如果有几个季节的土壤墒情监测缺失，就得依赖计算来获得用水需求（Jensen 等，2007；Purcell，1993）。下面计算什么时候灌溉与田间特性测试无关，尽管管理因素毫无疑问应当考虑。

步骤 1：确定根区（RZ）或潜在根区（PRZ）。PRZ 通常以 mm 表示深度。这项任务可通过土坑检查完成。根区受限化学特性（如碳酸钙层）或物理特性（压实或硬质层）影响。多年生作物根区比一年生作物根区容易确定。一年生作物全季节根深度可以从已发布的数据获得。预估根区比较困难，特别是活动根区。

步骤 2：确定土壤的持水能力。这一步可以准确地通过实验室测定。然而，在大多数情况下，广泛采用与土壤质地相关的公开出版数据（见表 19-8）。植物有效水（AW）是介于田间持水量和萎蔫点之间土壤水分含量。它表示为水深同土壤深的比值（mm/m）。

这一数字对于给定的土壤质地也有很大差别，取决于土壤结构、盐度、碱度、有机质含量以及其他因素。土壤田间持水能力需要每层计算和倾向于正确结构定义和边界测量。

表 19-8　　　　　不同土壤类型的有效水范围（改编于 Dugdale 等，2004）

土壤类型	$AW/(mm/m)$	土壤类型	$AW/(mm/m)$
粗砂土	35～60	壤土	150～220
砂土	60～75	粉砂壤土	170～250
壤砂土	75～110	黏壤土和粉质黏壤土	170～220
砂壤土	100～160	粉质黏土和黏土	150～200
细砂壤土	145～185		

步骤 3：计算作物根区总的有效田间持水量（PAW）。PAW 定义为作物根区范围内田间持水量和萎蔫点间的持水能力。PAW 可以有式（19-12）计算。AW 为根区范围内每个土壤质地层的计算值，然后累加在一起。

$$PAW = \frac{RZ \times AW}{100} \qquad (19-12)$$

式中　RZ——计划湿润根区深，cm；

　　　AW——作物有效含水量，mm/m。

步骤 4：计算允许亏缺。允许亏缺经常被描述为管理允许亏缺（MAD）。它被表示为 RAW 百分比。它表示在土壤达到田间持水量后允许作物从土壤中提取的水量。不同作物的水分胁迫水平敏感性不同，敏感度越高容许土壤水分消耗越小。一般来说，高含水量的一年生蔬菜作物（如生菜）对水分胁迫的敏感比葡萄藤或橄榄树更强。对于许多作物，允许耗水量大约是土壤有效含水量的 50%。应当参考当地建议，为当地区域选择最佳亏缺水平。

步骤 5：计算易吸收有效水（RAW）。这个参数是作物根区内 MAD 的水深表达，以 mm 表示。

$$RAW = MAD \times AW \qquad (19-13)$$

RAW 表示在灌溉前允许通过蒸散作用被作物吸收的最大含水量，也是计划灌水深。实际应用受淋洗需求、管理要求和灌溉系统效率影响。

地面灌溉系统输送小于 45mm 灌水深的灌溉几乎是不可能的。实施这样小的灌水，坡度要适宜、需要激光平地、流量要高，土壤为重黏土。假定 80% 灌溉效率（无淋洗要求），则此灌水深相对应的实际目标灌水深 RAW 为 36mm。

【例 19-3】　显示如何计算地面灌溉系统 RAW 值。必须知道，这些计算是近似的，原因如下：

（1）活动根系深度是由经验确定的。

（2）在田间鉴别土壤质地可能出现误差，特别是塑性黏土。

（3）有效水 AW 参考值为粗估近似值，尤其黏土。

（4）田间估算土层深度大于 5cm 时精确度低。

（5）*MAD* 也是估计值（［例 19-2］中的 40%、50% 甚至 60%）。

这说明上述 *RAW* 计算法得出的目标灌溉深度只是一个粗估值。它也许是错误的，任何靠推断得出的灌溉效率也同样可能是错误的。尽管如此，这一计算法还是提供了一种评估灌溉系统是否与灌溉计划相匹配的方法。

测量根系深度和作物需水（今后称灌水深度）唯一可靠方法是监测土壤水分（土壤水分测量方法在第三章和第十三章中有详细论述）。随着土壤水分监测的进行，可发现那个深度内的作物根系用水活跃。土壤基质势提供了另外一种界定许可亏缺的方法。基质势表明水对土壤微粒的张力，常常表示为负压力（kPa），相当于作物要吸收水分需要施加的吸力。张力计和石膏块是两种测量土壤基质势的仪器设备。张力计的优点是独立于土壤和作物类型，虽然他们需要根据土壤类型，将张力转换为体积含水量。基质势关键点如下：

（1）−8kPa 等同于不考虑土壤类型和作物种类的田间持水量。

（2）−60～−40kPa 将是典型的需要灌溉点。

（3）−80kPa 牧草和苜蓿可接受的灌溉点。

（4）−200kPa 旱作物可以接受的亏水灌溉点。

（5）−1500kPa 是永久凋萎点。

估算作物需水量的另一种方法是做水量平衡计算。对比降雨与灌溉，可以得出实际的 *RAW* 值。水量平衡计算也是基于很多假设进行，其中的误差会显著影响灌溉效率。

【例 19-4】　*RAW* 估算。

灌溉作物为紫花苜蓿，种植在红棕土上（大部分为黏土）。根区深度粗估为 80cm。土壤剖面参数见表 19-9。

表 19-9　　　　　　　　　　　　　［例 19-4］表

深度（土层）/cm	厚度/cm	*PRZ*/cm	土壤类型
0～20	20	20	黏壤土
20～50	30	30	重黏土（结构好）
50～100	50	30	轻黏土（含一些碳酸钙）

估计作物总根深 80cm，穿透 30cm 到第三土层。根据表 19-8，土壤剖面的 *AW* 取值如下：

黏壤土：*AW* = 200mm/m。

重壤土（极好条件的红棕土，重壤土质地，高持水能力，为塑性黏土）：*AW* = 200mm/m。

轻黏土：*AW* = 170mm/m。

根据每层土壤剖面的 *AW*，利用式（19-12）可计算出综合 *PAW* 值：

$$PAW = \frac{20 \times 200 + 30 \times 200 + 30 \times 170}{100} = 151(\text{mm})$$

第七节 监测与维护

地面灌溉系统的性能和效率取决于能否设计合理和管理得当（Australian Cotton Industry，2000；Dalton，2001；Dugdale 等，2004；Murray Darling Basin Commission，2001）。此外，系统的硬件（如渠道、泵站、蓄水装置）要保持合理运行。现代地面灌溉系统需要监测用水、输水及灌水组件。管理部门必须根据监测信息对管理措施作相应调整，系统硬件要经常维护以保持高效运行。

通常情况下，地面灌溉监测包括测量田间供水量，并与本地发布的参考用水量比较。例如澳大利亚维多利亚州的北部牧场，夏季灌溉牧草的平均用水量为每次灌 50mm（周期 7d），全季用水总量为 1000 万～1200 万 L/hm²。农场常将其用水与此基准比较。有的情况下，农场测不到这个数，因为水表位于农场供水水源处。

然而，节约用水的压力对农场监测用水的要求越来越高（用水成本在增加而用水配额在减少）。在这种情况下，现代地面灌溉的日常监测，最低限度也要监测以下内容：

(1) 土壤水分和盐分。

(2) 废水水质。

(3) 地下水位。

(4) 不同田块的用水效率。

地面灌溉系统常常被批评为效率低下的灌溉方法。对不适合的土壤类型，这是毋庸置疑的（Purcell，1999）。然而研究表明，在合适的土壤条件下实施地面灌溉可以获得非常高的效率（Fairweather 等，2003）。

用水效率指的是作物吸收利用的水量与实际输送到田间的水量之比。输送的水量一般都可测得，管理技术可以改善输水效率。作物利用的水量不可能精确测得。土壤水分监测可以很好地用来计算作物用水量，但不能用于估算系统用水量。因此，要准确估算地面灌溉系统用水效率，必须要用水泵、水表及灌溉水分配系统的设备。

一、计量

水表需要检查精确度。到农场灌溉水的准确计量是评估灌溉效率的第一步。如果水表精度有问题就得检查。可用独立水表测试设备检测。

二、泵站

泵站经常因水泵选型错误或水泵磨损而不能正常运行。可以采用以下步骤评估水泵性能。

第一步：确定水泵运行参数——流速、水头损失、必需汽蚀余量（NPSHR）/可用汽蚀余量（NPSHA），检查水泵工作情况是否符合水泵性能曲线，计算工作吸程和出口扬程。

第二步：确定计量水量。

第三步：确定电动机运行费用。

三、配水系统

农场配水系统有水和压力损失，很大程度上影响用水效率。澳大利亚农场经验表明不当的渠道建设，大约占地面灌溉系统问题的 50％。其他 45％ 的问题是由于输水设备太小造成，最后 5％ 问题归于管理失误、压力不足、渗漏过多和不适当供水。除了渠道和输水设施，管线和蓄水设备同样容易发生问题，应该被监测。

（一）渠道

不能通过设计流量的渠道会导致低效和灌溉成本高昂。由于过流量低，灌溉管理时间会拉长并产生额外劳务成本，还会增加渗漏。渠道建造的典型错误包括以下内容：

（1）渠底太高（90％情况）。

（2）渠堤不够高。

（3）渠堤压实不够。

（4）渠底不够宽。

首先并且最重要的评估农场分配系统的步骤是评定渠道的物理条件。只有在土地拥有者提出渠道有问题时或者畦田灌水需要增加流量而增加的流量可能超过现有渠道的输水能力时才评估渠道物理条件。评估检查要记录如下内容：

（1）设计流速（灌溉系统水力计算结果）。

（2）设计渠底及渠堤高程，并与过水水位及畦田高程比较。

（3）设计坡度。

（4）横断面尺寸（渠宽，边坡，坝顶宽度，超高）。

在灌溉效率计算中，渠道渗漏和蒸发损失通常不是主要因素。大多数情况下，渠道要么建造在相对不透水土层上，要么用内衬黏土或者人造衬垫（例如混凝土或塑料）防渗。田间渠道通常不要过分长或过大。此外，优秀设计的田间渠道系统在灌溉间隔时段内要腾空。

在决定要深入评估前，评估员需要了解灌溉管理信息和土壤类型。黏质土壤的渗透性可以因为捣实、压实而降低 1000 倍。做少许工作即可减少渗漏率，利用满渠输水时间，可算出最小渗漏量。一般，灌溉农场的渠道渗漏损失大多数发生在轻质土渠道上。如果可以找到那些渠段的土壤为轻质土，花费在评估上的时间可以显著减少。如果没有明显的渗漏区，沿渠道用电磁测量的办法可以辨别出渗漏区。一般在轻质土壤区或下层土壤含水量高的区域。电磁勘测方法（EM）仍在发展中，但是最新研究表明，有可能相关性很高。

蒸发损失是风速，表面积和时间的函数。减少这些影响因素中的一个或者全部是减少损失的关键。表面积可以通过优秀的设计来减少，比如将输水渠道的长度减少到最小。运行时间可以设计为每次灌溉尾水排完后即刻关闭渠道，以此减少灌溉渠道占用时间。

由理论公式估算及远距离蒸发皿测出的蒸发损失都是不可靠的。应用于计算敞开水面蒸发的参数很难应用于计算长、窄水面、边上受岸堤约束、可能还长有野草条件下的渠道水蒸发损失。

渠道渗漏损失可以通过观察渠道断面的水损失来评估。在炎热干旱气候下，渗漏损失可能低于蒸发量。有必要精确计算蒸发损失。评估渠道和蓄水渗漏损失的一种方法是使用高精度水位传感器和数据记录仪。水位数据观测分析需要几天或几周。白天的水位变化要从数据中删除，因为蒸发量较高且不容易测量。22：00 到凌晨 4：00 的数据可以采用，但需过滤掉大风和较高温度时段的数据。这些时段内蒸发率大约是白天蒸发率的 0.2 倍，可以通过彭曼公式计算出蒸发率（见第五章和第十三章有关彭曼计算描述）。水面波浪影响可以通过取 15min 平均水位来解决。一旦数据被处理过，就只剩下渗透率影响了。

渗漏评估测试只在渗漏非常明显或通过低洼区、高隆起区或轻质土壤区的渠道断面上进行。要测试的渠道断面必须被隔离，避免超长校正开支。同不必要的校正比起来，将渗透测量结合在一起的电磁勘测费用比较低。

（二）管道

通常假设管道没有渗漏，但是它们可能有老化、破碎或者变形的问题。较旧的，低水头混凝土管道特别容易从连接和配件处渗漏。因此，评估管道的基本任务是确定管道是否足够大，输水时压力损失是否过大。

如果有一份表明输水管道直径的农场计划，评估的第一步是计算在设计流量下每个管段的流速（Concrete Pipe Assoc. of Australia Tech. Committee，1983）。通常，速度不应该超过 1.5m/s。速度超过这个数据会导致水锤现象和过多的压力损失（增加运营成本）。此经验值很久以来一直被用作最优经济管道指标。计算每种管径尺寸下的总成本包括购买成本和运行成本，成本比较后选择最佳尺寸。速度超过 1.5m/s 应该被注意。对于管道出水口系统，速度应该不超过 1.0m/s。

（三）灌溉输水建筑

灌溉输水构筑物包括畦田出口、渠道截制闸、涵洞和沟灌中管道出口。高效的地面灌溉系统依靠这些构筑物以最小水头损失或最小侵蚀及最小长期维修费用输送设计流量。

应该仅当土地所有者发现问题，或者是需要增加的流量超过当前构筑物的承受能力情况下，才进行构筑物评估。利用农场规划可简化评估过程。评价时应记录下列内容：

（1）构筑物数量或标志。

（2）描述。

（3）状态（泄漏等）。

（4）设计流量。

（5）设计流量下的流速（评估侵蚀）。

（6）设计流量下的压头损失（计算或测量）。

（7）构筑物是否满负荷运行。

（8）改善建议。

参　考　文　献

ASABE Standards. 2003. EP419：Evaluation of irrigation models. St. Joseph，Mich.：ASABE.

Australian Cotton Industry. 2000. *Best Management Practices Manual*. Narrabri，NSW，Australia：Cotton Research and Development Corp.

Australian Pump Mfg. Assoc. 1987. *Australian Pump Technical Handbook*. 3rd ed. Canberra：Aust. Pump

Mfg. Assoc.

——. 1992. *Australian Pipe Friction Handbook*. Canberra: Aust. Pump Mfg. Assoc.

Burt, C. M. 1995. *The Surface Irrigation Manual*. Exeter, Calif.: Waterman Industries.

Concrete Pipe Assoc. of Australia Tech. Committee. 1983. *Hydraulics of Precast Concrete Conduits*. St. Leonards, NSW, Aust.: Concrete Pipe Assoc.

Dalton, P. A. 2001. Investigation of in-field irrigation management practices that improve irrigation efficiency of furrow irrigated cotton production systems. Toowoombah, Qld., Aust.: National Centre for Engineering in Agriculture.

Dugdale, H., G. Harris, J. Neilsen, D. Richards, G. Roth, and D. Williams, eds. 2004. *WATERpak - a guide for irrigation management in cotton*. Narrabri, NSW, Aust.: Cotton Research and Development Corp.

Fairweather, H., N. Austin, and M. Hope. 2003. *Water Use Efficiency*. Irrigation Insights No. 5. Canberra: Land and Water Aust.

Food and Agriculture Organisation of the United Nations. 1985. Guidelines: Land evaluation for irrigated agriculture. FAO Soils Bulletin 55. Rome: FAO.

Horton A. J., and G. A. Jobling, eds. 3 vols. 1984. *Farm Water Supplies Design Manual*. 2nd ed. Brisbane: Queensland Water Resources Commission.

Institution of Engineers, Australia. 1987. *Australian Rainfall and Runoff: A Guide to Flood Estimation*. D. H. Pilgrim, ed. Vol. 1. Canberra, Aust.: Inst. of Engrs., Aust.

Jensen, M. E. 1980. *Design and Operation of Farm Irrigation Systems*. ASAE Monograph No. 3. St. Joseph, Mich.: ASABE.

Jensen, M. E., R. G. Allen, T. A. Howell, R. L. Snyder, D. L. Martin, and I. Walter. 2007. *Evapotranspiration and Irrigation Water Requirements*. 2nd ed. ASCE Manual No. 70. Reston, Va.: American Soc. of Civil Engineers.

Murray Darling Basin Commission. 1987. *Community Surface Water Management Schemes*. 2nd ed. Melbourne Aust.: Victorian Catchment Management Council.

——. 2001. *Australian Code of Practice for On-Farm Irrigation*. Canberra: Irrigation Assoc. of Aust. and NSW Agriculture.

Purcell, J. 1988. Embankment design principles of earthfill water storages. Surface Irrigation, a Guide for Farm Managers. In *Proc. Irrigation Association of Aust.* Narrabri, NSW, Aust.: Irrigation Assoc. of Aust.

——. 1993. A summary of calculating crop water requirements. Surface Irrigation, a Guide for Farm Managers. In *Proc. Irrigation Assoc. of Aust.* Narrabri, NSW, Aust.: Irrigation Assoc. of Aust.

——. 1999. *Determining a Framework, Terms and Definitions for Water Use Efficiency in Irrigation*. Narrabri, NSW, Aust.: Land & Water Aust.

Raine, S. R., and W. R. Walker. 1998. A decision support tool for the design, management and evaluation of surface irrigation systems. In *Proc. National Conference, Irrigation Association of Australia*, 117-123. Brisbane: Irrigation Assoc. of Aust.

Rural Water Commission. 1986. *Farm Design for Border Check Irrigation*. Vol. II. Melbourne, Vic., Aust.: Rural Water Comm.

Strelkoff, T. S., A. J. Clemmens, B. V. Schmidt. 1998. *SRFR v. 3. 31. Computer Program for Simulating Flow in Surface Irrigation: Furrows - Basins - Borders*. Maricopa, Ariz.: USDA - Agric. Research Service, Arid Land Agricultural Research Center.

Turner A. K., S. T. Willat, J. H. Wilson, and G. A. Jobling. 1984. *Soil Water Management*. Canberra: International Development Program of Aust. Universities.

USDA – NRCS. 2008. Part 652，Chapter 9：Irrigation guide. In *National Engineering Handbook*. Washington，D. C. ：USDA – National Resources Conservation Service.

Walker，W. R. 1993. *SIRMOD*：*Surface Irrigation Simulation Software User's Guide*. Logan，Utah：Utah State Univ.

Withers，B. ，and S. Vipond. 1988. *Irrigation Design and Practice*. London：BT Batsford.

第二十章 微灌在农业上的应用

作者：Bryan B. Hobbs

编译：伞永久

　　微灌是一种精确、缓慢的灌溉方式，通过固定于供水管道上的灌水器，使水流以不连续水滴、连续水滴、小水流或微喷的形式出现。

　　微灌系统通过由干管、支管和毛管（毛管上间隔布置出水点）组成的管网系统，将水和肥料精确且均衡地输送至植物根区。典型微灌系统布局如图 20-1 所示。

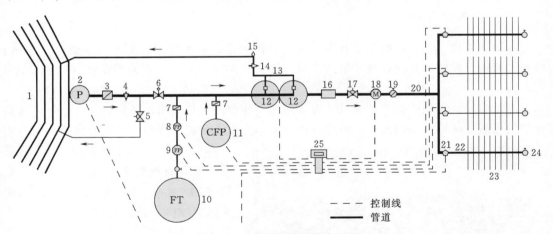

图 20-1　典型微灌系统布置图

1—水源；2—水泵；3—逆止阀；4—节流阀；5—泄压阀或调压阀；6—化学药液注入阀逆止阀；7—防虹吸施肥阀；8—施肥泵；9—施肥流量计；10—肥料罐；11—加药泵及药罐；12——级过滤器；13—反冲洗部件；14—反冲洗阀；15—反冲洗进排气口；16—二级过滤器；17—调压阀（按需选择稳压或泄压型）；18—流量计；19—主阀；20—干管；21—田间控制阀；22—支管；23—毛管；24—泄水阀；25—控制器

　　水和营养物质通过出水点流到土壤中，依靠重力和毛细作用进入植物根区。植物根据自身需要来获取充足的水分和营养，同时确保植物生长不会受过量水分影响。微灌可提供適宜的水分和养分，使作物获得最佳生长环境而获高产。

微灌灌水器包含：滴灌带、滴头、微喷头（如图 20-2 和图 20-3 所示）。

图 20-2 铺于珊瑚石土上的滴灌带　　图 20-3 装于盆栽作物的微喷装置

第一节　主要作物和微灌系统类型

微灌主要适用于种植区域广阔且经济价值高的农作物，比如水果、坚果、苗圃作物、温室作物和新鲜蔬菜等。这些作物可进一步分类为多年生作物（果园、葡萄园或林园）、非多年生作物及苗圃-温室作物。

一、多年生作物

微灌适用的多年生作物主要有杏、桃、鲜食葡萄、酿酒葡萄、苹果、牛油果、胡桃、橙子、西柚、蓝莓等其他种植于果园及园艺设施的大部分水果或坚果类作物（如图 20-4 所示）。

灌溉多年生作物的微灌系统设计寿命通常为作物的生长周期，一般为 7~20 年。这类作物的灌溉系统通常采用滴头、喷头或微喷头作为出流装置（滴头、喷头及微喷头的应用将在其他章节中分别介绍）。这类系统的支管及毛管多采用低密度聚乙烯管（LDPE），管上安装插入式（滴头、微喷头）或内镶式出水装置。干管多采用聚氯乙烯管（PVC），泵站和控制器安装在特定地点。

任何规则都有例外，尤其是在农田微灌中。为了降低果园初始投资，厚壁滴灌带常用在类似于蓝莓这种多年生作物的灌溉上，也可用于其他多年生作物的灌溉上。对于非多年生作

图 20-4 微灌应用于多年生作物上——加利福尼亚州

物，很多菜农反而会用每年可重复回收的厚壁滴灌管，而不是使用可回收的薄壁滴灌带。

二、非多年生作物

非多年生作物指在同年播种、同年收获的作物。收获后土地需要翻耕和再次播种。成行种植作物包括大部分蔬菜，如西红柿、胡椒、南瓜、甜瓜、洋葱、莴苣等，以及草莓等一些水果作物。

成行种植作物的微灌系统主要采用滴管带作为毛管，内镶式滴头作为灌水器。滴灌带使用一季，随作物收割而被撤掉，作物再次播种时重新铺设。但近十年来，滴灌带越来越多地被二次利用（回收或仍旧铺设在原地，有时用作同一年里的第二茬作物），此外，一些滴灌带也用于有多年生地下滴灌（SDI）系统，可深埋于地下，灌溉 7～15 茬作物。SDI 系统更具性价比，可以用于一些低经济价值作物如棉花、玉米的灌溉。

大部分滴灌带系统在设计时要考虑到，毛管在作物收获期会被收走，再次种植时重新铺设。支管通常采用 PE 椭圆软管（高密度 25mm）。干管埋于耕作深度以下，北方地区安装在冻土层以下，常采用 PVC 管材，近年也有采用高密度 PE 管的。泵站和控制器一般固定安装在水源旁，但也有安装在拖车上作为移动首部的。

三、苗圃及温室作物

苗圃及温室作物（见图 20-5）既不属于多年生作物也不属于非多年生作物。有些田间生长的果树需在种植 3～7 年后才能移植，而温室中小型容器内生长的作物每一年或半年就能收获。大部分温室作物的灌溉系统与多年生作物微灌系统使用的管材和设备基本相同。

苗圃作物包括田间生长球块作物、粗麻布包栽培树、大型容器（38L 或更大）栽培作物以及中型容器栽培作物（11～26L）。作物种类包括各种乔木、观赏性树种、多年生草本植物、叶茎类植物、棕榈植物、热带植物及其他树种。一个温室系统包括花坛植物、悬挂花盆、育种室及容器直径不超过 25cm 的盆栽植物和小容器栽培植物等。

图 20-5　温室中使用重力式滴头和倒挂在吊篮上的微喷头

苗圃温室微灌系统组成部分包括内镶式滴灌管或管上滴头、带配重滴头、带开关倒挂或正向安装微喷头以及其他组件。支管通常采用 PE 材质，埋于苗圃床内。干管一般都采用 PVC 管。本书第二十二章将详细介绍温室微灌系统。

第二节 微 灌 市 场

微灌在美国及世界各国的使用面积正在逐步增长。

一、国际微灌市场

据联合国粮农组织估计，1977 年全球灌溉面积约 55100 万英亩（22300 万 hm²），1996 年这一数字增长至 64800 万英亩（26200 万 hm²）。国际灌排委员会（ICID）（Reinders，2000）的微灌工作组从 1981 年开始对全球微灌应用情况进行调查，历年调查结果见表 20-1。

表 20-1　　　　1981—2000 年全球及部分国家微灌使用面积统计表　　　　单位：hm²

国家或地区	1981 年	1986 年	1991 年	2000 年
美国	185300	392000	606000	1050000
印度	20	0	55000	260000
澳大利亚*	20050	58758	147011	258000
西班牙	0	112500	160000	230000
南非	44000	102250	144000	220000
以色列	81700	126810	104302	161000
法国	22000	0	50953	140000
墨西哥*	2000	12684	60000	105000
埃及	0	68450	68450	104000
日本	0	1400	57098	100000
意大利*	10300	21700	78600	80000
泰国*	0	3660	45150	72000
哥伦比亚	0	0	29500	52000
约旦	1020	12000	12000	38300
巴西*	2000	20150	20150	35000
中国	8040	10000	19000	34000
赛普勒斯	6000	10000	25000	25000
葡萄牙	0	23565	23565	25000
中国台湾*	0	10005	10005	18000
摩洛哥*	3600	5825	9766	17000
其他国家或地区*	50560	38821	100737	177000
全球	436590	1030578	1826287	3201300

注　带 * 国家或地区 1991 年以后的微灌面积，是据其已向 ICID 提供最新数据的国家的平均增长率计算而得。

二、美国市场

2001 年，《灌溉》杂志对 2000 年的美国灌溉区域进行了调查，估计美国有 2550 万 hm² 有效灌溉面积（见图 20-6）。其中，喷灌有 1270 万 hm²（49.9%），1150 万 hm² 采用大水漫灌（45.1%），微灌 130 万 hm²（4.9%）（Lamm 等，2007）。

加利福尼亚州和佛罗里达州是美国目前微灌面积最大的两个州。加利福尼亚州应用的微灌形式种类很多，大面积的鲜食葡萄、酿酒葡萄、牛油果、杏、桃、柑橘等采用滴头、折射式喷头、射流旋转微喷头；土豆、草莓、洋葱、胡椒种植采用滴灌带。佛罗里达州的柑橘采用折射式喷头灌溉，番茄、胡椒、草莓和西瓜则采用滴灌方式灌溉。华盛顿州有大规模的苹果、啤酒花、阔叶树微灌系统。得克萨斯州大面积的甜瓜、蔬菜和棉花采用 SDI 地埋滴灌带灌溉。

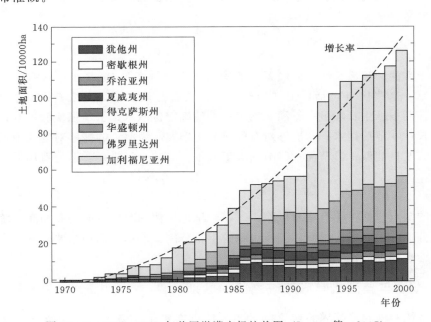

图 20-6　1970—2000 年美国微灌市场柱状图（Lamm 等，2007）

图 20-6 中，横轴为年份，纵轴为面积（万 hm²），曲线为增长率，柱状图系列依次为：犹他州，密歇根州，佐治亚州，夏威夷州，得克萨斯州，华盛顿州，佛罗里达州，加利福尼亚州。

三、市场趋势

从美国以及世界范围内微灌种植面积的增加，能够明显看出微灌市场的增长。随着全球范围内水资源的持续短缺，微灌已经成为一个重要的保护工具。美国政府强制性的限制用水政策也加速了地面灌溉向微灌的转变。将微灌运用于低经济价值作物也成为一个趋势，如在玉米和棉花的种植上使用地下滴灌（SDI）或可回收滴灌带。由于西得克萨斯州地下水位较低，SDI 已经成为棉花种植的主要灌水形式。在加利福尼亚州，种植莴笋、洋葱、芹菜及其他沙拉用作物时，使用可回收滴灌带已很常见。随着自动化和土壤水分监测系统使用的增加，种植者能够更为高效的对微灌系统进行管理。为了提高肥料的利用率及更高的产出，微灌施肥的使用也在持续增长。在世界范围内，对于种植者来说，利用微灌系统可实施水肥及化学灌溉是其接受微灌的一个主要原因。微灌得以发展的另一个原因是，水体盐化正在加剧，与其他灌溉方法相比，微灌使用微咸水灌溉方面有着明显的优势。微灌能够在更少的土地上用更少的水和肥料，收获更多的食物和纤维。所以在农业灌溉中，微灌势必会在全球范围内得到广泛使用。

第三节　农业微灌系统的特点

发展微灌系统的原因有：①保护水资源；②克服漫灌和喷灌系统的缺点；③提高作物的产量和质量。

一、优点

相较于漫灌和喷灌系统，微灌系统的优点在第十一章和 Boswell（1984）的文章中已经有所介绍。这些优点包括：①增加产量；②改善品质；③提高农药和化肥的利用率；④有利于控制根区生长环境；⑤灌水均匀；⑥精确定位灌水；⑦增强疾病控制；⑧易于控制作物生长；⑨节约用水；⑩能够对有问题的土壤实施灌溉；⑪能够对复杂地形的地块实施灌溉；⑫改良盐碱；⑬节能；⑭节约人工成本；⑮减少污染；⑯运行费用低。

二、缺点

微灌的缺点包括：①有堵塞风险；②在干旱地区使用时，可能需要喷灌系统来淋洗所累积的盐分；③限制根区湿润体积及根系的生长范围；④单位面积初装成本较高；⑤需要高水平的管理和设计；⑥大量的维护需求。

三、微灌与漫灌或喷灌系统之间的区别

微灌系统和漫灌或喷灌系统之间的主要区别在第十一章中已经介绍过。这些不同包括：①低流量出水；②低压运行；③灌溉运行时间可更短和更短的灌溉周期；④对过滤有更高的要求；⑤单位面积的灌水器数量更多；⑥单个灌水器的成本更低；⑦几乎不会或很少湿润叶面；⑧田间湿润区域更小，保持工作和车辆道路的干燥。

第四节　微灌在农业应用上的收益及挑战

农业种植采用微灌，收益大于挑战。

一、收益

微灌的优势在于节约用水、优质增产、作物生长更均匀、减少田间杂草和降低虫害。通过合理的设计和灌水计划，微灌可以比漫灌或喷灌系统节约用水 30%～60%。对进行

灌溉制度合理设计和选择合理设备可使系统水利用效率提高到 85%～95%。微灌可以为作物根部直接提供最佳水量，使之与土壤入渗率相匹配。可减少蒸发，避免过量灌溉及地面径流。

（一）优质高产

采用合理的灌溉制度及合理设计的施肥灌溉计划，与使用喷灌及施肥的产出相比，微灌可以使单位面积的产量提高 50%～100%，并且品质更好（见图 20 - 7）。在过去 20 年中，作者在很多作物上都观察到了这一现象，包括西红柿、胡椒、黄瓜、甜瓜、草莓和棉花。

（二）均匀度更高

合理的微灌设计和管理，可以使灌水和施肥较为均匀，从而使植被的生长更加均匀。改善作物的生长均匀度是微灌能够提高作物产量的核心因素（见图 20 - 8）。

图 20 - 7　西红柿水肥滴灌

图 20 - 8　滴灌带在甘薯苗床上的使用——北卡罗来纳州

北卡罗来纳州采用滴灌带种植甘薯苗，生长均匀度非常高，产量也高。几乎所有北卡罗来纳州的甘薯种植者都在苗床上采用滴灌灌溉。由于苗床之间是干燥的，杂草很少生长，而且还有利于灌溉期间的田间耕作。

（三）减少杂草

仅在根系区域供水，行间保持干燥，因此减少了杂草对水和养分的争夺。行间保持干燥有利于控制杂草。

（四）降低病虫害

微灌可以减少水分胁迫，增强作物对疾病的抵抗力。保持植物叶面的干燥有助于控制真菌病害。由于微灌不会冲洗掉杀虫剂和农药，因此可以减少其使用频率并加强管理。蔬菜种植者从喷灌改用滴灌后，可降低运行成本。此外，采用滴灌后，机械作业车道是干燥的，灌溉后甚至在灌溉期间都可以进行农药的喷洒，有利于及时喷洒及防止病虫害发生。

（五）坡地和问题土壤

微灌系统供水缓慢，水分可以很好地渗入土壤，从而避免产生径流。相同流量的情况

图 20-9 压力补偿滴灌带在莴笋种植上的
使用——加利福尼亚

下，在坡地使用压力补偿灌水器可以为所有区域提供均匀的水量，同一灌溉地块的最大高差可达 24m（见图 20-9）。沙质土壤不能储存大量的水分或营养，但是配备了施肥及自动化的微灌系统，如果管理良好，可以减少过量灌水和降低根部区域水分和肥料流失，从而可使轻质土壤获得高产。

（六）成本效益

微灌系统单位面积土地的投资较高。管理良好和灌溉施肥计划合理的微灌系统，通过提高作物产量和品质能够很好地回收成本，特别是对于那些大面积种植的高价值作物。因为行距、株距、主管道长度、地块高度差和作物价值的不同，安装微灌的单位面积成本差别很大。40~80hm^2 普通微灌系统的初装成本在每公顷 2471~4943 美元（不含水源）。这些普通的微灌系统，每年的维护和运营的成本为 540~800 美元/(hm^2·a)。如果增产 50% 所带来的收益能够抵消这些投资成本，那么微灌系统的投资回报率就很高。

（七）狭长及不规则地块采用微灌

微灌适用于那些无法采用喷灌，尤其是采用中心支轴喷灌机灌水较为困难的狭长和不规则地块。中心支轴喷灌机无法灌溉到的四周的角地可以使用地埋滴灌系统（SDI）灌溉。

（八）施肥灌溉

肥料和其他农药可以通过微灌系统直接供给，从而减少使用量，降低成本，提高利用率。恰当的水肥管理，是微灌系统能够带来优质增产的一个主要原因。

（九）微灌自动化

微灌非常适合采用自动化控制（见图 20-10）。在轻沙质土壤和浅根系作物中，自动化是微灌系统合理管理的关键。

在 1.8m 垄宽，中心布置单条滴灌带，允许耗水量百分比（MAD）为 33% 的情况下，轻质砂壤土的持水量大约为 16800L/hm^2（以 42mm 水深/hm^2 计）。这是因为湿润区域十分狭窄并且土壤的保水能力很低。在美国东南部，普通蔬菜的作物用水量可达 50500L/hm^2 [以 12mm 水深/(hm^2·d) 计]。

图 20-10 蔬菜滴灌施肥及自动化首部——
南卡罗来纳州

在这种情况下，为了保持土壤湿度或土壤含水量在 MAD 水平以上，灌溉系统必须每天灌水三次。如果没有自动化操作系统，这将很难实现。自动化可以使种植者在给作物提供所需用水的情况下适当地注入肥料。同时，控制器还可以监测肥料流量和浓度、流量和土壤水分含量；可以控制过滤器的冲洗，并能在设备运行发生故障时，向种植者发出警报。自动化是成功使用微灌的重要保障。

二、微灌面临的挑战

接下来讨论微灌系统在设计、安装及运行过程中需要解决的难点。重视这些难点能够避免一些潜在的问题。

（一）管理

只有通过良好的管理，微灌的潜在效益才能得以实现。对于管理者而言，要掌握足够的管理技术往往要花费数年。在管理者学习这些技术的过程中，系统的许多潜在效益可能无法实现，有时甚至一些设计非常优良的系统也会出现失败。种植者首次使用微灌之前提前学习一些管理技术非常重要。与那些懂微灌系统设计，有管理经验的推广专家及设备供应商一起工作一段时间，对于种植者是非常有益的。由于湿润土壤体积小、流量低、频繁启动、灌溉周期短以及要通过滴灌系统施肥等原因，管理微灌系统要比管理传统灌溉系统更加困难。微灌系统不会让那些糟糕的管理者变得更好，而是会让他们变得更糟糕。只有当管理人员能制订并实施良好的水肥管理计划时，微灌系统才能获得成功。

（二）微灌灌水器数量、流速和土壤湿润量

合理设计、选择滴头数量和流量非常重要。在果园、葡萄园或其他作物种植区，地表面积的湿润百分比尚没有明确的标准。

加州理工大学（Cal Poly）建议，在干旱地区，湿润比为 60%（Burt 和 Styles，2007），Lamm 等（2007）认为这个范围应为 33%～50%，并建议这一比例应随着所种植作物不同而进行调整。亚拉巴马州和佐治亚州的推广服务中心建议，在湿润的东南地区比例为 25%（Curtis 等，1999）。在东南地区的桃树和山核桃种植中，25% 的湿润比已经取得成功。土壤、作物和当地的习惯都是决定湿润区域百分比的影响因素（见图 20-11）。

土壤类型不同，滴头的湿润模式不同（见第十一章）。滴灌灌水器的扩散范围从沙土地的 30.5cm 到黏土地的 122cm 不等。砂壤土地，要达到水分适当覆盖作物根部的要求，必须安装更多的滴头。

土壤湿润量多少显然影响灌溉制度的制定。在轻质砂壤土中用滴灌带，滴灌带放置在 1m 宽土地中间，根区深度为 45.7cm，土壤中持有约 16800L/hm² 的水分，MAD 为 33%。总有效水量为 50500L/hm²。在黏土中，因为水的扩散更广，保水能力也更强，在 MAD 为 33% 的情况下，水分保持量为 45400L/hm²。因为番茄通常的用水需求为 4900L/（hm²·d），所以轻质砂壤土需要每天灌水三次，而黏土则仅需要隔天或每三天灌溉一次。在砂壤土中间隔一定的距离添加一根滴灌带，会使湿润量加倍，土壤持水量达到 13600L，最多每天灌水两次即可满足灌溉需求。

微喷头经过设计可以使土壤湿润量更大，在很多沙质土的果园作物中得到使用，以增加对根区湿润范围，减少灌溉次数（见图 20-12）。

图 20 - 11　滴灌小范围湿润图　　　图 20 - 12　滴灌与微灌湿润面积对比，微喷的湿润面积更大

（三）堵塞

介绍过滤、水处理设备及技术的第十一章中简单提到过叠片过滤器和离心过滤器，本章会有更详细的说明。对过滤和水处理系统进行恰当的选择、维护是必不可少的（见图20 - 13）。微灌系统应根据制造商的推荐来选择过滤器的尺寸和标准。在大多数情况下，微灌系统已经不再会出现大范围的堵塞。然而，水源会发生变化，管理者会出现失误，堵塞还是有可能发生。微灌用户应该选取抗堵塞效果最好的滴灌设备，最好的自动化冲洗过滤系统，并配备水处理系统，特别是在水源不良的情况下。在决定灌水器设备、过滤和水处理设备的过程中，应听取有经验的微灌专家的建议。

（四）盐碱化问题

在灌溉用水的电导率（EC）大于 0.75dS/m 时，盐分管理就成为问题。植物在吸收水分的过程中，遗留下了大部分的盐。在灌溉季，这些盐被灌溉水推到土壤湿润边缘。通过给植物灌溉超出其需求的水量，大部分的盐会被淋洗到根区以下。盐分积累最多的地方是地表湿润带边缘。所以，在水源 EC 值很高的情况下，采用微灌对作物进行灌溉是一个很好的选择。在湿润的土壤中，水分通常会从根区向外扩散，使得有活力的根区盐分浓度较低，盐分被推到根区以外。

下雨会使这些盐分重回根区并对植物造成伤害。为了尽量减少这种可能性，微灌系统可能在下雨的时候也需要工作，以便防止盐分回到根部区域，从而损伤根系。在使用咸水微灌时，必须监控土壤的 EC 值，并在达到临界值的时候进行适当淋洗。

图 20 - 13　过滤及水处理系统

在降雨不足以达到淋洗效果的时候，为了防止盐分累积到临界值可能会需要配备额外的喷灌设备实施喷灌或进行漫灌。然而，在一些地区，淡季的降雨足以淋洗掉累积的盐分。

（五）系统维护

对微灌系统进行常规的检查和维护能够确保系统的有效运行。维护措施包括：对过滤系统进行检查、清洗和运行监控；每天对流速进行检查；定期监控土壤水分；以及对设备进行周期性检查等。

第五节　微灌对农作物的适应性

但凡对微灌的特点和优势有所了解的人都能够得出一个结论，那就是无论所种的农作物为何，也无论是在什么状况下，都可采用微灌。既然有这么多的优点，如水资源保护、节能、高效施肥、高产、优质以及易于控制，那为什么所有农作物不都采用微灌呢？微灌在什么条件下是合理的选择？什么条件下又不应选微灌呢？

一、经济因素

经济考虑是微灌在某些情况下对某些农作物不被采用的主要原因。微灌的单位面积初装成本要高于漫灌和喷灌。如果农作物具备以下三个特点，微灌会有更好的效益，这三个特点包括：①单位面积产出价值更高；②单位面积植株更少；③行间距较宽。

微灌单位面积造价高的主要原因在于，灌溉用水要通过管道系统输送到每一株植物的根区。在采用 SDI 的棉花地里，每隔 1.9～2m 就要铺设一条滴灌带，每一条滴灌带的首端都要与地下支管连接，支管末端要有冲洗设备，每 4～8 个轮灌区共用一条主管道，每个轮灌区要用阀门连接主管。另一方面，在灌溉中心支轴喷灌机地角时，则需要用一根水管从中心支轴位置横穿中心喷灌区域，将水输送到指定地点。

对于微灌系统来说，较宽的行距和株距会减少铺设网管的成本。树木、水果、柑橘、坚果和蔬菜等通常都属于宽行距、稀疏种植作物，而玉米、棉花、大豆和谷物则恰恰相反。在全球范围内，这些宽行距作物也大部分采用微灌。

微灌系统对过滤和水化学处理要求高，这样才能保持灌水器装置的洁净，从而实现自动化和施肥灌溉系统的效益最大化。这也使得微灌系统相对于漫灌和喷灌系统需要更高的初装成本。

"高成本"的原因有很多。初装成本只是其中之一。系统的预期使用寿命以及维护成本、管理、人力、灌水器材料、耕作、抽水、能源、坡度的减缓和找平，所有这些都影响着系统的造价。在所有这些因素中，每年的运行成本是决定一个灌溉系统真正成本的决定性因素。潜在的变量有很多，本章无法对微灌系统和其他系统之间工程经济学方面的差异进行详细比较。然而，总体来说，基于目前的成本计算，微灌仍然是一个比漫灌和喷灌成本都要高的系统。

二、高价值农作物

与其他灌溉方式相比，微灌可多增产 50%～100%。饲料玉米属于低经济价值商品，产量可从 $2m^3/hm^2$ 翻倍到 $4m^3/hm^2$，每公顷可增产 2045 美元。如果作物是上市销售的新鲜番茄，每公顷产量可从 3500 箱翻倍到 7000 箱，每箱 10 美元的话，每公顷总收入将会增加 35000 美元。水果、蔬菜、坚果、苗圃温室作物及柑橘，这些传统上有着高经济价值的作物，如采用微灌，经济效益会更高（图 20 – 14）。

此外，对于高经济价值的农作物来说，保持叶面不被淋湿以及机械通行道路干燥，可使喷药量较少，喷药更及时。

三、变革中的微灌技术

农业经济和微灌技术都在不断变化中。微灌技术带来了更高产量、更优品质、低能耗及高效节水，这是微灌的价值所在。然而在未来，还有可能带来更大的价值。随着能源成本的提高，水压每减少一米水柱，水量每减少一升，都意味着能源成本的节省。随着水资源的缺乏和取水越来越难，每节约一升的水都会增加生产者的收入。肥料的成本在不断增加，每节约一公斤的氮、钾和磷都会让农民的效益更多。土地在不断升值，与其他任何灌溉系统比，微灌都可用更少的土地，用更少的水和更少的肥料，收获更多的果实。

有创新能力的农民、研究人员、经销商和制造商都在不断寻找提高微灌系统效益的方法。这些努力包括采用创新技术如 SDI、优化的施肥灌溉程序、低成本过滤系统、低成本输水管道、创新的系统低成本设计以及低成本的自动化控制系统等（图 20 – 15）。所有这些都能够节约系统的成本。随着商品价格的提升，系统成本的下降，产量的增加，投入成本如：肥料、水和燃料的增加，对越来越多的农作物来说，微灌的效益都在不断提升。

图 20 – 14　佛罗里达的蓝莓滴灌系统。这块地里装有一套
永久性地下防霜冻系统和一个滴灌系统。对于蓝莓这种
高经济价值的农作物来说，微灌的经济效益最高

图 20 – 15　玉米 SDI——内布拉斯加州。
图中显示两条滴灌带，每一条
滴灌带灌两行

第六节　微灌在一季垄作作物上的应用

下面将具体介绍非永久性系统的应用。

一、滴灌带系统

滴灌带系统通常被用于垄作作物的灌溉，特别是蔬菜和草莓。这些系统常使用薄壁滴灌带，厚度为 0.10mm、0.15mm、0.20mm、0.25mm 及 0.33mm，有时也会使用厚壁滴灌带。

（一）常规应用

滴灌带铺设通常在作物栽植前，种植垄整备期间进行。在美国东部，滴灌带会被地膜覆盖（图 20 - 16）。在美国西部，很多农作物并不用地膜覆盖（图 20 - 17）。通常，每一个种植垄铺设一根滴灌带。在每个种植垄上有多行农作物或者在重砂壤土上种植单行农作物的情况下，可能会有两条或更多的滴灌带。滴灌带通常只使用一季。也有很多农民会重复使用滴

图 20 - 16　有地膜覆盖的滴灌带系统

灌带系统进行种植。农作物收获后为下一季整备土地时，会回收滴灌带。新的滴灌带将在下一轮种植前重新铺设。

图 20 - 17　番茄地无地膜覆盖滴灌带系统——
加利福尼亚州

（二）滴灌带的共同特性

滴灌带的管径通常为 13～16mm。在均匀度允许的情况下，越来越多的滴灌带会选用更大的直径，以让滴灌带能铺设得更长。制造商现在会提供 19mm、25mm、甚至 35mm 直径的滴灌带。更大直径的滴灌带，铺设距离会更长。

滴灌带流量基本上没有任何限制。最常见的单滴头流量是 1～3L/h，滴头间距一般在 20cm、30cm、40cm 及 50cm。流量越低，滴灌带田间铺设的距离越远。

滴灌带最常见的厚度为 0.10mm、0.15mm、0.20mm、0.25mm、0.3mm 及 0.4mm。一般来说 0.10mm、0.15mm 及 0.20mm 的多被用于一季生长农作物。两季生长的农作物，通常会用 0.20mm、0.25mm 及 0.4mm 厚的滴灌带，因为农作物的种植季长和 SDI 需要壁较厚的原因。有些农民对单季农作物也会使用较厚的滴灌带，因为他们看中的是厚壁滴

灌带的耐用性。

（三）支管

就像有各种各样的农民和设计师一样，滴灌带系统的支管也是各种各样的。这些支管道可以是可移动的，也可以是永久性的，也可以是二者混合的（图 20-18 和图 20-19）。

图 20-18　芹菜滴灌系统中椭圆形软管的
主管以及支管——加利福尼亚

图 20-19　连接滴灌带的支管为输水软管：
滴灌带使用专用旁通接头与支管连接

（四）移动支管

一些农户和设计者更倾向于采用可以从地里移动的支管，这样就能在农闲耕作时没有障碍物。这些农户通常会采用 5~200mm 地表铺设扁平软管（柔软的 PVC 材料），或者采用 50~150mm 的椭圆形软管（PE 材料）作为支管。支管的铺设是在滴灌带铺设完成之后进行（见图 20-18 和图 20-19）。支管被设计为能够在整个农忙季节都铺设在地里，能够承受必要的农药车和收割机器工作时的碾压。滴灌带和这些支管的连接会使用特定的打孔器及连接件。一些农户会用简易的打孔器在支管道软带上打洞，然后插入壁厚 0.25mm 的小直径 PE 管，再把滴灌带和 PE 软管捆扎在一起。偏平或椭圆形的软管与滴灌带连接在一起，所能承受的压力为 100~140kPa。某些时段，需要对地面支管进行保护，特别是拖拉机要碾压正在进行灌溉作业的支管时。因为上述这些问题，农户和灌溉制造商研发出了其他一些支管。

（五）固定支管

在美国东海岸有很多的种植户会把 PVC 的支管埋到耕作层以下，然后在每一行设置 13mm 柔性立管，用柔性立管把支管道的水提升到地表，每年的第一个种植床都会以第一个立管为中心，管带的铺设尽可能地靠近立管。在滴灌带铺设以后，找到被种植设备覆盖的立管，与铺设好的滴灌带相连。在完成连接和检修之后，支管就能够在整个农忙季节中顺利运行。农户就可以把注意力放在农作物的耕种和系统的管理上，不用去修补耕作损伤造成的漏水。

（六）混合支管

还有一些种植户会将 PVC 支管埋在地下，每 6~12 行用 25mm 的立管将水输送到地面（取决于作物的实际情况），再用25mm的PE作为辅管灌溉这六行。这样的话，可以减少田地里立管的数量，而且车行道的路面上也不会出现支管，避免了管道被喷洒牵引器和收割机损坏（见图20-20）。这种铺设方法还可以在每一个立管上加装调压器，以平衡滴灌带在地形起伏状况下压力的变化，在不受均匀性影响时，支管所能承受的摩擦损失会更高。

支管与滴灌带的联结和实际铺设是千差万别的（见图20-21）。富有想象力和创造性的农户、灌溉经销商和制造商仍然在找寻更好的方式来连接滴灌带和支管道。

图20-20 双滴灌带的番茄种植——佛罗里达，最前面的就是支管。图中只能看到支管的立管。支管是25mm的PE管，连着有立管的PVC管道，每六行有一个调压阀。PVC主管埋在耕作层以下。拖拉机或收割用的行车道上没有支管

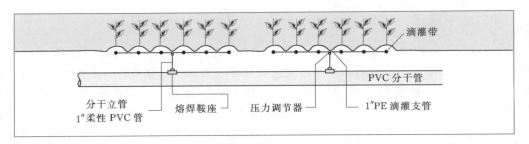

图20-21 美国东南部混合系统：每6行PE管为一组，联结到地埋PVC支管

图20-22 已经发芽的芹菜地里的可回收的滴灌带——加利福尼亚

（七）可回收滴灌带系统

在过去的几年，加利福尼亚的芹菜种植户开始在芹菜地里使用地表滴灌系统，滴灌带可回收再利用（见图20-22、图20-23和图20-24）。这一方法已逐渐推广到一些之前不用滴灌的作物，包括红薯、西兰花、生菜、花椰菜和洋葱。在加利福尼亚，可回收滴灌带系统的市场占有率上升迅速。

栽种以后，滴灌带很快被铺设在地面上（或埋深13~51mm）。当作物成熟，在收割之前或者收割之后，可采用专业的回收机器将用过的滴灌带

图 20 - 23 快成熟芹菜地里的
可回收滴灌带——加利福尼亚

图 20 - 24 芹菜地滴灌。芹菜收割前，滴灌
带被架高，以便回收——加利福尼亚

回收。滴灌带的使用寿命为 3～10 季。使用可回收滴灌带系统，在大多数情况下是经济可行的。

二、地下滴灌

20 世纪 80 年代中期，地下滴灌（SDI）开始在农业生产上应用。此后，地下滴灌迅速在全美流行起来。滴灌带灌溉原来是夏威夷甘蔗和加利福尼亚草莓的主要灌溉方式，后来，又很快在美国西南部地区的架栽番茄种植上流行起来。在此段时期，亚利桑那州 Coolidge 地区的 Sundance 农场广受关注。Howard Wuertz 和 Scott Tollefson 进行了先导性的工作，证明了在商业化农业种植中，将滴灌带永久性埋入土壤中，能够在棉花和其他农作物地上持续使用很多季。他们的成功很大程度上是基于免耕设备的发展，免耕可以避免土壤整备过程中损坏浅埋滴灌带（见图 20 - 25）。免耕还可改良土壤特性，并节约能源。

图 20 - 25 SDI 滴灌带安装

1980 年，在 Hubert Frerich 市，得克萨斯的一个花园城市，有农户同样开始尝试永久性将滴灌带埋入土中，先是 5hm² 小面积的西瓜地及 80hm² 的棉花地上试用，之后即在得克萨斯和邻近的州一共安装了超过 6070hm²。

堪萨斯州立大学的研究者和美国农业部用了好几年来测试 SDI 的运用并总结经验教训。堪萨斯州立大学于 1998 年在 SDI 试验田上收获的玉米达到 4273L/hm²。

现在，永久性地埋滴灌带的成功史已逾 10 年，SDI 已经被证明适用于长期灌溉。系统可靠性证实，SDI 使得微灌成为低经济价值作物，如棉花、坚果和玉米等的灌溉选择。

（一）埋深滴灌的埋藏深度

地下滴灌管（带）埋藏的深度受很多因素影响，包括农作物的种类、土壤类型、水源、虫害、气候、耕作以及灌溉者的偏好等。种植户和研究人员埋设滴灌管（带）的深度从 20cm 到 45cm 不等。深埋是为了避免受到耕作设备的破坏；埋得较浅是为了确保灌溉系统能够使农作物发芽。堪萨斯州立大学从 1999 年到 2002 年期间，分别对埋深 20cm、30cm、40cm、50cm 和 60cm 的地下滴灌作了测试。结果表明，埋设深度与产量以及根区的总水分没有显著的相关性。当深度为 20cm 和 30cm 时，可在土表面观察到水，有利于种子发芽。

（二）滴灌带布置间距

SDI 的横向布置间距取决于农作物的行距。因为这一系统最初被用在亚利桑那州和得克萨斯州的棉花上，这些棉花的行距大都为 1m，所以从一开始到现在，滴灌带最常见的横向间隔仍然为 1m 或 2 m。如果行距为 1m，那么每一行布置一根滴灌带；如果行距为 2m，则每隔一行有一根滴灌带。在美国东南部，行距多为 1m 和 0.75m，则滴灌带布置间隔为 2m、1.5m、1m 或 0.75m。

（三）滴头间距

滴头间距一般为 0.2～0.6 m，取决于土壤。所选的间距应该正好使得滴头的湿润范围在中间重叠，这样会改善滴灌管带的水分横向运动。如果每 100m 滴灌带总出水流量相同，则滴头的间距越大，每个滴头的流量越大，滴头的流道断面越大。

（四）支管和接头

通常，支管都是 PVC 材料的，埋在地下 0.9～1.2m 处，用柔性立管将支管中水提升到滴灌带铺设平面（见图 20-26）。PVC 支管与 PE 立管之间通常用带橡胶密封圈的承插接头连接，也可用图 20-27 那样的钢丝简易连接。

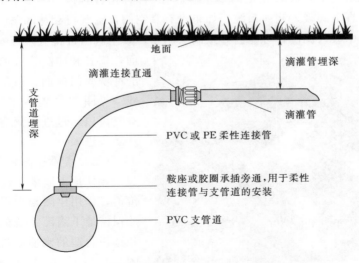

图 20-26　SDI 滴灌管与 PVC 支管的典型连接示意图

（五）支管冲洗

确保地下滴灌达到其使用寿命的一个重要环节是对滴灌管进行有效冲洗。经过过滤器过滤后的水不会堵塞滴头，但管道中的细菌会聚集形成大颗粒堵住滴头。要对毛管做日常冲洗维护，以减少颗粒的生成，保证系统流动通畅。冲洗支管时（见图20-28）允许系统同时对2～4个阀门控制区的滴灌管进行冲洗，而不是逐条冲洗。在设计过程中，主管或支管冲洗设计一定要谨慎，要保证这些阀门控制区每条管线在冲洗时流速不低于0.3m/s。

图20-27　用钢丝对滴灌带连接

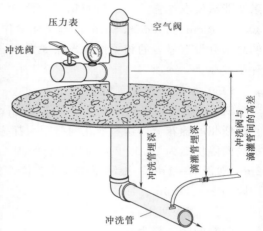

图20-28　地下滴灌管路冲洗组件

　　冲洗的频率可根据过滤条件、水质、化学处理和季节来确定。初始阶段，应每周冲洗一次，冲洗用水应为过滤过的水。管理人员通过观察水质的好坏程度确定增加或减少冲洗频率。

　　（六）真空阀（进排气口）

　　在地下滴灌系统中应安装充足的真空阀。在当阀门关闭时，水仍旧可以从滴头中流出，空气可以由真空阀吸入滴灌系统。如果没有真空阀，空气将会从滴头吸入滴灌系统同时会从土壤溶液中吸入泥沙，可能会导致滴头堵塞。真空阀（进排气）应安装在阀门的后面，支管和冲洗管线的最高点，所有的冲洗阀门前面，每条支管和冲洗管线（见图20-29）末端。在关闭时，空气可以通过进气阀进入系统而不是从滴头进入。

　　（七）水质过滤和化学处理

　　要使地下滴灌系统具有经济使用价值，使用年限至少得7～10年，因此保持地下滴灌系统的良好过滤性能和选择合适的水质处理非常重要（见图20-30）。过滤至少要满足滴灌制造商建议使用的过滤要求。强烈推荐使用自动反冲洗过滤器，清洁水源可以使用手动过滤器。水质处理前应提

图20-29　地下滴灌系统田间阀门处的进气阀：三个
进气阀位于阀门箱外，用来阻止水流和泥沙在系统
关闭时从滴头处进入造成滴灌带堵塞

取水质样本，根据水质分析报告提出合理的水质处理方案。要对水中的铁、钙、锰离子和硫离子进行处理。对铁和硫离子氧化处理时，应设置沉淀池或者沉淀罐。还要考虑是否需要加氯、螯合剂和注酸。与有水处理经验的经销商一起合作非常重要。过滤和水处理在第六章和第十一章中有详细论述。

（八）保持滴灌管精准铺设

地下滴灌要求滴灌管的位置和作物的种植垄一致。这在第一年铺设的时候很容易做到，农田起垄之后立即铺设然后进行种植。接下来的年份，

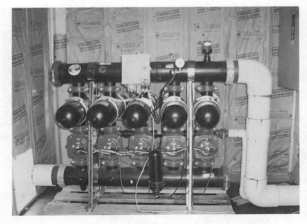

图 20-30 自动反冲洗叠片式过滤器系统

在翻耕整地后，作物必须种植在正确的位置，以便与滴灌管的铺设位置一致。许多种植户采用了免耕法来保护栽种位置。其他的种植户根据定位第一条滴灌管的位置来确定其他滴灌管的位置。使用 GPS 设备是更加便捷、精确的地下滴灌定位方法。每年保持种植作物行与滴灌管对应位置不变非常重要。

第七节 微灌在多年生作物灌溉上的应用

多年生作物包括生长在果园的作物，树木及葡萄园作物。这些作物持续生长 7～20 年，微灌系统设计成固定在一个位置，除了更换部分必要部件外，保持系统在作物生命周期内全程服务（见图 20-31）。桃树、杏树、所有种类的柑橘、坚果作物包括胡桃和核桃、葡萄（酿酒和鲜食）、蓝莓、苹果和鳄梨都是世界范围内应用微灌的主要作物。

多年生作物的微灌系统包括滴灌系统（采用管上滴头或内镶式滴头）和微喷系统（采用折射和旋转式微喷）。图 20-1 为典型的多年生作物微灌系统。一般采用埋于地下的 PVC 管作主管，PE 管作支管。

一、灌水器（滴头）类型

已在第十一章中讨论了滴头的类型。对于多年生作物用滴灌系统，采用的滴头可分为两类：①压力补偿（PC）滴头；②非压力补偿滴头。

如果滴灌系统被安装在陡坡上，尤其是顺坡铺设时，应选择带压力补偿灌水器（见图 20-32）。压力补偿滴头能在一个很大的压力波动范围内保持出水均匀。压力波动范围在 103～345kPa。241kPa 的压差等同于 24m 的高差。而非压力补偿滴头铺设的允许高差最大只为 7m。

当高差大于 7m 时使用非压力补偿灌水器会导致出流量相差过大。所以当坡度过大时，必须采用压力补偿滴头。新式压力补偿滴头一般质量很好，耐插拔同时经久耐用，但比非压力补偿滴头要贵得多。新式的非压力补偿滴头同样质量很好。

图 20-31　微喷系统灌溉柑橘——佛罗里达州

图 20-32　压力补偿滴灌铺设在坡度明显的葡萄园

　　压力补偿和非补偿滴头的流量规格一般有 1.5L/h、1.9L/h、3.8L/h 和 7.6L/h。

　　压力补偿和非补偿都可用：①管上式滴头（见图 20-33）；②内镶式滴灌管（见图 20-34）。根据设计的毛管长及作物株距，将管上滴头用专业工具安装在田间 PE 毛管上。内镶式滴灌管的滴头在工厂生产时已装好。内镶式滴灌管有多种规格的流量和滴头间距。在田间安装时，采用内镶式比采用管上式节省大量人工。

　　与一季生作物相比，多年生作物的灌水器流量要更大一些，因此对堵塞的敏感度要低一些；多年生作物使用滴灌管，应尽量选择厚壁管（如 0.8～1.2mm），不要选择壁厚为 0.10～0.40mm 的滴灌带。一般滴灌管的管径规格为 16mm、20mm。

图 20-33　管上式滴头

图 20-34　内镶式滴灌管

二、毛管与滴头间距

　　影响选择毛管间距的主要因素是作物行距。窄行距的作物如葡萄、蓝莓、桃子，通常每行设置一条毛管。宽行距的树如胡桃、核桃或是杏树可能需要每行铺设两条毛管来增加额外滴头，以满足设计湿润比要求。

灌水湿润百分比选择没有固定规则。在干旱地建议取 60％（波特和斯太尔，2007）。美国东南部湿润区使用 25％湿润比，此湿润比值为佐治亚、南卡罗莱纳和阿拉巴马州胡桃、核桃微灌的最小推荐值。美国自然资源保护局建议值为 33％～55％。选择多大湿润比，要根据经验及当地作物的实际情况正确判断（见图 20 - 35）。

估算湿润比，首先需要确定一个滴头的实际湿润区域。不同类型土壤的滴头典型湿润范围参见第十一章图 11 - 9。这些数据都是大概估算所得。应当通过田间观测实测当地土壤下的水分扩散状况。湿润范围不能只测量表面可见的地方和地表湿润最宽的点。湿润最宽的地方在滴头下几英寸深度位置。当滴头的流量确定，要通过选择每棵树对应的滴头数量来满足设计要求的湿润比。株行距为 6m×

图 20 - 35　加利福尼亚果园滴灌

6m 的桃树的覆盖区域为 36m²。要获得 25％的湿润区，每棵树下滴头的有效湿润区应为 9m²。

选择合理的滴头间隔，可使滴头下的湿润范围能连起来。如有必要，要布置两条毛管才能满足湿润比设计要求，这种情况通常在非常沙化地上或者宽行距情况下才出现。当湿润比较低时，如在降雨丰富地区采用 25％湿润比，作物种植季节早期的定期灌溉非常重要，可有效地促进根系在湿润区生长旺盛。

三、毛管布置

毛管一般铺设在地面，要靠近作物铺设以防止农业活动伤害。如使用管上式滴头，滴头仅在毛管铺设好后安装。有的种植户选择将毛管浅埋来避免毛管受到手工劳作和机械设备带来损伤。安装时，先不埋毛管，毛管上安装滴头，滴头上装分水微管，将水由微管送到地面，然后再埋毛管（见图 20 - 36）。

一般不建议将无防根毛侵入功能的内镶滴灌管埋在地下。

在标准化（行间距固定）种植地，如葡萄、猕猴桃和部分苹果树，滴灌管铺设的通常做法是将毛管用铁丝固定在树上（见图 20 - 37）。在斜坡上种植时，支管应布置在作物坡度上方。

四、灌溉管理

如果管理恰当，果园微灌效果非常好。与喷灌和降雨相比，微灌可以通过灌水器的合理布局设计，只湿润 50％的农田面积。而喷灌湿润 100％的农田面积。微灌湿润 50％面积，意味着可以节省 50％的水。干旱时，必须为这些有限的土地提供足够的水量，以满足作物需水。频繁灌溉是微灌成功的必要条件。

图 20-36　胡桃用地埋毛管及分水管　　　图 20-37　悬挂在金属丝上的内镶式滴灌管

　　对植物根系生长范围限制是微灌的有利条件。通过良好的管理，大量吸收水分的根系在湿润的土壤中生长，植物可以高效的吸收水分和营养物质。

　　如地面灌溉或者喷灌，微灌也需要足够长的时间才能湿润全部根系。灌溉时间过短会使根系生长较浅，更可能导致土壤湿润不足。沙地需要频繁的灌溉和较短的灌溉时间。黏土较多的土壤需要较长的灌溉时间但较少的灌溉频率。灌溉系统设计要求满足植物最大需水要求，但每个灌溉区域每天灌水时间不能超过 12h。这可以使土壤有 12h 用来渗透，确保湿润土壤中的根系能吸收到足够的氧气。

第八节　多年生作物的微喷灌溉

　　微喷原则上可以用来灌溉任何农作物。但下述条件下考虑使用微喷可能更好：①土壤极度沙化，如用滴灌，需要多条滴灌管才能达到设计湿润比；②土壤入渗率非常低，滴灌灌水时间长会导致滴头下积水或引起地面径流；③需要防霜冻保护；④作物的根系非常浅。

　　与滴灌相比，微喷头的流量更高。高流量要求更大的毛管管径，通常采用 20mm 或 25mm 的 PE 管，而滴灌只需要 13mm 或 16mm 的 PE 管。微喷系统的毛管比滴灌毛管短，比滴灌要使用更多的支管和阀门。这些因素通常会使每块地的造价变高。与滴灌相比微喷的其他不利条件包括更多的维护，更多的水分蒸发损失，风对灌溉的影响大，以及易引起过量灌溉。有两种类型的微喷头，即折射式微喷头和旋转式微喷头。

一、折射式微喷头

　　折射式微喷头由固定的喷射孔和一个折射板或折射帽来使水流以特定几何图案喷洒（见图 20-38）。流量范围从 19～170L/h 不

图 20-38　梨树微喷灌

等。与射流式的微喷头相比，折射式微喷头没有移动的部件一般花费较低。同时，折射式的微喷与射流式相比有更小的喷射半径。一些折射式微喷头在不同工作压力下的流量和喷洒射程见表 20 - 2。

表 20 - 2   **不同压力下的折射微喷洒流量、射程举例**

喷嘴尺寸	压力/psi(kPa)	流量/gph(L/h)	小射程全圆喷洒/ft(m)	大射程全圆喷洒/ft(m)	半圆喷洒/ft(m)	导向板 360°固定/in(mm)
30	10 (69)	4.2 (15.9)	7.8 (2.4)	8.8 (2.7)	3.5 (1.1)	16.0 (406)
	15 (103)	5.2 (19.7)	9.5 (2.9)	10.8 (3.3)	4.3 (1.3)	16.0 (406)
	20 (138)	6.0 (22.7)	11.0 (3.4)	12.5 (3.8)	5.0 (1.5)	16.0 (406)
	25 (172)	6.7 (25.4)	12.3 (3.7)	14.0 (4.3)	5.6 (1.7)	16.0 (406)
	30 (207)	7.3 (27.6)	13.5 (4.1)	15.3 (4.7)	6.1 (1.9)	16.0 (406)
40	10 (69)	7.6 (28.8)	8.5 (2.6)	11.0 (3.4)	4.9 (1.5)	16.0 (406)
	15 (103)	9.3 (35.2)	10.4 (3.2)	13.4 (4.1)	6.1 (1.9)	16.0 (406)
	20 (138)	10.7 (40.5)	12.0 (3.7)	15.5 (4.7)	7.0 (2.1)	16.0 (406)
	25 (172)	12.0 (45.4)	13.4 (4.1)	17.3 (5.3)	7.8 (2.4)	16.0 (406)
	30 (207)	13.1 (49.6)	14.7 (4.5)	19.0 (5.8)	8.6 (2.6)	16.0 (406)
50	10 (69)	11.8 (44.7)	9.2 (2.8)	13.1 (4.0)	5.7 (1.7)	16.0 (406)
	15 (103)	14.5 (54.9)	11.3 (3.4)	16.0 (4.9)	6.9 (2.1)	16.0 (406)
	20 (138)	16.7 (63.2)	13.0 (4.0)	18.5 (5.6)	8.0 (2.4)	16.0 (406)
	25 (172)	18.7 (70.8)	14.5 (4.4)	20.7 (6.3)	8.9 (2.7)	16.0 (406)
	30 (207)	20.5 (77.6)	15.9 (4.8)	22.7 (85.9)	9.8 (3.0)	16.0 (406)
60	10 (69)	17.0 (64.3)	9.9 (3.0)	15.2 (4.6)	6.4 (2.0)	16.0 (406)
	15 (103)	20.8 (78.7)	12.1 (3.7)	18.6 (5.7)	7.8 (2.4)	16.0 (406)
	20 (138)	24.0 (90.8)	14.0 (4.3)	21.5 (6.6)	9.0 (2.7)	16.0 (406)
	25 (172)	26.8 (101)	15.7 (4.8)	24.0 (7.3)	10.1 (3.1)	16.0 (406)
	30 (207)	29.4 (111)	17.1 (5.2)	26.3 (8.0)	11.0 (3.4)	16.0 (406)

（一）微喷防霜冻

折射式微喷目前是佛罗里达柑橘园非常流行的灌溉方式（见图 20 - 39）。原因有二：首先，佛罗里达柑橘园的土质非常松软和沙化，微喷与滴灌相比湿润区更大，灌溉次数更少，便于管理；其次，柑橘园有防冻需求。

佛罗里达州会遭受周期性霜冻，能使柑橘树冻死。种植户在 20 世纪 80 年代遭受过严重的霜冻损失，农户开始将微喷头直接装在柑橘树上喷洒，用来防霜冻（见图 20 - 40）。成功的经验使大量的种植户使用微喷系统实施灌溉，在霜冻来临时开启整个区域的喷灌系统保护树木。这些系统不但能防霜冻，且比其他防霜冻方法节省很多成本。

图 20-39　带连接软管及插杆的折射式微喷 　　图 20-40　使用微喷防霜冻的小柑橘树——佛罗里达州

（二）微喷头安装方式

微喷头通常通过引水管安装在插杆上。插杆和引水管让输水软管在热胀冷缩的时候不会改变喷头位置（见图 20-39）。插杆一般采用在地里容易发现的鲜亮颜色。微喷头还可以倒挂安装到固定在铁丝的直管上。

（三）压力补偿喷头

如果灌溉区域内高差明显，可采用带压力补偿的微喷。通过在喷头接口处增加流量压力控制部件，将标准的非压力补偿喷头转换为压力补偿喷头。

二、旋转式微喷头

旋转式微喷头是微喷头上附带旋片来让水流旋转喷向四周（见图 20-41 和图 20-42）。旋转式微喷头的安装方法和折射式喷头一样，通常使用和折射式喷头相同的插杆来安装固定。

图 20-41　旋转式微喷头　　　　　　图 20-42　旋转式微喷头喷洒图

三、旋转式微喷头与折射式微喷头的对比优势

旋转式微喷头的均匀度比折射式喷头高。佛罗里达州立大学研究发现旋转式微喷头整

个喷洒区域内的土壤湿润深度基本一致。折射式微喷头特点是以车轮辐条一样湿润土壤，50％～70％的喷头覆盖范围内水很少或几乎没水（Lamm 等，2007）。由于旋转式喷头的均匀度更高，苗圃使用高均匀度的旋转微喷头是很好的选择。

旋转式微喷头在低压下的喷洒范围比折射式要大（见表20-3与表20-2），水滴在喷洒中受到风力的影响更小。同时水流通道更粗，从而对过滤的要求更低。在合理的设计、管理和维护下，折射式微喷和旋转式微喷都是很有效的微灌方式。

表 20-3　　　　　　　　　　典型旋转式微喷头的流量和直径参数

型号	带散水片型号	喷嘴直径	压力*	流量	喷洒直径	带散水片的喷洒直径	水柱高
		in（mm）	psi（bar）	gph（L/h）	ft（m）	ft（m）	ft（m）
610	610-D	0.034（0.86）	15（1.03）	7.9（29.9）	16.4（5.0）	4.9（1.5）	1.8（0.56）
			20（1.38）	9.1（34.4）	17.7（5.4）	5.3（1.6）	2.0（0.62）
			25（1.72）	10.2（38.6）	19.0（5.7）	1.7（5.8）	2.1（0.65）
614	614-D	0.049（1.24）	15（1.03）	16.5（62.5）	23.0（7.0）	6.9（2.0）	1.9（0.57）
			20（1.38）	19.0（71.9）	25.0（7.6）	7.5（2.3）	2.3（0.71）
			25（1.72）	21.2（80.3）	27.5（8.4）	8.3（2.5）	3.0（0.90）
620	620-D	0.065（1.65）	15（1.03）	29.2（110.5）	30.0（9.1）	9.0（2.7）	2.0（0.60）
			20（1.38）	33.7（127.6）	32.2（9.8）	9.7（3.0）	2.6（0.80）
			25（1.72）	37.7（142.7）	34.6（10.5）	10.4（3.2）	3.1（0.92）
624		0.079（2.01）	15（1.03）	41.7（157.9）	32.5（9.9）		2.1（0.65）
			20（1.38）	48.1（182.1）	35.0（10.7）		2.5（0.75）
			25（1.72）	53.8（203.7）	36.8（11.2）		2.8（0.85）

* 　推荐工作压力：20psi(1.38kg/cm^2)。

第九节　农业微灌水泵和过滤器站

微灌系统的水泵和过滤器要占到初始系统投资的一半或以上。但是，不要试图在水泵和过滤设备上节省成本。泵站及过滤站的良好设计、安装和维护才能最大程度上节省投资成本。水泵选型的基本原理和设计已在第八章中介绍过。此部分，只涵盖农业微灌应用时可能遇到的一些重要问题。

一、水泵应用

微灌系统水泵应用包括可变流量选择、持压阀安装、多台泵选择及泵站最大化控制。

（一）水泵的流量变化

典型的微灌系统是拥有多个轮灌区的固定灌溉系统（见图20-43）。通常水泵流量不会与每个轮灌区精确匹配，因为每个轮灌区的流量是不同的。在垄作蔬菜应用中，种植计划，复种作物和地块的季节性变化，经常会出现某个轮灌区的流量很大，而其他轮灌区的流量很小。这个问题可用多个方法解决。

（二）安装旁路持压阀

在泵站安装一个旁路持压阀，让超过轮灌区需求的多余水流返回水池。持压阀的压力设置比水泵全负荷工作时的压力稍高一点。在低流量时，阀门打开多余的流量就返回水池。这样可以让水泵在设计的压力点运行。合适尺寸的持压阀也可以作为减压阀使用。

（三）多台水泵设计

另外一种改变流量的方法是设计两台并联水泵。最简单的设计是安装两台完全相同的水泵，根据流量需求自动选择启动一台或者两台。旁路持压阀同样可以让多余的流量返回水池。

（四）自动可变流量（变频控制）

有多种方式可以实现泵站流量可变。其中电动泵站通过变频（VFDS）控制一台或多台水泵就是非常可靠且有效的方法，同时花费较小（见图20-44）。变频是通过降低水泵转速来达到设置压力，同时能够循环启动和关闭水泵来满足流量需求。同时，变频系统通过调节水泵转速来匹配系统流量，还有节能作用。

图20-43　变流泵站使用多台水泵和循环　　　　图20-44　齿轮传动的带柴油机
截止阀：旁路持压阀（PSV）在左上方　　　　　　　和电机的变频泵站

配有一个或多个水泵的循环关闭阀（CSV）系统同样很有效果。CSV相当于改进的泄压阀，将其与一个小液压罐连接，为微灌系统提供恒速可变流量。

柴油泵也可以通过自动调节水泵转速变化来调节出水流量及改变水泵压力。

（五）自动化和泵启动

自动化对微灌系统非常有益，水泵自动启动非常有用，启动及关闭可无人值守。客户会对一台水泵在需要启动时能自动启动非常满意。这里推荐一些水泵自动启动的方法。这些方法如使用潜水泵、螺杆泵、自吸式离心泵或者其他设备。

二、过滤和水处理设备

合理的过滤是微灌系统的关键。根据水源来选择合适的过滤器非常必要。和过滤选择密切相关的是对水源水质处理方式的选择。

（一）井水过滤方式

井水可能是最好的水也可能是最坏的水（见图 20－45）。如果一口井的渗滤层做得好，水中含沙量少，铁、硫、锰、钙离子含量少，微灌系统首部安装一套网式过滤器就可以了。

如果水井的渗滤层做得不好，水泵会抽出泥土或沙子，微灌系统首部的网式过滤器可能在几秒钟之内就会堵塞，导致微灌系统中断运行，清理

图 20－45　4 套 138m³/h 并联井水系统——佛罗里达

后才能恢复。如果井水富含铁离子并未经过化学处理，铁离子将通过过滤器，在滴头处氧化，经过铁细菌氧化聚集，在几天或几周内将滴头堵塞。通常劣质的地下水比地表水对微灌系统造成的危害更大。

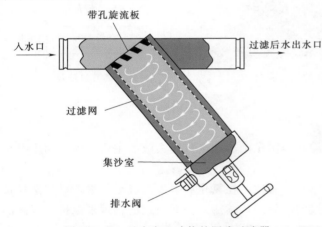

图 20－46　具有离心功能的网式过滤器

地下水过滤器的选择应当考虑井的特性，井水的化学特性。第六章和第十一章列举了过滤器的类型，井水化学分析及相应解决办法。本节余下部分将进一步讨论过滤器的选择及一些水质的化学处理问题。

（二）优质井水

干净的地下水仅需要选择安装一个合适孔尺寸的网式过滤器就可以了。此时，网式过滤器只是为预防井水水质突变（见图 20－46）。

第十节　水　处　理

微灌系统应配备一台化学药剂注入泵（见图 20－47）。如果水井还没修建好，没有进行水样测试，水样测试只有等到水井钻好之后才能进行。通常灌溉系统会在水井修建之前完成。需要处理水中存在的铁、硫、锰离子。即使最后井水不需要化学处理，也最好配备一台化学药剂注入泵。

一、含沙井

经过合理的钻探，渗滤层和成井好的水井不会抽出沙子（见第六章）。不幸的是，钻

井队在时间和竞争的压力下，经常会根据他们最近钻的井而不是根据评估报告来评估每口井的岩层和渗滤。结果是水井没有合适的渗滤层而导致井水含沙量大。

当水井抽出沙子，网式过滤器一般在几分钟之内就会堵塞。必须增加一台离心过滤器来分离沙子（见图 20-48）。这是一种简单的解决办法；离心过滤器要有 34～103kPa 压力损失来分离沙子，如果没有考虑足够的压力来运行过滤器，则需要重新选择水泵。对于水井情况不明的项目，在水泵选型时要留有足够的压力，以便满足离心过滤器工作需求。如果离心过滤器选择合适，分离沙子的效果会很好。

图 20-47 化学注入泵和叠片式自动冲洗过滤器

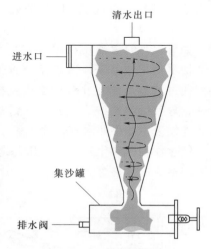

图 20-48 离心过滤器

二、井水中的铁、硫和钙离子处理

井水中的亚铁离子和硫化氢是微灌在美国东南部地区应用失败的主要原因。第十一章曾经论了用氯来沉淀处理这两种物质。

氯用来氧化井水中的这两种化合物非常有效。在氯化后要进行沉淀收集，最好选择带反冲洗的砂石过滤器或者叠片过滤器过滤。氯的持续注入要靠高效的管理来保持。气态的氯比较便宜，在氯化系统中也最容易管理。但是氯气非常危险，请采用推荐的安全品牌。

另外一种处理井水中铁、硫和钙的方法是采用聚磷酸酯螯合剂。这种液态化合物让钙、铁和硫保持溶解状态直到从系统中排出，最终沉淀在地面（见图 20-49）。螯合剂在铁、硫和钙离子含量为一般水平的水源中都可获得成功。需要先取一个水样，然后与有能力推荐注入率的制造商一起

图 20-49 滴灌带出水口的钙沉淀物

确定注入方案，以满足灌溉水质要求。

应周期性对井水系统加酸处理，以清洁钙、铁和硫的沉淀物。这些处理办法详见第十一章。

（一）地表水

大多数地表水，如溪流、池塘、河流都是很好的微灌水源。地面水过滤器应选择：①砂石过滤器；②自动反冲洗叠片式过滤器；③自动反冲洗网式过滤器。

（二）湖泊和池塘水

湖泊和池塘比地下水含更多的有机物。地表水一般很少富含硫化氢或者铁离子，原因是这些成分在地表水中已自然氧化。地表水可能含有铁细菌。通常湖泊和池塘中含有的有机物，通过选择合适的过滤器很容易处理干净。池塘水的主要问题是藻类尤其是藻类的集中爆发。藻类可以在几分钟之内将砂介质堵塞。硫酸铜是一种非常有效且节省成本的处理地表水藻类和藻类暴发的办法。使用推荐品牌有益于水质过滤及养鱼。

（三）小溪水与河水

小溪流和河流比池塘有机物含量少，原因是有水的流动。但是，泥沙问题会比较严重。泥沙可以很快充满介质过滤器、自动叠片式过滤器和网式过滤器。控制泥沙含量有多种方式。其中一种有效的方式是在溪流边上挖一个水池用来沉淀。当没条件挖水池时，建议选用厂家推荐的最大网孔的自动反冲洗过滤器。砂石过滤器在泥沙含量较高的时候，处理效果要好于自动网式过滤器或叠片过滤器。

（四）地表水化学处理

特别推荐用硫酸铜来控制水藻。化学药剂注入应该用氯或者用大量的除藻剂产品。水藻处理方法可以是周期性大剂量（每周）注入或者是持续性小剂量注入。

三、砂石过滤器

过去，砂石过滤器是微灌使用地表水唯一推荐的过滤方法。对于有严重问题的水质来说，砂石过滤依然是最可靠的办法。除一些特例，砂石过滤器应采用自动反冲洗控制（见图 20-50）。砂石过滤器的过滤砂要合理选择。砂石过滤器之后应安装一个二级过滤器，防止过滤介质失效或者污染物深度渗透。

砂石过滤器的优点包括：①应用历史长，证明效果好；②砂层表面到 25～100mm 砂床深处都为杂质拦截层；③过滤面大。

砂石过滤器的缺点有：①大流量时占用安装空间；②反冲洗流量大，48 寸罐需要的冲洗流量为 $45.6m^3/h$；③反冲洗时间长（每个罐需要冲洗 2～3min）。

四、自动叠片式过滤器组

另外一种处理地表水的方式是采用自动叠片式过滤器组处理（见图 20-51）。叠片式过滤器由多个刻有沟槽的过滤环紧密堆叠在一起

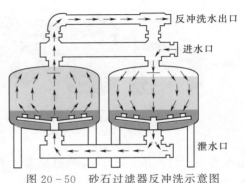

图 20-50　砂石过滤器反冲洗示意图

（图中标注：反冲洗水出口、进水口、泄水口）

（见图 20-52）。水流通过过滤体，污染物会留在滤片表面和叠片结合的缝隙中。水通过 12～32 道纵横交叉的凹槽，凹槽数取决于过滤器目数。非自动控制冲洗的叠片过滤器，其过滤效果类似于网式过滤器，不能用来过滤地表水。

图 20-51　自动叠片过滤器组，过流量 342m³/h

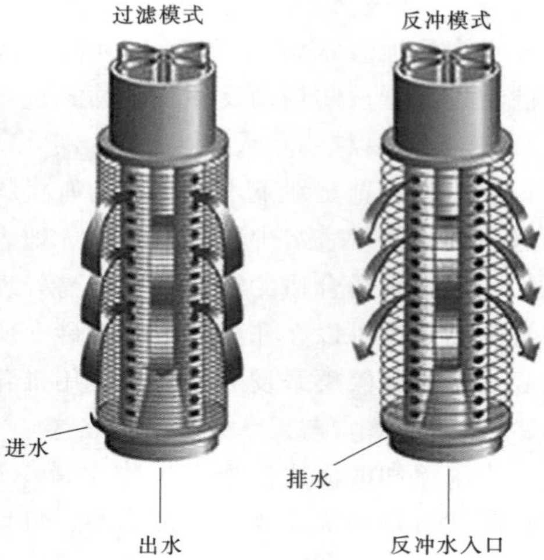

过滤模式　　　　　反冲模式

进水　　　　　　排水

出水　　　　　　反冲水入口

图 20-52　叠片过滤器反冲洗示意图

自动叠片式过滤器在反冲洗时叠片会自动分开。同时，多个喷嘴切线方向喷射松开的叠片。叠片旋转杂质随水流从叠片上冲洗下来。

对大流量的过滤器，叠片式过滤器的反冲洗用水量要少于砂石过滤器（39.6m³/h）。每个单元冲洗时间为 45～60s，而砂石过滤器需要 2～3min。尺寸选择合适的叠片过滤器，其反冲洗水耗会更少。

与砂石过滤器相比，叠片式过滤器的缺点是：①反冲洗时，叠片过滤器要求的压力为 345kPa；②更多的零部件；③当砂子含量大时，反冲洗会堵塞过滤片，使滤片张开过大，易使大颗粒砂子通过过滤器，堵塞微灌系统。

五、自动清洗网式过滤器

自动冲洗网式过滤器在过滤地表水时应用广泛（见图 20-53）。过滤器通过清洁头及排水阀，将杂质排出。清洁头离细筛网非常近。清洁头通过电机或水力驱动绕着整个滤网转动。清洁头中的水流会制造一个低压环境，杂质会受到真空吸力作用脱离滤网，通过排污阀排出。内置的压差开关和控制器控制冲洗过程。

图 20-53　自动清洗网式过滤器

自动清洗网式过滤器的优点有：①占地小，过流量 342m³/h 的过滤器，占地仅 1.4m²；②清洗时间短，仅 40s；③反冲洗流量小，仅 16.6m³/h；④运行压力低，需要 207kPa。

缺点有：①价格高；②没有深度过滤；③过滤面积小，冲洗间隔时间短；④清除杂质时要求压差大。

第十一节 微 灌 施 肥

这一章一直强调施肥是农业微灌成功的关键因素。所有的微灌系统都应设计和安装施肥系统。

施肥灌溉设备可以是非常简单的文丘里管，或者复杂如电脑控制的多台施肥机，施肥机配有 EC 及 pH 监控传感器（见图 20-54）。选用施肥系统类型与项目的规模、作物、土壤、用户习俗、电源的可靠性、要加注的肥料类型及其他因素有关。

有了施肥设备没有施肥程序，就像有了灌溉系统却不知什么时候灌溉，多长时间灌一次，一次开多长时间一样。施肥程序，如施肥设备，可以非常简单如偶尔侧施氮肥，复杂如通过完善的施肥系统注入全年需肥量。

图 20-54 电脑控制，EC 及 pH 监控，
多通道施肥系统

一、系统清理时间

系统清理在微灌施肥中非常重要。当种植户通过施肥系统施肥时，肥料需要一定的时间才能到达所需要施肥区域的阀门。这个时间间隔比平时要长一些，取决于水肥所需经过管道的水流速度以及管道的长短、粗细。

举个例子。一台施肥泵距离阀门 300m，在主管中的平均流速是 1m/s，需要 5.5min 到达第一个施肥区域的阀门。在支管中，通常流速要低一些。一段 150m 的支管在流速为 0.6m/s 时需要至少 4min。毛管的流速更低一些，平均 0.15m/s，而最末端 25％的滴灌管流速非常慢（0.04m/s）。因此，一段 150m 支管要增加 35min 的时间来使水溶肥到达支管末端最远距离的作物。简而言之，系统需要 44.5min 的时间让肥料到达最远的作物。需要在施肥周期结束后继续灌溉 44.5min 来使肥料施完，并且清洗该区域的管道。该示例的滴灌带长为 150m，施肥流量 0.45L/100m。上述时间计算结果类似于田间实际情况。施肥灌溉系统在水压允许的情况下施肥时，应尽量让流速高一些，可使清洗时间短一些。

二、比例或定量注入

注肥可以比例施入，可以定量施入。在比例施肥时，肥料根据灌溉的总水量来配比合适比例的肥料。定量施肥时，施肥泵在管道内有压力的时候启动，持续运行到所有的肥料注完，然后关闭施肥泵。

定量施肥要求：①施肥必须在系统充压完成后；②施肥泵运行足够的时长来注入所需求的肥料；③在施肥泵关闭后还要有充足的灌溉时间来清洗管道及滴头。之后才能让系统开始下一个区的施肥灌溉。

比例施肥时，施肥灌溉中的每滴水中都含有施肥程序设计浓度的肥料。在此情况下，施肥灌溉所有时段里的水都以设计水肥比加入肥料。这样，就没必要再设置清洗时间和预充压时间，因为所有水、肥都配比合理，以需要的浓度送达作物。

但通常还是建议在施肥之后用清水冲洗系统的主管、支管、毛管，以便减少藻类生长的可能。以正常浓度为 $50 \times 10^{-6} \sim 200 \times 10^{-6}$ 的氮肥灌溉施肥时，可以不进行冲洗。在实际应用中发现，施肥灌溉并没有显著增加管路中的藻类生长。

第十二节 水 和 肥 料

对于植物来说，水肥分离是不现实的。植物不能不吃东西只喝水。不管是灌溉施肥还是直接施撒干肥料，只有肥料溶入土壤溶液时，才会被植物根部吸收。肥料适量，但灌溉过量，会让肥料施入深度过大，部分肥料会随水的渗透，移出植物根区。通过一段特定时间的适量灌溉，干肥料溶解，可以很容易随水的移动，抵达植物根区。好的施肥要和科学的灌溉管理结合起才能达到高效。根据种植户经验，通过微灌系统施肥是性价比最高的一项技术。

施肥设备

施肥设备包括注肥泵或注肥器、安全控制设备及逆止阀。

（一）文丘里施肥器使用注意事项

文丘里是非常廉价的施肥装置。文丘里注肥器与文丘里管两端的压差非常敏感。一般来说，为使施肥可靠，文丘里要求 $110 \sim 140kPa$ 的压差和合适的流量。许多微灌系统可能没有增压设备。使用文丘里时，可以配备一个升压泵来满足灌溉系统压力要求。增压泵通常需要的功率大小为 $0.37 \sim 0.74kW$。如果使用了闸阀或者节流阀来产生压差，整个系统的流量必须增大。需要让主泵增加 $30\% \sim 50\%$ 的流量来使系统满足文丘里的使用。文丘里系统应包含流量表和比例调节阀，以便比例施肥（见图 20-55）。

（二）施肥计量表

在微灌施肥控制中，安装一个精确的注肥计量表是非常重要的。可以用 $0.4 \sim 4L$ 的量程来显示注入肥料的体积。施肥系统要采用耐腐蚀的材质。

图 20-55 文丘里管和流量表、增压泵、注肥阀

（三）压力开启的常闭阀

在系统压力没达到设计值时，常闭阀保持关闭状态。一旦系统加压到设计值，阀门会自动打开，让肥料注入。系统装有控制器和电磁阀时，这些常闭阀可作为有安全功能和自动切换肥料的阀门。

（四）施肥控制器

当施肥灌溉管理及控制要求高时，就得安装一套能监控施肥灌溉及量测施肥量的控制器。这样的控制器可以一站一站的编制施肥程序，可以比例施肥，也可定量施肥。控制器也可以测量和记录施肥，遇故障时候可停止灌溉及施肥。施肥灌溉控制器属于长线投资产品，可以正常使用很多年（见图 20-56 和图 20-57）。

图 20-56 三台注肥率为 22.68m³/h 的比例施肥泵　　图 20-57 化学灌溉、施肥阀及压力开启常闭阀
　　　　　　并联布置-佛罗里达州

第十三节 微灌自动化控制和灌溉管理设备

自动控制对微灌来说非常重要。自动控制可以让农民通过监控灌溉流量和施肥灌溉，制定合理的水肥一体化制度，从而达到高产。

轻砂质土壤上生长的根系较浅作物，采用滴灌自动控制更为重要。因为土壤湿润区的持水量太小，每天必须灌几次才能满足作物需水，自动化控制才能满足这种频繁灌溉管理。

重质土壤或轻质土根系越来越深，湿润区域增大时，自动控制不是很必要了。但合理高效使用自动控制，即使是重质土壤，也可以帮助农民获得更好的收成。优良的自动控制可以让种植户从日常程序化的重复劳作中解放出来，比如开关阀门，这样种植者可以有更多的时间进行田间管理。

灌溉控制器

灌溉控制器变得越来越先进，功能越来越丰富（见图 20-58）。施肥灌溉控制的功能在上一部分已讲述。这些控制器不需要电线或导水管，可以通过无线电信号控制田间电磁阀，可以通过无线电信号将运行报告发回中央控制电脑，让用户在中心控制点对一定数量

图 20-58　灌溉控制器（左）、发动机控制器（右）
及电磁阀（下）

的控制器进行编程控制。田间出现的问题，如高流量、低流量、施肥或过滤器出现的问题等，可以立即反馈到管理办公室，以便使管理人员及时处理。

（一）柴油机控制器

柴油机运行可以实施自动控制。控制器可以启动柴油机，监视每分钟转速，预热，让柴油泵保持在一个设定的压力，在运行时监控温度、油压及转速，关机，关小油门，降温，关闭。如有要求每天可以多次重复这些动作。

（二）土壤湿度和气象监测设备

使用土壤湿度和气象监测设备，可以使微灌用户更好的管理系统运行。这些监控设备可以每 15 分钟记录一次气象和土壤湿度参数并发送到电脑上（见图 20-59）。这些设备与低成本的 ET 气象站结合，能够让种植户对作物土壤水分进行管理，这在以前是做不到的。种植户使用这些系统在办公室就可以实时监视灌溉、作物吸收土壤水分状况及作物受旱状况。

图 20-59　安装在土壤水分传感器上的无线数据采集仪——南卡罗莱纳州

参　考　文　献

Boswell M. J. 1984. *Micro-irrigation Design Manual*. El Cajon，Calif.：James Hardie Irrigation.

Burt C. M.，and S. W. Styles. 2007. *Drip and Micro Irrigation for Trees，Vines，and Row Crops*. San Luis Obispo，Calif.：Irrigation Training and Research Center.

Curtis L. M.，A. A. Powell，and T. W. Tyson. 1999. Commercial Peaches. *Micro Irrigation Handbook*，*ANR* - 661. Auburn，Ala.：Alabama Coop. Ext. System.

Lamm F. R.，J. Ayers，and F. Nakayama（eds.）. 2007. *Microirrigation for Crop Production*. Oxford，UK：Elsevier.

Reinders F. 2000. Micro - irrigation：A World Overview. In *Proc. Sixth International Micro - Irrigation Congress*. Capetown，South Africa.

第二十一章　农业喷灌系统

作者：Jackie W. D. Robbins、
Dale F. Heermann
和 Ronald E. Sneed
编译：兰才有

　　本章概述农业、林业和园艺用的各种类型喷灌系统。一般来说，这些系统通过管网向装有喷嘴的喷头供水，并将水喷洒到空中，然后像人工降水一样降落到地面。喷灌系统使用多种类型喷灌喷头、雾化微喷头、射流喷头和涌泉头等。喷灌喷头又可分为摇臂喷头、旋转喷头、散射喷头、快速旋转喷头、喷枪等。有些喷灌系统接收经过管道输送的具有较高剩余压力的水，并且不需要提水泵站。另一些喷灌系统从水源处接纳无压或具有较低剩余压力的水，因而就必需配备作为是灌溉系统一部分的泵站。

　　如果正确设计、安装和运行管理，喷灌系统可提供精确灌水，完成各种不同地形、土质的灌溉需求。各种各样的系统可适应所有作物、土壤、地块形状和尺寸、灌水强度、灌溉制度和系统配置等。喷灌系统可用于牧草、果园、苗圃、温室以及各种大田作物。它们可用来施肥和其他化学品、改变温度和湿度、喷洒废水、滤出矿物质和盐，并提供防火、防霜冻和防止木材降级保护等（例如湿甲板原木储存）。

　　喷灌系统的局限性包括：①会湿润整个作物和土壤表面（导致蒸发、作物易感染病害以及带走农药和其他农用化学品等）；②能耗高（通过降低压力或采用低压系统并提高灌溉水利用率等手段将其减到最小）；③难以实现精准灌水（特别是在有风情况下和在斜坡上）；④劳动力需求高（采取固定管道式系统、自动化控制及行喷系统等手段可将其减到最小）；⑤系统变更的灵活性有限（即适应栽培和管理措施变化的灵活性有限）；⑥运行易受阻（必须有人照看，否则易受到损坏）。喷灌系统也可能造成土壤侵蚀（水平和垂直）和污染问题。

　　Morgan（1993）在报告提到，喷洒设备早在 1873 年就得到应用。Hoffman 等（2007）总结了美国农业灌溉的历史和趋势。《农业的农场和牧场灌溉调查统计》[美国农业部-国家农业统计局（USDA-NASS），2003；（USDA-NASS），2009] 报道，2008 年美国总灌溉面积中的喷灌部分继续增加，占 54.3% 或 $13 \times 10^6 hm^2$ 左右（见图 21-1）。这一增长主要是由于地表灌溉面积的减少（1998—2008 年，地表灌溉面积占总灌溉面积的比例下降了 10.9%）。关于农业灌溉系统类型的概述见第二章。

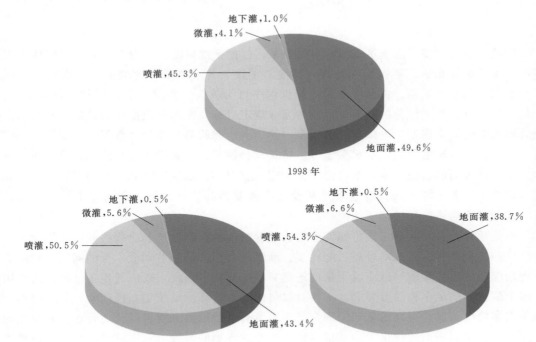

图 21-1　美国农业灌溉系统类型变化

(USDA-NASS, 2003; USDA-NASS, 2009)

根据支管（喷头）在灌水作业时是固定的还是移动的，可将喷灌系统分为定喷式和行喷式。截至 2008 年（见图 21-2），采用定喷式喷灌系统（固定管道式、移动管道式、滚移式和一些大型喷枪）的面积约占美国农业喷灌面积的 14%（占总灌溉面积的 7.6%）。采用行喷式喷灌系统（中心支轴式、平移式和绞盘式）的面积约占农业喷灌灌溉的 86%（占总灌溉面积的 46.7%）。中心支轴式使用最为广泛，覆盖了美国所有农业灌溉面积的 45%。

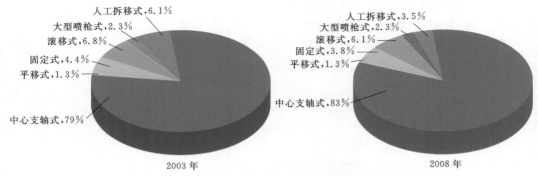

图 21-2　2003 年和 2008 年美国农业使用的喷灌系统主要类型

(USDA-NASS, 2003; USDA-NASS, 2008)

第一节　喷灌系统规划

喷灌系统规划要考虑土壤-植物-水的关系，包括土地坡度、水力学、天气和气候、经济等因素及系统布置、系统操作管理（即灌溉制度）等。需要考虑的关键因素有灌水强度、灌水量和灌溉周期。大量优秀的计算机程序可为喷头、立管、支管、分干管和干管、泵站、加压泵、控制设备的选择，以及为完成规定目标所需的其他配件的选择、布置和系统管理等方面提供帮助。可以遵循第四章中给出的步骤收集基本设计数据，以确定系统容量、灌水强度、轮灌周期、灌水深度等。第三章提供了设计和操作运行灌溉系统时应考虑的土壤特性方面的信息。第五章讨论了作物需水临界期耗水量和灌溉水利用率。第七章和第八章给出了关于如何选择管道尺寸和设计灌溉泵站的信息。第九章描述了系统组成部件。第十章为喷头选择提供了指南。

不能预知及规划系统未来将如何运行、随着时间的推移系统会出哪些问题，因此可能会导致初始投资和运营成本过高、能耗高、灌溉水利用率低和劳动效率低的问题。喷灌系统规划应考虑系统是能够适应通用条件还是只能适应特定条件。适应通用条件的系统可用在多个位置，满足多种灌溉要求。某些时候可能要求这样的系统实施播前灌，其他时候可能要求实施出苗灌。规划的基本原则是要满足所有可能的灌溉需求以及适合在所有可能的地点使用。非通用系统是指专为某指定地点或地块规划的系统。规划这类系统应考虑种植什么样的作物、作物轮作顺序和指定地点的土壤条件。有时一个系统最初按通用系统规划，但有意使其未来能成为某特定系统的一部分。

灌溉系统的流量计算是系统设计的一项重要工作。基于作物蒸发蒸腾量的基本关系如下：

$$Q = \frac{A \times ET_c}{t_f \times E_a} \tag{21-1}$$

式中　Q——系统流量，L/min；

A——系统所灌溉的面积，m^2；

ET_c——临界期作物蒸发蒸腾量，mm/d；

t_f——用小数表示的系统灌水时间占一天（24h）的比；

E_a——用小数表示的灌溉水利用率。

对于一组给定单位，上述关系式变为

$$Q = k_1 \times \left(\frac{A \times ET_c}{t_f \times E_a} \right) \tag{21-1a}$$

式中　Q——系统流量，L/min；

A——系统所灌溉的面积，m^2；

ET_c——临界期作物蒸发蒸腾量，mm/d；

t_f——用小数表示的系统灌水时间占一天（24h）的比；

E_a——用小数表示的灌溉水利用率；

k_1——公制单位：$(10^3 L/m^3) \div [(1440 min/d) \times (10^3 mm/m)] = 6.94 \times 10^{-4}$。

由于需要在各灌溉位置之间移动系统组件，栽培措施要求一定时间对土壤干燥，系统维护停机要求以及便于管理人员操作等，除了固定管道式喷灌系统外，运行时间绝对不可能是连续不断的（即 t_f 小于 1）。灌溉水利用率 E_a，用来衡量水源到灌水点之间的所有损失（包括水在灌溉面积上不均匀分布导致的水量损失、喷头与灌溉地面之间的蒸发损失、水降落到灌溉区域以外的损失及地面径流和深层渗漏损失等）。对于喷灌系统，从水源到灌水器之间输送过程中的管网水量损失通常可忽略不计。

当一个系统是为一个种植区提供所需的全部水时，即使是在很短的时间内，以式（21-1）中的 Q 设计的系统容量最小。如果可以接受非充分灌溉，或者在作物需水临界期能依赖降雨，作物根层的土壤含水量可提供所需的一部分水，则系统供水流量小于这个最低的 Q 也没问题。然而，需要注意的是在设计或提交这样的系统之前，必需弄清降雨频率和降雨量、土壤田间持水率及作物根层土壤有效水以及满足作物需水高峰期要求的重要性等（von Bernuth，1983）。另外，实施亏水灌溉时，必须坚持高水平灌溉管理，以免导致生长不佳及产量损失。

灌溉系统的主要目标是给灌溉面积上的所有点提供相同的水量（除非为了某些特别原因，计划在灌溉面积的某些部分比其他部分施用较少的水）。这就要求系统灌水均匀分布，并就地入渗。均匀灌水可通过良好的系统设计和管理来保证。土壤入渗速率（渗透速率）和地表蓄水是影响农田土壤水分运动的主要因素。土壤水分运动可通过控制灌水率小于土壤入渗率、增加表面蓄水以增加水的入渗时间来控制。耕作可在地表土壤产生小蓄水区，从而提供更长的入渗时间。土壤表面遗留的作物残留物有助于保持较高的入渗速率，也可增加表面蓄水。

喷灌系统实现均匀覆盖的关键是喷头间距、喷嘴压力、风速风向以及喷头在运行过程中的竖直情况。除了装有流量调节喷嘴（孔的大小和/或构造随着压力变化而保持恒定流量）的喷头外，喷头喷嘴的流量和喷洒方式都取决于其工作压力。因此，一个轮灌组或轮灌区内的允许压力变化量是设计和操作运行的准则（如小于轮灌区内最高压力的 20%，轮灌区内平均压力的 $\pm10\%$，小于 55kPa）。通常，应通过喷洒支管直径的合理选择来限制摩阻损失，以保持压力变化在选定的准则范围内。越来越多的系统在每个喷头处安装压力调节器，用以限制不同工作压力引起的流量变化，特别是在高程变化大及较低压力下运行的系统。

风对喷头性能参数准确性的影响，是确定喷头（和支管）布置方式和间距的最重要因素之一。风对灌水均匀性的影响程度取决于系统怎样布置和操作运行。以固定位置摇臂喷头为例，其推荐间距占喷头喷射直径的百分比与风速的关系如下：

（1）无风，65%。

（2）风速小于等于 7km/h，60%。

（3）风速大于 7km/h，但小于等于 13km/h，50%。

（4）风速大于 13km/h，30%。

另一个例子，适用于绞盘式喷灌机机行道的间距取值如下：

（1）无风，喷头喷洒直径的 80%。

（2）风速小于等于 8km/h，70%。

（3）风速大于 8km/h，但小于等于 17km/h，60%。

（4）风速大于 17km/h，50%。

支管应尽可能垂直于风向安装。如果这样安装，即使在有风条件下仍可采用无风条件的支管间距，只有沿支管布置的喷头间距需要减小。另外，采用能产生较大水滴的压力和喷嘴组合和/或采用单喷嘴（取消副喷嘴，将喷头全部流量集中为一股水流）往往能减小风的影响。为了限制由风引起的水量分布变形，常常采用低喷射仰角喷头和/或将喷头安装在靠近地面（靠近地面处风速较低）的位置。

如果离开喷嘴的喷洒水柱不直和喷头不竖直，喷头的水量分布将会变形。应注意确保喷头立管或悬吊管竖直。否则，应该采用喷头水平矫正器，确保喷头始终直立。一般情况下，喷头应安装在一段立管上，使水流顺畅进入喷头。即使是装有整流片的喷头，也只有这样做才能保证水流顺畅。立管的最小长度主要取决于管中的流速。在大田作物喷灌系统中，所选立管长度（高度）应保证喷头喷出的水流能达到种植作物的上方。短立管和低喷射仰角喷头有时用于果园，水流将被限制在树叶下面。

灌溉系统的灌水强度是设计中需要考虑的一个关键因素（例如，如果灌水强度过大，会发生地面径流，降低利用率）。有的喷灌系统设计成灌水强度小于土壤入渗速率，有的系统的灌水强度太大，只能依靠表面蓄水以限制地面径流。在采用表面蓄水的办法防止地面径流后，中等入渗速率土壤（壤土）的灌水强度应小于 10mm/h，高入渗速率土壤（砂土）应小于 19mm/h。具有 2.5～5.0mm/h 这样低灌水强度的喷灌系统通常适用于黏土灌溉，以及出苗灌溉、田间降温、防霜冻等。

灌溉系统的常规灌水强度如下：

$$PR_{ag} = k_2 \times \left(\frac{Q}{A} \right) \qquad (21-2)$$

式中　PR_{ag}——灌溉面积上的总平均灌水强度，mm/h；

　　　　Q——灌溉系统总流量，L/min；

　　　　A——系统灌溉面积，m^2；

　　　　k_2——$[(60min/h) \times (10^3 L/m^3)] \div (10^3 mm/m) = 60$。

需要注意的是，式（21-2）假定在整个灌溉过程中灌溉面积上的每一部分都接收到了等量的水。对于任何时候都只有一部分灌溉面积湿润的系统，该公式意义不大。只有当面积已知或已确定，并知道该面积上的流量时，它才具有意义或有用。此种情况为一个轮灌区，当系统流量达到系统设计流量 Q 时的定喷式喷灌系统和行喷式喷灌系统。喷灌系统覆盖面积是指在给定时段，喷头（一个或多个）从其所在位置能够灌溉的面积。使用该面积获得的灌水强度，是灌水时段内喷头所覆盖面积上的平均瞬时灌水强度，或总平均灌水强度。

对于射程或水流不与其他喷头重叠的单个全圆或扇形喷头（例如，果园微喷灌系统采用射流微喷头时，将水集中喷洒在树木周围而不是均匀覆盖整个果园地面），灌溉面积的定义（参见图 21-3）如下：

$$A = \frac{\omega}{360} \times \pi \times (Y \times R_t)^2 \qquad (21-3)$$

式中　A——喷头单独工作时的灌溉面积，m^2；

　　　ω——喷洒角，（°）；

　　　R_t——喷头射程，m；

　　　Y——用小数表示的有效射程折算率。

将式（21-3）代入式（21-2），得出单个全圆或扇形喷头的平均灌水强度如下：

$$PR_a = k_2 \times \frac{360}{\omega} \times \frac{Q}{\pi \times (Y \times R_t)^2} \tag{21-4}$$

式中　PR_a——单个喷头灌溉面积内的总平均灌水强度，mm/h；

　　　Q——喷头流量，L/min；

　　　ω——喷头覆盖的角度，（°）；

　　　R_t——灌水器/喷头射程，m；

　　　Y——用小数表示的有效射程折算率；

　　　k_2——$[(60min/h) \times (10^3 L/m^3)] \div (10^3 mm/m) = 60$。

单喷头在推荐压力和风很小的条件下工作时，Y 值可能接近 1。在不太理想的工作条件下，Y 值可能要小很多。在所有运行条件下，单喷头灌溉面积内从点到点的灌水强度通常变化很大。

图 21-4 为多喷头全圆喷洒区域内单个喷头的定义灌溉面积。图中所示喷头可以是长方形或正方形布置。矩形布置时间距 S_1 与 S_2 为不等，正方形布置情况下喷头之间

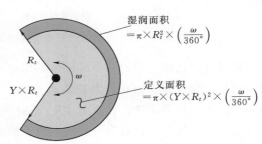

图 21-3　单喷头喷洒时的灌溉面积定义

的间距相等，组合后的单喷头灌溉面积为 $S_1 \times S_2$。同样，对于采用等边三角形等间距布置，其中 S 是喷头之间的距离，喷头组合后的单喷头定义灌溉面积为 $0.866 \times S^2$（见图 21-5）。

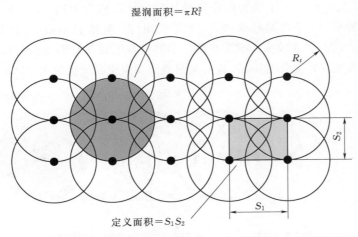

图 21-4　采用矩形等间隔布置的喷头区域内单个喷头的定义灌溉面积

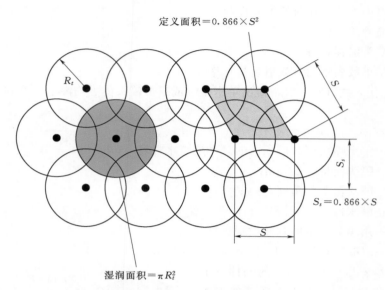

定义面积＝0.866×S²

R_t

S

S_s

$S_s=0.866×S$

S

湿润面积＝πR_t^2

图 21-5　等边三角形布置时喷头区域内单个喷头的定义灌溉面积

如果这些区域之中的一个区域内的所有喷头流量 q 都相等，则区内的 PR_a 等于单个喷头流量 q 除以定义面积。需要注意的是，对于这些区域，PR_a 仅适用于喷头布置区域内面积。由于边界效应，计算的 PR_a 不适用于喷头布置范围外的面积。当区域内采用扇形喷头时（可能布置在边界，使水不会喷洒在区域以外），仍然会产生均匀灌水，并且只需假定区域内的所有喷头都具有等喷灌强度，PR_a 就可按前述算法计算。

对于具有相同流量 q 和水量分布、采用等间距布置的单排全圆喷头喷洒，单个喷头的定义灌溉面积为 （2×Y×R_t×S_s），PR_a 等于 q÷（2×Y×R_t×S_s）（图 21-6）。对于具有多个喷头的长排单喷头喷洒，PR_a 根据定义灌溉面积为 （2×Y×R_t×S_s）、流量为系统流量 Q，L 为第一个喷头与最后一个喷头的距离计算时，计算值为粗估。Y 值取决于这些因素，即垂直于喷头排的水量分布区域形状和喷头流量的组合。参见 Heermann 和 Hein （1968）以及 Hoffman 等 （2007）关于喷头和喷灌系统产生的三角形和椭圆形水量分布区域详细资料。根据确定的设计准则，Y 通常取 0.8，将定义灌溉面积限定在可接受水量区域。

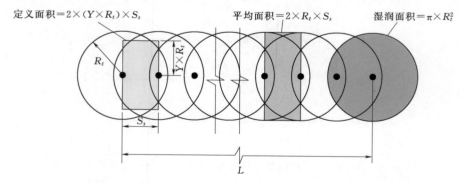

定义面积＝2×（Y×R_t）×S_s　　　平均面积＝2×R_t×S_s　　　湿润面积＝π×R_t^2

R_t

Y×R_t

S_s

L

图 21-6　单行喷头等间隔布置时单个喷头的定义灌溉面积

当流量、压力和喷射仰角一定时，摇臂喷头的喷射直径比其他灌水器大，所以灌溉同样面积所需的灌水器少。摇臂喷头在全圆或扇形旋转的同时喷出水流，并在水流下面立即形成非常高的瞬时灌水强度。摇臂喷头产生的水滴比较大，并需要相对高的压力，以获得良好的水量分布。典型摇臂喷头的灌水深度随着距喷嘴距离的增加逐渐减小。如果喷头压力适当，单喷嘴喷头的水量分布区域近似为三角形和双喷嘴喷头为椭圆形（一个远射喷嘴和一个副喷嘴）。当压力太低时，水量分布区域变成不可接受的"油炸圈饼"形。当压力太高时，小水滴增加，靠近喷头处的水量增加，蒸发潜力增加，风使水量分布区域扭曲变形。

摇臂喷头的喷射仰角范围为 $0°\sim32°$；一些喷头具有可调喷射仰角。最常见的喷射仰角范围为 $21°\sim27°$。在这个范围内，喷射仰角相对于水平面每向上增加一度，喷洒直径将增大约 1%（但仰角大到一定程度后喷洒直径开始减小）。低仰角运行导致较高的灌水强度。较高喷射仰角喷头可减少水滴对土壤的冲击，覆盖范围/喷洒直径大，但其水量分布区域可受到风的影响严重扭曲，特别是当风速达到 16km/h 以上时。低仰角喷头水量分布区域受风影响扭曲变形较轻，但其水滴对土壤冲击更严重，覆盖范围/喷洒直径减小。

总的来说，较小流量喷头的灌水强度较低，覆盖半径也较小。大喷头不仅流量大，灌水强度也大，因为增加的射程（增大覆盖面积）不足以抵消流量的增加。

与摇臂喷头相比，射流喷头和散射喷头通常在较低压力下运行，同时能保持均匀灌水，并降低抽水成本。这些喷头通常产生比摇臂喷头更小的水滴和较小的喷射直径。水流直接冲向偏流板，并连续向径向散布，以形成扇形或全圆图形，从而获得所需喷洒图形和水滴的大小。各种不同偏流板的结构包括平坦的、凹陷的、凸起的、光滑的以及若干种不同沟槽数量和槽深的组合。光滑偏流板产生较小的水滴和小的覆盖图形。沟槽形偏流板用于产生较大的水滴和更远的喷射距离。由于射流和散射喷头与摇臂喷头相比喷射距离较小，所以需要布置得更密，所需灌水器数量也更多。由于射流喷头和散射喷头通常在较低压力下运行，所以通常为每个喷头安装流量或压力调节器，即使田间有缓坡，也能确保灌水均匀性。

第二节 定喷式喷灌系统

灌水作业时，喷头保持在一个固定位置（即只在喷洒支管不动时喷水）的喷灌系统称之为定喷（或静止）式系统。定喷式系统应用面积占美国农业总灌溉面积的 15.7%（图 21-2）。7 种独特的定喷式喷灌系统分别是①移动管道式、②固定（或永久）管道式、③滚移式、④支管移动式、⑤大喷枪、⑥转臂式和⑦端拖式。下面介绍喷灌系统的功能特性。

使用定喷式喷灌系统时，首先是一个轮灌组（轮灌区）的一条或多条支管上的喷头运行一段时间。之后，喷头移动到一个新位置（例如移动管道式喷灌系统）或另一个轮灌组的喷头开始工作（例如固定管道式喷灌系统）。通常情况下，系统流量 Q 在运行时间内是固定不变的，而运行时间决定了该轮灌区的灌水量或灌水深度。

与行喷式喷灌系统相比，定喷式喷灌系统通常单位面积的成本较高，设备投资较大

（例如喷头和管道），劳动力需求较大。定喷式系统应用较多的有：湿润地区，地块较小、不规则形状或坡地，高价值作物，需要连续湿润（如防霜冻或冰冻，湿甲板木储藏）以及需要非常频繁灌溉的地方（如苗圃和繁育温室）。

根据定喷式喷灌系统的不同部分在各个灌溉位置之间的移动，可将它们分为固定式、半固定式或移动式喷灌系统。各个灌溉位置之间没有部件移动的定喷系统是固定式系统。半固定式系统的干管固定但喷洒支管移动。如果抽水泵站下游的所有部件都是可移动的，或者其他水源加压系统也是可移动的，这种定喷式喷灌系统为移动式喷灌系统。

在定喷式系统中，喷头的间距或布置方式可采用正方形、长方形、三角形（交错或偏移）、单排或单喷头。在不降低灌水均匀性的前提下，有时采用三角形布置的喷头间距可比正方形布置稍微大一些。支管间距通常比沿支管布置的喷头间距大一些，用以尽可能减少支管数量。例如，沿支管布置的喷头间隔可能取 12m，而支管间隔可能取 18m。

但对于所有固定管道式喷灌系统，在两个灌溉周期之间移动支管可用来提高灌水均匀性。例如，第二轮灌溉进行期间，支管可能位于第一轮灌溉时其所在位置一半间距的位置。对于第三轮灌溉，支管可能位于第一轮灌溉时其所在的位置。要做到这一点，可能需要采取一些手段使支管位于不同位置，例如在干管上增加给水栓。

一、移动管道式喷灌系统

对于移动管道式喷灌系统，当喷洒支管从一个灌水位置移动到另一个位置时，需要人工拆卸并搬移各段支管，一般不需要工具。完成一个轮灌小区灌水后，排除支管内的水，拆卸并转移到下一个轮灌小区。当一个灌溉周期完成后（覆盖地块的一部分、一个地块或多个地块），通常将支管转移回原来位置，以便开始另一个灌溉周期。如图 21 - 7 所示，采用移动管道式喷灌系统的面积占美国农业总喷灌面积的 3.5%（或总灌溉面积的 1.9%）。

移动管道式喷灌系统初始成本相对较低，但劳动力需求高。有时需要第二个"干燥"轮灌小区喷洒支管。这样可使一个轮灌小区运行，而不灌水的干燥区支管移动。尽管这将增加初始成本，但使用劳动力不集中，运行连续，并在系统流量或供水流量一定的情况下灌溉最大面积。分配给每个轮灌小区的时间通常是一天（24h）的约数，如 4h、6h、8h 或 12h。

移动管道式喷灌系统的支管（和干管）通常采用外径（OD）为 50～250mm、壁厚为 1.3～1.8mm、长度为 6m、9m 或 12m 的铝合金管。支管直径的选择应通过限制摩阻损失，努力保持轮灌小区内的喷头压力变化小于某些设计准则（例如，一个轮灌小区内的允许喷嘴压力变化不应大于最大喷嘴压力的 20%）。选择的管道壁厚应能承受工作压力。选择的管道长度应是喷头间距的倍数。喷头安装在沿支管具有规律性间隔的立管上。为了简化管理，通常一个系统中的所有支管采用同一个直径和同一个长度，并且喷头间距为定值。例如，一个系统可采用直径 100mm、长 9m 的管道，沿支管的喷头间距为 18m。

把几根铝合金管连接在一起就构成了管道式喷灌系统的支管，大多数铸造铝合金快速接头不能与热浸镀锌钢接头互换。更大数量的接头垫片不能互换，包括不泄水型、慢泄水型、快泄水型等大多数类型的垫片。大多数接头是压入式，其他类型包括焊接、螺栓紧固和压紧等。通常每个快速接头上都有用于安装喷头立管的螺纹出口，以及用于保持立管和喷头直立的底座或地盘。任何立管出水口都不需要堵上。如果需要增设立管出水口，可安装采用轴线螺栓紧固的立管出水口。虽然管道制造厂通常不生产接头和垫圈，但他们中的大多数都要安装各种类型的接头，并供应互相兼容的垫圈。

移动管道式喷灌系统特别适用于不需要频繁灌溉的情况，例如持水能力强的土壤和深根作物。它们广泛用于提供补充和"备份"灌溉。它们可用于所有农作物，虽然在有些作物（例如玉米）成熟期支管难以移动。在行走艰难的黏性土壤里，人工移动支管可能会非常困难。

二、固定（或永久）管道式喷灌系统

除了将足够多的材料布置在田间，不需要移动任何东西就可以灌溉整个面积外，固定管道式喷灌系统在概念上与移动管道式系统类似。需要时，通过阀门直接向各轮灌小区供水。固定管道式系统所需投资高，但劳动力需求少。它们通常用于高价值作物、环境控制和植物繁育。如图 21-7 所示，采用固定管道式喷灌系统的面积占美国农业总喷灌面积的3.8%（或占总灌溉面积的 2.1%）。

非永久性固定管道式喷灌系统是在季节之初（种植后，也许是首次耕作后）布置在田间，一直到灌溉季节结束后（收获前）才拆除。永久性固定管道式喷灌系统的所有组成部件都不移动，干管和喷洒支管通常采用地埋聚氯乙烯（PVC）管，只有立管和喷头在地面以上（见图 21-7）。温室里常见的是高架或悬吊式管道系统。

固定管道式喷灌系统具有以下主要优点：

——可实现全自动；

——劳动力需求少（不需要移动组成部件）；

——易于操作，尤其是在采用自动控制的条件下；

——"24h 不间断"运行，对于给定的现场条件，所用管道、水量和能源可能最小；

——可实现频繁、连续灌水，可连续精确控制土壤水分、温度变化、育苗喷雾及其他操作。

图 21-7 固定管道式喷灌系统可用于防霜冻和冰冻

请注意，对于采用 24h 不间断运行方案的系统，由于需要维护并可能出现机械故障，所以需要制订备份计划。

固定管道式喷灌系统具有以下缺点：

——与其他类型喷灌系统相比，需要采购和安装更多设备，所以初始成本较高；

——难以对已有布置做出改变以适应新的栽培和管理措施，例如实行不同的宽度、行距和苗床；

——在系统周围工作不方便，且必须小心以免损坏系统部件。

三、滚移（或滚轮）式喷灌机

滚移式喷灌机可认为是平移式喷灌机的定喷式版本。滚移式喷灌机支管通过机械周期性的从一个轮灌小区转移到另一个轮灌小区，从而减少劳动力需求。如图 21-8 所示，采用滚移式喷灌机的面积占美国农业总喷灌面积的 6.1%（或占总灌溉面积的 3.3%）。

滚移式喷灌机使用许多根厚壁铝合金管，通常每根长 12m，采用接头组成所需的支

图 21-8　采用端供水的滚移式喷灌机

管长度，如 402m。支管还用作轮轴。车轮放置在每个接头处或固定在每根管道上远离接头的位置（见图 21-8）。滚移式喷灌机的高扭矩接头比移动管道式喷灌系统中使用的接头强度高，并具有传递滚移系统扭矩的"牙齿"。有些滚移式喷灌机采用快速接头，当喷灌机在田间移动时，可以很容易地脱开或添加几根支管（当地块形状不规则需要这样做的时候）。车轮直径约为 1.2～2.1m。较大的车轮用于超越较高的作物进行灌溉。

应通过选择滚移式喷灌机各根支管的直径尺寸以限制摩阻损失。常用管道直径为 100mm、125mm 或 150mm。为了承受滚移所需的扭矩，铝合金管壁厚约为 1.8mm。

滚移式喷灌机灌水作业时需将支管一端或靠近中间部位与干管上的给水栓出口相连。通常首选端供水支管，因为沿干管可能是通行道路，操作运行喷灌机更方便。第一个轮灌小区灌水结束后，将喷灌机与给水栓脱开，排空支管中的存水，通过滚动车轮将喷灌机移动到第二个轮灌小区，并与第二个给水栓相连。常用轮灌小区宽度为 18m。分配给每个轮灌小区的时间长度通常是一天（24h）的约数，如 4h、6h、8h 和 12h。

常用的运行方案有两种。在第一种方案中，当车轮管线（支管）移动时，支管先后分别与干管上的每个出水口阀门相连。当车轮管线到达地块末端并完成最后一个轮灌小区灌水时，将滚动返回到该地块原来的起始点。在第二种方案中，当支管在地块内移动穿越时，支管先与干管上间隔的出水口阀门相连，然后在支管穿越地块移动返回起始位置时，再与刚才跳过的出水口阀门相连。

早期的第一台滚移式喷灌机采用手动棘轮式推车滚动车轮。目前，滚移式喷灌机通常采用以汽油机为动力的四轮驱动车驱动。然而，有些喷灌机采用电力或液压驱动；有些采用多台驱动车驱动；有些驱动车位于支管一端，有些驱动车靠近支管中间。移动支管的另一种方法，是采用一根将支管长度延伸的轴，并采用可快速连接的动力装置在一端驱动。一台动力装置可用来驱动多台这种类型的滚移式喷灌机。

滚移式喷灌机应包括以下配套件：①灌溉不规则地块时，可脱开或添加一部分支管的快速接头；②防止风将喷灌机从田间吹跑的风撑（灌溉季节使用）和风桩（闲置储存时使

用）；③将支管与水源连接的软管接头或伸缩管；④保证喷头始终直立的喷头矫正器；⑤移动前排泄支管内存水的自动泄水阀；⑥安装在支管封闭端，用于向支管充水时限制水锤的防脉冲堵头。通常给滚移式喷灌机的喷头配置压力调节器。

虽然不知道是否已经达到了商业化程度，但半自动控制滚移式喷灌机已经研制成功。控制器首先发出信号打开自动阀，通过软管向支管供水。支管按设定程序运行一段时间后，控制器发出信号关闭自动阀。在支管泄水一段时间后，控制器发出信号使动力装置将支管移动到下一个位置或轮灌小区。然后控制器发出信号再次打开自动阀。如此重复循环3或4个支管设置。然后，人工将自动阀和软管脱开，并移动到下一个出水口。

四、侧移式喷灌机

一种与滚移式喷灌机类似的侧移式喷灌机在市场上可能已经买不到了。该型喷灌机具有增强与支管之间垂直性的拖车式管线（管道），并采用双轮而不是单轮小车。这种拖车式管线增加了每个轮灌小区的覆盖宽度。每个拖车式管线上大约按间距12m配置3个或4个喷头。根据所需流量，拖车式管线直径可达50mm。例如，一条长27m、直径38mm的拖车式管线，可能选择配置3个流量为0.5L/s的喷头，布置间距9m。最常见的拖车式管线具有稳固装置。

侧移式喷灌机通过支管延伸的一段驱动轴，从一个轮灌小区移动到另一个轮灌小区，并通过皮带或者链条和齿轮驱动每个车轮。有些机型的每个小车上配有快速动力分离手柄，可在移动喷灌机时对部分支管重新排列。有些机型的车轮可旋转90°，可以将喷灌机从一块地拖移到另一块地（拖车式管线与支管断开并放置在小车上以后）。

五、大流量喷头或大型喷枪喷灌系统

大流量喷头或大型喷枪喷头用于永久性和可移动的定喷式喷灌系统以及行喷式喷灌系统。在定喷式喷灌系统中，喷头安装在轮式小车、拖车、滑橇、三脚架或立管上。在非永久性定喷式喷灌系统，喷头通过人工、拖拉机或全地形车（ATV）从一个轮灌小区移动另一个轮灌小区。大流量喷头除了用于大多数农作物外，还常用废水应用、湿甲板原木储存、沥滤和粉尘控制等（见图21-9）。

大流量喷头具有几项备选功能，包括可调节和固定喷射仰角、碎水器、全圆和扇形喷洒以及慢速反转等特性（缓慢稳定运行和双向转速控制）。众所周知，这类喷头工作压力高、水滴尺寸大并且灌水强度高。大流量喷头工作压力范围大约为207～827kPa。根据大型喷枪类型、喷嘴大小和工作压力，流量可超过63L/s，射程可超过91m。式（21-4）给出了大流量喷头的单喷头灌水强度。如

图21-9 大流量喷头应用废水

果几个大流量喷头在一个轮灌小区一起工作，应采用式（21-4）后面描述的程序计算轮灌小区的 PR_a。

大流量喷头的组合灌水强度偏大，超过了大多数土壤入渗速率，特别是当喷头设置为扇形喷洒（覆盖）方式时。某些喷头采用低喷射仰角（例如，尽量减少风对水量分布图的影响），会导致射程相对较小，而组合灌水强度更高。即使大流量喷头采用全圆运行，喷洒 25.4mm 深的水所需的时间可能也只有 1h 或 2h。

当其他所有工作条件相同的情况下，与配带圆环形喷嘴的大流量喷头相比，配带圆锥形喷嘴的大流量喷头更不易被风扭曲失真，并具有更远的射程（并且灌水强度因此而下降）。圆环形喷嘴的射程比圆锥形喷嘴约小 5%，覆盖面积约小 10%。圆环形喷嘴能在较低压力下产生更好的水流破碎。表 21-1 给出了配带 24°喷射仰角的圆锥形喷嘴在无风条件下的典型喷嘴流量和喷洒直径。

表 21-1　配带 24°喷射仰角的圆锥形喷嘴在无风条件下的典型喷嘴流量和喷洒直径

喷头压力 /psi（kPa）	圆锥形喷嘴尺寸/in（mm）									
	0.8 (20)		1.0 (25)		1.2 (30)		1.4 (36)		1.6 (41)	
	流量/gpm（L/s）	直径/ft（m）	流量/gpm（L/s）	直径/ft（m）	流量/gpm（L/s）	直径/ft（m）	流量/gpm（L/s）	直径/ft（m）	流量/gpm（L/s）	直径/ft（m）
60 (414)	143 (9.0)	285 (87)	225 (14.2)	325 (99)	330 (20.8)	365 (111)	—		—	
70 (483)	155 (9.8)	300 (91)	245 (15.5)	340 (104)	355 (22.4)	380 (116)	480 (30.3)	435 (133)	—	
80 (552)	165 (10.4)	310 (94)	260 (16.4)	355 (108)	380 (24.0)	395 (120)	515 (32.5)	455 (139)	675 (42.6)	480 (146)
90 (620)	175 (11.0)	320 (98)	275 (17.3)	365 (111)	405 (25.6)	410 (125)	545 (34.4)	470 (143)	715 (45.1)	495 (151)
100 (689)	185 (11.7)	330 (101)	290 (18.3)	375 (114)	425 (26.8)	420 (128)	575 (36.3)	480 (146)	755 (47.6)	510 (155)
110 (758)	195 (12.3)	340 (104)	305 (19.2)	385 (117)	445 (28.1)	430 (131)	605 (38.2)	490 (149)	790 (49.8)	520 (158)
120 (827)	205 (12.9)	350 (107)	320 (20.2)	395 (120)	465 (29.3)	440 (134)	630 (39.7)	500 (152)	825 (52.0)	535 (163)

六、旋转臂式喷灌机

旋转臂式喷灌机类似于在一块面积上布置了一套大流量喷头喷灌系统，但瞬时灌水强度低、工作压力低、能源需求少。旋转臂式喷灌机不采用单个大流量喷头，而是采用塔架和支撑支管的钢索结构，支管上布置若干个射流喷头。旋转臂借助臂架上喷头喷嘴的喷射作用旋转。各种各样的旋转臂长度取决于每台喷灌机的覆盖面积。运送旋转臂的拖车也可用作管道的运输工具。由于旋转臂式喷灌机容易发生倾翻，所以仅限用于坡度平缓的地块。有些旋转臂式喷灌机高度可低于输电线路、电话线路及其周围的其他障碍物。

旋转臂式喷灌机的例子之一是支管长度为 60m、管道直径为 50mm。与中心支轴式喷灌机类似，为了获得均匀灌水，需选择不同尺寸喷嘴的喷头，并采用不同间距连接在支管上。这样一台旋转臂式喷灌机的灌溉半径可能为 40m，入机压力为 275kPa 条件下的总流量为 6.3L/s。这样一台旋转臂式喷灌机灌 25.4mm 深的水所需的时间略小于 6h。

七、端拖式喷灌机

端拖支管喷灌机分拖拽型或轮型两种。为了将支管从一个轮灌小区转移到另一个轮灌小区，需要采取转轨火车从一个轨道转入另一个轨道的方式，拖拉整条喷洒支管（位于水源或干管一侧）穿过干管，偏转进入新的支管位置（见图 21-10）。轮型喷灌机与拖拽型喷灌机的运行方式相同，但轮式采用支撑架将支管提升到了地面以上。端拖式喷灌机在实施非充分灌溉的地方（例如干旱地区的牧场）更常用。

市场上能够买到的拖拽型端拖式喷灌机例子之一是，支管为直径 38mm、长 182m 的 PE 软管，按 12m 间距安装了 15 个喷头。当工作压力为 275kPa 时，每个喷头的流量为 0.13L/s，喷洒直径为 23m。采用 15m 的支管间距时，灌 25.4mm 深的水所需的时间不超过 11h。

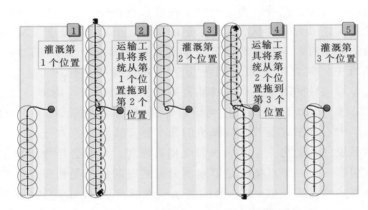

图 21-10 采用 PE 支管和分离装置的拖拽型端拖式喷灌机时的灌溉顺序

端拖式喷灌机应包括以下组成部件：

（1）防止喷头支管在移动过程中倾翻的装置。为此目的，需在支管上连接滑盘、滑橇、悬臂架和分离器等。这些装置在支管上的间距和喷头一样，或者最远相距 100m。有些轮型喷灌机采用可旋转轮，可以拖拽喷灌机的端部、侧面或某一角度。

（2）将支管端部与压力水源连接的接头。对采用硬管（例如金属管）的支管，支管两端通常都有这类接头，并且可从两端拖拽支管。对某些采用装有分离器的 PE 支管的拖拽式喷灌机，只连接一端，并且当喷头继续运行时拖拽支管的另一端。

（3）移动支管以前排泄存水的自动泄水阀。需要在移动 PE 支管过程中继续喷水的除外。

第三节 行喷式喷灌系统

行喷式喷灌系统（喷灌机）包括以下几种机型：①中心支轴式；②平移式；③软管牵引绞盘式。该类系统（喷灌机）灌溉面积占美国农业总灌溉面积的46.7%（见图21-1和图21-2）。该类系统（喷灌机）在包括中东、远东、欧洲、北部和南部非洲、澳大利亚以及几个南美洲国家在内的国际市场，也很受欢迎。行喷式喷灌系统的最大吸引力在于它们可以用很少的劳动力高效灌溉大小不等的面积，提供高水平自动化，最简单的输配水管网需求和灌溉面积上的最少喷头需求。

中心支轴式喷灌机特别适用于较大地块和圆形面积。到目前为止，该喷灌机应用最广，灌溉面积占美国农业总喷灌面积的83%（或占总灌溉面积的45.1%）（见图21-2）。平移式喷灌机能很好适应长方形地块，但其应用因需要具有移动水源（例如，通过某种形式的装置拖拉供水软管）而受到限制。软管牵引绞盘式喷灌机用途广、适应性强，广泛用于较小的不规则形状地块。软管牵引绞盘式喷灌机需要劳动力在轮灌小区之间转移喷灌机，并且通常需要消耗大量能源。硬质软管绞盘式喷灌机通常用于牧场和污水应用。软质软管绞盘式喷灌机仍然在使用，但一般已不再在市场上销售。

行喷式喷灌系统使用操作非常方便。例如，灌溉过程中的灌水深度可通过简单地改变机组行走速度而加以改变。此外，由于行喷式喷灌系统在喷头路径上的每个位置都经历了喷头的全圆喷洒模式，最大限度减少了灌水量的差异，所以本质上就比定喷式喷灌系统灌水更均匀。当喷头移动时，风和喷头位置对水量分布的影响趋于平均，所以均匀性更高。在行喷式喷灌系统中，摇臂喷头布置间距小于其有效湿润直径的50%，散射喷头小于25%，对水量分布均匀性的影响很小。自然资源保护局出版物〔例如，美国农业部-国家农业统计局（USDA-NRCS），2003；美国农业部-国家农业统计局（USDA-NRCS），2008〕中，给出了中心支轴式及其他喷灌机的灌水器布置指南。

行喷式喷灌系统的问题之一是其灌水强度相对较高，可能会导致田间径流或迁移，从而降低灌溉水利用率。向一个点施加足够水所分配的时间长短受到完成整个灌溉周期所需时间的限制。定喷式喷灌系统以6mm/h的灌水强度灌水3h（可灌18mm深的水），而行喷式喷灌系统在18min内就能灌相同的18mm深的水，或者说后者的灌水速度是前者的10倍。此外，当喷灌机通过时，系统中一个点的灌水强度不是定值。当行喷式喷灌系统通过一个点时，刚开始灌水强度为零，随后增加到一个高值，最后再次降低到零。对于中心支轴式喷灌机，中心支座附近的灌水强度相对较低，并随着沿喷灌机长度方向距离的增加而增加，这是因为需要给不断增加的地面面积上提供相同深度的水。地面蓄满水以后，当灌水强度超过土壤入渗速率时，就会发生田间径流。

灌溉期间，可操作行喷式喷灌系统以较快速度灌较小水量，通过控制地表径流，有助于提高灌溉水利用率。然而，以较快的行走速度可能不切实际，因为这样需要进行更多次灌溉，可能会导致成本增加、蒸发损失和病虫害问题。保留住灌溉水的其他方法包括提高表面滞留能力和（或）入渗速率。可通过耕作产生的小坑洼蓄积水并延长入渗时间，提高表面滞留能力。在土壤表面留下作物残留物可显著降低土壤密实度，从而提高或保持入渗速率，并可能提高表面滞留水的能力。可采用聚丙烯酰胺（PAM）——一种人工合成的高分子有机聚合物或其他物质，降低土壤密实度，有助于保持较高的入渗速率。

灌溉周期是与行喷式喷灌系统相关的另一个问题。最大灌溉周期取决于系统通过田间时所需的时间加上所有的"损失时间"。对于全圆喷洒中心支轴式喷灌机，当完成一次灌水作业时，喷灌机位于下一次灌水作业的起始位置。因此，损失时间里不需要计入下一次灌水开始前移动喷灌机的时间。但是，扇形喷洒中心支轴式喷灌机、平移式喷灌机和软管牵引绞盘式喷灌机的情况并非如此。而扇形喷洒中心支轴式喷灌机和平移式喷灌机可以反转，并且随后的灌水可能反向运行，最常见的是不灌水（干运行）移动到原来的起始位置。这样可以防止田间刚灌过的那部分面积出现过量灌溉，并减少由于所灌土壤的表面滞留水能力和入渗速率低而引起的径流。"干运行"会导致损失一些时间。对于软管牵引绞盘式喷灌机，当停止喷灌机以变换水源并在另一条机行道重新定位时，会导致损失时间。

行喷式喷灌系统需要关注的另一个问题是，当其在不同地形的田间行走并在灌水器没有配带流量或压力调节装置情况下的性能表现（见图 21-11）。行喷式喷灌系统通常可运行在坡度高达 10% 的坡地里，有些可在更陡的坡地运行。地形会影响到系统内的压力分布、系统总动水头（TDH）和田间径流。即便田间坡度很小，特别是在系统工作压力较低的情况下，压力调节器在当今的中心支轴式和平移式喷灌机上已经是常见配置。有些行喷式喷灌系统采用可产生不同压力的泵站，以便满足系统在不同地形的田间运行时引起 TDH 改变的需求。陡坡不仅会提高发生径流的可能性，也会增加控制径流的难度。因此，对于具有较大坡度的地块，应优先选用具有较低灌水强度的系统。

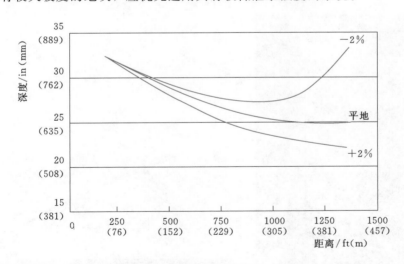

图 21-11　中心支轴式喷灌机支管在配置不带压力调节器喷头的情况下，
地形/坡度/压力对一个季节灌水深度的影响：上面的曲线表示支管位于 2% 顺坡；
中间的曲线表示坡度为 0；下面的曲线表示支管位于 2% 反坡

一、中心支轴式喷灌机

从空中看，中心支轴式喷灌机的灌溉面积为巨大的圆圈或圆弧（见图 21-12）。中心

图 21-12　中心支轴式喷灌机圆圈航拍照片

支轴式喷灌机于 1948 年由弗兰克·亚斯（Frank Zybach）发明，并于 1952 年获得专利；此后不久，罗伯特·多特里（Robert Daughtery）购买了中心支轴式喷灌机制造权（Morgan，1993）。近年来，中心支轴式喷灌机的应用迅速增长，主要是因为其劳动力需求少。中心支轴式喷灌机可长时间无人值守运行。随着现代控制系统的发展，可以对其实行远程操控。在拥有大量中心支轴式喷灌机的农场和

牧场，一个人可操作并维护 10～15 台这种喷灌机。

中心支轴式喷灌机采用一条喷洒支管，它的一端紧固在固定的中心支座上，另一端（远端）在一个圆弧内运动（见图 21-13）。通过中心支轴点提供的压力水和电力，使喷灌机行走作业。通常情况下，通过一系列三角形塔架车将喷洒支管支承在作物以上，而塔架车通过拉筋和桁架连接在一起（见图 21-14）。塔架车沿支管的间隔为 25～75m。塔架车围绕圆形轨迹运动，通常配置橡胶胎车轮，并由位于每个塔架车上的电动机或液压马达驱动。包括基于全球定位系统（GPS）的卫星制导技术在内的多种方法，都可用于操纵中心支轴式喷灌机的运动。扇形喷洒中心支轴式喷灌机的灌溉面积是喷灌机不可能形成或不

图 21-13　显示由中心支座和桁架指向第一个塔架车的典型中心支轴式喷灌机

图 21-14　配置低压灌水器的中心支轴式（或平移式）喷灌机

希望喷灌机形成全圆时的面积。拖移型中心支轴式喷灌机可在不同地块之间或同一块地的不同位置之间移动。这种机型通常是从一个地方拖移到另一个需要在明显不同的时间或季节灌溉的地方。

　　支管长度从只有一个塔架车一直到 800m 或更长。支管直径范围为 80～250mm，并且通常只有一种管径，但是有些在中心支座附近采用较大直径的管道。大多数支管材料为热浸镀锌钢，但有些采用铝合金、不锈钢和低合金耐腐蚀钢等其他材料制造。塔架车之间的支管由拉筋和三角形框架组成的下部结构桁架支撑。典型支管距地面的最小地隙为3m，能适用于大多数大田作物，但不包括果园。各跨桁架（支管）采用柔性接头连接在塔架车上，使喷灌机能在坡地里运行。有些喷灌机能适应的横向坡度大于 30%。

　　大多数 400m 长标准配置中心支轴式喷灌机可在不到 24h 的时间里旋转一圈；有些配备高速电动机的喷灌机可在不到 12h 的时间里旋转一圈。旋转速度越慢，每次灌溉的灌水深度越深。安装在中心支座上的控制面板通常用于设置外端塔架车的行走速度，从而也就设定了喷灌机的旋转速度。一些零件市场上的控制器可以安装在外端塔架车上。

　　由于电动机的旋转速度是恒定的，所以采用电动机驱动塔架车的中心支轴式喷灌机具有周期性启动和停止特性。采用电动机驱动外端塔架车的时间百分比（行走时间的量）来设定喷灌机的旋转速度。例如，将中心支轴的转速设定为其最大速率的四分之一，则外端塔架车上的电动机被设定为每分钟启动运行 15s、停止 45s。给内侧塔架车上电动机提供动力的时间根据保持喷灌机同步（对齐）的需要确定；检测出两跨桁架之间连接点的角度，并用于控制塔架车电动机的启动和停止。

　　液压驱动系统不存在电动系统具有的周期性启动和停止特性。液压马达的转速取决于液压流体的流速。用外端塔架车马达的液压流体流速设定中心支轴式喷灌机的期望速度。内侧塔架车上的马达接收根据保持支管塔架车同步（对齐）需要引起的液压流体的流量变化。

　　灌水器可安装在支管上部、悬吊管上或吊杆上（见图 21-13 和图 21-14）。有些中心支轴式喷灌机的喷头在作物冠层内运行，但这可能会导致灌水均匀性不佳。喷头高度影响其水量分布图的宽度。灌水器安装得越低，风对水量分布图的扭曲越轻。灌水器安装的越高，风对水量分布图的扭曲越严重，射程越大，并且与相邻灌水器的重叠越多。不过，摇臂喷头布置间距小于其有效湿润直径的 50%，散射喷头小于 25%，因此对中心支轴式喷灌机水量分布均匀性的影响很小（Heermann 和 Hein，1968）。

　　为了灌溉一个地块时使所覆盖面积的比例更大，中心支轴式喷灌机的远端常常配置末端喷枪系统（见图 21-15）和/或地角臂系统。这将增加或减小支管有效长度，以便灌溉地角，使覆盖面积接近正方形或长方形。在配置末端

图 21-15　安装在中心支轴式喷灌机
远端的末端喷枪和增压泵

喷枪系统的情况下，通常在支管远端安装一台增压泵，以提高作扇形喷洒的末端喷枪的压力，并且水泵和喷头都应随着支管在圆形路径内的运动而开启和关闭。

地角臂系统具有一跨紧固在远处最后一个塔架车上的可折叠桁架。这种可折叠桁架可以旋转，能够有效扩展喷灌机长度。当喷灌机通过一片不再需要额外长度的面积、或者当喷灌机遇到道路或其他限制面积时，可折叠桁架将其缩回。为了进一步提高喷灌机的有效长度，一些地角臂系统还在可折叠桁架远端配置了末端喷枪。有些地角臂系统采用地埋电线（电导体）操纵或折叠地角臂系统的塔架车；另一些则采用基于 GPS 的卫星制导技术。

地下水是中心支轴式喷灌机的常用水源，特别是在美国的大平原地区。许多喷灌机由位于中心支座附近的井中供水。其他水源包括地块外面的水源，水通过地埋管道输送到中心支座处。如果从河流或水库里抽水，则通过明渠或地埋管道供水。在某些地区，地表水水源可能距用水点有一定距离或高程明显低于用水点。在这种情况下，可能需要配备具有多台水泵的增压泵站，将水输送到中心支座处。

（一）扇形喷洒中心支轴式喷灌机的运行操作

对于全圆喷洒中心支轴式喷灌机，当次灌水作业完成后，喷灌机位于下次灌水作业的起始位置。然而，扇形喷洒中心支轴式喷灌机并不一定存在这种情况。扇形喷洒中心支轴式喷灌机通常只沿着一个方向旋转进行灌溉。按照这种运行方式，喷灌机需"干运行"（即喷头不工作）返回到起始位置。返回到起始位置前耽误或损失一些时间可能是值得的，因为这样可使车轮轨迹中的土壤干燥，从而减轻车辙。选择这种运行方式的优点是保证地块中所有部分的灌水时间相同。

更常见的运行方式是喷灌机在两个方向旋转的条件下操作喷头运行。采用这种运行方式时，灌水强度降低，从而可降低产生径流的可能性。此外，这样做可能会减少所需的能量。然而，在两个旋转方向灌水意味着，当喷灌机折返时，它首先开始灌溉的是田间最湿润的那部分面积，而最后结束时灌溉的是最干燥的那部分面积。这可能导致在喷灌机改变方向的那部分面积里浇水过多，并使最初起始点附近的作物受到胁迫。必须减少折返点附近那片面积里的土壤水分，以便为后续灌溉提供支持。为了尽可能减轻这方面的问题，在最初起始的那片面积里，喷灌机可运行得较慢一些（施灌较多的水），并在折返点附近走得较快一些（施灌较少的水）。在相反方向上，喷灌机刚开始可以较慢，然后逐渐加快，以便使整个地块都得到均匀灌水。

（二）低能耗精确灌水中心支轴式喷灌机

为了节约能量和水，越来越多的中心支轴式喷灌机采用低能耗精确灌水（LEPA）管理系统。LEPA 系统包括限制蒸发、确保定位以及将水滞留在所需位置等方面的技术。它们采用涌泉头、"短袜"（拖拉在土壤表面的柔性多孔灌水器）等低压灌水器。有些系统采用经过改进、在低压下工作、并仍然提供较大的水量分布图的摇臂喷头、射流喷头和散射喷头。它们通常以高速率在土壤表面或接近土壤表面的位置施灌相对大量（深度）的水。LEPA 系统最适用于地表蓄水量大的缓坡地块、高持水能力的土壤和灌溉水受到限制的地方。

通常情况下，当低能耗精确灌水中心支轴式喷灌机用于行播作物时，作物种植行为圆环形，水施灌在各行作物之间的垄沟里（见图 21-16）。通过限制土壤表面的湿润面积并且不湿润作物冠层来减少蒸发量。为防止径流，垄沟内耕整出蓄积水的小坝或小坑，以保证水渗入土壤。

（三）中心支轴式喷灌机的田间布置

在美国西部地区，公共土地测量矩形系统已使得公共道路建成了 1.6km 的道路网。通常在这种道路网内安装 4 台中心支轴式喷灌机，每台喷灌机灌溉网内的四分之一面积（63hm²）（见图 21-17）。如果水量供应充足，通常配置末端喷枪和地角臂系统，则每台中心支轴式喷灌机的灌溉面积约为 60hm²。否则，如果不灌溉地角，则每台中心支轴式喷灌机的灌溉面积约为 50hm²。

图 21-16　低能耗精确灌水中心支轴式喷灌机

在没有被这种道路网界定的地块中布置中心支轴式喷灌机时，需要考虑更多因素，如图 21-18 所示的三角形布置方式可能比较合适。采用不同长度支管的中心支轴式喷灌机和/或扇形喷洒的中心支轴式喷灌机，常常能得出最理想的布置。在现场有建筑物、道路、沟渠等障碍物以及高程明显变化的情况下，尤其如此。但是，由于采用较小的喷灌机和扇形喷洒喷灌机，往往会增加成本并需要更多劳动力，所以在可行的情况下应移除障碍物。（警告：喷灌机部件与高压电源线之间应至少保持 15m 间隙。）

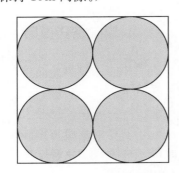

图 21-17　4 台中心支轴式喷灌机在道路划分出的 250hm² 土地内的典型布置方式

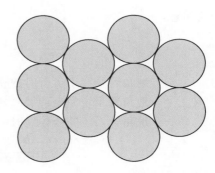

图 21-18　中心支轴式喷灌机的三角形布置

（四）中心支轴式喷灌机的灌溉面积

中心支轴式喷灌机灌溉的面积向其支管远端延伸了一段距离。这个附加的距离大约是远端灌水器射程的 75%。因此，中心支轴式喷灌机的灌溉半径 R_m，等于支管或喷灌机长度加上最远端喷头湿润半径的 0.75 倍。图 21-19～图 21-22 所示为各种不同配置的中心支轴式喷灌机的灌溉面积。

$$A = \pi \times R_m^2 \tag{21-5}$$

式中　R_m——喷灌机灌溉半径，m。

$$A = \pi \times R_m^2 \times \left(\frac{\alpha}{360°} \right) \tag{21-6}$$

式中　R_m——喷灌机灌溉半径，m；

　　　α——灌溉的扇形角度，(°)。

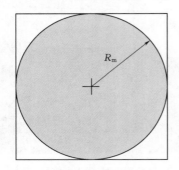

图 21-19　全圆喷洒中心支轴式
喷灌机的灌溉面积

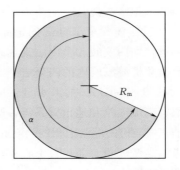

图 21-20　扇形喷洒中心支轴式
喷灌机的灌溉面积

$$A = \pi \times \left[\left(1 - \frac{4\theta}{360°} \right) \times R_m^2 + R_{mg}^2 \times \frac{4\theta}{360°} \right] \qquad (21-7)$$

式中　R_m——末端喷枪不运行时的喷灌机灌溉半径，m；

　　　R_{mg}——末端喷枪运行时的喷灌机灌溉半径，m；

　　　4θ——末端喷枪运行的扇形角度之和，(°)。

请注意，$\dfrac{90° - \theta}{2} = \cos^{-1}\left(\dfrac{R_m}{R_{mg}} \right)$

$$A = 4 \times \left(\frac{R_m \times H}{2} \right) + \pi \times R_{mcs}^2 \times \frac{4\beta}{360°} \qquad (21-8)$$

式中　R_m——地角臂系统不运行时的喷灌机灌溉半径，m；

　　　R_{mcs}——地角臂系统完全伸展时的喷灌机灌溉半径，m；

　　　4β——地角臂系统完全伸展时的扇形角度之和。

请注意，$R_{mcs}^2 = R_m^2 + \left(\dfrac{H}{2} \right)^2$，$\dfrac{R_m \times H}{2}$ 是三角形的面积，并且 $\varepsilon + \beta = 90°$。

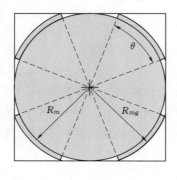

图 21-21　配置末端喷枪的全圆喷洒
中心支轴式喷灌机的灌溉面积

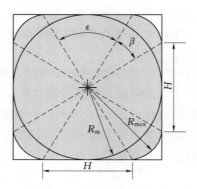

图 21-22　配置地角臂系统的全圆喷洒
中心支轴式喷灌机的灌溉面积

（五）中心支轴式喷灌机用的喷头包

中心支轴式喷灌机用的喷头包，应详细说明喷头流量及它们在支管上的位置，以确保水量分布均匀。为开发喷头包，将灌水器的灌溉面积定义为，当中心支轴式喷灌机作全圆喷洒时（不考虑喷灌机灌溉扇形角度 α 的影响），该灌水器与相邻的两个灌水器各一半距离之间的面积。按该定义确定的中心支轴式喷灌机的喷头灌溉面积，不管喷灌机作全圆喷洒还是扇形喷洒都是相同的。

$$a_1 = \frac{\pi}{4} \times (r_1^2 + 2r_1 r_2 + r_2^2) \tag{21-9}$$

$$a_i = \frac{\pi}{4} \times [r_{i+1}^2 + 2r_i(r_{i+1} - r_{i-1}) - r_{i-1}^2], \ i = 2,3,\cdots,n-1 \tag{21-10}$$

$$a_n = 2\pi \times (r_n^2 - r_n \times r_{n-1}) \tag{21-11}$$

式中　a_i——喷灌机全圆喷洒时位于 i 点的灌水器/喷头的灌溉面积，m^2；

　　　r_i——从中心支轴点到位于 i 点的灌水器之间的距离，m；

　　　n——喷灌机上的灌水器个数。

假定第一个灌水器灌溉从中心支轴点到第一个和第二个灌水器之间距离一半的面积。假定最末端灌水器（n）覆盖最后两个灌水器之间距离的一半的 2 倍。

一次灌水期间，中心支轴式喷灌机（具有恒定旋转行走速度 ρ，并且不管是全圆还是扇形喷洒作业）在所灌溉面积内所有点都施灌相同深度水的必要和充分条件如下：

$$\frac{q_i}{a_i} = \frac{Q}{A} = \frac{360}{\alpha} \times \left(\frac{Q}{\pi \times R_m^2}\right) \tag{21-12}$$

式中　q_i——位于 i 点的灌水器/喷头的流量，L/min；

　　　a_i——喷灌机全圆喷洒时位于 i 点的灌水器/喷头的灌溉面积，m^2；

　　　Q——中心支轴式喷灌机流量，L/min；

　　　A——中心支轴式喷灌机灌溉面积，m^2；

　　　R_m——喷灌机灌溉半径，m；

　　　α——中心支轴式喷灌机旋转/灌溉的扇形角度，(°)。

对一次灌水期间在灌溉面积内所有点都施灌相同深度水的中心支轴式喷灌机，位于 i 点的灌水器所需的流量如下：

$$q_i = \frac{360}{\alpha} \times \left(\frac{a_i \times Q}{\pi \times R_m^2}\right) \tag{21-13}$$

中心支轴式喷灌机上位于 i 点的灌水器的间距通常是、或者可假定是等间距。当位于 i 点的喷头是等间距布置，并且也只有是等间距布置时，下式成立。

$$a_i = 2\pi \times r_i \times S_i \tag{21-14}$$

和

$$q_i = \frac{2 \times 360 r_i \times S_i \times Q}{\alpha \times R_m^2} \tag{21-15}$$

式中　a_i——喷灌机全圆喷洒时位于 i 点的灌水器/喷头的灌溉面积，m^2；

　　　q_i——位于 i 点的灌水器/喷头的流量，L/min；

　　　Q——中心支轴式喷灌机流量，L/min；

R_m——喷灌机灌溉半径，m；

r_i——从中心支轴点到位于 i 点的灌水器之间的距离，m；

α——中心支轴式喷灌机旋转/灌溉的扇形角度，(°)；

S_i——位于 i 点的喷头间距（位于 i 点的喷头与相邻的两个喷头各一半距离之间的距离），m。

即使对于喷头在中心支轴式喷灌机支管上采用不等间距布置的 i 点，当 r_i 为从中心支轴点到 S_i 的中间点之间的距离，而不是到喷头所在位于 i 之间的距离时，采用式（21-14）和式（21-15）可分别计算出 a_i 和 q_i 的精确值而不是近似值。已经有这方面的计算机程序用于设计喷头包。大多数程序都基于下列三个选项中的一项或多项。

（1）喷头采用等间距布置，并且从中心支轴点到支管远端，喷头喷嘴流量按比例逐渐增大（如喷嘴尺寸增大）。

（2）采用大体相等的喷头流量，并且从中心支轴点到支管远端，喷头间距按比例逐渐减小。

（3）首先，考虑支管由若干段组成，然后在每一管段内采用等喷头间距和变喷头流量，并在各管段之间采用变喷头间距，而最大间距出现在最靠近中心支轴点的管段里。

虽然第一个选项，即等喷头间距变喷头流量，可使制造和装配都变得非常简单，但需要在支管最远端附近采用大尺寸喷嘴。这就需要相对较高的工作压力和能量使水流破碎，以限制大水滴撞击（土壤和作物）产生的不利影响。因此，第三个选项，即靠近最远端的管段内的灌水器间距比靠近中心支轴点的管段内的喷头间距更密，是一种更常见的布置方式。

从组成中心支轴式喷灌机喷头包的单个喷头中选择（从所需灌水器类型的角度出发）符合所需流量 q_i 的喷头。但是，当灌水器的流量随喷嘴压力变化而变化时，为了选择适当的灌水器，就需要知道该喷头将要采用的工作压力。第七章和 Hoffman 等（2007）介绍了中心支轴式喷灌机支管上的压力分布估算理论。当每个灌水器都具有自己的压力调节器时，选择过程就变得非常简单。选择用于中心支轴点附近的喷头时，常常是喷头流量大于所需的流量，这是因为需要喷嘴尺寸足够大以防止堵塞，加之喷头应保证均匀灌水。为在这种情况下实现精确控制和提供其他应用场景的使用，越来越多的中心支轴式喷灌机为单个喷头或一组喷头，配置能在喷灌机旋转行走过程中按程序打开和关闭的自动阀。（其他应用场景包括给地块内一部分面积上施灌的水比另一部分面积上多。）

（六）中心支轴式喷灌机的灌水强度和灌水量

式（21-1）可用来确定向中心支轴式喷灌机提供的或由其输出的水的流量。式（21-2）给出了总平均灌水强度，但这没有什么意义，因为在一次灌水过程中，中心支轴式喷灌机不是在所有时间里都将水施灌到了整个灌溉面积上。当中心支轴式喷灌机支管旋转到某一点时，该点的灌水强度刚开始为零，逐渐增加到最大灌水强度，然后再次降为零。图 21-23 显示了中心支轴式喷灌机旋转到某具体位置时，在从典型的中心支轴式喷灌机中心支轴点算起的两个不同距离点发生的灌水强度；也显示了两种土壤入渗速率与时间的关系。

由于距中心支轴点越远，支管移动得越快，所以灌水强度随着距中心支轴点距离的增加而增加。如果中心支轴式喷灌机在整个地块施灌相同深度的水，并且喷头射程和喷洒图形相同，则灌水强度与距中心支轴点的距离之间呈线性正比例关系。灌水时间与距离之间呈与之相反的关系。这意味着305m处的灌水强度将是61m处的5倍，并且在61m处的灌水时间是305m处灌水时间的5倍（由于两个位置所用喷头的水量分布图不一样，所以图21-23显示的数据未保持这种关系）。

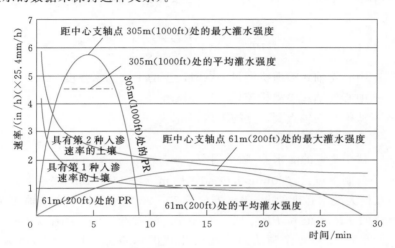

图21-23　中心支轴式喷灌机在距中心支轴点61m（200ft）处和
305m（1000ft）处施灌时的灌水强度以及两种土壤的入渗速率

　　假设没有地表蓄水，则图21-23中的灌水强度曲线和入渗速率曲线之间的封闭区域就代表着潜在的田间径流。对于具有较低入渗速率的土壤（入渗速率1），距中心支轴点61m处和305m处都将产生径流，并且305m处的潜在径流量是61m处的3倍以上。对于具有较高入渗速率的土壤（入渗速率2），即使61m距离处不发生径流（除了正好在坡地上以外），305m距离处的潜在径流量也较大（大于灌水量的1/3）。限制径流的方法如下：①采用湿润直径更大的喷头；②在不缩短支管长度的情况下减小喷灌机流量Q，从而降低灌水强度（但这可能会导致非充分灌溉）；③采用多台较短支管的中心支轴式喷灌机（虽然喷灌机灌溉面积较小，但喷灌机流量和灌水强度较小）；④采用蓄水栽培措施（例如耕整），将水滞留在施灌位置直到入渗。

　　Heermann和Hein（1968）以及Hoffman等（2007）详细介绍了单个喷头重叠组合水量分布图对中心支轴式（和其他形式）喷灌机灌水强度的影响。根据单个喷头重叠组合生成的与支管垂直的水量分布图（例如，比三角形分布图更扁平的椭圆形），遵循自然资源保护局程序［美国农业部自然资源保护局（USDA NRCS），2008］，则沿中心支轴式喷灌机支管的最大灌水强度如下：

$$PR_{mip} = k_2 \times \left(\frac{4 \times Q \times r_i}{\pi \times R_m^2 \times R_r} \right) \qquad (21-16)$$

式中　PR_{mip}——中心支轴式喷灌机通过i点时产生的最大灌水强度，mm/h；

　　　　Q——中心支轴式喷灌机流量，L/min；

　　　　r_i——从中心支轴点到i点的距离，m；

R_m——喷灌机灌溉半径，m；

R_t——位于 i 点的灌水器/喷头射程，m；

k_2——公制单位：$[(60min/h) \times (10^3 L/m^3)] \div (10^3 mm/m) = 60$。

请注意，中心支轴式喷灌机最大灌水强度出现在支管远端 r_i 等于 R_m 的地方。对于由喷头生成的相同椭圆形分布图，i 点（当中心支轴式喷灌机经过该点灌水时）的平均灌水强度如下：

$$PR_{aip} = k_2 \times \left(\frac{Q \times r_i}{R_m^2 \times R_t} \right) \qquad (21-17)$$

式中　PR_{aip}——中心支轴式喷灌机通过 i 点时产生的平均灌水强度，mm/h；

Q——中心支轴式喷灌机流量，L/min；

r_i——从中心支轴点到 i 点的距离，m；

R_m——喷灌机灌溉半径，m；

R_t——位于 i 点的灌水器/喷头射程，m；

k_2——公制单位：$[(60min/h) \times (10^3 L/m^3)] \div (10^3 mm/m) = 60$。

这是同一点最大灌水强度的 $(\pi/4)$ 倍。图 21-23 显示了从中心支轴式喷灌机中心支轴点起两个距离的 PR_{mip} 值和 PR_{aip} 值。在 305m 距离点，PR_{mip} 除以 PR_{aip} 大约为 $\pi/4$（即 0.785），表明 305m 点单个喷头重叠组合生成的水量分布图近似于椭圆。然而，在 61m 距离点，PR_{mip} 除以 PR_{aip} 大约为 $\pi/4.5$（即 0.698），表明 61m 点单个喷头重叠组合生成的水量分布图更接近三角形而不是椭圆。

一次灌溉过程中，全圆或扇形喷洒中心支轴式喷灌机的灌水深度取决于灌溉面积、喷灌机流量和旋转速度，关系式如下：

$$D_p = k_2 \times \left(\frac{Q \times t}{A} \right) = k_2 \times \left(\frac{360 \times Q \times t}{\alpha \times \pi \times R_m^2} \right) = k_2 \times \left(\frac{Q}{\pi \times R_m^2 \times P} \right) \qquad (21-18)$$

式中　D_p——中心支轴式喷灌机平均灌水深度，mm；

Q——中心支轴式喷灌机流量，L/min；

t——灌溉过程所需的时间，h；

α——中心支轴式喷灌机旋转/灌溉的扇形角度，(°)；

P——中心支轴旋转速度，r/h；

A——灌溉面积，m²；

R_m——喷灌机灌溉半径，m；

k_2——公制单位：$[(60min/h) \times (10^3 L/m^3)] \div (10^3 mm/m) = 60$。

（七）中心支轴式喷灌机的灌水均匀度

喷灌均匀度通常用均匀系数（CU）表示，并且传统上按照标准 ANSI/ASAE 436.1（ASABE，2009）通过雨量筒测量。对于中心支轴式喷灌机，改进的雨量筒法可用来说明从中心支轴点到机组远端的喷头的覆盖面积不断增加的原因（Heermann 和 Hein，1968）。然而，使用雨量筒测量耗费人力，并可能会因受到风和蒸发的影响而产生误导。这些因素导致使用一个用首字母缩写词 CPED（中心支轴式喷灌机评价和设计）表示的仿真程序。该程序被纳入了自然资源保护局的保护实践标准 442（USDA-NRCS，2003）。

CPED 用于确定中心支轴式和平移式喷灌机的 CU 值（Heermann 和 Spofford，2000）。该程序也可计算分布均匀性（DU）。在水深为正态分布的地方，DU 是 CU 的算术函数，CU 值总是高于 DU 值。CPED 对显示沿支管布置的喷头性能，以及消除因塔架车高程差引起的压力变化对流量和 CU 值的影响非常有用。

二、平移式喷灌机

与中心支轴式喷灌机不同，平移式喷灌机（也叫支管移动式喷灌机）在田间做垂直于喷洒支管的直线运动。另外，它们在结构和机械方面与中心支轴式喷灌机相似，并具有与后者相同的基本组成部件。平移式喷灌机具有支管和支撑桁架的移动塔架车，并且每个塔架车上都有电动机或液压马达。它们采用与中心支轴式喷灌机相同的灌水器，并可用于许多与后者相同的地方。但是，与中心支轴式不同，平移式喷灌机的灌水强度沿着支管保持恒定，因此可全部采用相同的喷头，并沿支管等间隔布置（见图 21-24）。

图 21-24　整条支管灌水强度保持不变的平移式喷灌机

平移式喷灌机非常适用于灌溉长宽比等于或大于 2：1 的狭长地块，以及需要限制初期投资和运行操作劳动力的工程项目。它们很适宜采用在直行条播作物上具有优势的 LEPA（低能耗精确配水系统）。与中心支轴式喷灌机一样，平移式喷灌机可以在两个行走方向实施灌水作业。为减少初起投资，平移式喷灌机可先灌溉长方形地块的一边，并在地头旋转，再灌溉地块的另一边。通常在支管末端配置大型喷枪喷头，以超出最后一跨桁架进而扩大灌溉面积，而不是像中心支轴式喷灌机那样改变所灌溉面积的形状。

平移式喷灌机的缺点是，支管和供水系统之间的连接必须与支管一起移动。向移动支管供水的两种方法分别是：①通过连接在压力供水系统上并被喷灌机拖拽的软管；②通过从与喷灌机行走方向平行的明渠中提水并加压的水泵。当从明渠中取水时，水泵安装在喷灌机上，并由发动机驱动。发动机也给喷灌机提供动力（驱动和控制）。有些通过拖拽软管供水的平移式喷灌机，也拖拽一根电力电缆，用以向塔架车电动机、控制装置和增压泵（需要时）供电（见图 21-25）。

图 21-25　拖拽动力电源软线和供水软管的平移式喷灌机

平移式喷灌机的时序安排与中心支轴式喷灌机相同。通过改变行走速度控制灌水深度，而行走速度根据编制的塔架车驱动电动机速度程序来确定。与中心支轴式喷灌机一样，其他塔架车按照与相邻支管桁架的同步性，跟随控制塔架车行进。

平移式喷灌机穿越田间时，采用地沟、地上钢索或埋地电缆导向。另外，市场上也可买到 GPS 导向的平移式喷灌机。

可利用式（21-1）确定向平移式喷灌机提供的或由其输出的水的流量。对于喷头沿支管等间距布置的情况，保证均匀灌水的喷头流量如下：

$$q = \frac{Q \times S}{L} \qquad (21-19)$$

式中　q——平移式喷灌机上的灌水器/喷头流量，L/min；

　　　Q——平移式喷灌机流量，L/min；

　　　S——各灌水器/喷头之间的距离，m；

　　　L——喷灌机长度，m。

与中心支轴式喷灌机一样，式（21-2）给出的平移式喷灌机的总平均灌水强度几乎没有什么意义。但与中心支轴式喷灌机不同的是，平移式喷灌机沿支管所有点的灌水强度相同。当分布图垂直于平移式喷灌机支管时（由单个喷头重叠组合生成）成为椭圆形，平移式喷灌机经过任何点的最大灌水强度如下：

$$PR_{ml} = k_2 \times \left(\frac{2 \times Q}{\pi \times L \times R_t} \right) = k_2 \times \left(\frac{2 \times q}{\pi \times S \times R_t} \right) \qquad (21-20)$$

式中　PR_{ml}——平移式喷灌机经过一个点时产生的最大灌水强度，mm/h；

　　　Q——平移式喷灌机流量，L/min；

　　　L——喷灌机长度，m；

　　　R_t——灌水器/喷头射程，m；

　　　q——灌水器/喷头流量，L/min；

　　　S——各灌水器/喷头之间的距离，m；

　　　k_2——公制单位：$[(60\text{min/h}) \times (10^3 \text{L/m}^3)] \div (10^3 \text{mm/m}) = 60$。

与中心支轴式喷灌机不同的是，平移式喷灌机沿支管长度上所有点的最大灌水强度都相同。仍然假设喷头生成椭圆形分布图，则平移式喷灌机经过各点灌水时，支管上任一点的平均灌水强度如下：

$$PR_{al} = k_2 \times \left(\frac{Q}{2 \times R_t \times L} \right) = k_2 \times \left(\frac{q}{2 \times R_t \times S} \right) \qquad (21-21)$$

式中　PR_{al}——平移式喷灌机经过一点时的平均灌水强度，mm/h；

　　　Q——平移式喷灌机流量，L/min；

　　　L——喷灌机长度，m；

　　　R_t——灌水器/喷头射程，m；

　　　q——平移式喷灌机上的灌水器/喷头流量，L/min；

　　　S——各灌水器/喷头之间的距离，m；

　　　k_2——公制单位：$[(60\text{min/h}) \times (10^3 \text{L/m}^3)] \div (10^3 \text{mm/m}) = 60$。

那么，平移式喷灌系统经过时支管上所有点的平均灌水强度相同，并且是最大灌水强度的（$\pi/4$）倍。

一个灌溉过程中，平移式喷灌机的灌水深度取决于灌溉面积、喷灌机流量和行走速度，关系式如下：

$$D_{lm} = k_2 \times \left(\frac{Q}{L \times v} \right) \qquad (21-22)$$

式中 D_{lm}——平移式喷灌机平均灌水深度，mm；

     Q——喷灌机流量，L/min；

     L——喷灌机长度，m；

     v——平移式喷灌机平均行走速度，m/min；

     k_2——公制单位：$[(60min/h) \times (10^3 L/m^3)] \div (10^3 mm/m) = 60$。

三、软管牵引绞盘式喷灌机

典型的软管牵引绞盘式喷灌机采用安装在喷头车上的单个大流量扇形喷洒喷头（见图 21-26）。少数软管牵引绞盘式喷灌机采用两个喷头；有些喷灌机采用具有多个喷头的桁架，桁架上安装较小的喷头而不是单个大流量喷头（见图 21-27）。在喷头运行的同时，沿着田间的机行道拖拽喷头车，灌溉一块长条形面积（见图 21-28 和图 21-29）。水通过软管输送到喷头车，软管由喷头车牵引（钢索牵引式绞盘式喷灌机）或用于牵引喷头车（软管牵引绞盘式喷灌机）。通过调整喷头车的行走速度可改变灌水深度。大多数情况

图 21-26   配带大型喷枪喷头的
硬质软管牵引绞盘式喷灌机

下，喷头设置为扇形喷洒，可使喷头车行走在未喷湿的土壤表面。关于软管牵引绞盘式喷灌机常用喷头的特性，请参见本章前面的"大流量喷头或大型喷枪喷灌系统"。

灌溉一个田块时，整台软管牵引绞盘式喷灌机都要移动到连续的机行道里。为保证均

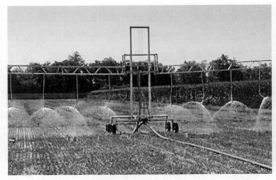

图 21-27   配带桁架而不是大流量喷头
的软管牵引绞盘式喷灌机

图 21-28   配带大型喷枪式扇形喷头的
软管牵引绞盘式喷灌机灌溉长方形条带

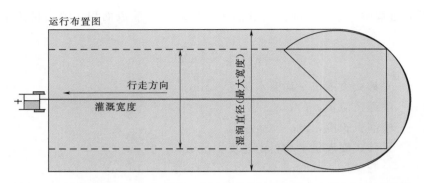

运行布置图

行走方向

灌溉宽度

湿润直径(最大宽度)

图 21-29　软管牵引绞盘式喷灌机采用扇形喷洒大流量喷头灌溉长方形条带

匀灌水,一条机行道的喷头射程应与相邻机行道的喷头射程重叠。机行道之间的距离应根据喷头射程和风力条件确定(例如,无风条件下取喷头喷洒直径的70%),以确保均匀灌水。

绞盘式喷灌机的软管直径可为 25~125mm,软管长度为 60~500m,流量从小于0.6L/s 一直到大于 40L/s,入机压力为 275~1100kPa。较小型机组常用于草坪、休闲区和停车场等场合的作物灌溉。较大型机组常用于大型农艺农业工程项目,以及污水和泥浆的土地应用。

钢索牵引(或称软质软管)绞盘式喷灌机的雏形于 20 世纪 60 年代中期开始应用,20世纪 60 年代后期开始商业化应用。它们仅仅流行了几年,就基本上被软管牵引绞盘式喷灌机所替代。软管牵引(或称硬质软管)绞盘式喷灌机由欧洲开发研制,并大约于 1976年引进到美国。这两种机型适应性都很强,很容易在田块间移动。

钢索牵引绞盘式喷灌机在水源(如干管立管或给水栓)之间采用可折叠涂塑软管和喷头车。软管设计并制造成能够抗弯折并能承受高压。钢索用于沿机行道牵引喷头车,并沿着地面拖拽软管。钢索固定在机行道的一头,并在绞车卷绕钢索时灌水。通常钢索绞车和动力源都在喷头车上,有的在机行道的一头。对于从一条机行道到另一条机行道的重新定位,通常通过牵引或拖拽软管到位来实现。对于从一块地到另一块地之间的运输,可将折叠并排净水的软管卷绕在喷头车上进行。

硬质软管绞盘式喷灌机在喷头车和软管绞盘之间采用不可折叠的中密度 PE 软管。绞盘安装在拖车上。首先将拖车停靠在机行道靠近水源的一端(通常是干管立管或给水栓),并沿着机行道拖拽喷头车,使软管从绞盘上展开。然后将绞盘式喷灌机与水源相连,通过绞盘旋转卷绕软管来将其回收。旋转绞盘并牵引喷头车的动力装置安装在绞盘拖车上。

在灌溉能力相当的情况下,软管牵引绞盘式喷灌机比钢索牵引式价格更高、更笨重。但软管牵引绞盘式喷灌机更能适应不规则形状地块、长度发生改变的地块和机行道以及坡地等条件。当软管牵引绞盘式喷灌机上的软管和喷头车沿着弯曲的机行道运行时,其性能远远优于钢索牵引绞盘式喷灌机。转移钢索牵引绞盘式喷灌机、铺设软管和钢索以及锚固钢索等,需要花费更多的时间。软管牵引绞盘式喷灌机只需将与需要灌溉的机行道长度相等那部分的软管从绞盘车上展开,而钢索牵引绞盘式喷灌机则必须将所有软管展开并铺设在田间。

用于使喷头车沿着机行道移动的动力包括水涡轮、活塞、波纹管和发动机。各种水动装置的压力损失分别大约为：水涡轮 60～110kPa、活塞 20～55kPa 和波纹管 14～50kPa。水涡轮驱动装置应用最广泛。活塞驱动装置不再通用，而波纹管驱动装置只用于较小型机组。（活塞和波纹管排放的少量水，不能通过喷头喷出。）发动机驱动装置常用于废水土地使用以及运动场和草坪项目。

软管牵引绞盘式喷灌机具备的功能，可保证在整个行走的条带上均匀灌水。一些机型通过控制，可使喷头在机行道末端运行一段时间，而喷头车保持不动。大多数大型机组都配备有速度补偿装置，可在喷头车行走过程中降低绞盘旋转速度。这是必要的，因为当绞盘有效直径增加时，绞盘每转一圈卷绕的软管更长。如果没有速度补偿装置，喷头车的行走速度将增加，并且当卷绕更多的钢索或软管时，灌水深度将降低。

所有软管牵引绞盘式喷灌机都应具有到达机行道末端后自动关闭的控制功能。一些喷灌机（特别是硬质软管喷灌机），可能在绞盘拖车上安装一台以发动机为动力的增压泵，以提高来自水源的水压力。对于长途转移和冬季存储，软管牵引绞盘式喷灌机应具有在喷头不工作状态下（当软管排空水时）回收软管的方法。这通常需要利用拖拉机的后动力输出轴（PTO）。

绞盘式喷灌机可灌溉的条带长度为软管长度加上喷头射程的 70% 左右。由于可以灌溉水源两侧的条带，所以可灌溉地块的最大长度为软管长度的两倍加上喷头喷洒直径的 70%。一些较大型软管牵引绞盘式喷灌机的拖车上配有旋转台，以便于灌溉水源两侧的面积。例如，如果水源设置在地块中间，采用一台典型配置的软管牵引绞盘式喷灌机，入机压力为 1000kPa，配置长为 400m、内径为 100mm 的硬质软管，喷头车上配带 500kPa 压力下流量为 30L/s 的大型喷枪喷头，则灌溉条带宽度为 90m、长度为 900m；或者换句话说，每拖拽一次的灌溉面积为 4hm^2；当在水源两侧拖拽灌溉时，每次灌溉面积为 8hm^2。

（一）软管牵引绞盘式喷灌机的性能

可利用式（21-1）确定向软管牵引绞盘式喷灌机提供的或由其输出的水的流量。式（21-2）给出的总平均灌水强度几乎没有什么意义，因为在一次灌溉过程中，软管牵引绞盘式喷灌机不是所有时间都将水施灌在了整个灌溉面积上。当流量为喷灌机流量 Q，并且灌溉面积为绞盘式喷灌机喷头下面的面积（即喷头在给定时间所在的位置，以喷洒扇形角 ω 进行灌水作业能够灌溉的面积）时，则软管牵引绞盘式喷灌机的灌水强度由式（21-4）给出。关系式如下：

$$PR_{\mathrm{a}} = \mathrm{k}_2 \times \frac{360}{\omega} \times \frac{Q}{\pi \times (Y \times R_{\mathrm{t}})^2} \qquad (21-23)$$

式中　PR_{a}——软管牵引绞盘式喷灌机喷头下面的平均灌水强度，mm/h；

　　　Q——软管牵引绞盘式喷灌机的喷头流量，L/min；

　　　ω——喷头覆盖的喷洒扇形角，(°)；

　　　R_{t}——灌水器/喷头射程，m；

　　　Y——用十进制表示的按照已有设计准则确定的喷头射程的一部分；

　　　k_2——公制单位：$[(60\mathrm{min/h}) \times (10^3\mathrm{L/m}^3)] \div (10^3\mathrm{mm/m}) = 60$。

对软管牵引绞盘式喷灌机，自然资源保护局指导 Y 值取 0.9［美国农业部-自然资源保护局（USDA‐NRCS），2008]。

软管牵引绞盘式喷灌机喷头下面的平均灌水强度往往很大，几乎总是超过土壤入渗速率，特别是当喷头设置为扇形喷洒时。一些软管牵引绞盘式喷灌机采用低喷射仰角喷头，致使射程变小，从而灌水强度更大。此外，喷头不断移动，限制了向一个点施灌足够水量的时间。再者，机组通过一个点时的灌水强度不是常数，它刚开始为零，继而强度增大，然后再次降为零。

不考虑"损失时间"，软管牵引绞盘式喷灌机单位时间的灌溉面积（灌溉速率）如下：

$$A_t = W \times v \qquad (21-24)$$

式中　A_t——灌溉速率，m^2/h；

　　　W——条带间距，m；

　　　v——喷头车平均行走速度，m/h。

软管牵引绞盘式喷灌机的允许条带间距取决于风速和风向。采用 23°～25°喷射仰角喷头并且喷头车平行于风向行走时的推荐条带间距如下：

——无风，80%；

——风速小于等于 8km/h，70%～75%；

——风速大于 8km/h，但小于等于 17km/h，60%～65%；

——风速大于 17km/h，50%～55%。

圆环形喷嘴取较小间距值，圆锥形喷嘴取较大间距值。如果机行道垂直于风向，即使有风，条带间距也可按无风条件确定。

如果软管牵引绞盘式喷灌机流量恒定，则灌水量与喷头车行走速度之间的函数关系如下：

$$D_t = k_2 \times \left(\frac{Q}{W \times v} \right) \qquad (21-25)$$

式中　D_t——平均灌水深度，mm；

　　　Q——软管牵引绞盘式喷灌机的喷头流量，L/min；

　　　W——条带间距，m；

　　　v——喷头车平均行走速度，m/h；

　　　k_2——公制单位：$[(60min/h) \times (10^3 L/m^3)] \div (10^3 mm/m) = 60$。

软管牵引绞盘式喷灌机即使管理良好，灌溉水利用率也很少能超过 80%。如果机行道两头灌水不足和/或沿机行道的行走速度明显变化，则灌溉水利用率可能小于 50%。

（二）绞盘式喷灌机软管的过流能力

选择绞盘式喷灌机所用软管尺寸和直径时考虑的主要因素是喷灌机初始成本和使用方便性，而不是由摩擦引起的压力损失限制。因此，与大多数其他灌溉管道相比，绞盘式喷灌机软管可以具有更大的流量额定值和更高的摩阻损失值。可采用第七章介绍的哈森‐威廉姆斯（Hazen‐Williams）公式计算摩阻损失。给软管施加压力时，钢索牵引绞盘式喷灌机用的柔性软管直径通常可增大 5%～10%，而在较高温度和压力下可增大高达 25%。由于具有这种膨胀性能，在公称直径和流量都相同的条件下，钢索牵引绞盘式喷灌机用柔性软管的经验摩阻损失要比软管牵引绞盘式喷灌机用的硬质软管小。同时考虑粗糙度和长度两个参数，软管牵引绞盘式喷灌机用各种尺寸软管的典型流量如表 21‐2 所示。

表 21 - 2　　　　　　　　　软管牵引绞盘式喷灌机用各种尺寸软管的典型流量

软管过流能力/gpm（L/s）	管道公称内径/in（mm）	软管过流能力/gpm（L/s）	管道公称内径/in（mm）
10～30（0.6～1.9）	1.1（27.9）	100～300（6.3～18.9）	3.0（76.2）
25～60（1.6～3.8）	1.4（35.6）	250～600（15.8～37.9）	4.0（101.6）
25～100（1.6～6.3）	1.8（45.7）	400～750（25.2～47.3）	4.5（114.3）
50～160（3.2～10.1）	2.0（50.8）	500～1000（31.5～63.1）	5.0（127.0）
70～200（4.4～12.6）	2.5（63.5）		

第四节　结　束　语

　　如果正确设计、安装和操作运行，喷灌系统可提供精确灌水，以满足各种灌溉需求、独特地形和土质。一个良好的系统可最大限度减少初始投资和运营成本，减少能源浪费，提高灌溉水利用率，减少劳动力需求。一个良好的设计应认识到系统可能需要时常改变，包括如何安装和使用系统的计划、灌溉制度等。

参 考 文 献

ASABE Standards. 2009. S436.1：Test procedure for determining the uniformity of water distribution of center pivot，corner pivot，and moving lateral irrigation machines equipped with spray or sprinkler nozzles. St. Joseph，Mich.：ASABE.

Heermann，D. F.，and P. R. Hein. 1968. Performance characteristics of the self propelled center pivot sprinkler irrigation system. *Trans. ASABE* 11（1）：11 - 15.

Heermann，D. F.，and T. L. Spofford. 2000. Center pivot sprinkler system evaluation. In *Proc. 4th Decennial National Irrigation Symposium*，97 - 102. St. Joseph，Mich.：ASABE.

Hoffman，G. J.，R. G. Evans，M. E. Jensen，D. L. Martin，and R. L. Elliott，eds. 2007. *Design and Operation of Farm Irrigation Systems*. 2nd ed. St. Joseph，Mich.：ASABE.

Morgan，R. M. 1993. *Water and the Land：A History of American Irrigation*. Falls Church，Va.：Irrigation Association.

USDA - NASS. 2003. Census of Agriculture Farm and Ranch Irrigation Survey（2003）. Washington，D. C.：USDA National Agricultural Statistics Service.

——. 2009. Census of Agriculture Farm and Ranch Irrigation Survey（2008）. Washington，D. C.：USDA National Agricultural Statistics Service.

USDA - NRCS. 2003. Conservation Practice Standard 442. Irrigation system，sprinkler. Washington，D. C.：USDA National Resources Conservation Service.

——. 2008. Section 15，Chapter 11：Sprinkle irrigation；and Part 652，Chapter 6：Irrigation system design. In *National Engineering Handbook*. Washington，D. C.：USDA National Resources Conservation Service.

Von Bernuth，R. D. 1983. Uniformity design criteria under limited water. *Trans. ASABE* 26（5）：1418 - 1421.

第二十二章　温室与苗圃灌溉

作者：Ted E. Bilderback、
John M. Dole
和 Ronald E. Sneed
编译：乐进华

　　苗圃、花卉栽培产业是世界农业的重要组成部分。在美国，它是增长最快的农业领域，年销售额以接近 6% 的速度增长。在最近的几年中，观赏植物的农场门票收入在所有农植物收入中排名升至第三位，在所有农产品中排名第五。

　　苗圃和温室灌溉具有特殊性。相比较于其他植物的灌溉，苗圃和温室植物灌溉频率更高且更加集中。他们使用更多样化的灌溉技术、不同的设备和使用方法，从顶部喷灌到地下涌泉灌都有。温室种植和育苗使用低流量和间歇式喷雾模式，在植物生根、发芽和结果过程中使用移动式喷灌车。温室植物灌溉同样可使用滴箭、潮汐灌、水槽和渗水垫等。通常在大规模地上盆栽苗圃和盆穴种植区域采用微喷灌。微灌广泛应用于温室植物和田间苗圃植物。由于苗圃和温室灌溉的独特性，材料往往只能从专业园艺商处购得。

　　考虑到灌溉应用的强度和多样性，苗圃和温室灌溉系统需要精细的设计、安装和管理。在苗圃和温室应用上，灌溉系统灌水均匀度至关重要。灌溉系统设计必须合理，并需要明确管理。灌溉管理包括合理的灌溉制度、径流控制和优化植物生产的基质选择、节约用水和保护环境。要有一个总体规划，系统设计应当是可以扩展的，因为随着业务增长，系统将必须不断改装。对于现有系统，随着温室和苗圃的发展和现代化，系统更新设计应该采用新设备或新技术。

　　本章讨论灌溉技术在苗圃和温室领域中的应用及其独特之处。包括提高灌溉水利用率的策略和通过使用灌溉来改变观赏植物生长的温度和湿度条件。概括介绍所有灌溉专业人士应该掌握的相关信息。对于具体设计，最好联系熟悉苗圃和温室应用的灌溉顾问或者灌溉承包商。

第一节 温室和苗圃产品—概述

温室和苗圃作物灌溉需求的独特性与这两个行业种植生产的特殊性有关。关注每一株植物的生长及其视觉效果是这些行业同其他农业领域种植的不同。温室和苗圃植物一般是种植在容器中，由有机物和矿物质混合组成生长介质或"无土栽培基质"。也有很多苗圃植物种植在野外土地里，特别是大灌木和树木。此外，还有一些温室植物种植在土壤里。

典型的温室植物大都种植在盆穴或托盘里，放置在地面上或者支架上。容器尺寸范围从小而密的盘穴到 30cm 或者更大的花盆。为了节省空间，容器尽可能紧凑地放置在一起。容器的间距随着植物的生长而增加。有些植物种植在蜂窝状多孔托盘上，一棵或多棵苗木生长在很小的基质空间里，长大后可以移栽到更大的容器中。温室地面可以是混凝土、沙砾、原土、地表覆盖塑料布或者覆盖聚丙烯地布。工作台可用简单的木板条（如防雪栅栏）做成，在上边铺金属网或放置塑料托盘。可以容易搬移，将通道变成种植区。许多温室植物生长在悬挂头顶上的篮子里，在高处布置灌溉用管道或电缆线具有挑战性。一些种植者采用土壤苗床种植切花。

地里种植的苗圃，植物可种植在现状土壤里或者改良过的现状土壤里（如加木屑、肥料、混合物）。植物基本在田间保留 3~5 年。通常采用由液压操作的树木移植机进行机械移植。树根球被粗麻布紧紧包裹，放置在铁丝笼里便于移动。树木可以移植到容器中卖，但通常以"麻袋裹根球"，发往零售商店或景观种植地。

容器生长植物种植在特殊栽培基质里或者无土基质中，容器的现状为圆形或方形，大小范围从 6cm 到大于 90cm。繁殖后，容器植物会被种植在很小的容器中或者稍候转移种植在一个更大的容器中直到卖出。容器的大小和数目依赖于植物的种类（如多年生植物、灌木、树木）、植物的大小、栽培要求和市场需求，还有苗圃不同类别的设施（如大规模的生产或者零售）。容器一般放置在区块上，如果有必要或者放置在有越冬设施的苗床上。容器间通常需要一定的间隔，但不是总需要。间隔随着植物生长而增加（如最初紧挨在一起，然后分开相距几米）。区块或者种植床的地表经常为沙砾、硬铺装（如混凝土、沥青）或者盖有 0.10mm 或 0.15mm 塑料薄板或者聚丙烯膜用来阻止杂草生长或阻挡径流（见本章"苗圃植物灌溉"）。

在温室和苗圃中，植物在装有特殊介质或者基质的容器中生长，目的在于提供一个合适的根部生长环境。基质的持水特性可通过改变容器的形状和高度进行改进（Handreck和 Black，1999）。此外，基质必须经常长时间有效，应超过温室和苗圃的生产期。基质的一些重要特性取决于植物和生产方法，通常包括排水、空气体积、持水能力、阳离子交换能力、营养物含量、体积密度、收缩程度和有机物质含量。通常情况下，将几种基质在容器里混合可创造想要的种植条件。温室生产培养基配方包括泥炭土、多种等级（颗粒大小）和比例的树皮、沙子、珍珠岩、蛭石、堆肥和土壤。苗圃生产的无土栽培基质特性由混合物控制，混合物包括大量的树皮（松树树皮或者由美国东部的硬木树皮和西部的道格拉斯冷杉树皮混合堆积物）、沙子、泥炭土和其他多种成分。无土栽培基质不加肥料被认为会引起植物缺乏营养。可加控释肥、微量元素补充剂、含白云石的石灰岩、还有添加小剂量以便调整 pH 值、湿度和基质的营养化学特性。大多数堆肥含有养分，但是养分含量和养分的有效性随堆肥的类型不同而不同，需要分析。

在温室和苗圃生产中，有些栽培者定期往灌溉水中添加可溶性营养物质，以此来增加肥力（灌溉施肥），尽管许多苗圃种植者已采用控释肥（CRFs）来减少养分的流失。有几种方法可以控制可溶性营养物质的注入，利用计量泵控制混合高浓度营养液，通过真空泵注入灌溉水中。采用灌溉施肥使灌溉管理变得更加重要，低效灌溉不仅带来水资源的浪费还有养分的浪费（Weiler 和 Sailus，1996）。营养物质带入地面或者径流流失同样会成为潜在的环境污染。通过顶部喷灌提供给容器的很多水可能不能进入容器内，有些容器可能会产生渗漏，这取决于灌溉持续时间。所以灌溉和自然降水可能会导致大量的径流发生，特别是当种植床上覆盖有不透水层时。当肥料被注入喷灌系统时，最佳管理方法是拦截携带营养的径流，使苗圃径流少流出或者不流出（Yeager 等，1997）。滴灌、微灌或者低压微喷系统可以用来为容器种植大型植物或者田间种植提供灌溉施肥。在这种情况下，营养物质直接供给根部区域，如果通过灌溉管理减少渗漏，就会减少径流对环境的影响。然而，即使是在低流量灌溉条件下，养分浸出和养分流失依然会发生。种植区域应设计成能通过植物缓冲带截留或拦截径流或者设置废水池拦截。

用于提供营养物质的灌溉会引起另一个问题—过量盐分在根部区域积累。随着灌溉水从栽培基质中蒸发或者蒸腾，会遗留下高浓度的盐。盐的主要来源是肥料，但是灌溉水同样可以增加盐分，特别是使用再生水。因为许多温室和苗圃植物常常频繁灌溉和施肥，盐分会堆积在基质上。高盐量会有损大多数植物，所以电导率（EC 值）应该被定期监测，并且任何积累的盐量必须定期用淡水洗出。高 EC 值灌溉水比低 EC 值灌溉水需要更加频繁的淡水洗盐。有关监测电导率的更多详细信息请看本章后面"水质"部分。为了淋洗过滤，植物应该在几分钟内用足量的清水灌溉两次，使灌溉水的 20%～30% 从花盆底部流出。植物也可以在不需淋洗的情况下生长，但是要求高质量的水、低施肥频率和有种植经验。在吊篮中使用无滴漏的种植系统可消除挂篮植物底部滴水，影响吊篮下植物生长。对于无滴漏生产系统，液态肥的施用率可降低 25%～50%，同样可减少控释肥料的用量。

控释肥是合成品，持续释放期从几个星期到几个月不等。种植者经常选择 3～4 个月、5～6 个月、8～9 个月或 11～12 个月的产品，这取决于植物要求和在苗圃或温室里存放的时间。大多数控释肥的营养成分为 N、P 、K（氮、磷和钾），有的还含微量元素。用于苗圃或温室植物的控释肥由采用包衣包裹或采用塑料、树脂或硫黄密封。水分通过包衣毛细管进入，容许肥料溶解和释放。释放速率通常受包衣的厚度控制。这些肥料比水溶性肥料更有效，因为养分释放基于土壤温度和（或）水的有效性，大部分营养物质会被植物利用。通常情况下，只有很低浓度的营养物质会从根区渗漏，因为包衣在任何时候都只释放少量营养物质。然而，这项技术不是完美无缺的，因为根区温度同植物生长不经常直接相关。这种肥料价格昂贵。控释肥一般成本在 1.10～2.20 美元/kg，氮素价格相当于 6.60～14.30 美元/kg。为此，种植者都在努力提高控释肥的施用效率。大学和种植研究人员提出了根据容器大小、控释肥配方、施用方法和植物生长特性的低、中、高施用率推荐值。通常情况下，施用率基于氮供应量，但由于 P 在环境中的关注度，要求控释肥的通用配方中采用低 P 百分比。

第二节 温室灌溉

温室灌溉系统可以采用多种方法向植物供水，包括从顶部喷头和从底部通过毛细管作用供应，或直接在基质表面上通过微管、微喷头和滴灌灌水器灌水。灌溉系统类型包括固定式喷头、悬臂式喷灌车、滴箭、管上滴头模式，潮汐灌和渗灌等底部灌溉（Aldrich 和Bartok，1994）。手动或用软管手动浇水仍然常见，特别是小生产者和零售种植情况。

一、手动浇水

在某些情况下，手动浇水是唯一实用性灌溉方法。零售花、种植规模小且盆的大小不一、植物品种不一及需水不一情况下，手动灌溉可能是最好的方法。手动浇水最容易安装，只需要一个水龙头、软管和喷嘴即可。带有流量控制阀的手持喷头会使浇水更简单。在没有水龙头或软管很难使用的情况下（如展览或零售区域），种植者可以使用便携式浇水车，维护室内绿植。浇水车上的水罐体积常在 34～150L，并且带有加压充气装置。

手动浇水时，灌溉人员可以一边灌溉一边观察植物、检查病虫害和其他问题。然而，手动给植物浇水并不完全那么简单。灌溉人员给基质供水但要尽可能避免淋湿树叶。此外，水必须灌到每个盆穴、蜂窝状种植容器的各个单元格，否则个别植物不能充分湿润。实际操作需要努力避免遗漏植物，根据经验给每个容器灌溉多少水，既不要灌水不足也不要浪费太多时间。这种工作只能分配给接受过培训的员工。

手动浇水有重大缺陷。最重要的是手动浇水的劳动成本高于自动化灌溉。对于大多数商业性生产来说，手动灌溉太耗费劳动力。灌水均匀度通常低，这取决于操作者技能。手动浇水还会降低植物质量。例如，手动浇水可能会使基质板结或使部分基质从盆底洗出。此外，叶面溅水和溶解盐，会使叶面生病。手动浇水使用大量的水且可能产生过度径流。如果浇水的人很小心、快速、直接为基质供水和使用软管开关，可以减少径流量。然而，与自动化的灌溉系统相比，手动浇水是令人心烦意乱、单调乏味的工作，给悬挂头顶的吊篮浇水尤其如此。

二、顶部喷灌——喷头和悬臂式喷灌车

在温室里，顶部喷灌系统包括悬臂式喷灌车系统及固定式喷头系统。温室灌溉通常采用低流量、低压力喷头。高流量灌溉不适合大多数花卉植物。浇水用高流量系统会打击植物、压实基质和冲洗部分基质漏出。

喷灌车系统是可移动的，在植物冠层上面移动，安装有朝下的沿悬臂（管子）长度方向布置的喷头喷嘴。悬臂通常挂在上面轨道上行走，两端支撑悬臂或仅从中间支撑向两侧方向伸展（见图22-1和图22-2）。固定喷灌系统，喷

图22-1 悬臂式喷灌车

头安装在立管上，管道沿地面或种植床布置或倒挂安装在建筑物上（见图22-3）。喷头可以安装在固定地方或便携移动。低流量喷嘴产生一系列水滴，形成迷雾、薄雾到大水滴，满足各种灌溉要求。安装在温室高处的迷雾和薄雾系统通常仅限于育苗灌溉及降温。低流量喷灌与底部灌溉结合效果好。底部灌溉给植物供水，喷灌可以定期淋洗基质盐分。

图22-2　装有堵头的悬臂喷灌车　　　　图22-3　立杆固定式微喷

苗床植物生产常常采用顶部灌溉，因为造价低且能同时灌溉比较大的区域。喷灌车和低流量喷头广泛使用在平坦、穴种、花盆直径少于13cm的盆栽种植情况（见图22-2）。这些系统还可在盆花和观叶植物上使用。鲜切花生产过程中高流量和低流量喷灌偶尔都会使用，但高流量灌溉仅在首次移栽幼苗到苗床或种植箱时采用。

为了达到最佳均匀性，喷嘴间距需要仔细确定和经常检查堵塞和磨损。为了保持用水均匀度，水压必须维持在每种喷嘴规定范围内。安装在植物上方的喷头应该装有单向阀，当水源关闭时可自动关闭喷嘴。同迷雾灌溉系统一样，喷嘴更换要方便，以便于从育苗区域转换为生产区域时更换喷嘴，反之亦然。

顶部喷灌的缺点是很难在浓密遮阴植物上使用，如观叶植物或猩猩木（一品红）等。叶子阻挡水，很难入渗到种植盆里。此外，顶部灌溉用水量大，易产生过度径流。同手动浇水一样，顶部系统也有潜在问题。叶面喷洒水易引起叶面疾病，喷洒溶解盐到叶面会引起叶斑病。

三、微灌——滴箭和滴灌

温室中使用微灌的局限在于温室植物生产的独特性，如小容器栽培、植物品种繁多和频繁变动位置。然而，只要有可能，种植者正越来越多使用微灌系统，因为其有利于植物生长及节约用水的固有优势。温室应用的微灌系统有两种常见形式——滴箭和滴灌管。

（一）滴箭

滴箭是滴灌的一种形式，通过小毛管（微管）将水送到每个苗盆。小毛管连接在较大管径塑料管上。这个系统在美国也被称为面条管、毛细管或滴流管系统。在温室容器生产中，这种灌溉方法非常受欢迎，因为它既有微灌的优势，又适合盆穴位置的灵活移动性。在一定范围内，可使滴头放置在非均匀间距布置的容器里。

可以使用各种塑料和金属配重，防止小毛管从盆穴里滑出（见图 22-4）。在许多情况下小管可以装配压力补偿滴头来调节流量。在压力非常低的情况下，滴头关闭，阻止在系统已经关闭的情况下滴水。滴头也可以单独关闭而减少水资源浪费。在每个小毛管末端可使用小插杆或塑料环，以湿润较大面积的基质。支管直径由需要灌溉的最大营养钵数量来决定（即需水总流量）。单个容器的流量由水压、支管直径、毛管数量、毛管内径和滴头决定。假如没有压力补偿滴头，细毛管的粗细、长度、数量和工作压力是决定每个容器灌水量（即影响均匀性）的重要因素。

滴箭主要用于种植在宽度 13cm 或更大的容器里的盆栽植物，因为往更小的容器里放置细毛管需要大量劳动力。滴箭特别适合于吊篮。滴箭可以分配水到毛细管垫和鲜切花苗床。在多层吊篮种植系统里，采用可调节流量滴头后效果很好（见图 22-5）。这种滴头有多个设置，高流量用于放置低层吊篮，以弥补到达低处吊篮较长的毛管需要。另外，压力补偿滴头也可以安装在毛管上，给毛管控制范围内的所有挂篮提供均匀供水。根据计划，滴箭系统可以这样设置，近处盆穴摆放距离小，每盆通一条细毛管；远处盆间隔距离选取设计间距但每盆穴两条毛管。

图 22-4　盘穴插有滴箭的管道

图 22-5　带低、中、高三种流量
设置的可调挂篮滴头

滴箭优势之一是使植物品质高。灌溉基质过程中，基质不会被压实和几乎不会从容器洗出。所以大部分基质能保持高的水、汽持有能力。滴箭灌溉水效率比较高，比手动灌溉要节省高达 27% 的水量（Dole 等，1994；Morvant 等，1997）。滴箭灌溉有叶面和根部病害低的优势，因为植物叶面不会变湿，水不会从盆穴间飞溅。同样，滴箭灌溉的安装成本相对低。滴箭灌溉的缺点是每个容器插入细毛管耗时及每天需要检查植物是否受旱。受旱可能是由细毛管堵塞或从容器中滑落引起。在多孔基质里，灌溉水可能产生水流通道。

在这种情况下，水不会从细毛管末端横向扩散，而仅仅湿润细毛管下基质。滴箭流速是影响基质湿润的一个因素。非常低流速可使水形成积累向下运动通道之前保持很好的横向扩散。大多数泥炭土或椰壳基质通道不明显。然而，如果过分干旱，高泥炭土含量基质（50％或更多）倾向于从花盆的边缘收缩。在这种情况下，水会沿着基质球外侧运行而不湿润基质。延长灌溉时间，从而导致浪费水是必然的，可使基质吸收足够的水来膨胀并最终覆盖干旱收缩引起的缝隙。

（二）滴灌管（带）

滴灌管（带）为低流量、低压力灌溉系统，管壁有软有硬。软的为滴灌带，硬的为滴灌管。滴头内镶或预制在管、带内，以使水从管中滴出。薄壁塑料管可以压平整且可以像胶带一样卷起来，称之为带。管或带可以多种间距布置，密布时可湿润全种植面积。花卉种植时，滴灌管通常用于温室内外生产鲜切花苗床（见图 22-6）。滴灌管也可用在密植布置盆穴、容器和吊篮里。滴灌管的优势同滴箭一样，灌水高效、均匀，无基质压实和流失，叶、花低发病率。然而，同滴箭比较起来，在容器里布置时又缺乏灵活性。

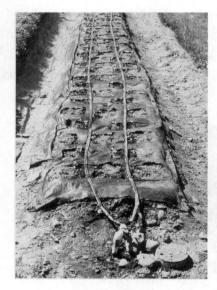

图 22-6　户外准备种植的
切花苗床薄壁滴灌管

不管是使用滴箭或滴灌管，都可能使系统中所有植物获得等量的水，微灌是最佳的灌溉方法。否则，有的植物可能过量灌溉，有的可能水分不足。采用微灌时，基质要有好的横向扩散特性，以确保水分湿润整个种植床。每个种植槽或床都应该配置阀门，来减少同时灌溉面积并提供更大的灵活性。滴灌管，除非有压力补偿功能，对高程和工作压力变化比较敏感。应考虑安装低成本压力调节器，因为温室里主管道压力可能会波动。此外，新种植床的初始灌溉最好采用顶部喷灌系统，并确保移栽后浇水。

四、底部灌溉

在底部灌溉中，水通过容器底部被吸收进入基质，通过毛细管作用在基质中均匀扩散，使得水分和养分被高效利用，尤其当灌溉用水能定时循环利用时。此外，基质不会被压实或冲刷掉，能保留足够的空气和保持好的持水能力。植物叶面保持干燥，可减少潜在叶部病害和叶斑病。

底部灌溉条件下，可溶性盐会在基质表面积累，因为水从基质表面蒸发掉而盐被沉积在表面。地下滴灌不能淋洗这些盐分，因此，容器上部 2.5cm 处基质 EC 值可以达到 10 西门子每米（dS/m），远高于可以杀死根系并招致病原体继发感染的盐浓度。相比较于顶部灌溉和滴灌系统，底部灌溉施肥量只有其 1/2~1/3（Dole 等，1994；Nelson，2003）。当顶部喷灌转为底部灌溉时，必须要考虑这一点。过多施肥，植物可能太茂盛，使运输和处理变得困难。

底部灌溉可以用于任何容器种植的植物。在18cm直径容器或更大容器中，底部灌溉效果差。大直径容器，毛细作用不足以为优化植物生长提供足够的水分，而多余的盐分可以积聚在基质顶部。温室生产中常用三种类型的底部灌溉系统：①潮汐灌；②水槽灌；③毛细管垫灌。

（一）潮汐灌和水槽灌

潮汐灌是将花盆放置在密封的工作台或地板上实施间歇性浸润（见图22-7和图22-8）。水槽灌溉是将植物放置在工作台上的不透水水槽里（见图22-9）。水以规定的时间停留在工作台、水槽或地板上，然后排走，通常回流到再利用收集器中。水槽灌溉增加了允许空气在花盘间定时循环的优势，假如工作台顶部有多孔金属网或透气性材料。在所有情况下，潮汐灌工作台必须有准确的角度倾向，当灌溉时需要迅速排水，要使水均匀覆盖工作台每个区域。

图22-7　潮汐灌在非洲紫罗兰上应用

图22-8　潮汐灌长凳灌水图

图22-9　盘栽猩猩木水槽灌溉

底部灌溉通常没有从花盆流出的排水。因此，随着时间推移，收集罐里的肥料和盐浓度（EC）只略微增加。留在工作台或地板上的水蒸发了，后面残留盐分，在接下来灌溉和排水回收到罐体时消失。灌溉用水的盐分浓度越高，罐体的EC值上升越快。为防止藻类生长，灌溉用水和营养液的收集罐体应置于地下或由一种不透明的材料制成，使光线透射最小化。

潮汐灌系统可以大大减少水和肥料需求，因为当使用再定时循环系统时，灌溉后留下的任何溶液都被重复使用。研究表明，使用定时循环潮汐灌溉盆栽一品红，生长总用水量是5.8～13.1L/株，相比手动浇水为9.4～20L/株和滴箭灌溉为7.8～18.1L/株（Dole等，1994）。此外，定时循环潮汐灌仅产生12%径流，而同时手动浇水和滴箭灌溉将分别产生38%和34%的径流。当为了淋洗盐分实施顶部灌溉时，径流才会出现在潮汐灌中。短期种植植物可以采用没有渗漏、没有径流的底部灌溉。

采用比其他灌溉方法下推荐的更低施肥率的底部灌溉，能够获得高品质植物。Morvant 等（2001）研究表明，结合控释肥，采用可定时循环潮汐灌模式，可以导致天竺葵（天竺葵属植物）高质量和最小养分径流。采用潮汐灌和控释肥，用恒定浓度 200ppm（mg/L）N 液体供给植物生长，只有 2% 的氮（N）流失，比手动浇水的 28%、滴箭灌的 28% 及毛细管垫的 46% N 损失要低得多。当然这些 N 损失数据只是在一种情况下获得的，别的种植者的数据可能不同，与它们的生产模式有关。

潮汐灌的缺点是安装成本高，在所有灌溉系统中最高。水槽间距通常是固定的，这样降低了灵活性，尽管可以花更高的成本配置可调节水槽系统。偶尔，潮汐灌有增加根腐病的可能。适当的卫生设施、监测和疾病预防措施可防止植物病原体在潮汐灌植物中间的传播。

（二）毛细管垫

纤维状毛细管垫可以保持水分通过毛细管作用进入花盆和基质（见图 22-10）。垫片放置在固定工作台上部或塑料薄膜上面。可以通过手动、喷头或滴灌管供水，毛细管垫会自动吸水。滴灌管或滴灌带可能是最方便的输水系统，因为当垫片更换或清洗时可以卷起来。滴箭也可以均匀布置在工作台上。工作台必须合理水平但不一定十分平坦。工作台的低点能够引起积水，会导致植物不均匀生长。

图 22-10　毛细管垫灌溉与毛细管垫上多孔塑料膜

几种类型的多孔黑色塑料膜可用来减少藻类在纤维垫中积累。虽然多孔塑料据说可减少水分流失，但在大多数情况下，这种减少在灌溉中是微不足道的。每茬植物种植完后，多孔地膜覆盖物会被丢弃，以便移除沉积盐、落叶及其他碎片。

毛细管垫片要求在花盆基质和垫片之间有良好接触。为了确保这一点，第一次灌溉必须从顶部浇水，以建立基质同垫片之间的毛细管连接。如果基质干到植物凋萎或如果花盆被移走，它们将必须重新利用顶部灌溉而建立这种联系。

一般来说，毛细管垫片达到最有效的工作是在高湿度和低光照水平区域上。有些植物种类，如非洲紫罗兰和秋海棠，由于均匀基质水分在毛细管垫片上长得非常好。在高光照和高温度区域，由于过度蒸发和积累的可溶性盐类，相比其他灌溉模式，毛细管垫片通常产生低品质植物。

毛细管垫片具有安装成本低的优点。相比较于滴箭，它们很容易安装，植物也容易移动。毛细管垫片系统同其他灌溉系统相比，在植物年龄或大小上有更好的适用性，但是过度变化最终导致植物一部分需要顶部或树下灌溉。灌溉需求的大变化可以通过采用不同垫片分离单个植物和每种植物单独供水来处理。

像其他底部灌溉系统，毛细管垫片灌溉也会有盐分积聚在基质上表面，需要定期用干净的水淋洗。从毛细管垫片系统中损失氮素比较高，因为大量水分从垫片中蒸发。如果垫片定期淋洗，由此会产生氮素盐分损失。毛细管垫片另一个缺点是，植物根系可以长进垫片里，使收获植物困难并损害植物收获后的生长。如果植物生根进垫片里，种植者应转动花盆，割断根系。根系进入垫片是长期种植常见问题。采用毛细管垫片的另一个问题是，因为会累积藻类、可溶性盐和病菌的原因，需要更换或定期消毒。毛细管垫片偶尔可能有根腐病问题。良好的卫生设施、监测和预防措施，可减少根腐病在植物与任何灌溉系统间扩散。

第三节 育苗繁殖灌溉系统

植物种子、幼苗和切片可在托盘里、地板上或种植床里繁殖，这些都在条件高度可控和常常人造补光的温室和生长室里面进行。灌溉是绝对必要的。育苗繁殖灌溉的目的是给幼小、脆弱的植物上面均匀喷洒小雨滴。因此，必须采用能产生良好迷雾的低流量、高压喷灌喷嘴。如果供给大量水，将使繁殖基饱和。由于土壤贫瘠、透气性差、藻类生长和病原体疾病产生会减少生根百分率。近些年，有许多新的喷雾喷嘴面世。当工作水压在275kPa 时，流量在 2.3～52.0L/h 之间，取决于喷嘴型号和大小。

典型的灌溉系统包括主管、管道过滤器或过滤器，和一条或多条安装喷嘴的支管（见图 22－11）。雾化喷嘴可能需要配过滤器，但建议安装管间式过滤器。管间式过滤器安装在水源和电磁阀之间（见图 22－12）。这种过滤器能从水中移除泥沙、藻类和微粒，降低堵塞喷嘴和电磁阀隔膜的可能性。喷嘴可以直接安装在支管上或高于育苗单元植物的立杆上，或倒挂垂直安装在种植区上空（见图

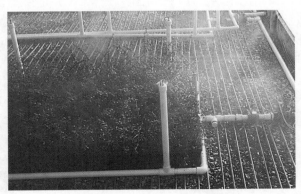

图 22－11 主管、管道过滤器

22－13）。安装喷嘴需要各种接头和直通。许多种植区喷嘴都安装有防滴漏设备以避免喷嘴下面的托盘或苗床潮湿。喷嘴间距一般为 90～120cm，安装在大约为苗床宽度一半的距离处。至于宽苗床，每个苗床一般需要多条支管喷嘴。保持种植苗床上灌水均匀度非常重要。

如选装合适的喷嘴，移动喷灌车可以在育苗繁殖区域使用。这些系统在温室长度方向上运行，安装在育苗床、长凳或平台上方。长凳以上高度、移动速度和喷嘴布置都可调整，以便满足灌溉需水要求。可以使用圆锥形和扁平扇形喷嘴。该系统可调整向前和反向喷洒，也可单一方向喷洒。左侧和右侧悬臂可以单独控制，当有需要时可以仅仅操作单侧悬臂。

图 22 - 12　管间叠片过滤器

图 22 - 13　倒挂喷嘴迷雾育苗房

　　灌溉上常用常闭电磁阀（见图 22 - 14）。"常开"电磁阀也可以用但不常用，但一旦灌溉时突然断电，常开阀有优势。种植者每天三次检查迷雾种植区域，能够避免过量和过少灌溉情况出现。使用低电压（24V AC）电磁头，如遇电力故障，不会伤害旁边工作人员。聚乙烯管（PE）（软，通常为黑色）和聚氯乙烯管（PVC）（硬，通常为白色）通常作为支管和主管使用。Schedule 80 PVC 比较硬，光线穿透弱，不会有藻类繁殖。Schedule 40 PVC 比薄壁 Class 160 或 Class 200 PVC 管柔性更好。

　　电子控制器、机械时钟或人工叶片装置都可以用来控制育苗迷雾系统。多站电子控制器可以控制多个电磁阀。电子控制器在选择时间上有极大的灵活性，很容易控制喷雾周期和电磁阀运行时间（见图 22 - 15）。一些种植迷雾系统使用机械时钟，包括 24h 主时钟、"从属"或间隔计时器和 24～110V 变压器（见图 22 - 16）。24h 计时器在早上激活系统和

图 22 - 14　24V 电磁阀

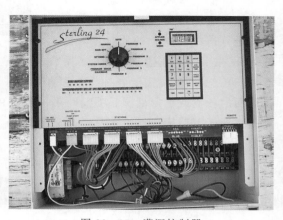

图 22 - 15　灌溉控制器

晚上切断系统。在主时钟工作时候，间隔计时器控制频率和每次迷雾定时循环持续时间。一些自动化迷雾系统配备有光传感器，使在阴天里可以修改喷雾时间间隔。

有的育苗者喜欢用人工叶片迷雾控制器（见图 22 - 17）。这种控制器的组成部分为，一根约 30cm 的螺纹支轴臂，焊到臂一端的一片 5～7.6cm 的筛网，装在另一端的可调平衡螺母，一个扣在支轴臂上、接近平衡螺母的水银开关。水银开关连接在电磁阀上。除了筛网外，其他部件都封在一个金属柜里。控制器依据育苗要求控制喷雾。当筛网蒸发干时，电磁阀打开喷雾装置喷雾。水喷到网上后，筛网变重，驱使支轴臂下垂。水银开关断开继电器，关闭电磁阀，喷雾停止。筛网上的水蒸发掉后筛网变轻，支轴臂复位，水银开关与继电器接触，打开电磁阀，打开喷雾系统。这种控制系统的优势是喷雾取决于蒸发率。如果设置正确，幼苗永远不会喷得太湿。然而，风、温度和空气流动会扰乱这种控制器的正常运行。

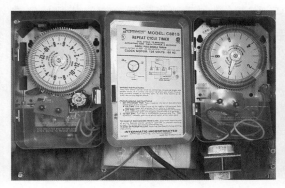

图 22 - 16　带有 24～110V 变压器 24h 计时器　　　　图 22 - 17　人工叶片筛网迷雾控制器

第四节　苗　圃　灌　溉

苗圃植物可生长在容器中，也可生长在田地里，常使用低压顶部喷灌或微灌灌溉。苗圃还使用灌溉帮助植物适应天气变化，短期防霜冻保护。

大田育苗生产灌溉类似于其他农业大田灌溉。苗圃顶部灌溉（如中心支轴式，移动喷枪和固定式喷灌系统）使用原则有点不同于其他大田农业灌溉（见第二十一章）。宽行距苗圃植物使用微灌灌溉水利用率更高，可提高生长质量。田间苗圃灌溉系统失败会导致种植后第一年的死苗率高。由于水分胁迫，微灌条件下可减少剪枝，结果使得根系比顶部喷灌系统发达。

两个因素使容器育苗灌溉管理复杂化：多孔基质及需要收集或减少径流。对于容器栽培苗圃植物，如果基质主要为树皮和其他有机基质，大部分生长期每天需要灌溉。顶部喷灌要特别注意，因为大多数情景下只有一部分水进入容器。此外，进入容器的部分灌溉水由基质保留。假如灌溉持续时间没有正确计算，大量水会通过基质排出，并滤出营养成分。营养成分极易溶解在容器基质，所以他们同灌溉用水一起移动。因此需要仔细规划管理由于灌溉引起的径流及养分流失。容器种植苗圃应该拦截和定时循环利用灌溉径流，不仅可以节约用水和节约营养物质，还可在干旱时期为植物生产保持充分供水。

顶部喷灌系统给生长在容器里的苗圃植物一次灌水可达 18.9L。种植者之所以使用顶部灌溉喷头灌溉小容器里栽培的植物，是因为给小容器放小流量灌溉滴头成本太高，管理上也不方便。灌溉系统设计对于顶部灌溉系统的效率具有非常大的影响，其次是风的影响。传统上，苗圃顶部喷灌系统每天都要灌一次。然而，如果把平均每天所需的水量分两次灌，被证实可以改善水分和养分吸收效率（Fare 等，1994；Ristvey，2004）。容器通常是一个紧挨一个放置，等到冠层开始互相干扰时，再以一定间距布置在苗床上（Beeson 和 Yeager，2003）。在生长早期，植物紧挨摆放并无不良影响。随着植物生长，容器需要间隔。容器放置在苗床中间，方便从植物移除多余水分。可减少苗圃里的积水并改善泥泞条件，大大减少植物患病率和土壤病原体蔓延。苗床通常覆盖有 0.10mm 或 0.15mm 厚的黑色塑料膜，然后覆盖防潮地布或几寸厚的砾石。苗床宽度很大程度上由灌溉设计确定。机耕道路 4～5m 宽，足以容纳卡车或拖车通过，有利于销售和运输期间装载放置在苗床生长的容器植物。

对于大容器或田间生长树木，微灌系统可高效分级供水、供肥。这些系统可给容器或田间种植植物根部直接供水。在特定时间里，微灌比顶部灌溉使用更少的水，因此更节水。微灌系统使用滴灌灌水器或立杆微喷头喷嘴供水。

第五节　灌溉系统设计注意事项

温室和苗圃灌溉通常设计为顶部喷灌或微灌。

一、顶部喷灌系统

灌溉系统设计对顶部喷灌系统的灌溉水利用率具有很大影响（Furuta，1978）。高效顶部喷灌系统必须设计为：①提供最佳喷头间距；②适宜工作压力；③整个灌溉面积的水量分布均匀；④提供同生长基质持水特性和植物需水特性相一致的水量；⑤能迅速排空灌溉管道中的水；⑥考虑了风和蒸发的影响。

除绞盘式喷灌机用于大田苗圃生产外，大部分苗圃采用固定式喷灌系统（也可能是移动式）。喷头布置形式包括正方形、三角形和长方形，选用全圆喷洒或扇形喷洒喷头。苗圃灌溉系统设计有许多方法。喷头和立管布置在苗床中间，喷头全圆喷洒频繁作业，其结果往往是水量分布不均匀。一般那些苗床边缘远离喷嘴的容器，需要更长的运行时间来接受充足的水量。这可能导致靠近喷头行位置的容器出现过量灌溉，栽培基质涝渍和营养物质过度流失。苗圃管理人员之所以使用苗床中心行布置喷灌系统，是因为他们要让植物在小拱棚或活动结构房中越冬，中心布置喷头系统可以在冬天灌溉这些越冬植物。夏季月份里，植物放置在房屋之间，仍采用同一系统灌溉（见图 22-18）。这种苗床中间布置的灌溉系统实用性强，但能量、水和养分利用效率低。

许多苗圃的高效顶部喷灌系统可能设计采用喷头四周布置，苗床地角布置 90°喷洒扇形喷头，沿地边布置 180°喷洒扇形喷头，取喷头布置间距等于喷头射程（Bilderback，2002b）。90°喷洒扇形喷头的流量必须大约是 180°喷头的一半，以确保两倍覆盖（见

图 22-19）。四周布置喷头系统的喷头和立管间距一般取 10~12m。使用换向喷头，通常能提供高均匀度喷洒，确保大部分水灌到容器里。喷洒半径必须等于喷头间距。这种四周布置的灌溉系统仅灌溉有作物的面积。与此相反，全圆灌溉系统为了灌溉地角，会将水喷洒到苗床以外，导致道路泥泞。

图 22-18　苗床中间布置喷灌设计

图 22-19　四周布置顶部喷灌设计

摇臂式喷头是苗圃容器植物灌溉广泛使用的喷头。通常用于苗圃的摇臂式喷头接口为 1/2in 或 3/4in，流量范围为 11.0~56.0L/min，工作压力为 210~345kPa。尽管齿轮驱动喷头主要为草坪灌溉而研发，但它们也可用于苗圃生产。容器种植用齿轮驱动喷头的流量和工作压力接近于摇臂式喷头。

其他类型喷头包括摆动洒水器、震荡喷头、快速旋转喷头、旋转喷头及旋转圆环喷头，工作压力范围从 140~410kPa。一些可以修改成正方形或长方形图形，但多数为圆形喷洒，可用于小面积灌溉及灌溉冬季有保暖设施内种植的植物。其主要缺点在于覆盖均匀度不够。通常情况下，大部分水接近于立杆周围，湿润区外围边缘水量分布少。还有小喷嘴固定式喷头，流量范围 2.3~53L/h。这些喷头的设计工作压力大约为 275kPa，间距 1.2~2m。

顶部喷灌（绞盘式喷灌机、固定式喷灌系统、中心支轴喷灌机）可用于大田苗圃生产。绞盘式喷灌机配套喷头的工作压力高达 410~585kPa，通常流量为 9.5~25.2L/s。水泵压力可达 760~1210kPa。还需要劳动力在各条机行道之间转移喷灌机。虽然该喷灌机具有较高灌溉水利用率，但它们除湿润所有田间面积外还会湿润田间以外的面积。固定式喷灌系统用喷头在 275~410kPa 压力下的流量为 0.4~1.3L/s。中心支轴式喷灌机的入口压力不大于 345kPa，并采用悬吊喷头。

二、微灌系统

微灌系统是灌溉田间大面积和容器生产区域最有效的方法。滴灌灌水器通常用于大田苗圃植物，微喷使用在大于 19L 的容器中。滴灌灌水器工作压力在 70~140kPa，流量在 1.9~7.6L/h。微喷可非常有效地给田间容器苗圃植物提供水分和养分。以比顶部喷灌更低的流量直接给植物根区或容器供水，从而节约用水。微喷仅仅需要工作压力 105~210kPa，提供 19~57L/h 流量，取决于选择什么样的灌水器。在那些需要铺设长滴灌管或田间地势不均匀的情况下，压力补偿滴头可以使水量分布均匀。

有一种叫"盆套盆"的种植系统是传统容器生产和田间生产的组合（见图22-20）。这种技术，植物种植盆放置在地里固定盆中。盆套盆地上种植及单盆地上种植技术也在不断发展中。为了减少在多风区容器被吹翻，地上容器栽培系统常使用线缆固定，使植物保持直立。大容器（大于19.0L）盆套盆和地上种植系统通常采用微喷灌溉，也有人使用顶部喷灌。

滴灌灌水器和微喷喷嘴直径远小于顶部喷灌喷嘴直径，昆虫、盐分或由于不清洁水质造成的海藻积累会引起喷嘴堵塞。当灌溉水源采用清洁井水、市政用水或充分过滤后的水时，沉积物一般不是问题。但是，即使干净的水，也建议配置网式过滤器。网式过滤器从120～200目（74～125μm）不等，要确保小颗粒杂质不堵塞喷嘴。大多数的水源采用地表水，如池塘或溪流，必须过滤后用于灌溉。地表水过滤器可采用砂石过滤器或叠片过滤器，或两者组合使用。假如水源含有大量泥沙，还需要离心过滤器。

图22-20　盆套盆种植系统

微灌的另一个优点是可通过灌溉系统将肥料精确施入。种植者可以提供营养物质到根区，如果能仔细监测施肥率，生产所产生的径流对环境影响微不足道。总水量太大和施肥浓度太高时，会出现水分及养分供应过量风险。为此，应该监测总养分供给和总水量，因为可溶性养分如氮素容易浸出到根部区域下方。在生长季节，应校准两次注肥系统。大多数国家要求安装防回流装置（如逆止阀）以确保肥料和其他化学品不被虹吸作用流进水源。

第六节　灌溉管理方法

常用两种灌溉管理方法：①传统法——仅当基质干旱时供水；②定时循环法——每天一个或多个时间给每个容器供应少量水。在温室灌溉中，定时循环灌溉也称为脉冲灌溉。温室种植者通常遵循传统灌溉方法，而苗圃种植者倾向于使用定时循环灌溉。研究和经验证明，相比于单日一次供水，每天分几个定时循环实施灌水能提高水分利用率和养分吸收效率（Fare等，1994）。同样，与等到植物干旱，需要灌溉时才灌相比，每日定时循环灌溉能使植物生长更好，因为大多数基质的有效水（PAW）低。没有先进技术，想准确监控PAW是非常困难的（请参阅本章后面的"定时循环灌溉实践"）。

一、传统灌溉

使用每天给苗圃容器浇一次水，在过去的二十年里变成标准栽培技术。这种方法通常有时间限制，用 $30\sim60$min 灌溉一个区块，每天给大多数苗圃灌水 $13\sim25$mm。然而，过度持续灌溉可能从容器中浸出水分和养分，可能会影响环境。

采用传统灌溉，在出现明显水分胁迫以前植物就需要灌溉。等到植物枯萎，水分胁迫已经发生了，生长已经减慢，在任何明显萎蔫发生之前就必须灌溉是非常重要的。然而，任何程度准确预测植物需要灌溉时间点是非常困难的。有经验的种植者或灌溉管理者通常使用多种指标来决定，包括花盆重量、基质湿度感觉、上一次灌水后的时间、天气条件和树叶的颜色等。

一些苗圃依然采用手动系统灌溉容器。另外，也常常采用根据设置的时间表，自动启动及关闭灌溉系统的计时器或电子定时控制器。灌水周期可以根据天气条件变化而实行季节性或周期性调整。利用电子定时控制器和计时器控制灌溉，可能会引起过多或过少浇水，取决于环境条件。有经验的种植者通常有凭直觉选择灌溉时间的能力。不过，更好的方式是在每天大部分时间里，保持容器里有良好的湿度水平。因此，每日灌一次的方法需要更新，将逐步被每日定时循环灌溉法所取代。

二、定时循环灌溉管理

定时循环灌溉，每天一次或多次给植物浇水，每次少量供水，补充基质含水量。其目标是在每天较长时间里保持良好的湿度水平，符合容器持水能而没有过多浇水。使用计时器或电子控制器时要确定灌水时间和灌水持续时间（以分钟为单位），以此提供水量。这种控制也可以升级为通过湿度传感器来指导灌溉。

在温室里，使用定时循环灌溉的优点是，相比于传统灌溉，植物生长一般更好且施肥率更低。例如，Morvant 等（1998）发现盆栽一品红采用定时循环灌溉，使用每天一次定时循环、增加了植株高度、直径和干重量。不幸的是在这些情况下可能造成植物生长非常旺盛，发展成易于断裂的弱茎。在这种情况下，在出售前两到四个星期，通过减少灌溉持续时间（强壮期），植物可以变粗壮。低施肥率施肥时，用硝态氮比铵态氮可提供更高含氮比例，采用大间距（或更高的光照强度）有助于防止苗生长弱。

在苗圃里，定时循环灌溉采用自动化灌溉控制器给育苗容器供水约 15min，然后换到下一个灌溉区灌溉。所有区域都灌一遍后，再次启动定时循环灌。通常需要三个定时循环周期，每次相隔 $1\sim2$h，满足植物每日需水量。根据采用每日定时循环浇水的种植者报道，灌溉用水总量可减少约 25%，节约水、养分及能量。定时循环灌溉也可减少苗圃必须拦截的定时循环灌溉水量。有几项研究已经证实，定时循环灌溉提高了灌溉和养分效率。这些研究将在"提高灌溉管理和效率"中讨论。

第七节 灌溉制度制定技术

利用传感器和其他水分测量方法，包括张力计、累积光量测定（光合有效辐射，

PAR)、低湿度环境中的饱和水气压差（VPD）测定、时域反射仪（TDR）、称重法等，可以更精确制定灌溉制度。植物蒸发时，张力计可测量土壤张力（负水势）或由于根系吸水引起的基质张力。当实际张力达到预设张力时，开始灌溉。在 PAR 系统中，当每隔一定时间光量总和到达预设数量时也需要灌溉。VPD 测量值可确定被蒸发及蒸腾作用扩散到周围空气的水分量，不同土壤类型要采用不同灌溉需求预测模型。称重法可以监测特定植物的水分蒸腾蒸发重量损失。当植物损失足够预设重量即可实施灌溉。当水补充到容器里，盆的重量恢复到设定值，灌溉停止。在基质里安装 TDR，可准确监测和控制灌溉活动（Murray 等，2001），它是基于基质介电常数变化来量化体积含水量变化的。TDR 传感器可以制造成与盆高匹配，并依特定基质校准。

遗憾的是，先进的灌溉技术并没有在户外种植的苗圃植物上广泛应用。盆栽树皮基质的颗粒粒径太粗，以至于张力计磁头不能与之保持良好接触。在大约 28kPa 时，张力计会失效。而在此点，大多数植物刚开始体验到水分胁迫。目前情况下，TDR 传感器成本不合算，也没有其他经济可行的技术，因为苗圃使用大量不同基质，和生长多于 300 种每日不同灌溉需求的品种。未来，苗圃和温室行业应采用自动化灌溉控制技术，将成为灌溉控制主流。目前，许多大学研究项目专注于自动化制定灌溉制度，以提高植物生长、节水及减少过度径流对环境的影响。

第八节　改善灌溉管理和效率

苗圃温室种植者有很多方法可以提高效率和灌溉用水的有效性。增加灌溉水利用率有几个优点，可以节约用水，减少灌溉径流量；也可减少营养损失，留住更多的养分在根区，供植物生长。提高灌溉用水效率可促进植物生长。

一、监测灌水均匀度和灌溉水利用率

大多数种植者在一个特定时间里（如 1h）给种植区域或容器采用顶部喷灌法灌溉。给特定面积上的实际供水量变化很大，取决于设计和喷头的适应性、喷头之间的叠加、沿着支管长度方向的水量和压力降、喷头喷嘴孔径磨损和环境条件（如蒸发和风）。能进入和保留在根区的水量依赖于其他因素如容器大小和布置间距、喷头均匀性、基质特性和来自植物冠层的干扰。

灌溉水利用率测定可用来评估种植区的潜在养分径流损失，提供改善灌溉管理相关的信息（Lea‐Cox 等，2001）。需要采集与记录的数据包括淋洗率（LF）、截流效率（IE）及潜在径流量（PR）（Ross 等，2001）。

淋洗率（LF）被定义为容器流出的水量除以灌进容器的水量（见图 22‐21）（McGinnis 等，2009；Owen 等，2009；Warren 和 Bilderback，2005；Yeager 等，2007）。LF 值不应超过 15%～20%。LF 是一个很有用的参数，因为它受基质持水率，灌水延续时间及灌水强度的综合影响。测量 LF 的方法可以从"苗圃植物干旱管理"一节中能找到（Lebude 和 Bilderback，2007）。要获得全系统准确的测试结果，应在每个种植区选择 5～10 种植物测试。根据测得的这些 LF 值，可以确定全系统均匀度。LF 平均值可用来衡量

这种植物的灌水延续时间是否合适，是否需要调整（见图 22 - 22）。种植区块上标志性植物的 LF 推荐值可用于其他品种。一年里最热时段的 LF 测试值可以用来估算要达到计划 LF 的最大灌水延续时间。

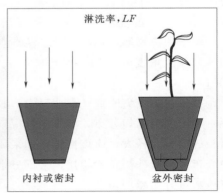

图 22 - 21　测定顶部灌溉淋洗率

图 22 - 22　淋洗率图解

　　在整个种植区域里选择 5～10 种试验植物，从灌溉系统里来获得更准确的结果。然后可以使用独特的 LF 值确定整个种植区域的灌溉均匀性。所有试验植物平均 LF 值确定是否灌溉持续时间适合于一批植物或需要调整（见图 22 - 22）。LF 被推荐为"指示器"的植物，能被应用于其他物种。在一年最热的时候测量 LF 可以提供一个估量，预估达到目标 LF 所需的最大灌溉持续时间。

　　拦截效率（IE）用来衡量顶部喷灌有多少灌溉水被容器截留。IE 通常以供水百分比来表示，但是理论上依据面积比来计算。IE 被定义为容器顶部表面面积除以分配给单个容器的地面面积，以百分比值来表示。也就是顶部喷灌供水，容器分开布置，进入容器水的百分比（见图 22 - 23）。如果在容器中安装一个微喷头，所有供水都进入容器，这时 IE 是 100％。容器以外区域顶部喷灌灌水百分比为 100％ 减去 IE。供水总量可以从流量表读数获得，也可用喷嘴平均流量×喷嘴数量×工作时间获得，或通过计算灌水深×种植面积（容器面积）获得。很多分开布置容器的拦截效率小于 50％。较大容器（大于 19L）的 IE 会低于 25％，因为间距要与大树的树冠匹配。因此，知道顶部喷灌效率大小很重要，可以相应调整灌溉制度和养分管理措施。

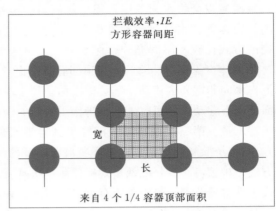

图 22 - 23　拦截效率图解

　　实际上，植物树冠既会截获灌溉水也会排开灌溉水，所以容器截获水的百分比可能接近于理论数值。目前尚无准确确定大体积植物 IE 的参数。

　　潜在径流（PR）是指从苗床流失的水占供水总量的百分比。根据下列公式从 LF 和

IE 数据很容易计算潜在径流 *PR*：

$$潜在径流(体积)=供水总量×[(1.00-IE)+(IE×LF)] \qquad (22-1)$$
$$潜在径流(\%)=供水总量×[(1.00\%-IE\%)-(IE\%×LF\%)]×100 \qquad (22-2)$$

式中　*IE*——拦截效率；

　　　LF——淋洗率。

对于顶部喷灌，*PR* 由通过容器渗出的水加上没有被容器截获的水组成。从潜在水分和养分径流角度看，*PR* 小于 32% 表示风险低，高于 58% 表示风险高（Lea-Cox 等，2001）。

如果在测量 *LF* 或 *IE* 过程中，收集到的水量差别太大，种植者应检查立管和喷嘴等。为了灌溉均匀分布，灌溉立杆应该垂直于地面。如果喷嘴孔径出现不规则形状或比新喷头的喷嘴孔径大，应该换掉。如果风力造成水分布不均，应考虑建防风林。喷头在苗床中心布置与沿外侧布置相比，大部分水会落在矩形苗床中心。沿支管方向喷头布置越近，整体水量分布越均匀。

灌溉水利用率可通过从容器中移除植物，观察基质水分均匀性看出。如果灌水充分，容器根区应该没有干燥部位，水应该湿润整个容器。如果水已开始从容器排出后还继续灌溉，肥料将析出，径流水带走的营养高。大多数灌到干旱植物水分充足为止。如果供水均匀，灌溉持续时间较短，水被保持在容器中，径流较少。

二、定时循环灌溉

定时循环灌溉是指将日灌溉需水分几次定时循环灌入，而不是每天一次灌完。定时循环灌溉已被证明可提高灌溉用水效率，减少养分流失，减少必须拦截的循环利用水体积（Fare 等，1994）。

单次灌溉会将水向下压，很少能侧向润湿基质。而多次小流量灌溉，水在基质里有很好的侧向运动。水分运动不受重力支配。定时循环灌溉湿润锋向下运动通过根区，与一次灌完的方式比较，湿润充分，保水量大。第一个循环灌后，润湿锋向下运动距离通常不会超过几英寸（见图 22-24）。当顶部灌溉停止时，向下形成自由水通道。然而，在毛细管作用下，水向非饱和区流动，继续横向移动到小颗粒间的小空隙。第二个循环的湿润锋沿土壤剖面更向下移动，结束时，毛细管作用引起的横向水分扩散使得湿润锋内基质充分湿润，增加了持水量。第三次循环将湿润锋推到容器底部，导致 *LF* 小于 0.2（小于 20% 的灌溉供水）。与传统灌溉相比，定时循环灌水方法下的淋洗和径流要小很多。采用这种节约用水管理方式，种植者至少每隔两星期应监测一次基质 *EC* 值，每个定时循环灌溉区域选两个或三个代表性容器监测，确定是否有过多可溶性盐积累，因为定时循环灌溉下的淋洗有限。

从几个研究结果来看，定时循环灌溉的节水和节约养分效果明显（Lamack 和 Niemiera，1993；Tyler 等，1996a、1996b；Groves 等，1998a、1998b；Fare 等，1994）。例如，Tyler 等（1996a）研究表明，微喷条件下，一次灌完方式与两个、三个或六个定时循环灌溉比，定时循环灌溉的灌溉水利用率提高 38%。Groves 等（1998b）发现定时循环灌溉的灌水效率取决于灌水量和种什么植物。使用微喷，以 200~1200mL/d 的水为枸子属植物灌溉，整个生长季节的灌溉水利用率为 48%~95%。以同样的灌水量为金花菊灌

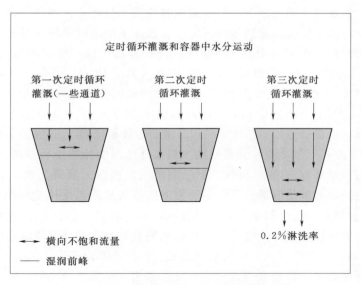

图 22-24　种植容器定时循环灌溉湿润锋示意图

溉，效率介于 51%～100%。这项研究进一步表明，能达到 90% 的最大增长，在灌溉用水量可减少 40% 的情况下，生长量最大可达 90%。Tyler 等（1996b）研究表明，定时循环灌溉的灌溉用水量可减少 44%，容器排出液会可减少 63%。养分淋失直接与灌溉水量相关。灌溉水量减少 44%，排出液中的硝态氮（NO_3）、氨（NH_4）和磷（P）含量，分别会减少 66%、62% 和 57%。供水减少 44% 导致植物干重减少 10%。Fare 等（1994）研究表明，定时循环顶部喷灌比一次灌完的淋出量可降低 54%。这项研究还发现，以控释肥（17-7-12）供应 N，在生长期间采用一次灌完法灌溉，结果发现施用氮的 63% 以 NO_3 从排出液损失，而定时循环灌溉中只有 46% 排出。

三、灌溉制度

灌溉制度的目标是保持植物适宜水分状况，使植物生长最优，同时尽量减少径流。因为园林植物的商业价值一般由树冠大小和外形是否美观决定，大多数种植者专注于使植物最大限度地生长。根据苗圃植物当前认为最好的管理技术，灌溉应发生在清晨（上午 10 点以前）。这个时段灌溉减少了风对灌溉的影响，灌溉水蒸发最小，可避免中断种植区工作（Yeageret 等，1997）。据阿拉巴马州苗圃最近一项调查，大部分苗圃（大于 60%）都以此实施灌溉（Fain 等，2000）。然而，新近研究表明，如果在一天的晚些时候实施灌溉，此时空气、根系温度及植物水分胁迫最大，植物对灌溉响应更好。

最近的研究证实下午灌溉确实有好处。Keever 与 Cobb（1985）的研究验证了灌溉制度对植物生长的影响。他们的报告称，下午 1 点顶部灌溉一次或拆成上午 10 点和下午 3 点各灌一次，与下午 4 点灌一次相比可有效降低基质和树冠温度，增强杜鹃的顶部和根系生长。尽管灌溉的最佳时机并未确定，但 Keever 与 Cobb 的研究结果表明合理选择灌溉时间的重要性（例如，在最高气温发生时间前 2～4 小时灌或每天分几次灌溉）。与此类似，Beeson（1992）对四种木本观赏植物实施灌溉，白天灌溉与清晨灌溉（上午 6 点）相比，前者植物生长量多。因为白天灌溉可减少日积累水分胁迫，增强植物生长。

另外两个针对枸子属植物做的连续研究，比较了三个定时循环灌溉处理，黎明前到上午、下午或全天。每一个循环处理都采用在3.8L容器中插一个微喷实施灌溉（Warren与Bilderback，2002）。第一个研究中，下午灌溉（中午12点、下午3点及下午7点）与比清晨灌溉（凌晨3点、早上5点和早上7点）的植物生长量增加了57％。清晨灌溉时植物生长量最小。第二个研究中，下午灌溉（中午12点、下午3点和下午7）的植物生长量比清晨灌溉（凌晨2点、4点及6点）的植物生长量增加了69％。全天浇水三次（凌晨6点、中午12点和下午6点）比黎明前灌溉循环灌溉的植物生长量增长了51％。早上浇水三次比黎明前循环灌溉增长34％。下午灌溉三次或白天灌溉三次，容器基质温度明显低于三个清晨循环灌溉的容器。下午循环灌溉的容器基质温度比凌晨循环灌溉的低2～3℃。植物生长量的差异与生长季节的水分胁迫有关。例如，上午11点起到下午实施的三个循环灌溉及全天循环灌溉的光合作用率，比黎明前和上午循环灌溉的高出47％。下午4点30分开始灌溉比凌晨灌溉和上午灌溉下的光合作用率高出86％。

鉴于上述研究结果，种植者应该注意到夏季采用下午循环灌溉的好处。然而，有两点要特别注意。首先，午后频繁降雨地区安装雨量传感器避免过量灌溉很重要。夜晚及晚间气温下降湿度增加之前，如果植物叶面无机会干燥，则得病率会增加。第二，白天灌溉增加水分蒸发，使得径流小，回收再利用水少。因此，如果一个苗圃水资源有限，白天灌溉循环是不可取的。

四、植物分组布置，提高灌溉水利用率

在可能的情况下，根据容器大小、基质类型和植物需水情况对植物进行分组布置。有类似需水要求的植物品种布置在一起灌溉，可提高植物生长和节约用水（Bilderback，2002b）。然而，整个植物需水量既取决于灌溉频率，也取决于灌溉水量。苗圃植物生长在许多大小不同的容器里，较大的植物常比幼小的植物生长缓慢。一些快速增长的植物种类生长在最小的容器里，因此，灌溉频率可能比其实际所需水量更重要。在大多数情况下，最后一个灌水循环要灌到整个基质湿透，直至出现有限淋洗为止。因此，相同灌溉制度下不同大小的容器不应该放在一组，否则在较大容器接受足够水分以前小容器已经饱和很长时间。同样，在相同灌溉制度下，生长在基质容器中的植物，有不同的持水和排水能力，也不能放置在一起。杜鹃科类植物（如杜鹃）、杜鹃花属和山茶花通常种植在混合泥炭土上，可能需要更小的灌溉频率。从其他苗圃移来的植物和种植在不同基质里的植物也需要单独安排灌溉区。

当一种植物大量栽培时，如刺柏或冬青树生长在同样大小的容器，每个品种的栽培容器大小差不多，可以归入一个灌溉区。如何将不同类型的植物分组，以达到最佳灌溉更具挑战性。从相关文献和出版物上可发现那些景观植物的耐旱性类似（Yeager等，1997）。这些分组可以用来区别苗圃植物的灌溉需求。一般，拥有较厚蜡质角质层或厚肉质叶的植物可以组合在一起，这些植物的灌溉频率需求低于薄肉质叶植物。相对于阔叶常青树，落叶植物在生长季节里通常需要更多的水而休眠期用水少。通常，大多数针叶树需要的灌溉频率比阔叶常青树或落叶植物小。花坛植物在其活跃生长期的灌水频率需求最大。一年快速生长的肉质植物，常常种植在小容器中。多年生植物与花坛植物经常放在一个区灌溉。

在这种情况下，多年生植物常常灌溉过量，因为大多数多年生植物的需水要求低，生长缓慢。需水需肥量大的植物应放置于远离水体的最远点，以降低对附近池塘、溪流或排水渠（Yeager 等，1997）的污染风险。容器装运后苗床空闲，应在立杆上安装灌溉截止阀，以保护水源并减少径流。

五、管理、截留径流

许多苗圃截留、容纳和回收径流水，以保护水源和防止地表水污染地下水。苗圃的目标应该是让小径流尽可能留下（Yeager 等，1997）。应尽最大可能使所有灌溉径流和降水径流再循环利用。

美国农业部自然资源保护局（NRCS）出版的保护措施手册（USDA – NRCS，n. d.）提供了几种灌溉保护建筑物的标准，如截留、沉淀和尾水收集建筑物。排水收集设施设计应考虑是否灌溉区域内的暴雨排入，一般取决于地方或州政府规定的初始暴雨径流。虽然大多数苗圃生产区域设计成径流可回收，但苗圃种植者还必须制订计划，根据地形图规划如何处理初始暴雨后的大量雨水。苗圃里大面积的不透水表面，增加了必须要处理的雨水量。要设法降低汇水流速，引导雨水通过草地水道、生物滞留池、营养缓冲区、人工湿地或其他景观坡面流处理设施等。水道里的植被也有沉淀功能。草坪水道和过滤带要设计成能使水漫流进出，防止侵蚀（见图 22 - 25）。

图 22 - 25 草坪过滤区和储水池

为了保护地下水和改善灌溉径流截留利用，沙质种植床和排水渠要铺设塑料防渗膜以防止沉淀物和养分流失。黏土条件下，压实苗床和衬砌排水渠可减少淤塞，增加灌溉时返回到蓄水装置水量百分比。混凝土渠或塑料防渗排水渠能减少对种植邻近区域的侵蚀，但可能增加径流水的速度。如衬砌段坡度陡，可通过在水平分水结构内种植被、渠道里种植被或填放卵石来减缓水的运动，减少侵蚀，并允许溶解物质沉淀并进入回水系统。排水渠中及渠道出口处种植永久植被（如高羊茅草或水生植物）可在径流返回到灌溉供水系统之前截获流失的有机质、排放固体、土壤、养分及径流中的其他溶解污染物。

六、干旱条件下的灌溉管理

在过去十年里，干旱情况已经引起苗圃植物生产者极大关注。如果没有灌溉，种植者的所有容器植物有可能会全部损失掉（LeBude 和 Bilderback，2007）。田间生产时，新种植植物应该优先灌溉。在第一年种植中，如果不能实施频繁灌溉，植物可能遭受重大损失，而实施完好区域的植物，其生长只在一段时间内有损失。不管哪种生产方法，基于潜在效益，应优先灌溉苗圃植物。如果缺水，不应灌溉效益无保障或易亏损的植物。但专利产品或昂贵扦插苗要灌溉。将要被更新的植物应停止灌溉。

七、使用灌溉保护苗圃植物越冬

为了保护植物健康越冬，种植者的第一要务是在冷锋到来之前灌溉植物。这可能是对冬天常绿大田苗木保护的唯一合理方法。当天气预报预告冷峰将引起冰冻时，苗圃植物生产者应实施灌溉，然后排空系统。这种做法可到达两个目标。首先，它可充分湿润植物，所有树叶含水量最高，在根部不能吸收水分时尽可能长时间的抵抗寒冷温度下的干燥。第二，如果容器灌水到田间持水量，当温度降到冻点、结冰出现时会释放热量，使得植物根系能很好地应对根区温度快速下降。

把容器紧密摆放在一个区域，是许多苗圃常见的越冬保护技术，但也有一些种植者选择不移动花盆（Bilderback，2002a）。在深秋移动容器在一起和在春天展开是劳动密集型工作，花费可高达 10％～12％ 的苗圃年预算。替代方法是使用遮阳布或在原位置采用冬季保护毛毯覆盖。如果手动操作灌溉阀，为冬天保护灌溉植物应限于寒冷期出现之前，同排水系统一样从而避免水管冻裂。偶尔在晚秋或者早春，当气温降至 0℃，让水持续喷洒，直到第二天早上温度上升到冰点以上为止，可以保护嫩枝生长。

图 22-26 近年来采用无定型越冬毯或遮阳加灌溉来保护植物越冬。在越冬毯或 75％～80％ 遮阳布覆盖物上灌溉，再覆盖一层薄冰。一些种植者在 0～2.8℃ 时用循环灌溉法灌水，排空立杆处安装有阀门

另一个冬天保护措施是在冷锋接近前给种植区覆盖遮阳布或轻质保护织物灌水，使整个容器区域覆盖物上形成冰层（见图 22-26）。有风时，当温度接近 2～4℃ 开启灌水，或在无风情况下 0℃ 开启。带有温度传感的自动控制阀门使这项灌水任务更容易。当冷空气前峰接近时或寒冷天气临近时，采用循环灌溉法形成冰层覆盖种植区上。利用两个或三个短灌溉循环（每隔 5～15min），可以产生冰层覆盖物。这种情况下，低流量灌水比较好，可以减少径流。遮阳布完全覆盖了冰层时关闭灌溉系统，并排干支管。灌溉水滴不能太大，否则会穿过遮阳布而不能在表面冻结。在这种系统里，齿轮驱动喷嘴不起作用。应采用 3mm 喷嘴，25 号摇臂喷头，工作压力 275～345kPa，12m×12m 间距布置，喷灌强度 3.6mm/h。这样可产生令人满意的冰层覆盖遮阳布。采用小流量和足够高压的小喷嘴，可以喷洒快速

冻冰的小水滴。种植者似乎更喜欢采用轻便覆盖物覆盖，如用56.7g的白色聚乙烯越冬毯或75％～80％遮阳布。新遮阳布料必须暴露于阳光下至少两个星期，经过风化或可能用清洁剂洗涤移除油性膜片。否则，灌溉水不会冻结在材料上，会引起植物受损。

虽然种植者可能想要尝试做冬季保护技术替代实验，但应首先考虑惯用的当地方法。没有两个冬天是相同的，因此，苗圃经营者必须不断地检查植物材料条件，凭直觉减少冬季损失。在寒冷季节里，保持基质水分及经常检查 EC 水平最重要，以减少苗木冻害和损失。

第九节　供水和水质

对于苗圃和温室植物生产，供应充足的优质水极其重要。温室及保护地苗圃栽培条件下，容器种植主要用树皮为主的基质，生长季节的大部分时间每天都需要灌溉。这种频繁灌溉需要仔细做好规划及管理，以保证提供足够用水，保持植物正常生长。另外，许多容器种植苗圃都应拦截、回收利用灌溉水，以便保护环境及为植物生长提供充足的灌溉水。需要提供高质量的水，以避免堵塞喷嘴、污染叶子和容器、基质积累过多盐分和不合理的pH值。含铁和碳酸氢盐的水在使用前经常需要预处理。沉淀物必须从水中过滤以防止磨损和堵塞灌溉系统。

为了改善循环水质量，苗圃可以采用各种景观设施，包括营养缓冲区、草皮滑道、低流速收集构筑物、过滤器和输送径流到收集区的设施等。要在灌溉再生水利用苗圃中安装消毒设施。

一、灌溉水供应

温室生产需要大量的水用来灌溉，大约为每天 $20L/m^2$ （Bailey 等，1999）。$0.4hm^2$ 温室每天灌溉用水大约为 $80m^3$。

夏季用于蒸发降温用水可极大地提高总用水量。在适宜蒸发条件下，当温室里湿帘风机降温系统的风机排汽能力为 $28m^3/min$ 时，排出水量为0.17L，对应的温室单位面积需水量 $180L/(min \cdot hm^2)$。蒸发率随温度和相对湿度急剧变化。平均起来，温室降温需水可达到 $104L/(min \cdot hm^2)$。如果每天使用湿帘风机降温12h，降温需水量将大约为 $76m^3/(hm^2 \cdot d)$ （Bailey 等，1999）。

大多数种植在4～19L容器里的苗圃植物采用顶部喷灌。单喷头喷嘴流量约在15～26L/min。苗圃容器栽培时，设计中30d最少需水量为 $257m^3/hm^2$ （1ac-in）（Bilderback，2002b）。另一个常见指标（Furuta，1978）为每公顷苗木年用水量为15000～30000 m^3/hm^2。假如容器种植区以 1ac-in/d 强度灌溉163d，每年大约需要 $42580m^3/hm^2$ （4.5million gal/ac）。这相当于 $43166m^3/hm^2$ （14 ac-ft per acre）苗木用水。因此，出于规划目的，$43166m^3/hm^2$ 可为育苗生产提供充足用水。在实际生产中，苗圃可能仅需此定额的一半，使用正方形灌溉设计，能减少日灌溉需求到 $129m^3/hm^2$ （0.5ac-in），比每天 $257m^3/hm^2$ （1ac-in）低效率系统节水的多。此外，从降雨、径流、水井、或溪流来的补充水量可以减少蓄水需求。

地表水蓄水是大多数容器苗圃的主要灌溉水来源。水井通常用于给蓄水池充水（稀释/清新）。蓄水池蓄水体积可以由水池的平均宽度、长度和深度相乘进行估计，假设每日1.3cm（0.5in）的水被应用到 0.4hm²（1ac）苗圃生产区，存储容量除以 128m³/hm²（13500gal/ac）提供了一个每 0.4hm²（1ac）从蓄水池供应水的近似灌溉天数。生产区域面积公顷数除以灌溉一公顷所需的天数，提供了一个估计的、可用于灌溉整个苗圃天数。这种计算不考虑从水池里蒸发和所有其他损失的水，但对于规划目标很有用。

二、循环利用水的消毒处理

许多大规模苗圃的截留和定时循环灌溉产生的径流可为容器栽培植物提供足够的水。然而，回收的灌溉水可能导致致病性真菌产生，如腐真菌、疫真菌和其他可能的疾病。回收水还包含支持微生物生长的营养盐分。因此，许多苗圃安装灌溉水消毒系统可以去除藻类、铁细菌和可能带来植物或灌溉系统问题的其他生物。

最常见的消毒系统是液态或气态的加氯消毒系统。其他类型的消毒系统包括溴化处理（主要为育苗繁殖）、铜离子发生器、过氧化氢、紫外线光灯和臭氧。所有这些消毒技术要求相对干净的水方为有效。因此对于顶部喷灌系统，采用网式或叠片过滤器进行预处理是非常必要的。低流量滴灌系统通常采用沙介质过滤器。是否在加氯消毒设备前后各需要一个过滤器移除自由漂浮碎片，取决于灌溉供水中有机物质数量。

氯通常用作消毒剂和氧化剂。氯氧化二价铁（Fe^{2+}）成三价铁（Fe^{3+}）。作为一种消毒剂，氯气能杀死供水中的藻类、细菌和其他微生物。氯化作用还消除了铁细菌的能量来源。如果大量的藻类存在于灌溉水中，过滤器必须后处理以移除可能堵塞灌溉喷嘴的杂物。

将氯注入现有灌溉系统，需要做一些改装，在灌溉系统的水泵出水口附近安装逆止阀。若要使氯化有效，氯气同灌溉用水要有足够的接触时间，大约每分钟以 0.5ppm（mg/L）注入活性氯。需要通过储罐、搅拌罐或灌溉管路中的特殊回路完成。为了减少所需氯的含量，在注入氯之前应将有机残留物过滤器掉。通常安装砂石过滤器过滤。采用两个以上砂石过滤罐，一个过滤罐反冲洗时，另一个仍能正常过滤。

氯气由高压气瓶注入。气体比液体更为有效，但非常危险。如要大量存储气罐，附近社区应该有告知及疏散计划。最大的危险发生在更换气瓶时，特别是当气瓶被放置在建筑物里。最好用带顶、带锁的铁丝笼屋储存，以减少换罐时人与氯气可能的接触机会（见图 22-27）。使用气态氯时，员工培训和安全说明必不可少。

液态氯注入是较安全的方法。液氯（16%的次氯酸钠）通常以 190L 桶装购买。应该采用不同速率注入，因为随着时间推移，16%的次氯酸钠容易降低强度，必须增加注入速率。

图 22-27 金属丝网围住的氯气钢瓶

可采用游泳池氯监测组件在灌溉管道末端或喷头立杆处检查游离氯。如果测试样品变成略带粉红色，表明浓度在 1～3ppm（mg/L），表明已经注入足够的氯。

最近，环保署（EPA）和食品药物管理局（FDA）批准采用二氧化氯（ClO_2）对水消毒。ClO_2 已成功地用于味道和气味控制、褪色和无机化合物如铁、锰或含硫化合物的氧化，改进饮用水的感官质量。人们对采用其他消毒方法代替常规氯消毒的兴趣正在增长。相比氯气，ClO_2 功效更大，尤其在较高 pH 值时，因此越来越多用于消毒。ClO_2 可以由气体或液体生产。酸-亚氯酸盐生成器，不断生成并注入 ClO_2 进入水流。加药式比例泵将化学药品添加到反应室，反应室剂量直接进入水流。这种技术的优势是没有可降解高浓度 ClO_2 的中间储存器。酸-亚氯酸盐生成器连续工作。中间存储罐大约 200～500L，罐内 ClO_2 溶液浓度大约为 5ppm（5mg/L）。由水位控制这个罐，低水位时开启产气过程，到达高水位时停止。

计量泵抽取储存罐里的 ClO_2 溶液，注入管道水中。这种技术的缺点是存储罐中有气体空间，会导致 ClO_2 分解和损失。存有大量 ClO_2 浓缩液也会引起安全问题。关于与 ClO_2 有关的更多信息，参见 EPA 有关资料（2000）。

所有亚氯酸盐/二氧化氯的用户都应该与产品供应商讨论施用方案。有丰富经验的厂家能为决定施用方案提高帮助。

三、水质

灌溉水质的好坏对温室和苗圃生产至关重要，因为水中杂质可能覆盖叶面、减缓植物生长，并降低可销售植物的价值。许多无土栽培基质缺乏类似土壤的缓冲能力，因此碱性水对有机盆栽基质中营养物质的有效性影响很大。不好的水质可能会导致基质里过高的盐分积累和极高的 pH 值、营养吸收有问题、灌溉设备出现污垢并有藻类生长。此外，泥沙、铁离子及碳酸氢盐含量高会堵塞微灌灌水器。因此，苗圃和温室生产者应定期监测灌溉水源的电导率（EC）、pH 值和营养成分的含量。表 22-1 列出了作为苗圃灌溉用水的最重要水质因素。如果某个因素的测试结果高于表中上限，并不意味着这种水源不能用而要采取处理措施，改变管理措施或改变施肥程序可能会解决问题。

表 22-1　　　　　　　　　　　　灌 溉 水 质 标 准

质量因子	灌溉水[*]（BMPs）	基质析出[†]（流出-通过）	植物组织[‡]
pH 值	5.4～6.8	5.2～6.3	—
导电性	0.2～2.0mmhos/cm（ds/m）	0.5～2.0mmhos/cm（ds/m）	—
总溶解盐	<1000ppm	<1400ppm	—
碳酸氢盐	<100ppm 或<2meq/l	—	—
含碱量	<2meq/l	—	—
碳酸盐＋碳酸氢盐	<100ppmCaCO3	—	—
注：1meq＝50ppm			
TC	<2meq/l	—	—
硬度	150ppm 或<3meq/l（Ca＋Mg）	—	—
SAR	<10meq/l	—	—

质量因子	灌溉水 *（BMPs）	基质析出†（流出–通过）	植物组织‡
Na	＜3meq/l 或 50ppm	＜50ppm	0.01～0.1ppm
氯化物	＜70ppm	＜70ppm	—
N		25～150ppm	2.0%～3.5%
NO_3 – N	＜10ppm	50ppm	—
NH_4 – N	1～2ppm	50ppm	—
P	＜1ppm	1～5ppm	0.2%～0.5%
K	＜10ppm	＜100ppm	1.1%～2.0%
Ca	＜60ppm	40～200ppm	1.0%～2.0%
Mg	＜6～24ppm	10～50ppm	0.3%～0.8%
S	＜24ppm	75～125ppm	0.2%～0.7%
Fe	0.2～4.0ppm	0.3～3.0ppm	35～250ppm
Mn	＜0.5～2.0ppm	0.02～3.0ppm	50～200ppm
Zn	＜0.3ppm	0.3～3.0ppm	20～200ppm
Cu	＜0.2ppm	0.01～0.5ppm	6～25ppm
B	＜0.5ppm	0.5～3.0ppm	6～75ppm
Mo	＜0.1ppm	0.0～1.0ppm	0.1～2.0ppm
Al	0.05～0.5ppm	0.0～3.0ppm	＜300.0ppm
F	＜1.0ppm		

* 通常不需要进行水处理。

† 推荐基质析出液浓度。看下面章节"监测基质析出液 EC 和 pH 值。"

‡ 叶子组织样本中的要求浓度。

四、灌溉水的 pH 值和碱度

灌溉水的 pH 值和容器生产基质溶液 pH 值的推荐值范围取决于种植植物种类（见表 22-1）。灌溉用水普遍能接受的 pH 值范围是 5.4～6.8，基质溶液是 5.2～6.3。如果基质和灌溉水 pH 值高于 6.8，微量元素如铁、锰、锌、铜、硼的有效性及未来植物的生长可能大大削弱。高 pH 值的水会导致肥料罐中盐沉淀，也可能减少农药的功效。为了苗圃容器正常生产，若水中 pH 值和碱度太高，有必要对灌溉水进行酸化处理。碱度被定义为溶液中的碳酸根（CO_3^{2-}）和碳酸氢根（HCO_3^-）离子总和。全球都可能有高碱性水。

含有碳酸盐和碳酸氢盐浓度高达 2.0meq（100ppm）以上的水可能需要酸化处理。然而，灌溉水碱度的某个值是否是问题，取决于植物的生长时间、容器大小和植物种类。介质碱性高导致 pH 值高对于许多苗床栽培植物来说不是问题，因为生育期短。然而，对于长期生长的容器植物和切花植物，pH 值增加将是问题。虽然平台里扦插生长是短时间，因为是小容器容积，它们对高 pH 值是特别敏感的。如果扦插苗只在容器里种植很短时间，它们对高 pH 值很敏感，因为容器体积小。最后，一些植物如杜鹃花（杜鹃）或蓝色绣球花（绣球花属植物）需要基质的 pH 值低，因为在高碱度水情况下很难生产。碱度太高随时会导致介质 pH 值上升到不能接受的水平。

酸化减少了水中这些离子的数量，导致形成二氧化碳和水。硫酸（H_2SO_4）、磷酸（H_3PO_4）、硝酸（H_2NO_3）、或柠檬酸（$H_3C_6H_5O_7$）是常被注入的几种酸。除了成本、易施用性和对植物养分吸收的影响之外，安全性是选用哪种酸的决定因素。相比之下，67％的硝酸、75％柠檬酸、磷酸和 35％ 的硫酸施用起来相对安全。硝酸具有很强的腐蚀性，对于暴露组织可以导致严重损伤，特别是眼睛。硝酸在操作的时候可能冒烟，需要预防措施以避免吸入烟雾。有关灌溉水酸处理详细信息，请参见北卡罗来纳州州立大学推广站出版的《园艺信息手册》（N. C. State Univ. Coop. Ext.，n. d.）。

有几种栽培技术可以把 pH 值控制在低到中等水平。使用自有混合介质的种植者可以添加少许石灰到介质中。使用碱性肥料的种植者，比如硝酸钙、硝酸钾，水中的 pH 值和碱度可以控制到推荐范围的低值，以防止在生产过程中介质的 pH 值上升到不能接受的水平。使用酸性肥料的种植者，灌溉水的 pH 值和碱度可以取用推荐范围的中到高值，尤其在夏季。

种植者可以交替施用酸性、碱性肥。许多预混合肥料的铵盐水平相对较高，是酸性肥，可以施用硝基肥。另外，种植者可以自己混合硝酸钾和硝酸钙，制成碱性肥。不幸的是，在某些情况下，施用高铵基盐肥料不可行，限制了种植者通过肥料选择来控制 pH 值。当介质温度低于 13℃时不应使用高铵盐肥料，因为由介质中硝化细菌从铵盐到硝酸盐转换进展缓慢。铵盐也可以引起过快增长，可能抵消一些植物高度控制措施。

五、电导率

溶液的电导率（EC）反映的是溶液的总溶解盐含量（TDS）。高浓度的盐分导致渗透势能高，降低植物水分吸收和增加有害离子吸收。这会带来各种问题，如植物凋萎、生长迟缓、叶缘坏死等。幼苗往往比其他植物对高盐分更敏感，所以对于扦插幼苗生产和育苗繁殖，EC 监测更重要。

水传导电流的能力同溶解盐的浓度直接相关。纯净水是相对较弱的导电体，反之，盐水有较好的导电性。越大的 EC 值，溶液中存在越大的总溶解盐类。EC 通常以 mmhos/cm（毫欧姆/厘米）或 dS/m（分西门子/米）为单位来表示，数值上是相等的。国际单位制中 dS/m 最常用。灌溉水的理想 EC 为：幼苗，0.75dS/m；温室植物，小于 1.5dS/m；苗圃植物，小于 2.0dS/m。虽然 EC 值是可溶解盐指标，但不能反映溶液中有哪些离子，每种离子的浓度也不知道。夏季月份的灌溉水 EC 值适度高一点（0.75dS/m），表明可能存在氮或其他营养盐物质。在干旱条件下，供应水中的硫酸盐和氯化物浓度要比必需的营养素浓度高。只有依赖于实验室分析结果，才能制定合理的管理措施。

六、栽培容器排出液电导率和 pH 监测

监测容器排出液可以帮助种植者采取措施，减少在可见症状出现前由于高 EC 值可能对根部造成的损害。一些苗圃和温室每周都监测 EC 值，以确定下一周每个区域该如何灌溉或施肥。

在苗圃植物生产过程中，如果排出液 EC 值升高，下周就应该提供更多的水来淋洗盐

分。如果 EC 值低，下周灌水量将减少。南方苗圃协会（Southern Nursery Association）为容器生长植物提供的最佳管理指南（Yeager 等，1997）建议种植者至少每个月监测一次 EC 值。对于温室生产，如果 EC 值太高，种植者可以淋洗盐分或减少肥料注入率。如果 EC 值太低，可以增加注肥率。监测到的 EC 值数据，对种植者发现可能引起过高或过低的施肥程序及发现植物生长问题很有价值。频繁监测可使种植者制定合理的管理决策。频繁监测能提高数据质量，及时发现生产问题。

使用浸提工艺可测出养分浓度、pH 值和电导率（Wright 等，1986）。做法是倒入足够的水分到基质表面，大约灌入 30min 到 2h 后从容器中收集大约 60mL 淋洗液，收集从容器底部的排出物（见图 22-28）。也可灌入 30min 到 2h 后，收集从容器上滴出的溶液。苗圃最佳管理措施手册建议，对于控释肥（CRFs）EC 值最低水平范围为 $0.2\sim0.5dS/m$，液体肥料或者控释肥和液体肥的组合的最低 EC 值为 $0.5\sim1.0dS/m$。

图 22-28　倒入取出

大多数生长在松树皮基质中的植物，最大 EC 值不应超过 $2.0dS/m$。对于大多数温室植物，小于 $2.6dS/m$ 被认为是低水平；$2.6\sim4.6dS/m$ 为正常水平；大于 $4.6dS/m$ 高水平。EC 大于 $7.8dS/m$ 通常会导致植物快速损伤，所以必须快速淋洗。

为了检测排出溶液，种植者需要购买 pH 值和电导率仪。便宜的玻璃电极 pH 值笔和电导率笔就可提供准确的检测结果，可以减少数千美元的植物损失。每个种植季节至少提供一次排出液给实验室作分析，以确定容器里实际的营养水平。排出液分析和植物组织分析是最好的诊断步骤，以确定营养是否失调。还有其他方法，如 1∶2 基质法、水稀释法、压力测试法及饱和介质提取法均可采用。温室生产尤其需要测定确定基质的 EC 值、pH 值和营养状况。

七、钠吸附比

温室和苗圃植物钠需求很小。钠吸附比（SAR）是一个计算值，该值显示钠的浓度与钙和镁离子浓度的比值。SAR 值在 4 以上的灌溉水可能导致根系钠（Na）吸收中毒。钠含量大于 3meq/L 的灌溉水不应用于采用顶部喷灌模式的观赏植物和温室植物，因为敏感品中叶面吸收的钠会导致中毒。无论是根系吸收钠或叶面吸收钠，钠中毒都表现为老叶子边缘叶面烧伤。灌溉用水中高钠浓度危害可以通过添加钙（Ca）来部分阻止。采用替代水源来稀释 Na 是另一种方法，可减少供水中高钠问题。用式（22-3）计算灌溉水的 SAR 近似值，钠、钙、镁（Mg）的浓度采用 meq/L：

$$SAR = \frac{Na}{\sqrt{\dfrac{Ca+Mg}{2}}} \tag{22-3}$$

苗圃灌溉水的 SAR 值应该小于 10，温室的灌溉水要小于 4，最大极限是 8。

八、大量元素

大量元素 N、P、K、Ca、Mg 和 S 是植物生长必需的营养元素。在适度水平时，这些元素不会导致生产问题。N、P、K 的浓度可以作为潜在污染评估指标，或者用来评估灌溉水的营养水平。例如，地下水中 N 或 K 的浓度大于 10ppm（mg/L）或 P 浓度大于 1ppm(mg/L)，就认为水源已经被肥料或其他营养源污染，如污水系统或粪肥等有机肥。

为满足肥料需求，要分析灌溉水中的 Ca、Mg 和 S 的浓度。灌溉水中的钙和镁浓度范围通常如表 22-1 所列。水中 Ca 和 Mg 浓度达到表中最高浓度是可接受的，如果水源中钙镁比率在可接受的限度内，施肥程序中应将这些元素的量减去。如果基质溶液（或灌溉水）的浓度表示为 meq/L，理想的钙镁比率应为 3Ca：1Mg；如果表示为 ppm，理想比率大约为 5Ca：1Mg。如果比率与此明显不同，就会出现营养亏缺。最常见的问题是镁的浓度比 Ca 明显低（即高比率）。这种情况下，必须偶尔补充 Mg 源，如硫酸镁。要监测灌溉水中的钙镁比率（Ca：Mg），以便预测基质中的 Ca：Mg 是否会超出合理范围。

灌溉水中的硫浓度通常小于 25ppm(mg/L)。除出现酸化问题外，过量 S 通常不是问题。表 22-1 列表出了能保持植物生长的最佳 S 浓度范围。通常不需要添加硫元素来达到所建议的 S 水平，因为许多肥料里含有硫元素。组织测定将确认你的施肥程序中是否含有具有足够的硫。

九、微量元素

灌溉用水可能包含低浓度的铝（Al）、硼（B）、铜（Cu）、氟化物（Fl）、铁（Fe）、锰（Mn）、钼（Mo）和锌（Zn）。除 Al 和 Fl，这些元素是植物生长所必需的，但需求量少。灌溉用水中的 Al，很少发现浓度高到足以引起毒害，大多数种植者无需太关注。Fl 经常以 1ppm（mg/L）浓度添加到市政水中，以防止蛀牙。这种水平对大多数植物是安全的，而对百合花科植物和其他几种植物不安全。Fl 达到毒性水平，可导致老叶尖端枯萎。

在水中发现的植物微量营养元素中，B 可能是最麻烦的元素。灌溉水中的 B 浓度低于 0.5ppm（mg/L）是安全的。高于 0.5ppm（mg/L）将会导致硼敏感植物毒害。硼毒害首先表现为沿着老叶片的边缘变为橙褐色，叶子的背面可能出现斑点。缺硼也是一个问题，特别是因 pH 值太低，用石灰改良过的无土栽培基质缺硼。在这种情况下，B 由 Ca 聚合，无硼供植物吸收。过度的分芽与幼叶发育不良（萎黄）是最明显的 B 缺乏症。

在灌溉水中含量过多的其他微量营养素可能有铁、锰、锌和铜。在灌水之前，水中的这些元素的浓度应低于表 22-1 所列出的水平。

微量营养素毒害更有可能发生在基质 pH 值较低的时候。低 pH 诱导铁或锰毒害很常见，常发生在温室生产的天竺葵、万寿菊（万寿菊属）和新几内亚凤仙（凤仙花）。如果水中营养元素浓度高，施肥程序应该调整，以阻止含量过多。

十、氯化物

虽然通常不被视为基本的营养素，但植物生长需要少量氯离子（Cl^{-1}）。Cl^{-1} 含量大于 2meq/L 可能对生产造成危害。Cl^{-1} 的主要影响是增加基质溶液的渗透势，从而降低植物的吸水能力，可能导致枯萎。

高 Cl^{-1} 水平也能导致容器生产中产生 Cl 中毒。Cl^{-1} 由植物根毛吸收并输送到叶子，Cl 积累在叶面上。当叶面积累了太多的 Cl 时，一些品种如玫瑰、杜鹃花、山茶花、杜鹃花属会出现叶边缘烧伤、叶坏死和叶脱落症状。要减少水中的高 Cl^{-1} 含量，使用可替代低 Cl^{-1} 水源稀释是最佳方法。也可以使用反渗透法，特别是育苗繁殖和对盐敏感的植物。

十一、铁和铁细菌

灌溉水中的高铁浓度可影响植物美观及损害植物。顶部灌溉用水中含有 0.5ppm(mg/L) 或更多的铁，经常会在植物叶面和容器中出现棕红色斑点，造成销售困难。Fe 浓度超过 0.3ppm(mg/L) 会产生氧化铁细菌，堵塞微灌灌水器。含有铁的井水可以抽出来放到水池中氧化，让一些铁离子沉淀在水池里。

然而，铁细菌的存在可以引起一系列问题。铁细菌自然存在于土壤中，会引起井水和地面灌溉水源质量问题。在井水中，铁细菌经常堵塞潜水泵导致运行失败。在地面灌溉水池中，地面水表面的油性光泽经常由铁细菌引起。铁细菌阻止水中铁沉淀分离。当采用顶部灌溉时，植物体呈现红棕色和青铜色（见图 22-29 和图 22-30）。

图 22-29　铁细菌在植物叶子残留　　　　图 22-30　灌溉立杆和种植苗圃上的铁锈

通过确保水泵进水口在水面以下 45～75cm，但远高于水池底部，种植者可以避免或减少铁沉淀。如果水泵进水口太接近水池底部，易从底部带走铁沉积物。如果调整入水口无法实现，其他方法更昂贵。第一步是在实验室进行水分析。取铁离子涂层植物叶面样本，用来确定多少铁残渣沉积在植物体上。如果铁含量高到足以引发问题，可以在灌溉水泵吸入口约 15m 范围内安装曝气泵。曝气水泵直接把水中的 Fe 置于空气中氧化，降低铁细菌要转换的有效 Fe 含量。泵的波浪作用也有助于使藻类和铁细菌离开灌溉泵吸入口。如果曝气无效，可注入化学剂，之后再用过滤液移除 Fe。

参 考 文 献

Aldrich, R. A. , and J. W. Bartok Jr. 1994. Greenhouse engineering. Pub. No. 33. Ithaca, N. Y. ; Natural Resource, Agriculture and Engineering Service.

Bailey, D. , T. Bilderback, and D. Bir. 1999. Water considerations for container production of plants. Hort. Information Leaflet No. 557. Raleigh, N. C. ; N. C. Coop. Ext. Service. Available at; www. ces. ncsu. edu/depts/hort/floriculture/hils/hil557. html. Accessed 13 February 2010. Available at; www. ces. ncsu. edu. depts/hort/hil/pdf/hil – 557. pdf. Accessed 13 February 2010.

Beeson, R. C. 1992. Restricting overhead irrigation to dawn limits growth in container – grown woody ornamentals. *HortScience* 27; 996 – 999.

Beeson, R. C. Jr. , and T. H. Yeager. 2003. Plant canopy affects sprinkler irrigation application efficiency of container – grown ornamentals. *HortScience* 38; 1373 – 1377.

Bilderback, T. E. 2002a. Bundle up. *Amer. Nuts.* 196 (7); 59 – 62.

——. 2002b. Water management is keyto reducing nutrient runoff from container nurseries. *HortTechnology* 12; 7 – 10.

Dole, J. , J. C. Cole, and S. L. von Broembsen. 1994. Growth of poinsettias, nutrient, leaching, and water – use efficiency respond to irrigation methods. *HortScience* 29; 858 – 864.

EPA. 2000. Integrated Risk Management System; Chlorine dioxide (CASRN 10049 – 04 – 4) . Washington, D. C. ; Environmental Protection Agency.

Fain, G. B. , C. H. Gilliam, K. M. Tilt, J. W. Olive, and B. Wallace. 2000. Survey of best management practices in container production nurseries, *J. Environ. Hort.* 18; 142 – 144.

Fare, D. C. , C. H. Gilliam, and G. J. Keever. 1994. Cyclic irrigation reduces container leachate nitrate nitrogen concentration. *HortScience* 29; 1514 – 1517.

Fururta, T. 1978. Environmental Plant Production and Marketing. Arcadia, Calif. ; Cox Publishing.

Groves, K. M. , S. Warren, and T. E. Bilderback. 1998a. Irrigation volume, application and controlled – release fertilizer; I. Effect on plant growth and mineral nutrient content in containerized plant production. *J. Environ. Hort.* 16 (3); 176 – 181.

——. 1998b. Irrigation volume, application and controlled – release fertilizer; II. Effect on substrate solution nutrient concentration and water efficiency in containerized plant production. *J. Environ. Hort.* 16 (3); 182 – 188.

Handreck, K. A. , and N. D. Black. 1999. *Growing Media for Ornamental Plants and Turf*. 3rd ed. Sydney, Australia; UNSW Press.

Keever, G. J. , and G. S. Cobb. 1985. Irrigation scheduling effects on container media and canopy temperature and growth of 'Hershey's Red' azalea. *HortScience* 20; 921 – 923.

Lamack, W. F. , and A. X. Niemiera. 1993. Application method affects water application efficiency of spray stake irrigated containers. *HortScience* 28; 625 – 627.

Lea – Cox, J. D. , D. S. Ross, and K. M. Teffeau. 2001. A water and nutrient management planning process for container nursery and greenhouse production systems in Maryland. *J. Env. Hort.* 19 (4); 226 – 229.

LeBude, A. V. , and T. E. Bilderback. 2007. Managing drought on nursery crops. Bulletin AG – 519 – 6. Raleigh, N. C. ; N. C. Coop. Ext. Service.

McGinnis, M. S. , M. G. Wagger, S. L. Warren, and T. E. Bilderback. 2009. Replacing conventional nursery crop nutrient inputs with vermicompost for container production of *Hibiscus moscheutos* L. 'Luna Blush'. *HortScience* 44; 1698 – 1703.

Morvant, J. K. , J. M. Dole, and E. Allen. 1997. Irrigation systems alter distribution of roots, soluble salts, nitrogen, and pH in the root medium. *HortTechnology* 7: 156 – 160.

Morvant, J. K. , J. M. Dole, and J. C. Cole. 1998. Irrigation frequency and system affect poinsettia growth, water use, and runoff. *HortScience* 33: 42 – 46.

——. 2001. Fertilizer source and irrigation system affect geranium growth and nitrogen retention. *HortScience* 36: 1022 – 1026.

Murray, J. D. , J. D. Lea – Cox, and D. S. Ross. 2001. Time domain refiectometry accurately monitors plant water use and reduces leaching volumes in soilless substrates. In *Proc. Southern Nursery Assoc. Res. Conf*. 46: 595 – 599. Atlanta, Ga. : Southern Nursery Assoc.

N. C. Coop. Ext. Service. n. d. Commercial floriculture: Water, irrigation, alkalinity. Horticulture information leaflets. Raleigh, N. C. : N. C. Coop. Ext. Service.

Nelson, P. V. 2003. Watering. In *Greenhouse Operation and Management*, 257 – 301. 6th ed. Upper Saddle River, N. J. : Prentice Hall.

Owen, J. S. Jr, S. L. Warren, T. E. Bilderback, and J. P. Albano. 2009. A gravimetric approach to real – time monitoring of substrate wetness in container grown nursery crops. *Acta. Hort*. 819: 317 – 324.

Ristvey, A. G. , J. D. Lea – Cox, and D. S. Ross. 2004. Nutrient uptake, partitioning and leaching losses from container – nursery production systems. *Acta. Hort*. 630: 321 – 328.

Ross, D. S. , J. D. Lea – Cox, and K. M. Teffeau. 2001. The importance of water in the nutrient management process. In *Proc. Southern Nursery Assoc. Res. Conf*. 46: 588 – 591. Atlanta, Ga. : Southern Nursery Assoc.

Tyler, H. , S. L. Warren, and T. E. Bilderback. 1996a. Cyclic irrigation increases irrigation application efficiency and decreases ammonium losses. *J. Environ. Hort*. 14 (4): 194 – 198.

——. 1996b. Reduced leaching fractions improve irrigation use efficiency and nutrient efficacy. *J. Environ. Hort*. 14 (4): 199 – 204.

USDA – NRCS. n. d. *National Handbook of Conservation Practices*. Washington, D. C. : USDA Natural Resources Conservation Service.

Warren, S. L. , and T. E. Bilderback. 2002. Timing of Iow pressure irrigation affects plant growth and water utilization efficiency. *J. Environ. Hort*. 20 (3): 184 – 188.

——. 2005. More plant per gallon: Getting more out of your water. *HortTechnology* 1. 5 (1): 14 – 18.

Weiler, T. C. , and M. Sailus (eds.) . 1996. *Water and Nutrient Management for Greenhouses*. Ithaca, N. Y. : Natural Resource, Agriculture and Engineering Service.

Wright, R. D. 1986. The pour – through nutrient extraction procedure. HortScience 21: 227 – 229.

Yeager, T. , T. Bilderback, D. Fare, C. Gilliam, J. Lea – Cox, A. Niemiera, J. Ruter, K. Tilt, S. Warren, T. Whitwell, and R. Wright. 2007. *Best Management Practices: Guide for Producing Nursery Crops Ver*. 2. Atlanta, Ga. : Southern Nursery Assoc.

Yeager, T. , C. Gilliam, T. Bilderback, D. Fare, A. Niemiera, and K. Tilt. 1997. *Best Management Practices: Guide for Producing Container – Grown Plants*. Atlanta, Ga. : Southern Nursery Assoc.

第二十三章　园林灌溉

作者：Brian E. Vinchesi
编译：伞永久

园林灌溉系统是安装在地下或地上的灌溉系统，在保证有效灌溉的同时还不能影响整体景观效果。

完整的园林灌溉系统主要由灌水器、输水管道、控制电线、控制器和控制阀门等组成。小到庭院灌溉，大到大型高尔夫球场灌溉系统，不同类型的灌溉系统有着不同的规划要求。为确保安装及操作不出现问题，灌溉系统越大对规划设计的要求就越高。要根据草坪类型（暖季性、冷季性及过渡性）、植物种类（灌木、地被、乔木和花卉）、植被的养护要求以及土壤条件等因素，确定相应的灌溉需水量及灌水频率。在设计过程中，需要确定可利用水量，制定详细的设计灌溉制度，确保供水系统和其他设施容量足够大。

要将系统管理纳入到规划过程中。要知道未来管理用的灌溉制度由谁制定，灌溉系统维修保养是由谁负责，如专业的灌溉维护团队负责还是由内部的设备管理团队负责。同时要知道灌溉系统是否有常规的、标准化的评估标准，或由第三方推荐的评估标准，第三方包括政府、灌区、体育协会等。

灌溉系统设计必须在安装之前完成。系统设计合理与否，决定灌溉系统用水及运行效率。设计合理，安装和运行过程中出现问题的几率就少。设计不合理的系统会经常出现问题，运行过程中会花费更多的维修费用、浪费更多的水。合理的系统设计，可保证园林灌溉系统高效、均匀及经济运行。

设计一个新的园林灌溉系统时，首先要有项目的地理位置信息及种植计划。对于已经存在的项目，则需要通过现场考察收集所需的信息。为保证灌溉系统设计的合理性，需要了解植物的种类、植物的分布以及项目区规划。

不同类型的草坪需水量存在差异。草坪类型及修剪方式不同，需要选择相应弹出高度的喷头。理想状态下，应根据植被的太阳辐射（如无遮挡和有遮挡，朝北或朝南）、用水需求及土壤分布划分出不同的灌溉区域。

灌溉设计需要根据景观设计师提供的景观图或现场测绘图完成。图纸应该尽可能按比例绘制。

设计人员应当充分考虑景观种植区可能影响设计的诸多因素，包括土壤类型、入渗率、太阳辐射及遮阴区域等。现场需要注意的问题包括静、动水压，已有供水管线及水表尺寸等。

如果项目区规划有房屋或其他建筑物，设计人员要设法获得建筑物的规划、设计图纸，建筑物的有关信息对灌溉系统设计必不可少。

第一节　园林灌溉水源

灌溉系统设计首先要确定灌溉水源。目前，饮用水作为灌溉水源虽然方便，但却不是最经济或对环保最为有利的水源。有许多可供选择的灌溉水源，如地下水、回收水或再生水、中水、雨水、径流或地表水，应该对其可行性进行调研。地下水或井水通过水泵输送到地面通常可被作为饮用水。这些水也有可能含有很高的盐、铁或其他化学物质，在使用前需要进行检测。回收水或再生水为已经处理过的水，由于含有大肠杆菌，已做消毒处理。中水是指没有与大肠杆菌或有机废物接触过的水。住宅小区的中水是指除去厨房、厕所以外的所有排水。雨水水源是指从屋顶收集到的水，而径流是指房顶之外产生的水。这些水中可能含有污染物，如泥沙、砂砾、盐或草屑等。在某些地区，可作为饮用水的水源包括地表水、湖泊、池塘、溪流及河水等。地表水是否受到污染取决于其水源是否污染。

政府规定可以满足灌溉需求的低质水应当被利用起来。选择任何一种水源都有其利弊，对水源的选择应该从长远角度来考虑，即使初期费用较高。

如果项目本身已有饮用水源或泵输送水源（如井水），则需要确定其可能的供水压力。水压有两种类型，即动水压和静水压。动水压也被称为工作水压、运行水压。静水压是水不流动时的水压。

动水压是灌溉系统运转时（水流动状态）的水压。在市政供水系统里，由于系统中的摩擦损失，动水压始终小于静水压。

进行系统设计前需要确定水压，这样无论是高压还是低压，设计人员可据其选择合适的设备。压力值的确定可以通过压力表在现有的设施上采集，也可以通过当地消防部门或尚未建设项目的公共水务部门获得。

对于一个已装有水泵的灌溉系统，通过水泵的性能曲线特征，能够获知该水泵的参数以及最为精确的压力范围。

设计灌溉供水系统必须遵循联邦、州及地方的法规。特别是关于逆止阀的使用，根据不同的地点，政府可能会在地下水和地表水源上有强制性的要求。有关州法律规定，所有连接到饮用水源的灌溉系统，为了防止饮用水与灌溉系统内水质发生交叉，必须安装防止回流设备。止回装置可以预防水倒流到饮用水系统中。市场上有很多不同用途和不同安装要求的止回装置可供选择。

在小区园林灌溉系统中安装空气阀（AVB）或真空阀（PVB）最常见。有些州规定使用更为昂贵、保护能力更强的设备，如减压类设备。

保护装置的选用取决于地形高差、系统规格、安全等级，以及地方和州的相关法律规定。第九章详细描述了各种止回装置的类型及安装要求。

居住小区的灌溉系统和很多商业区灌溉系统的水源通常为市政给水，其水压及水量取决于住宅区或建筑中服务管线的过流能力和仪表尺寸。一般来说，住宅的水表尺寸为DN16或DN20，过水流量在 $1.8\sim2.7m^3/h$，也有出水量会更大一些的情况。使用现有的商业场所或住宅水源时，灌溉可用水量的计算需要遵循以下三个规则：

规则1：灌溉管网压力损失不超过入口静态水压的10%。

规则2：灌溉系统流量不得超过管线水流额定安全数值的75%。

规则3：采用金属管道时，水流速控制在 2.25m/s 以内；采用塑料管道时，水流速不应超过 1.5m/s。

【例 23-1】 现有外径 25mm、内径为 19mm 的输水铜管，静态水压是 3.85bar。根据上述三个规则及管道水损表，可以得出可用水流量。

规则 1：3.85bar 的 10%，压力损失为 0.39bar。水流通过 19mm 的管道，水损0.39bar 的过流量是 $4m^3/h$。

规则 2：19mm 管道安全过流量的 75% 是 $5.1m^3/h$。安全流量是 $6.8m^3/h$。

规则 3：25mm 铜管在允许流速 2.25m/s 时，过流量是 $4m^3/h$。

根据以上结果，该灌溉系统水源可取流量为 $4m^3/h$，此数值最符合以上三个规则。

上述三个规则适用于现有的或规划的任何规模的水源，只要提供输水管径、出口尺寸及静态水压三个参数。使用已知体积的水桶和秒表，也可以确定出水量。记录灌满水桶的秒数。例如 30s 装满了一个 19mL 的水桶，那么可用水流量为 $2.28m^3/h$。

有些地点需要安装独立的灌溉水表。例如：灌溉水源包含污水，那么最好能安装独立的水表，以避免收取污水费。有的地点可能要求对灌溉用水单独计量，甚至要求灌溉使用独立的管道系统，这时也要安装独立水表。取水阀门费用可能较高，与尺寸成正比。因此在设计过程中需要仔细分析，尽早确定所需的接口及计量水表的尺寸。

部分项目会用到地下水源（井水），井位置及类型的不同，其可用水量也不同。最好能从打井方获取出水量及补给率信息。如果系统规模比较大，需要收集测井数据，如水井的补给率、动水位、静水位等，以合理确定水源井的位置，保证水源供水可靠。

如果使用池塘、湖泊、溪流或河水等地表水作为水源，流量通常是足够的，可在需水量基础上，通过计算用水量来确定流量。

灌溉系统的类型（喷灌、微灌），有时还由地方法规（美国规定灌溉必须在某个时间段完成）决定着用水时间。需要根据可允许的运行时间设计出合理的灌溉系统。在湿润地区，如果草坪和植被长期在潮湿的环境中可能会染病，因此不推荐夜间灌溉。而在干旱地区，夜间灌溉是被鼓励的。还有一些限制，如奇、偶数天或每隔三天允许灌溉一次，这都将影响灌溉系统的设计。另外，灌溉管理也是需要考虑的因素。例如，某住宅小区绿地每周进行 6d 灌溉，每次从 23 点至第二天 6 点，每周最多允许灌溉的总时间是 42h。而一个公园里夜间也会开放的垒球场，每周只允许灌溉 4d，每次从凌晨 1 点到 5 点，每周允许的灌溉总时间仅为 16h。灌溉用水时间还取决于水源的可用水量及灌溉系统允许运行的限制，例如奇、偶数天灌溉（美国地方法规，隔天灌水）规定。管径的大小以及控制系统功能也会对系统运行有限制。控制系统容量对同时能够运行的电磁阀数量有限制。

设计灌溉系统时，需要尽早确定用水时间，以便确定水源需求，这将影响灌溉系统中大部分设备的型号选定。

需水量的计算基于所需灌溉植物的种类和种植面积。不同类型的植物（如花卉、灌木、地被及草坪）需水量也不同。通过植物类型和所需灌溉的地理区域就可以估算出需水量。

【例 23-2】 草坪一般每周需水量为 25mm。灌溉系统的水利用效率不会达到 100%，因此假定其有效率为 70%；每周 25mm 的需水量，水有效利用率为 70%，因此灌溉需提供 36mm/每周的水量；如果景观草坪有 0.81km²，那么灌溉需水量为：0.81km² × 36mm/周。每周草坪灌溉需水量为 294333mL。

【例 23-3】 如果该灌溉系统的可用水时间为每周 3d，每天 6h，每周可以灌溉的总时间是 18h，每周总需水量为 283m³；除以每周 18h，每小时 60min，因此最小流量需求为 15.75m³/h 供水能力。综合考虑安全要求，18m³/h 为最佳选择。

第二节 喷 头 布 置

景观设计中，需要确定喷头的位置。需要考虑每一块草皮和种植床的规模和形状。需要确定每一个地块的喷头类型或灌溉系统类型。

根据灌溉区域的规模，可以选用散射、散射旋转及旋转喷头，也可以选用不同类型的微喷头。旋转喷头又分为小射程旋转喷头、中等射程旋转喷头、大射程旋转喷头。运动场或高尔夫球场喷头为专用喷头。

设计过程中，需要根据已知的可用水量及水压选择喷头或灌溉类型。住宅对水量和水压的要求较小，而高尔夫球场灌溉系统要求水量非常大，水压也高。无论是安装什么规模的灌溉系统，喷头的布置原则都是一样的。

喷头的布置间距在任何情况下都不能超过喷洒直径的 60%，如果超过直径的 60%，喷头喷洒的水量将无法满足植物的生长。图 23-1 显示了把单个喷头喷洒的圆形覆盖范围分成 5 个区域，分别用 A～E 表示，每个区都有相同的宽度，但是随着与喷头距离的增加，各区的面积也在增加。E 区的实际面积是 A 区的 9 倍。所以即使喷头在 A 区和 E 区喷洒相同的水量，E 区的灌水深度要比 A 区少得多，这是喷头布置必须重叠的原因。

根据 60% 应用原则，有效覆盖区域是图表中 A、B 区域，但是并不包含 D、E 区域。例如：一个 12m

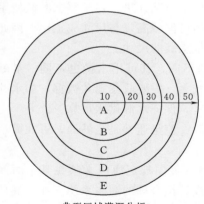

典型区域灌溉分析

面积	平方英尺	与A区面积比
A	314	1.0
B	942	3.0
C	1571	5.0
D	2199	7.0
E	2827	9.0

图 23-1 单个喷头喷洒覆盖范围

射程的喷头,最大喷头布置间距是喷洒直径的60%,即14.6m。

在住宅和小型商业系统中,喷头间距应限定在喷洒直径的50%。这种布置被称为"头对头"全覆盖布置(即,喷头喷洒射程就是喷头的布置间距)。12m射程的喷头布置间距为直径的一半,也应为12m。

图23-2显示的是单个喷头单侧水量分布测试示意图。正如上面讨论,离喷头的位置越远,量杯内的水量就越少。然而,如果在示意图的另一端安装另一个喷头,与第一个喷头相对喷洒(头对头全覆盖),在相同时间内运行的话,结果如图23-3所示。在两个喷头间所有量杯的水量是大致相同的,即所提供的水量是相同的。喷头的适当重叠是喷头布置的基础,能够提供更高的均匀度并与植物生长保持一致。然而,即便是头对头全覆盖布置,其均匀度也不会总是很高,会受到不规则的景观地块形状、水压变化和设备故障等的影响。

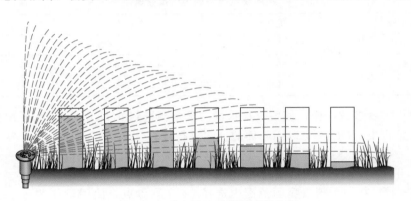

图23-2　单个喷头喷灌强度分布图

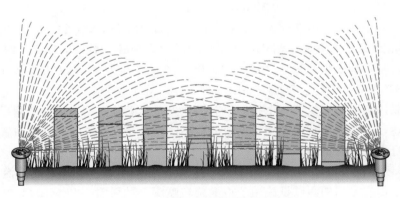

图23-3　喷头重叠组合喷灌强度分布图

喷灌均匀度有多种方法进行测量和计算。克里斯琴森均匀系数(CU)、分布均匀系数(DU_{LQ})和延时系数(SC)是三种最常见的均匀性测量系数。CU更多用于农业而不常用于绿地景观。CU表示的是一个地块的水量分布的平均值,而并不对地块的干湿进行区分。CU以百分比表示,80%或更高的值是符合喷洒均匀度要求的。SC是非常理论化的均匀度衡量标准,没有适合的计算机软件很难被算出。SC显示的是喷洒区域内水量绝对最少位置的情况,需要保证这个位置的水量达到最低需求。SC的数值是整数,作为一个乘数使用。例如：在 SC 为 1.6 的情况下，要给最干燥区域提供 25mm 的水量，则需要给这块绿地提供 41mm 的水量才可以使最干旱的位置获得 25 mm 的水量。SC 的数值越接近于 1，意味着均匀度越好。改变喷嘴大小、水压或者喷头间距都会改变 SC 值或其他任何均匀度的测量值。

DU 是在景观绿地灌溉系统中最常用的测量均匀度的指标。DU 通常使用的是 DU_{LQ}。DU 测量的是喷洒区域中水量最少的 25% 的面积上的平均水量与全部喷洒区域平均水量的比值。DU 识别的是最干燥的 25% 区域，因此会向干燥一方倾斜。与 CU 不同，DU 会对潮湿和干燥的区域进行区分。DU_{LQ} 的数值是有小数的。表 23-1 列出了不同类型喷头的 DU 推荐值。

表 23-1　　　　　　　　　　　　不同类型喷头的 DU 推荐值

喷头类型	优良值	目标值	长期监测值
旋转喷头	0.75～0.85	0.65～0.75	0.55～0.65
散射喷头	0.65～0.75	0.55～0.65	0.45～0.55
如果低于上述 DU 值，系统设计需改进			

和其他均匀度参数一样，使用收集水量的设备测量到的 DU_{LQ} 是灌溉系统验收的一部分。在验收过程中，DU_{LQ} 可以用下面的公式进行计算。

$$DU_{LQ} = \frac{四分之一水量最少区域监测水量平均值}{全部喷洒范围监测水量平均值} \tag{23-1}$$

【例 23-4】　在一个喷头喷洒范围内选择 24 个测量点，使用量杯测量水量结果如下（单位为 mL）。

12，13，17，22，33，28，31，16，11，14，23，22，
25，30，18，40，15，26，30，29，21，29，26，24

24 个测量点的总水量为 555mL，水量平均值为 555mL/24＝23.1mL。24 个测量点中最少的四分之一，即 6 个测量点（11、12、13、14、15 和 16），总水量为 81mL，测量点平均水量为 13.5mL。DU_{LQ} 为 13.5mL÷23.1mL，等于 0.58。

美国灌溉协会网站提供了一个指南，对绿地景观灌溉及高尔夫球场灌溉系统的审验过程进行了概述，包含测量数量和测量次数的最小值，以及测量点的间隔和布置。第十四章对系统审验有更详细的描述。

SC 对于喷灌系统设计是最有效的，DU_{LQ} 最适合用于对已安装完成的灌溉系统进行审验。各厂家都有专门的测试设施用于检测旋转喷头、散射喷头和 MSMT 喷嘴的水量分布。为了获得更好的均匀度，厂家会测试他们的喷头在不同喷嘴、不同水压、不同布置间距下的 SC、CU 和 DU_{LQ} 值。这些数据可以从厂家获取，设计及施工人员应该熟悉这些参数以便为项目选择最合适的喷头。

图 23-4（a）及图 23-4（b）显示了同一款小射程园林旋转喷头在不同工作压力下的水量分布曲线。喷嘴水量分布与图 23-2 所示越接近，在进行喷头组合后其均匀度也会越高。图中曲线表示着喷头的灌溉密度随着距离而下降。对比两张水量分布曲线图，图 23-4（b）在较高压力下能够提供更好的水量分布。

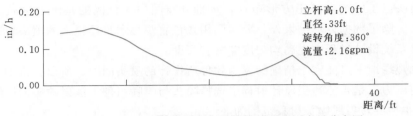

图 23-4（a）　Space™ 软件绘制的旋转喷头喷洒水量分布图

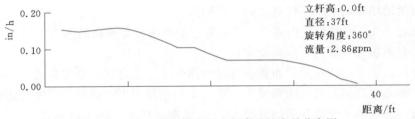

图 23-4（b）　同一喷头压力提高后的水量分布图

　　单喷头水量分布曲线图，可用于 SPACE™ 喷灌间距确定软件，该软件由加利福尼亚州大学弗雷斯诺灌溉技术发展中心（CIT）研发。设计人员可以在 SPACE™ 中设置不同间距的喷头组合，运用喷头的水量分布曲线对他们所预期的均匀度进行理论化的测量。除了 DU_{LQ}、CU 和 SC 系数，该程序还能得出喷头组合的最大、最小及平均喷灌强度，以及喷灌强度曲线图。图 23-5（a）和图 23-5（b）就是使用图 23-4（a）、图 23-4（b）曲线图得出的组合水量分布图。

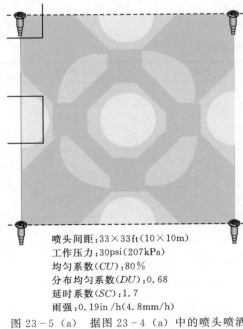

喷头间距:33×33ft(10×10m)
工作压力:30psi(207kPa)
均匀系数(CU):80%
分布均匀系数(DU):0.68
延时系数(SC):1.7
雨强:0.19in/h(4.8mm/h)

图 23-5（a）　据图 23-4（a）中的喷头喷洒
数据绘制的密度曲线图

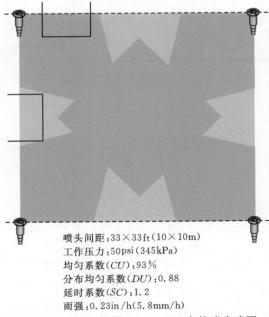

喷头间距:33×33ft(10×10m)
工作压力:50psi(345kPa)
均匀系数(CU):93%
分布均匀系数(DU):0.88
延时系数(SC):1.2
雨强:0.23in/h(5.8mm/h)

图 23-5（b）　据图 23-4（b）中的喷头喷洒
数据绘制的密度曲线图

图中喷头以 10m×10m 正方形布置，水量分布图中颜色浅的是干燥区域，颜色深的是湿润区域。除了数据计算结果外，分布图用颜色直观显示出理论上的喷头覆盖范围，这对于在灌溉系统设计过程中提高均匀度非常有帮助。

由于景观绿地不可能完全精确的复制软件所设计的喷头间距，所以会折中选取。应当根据在可用压力下是否能达到设计射程来选择喷头与喷嘴组件。散射喷头的极限射程大约为 5.5m，小型旋转射线喷头射程范围为 3～9m。

住宅小区或商业区灌溉系统设计时会根据景观设计的不同，选择不同类型和不同规格的喷头，而运动场灌溉系统一般选择同一种喷头。

射程超过 7.6m 的喷头有很多种。更大射程的喷头需要更高的压力及更大的流量，所以并不是所有的喷头都能用在任何地方。

喷头可以以正方形或三角形布置，有时也用介于二者之间的形式布置。在布置喷头过程中，不必非要保持精确的三角形或正方形，要把注意力更多地放在使喷头达到头对头全覆盖，喷头间距选取不能违反喷洒直径 60% 的规则，住宅小区不能超过 50%。喷头的间距稍小于喷洒半径（50% 重叠）在一定程度上是可以接受的，但只能是几厘米，因为间距过近会导致某些区域太过湿润，并降低均匀度。在选择喷头的时候，每一种喷头都应该达到其可能的最高均匀度。

确定好喷头布置间距后，需要选择符合射程需求的喷头及喷嘴。许多不同的喷头类型在效果相同的情况下能够配置不同的喷嘴。可以在喷头性能参数表中选择所需要的喷头。所有的喷头性能参数表基本上是类似的，都会列出其压力、射程、流量等数据。喷头射程会以喷洒直径或半径来表示，但通常是半径。射程以 m 为单位，流量以 L/min 为单位，压力以 bar 或 kgf/cm² 为单位。表 23-2 是一个典型的散射喷头的性能参数表。

表 23-2　　　　　　　　　某型号散射喷头性能参数表

喷嘴型号	压力/bar	射程/m	流量/(L/min)
15F	1.7	4.0	13.6
	2.1	4.5	15.2
	2.4	5.2	16.7
15TQ	1.7	4.0	10.2
	2.1	4.5	11.4
	2.4	5.2	12.9
15TT	1.7	4.0	9.0
	2.1	4.5	10.1
	2.4	5.2	11.4
15H	1.7	4.0	6.1
	2.1	4.5	7.6
	2.4	5.2	9.1

喷嘴型号	压力/bar	射程/m	流量/(L/min)
15T	1.7	4.0	3.8
	2.1	4.5	5.0
	2.4	5.2	6.6
15Q	1.7	4.0	2.6
	2.1	4.5	3.8
	2.4	5.2	5.3

表 23-2 中，2.1bar 工作压力下，全圆喷头的射程是 4.5m，流量是 15.2L/min。同一喷头在相同压力下，半圆喷洒喷头射程相同，流量减半为 7.6L/min。散射喷头的喷嘴是固定的，可以通过调节旋转角度获得不同的水量。因为喷头的水量与旋转角度所覆盖的范围成正比，所以这类喷头可以称之为等灌溉强度喷头。也就是说每一个喷头所覆盖区域的灌溉强度都是一样的。这是一个非常重要的特性，因为可使喷嘴更容易调节并提高均匀度。有些厂家对所有产品系列（不同射程）配上固定的喷头喷洒旋转角以匹配灌溉强度，有的厂家只为某一组射程范围内的喷头进行灌溉强度匹配。表 23-3 是某型号小射程旋转喷头的性能参数表。与散射喷头一样，表中列出了压力、射程以及不同喷嘴的流量。需要注意的是旋转喷头需要的工作压力更高。这意味着散射喷头和旋转喷头不能布置在同一区域。

表 23-3   某型号小射程旋转喷头性能参数表

喷嘴型号	压力/bar	射程/m	流量/(L/min)
1.5	2.8	9.1	4.5
	3.1	9.4	5.3
	3.4	9.8	6.1
2.0	2.8	9.8	7.6
	3.1	10.1	8.3
	3.4	10.4	9.1
3.0	2.8	10.4	10.7
	3.1	10.7	11.4
	3.4	11.0	12.1
4.0	2.8	11.0	14.8
	3.1	11.3	15.6
	3.4	11.6	16.3
5.0	2.8	12.2	18.1
	3.1	12.5	18.9
	3.4	12.8	19.7

一个喷洒角度 90°的小型旋转喷头，配以 4.0 喷嘴，在压力为 3.1bar 时，射程为 11.3m，流量为 15.6L/min。如果该喷头配置了这个喷嘴，其旋转角调节范围为 0～360°。需要注意的一点是，无论旋转角怎样调节，喷头的射程和流量不会发生变化。因此喷头喷洒范围和流量是不成正比的。在设计及安装过程中，选取喷头的参数时需要保持该喷洒范围内的灌溉强度与整个区域一致，以获得较高的灌溉均匀度。以表中的数据为例，为了得到尽可能匹配的灌溉强度，在工作压力 3.4bar 以及要将每一旋转角调整到射程一致的情况下，全圆喷洒的喷头选择 5 号喷嘴，半圆喷洒的喷头选择 3 号喷嘴，90°喷洒的喷头选择 1.5 号喷嘴。

表 23-4 是一个大射程旋转喷头的性能参数。随着喷头射程及流量的增加，工作压力也随之增大。

表 23-4　　　　　　　　　　某型号大射程旋转喷头性能参数表

喷嘴型号	压力/bar	射程/m	流量/(L/min)
1	4.1	13.8	32.2
	4.5	14.1	34.1
	4.8	14.4	36.0
2	4.1	15.3	42.1
	4.5	15.6	44.0
	4.8	15.9	45.9
3	4.5	16.2	48.13
	4.8	16.8	51.2
	5.2	17.4	54.2
4	4.5	17.4	59.1
	4.8	18.0	62.5
	5.2	18.6	66.0
5	4.8	19.5	82.6
	5.2	20.4	88.3
	5.5	21.0	94.0

表 23-4 中数据还显示，随着喷头的增大，射程和流量之间的差异更加明显，使得喷头在布置的过程中更难进行灌溉强度的匹配。例如，在 4.8bar 工作压力下，喷头配置 2 号喷嘴的射程是 15.9m，流量是 45L/min。为了匹配相应的灌溉强度，需要选择 4.8bar 压力下流量是 90L/min 的喷嘴。而相应的 5 号喷嘴的流量仅为 82.6L/min，二者流量差距还不算大，但射程分别为 19.5m 和 15.9m，这就更难设定合适的间距。这种情况，以及使用更大的喷嘴的情况下，应通过分组和时间控制以完成灌溉强度的匹配。例如，90°及半圆喷洒的喷头分为一个控制组，而全圆喷洒喷头单独分为另一组。通过让全圆喷洒喷头的工作时间为半圆及 90°喷洒喷头的 2 倍来对灌溉强度进行匹配。在高尔夫球场灌溉系统中，每个喷头都有单独控制的阀门，可以通过单独控制每个喷头的运行来进行匹配。

喷头布置间距一旦选定，喷头的布置形式要以获得最大均匀度为目标。布置喷头时，通常都从地角开始，然后在需要覆盖区域，以相同的距离在横向和纵向两个方向进行布置。例如，一个 27×18m 的地块，共使用射程 9m 的喷头 12 个，一共 3 行，每行 4 个（见图 23-6）。

但是，绝大多数景观绿地都是不规则地形，所以需要根据经验在喷头布置的过程中进行调整。图 23-7 显示了一个不规则区域的喷头布置形式。各喷头的间距并不完全一致，但都会尽可能趋近于 10.5m 的平均值。如图 23-7 所示，在喷灌覆盖面积之内，喷头的布置符合在喷头间距 60% 以内的原则。

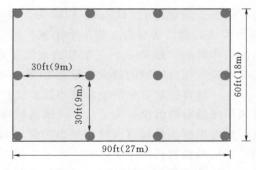

图 23-6　喷头等间距布置图

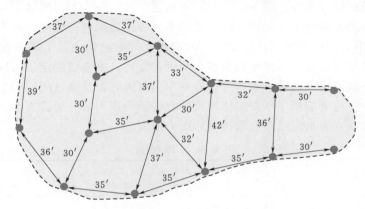

图 23-7　不规则地形喷头布置

草坪灌溉一般采用喷灌，地下滴灌一般用于狭窄地块的草坪灌溉。园林植物灌溉，散射喷头、射线喷洒喷头、涌泉头、微喷头和微灌灌水器均可使用。绿地景观的微喷灌将在第二十四章论述。灌溉方式的选择取决于种植材料的定植高度及种植密度，以及可能的水流量和水压。理论上有成百上千种喷头和喷嘴的组合以及许多不同的灌溉方式可选择。每一个绿地景观项目都需要在经验和调研的基础上选择合适的灌溉类型。

第三节　喷　头　分　区

选定喷头、喷嘴，并布置完喷头，下面要做的工作是喷头分区。因为水源供应的水量极少能够满足所有喷头同时运行，系统必须进行轮灌。可提供的水量决定了同时能够运行的喷头数量以及灌溉强度。把系统设计成为所有喷头同时运行很不经济。把系统设计为按不同小区轮灌，其管径和其他设备都会更小，运行起来更为经济。通过分区，操作人员可以为每一个区域分别提供适宜的水量。

计算出系统所需的总流量，然后除以水源供水量，可以得出所需要划分区数的最小值。例如，水源供水流量为 38L/min 的情况下，可以同时运转 5 个流量是 7.6L/min 的喷头，或 3 个流量为 11.4L/min 的喷头，或 7 个流量为 5.3L/min 的喷头。如果该系统有 20 个喷头，就需要分为 3 到 7 个小区。每个区域根据其喷头的灌溉强度和供水量设定适当的工作时间。如果一个系统总的水流量需求是 4677L/min，而供水流量是 227L/min，那么系统所划分区域的最少数量是 21 个（4677L/min÷227L/min＝20.6 个）。

这一计算的假设是每个灌溉小区的流量是相同的，但事实上，考虑到种植材料以及各区域阳光辐射的因素，为了给不同的区域提供适合的水量，就需要划分出更多的区域。因此，尽管根据流量计算所得，最小的分区数为 21，但可能还需要划分出更多的区域才能满足不同植物材料的需水要求。除了流量，分区的时候还需要考虑以下各因素，包括土壤类型、喷头类型、地形坡度、光照、遮阴及植被种类等。不同灌溉强度的喷头（散射与旋转，小射程旋转与中射程旋转或微灌）不能划分为同一个区域，因为这些灌水器的灌溉强度不同，所需要的运转时间也就不同。

不同需水的区域（草坪、灌木、花卉）也必须单独划分为不同灌溉小区，以确保提供适当的灌水，避免水量过多。根据不同植物的不同需水要求进行分组，称为水力分区（轮灌组）。在分区的时候应考虑到风以及喷头的间距。规划过程中，了解该位置的主导风向以及季风时间是很重要的。当区域的面积大小确定以后，就应该确定该区域所装控制阀门的类型和大小。阀门尺寸的确定需要考虑容许压力损失，以及通过阀门的预期水量。阀门压力损失的可接受范围应来自于对整体系统的容许压力损失的分析。表 23 - 5 为平角阀的压力损失，表 23 - 6 为水流经过直角阀时的压力损失。

表 23 - 5 平角阀摩擦损失

尺寸	0.75in (1.9cm)	1.0in (2.5cm)	1.5in (3.8cm)	2.0in (5.1cm)	2.5in (6.4cm)	3.0in (7.6cm)
流量/gpm (L/min)	psi（bar）	psi（bar）	psi（bar）	psi（bar）	psi（bar）	psi（bar）
5 (19)	1.1 (0.08)					
10 (38)	3.8 (0.26)	1.5 (0.10)				
15 (57)	8.0 (0.55)	3.2 (0.22)				
20 (76)	13.7 (0.94)	5.4 (0.37)	1.0 (0.07)			
25 (95)		8.1 (0.56)	1.7 (0.12)			
30 (114)		11.3 (0.78)	2.2 (0.15)	0.8 (0.06)		
35 (132)		15.2 (1.05)	2.8 (0.19)	1.1 (0.08)		
40 (151)			3.7 (0.25)	1.4 (0.10)		
45 (170)			4.6 (0.32)	1.7 (0.12)		
50 (189)			5.6 (0.39)	2.1 (0.14)	1.1 (0.08)	
60 (227)			7.8 (0.54)	3.0 (0.21)	1.5 (0.10)	0.7 (0.05)
70 (265)			10.4 (0.72)	4.0 (0.28)	2.0 (0.14)	0.9 (0.06)
80 (303)			13.3 (0.92)	5.1 (0.35)	2.5 (0.17)	1.1 (0.08)
90 (341)				6.3 (0.43)	3.2 (0.22)	1.4 (0.10)
100 (379)				7.7 (0.53)	3.8 (0.26)	2.0 (0.14)

尺寸	0.75in (1.9cm)	1.0in (2.5cm)	1.5in (3.8cm)	2.0in (5.1cm)	2.5in (6.4cm)	3.0in (7.6cm)
120 (454)				10.7 (0.74)	5.4 (0.37)	2.7 (0.19)
140 (530)				14.3 (0.98)	7.2 (0.50)	3.5 (0.24)
160 (606)					9.2 (0.63)	4.4 (0.30)
180 (681)					11.4 (0.79)	5.5 (0.38)
200 (757)					13.9 (0.95)	6.6 (0.45)
250 (946)						9.7 (0.69)
300 (1136)						14.7 (1.01)

表 23 - 6　　　　　　　直角阀摩擦损失

尺寸	0.75in (1.9cm)	1.0in (2.5cm)	1.5in (3.8cm)	2.0in (5.1cm)	2.5in (6.4cm)	3.0in (7.6cm)
流量/gpm (L/min)	psi (bar)	psi (bar)	psi (bar)	psi (bar)	psi (bar)	psi (bar)
5 (19)	0.5 (0.03)					
10 (38)	1.9 (0.13)	0.7 (0.05)				
15 (57)	4.0 (0.28)	1.6 (0.11)				
20 (76)	6.8 (0.47)	2.7 (0.19)	0.5 (0.03)			
25 (95)	10.7 (0.73)	4.1 (0.28)	0.8 (0.06)			
30 (114)		5.7 (0.39)	1.1 (0.08)	0.4 (0.03)		
35 (132)		7.6 (0.52)	1.6 (0.11)	0.6 (0.04)		
40 (151)		9.7 (0.69)	1.9 (0.13)	0.7 (0.05)		
45 (170)			2.3 (0.16)	0.9 (0.06)		
50 (189)			2.8 (0.19)	1.1 (0.08)	0.5 (0.03)	
60 (227)			3.9 (0.27)	1.5 (0.10)	0.8 (0.06)	
70 (265)			5.2 (0.36)	2.0 (0.14)	1.0 (0.07)	0.4 (0.03)
80 (303)			6.7 (0.46)	2.5 (0.17)	1.3 (0.09)	0.6 (0.04)
90 (341)			8.3 (0.57)	3.2 (0.22)	1.6 (0.11)	0.7 (0.05)
100 (379)			10.3 (0.71)	3.8 (0.26)	2.0 (0.14)	0.8 (0.06)
120 (454)				5.4 (0.37)	2.7 (0.19)	1.2 (0.08)
140 (530)				7.1 (0.49)	3.6 (0.25)	1.6 (0.11)
160 (606)				9.1 (0.63)	4.7 (0.32)	2.0 (0.14)
180 (681)				11.4 (0.79)	5.8 (0.40)	2.5 (0.17)
200 (757)				13.8 (0.95)	7.0 (0.48)	3.0 (0.21)
250 (946)					10.6 (0.73)	4.5 (0.31)
300 (1136)						6.4 (0.44)

表格中显示了特定流量下特定阀门的压力损失，还显示了各规格阀门的最小和最大过流能力。在表 23-5 中，一个 1.5in 的阀门，过流量在 121L/min 时，采用平角连接时的压力损失为 0.18bar，而采用直角连接时其压力损失为 0.10bar（见表 23-5）。而且该 1.5in 阀门的运行流量范围是 60.6～379L/min。如果安装的阀门尺寸过小（过流能力小于 60.6L/min），压力损失将会过大；如果安装阀门尺寸过大（过流能力大于 379L/min），可能会导致运转故障，最常见的故障是阀门无法启闭。一般情况下，轮灌小区阀门尺寸小于所安装管道的尺寸，因为管道尺寸的选择主要考虑的是流速，而不是压力损失。

阀门可以选配多种的连接配件，包括螺纹件、承插件及塑料焊接件。阀门进出口连接可以采用不同的连接方式。一个使用 PVC 主管和 PE 支管的系统，阀门可以选择进水口 PVC 粘接，出水口 PE 螺纹锁扣连接。在对灌溉系统进行整体设计的时候，如有需要，阀门也可以提供一些附加功能。主要包含以下几种：①流量调节——通过阀门对流量进行调节；②压力调节——使水流在经过阀门后达到设定压力（只能向下调节）；③污水运行——在水质较差的条件下使用。

是否需要这些功能，取决于系统的设计压力、水质及预算。

大部分用于景观绿地灌溉系统的轮灌组阀门都采用由 24VAC 电磁线圈驱动的液压阀。美国少部分非常古老的系统，有时可能会使用 120V 电磁线圈。塑料和黄酮阀门的适配尺寸为 18～63mm。更大接口的阀门为 63～75mm，阀体可能是塑料和黄铜材料结合体。大于 3in 接口的电磁阀也是有的，但基本不会用作轮灌小区控制。有一些系统可能会装有主阀。如果有的话，主阀应安装在靠近主管与系统首部连接点的位置上。只有在系统运行时，主阀才打开，否则处于常闭状态，以防止系统在不运行的时候受压。一旦出现管网破裂，主阀还可以限制流失水量及由此产生的损失。

系统分区时，既可以将不同支管上的阀门连接在一个组，也可以分别独立接入到灌溉系统中。把阀门连接在一起时，使用的控制线少，但管道使用量会增加。与此相反，独立设置的轮灌组阀门使用的控制线多，但管道少。较大的灌溉系统，可以结合以上两种方法，有若干阀门连接在一起的片区，也有两个或两个以上的独立阀门及带阀大喷头。

为了保护阀门及后期维护，阀门通常都安装在阀门箱内。阀门箱的大小取决于阀门的数量及其他设备，如连接线或隔离阀。阀门箱的标准尺寸有 6in、10in、12in 和 18in。行业中通常会推荐使用 10in 圆形、标准尺寸以及超大阀门箱。阀箱的高度随其尺寸增加而增加，其大小可能还需要取决于阀门需要安装的深度。阀门箱通常是塑料材质的，但在可能有机动车驶过阀门箱上方的情况下也会选用铁质或混凝土材质的。因为可能要过很多年才需要打开阀门箱，所以最好能在竣工图纸上标明阀门箱的精确位置，或者在阀门箱里放入一些可探测金属，这样在以后就可以通过金属探测器对阀门箱进行定位。在容易遭到破坏的区域，阀门箱的盖子应该是锁死的。阀门箱可以有不同的颜色，也可以隐形于安装位置的景观（绿色、褐色和棕色）中，或者符合相关的规定（再生水或中水系统是粉色的）。

第四节　控　制　系　统

　　自动控制灌溉系统的运行由灌溉控制器控制。控制器的大小取决于轮灌组的数量、系统的要求以及为满足景观绿地水量需求而制定的灌溉编程计划。控制器的输出容量可以小到 1 站，干电池供电，用于庭院及小型绿地灌溉控制；也可以大到 48 站，用于商业性场地灌溉系统控制（由于技术的快速发展，单个控制器的控制容量已可达到几百站）。控制器可以有很多不同的性能特征，其复杂程度及设计师、管理人员提出的控制性能需求，决定控制器的价格。对于住宅小区及小型商用控制器，需要具备以下功能：①可设定多个启动时间；②可设定周几灌水；③365 天日历；④水量调整；⑤运行时间的调整以分钟为单位；⑥主阀（水泵）启动控制；⑦雨量传感功能；⑧运行程序测试功能；⑨存储记忆功能。

　　对商业区灌溉系统来说，控制器可能还需要增加以下功能：①多套程序；②重复循环功能；③错误自检功能；④运行时间以小时计；⑤独立编程；⑥降雨延时编程；⑦循环入渗功能；⑧站点运行和传感器延时编程功能。

　　控制器编程内容有系统运行日期、每天启动灌溉的时间和启动次数，以及为提供所需水量设定每个站点所需运行时间。住宅区用控制器的运行一般都是从第一个站开始依次启动。除非控制器有多个叠加程序的功能，否则每个站点不能单独启动。更加昂贵的控制器可以为绿地景观的不同部分设计不同的程序，所以不同的站点可以有不同的灌溉计划。在非草坪区域，不同的绿地种植材料需要不同的灌水计划，控制器必须具备这种功能。

　　例如，草坪可能需要每天或隔天灌一次水，而根系较深的灌木可能每周仅灌水 1～2d。如果灌溉系统安装了主阀（管网入口处），控制器必须有主阀或水泵启动功能。对于控制器来说也是一样的，如果要启动水泵，则需要在水泵控制柜上安装一个水泵启动继电器。一些更为复杂的控制器，可以为某些特定区域提供水泵启动继电器，这样在增压泵的作用下，就可以仅为更大或水压要求更大的区域启动。有些控制器还能为特定区域设定专门的主阀门。

　　控制器可以安装在室内或室外，安装地点与控制器外壳的类型和电气连接方式有关。室内控制器使用塑料壳及外置可插拔变压器；而室外则会采用防水外壳，且内置变压器会以固定的方式连接电源。如果是可插拔连接，则必须有接地漏电保护装置（GFCI）的插座。许多室外控制器外壳都采用工厂制作的金属箱子或者安装在另外的箱子里以保护控制器不受天气的影响和人为破坏。

　　控制器应尽可能安装在方便操作的地方，否则灌水程序将会很难更改。如果无法按照绿地景观的灌水要求对程序进行修改，那么灌溉系统就会出现灌水过量或灌水不足。大多数情况都会是灌水过量，因为灌水程序的设定会基于最恶劣的情况。设置好不再调整的程序被称为"懒人程序"，这种情况下，灌溉系统一整年或一整季都按照相同的程序运行。为了对这种"懒人程序"所造成的大量水资源浪费进行改善，20 世纪 90 年代末出现了"智能控制器"。

　　智能控制器能够通过接收或收集的气象数据自动调整灌水程序，将手动调整降到最低。气象数据的输入可以通过现场安装的气象仪器，也可以从国家气象局、地方气象网站或私人气象站下载。智能控制器的通信渠道包括互联网、电话通信或呼叫技术。每一天，控制器都会根据之前的天气来增加或减少灌水量。很多这类控制器都是基于 ET 技术，以及许多其他技术的使用。为了进行适当的灌水，与传统控制器相比，智能控制器需要进行额外的程序输入。这些输入数据包括植物和土壤类型、喷头的喷灌强度、根系深度以及坡度。智能控制器程序编制得越好，就越能满足植物的水量需求并避免灌水过量。一些设备制造厂家通过给传统控制器增加智能模块，将其升级为相对智能的控制器。这些外接设备接管了控制器的程序设定，大多数情况下是通过共享控制机构的信号线路来控制灌溉的时间和地点。美国灌溉协会对这些智能控制器及智能外接设备进行测试，测试报告会在他们的网站上公布。

控制器也可以连接土壤湿度传感器。有些版本的智能控制器会使用土壤湿度传感器而不是天气数据来对程序进行调整。湿度传感器安装在植物根区，根据不同的类型，用以确定灌溉系统在特定区域何时启动或关闭。湿度传感技术使用了很多不同类型的技术，有些技术已经使用了几十年，有些是比较新的。土壤湿度传感器对土壤水分的测定需要进行校准，校准范围在田间持水量和凋萎点之间。有些传感器可以进行自动校准。亏水灌溉时，操作员必须确定每一个灌溉小区可接受的缺水量，并据此设定控制器程序。

大型灌溉系统可能会有多个控制器。为了合理地管理系统中多个控制器的水量供应和用水时间，需要安装一个中央控制系统。中央控制系统能够协调所有独立的控制器，这样在灌水的时候，整个灌溉系统被作为一个整体进行考虑，而不是各个独立控制器单独运行。中央控制系统还会使程序的频繁调节变得更为快捷，因为不需要到各个控制器的所在位置进行调节。中央控制系统可以集成管理气象站、遥控器和水泵控制功能，这样就不需要为每个控制器都配备这些外接设备。

中央控制系统通常可以管理多个不同地点的灌溉系统。例如，一个有 20 个可灌溉公园的城市，可以在其总部使用中央控制系统来管理每个公园的控制器。需要注意的是，中央控制系统必须输入准确数据，包括喷头参数、灌水小区布置以及系统可供水量。控制器与中央控制系统的通信可以通过现场安装的电子设备和无线电、电话或基于互联网的远程控制来实现。中央控制系统造价虽然较高，但是可以节省大量的人工费用以及用水量。

所有灌溉系统都应该安装某种类型的降雨停止装置（雨量传感器）。灌溉系统经常在下雨的时候或者雨后仍然照常运转。降雨停止装置可以控制灌溉系统在降水达到设定量以后停止灌水。大部分的传感器都能够调整降水量切断点的数值，从 2.5～19mm。一些传感器能够探测到降雨的发生并立即切断正在运行的系统。如果没有降雨停止装置，系统会浪费很多水，除非操作员能在每次快要下雨的时候关闭系统。厂商所提供的降雨停止装置有很多不同的类型和模式。可以固定连接到控制器，也可以无线连接。降雨停止装置安装的位置应不受灌溉系统的影响且能探测到所有方向的降雨。

第五节 管 网 系 统

喷头、阀门和水源需要用管网系统及配件连接起来。在所有绿地景观灌溉系统中，通常都有主管线（始终承压）和支管线（仅运行时承压）。在住宅灌溉系统中，常将所有阀门集中安装在一起（在同一地点）。在一些较老的灌溉系统中，所有管道可能都是铜管或者镀锌管，但现在的灌溉系统，管道基本上都是聚氯乙烯（PVC）或聚乙烯（PE）材质的塑料管。为符合规定，室内的管道通常仍然是铜质的。管材的使用在各个地区是不同的。在美国北部，主管线和支管线都采用 PE 管；在美国南部，主管线和支管线常用 PVC 管；而在美国中部，普遍推荐使用 PVC 管作主管，PE 管作支管。在中国东北、西北地区适合使用 PE 材质的管道，在南方气温偏暖地区适合使用 PVC 材质的管道，华北、中原地区适合使用 PVC 管或以 PVC 管为主管、PE 管为支管。

部分灌溉设计师和工程施工商认为 PE 材质的管道不应该长期承压，因此不适用于主管道，也有人对此持反对意见。主阀门的安装会减少这种担心，但会增加系统的成本。所有 PVC 管都可以被用于更大的系统，包括高尔夫球场及运动场等。

部分工程承包商，无论管线是什么材料，都会在所有的系统上安装主阀门。PE 和 PVC 管都有多个承压等级，管道类型的选取取决于系统安装地区的气候、承包商所接受的培训，以及设计中明确说明。PVC 管的选择可以参照材质等级（SDR 表示标准尺寸比，即管件材的公称外径与公称壁厚的比值）及设计要求，PE 管的选择可以根据承压等级或 SDR 确定。在住宅灌溉系统中，PE 管采用管道承插后用管卡或喉箍缩紧连接（国内 PE 管道连接常以锁扣或焊接为主），PVC 管一般都以黏合剂黏结为主。使用的管道类型随尺寸的不同也会变化。PE 管一般都用小口径，而大口径的管道可能会使用 PVC 管（美标 Schedule 40，Class 200）。还要注意管道的安装程序。如果采用不开挖安装（"鼠犁"铺设），需要采用厚壁管道。开挖沟槽安装管道时，可以使用薄壁管（即承压等级较低的管道）。关于管道安装、配件及承压等级的详细描述，参见本书第九章。

第六节　电　控　系　统

景观灌溉系统中，控制器和阀门之间基本上都是用电信号控制，美国仍有部分地区还在使用液压系统控制。在电控系统中，信号的传递需要两根电线，一根为控制火线，一根为公用零线。公用零线是把控制器到每一个阀门都串联起来的一根公用线，而控制线是把每一个阀门独立的与控制器站点接线柱连接在一起。一个有 6 个分区的系统至少需要 7 根线。线径取决于控制器与阀门之间的距离、同一时间需要启动的阀门数量、水压、控制器输出电压和电磁阀所需的工作电压。

住宅灌溉系统通常使用 AWG18 号（美标型号，相当于国内 0.8 平方）多股电线，以及相同线径或更大线径的公用电线。如果需要多个阀门同时工作，则公用线则需使用 AWG16 或 14 号线（美标 16 号相当于国标 1.3 平方，14 号相当于 2.0 平方）。商业系统会使用独立的 16 号和 14 号 AWG 的共用线和控制线。线径越大，电压损失越小，相对更耐用。选用合适的线径除了要考虑安装地点以外，还要参考各制造商的设备性能，因为每款电磁阀和控制器的电子特性都是不同的。详见第十二章关于线径的选择和举例。所有的电线接头必须进行防水处理，符合水中直埋线 UL－486D 防水标准（美标，现在还没有相应的灌溉控制电线的国标）。电线接头必须有足够的预留长度，以方便整个线路连接能从阀箱中取出进行相关操作。

所有灌溉系统都必须有接地保护。这样除了能保护操作人员的安全外，还能避免由于雷电或电涌对控制系统电器组件造成的损坏。室内控制器接地可以接到住宅或建筑接地系统，如果在规范允许内也可以接到冷水管道上。在较大的灌溉系统中，特别是室外控制器，必须安装接地保护系统。接地电极可以是接地棒或接地板，甚至两种同时使用。制造商对接地系统的最大对地电阻有一定的要求，以保障控制器的使用。各制造厂家对接地的要求均不相同，但是在某些情况下，如公园或运动场，接地系统最好能高于厂家提出的要求。电气安装规范适用于大多数的灌溉系统。关于电气规范和接地的详细说明见第十二章。

第七节　两线解码器系统

除传统的灌溉控制和布线系统之外，还可以选择解码器系统或称作"两线系统"。两线系统利用单根双芯线，在系统的控制器和所有阀门之间建立通信通道。两线式的控制器与传统的控制器类似。然而，阀门通常都使用直流闭锁线圈，而传统的阀门使用的是交流线圈。控制器通过传输信号给接口的解码器来激活阀门。每个解码器的地址都具有唯一性。因为只有一组线，所以解码器要通过解码信号，来控制通过电线连接在自己上面的阀门。有单一站点解码器，也有多站点解码器，其站点数可以为 2 个、4 个及 6 个。两线控制系统的优点是具有可扩展性，在已有或者延伸线路上的任意位置都可以安装新的解码器。另外一根双芯线缆可以连接大量的解码器。最新的技术可以把解码器与电磁阀门做成一个整体，使解码器不再作为外接设备。需要注意的是，解码器系统在同一时间可以运行的阀门数量是有限的。对于两线系统，额外的防雷接地非常重要（见第十二章），各制造商对此的要求有所不同。两线系统正确的接线也是非常必要的。

第八节　人工草坪喷淋系统

许多运动场地都使用人工草坪。其喷淋设计参数及安装程序与自然草坪完全不同。人工草皮喷淋的作用是清洁和冷却场地或者增加娱乐性，如曲棍球场。人工草皮对喷淋均匀性的要求比自然草坪低，但要快速完成灌水，因为运动场经常要在半场休息或者两场比赛之间浇水。场地中间不能安装喷头，所以喷头的射程必须足够大，以尽可能多的覆盖运动场的宽度。大射程的喷头需要足够大的流量和高水压，这就需要提供大容量的水源及增压设备。用于这类系统的喷头一般射程都在 45m，喷头流量为 1327L/min，工作压力为 7bar（见图 23 - 8）。这样的喷头最少 4 个就可以覆盖一个足球场。因为流

图 23 - 8　人工草坪运动场大射程喷淋系统

量需求高，因此配套的阀门和管道尺寸也相应地较大。这种大射程喷头在收缩回去不工作时，顶部面积较大，因此需要在喷头顶部覆盖人工草皮或者保护层。在田径运动场，安全和责任问题需要获得重视，以使运动场尽可能安全。

第九节　微　灌　系　统

随着供水压力日益紧张，所有类型的住宅小区及商业灌溉系统中微灌技术的使用都在迅速增长。灌溉系统管理使用标准和规范要求也适用于微灌。如果进行合理的安装和使用，微灌系统是非常有效的，并且是微小型绿地（如屋顶、立体绿化）或不规则地形的最佳灌溉解决方案。微灌系统比传统喷灌系统需要更多的养护管理，因此并不是所有的业主都会选择使用。关于绿地景观使用微灌系统的更多论述，参见第十一章、第二十四章。

第二十四章　微灌在园林上的应用

作者：Brent Q. Mecham and Joseph H. Fortier

编译：伞永久

　　园林微灌是将水通过微灌系统缓慢、精确、直接地输送到草坪，或园林植物根区土壤的灌溉技术（即按照作物需求，通过管道系统与安装在末级管道上的灌水器，将水和作物生长所需的养分以较小的流量，均匀、准确、直接地输送到作物根部土壤中）。安装在灌溉系统毛管上的滴头、散射或旋转微喷头等灌水器，通常以非常低的流量给植物供水。出水形式有离散形水滴、连续水滴、小水线或者喷雾等。制定适当的灌溉制度，微灌（通常主要为滴灌）可以保持最佳的土壤水分状态，满足植物蒸腾需求。园林微灌系统可以安装在地表，也可安装在地下。

　　第十一章"微灌基本原理"阐述了很多微灌为什么适用于园林植物灌溉的原因。同时还介绍了很多微灌系统正常工作所需的主要组成部分。第二十章讨论了微灌在农业上的应用，其中有许多主题同样适用于园林微灌，例如：市场趋势、水质的挑战和微灌的管理。本章并不会重复这两章中的内容，而是着重讨论园林微灌或滴灌在园林应用中的特殊之处，以及生产厂家为园林微灌应用而生产的专用产品。

第一节　园林微灌设计理念

　　由于气候、土壤条件及当地微灌经验的不同，微灌设计的理念在全国各地会有所差异。微灌的最终目标是以最高效率的供水方式，满足园林植物或草坪生长需要，并使植物根系发育健全。根系的健全发育，能够确保草坪和园林植物健康生长。微灌系统设计可以根据某一园林植被和树木的特殊需求进行量体裁衣，以适应任何种类植物的生长需求。然而，设计一个高效的园林滴灌系统可能并不是一件容易的事。在设计和安装系统的过程中，经常会犯的一个错误是按照植物现有的体量设计供水，而不考虑到植物成熟后及根系健全生长后的需水量。那么如何才能设计、安装并维护一个高性价比的灌溉系统，并使之满足不断变化的园林植物需求呢？

特定植物或草坪的灌溉需求不同，土壤类型不同，会造成微灌系统也不同。微灌系统的用途不同，则系统设计也就不同。设计人员必须搞清楚，微灌是为新种植的植物服务，还是为已有成熟园林植物在需水高峰期补水灌溉；园林绿地的存活是否完全依赖于灌水系统；园林是休闲娱乐场地，还是人行道或其他交通通道；草坪用作体育设施吗？

无论园林或草坪的用途是什么，微灌系统都应该针对园林的长期发展和养护来做规划。生长良好的园林植物，微灌设备的喷洒范围要覆盖成熟作物根系的 $60\%\sim70\%$（Burt，2007），这与微灌在农业果园及苗圃中的应用类似。园林植物根系结构的尺寸能够超过树冠的四倍。为了维持园林的良好生长，从经济角度考虑，灌溉覆盖面积达到 10 年树龄树冠面积的 $80\%\sim100\%$，相当于达到成熟根系的 $60\%\sim75\%$，是可以接受且有效的。在土壤条件不利的地区，微灌系统的覆盖范围应超过树冠尺寸的 100%。

与新建园林绿地安装的微灌系统相比，为一个成熟的园林绿地规划一套灌溉系统，可能并没有多少经济效益。然而，为一个成熟的园林规划灌溉系统的好处，在于能够大大降低植物因生长不好而需要替换的比例，并会确保园林植物健康生长。如果能够进行适当的设计并在初始安装时就考虑到植物成熟时的灌溉需求，微灌系统的维护成本可以降低很多。对于人流大的地方，如学校、公园等，采用微灌的一大优势在于能够减少人为损坏，因为滴灌系统能够隐藏在园林植物下。越来越多的园林专业人士认为，经过恰当设计、安装和维护的微灌系统，是最有效的园林灌水方式。此外，地下滴灌也已用于草坪灌溉。在中水为备选水源的地方，微灌是首选或仅有的植物供水方式。

第二节　微灌系统设计原理

微灌系统设计最重要的工作在于计算，而不是在图中表示出各种灌溉管道、灌水器的位置和喷头布置等。设计人员需要考虑的因素很多，包括土壤类型、土壤水分特性、植物需水要求、可用水源、灌溉制度等，并以此确定灌水器的类型、数量及流量。设计时需要在详尽的灌溉图纸上进行细致的记录，以便于安装人员能够正确地将微灌系统的意图变为现实，为园林植物或草坪精确供水。

合理的设计是任何灌溉系统成功的关键。对于微灌系统来说，比较重要且需要特殊注意的事项有水质要求、植物需水要求、土壤（包括深根系树木的下层土）、微灌灌水器的布置位置、小气候及系统水力计算。在进行园林微灌设计的过程中，不同类型和大小的植物通常都混种在同一区域，这才是设计中的一大挑战，如图 24-1 所示。

混种的植物种类，给灌溉设计师出了

图 24-1　混合种植的绿地点源滴灌

一个难题，往往很难设计出一个统一的系统来满足不同植物的需求。微灌系统给予设计师的灵活性是其他系统不可比拟的，设计师可以选用不同数量及不同流量的微灌灌水器，以满足每一种植物的需求。通过个性化设计，可以精确供水，并能把水供至期望的植物根系层深度（亚利桑那州园林指南，2001）。

为了达到灌溉水利用率的最大化，应考虑土壤类型、种植密度、小气候、地形和植物种类（如覆盖地被、灌木、乔木等）。地被植物、灌木及乔木的潜在根系深度都不同，在设计微灌系统时应独立分区。此外，立体种植区，下沉种植区及不同小气候区也要独立分区。

由于微灌灌水设施和控制系统的多样性，不同需水要求的植物有时也可以划分在一个灌水小区。例如，一组高冠乔木和地被植物可以使用内镶式滴灌管灌溉。如果有需要，可以在滴灌管上加装微灌灌水器为乔木提供更多的水量。随着控制系统的技术发展，给地被植物按照需求常规灌水，并按照循环程序，可以实现在个别时间供给乔木灌足够深的水，以促进深层根系的发展，并避免其根区的盐分积累。不同需水量的灌木（如耐旱和喜湿的灌木）可以分在同一个灌水小区，并安装不同数量的灌水器或不同流量的灌水器，分别满足区域内不同需水量的植物。在这样的案例中，首选采用点源灌水器（滴头），而不是线源灌水器（滴灌管、滴灌带），以便为每一株植物进行定制供水。另一方面，大型高密度的灌木种植，如需水量相似，采用线源灌水器能够达到有效灌溉目的。

一、园林微灌种类

在喷灌系统很难提供适量灌水的小地块及特殊地形的区域，宜采用微灌。根据灌水器的出水形式及湿润形式，微灌可分为点源微灌及线源微灌。

1. 点源微灌

图24-2 点源滴头供水

点源微灌，顾名思义就是在非常确切或精确的位置上供水。点源微灌可应用于园林种植床、花园或苗木种植箱、种植吊篮等。这里对点源灌溉的讨论主要集中在花坛灌木灌溉及灌木花坛中其他混合种植植物的灌溉上。通常情况下，植物床的种植比较稀疏，这意味着植物与植物之间的空间非常大，棵间的部分是不需要灌溉的。点源所使用的灌水器通常为滴头。图24-2中显示的就是点源滴头供水。园林灌溉单滴头最常见流量为 2L/h、4L/h、6L/h、8L/h。可能还有更大流量的滴头，但当流量需求更大时，通常的做法是安装多个常规流量滴头。这样做的好处是，常规流量的滴头比较容易获得，且通过安装多个滴头能使水量分配更加均匀。

有时，散射微喷和旋转微喷也可以用于园林苗床灌溉，特别是当园林绿地没有人行道时。与单个滴头相比，微喷头可以使湿润区域更大。

滴头的位置至关重要。滴灌经常用于新种植的球状植物根系的集中供水，使其更容易定植。一旦定植，滴头应该重新布置，远离植物的原始根系位置，以促进根系的生长和发育。在设计和安装微灌系统时，将滴头直接安装在当前植物根系，定植成熟后再挪到合适的植物根系区域，这一点很重要。

图24-3显示了一个滴头安装案例，在为新种植植物安装滴头的同时，也为之后滴头的安装位置进行了规划。这样在植物成熟后，也能为根系区域土壤供水。由于滴灌系统往往安装在覆盖物甚至杂草障碍物下方，如果微灌系统可以重新改装是最为理想的，但现实中很难实现。可能会有人

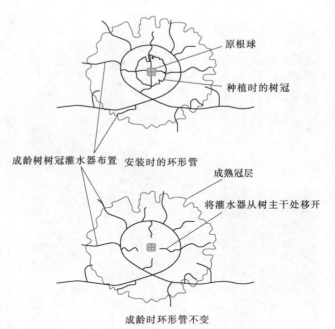

图 24-3　微灌灌水器在树木新栽植及成龄后布置位置

认为在没有根系生长的土壤里浇水是一种浪费，但通过保持设计区域内土壤的湿度，滴灌系统能够为植物成熟后大部分的根系供水。一个更为复杂的方法是安装环状绕树毛管，在毛管上安装灌水器，用小型球阀来控制灌溉。养护人员可以很容易通过所设置的阀门来控制供水。

延长微灌系统有效使用时间的重要方式是移动点源灌水器，使其一直能够把水供给到不断生长的根系。一个方法是在滴头上连接分水管（有时被称为微管），这样可将水分配到新的位置。当植物定植后，分水管应重新布置，以远离植物主干。有些园林管理人员更愿意采用旋转微喷或散射微喷。这些微喷设备通常有支撑杆，使其在覆盖物上方可见，这会更容易调整设备的位置，以湿润更大的根系区域或增加供水量。对于新种植的幼苗，如果喷洒方向是直接对着植株，那么随着植物的成熟，喷洒方向可以调整为远离植株。正确的灌水器布置可以让根系更好地生长。随着植物的成熟，需要调整灌溉制度，以提高供水量。

2. 线源微灌

线源微灌最常被用于非常密集的植物种植以及种植材料对水量和小气候的需求较为相似的状况。线源微灌可以放置于土层的上面或被覆盖物所遮盖。管线可以铺设在杂草障碍物的下面，也可铺设在杂草障碍物上面，各有利弊。当放置在杂草障碍物上面时，管理人员更容易对滴灌管进行维护，更容易检查灌水器是否正确运行。

杂草障碍物会对水进行再分流，也就是说杂草障碍物的类型和坡度会影响到水流的方向。如果放置在杂草障碍物的上面，毛管可能被暴露在外，这样会影响园林效果。如果把

图 24-4　线源灌溉地表湿润模式

管线铺设在杂草障碍物下面，很难确定灌水器是否在工作，对于运行维护也会带来困难。但管线的位置大部分情况下不可能移动，水会渗透进灌水器周围的土壤，不会被杂草障碍物再分布。园林管理者和维护人员可以通过专业咨询，来决定是将毛管铺设在杂草障碍物的上面还是下面。图 24-4 显示的是将线源灌溉运用于密集种植的新建园林。

此外，线源灌溉毛管还可以埋设在地表下，但只有滴灌管标签上注明可用于地下滴灌（SDI）的专用管，才可埋设在地下。SDI 管通常被用于草坪灌溉，特别是对于采用喷头设备进行灌溉有困难的区域，比如经常在马路边缘与人行道之间可以看到的狭长草地或小型弯曲区域的草坪。当然，SDI 管也可以用于大型草坪的灌溉，如足球场。SDI 管被埋在根系区域土层下方十几厘米的地方，水通过土壤中的毛细作用，使得滴灌管在根区均匀灌水。土壤分布是否均匀是该类灌溉成功与否的重要条件。

线源灌溉系统要根据土壤类型和灌水器流量进行设计。如图 24-5 所示，线源灌溉将灌水器布局为网格状。一般来说，高流量灌水器用于砂壤土，较低流量灌水器用于重壤土。

二、园林灌溉需水量估算

设计任何微灌系统的第一步都是估算园林植物的需水量（Fortier 和 Vilt，2007）。新种植物微灌系统的设计，不仅要满足当前植物的大小，还要考虑植物未来成龄后的大小。如果是永久性微灌系统，设计时必须以园林植物成熟期的水分需求为基础，以确保未来根系的健康生长。补充性微灌系统的设计必须满足植物生长期需水量峰值的要求。

本书第五章"灌溉需水量"介绍了如何利用腾发数据及作物修正系数确定植物需水量。由于植物种类繁多及大小差异、小气候差异、及生长外观需求差异等，导致园林灌溉估算植物需水量要比农业复杂得多。第五章中的表格可以用来很好地估算需水量。本章附有用来计算园林需水系数的表格，表格来自美国灌溉协会出版的《园林灌溉审验人员培训手册》。这些表格以第五章内容为基础，但因为是以培训为目的，所以进行了简化。

1. 园林植物系数

园林植物系数（K_L）被用于对参考植物的 ET 值进行修正，以更好地估算特定园林植物或草坪的需水量。这一概念源自加利福尼亚，以后在其他地方推广开来。在简化算法

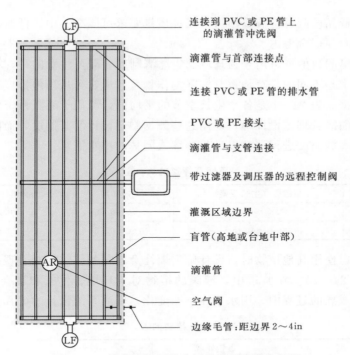

连接到 PVC 或 PE 管上的滴灌管冲洗阀

滴灌管与首部连接点

连接 PVC 或 PE 管的排水管

PVC 或 PE 接头

滴灌管与支管连接

带过滤器及调压器的远程控制阀

灌溉区域边界

盲管（高地或台地中部）

滴灌管

空气阀

边缘毛管：距边界 2～4in

图 24－5　线源灌溉网格布置或地下滴灌布置图

中，所需要的数据包括草坪或植物系数，植被密度系数及小气候系数，以此来估算园林植物需水量。有了植物需水量，就可制定灌溉制度。鉴于园林植物种类及现场小气候的复杂性，园林用水管理还需要考虑到其他影响用水因素。

K_L 依式（24－1）计算：

$$K_L = K_T \times K_d \times K_{mc} \tag{24-1}$$

式中　K_L——园林植物系数；

K_T 或 K_P——草坪或植物修正系数；

K_d——植物密度系数；

K_{mc}——小气候系数。

表 24－1 和表 24－2 中的植物用水范围是给那些不太了解灌溉或园林用水管理相关知识的人员准备的。这些表格的数据有着更为复杂的计算，见第五章中"园林腾发量系数"一节。这一计算方法来自于专业人士的调查研究，用以估算制定灌溉制度所需的园林植物需水量。

2. 草坪或园林植物系数

研究人员已对许多常见草坪草种的需水量做过大量研究。大部分已有作物系数值是针对养护很好的草坪的，不适用于许多园林上使用范围更大的草种。关于其他园林植物用水方面的研究还非常有限。因此，很难提供准确的植物品种需水系数。如果设计人员知道如何适当利用数据估算园林需水，则可根据当地相关信息估算。

在采用草坪系数（K_T）或植物系数（K_P）时，设计师需要判断轮灌小区的综合园林质量。绝大多数园林，如优质住宅或商业建筑周围的园林植物都可归类为一般品质园林。运动场为高品质园林，草坪必须健康生长，外观表现要维持在最佳水平。大型工业区或道

691

路周边的园林为低品质园林。有些项目的园林质量要求可能高、中、低兼而有之，设计师在估算植物用水时要周全考虑。

表 24-1 列出的数值可以用于为草坪制定灌溉制度。需要注意的是，在不同的生长季节，草地的用水率是不同的。草地每月实际的作物系数通常可从当地推广部门获得，推广部门掌握研究数据。表 24-1 是各个生长季节的平均值，可用于灌溉系统设计，但不适用于草坪全生长季灌溉管理。设计师可以用这些数据制定设计灌溉制度，而园林或灌溉管理人员需要每周对灌溉制度进行调整以满足草坪或园林的用水需求。

表 24-1　　　　　　　　　　　　　不同草坪草的 K_T 值

草地类型	高品质（生长茂盛）	一般品质	低品质（绿但生长稀疏）
冷季型	0.80～0.85	0.70～0.75	0.60～0.65
暖季型	0.70～0.75	0.60～0.65	0.50～0.55

在园林中考虑使用其他植物时，设计师需要注意园林的整体外观表现以及园林植物的整体系数（见表 24-2）。在城市中，健康的植物对于环境、生态和社会都有很多益处。在园林绿地逐步成熟的过程中，用水量在不断变化，微灌系统设计时要预先考虑在内。

表 24-2　　　　　　　　　　　　　各种园林植物的 K_P 值

植 物 类 型	最佳外观	一般外观	较差外观
树	0.90～0.95	0.70～0.75	0.45～0.50
灌木	0.60～0.65	0.45～0.50	0.30～0.35
沙漠植物（耐旱植物）	0.40～0.45	0.30～0.35	0.20～0.25
地被植物	0.70～0.80	0.50～0.60	0.30～0.40
混种植物（树、灌木、地被）	0.90～1.00	0.75～0.80	0.50～0.55

3. 种植密度

人们对园林的要求具有特殊性，不只是满足实用功能要求即可，还要满足审美要求。园林植物的密度差异很大，种植间距和成熟度都有很大的不同。植物密度系数（K_d）反映的是植物总叶面积或地面遮阴对植物需水的影响。密度大的植被生长期蒸腾率高，比新建植的园林植物需要更多的水。越成熟的园林植物，其密度系数越高。一个新栽种的园林种植床，可能只遮盖到地面的 25%。而理想情况下，一个相同植物种类，生长十年的园林种植床，其地面遮盖率可达 90%，比新种植的植物需要更多的水。表 24-3 所列为不同植物在正午时分不同地面遮阴率情况下的密度系数值。

表 24-3　　　　　　　　　　　　　不同园林植物的 K_d 值

种 植 类 型	1/4～1/2 地面遮阴	1/2～2/3 地面遮阴	超过 3/4 地面遮阴
低生长植物，高度<0.38m	0.35～0.45	0.60～0.75	0.80～0.95
小型灌木，高度≈1～1.3m	0.35～0.50	0.70～0.80	0.85～0.95
大型灌木，高度>4m	0.40～0.55	0.75～0.95	0.95～1.00
草坪草	—	—	1.00

4. 小气候

在城市中，小气候（K_{mc}）会对植物的需水量产生影响。一般来说，在遮阴处生长的植物，比在阳光直射情况下生长的相同植物的需水量要少。炎热的环境加上绿地南面有墙或者周围有覆盖的停车场安全岛，且受到汽车尾气的影响，这些情况都会增加植物的需水量。灌溉系统设计人员必须对用水区域中小气候的影响进行评估。因为 ET 的参考值是基于在开阔地带所测量的天气数据中太阳直射下旺盛生长的植物的情况，这时的小气候影响系数为 1.0。表 24-4 中的数值可以作为参考，用以评估园林中小气候的影响。

表 24-4 不同阳光照射情况下的 K_{mc}

植　被	高	平均（参考状况）	低
草坪草/园林植物	1.2～1.4	1.0	0.5～0.8

5. 计算园林植物需水量

在确定灌水器的数量或规格之前，需要计算出一段时间内用水量的峰值。式（24-2）用来计算单位时段内的植物需水量。

$$Q = \frac{A \times ET_0 \times K_L \times 0.623}{E_a} \qquad (24-2)$$

式中　Q——单位时间内，如一天或一周的用水加仑数；

　　　A——植物的遮盖区域×0.75（为 75% 的区域供水），ft^2；

　　ET_0——特定时段，如天或周的 ET 峰值；

　　　K_L——园林系数；

　　0.623——转化为加仑数；

　　　E_a——灌溉水利用率，炎热干旱气候为 0.85，温和气候为 0.90，凉爽气候为 0.95。

【例 24-1】 计算某种植床的峰值需水量。

某冠层面积为 $500ft^2$ 的混合种植床，全天太阳照射，由接近发育成熟的混合植物组成，园林外观要求一般，中等气候条件下的 ET 峰值为 0.30in/d（7.6mm/d），每日需水量的计算如下：

$$Q = \frac{500 \times 0.75 \times 0.30 \times 0.80 \times 0.623}{0.90} = 62.3gal/d(236L/d)$$

设计湿润目标是冠层区域的 75%，见表 24-2～表 24-4，可计算出园林系数为 0.80。以这些数据为基础可得出需要 62 个流量为 3.8L/h 的灌水器，运行时间为 60min，以满足植物的每天高峰用水量。鉴于这是一个混合的种植床，要为每一种植物设定正确数量的灌水器，以满足同一区域内不同植物种类的用水需求，对设计师来说较为困难。一种方法是参照种植床不同植物的清单，对每一个种类分别进行计算，以得出各自的用水需求。然后，通过水量平衡计算，使用水量高的植物能比用水量低的植物获得更多的灌溉。如果是点源滴灌，即使灌溉时间相同，选择不同的滴头流量也可满足各种植物的需求。在确定所使用的微灌设备时，为了达到最佳效果，必须要考虑土壤类型和土壤水分特性。滴头、散射微喷头或旋转微喷头都是可选择的灌水器。

三、点源灌水器流量及数量确定

在计算出植物需水量之后，下一步就是确定灌水器的数量和流量。

【例 24 - 2】 计算每种植物的需水量。

以一个用水需求变化很大的混合种植床为例，具体见表 24 - 5。与 [例 24 - 1] 一样，假设 ET 峰值均为 0.30in/d（7.6mm/d）。每一种植物的需水量都要用式（24 - 2）进行计算，假设园林植物的景观要求为一般，地面遮阴面积大于 75%。

表 24 - 5　　　　　　　　　每种植物灌水器数量的计算

植物类型	植物冠层直径/m	植物冠层面积/ft² (m²)	灌溉面积（75%）	园林植物系数 K_L	需水量/(gal/d)(L/d)	灌水器流量/gph(L/h)	每种植物的灌水器数量
大	8	50 (4.6)	38	0.50	3.9 (14.8)	1.0 (3.8)	4
小	5	20 (1.9)	15	0.48	1.5 (5.7)	0.5 (1.9)	3
生长缓慢	4	12 (1.1)	9	0.48	0.9 (3.4)	0.5 (1.9)	2

上面的表格显示了设计者应如何选用不同流量和数量的灌水器，以便为每一种植物提供充足的水量。在实践中，最好是为每个植物安装多个灌水器，不是一个而是更多的灌水器均匀分布在植物周围，这也会最大限度地降低了单个灌水器堵塞的可能性，防止植物缺水。此外，设计师需要确认种植床内植物的数量，以决定总的需水量和灌水器总数。这一方法同样适用于地被植物区域中，散射微喷头或旋转微喷头数量的计算。该表格说明了如何确定滴灌灌水器的总数量。

四、线源微灌计算

在整个区域都需要灌溉且单颗植物的需水量相似的情况下，线源灌溉通常应用得更多。一般来说，这一状况包括密集种植区域，如地被植物、大面积种植的灌木、花卉，甚至包括草坪。在灌木花坛或地被植物中，管线布置通常如图 24 - 5 中所示，以网格状铺设在地面上，并进行固定以维持间距均匀。无论管线是在杂草障碍物的下面还是上面，都要考虑安装和维护的问题。如果线源灌溉被用于草坪或地被植物灌水，可以将管线埋在预期根系区域的中间。对于大部分草坪线源灌溉来说，管线通常埋在浅根系植物的 100～150mm 之下。在对线源灌溉进行设计的过程中，在选定灌水器流量和确定网状毛管的间距时，土壤质地和土壤结构非常关键。制造商一般都会提供关于他们产品的设计指南（Agrifim，1998～2011；耐特菲姆，2009；雨鸟，2000；托罗，2010）。园林线源滴灌所使用的内镶式灌水器，其最常见的流量为 1L/h、2L/h、4L/h。较高流量的灌水器被用于砂壤土，而较低流量的灌水器则被用于黏壤土及黏土。如第十一章中所论述，灌水器流量会关系到水如何入渗到土壤以及如何扩散以形成湿润区。在线源灌溉设计过程中，滴灌管灌水器间距及滴灌管铺设间距会影响系统运行流量，单位是 L/h。式（24 - 3）被用来确定线源灌溉系统的流量或灌水强度。

$$PR = \frac{231.1 \times Q_{gph}}{S_e \times S_l} \qquad (24 - 3)$$

式中　PR——灌水强度，in/h；

　　231.1——常数；

　　Q_{gph}——单个灌水器的流量，加仑/小时，gph；

S_e——灌水器间距，英寸 in；

S_l——毛管间距，英寸 in。

【例 24 - 3】 线源灌水器灌水强度计算。

灌水器流量 0.50gph（1.9L/h），滴头间距 18in（457mm），滴灌管铺设行距 15in（381mm），将这些数值代入式（24 - 3）

$$PR = \frac{231.1 \times 0.50}{18 \times 15} = 0.43\text{in/h}(10.9\text{L/h})$$

设计人员可能要进行多次计算，才能确定哪一个灌水器的流量和间距可以很好匹配土壤入渗率。本例中的灌水强度与旋转喷头类似。使用更高流量的滴头并减少内镶式滴头的间距和滴灌管的铺设行距，线源灌溉的灌水强度会接近于散射喷头。使用线源微灌的一个主要原因，是能够不受种植密度和根系密度的影响，从而均匀湿润整个区域。

园林微灌可供选择的灌水器很多。由于许多园林植物种植区面积较小，且形状常常不规则，微灌可以很好满足这种条件的灌溉需求，可把非灌溉区域的浪费水量降到最低。有经验的设计师都知道各种方法的优、劣势，通过选择合适的点源和线源微灌，以达到高效灌水。

第三节 安 装 与 维 护

微灌系统的安装工艺与传统的喷灌系统安装有很多类似的地方，比如主要设备的位置确定（如控制阀、堵头或进排气阀安装）。此外，还有一些独特的部件需要精细安装到位。例如，分水管（常称为微管）通常被用于需要精确灌水的地方，微管可以安装在滴头上分水，也可将滴头安装在微管末端，微管连接到毛管上。滴灌毛管通常用卡箍进行固定。园林灌溉最常用的毛管外径为 16mm，但还有很多或大或小的不同尺寸。

连接滴灌管的管件必须匹配。有的管件是插入式的，有些是锁扣式的。在运行水压低于产品额定承压的情况下，两种配件都不需要卡箍固定。配件能否与特定产品配套，是园林灌溉相关人员经常碰到的一个问题，很少有配件能在两种产品之间互换。

一、主要部件安装

控制组件包括控制阀、压力调节器和过滤器，如图 24 - 6 所示。由于滴灌系统的流量都非常低，所以很重要的一点是要确定阀门在低流量的情况下是否能正常工作。很多厂商都针对微灌系统生产有特殊阀门。控制组件的过滤器要与水源和流量相匹配，必须能把水中的杂质过滤掉。即使是饮用水水源，也至少要安装 100 或 150 目的过滤器，以尽量避免灌水器堵塞。过滤器应该安装在方便维护的地方。控制组件还应包括压力调节器。大多数园林微灌系统的工作压力在 140～280kPa 之间。

如果灌水器的出水口不在地上，应该在每一轮灌区的最高点位置安装进排气阀，破坏出水口的虹吸作用，防止回流把泥土和杂物吸入滴灌管中。地下滴灌的每一根支管的末端，都要安装冲洗阀，这样能够周期性冲洗系统，排出支管中的杂质。控制阀、过滤器和调压阀等设备，必须根据最小、最大流量以及每一个轮灌区的水压要求，选定合适的规

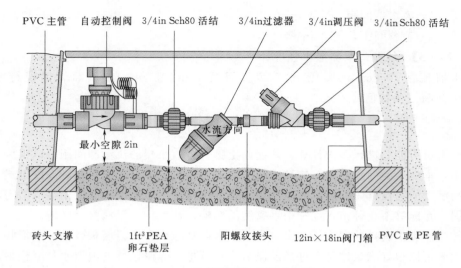

PVC 主管　自动控制阀　3/4in Sch80 活结　　3/4in 过滤器　　3/4in 调压阀　3/4in Sch80 活结

最小空隙 2in　　　　水流方向

砖头支撑　　　1ft³ PEA　　　　阳螺纹接头　　12in×18in 阀门箱　PVC 或 PE 管
　　　　　　卵石垫层

图 24 - 6　微灌阀门安装示意图

格。设备选用适当，安装及维护到位，可确保系统正常、持久运行。

图 24 - 7 显示的是冲洗堵头安装示意图，图 24 - 8 为泄水阀示意图，进排气阀安装类似于此。这样安装有利于维护，便于找到。任何需要维护的阀门都应该安装在阀门箱中，以保持清洁，并能正常维护。进排气阀应该安装在微灌区域的最高点。

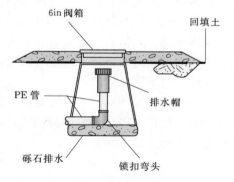

6in 阀箱　　　　　　回填土

PE 管　　　　　　排水帽

砾石排水　　　锁扣弯头

图 24 - 7　安装在阀门箱中的冲洗堵头

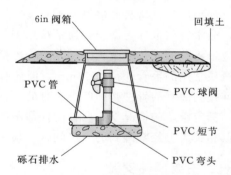

6in 阀箱　　　　　　回填土

PVC 管　　　　　　PVC 球阀

　　　　　　　　　PVC 短节

砾石排水　　　　　PVC 弯头

图 24 - 8　安装在阀门箱中的冲洗阀

二、灌水器安装

灌水器间距的确定要考虑土壤类型，在实践中，黏壤土使用的灌水器间距通常为 60cm，砂壤土取 30cm，壤土取 50cm。对于之前采用喷灌或地面灌的植物，在转为微灌时，灌水湿润区域至少应为冠层面积的 125%，使已有的根系结构能够继续生长。

植物周围灌水器的分布应该结合土壤类型和植物的需水量。在新建的园林中，至少应该有一个灌水器被安装在植物的树干周围，如图 24 - 9 所示。随着植物的成熟，出水口移动到植物树干以外，以避免烂根或其他真菌感染。要根据土壤类型和可灌溉的时间，确定灌水器间距和流量。在新建园林的时候，至少 80%～100% 成熟后植物的树冠区域需要被覆盖。

三、坡地上的点源灌水器安装

对于微灌系统，坡地灌溉常会带来一些特殊问题。由于坡顶的水会顺坡流下，如果处理不当，就会造成地面径流，应采用独特的湿润模式来避免。坡地滴头安装如图 24 - 10 所示。另外，如果毛管顺坡而下，在阀门关闭后，毛管中的水会从坡底滴头排出。因此，毛管或滴灌管应顺等高线铺设，不得向上或向下铺设。而且，每隔 1.5m 或 3m 高差要安

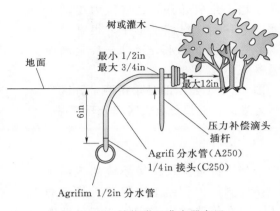

图 24 - 9　植物附近灌水器布置

装止溢阀，以防止管线排水过量，侵蚀土壤。坡上布置灌水器还有几点需要注意。

（1）不恰当的布置会导致管中水顺坡下流，导致坡底积水。

（2）把灌水器安装在坡顶的一侧，可使湿润区维持在植物根区。

（3）为了防止径流，尽可能修建树坑。

（4）修建树坑时，应使树坑里的水在 12h 之内排尽，否则可能会出现根部腐烂。

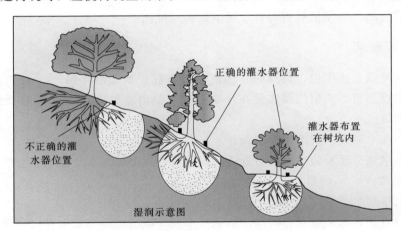

图 24 - 10　坡地滴头安装布置方法

四、坡地上的线源灌溉设备安装

坡地上的线源灌溉，采用网格模式布置，通常有两种方式来管理土壤水入渗。

一种方法是把斜坡分为三个不同的区域：顶部、中间、底部。每个区域安装的滴灌管及铺设间距相同，但灌溉制度不同。分成独立运行的小区有利于系统管理。顶部小区运行时间较长，底部小区运行时间较短。

另一种方法也将坡地分成三个小区，底部、中部及底部小区。顶部毛管以小间距布置，甚至滴头间距也可取小。随着往下铺设，滴灌管间距越来越大（滴头间距也可变大），

除了土壤毛细管作用，还有重力驱动土壤水向下移动。斜坡地形下，很难通过精确计算根区土壤水分运动来确定滴灌管及滴头间距。

图 24-11 显示的是采用两个分区管理坡地灌溉，坡顶与坡底区域分开管理。

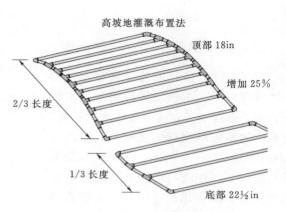

图 24-11　坡地分成两个区，毛管间距
随着斜坡下行而增加

五、维护

合理维护可延长微灌系统的使用寿命。接近阀门的管路上要保持有足够的压力，而在管路的末端应保持有足够的流量。在寒冷的气候下，至少每月要对管线进行一次冲洗；而在温暖的气候下，一年至少要进行两次冲洗。通过冲洗，可将管线中的泥土、杂质或沉淀物排出去，以免堵塞灌水器。维护中，为保证正常工作压力及过水能力，冲洗过滤器是一个很重要的步骤。在寒冷的气候下，喷头系统要进行过冬前维护，微灌系统也一样，需要把水排空。压缩机的气压应设定小于 275kPa，以避免吹走没有紧固的部件，导致事故发生。排水时要打开冲洗堵头或冲洗阀，以便更有效的将管网中的积水排出。

六、灌溉制度

对于园林喷灌系统来说，典型的方法是在土壤有效水分消耗到 50％左右的时候进行灌溉。对于微灌而言，典型的做法是在土壤有效水分消耗到 30％的时候进行灌溉。可通过以下方法实现。

（1）缩短灌水周期，实施频繁灌溉。

（2）在土壤水分还较为适宜的时候就实施灌溉，以增强水在土壤中的毛细运动，使得根区湿润更容易。

（3）降低植物水分胁迫，重质土尤其如此。

土壤水分管理常常采取运行时间全季基本不变，而灌溉频率发生变化。夏天高峰需水期，灌水间隔短；天气凉爽的时候，灌水间隔长。

"循环入渗"法是喷灌系统中减少径流常用的管理措施。对于滴灌来说，利用循环入渗法，除了减少径流，还能让更多的水横向扩散，而不只是下渗。这一管理方法对于浅根系植物灌溉最为有利，较长时间持续运行，可使水更易于入渗到植物根区。

参 考 文 献

Agrifim. Drip irrigation product specifications. 1998 - 2011. Fresno，Calif.：Agrifim，National Diversified Sales.

Ariz. Landscape Irrig. 2001. Guidelines for Landscape Drip Irrigation Systems. Phoenix，Ariz.：

Ariz. Municipal Water Users' Assoc.

Burt，C. M. ，and S. W. Styles. 2007. Drip and Micro Irrigation Design and Management for Trees，Vines and Field Crops. 3rd ed. San Luis Obispo，Calif. ：Irrigation Training and Research Center Press.

Fortier，J. ，and K. Vilt. 2007. Drip Irrigation for the Mojave Desert. Las Vegas，Nev. ：Conservation Dist. of Southern Nev.

Netafim. 2009. Techline Design Guide. Fresno，Calif. ：Netafim.

Rain Bird. 2000. Low - Volume Landscape Irrigation Design Manual. Azusa，Calif. ：Rain Bird Corp.

Toro. 2010. Landscape Dripline Design Manual. Riverside，Calif. ：The Toro Co.

第二十五章　高尔夫球场灌溉

作者：James M. Barrett，David D. Davis and Paul J. Roche

编译：吕露

一个设计良好的灌溉系统，是高尔夫球场中必不可少的智能养护工具，球场草坪养护不好，就意味着营收的减少。一个18洞高尔夫球场，大约有$30hm^2$的草坪，灌溉系统的合理安装、定期维护、日常运管，才能满足这么大面积草坪的水分需求（见图25-1）。土壤差别、排水好坏、场地造型、草种类型、剪草高低、球车碾压、阴坡阳坡、风速大小等因素，都会影响灌溉需水量。精准智能的灌溉系统，是保持全场草坪生长均匀、达到期望的密实度、控制果岭速度的关键。

图 25-1

在有足够降雨的地区，高尔夫球场灌溉只是补充灌溉的手段，仅在持续干旱的季节才使用。从20世纪60年代起，伴随着电视转播锦标赛事的增多和对场地要求的提高以及这项运动的普及，高尔夫球手的期望值也随之提高。颜色低劣的草坪越来越不受欢迎，仅补充灌溉已不能满足需求，甚至在湿润气候的地区，灌溉也变成必需的手段。基于电视转播的锦标赛球场的这种不见得合理的观点和现象，现在高尔夫球手们打球时，更期望球场草坪剪得更短、果岭速度更快、更密实和干燥。要满足这些条件，就需要更复杂、更智能、更可靠的灌溉系统，来进行更严格的草坪养护。

与农业或庭院绿化用水来比，高尔夫球场不是用水大户，但它是非常特殊的用水户。

随着人口增长和持续干旱，世界范围内的饮用水供应越来越紧张。环境专家在不同级别的论坛上，都在讨论和关注园林灌溉的艰巨性，而高尔夫球场灌溉反而是容易达到的目标。针对高尔夫球场用水的新的限制法令不断推出，促使高尔夫更具挑战性和创新性的设计层出不穷。球场管理者也在努力保护环境、减少水土流失、节省能源、提高劳保。如果没有高效能的灌溉系统，这些努力就无从实现。

第一节　高尔夫球场灌溉系统的特点

一个高尔夫灌溉系统，必须具备最快灌完全场的能力，腾出营业和养护时间。普遍接受的导则中指出，一次完成全场灌溉的时间要小于 6h；并且能让草叶湿润的时间最短，以免发生病害；还不能与用电高峰叠加；还要在非常短的时间内，对果岭、发球台、果岭裙带、球道等处进行快速灌溉，因为在营业期间，往往需要快速补水。这种快速灌溉的方式，同样要求快速的施入肥料和其他化学元素，引起造价奇高。

因为高尔夫球场喷头的流量和射程都比园林喷头大很多，所以高尔夫球场灌溉系统的工作压力就比园林灌溉系统高很多。高尔夫球场喷头要求的工作压力范围，一般为 410～700kPa，而高尔夫球场的地形高差常常大于 30m，所以，典型的高尔夫球场灌溉泵站的出口压力，会达到 830kPa，甚至更高，用以满足喷头工作压力，克服地形落差，克服管道、管件、阀门等一系列水头损失。由于这种高水压下工作，灌溉系统必须严格设计、精心安装、正确操作，确保场地养护人员和高尔夫球手的人身安全。

由于高水压带来的复杂性，灌溉系统的设计师和操作者，必须对水锤破坏有很深入的了解。在灌溉系统中，水锤是不可避免的，一个场地里有几百个电磁阀，甚至有上千个带电磁阀的喷头，不时的开启和关闭，必然会引起水锤，设计师和操作者必须想方设法，把水锤的发生降到最低限度，所选的所有系统部件，都必须能够承受工作压力和水锤压力的总和，那么用在高尔夫球场灌溉系统的部件的强度，肯定要远高于园林灌溉系统上的类似部件。

另外，高尔夫球场灌溉系统的流量，也远远大于园林灌溉系统，小的 $180m^3/h$，大的能到 $2300m^3/h$，对于灌溉系统来说，这是罕见的大流量。正是如此，就造成系统的各种部件，如泵站、管道、管件、喷头、阀门、控制线、电源线等，都远大于园林灌溉系统的这些部件。另外，高尔夫球场灌溉系统，必须非常可靠、经久耐用，所有部件要经得起频繁使用的磨损，劣等水质和化学肥料的腐蚀，以及养护机械、剪草机、打孔机、球车、球手等的物理性损伤。

高尔夫灌溉系统所用的喷头有这么几种，球道和高草区喷头射程 18～27m，果岭喷头射程 18～21m，视球场特性，发球台喷头射程要么 18～21m，或者 9～11m。果岭必须用全圆或可调角度喷头严格覆盖到，果岭周边要布置可调角度喷头，和果岭分开灌溉，也可灌溉高草区，又不会引起果岭推球区过量灌溉。发球台的喷洒覆盖，视球场特性而定，如林克斯（Links）球场，每个发球台周边都种植的是本地草（即适应本地降雨的草），因此就要控制灌溉范围，只需要用可调角度喷头灌溉发球台上的草就可以；而沙地球场，也经常用类似技术，防止水土流失；像公园类的球场，养护的草坪范围远大于打球的范围，就比林克斯球场草坪养护范围大得多，因此灌溉面积也就很大。

现今的技术发展，高尔夫球场灌溉系统有几百个甚至上千个独立控制的灌溉小区，大多数系统，尤其是高档球场，需要更精确的灌水，要做到整个球场的每个喷头都可控制。如此海量的灌溉小区，就需要分控箱型或解码器型的中央计算机控制系统，来实现球场灌溉。

由于高尔夫球场广泛用到电路板控制技术，在场地内布置了大量的控制线路，电涌保护就显得格外重要。电涌由雷击和不稳定电源引起，若没有很好的防护措施，将会引起电器设备的大面积损坏。

第二节　供　　水

由于高尔夫球场灌溉面积很大，就需要供水量很大，甚至在湿润气候区，仍然需要很大的供水量。球场用水量的多少，取决于气候条件、土壤质地、草种类型、球场面积、球场造型和灌溉要求。一般来讲，一个 18 洞的高尔夫球场，在湿润气候区，每年的用水量在 5 万～37 万 m^3，当在干旱气候区，每年用水量甚至达到 74 万～123 万 m^3。用水量的计算方法，将在后面的章节里讨论。另外，全场灌溉一次作业时间非常有限（小于 6h），相对来说，流量就会很大，需要水源能提供的总水量也会很大。在这些因素的影响下，又掺和进用水户之间的水权竞争，那就意味着高尔夫球场不得不采用变通的办法，在什么地方、在什么时间段能争取到灌溉用水，球场其他用水和景观用水往往也要计算进整个水源中（例如以灌溉湖做水源）。一个 18 洞高尔夫的水源流量，通常在 $230\sim685m^3/h$ 范围，在某些情况下，会按一天 24h、一周 7d 的方式运行。若在供水异常紧张的地区，越来越多的高尔夫球场依赖于劣质水和环境用水，例如中水或其他非饮用水水源（参见第六章的相关内容）。

保持球场草坪和树木的健康成长，是球场运营中的重中之重，因此，水源水质，尤其是中水、劣质水的水质，必须引起高度重视。水质也会影响灌溉系统的运行，降低系统中各部件的机械性能，按常理来看，用中水、咸水、劣质水时，灌溉系统中的部件会老化得快些。

灌溉的供水和水质处理，已在第六章、第二十章进行了全面讨论，下面的内容，是针对高尔夫球场灌溉系统的特点，再进行一些讨论。

一、水源

当城市园林还在把饮用水或清洁水作为唯一灌溉水源时，而高尔夫球场已经在利用多种水源，主要有地下水、地表水、工业再生水、生活用水等。

（一）地下水

地下水是高尔夫球场常用的灌溉水源，要么直接送入灌溉系统，要么先抽到灌溉湖中，然后再送入灌溉系统。有些高尔夫球场灌溉系统，尤其很小的系统或者只灌溉果岭和发球台的系统，就直接从井里抽水，送入灌溉系统，这种系统一般含有控制主阀、减压阀、持压阀、止回阀等，但这种系统结构效率并不高，所以，为了提高系统效率，一般要采用变频机组，再用第二个井的机组作为稳压泵。这种情况下，其限制条件就是井的出水量，井的出水量，很少能达到整个高尔夫球场灌溉所需的流量，即 $270\mathrm{m^3/h}$ 以上的流量。

由于井的出水量一般很小，一般为 $23\sim46\mathrm{m^3/h}$，有些球场就得打很多的井，才能满足灌溉需求。这一系列井用一台控制设备来控制，把水直接送入灌溉系统。这么多井泵的协调启闭，是通过流量、压力传感器，以系统需求的变化，把信号反馈给控制设备，从而实现灌溉。

图 25-2　高尔夫球场灌溉湖旁的泵房

现在普遍的做法，打一两眼出水量为 $23\sim46\mathrm{m^3/h}$ 的井，定期向灌溉湖里注水（见图 25-2），视系统的压力要求，再建一个含多台泵的泵站，把水从灌溉湖里再送进灌溉系统。

（二）地表水

小溪、河流、渠道里的水谓之地表水，是高尔夫球场灌溉常用的另一种水源。可以把水直接送入灌溉系统，也可以注进湖里备用。取地表水时，需要关注的因素有，水权归谁、水质如何、怎么取得当地管理部门取水许可的批文（参见第六章）。

（三）饮用水

有许多高尔夫球场用的是自来水系统的水（见图 25-3），甚至也用来补充景观湖的水，但这种用途，不是每个地方政府都会批准这么做。因为费用昂贵，若遇干旱季节时，还会掐断高尔夫球场的供水，所以用自来水系统给高尔夫球场灌溉供水，只是不得已的最差的选项。

图 25-3　与自来水系统连接的首部

仅自来水系统的压力，不足以驱动高尔夫喷头，因此就得直接建加压泵站，才能满足灌溉的需要，这时就要按照"卫生规范"要求，投巨资建一套防回流设施，除非那里有隔离设施。当把自来水连接到开敞的水池中时，就必须建隔离设施，防止发生自来水污染事件。

（四）中水

越来越多的高尔夫球场在用中水灌溉，中水利用可能会由政府的公司负责管理，在与水处理厂订立协议时，必须清楚表述用水量、水质标准、终端水价、泵站和输送设施建设、用水条款，等等。在用水条款里要包含用户最小购水量规定，即在某一固定时段内，用户要接收一定的水量，若在这个时段内不需要灌溉，那么球场就得考虑怎样储存这些水量，等需要灌溉时再用。而在美国的一些州，基于怕危害健康的原因，不允许用中水灌溉球场。美国的大多数州和地方政府，对于中水用于高尔夫球场和市政园林，都有严格的申请程序、管理规范和条例。例如，对风速就有规定，大于该风速就不能开机用中水灌溉；还有，在湿地、水池、湖泊、溪流、水源地、排水入渗地、建筑群、其他受管控的区域附近，严格限制利用中水。图 25 - 4 表示的是立有紫色警告标志牌的中水灌溉水池。

图 25 - 4　立有紫色警告标志牌的中水灌溉水池

必须按照中水的化学特性，进行中水灌溉系统设计，系统的各部件，必须能承受中水的腐蚀、强度下降、结垢等情况。主要部件有 PVC、PE 管、管件、铰接管、喷头等，黄铜或青铜闸阀也经常用到，尽管青铜合金并不适宜劣质水。球墨铸铁管件和闸阀的内表面，必须做特殊涂层处理，以适应劣质水的情况。不得使用镀锌钢管的管件。

（五）咸水

在高盐水的岸边或地下高盐含水层的区域，鲜水供水现状又非常恶劣，同时反渗透脱盐技术的成本大大降低了，才是利用咸水的有利时机。脱盐技术的副产品处理，虽然仍是个技术门槛，但当这个难题一旦解决了，微咸水和高盐水，将会成为高尔夫球场灌溉的切实可用的水源。

二、水质

在高尔夫球场，对草坪质量和灌溉系统运行而言，水质是至关重要的问题，尤其是在高强度的修剪养护条件下，不同的草种，对干旱、盐分、pH 值以及水质的其他要素的承受度也不同。无论哪种水源，在最初使用时必须检测水质，在灌溉系统寿命期内，也必须定期检测水质，定期检测是确定水质的季节性变化的必要手段。在许多情况下，需要用一些特殊设备（如加酸设备、加硫设备等）来处理劣质水，可参见第六章、第十一章、第二十章。

水中的物理杂质和有机杂质（如藻类、贝类等），对泵和灌溉系统的其他部件有潜在损害。可以通过不同设备去除这些杂质，如药剂注入机、过滤器、砂分离器等设备。这些将在本章后面的内容里进行讨论。

第三节 需 水 量

在球场报批的前期，就要做这个需水量的估算，因此在设计灌溉系统之前，通常基于报批资料，就早早准备好了此数据。年需水量（V）可用式（25-1）来估算。

$$V = \frac{(ET_0 \times K_C - ER) \times A}{1000 \times E_a}$$ (25-1)

式中　V——年需水量，m^3；

ET_0——当地草坪生长季节的作物参考蒸发蒸腾量，mm；

K_C——草坪成坪后的作物系数；

A——灌溉面积，m^2；

ER——当地草坪生长季节的有效降雨，mm；

1000——换算系数；

E_a——灌溉水利用系数，对于新建系统取 0.75～0.80。

当开始设计灌溉系统时，就要对最初的需水量数据，进行更切合实际的预测。

为了选择泵站、确定干管大小，以及灌溉系统的其他参数，那就必须先确定系统的实际容量，即在最不利情况下，泵站必须能满足灌溉需要，而系统容量的大小，又取决于最不利的情况。最不利情况，就是灌溉季节里日最大需水或周最大需水的时候，ET_0和作物系数 K_C 对应取此时的值，而此时段内还无有效降雨可用，可用式（25-2）来计算最不利情况下的需水量。

$$V_{WC} = \frac{ET_0 \times K_C \times A}{1000 \times E_a}$$ (25-2)

式中　V_{WC}——最不利情况下的需水量，m^3；

其他符号意义同上。

特殊用水也必须计算进去。新植的草、分蘖期或刚铺的草坪，其初期需水量就远远大于成坪期需水量；对于高含盐土壤和水源，以及利用中水的灌溉系统而言，还要计算进去淋洗的水量；灌溉系统还要具备快速施肥的能力。如此等等要素，最终都要算进系统容量里，这个结果不仅仅只影响总需水量的数据，而且会影响泵站大小、干管口径、场地分控箱电源线的线径。

第四节 储水量和补水流量

必须建设储水设施，如池塘、湖或者水箱（见图 25-5），所储水量要满足球场大容量灌溉系统（流量在 180～2280m^3/h），在较短的时间内高效完成全场灌溉，而且在 24h 内，再次把储水设施充满。一般通过湖水水位传感器，来自动控制补水井的运行。储水容量要考虑一定的富余量，当井出故障或维修不能补水时，还能保持正常灌溉。

开场营业时，如果储水湖在球手的视野范围内，那在早上第一场球手到达储水湖前要补水，使湖水水位达到正常的景观水位；如果储水湖位于会所旁，那在日出前就得补水到

图 25 - 5　球场水源湖

正常水位。因生长在湖岸边的杂草，会使水质变差，即使湖岸做得很规矩，因水位变化，一些腐败的杂物也会暴露出来，因此裸露出的湖岸有损观瞻。最理想的储水湖的位置，应该安排在球手的视线外。

储水湖的深度也会影响水质，最小深度应该在 3～3.7m，遵循当地规范规定，视土壤质地，湖岸坡度尽量做的陡峭些，为了安全考虑，很多规范要求设置护栏或沿岸种植一些植物。若水太浅，水温会很快升高，就会引起水草和藻类疯长。陡峭的护岸需要做硬化处理，从而防止易腐败的杂物滋长，还可增加储水容积。美国很多州都有规定，不允许裸露湖岸，并且要用石头或混凝土来衬砌湖岸，用 PE 或 PVC 膜做防渗处理，尤其是储存中水，有些州作为强制条款来执行。

储水湖的储水量，取决于灌溉系统的日用水量和补水水源的流量。一般情况下，在球场营业期间，视线内的湖都要求补满水。若发生水源故障的紧急事件，优先保证景观，维持湖水水位，暂时容许草坪受损。灌溉系统设计方常常推荐，在高于泵的取水口的湖里，再存储 5～8d 的需水量。出现水源故障或者持续异常干旱天气，草坪总监可对非关键区域，如高草区、球道区，减少灌溉甚至停灌。当只灌溉关键区域时（如果岭、果岭周边、落球区、部分发球台），储水量必须能维持几个星期的灌溉。

高尔夫球场的湖，是球场设计师视打球的战略价值、景观水位特征要求等，选择湖的位置，确定湖的大小，灌溉所需的储水量，也必须包含在此设计范围内。

第五节　泵　　站

高尔夫球场灌溉泵站需要经过大量周密思考，并引起足够重视。流量大、灌水作业窗口期短、地形落差复杂、干管长等，是设计中面临的关键问题。另外，可能产生噪声和侵扰的泵站设备，不应对运动员或周边邻居造成干扰，或者甚至不应引起他们的注意。举例子说，该项需求通常决定了水泵的配套动力只能采用电动机，而不能采用汽油机或柴油机。虽然高尔夫球场可采用各种各样的泵站组成部件，但采用设计并预先组装好的独立泵站，已成为常态。关于泵站的更多信息，请参见第八章。

一、预制泵站

高尔夫灌溉系统所用的大多数泵站，是事先组装在滑动底座上、其电力驱动装置专为高尔夫球场设计的预制泵站（见图 25 - 6）。

预制泵站制造商将水泵、电动机、阀门、传感器、转换器、过滤器、施肥设备、电气开关、控制组件、电线电缆等原制造厂的现成部件组装在一起。这些组成部件安装在一个可滑动的金属底座上。底座结构保证所有部件之间的间距最小，同时保证能对它们进行维护和检修。泵站制造商通常自己制作滑动底座和内部管道。

典型的高尔夫球场灌溉泵站具有多台主水泵，以提高泵站效率并作为备用泵；有一台小泵，称为压力维持（PM）泵，在灌溉控制系统不下达灌水指令时，压力维持泵用以满足最小流量和保持系统压力（译者注：我国

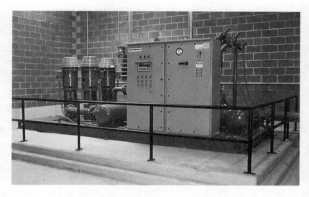

图 25 - 6　采用滑动底座组装的预制泵站

行业里习惯称作"稳压泵"）。各部件的容量大小，应符合灌溉系统设计时经优化的"机-电-水"最佳综合效率工况点的要求。一个灌溉系统可能有多个工况点，这样就使泵站设计变得更为复杂。

泵站制造商可给用户定制泵站，以满足灌溉系统承包商和设计师特定项目和技术参数的需求。然而，预制泵站在设计、配置和制造方面的标准化，使球场技工和当地电工的维护、故障诊断和维修等工作，变得相对简单。大多数泵站制造商向终端用户提供电话支持。对于用户而言，预制泵站制造商是唯一责任方和服务方。无论是电动机、水泵、阀门出了问题，还是控制部件出了问题，都由制造商进行故障诊断和维修支持。

虽然在高尔夫球场还能见到现场组装泵站（非预制泵站），但呈现越来越少的趋势。通常这样的泵站投资更大，责任方和服务方却并不是唯一一家。

二、水泵类型

大多数高尔夫球场泵站设计为，采用立式涡轮泵或卧式离心泵从池塘或水库中抽水。潜水泵也在用，但主要用于提取井水。一些特殊的球场，也用到其他类型的泵，例如轴流泵、污水泵等。

（一）立式涡轮泵

在提水方面，多级立式涡轮泵是最有效的泵型（译者注：我国行业里习惯称作"立式长轴泵"）。由于水泵导流壳位于水下，所以没有灌泵问题。由于通常配套转速为1800r/min 的电动机，所以该类泵对振动和定位误差不敏感，优于安装在泵座上、转速为3600r/min 电动机的卧式离心泵。立式涡轮泵比卧式离心泵价格高，同时要建取水池以及引水进池的设施，会额外增加部分造价。尽管如此，因为它具有高效率、长寿命、低维护、长期运行成本低等特点，一般还是优先选用立式涡轮泵。在一些深井取水中，也会用立式涡轮泵，因为其电动机易于保养和维修。

（二）卧式离心泵

对于叶轮进口淹没在水库水位线以下的取水情况，最适合采用卧式离心泵，这样就排除了灌泵问题。当离心泵用于提水情况（例如叶轮进口在水位线以上）时，就需要在吸水管安装底阀和灌泵系统。要仔细计算可用汽蚀余量（NPSHa）和必需汽蚀余量（NPSHr）

（见第八章），保证卧式离心泵能正常运行。

卧式离心泵经常作为接力加压泵用，尤其当水源为有压自来水系统时。大多数卧式离心泵的转速为 3600r/min，所以，与电动机之间的正确定位，就显得非常重要。对同样功率的电动机，转速为 3600r/min 的噪声比 1800r/min 更大。当泵站位于果岭、发球台或特殊的打球路线附近时，这噪声大就成问题了。

（三）潜水泵

在高尔夫球场灌溉系统中，潜水泵往往用于从深井中取水，或者把多台潜水泵固定在特殊的滑车上，用于从水库中取水。后者这种情况，把扬水管固定在托架上，再连接到地埋柔性管（通常是 HDPE 管），或者通过柔性接头连接到刚性管上。有的是把整个滑车沉到湖底，有的是悬挂在一个浮子上，把泵悬吊在水面以下的指定深度处。潜水泵及其配套的密封防水电动机，一并置于井或湖的水面以下，用特种电缆接到地面上的控制设备。潜水泵对电压波动很敏感，不如其他泵型那样可以容忍一定的电压波动。在维修方面，必须把整个机组吊出水面，才能对潜水泵及其电动机电动机进行维修作业。

与潜水泵相连的所有水路，必须强制做好接地保护，若无接地，强大电压会被引入到湖水中，极其危险。

三、泵站控制

为了对灌溉系统的需求作出响应，需要在指定的时间点启、闭泵站，或者变频泵站需要变速，所以泵站的特殊控制就必不可少。泵站控制所依赖的信号有流量、压力、水位、灌溉中控信号以及其他信号。

（一）PLC 控制器

很多泵站厂家，通过 PLC 控制器，以专用软件来控制泵站运行。来自流量、压力传感器的信号，输入到 PLC 控制器，经转换后成为输出信号，指示泵站启、闭或变速，以响应灌溉系统的流量变化，并且保持系统的工作压力。PLC 控制器取代了先前的计时器和继电器的控制方式（见图 25-7）。

图 25-7 泵站控制柜的内部情形

（二）变频器

变频器或者谓之 VFD，与 PLC 一起协调工作，来控制一台或多台泵。变频器把交流电转换成直流电，并产生直流电压脉冲，模拟交流正弦波，通过改变脉冲的宽度，变频器就能改变模拟的正弦波的频率，从而实现电动机的变速。电动机的实际使用功率与系统的流量和压力存在直接的比例关系，变频器就是响应流量的这种变化从而来调速。相比之下，恒速（无变频）控制下的系统，无视实际使用功率的大小，电动机总是在全速运转。

変频器具有"智能启动"或称作"软启动"的功能，可缓慢加载来启动电动机，以及缓慢卸载直到停机。与直启相比，这种功能把系统水锤的潜在危害降到了最低，也消除了大功率电动机全压直启的强大电流冲击，当然也节省了电费。

（三）电动蝶阀

有些泵站厂家，用电动蝶阀替代了水动的主阀，也用作变频机组的备用设备，因其有控制流量的特性，采用电动蝶阀的一个主要好处，就是当系统因安全电路问题而停机时，可以自动重启泵站。

（四）恒速泵站

高尔夫球场灌溉所用的泵站中，恒速泵站大约占 25％～30％，此泵站比变频泵站成本低。恒速泵站是利用不同的几台恒速泵来组合，替代变速泵来应对流量的变化。这种泵站需要配置电动蝶阀或者水动主控阀，水动主控阀须具有减压、持压、止回功能，通过手动调节导阀而达到微调的作用。主控阀和 PLC 控制器配合使用，编好泵的启动顺序来应对灌溉系统的流量变化，并维持系统的工作压力。大多数恒速泵站，一般都由一台或多台主泵、再配一个稳压的小泵组成。

（五）远程监控和通信

用 PLC 控制的泵站，可提供远程监控泵站运行的功能。通过台式计算机或手提计算机，从另一个地方（通常是草坪总监或灌溉主管办公室），实时全面观察泵站的运行状态，或查看历史记录。通过线连、无线或云端通信方式，远程计算机可监控和记录泵站的运行参数，如流量、压力、作业进度、报警原因等活动。若有必要，厂家的售后技术人员，坐在厂里也能登入控制系统，进行故障诊断、及时维护、更改初始设置等操作。

泵站 PLC 控制系统也可以和某些灌溉中控系统通信，一起协调工作。假如一台主泵出了故障，泵站就会反馈给灌溉中控系统，灌溉中控将重新编制灌溉程序，以适应泵站容量减小的状况。

（六）安全回路

当发生了潜在的危害情况，安全回路上的传感器发出信号，泵站全部停机，或部分停机。典型的安全回路，要监测泵出水管的压力高低、前池低水位、卧式离心泵的温度、输入电源状态等参数。对电源主要监测是否缺相、相位是否颠倒、相位是否失衡、电压高低。当 PLC 发现泵站实际运行参数超出了原设定的参数时，安全回路将指令停一台或多台泵，甚至整个泵站停机。有些安全回路有自动复位功能，而有些需要手动复位。手动复位就需要人赶往泵站去复查问题，然后手动复位到自动运行状态。

四、过滤设备

去除灌溉水体中的物理和有机杂质，本就是很重要的内容，但在高尔夫球场灌溉中，需求越来越旺盛，因为有政策鼓励或强制高尔夫球场，利用中水或劣质水源去灌溉。关于过滤设备的详细论述，请参见第六章、第十一章、第二十章的内容。

悬浮颗粒对泵站和灌溉系统，会造成一系列麻烦。也许细黏粒对灌溉系统的部件没什么损害，但是，长时间的积累，就会引起果岭上的农艺问题。沙粒有可能堵塞电磁阀的控制孔，也会磨损喷头的喷嘴，造成灌溉均匀度变差。淡水里的蜗牛、蚌类、贝类，可能寄生在泵和灌溉系统里，阻挡系统过流量甚至堵死系统，也可能堵塞喷头喷嘴、底部滤网、电磁头。大量滋生的藻类，也会造成这种问题。

根据水源的水质检测报告，可选择几种去除杂质的方法，选择范围从水泵进水管的过滤网，到各种分离杂质的设备，此处就高尔夫球场灌溉常用的过滤设备进行论述，关于水处理的更多信息，请参见第六章和第二十章。

（一）前池进水口和泵进水管的滤网

这种箱式滤网安装在卧式离心泵的进水管的入口处，或者安装在立式长轴泵取水前池的进水口处。典型箱式滤网的三个侧立面，有 $13 \times 13mm$ 的滤孔，由不锈钢制成，滤网面积视设计流量确定（见图 25 - 8）。常用的还有一种自清洗的圆形初级过滤设备，过滤能力 10 ～30 目，也是由不锈钢制成，其自清洗系统是一个水力驱动旋转的机构，带有喷嘴，从里向外喷射水，很方便的清洗掉贴在滤网上的杂质。

图 25 - 8　泵进水管口处的箱式滤网

（二）砂石分离器

砂石分离器主要是去除水体中的比重比水大的固体颗粒，如沙子、土粒、碎石子等。此设备既可安装在泵的吸水端，又可安装在泵的出水端，可以选用手动或者自动排沙。分离出的杂质，要用管道排到远离取水池的地方，滤出的杂质的处理，又会引起别的问题。

（三）砂石过滤器

这种过滤器，是用沙床作为过滤介质，安装在泵站的出水端，用过滤过的清水反冲洗沙床，从而清理掉杂质，可选手动或自动反冲洗。同样，滤出的杂质要用管道排到远离取水池的地方。

（四）自清洗网式过滤器

自清洗网式过滤器安装在泵的出水端，滤网目数取决于水体中的杂质颗粒大小、杂质类型和杂质浓度，杂质的这些特性，由所取的水样在实验室进行水质分析后确定。这类过滤器的清洗模式有反冲式、转动刷洗式、吸扫式等，冲洗控制方式有手动控制、利用进出口压差自动控制、或者定时自动控制冲洗。同样，滤出的杂质要用管道排到远离取水池的地方。在大流量的情况下，可以用多个过滤器并联来处理。

（五）叠片过滤器

叠片过滤器也可以用在高尔夫球场灌溉泵站上，一般是多个过滤器单元并联起来使用，以满足设计的过流量。在冲洗时，每次只允许一个单元冲洗，其他单元仍在线正常工作。

五、施肥系统

许多高尔夫球场泵站包含有施肥设备（如施肥灌溉），灌溉的同时施入硫酸钙、表面活性剂以及其他化学药剂。施肥系统主要由混肥泵、流量传感器、储料桶、搅拌罐、连接软管、阀门等设备组成（见图 25-9）。在搅拌罐、施肥机和所有的设备周围，需要做辅助的二次保护设施，这点非常重要，在美国州立农业条例下，都有相关的规范要求。美国各州的规范和一些地方标准中，也对施肥机安全问题做了要求，如必须低压下排放，在干管和注肥的管道上要装进排气阀和止回阀，发生误操作时的电器自锁功能等，因为有些施肥系统，要往灌溉水里加入酸剂、阴离子湿润剂、生物制剂、含硫药剂等化学品。

图 25-9　高尔夫球场的施肥系统

第六节　高尔夫球场灌溉系统中的管道、管件和阀门

高尔夫球场灌溉系统所用的材料，质量要求越来越高，一些专用产品不断推出。虽然高尔夫球场灌溉系统所用的产品，看着类似于园林灌溉领域的产品，但因为高尔夫球场灌溉系统的工作压力很高、灌溉周期很短、流量很大，所以园林灌溉所用的材料往往不适用于高尔夫球场灌溉系统。

一、管道

PVC 管是高尔夫球场灌溉系统最常用的管道，从 20 世纪 60 年代发明以来，已被广泛接受和使用。其他热塑成型的塑料管道也有和 PVC 管道相似的特性，例如高密度 PE 管（HDPE），虽然用量也在提升，但总被视为专用材料。从应用实践中发现，PVC 和 HDPE 管还是有一定差别的，例如耐化学腐蚀程度、重量、隔热效果、使用寿命、糙率系数（内壁光滑度）、安装方便程度等，都有些不同。在一些特殊场合，像过路管、要安装在地表的管、易人为破坏的区域、交通流量大的区域，以及安全规范规定的地方，就需要用 HDPE 管、Class 350 的球墨铸铁管（译注：Class 为美制等级法，下同），或 Schedule 40 的钢管（译注：Schedule 为美制明细表法）。

（一）PVC 管

按照美国 Uni-Bell PVC 管道协会 2001 年给出的定义，PVC 管的管径可以做到 12in（300mm），公称压力有 315psi、200psi 和 160psi（2.17MPa、1.38MPa、1.10MPa），标准尺寸比 SDR（公称外径与公称壁厚的比）为 13.5、21 和 26。高尔夫灌溉系统通常都用这些 PVC 管。对于 4in 以下管径的 PVC 管，公称直径相同条件下，Schedule 类型管的壁厚比 Class200 规格的要厚。尤其在项目实际中，需要管壁额外加厚时，也偶尔会用到内径小的 Schedule 40 PVC 管，遇到这种情况，设计师必须清楚，Schedule 类型管的内径变小了，将会影响到系统的水力学性能。大多数高尔夫球场灌溉系统，选用的是 SDR 21

（Class 200）的 PVC 管，因为规格齐全，方便选用，公称压力也足够用（译注：在我国常用的是 SDR 21，公称压力 1.25MPa 的 PVC 管）。

美制 Class 类型管一般没有管径 14in（350mm）以上规格，工程实际中，若要用这么大管径的 PVC 管，那么就用美国水工程协会（AWWA）的 C905 类型的管道（更详细的技术参数，请参见 AWWA 2003 年标准）。C905 类型的 PVC 管，其外径是和铁管（IPS管）、球墨铸铁管（CIOD 管）的外径相同，后者的规格更全。C905 类型的管道的外径为 14~16in（350~900mm），尺寸比（DR）有 21、26、32.5 和 41，对应着公称压力为 200psi、160psi、125psi 和 100psi（即 1.38MPa、1.10MPa、0.86MPa 和 0.60MPa）；也有公称压力更高的 C905 类型的 PVC 管道可用，外径 14~24in（350~600mm），公称压力达 235psi（1.62MPa），对应的尺寸比（DR）为 18。

PVC 管的长度一般为 20in（6.1m），按照美国材料试验协会标准 ASTM D31391 和 ASTM F477，做成承插口连接，或者按照 ASTM D2672 标准做成粘接口，想了解得更多，请查询 ASTM 2007 年标准。一般管径 2.5in（63mm）以下的 PVC 管，多采用胶粘连接，这种情况下，管道铺设长度较短，且在管沟内有一定的挠度，其热胀冷缩的变化量，不像承插连接的大管径的 PVC 管那么大。

若 PVC 管用在饮用水系统（如接触式喷泉等），必须满足美国国家卫生基金会（NFS）的标准第 14-2007 条款，即"PVC 管部件及其材料"，也要符合该标准的第 61-2007 条款，即"饮用水系统的部件——卫生健康"；同时，管道上要有美国国家卫生基金会（NFS）的 NSF-PW™ 认证标志，才证明其可用在饮用水系统上。

特定用途的管道，一般用颜色来区分，白色和蓝色通常用在灌溉系统，而紫色管道用于中水输送系统中。这些管道要完全符合相关的工业标准，而且按照工业标准的要求进行检测，但紫色管道除外，不能贴上美国国家卫生基金会（NFS）的 NSF-PW™ 认证标志。一些特殊用途的 PVC 管道做成黄色，表明其具有防紫外线功能，可装在地表，例如用作过桥管或临时取水管。

要考虑很多因素，才能合理选择 PVC 管道，这些因素有系统工作压力、潜在水锤压力、地形高差、土壤质地、埋设深度、安全系数等。关于灌溉塑料管道的设计、安装、性能等更详细的规定，请参阅美国国家标准学会（ANSI）和美国农业工程师学会（ASAE）的标准，第 S376.2 条款，即"地埋塑料灌溉管线的设计、安装和性能要求"。

（二）PE 管

PE 管由几种不同密度的 PE 材料制成，PE 材料密度与 PE 管的主要特性密切相关，密度越高，其耐压和抗化学腐蚀能力都会提高。密度大于 0.941 的称作高密度 PE 管，由于其承压等级高，对热胀冷缩和蠕动也不敏感，常用在高尔夫球场灌溉系统中。高密度 PE 材料，要遵循美国材料试验协会标准 ASTM D3350-02，以及其 345464C 辅助分类条款。

正是 PE 管的特性，使其在高尔夫球场灌溉系统中得到广泛应用，一般每根管做成 12~15m 长，或者口径 6in（150mm）以下的管，可做成 30~150m 的盘管。但高密度（HDPE）管，柔韧性相对较差，一般做成每根 12m 长。施工中采用电熔或热熔焊接，这种连接方式就省去了承插式的管件，不像 PVC 管那样再打镇墩。PE 管不能用胶粘方式连接，但用相同 PE 材料做成的专用管件，可以通过热熔焊接和管子连接。当然还有其他一些连接管件，如钢质承插管件、法兰短管、专用鞍座等。

　　HDPE 管还是比 PVC 管柔性大多了，可在桥上悬挂安装，可用顶管机进行跨路、跨河安装。尤其是在寒冷区域，未排空前而遇到气温下降，正是它的柔性特点可容忍一定的冻胀；此特点更适应不稳定土壤中的一定变形，如新建项目的回填土区域。由于 PE 管的抗紫外线能力，所以它是装在地表的管道系统的理想选择。

　　PE 管的热胀冷缩系数比 PVC 管大 3 倍，在温差变化 12℃ 以上时，PE 管的伸缩率可达 8.3cm/100m，设计中必须考虑这种潜在的热胀冷缩的变化量，慎重选择 PE 管件。

　　可用的 HDPE 的公称直径为 0.5～63in（12～1600mm），也可从内径、外径两方面去控制选型，控制内径来选型是针对小管径的 PE 管，为了适配倒刺接头。根据承压等级和它的直径的变化，又分别从两方面来表示管型，一是 Schedule 管型的尺寸比，另一个是外径标准尺寸比（SDR）。也可以按照钢管或球墨铸铁管的外径选择 PE 管，以便过渡连接到以钢管或球墨铸铁管尺寸做的 PVC 管。PE 管的承压等级取决于所用的 PE 材料类型，此材料印在管壁上，用 4 个数字来表示，第一个数字表述"密度"，第二个数字表示"抗裂能力"，最后两个数字乘以 100 来表示 54℃ 时静压下的"设计应力"。因为 PE 材料的特性不同，所以 PE 管道的承压能力也就不同，如今在高尔夫球场灌溉系统中，最常用的是 PE4710 IPS HDPE 管，这种管道的尺寸比和公称压力有 $DR9$（250psi/1.725MPa）、$DR11$（200psi/1.38MPa）和 $DR13.5$（160psi/1.10MPa）；还有另一种 PE3408 IPS HDPE 管也在用，其尺寸比和公称压力有 $DR9$（200psi/1.38MPa）、$DR11$（160psi/1.10MPa）和 $DR13.5$（128psi/0.88MPa）。对特定项目选那种承压等级的 PE 管，需要经验丰富的灌溉设计师或咨询师来决定。

二、干管的管件

　　球墨铸铁管件、HDPE 管件或者 PVC 管件，都可用作干管的管件。而鞍座、螺纹三通、螺纹直通等，用作干管和支管之间的连接管件。

（一）球墨铸铁管件

　　球墨铸铁承口管件，承口做得比较深，内置止水胶圈，该种管件在高尔夫球场灌溉系统中被广泛应用，已成为标准配置。其公称压力为 2.4MPa，抗拉强度可达 41.37MPa，也能按照 IPS 型的 PVC 管尺寸，定制球墨铸铁管件。特殊设计的锁紧连接方式，用于连接各种管件和阀门，使用一个或多个卡扣来锁紧管道和管件，起到镇墩的作用。球墨铸铁承口管件的尺寸从 1.5in 到 12in，甚至更大。而带螺纹的直通、三通，用于连接其他螺纹接头，这类管件最大口径也就到 3in。螺纹三通上的内螺纹是标准的铁管螺纹（FIPT），还有一种 ACME 型螺纹（译注：美制爱克姆螺纹），用于小口径三通的分水口处，来连接 ACME 螺纹的铰接管。也有一些三通是承口的，带有胶圈，能够旋转，替代了传统的螺纹连接方式，适配于从干管分水的特殊阀门。因螺纹拧紧时，在连接处会形成局部应力，所以在系统中应尽量减少螺纹连接；另外，螺纹连接容易渗漏，而且因支管走向的角度不定，螺纹连接也很难做到那么合适。球墨铸铁管件的承口端及其胶圈，必须符合美国材料与试验协会标准 ASTM A536 和 ASTM F477。

球墨铸铁管件常用来连接 14in（350mm）以上的大管径管道，这些管件的结构，是由承压等级为 Class 350 的铸铁体和较浅的承口构成。相对较松的胶圈便于管道插入，然后用紧固件锁紧，拧紧紧固件上的螺栓时，必须使用可显示扭矩值的扳手，拧到所需的扭矩值。需要注意，必须按照 IPS 型 PVC 管，还是球墨铸铁管，来选择不同的胶圈。紧固件上的螺栓，应为高强度的低合金钢制成。这种机械承插式紧固管件，也可用在类似的其他工程中。

（二）PVC 管件

注塑成型的 PVC 承口管件，通常用在低压系统中，或者用在小管径（1.5～2in）的管道连接中，承压等级 1.38MPa（美制 200psi）。当然，PVC 承口管件的最大管径也可以到 8in，类似于球墨铸铁承口管件，也有多种规格。

（三）鞍座

分水鞍座要么起到三通的作用，要么起到转换螺纹连接的作用，用于新系统或改造系统的快速连接。由于鞍座的成本比螺纹三通低，尤其在大管径（6in 以上）的分水中，被普遍使用。鞍座的分水口为标准的钢管内螺纹（FIPT），口径 0.5～2.5in。鞍座也用在不同材质的管道连接中，包括 HDPE 管。鞍座要分水的管道外径，必须确认无误，才能准确选配鞍座体、卡箍、密封胶圈尺寸。

鞍座的密封胶圈附带在鞍座的上半部分，密封胶圈要正对打在管道上的孔，把螺栓拧紧到所要求的程度，才能达到密封止水的效果。鞍座体、卡箍、垫圈、螺栓等部件，应该用防腐材料制成。用在 HDPE 管上的鞍座，要用特制的弹性良好的胶圈、不锈钢螺栓垫圈。HDPE 管热胀冷缩和压力变化所引起的问题，利用鞍座就很好地避免了，而且仍能保持良好的密封效果。

三、支管的管件

螺纹和胶粘的 PVC 管件，常用来装配管道、阀门和其他灌溉系统部件，常用的有 Schedule 40 或者 Schedule 80 管件，Schedule 80 管件（除了补芯）的壁厚更厚。胶粘管件不符合规范里的压力等级要求，是工程实践中管道连接不牢的常见故障之一，因此，选择合适的管件非常重要，必须引起高度重视。胶粘作业中先涂上溶解剂，然后再涂上胶。尽管 PVC 胶粘管件的公称直径范围很广，从 0.25in 到 12in 都有，但是，在高尔夫球场灌溉系统中，常常只用到 2.5in 以下的胶粘管件。

Schedule 40 和 Schedule 80 的 PVC 管件，用料和 PVC 管道一样，都遵循的是 Class 12454-B 条款，而且也符合美国材料与试验协会标准 ASTM D1784。螺纹管件要符合 ASTM D2464。承插的 Schedule 40 PVC 管件要符合 ASTM D2466，而承插的 Schedule 80 PVC 管件须符合 ASTM D2467。

（一）PVC 螺纹短管

在很短的 PVC 管上做上螺纹，姑且谓之螺纹短管，是用来连接灌溉系统中的带螺纹的部件。这种螺纹短管有很多，Schedule 80 PVC 螺纹短管以及球墨铸铁的螺纹短管，遵循的标准是 ASTM A536。镶嵌有铜内衬的 Schedule 40 PVC 螺纹短管，也被普遍使用，它遵循的标准是 WW-P-315。有两端都带螺纹的短管，也有仅一端带螺纹的短管。仅一端带螺纹的短管只能用 Schedule 80 PVC 来做，另一端是平口，用来做过渡性连接，即帮助有螺纹的系统部件，连接到 PVC 管件或管道上。

（二）铰接管

铰接管是用来把喷头和快速取水阀连接到管道系统上，其目的是把来自养护用车、球车等重型设备的荷载，与管道系统隔离开来，从而保护管道系统，同时又能调整喷头安装的高低，使其位置最合适。铰接管至少由 3 个 90°的弯头组合而成，能做三维自由运动（见图 25-10），也是 PVC 材质。与取水阀直接连接的接头，多为铜质短管和管件。铰接管有多种长度，用于适配不同的埋深。

还有一种专用的螺纹三通，厂家直接把它和铰接管作为一个连接套件，提供给客户。螺纹三通有 2in 或 2.5in 两种规格可选用，与管道连接的接口，可以是承插式，也可以是胶粘式。

四、系统的隔离阀

隔离阀用来把灌溉的管道系统，分割成多个便于维护管理的更小区域，这样的区域从泵站或分首部（Point of Connection，简称 POC）算起。隔离阀分布在整个系统的各处，把干管隔离成不同区段，隔离干管和分干管，隔离不同的区域（如果岭、发球台、各球道），甚至隔离某个独立的设备。参见图 25-11。

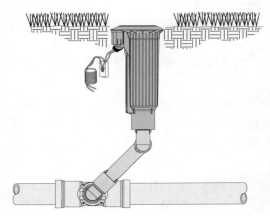

图 25-10　铰接管

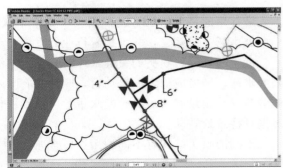

图 25-11　隔离阀布设位置的局部示意图

（一）干管隔离阀

球墨铸铁阀门一般用在直径 3in 以上的干管中，其尺寸要和直接连接的管道直径相同，公称压力不低于 1.72MPa（250psi）。现行的软密封闸阀，遵循的是美国水工程协会 AWWA C509 标准，此类闸阀可以直接地埋使用，做一个套筒，再在套筒上部扣上阀门箱来保护，在这个套筒里露出阀门的 50mm 的方形开关轴头。这类阀门的接口有多种，如承插口式、法兰式、螺纹机械连接式，或者是这些连接方式的两种组合使用。这些隔离阀安装中需要做镇墩、或做锚固、或用其他方式固定。

（二）分干或支管的隔离阀

在高尔夫球场灌溉系统中，会布置许多 1.5～3in 的阀门，这些阀通常安装在支管上或分干管上，或者装在某些设备和管道之间，以便隔离和维修，这些阀门尺寸要和所连接的管道或设备尺寸相同。这类阀门有很多种，比如闸阀、球阀、角阀等，每种阀都有它的自身特性，接口也多种多样，如美制管螺纹接口（NPT），英制管螺纹或称公制螺纹接口（BSP），承插接口等。选择合适的隔离阀，需要考虑的因素有开关频率、水质、工作压力、连接方式、可维护性等。这些阀的阀体和阀座，应该是由青铜材料做成，与黄铜比较，青铜中的铜含量高而锌含量低，因此青铜阀门抗锈抗腐蚀能力更强。青铜合金阀门应符合美国材料实验协会标准 ASTM B-62，青铜阀门应符合美国制造商标准协会的 MSS-SP-80 标准，最小公称压力 13.8MPa（200psi），通用于非压缩的冷水、油和气的输送系统。

第七节　喷　头

高尔夫球场所用的喷头必须经久耐用，不仅要承受几千次的启闭运转，还要承受球车碾压、维护设备定期作业的损害、冬季压缩机吹空的伤害等。喷头在高压下运行，在大于 27m 的范围内喷水均匀，还要维护方便等要求，都对喷头厂家提出了更大的挑战。

现在高尔夫球场喷头的射程，有 8～15m 的灌溉小面积用的短射程喷头，如用于发球台的灌溉；也有 35m 的大射程喷头，用于球道或开阔地的灌溉，如用于练习场的灌溉。但现今用得最多的是中射程喷头，射程在 18～21m，均匀度更好。

一、高尔夫球场喷头的种类

最常用的是齿轮驱动旋转喷头（见第十章），该种喷头发明于 20 世纪 60—70 年代，如今被市场广泛接受，并统领着行业的发展。

齿轮驱动旋转喷头的关键部件是变速齿轮组和涡轮机构，此关键部件把喷头体底部进入的水流，转换成稳定的转动力，驱动装有喷嘴的喷头芯进行转动。在喷头底部装有流量调节装置，预设好流过涡轮的水量，从而确保作用于变速齿轮组的精准的转动力，使喷头缓慢且持续地转动。

不同的喷头结构有不同的用途，最常用的是电控喷头（EVIH），此种喷头内置了导阀机构，实际是受内置的水动阀控制。同时也内置了止回阀，防止停灌时，管道系统内的存水，从同一灌水小区内的、安装在较低位置的喷头处溢出。电控喷头在控制上提供了最大的自由度，每个喷头都可以单独控制（见图 25-12）。

图 25-12　电控喷头

电控喷头的壳体外侧，附加的有一个 24V 交流电磁头控制的导阀组件，频率为 50Hz，当分控箱或解码器发出启动信号，导阀就打开喷头底部的水动阀，喷头开始工作。电控喷头的压力调节器，会有各种设置值，以适应不同的喷嘴。其顶部有个三档开关，以增加操作的灵活性，拨至"off（关）"位置，喷头不会启动；拨至"Auto（自动）"位置，受 24V 交流信号控制；拨至"on（开）"位置，手动打开喷头。

常开型的水控喷头，其工作方式在一定程度上类似于电控喷头，仅有一点小差别，水控喷头是受控于水力命令管中的压差，来启动或关闭喷头，那个水力命令管是从田间分控箱引到喷头上。

若装在支管上的不是电控喷头，那就得分组来控制，称作灌水小区，由安装在支管上的电磁阀来控制喷头的启闭。

二、高尔夫球场喷头的特点

为了减少故障、易于设计、高度适应高尔夫球场特有的工作条件，高尔夫球场喷头应该有以下的共同特点。

（1）密封外壳：内置密封圈紧靠着喷头的升降体，防止壳内进入杂质，这些杂质有表土、打孔通气的渣土、沙坑里的沙子、剪的草屑等。喷头壳顶部有个大一圈的翼缘，其作用是来保护内部部件和外侧的导阀组件，同时增强在土中的稳固性（见图 25-13）。

（2）升起高度：要使喷头的喷洒起来无遮挡，其升起高度必须能使喷嘴高出周边的草地。目前市场上的喷头，升起高度一般在 7.5cm 以上。

（3）过滤网：喷头底部附带的滤网，第一个作用，是保护喷头里的阀座和及其部件不受到损害；第二个作用，是保护内部的旋转机构不受损坏。该滤网可以从喷头顶部维修和更换，无须挖出整个喷头（见图 25-14）。

图 25-13　有密封外壳的旋转喷头

图 25-14　喷头滤网

（4）上部卡环：增强高尔夫球场喷头顶部维护的方便性，此卡环用以限制内部控制阀以及喷头升降体的位移，保持它们在喷头壳里的位置。若要取出喷头底部的控制阀进行维修，就先要拿掉这个卡环。

（5）喷嘴：有多种射程的喷嘴可选用，用来满足不同压力、不同流量、具体灌溉面积的布置间距等要求。发布的喷头技术参数，必须符合美国农业生物工程师学会的标准 ASABE S398.1。独立的第三方实验室检测过的喷嘴，会有喷头水量分布曲线，可以采用这些数据，协助确定喷头的合理布置间距，以及高均匀度的喷嘴组合。也有特殊用途的喷嘴可选，如低仰角喷嘴，用于风大的区域灌溉，或必须降低水的喷射轨迹的地方，如树下灌溉或避让其他障碍物。一些可调喷洒扇形角度的喷头，有安装短射程副喷嘴的选项，用来满足喷头近处的灌溉。

三、用于小面积灌溉的喷头

高尔夫球场里的小面积草坪，也需要用传统的园林灌溉喷头来灌溉，如发球台之间、果岭或沙坑附近、有些很狭窄的过渡段等处的草坪。由于园林灌溉喷头的维护比较频繁，在高尔夫球场中使用该类喷头，虽然不是好的选择，但有时又不能不用，这种状况在逐步改变，高尔夫球场专用的短射程喷头正在研发之中。这类喷头通常是分成灌溉小区，由带压力调节器的电磁阀来控制。有些区域还会用到散射式喷头，这种散射式喷头必须有止溢功能，弹簧要更结实，能确保停灌后缩回地面以下，需配套均匀度高的喷嘴。

第八节 灌 溉 控 制 系 统

控制系统的范围很广，从手动控制的快速取水阀、闸阀的简单系统，到基于计算机的中央控制系统，实现灌溉系统的全智能监控。中央计算机控制系统，是效率最高且智能程度最高的灌溉控制系统。

一、中央计算机控制系统

在大多数高尔夫球场，用中央计算机控制系统（简称"中控系统"）控制着主要的灌溉作业，看起来就是一台个人电脑工作站（见图 25-15）。中控系统其实就是一种场地灌溉的管理工具，系统中的分控箱、解码器、气象站、泵站、传感器以及其他控制设备，反馈信息给中控系统，中控系统运算处理后，对灌溉系统的水力、电力需求，进行高效管理。

图 25-15 中央计算机控制站

中控系统可以和田间的多种设备通信，如田间分控箱（或称"卫星站"）、解码器，从而驱动电磁阀或者电控喷头工作，通过该通信网，也可从传感器获得数据。中控系统由个人电脑、灌溉编程软件、通信接口等软、硬件组成，把这些部件连接在一起，实现田间设备和计算机的数据信号解译，并显示在计算机屏幕上，以供操作人员识别。总之，通过计算机来操作灌溉系统，并对泵站和气象站进行监控。

灌溉系统的翔实资料，必须认真收集，经仔细核实后，才能输入计算机里。这些资料包括如下内容。

（1）喷头资料：如喷头类型、喷嘴、工作压力、流量、扇形角度设置、布置间距、喷头位置点、喷灌强度等。

（2）水力学资料：包括干管直径和分区流量、支管直径和流量、泵站的资料等。

（3）电力系统资料：如分控箱数量、解码器数量和地址码、分控箱的站点数、通信线资料、电源资料等。

具有"地图功能"的中控系统，在把竣工图输入灌溉软件之前，必须经过仔细的全面的复核，确保是最终版的竣工图，因为这份图纸将是编制灌溉程序的基础。

通常用GPS来定位喷头、阀门、管件、分叉点的位置，并标明这些设备的类型、尺寸等信息。定位是否准确，取决于所用的GPS设备的精度。一般来说，通过GPS收集的资料，应该是非常准确的。

中控系统对收集到的所有资料进行分析，确保系统在设计的水力学和电力需求下正常运转。中控系统可根据环境参数、或ET调节参数、或者简单的灌溉时间调节比例，自动生成程序，修正各站点的灌溉延续时间。系统管理员也可以利用该软件，对不同的灌溉程序，按计划调整系统流量。中控系统还可分析场地各种设备反馈的数据，如场地分控箱、气象站、泵站、传感器等设备的反馈数据，再对比用户对这些设备的自定义值，进行自动操作。

二、场地分控箱

场地分控箱，或称为"卫星站"，被安装在全场的关键位置（见图25-16）。这种设备分电控型和机械型，为就近控制灌溉系统提供了一种手段。从20世纪80年代，电控型的场地分控箱就已经普及，机械型的几乎推出了市场。电控型的输入电压为230V交流电，转换成24V交流电输出，控制电磁阀或者电控喷头，其内部还有一个变压器，为内部弱电的电器元件供电。

场地分控箱可以用作独立控制，也可以用作中控系统中的"卫星站"，与中控系统通信，和其他"卫星站"一起，作为中控系统的一部分进行操作。可通过无线（有线）通信模块、或调制解调器，实现中控系统与"卫星站"的通信。场地分控箱的功能也相当丰富，可以灵活选用。场地分控箱，或称作"卫星站"，一般都有如下6大特征。

（1）操作面板：为操作人员提供输入界面，LED或者LCD显示屏，显示操作信息。主要输入站点启动时间、灌溉延续时间、灌溉延续时间的调节比例、单站启动还是多站同启等信息。有些操作面板，还能显示致命故障的诊断信息，如部件的工作状态、电路保护器的状态等（见图25-17）。

图25-16　高尔夫球场灌溉场地分控箱

图25-17　场地分控箱的操作面板

（2）通信板：用于和中控系统通信，经无线方式或者通信线连接到中控。

（3）输出板：接入电磁头的24V控制线。每个接线端子都有一个防雷击保护装置。有些输出板上附带有手动的站点开关，用于手动启闭各站。

（4）变压器：把控制的输入电压（230V交流电），转换成分控箱自身工作所需的电压，以及驱动电磁头的工作电压。

（5）箱体：由塑料或金属材料制成，保护分控箱的部件，适应全天候环境。

（6）防雷击保护装置：做好接地，保护整个分控箱的所有部件（参见第十二章）。

三、解码器

解码器是封闭在防水壳里的一个小型印刷电路板，安装在电磁阀或电控喷头的附近，可直接埋在地下，每个解码器有唯一的地址码，该地址码有的是厂家提前赋予的，有的可修改。地址码的作用，是用以区别同一灌溉系统里的不同解码器。解码器灌溉系统通常是由中央计算机控制，或者用特定的解码器分控箱来控制，中央计算机或解码器分控箱发出激活解码器地址的信号，类似于电话拨号，信号沿线路传输到解码器并激活它工作。解码器有单站式和多站式，多站式一般为2、4、6站，有些解码器还集成进去防雷击装置，而有些解码器需要沿信号线路，另外单独配置接地装置（见图12-6）。

四、无线遥控

遥控装置可从场地内或从场地外任何地点控制灌溉系统，若在场地内，可经无线方式通信，若在场地外，可能需要通过电话线及调制解调器通信。有些遥控装置可直接和场地分控箱通信，但大多数都是和中央计算机通信，然后再由中央计算机来控制场地分控箱或者场地里的解码器。

遥控装置通常是一个带有键盘的2W左右的无限发射器，当其是和中控通信，它可读取灌溉程序。系统所有的运行状态，都以日志的形式记录在中控中。在场地里移动，选择合适的通信频率，并检测手持遥控装置在哪个位置更好，要实现这些，那球场就得申请美国通信委员会的许可证。现场检测期间，应该对全场的所有位置，进行通信信号的检测和核实，可能还得在中控的位置安装天线。

有的遥控装置的功能更强大，可通过掌上电脑或智能手机来控制，这些小型的移动终端，还配置有地图功能，通过绘图界面把场地的图纸输入进去，点击图上的某个喷头，并选定灌溉延续时间，就可激活该喷头工作。另外，重要的编程参数，如灌溉延续时间、区域灌溉时间调节系数（阳坡或阴坡）、站点灌溉时间调节系数等，可以输入进去，也可以任意修改，修改了的内容会下载到中控，覆盖原来的数据。

场地外计算机和场地内中控之间的通信，可以经由电话调制解调器来实现，这种通信设备相对便宜些，而且允许远程计算机接入场地的中控主机，并可完成主机的所有操作。厂家把这种通信软件和灌溉软件捆绑在一起提供，有了这种通信软件，用户就可以接入、监控并调整灌溉系统的运行，另外，厂家或者区域技术人员也可以接入控制系统，进行软件升级、传输程序文件、诊断场地分控箱和解码器、提供辅导和帮助等工作。大多数中控系统可以对全场的灌溉设备进行管理，比如对气象站、泵站进行全面监控，并能自动报警，也可以通过编程，邀请某个管理员也接入系统，一起监控灌溉系统的运行状态。

五、气象站和土壤传感器

气象站是收集场地小环境气候资料和蒸发蒸腾量的最有效设备（见图 25 - 18）。气象站和中控系统配合起来工作，管理人员可选择自动功能，把监测到的数据下载并输入到中控计算机，参考并协助管理人员编排灌溉程序，减少对植物日耗水量的误判。全自动的中控系统，能够依据计算的 ET 值，或调整过的 ET 百分比，自动生成灌溉程序，自动调整每个站点的灌溉延续时间。但是，只能由最具经验的管理人员来完成这样的工作。

气象站每 5s 内对它的所有传感器读取一次数据，进行一次数据记录，记录的数据包括。

（1）气温：摄氏度，测量范围 -40～50℃（气温和相对湿度传感器）。

（2）风速、风向：测量范围，风速 0～180km/h，风向 0°～359°（风速计和风向标）。

（3）相对湿度：测量范围 0～100％（气温和相对湿度传感器）。

（4）太阳辐射：测量范围 0～1.2kW/m²（日照计）。

（5）雨量：测量范围 0～50mm，以每 0.25mm累计（翻斗式雨量桶）。此雨量不参与 ET 值的计算，是用来调节需水量，从而减少灌溉量。

气象站和中控系统之间，是用通信电缆来连接，一般需要 16V 电源供电。无线气象站，通常由太阳能供电，与中控系统无线连接，因为其无须市

图 25 - 18　高尔夫球场内的气象站

电电源，没有通信电缆，可以安装在场地上的任何地方，最灵活方便。

气象站时常需要维护保养，包括每天的例行观察、每月的精度校核、每年的检修或更换传感器。只有定期维护，才能确保气象站正常工作。在高尔夫球场灌溉系统中，土壤传感器用得越来越多，用来测量土壤温度、水分含量、盐分含量等，以无线方式把数据传回到中控系统。

第九节　防电涌和防雷击设备

由于雷击引起的电涌，极易对高尔夫球场造成伤害。一个标准的 18 洞球场，占地约 50hm²，灌溉系统约有 30 多万米的铜导线，铺设在场地里，这些导线连接着分控箱和计算机，如果没有安装足够的防雷击设备，这些导线也就成为灾难的温床，会让你付出沉重的代价。

防雷击设备可以分为被动防御型和主动防御型两个级别，被动防御系统是在电涌已经进入灌溉系统后，才做出反应，以降低电涌的破坏力，而主动防御系统，是在打雷时电涌

形成威胁之前，就做出了反应。

一、防电涌设备

用于高尔夫球场灌溉系统的防电涌装置，应该和需要保护的电器元件一起，连接在线路中，此装置的反应必须非常灵敏，一旦觉察到电压或电流突然升高，它们能立即把这种电涌导入大地，从而保护电器元件免受损害。

在高尔夫球场，因雷电的攻击，电涌经常发生，其实电涌也产生于灌溉系统中，变压器的加载和断电、电源短路、电力负载突然降低（如泵站）都会产生电涌。火电多用途电网，电压频繁波动，也会引起电涌。

大多数电涌是在毫秒级内，因雷电产生一个峰值电流，接着是一个低谷电流，峰值电流接着一个低谷电流的状况，可持续长达 1/4s。为了把这种电涌导出，以保护设备的安全，电涌防护装置要有合适的容量，并且必须做好接地，能把多余的能量安全导入大地（见图 25-19）。

图 25-19　防电涌设备

制造灌溉设备的厂家，都有先进的防电涌装置，作为标配或者选配，来保护他们的设备。最好额外再增加一些防电涌设备，要多于厂家要求的最小数量，来保护灌溉系统。在中央计算机、场地分控箱、气象站、泵站的电源回路上，都需要安装专用的灵敏的防电涌装置。若中控是无线通信方式，那么发射天线要单独安装避雷器针。在连接分控箱、气象站、泵站的通信电缆的首尾两端，也应该装避雷针并做好接地。至于从分控箱引出的 24V 控制电路，厂家已经内置了防电涌装置。

防电涌设备的指标主要有最大承受电压、适用几相线路、微毫秒级响应时间、放电容量的安培数等。应该经美国保险商实验室认证过（标志为 UL™），或者经加拿大标准协会认证过（标志为 CSA™）。

仅靠保险管和空开开关来保护设备是不够的，因为这种设备灵敏度太低，反应动作太慢，若系统遭到雷击，这种设备起不了什么作用。

二、自动雷电探测系统

另一种灌溉控制系统的保护设备，是自动雷电探测系统，该系统看起来就像提醒球员的警报系统，只是不发出警报声，它会对雷电做出反应，触发一个机械跳闸系统，断开继电器，把设备从线路隔离开，而不发出警报声。

自动雷电探测系统通常安装在中控室，它持续不断地探测环境放电活动，探测半径近 50km，系统管理员可以设定可接受的最小的探测半径。若探测到雷电的威胁，该保护系统会把设备从线上自动隔离开，通过一系列的继电器，把连接中控和场地分控箱的线缆里的电涌，直接导入大地。自动雷电探测系统一般有如下功能。

（1）探测到雷电威胁并通知中央计算机。

（2）中央计算机做出响应，暂停或取消灌溉作业，每隔 30s～1min，系统流量要减少大约 25%（视系统的容量和潜在水锤而定）。

（3）通过继电器，把所有的输入电源、通信设备、天线从线路上断开。

（4）计算机连接到不间断电源 UPS 上，计算机的 CPU 受 UPS 保护，再把 UPS 连接到防雷击系统，UPS 要远离防雷击设备一段距离。

（5）能持续探测周围环境中的放电活动，用户设定的防护时间过后，如果雷电威胁解除，系统会自动再次接通，软件会发出复位命令。如果雷达威胁依然存在，灌溉作业仍保持暂停状态，或者干脆取消掉。

在配置了先进的防护措施的灌溉系统中，自动雷电探测系统也可断开电源线和场地分控箱的通信线，但该系统不能取代接地和防电涌系统，自动雷电探测系统是另一层面的保护措施，在预见潜在的电涌危害之前，就把灌溉系统中的电气设备与连接线路隔离开了。关于防电涌、接地、防雷击等方法，在第十二章中有更全面的阐述。

第十节　高尔夫灌溉系统中的电路

在高尔夫灌溉系统中，主要有三种电路。

（1）从分控箱到电磁阀或电控喷头之间的 24V 电路。

（2）从电源到场地分控箱之间的 230V 电源线路。

（3）从中控系统到其他设备之间的通信线路。如从中控系统到场地分控箱、解码器、气象站、泵站，以及其他专用阀门之间的通信线路。

24V 线路由两条单芯线组成：每个电磁头有一条火线（有时也用双绞线，备用一条火线），另一条线是从场地分控箱连到所有电磁头的零线。电线的绝缘皮要么是 UF（聚氨酯泡沫塑料），要么是 PE（聚乙烯），这种电线有多种颜色，火线用不同颜色区分，零线一般为白色。许多灌溉系统在电线上挂上不同颜色的标牌，区分这些电线是连接到哪个区域的喷头（如球道、果岭、发球台等）。

电源线一般用三条单根线，或者用三芯电缆，美国国家电工规范（NEC）对电缆有规定，接地用的电缆是裸铜线或者是绿色的铠装线，UF 类的电源零线（用于地下铺装）为白色，火线视电压高低，分为黑色和红色；TC 类（托架电缆）用作电源线或者用作配电柜里的接线，一般是三芯等径的线。这些电缆一般用字母、数字或者颜色来区分。

通信线的种类很多，关键是涉及的设备类型不同，要用不同的通信线，比如气象站和泵站的通信线就不同。不同的制造商，对他们的场地分控箱或者解码器所用的通信线，都有特定的要求。

各地的地方标准有可能要求，电源线和通信线需要用穿线管。在有些地方，为防止动物咬噬，也需要用穿线管。

屏蔽线一般用在中控系统中，对电涌再增加一层防护。像 6 号和 10 号 AWG 裸铜线，布置和埋设在电源线和通信线的上部，要把所有的场地分控箱及其接地棒连成一体。

第十一节　高尔夫球场灌溉系统的设计

　　高尔夫灌溉系统的设计，在许多方面都与其他灌溉系统的设计不同。对于已建成的高尔夫球场的草坪和园林景观区域，这些区域内的关键要素为植物、水、土壤、自然环境，高尔夫灌溉系统必须能够对这些区域的这些要素进行合理协调和管理（Barrett 等，2003）。高尔夫球场一般草坪面积很大（$40\sim57hm^2$），有其独特的特性，喷头压力高（$0.4\sim0.55MPa$），而且每天灌溉作业时间只有 $4\sim8h$。

　　设计的目标，就是要建立一个合理和高效的灌溉系统，为实现这个目标，就需要利用大量的灌溉基础知识和先进的灌溉理论。现代灌溉系统设计的最高目标，是要达到充分灌溉草坪、便于打球、回报球手的目的。设计的低目标临界点是为业主和球场管理者，建造一个经济实用的灌溉系统，此处所说的经济实用，包括水、电力、劳力、肥料、管护、维修等的成本要合理，通过消除过量灌溉的手段，从而减少深层渗漏、节约泵站电力消耗、减少肥料和其他药剂的用量，以及避免其他潜在的浪费。同时要考虑灌溉区域内的各种变化，如灌溉工作时间压缩（为腾出营业时间）、水质发生变化、植草面积扩大等，请时刻记住，这些变化都会引起规划布置、管径大小、泵站容量等一系列决策的改变。

一、设计遵循的标准和规范

　　美国大量的地标、州标、联邦国标，都会影响到灌溉系统的设计、运行管理和后期维护。例如，希望或必须利用中水、把肥料注入灌溉水中等情况，在标准里都有限制性条款，设计师必须遵循这些规定，而且要完全掌握当地的规章、条例中对中水利用的种种限制。设计师应该从当地中水运营部门或单位，去获取、学习并执行"区域中水应用指南"这样的文件。

　　例如，在很多国家，用的是 $230\sim240V$ 交流电网，倒是可以降低分控箱的电源线投资成本，但是，又有其他的法规、规范、条例规定，240V 交流电线路的铺设，必须要用穿线管，尤其是在公共活动场所，就包括高尔夫球场。

　　在美国的住宅区和高尔夫项目，一般都用很大的园林景观区做缓冲区，来与私人的领地隔开。有些情况下，景观缓冲区建在 2∶1 或 3∶1 的斜坡上，谓之景观坡，甚至这种景观坡的面积比高尔夫球场的面积还大，景观坡的灌溉方式，主要是高架起来的喷灌，再加上孤植灌木、丛状地被和小树的微灌，这种灌溉系统都是临时性的，等景观坡上的植物存活下来，并靠自身能力就能生长的时候，这种临时灌溉系统就不再工作，要么废弃，要么移到其他地方去。

二、喷洒覆盖范围

　　在高尔夫球场的环境条件下，提高和保持喷洒覆盖范围，通常比园林灌溉设计更困难更复杂。覆盖范围一般用喷头布置间距和灌水均匀度来衡量，灌水均匀度是与多个参数有关的一个函数，这些参数有喷嘴直径、工作压力、布置间距、风速、风向、土壤、植物类型、地形坡度等，很有必要对所有相关参数做出合理限定，来保证喷头和系统达到应有的工作性能。

每个高尔夫球场都有大面积的不同种类的草坪，因用途不同，需要不同草种和不同的养护；果岭、发球台、球道、高草区也有不同的灌溉要求；另外，高尔夫球场灌溉系统还必须满足不同的园林景观区灌溉。用于球道和高草区的喷头，其工作压力高（0.4～0.55MPa），流量大（6～9m³/h），布置间距17～23m；而用于果岭的喷头，在同样工作压力条件下，流量却偏小（3.5～7m³/h）。

（一）发球台

通常发球台所用的喷头比果岭和球道所用的喷头小，也是电控喷头，流量约1.5～3.5m³/h，布置间距9～12m。因为发球台的面积较小，做到合理的喷洒覆盖范围并不容易（见图25-20），一个洞往往有多个发球台。

在多数情况下，发球台结合部及其周边，所种的草种不同于发球台表面的草种，因此要用可调喷洒角度的喷头来控制这些区域灌溉。当发球台表面或周边的面积太小，就不能用电控喷头了，必须用高级的园林喷头来解决。园林喷头必须通过带压力调节功能的电磁阀来控制，布置间距为喷头喷射直径的45%～55%。图25-21为发球台的喷灌状况。

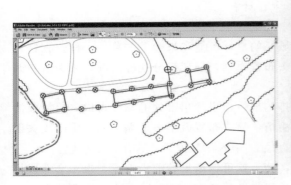

图25-20 发球台的喷头布置图

图25-21 发球台灌溉状况

（二）果岭及其周边

果岭要求的喷洒覆盖范围，比球场的任何部位都重要，因为其形状不规则，但还必须达到全面覆盖，一般用喷头间距等于喷头射程的布置法则来解决（称为喷射直径50%法则），虽然按这种布置法则来做，完全覆盖果岭也有一定困难，但可以选用更大射程的喷头来解决。这要冒一定的风险，射程大了，可能流量就太大，一旦果岭排水不好，就可能带来麻烦。

果岭推球表面的养护条件更严格，不同于其周边的坡面、起伏地形和过渡带，因此，要求的喷灌均匀度和覆盖范围就完全不同。由于果岭推球表面是最具价值的草坪，其要求的喷灌质量和排水质量更高，远优于其周边地带。

在过去，果岭喷头配置的是相同喷嘴，通过调节喷洒扇形角度来控制覆盖范围，但今天，果岭的设计形状追求独一无二，彰显特性，有宽有窄，各不相同，因此，每个喷头的覆盖范围都需要单独处理，就引起不同射程和不同流量的喷头组合使用，来满足这种果岭

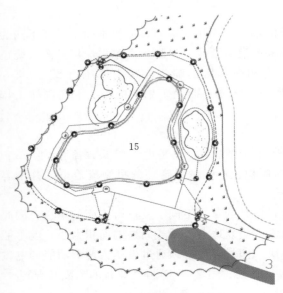

图 25 - 22 不规则果岭的喷头布置

的喷洒覆盖范围的要求（见图 25 - 22）。一旦遇到这种情况，就要特别关注喷灌均匀度的问题，既要确保喷灌全面覆盖，又要平衡喷灌的均匀度。

果岭周边的坡面、起伏地形的灌溉，其均匀度和覆盖范围就要求用小喷头，这种地形的上部要频繁灌，而坡脚处却要少灌。理想的做法，是在坡面的上部即果岭环的位置，布置可调扇形角度的喷头，以满足灌水量和覆盖范围的要求；如果不这么做，就把喷头布置在坡脚或远离坡脚的某个位置，坡脚附近的低处可能过量灌溉，但能足够覆盖到坡面上部的区域。如果坡面足够大，可以布置多排喷头的话，那就要严格按喷头的标准布置法则进行设计。

（三）果岭裙带区

果岭裙带区（球道和果岭之间的过渡区域）的草坪可能和果岭上的草坪一样，在这种情况下，推荐该区域的设计沿用果岭上的喷头布置原则，但还得分几种情况，来考虑和改进其合理覆盖范围。

对于排水不畅或者在果岭前沿汇水后再排的果岭，果岭裙带处的喷头可以离果岭前沿远点，做这种改变，就有助于降低该区域的涝情，喷头布置就不再遵循"间距等于喷头射程"的原则，而是按照"间距等于喷头喷洒直径的 60％"来布置，这样将更理想。

对于果岭及其裙带区排水很顺畅的情况，喷头就可以离果岭前沿近点，也不会造成果岭前沿受水过多。在任何情况下，不允许果岭裙带区的喷头喷到果岭上去，但所用喷头通常和果岭用的喷头一致，布置 1～2 行果岭裙带所用的喷头，然后过渡到球道喷头的布置。

（四）球道

球道的有效喷洒覆盖范围最容易实现（见图 25 - 23），在开阔无障碍的区域，喷头采用矩形或等边三角形布置。对于沙性到中等质地的土壤，喷头一般首选"间距等于喷头射程"的布置原则。风是引起布置间距缩小的主要原因，针对不同风速，制造商会推荐喷头的合理布置间距。一般风速在 16～24km/h 时，为达到可接受的覆盖范围，要求喷头布置间距小于喷头射程。

一般情况下，球道喷头的布置间距约为 18～23m（见图 25 - 24）。布置间距变短，用小流量喷嘴可获得更好的效果，因为提高了水的分布性能，就极大地提高了均匀度和覆盖度，传统的球道，一般需要布置 3～8 行喷头。

大多数球道都用的是全圆喷头，有些情况下，会用到可调喷洒角度的喷头，沿着球道和高草区的分界线布置，因为高草区的需水、喷洒覆盖范围和施肥要求，都不同于球道。另外，在有些地方更特殊，球道和高草区会随季节不同，种植的面积也在变化。

图 25 - 23 球道喷灌

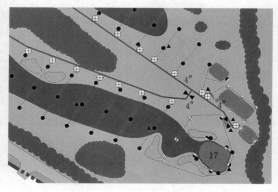

图 25 - 24 球道喷头布置的示意图

（五）高草区及球场边界区

高草区的喷洒覆盖范围，随着草种的灌溉要求不同而变化，第一高草区的喷洒覆盖度类似于球道，第二高草区草种可能不同，这些草坪很粗糙，被称作"本地草"，定植高度15～45cm，用升起高度为30cm的园林灌溉喷头，就足以达到灌溉要求，可遗憾的是，现在还没有这类电控的园林灌溉喷头，因此，必须把几个喷头分为一组，用一个电磁阀来控制。

在第一和第二高草区内，灌木和树木经常会遮挡喷洒水流，应该用可调喷洒角度的喷头，布置在灌木和树木的周围，来改进草坪的喷洒覆盖度，这种布置方式，也能降低灌木和树木的涝情。一般情况下，喷头应该布置在灌木和树木的滴灌范围线的附近，或稍微进去滴灌范围线内一点，不能布置在灌木和树木的根区内，因为在干旱季节，有可能给灌木和树木增加涌泉头或滴头，来增加灌水量。

喷洒范围线应该止于边界线，比如别人私产的边界、宅基地的边界线等，通常做法是沿着这种边界线，按"间距等于喷头射程"或更近的原则来布置喷头，喷头位置应该在边界线内侧0.3～1.5m处，避免把水喷在边界护栏以及其他物体上。沿边界布置的可调喷洒角度的喷头，其射程应该比布置在更里面的全圆喷头的射程大才对，此设计原则既能达到足够的覆盖度，又降低全圆喷头喷出界外的风险，避免打官司。说着容易但做着难，因为边界线通常都是极不规则的。

（六）沙坑

无论沙坑坐落在球场的何处，都存在如何考虑其喷灌范围的问题（见图25-25和图25-26）。沙坑灌水多了会引起一系列问题，比如形成湿斑、滋生藻类、水土流失等，有损观瞻。一般用小型喷头，如散射式或者小射程的旋转喷头，布置在沙坑的周边，或者布置在沙坑和果岭之间，形成有效的喷洒覆盖度。如果不得已，喷洒范围非要覆盖到沙坑，那么沙坑的排水必须非常顺畅才行。

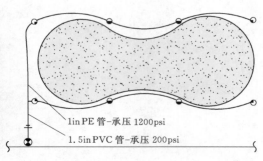

1in PE 管–承压 1200psi
1.5in PVC 管–承压 200psi

图 25 - 25　布置在沙坑周边的散射喷头　　　　　图 25 - 26　沙坑的喷头布置图

三、高尔夫球场灌溉系统的水力学和管道路径

高尔夫球场灌溉系统涉及许多独特的水力学原理问题，有些限制条件也与其他灌溉系统不同，比如泵站流量大（180～2280m³/h），干管直径大（达 900mm），干管流速小（0.46～0.91m/s），以控制系统水头损失和水锤，在 4～8h 就得灌完全场，如此等等，都是高尔夫球场灌溉系统的独特之处。

（一）流速和管径

为控制水头损失和提高系统使用寿命的需要，就得加大管径，降低管道内流速，低流速有助于减小水锤和水头损失，从而降低管道、管件、阀门、喷头等受损的概率。对于不同口径的管道，低流速有助于干管中空气的移动，通过排气阀完全排出系统；而高速水流不利于管道中空气的排出，部分残留的空气，就会积存在管内的上部，或者积存在管路的"驼峰"处。

图 25 - 27　排气阀组件

有一种进排气阀，叫做组合式排气阀，也允许进气，平衡负压，防止管道吸瘪而破坏（见图 25 - 27）。但是，空气一旦进入管道，或者修复管道后管中存气了，或者再次恢复给压，那在空气被压缩、对管道或喷头造成损害之前，就得全部排出系统。

针对高尔夫球场灌溉大口径干管和高流量的情况，还有一些专用的设备，比如减压阀、持压阀、安全阀、水锤感应阀等。在其他方法不足以解决问题时，往往要用到水锤感应阀，来控制和释放水锤产生的高压。

有几种方法用来确定干管尺寸（见第七章，水力学原理和管径确定）。平均摩阻损失（摩擦系数）法是其中的一种方法，描述的是流量和水头损失的关系，用这种方法，控制单位管长的水头损失不得大于其合理的损失值；另一种方法是限定流速法，即确定一个管径，保证管内流速要低于指定的流速，不得超出这个指定的流速，这是为了保证系统安全而限定的。在实际设计中，这些方法往往是组合使用，被编制成水力学模型，由计算机来计算。

水力学模型第一步先优化干管，第二步才来确定管径。若认为水力学模型仅仅是简单的选择最小管径，那可就大错特错了。水力学模型其实是一个系统，你无法随意改动其程序和设定。有很多水力学模型可用，但应该选用针对灌溉系统设计的专用模型，如果不是，那选用的模型至少能兼容地形落差的变化，因为高尔夫球场灌溉系统往往有多环管网，甚至有环中套环的管网系统，球场造型还有地形落差，所以，水力模型必须有针对这些情况的设计和分析功能。

（二）干、支管的路径

与其他园林灌溉系统相比，高尔夫球场灌溉系统的干、支管的路径有所不同，因为几乎所有的高尔夫球场用的都是电控喷头，其支管实际上就是分干管的概念。在高尔夫球场灌溉系统中，每个球道都有多条装喷头的支管，最常见的是等边三角形布置喷头，此布置形状，引起支管往往是斜线走向，通过隔离阀连接到干管，单条支管可能穿越两个或多个相邻的球道，支管一般是 63mm 直径的 PVC 或者 PE 管，要特别注意，当支管上多个喷头同时工作时，支管流速一定不能超过设计值。

在一些较窄的球道里，支管的走向有可能需要平行于干管，这种做法的限制条件，是不能超过 3 行喷头。每个洞的球道、果岭、发球台的支管，用一个、两个或多个隔离阀，连接到干管上（见图 25-28）。这种支管平行于干管安装的情况，支管管径不得不选大点，或许得用 75mm、90mm 的管。

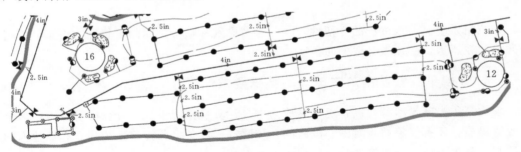

图 25-28 管道布置图

如果可能，干管通常要沿球道边上布置，干管的分支要连成环状网，甚至是二级环状网，用于平衡干管中的压力和流量。而为某个限定区域供水、需要隔离开来的干管，就不能再环回到上级干管中去，基于这点，此种干管就成为末端堵死的分支了。干管必须经过精心设计，并且要谨慎运行，把可能的故障降低到最低程度，防止水锤和管内存气，基于这些要求，在工程实践中，通常要在干管上安装泄压阀、组合排气阀，并在干管最远的末端，安装冲洗阀。

大多数情况下，一段干管要为几个球道供水（见图 25-28），也就是说，两个或更多的球道要从布置在球道间的干管取水，因此就有了一个原则，干管走向要平行于某个球道，并布置在高草区内。这种做法的好处，是能降低几百米范围内的管道、管件、阀门的安装、运行和维护成本；但其缺点是，一旦这段干管出了故障，它所控制的几个球道就无法供水，喷头无法工作。每个球道的干管，要装一个同尺寸的隔离阀；当管径大于300mm时，应该用涡轮闸阀或蝶阀。

（三）中水管道

在利用中水的高尔夫球场灌溉系统中，采用双套干管的情况越来越普遍，果岭采用洁净水，或者净水——中水调和后的水灌溉，而其他区域用中水灌溉。

必须根据所输送的水的类型，来确定干管的类型，中水干管与净水干管间的距离不得小于3m，另外，中水干管的埋设深度要大于净水干管。在大多数规范中，规定自来水或净水系统的管道，不得和中水管道有交叉。当非交叉不可时，在交叉处要用当地的提醒标志，作出醒目的提示，同时必须再用一层套管，对净水管道进行保护，减少潜在污染的可能性。有些规范还规定，净水管道和中水管道在空间上非要交叉，就必须采用垂直交叉方式，且净水管道在中水管道之上，间距不小于30cm。

一些当地或区域的权威部门条例，要求净水管道和中水管道，沿球道的两边相对布置，另外，与中水相关的管道、管件、阀门和控制设备，必须用紫色的标牌、标记等，作出醒目的提示。

给果岭、发球台供水的净水管的管径，应该小于为大面积供水的中水管道。如果这些干管要和净水水源相连接，每个连接处都必须配置带减压功能的止回流设备，或者建隔离池进行隔离。

第十二节　电　控　系　统

分控箱系统只追求维护的方便性，并不必考虑其和喷头之间的可视性。由于分控箱工作环境比较恶劣，必须做必要的防护。

一、分控箱位置及高尔夫球场的特殊要求

现代高尔夫球场灌溉控制，已发展成为中央计算机控制系统，计算机管理着很多分控箱或解码器，还有气象站、泵站、电磁阀、传感器等设备。分控箱系统建立起场地内的分站控制，高尔夫场地分控箱的分布受多种因素影响。

（一）视线问题

分控箱通常要坐落在球手看不到的地方，不能影响打球。只是在以前的控制系统里，才这么强调视线上（指可看到分控箱所辖的各站点）的位置，因为需要直接在分控箱上操作，或从中央计算机上去操作，才能打开或关闭喷头。现代的分控箱，可以通过遥控器、掌上电脑、或者智能手机来操作，不再需要看着场地内的设备再去操作，这样就有了把分控箱完全挪出视线范围的新趋势。有些高尔夫球场，干脆把分控箱安装在休息厅或其他建筑物里，完全隐藏起来，这种情况下，分控箱实质上就完全变成一个连接盒了，只需要定期检查其线路保护器、保险丝、分控箱的地址码就成了，或做下备份，万一中央计算机崩溃了，再用来恢复数据。正是因为中控系统提供了一种编程和操作的好方法，无须非到分

控箱跟前去，分控箱的隐蔽安装越来越受到业主和喷灌主管的喜爱，而且系统操作中的问题也变少了。

（二）外界环境问题

分控箱需要在干燥的环境下运行，且要防潮、防尘。过于潮湿和灰尘过大的环境，会对电器元件造成损害，可能引起潜在的安全隐患。如果在洪泛区，应该把分控箱架在隆起的混凝土底座上，或者安装在洪水淹没线以外的地方，要么选另外可替代的控制系统，比如解码器系统，就是这种区域的较好解决方案。安装分控箱的地方，应该空气流通顺畅，有助于电器元件的冷却和干燥，也需要预留几根电线套管，用来穿引控制线、通信线、电源线、接地线等缆，这些电线套管，应该用发泡剂堵塞严实，做一个和外界隔绝的屏障，以免小动物或昆虫进入分控箱里筑巢。

分控箱应该安装在树木滴灌范围线以外，以免安装中伤到树根，也避免了树根和控制线缠绕到一起的潜在危险。另外，滴灌范围线外，土壤水分逐渐增大，在那里有分控箱的接地网，且不影响树木的需水，土壤水分含量越大，大地的电导率越好，就能更好地消除电涌。滴灌范围线以外，树木的枯枝烂叶也少了，更有利于分控箱的清洁。

（三）操作的便利性

必须保证分控箱便于操作，附近没有障碍物阻拦和遮挡。如输入分控箱标识码、输入场地资料信息、初次编程等作业；也要便于维护服务，如更换保险丝、测试接地、测试控制线、试用手动开关、修改程序等作业。当分控箱集中安装时，彼此之间要留有足够的空间，以便于操作。许多分控箱有前后两个门，在此处就要留出足够空间便于开门。总之，当选择场地分控箱时，操作的便利性应该是考虑的主要因素之一。

二、各种电路

必须精心选择电源线和控制线，不仅要满足工作参数，还要考虑是否用铠装电缆、如何连接、如何接地等因素。

（一）电源线和控制线

在高尔夫球场灌溉系统中，最常用的电源线是外绝缘铜导线，用于控制系统、泵站、气象站的供电，可选用地方标准所规定的电缆型号。必须按照最大负载来确定电源线的线径，比如电磁头启动瞬间的负载，而且还要符合美国国家电工规范（简称 NEC）的要求。必须由灌溉系统设计师来计算电压降，并确定出系统所有线缆的线径。从电源到每个分控箱的电路，最大电压降不得超过 5％（主干路 3％，分支路 2％）；NEC 的标准规定，在整个线路长度内，最小输送电压应为 0～600V。灌溉控制系统的 115～230V 直埋电源线，从分类上被定义为 I 类线路（译注：美国分类），电源线最小埋深为 60cm，若在无交通且地面为 10cm 厚的混凝土时，最小埋深可以为 45cm。

由 NEC 标准规定的直埋的 600V 以下的电缆，分为 USE 型（地下入户线）、UF 型、TC 型、PE 型。USE 型电缆的绝缘皮是由一种热固性复合材料并混入聚乙烯后做成，该类型电缆常被用于电网变压器到用户配电柜之间的连线，而且直埋在地下。潜水泵也常用 USE 型电缆供电，有单芯线，也可选用铠装多芯线。

UF 型电缆绝缘皮是 PVC 材料，有单芯线，也有多芯线，多芯线中有一芯为接地线，有的不含接地线。UF 型电缆着火后不蔓延，含有自熄性材料，这种电缆常用于入户线。在灌溉系统中，UF 型电缆用作控制线、240V 电源线和通信线。用作电源线时，要与合理线径的接地裸铜线一起配合使用。

由 UL 认证的 PE 型绝缘电线，用作高尔夫球场灌溉系统的电磁阀控制线，与 UF 型电缆同线径比较，PE 型电缆的绝缘皮稍薄点，但 PE 型电缆的抗机械拉伸和绝缘效果会更好，还具有抗化学腐蚀、抗磨损、易穿管等特点，而且比 UF 型电缆轻 28%。PE 型电缆也可以输送 600V 电压。但 PE 型电缆有个缺点，着火后会迅速蔓延，因此不能用在室内布线。

地埋电缆，是指要么用穿线管，要么直埋，无论哪一种埋法，地埋电缆都得有"耐潮"的标定值，必须在绝缘皮上有"W"（wet）标志，表示认证过。只要在绝缘皮上有 USE、UF、TC、PE 字样的标志，这些电缆都可以直埋。但其他电缆，如 THHN、THWN 型电缆，可以地埋，但不能直埋，必须用穿线管才能地埋。

灌溉控制系统中的各单元到电源之间的所有设备，都必须做接地，必须遵循 NEC 的标准，选接地线的线径，做接地的连接。若有多个电源供电，以单电源所辖的设备为单位分别做接地，没必要把所有电源的接地都连起来。

若管、线同沟时，通常做法是，电源线、控制线、通信线都要埋在管道的下面。

（二）安全防护用线

在一个新建的灌溉系统的设计中，要包含安全防护用线的设计内容，这部分内容是防止控制设备免遭雷击或电涌的损害。安全防护线一般选用 10 号或 6 号 AWG 的裸铜线，与灌溉管道同沟铺设，并接入整个电系统中（见"美国灌溉咨询协会规范 2002"，ASIC 2002）。对于"两线"系统（如解码器系统），一般用 10 号 AWG 裸铜线，而分控箱系统要用 6 号 AWG 裸铜线。这类安全防护线埋设在灌溉管道以上 10cm 处，目的是拦截高尔夫球场表面遭雷击产生的瞬时异常高电压，保护灌溉系统中的电路。同时，这类安全防护线的埋深要在 30~45cm，防止养护机械对它的损伤。

安全防护线在沟里要尽量铺直，打弯的地方尽量要少，以最大限度降低电阻。在分控箱的安装位置，这些安全防护线要和分控箱的接地线连到一起，最好是采用焊接。每个电源为单位，都得有它独立的安全防护线网。

（三）通信线

通信线是指中央计算机到控制单元之间的连线，例如控制单元有场地分控箱、气象站、泵站等。中央计算机和控制单元之间的通信方式，为无线或有线连到调制解调器方式。无线通信通常使用的是超高频（UHF），这个需要美国通信委员会（FCC）颁发的许可证；无线通信受地形、直线可视、距离等影响，有的制造商用的是 900MHz 或更高频率，类似于步话机通信，有些系统还用到寻呼技术。

通信线经 40 多年的应用检验，由于其成本低又耐用的特点，被广泛接受和应用。各制造商都有他们控制系统特定的通信线，可选择范围很广，一般是 12/2 号 AWG PE 型双芯线，到 20/8 号 AWG 的 8 芯线。

制造商对通信线和电源线之间的最小间距都有要求。无论通信线是环路连接还是支路连接方式，制造商对最大铺设长度也有限定。另外，制造商对连接到通信线路上的分控箱或设备（如解码器）的数量也有规定。和任何电力系统的设计一样，灌溉系统的线路必须经过精心和准确的计算，合理确定线径，以满足系统现在和将来的负载要求。

（四）接地用线

分控箱及其附属设备的接地做法，都应该遵循美国国家电工规范（NEC）、美国国家防火协会规范（NFPA，2011）等所有重要的当地标准。分控箱接地的含义，是指每个分控箱及其附属设备都必须做接地铜棒、接地线、接地板，形成一个接地系统。每个分控箱、中央控制设备，以及其附属设备，要把各自的接地连成一体，形成接地网络系统，而且电阻要低于厂家的推荐值。美国灌溉咨询协会（ASIC）曾编制了几种"接地做法手册"（参见 ASIC Guideline 100 - 2002），按照这些手册去计算确定接地铜棒、接地板、接地线的大小。

灌溉系统中的控制设备，如分控箱、计算机、附属设备等，都应该内置了防雷击和防电涌部件。另外，为了获得更稳定的电源和额外的电涌防护，有必要安装通风冷却设备，促进设备间的空气流通。通风冷却设备一般装在设备间的墙上，或者装在一个混凝土底座上，要避免与潮湿的地板接触。通风冷却设备运转起来有噪声，需要结合现场情况，确定合适的安装位置。

第十三节　高尔夫球场灌溉系统的安装

高尔夫球场灌溉系统的安装，需要大量开沟，铺设干管、支管、安装喷头、阀门等其他部件，还要铺设大量电缆、连接电源、安装控制设备等作业。尤其地上设备安装，技术含量更高，如喷头、阀门箱、分控箱的安装，既要考虑各部件的保护问题，又要考虑这些设备不能妨碍养护作业，更不能影响到打球营业。除此之外，还有一些重要的最后的工序，如清理现场、恢复原貌、系统测试、绘制竣工图等。竣工图非常重要，是以后系统运行管理的根本依据。

高尔夫球场灌溉系统安装中所用的主要机械设备和安装工序，类似于其他园林灌溉系统的安装（参见第二十六章），但是，在高尔夫球场灌溉系统安装中，各部件尺寸更大，所用机械设备也要更大，涉及的控制系统更广泛更复杂。另外，在最后的清理现场和恢复原貌的工序中，要求精度更高，更需要格外仔细，尤其是改造项目，对已做好的草坪、树木、景观，更要加倍注意保护。

一、遵循的标准、规范以及安全注意事项

在开工之前，对项目涉及的当地规范、行政许可、健康与安全的法律法规，必须做认真的研读，按照美国职业安全与卫生条例（OSHA），做好管理程序文件，严格遵守并实施。同时，还要和业主方一起编制安全施工计划，包括白天施工工序，告知打球的客人，哪个洞何时封场施工。另外，要做好详细的施工进度计划，除赛事或不可预见的日期，总之，该计划既要有利于业主，也要有利于承包商。

二、安装用的机械设备

依据土质和开沟尺寸，来选择施工机械，土质好的地方，用功率小的机械，若土质很差甚至有岩石，就得选大功率的机械。

图 25-29 链式开沟机作业和草坪保护方法

开干管沟时，最常用的是链式开沟机（见图 25-29），这类开沟机的选择，主要是按照不同管径的开沟尺寸，选择合理的马力和链刀，以提高开沟的效率。应该选配草地轮胎或者橡胶履带，最大限度地降低对已有草坪的损害。如果遇到糟糕的土质，需要更强大的挖掘力时，可以选配特殊轮胎，以及更坚硬链齿的特殊链刀。

大型的轮式和履带式挖掘机，有时也被用来挖干管沟，但在土质好的情况下，这类挖掘机比链式开沟机的效率更低。挖掘机主要是用来挑起重物，如很重的大管道、阀门、管件，或者从沟里挖出很大的石头等情况下使用。挖掘机可以换上特殊的液压破碎锤，用来破碎碰到的岩石。

小型链式开沟机，一般用于支管沟开挖，也用在果岭、发球台的管沟开挖，主要针对的是直径 75mm 以下管道的安装，这类机械的功率一般在 40 马力以下，配有草地轮胎或者橡胶履带，也有可选配的特殊轮胎和链刀，以应付更坚硬的土质开挖。配上特殊的"鼠犁"，在土质良好的地方，可以把小管子和多根电缆，一次性直接铺在地底下（见图 25-30）。与开沟机相比，"鼠犁"的最大好处，就是对草坪的破坏很小，对草坪表面仅有轻微的扰动，用轻型滚压机压一遍，几天内草坪就可恢复原样。更小型的迷你开沟机，也在施工中使用，但它尤其适用于新球场的施工。

图 25-30 "鼠犁"施工中

用夯实机械从拖拉机上换下开沟机，就可以用来夯实回填土。还有一种夯实机（俗称"蛤蟆夯"），用汽油机或电力驱动，手动操作，也常在施工中用到。

定制的管道搬运车，长度一般为 4.3m 左右，用于现场大批量 PVC 管道的二次搬运（见图 25-31），该搬运车对较长的管道提供很好的支撑，也有助于保护管道的两端接口，一次可以搬运几百米的管道。

常用在线缆铺设中的线缆搬运车，可以一次运载多卷线缆，每个轴上可以悬挂一卷

760m 的 14/1 号 AWG 电线，或者线径更粗的电线。因为高尔夫球场分控箱的站点数，可达 72 站或者更多，线缆搬运车最好能做到悬挂 32～72 卷的电线，但工艺上却做不到。线缆搬运车同样可以用来运输电源线、电话线、通信线、泵站和气象站的监控线等（见图 25-32）。

图 25-31　管道搬运车　　　　　　　　　图 25-32　线缆搬运车

三、安装工序

只有把当地建设部门批文、公共管理部门的手续办齐了，才能开始高尔夫球场灌溉系统的施工，这些手续应该都是免费办理，但是需要在 72h 内予以答复（译注：美国的情况）。同时，在开挖动工前，要把地下已有的隐蔽工程的燃气管道、水系统、公共电力系统的位置全标出来，并经当地权力部门审核通过。

要由灌溉咨询师、有资格证的灌溉专家、或者经验丰富的承包商，对喷头点位进行放线和标定，这项任务最好是设计师、球场管理方、施工方代表三方在场，一起来完成。施工放线就是把设计师的图纸理念，用标桩标线落实到实地，作为现实系统的安装基础（见图 25-33）。

图 25-33　高尔夫球场灌溉系统场地放线

灌溉系统主要部件的位置，要用线或者标旗标在地上，包括喷头、阀门、快速取水阀、分控箱、管道和线缆的路径等等位置点。然后绘制"放线图"，详细记录各点位，这些点位数据，可以借助 GPS 定位系统来完成。打印出这份"放线图"，由业主、施工方、设计方三方会签。

若是高尔夫球场改造项目，必须最大限度的保护已有草坪，用胶合板垫衬在草坪上，防止车轮、履带、开沟机等施工机械对草坪的伤害（见图 25-29）。喷头、阀门安装位置处的草皮，以及球道内管线开沟处的草皮，在开挖前都要铲起来仔细收好，安装完毕后，再立即铺回去。有些项目，对高草区管路上开挖掉的草皮，要求干脆重植。无论什么情况下，需要移走的草皮，在移走前都要大量灌水。不管是保存一段时间再铺回去的草皮，还是当时就迅速铺回去的草皮，在铺回去后，都要连续浇几次水。

四、系统调试

当系统安装完成以后，要试运行几次，观察和确认灌溉系统在设计的满负荷下正常运转。虽然说整个系统装完之后，才能进行调试，其实无须等系统全装完，也可以进行调试，在完成一部分投入使用时，就要对该部分进行调试了。可以通过简单的肉眼观察，比如检查沟挖得是否合格、管道外观是否完好、喷头是否渗水，其实都算是调试中的过程。其他更严格仔细的调试，需要通过日志报告来体现，具体包括如下内容。

（1）控制系统的接地测试（分控箱、中央控制部分）。

（2）分控箱到电磁头之间的控制线、中控到分控箱之间的通信线的电阻测试。

（3）电源电压测试。

（4）泵站测试，包括流量、压力、泵的启动和轮换顺序、电压、电流、排气阀、远程监控、电路安全保护装置等的测试。

（5）管网允许渗漏量检测。

（6）气象站的校准和测试。

（7）中控与分控箱、传感器之间的通信测试。

（8）雷电感知和系统保护的运行测试。

（9）无线电频率测试，并填写美国通信委员会的许可证。

（10）喷头喷洒扇形角度的调整和设置。

五、竣工图

清晰完整的竣工图是最基本的资料，竣工图要使用很多年，灌溉系统安装完成后，用来查询系统主要部件的安装位置、类型、尺寸等信息，收集竣工图资料最常用的方法，是用高精度的 GPS 设备进行测绘。精确的 GPS 测绘、专业的 CAD 作图，才能保证灌溉系统竣工图的准确、清晰、详尽。

承包商应该保存每个洞的放线图、安装图的底图，在安装期间，这些底图应该记载当时每天的活动，安装图应包含两点间距离的测量值，至少测量两次来校核，这个测量值指的是以地面永久水准点为基础测量的，标定此测量值的位置包括每个分叉处、阀门位置、接地位置、转向位置等，与 GPS 测绘技术为辅助，互相校核竣工图资料。如果可能，把地下隐蔽设备也用标桩标出，收集到竣工图资料中。

也可用航拍或其他地图，来完善 GPS 测绘的竣工图，比如添加树行、建筑、路等其他更多现场信息。但是，必须注意，非 GPS 测绘的数据，不能算作绘制竣工图的数据。

六、交互图形

灌溉咨询师或者中控软件提供商，可把 GPS 测绘的图纸转换成人—机互动的图纸（以下简称"交互图形"），交互图形可以输入到中央控制计算机中。现在新建的灌溉系统，交互图形功能已经是灌溉控制系统的标准配置，其提供一种绘图界面，通过此界面，可以进行灌溉系统运行程序的编制，也可以把 GSP 图纸上的点、线、面，输出成图形文件（.shp 格式），然后再直接输入到灌溉软件中。灌溉程序允许定义喷头的属性，也自动输入到计算机，很容易就更新了灌溉控制系统的数据库。交互图形可以在掌上电脑、智能手机等移动终端上使用，操作人员在场地里活动，也能通过交互图形界面，调整和指挥各控制站点的作业。

第十四节　运行和维护

如果高尔夫球场要达到长期盈利、保护环境等目标，就要高度重视高尔夫球场灌溉系统的运行、维护和管理，使其长期在设计目标和范围内工作。运行管理的内容主要有：在设计的压力、流量下运行，在非用电高峰期运行，保证管道、电力系统不过载，把手动补水降到最低限度。

从保护环境的角度出发，节水、节电显得异常重要，同时，水费和电费也是高尔夫球场运营中的巨大开支。由于大多数高尔夫球场，通过灌溉系统施肥或加入其他化学药剂，减少水的浪费，就是减少肥料和化学药剂的施入。消除所有浪费，是灌溉系统的终极目标——每个灌溉区域真正达到按需灌水和施肥。

一、喷嘴、工作压力和喷洒范围调整

合理选用喷嘴型号并保证其工作压力，是确保灌溉系统高效运行的最重要方面之一，喷嘴流量的大小随其工作压力而变化，喷嘴磨损后，也影响灌溉均匀度。一旦喷洒覆盖度降低，就需要采用过量灌溉的方法来弥补。每 1~2 年，需要对喷嘴进行一次普查。

必须在泵站（或取水首部）、喷头进口处保持合理稳定的压力，这一点非常重要。系统压力降低了，喷头工作压力也降低，最终引起的是均匀度变差（见图 25-34），通常试图用过量灌溉来纠正却又引起一系列其他问题。每年需要对整个系统各处的压力进行 2~3 次全面检测，可用的手段有手动压力表或者压力传感器。如果预算费用充足，就配置数字压力传感器，这是很有用的压力测试工具。许多自动控制系统，可以做到远程检测和记录泵站（或取水首部）的运行压力和流量。

在高尔夫球场，无论可调喷洒扇形角度的喷头用在何处，都必须进行

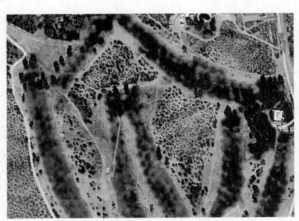

图 25-34　压力过低引起的喷洒覆盖度降低

适当调整，满足指定区域的覆盖度要求，如果单喷头的喷洒扇形区域调整的不到位，那其结果就严重影响覆盖度，同时会影响到灌溉程序和灌完整场的用时。虽然设计中要求喷头维持在某种喷洒扇形，但经长时间运行后，这个喷洒扇形会发生改变，需要花点时间去检查喷头的旋转幅度，定期进行一次普查和纠正。

二、保持喷头和阀门箱顶部与地面齐平

喷头和阀箱安装时要与地面齐平，而且要持续维护，总保持这个水平。割草等其他养护作业，往往会导致它们下陷、倾斜或者高出地面。喷头和阀箱高出地面或者发生倾斜，就会被养护机械损坏；若其下陷，会被草和其他东西遮挡住，人看不到，养护机械、球车、球手就会从上面碾压、踩踏过去，对人、车都可能造成伤害，同时也破坏了周边的草坪。在高尔夫球场，任何不能与地面齐平的物体，都隐藏着安全隐患，比如绊倒、崴脚等（见图 25-35）。

地面配水不均，喷头就得不到充分淋洗；倾斜了的喷头会造成灌溉区域旱涝不均，影响草坪生长；下陷的配有小喷嘴的喷头，会受草坪遮挡，引起均匀度变差，往往是喷头与喷头之间的中间地段缺水。每 3~4 个月应该对喷头进行一次检查和维护，常规维护其实更节省费用，若等到水、电、肥、劳力都发生浪费的时候，才想起来维护，那费用会更高（见图 25-36）。

图 25-35　被剪草机打坏的喷头

图 25-36　发生倾斜的喷头

一般情况下，每两年要对阀门箱进行一次维护和整平。要延迟这个维护时间，最好是让阀箱盖附件不长草。当草长起来了，就会"绣"在阀箱的周边，造成阀箱不易打开，在剪草作业时，抽点时间清理清理阀箱周边的乱草。在整平阀箱时，用砖来垫起，同时在阀箱里再加些砾石，提高排水能力，如果有必要，在砾石层上再铺上土工膜，防止泥土淤塞阀箱的排水通道。

第十五节　灌溉制度和用水管理

做好高尔夫球场的灌溉制度和用水管理，是一种特殊的挑战。具有大面积草坪的高尔夫球场，需水量随时变化，环境条件也不尽相同，甚至在一个球洞内，也要杜绝管理人员"一成不变"的管理方法。从某种程度上来说，正是这种面积大且环境条件又复杂多变的状况，有力促进了计算机控制技术和用水管理技术的迅猛发展。由于球场和灌溉系统的情况复杂多变，就需要对灌溉系统进行定期调整，以达到预期的效果。

一、影响灌溉制度的因素

多变的土壤质地、地形、小气候条件，都是影响高尔夫球场灌溉制度的关键因素，场地中特殊用途的不同草种，有着不同的需水特性，这也是必须着重考虑的重要因素。例

如，①同一个场地里，就有种在果岭上的剪股颖草（本特草），立地条件是纯沙基；围绕果岭周边的是黑麦草，还有高草区的早熟禾草（6cm 高），立地条件又是原状土；②在功能区之间的隔离或过渡段，又种的有冷季型草和暖季型草。这么多草种和不同立地条件，都是制定灌溉制度时所要面临的挑战。

（一）土壤

一个 18 洞的高尔夫球场，占地面积约 50～60hm²，甚至更大，但其在清表、造型等建设施工时，土地受施工机械碾压、挖掘，几乎全翻了一遍；尤其是建造果岭、发球台时，把筛选的大量沙子集中掺进土壤里，以增加土壤的渗透性，完全改变了土壤的性质，这种完全沙化的立地条件，有利于快速排水，即使人流、养护机械的频繁踩踏和碾压，也不怕板结。在球道、高草区基本保持原状土。如此，一个高尔夫球场内，土壤类型就发生很大变化，而在果岭和发球台区域，改良土壤就是一项常态化的工作。

（二）地形

许多原因造成了高尔夫球场的地形多变，起伏多变的球场地形，能吸引球手挑战的兴趣，为球手们提供了一个引人入胜的打球平台；高尔夫建造师，也需要这种地形变化，促进地表排水，同时，建造师需要站在战略的高度构造地形，既要有起伏还要保证安全。因此，有一种很流行的说法，世界上每个高尔夫球场的造型都是独一无二的，每个高尔夫球场灌溉系统都是量身定制的。

（三）小气候

当地的气候会有微小的变化，称作小气候，如装有喷头的果岭表面独特的小气候环境。阴影、太阳照射角度、空气流通、迎风面、养护机械的活动方式等，都会影响小气候的变化。在果岭上每个喷头所控制的区域，小气候变化的结果，就是造成需水不同，就更不用说像大面积的球道，这种小气候的变化更是不同了。总的来说，这种小气候的变化，就大大增加了灌溉系统随着调整的几率，调整的越准确就越节水，全场一次灌溉下来，就有可能节省几千升水。

（四）草坪

用在高尔夫球场的草坪，一般分为冷季型草和暖季型草。暖季型草的适宜生长温度为 27～32℃，冬季的几个月为休眠期；冷季型草的适宜生长温度为 16～24℃，除了北方极度寒冷的气候区，在其他地区几乎全年保持绿色。冷季型草比暖季型草更耗水，暖季型草只在温暖的气候条件下才生长和需水。每种草都有其独特的耐旱指标，在制定灌溉制度的时候，必须熟知它们的特性。关于不同区域的不同草种的需水量数据，可以从当地有关大学和试验站查询，或者根据美国国家草坪评价方法（NTEP）来计算。

二、水管理的实施

灌溉制度的有效实施，需要先进、智能的硬件设备支持，能根据场地的环境变化，及时修正和调整灌溉。如每个喷头都可控制，中央计算机、现场气象站、掌上电脑、智能手机等控制设备，一应俱全，才能真正做到高效灌溉。

果岭和发球台自身及其周边、果岭裙带区、球道、高草区、其他特定区域，最好做到每个喷头都能控制，才能让管理人员有手段有机会做到省水。另外，要合理规划布置快速取水阀，能让管理人员就近给局部干旱区补水，这比开喷头补水更高效。概括起来，就是尽最大能力微调每个喷头的灌水量。

现代计算机灌溉控制软件，可以和气象站、泵站、传感器及时通信，计算出实时的精确的需水量，再实时反馈给控制平台上的设备（如泵站），令其及时做出调整，从而节水。比如风速超出警戒值或有降雨时，控制系统就指令灌溉系统暂停或者关机，也能提高灌溉效率，达到节水的目的。

根据需水量，计算机自动转换成灌溉延续时间，自动生成每个喷头的运行时间程序，更精确地控制灌水。现场气象站负责提供蒸发蒸腾量数据，依据管理人员输入的各区域的小气候参数，计算机会自动修正蒸发蒸腾量数据，第一步先调节本区域内一组喷头的运行参数（如某个果岭的一组喷头），第二步再依据每个喷头的工作参数，加进去小气候参数，确定每个喷头如何工作，从而生成灌溉程序，指挥每个喷头运行。

图 25 - 37 现场控制的掌上电脑

掌上电脑或智能手机等移动终端，配置了所有喷头的数据库，输入了灌溉系统图纸，很方便带在身上，到场地里现场观察，就地修正喷头的工作时间。移动终端上做的修正，会下载到中央控制系统中，覆盖原灌溉程序。在移动终端上，也可以通过图纸界面定义喷头属性来实现灌溉（见图 25 - 37）。

三、诊断和检验

高尔夫球场灌溉系统的诊断功能，为管理人员提供了一种方法，可以让管理人员，详细了解灌溉系统是如何工作的，如果出现异常，就要安排维护，进行纠正（具体请参见第十四章）。检验是定期对灌溉系统进行一次全面检测，对应观察每一条诊断信息是否符合，如灌水均匀度、降雨强度、泵站运行情况等。定期检验由球场管理员来实施，方法简单又能大幅度提高灌溉系统的可靠性，参见美国农业生物工程师学会的标准要求（ASABE，1985）。每周一次的例行检验项目，列在表 25 - 1 中。

表 25 - 1　　　　　　　　　　　　　灌溉系统定期检验的内容

主要设备	检 验 和 维 护 内 容
喷头	检查旋转灵活性和旋转速度，喷嘴是否堵塞、磨损，喷嘴处工作压力，导阀设置的压力值，调校喷洒扇形角度，是否和地面齐平等；修剪喷头周围的草
分控箱	测试接地，检查所有分控箱的密封程度和接地线连接，测试电磁头的电阻，清理里面的杂物
气象站	检查翻斗式雨量桶，清理太阳辐射表，查看风速仪，测试电池，检查湿度计，校验传感器（由厂家来做）
泵站	复查过去的报警信息，清洗和测试过滤器，复查每台泵的运行日志，检查每个电动机的电流变化，检查运行压力和过滤器冲洗压力，记录下泵启动时每相电的频率
排气阀	一个灌溉季结束时，拆下来、分解开进行清理；每年两次定期检测

每3~5年，要对灌溉系统进行一次更详细的诊断，这项工作应该委托给经验丰富的灌溉专家或者灌溉咨询师来完成，详细诊断灌溉系统的均匀度和水力学性能，例如，实测关键区域的均匀度和水力学特性。同时，要诊断控制系统的数据库，如检查和核实喷灌强度表、流量管理表、分区流量、各站修正系数，以及和气象站、泵站之间的交互数据。复查最后一次诊断中出现的异常状态，分析确定到底是系统的哪个部件出了问题，还是系统操作失误造成的。

参 考 文 献

ASABE Standards. 2004. S376.2: Design, Installation and Performance of Underground, Thermoplastic Irrigation Pipelines. St. Joseph, Mich.: ASABE.

——. 1985. S398.1: Procedure for Sprinkler Testing and Performance Reporting. St. Joseph, Mich.: ASABE.

ASIC. 2002. Guideline 100 - 2002: Earth Grounding Electronic Equipment in Irrigation Systems. Rochester, Mass.: American Soc. of Irrigation Consultants.

ASTM. 2007. Plastic Pipe and Building Products. In *Annual Book of ASTM Standards*, vol. 8.04. West Conshohocken, Penn.: American Soc. for Testing & Materials.

AWWA. 2003. Manual M41: *Ductile - Iron Pipe and Fittings*. 2nd ed. Denver, Colo.: American Water Works Assoc.

Barrett, J. M., B. E. Vinchesi, R. D. Dobson, P. J. Roche, and D. F. Zoldoske, 2003. *Golf Course Irrigation: Environmental Design and Management Practices*. New York: John Wiley & Sons.

NFPA. 2011. NFPA 70 - 2011: *National Electric Code*. Quincy, Mass.: National Fire Protection Assoc.

Uni - Bell PVC Pipe Association. 2001. *Handbook of PVC Pipe*. 4th ed. Dallas, Tex.: Uni - Bell.

第二十六章 园林灌溉系统施工安装

作者：Robert D. Dobson

编译：吕露

　　灌溉系统的安装技术日新月异，因灌溉产品和安装设备的进步，以及安装新技术的快速发展，使今天的技术瞬间就成为明天的历史。但是，经得起长期考验的合理的灌溉系统，应遵循以下基本原则：设计合理、高品质产品、精心安装、定期维护以及高效运行管理。绝大部分灌溉系统，在早期就需要考虑平衡这些基本原则，即使把这些原则全考虑进去了，也无法准确预测出系统的使用寿命。

　　这一章节主要聚焦施工安装工作，主要包括正确安装中的系统部件选型、安装技术以及所用施工设备等内容。

第一节 取 水 首 部

　　园林灌溉系统的起始点，就是系统和水源的连接位置，此处就称作取水首部（译注：Point of Connection，简称POC）。有些系统，尤其是比较大的系统，甚至会有多个取水首部。

　　取水首部分为两种类型，即饮用水水源首部和非饮用水水源首部。美国词典编辑家韦伯斯特（Webster）对饮用水的定义是"适合人喝的水"，那么饮用水就是适合人喝的水。饮用水源又进一步细分为公共水源和私有水源。在建立取水首部时，针对不同水源类型，有着许多不同的含义和内容，本章节针对饮用水源和非饮用水源，分别讨论其取水首部。

一、饮用水源

　　典型的公共饮用水源的产权和运营管理权，归市政当局、或水务局、或供水公司所有，加压后经骨干管网把水送到住宅、商业、工业、娱乐业等区域，再从骨干管网分出支管道，把水送进各个用水户。通常，在支管道上安装水表，计量每户的用水量，水表往往被安装在室内或室外的水表井里。按照不同区域、当地规范和行政法规要求，管道系统的埋深有很大不同，一般规范要求是埋在冻土层以下，因此，在温暖气候区埋深可能在45cm以下；而在寒冷气候区，就得埋深在1.8m以下。

建在市政供水支管上的灌溉系统取水首部，必须置于水表的下游。多数情况下，市政供水流量是基于计量水表的数量来计算，通过水表的总水量，理论上全部视作生活用水。因为灌溉水量实际并没有进入生活用水系统，若对灌溉水量做了计量，那么这部分水量需剔除出去。市政供水水量和实际用水之间总会出现差别，要么相等，要么超出，未进入生活用水系统的灌溉用水量，就需要另行计量和付费，所以就需要在灌溉系统上装第二块水表，用于记录灌溉用水量。水务部门的管理员就可读取灌溉用水量，并从市政供水的水费单中扣除这部分费用。基于这个原因，往往俗称这些第二块水表为"扣除表"。

另一种做法，是为灌溉系统单作一条支管，并装专表计量，从市政供水的水费单中扣除此专表计量的水量。这种做法往往用在学校、体育场，以及其他较大的灌溉系统中。

需要注意，在一些地方，不允许扣除灌溉系统的用水量，而是把灌溉用水就直接预估在市政供水里了。

灌溉系统取水首部应该设在哪里、如何设置，可按当地的管道工程规范，或由供水公司论证来确定。规范中一般有条款规定，取水首部必须设有防回流的装置，此装置需要有资质的管道工程公司来建设。

典型的私有水源实例，是一眼井供一独栋住宅的饮用水。当地管道工程规范和行政法规是协调灌溉系统接入生活供水系统的依据。由于此种水源既要供灌溉又要供生活，也必须设置防回流装置来隔离，即便规范里没有设置回流装置的条款，仍然应该安装防回流装置，来保护生活饮水。

二、接入饮用水系统

把灌溉系统接入饮用水系统的方法多种多样，主要取决于当地的规范要求、管道类型、气候条件、本地习惯，以及市政水表装在室内还是室外的水表井里。若市政水表装在室外井里，可以直接在地下做灌溉取水连接，也可以引管到室内再做取水连接，或引管到灌溉区域里再做取水连接，等等。

在地下做灌溉系统和市政供水系统的连接，下面的两个重要因素必须考虑。

（1）因温度变化，应该对取水首部的热胀冷缩做出具体规定。这一点往往被忽视了，当市政供水系统装在一定深度，那里的土壤温度虽然相对恒定，但尤其是地表水被泵入系统后，水温会引起供水系统温度的剧烈波动，当地表水进入管道系统，管道本身的温度会随水温的变化而变化，就造成管道的热胀冷缩。在合同里应明确规定，用卡箍式管件来紧密连接供水系统，视为不合格安装。其实通过选用合适的材料，就可以消除这种问题，例如，25mm直径的K因子软铜管的这一类型供水系统，用可延展的铜管件做连接，就比用卡箍式管件连接好得多。

（2）在埋入地下的铜管供水系统中，不得用焊接的方式做灌溉系统的连接。焊接接口埋入土壤中，会随着时间的变化而逐步腐蚀，如果焊接实在不可避免，那么就用银焊条来焊接。

在冬天结冰的气候条件下，典型的越冬做法是用空气压缩机吹出灌溉系统内的积水，取水首部的连接管件也要做这种越冬处理。图 26-1 和图 26-2 显示的是市政供水系统和灌溉取水首部的典型连接方式。

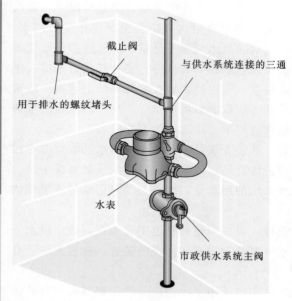

图 26-1　灌溉取水首部室内的典型连接方式

图 26-2　灌溉取水首部室外的连接实例

三、非饮用水源

非饮用水源通常需要用水泵加压，把水从水源输送进灌溉系统。有一种例外情况，就是水源高程高于灌溉区域，可向灌溉系统提供足够的运行压力，利用地形落差进行自压灌溉。从非饮用水源提水，其安装要求各不相同，主要视水源自身详细情况的变化而变化，但是，还是有一些共同的关键点需要讨论。

当水泵从水池或其他水源向上抽水时，吸水管上不应有"驼峰"；吸水管上的所有部位均不能高于水泵的进水接头；水泵进水口处应该采用偏心异径接头，以防止积气（见图 26-3）。

当水泵位置低于水源并采用淹没式进水时，进水口处应安装阀门或采取其他关断水流的方式，以便维修维护时拆移水泵。和吸水管一样，进水管上也不应存在"驼峰"。空气可能会积聚在淹没式进水管的水泵进口处，从而降低水泵的抽水能力，增加出现汽蚀问题的可能性（参见第八章）。

对于小型水泵，进水管和出水管通常采用螺纹连接。应避免采用螺纹接头将塑料管与水泵直接相连，比如采用 PVC 外螺纹接头或 PVC 螺纹短管。不同材质的热胀冷缩系数不同，再加之水泵的震动，最终可能会造成这类接头泄漏或损坏。当然应采用金属管道和金属管件连接。也可以采用过渡性连接方法，过渡到塑料材质的位置，应远离水泵，此处震

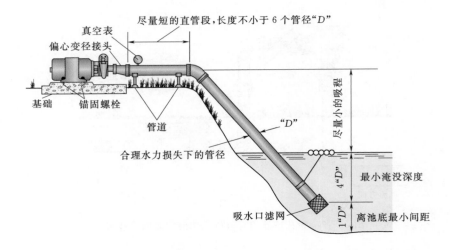

尽量短的直管段,长度不小于 6 个管径"D"
真空表
偏心变径接头
基础   锚固螺栓
管道
合理水力损失下的管径
"D"
尽量小的吸程
最小淹没深度
4"D"
1"D"
离池底最小间距
吸水口滤网

图 26 - 3　典型的离心泵的吸水管安装

动已经减弱,热能已消散。

　　对于较大型水泵,进水管和出水管通常采用法兰连接。像小型水泵一样,塑料管不应与水泵直接连接。进水和出水管段通常采用 Schedule 40 焊接钢管制作;过渡到塑料管的连接点,要离开水泵一段距离,可采用卡箍连接方式。

　　水泵或泵站的电气接线,应符合当地电工规范要求,并由有资质的电工完成。应读取每台水泵配套电动机的电压和电流,用于核实电动机是否在产品说明书规定的范围内运行。水泵或泵站制造商一般会提供详细的安装图样和产品说明书,应按照这些文件进行安装。应特别注意设备接地、防雷电和电涌保护等的安装,因为这些往往被忽视。

第二节　防 回 流 装 置

　　安装防回流装置是规范里的强制要求,它比起灌溉系统的其他方面要求而言,显得尤为重要。尽管不同地区和法规稍有不同,但都把安装防回流装置一致作为强制性条款。防回流装置不得安装在水淹没的地方,比如地下设施、阀井、阀箱内,应该安装在人易于接近和方便维护的地方。图 26 - 4 表示的是有减压功能的防回流装置的典型安装;图 26 - 5 显示的是有进排气功能的防回流装置的典型安装。

　　任何防回流装置都要设置检测口,有些行政管理机构有严格的检测和报告程序,必须遵循这些程序进行检测。但是,即使没有来自行政管理机构的检测和报告程序,不能理解为这些防回流装置就不必检测了。无论有没有来自行政管理机构的要求,留有检测口的防回流装置,至少一年要检测

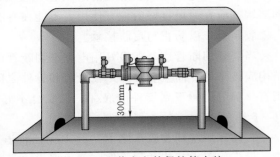

300mm

图 26 - 4　装在室外保护箱内的
有减压功能的防回流装置

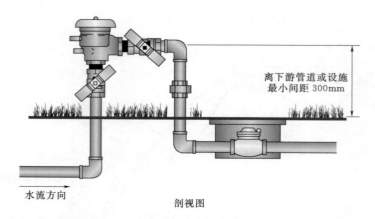

离下游管道或设施
最小间距 300mm

水流方向

剖视图

图 26-5　装在室外的有进排气功能的防回流装置

一次。想成为持证的检测员，你可以在网上搜索到这些信息，看哪些机构提供这种培训，有哪些课程，在哪里培训和考评。

第三节　管　道　安　装

当今灌溉领域常用的管材有两类，即 PVC 管和 PE 管。这些管材的种类、参数、描述，具体参见第九章。

一、PVC 管

PVC 管的规格和特性已在第九章讨论过，此处只讨论 PVC 管的合理安装问题。

对于小管径的 PVC 管，一般都是胶粘连接，这个连接过程做得好，管道和管件就会成为一体；若做不好，随着时间延长，管道和管件就肯定会脱开而出故障。

第一步是选择 PVC 胶和溶解剂。管径、环境温度、安装速度（如快速安装、中速安装）等，都是选择 PVC 胶时应考虑的因素。一旦选定了胶水，对应就确定了溶解剂。PVC 溶解剂是用于软化管的表面，使胶水透过管道表层，从而粘合的更结实，不要错误地把 PVC 溶解剂仅仅理解为管道清洗剂。

用户应该详细阅读胶水和溶解剂包装盒上的说明，并按照其安全要求去做。PVC 胶和溶解剂应在通风良好的地方使用，不能在有明火或可能产生电火花的地方使用。最好戴上橡胶手套，以防止与皮肤接触。

当需要切断管道时，最好用电锯来切断管道，以保证切口平直。带承口的管件，承口结构应该是从外向里呈锥形，在管道和管件之间形成紧密的胶合面。若管道切口不平直，则有一部分就插不到管件的底部，就胶合不好，留下故障的隐患。形成最好胶合面如图26-6 所示。

在涂抹溶解剂和胶水之前，必须保证管道和管件表面干燥。如果管道插入管件时很松，没任何阻力就能插到管件底部，那说明管道或管件的制造公差不合规范，不应该使用这种有缺陷的产品。

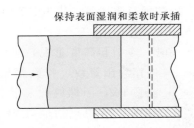
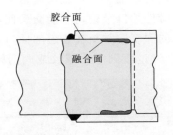

保持表面湿润和柔软时承插

胶合面

融合面

图 26-6 PVC管的最好胶合面示意图

涂抹溶解剂和胶水之前，必须清洁管道表面和管件承口内的所有杂质，如果管道或管件沾上了如油漆类等其他杂质，要么彻底清掉它，要么放弃使用。切断管子时的碎渣也要清理干净，切口处的毛刺要用锉刀等工具修理平整。经过这些步骤，才算准备好了管道和管件，才能开始粘接作业。

涂抹溶解剂和胶水总共分六个步骤进行。分三步涂溶解剂，第一步先把溶解剂均匀涂在管件的承口内侧，要全深度都涂到。第二步，在管子的外表面涂溶解剂，长度与管件深度一致或稍微长点，特别注意，不能让多余的溶解剂流入管里，因为会腐蚀管壁，让管道强度降低而留下隐患。第三步，在管子外表面涂完溶解剂后，再次在管件承口内侧涂一遍溶解剂，在溶解剂凝固前，立即涂胶水。

带颜色的溶解剂（紫色）能标示出溶解剂涂在了什么位置，有些规范里明确约定，要求用带颜色的溶解剂。

溶解剂的作用是软化要涂胶水的位置，必须在有效期内，过期的溶解剂、开封了的溶解剂或温度极低时，溶解剂的效能都会降低。一个检测溶解剂是否还能用的办法，就是涂在一段废管子上，等待 30s，然后用小刀刮一下，如果能刮下一薄层 PVC，就说明此溶解剂还可用。

下面这三步，是涂胶水的步骤。第一步，在管道外表面均匀涂一薄层胶水；第二步，再在管件承口内侧全深度上均匀涂胶水；第三步，再次在管道外表面涂胶水。

至此，管道和管件都涂好了胶水，可以粘接了。非常重要的一点是在胶水开始凝固前，要把管道插入管件，插到位后转动大约 90°。挤出来的多余的胶水，要用抹布立即抹去，防止管道被腐蚀。

在操作下段管道或搬移管道前，需要留有初始凝固时间，这个时间长短随着胶水类型、环境温度、管径大小而不同，在承受水压前，需要更长的凝固时间。胶水制造厂家一般都会给出不同情况下的凝固时间表。尤其是用"鼠犁"来铺管道时，必须留够足够长的凝固时间才行。

75mm 以上的大管径 PVC 管，一般都采用胶圈承插法安装。在管道或管件的承口端嵌入一个胶圈，在管道的插口端，有厂家做好的倒角，若在现场必须切断管道，施工员也必须在切口处做一个大约 45°的倒角。在连接前，先在承口的胶圈上和管道的插口端抹上润滑剂，然后把插口端插入承口端。承插连接的管道，厂家在插口端做有插入深度的标记线，用于指示是否插入到位。管道不能插入过量，因为厂家做的标记线是留出了热胀冷缩的活动余量，若过量插入，就没有这个活动余量了。一个厂家做的这个标记线，是基于本厂的管道、管件承口结构，不能交叉使用其他厂家的承口或插口。若非交叉使用，那么就得测量承口的深度，重新在管道的插口端做插入深度的标记线。

从 PVC 管过渡到金属螺纹或阀门螺纹的连接时，应引起高度重视，应该将 PVC 管件作为阳螺纹，拧到钢质阴螺纹里，注意 PVC 阳螺纹段和管体之间的交界点为薄弱点。最好用 Schedule 80 PVC 的单端螺纹短管，结合直通来连接，才能达到高强度的连接。图 26-7 显示的是用 PVC 单端阳螺纹短管过渡到金属闸阀阴螺纹的连接方式。

图 26-7 PVC 单端阳螺纹短管过渡到
金属闸阀阴螺纹的连接方式

对于承插连接的管道系统，在转向、阀门、变径等处，必须做镇墩，镇墩一般为混凝土结构，其大小要视管道管径、工作压力、土壤类型来确定。美国农业生物工程师学会规范 2010 年版第 376.2 条款，规定了不同条件下的镇墩做法，图 26-8 给出了不同管件和阀门典型位置的镇墩做法。

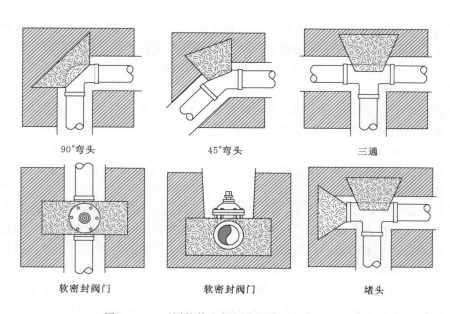

|90°弯头|45°弯头|三通|
|软密封阀门|软密封阀门|堵头|

图 26-8 不同管体和阀门典型位置的镇墩做法

有时也把管件的紧固件和镇墩联合使用，典型的紧固件结构一般有个卡环卡住 PVC 管，用挂钩勾住，限制管道从管件中脱出。

二、PE 管

用在灌溉上的美制 PE 管，绝大部分是 SIDR–15（689kPa）和 SIDR–19（552kPa）两种，管径 13～50mm。连接 PE 管的管件很多，应用最广泛的是倒刺接头和鞍座接头。

倒刺接头的安装，要用力把倒刺部分插入 PE 管，再用不锈钢卡箍卡紧。卡箍主要有两种，一种是通过螺杆拧紧的卡箍，权且称其为"螺杆卡箍"；另一种是钳形卡箍，权且称作"抱卡"。螺杆卡箍的所有材料，包括螺杆，都应该是由不锈钢制成，抱卡与螺杆卡箍比，应用更广泛，它能满足强度要求且价格便宜。抱卡必须针对管道承压等级和管径进行选择，每种规格的抱卡对管道外径的适配范围相当狭窄，所选择合适抱卡的难度增加，例如，用于管径 38mm SIDR–15、承压 689kPa 的 PE 管和用于管径 38mm SIDR–19、承压 552kPa 的 PE 管的抱卡，虽管径一样，但需要的抱卡型号就不同，在倒刺接头插入管道里之前，还要保证抱卡在管道上能够自由滑动。

PE 管应该加热变软后再插入到刺接头，尤其在寒冷季节时更应该这么做，管道厂家建议浸入热水中来软化管道，似乎很合理，可在田间这么作业其实又不现实。惯例是用喷枪稍微烤软管端，这个办法虽然和每个 PE 管厂家推荐的做法完全背离，但是，大多数人就这么干，现已成为行规。

应该保证倒刺接头的倒刺部分完全插入管道，不得用润滑剂。一般在每个接口处应该用多个卡箍固定，卡箍的锁紧螺杆，要彼此转动错开 90°。

图 26–9　PE 三通的安装和固定

图 26–9 显示的是管径 38mm 的 PE 三通的正确安装方式，并用不锈钢卡箍固定。

鞍座主要是用来把喷头连接到 PE 管上，很多厂家可以提供这种管件，应该按照厂家的操作手册，进行合理安装。

三、高密度 PE 管

高密度 PE 管（HDPE）的规格，请参见第九章。用于灌溉的高密度 PE 管，通常是管径 2in 以上的规格，管道和管件间的连接方法有多种，如热熔焊接、电熔焊接、装配式管件、鞍座管件等。热熔焊接需要一台热熔机，把要连接的两个管端，在可控温度下加热，趁热在可控的预设压力下焊接在一起。图 26–10 显示的是热熔机焊接高密度 PE 管。电熔焊接像个电加热器，用电来加热镶嵌在特殊管件里的电阻丝，把管件熔化后与管道进行连接。无论热熔还是电熔焊接，都必须由经过培训的持证上岗的人员去操作这些特殊设备。

要用装配式管件和鞍座来连接高密度 PE 管时，必须特别注意，要用为高密度 PE 管

图 26 - 10　热熔机焊接高密度 PE 管

专门设计的管件，必须有必要的措施来防止管道脱开；先要在管道里塞进加强圈，才能安装锁紧式管件。高密度 PE 管热胀冷缩变化率是 PVC 管的 3 倍，为防止管道脱开，必须用自带锁箍的管件或额外增加锁紧部件。图 26 - 11（a）是 PVC 和 HDPE 管之间，用装配式管件进行过渡性连接，并配了锁紧部件。图 26 - 11（b）是用法兰短管进行过渡性连接，也配了锁紧部件。

　　在安装鞍座之前，要对管道的圆度进行检查。这是以卷盘方式供货中的特殊问题，安装前要上合适尺寸的"整形机"，用以拉直管道并恢复其圆度。

图 26 - 11（a）　用装配式管件和锁紧部件进行 PVC 和 HDPE 管过渡性连接

图 26 - 11（b）　用法兰短管和锁紧部件进行 PVC 和 HDPE 管过渡性连接

第四节　电　线　安　装

　　灌溉系统的电线安装可以归结为三类：高压线、低压线、通信线或控制线，按照规范规定和输送电压的不同，安装要求也各不相同。在美国，普遍遵循《美国国家电工规范（NFPA，2011）》来指导电线、电缆、电器设备的安装，大多数州府都参照该"国标"制定地方标准，并明确指出，安装任何电线、电缆、电器设备时，都必须符合各州的地方标准。

　　《美国国家电工规范（NFPA，2011）》中的表 300 - 5，对地埋线缆的埋深作了明确规定。各类线缆埋设深度、输送电压、设备的安装方式，应该遵循最新版"国标"。

　　《美国国家电工规范（NFPA，2011）》中，对导线的颜色也作了规定（见表 26 - 1）。如果导线没用颜色区分，那就必须在接线柱和分叉的地方，用带颜色的标签进行标注。

表 26-1 美国国家电工规范对电线颜色的规定

120V 的系统		240V 的系统	
火线	黑色	1 号火线	黑色
零线	白色	2 号火线	红色
设备接地线	绿色	设备接地线	绿色

按照这些电线颜色的规定进行归类，低压零线一般都是白色或白色带彩条，绿色线不能用在低压电系统中，通常绿色线已明确用作电器设备的接地线，美国灌溉咨询师协会针对灌溉系统的电线颜色，还出版了详细的导则。

《美国国家电工规范（NFPA，2011）》明确规定，直埋线缆的接线点防水做法，必须符合美国保险商实验室的标准——UL 486D。

由于温度的变化，任何线缆的安装，都要留有富余量。这个很简单并且容易做到，只要在电线分叉的地方，有规律的螺旋缠绕部分电线作为富余量就可以。

线缆在安装前、中、后，都要防止机械损伤，安装前用欧姆表测试整卷线缆是否通电，特别注意，在安装时不要强拉线缆，不要损伤绝缘线皮。当线缆铺在敞开的沟里，必须清理沟底部尖锐物，如石子等；填埋电线的第一层土，也必须清除掉尖锐杂物，手工进行回填。

若用"鼠犁"的方法铺设线缆，需通过专用的铺线犁铧来完成，不得在土里拉拽线缆，否则，土壤中的尖锐杂物会损害线缆，线缆的导体会被拉伸变形，图 26-12 显示的是装配了铺线犁铧的"鼠犁"。用这种方法铺设的线缆，同样得留出一定的富余量来。

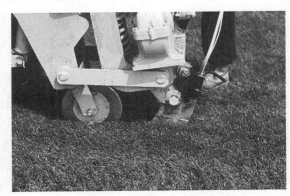

图 26-12 装配了铺线犁铧的"鼠犁"

在电线穿越人行道、车道、小路、某建筑物时，通常要用电线套管以及"追索带"，按照规范铺设的电缆都必须这么做，绝对不能用灌溉管道替代穿线管，因为会被错认为是水管，不明情况的维修人员可能会当作水管来维修，一旦切断电缆，后果将非常严重甚至造成人员伤亡。对于有经验的维修人员，应该对使用中的电缆作出明确提示：此处有电缆。

任何埋入地下的电路，都要装防雷击设施，以防止电涌进入系统。对于电路密布的灌溉系统，比如高尔夫球场、大的厂区、商业区等的灌溉系统，就有受到雷击的风险。一般这些系统，在线路的上部要铺裸铜线，用以防护电路和附属设备，这些线路一般指的是绞线或屏蔽线。理论上讲，因为电涌顺着电阻最小的路径释放，那么雷击产生的电涌会进入裸铜线，从而消除或降低电涌对电路和设备的破坏。图 26-13 显示的是管沟断面内各种线路的相对位置，特定用途集成电路公司 ASIC（2002 版）对防雷击和防电涌给出了操作指南，可以从他们的网站里查找。另外，在第十二章里也讨论过地埋电缆的防雷击措施。

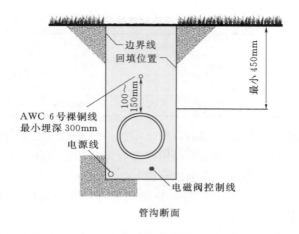

边界线

回填位置

AWC 6 号裸铜线
最小埋深 300mm

电源线

100～150mm

最小 450mm

电磁阀控制线

管沟断面

图 26-13 管道和各种线路的相对位置

第五节 管道和线缆的安装方法

干管和同沟的线缆一并安装，安装方法取决于管道口径、线缆的输送电压以及土壤状况。干管安装先要开挖管道沟，沟的深度和宽度视管道口径和输送电压而定。对于住宅区或商业区的灌溉系统，干管口径比较小，最小沟深小于 300mm；而那些带承插口的大管径干管，一般沟深要在 450～600mm；若口径大于 300mm 的管道，沟深还可能更深。在园林种植区，要铺设输送 30V 以上电压的直埋线缆，最小沟深约为 600mm，并且要符合《美国国家电工规范》要求。线缆要铺在沟底靠沟边的一侧，然后在线缆上面覆一层土，最后在这层覆土上铺设管道（见图 26-14）。

图 26-14 铺管道之前先在沟底做一层覆土

若通过开沟来铺设管道，那么选择开沟的机械就非常重要，无论什么设备，如开沟机或者挖掘机，都必须满足沟的尺寸要求，并适合现场土质和工作面状况。沟要足够宽，方便管道铺设，同时允许管道两侧和上部都能回填进去土。若是含石块的土质，沟应该挖得更深些，然后回填沙子或其他材料作为管基，再铺设管道和线缆，用管基材料全面包裹住管道和线缆后，才能回填开挖出来的土质，图 26-14 就是往管沟里回填管基材料的情况。在更糟糕的岩石条件下，可能有必要用管基材料回填满整个管沟才可以。回填时请特别注意，把回填土中的石块或其他尖锐材料都分拣出去，以免损坏管道和线缆；刚开始回填时，紧挨管道和线缆的土，应该手工回填，然后再分层回填和压实。总之，回填操作的总目标是把挖出来的土填回去并压实，接近原状土，避免沉降。

PE支管和PVC支管，要么也开沟铺设，要么用"鼠犁"方法铺设。能否安装得好，要看针对土质条件和管道材料所选的设备是否合适，有些土质并不适合用"鼠犁"，如岩土、坚硬的黏土、地下水位很高造成的软湿土壤、沙土等。"鼠犁"的动力大小要和土质状况相符，必须能提供足够的牵引力，所配犁铧能达到所需要的深度，并且不至于对管道施与过量的拉应力，更关键的是拖在犁刀后的犁头直径，一定要大于管道外径，实际上，就是犁头在地下犁出一个孔洞，管道顺着这个孔洞铺设进去。"鼠犁"的操作原理，就是在犁铧的犁刀后额外拖一个犁头，这个犁头是用来扩大和协助成型一个地下空洞，从而减小对管道的拉应力。

若用"鼠犁"方法铺设PVC管，要保证安装质量，必须进行周密计划和准备，甚至要承担一些风险。入地和出地的部位，必须开挖得足够大，以便管件的连接，"鼠犁"铺管的路径上的PVC三通和弯头的连接，必须保证位置准确、角度合适才行（见图26-15）。通常情况下，为了专门适用于"鼠犁"方法铺设，PVC管要带有可胶黏的承插口，在用"鼠犁"铺设之前，先在地面粘接好，留出足够凝固时间，按工程经验，一般一两天之后再进行"鼠犁"铺设。

口径63mm以下的管道和线缆，一般可用"鼠犁"铺设，多用在高尔夫球场的果岭、发球台、球道的灌溉系统安装中，若用标准的犁刀拖着线缆和管道一起铺设在地下，可能损坏线缆的绝缘层，拉伸线缆的导体。因此，线缆和管道一起铺设时，最好应该用组合式犁刀，即铺管进去的时候，同时通过喂线槽把线缆也铺在管道的上部或下部25mm处。带喂线槽的组合式犁刀可以保护线缆，减小线缆损坏的可能性（见图26-16）。线缆每隔一段要做螺旋状缠绕，留出线缆的富余量；PVC管也要留出热胀冷缩的富余量，可以用承插连接的管件或软连接直通来实现，因此，用"鼠犁"铺设的管道，要求用承插管件。

图26-15 "鼠犁"铺设PVC管的管件必须精确定位　图26-16 带有扩孔犁头和喂线槽的"鼠犁"

第六节 阀 门 安 装

下面篇幅来叙述草坪、园林灌溉的阀门安装。

一、检修阀

灌溉系统的干管通常包含检修阀，用于关闭某段出故障的干管，以便检修。用于此目的的阀门很多，用得最多的是闸阀，小口径的一般选用铜闸阀。安装时，从 PVC 管过渡到闸阀，要用 PVC 阳螺纹接头，拧进铜闸阀的阴螺纹里。PVC 阳螺纹接头的薄弱点在螺纹和黏结段的分界处，正是因为这种缺点，建议最好的过渡性连接是用 Schedule 80 PVC 单头螺纹短管，再加一个黏结直通，过渡到 PVC 管连接（见图 26-7）。只要从 PVC 管过渡连接到金属螺纹，都可以采用这个办法。

对于大口径的检修阀，应该用符合美国水行业协会（AWWA）标准第 C-509 条款规定的软密封闸阀，规格为 2～12in，适用于 3in 以上大口径的干管。这类闸阀的连接方式

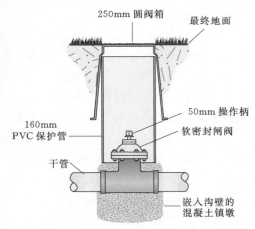

图 26-17　符合美国水行业协会标准的
闸阀的典型安装

有法兰、机械密封或者承插连接，工程中需要做混凝土镇墩，或用紧箍件，或两者联合使用，来稳固闸阀。镇墩应该伸到闸阀下部，同时嵌入到沟壁里，镇墩从底部托住闸阀，防止闸阀的重力传导给管道，镇墩嵌入进沟壁里是为了防止管道纵向移动。镇墩的尺寸要按阀门口径、系统工作压力和土壤结构来计算确定。当用紧箍件时，应遵循厂家的安装操作说明书来执行。图 26-17 显示的是美国水行业协会（AWWA）标准规定的闸阀的典型安装。

二、电磁阀

大多数住宅区和商业区灌溉系统，都用电磁阀控制灌溉区域的灌溉。早些年，电磁阀就直接埋在地下，现今这些电磁阀就装在阀门箱里，便于维护和手动操作。在较小的项目中，多个电磁阀集成在一起，装在同一个阀箱内，阀与阀之间、阀与阀箱内壁之间，要留出足够空间，以便每个阀能单独维修。图 26-18（a）显示的是两个阀装在一个阀箱内；图 26-18（b）显示的是四个阀集成在一起装在地表。

图 26-18（a）　两个阀装在一个阀箱

图 26-18（b）　四个阀集成在一起装在地表

规模较大的灌溉系统，在电磁阀的上游应装一个检修阀，有的项目在电磁阀的下游也装一个，以便维修。一旦安装了手动阀，从 PVC 管过渡到阀门的螺纹连接，首选 Schedule 80 PVC 的单端阳螺纹短管，不推荐使用阳螺纹接头。如何把检修阀和电磁阀连接起来，也得慎重考虑。土壤中存在电荷，有些土壤电荷量还挺大，如果用不同金属材料的管件来连接，就会发生电解反应，加速金属管件的腐蚀。正是基于这种原因，所以不能用钢质管件来连接铜阀门，正确的做法是用铜管件或者 Schedule 80 PVC 的短管，把检修阀和电磁阀连接起来。图 26-19 显示了电解作用下镀锌短管被腐蚀的情况。

图 26-19　电解作用下镀锌短管被腐蚀的情况

三、进排气阀

干管长度较大的系统，应该在管线的"驼峰"处、管线的末端，安装进排气阀。进排气阀的安装，还应配套安装检修阀和 Y 形过滤器，图 26-20 显示的是进排气阀的典型安装图，这一组合体应安装在一个阀箱内，并留出足够的检测和维修空间。为保证进排气阀正常工作，至少每年要检测和维护一次。

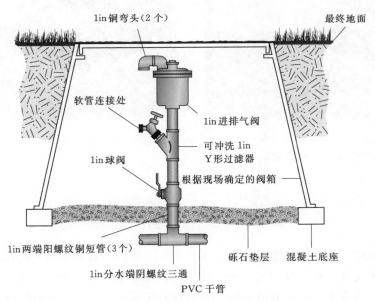

图 26-20　进排气阀的典型安装图

四、其他阀门和阀箱

快速取水阀是很常用的一种阀，沿干管安装，提供取水口，便于手动补水灌溉。高尔夫球场灌溉系统，一般都有几百个快速取水阀，在干旱季节，连接上软管进行手动补水灌溉。取水阀钥匙上连接软管，插入快速取水阀，旋转一下就可取水。安装快速取水阀时，有两点必须注意，第一点是，当管理员拖曳软管时，要防止快速取水阀及其连接管件折断，常常用特殊的 PVC 铰接管或铜质铰接管；第二点是，当退出取水阀钥匙时，要防止拧断快速取水阀及其连接管件，常常要用到 PVC 铰接管的卡固件。当快速取水阀连在铜质的铰接管上时，有另一种方法，比如在快速取水阀体上，做出"两翼"，以便固定。图 26-21 显示的是快速取水阀和 PVC 铰接管的典型连接。

还有其他阀门也常常被用在灌溉干管上。如排水阀，安装在管线的低处；如减压阀，用在压力过高的地方，或因地形落差引起的高压位置。

对于上述提到的各种阀，都需要安装在阀箱内，其实阀箱的安装也很重要。阀箱应让阀组单元居中，留出维修空间；阀箱应做底座支撑住阀箱，不能直接压在管道上；典型做法，是把阀箱蹲在砾石上，便于排水，也常常砌砖跺或混凝土底座，再填砾石，增加支撑力。阀门和阀箱不要置于低洼处、洪水淹没区、车辆和维护设备通行处，应该置于平整且方便到达处，以便后期维护。图 26-22 描述了电磁阀和阀箱的典型安装方式。在运动场灌溉系统中，为避免人为因素对阀箱的损害，阀箱顶面应低于最终地面几厘米，让草坪可以覆盖住，把位置标注在竣工图上，以便剪草或换草坪时，不伤及阀箱。

图 26-21　快速取水阀和
PVC 铰接管的典型连接

图 26-22　电磁阀和阀箱的典型安装图

第七节　喷　头　安　装

喷头多种多样，有很小的散射喷头，也有高尔夫球场、运动场的大射程喷头，无论哪种喷头，它们的安装方法是相同的。喷头应该垂直水平线安装，并要稍低于最终的地面；但有一个例外，当喷头安装在斜坡上时，就要倾斜安装，以获得均匀的喷洒覆盖范围（见图 26-23）。还有一个特例，就是在新建的草坪区，喷头安装时要高出地面 2.5～5cm，当定植后，喷头就会低于地面了。

应该制定操作规程，防止大型机械设备对喷头和管道的损害，在高尔夫球场和市政园林的灌溉项目中，常用铰接管来连接喷头，铰接管的提升管部分不得处于垂直位置，应该倾斜 30°～45°角安装，以防外部压力传导给管道系统。图 26-24 为喷头和铰接管的正确安装示意图。

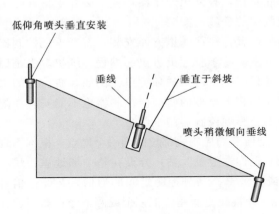

图 26 - 23 斜坡上喷头的推荐安装法

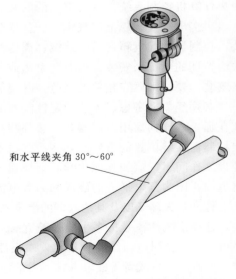

图 26 - 24 喷头和铰接管的正确安装

在住宅区的灌溉系统中，往往用 10mm 直径的 PE 管连接喷头，这样安装虽然避免了养护设备对喷头和管道的损害，但缺点是难以保持喷头的垂直度，图 26 - 25 显示的是长喷头体的喷头用 PE 管的连接方式。另一种方式，为了增强喷头的稳定性，可以选用类似于运动场和高尔夫球场用的铰接管，由 Schedule 80 PVC 管件或 PE 弯头构成，如图 26 - 26 所示。

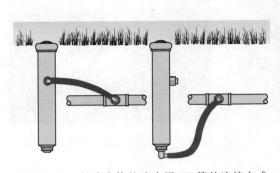

图 26 - 25 长喷头体的喷头用 PE 管的连接方式

图 26 - 26 喷头装在铰接管上

第八节 灌溉控制设备安装

灌溉控制设备有很多种，从简单的家用灌溉控制器，到复杂的园林和高尔夫球场灌溉中央计算机控制系统，尽管它们的安装步骤不尽相同，但还是有一些相同的安装要求。

很多电气安装规范都规定，任何输送电压高于 30V 的电线，必须由持证的电工来安装。控制器和配电箱之间的接线、插座接线，输入电压 120V 或 240V，都必须遵循规范，并由持证的电工来安装。而有些家用或园林控制器，有低压变压器，就不必要求持证电工来安装。要仔细研究相关的规范，并遵循规范中的条款去安装。

必须经周密考虑，才能确定控制器的安装位置，往往哪里方便安装，就考虑把控制器挂在那里。比如家用控制器，一般都装在地下室。易于管理员进出、编程、维护，也是确定控制器安装位置的重要因素。控制器不能暴露于化学污染的环境里，例如，游泳池的水处理工作间里，氯和其他化学品会加速电器元件和电路板的腐蚀。控制器也不能安装在配电室内，因为强电形成的磁场和离散电流，都会影响控制器的工作。

像高尔夫球场以及其他大型的灌溉系统，把所有的控制线都拉回到一个地点，根本不现实，这种系统往往是把多个分控箱（satellite，也称"卫星"站）分设在整个场地里，从一个或多个电源引电源线到分控箱，中央控制或称计算机与分控箱之间的通信，是经过信号线、调制解调器或者无线电方式。通常是现浇一个混凝土底座，把一个或两个分控箱安放在这个底座上，在工程实际中，也可用提前预制好的底座，在底座里要留好 Schedule 40 或 80 的 PVC 穿线管，弱电、电源线、信号线、接地线等，必须分开各走各的穿线管。图 26-27 显示的是分控箱安装在混凝土底座上；而图 26-28 显示的是分控箱安装在预制的底座上。

图 26-27　分控箱安装在混凝土底座上　　　　图 26-28　分控箱安装在预制的底座上

控制设备的厂商对他们的产品，在防电涌和防雷击方面做了很大的改进，在产品里集成进了防电涌和雷击设备，要使这些设备起到保护作用，就必须做接地，在所有的安装中，必须遵循厂商推荐的接地做法，才能确保防护的效果。制造厂家不同，系统的复杂程度不同，对接地做法的要求也可能不同。图 26-29 显示的是把典型的家用或园林灌溉控制器连到接地铜棒上；而图 26-30 显示的是分控箱的网状接地做法。在 2002 年，美国灌溉咨询协会（ASIC）制定了接地和防雷击保护的规范。

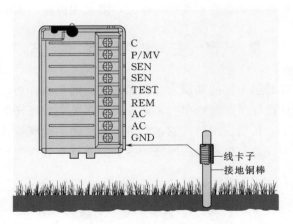

图 26-29 园林灌溉控制器的接地做法

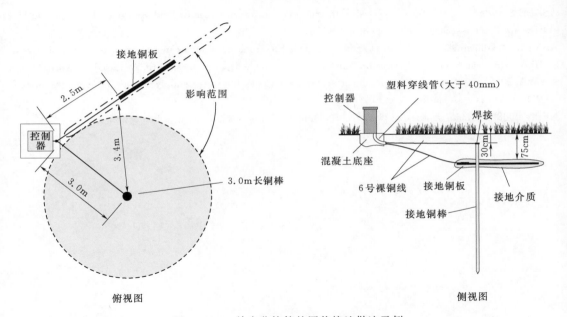

图 26-30 单个分控箱的网状接地做法示例

第九节 传感器安装

可应用于大多数灌溉系统中的传感器，如气象站、蒸发蒸腾量（ET）、雨量、流量、土壤水分、冰点、风速等传感器，只是传感器簇中的一小部分，它们的安装视其不同功能和不同厂家而有所不同。ET 传感器和气象站，应安装在控制区域内、能代表园林气候环境的位置。而雨量、冰点传感器，就不能安装在喷头的喷洒范围内。相反的，土壤水分传感器，就必须安装在喷头的喷洒范围内，而且得考虑安装在植物根区的土壤中，还得视立地条件和土壤类型，安装多个土壤水分传感器，来检测不同的土壤水分变化，帮助决策。

所有传感器都应该安装在易于观察和维护的地方，安装中谨遵厂家的说明书。

第十节　安装要点总结

　　在施工流程中，要具备丰富的知识、谨慎的态度、周全的计划，才能确保灌溉系统的合理安装。把控住优良设计、产品选型、正常维护、高效运管等环节，就能使灌溉系统达到高效灌溉、节约用水、长期使用的目的，促进园林植物的健康生长。长期以来的工程经验充分证明，再优秀的设计，再高级的灌溉产品，如果没有合理的安装，灌溉系统将大打折扣。

参 考 文 献

ASABE *Standards*. 2010. S376. 2：Design Installation and Performance of Underground Thermoplastic Irrigation Pipelines. St. Joseph，Mich. ：ASABE.

ASIC. 2002. Guidelines 100 – 2002：Earth Grounding Electronic Equipment in Irrigation Systems. Chicago，III. ：American Society of Irrigation Consultants. Available at：www. asic. org. Accessed 28 April 2011.

AWWA. 2009. Standard C – 509：Resilient seated gate valves for water supply service. Denver：American Water Works Association.

NFPA. 2008. *National Electrical Code*® ，70. Quincy，Mass. ：National Fire Protection Assoc.

附　录

英（美）制单位与公制单位换算表

序号	应用场合	英（美）制单位		与公制单位换算关系
		符号	名称	
1	滴灌带壁厚	mil	密耳、密尔	1mil＝0.0254mm
2	长度、距离	in	英寸	1in＝25.4mm
3		ft	英尺	1ft＝0.3048m
4		mile	英里	1mile＝1.609km
5	面积	in^2	平方英寸	$1in^2＝645.16mm^2$
6		ft^2	平方英尺	$1ft^2＝0.0929m^2$
7		Acre	英亩	$1acre＝0.4047ha（hm^2）$
8	体积、容积	ft^3	立方英尺	$1ft^3＝0.028317m^3$
9	容量	gal	（美）加仑	1gal＝3.785412L
10	重量	lb	磅	1lb＝0.4536kg
11	流量	gph(gal/h)	（美）加仑每小时	1gph＝3.785412L/h
12		gpm(gal/min)	（美）加仑每分钟	1gph＝3.785412L/min
13		gal/s	（美）加仑每秒	1gal/s＝3.785412L/s
14		ft^3/s	立方英尺每秒	$1ft^3/s＝0.028317m^3/s$
15	流速	in/min	英寸每分钟	1in/min＝25.4mm/min
16		ft/s	英尺每秒	1ft/s＝0.3048m/s
17	风速	mile/h	英里每小时	1mile/h＝1.609km/h
18	压力	$psi(lb/in^2)$	磅每平方英寸	1psi＝6.895kPa
19	灌水强度、入渗速率	in/h	英寸每小时	1in/h＝25.4mm/h
20	日耗水量、日需水量	in/day	英寸每天	1in/day＝25.4mm/day
21	灌水量	gal/ac	（美）加仑每英亩	$1gal/ac＝9.353625L/ha（hm^2）$
22		lb/ac	磅每英亩	$1lb/ac＝1.12083kg/ha（hm^2）$
23	功率	hp	英制马力	1hp＝0.7457kW
24	溶液浓度	ppm	百万分率	$1ppm＝10^{-6}$